简明数控工艺与编程手册

JIANMING SHUKONG GONGYI YU BIANCHENG SHOUCE

The Third Edition
第三版

周湛学　刘玉忠　主编

化学工业出版社
·北京·

本书是一本数控加工工艺、数控编程基础实用技术的综合性参考手册。

数控加工工艺部分主要介绍了数控机床常用的刀具种类、数控可转位刀片、数控刀具的选择、数控刀具的装夹、数控机床常用刀具的规格和尺寸；数控机床工件的装夹；数控加工的切削用量的选择和计算（包括数控车床切削用量的选择和计算、数控铣床切削用量的选择和计算、数控加工中心切削用量的选择和计算）；数控车、数控铣、数控加工中心、数控电火花加工工艺规程制定及综合性的加工实例。

数控编程基础部分主要以FANUC和SIEMENS数控系统为例，对数控车床、数控铣床、数控加工中心及数控电火花机床在编程中常用的指令、指令格式、G代码的应用进行了详细介绍，并给出了大量图示、表格、计算公式和典型实例。

本书深入浅出，内容丰富，便查宜学，既注重了先进性又保证了实用性，适合从事数控加工编程和操作人员以及数控工程技术人员查阅和使用。

图书在版编目（CIP）数据

简明数控工艺与编程手册/周湛学，刘玉忠主编. —3版. —北京：化学工业出版社，2018.7

ISBN 978-7-122-32081-0

Ⅰ. ①简… Ⅱ. ①周…②刘… Ⅲ. ①数控机床-程序设计-技术手册 Ⅳ. ①TG659-62

中国版本图书馆CIP数据核字（2018）第086743号

责任编辑：张兴辉　金林茹

责任校对：王素芹　　　　装帧设计：王晓宇

出版发行：化学工业出版社（北京市东城区青年湖南街13号　邮政编码100011）

印　　刷：北京京华铭诚工贸有限公司

装　　订：北京瑞隆泰达装订有限公司

850mm×1168mm　1/32　印张25¾　字数750千字

2018年8月北京第3版第1次印刷

购书咨询：010-64518888（传真：010-64519686）　售后服务：010-64518899

网　　址：http://www.cip.com.cn

凡购买本书，如有缺损质量问题，本社销售中心负责调换。

定　　价：128.00元

前言 FOREWORD

数控加工技术涉及数控机床加工工艺和数控编程技术两大方面。数控机床加工工艺和数控编程是目前在数控加工技术中最能明显发挥效益的环节之一。根据目前我国数控机床的应用情况，为了满足数控编程人员在数控编程中的需要，编者参考了大量有关数控编程的书籍并经过实际调查，编写了本手册。该书第一版自2008年出版以来，受到广大读者的一致好评。第二版修订结合数控编程技术的发展，补充完善了数控编程指令以及数控宏编程的内容。本次修订添加数控车床、数控铣床、数控加工中心及数控电火花加工工艺内容及编程实例的内容。

本书在数控机床加工工艺部分介绍了数控机床常用的刀具种类、数控可转位刀片、数控刀具的选择、数控刀具的装夹、数控机床常用刀具的规格和尺寸；数控机床工件的装夹；数控加工的切削用量的选择和计算（包括数控车床切削用量的选择和计算、数控铣床切削用量的选择和计算、数控加工中心切削用量的选择和计算）；数控车床、数控铣床、数控加工中心、数控电火花加工工艺规程制定及实例。

本书在数控编程基础部分主要以发那科（FANUC）和西门子（SIEMENS）数控系统为例，对数控车床、数控铣床、数控加工中心及数控电火花机床在编程中常用的指令、指令格式、G代码的应用进行了详细的介绍，并给出了大量图示、表格、计算公式和典型实例。

本书由周湛学、刘玉忠统稿和主编。尹成湖、杨光、鲁素玲、代学蕊、顾文华参加编写。其中周湛学、尹成湖、杨光编写了第 1～4 章，代学蕊、顾文华编写了第 5～ 11 章，周湛学、刘玉忠编写了第 12～35 章、第 37 章，鲁素玲编写了第 36 章。感谢张双杰、王丽娟、郑惠萍、张英、刘云霞、魏亚非、郑海起、张利平、王世华、吴书迎、孔瓦玲、赵小明、庄月娇、金清肃、刘峰、茹长春、连平、李改琴、张嘉钰等老师在编写过程中给予的帮助和鼓励。

由于编者水平所限，书中难免存在不妥之处，恳请读者批评指正。

主编

目 录 CONTENTS

第1篇 数控加工工艺

第4篇　数控车床编程

第1篇

数控加工工艺

第1章　数控车削加工

1.1　数控车床

数控车床的分类可以采用不同的方法。按照结构形式，数控车床可分为卧式和立式两大类。按照刀具的数量，可分为单刀架数控车床和双刀架数控车床。按照功能，可分为简易数控车床、经济型数控车床、全功能数控车床和车削中心。

数控车床主要用于轴类或盘类零件的内外圆柱面、任意角度的内外圆锥面、复杂回转内外曲面和圆柱、圆锥螺纹等的切削加工，并能进行切槽、钻孔、扩孔、铰孔及镗孔。

1.1.1　数控车床的组成结构和运动

数控车床是由床身、主轴箱、刀架进给系统、尾座、液压系统、冷却系统、润滑系统、排屑系统等部分组成。

数控车床成形原理与传统车床基本相同，但以数字控制代替机械传动，进给运动是由伺服电动机经滚珠丝杠传到滑板和刀架，实现横向（X 向）和纵向（Z 向）移动。

全功能卧式数控车床，如图 1-1 所示，一般采用闭环或半闭环控制系统，具有高精度、高刚度和高效率等特点。

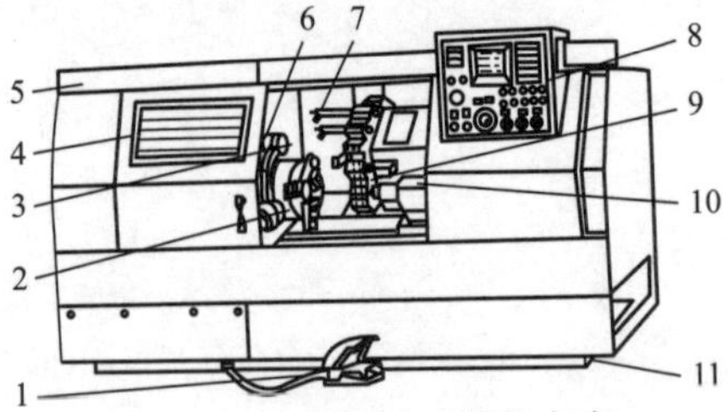

图 1-1　全功能卧式数控车床

1—脚踏开关；2—主轴卡盘；3—主轴箱；4—机床防护门；5—数控装置；6—对刀仪；7—刀具；8—操作面板；9—回转刀架；10—尾座；11—床身

1.1.2 数控车削的加工对象

数控车床具有直线和圆弧插补功能，在加工过程中有能自动变速、加工精度高等特点，与普通车床的加工相比，更适合成形回转类零件，典型成形表面加工见表 1-1。

表 1-1 数控车削的加工对象

加工对象	图示	说明
精度要求高的回转体零件		例如：尺寸精度高（达 0.001mm 或更小）的零件，圆柱度要求高的圆柱体零件，素线直线度、圆度和倾斜度均要求高的圆锥体零件，线轮廓要求高的零件
表面轮廓形状复杂的回转体零件	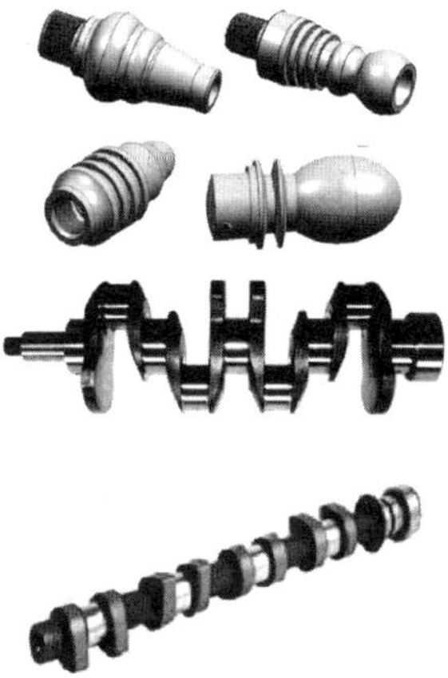	轮廓形状特别复杂或难以控制尺寸的回转体零件。因车床数控装置具有直线和圆弧插补功能，还有部分车床数控装置具有某些非圆曲线插补功能，故能车削由任意直线和平面曲线轮廓组成的形状复杂的回转体零件
带特殊类型螺纹的回转体零件		带特殊类型螺纹的回转体零件是指特大螺距（或导程）、变（增/减）螺距、等螺距与变螺距或圆柱与圆锥螺纹面之间作平滑过渡的螺纹零件，以及高精度的模数螺纹零件和端面螺纹零件等

续表

加工对象	图示	说明
其他复杂的零件		复杂的零件可在数控车铣中心加工，使得工件在一次装夹中可以完成更多的加工工序

1.1.3 数控车削的加工特点

数控车削加工工艺范围涵盖了传统车削的工艺范围，可完成内、外回转体表面的车削、钻孔、切槽、切断、镗孔、铰孔和车削螺纹等，如表 1-2 所示。

表 1-2 数控车削常见加工表面

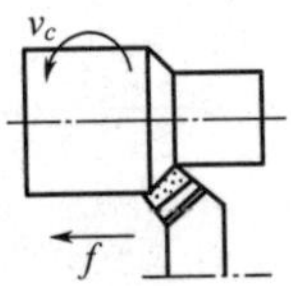 45° 车刀车削外圆	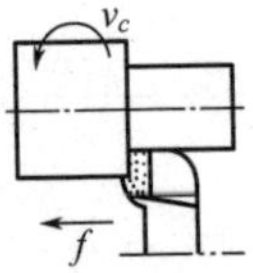 90° 正偏刀车削外圆	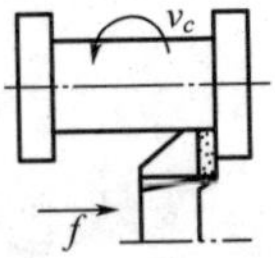 反偏刀车削外圆	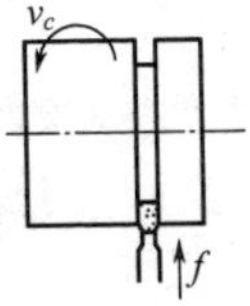 切槽、切断
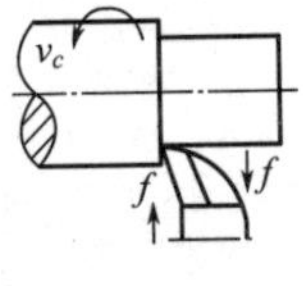 车削台阶端面	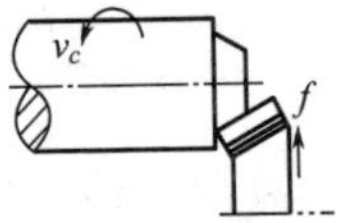 车削整体端面	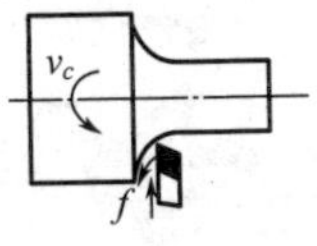 车削圆弧面	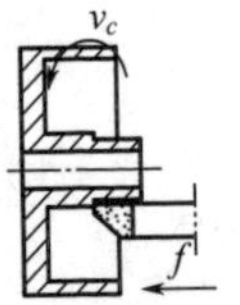 加工工件内部的外圆柱
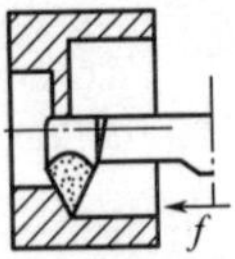 车削通孔	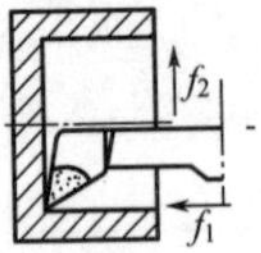 车削盲孔	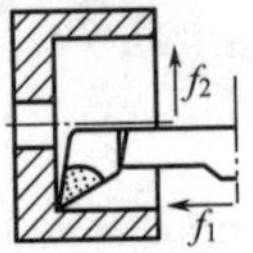 车削台阶孔	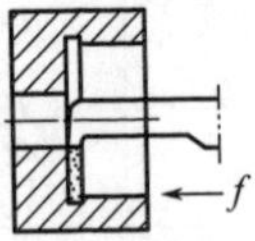 车削内沟槽
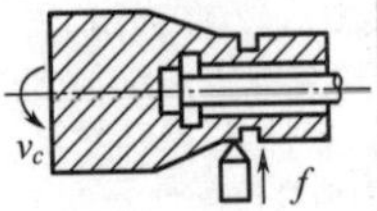 车削退刀槽	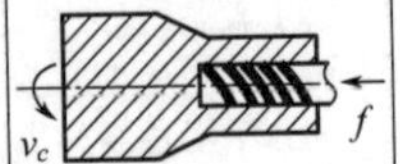 钻孔	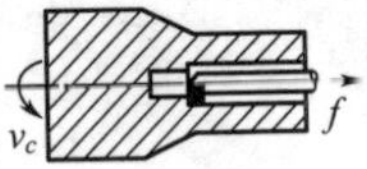 镗孔	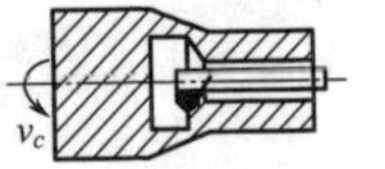 镗内锥孔

续表

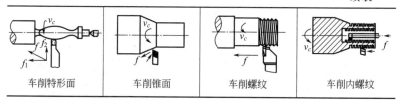

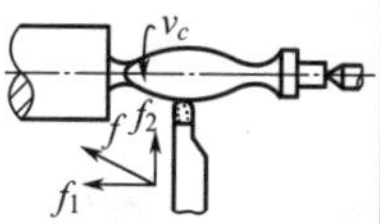	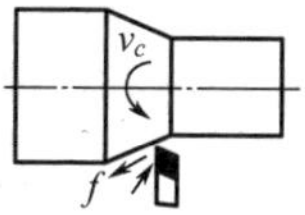	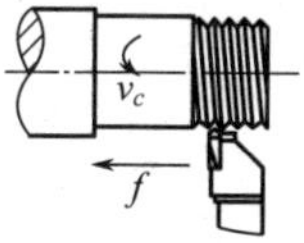	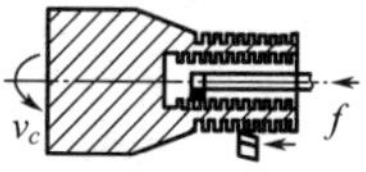
车削特形面	车削锥面	车削螺纹	车削内螺纹

1.2 数控车刀

1.2.1 数控车床车刀的类型

数控车床使用的车刀按用途可分为外圆车刀、内孔车刀、端面车刀、切断刀及螺纹车刀、仿形车刀等。从刀具的形状看，数控车削加工中常用的车刀如图 1-2 所示。

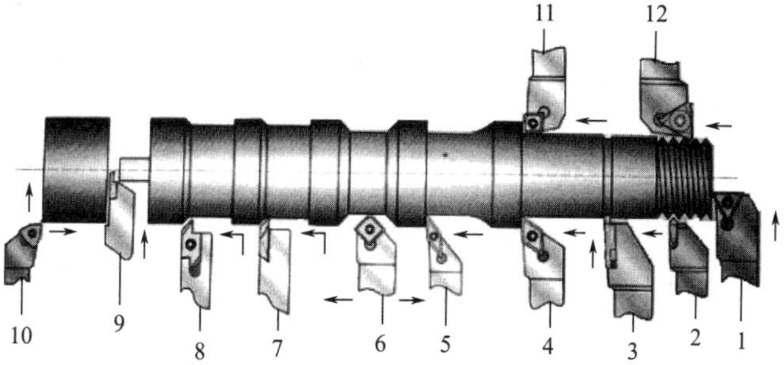

图 1-2　数控车床常用的车刀类型及应用

1—端面车刀；2—外螺纹车刀；3—切槽车刀；4—外径、仿形车刀；5—仿形、外径车刀；6—外圆、倒角车刀；7，8—后阶车刀；9—切断车刀；10—端面、外径车刀；11—外径车刀；12—内、外螺纹车刀

按刀具切削部分的材料不同分为高速钢车刀、硬质合金车刀、涂层硬质合金车刀、陶瓷车刀、金刚石车刀、立方氮化硼车刀等。

按刀具切削部分与刀体的结构可分为整体式、焊接式、机械可转位车刀，目前，常用的数控车刀是机械夹固式可转位车刀，如图 1-3 所示。

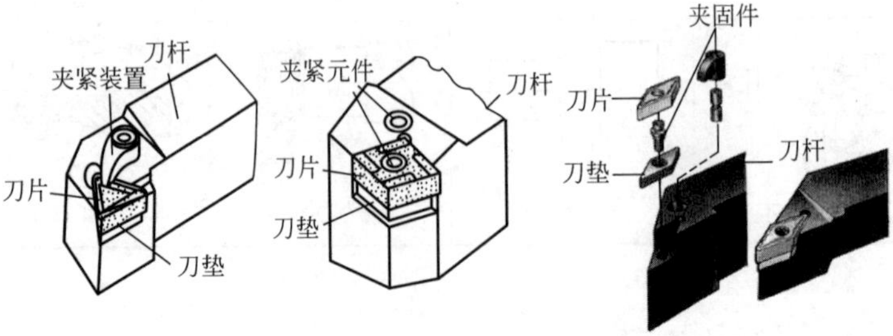

图 1-3　机械可转位车刀的结构

1.2.2　切削刀具用可转位刀片的型号规格

(1)切削刀具用可转位刀片的型号的表示方法

切削刀具用可转位刀片的型号用九个代号表示，表征刀片的尺寸及其他特性，代号①～⑦是必须有的，代号⑧和⑨在需要时添加。对于镶片刀片，用十二个代号表征刀片的尺寸及其他特性，代号①～⑦是必须有的，代号⑧、⑨和⑩在需要时添加，⑪和⑫是必需的，⑨以后用短线隔开。

例如：刀片型号 TPGN150608EN 中的代号含义。

T：三角形；P：11°法后角；G：允许偏差 G 级；N：无固定孔无断屑槽；15：切削刃长度 15.875mm；06：刀片厚度 6.35mm；08：刀尖圆弧半径 0.8mm；E：倒圆刀刃；N：双向切削。

可转位刀片型号表示规则中各代号的位置、意义如图 1-4 所示，代号及其含义如表 1-3 所示。

①	字母代号表示	刀片形状	
②	字母代号表示	刀片法后角	
③	字母代号表示	允许偏差等级	
④	字母代号表示	夹固形式及有无断屑槽	表征可转位刀片的必需代号
⑤	数字代号表示	刀片长度	
⑥	数字代号表示	刀片厚度	
⑦	字母或数字代号表示	刀尖角形状	

⑧ 字母代号表示 切削刃截面形状 ⎫ 可转位刀片和镶片式刀片的可选代号
⑨ 字母代号表示 切削方向 ⎭
⑩[b] 数字代号表示 切削刃长度 镶片式刀片的可选代号
⑪ 字母代号表示 镶嵌或整体切削刃类型及镶嵌角数量
⑫ 字母或数字代号表示 镶刃长度
⑬ 制造商代号或符合GB/T 2075规定的切削材料表示代号

图 1-4 可转位刀片型号代号的位置和意义

表 1-3 切削刀具用可转位刀片型号的表示方法（摘自 GB/T 2076—2007）

<table>
<tr><th>号位</th><th>代号示例</th><th>表示特征</th><th colspan="17">代号规定</th></tr>
<tr><td rowspan="3">1</td><td rowspan="3">T</td><td rowspan="3">刀片形状</td><td>T</td><td>W</td><td>F</td><td>S</td><td>P</td><td>H</td><td>O</td><td>L</td><td>R</td><td>V</td><td>D</td><td>E</td><td>C</td><td>M</td><td>K</td><td>B</td><td>A</td></tr>
<tr><td colspan="9" rowspan="2">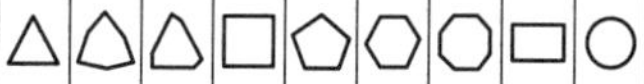</td><td>35°</td><td>55°</td><td>75°</td><td>80°</td><td>86°</td><td>55°</td><td>82°</td><td>85°</td></tr>
<tr><td colspan="5"></td><td colspan="3"></td></tr>
<tr><td rowspan="6">2</td><td rowspan="6">P</td><td rowspan="6">刀片法后角</td><td colspan="2">代号</td><td colspan="4">法后角</td><td colspan="2">代号</td><td colspan="9">法后角</td></tr>
<tr><td colspan="2">A</td><td colspan="4">3°</td><td colspan="2">F</td><td colspan="9">25°</td></tr>
<tr><td colspan="2">B</td><td colspan="4">5°</td><td colspan="2">G</td><td colspan="9">30°</td></tr>
<tr><td colspan="2">C</td><td colspan="4">7°</td><td colspan="2">N</td><td colspan="9">0°</td></tr>
<tr><td colspan="2">D</td><td colspan="4">15°</td><td colspan="2">P</td><td colspan="9">11°</td></tr>
<tr><td colspan="2">E</td><td colspan="4">20°</td><td colspan="2">O</td><td colspan="9">其他需专门说明的法后角</td></tr>
<tr><td rowspan="8">3</td><td rowspan="8">G</td><td rowspan="8">允许偏差等级</td><td colspan="2" rowspan="2">偏差等级代号</td><td colspan="6">允许偏差/mm</td><td colspan="2" rowspan="2">偏差等级代号</td><td colspan="7">允许偏差/mm</td></tr>
<tr><td colspan="2">刀片内切圆直径 d</td><td colspan="2">刀尖位置尺寸 m</td><td colspan="2">刀片的厚度 s</td><td colspan="2">刀片内切圆直径 d</td><td colspan="2">刀尖位置尺寸 m</td><td colspan="3">刀片的厚度 s</td></tr>
<tr><td colspan="2">A</td><td colspan="2">±0.025</td><td colspan="2">±0.005</td><td colspan="2">±0.025</td><td colspan="2">J</td><td colspan="2">±0.05～±0.15</td><td colspan="2">±0.005</td><td colspan="3">±0.025</td></tr>
<tr><td colspan="2">F</td><td colspan="2">±0.013</td><td colspan="2">±0.005</td><td colspan="2">±0.025</td><td colspan="2">K</td><td colspan="2">±0.05～±0.15</td><td colspan="2">±0.013</td><td colspan="3">±0.025</td></tr>
<tr><td colspan="2">C</td><td colspan="2">±0.025</td><td colspan="2">±0.013</td><td colspan="2">±0.025</td><td colspan="2">L</td><td colspan="2">±0.05～±0.15</td><td colspan="2">±0.025</td><td colspan="3">±0.025</td></tr>
<tr><td colspan="2">H</td><td colspan="2">±0.013</td><td colspan="2">±0.013</td><td colspan="2">±0.025</td><td colspan="2">M</td><td colspan="2">±0.05～±0.15</td><td colspan="2">±0.08～±0.2</td><td colspan="3">±0.13</td></tr>
<tr><td colspan="2">E</td><td colspan="2">±0.025</td><td colspan="2">±0.025</td><td colspan="2">±0.025</td><td colspan="2">M</td><td colspan="2">±0.05～±0.15</td><td colspan="2">±0.08～±0.2</td><td colspan="3">±0.025</td></tr>
<tr><td colspan="2">G</td><td colspan="2">±0.025</td><td colspan="2">±0.025</td><td colspan="2">±0.13</td><td colspan="2">U</td><td colspan="2">±0.08～±0.25</td><td colspan="2">±0.13～±0.38</td><td colspan="3">±0.13</td></tr>
</table>

续表

<table>
<tr><th>号位</th><th>代号示例</th><th>表示特征</th><th colspan="4">代号规定</th></tr>
<tr><td rowspan="5">4</td><td rowspan="5">N</td><td rowspan="5">夹固形式及有无断屑槽</td><td>代号</td><td>固定方式</td><td>断屑槽</td><td>示意图</td></tr>
<tr><td>R</td><td>无固定孔</td><td>单面有断屑槽</td><td></td></tr>
<tr><td>M</td><td>有圆形固定孔</td><td>单面有断屑槽</td><td></td></tr>
<tr><td>T</td><td>单面有 40°～60°固定沉孔</td><td>单面有断屑槽</td><td>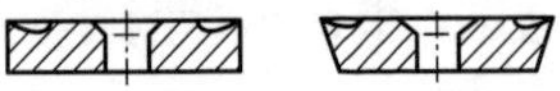</td></tr>
<tr><td>H</td><td>单面有 70°～90°固定沉孔</td><td>单面有断屑槽</td><td></td></tr>
<tr><td rowspan="4">5</td><td rowspan="4">15</td><td rowspan="4">刀片长度</td><td colspan="2">刀片形状类别</td><td colspan="2">数字代号</td></tr>
<tr><td colspan="2">等边形刀片</td><td colspan="2">在采用公制单位时,用舍去小数部分的刀片切削刃长度值表示,如果舍去小数部分后,只剩下一位数字,则必须在数字前加“0”。
如:切削刃长度 15.5mm,表示代号为:15
切削刃长度 9.525mm,表示代号为:09</td></tr>
<tr><td colspan="2">不等边形刀片</td><td colspan="2">通常用主切削刃或较长的边的尺寸值作为表示代号。刀片其他尺寸可以用符号 X 在④表示,并需附示意图或加以说明。
在采用公制单位时,用舍去小数部分后的长度值表示。
如:主要长度尺寸 19.5mm,表示代号为:19</td></tr>
<tr><td colspan="2">圆形刀片</td><td colspan="2">在采用公制单位时,用舍去小数部分后的数值表示。
如:刀片尺寸 15.875mm,表示代号为:15</td></tr>
<tr><td>6</td><td>06</td><td>刀片厚度</td><td colspan="4">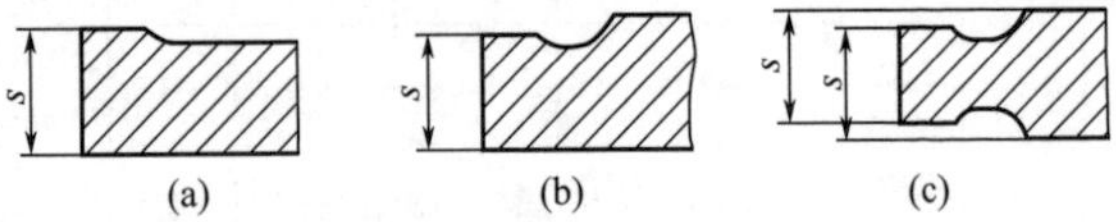
数字代号表示规则
在采用公制单位时,用舍去小数部分的刀片厚度值表示。若舍去小数部分后,只剩下一位数字,则必须在数字前加“0”。
如:刀片厚度 3.18mm,表示代号为:03
当刀片厚度整数值相同,而小数值部分不同,则将小数部分大的刀片代号用“T”代替 0,以示区别。
如:刀片厚度 3.97mm,表示代号为:T3</td></tr>
</table>

续表

<table>
<tr><th>号位</th><th>代号示例</th><th>表示特征</th><th colspan="6">代号规定</th></tr>
<tr><td rowspan="2">7</td><td rowspan="2">08</td><td rowspan="2">刀尖角形式</td><td colspan="6">数字或字母代号</td></tr>
<tr><td colspan="6">1)若刀尖角为圆角,则其代号表示为:
在采用公制单位时,用按 0.1mm 为单位测量得到的圆弧半径值表示,如果数值小于 10,则在数字前加“0”。
如:刀尖圆弧半径:0.8mm,表示代号为:08
如:刀尖角不是圆角,表示代号为:00
2)若刀片具有修光刃(见示意图),则用 Kr 和 α_n 表示。
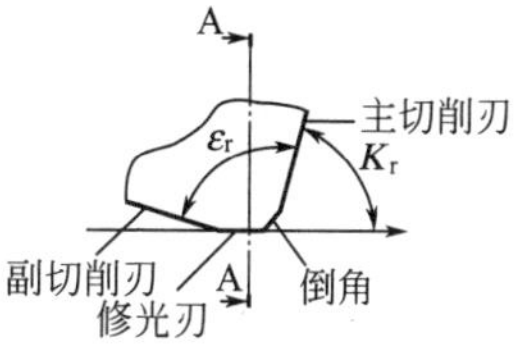

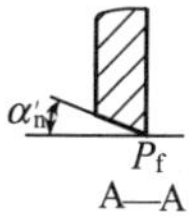

表示主偏角 K_r 的大小
A—45°
D—60°
E—75°
F—85°
P—90°
Z—其他角度
表示修光刃法后角 α'_n 大小
A—3°
B—5°
C—7°
D—15°
E—20°
F—25°
G—30°
N—0°
P—11°
Z—其他角度
3)圆形刀片采用公制单位时,用“M0”表示</td></tr>
<tr><td rowspan="4">8</td><td rowspan="4">E</td><td rowspan="4">切削刃截面形状</td><td>代号</td><td colspan="2">刀片切削刃截面形状</td><td>代号</td><td colspan="2">刀片切削刃截面形状</td></tr>
<tr><td>F</td><td>尖锐刀刃</td><td></td><td>S</td><td>既倒棱又倒圆刀刃</td><td></td></tr>
<tr><td>E</td><td>倒圆刀刃</td><td></td><td>Q</td><td>双倒棱刀刃</td><td></td></tr>
<tr><td>T</td><td>倒棱刀刃</td><td></td><td>P</td><td>既双倒棱又倒圆刀刃</td><td></td></tr>
<tr><td>9</td><td>N</td><td>切削方向</td><td colspan="2">右切
R
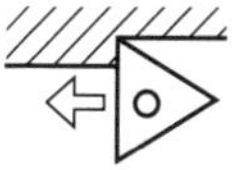</td><td colspan="2">左切
L
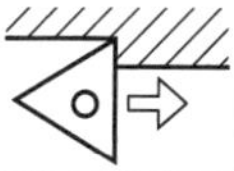</td><td colspan="2">双切
N
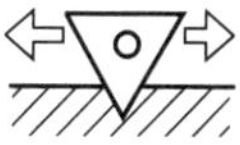</td></tr>
</table>

(2)机夹可转位车刀刀片典型的夹紧方式见表 1-4

表 1-4 机夹可转位车刀刀片典型的夹紧方式

名称	简图	特点及应用
杠销式	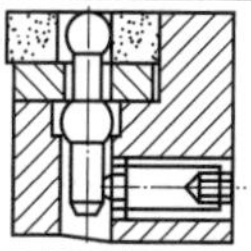	杠销式用螺钉头部顶压杠销,其结构简单,夹紧力稳定,定位精度高,定位面为底面与侧面。适用于小型和中型机床车削

续表

名称	简图	特点及应用
L型杠杆式	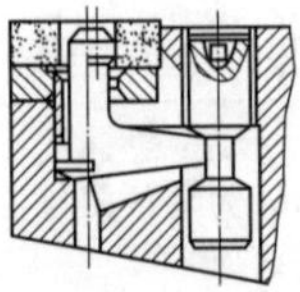	当压紧螺钉向下移动时杠杆摆动，杠杆一端的圆柱形头部将刀片压紧。刀片装卸方便、迅速，定位夹紧稳定可靠，定位精度高，但结构较复杂，制造困难，适用于专业化生产的车刀
复合式	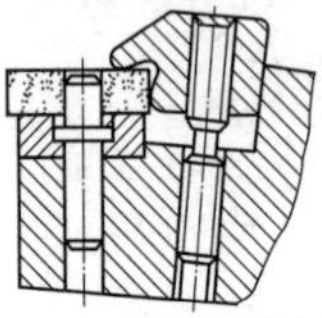	利用螺钉推(拉)动和刀垫结为一体的“拉垫”，拉垫上的圆柱销插入刀片孔，带动刀片靠向刀片槽定位面将刀片夹紧结构简单，制造方便，夹紧可靠，但车刀头刚性较差，不宜用于大的切削用量
楔销式	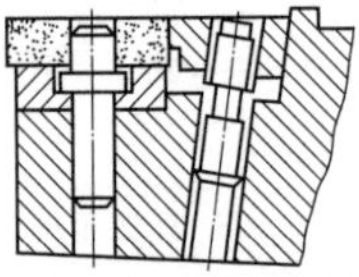	刀片除受楔钩向外推的力压向中心定位销外，还受到楔钩下压的力，即下压侧挤。夹紧力大，适用于切削力大及有冲击的情况，但楔钩制造精度要求高，楔钩对排屑有阻碍
偏心销式	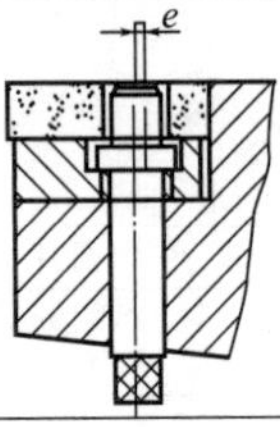	刀片以偏心销定位，利用偏心的自锁力夹紧刀片。结构简单紧凑，刀头部位尺寸小易于制造，但是在断续切削及振动情况下易松动。主要用于中、小型刀具和连续切削的刀具
压板式	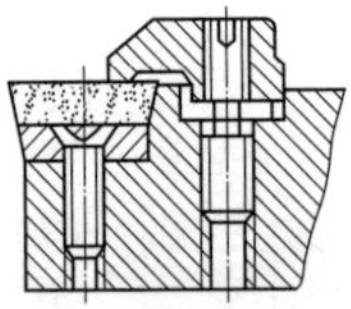	用压板压紧刀片(无孔)，结构简单，夹紧稳定可靠。适用于粗加工，间断切削及切削力变化较大的情况下，压板对排屑有阻碍
钩销式	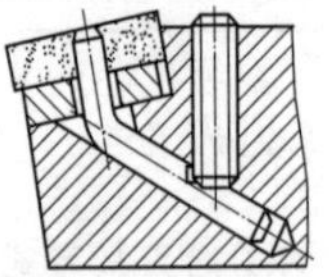	钩销式零件少，结构简单，夹紧可靠，排屑通畅。适用于有正前角和负刃倾角时的车削，在立装刀片的车刀上常采用钩销式装夹机构，可用于轻型和中型车削
压孔式	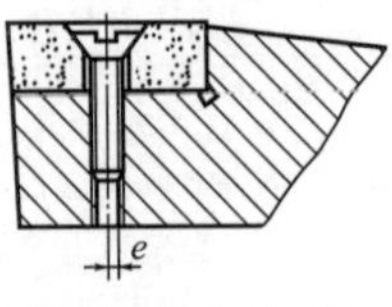	压孔式装夹零件少，结构简单，夹紧可靠，排屑通畅。定位面为底面与锥孔，适用于刀片的前角、刃倾角通常为0°，有后角，广泛用于铜、铝及塑料等材料的车削

(3)常见夹紧方式最适合的加工范围见表 1-5

表 1-5　常见夹紧方式适合的加工范围及适用等级

图　　　　示

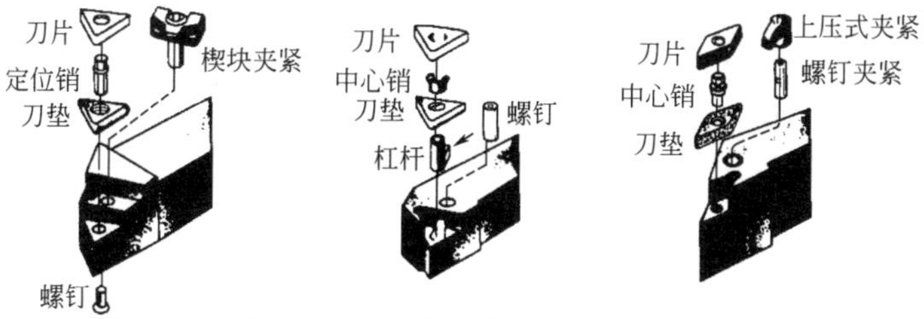

(a) 楔块上压式夹紧　　(b) 杠杆式夹紧　　(c) 螺钉上压式夹紧

加工范围及适用等级 \ 夹紧方式	杠杆式	楔块上压式	螺钉上压式
可靠夹紧/紧固	3	3	3
仿形加工/易接近性	2	3	3
重复性	3	2	3
仿形加工/轻负荷加工	2	3	3
继续加工工序	3	2	3
外圆加工	3	1	3
内圆加工	3	3	3

(4)常用切削刀具用可转位刀片的结构参数见表 1-6

表 1-6　常用切削刀具用可转位刀片的形式及基本参数

刀片简图	参数/mm					
	L	d 尺寸	d 公差	s ±0.13	d_1 ±0.08	r_e
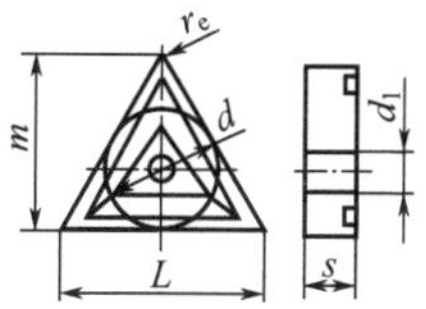	16.5	9.525	±0.05	4.76	3.81	0.8
						1.2
	22.0	12.70	±0.08	4.76	5.16	1.2
						1.6

续表

刀片简图	参数/mm					
	L	d 尺寸	d 公差	s ±0.13	d_1 ±0.08	r_e
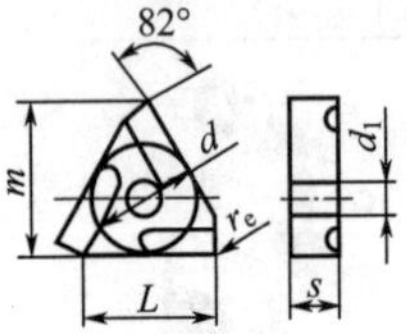	11	9.525	±0.05	4.76	3.81	0.2
						0.4
	15	12.70	±0.08	4.76	5.16	0.2
						0.4
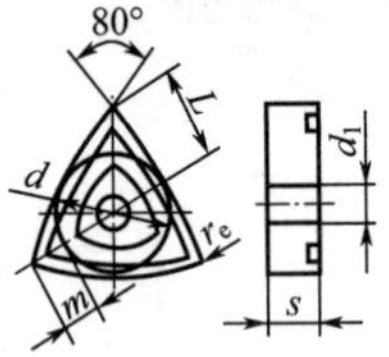	8.45	12.70	±0.08	4.76	5.16	0.4
						0.8
	11.63	15.875	±0.10	6.35	6.35	0.8
						1.2
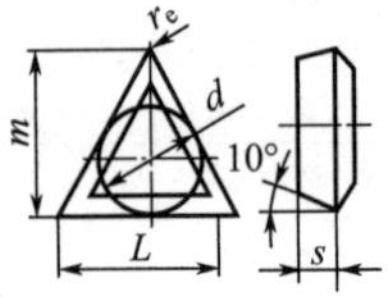	11.0	6.35	±0.05	3.18		0.2
						0.4
	16.5	9.525	±0.05	3.18		0.2
						0.4
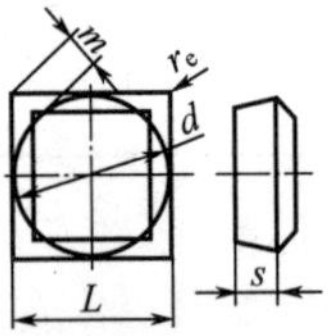	9.525	9.525	±0.05	3.18		0.2
						0.4
	12.70	12.70	±0.08	3.18		0.4
						0.8
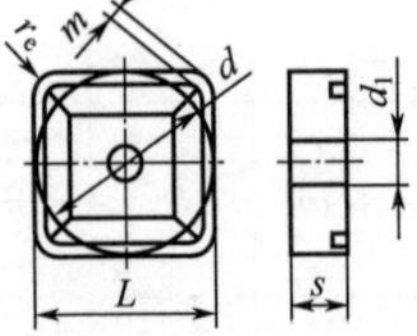	9.525	9.525	±0.05	3.18	3.81	0.4
						0.8
	12.70	12.70	±0.08	5.16	5.16	0.4
						0.8
	19.05	19.05	±0.10	7.93	7.93	1.2
						1.6

续表

刀片简图	参数/mm					
	L	d 尺寸	d 公差	s ±0.13	d_1 ±0.08	r_e
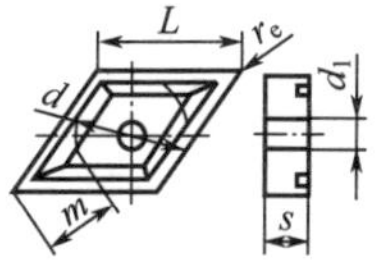	15.5	12.70	±0.08	4.76	5.16	0.8
	15.5	12.70	±0.08	4.76	5.16	1.2
	15.5	12.70	±0.08	6.35	5.16	0.8
	15.5	12.70	±0.08	6.35	5.16	1.2
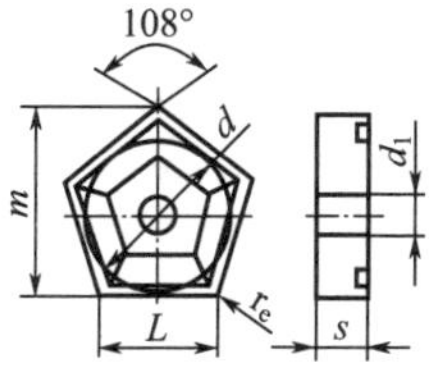	11.56	15.875	±0.10	6.35	6.35	1.2
	11.56	15.875	±0.10	6.35	6.35	2.0
	13.87	19.05	±0.10	7.93	7.93	1.6
	13.87	19.05	±0.10	7.93	7.93	2.4
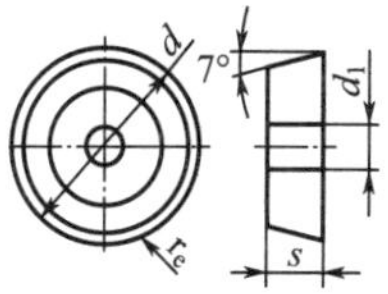		9.525	±0.05	3.18	3.18	0.8
		12.70	±0.08	4.76	5.16	0.8
		15.875	±0.10	6.35	6.35	0.8
		19.05	±0.10	6.35	7.93	0.8
		25.40	±0.13	7.93	9.12	0.8

(5)常用可转位车刀的种类

可转位车刀按其用途可分为外圆车刀、仿形车刀、端面车刀、内圆车刀、切槽车刀、切断车刀和螺纹车刀等，见表 1-7。

表 1-7　常用可转位车刀的种类

类型	示意图	特点及应用
外圆车刀主偏角 $k_r=95°$	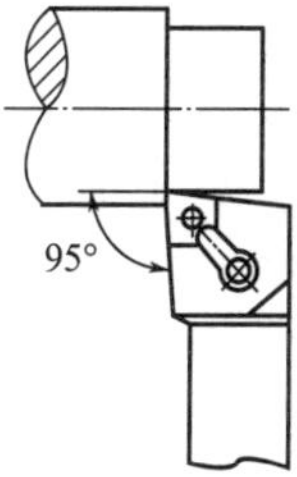	该 95°主偏角车刀主要用于外圆及端面的半精加工及精加工，其刀片为菱形，通用性好

续表

类型	示意图	特点及应用
外圆车刀主偏角 $k_r=45°$	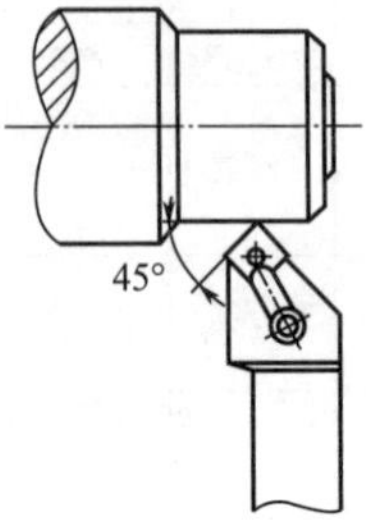	45°主偏角车刀主要用于外圆及端面车削，主要用于粗车，其刀片为四方形，所以可以转位八次，经济性好
外圆车刀主偏角 $k_r=75°$	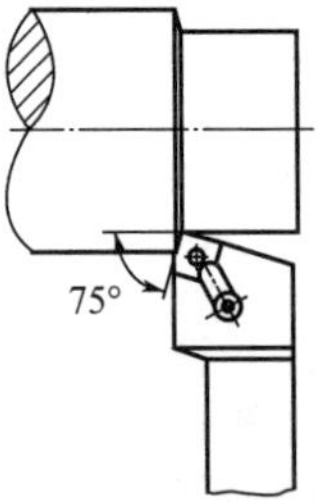	该75°主偏角车刀只能用于外圆粗车削，其刀片为四方形，所以可以转位八次，经济性好
外圆车刀主偏角 $k_r=93°$	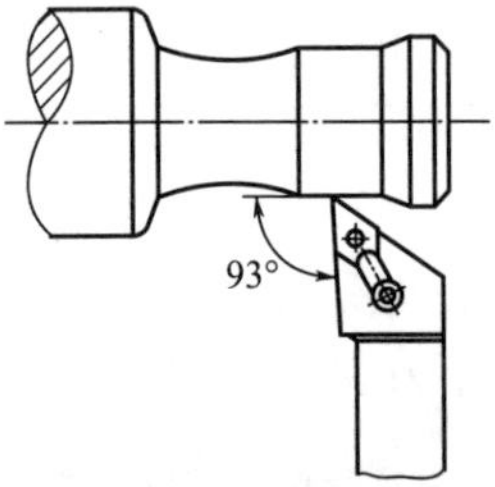	该93°主偏角车刀，其刀片代号规定为D，其刀片形状为菱形，刀尖角55°，刀尖强度相对较弱，所以该车刀主要用于仿形精加工
外圆车刀主偏角 $k_r=90°$	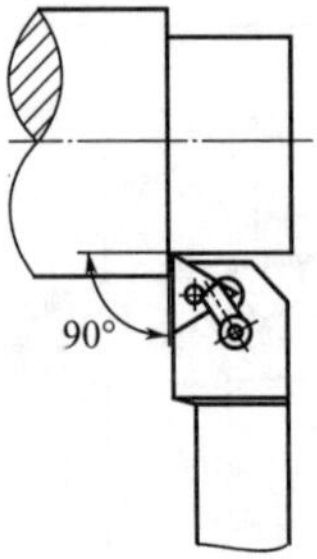	该90°主偏角车刀只能用于外圆粗车削，其刀片为三角形，切削刃较长，刀片可以转位六次，经济性好

续表

类型	示意图	特点及应用
切槽车刀	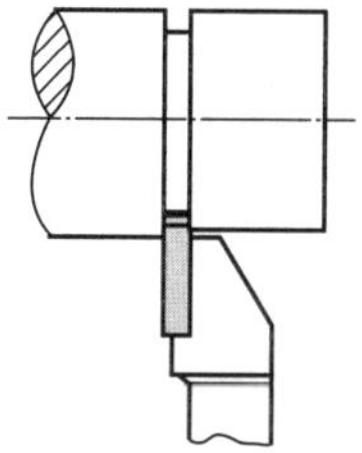	最小切槽宽度 1.1mm； 最大切断直径 60mm； 左刀右刀任意选择
切断车刀	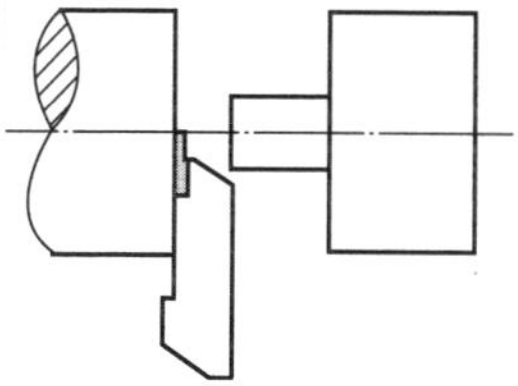	刀具的中心高 20mm、25mm、32mm； 最大切断直径 120mm； 最小切宽 2.5mm
螺纹车刀	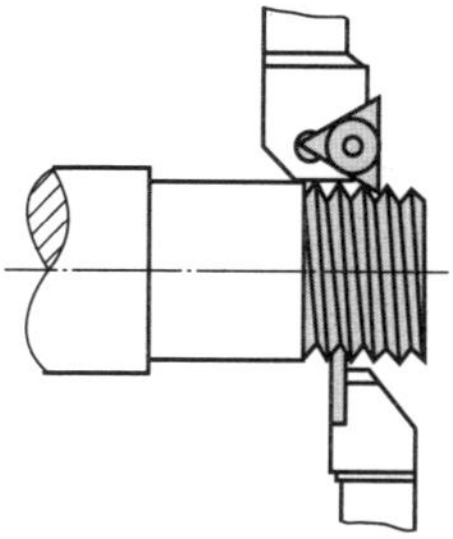	螺纹刀片带修光刃的。 螺纹车刀可加工出包括牙顶在内的完整螺纹牙型；保证了正确的底径和顶径；在车削螺纹前，毛坯不需车削，车后不需去毛刺
内圆车刀	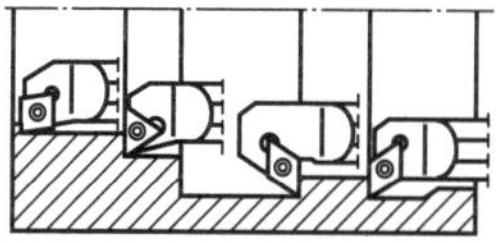	根据内孔形状选择刀具主偏角和刀片的刀尖角。常用的主偏角 k_r 为 45°、60°、75°、90°、95°等

1.3 数控车床的通用夹具

1.3.1 一般工件常用的装夹方法

一般工件常用的装夹方法见表 1-8。

表 1-8　一般工件常用的装夹方法

装夹方法	图示	特点	适用范围
外梅花顶尖装夹	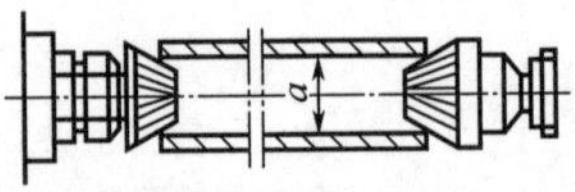	顶尖顶紧即可车削，装夹方便、迅速	适用于装孔工件，孔径大小应在顶尖允许的范围内
内梅花顶尖装夹	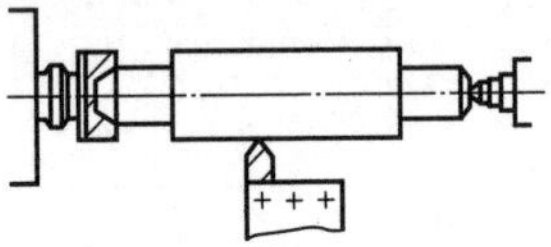	顶尖顶紧即可车削，装夹方便、迅速	适用于不留中心孔的轴类工件
摩擦力装夹	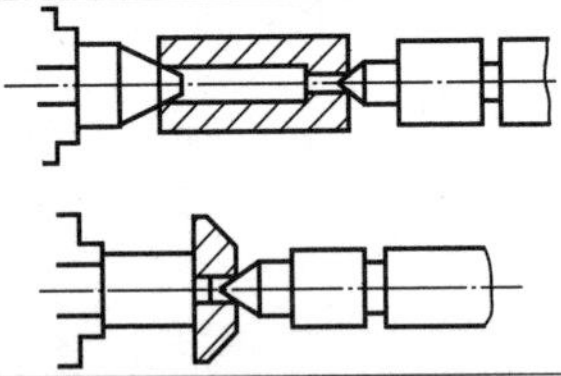	利用顶尖顶紧工件后产生的摩擦力克服切削力	适用于精车加工余量较小的圆柱面或圆锥面
中心架装夹	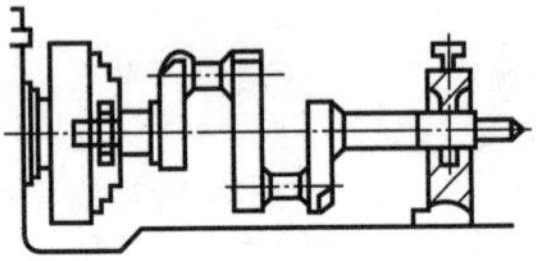	三爪自定心卡盘或四爪单动卡盘配合中心架紧固工件，切削时中心架受力较大	适用于加工曲轴等较长的异形轴类工件
锥形轴装夹	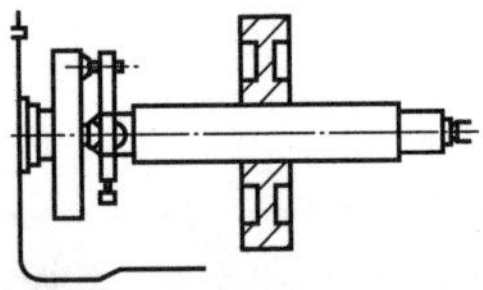	心轴制造简单，工件的孔径可在心轴锥度允许的范围内适当变动	适用于齿轮拉孔后精车外圆等
夹顶式整体心轴装夹	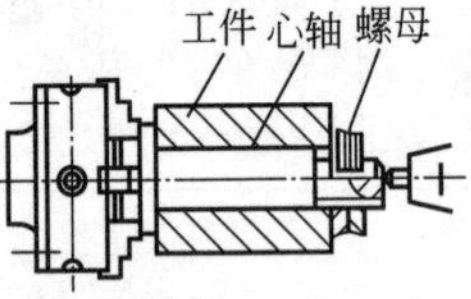	工件与心轴间隙配合，靠螺母旋紧后的端面摩擦力克服切削力	适用于孔与外圆同轴度要求一般的工件外圆车削
胀力心轴装夹	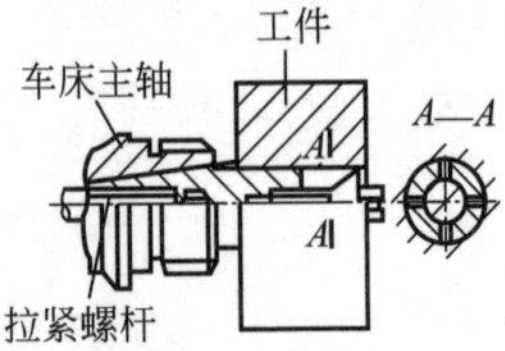	心轴通过圆锥的相对位移产生弹性变形而胀开把工件夹紧，装卸工件方便	适用于孔与外圆同轴度要求较高的工件外圆车削

续表

装夹方法	图示	特点	适用范围
带花键心轴装夹	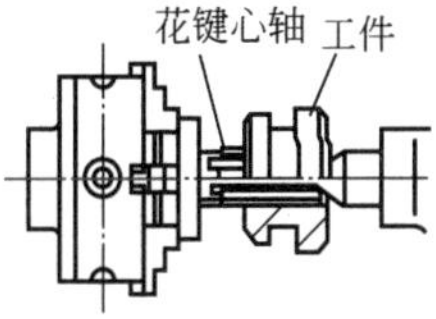	花键心轴外径带有锥度，工件轴向推入即可夹紧	适用于具有矩形花键或渐开线花键孔的齿轮和其他工件
外螺纹心轴装夹	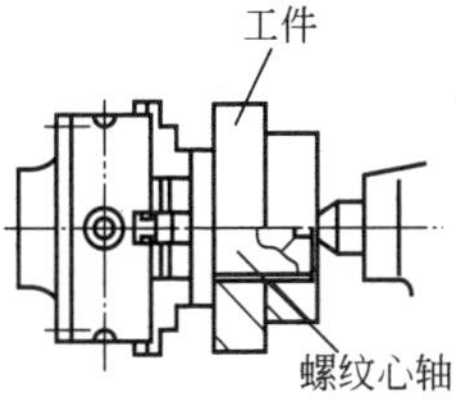	利用工件本身的内螺纹旋入心轴后紧固，装卸工件不方便	适用于有内螺纹和对外圆同轴度要求不高的工件
内螺纹心轴装夹	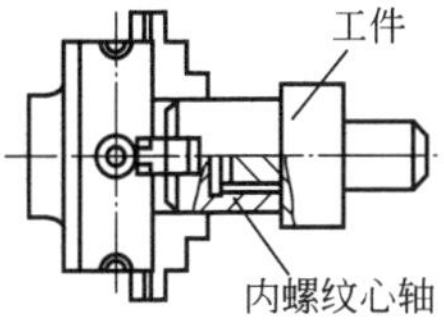	利用工件本身的外螺纹旋入心套后紧固，装卸工件不方便	适用于多台阶而轴向尺寸较短的工件

1.3.2 工件在数控车床上的装夹

工件在数控车床上的装夹见表 1-9。

表 1-9 工件在数控车床上的装夹

夹具名称	装夹示意图	应用
三爪自定心卡盘装夹	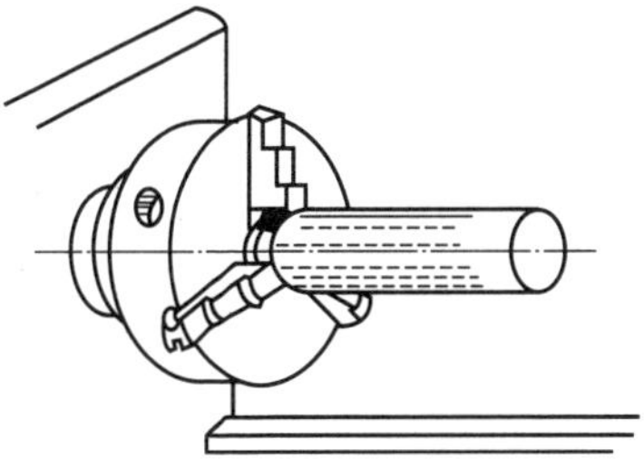	三爪自定心卡盘是车床上最常用的自定心夹具。它夹持工件时，一般不需要找正，装夹速度快，适用于装夹轴类、盘套类零件。 三爪卡盘常见有机械式和液压式两种，液压卡盘动作灵敏，装夹迅速、方便，能实现较大的压紧力，能提高生产率，减轻劳动强度

续表

夹具名称	装夹示意图	应用
四爪单动卡盘	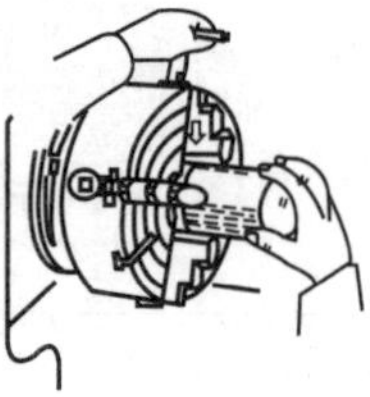 正爪安装工件 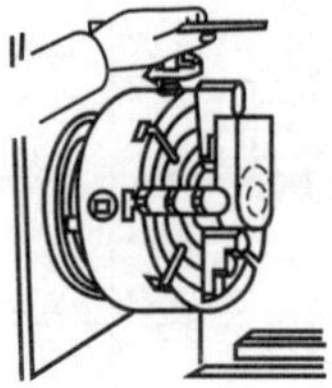 正反爪混装工件	四爪单动卡盘需要找正，夹紧力大，适用于装夹大型或形状不规则工件。单动卡盘可装成正爪或反爪两种形式，反爪用来装夹直径较大的工件
花盘	 (a) 花盘上装夹工件 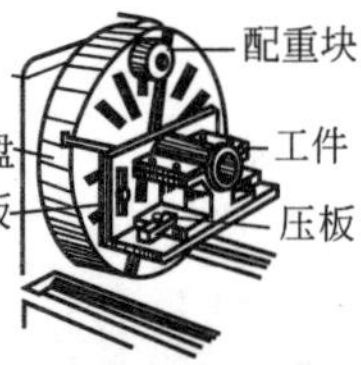 (b) 花盘与弯板配合装夹工件	花盘是安装在车床主轴上的一个大圆盘，盘面上的许多长槽用以穿放螺栓，工件可用螺栓直接安装在花盘上，也可以把辅助支承角铁（弯板）用螺钉牢固夹持在花盘上，工件则安装在弯板上
拨盘与夹头	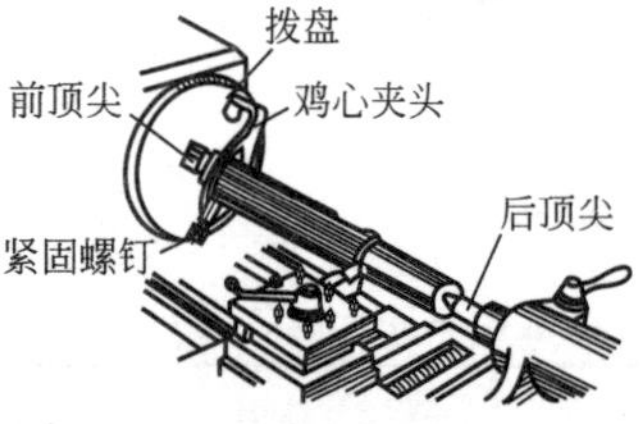 弯头鸡心夹头 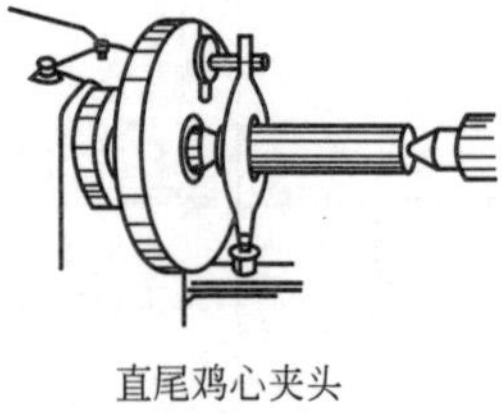 直尾鸡心夹头	用双顶尖装夹时，工件一般不能由顶尖直接带动旋转，需要通过拨盘和夹头来带动旋转。 双顶尖装夹工件方便，不需找正，装夹精度高，适用于形位公差要求较高的工件和大批量生产的工件

续表

夹具名称	装夹示意图	应用
三爪自定心卡盘与顶尖	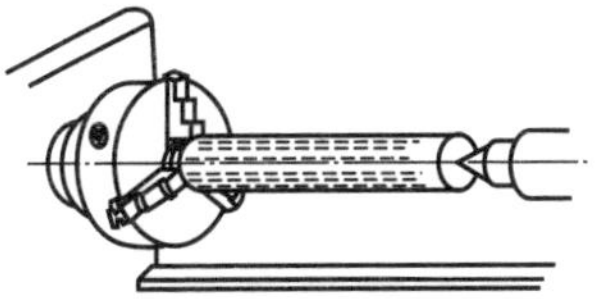	用一夹一顶装夹即一端夹住，另一端用后顶尖顶住。这种方法安全，能承受较大的轴向切削力，应用广泛
卡盘与中心支架		加工直径较大而长的重型轴中心孔、中央孔、内螺纹及端面时，通常是一端用卡盘、另一端用中心架支托

1.4 数控车削用量及其选择

1.4.1 数控车削用量选择

(1)数控车床切削用量的确定

切削用量的三要素为切削速度、切削进给量及切削深度。在数控加工指令中用 S XXX 来规定主轴转速，即规定了车削及铣镗加工的切削速度；用 F XXX 来指定刀具相对工件的进给运动速度，即规定了车削及铣镗加工的切削进给量；切削深度则用两次走刀中坐标数值的改变来体现。

1）切削深度（a_p）的确定　当工艺系统刚性允许时，应尽可能选取较大的切削深度，以减少走刀次数。当零件的精度要求较高时，则应考虑适当留出半精加工和精加工的切削余量。数控加工所留的精加工余量一般比普通加工时所留余量小。数控车削的精加工余量通常为 0.1～0.5mm。

数控加工中一般用两次走刀中坐标数值的改变表示切削深度的多少。数控车削加工时切削深度 a_p 等于 X 坐标变动值的1/2，因为此时 X 的变动代表工件直径方向的变动，而 a_p 仅表示半径方向的变动。

2）主轴转速确定　确定主轴转速时，主要根据工件材料、刀具材料、机床功率和加工性质（如粗、精加工）等条件确定其允许的切削速度 v_c。

如何确定加工中的切削速度，除了可以参考有关切削用量表列出的数值外，实践中主要根据实际经验进行确定。切削速度确定后，即可计算出主轴转速。

3）进给速度的确定　在数控加工中常用进给速度（mm/min）来说明进给量。这是因为在数控机床中，刀具相对于工件的进给运动一般由计算机控制的步进电动机提供，用进给速度表示进给量在编程中更方便。大多数的数控车床、铣床、镗床和钻床都规定了其进给速度。每转进给速度（mm/r）与每分钟进给速度可以进行换算。

(2)数控车床切削用量的选择原则

对于不同的加工方法，需要选择不同的切削用量。数控车床切削用量的选择原则是：粗车时，首先应选择一个尽可能大的切削深度 a_p；其次选择一个较大的进给量 f；最后确定一个合理的切削速度 v。精车时，加工精度和表面粗糙度要求较高，加工余量不大且较均匀，应选择较小的切削深度 a_p（一般取0.1～0.5mm）和进给量 f，并选用切削性能较高的刀具材料和合理的几何参数，以尽可能提高切削速度 v_c。

进给速度的选择原则是：在保证工件的质量要求时，粗加工可选择较高的进给速度，一般在100～200mm/min范围内选取。在切断、精加工、深孔加工或用高速钢刀具切削时，选择较低的进给速度，一般在20～50mm/min范围内选取。当加工精度、表面粗糙度要求较高时，进给速度应选小些，一般在20～50mm/min范围内选取。刀具或工件的空行程运动，特别是远距离回“参考点”时，可以设定尽量高的进给速度。

切削用量都应在机床说明书给定的允许范围内选择，并应考虑机床工艺系统的刚性和机床功率的大小。

1.4.2 数控车削用量各要素的定义及计算

(1)数控车削用量要素的定义及计算公式见表 1-10

表 1-10 数控车削用量要素的定义及计算公式

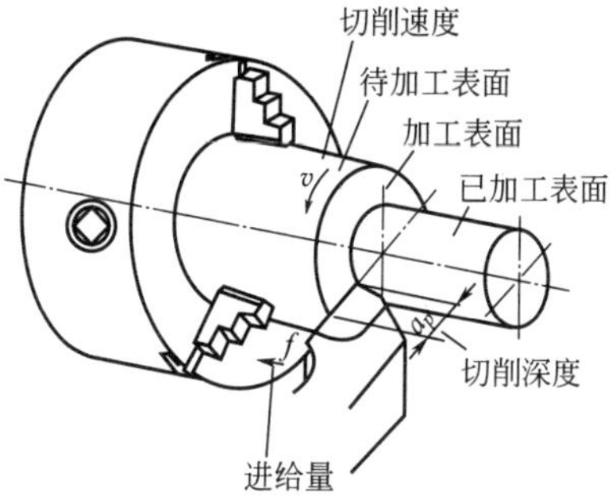

名称	定义	计算公式	举例
切削速度 v_c /(m/min)	切削刀具中刀位点相对于主运动的瞬时线速度	$V_c=\frac{\pi dn}{1000}$(m/min) 式中,d 为工件或刀具的回转直径(mm);n 为刀具或工件的转速(r/min)	例:主轴转速为 2000r/min,车削工件直径 50mm,求切削速度? 解:将 $\pi=3.14$;$d=50$;$n=2000$ 代入公式,切削速度为: $v_c=\frac{\pi dn}{1000}=\frac{3.14\times50\times2000}{1000}$ $=314$(m/min)
进给速度 f_r /(mm/r) 或 v_f /(mm/min)	指单位时间内,刀具沿进给方向移动的距离,单位为 m/min,也可表示为主轴旋转一周刀具的进给量,单位为 mm/r	求每转的进给速度: $f_r=\frac{v_f}{n}$(mm/r) 求每分钟的进给速度: $v_f=nf_r$(mm/min) 式中,f_r 为每转进给速度(mm/r);v_f 为每分钟的进给速度(mm/min);n 为主轴转速(r/min)	例:主轴转速为 2000r/min,每分钟的进给速度 100mm/min,求每转的进给速度? 解:$f_r=\frac{v_f}{n}=\frac{100}{2000}$ $=0.05$(mm/r) 例:每转进给速度 0.1mm/r,主轴转速为 1600r/min,求每分钟的进给速度? 解:$v_f=nf_r=1600\times0.1$ $=160$(mm/min)

续表

名称	定义	计算公式	举例
切削深度 a_p /mm	已加工表面与待加工表面的垂直距离，也称切深	如车削外圆时，有 $a_p=\frac{d_w-d_m}{2}$ 式中，d_w 为待加工表面直径；d_m 为已加工表面直径	例：已知工件待加工表面直径为 95mm，现一次进给车至直径为 90mm，求切削深度？ 解：$a_p=\frac{d_w-d_m}{2}=\frac{95-90}{2}=2.5(mm)$
主轴转速 n /(r/min)	主轴每分钟的转速	$n=\frac{1000v_c}{\pi d}$ 式中，n 为刀具或工件的转速(r/min)；v_c 为切削速度(m/min)；d 为工件或刀具的回转直径(mm)	例：车削工件直径 50mm，切削速度 314m/min，求主轴转速？ 解：$n=\frac{1000v_c}{\pi d}=\frac{1000\times 314}{3.14\times 50}=2000(r/min)$

(2)螺纹车削切削用量的确定

1）螺纹尺寸的确定见表 1-11。

表 1-11　螺纹尺寸的确定

外螺纹尺寸的确定	实际切削螺纹外圆直径：$d_{实际}=d-0.1P$ 螺纹牙型高度：$h=0.65P$ 螺纹小径：$d_1=d-1.3P$
内螺纹尺寸的确定	实际切削内孔直径： 塑性材料：$D_{实际}=D-P$ 脆性材料：$D_{实际}=D-(1.05\sim1.1)P$ 螺纹牙型高度：$h=0.65P$ 螺纹大径：$D=M$

2）螺纹车削切削用量的确定见表 1-12。

表 1-12　螺纹车削切削用量的确定

切削用量的确定	说明
车螺纹时主轴的转速	在车削螺纹时，车床的主轴转速将受到螺纹的螺距 P(或导程)大小、驱动电动机的升降频特性以及螺纹插补运算速度等多

续表

<table>
<tr><th>切削用量的确定</th><th>说明</th></tr>
<tr><td>车螺纹时主轴的转速</td><td>

种因素影响，故对于不同的数控系统，推荐不同的主轴转速选择范围。大多数经济型数控车床推荐车螺纹时的主轴转速为：

$$n \leqslant \frac{1200}{P} - k$$

式中，n 为刀具或工件的转速（r/min）；P 为工件螺纹的螺距或导程（mm）；k 为保险系数，一般取 80

</td></tr>
<tr><td>螺纹牙型高度</td><td>

螺纹牙型高度是指在螺纹牙型上，牙顶到牙底之间垂直于螺纹轴线的距离。螺纹实际牙型高度可按下式计算：

$$h = 0.65P$$

式中，h 为螺纹牙型高度；P 为螺纹螺距

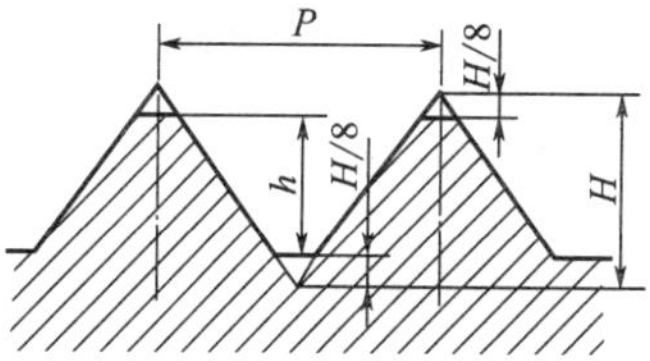

</td></tr>
<tr><td>径向起点和终点的确定</td><td>

对于外螺纹加工中，径向起点（编程大径）的确定决定于螺纹大径；径向终点（编程小径）的确定决定于螺纹小径。

对于普通螺纹可用粗略算法来编制程序。通常螺纹大径 d 比公称尺寸减小 $0.1P$，螺纹小径的确定根据下式确定：

$$d_1 = d - 1.3P$$

式中，d_1 为螺纹小径；d 为螺纹大径

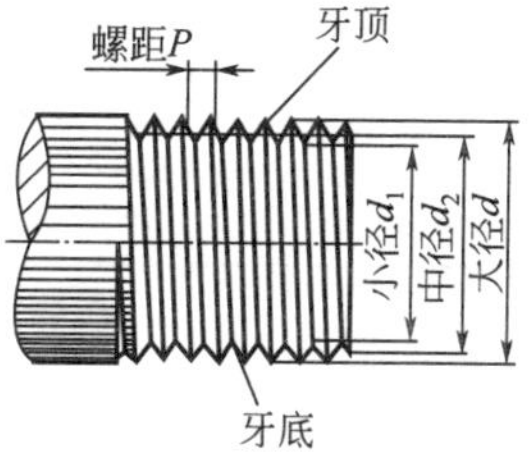

</td></tr>
<tr><td>分段切削
切削深度</td><td>

如果牙型较深、螺距较大，可分几次进给。每次进给切削深度用螺纹深度减精加工切削深度所得的差按递减规律分配，参考表 1-13

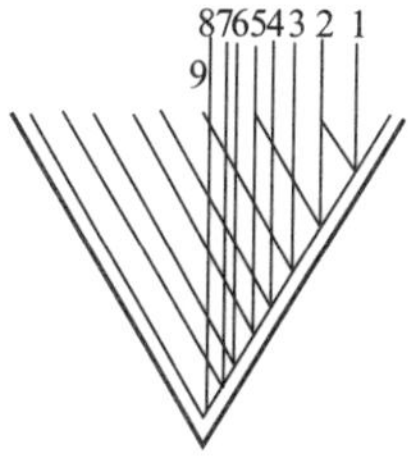

</td></tr>
<tr><td>进给量 f</td><td>单线螺纹 $f = P$；多线螺纹 $f = L$</td></tr>
</table>

表 1-13　常用螺纹加工走刀次数与分层切削深度　　mm

公制螺纹								
螺距		1.0	1.5	2.0	2.5	3.0	3.5	4.0
牙深(半径值)		0.65	0.975	1.3	1.625	1.95	2.275	2.6
切深(直径值)		1.3	1.95	2.6	3.25	3.9	4.55	5.2
走刀次数及切削深度	1次	0.7	0.8	0.9	1.0	1.2	1.5	1.5
	2次	0.4	0.5	0.6	0.7	0.7	0.7	0.8
	3次	0.2	0.5	0.6	0.6	0.6	0.6	0.6
	4次		0.15	0.4	0.4	0.4	0.6	0.6
	5次			0.1	0.4	0.4	0.4	0.4
	6次				0.15	0.4	0.4	0.4
	7次					0.2	0.2	0.4
	8次						0.15	0.3
	9次							0.2

3）螺纹车削切削用量确定实例。如表 1-14 中图所示，已知螺纹尺寸为 M24×2；大径（公称尺寸）$d=24$；螺距 $P=2$；计算工件螺纹处的外圆柱面直径、牙深、小径，确定主轴转速、螺纹切削深度及进给量。

① 计算工件螺纹处外圆柱面直径、牙深、小径。

表 1-14　计算工件螺纹处外圆柱面直径、牙深、小径

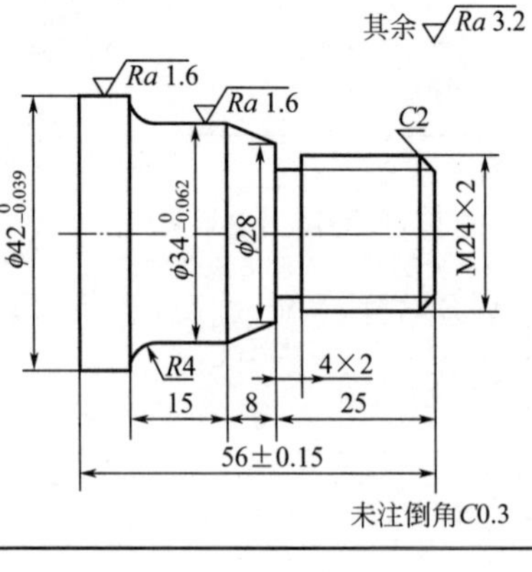

续表

名称	计算过程	计算结果
大径(公称直径)	d(图中给定已知条件)	$d=24$mm
螺距	P(图中给定已知条件)	$P=2$mm
牙深(半径值) 切深(直径值)	$h=0.6495P=0.65\times2=1.3$ $1.3P=1.3\times2=2.6$	牙深(半径值)$h=1.3$mm; 切深(直径值)2.6mm
小径	$d_1=d-1.3p=24-1.3\times P=21.4$	$d_1=21.4$mm

② 切削用量的确定。

a. 主轴转速确定：$n\leqslant\dfrac{1200}{p}-k=\dfrac{1200}{2}-80=520$。

b. 螺纹切削深度　切削深度分配原则：递减原则和最后一刀不能小于 0.1mm，见表 1-15。

表 1-15　螺纹加工走刀次数与切削深度　　mm

螺距	2		牙深	1.3		切深	2.6	
走刀次数	1 次	2 次	3 次	4 次	5 次	6 次	7 次	8 次
每次切削深度	0.5	0.4	0.4	0.3	0.3	0.3	0.3	0.1
直径尺寸变化(24)	23.5	23.1	22.7	22.4	22.1	21.8	21.5	21.4

c. 进给量：车螺纹的进给量等于螺纹导程，即进给量 f。单线螺纹 $f=P$；多线螺纹 $f=L$。

表 1-16～表 1-21 为常用的切削用量推荐表，供参考。

表 1-16　数控车床切削用量推荐表

工件材料	加工内容	切削用量 a_p/mm	切削速度 v_c/(m/min)	进给量 f/(m/r)	刀具材料
碳素钢 $\sigma_b>600$MPa	粗加工	5～7	60～80	0.2～0.4	YT 类
	粗加工	2～3	80～120	0.2～0.4	
	精加工	2～6	120～150	0.1～0.2	
	钻中心孔	—	500～800r/min	—	W18Cr4V
	钻孔	—	～30	0.1～0.2	
	切断(宽度<5mm)		70～110	0.1～0.2	YT 类

续表

工件材料	加工内容	切削用量 a_p/mm	切削速度 v_c/(m/min)	进给量 f/(m/r)	刀具材料
铸铁 200HBS 以下	粗加工	—	50～70	0.2～0.4	YG 类
	精加工	—	70～100	0.1～0.2	
	切断(宽度＜5mm)		50～70	0.1～0.2	

表 1-17 硬质合金刀具粗加工切削用量参考表

工件材料（典型钢）	工件热处理状态	a_p=6～12mm	a_p=2～6mm
		f=0.6～1mm/r	f=0.3～0.6mm/r
		主轴转速 S/(r/min)	
低碳钢(20＃)	热轧	750～950	1050～1300
中碳钢(45＃)	热轧	650～850	950～1200
	调质	550～750	750～950
合金钢 16Mn、42CrMo	热轧	550～570	750～950
	调质	420～630	550～750
灰铸铁及球墨铸铁	HBS＜200	550～750	630～850
	HBS=200～250	420～630	550～750
高锰钢 Mn13%	—	—	120～220
铜、铜合金	—	1000～1250	1250～1800
铝、铝合金	—	1200～1600	1500～2200

注：1. 此表仅适用于车削外圆、内孔，不适用螺纹加工。
2. 切削刀具的耐用度为 60min。
3. 车削直径平均为 30mm（一般常用值）。
4. 若直径相差太多（超过 60mm），则转速应按比例调整。

表 1-18 硬质合金刀具精加工外圆及内孔切削速度参考表

工件材料（典型钢）	工件热处理状态	a_p=0.6～2mm	a_p=0.1～0.6mm
		f=0.1～0.3mm/r	f=0.05～0.1mm/r
		主轴转速 S/(r/min)	
低碳钢(Q235、20＃)	热轧	1500～1850	1850～2200
中碳钢(45＃)	热轧	1300～1650	1600～2000
	调质	1100～1350	1250～1550

续表

工件材料（典型钢）	工件热处理状态	$a_p=0.6\sim2mm$	$a_p=0.1\sim0.6mm$
		$f=0.1\sim0.3mm/r$	$f=0.05\sim0.1mm/r$
		主轴转速 S/(r/min)	
合金钢 16Mn、42CrMo	热轧	1100～1150	1200～1400
	调质	850～1150	1150～1350
灰铸铁及球墨铸铁	HBS<200	950～1250	1150～1350
	HBS=200～250	850～1150	1050～1250
铜、铜合金	—	2000～2500	2300～2700
铝、铝合金	—	1500～6000	2000～7000

表 1-19　硬质合金刀具粗加工切削速度参考表

工件材料（典型钢）	工件热处理状态	$a_p=0.3\sim2mm$	$a_p=2\sim6mm$	$f=6\sim10mm/r$
		$f=0.08\sim0.3mm/r$	$f=0.3\sim0.6mm/r$	$f=0.6\sim1mm/r$
		v_c/(m/min)		
低碳钢，易切刚	热轧	140～180	100～120	70～90
中碳钢	热轧	130～160	90～110	60～80
	调质	100～130	70～90	50～70
合金钢结构钢	热轧	100～130	70～90	50～70
	调质	80～110	50～70	40～60
工具钢	退火	90～120	60～80	50～70
灰铸铁	HBS<200	90～120	60～80	50～70
	HBS=200～250	80～110	50～70	40～60
高锰钢 $\omega_{Mn}=13\%$			10～20	
铜、铜合金		200～250	120～180	90～120
铝、铝合金		300～600	200～400	150～200
铸铝合金 $\omega_{Si}=13\%$		100～180	80～150	60～100

注：易切钢及灰铸铁时刀具耐用度约为60min。

表 1-20　硬质合金车刀粗车外圆及端面的进给量参考值

工件材料	车刀刀杆尺寸 $B\times H$/mm	工件直径 D_w/mm	切削深度 a_p/mm ≤3	>3~5	>5~8	>8~12	>12
			进给量 f/(mm/r)				
碳素结构钢、合金结构钢及耐热钢	16×25	20	0.3~0.4	—	—	—	—
		40	0.4~0.5	0.3~0.4	—	—	—
		60	0.5~0.7	0.4~0.6	0.3~0.5	—	—
		100	0.6~0.9	0.5~0.7	0.5~0.6	0.4~0.5	—
		400	0.8~1.2	0.7~1.0	0.6~0.8	0.5~0.6	—
	20×30 25×25	20	0.3~0.4	—	—	—	—
		40	0.4~0.5	0.3~0.4	—	—	—
		60	0.5~0.7	0.5~0.7	0.4~0.6	—	—
		100	0.8~1.0	0.7~0.9	0.5~0.7	0.4~0.7	—
		400	1.2~1.4	1.0~1.2	0.8~1.0	0.6~0.9	0.4~0.6
铸铁及铜合金	16×25	20	0.4~0.5	—	—	—	—
		60	0.5~0.8	0.5~0.8	0.4~0.6	—	—
		100	0.8~1.2	0.7~1.0	0.6~0.8	0.5~0.7	—
		400	1.0~1.4	1.0~1.2	0.8~1.0	0.6~0.8	—
	20×30 25×25	20	0.4~0.5	—	—	—	—
		40	0.5~0.9	0.5~0.8	0.4~0.7	—	—
		100	0.9~1.3	0.8~1.2	0.7~1.0	0.5~0.8	—
		400	1.2~1.8	1.2~1.6	1.0~1.3	0.9~1.1	0.7~0.9

注：1. 加工断续表面及有冲击的工件时，表内进给量应乘系数 $k=0.75\sim0.85$。

2. 在无外皮加工时，表内进给量应乘系数 $k=1.1$。

3. 加工耐热钢及其合金时，进给量不大于 1mm/r。

4. 加工淬硬钢时，进给量应减小。当钢的硬度为 44~56HRC 时，乘系数 $k=0.8$；当钢的硬度为 57~62HRC 时，乘系数 $k=0.5$。

表 1-21　按表面粗糙度选择进给量的参考值

工件材料	表面粗糙度 Ra/μm	切削速度范围 v_c/(m/min)	刀尖圆弧半径 r_ε/mm 0.5	1.0	2.0
			进给量 f/(mm/r)		
铸铁、青铜、铝合金	>5~10	不限	0.25~0.40	0.40~0.50	0.50~0.60
	>2.5~5		0.15~0.25	0.25~0.40	0.40~0.60
	>1.25~2.5		0.10~0.15	0.15~0.20	0.20~0.35

续表

工件材料	表面粗糙度 $Ra/\mu m$	切削速度范围 $v_c/(m/min)$	刀尖圆弧半径 r_ε/mm		
			0.5	1.0	2.0
			进给量 $f/(mm/r)$		
碳钢及铝合金	>5～10	<50	0.30～0.50	0.45～0.60	0.55～0.70
		>50	0.40～0.55	0.55～0.65	0.65～0.70
	>2.5～5	<50	0.18～0.25	0.25～0.30	0.30～0.40
		>50	0.25～0.30	0.30～0.35	0.30～0.50
	>1.25～2.5	<50	0.10	0.11～0.15	0.15～0.22
		50～100	0.11～0.16	0.16～0.25	0.25～0.35
		>100	0.16～0.20	0.20～0.25	0.25～0.35

注：r_ε=0.5mm，用于12mm×12mm以下刀杆；r_ε=1mm，用于30mm×30mm以下刀杆；r_ε=2mm，用于30mm×45mm及以上刀杆。

1.5 数控车削加工工艺

1.5.1 数控车削加工工艺规程制定流程

结合数控车床的特点，制定零件数控车削加工工艺，主要内容有：分析零件图纸，确定加工工序和工件的装夹方式、各表面的加工顺序和刀具的进给路线及刀具、夹具和切削用量的选择。数控车削加工工艺规程制定的流程如表1-22所示。

表1-22 数控车削加工工艺规程制定的流程

序号	工作内容	说明
1	零件图工艺分析	分析零件图是工艺制定的基础，其主要内容有：零件结构工艺性分析、零件轮廓几何要素分析、零件精度及技术要求分析
2	加工方案的确定	根据零件的加工精度、表面粗糙度、材料、结构形状、尺寸及生产类型确定零件表面的数控车削加工方法及加工方案
(1)	数控车削外回转表面及端面加工方案的确定	①加工精度为IT7～IT8级、Ra0.8～1.6的常用金属，可采用普通型数控车床，按粗车、半精车、精车的方案加工

续表

序号	工作内容	说明
(1)	数控车削外回转表面及端面加工方案的确定	②加工精度为IT6～IT8级、Ra0.2～0.63的常用金属，可采用精密型数控车床，按粗车、半精车、精车、细车的方案加工。 ③加工精度高于IT5级、Ra<0.08的常用金属，可采用高档精密型数控车床，按粗车、半精车、精车、精密车的方案加工。 ④对淬火钢等难车削材料，其淬火前可采用粗车、半精车的方法，淬火后安排磨削加工，对最终工序有必要用数控车削方法加工难切削材料
(2)	数控车削内回转表面及端面加工方案的确定	①加工精度为IT8～IT9级、Ra1.6～3.2的常用金属，可采用普通型数控车床，按粗车、半精车、精车的方案加工。 ②加工精度为IT6～IT7级、Ra0.2～0.63的常用金属，可采用精密型数控车床，按粗车、半精车、精车、细车的方案加工。 ③加工精度高于IT5级、Ra<0.2的常用金属，可采用高档精密型数控车床，按粗车、半精车、精车、精密车的方案加工。 ④对淬火钢等难车削材料，其淬火前可采用粗车、半精车的方法，淬火后安排磨削加工，对最终工序有必要用数控车削方法加工难切削材料
3	工序的划分	对于数控加工内容多，需要多台不同的数控机床、多道工序才能完成加工的零件，工序以机床为单位划分。对于数控加工内容少，只需要很少的数控机床就能加工完零件全部内容，数控加工工序的划分一般可按下列方法进行：以一次安装加工作为一道工序；以一个独立的程序段连续加工为一道工序；以一把刀具加工的内容为一道工序；以粗、精加工划分工序
4	工序顺序安排	制定零件数控车削加工工序顺序一般遵循的原则 ①先加工定位面，即上道工序的加工能为后面的工序提供精基准和合适的夹紧表面。 ②先加工平面，后加工孔；先加工简单的几何形状，在加工复杂的几何形状。 ③对精度要求高、粗精加工需分开进行的，先粗加工，后精加工。 ④以相同定位、夹紧方式安装的工序，最好接连进行，以减少重复定位次数和夹紧次数。 ⑤中间穿插有通用机床加工工序的，要综合考虑，合理安排其加工顺序

续表

序号	工作内容	说明
5	工步顺序确定	工步顺序安排应遵循先粗后精、先近后远、先内后外、内外交叉、同一把刀能连续加工、保证工件加工刚度的原则
6	进给路线的确定	确定进给路线主要是确定粗加工及空行程的进给路线，因精加工的进给路线基本上是沿零件轮廓进行的。确定进给路线的原则是在保证加工质量的前提下，使进给路线最短。应选择最短的空行程路线、最短的切削进给路线、大余量毛坯的阶梯切削进给路线、精加工最后一刀要连续进给的路线及特殊的进给路线
7	夹具的选择	数控车床夹具除了使用通用三爪自定心卡盘、四爪卡盘、顶尖、自动控制的液压、电动及气动卡盘、顶尖外，还有其他类型的夹具，它们主要分为两类，即用于轴类，工件的夹具和用于盘类工件的夹具
8	工件的装夹	结合工件的结构特点和采用夹具选择合适的装夹方法
9	刀具的选择	粗车时要选强度高，耐用度好的刀具，以满足粗车时大切削深度、大进给量的要求。精车时要选精度高、耐用度好的刀具，以保证加工精度的要求。应尽可能采用机夹刀和机夹刀片。数控机床用得最普遍的是硬质合金刀具和高速钢刀具
10	切削用量的选择	数控车削加工中的切削用量包括切削深度 a_p，进给速度或进给量 f，主轴转速 n 或切削速度 v。数控车床切削用量的选择原则是：粗车时，首先应选择一个尽可能大的切削深度 a_p；其次选择一个较大的进给量 f；最后确定一个合理的切削速度 v。精车时，应选择较小的切削深度 a_p（一般取 0.1～0.5mm）和进给量 f，并选用切削性能较高的刀具材料和合理的几何参数，以尽可能提高切削速度。切削用量应在机床说明书给定的允许范围内选择，并应考虑机床工艺系统的刚性和机床功率的大小。切削用量也可参考数控切削用量推荐表

1.5.2 轴类零件的数控车削工艺路线制定的分析过程

典型轴类的零件图如图 1-5 所示。在 TND360 型数控车床加工，其数控车削工艺路线制定的分析过程见表 1-23。

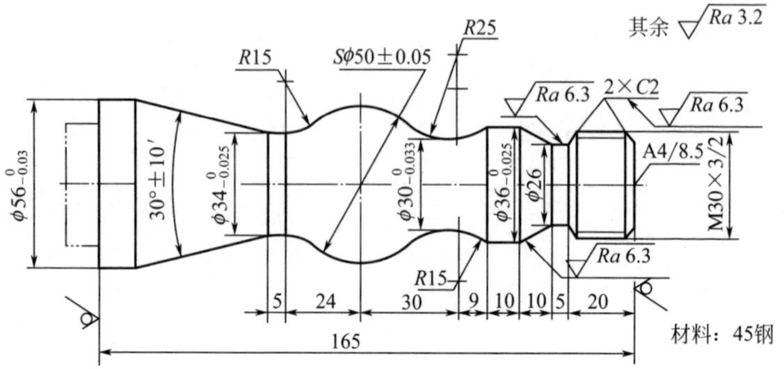

图 1-5　典型轴类零件

表 1-23　典型轴类零件数控车削加工工艺路线制定分析过程

序号	加工工艺路线	说明
1	零件图工艺分析	该零件加工表面由圆柱面、圆锥面、球面及双头螺纹等组成。圆柱面直径、球面直径及凹圆弧面的直径尺寸和大锥面的锥角等的精度要求较高；大部分的表面粗糙度为 *Ra*3.2。零件材料为 45 钢，切削加工性能好，无热处理要求
2	选择毛坯	毛坯选 *ϕ*60×180 的热轧棒料
3	划分工序	用一台数控车床完成粗、精加工只需一道工序，若用两台数控车床分别进行粗、精加工则需两道工序
4	确定加工顺序	加工顺序为先粗车后精车，粗车留加工余量 0.25mm；工步顺序按由近到远，由右至左的原则进行，即先从右到左进行粗车留加工余量 0.25mm；然后从右到左进行精车，最后车螺纹
(1)	粗车分两步进行	①粗车外圆，基本采用阶梯切削路线，粗车 *ϕ*56、*Sϕ*50、*ϕ*36、*M*30 各外圆段以及锥长为 10mm 的圆锥端，留 1mm 的余量。 ②自右向左出车 *R*15、*R*25*Sϕ*50、*R*15 各圆弧面及 30°±10′的圆锥面
(2)	精车	自右向左精车：螺纹右段倒角→车削螺纹段外圆 *ϕ*30→螺纹左段→5×*ϕ*26 螺纹退刀槽→锥长 10mm 的圆锥→*ϕ*36 圆柱段→*R*15、*R*25、*Sϕ*50、*R*15 各圆弧面→5×*ϕ*34 的槽→30°±10′的圆锥面→*ϕ*56 圆柱面
(3)	车螺纹	

续表

序号	加工工艺路线	说明
(4)	切断	
5	确定进给路线	运用数控系统的循环功能进行粗车和车螺纹，只要正确使用编程指令，机床数控系统就会自行确定其进给路线。精车的进给路线从右到左沿零件表面轮廓进给，如下图所示 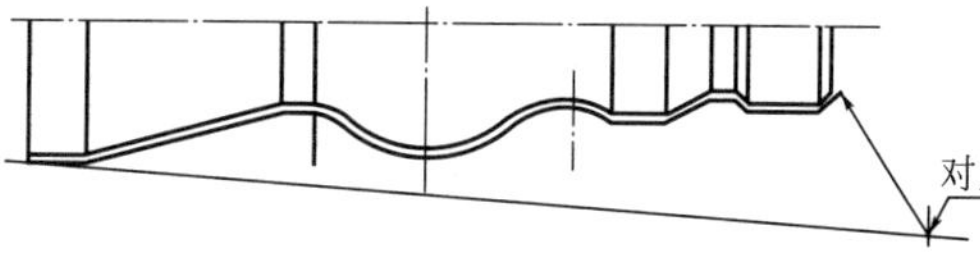
6	零件的装夹与夹具选择	在普通机床上预先车出毛坯左端夹持部分，右端钻好中心孔。装夹时以零件的轴线和左端大端面为定位基准，用三爪自定心卡盘定心夹紧左端，右端采用活动顶尖辅助支承，即采用一夹一顶的装夹方案
7	选择刀具	粗车选用硬质合金 90°外圆车刀，本例取主偏角 $k_r=35°$。 精车和车螺纹选用硬质合金 60°外螺纹车刀，取刀尖 $\varepsilon_r=59°30'$，取刀尖圆弧半径 $r_\varepsilon=0.15\sim0.2$mm
8	选择切削用量	①切削深度：粗车循环时，$a_p=3$mm；精车时，$a_p=0.25$mm。 ②主轴转速：车直线和圆弧轮廓时主轴转速可通过查表获得，取粗车 $v_c=90$m/min，精车 $v_c=120$m/min。根据坯件直径(精车时取平均直径)，利用公式 $v_c=\frac{\pi Dn}{1000}$计算，并结合机床说明书选取粗车时，主轴转速 $n=500$r/min，精车时，主轴转速$n=1200$r/min。 车螺纹时主轴转速用 $n=\frac{1000v_c}{\pi d}$ 计算，取主轴转速$n=320$r/min。 ③进给速度：先选取进给量，利用公式 $v_f=nf$ 计算进给速度。粗车时，选取进给量 $f=0.4$mm/r；精车时，选取进给量 $f=0.15$mm/r。计算粗车进给速度 $v_f=200$mm/min，精车进给速度 $v_f=180$mm/min。车螺纹的进给量等于螺纹导程，即 $f=3$mm/r，短距离空行程的进给速度取 $v_f=300$mm/min

1.5.3 轴套零件的数控车削工艺规程制定

(1)零件图

轴套零件如图 1-6 所示，在 MT50 型数控车床加工，该工件在数控加工前已在普通车床上进行过加工，毛坯图如图 1-7 所示。

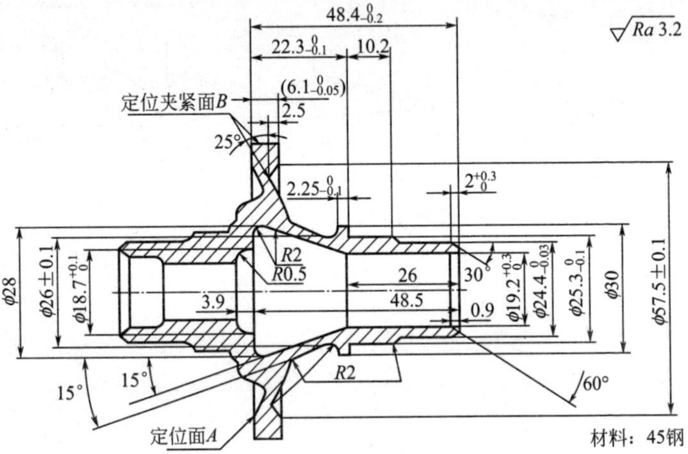

图 1-6 轴套零件

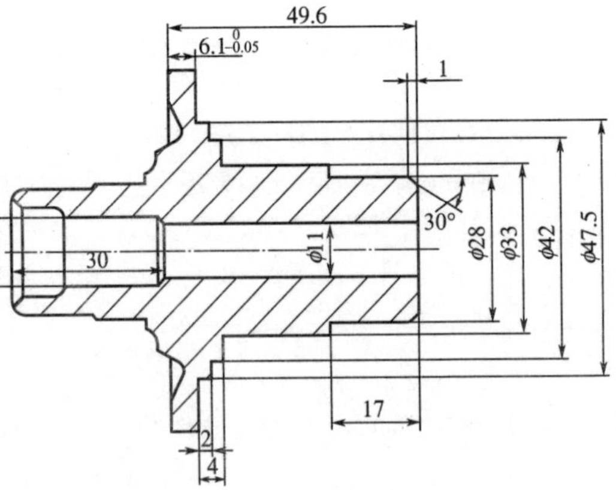

图 1-7 轴套前工序简图

(2)轴套零件数控车削工艺路线制定见表 1-24

表 1-24　轴套零件数控车削加工工艺

序号	加工工艺路线	图示及说明
1	零件图工艺分析	轴套零件主要由内外圆柱面、内外圆锥面、平面及圆弧等组成，结构形状复杂；加工的部位多，零件的 $\phi24.4_{-0.03}^{\ 0}$ 和 $\phi6.1_{-0.06}^{\ 0}$ 两处尺寸精度要求较高；外圆锥面上有几处"$R2$"的圆弧面，工件壁薄，加工中易变形，因此适合数控车削加工。在加工中采取的工艺措施：工件外圆锥面上"$R2$"的圆弧面，由于圆弧半径较小，可直接用成形刀车削而不用圆弧插补程序切削；选择刚性较好的端面 A 和大外圆柱面分别作为轴向和径向定位基准；以减少夹紧变形的影响；因该零件加工部位较多，可采用多把刀具来完成加工
2	确定装夹方案	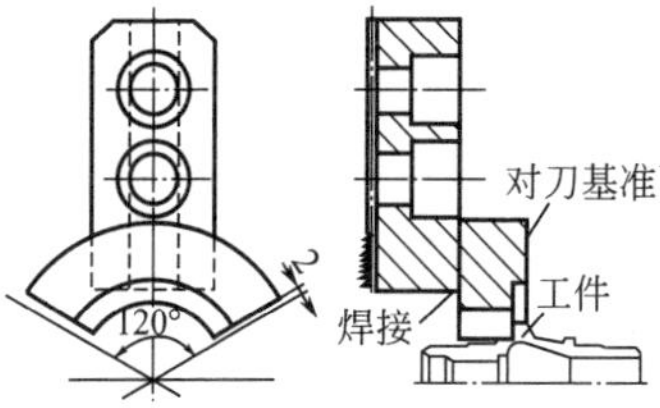 该工件壁薄，加工中易变形，为了减少夹紧变形，敞开所有的加工部位，采用如图所示的包容式软爪进行装夹。该软爪底部的端齿在卡盘（液压或气动卡盘）上定位，能保证较高的重复安装精度。为了便于在加工中对刀和测量，可在软爪上设定一个对刀基准面。为准确控制基准面至轴向支承面的距离，在数控车床上加工软爪的径向夹持表面时一同将轴向定位支承表面加工出来
3	确定加工顺序、进给路线及刀具	根据先粗后精、先近后远、内外交叉的原则确定加工顺序和进给路线。所选刀具除成形车刀外，都是机夹可转位车刀。表中(1)～(10)为刀具的选择、加工顺序和进给路线
(1)	粗车外圆表面	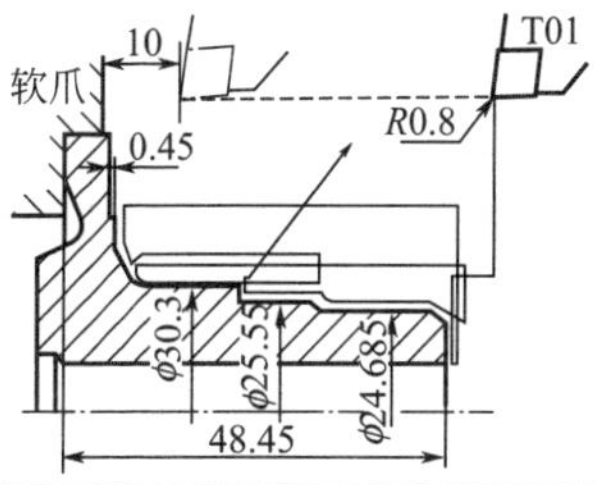 选用 80°菱形刀片将整个外圆表面粗车成形，其进给路线如图。图中虚线是对刀时的进给路线，软爪上对刀基准面与对刀点刀尖的距离(10mm)用量规检查

序号	加工工艺路线	图示	说明
(2)	半精车外锥面及过渡圆弧	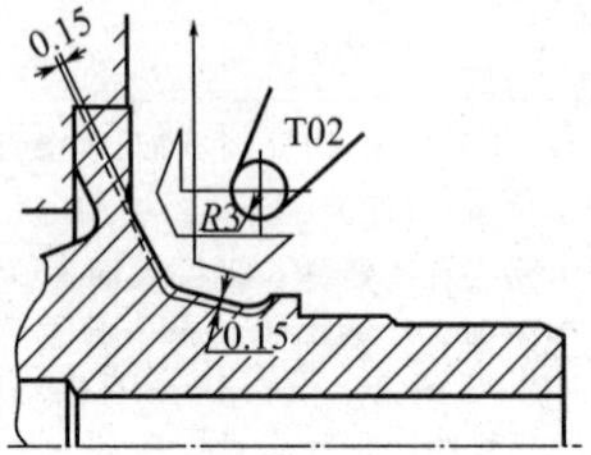	半精车外锥面及过渡圆弧进给路线如图。选用圆弧半径为 $R3$ 的圆弧形刀车削 25°、15°两外锥面及三处“$R2$”的过渡圆弧
(3)	粗车内孔端部	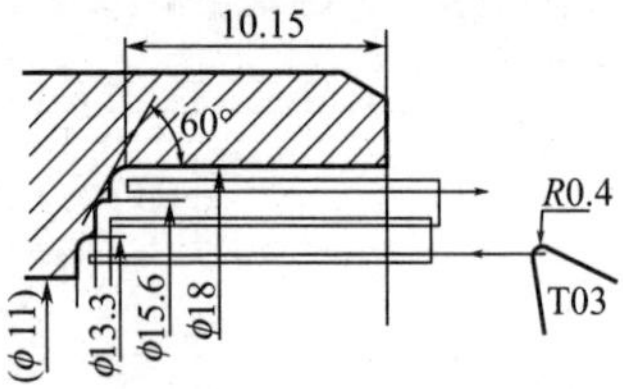	粗车内孔端部进给路线如图。选用 60°带 $R0.4$ 圆刃的三角形刀片车削加工。此加工共分三次走刀，依次将距内孔端部 10mm 左右的一段车至 $\phi13.3$、$\phi15.6$、$\phi18$
(4)	扩深孔内部	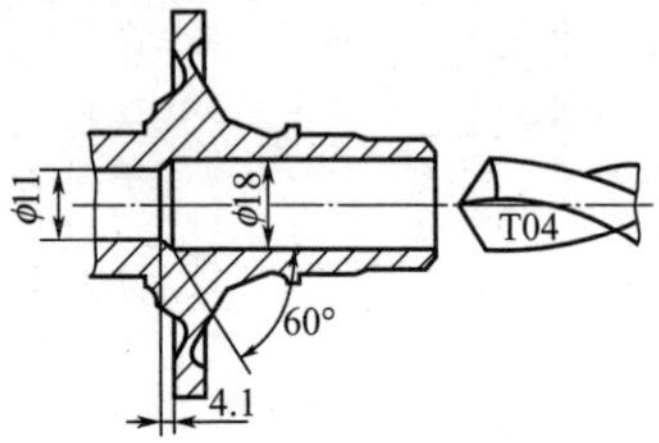	扩深孔内部进给路线如图。深孔内部采用钻削扩孔的办法不仅可提高加工效率，而且切屑易于排除，故深孔内部采用 $\phi18$ 的麻花钻扩孔。直接由一个车削工步或一个扩孔的工步加工完成
(5)	粗车内锥面及半精车其余内表面	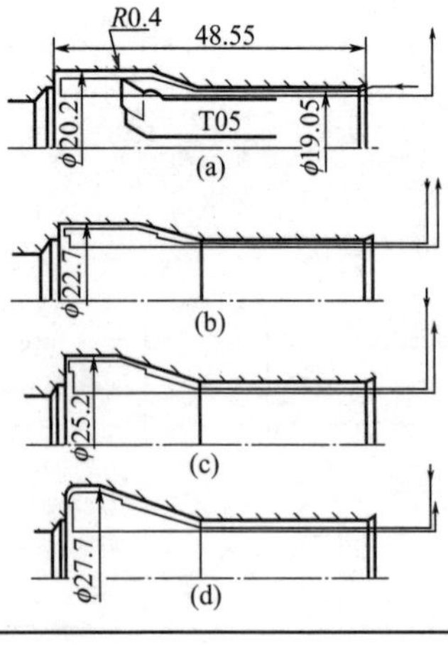	粗车内锥面及半精车其余内表面进给路线如图。选用 55°、带 $R0.4$ 圆弧刃的菱形刀片半精车 $\phi19.2^{+0.3}_{0}$ 内圆柱面、$R2$ 圆弧面及左侧内表面，粗车 15°内圆锥面。由于内锥面需切余量较多。可分四次进给。每两次进给之间都安排一次退刀停车，以便操作者及时清除孔内切屑

续表

<table>
<tr><th>序号</th><th>加工工艺路线</th><th colspan="2">图示及说明</th></tr>
<tr><td>(6)</td><td>精车外圆柱面及端面</td><td>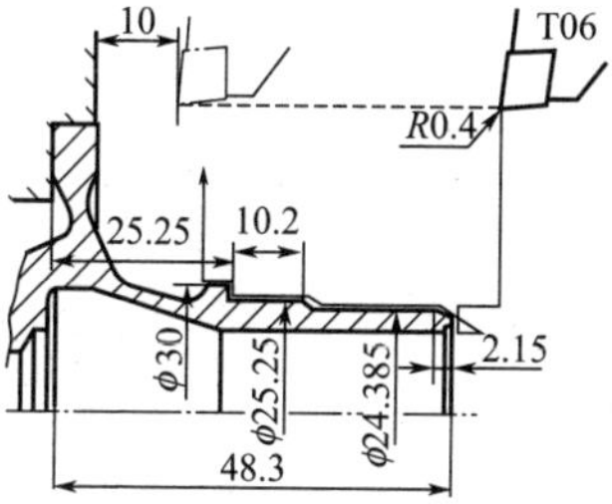
</td><td>精车外圆柱面及端面进给路线如图。选用 80°带 $R0.4$ 圆弧刃的菱形刀片，依次按右端面、$\phi24.385$、$\phi25.25$、$\phi30$ 外圆面及 $R2$ 圆弧面、倒角和台阶面的顺序加工</td></tr>
<tr><td>(7)</td><td>精车 25°外圆锥面及 $R2$ 圆弧面</td><td>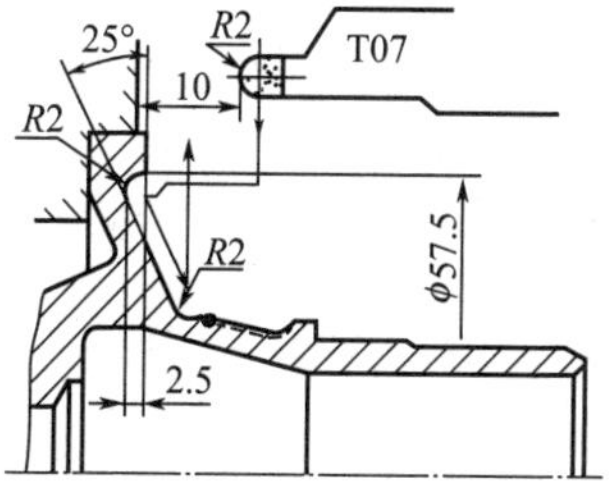
</td><td>精车 25°外圆锥面及 $R2$ 圆弧面进给路线如图。用带 $R2$ 的圆弧车刀，精车 25°外圆锥面及 $R2$ 圆弧面</td></tr>
<tr><td>(8)</td><td>精车 15°外圆锥面及 $R2$ 圆弧面</td><td>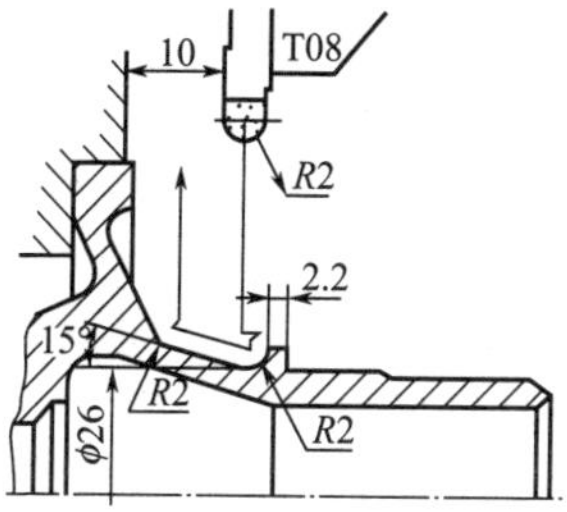
</td><td>精车 15°外圆锥面及 $R2$ 圆弧面进给路线如图。用带 $R2$ 的圆弧车刀，精车 15°外圆锥面及 $R2$ 圆弧面</td></tr>
<tr><td>(9)</td><td>精车内表面</td><td>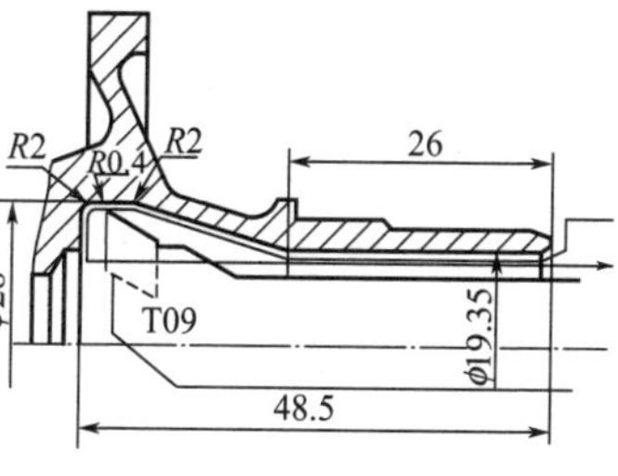
</td><td>精车内表面其进给路线如图。用选用 55°带 $R0.4$ 圆弧刃的菱形刀片精车 $\phi19.2^{+0.3}_{0}$ 内孔、15°内锥面、$R2$ 圆弧面及锥孔端面</td></tr>
</table>

续表

序号	加工工艺路线	图示及说明	
(10)	车削最深处 $\phi 18.7^{+0.1}_{0}$ 内孔及端面	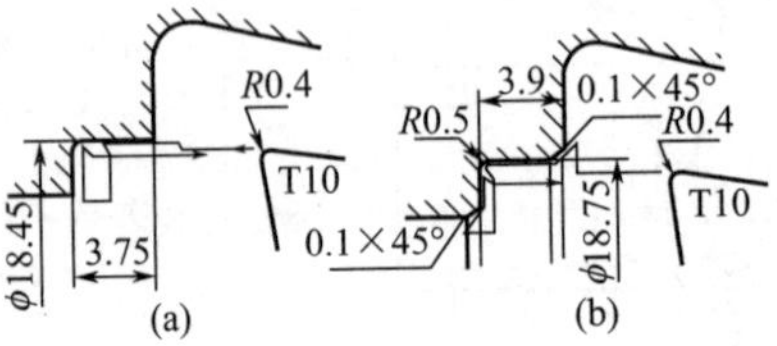	加工最深处 $\phi 18.7^{+0.1}_{0}$ 内孔及端面。选用80°、带 $R0.4$ 圆弧刃的菱形刀片，分两次进给。图(a)为第一次进给路线，图(b)为第二次进给路线
4	选择切削用量	根据加工要求和各工步加工表面形状选择切削用量。 ①粗车外圆表面：车削端面时主轴转速 $n=1400\text{r/min}$，其余部位 $n=1000\text{r/min}$，端部倒角进给量 $f=0.15\text{mm/r}$，其余部位 $f=0.2\sim0.25\text{mm/r}$。 ②半精车外锥面及过渡圆弧：主轴转速 $n=1000\text{r/min}$，其余部位 $n=1000\text{r/min}$，切入时的进给量 $f=0.1\text{mm/r}$，进给时 $f=0.2\text{mm/r}$。 ③ 粗车内孔端部：主轴转速 $n=1000\text{r/min}$，进给量 $f=0.1\text{mm/r}$。 ④ 扩深孔内部：主轴转速 $n=550\text{r/min}$，进给量 $f=0.15\text{mm/r}$。 ⑤ 粗车内锥面及半精车其余内表面：$n=700\text{r/min}$，车削 $\phi 19.05$ 内孔时进给量 $f=0.2\text{mm/r}$，车削其余部位 $f=0.1\text{mm/r}$。 ⑥精车外圆柱面及端面：主轴转速 $n=1400\text{r/min}$，进给量 $f=0.15\text{mm/r}$。 ⑦ 精车25°外圆锥面及 $R2$ 圆弧面：主轴转速 $n=700\text{r/min}$，进给量 $f=0.1\text{mm/r}$。 ⑧ 精车15°外圆锥面及 $R2$ 圆弧面：主轴转速 $n=700\text{r/min}$，进给量 $f=0.1\text{mm/r}$。 ⑨ 精车内表面：主轴转速 $n=1000\text{r/min}$，进给量 $f=0.1\text{mm/r}$。 ⑩ 车削最深处 $\phi 18.7^{+0.1}_{0}$ 内孔及端面：主轴转速 $n=1000\text{r/min}$，进给量 $f=0.1\text{mm/r}$	

(3)轴套数控加工工序卡见表1-25

表1-25　轴套数控加工工序卡

工厂名称		产品名称或代号	零件名称	零件图号
			轴套	
工序号	程序编号	夹具名称	使用设备	车间
		包容式软三爪	MT-50	

续表

工步号	工步内容	刀具号	刀具规格/mm	主轴转速/(r/min)	进给量/(mm/r)	背吃刀量/mm	备注
1	①粗车端面； ②粗车外表面分别至尺寸 ϕ24.68、ϕ25.55、ϕ30.3	T01		1400 1000	0.15 0.2～0.25		
2	半精车外锥面，留余量0.15mm	T02		1000	0.1 0.2		
3	粗车深度为10.15mm的ϕ18内孔	T03		1000	0.1		
4	扩ϕ18内孔深部	T04		550	0.15		
5	粗车内锥面及半精车内表面分别至尺寸ϕ27.7和ϕ19.05	T05		700	0.2 0.1		
6	精车外圆柱面及端面至尺寸	T06		1400	0.15		
7	精车25°外锥面及R2圆弧面至尺寸	T07		700	0.1		
8	精车15°外锥面及R2圆弧面至尺寸	T08		700	0.1		
9	精车内表面至尺寸	T09		1000	0.1		
10	精车$\phi 18.7^{+0.1}_{0}$及其端面至尺寸	T10		1000	0.1		
编制	审核	批准		年 月 日		共 页	第 页

(4)轴套数控加工刀具卡见表1-26

表1-26 轴套数控加工刀具卡

产品名称或代号			零件名称	轴套		零件图号	
序号	刀具号	刀具规格名称	数量	刀片		刀尖半径/mm	备注
				型号	牌号		
1	T01	机夹式可转位车刀	1	CCMT097308	GC435	0.8	
2	T02	机夹式可转位车刀	1	RCMT060200	GC435	2	

续表

序号	刀具号	刀具规格名称	数量	刀片		刀尖半径/mm	备注
				型号	牌号		
3	T03	机夹式可转位车刀	1	TCMT090204	GC435	0.4	
4	T04	ϕ18 麻花钻	1				
5	T05	机夹式可转位车刀	1	DNMA110404	GC435	0.4	
6	T06	机夹式可转位车刀	1	CCMW080304	GC435	0.4	
7	T07	成形车刀	1			2	
8	T08	成形车刀	1			2	
9	T09	机夹式可转位车刀	1	DNMA110404	GC435	0.4	
10	T10	机夹式可转位车刀	1	CCMW060204	GC435	0.4	
编制		审核		批准	年 月 日	共 页	第 页

1.6 数控车床加工实例

1.6.1 典型轴类零件加工实例

典型轴类零件加工实例如图 1-8 所示。

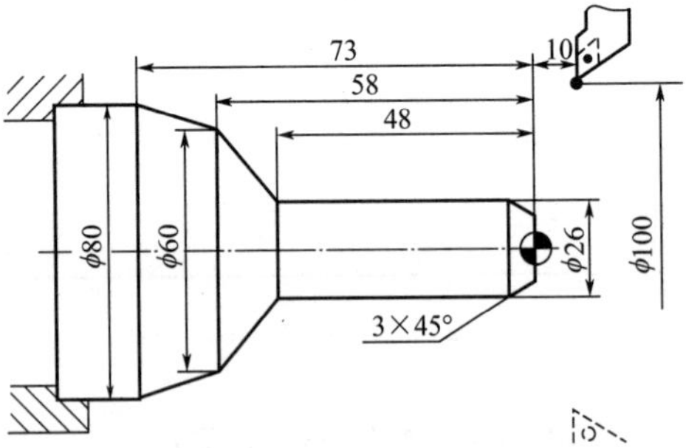

图 1-8 典型轴类零件加工实例

FUNAC 系统数控车编程如下：

```
O9001;
N10 G50 X100 Z10;           (设立坐标系,定义对刀点的位置)
N20 G00 X16 Z2 M03;         (移到倒角延长线,Z 轴 2mm 处)
```

```
N30 G01 U10 W-5 G98 F120;     (倒 3×45°角)
N40 Z-48;                     (加工 φ26 外圆)
N50 U34 W-10;                 (切第一段锥)
N60 U20 Z-73;                 (切第二段锥)
N70 X90;                      (退刀)
N80 G00 X100 Z10;             (回对刀点)
N90 M05;                      (主轴停)
N100 M30;                     (主程序结束并复位)
```

华中系统编程如下：

```
%9001
N10 G92 X100 Z10              (设立坐标系,定义对刀点的位置)
N20 G00 X16 Z2 M03            (移到倒角延长线,Z 轴 2mm 处)
N30 G01 U10 W-5 F300          (倒 3×45°角)
N40 Z-48                      (加工 φ26 外圆)
N50 U34 W-10                  (切第一段锥)
N60 U20 Z-73                  (切第二段锥)
N70 X90                       (退刀)
N80 G00 X100 Z10              (回对刀点)
N90 M05                       (主轴停)
N100 M30                      (主程序结束并复位)
```

1.6.2 圆弧面类零件加工实例

圆弧面类零件加工实例如图 1-9 所示。

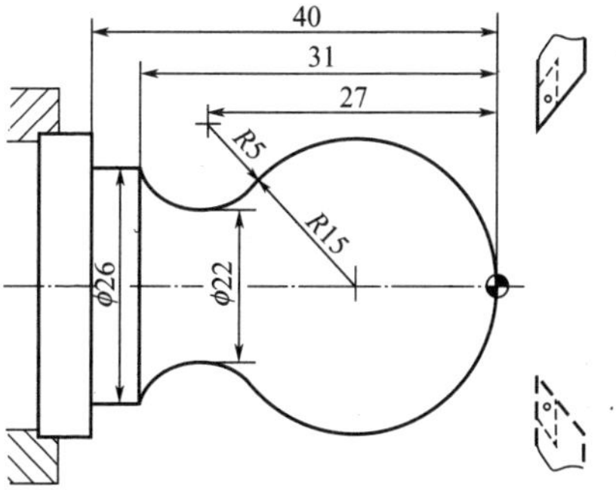

图 1-9 圆弧面类零件加工实例

FUNAC 系统编程如下：

```
O9002;
N10 G50 X40 Z5;          (设立坐标系,定义对刀点的位置)
N20 M03 S400;            (主轴以 400r/min 旋转)
N25 G50 S1000;           (主轴最大限速 1000r/min 旋转)
N30 G96 S80;             (恒线速度有效,线速度为 80m/min)
N40 G00 X0;              (刀到中心,转速升高,直到主轴到最大限速)
N50 G01 Z0 G98 F60;      (工进接触工件)
N60 G03 U24 W-24 R15;    (加工 R15 圆弧段)
N70 G02 X26 Z-31 R5;     (加工 R5 圆弧段)
N80 G01 Z-40;            (加工 φ26 外圆)
N90 X40 Z5;              (回对刀点)
N100 G97 S300;           (取消恒线速度功能,设定主轴按 300r/min 旋转)
N110 M30;                (主轴停、主程序结束并复位)
```

华中系统编程如下：

```
%9002
N10 G92 X40 Z5           (设立坐标系,定义对刀点的位置)
N20 M03 S400             (主轴以 400r/min 旋转)
N40 G00 X0               (刀到中心,转速升高,直到主轴到最大限速)
N50 G01 Z0 F60           (刀具接触工件)
N60 G03 U24 W-24 R15     (加工 R15 圆弧段)
N70 G02 X26 Z-31 R5      (加工 R5 圆弧段)
N80 G01 Z-40             (加工 φ26 外圆)
N90 X40 Z5               (回对刀点)
N100 M30                 (主轴停、主程序结束并复位)
```

1.6.3 圆锥面零件加工实例

圆锥面零件加工实例如图 1-10 所示。

FUNAC 系统编程如下：

```
O9004;
N10 G50 X40 Z3;          (设立坐标系,定义对刀点的位置)
N20 M03 S400;            (主轴以 400r/min 旋转)
N30 G90 X30 Z-30 I-5.5  G98 F100;
                         (加工第一次循环,切削深度 3mm)
```

```
N40 X27;                    (加工第二次循环,切削深度 3mm)
N50 X24;                    (加工第三次循环,切削深度 3mm)
N60 M30;                    (主轴停、主程序结束并复位)
```

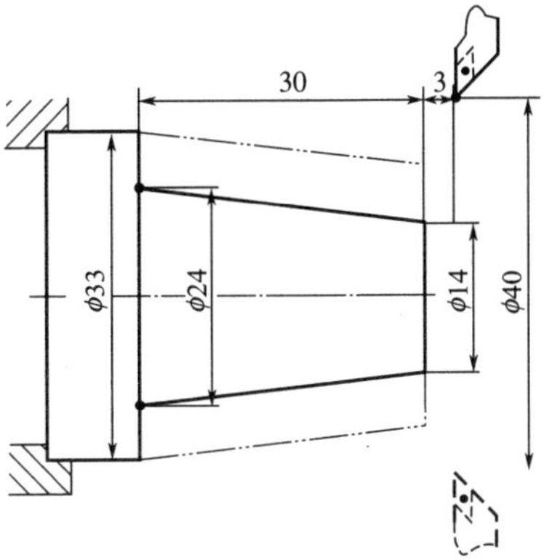

图 1-10　圆锥面零件加工实例

华中系统编程如下：

```
%9004
N10 G92 X40 Z3              (设立坐标系,定义对刀点的位置)
N20 M03 S400                (主轴以 400r/min 旋转)
N30 G91 G80 X-10 Z-33 I-5.5 F100
                            (加工第一次循环,切削深度 3mm)
N40X-13 Z-33 I-5.5          (加工第二次循环,切削深度 3mm)
N50X-16 Z-33 I-5.5          (加工第三次循环,切削深度 3mm)
N60 M30                     (主轴停、主程序结束并复位)
```

1.6.4　盘套类零件加工实例

盘套类零件加工实例如图 1-11 所示。

FUNAC 系统编程如下：

```
O9005;
N10 G54 G90 G00 X60 Z45 M03;         (选定坐标系,主轴正转,到循环起点)
N20 G94 X25 Z31.5 K-3.5 G98 F100;    (加工第一次循环,切削深度 2mm)
N30 X25 Z29.5 K-3.5;                 (每次切削深度均为 2mm)
N40 X25 Z27.5 K-3.5;                 (每次切削起点位,距工件外圆面
                                     5mm,故 K 值为－3.5)
```

```
N50 X25 Z25.5 K-3.5;                (加工第四次循环,切削深度 2mm)
N60 M05;                            (主轴停)
N70 M30;                            (主程序结束并复位)
```

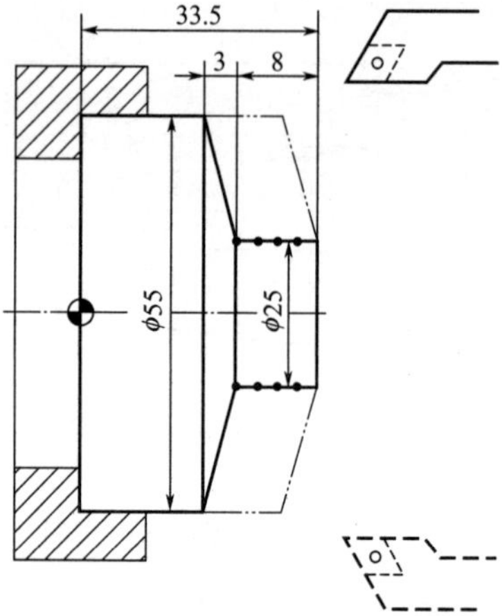

图 1-11　盘套类零件加工实例

华中系统编程如下：

```
%9005
N10 G54 G90 G00 X60 Z45 M03      (选定坐标系,主轴正转,到循环起点)
N20 G81 X25 Z31.5 K-3.5 F100     (加工第一次循环,切削深度 2mm)
N30 X25 Z29.5 K-3.5              (每次切削深度均为 2mm)
N40 X25 Z27.5 K-3.5              (每次切削起点位,距工件外圆面 5mm,
                                 故 K 值为一3.5)
N50 X25 Z25.5 K-3.5              (加工第四次循环,切削深度 2mm)
N60 M05                          (主轴停)
N70 M30                          (主程序结束并复位)
```

1.6.5　螺纹类零件加工实例

螺纹类零件加工实例如图 1-12 所示。

螺纹切削编程方法如下。

FANUC 数控车床：

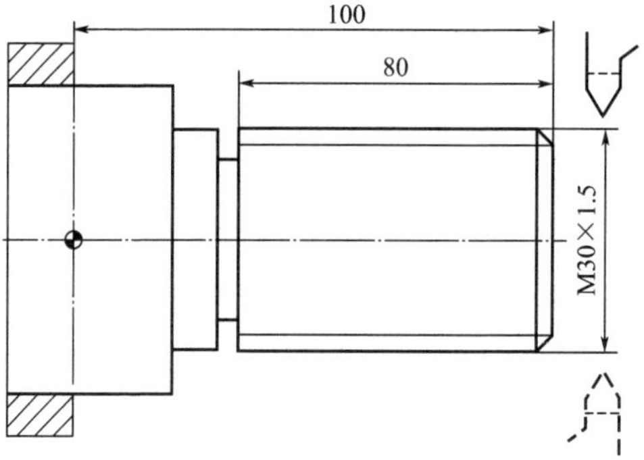

图 1-12　螺纹类零件加工实例

格式：G32 X(U)_ Z(W)_ F_ ;

说明：

① X、Z：绝对编程时，有效螺纹终点在工件坐标系中的坐标。

② U、W：增量编程时，有效螺纹终点相对于螺纹切削起点的位移量。

③ F：螺纹导程，即主轴每转一圈，刀具相对于工件的进给值。

使用 G32 指令能加工圆柱螺纹、锥螺纹和端面螺纹。

图 1-12 螺纹导程为 1.5mm，$\delta=1.5$mm，$\delta'=1$mm ，每次切削深度（直径值）分别为 0.8mm、0.6 mm 、0.4mm、0.16mm。

FUNAC 系统编程如下：

```
O9003;
N10 G50 X50 Z120;          (设立坐标系,定义对刀点的位置)
N20 M03 S300;              (主轴以 300r/min 旋转)
N30 G00 X29.2 Z101.5;      (到螺纹起点,升速段 1.5mm,切削深度 0.8mm)
N40 G32 Z19 F1.5;          (切削螺纹到螺纹切削终点,降速段 1mm)
N50 G00 X40;               (X 轴方向快退)
N60 Z101.5;                (Z 轴方向快退到螺纹起点处)
N70 X28.6;                 (X 轴方向快进到螺纹起点处,切削深度 0.6mm)
N80 G32 Z19 F1.5;          (切削螺纹到螺纹切削终点)
N90 G00 X40;               (X 轴方向快退)
N100 Z101.5;               (Z 轴方向快退到螺纹起点处)
```

```
N110 X28.2;               (X轴方向快进到螺纹起点处,切削深度 0.4mm)
N120 G32 Z19 F1.5;        (切削螺纹到螺纹切削终点)
N130 G00 X40;             (X轴方向快退)
N140 Z101.5;              (Z轴方向快退到螺纹起点处)
N150 U-11.96              (X轴方向快进到螺纹起点处,切削深度 0.16mm)
N160 G32 W-82.5 F1.5;     (切削螺纹到螺纹切削终点)
N170 G00 X40;             (X轴方向快退)
N180 X50 Z120;            (回对刀点)
N190 M05;                 (主轴停)
N200 M30;                 (主程序结束并复位)
```

华中数控车床：

格式：G32 X(U)_ Z(W)_ R_ E_ P_ F_ ；

说明：

① X、Z：绝对编程时，有效螺纹终点在工件坐标系中的坐标。

② U、W：增量编程时，有效螺纹终点相对于螺纹切削起点的位移量。

③ F：螺纹导程，即主轴每转一圈，刀具相对于工件的进给值。

④ R、E：螺纹切削的退尾量，R 表示 Z 向退尾量；E 为 X 向退尾量，R、E 在绝对或增量编程时都是以增量方式指定，其为正表示沿 Z、X 正向回退，为负表示沿 Z、X 负向回退。

使用 R、E 可免去退刀槽。R、E 可以省略，表示不用回退功能；根据螺纹标准 R 一般取 0.75～1.75 倍的螺距，E 取螺纹的牙型高。

⑤ P：主轴基准脉冲处距离螺纹切削起始点的主轴转角。

使用 G32 指令能加工圆柱螺纹、锥螺纹和端面螺纹。螺纹导程为 1.5mm，$\delta=1.5$mm，$\delta'=1$mm，每次切削深度（直径值）分别为 0.8mm、0.6 mm 、0.4mm、0.16mm。

华中系统编程如下：

```
%9003
N10 G92 X50 Z120          (设立坐标系,定义对刀点的位置)
N20 M03 S300              (主轴以 300r/min 旋转)
N30 G00 X29.2 Z101.5      (到螺纹起点,升速段 1.5mm,切削深度 0.8mm)
```

```
N40 G32 Z19 F1.5          (切削螺纹到螺纹切削终点,降速段 1mm)
N50 G00 X40               (X 轴方向快退)
N60 Z101.5                (Z 轴方向快退到螺纹起点处)
N70 X28.6                 (X 轴方向快进到螺纹起点处,切削深度 0.6mm)
N80 G32 Z19 F1.5          (切削螺纹到螺纹切削终点)
N90 G00 X40               (X 轴方向快退)
N100 Z101.5               (Z 轴方向快退到螺纹起点处)
N110 X28.2                (X 轴方向快进到螺纹起点处,切削深度 0.4mm)
N120 G32 Z19 F1.5         (切削螺纹到螺纹切削终点)
N130 G00 X40              (X 轴方向快退)
N140 Z101.5               (Z 轴方向快退到螺纹起点处)
N150 U-11.96              (X 轴方向快进到螺纹起点处,切削深度 0.16mm)
N160 G32 W-82.5 F1.5      (切削螺纹到螺纹切削终点)
N170 G00 X40              (X 轴方向快退)
N180 X50 Z120             (回对刀点)
N190 M05                  (主轴停)
N200 M30                  (主程序结束并复位)
```

螺纹切削复合循环编程方法如下。

FUNAC 系统编程如下：

```
O9006;
N10 G54 G00 X35 Z104;          (选定坐标系 G55,到循环起点)
N20 M03 S300;                  (主轴以 300r/min 正转)
N30 G92 X29.2 Z18.5   F3;      (第一次循环切螺纹,切深 0.8mm)
N40 X28.6;                     (第二次循环切螺纹,切深 0.4mm)
N50 X28.2;                     (第三次循环切螺纹,切深 0.4mm)
N60 X28.04;                    (第四次循环切螺纹,切深 0.16mm)
N70 M30;                       (主轴停、主程序结束并复位)
```

华中系统编程如下：

```
%9006
N10 G54 G00 X35 Z104                 (选定坐标系 G55,到循环起点)
N20 M03 S300                         (主轴以 300r/min 正转)
N30 G82 X29.2 Z18.5 C2 P180 F3       (第一次循环切螺纹,切深 0.8mm)
N40 X28.6 Z18.5 C2 P180 F3           (第二次循环切螺纹,切深 0.4mm)
N50 X28.2 Z18.5 C2 P180 F3           (第三次循环切螺纹,切深 0.4mm)
```

```
N60 X28.04 Z18.5 C2 P180 F3        (第四次循环切螺纹,切深 0.16mm)
N70 M30                            (主轴停、主程序结束并复位)
```

1.6.6 锥面螺纹类零件加工实例

锥面螺纹类零件加工实例如图 1-13 所示。

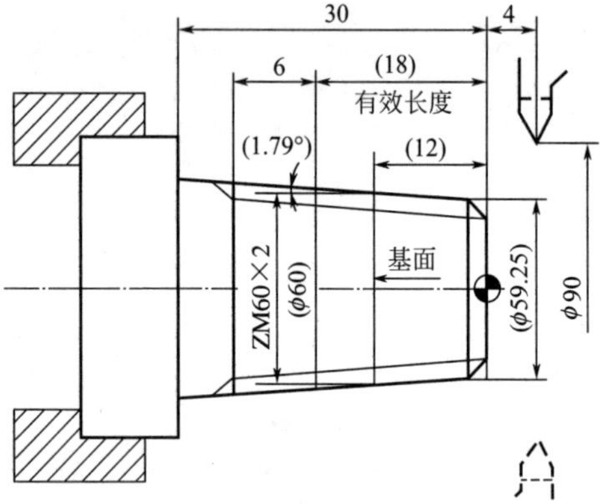

图 1-13 锥面螺纹类零件加工实例

加工螺纹为 ZM60×2，其中括弧内尺寸根据标准得到。

FUNAC 系统编程如下：

```
O9010;
N10 T0101;                              (换一号刀,确定其坐标系)
N20 G54 G00 X100 Z100;                  (到程序起点或换刀点位置)
N30 M03 S400;                           (主轴以 400r/min 正转)
N40 G00 X90 Z4;                         (到简单循环起点位置)
N50 G90 X61.125 Z-30 I-0.94 F0.2;       (加工锥螺纹外表面)
N60 G00 X100 Z100 M05;                  (到程序起点或换刀点位置)
N70 T0202;                              (换二号刀,确定其坐标系)
N80 M03 S300;                           (主轴以 300r/min 正转)
N90 G00 X90 Z4;                         (到螺纹循环起点位置)
N95 G76 P020000  Q0.1 R0.1;
N100 G76  X58.15 Z-24 R-0.94  P1.299  Q0.9  F1.5;
N110 G00 X100 Z100;                     (返回程序起点位置或换刀点位置)
N120 M05;                               (主轴停)
```

```
N130 M30;                                  (主程序结束并复位)
```

华中系统编程如下：

```
%9010
N1 T0101                                   (换一号刀,确定其坐标系)
N2 G54 G00 X100 Z100                       (到程序起点或换刀点位置)
N3 M03 S400                                (主轴以 400r/min 正转)
N4 G00 X90 Z4                              (到简单循环起点位置)
N5 G80 X61.125 Z-30 I-0.94 F80             (加工锥螺纹外表面)
N6 G00 X100 Z100 M05                       (到程序起点或换刀点位置)
N7 T0202                                   (换二号刀,确定其坐标系)
N8 M03 S300                                (主轴以 300r/min 正转)
N9 G00 X90 Z4                              (到螺纹循环起点位置)
N10 G76C2R-3E1.3A60X58.15Z-24I-0.94K1.299U0.1V0.1Q0.9F2
N11 G00 X100 Z100                          (返回程序起点位置或换刀点位置)
N12 M05                                    (主轴停)
N13 M30                                    (主程序结束并复位)
```

1.6.7 回转体零件综合加工实例

回转体零件综合加工实例如图 1-14 所示。

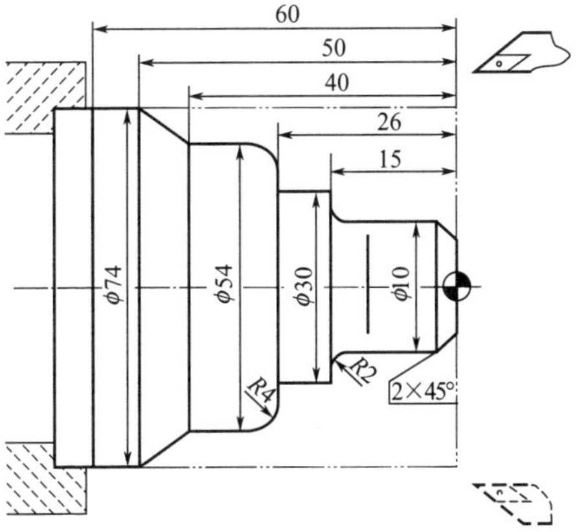

图 1-14 回转体零件综合加工实例

要求循环起始点在 A（80，1），切削深度为 1.2mm，退刀量为 1mm，X 方向精加工余量为 0.2mm，Z 方向精加工余量为 0.5mm，其中点划线部分为工件毛坯。

FUNAC 系统编程如下：

```
O9008;
N10 T0101;                        (换一号刀,确定其坐标系)
N20 G54 G00 X100 Z80;             (到程序起点或换刀点位置)
N30 M03 S400;                     (主轴以 400r/min 正转)
N40 X80 Z1;                       (到循环起点位置)
N45 G72W1.2R1;
N50 G72 P80 Q170 U0.2 W0.5 F0.3;  (外端面粗切循环加工)
N60 G00 X100 Z80;                 (粗加工后,到换刀点位置)
N70 G42 X80 Z1;                   (加入刀尖圆弧半径补偿)
N80 G00 Z-56;                     (加工轮廓开始,到锥面延长线处)
N90 G01 X54 Z-40 F80;             (加工锥面)
N100 Z-30;                        (加工 ϕ54 外圆)
N110 G02 U-8 W4 R4;               (加工 R4 圆弧)
N120 G01 X30;                     (加工 Z26 处端面)
N130 Z-15;                        (加工 ϕ30 外圆)
N140 U-16;                        (加工 Z15 处端面)
N150 G03 U-4 W2 R2;               (加工 R2 圆弧)
N160 G01 Z-2;                     (加工 ϕ10 外圆)
N170 U-6 W3;                      (加工倒 2×45°角,加工轮廓结束)
N175 G70 P80 Q170;                (精加工)
N180 G00 X50;                     (退出已加工表面)
N190 G40 X100 Z80;                (取消半径补偿,返回程序起点位置)
N200 M30;                         (主轴停、主程序结束并复位)
```

华中系统编程如下：

```
%9008
N1 T0101                          (换一号刀,确定其坐标系)
N2 G54 G00 X100 Z80               (到程序起点或换刀点位置)
N3 M03 S400                       (主轴以 400r/min 正转)
N4 X80 Z1                         (到循环起点位置)
N5 G72W1.2R1P8Q17X0.2Z0.5F100     (外端面粗切循环加工)
N6 G00 X100 Z80                   (粗加工后,到换刀点位置)
```

```
N7 G42 X80 Z1                 (加入刀尖圆弧半径补偿)
N8 G00 Z-56                   (精加工轮廓开始,到锥面延长线处)
N9 G01 X54 Z-40 F80           (精加工锥面)
N10 Z-30                      (精加工 φ54 外圆)
N11 G02 U-8 W4 R4             (精加工 R4 圆弧)
N12 G01 X30                   (精加工 Z26 处端面)
N13 Z-15                      (精加工 φ30 外圆)
N14 U-16                      (精加工 Z15 处端面)
N15 G03 U-4 W2 R2             (精加工 R2 圆弧)
N16 G01 Z-2                   (精加工 φ10 外圆)
N17 U-6 W3                    (精加工倒 2×45°角,精加工轮廓
                              结束)
N18 G00 X50                   (退出已加工表面)
N19 G40 X100 Z80              (取消半径补偿,返回程序起点位置)
N20 M30                       (主轴停、主程序结束并复位)
```

1.6.8 曲面零件（子程序）加工实例

曲面零件（子程序）加工实例如图 1-15 所示。

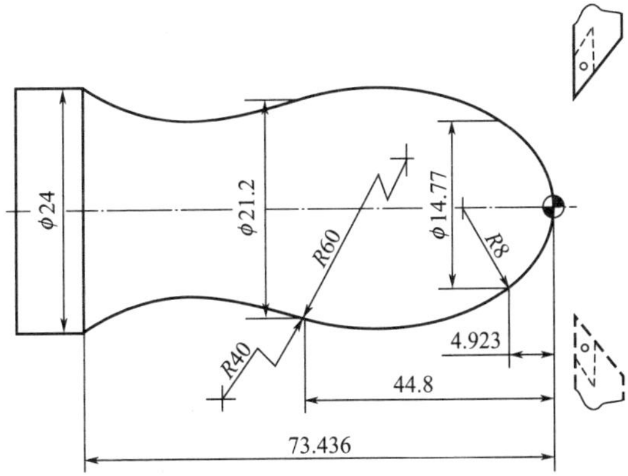

图 1-15 曲面零件（子程序）加工实例

调用子程序：

格式：M98 Pxxnnnn

说明：

① xx：重复调用次数。

② nnnn：被调用的子程序号。

FUNAC 系统编程如下：

O9098 主程序：

```
O9098;                          (主程序程序名)
N1 G54 G00 X24 Z1;              (使用 G54 坐标系)
N2 G01 Z0 M03 F100;             (移到子程序起点处、主轴正转)
N3 M98 P039099;                 (调用子程序,并循环 3 次)
N4 G00 X24 Z1;                  (返回对刀点)
N6 M05;                         (主轴停)
N7 M30;                         (主程序结束并复位)
```

再编 O9099 子程序文件：

```
O9099;                          (子程序名)
N1 G01 U-18 F100;               (进刀到切削起点处,注意留下后面
                                切削的余量)
N2 G03 U14.77 W-4.923 R8;       (加工 R8 圆弧段)
N3 U6.43 W-39.877 R60;          (加工 R60 圆弧段)
N4 G02 U2.8 W-28.636 R40;       (加工 R40 圆弧段)
N5 G00 U4;                      (离开已加工表面)
N6 W73.436;                     (回到循环起点 Z 轴处)
N7 G01 U-11 F100;               (调整每次循环的切削量)
N8 M99;                         (子程序结束,并回到主程序)
```

华中系统编程如下：

%9098 主程序：

```
%9098                           (主程序程序名)
N1 G54 G00 X24 Z1               (使用 G54 坐标系)
N2 G01 Z0 M03 F100              (移到子程序起点处、主轴正转)
N3 M98 P9099 L6                 (调用子程序,并循环 6 次)
N4 G00 X24 Z1                   (返回对刀点)
N6 M05                          (主轴停)
N7 M30                          (主程序结束并复位)
```

再编%9099 子程序文件：

```
%9099                              (子程序名)
N1 G01 U-18 F100                   (进刀到切削起点处,注意留下后面切削的余量)
N2 G03 U14.77 W-4.923 R8           (加工 R8 圆弧段)
N3 U6.43 W-39.877 R60              (加工 R60 圆弧段)
N4 G02 U2.8 W-28.636 R40           (加工 R40 圆弧段)
N5 G00 U4                          (离开已加工表面)
N6 W73.436                         (回到循环起点 Z 轴处)
N7 G01 U-11 F100                   (调整每次循环的切削量)
N8 M99                             (子程序结束,并回到主程序)
```

第2章　数控铣削加工

2.1　数控铣床

2.1.1　数控铣床的类型和组成

数控铣床种类很多，按其体积大小可分为小型、中型和大型数控铣床。按其控制坐标的联动轴数可分为二轴半联动、三轴联动和多轴联动数控铣床等。通常是按其主轴的布局形式分为立式数控铣床、卧式数控铣床和立卧两用数控铣床。

数控铣床的主要由数控装置、伺服系统、强电控制系统、机械部件和辅助设备等部分组成。

数控装置是数控机床的核心，主要作用是对输入的零件加工程序进行数字运算和逻辑运算，然后向伺服系统发出控制信号，数控装置是一种专用的计算机，它由硬件和软件组成。

伺服系统是数控铣床的执行机构的驱动部件。伺服系统由驱动装置和执行元件组成。常用的执行元件分步进电动机、直流伺服电动机和交流伺服电动机三种。

强电控制系统是介于数控装置和机床机械、液压部件之间的控制系统。

机械部件即铣床主机，包括冷却、润滑和排屑系统、进给运动部件和床身、立柱。

辅助设备包括对刀装置、液压、气动装置等。

数控铣床是一种加工功能很强的数控机床，三坐标立式数控铣床如图 2-1 所示。它的工作原理是将加工程序输入到数控系统后，数控系统对数据进行运算和处理，向主轴箱内的驱动电动机和控制各进给轴的伺服装置发出指令。伺服装置接受指令后向控制三个方向的进给步进电动机发出电脉冲信号。主轴驱动电动机带动刀具旋转，进给步进电动机带动滚珠丝杠使机床工作台沿 X 轴和 Y 轴，主轴沿 Z 轴移动，铣刀对工件进行切削。

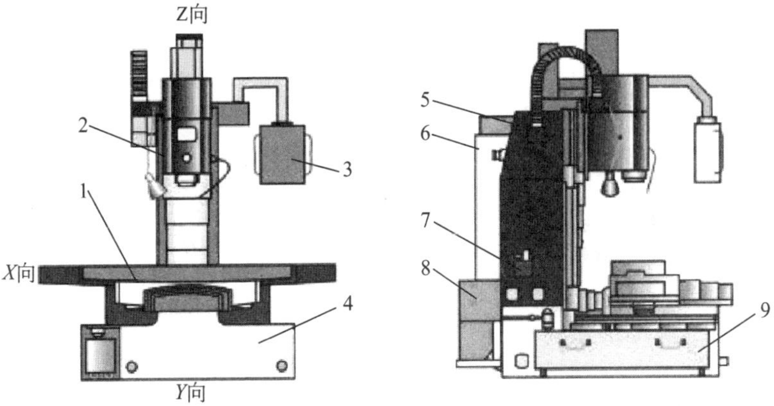

图 2-1　立式数控铣床

1—工作台；2—主轴箱；3—数控系统；4—底座；5—立柱；6—伺服系统；7—润滑；8—液压站；9—冷却

2.1.2　数控铣床的加工对象（适合数控铣床加工的典型零件）

根据数控铣床的特点，从铣削加工角度来考虑，适合数控铣削的主要加工对象见表 2-1。

表 2-1　数控铣床的加工对象（适合数控铣床加工的典型零件）

加工对象	图示	说明
平面类零件		加工面平行或垂直于水平面，或加工面与水平面的夹角为定角的零件称为平面类零件。在数控铣床上加工的绝大多数零件属于平面类零件。平面类零件的特点是各个加工面是平面，或可以展开成平面。加工此类零件一般只需要三坐标数控机床的两坐标联动

续表

加工对象	图示	说明
箱体类零件		箱体类零件一般是指具有一个以上的孔系，内部有一定型腔或空腔，在长、宽、高方向有一定比例的零件。箱体零件一般需要进行多工位孔系、轮廓及平面的加工，精度要求较高，特别是形状精度和位置精度要求严格。在普通机床上需要多次找正、装夹、换刀等，精度难以保证
曲面类零件	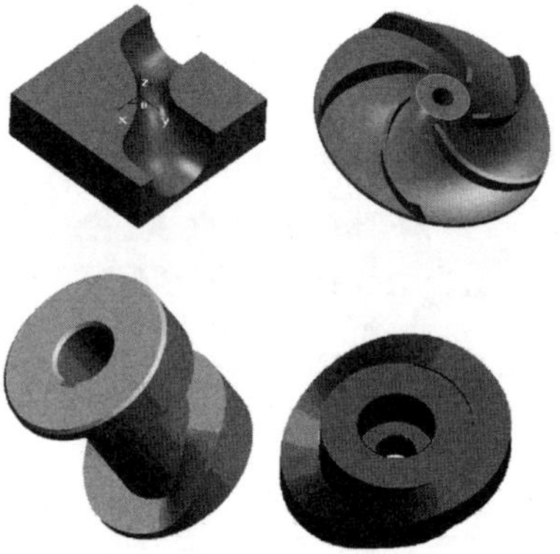	加工面为空间曲面的零件称为曲面零件，如模具、叶片、螺旋桨等。曲面类零件不能展开为平面，加工时，加工面与铣刀始终为点接触。加工曲面类零件一般采用三坐标数控铣床，当曲面较复杂，则要采用四坐标或五坐标数控铣床
变斜角类零件	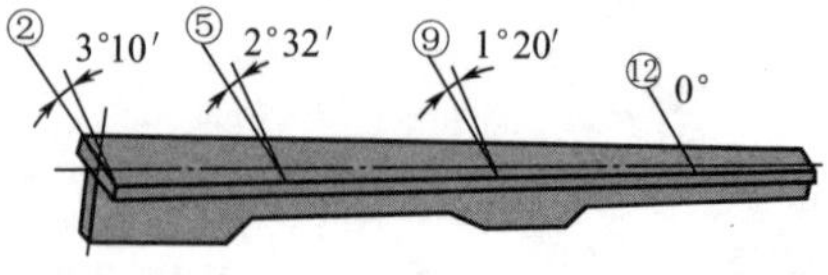	加工面与水平面的夹角呈连续变化的零件称为变斜角类零件。图所示是飞机上的一种变斜角梁椽条，该零件的上表面在第 2 肋至第 5 肋的斜角。从 3°10′均变化为 2°32′，从第 5 肋至第 9 肋再均匀变化为 1°20′，从第 9 肋至第 12 肋又均匀变化为 0°。对这类零件加工应采用四坐标或五坐标数控铣床摆角加工

2.2 数控铣削刀具

数控铣床刀具的材质选用高强高速钢、硬质合金、立方氮化硼、人造金刚石等，高速钢、硬质合金采用 TiC 和 TiN 涂层及 TiC-TiN 复合涂层来提高刀具使用寿命。在结构形式上，采用整体硬质合金或使用可转位刀具技术。数控铣削常用的刀具有面铣刀、立铣刀、键槽铣刀、模具铣刀、鼓形铣刀和成形铣刀等。各种铣刀铣削状态位置如图 2-2 所示。

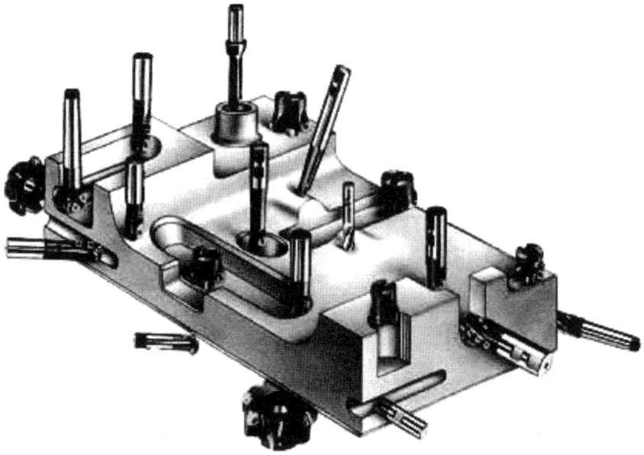

图 2-2 各种铣刀铣削状态位置（加工形状与铣刀的选择）

2.2.1 数控铣削常用铣刀的种类及用途

常用数控铣刀的种类及用途见表 2-2。

表 2-2 常用数控铣刀的种类及用途

铣刀名称	示意图	特点与用途
面铣刀	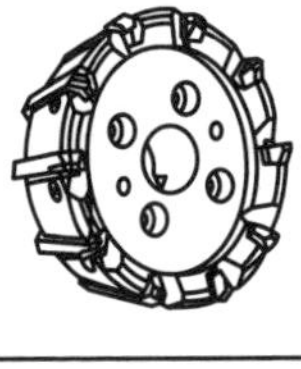	面铣刀主切削刃分布在外圆柱面或外圆锥面上，其端面上的切削刃为副切削刃。面铣刀通常制成镶齿结构，刀齿材料为高速钢或硬质合金，刀体的材料为 40Cr。它适用于加工平面，尤其适合加工大面积平面

续表

铣刀名称	示意图	特点与用途
硬质合金可转位螺旋立铣刀	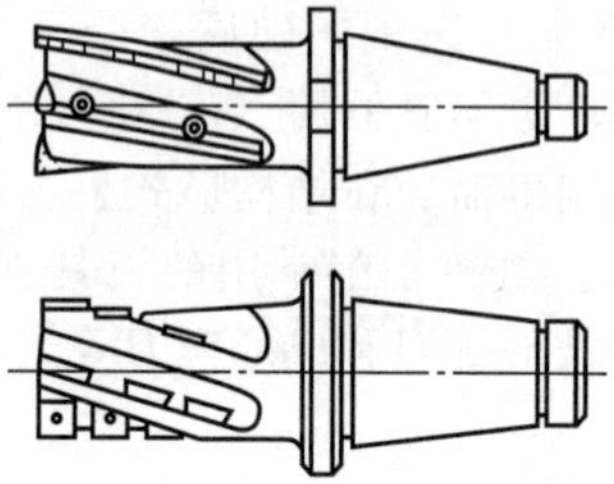	它具有良好的刚性及排屑性能，可对工件的平面、阶梯面、内侧面及沟槽进行粗、精铣削加工。生产效率可比同类型高速钢铣刀提高2～5倍
粗加工立铣刀	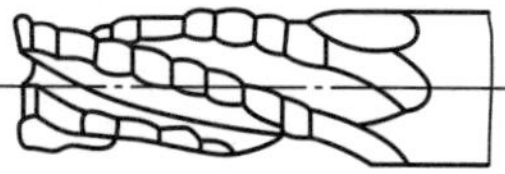	刀刃成波形，切屑细小，铣削力小。适用于粗加工，不宜精加工。需要磨削前面
普通刃立铣刀	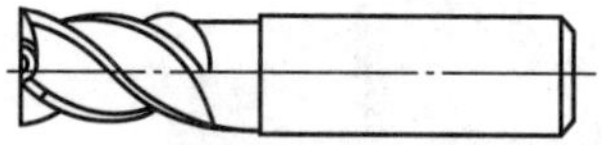	使用广泛，应用在槽加工、侧面加工及台阶面加工等。另外在粗加工、半精加工及精加工所有场合均可使用
可转位立铣刀	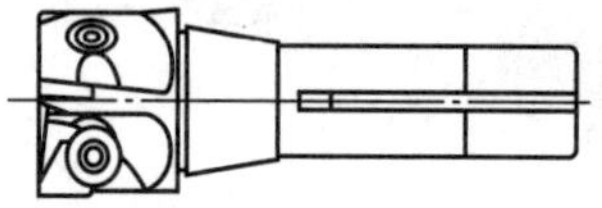	主要用于平面轮廓零件的加工，用于加工尺寸较大的工件
模具铣刀	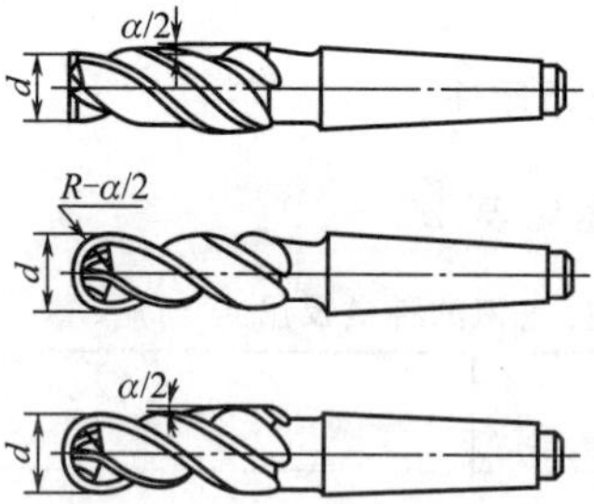	模具铣刀分为圆锥形立铣刀（圆锥半角 $\alpha/2=3°,5°,7°,10°$）、圆柱形球头立铣刀和圆锥形球头立铣刀三种，其柄部有直柄、削平行直柄和莫氏锥柄。主要用于空间曲面、模具型腔等曲面的加工
硬质合金模具铣刀	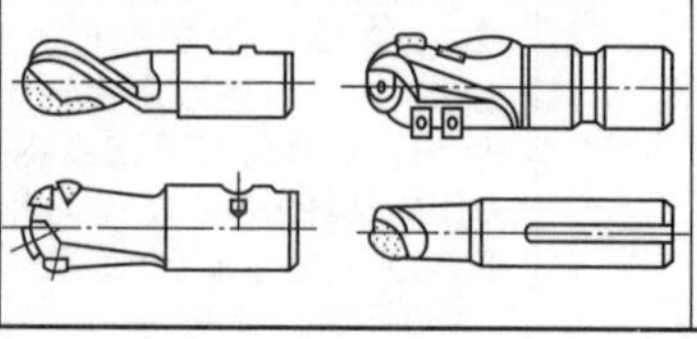	硬质合金模具铣刀，小规格的硬质合金模具铣刀多制成整体结构，$\phi 16$以上直径的，制成焊接或机夹可转位刀片结构。适用于加工毛坯表面或粗加工孔

续表

铣刀名称	示意图	特点与用途
鼓形铣刀	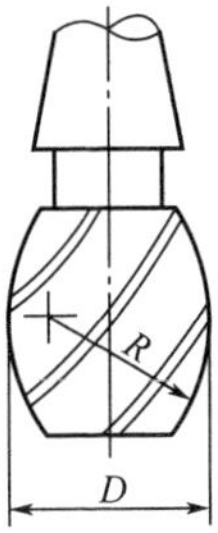	鼓形铣刀切削刃分布在半径为 R 的圆弧面上，端面无切削刃。铣削时控制铣刀的上下位置，从而改变刀刃的切削部位，可以在工件上切出从负到正的不同斜角。R 值越小，鼓形铣刀所能加工的斜角范围越广，但所获得的表面粗糙度值也越大。这种刀具适用于加工立体曲面
成形铣刀	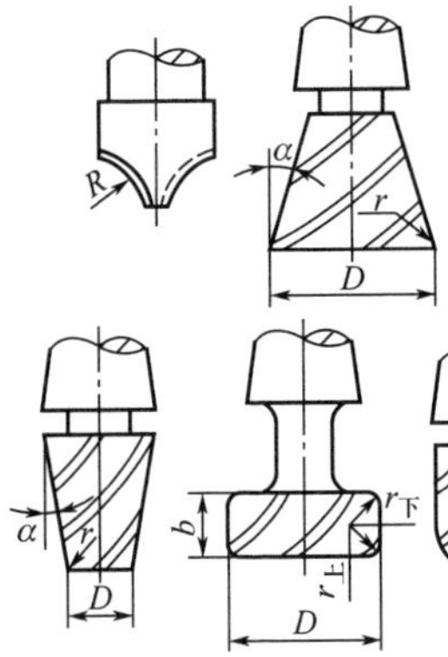	成形铣刀一般为专用刀具。它是为特定工件加工内容专门设计制造的。该类刀具可根据加工零件的形状而改变刃形。适用于加工角度面、凹槽、特形孔或台等，特定形状的面和特形的孔、台、槽等

2.2.2 铣刀的几何角度、直径及其选择

(1)常用铣刀的几何角度及代号（见图 2-3）

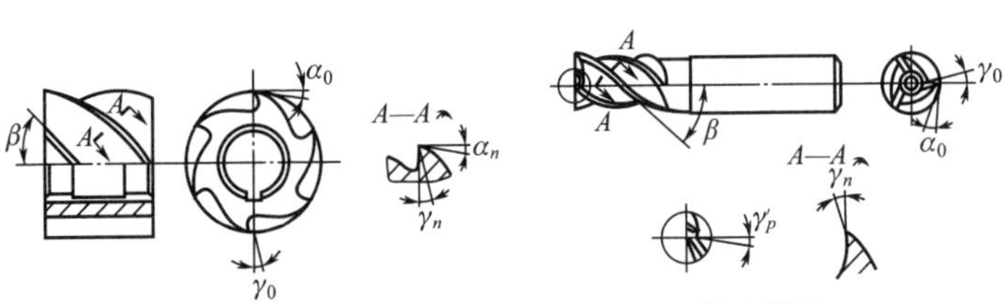

(a) 圆柱形铣刀　　(b) 立铣刀

图 2-3

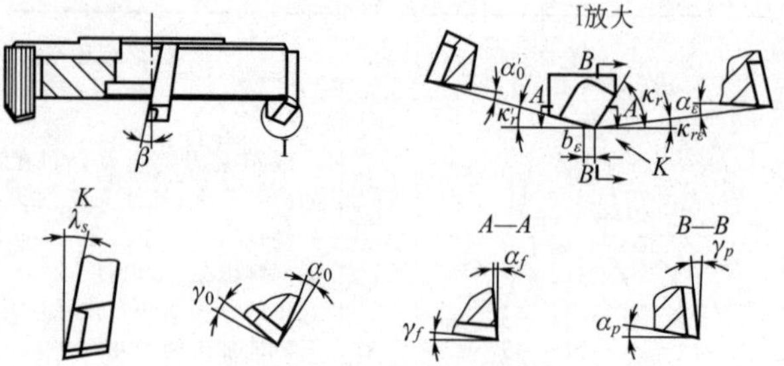

(c) 端面铣刀

图 2-3　常用铣刀的几何角度及代号

γ_0—前角；γ_p—切深前角；γ_f—进给前角；γ_n—法向前角；γ'_p—副切深前角；
α_0—后角；α'_0—副后角；α_p—切深后角；α_f—进给后角；α_n—法向后角；
α_ε—过渡刃后角；κ_r—主偏角；κ'_r—副偏角；$\kappa_{r\varepsilon}$—过渡刃偏角；
λ_s—刃倾角；β—螺旋角；b_ε—过渡刃宽度；K—铲背量

(2)数控铣削刀具的选择

1）铣刀类型的选择　铣刀类型应与工件表面形状与尺寸相适应。加工较大平面应选择面铣刀；加工凸台、凹槽和平面曲线轮廓应选择立铣刀；加工毛坯表面或粗加工孔，可选用镶硬质合金的玉米铣刀；加工曲面常采用球头铣刀；加工空间曲面、模具型腔或凸模成形表面等选用模具铣刀或鼓形铣刀；加工封闭的键槽选择键槽铣刀；加工各种圆弧形的凹槽、斜角面、特殊孔可选用成形铣刀。

2）铣刀参数的选择　铣刀参数的选择应主要考虑零件加工部位的几何尺寸和刀具的刚性等因素。数控铣床上使用最多的是可转位面铣刀和立铣刀，因此，下面重点介绍面铣刀和立铣刀参数的选择。

① 面铣刀主要参数选择。标准可转位面铣刀直径为 $\phi16\sim630$。粗铣时，铣刀直径要小些，因为粗铣切削力大，小直径铣刀可减小切削扭矩。精铣时，铣刀直径要大些，尽量包容工件整个加工宽度，以提高加工精度和效率，减小相邻两次进给之间的接刀痕迹。

由于铣削时有冲击，故面铣刀的前角一般比车刀略小，尤其是硬质合金面铣刀，前角要更小些，铣削强度和硬度都高的材料应选用负前角铣刀；前角的数值主要根据工件材料和刀具材料来选择，其具体数值可参考表2-3。铣刀的磨损主要发生在后刀面上，因此适当加大后角可减少铣刀磨损，故常取$\alpha=5°\sim12°$，工件材料软的取大值，工件材料硬的取小值；粗齿铣刀取小值，细齿铣刀取大值。因铣削时冲击力较大，为了保护刀尖，硬质合金面铣刀的刃倾角常取$\lambda_s=-15°\sim-5°$，只有在铣削低强度材料时，才取$\lambda_s=5°$。主偏角k_r在45°～90°范围内选取，铣削铸铁时取$k_r=45°$，铣削一般钢材时取$k_r=75°$，铣削带凸肩的平面或薄壁零件时取$k_r=90°$。

表2-3　面铣刀的前角的选择

刀具材料＼工件材料	钢	铸铁	黄铜、青铜	铝合金
高速钢	10°～20°	5°～15°	10°	25°～30°
硬质合金	－15°～15°	－5°～5°	4°～6°	15°

② 立铣刀主要参数选择。根据工件的材料和铣刀直径选取前、后角都为正值，其具体数值可参考表2-4。为了使端面切削刃有足够的强度，在端面切削刃前刀面上一般磨有棱边，其宽度为0.4～0.6mm，前角为6°。

表2-4　立铣刀前角、后角的选择

工件材料	前角	铣刀直径/mm	后角
铜	10°～20°	＜10	25°
铸铁	10°～15°	10～20	20°
铸铁	10°～15°	＞20	16°

③ 立铣刀直径与齿数见表2-5。

表2-5　立铣刀直径与齿数

齿数＼直径/mm	2～8	9～15	16～28	32～50	56～70	80
细齿		5	6	8	10	12
中齿	4	6	8	10		
粗齿	3	4	6	8		

④ 选取立铣刀的有关尺寸参数见表 2-6。

表 2-6　立铣刀主要参数的选择

图　示

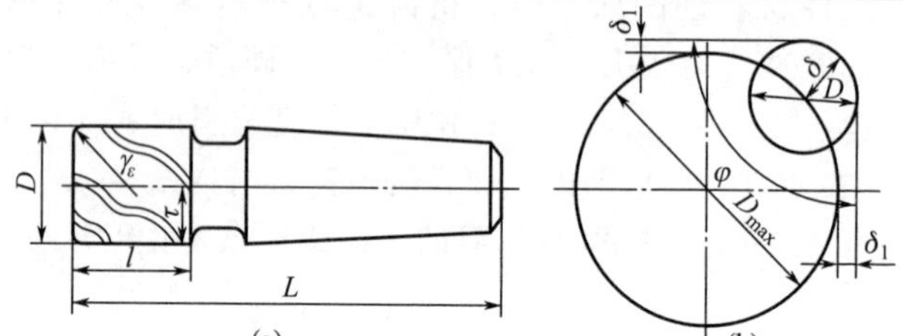

(a)　　(b)

计算与选择

按下式推荐的经验数据，选取立铣刀的有关尺寸参数，如图(a)所示。

1)刀具半径 γ 应小于零件内轮廓面的最小曲率半径 ρ，$\gamma=(0.8\sim0.9)\rho$。

2)零件的加工高度 $H\leqslant\left(\frac{1}{6}\sim\frac{1}{4}\right)\gamma$，以保证刀具有足够的刚度。

3)对不通孔(深槽)，选取 $l=H+(5\sim10)$mm(l 为刀具切削部分长度，H 为零件高度)。

4)加工外形及通槽时，选取 $l=H+\gamma_\varepsilon+(5\sim10)$mm($\gamma_\varepsilon$ 为端刃底圆角半径)。

5)加工肋时，刀具直径为 $D=(5\sim10)b$(b 为肋的厚度)。

6)粗加工内轮廓面时，如图(b)所示，铣刀最大直径 D_{max} 可按下式计算。

$$D_{max}=\frac{2\left[\delta\sin(\varphi/2)-\delta_1\right]}{1-\sin(\varphi/2)}+D$$

式中，D 为轮廓的最小凹圆角直径；δ 为圆角邻边夹角等分线上的精加工余量；δ_1 为精加工余量；φ 为圆角两邻边的最小夹角

⑤ 可转位铣刀直径与齿数的关系。直径相同的可转位铣刀根据齿数不同可分为粗齿、细齿、密齿三种，见表 2-7。粗齿铣刀主要用于粗加工；细齿铣刀主要用于平稳条件下的铣削加工；密齿铣刀铣削时的每齿进给量较小，主要用于薄壁铸铁的加工。

表 2-7　可转位铣刀直径与齿数的关系

直径/mm 齿数	50	63	80	100	125	160	200	250	315	400	500
细齿	4				6	8	10	12	16	20	26
中齿				6	8	10	12	16	20	26	34
粗齿					12	18	24	32	40	52	64

2.2.3 数控铣刀的安装方式

(1)带孔圆柱圆盘类铣刀的安装

带孔圆柱圆盘类铣刀装在刀杆上，一般通过刀杆安装在机床上。刀杆上有圆锥的一端与机床主轴锥孔配合，并通过拉杆固定安装在机床主轴上，另一端安装在机床的悬梁支架上，见表 2-8。

表 2-8 带孔圆柱圆盘类铣刀的安装

<table>
<tr><th>图示</th><th>安装要点</th></tr>
<tr><td>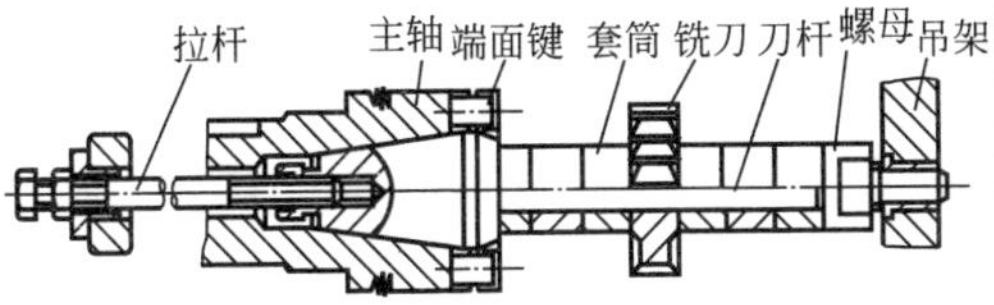
</td><td>带孔圆柱圆盘类铣刀装在刀杆上，刀杆用螺杆拉紧在主轴锥孔内</td></tr>
<tr><td>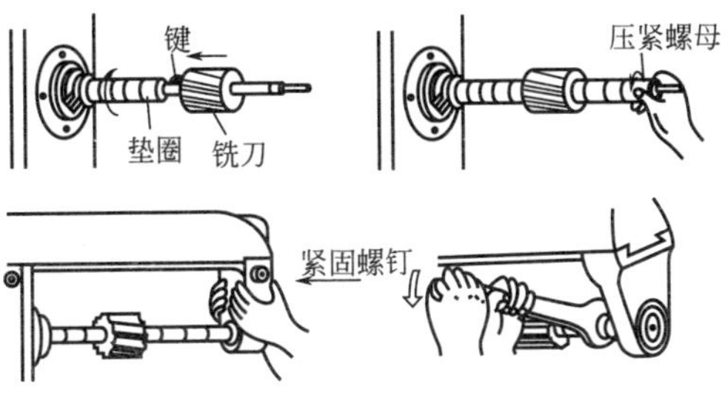
</td><td>在刀杆上先套上几个垫刀套(调整铣刀位置)，装上键，再套上铣刀，然后在铣刀另一边的刀杆上再套上几个垫刀套，拧上压紧螺母，即可将铣刀安装在刀杆上。
将刀杆装在吊架上，紧固吊架，将刀装正后用力拧紧螺母</td></tr>
</table>

(2)立式铣刀的安装

立式铣刀和键槽铣刀等一般通过拉杆安装在机床的主轴孔内，见表 2-9。

表 2-9 立式铣刀的安装

<table>
<tr><th>图示</th><th>安装要点</th></tr>
<tr><td>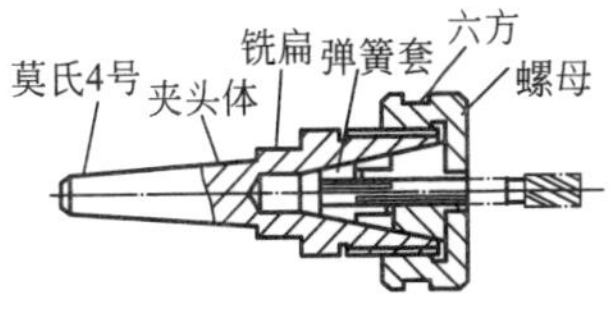

</td><td>将铣刀柄插入弹簧套中，接着用螺母压弹簧端面，并使之挤紧在夹头体锥孔中，达到夹紧刀柄之目的。更换相应规格的弹簧套，可安装直径在 20mm 以内的直柄铣刀。夹头体在主轴锥孔中用螺杆拉紧。
用钻夹头安装直柄铣刀</td></tr>
</table>

续表

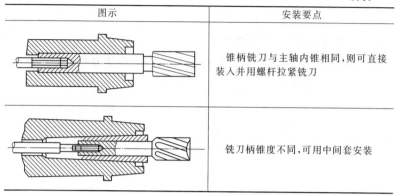

图示	安装要点
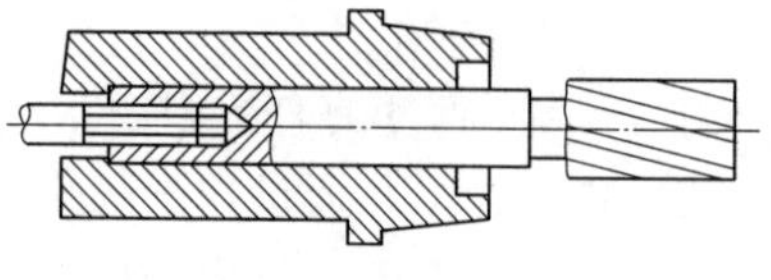	锥柄铣刀与主轴内锥相同，则可直接装入并用螺杆拉紧铣刀
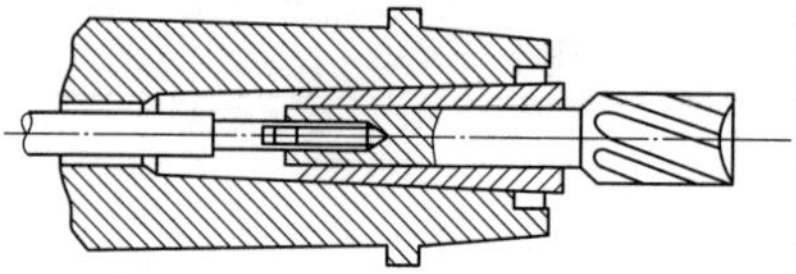	铣刀柄锥度不同，可用中间套安装

(3)端面铣刀的安装

端面铣刀安装在刀杆上，刀杆通过拉杆连接到机床主轴上，其安装要求见表2-10。

表2-10　端面铣刀的安装

图示	安装要点	图示	安装要点
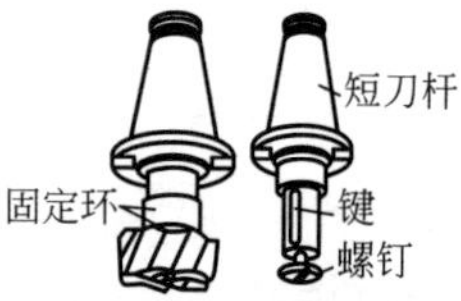	先将短刀杆装入铣刀内孔后，用螺钉紧固；再将短刀杆装入主轴内锥孔并用拉杆拉紧	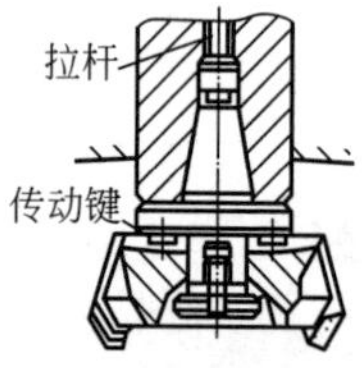	端铣刀装在心轴端部，用键传递铣削力，用大头螺钉把铣刀固定在心轴端面锥柄上端，用拉杆拉紧。这种安装方式，各个接触面间有足够的形状精度和位置精度，铣刀传动平稳、可靠
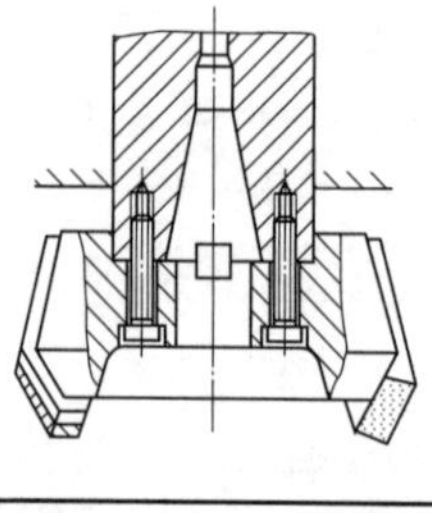	用几个圆周均布螺钉把铣刀固定在心轴端面上，不用拉杆	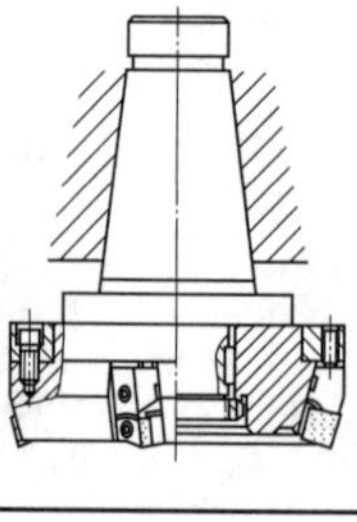	用螺钉把铣刀固定在心轴上

2.2.4 常用数控铣刀的规格

(1)削平型直柄粗加工立铣刀见表 2-11

表 2-11 粗加工立铣刀的型式和尺寸（GB/T 14328—2008） mm

示图

削平型直柄粗加工立铣刀 A型

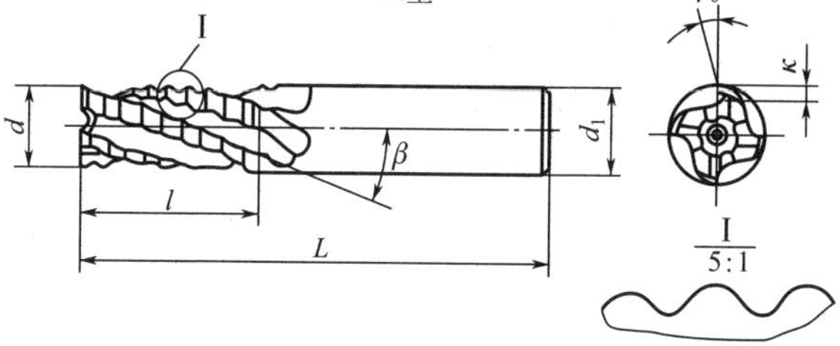

外径 d=10mm 的 A 型标准型的削平型直柄粗加工立铣刀为：
削平型直柄粗加工立铣刀 A10 GB/T 14328—2008

削平型直柄粗加工立铣刀 B型

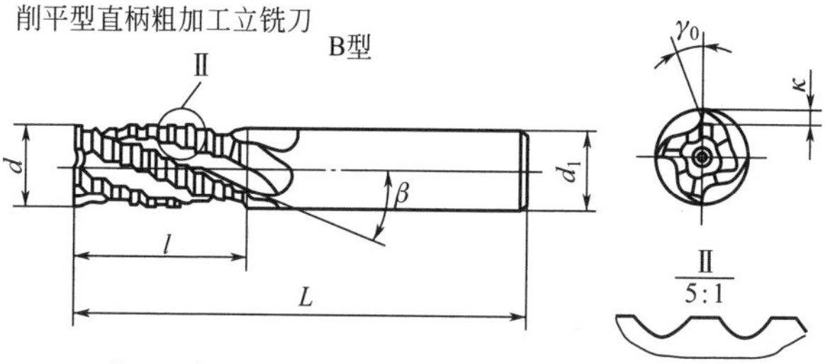

外径 d=10mm 的 B 型长型的削平型直柄粗加工立铣刀为：
削平型直柄粗加工立铣刀 B10 长 GB/T 14328—2008

参数

d js15	d_1 h6	标准型		长型		参考		
		l min	L js16	l min	L js16	β	γ_0	κ
8	10	19	69	38	88			1.0～1.5
9	10	19	69	38	88			1.5
10	10	22	72	45	95			1.5～2.0
11	12	22	79	45	102	20°～35°	6°～16°	1.5～2.0
12	12	26	83	53	110			2.0
14	12	26	83	53	110			2.0～2.5
16	16	32	92	63	123			2.5～3.0

续表

	d js15	d_1 h6	标准型		长型		参考		
			l min	L js16	l min	L js16	β	γ_0	κ
参数	18	16	32	92	63	123	20°～35°	6°～16°	3.0
	20	20	38	104	75	141			3.0～3.5
	22	20	38	104	75	141			3.5～4.0
	25	25	45	121	90	166			4.0～4.5
	28	25	45	121	90	166			3.0～3.5
	32	32	53	133	106	186			3.5～4.0
	36	32	53	133	106	186			4.0～4.5
	40	40	63	155	125	217			4.0～4.5
	45	40	63	155	125	217			4.5～5.0
	50	50	75	177	150	252			5.5～6.0
	56	50	75	177	150	252			4.5～5.0
	63	63	90	202	180	292			5.0～5.5

(2)莫氏锥柄粗加工立铣刀的型式和尺寸见表2-12

表2-12　莫氏锥柄粗加工立铣刀的型式和尺寸（GB/T 14328—2008）

mm

示图

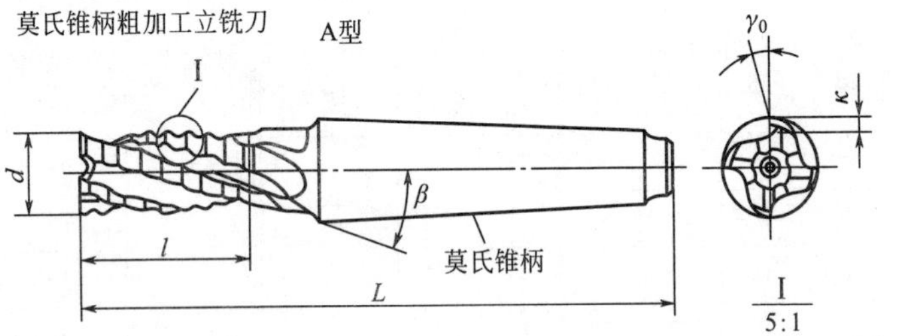

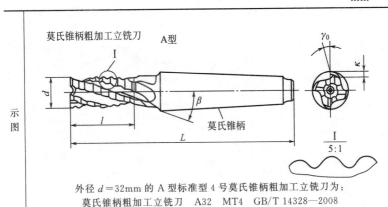

外径 d=32mm 的 A 型标准型 4 号莫氏锥柄粗加工立铣刀为：

莫氏锥柄粗加工立铣刀　A32　MT4　GB/T 14328—2008

示图

莫氏锥柄粗加工立铣刀　B型

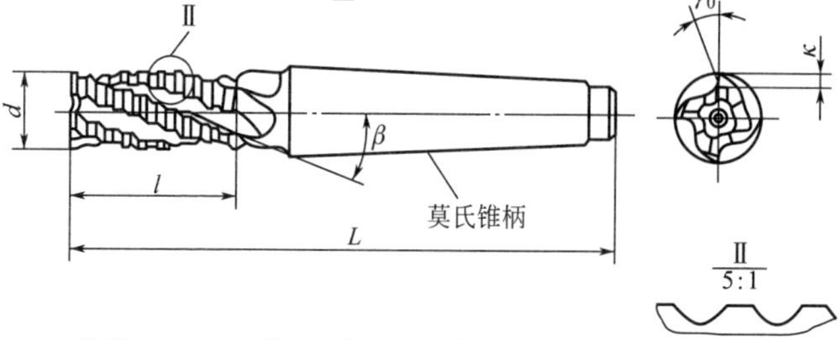

外径 d=32mm 的 B 型长型 3 号莫氏锥柄粗加工立铣刀为：

莫氏锥柄粗加工立铣刀　B32　长　MT3　GB/T 14328—2008

参数

d js15	标准型		长型		莫氏锥柄号	参考			
	l min	L js16	l min	L js16		β	γ_0	κ	齿数
10	22	92	45	115	1	20°～35°	6°～16°	1.5～2.0	4
11	22	92	45	115				1.5～2.0	
12	26	96	53	123				2.0	
14	26	111	53	138	2			2.0～2.5	
16	32	117	63	148				2.5～3.0	
18	32	117	63	148				3.0	
20	38	123	75	160				3.0～3.5	
22	38	140	75	177	3			3.5～4.0	
25	45	147	90	192				4.0～4.5	
28	45	147	90	192				3.0～3.5	
32	53	155	106	208				3.5～4.0	6
32	53	178	106	231	4			3.5～4.0	
36	53	155	106	208	3			4.0～4.5	
36	53	178	106	231	4			4.0～4.5	
40	63	188	125	250				4.0～4.5	
40	63	221	125	283	5			4.0～4.5	
45	63	188	125	250	4			4.5～5.0	

续表

	d js15	标准型 l min	标准型 L js16	长型 l min	长型 L js16	莫氏锥柄号	参考 β	参考 γ_0	参考 κ	参考 齿数
参数	45	63	221	125	283	5	20°~35°	6°~16°	4.5~5.0	6
	50	75	200	150	275	4			5.5~6.0	
	50	75	233	150	308	5			5.5~6.0	
	56	75	200	150	275	4			4.5~5.0	8
	56	75	233	150	308	5			4.5~5.0	
	63	90	248	180	338				5.0~5.5	
	71	90	248	180	338				5.5~6.0	
	80	106	320	212	426	6			6.0~6.5	

(3)莫氏锥柄立铣刀的型式和尺寸见表 2-13

表 2-13　莫氏锥柄立铣刀的型式和尺寸（GB/T 6117.2—2010）

mm

示图

Ⅰ型

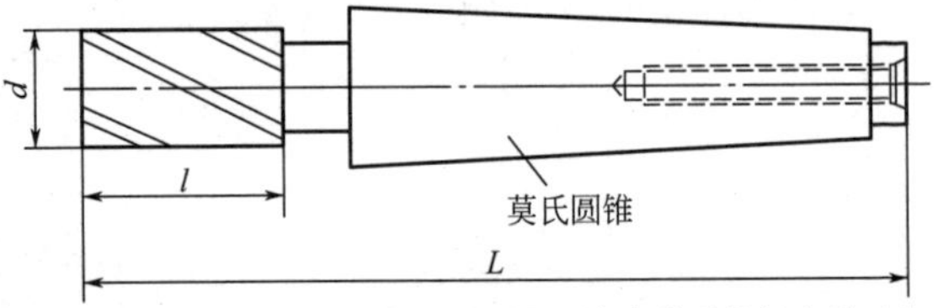

直径 d=12mm，总长 L=96mm 的标准系列Ⅰ型中齿莫氏锥柄立铣刀为：
中齿　莫氏锥柄立铣刀 12×96　Ⅰ　GB/T 6117.2—2010

Ⅱ型

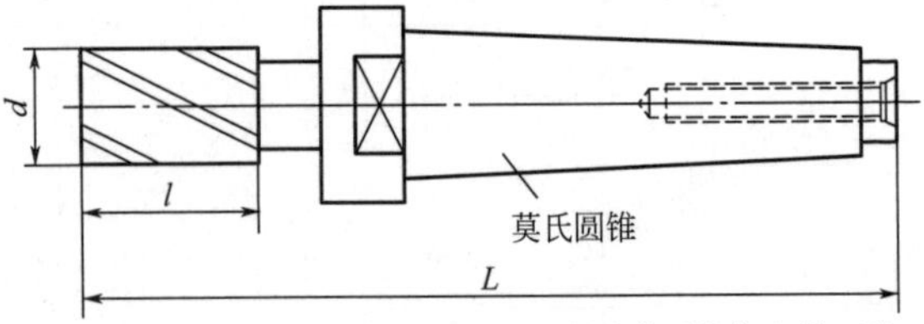

直径 d=50mm，总长 L=298mm 的长系列Ⅱ型粗齿莫氏锥柄立铣刀为：
粗齿　莫氏锥柄立铣刀 50×298　Ⅱ　GB/T 6117.2—2010

续表

<table>
<tr><td rowspan="3"></td><td colspan="2">直径范围
d</td><td colspan="2" rowspan="2">推荐直径
d</td><td colspan="2">l</td><td colspan="4">L</td><td rowspan="3">莫氏圆锥号</td><td colspan="3">齿数</td></tr>
<tr><td rowspan="2">></td><td rowspan="2">≤</td><td rowspan="2">标准系列</td><td rowspan="2">长系列</td><td colspan="2">标准系列</td><td colspan="2">长系列</td><td rowspan="2">粗齿</td><td rowspan="2">中齿</td><td rowspan="2">细齿</td></tr>
<tr><td colspan="2"></td><td>Ⅰ型</td><td>Ⅱ型</td><td>Ⅰ型</td><td>Ⅱ型</td></tr>
<tr><td rowspan="21">参数</td><td>5</td><td>6</td><td>6</td><td>—</td><td>13</td><td>24</td><td>83</td><td rowspan="13">—</td><td>94</td><td rowspan="13">—</td><td rowspan="6">1</td><td rowspan="12">3</td><td rowspan="12">4</td><td rowspan="3">—</td></tr>
<tr><td>6</td><td>7.5</td><td>—</td><td>7</td><td>16</td><td>30</td><td>86</td><td>100</td></tr>
<tr><td rowspan="2">7.5</td><td rowspan="2">9.5</td><td>8</td><td>—</td><td rowspan="2">19</td><td rowspan="2">38</td><td rowspan="2">89</td><td rowspan="2">108</td></tr>
<tr><td>—</td><td>9</td><td rowspan="4">5</td></tr>
<tr><td>9.5</td><td>11.8</td><td>10</td><td>11</td><td>22</td><td>45</td><td>92</td><td>115</td></tr>
<tr><td rowspan="2">11.8</td><td rowspan="2">15</td><td rowspan="2">12</td><td rowspan="2">14</td><td rowspan="2">26</td><td rowspan="2">53</td><td>96</td><td>123</td></tr>
<tr><td>111</td><td>138</td><td rowspan="3">2</td></tr>
<tr><td>15</td><td>19</td><td>16</td><td>18</td><td>32</td><td>63</td><td>117</td><td>148</td><td rowspan="5">6</td></tr>
<tr><td rowspan="2">19</td><td rowspan="2">23.6</td><td rowspan="2">20</td><td rowspan="2">22</td><td rowspan="2">38</td><td rowspan="2">75</td><td>123</td><td>160</td></tr>
<tr><td>110</td><td>177</td><td rowspan="4">3</td></tr>
<tr><td rowspan="2">23.6</td><td rowspan="2">30</td><td>24</td><td rowspan="2">28</td><td rowspan="2">45</td><td rowspan="2">90</td><td rowspan="2">147</td><td rowspan="2">192</td></tr>
<tr><td>25</td></tr>
<tr><td rowspan="2">30</td><td rowspan="2">37.5</td><td rowspan="2">32</td><td rowspan="2">36</td><td rowspan="2">53</td><td rowspan="2">106</td><td>155</td><td>208</td><td rowspan="6">4</td><td rowspan="6">6</td><td rowspan="6">8</td></tr>
<tr><td>178</td><td>201</td><td>231</td><td>254</td><td rowspan="2">4</td></tr>
<tr><td rowspan="2">37.5</td><td rowspan="2">47.5</td><td rowspan="2">40</td><td rowspan="2">45</td><td rowspan="2">68</td><td rowspan="2">125</td><td>188</td><td>211</td><td>250</td><td>273</td></tr>
<tr><td>221</td><td>249</td><td>283</td><td>311</td><td>5</td></tr>
<tr><td rowspan="4">47.5</td><td rowspan="4">60</td><td rowspan="2">50</td><td rowspan="2">—</td><td rowspan="4">75</td><td rowspan="4">150</td><td>200</td><td>223</td><td>275</td><td>298</td><td>4</td></tr>
<tr><td>233</td><td>261</td><td>308</td><td>336</td><td>5</td></tr>
<tr><td rowspan="2">—</td><td rowspan="2">56</td><td>200</td><td>223</td><td>275</td><td>298</td><td>4</td><td rowspan="3">6</td><td rowspan="3">8</td><td rowspan="3">10</td></tr>
<tr><td>233</td><td>261</td><td>308</td><td>336</td><td rowspan="2">5</td></tr>
<tr><td>60</td><td>75</td><td>63</td><td>71</td><td>90</td><td>180</td><td>248</td><td>276</td><td>338</td><td>366</td></tr>
</table>

(4)7∶24 锥柄立铣刀的型式和尺寸见表 2-14

表 2-14　7∶24 锥柄立铣刀的型式和尺寸（GB/T 6117.3—2010）mm

示图

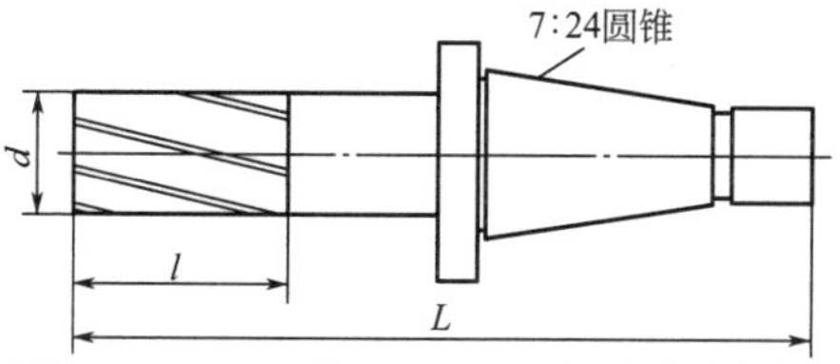

标记示例：直径 d=32mm，总长 L=158mm，标准系列中齿 7∶24 锥柄立铣刀为：中齿 7∶24 锥柄立铣刀 32×158 GB/T 6117.3—2010

续表

参数	直径范围 d		推荐直径 d		l		L		7∶24圆锥号	齿数		
	>	≤			标准系列	长系列	标准系列	长系列		粗齿	中齿	细齿
	23.6	30	25	28	45	90	150	195	30	3	4	6
	30	37.5	32	36	53	106	158	211	30	4	6	8
							188	241	40			
							208	261	45			
	37.5	47.5	40	45	63	125	198	260	40			
							218	280	45			
							240	302	50			
	47.5	60	50	—	75	150	210	285	40	4	6	8
							230	305	45			
							252	327	50			
			—	56			210	285	40	6	8	10
							230	305	45			
							252	327	50			
	60	75	63	71	90	180	245	335	45			
							267	357	50			
	75	95	80	—	106	212	283	389				

(5)键槽铣刀的型式和尺寸见表2-15

表2-15　键槽铣刀的型式和尺寸（GB/T 1127—1997）　mm

名称	示图与参数
直柄键槽铣刀	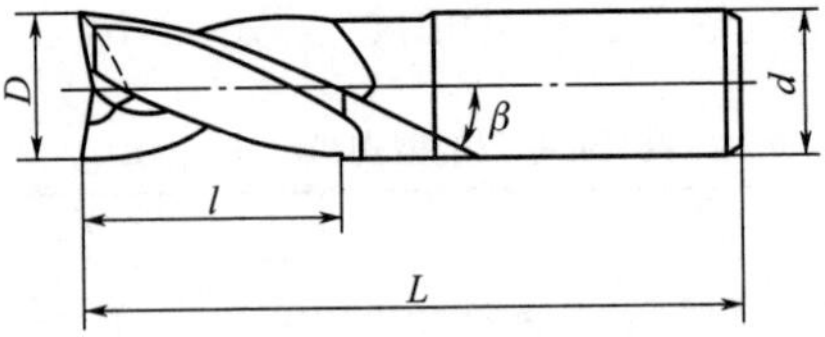

D	L	l	d	D	L	l	d	D	L	l	d	D	L	l	d
2	30	4	3　4	5	40	8	5	10	60	18	10	16	75	28	16
3	32	5		6	45	10	6	12	65	22	12	18	80	32	18　16
4	36	7	4	8	50	14	8	14	70	24	14　12	20	85	36	20

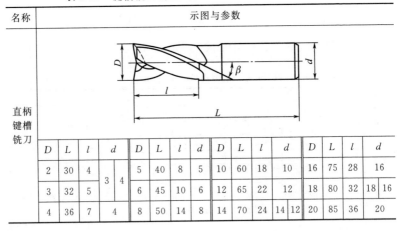

续表

名称	示图与参数
锥柄键槽铣刀	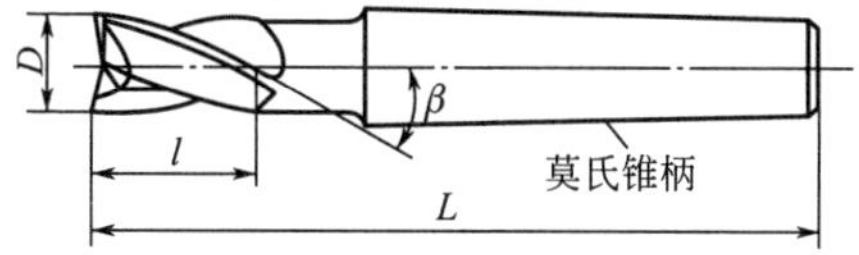

D	L	l	莫氏号	D	L	l	莫氏号	D	L	l	莫氏号	D	L	l	莫氏号
14	110	24	2	20	125	36	2	28	150	45	3	40	190	60	4
16	115	28		22				32	155	50		45	195	65	
18	120	32		25	145	40	3	36	185	55	4	50			

(6)模具铣刀

1）直柄圆柱形球头立铣刀的型式和尺寸见表 2-16。

表 2-16　直柄圆柱形球头立铣刀的型式和尺寸（GB/T 20773—2006）

mm

示图

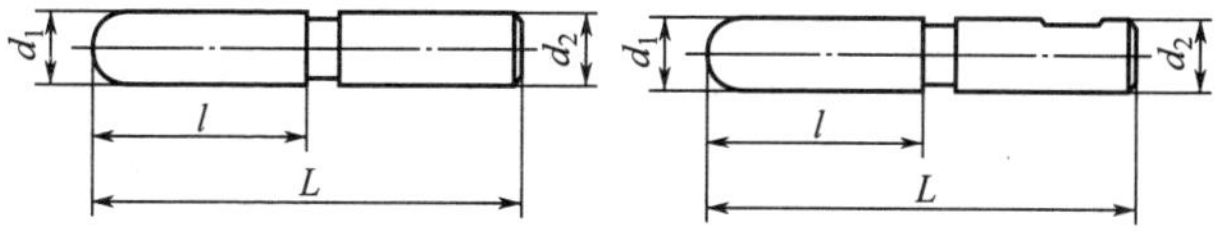

(a) 普通直柄圆柱形球头立铣刀　　(b) 削平型直柄圆柱形球头立铣刀

标记示例：

示例 1 球头直径 $d_1=16$mm 的普通直柄型圆柱形球头立铣刀(标准型)的标记为：直柄球头立铣刀 16 GB/T 20773—2006

示例 2 球头直径 $d_1=16$mm 的普通直柄型圆柱形球头立铣刀(长型)的标记为：直柄球头立铣刀 16 长 GB/T 20773—2006

示例 3 球头直径 $d_1=16$mm 的削平型直柄圆柱形球头立铣刀(标准型)的标记为：削平型直柄球头立铣刀 16 GB/T 20773—2006

示例 4 球头直径 $d_1=16$mm 的削平型直柄圆柱形球头立铣刀(长型)的标记为：削平型直柄球头立铣刀 16 长 GB/T 20773—2006

参数

d_1 js12	d_2	l js16		L js16	
		标准型	长型	标准型	长型
4	4	11	19	43	51
5	5	13	24	47	58
6	6			57	68

续表

	d_1 js12	d_2	l js16		L js16	
			标准型	长型	标准型	长型
参数	8	8	19	38	63	82
	10	10	22	45	72	95
	12	12	26	53	83	110
	16	16	32	63	92	123
	20	20	38	75	104	141
	25	25	45	90	121	166
	32	32	53	105	133	186
	40	40	63	125	155	217
	50	50	75	150	177	252
	63		90	180	192	282

注：1. d_2 的公差：普通直柄 h8，削平型直柄 h6。
2. 削平型直柄的柄部直径大于等于 6mm。

2）莫氏锥柄圆柱形球头立铣刀的型式和尺寸见表 2-17。

表 2-17　莫氏锥柄圆柱形球头立铣刀的型式和尺寸（GB/T20773—2006）

mm

示图

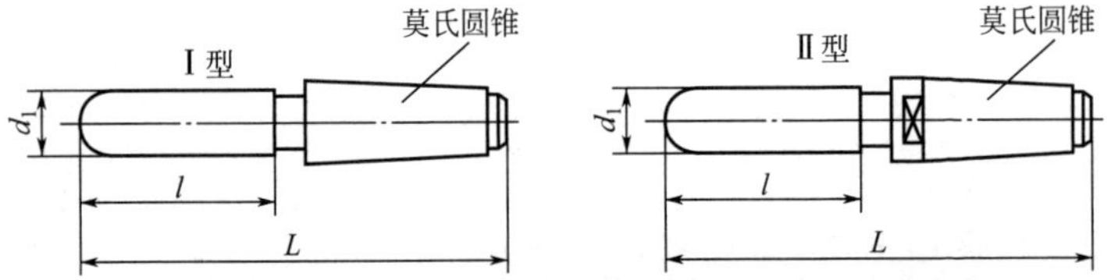

标记示例：

示例 1 球头直径 d_1=32mm，总长 L=155mm 的Ⅰ型莫氏锥柄圆柱形球头立铣刀（标准型）的标记为：锥柄球头立铣刀　32×155　GB/T 20773—2006

示例 2 球头直径 d_1=32mm，总长 L=201mm 的Ⅱ型莫氏锥柄圆柱形球头立铣刀（标准型）的标记为：锥柄球头立铣刀　Ⅱ32×201　GB/T 20773—2006

示例 3 球头直径 d_1=40mm，总长 L=250mm 的Ⅰ型莫氏锥柄圆柱形球头立铣刀（长型）的标记为：锥柄球头立铣刀　40×250 长　GB/T 20773—2006

示例 4 球头直径 d_1=40mm，总长 L=273mm 的Ⅱ型莫氏锥柄圆柱形球头立铣刀（长型）的标记为：锥柄球头立铣刀　Ⅱ40×273 长　GB/T 20773—2006

续表

	d_1 js12	l js16		L js16				莫氏圆锥号
		标准型	长型	标准型		长型		
				Ⅰ	Ⅱ	Ⅰ	Ⅱ	
参数	16	32	63	117	—	148	—	2
	20	38	75	123	—	160	—	
	25	45	90	147	—	192	—	3
	32	53	106	155	—	208	—	
				178	201	231	254	4
	40	63	125	188	211	250	273	
				221	249	283	311	5
	50	75	150	200	223	275	298	4
				233	261	308	336	5
	63	90	180	248	276	338	366	

3）直柄圆锥形立铣刀、圆锥形球头立铣刀的型式和尺寸见表2-18。

表 2-18　直柄圆锥形立铣刀、圆锥形球头立铣刀的型式和尺寸

mm

示图

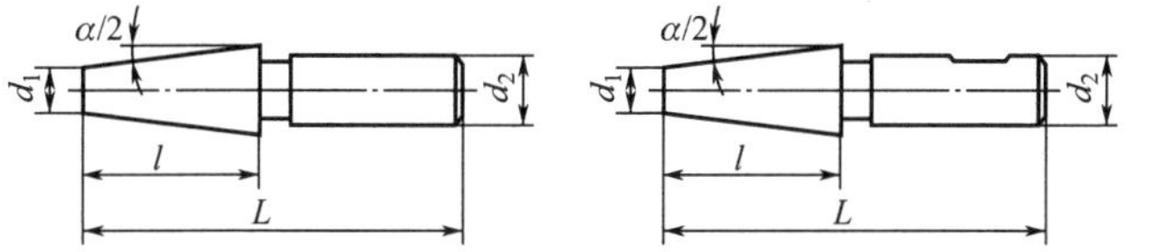

(a) 普通直柄圆锥形立铣刀　　(b) 削平型直柄圆锥形立铣刀

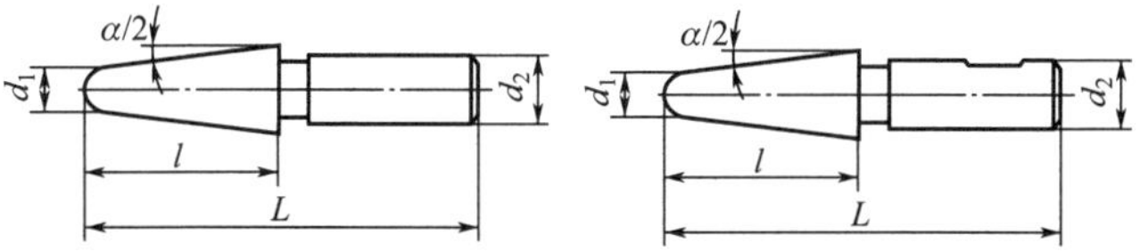

(c) 普通直柄圆锥形球头立铣刀　　(d) 削平型直柄圆锥形球头立铣刀

标记示例：

示例1 刃部小头直径 $d_1=12$mm，半锥角 $\alpha/2$ 为3°的普通直柄圆锥形立铣刀（短型）的标记为：直柄锥形立铣刀　12-3°短　GB/T 20773—2006

示例2 刃部小头直径 $d_1=12$mm，半锥角 $\alpha/2$ 为3°的削平型直柄圆锥形立铣刀（短型）的标记为：削平直柄锥形立铣刀　12-3°短　GB/T 20773—2006

示例3 刃部小头直径 $d_1=12$mm，半锥角 $\alpha/2$ 为3°的普通直柄圆锥形立铣刀（标准型）的标记为：直柄锥形立铣刀　12-3°　GB/T 20773—2006

续表

<table>
<tr><td>示图</td><td colspan="11">示例 4 刃部小头直径 d_1＝12mm，半锥角 $\alpha/2$ 为 3°的削平型直柄圆锥形立铣刀(标准型)的标记为：削平直柄锥形立铣刀　12-3°　GB/T 20773—2006
示例 5 刃部小头直径 d_1＝12mm，半锥角 $\alpha/2$ 为 3°的普通直柄圆锥形立铣刀(长型)的标记为：直柄锥形立铣刀　12-3°长　GB/T 20773—2006
示例 6 刃部小头直径 d_1＝12mm，半锥角 $\alpha/2$ 为 3°的削平型直柄圆锥形立铣刀(长型)的标记为：削平直柄锥形立铣刀　12-3°长　GB/T 20773—2006</td></tr>
<tr><td rowspan="27">参数</td><td rowspan="2">$\alpha/2$</td><td rowspan="2">d_1
k12</td><td colspan="3">短型</td><td colspan="3">标准型</td><td colspan="3">长型</td></tr>
<tr><td>d_2</td><td>l
js16</td><td>L
js16</td><td>d_2</td><td>l
js16</td><td>L
js16</td><td>d_2</td><td>l
js16</td><td>L
js16</td></tr>
<tr><td rowspan="6">3°
(2°52′)</td><td>6</td><td>(10)</td><td>(40)</td><td>(95)</td><td>10</td><td>63</td><td>115</td><td>—</td><td>—</td><td>—</td></tr>
<tr><td>8</td><td>12</td><td>45</td><td>105</td><td>(16)</td><td>(80)</td><td>(138)</td><td>—</td><td>—</td><td>—</td></tr>
<tr><td>(10)</td><td rowspan="2">16</td><td rowspan="2">50</td><td rowspan="2">109</td><td>16</td><td rowspan="2">80</td><td rowspan="2">140</td><td>—</td><td>—</td><td>—</td></tr>
<tr><td>12</td><td>20</td><td>25</td><td>130</td><td>200</td></tr>
<tr><td>16</td><td>20</td><td>56</td><td>120</td><td rowspan="2">25</td><td>90</td><td>160</td><td>32</td><td>160</td><td>235</td></tr>
<tr><td>20</td><td>25</td><td>63</td><td>135</td><td>100</td><td>170</td><td>—</td><td>—</td><td>—</td></tr>
<tr><td rowspan="8">5°
(5°43′)</td><td>(2.5)</td><td rowspan="2">10</td><td>37.5</td><td>85</td><td>—</td><td>—</td><td>—</td><td>—</td><td>—</td><td>—</td></tr>
<tr><td>4</td><td rowspan="2">40</td><td>90</td><td rowspan="2">16</td><td rowspan="2">63</td><td rowspan="2">125</td><td>20</td><td>90</td><td>150</td></tr>
<tr><td>6</td><td>12</td><td>95</td><td rowspan="2">25</td><td rowspan="2">100</td><td rowspan="2">170</td></tr>
<tr><td>8</td><td>16</td><td rowspan="3">45</td><td>103</td><td>20</td><td rowspan="3">71</td><td>135</td></tr>
<tr><td>(10)</td><td rowspan="2">20</td><td rowspan="2">106</td><td rowspan="2">25</td><td rowspan="2">140</td><td rowspan="3">32</td><td rowspan="3">125</td><td rowspan="3">200</td></tr>
<tr><td>12</td></tr>
<tr><td>16</td><td>25</td><td>50</td><td>120</td><td rowspan="2">32</td><td>80</td><td>155</td></tr>
<tr><td>20</td><td>32</td><td>63</td><td>140</td><td>100</td><td>175</td><td>(32)</td><td>(160)</td><td>(235)</td></tr>
<tr><td rowspan="5">7°
(7°7′)</td><td>4</td><td>—</td><td>—</td><td>—</td><td>16</td><td>50</td><td>109</td><td>—</td><td>—</td><td>—</td></tr>
<tr><td>6</td><td>—</td><td>—</td><td>—</td><td rowspan="2">20</td><td rowspan="2">56</td><td rowspan="2">120</td><td>25</td><td>90</td><td>160</td></tr>
<tr><td>8</td><td>—</td><td>—</td><td>—</td><td rowspan="3">32</td><td>100</td><td>175</td></tr>
<tr><td>(10)</td><td>—</td><td>—</td><td>—</td><td rowspan="2">25</td><td rowspan="2">63</td><td rowspan="2">135</td><td rowspan="2">112</td><td rowspan="2">185</td></tr>
<tr><td>12</td><td>—</td><td>—</td><td>—</td></tr>
<tr><td rowspan="6">10°
(9°28′)</td><td>(2.5)</td><td>12</td><td>31.5</td><td>85</td><td>—</td><td>—</td><td>—</td><td>—</td><td>—</td><td>—</td></tr>
<tr><td>4</td><td>16</td><td>36</td><td>93</td><td>20</td><td>56</td><td>120</td><td>32</td><td>90</td><td>165</td></tr>
<tr><td>6</td><td>20</td><td>42</td><td>106</td><td>25</td><td>63</td><td>135</td><td rowspan="2">(32)</td><td>(102)</td><td>(175)</td></tr>
<tr><td>8</td><td>25</td><td>50</td><td>120</td><td>32</td><td>71</td><td>145</td><td>(112)</td><td>(185)</td></tr>
<tr><td>(10)</td><td rowspan="2">32</td><td rowspan="2">63</td><td rowspan="2">135</td><td>—</td><td>—</td><td>—</td><td>—</td><td>—</td><td>—</td></tr>
<tr><td>(12)</td><td>—</td><td>—</td><td>—</td><td>—</td><td>—</td><td>—</td></tr>
</table>

注：1. d_1 的公差，普通直柄 h8，削平型直柄 h6。
2. 括号内尺寸尽量不用。
3. 2°52′、5°43′、7°7′、9°28′是锥度 1∶20、1∶10、1∶8、1∶6 换算而得。

4）莫氏锥柄圆锥形立铣刀的型式和尺寸见表 2-19。

表 2-19　莫氏锥柄圆锥形立铣刀的型式和尺寸　　mm

示图

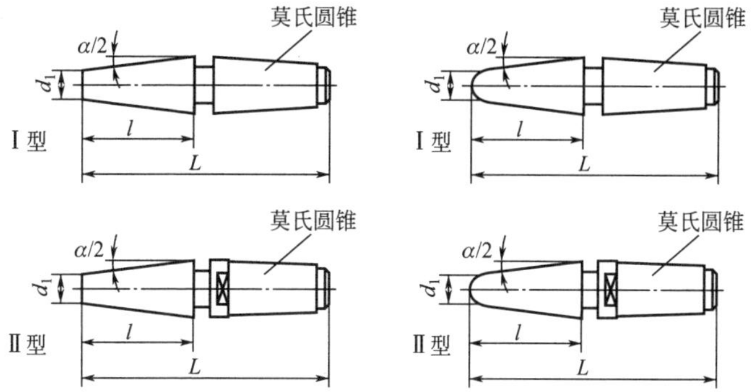

莫氏锥柄圆锥形立铣刀　　莫氏锥柄圆锥形球头立铣刀

标记示例：

示例 1 刃部小头直径 $d_1=20$mm，总长 $L=202$mm，半锥角 $\alpha/2$ 为 3°的Ⅰ型莫氏锥柄圆锥形立铣刀的标记为：锥柄锥形立铣刀　20 × 202-3°　GB/T 20773—2006

示例 2 刃部小头直径 $d_1=20$mm，总长 $L=248$mm，半锥角 $\alpha/2$ 为 3°的Ⅱ型莫氏锥柄圆锥形立铣刀的标记为：锥柄锥形立铣刀Ⅱ　20 × 248-3°　GB/T 20773—2006

示例 3 刃部小头直径 $d_1=20$mm，总长 $L=202$mm，半锥角 $\alpha/2$ 为 3°的Ⅰ型莫氏锥柄圆锥形球头立铣刀的标记为：锥柄锥形球头立铣刀　20×202-3°　GB/T 20773—2006

示例 4 刃部小头直径 $d_1=20$mm，总长 $L=248$mm，半锥角 $\alpha/2$ 为 3°的Ⅱ型莫氏锥柄圆锥形球头立铣刀的标记为：锥柄锥形球头立铣刀Ⅱ　20×248-3°　GB/T 20773—2006

参数

$\alpha/2$	d_1 k13	l js16	L js16		莫氏圆锥号
			Ⅰ	Ⅱ	
3° (2°52′)	16	90	192	—	3
	20	100	202	—	
			225	243	4
	25	112	214	—	3
			237	250	4
	32	125	250	273	
			283	311	5

续表

	α/2	d_1 k13	l js16	L js16		莫氏圆锥号
				Ⅰ	Ⅱ	
参数	3° (2°52′)	40	146	265	288	4
				298	326	5
	5° (5°43′)	16	80	182	—	3
				205	228	4
		20	100	202	—	3
				225	248	4
		25	112	237	260	
				270	298	5
		22	125	250	273	4
				283	311	5
	7° (7°7′)	16	71	173	—	3
				196	219	4
		20	80	205	228	
				238	266	—
		25	90	215	238	4
				248	276	5
	10° (9°28′)	16	80	205	228	4
				238	266	5
		20	90	215	238	4
				248	276	5
		25	100	225	248	4
				258	286	5

注：1. 括号内尺寸尽量不用。

2. 2°52′、5°43′、7°7′、9°28′是锥度 1∶20、1∶10、1∶8、1∶6 换算而得。

(7)可转位铣刀

1）可转位铣刀用刀片。

铣刀片型号表示规则　铣刀片和车刀片型号表示规则基本相同，唯一的区别是刀片型号的第 7 项，刀片转角形状或刀片圆角半径的代号。

例如，SPAN1203EDTR 中：S—刀片形状为正方形；P—刀片法后角为 11°；A—刀片允许偏差等级为 A 级；N—刀片无断屑槽，无中心固定孔；12—刀片边长为 12.7mm；03—刀片厚度为 3.175mm；

ED—刀尖转角形状为主偏角 75°，修光刃法后角 15°；T—刀片切削截面形状为倒棱状；R—刀片切削方向为右切。

第 1 项代号表示刀片形状，如 S 表示正方形，T 表示三角形，F 表示不等边不等角六边形，L 表示矩形。

第 2 项代号表示刀片法后角的大小，如 P 为 11°。

第 3 项代号表示刀片主要尺寸允许偏差等级，其中 U 级、M 级和 C 级使用较多，其余 A、F、H、E、G、J、K、L 级。

第 4 项代号表示刀片有无断屑槽和中心固定孔，如 N（刀片无孔、无断屑槽）。

第 5 项代号表示切削刃长度。切削刃长度是以舍去小数值部分的刀片切削刃长度（或刀片理论边长）值作代号，如切削刃长度为 12.7mm，则数字代号为 12。若舍去小数部分只剩下一位数字，则必须在该数字前加“0”。

第 6 项代号表示刀片厚度尺寸。刀片厚度也是以舍去小数值部分的刀片厚度值作为代号。如舍去小数部分后，只剩下一位数字，则必须在该数字前加“0”。如刀片厚度为 3.175mm，则代号为 03。

第 7 项代号除用两位数字表示刀片的圆角半径外（铣刀片的转角形状除圆角外，还有倒角，即有修光刃）。对于刀片转角形状为倒角的，则用两位字母表示，示例中第一字母表示刀片安装在刀体上的主偏角大小（75°），第二个字母表示修光刃法后角大小（15°）。这个字母代号的意义和型号与第 2 项表示刀片法后角大小代号的字母相同，如 N=0°；P=11°；D=15°；E=20°。尽管同一字母既代表刀片的法后角，又代表修光刃后角，而且大小数值相等，但在型号中所处项位号不同，有时同一刀片的法后角和修光刃后角相同，有时不同，所以不会混淆。

第 8 项代号表示刀片切削截面形状，其中 F 表示尖锐刀刃，E 表示倒圆刀刃，T 表示倒棱刀刃，S 表示倒棱加倒圆刀刃。

第 9 项代号表示刀片切削方向，R 表示切削方向为右切，L 表示左切，N 表示既能用于左切，也可用于右切。

2）常用铣刀片型号和基本尺寸。

① 主偏角 75°、法向后角 0°正方形刀片见表 2-20。

表 2-20　主偏角 75°、法向后角 0°正方形刀片　　mm

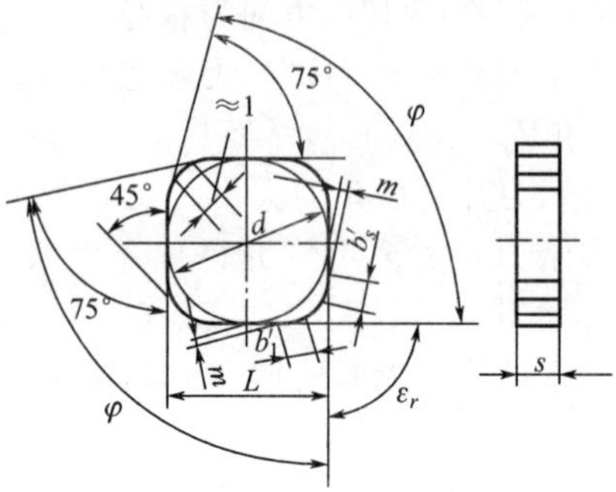

型号	$d=L$	s	b'_s ≈	m	ε_r		φ	
					度数	允差	度数	允差
SNAN1204ENN	12.70	4.76	1.4	0.80	90°	±8′	75°	0′～+15′
SNCN1204ENN								
SNKN1204ENN						±30′		0′～+30′
SNAN1504ENN	15.875	4.76	1.4	1.50	90°	±8′	75°	0′～+15′
SNCN1504ENN								
SNKN1504ENN						±30′		0′～+30′
SNAN1904ENN	19.05	4.76	2.0	1.30	90°	±8′	75°	0′～+15′
SNCN1904ENN								
SNKN1904ENN						±30′		0′～+30′

② 主偏角 75°、法向后角 11°、修光刃后角 11°或 15°正方形刀片见表 2-21。

表 2-21　主偏角 75°、法向后角 11°、修光刃后角 11°或 15°正方形刀片

mm

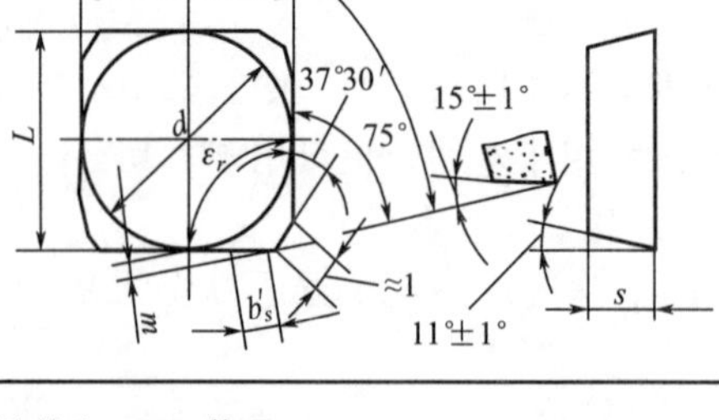

续表

型号	$d=L$	s	b_s' ≈	m	ε_r		φ	
					度数	偏差	度数	偏差
SPAN1203EDR	12.70	3.175	1.4	0.90	90°	±8′	75°	0′～+15′
SPAN1203EDL								
SPCN1203EDR								
SPCN1203EDL								0′～+30′
SPKN1203EDR						±30′		
SPKN1203EDL								
SPAN1504EDR	5.875	4.76	1.4	1.25	90°	±8′	75°	0′～+15′
SPAN1504EDL								
SPCN1504EDR								
SPCN1504EDL								0′～+30′
SPKN1504EDR						±30′		
SPKN1504EDL								

③ 主偏角 45°、法向后角 0°正方形刀片见表 2-22。

表 2-22 主偏角 45°、法向后角 0°正方形刀片 mm

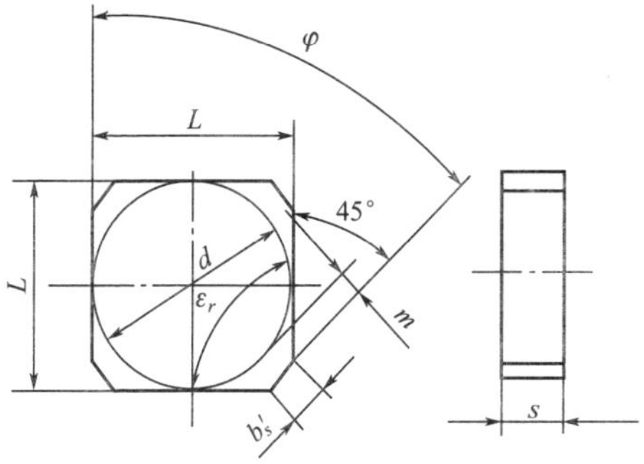

型号	$d=L$	s	b_s' ≈	m	ε_r		φ	
					度数	偏差	度数	偏差
SNAN1204ANN	12.70	4.76	3.0	2.50	90°	±8′	45°	±8′
SNCN1204ANN								
SNKN1204ANN						±30′		±15′
SNAN1504ANN	15.875					±8′		±8′
SNCN1504ANN								
SNKN1504ANN						±30′		±15′

续表

型号	$d=L$	s	b'_s ≈	m	ε_r		φ	
					度数	偏差	度数	偏差
SNAN1904ANN	19.05	4.76	3.0	2.50	90°	±8′	45°	±8′
SNCN1904ANN								
SNKN1904ANN						±30′		±15′

④ 主偏角 90°、法向后角 11°、修光刃法向后角 11°三角形刀片见表 2-23。

表 2-23　主偏角 90°、法向后角 11°、修光刃法向后角 11°三角形刀片

mm

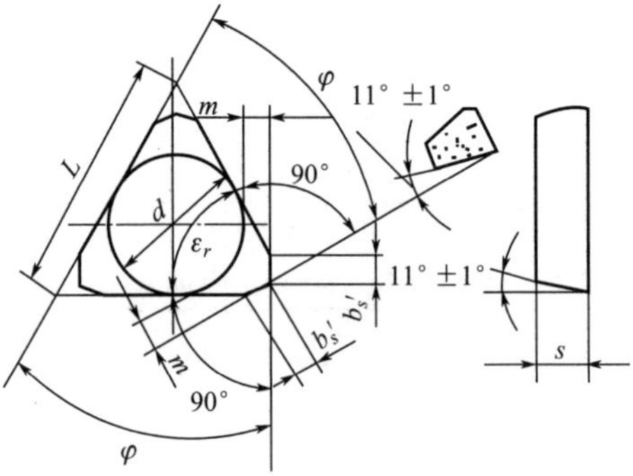

型号	L ≈	d	s	b'_s	m	ε_r		φ	
						度数	偏差	度数	偏差
TPAN1103PPN	11.0	6.35	3.175	0.7	1.72	60°	±8′	30°	0′～+15′
TPCN1103PPN									
TPKN1103PPN							±30′		0′～+30′
TPAN1603PPN	16.5	9.525		1.2	2.45		±8′		0′～+15′
TPCN1603PPN									
TPKN1603PPN							±30′		0′～+30′
TPAN2204PPN	22.0	12.70	4.76	1.3	3.55	60°	±8′	30°	0′～+15′
TPCN2204PPN									
TPKN2204PPN							±30′		0′～+30′

⑤ 主偏角 90°、法向后角 11°、修光刃法向后角 15°三角形刀片见表 2-24。

表 2-24 主偏角 90°、法向后角 11°、修光刃法向后角 15°三角形刀片

mm

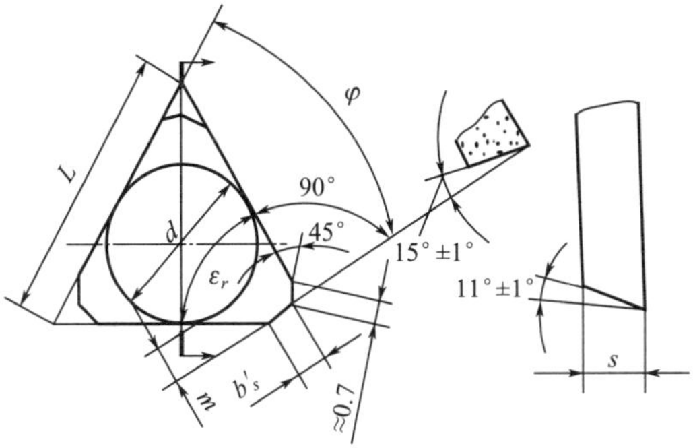

型号	L ≈	d	s	b'_s	m	ε_r		φ	
						度数	偏差	度数	偏差
TPAN1603PDR	16.5	9.525	3.175	1.3	2.45	60°	±8′	30°	0′～+15′
TPAN1603PDL									
TPCN1603PDR									
TPCN1603PDL									
TPKN1603PDR							±30′		0′～+30′
TPKN1603PDL									
TPAN2204PDR	22.0	12.70	4.76	1.4	3.55	60°	±8′	30°	0′～+15′
TPAN2204PDL									
TPCN2204PDR									
TPCN2204PDL									
TPKN2204PDR							±30′		0′～+30′
TPKN2204PDL									

⑥ 主偏角 75°、法向后角 11°、15°带修光刃精铣刀片见表 2-25。

表 2-25 主偏角 75°、法向后角 11°、15°带修光刃精铣刀片 mm

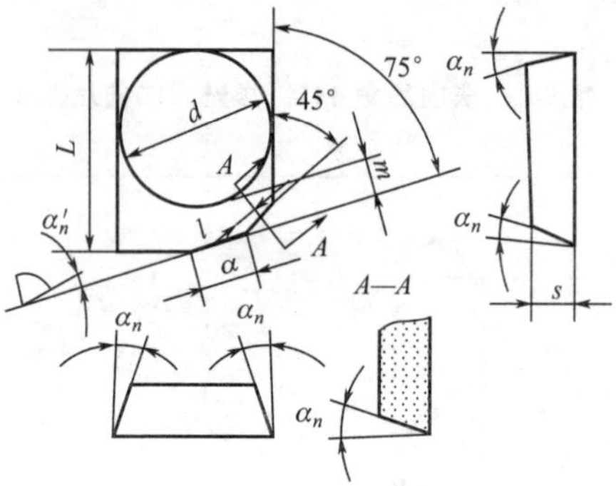

型号	L	d ±0.025	s ±0.025	m ±0.025	α	α_n ±1°	α_n' ±1°	φ	
								度数	偏差
LPEX1403EDR LPEX1403EDL	14.70	12.70	3.175	0.97	8	11°	15°	75°	0′～+30′
LPEX1804EDR LPEX1804EDL	18.30	15.875	4.76	1.32	10	11°	15°	75°	0′～+30′

⑦ 主偏角 90°、法向后角 11°不等边不等角六边形刀片见表 2-26。

表 2-26 主偏角 90°、法向后角 11°不等边不等角六边形刀片

mm

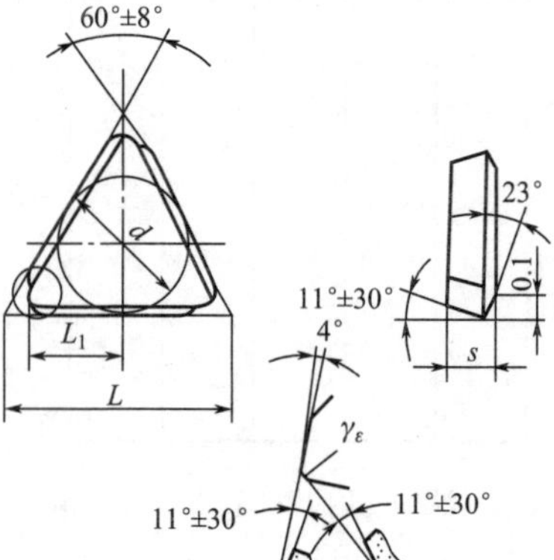

续表

型号	L ≈	d	s	L_1 基本尺寸	L_1 偏差	γ_ε ±0.1
FPCN110305R	11.0	6.35	3.175	4.76	±0.013	0.5
FPCN110305L						
FPCN110310R						1.0
FPCN110310L						
FPCN160305R	16.5	9.525	3.175	7.00	±0.013	0.5
FPCN160305L						
FPCN160310R						1.0
FPCN160310L						
FPCN160315R						1.5
FPCN160315L						
FPCN160320R						2.0
FPCN160320L						
FPCN220405R	22.0	12.70	4.76	9.20	±0.013	0.5
FPCN220405L						
FPCN220410R						1.0
FPCN220410L						
FPCN220415R						1.5
FPCN220415L						
FPCN220420R						2.0
FPCN220420L						
FPCN220425R						2.5
FPCN220425L						
FPCN270605R	27.5	15.875	6.35	11.30	±0.013	0.5
FPCN270605L						
FPCN270610R						1.0
FPCN270610L						
FPCN270620R						2.0
FPCN270620L						
FPCN270630R						3.0
FPCN270630L						

3）可转位铣刀片的定位及夹紧方式见表 2-27。

表 2-27　可转位铣刀片的定位及夹紧方式

夹紧方式	结构简图	说明
螺钉楔块夹紧	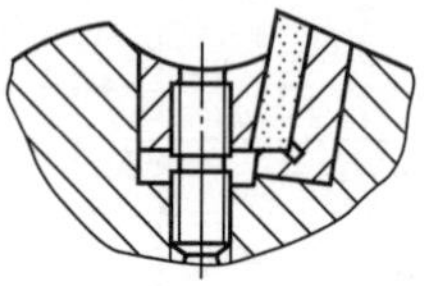 (a) 楔块在刀片前面 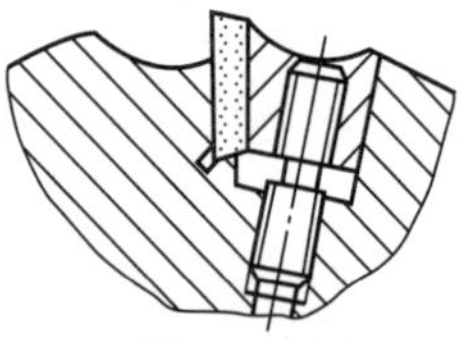 (b) 楔块在刀片后面	这是硬质合金可转位铣刀刀片的基本夹紧形式。其结构简单，工艺性好，制造容易。楔块式夹紧结构有两种形式：一种是在刀片的前面上夹紧；另一种是在刀片的后面上夹紧。前面夹紧刀片的结构，夹紧可靠，刚性好，但刀片的厚度偏差影响定位精度，引起铣刀的径向圆跳动。后面夹紧结构，由于楔块亦起到刀垫的作用，刀片和楔块贴合必须良好，因此要求刀体上的刀片槽和楔块贴合必须良好，因此要求刀体上的刀片槽和楔块的精度要求较高，优点是刀片的厚度尺寸不会影响铣刀的径向圆跳动
拉杆楔块夹紧	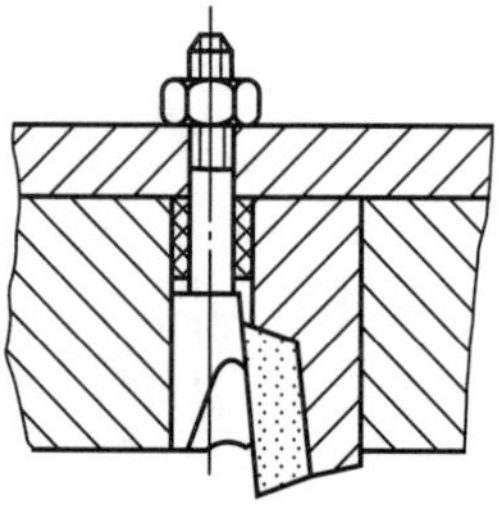	拉杆和楔块为一体，拧紧螺母即可将刀片夹紧在刀体上，夹紧可靠，制造方便，结构紧凑，适用于密齿端铣刀。但刀刃的轴向圆跳动要由刀片刀垫的制造精度来保证
用压板压紧刀片	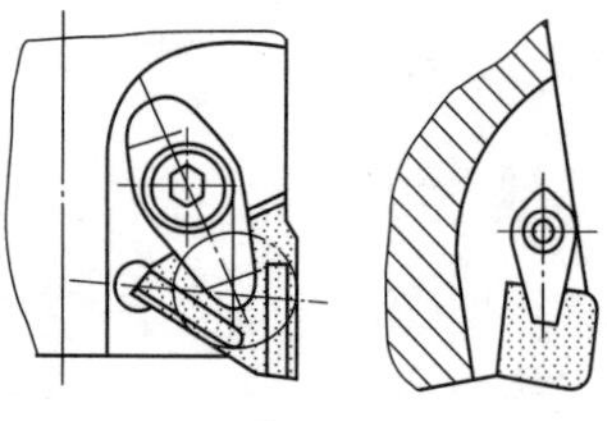	用压紧元件从刀片的上面直接将刀片压紧在铣刀体的刀片槽内。压紧元件形式有蘑菇头形螺钉、爪形压板和桥形压板等。其结构简单，制造方便，承受很大的切削力刀片也不会松动和窜动。缺点是刀片位置不可调整，刀片的径向和轴向跳动完全决定于刀槽、刀垫与刀片的制造精度。一般用于小直径的面铣刀和立铣刀

夹紧方式	结构简图	说明
用螺钉夹紧刀片	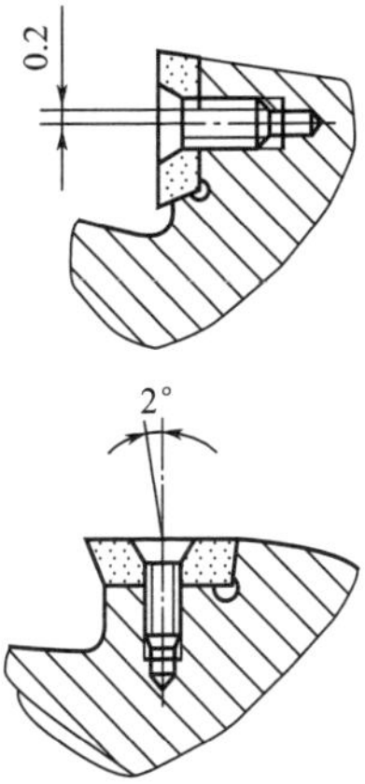	采用带锥孔的可转位刀片，锥头螺钉的轴线对刀片锥孔轴线应向压紧贴合面偏移0.2mm，当螺钉向下移动时，螺钉的锥面推动刀片靠近定位面并夹紧。结构简单、紧凑、夹紧元件不阻碍切屑流出。缺点是刀片位置精度不能调，要求制造精度高

4）可转位铣刀的类型和型号表示方法。

可转位铣刀按其用途不同，分为可转位面铣刀、可转位立铣刀、可转位三面刃铣刀以及专用可转位铣刀等，表2-28为常用的可转位铣刀类型。

表2-28　常用的可转位铣刀的类型

可转位铣刀类型与示图		
可转位面铣刀 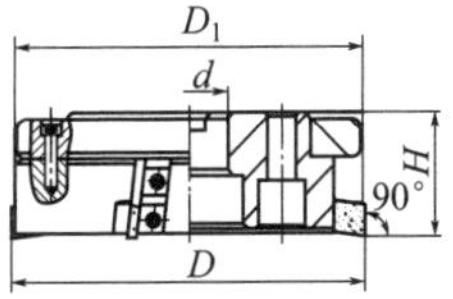	可转位立铣刀 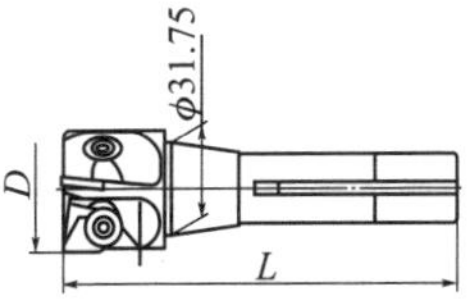	可转位孔槽铣刀 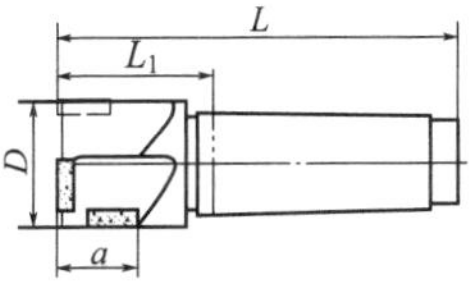
可转位面铣刀 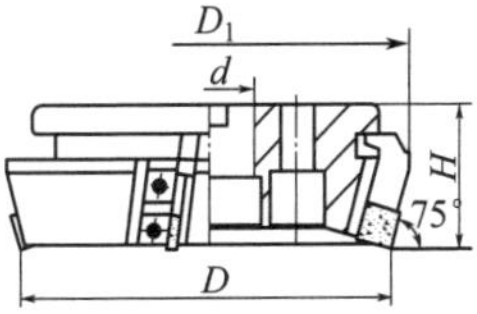	可转位三面刃铣刀 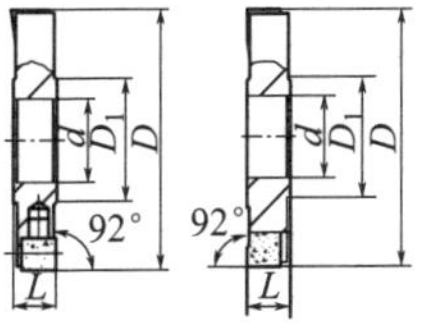	可转位模具铣刀 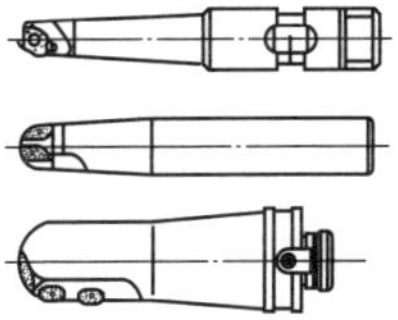

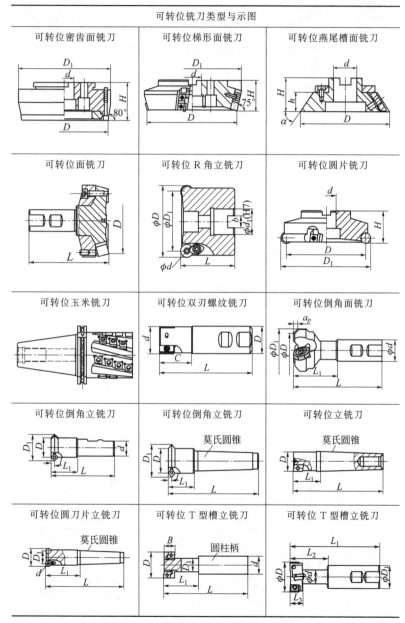

可转位铣刀类型与示图		
可转位密齿面铣刀 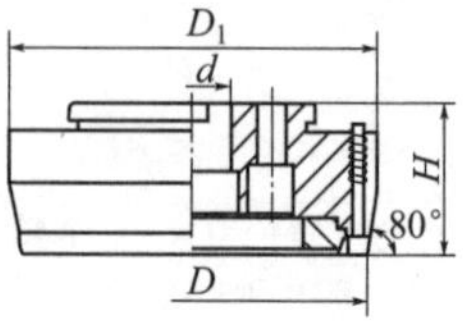	可转位梯形面铣刀 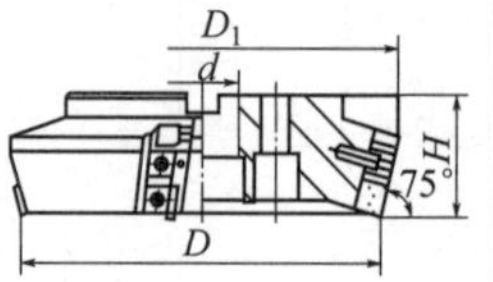	可转位燕尾槽面铣刀 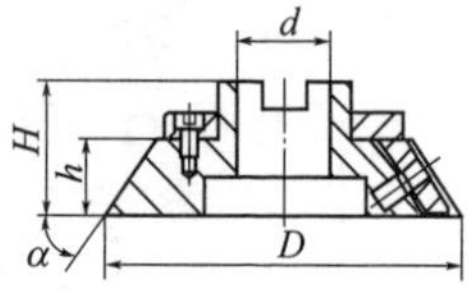
可转位面铣刀 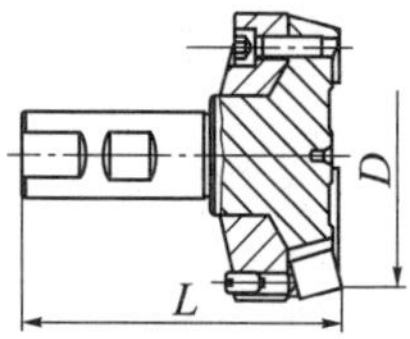	可转位 R 角立铣刀 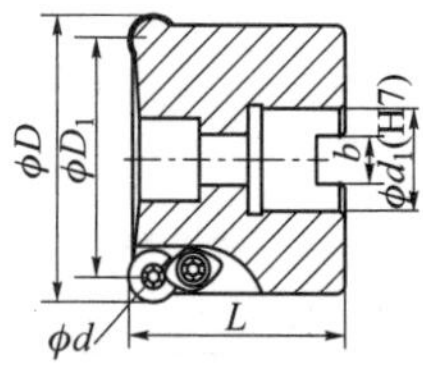	可转位圆片铣刀 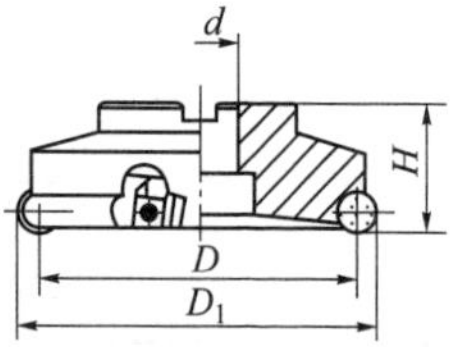
可转位玉米铣刀 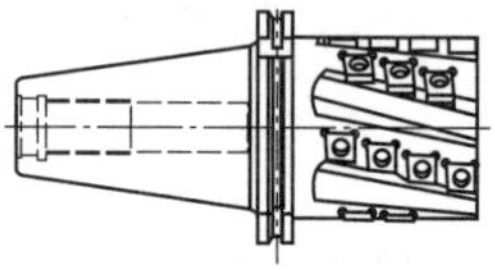	可转位双刃螺纹铣刀 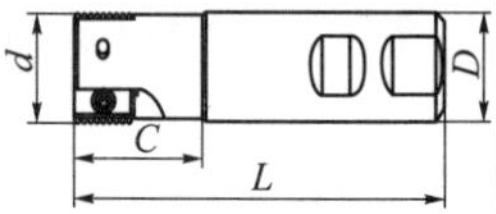	可转位倒角面铣刀 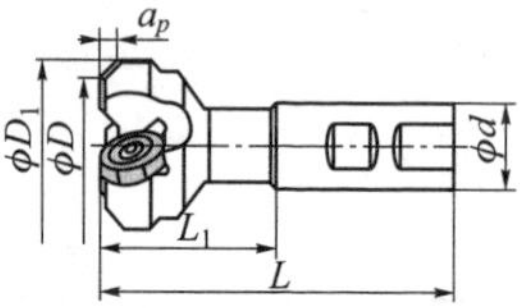
可转位倒角立铣刀 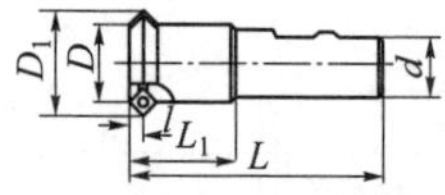	可转位倒角立铣刀 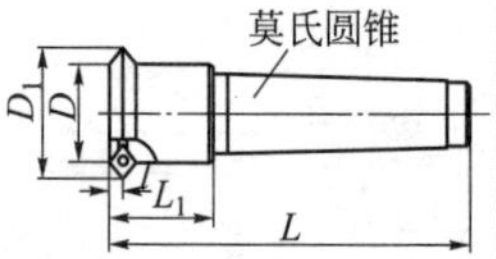	可转位立铣刀 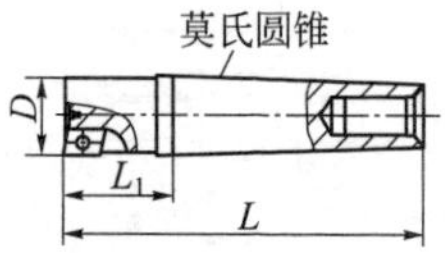
可转位圆刀片立铣刀 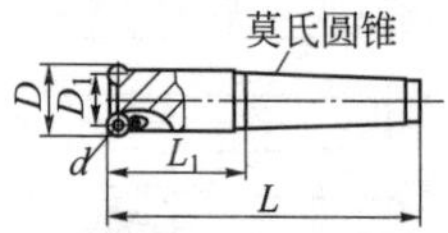	可转位 T 型槽立铣刀 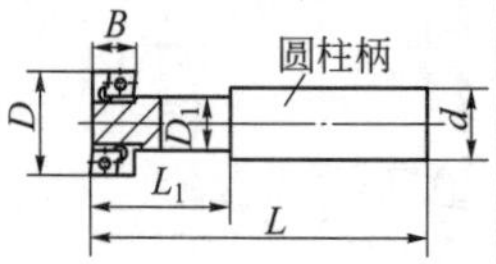	可转位 T 型槽立铣刀 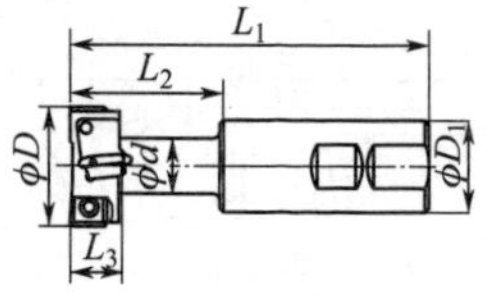

可转位铣刀型号表示方法如下：

① 可转位面铣刀型号的表示方法。按（GB/T 5342—2006）规定，可转位面铣刀的型号表示方法由10位代号组成。各位代号及表示的内容如图2-4所示。

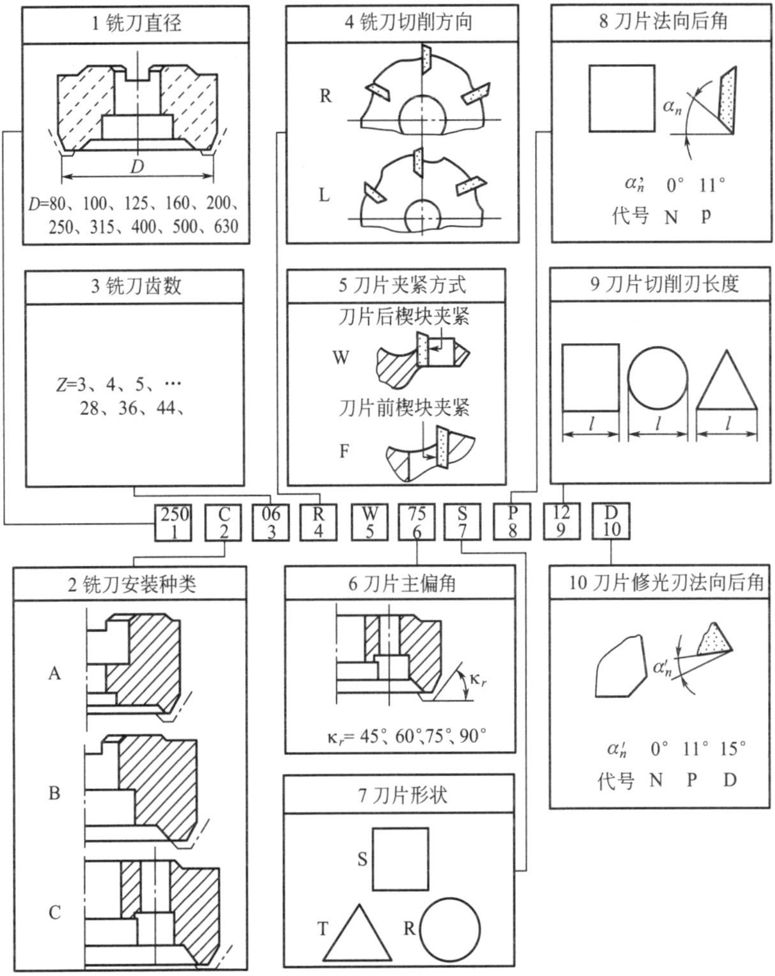

图2-4 可转位面铣刀型号标记

② 可转位立铣刀型号表示方法。按（GB/T 5342—2006）规定，可转位立铣刀的型号表示方法由 11 位代号组成。各位代号及表示的内容如图 2-5 所示。

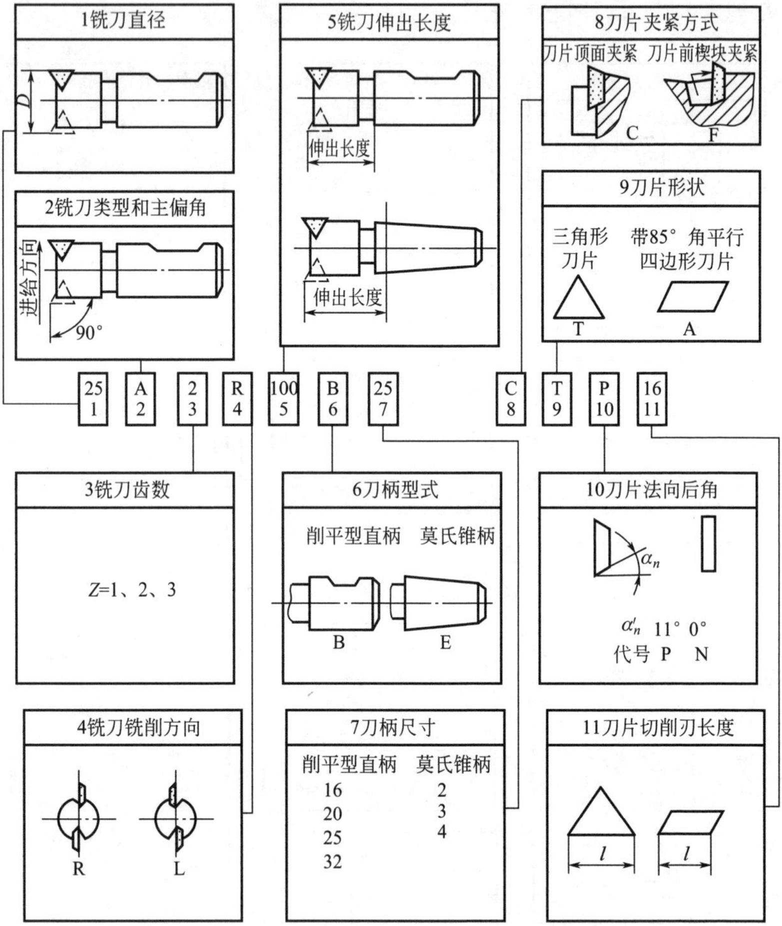

图 2-5 可转位立铣刀型号标记

③ 可转位三面刃铣刀型号表示方法。按（GB/T 5342—2006）规定，可转位三面刃铣刀的型号表示方法由 11 位代号组成。各位代号及表示的内容如图 2-6 所示。

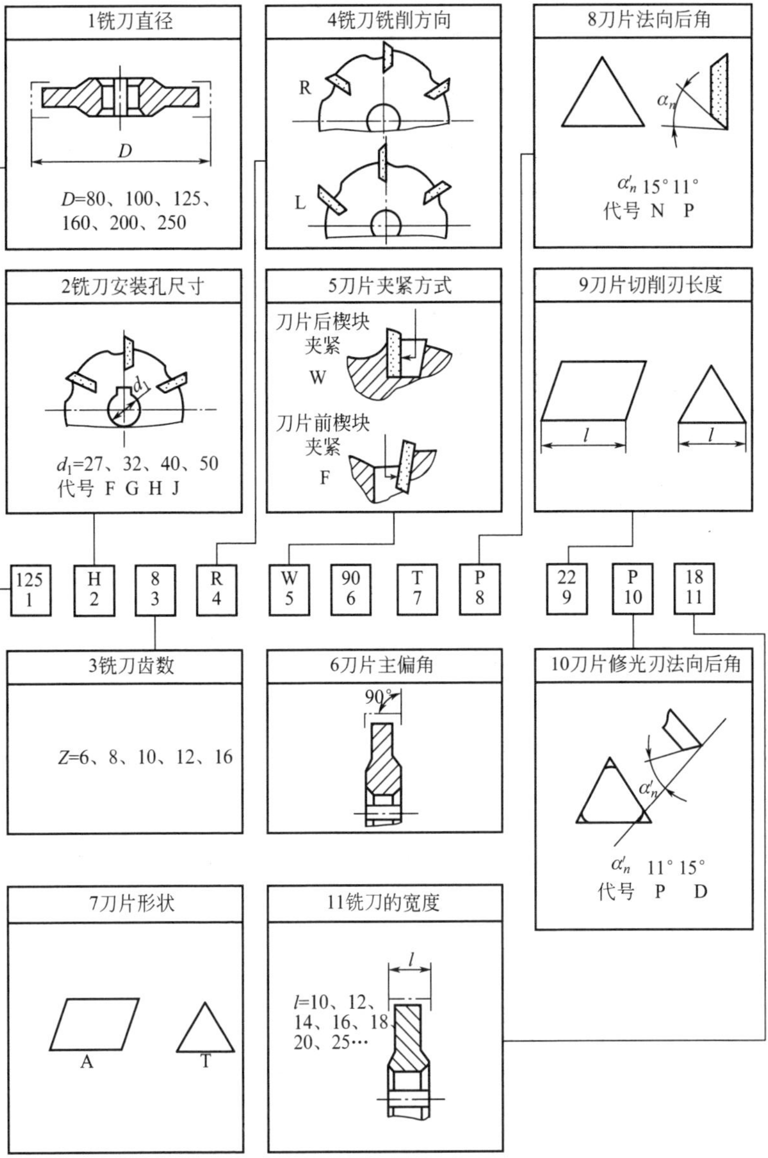

图 2-6　可转位三面刃铣刀型号

5）可转位铣刀的型式和基本尺寸。

① 削平直柄可转位螺旋立铣刀的型式和尺寸见表 2-29。

表 2-29　削平直柄可转位螺旋立铣刀的型式和尺寸（GB/T 14298—2008）

mm

示图

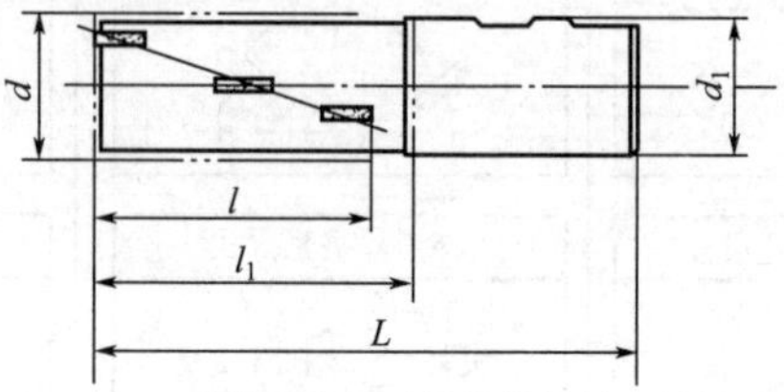

标记示例：直径 d=40mm 的削平直柄可转位螺旋铣刀的标记为：削平直柄可转位螺旋立铣刀　40　GB/T 14298—2008

参数	d js14	l min	l_1 min	L max	d_1 h6	有效齿数 Z（参考值）
	32	32	50	135	32	1～2
	40	40	60	150	40	2～4
	50	50	75	180	50	

② 莫氏锥柄可转位螺旋立铣刀的型式和尺寸见表 2-30。

表 2-30　莫氏锥柄可转位螺旋立铣刀的型式和尺寸（GB/T 14298—2008）

mm

示图

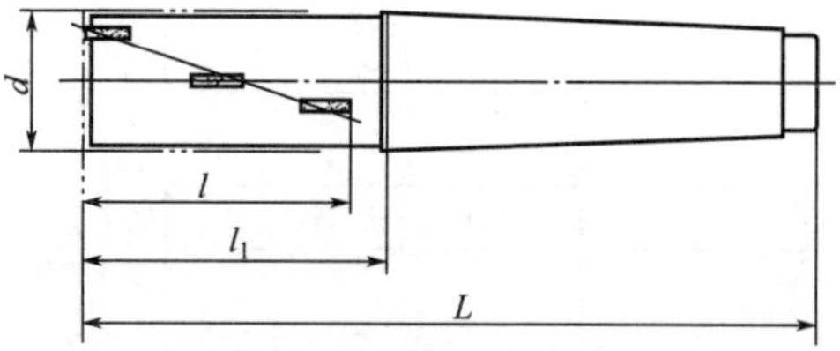

标记示例：直径 d=40mm 的莫氏锥柄可转位螺旋铣刀的标记为：莫氏锥柄可转位螺旋立铣刀　40　GB/T 14298—2008

参数	d js14	l min	l_1 min	L max	莫氏圆锥号	有效齿数 Z（参考值）
	32	32	45	165	4	1～2
	40	40	60	210	5	2～4
	50	50	75	230		

③ 手动换刀 7∶24 锥柄可转位螺旋立铣刀的型式和尺寸见表 2-31。

表 2-31　手动换刀 7∶24 锥柄可转位螺旋立铣刀的型式和尺寸

（GB/T 14298—2008）　　　　mm

示图

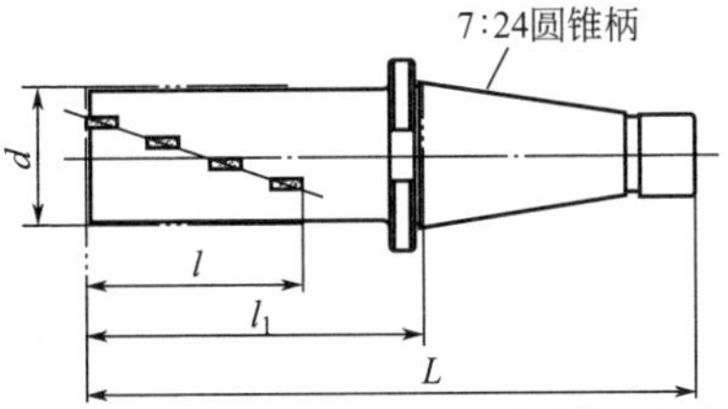

标记示例：直径 d=80mm，总长 L=310mm 的手动换刀机床用 7∶24 锥柄可转位螺旋立铣刀的标记为：手动换刀 7∶24 锥柄可转位螺旋立铣刀　80×310　GB/T 14298—2008

参数

<table>
<tr><th>d
js14</th><th>l
min</th><th>l_1
min</th><th>L
max</th><th>7∶24 圆锥号</th><th>有效齿数 Z
（参考值）</th></tr>
<tr><td>32</td><td>32</td><td>63</td><td>175</td><td rowspan="2">40</td><td>1～2</td></tr>
<tr><td>40</td><td>40</td><td rowspan="3">80</td><td>190</td><td rowspan="3">2～4</td></tr>
<tr><td>50</td><td>50</td><td>250</td><td rowspan="3">50</td></tr>
<tr><td>63</td><td>63</td><td>280</td></tr>
<tr><td rowspan="2">80</td><td rowspan="2">80</td><td rowspan="2">100</td><td>310</td><td rowspan="4">3～6</td></tr>
<tr><td>390</td><td>60</td></tr>
<tr><td rowspan="2">100</td><td rowspan="2">100</td><td rowspan="2">125</td><td>330</td><td>50</td></tr>
<tr><td>410</td><td>60</td></tr>
</table>

④ 自动换刀 7∶24 锥柄可转位螺旋立铣刀的型式和尺寸见表 2-32。

表 2-32　自动换刀 7∶24 锥柄可转位螺旋立铣刀的型式和尺寸

（GB/T 14298—2008）　　　　mm

示图

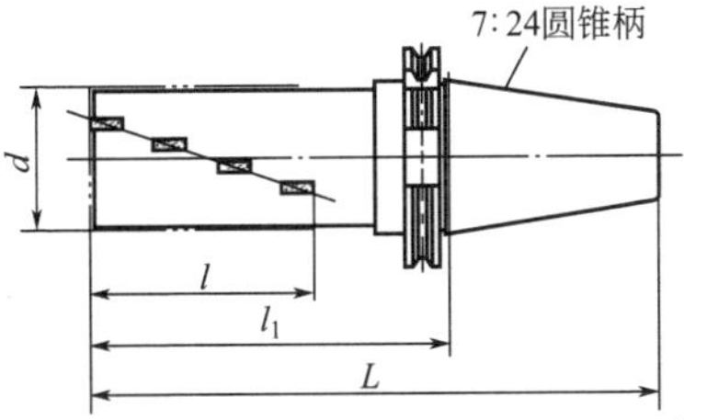

标记示例：直径 d=80mm，总长 L=310mm 的自动换刀机床用 7∶24 锥柄可转位螺旋立铣刀的标记为：手动换刀 7∶24 锥柄可转位螺旋立铣刀　80×310　GB/T 14298—2008

续表

<table>
<tr><td rowspan="9">参数</td><td>d
js14</td><td>l
min</td><td>l_1
min</td><td>L
max</td><td>7∶24 圆锥号</td><td>有效齿数 Z
(参考值)</td></tr>
<tr><td>32</td><td>32</td><td>63</td><td>175</td><td rowspan="2">40</td><td>1～2</td></tr>
<tr><td>40</td><td>40</td><td rowspan="3">80</td><td>190</td><td rowspan="3">2～4</td></tr>
<tr><td>50</td><td>50</td><td>250</td><td rowspan="3">50</td></tr>
<tr><td>63</td><td>63</td><td>280</td></tr>
<tr><td rowspan="2">80</td><td rowspan="2">80</td><td rowspan="2">100</td><td>310</td><td rowspan="4">3～6</td></tr>
<tr><td>390</td><td>60</td></tr>
<tr><td rowspan="2">100</td><td rowspan="2">100</td><td rowspan="2">125</td><td>330</td><td>50</td></tr>
<tr><td>410</td><td>60</td></tr>
</table>

⑤ 套式可转位螺旋立铣刀的型式和尺寸见表 2-33。

表 2-33　套式可转位螺旋立铣刀的型式和尺寸（GB/T 14298—2008）

mm

<table>
<tr><td>示图</td><td colspan="6">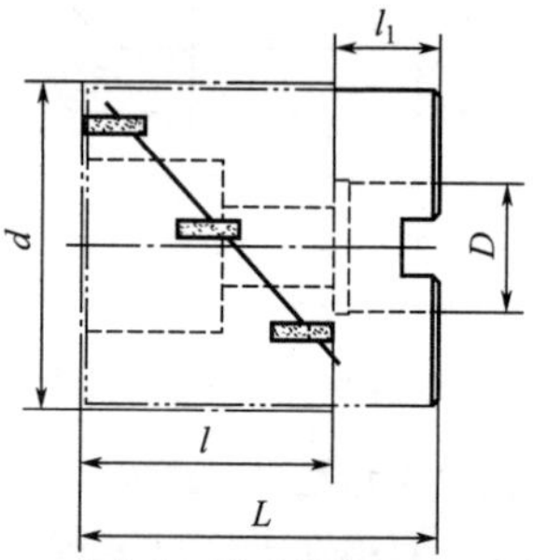

标记示例：直径 d＝80mm 的套式可转位螺旋立铣刀的标记为：套式可转位螺旋立铣刀　80　GB/T 14298—2008</td></tr>
<tr><td rowspan="6">参数</td><td>d
js14</td><td>l
min</td><td>l_1
min</td><td>L
max</td><td>D
H6</td><td>有效齿数 Z
(参考值)</td></tr>
<tr><td>50</td><td>40</td><td>18</td><td>70</td><td>22</td><td rowspan="2">2～4</td></tr>
<tr><td>63</td><td>45</td><td>25</td><td>80</td><td>27</td></tr>
<tr><td>80</td><td>60</td><td>25</td><td>100</td><td>32</td><td rowspan="2">3～6</td></tr>
<tr><td>100</td><td>70</td><td>27</td><td>115</td><td>40</td></tr>
<tr><td>125</td><td>80</td><td>42</td><td>130</td><td>50</td><td>4～8</td></tr>
</table>

⑥ 可转位莫氏锥柄立铣刀的型式和尺寸见表 2-34。

表 2-34 可转位莫氏锥柄立铣刀的型式和尺寸（GB/T 5340.1—2006）

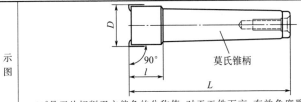

mm

示图

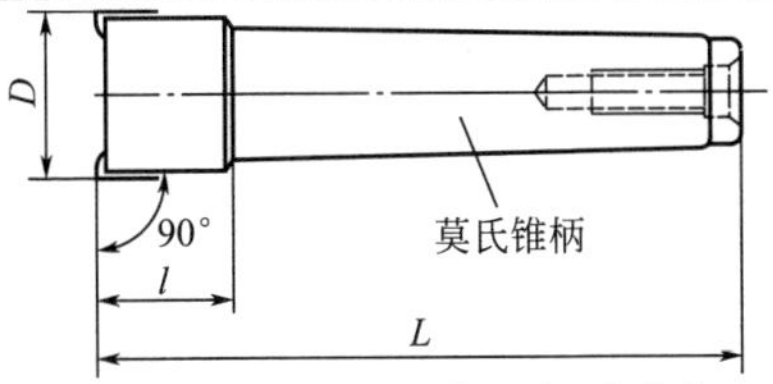

90°是刀片切削刃主偏角的公称值，对于工件而言，有效角度取决于铣刀的几何形状、直径以及切削深度

参数

D Js14	莫氏锥柄号	l 最大	L
12	2	20	90
14			
16		25	94
18			
20	3	30	116
25		38	124
32			
40	4	48	157

⑦ 可转位削平直柄立铣刀的型式和尺寸见表 2-35。

表 2-35 可转位削平直柄立铣刀的型式和尺寸（GB/T 5340.1—2006）

mm

示图

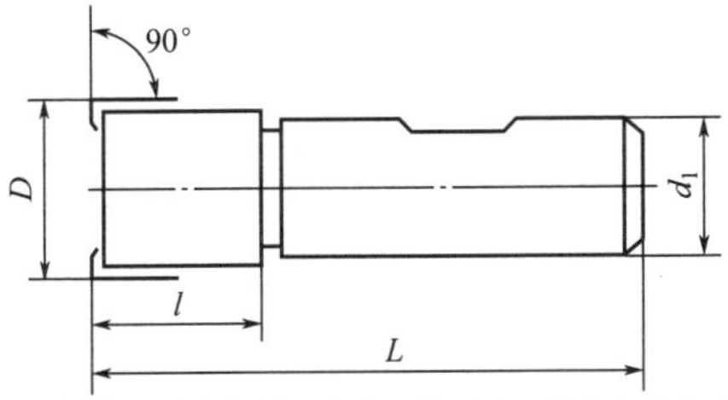

90°是刀片切削刃主偏角的公称值，对于工件而言，有效角度取决于铣刀的几何形状、直径以及切削深度

续表

	D Js14	d_1 h6	l max	L
参数	12	12	20	70
	14			
	16	16	25	75
	18			
	20	20	30	82
	25	25	38	95
	32	32		100
	40		48	110
	50			

⑧ 可转位面铣刀的型式和尺寸见表 2-36。

表 2-36　可转位面铣刀的型式和尺寸（GB/T 5342—2006） mm

			D	L	莫氏锥柄号	l(参考)
示图	莫氏锥柄面铣刀 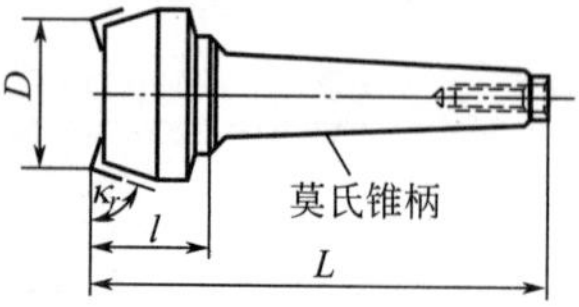	参数	63	157	4	48
			80			

示图

套式面铣刀 A 型，端键转动，内六角沉头螺钉紧固

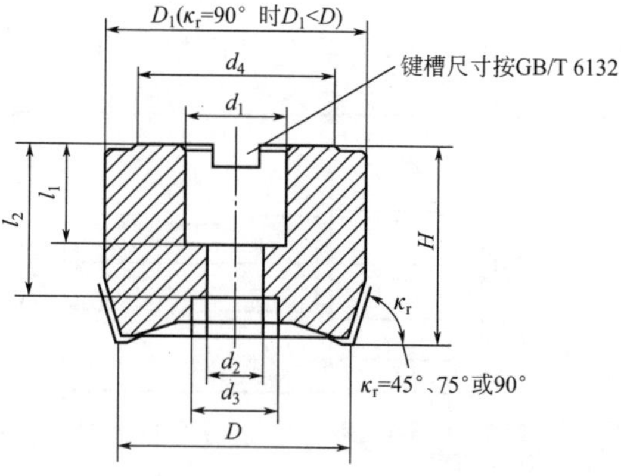

续表

	D js15	d_1 H7	d_2	d_3	d_4 min	H ±0.37	l_1	l_2 max	紧固螺钉
参数	50	22	11	18	41	40	20	33	M10
	63								
	80	27	13.5	20	49	50	22	37	M12
	100	32	17.5	27	59		25	33	M16

示图

套式面铣刀 B 型，端键转动，铣刀夹持螺钉紧固

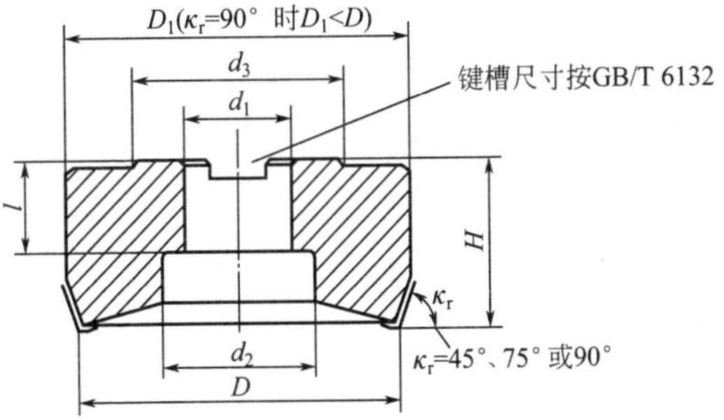

	D js16	d_1 H7	d_2	d_3 min	H ±0.37	l min	l max	紧固螺钉
参数	80	27	38	49	50	22	30	M12
	100	32	45	59		25	32	M16
	125	40	56	71	63	28	35	M20

示图

套式面铣刀 C 型，安装在 7∶24 锥柄定心刀杆上，用四个内六角螺钉将铣刀固定在铣床主轴上直径为 160～250mm 铣刀

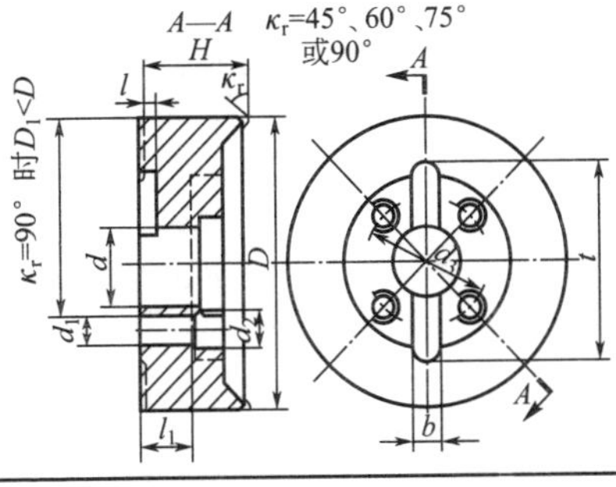

续表

参数	D	d	b	d_1	d_2	d_3	t	l	l_1	H	齿数		
											粗	中	细
	160	40	16.4	14	20	66.7	105	9	28	63	8	10	14
	200	60	25.7	18	26	101.9	155	14	32		10	12	18
	250										12	16	22

示图

套式面铣刀C型，直径为315～500mm铣刀

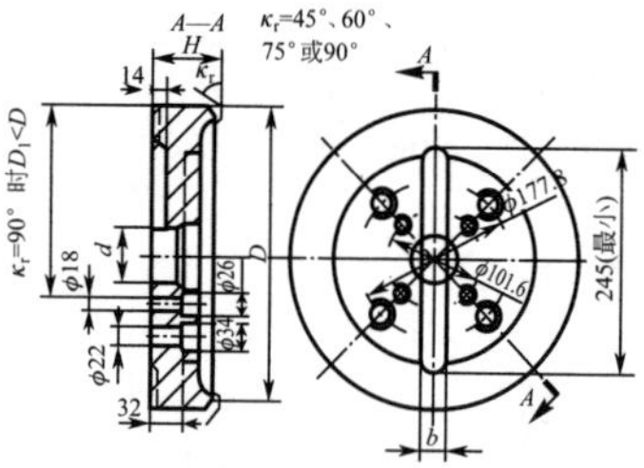

参数	D	d	b	H	齿数		
					粗	中	细
	315	60	25.7	80	16	20	28
	400				20	26	36
	500				25	34	44

⑨ 可转位三面刃铣刀的型式和尺寸见表2-37。

表2-37　可转位三面刃铣刀的型式和尺寸（GB/T 5341.1—2006）

mm

示图

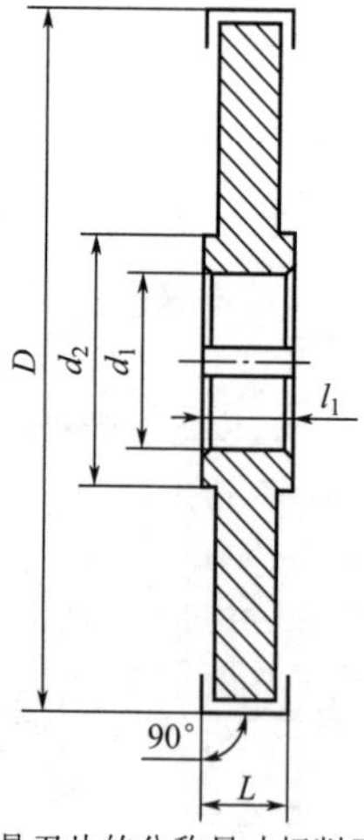

图中90°是刀片的公称尺寸切削刃主偏角

续表

	D Js16	d_1	d_2	L	$l\,^{+2}_{10}$
参数	80	27	41	10	10
	100	32	47	10	10
				12	12
	125	40	55	12	12
				16	16
	160	40	55	16	16
				20	20
	200	50	60	20	20
				25	25

2.3 铣削工件的装夹方式

(1)数控铣床夹具的类型

数控铣床夹具按使用范围，可分为通用铣夹具、专用铣夹具和组合夹具三类。

1）通用铣夹具：能加工两种或两种以上工件的同一夹具，一般是指已经规格化，通用夹具应用广泛，已经标准化了。铣床上常用的平口虎钳、轴用虎钳、分度头、圆转台等都属于通用夹具。

2）专用铣夹具：专用夹具是为某一特定工件的某一个工序加工要求而专门设计制造的，当工件或工序改变时就不能再使用了。这类夹具结构紧凑，使用维护方便，加工精度容易控制，产品质量稳定。

3）组合夹具：由可循环使用的标准夹具零部件组装成易于连接和拆卸的夹具。组合夹具装卸迅速、周期短、能反复使用、减少制造成本。但生产效率和加工精度不如专用夹具，通常用于新产品试制等多品种工件加工。

(2)工件在铣床上的装夹方式见表 2-38

表 2-38　工件在铣床上的装夹方式

装夹方式	装夹示意图	特点
平口虎钳装夹工件	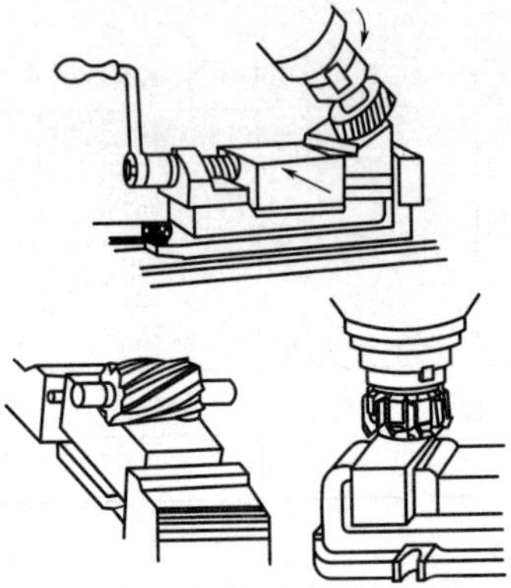	加工工件比较简单，单件小批量生产，尽量采用通用工具如平口虎钳、液压虎钳等
用压板装夹工件	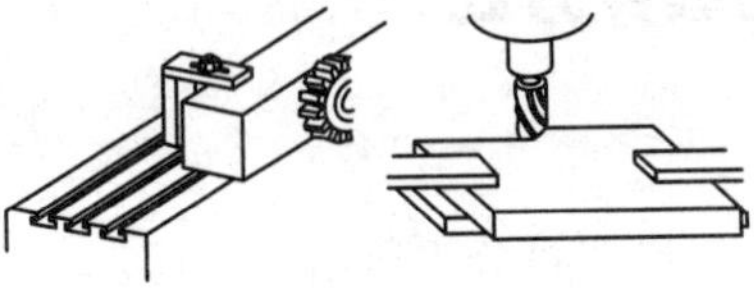	对于尺寸较大、几何形状复杂的工件，用压板把工件直接压牢在工作台面上
两个夹具装夹工件	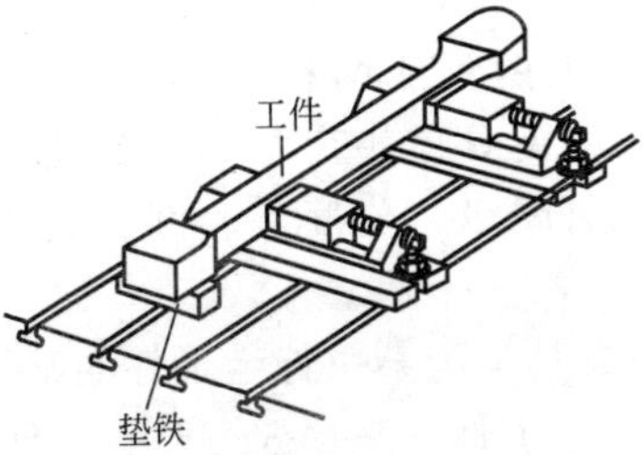	铣削长形工件时，可使用两个夹具把工件夹紧
用角铁装夹工件	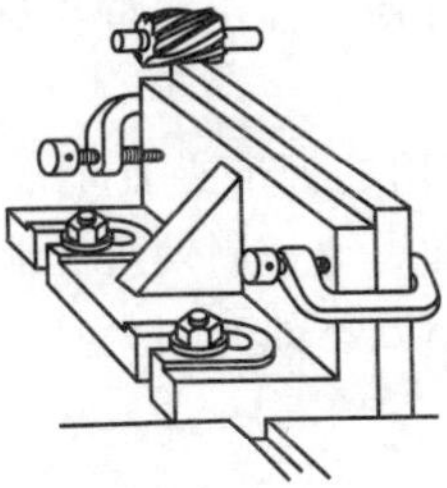	用此方法装夹与用平口虎钳装夹基本相同。其不同处有：适于装夹较宽大的工件；夹紧力较大时，角铁垂直面不会外倾；刚度较差

装夹方式	装夹示意图	特点
用V形铁和压板装夹工件	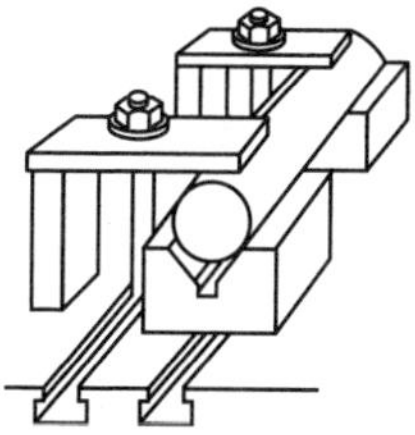	以外圆柱面定位的工件，可选用V形块定位，用压板将工件夹紧，也可选用轴用虎钳装夹
专用夹具装夹工件	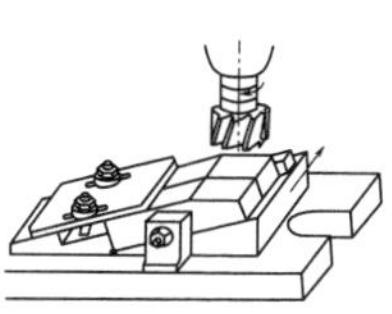 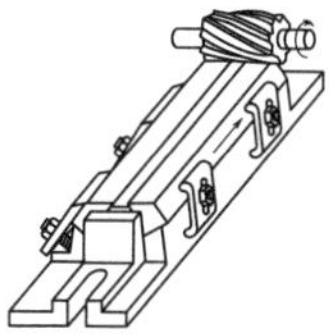	专用夹具是为加工某一加工部位或工序而专门设计的。其优点是工件定位准确，夹紧方便牢固，适用于大批量生产
用分度头装夹工件	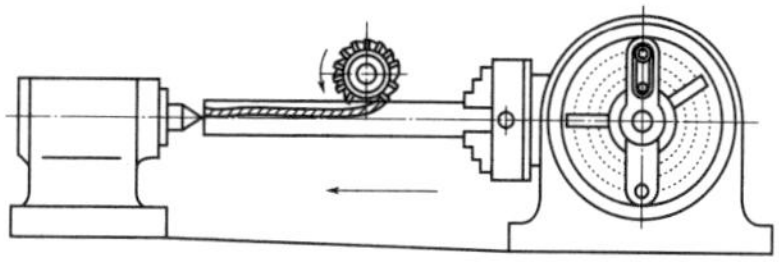	用分度头主轴和尾架两顶尖装夹工件，工件轴线位置不会因直径变化而变化
回转工作台装夹工件	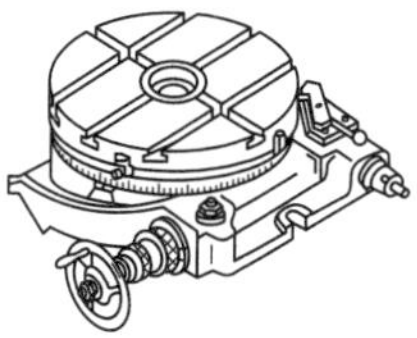 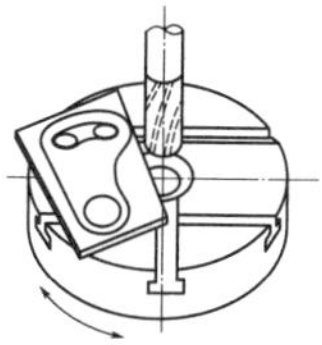	曲面加工，可选用回转台装夹
槽系组合夹具装夹工件	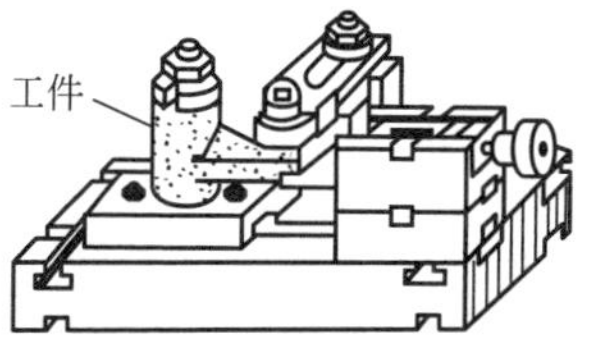	槽系组合夹具元件间靠键和槽定位
孔系组合夹具装夹工件	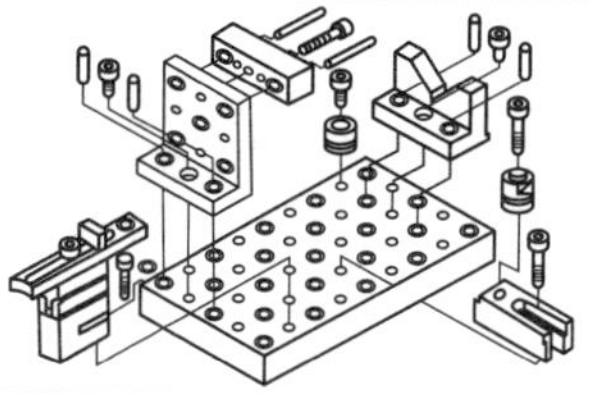	元件与元件间用两个销钉定位，一个螺钉紧固

2.4 数控铣削用量的选择

2.4.1 数控铣削用量各要素的定义及计算

数控铣削用量各要素的定义及计算公式见表 2-39。

表 2-39 数控铣削用量各要素的定义及计算公式

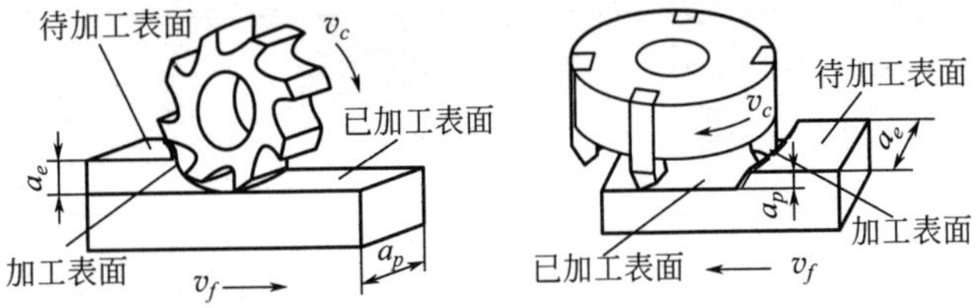

名称	定义	计算公式	举例
切削深度 a_p/mm	平行于铣刀轴线测量的切削层尺寸		
侧吃刀量 a_c/mm	垂直于铣刀轴线测量的切削层尺寸		
进给速度 v_f /(mm/min)	进给速度是单位时间内工件与铣刀沿进给方向的相对位移量	$v_f=fn=f_zzn$ 式中，f 为铣刀每转一转，铣刀相对工件在进给运动方向上移动的距离(mm/r)；f_z 为铣刀每转一个齿，铣刀相对工件在进给运动方向上移动的距离(mm/z)；n 为铣刀主轴转速(r/min)；z 为铣刀齿数	例：已知 $f_z=0.05$mm/z，$z=6$，$n=800$r/min，求 f 及 v_f。 解：$f=f_zz=0.05\times6$ $=0.3$(mm/r) $v_f=fn=f_zzn$ $=0.05\times6\times800$ $=240$(mm/min)
每转进给量 f /(mm/r)	进给量是铣刀转一周，工件与铣刀沿进给方向的相对位移量	$f=f_zz$ 式中，f_z 为铣刀每转一个齿，铣刀相对工件在进给运动方向上移动的距离(mm/z)；z 为铣刀齿数	例：已知面铣刀每齿进给量 $f_z=0.06$mm/z；铣刀齿数 $z=8$，求每转进给量 f。 解：$f=f_zz=0.06\times8$ $=0.48$(mm/r)

续表

名称	定义	计算公式	举例
每齿进给量 f_z /(mm/z)	每齿进给量铣刀每转一个齿，铣刀相对工件在进给运动方向上移动的距离	$f_z=\frac{f}{z}=\frac{v_f}{zn}$ 式中，v_f 为进给速度(mm/min)；n 为铣刀主轴转速(r/min)；z 为铣刀齿数	例：已知进给速度 $v_f=80$mm/min；铣刀主轴转速 $n=500$r/min；铣刀齿数 $z=6$，求每齿进给量 f_z。 解：$f_z=\frac{f}{z}=\frac{v_f}{zn}=\frac{80}{6\times500}\approx0.027$(mm/z)
切削速度 v_c /(m/min)	铣刀旋转主运动的线速度	$v_c=\frac{\pi dn}{1000}$ 式中，n 为铣刀转速(r/mm)；d 为铣刀直径(mm)	例：已知铣刀直径 $d=63$mm；铣刀转速 $n=550$r/min；求切削速度 v_c。 解：$v_c=\frac{\pi dn}{1000}=\frac{3.14\times63\times550}{1000}=108.8$(m/min)
主轴转速 n /(r/min)	主轴每分钟的转速	$n=\frac{1000v_c}{\pi d}$ 式中，v_c 为铣削速度(m/min)；d 为铣刀直径(mm) 主轴转速 n 可根据选取的切削速度 v_c 通过式 $v_c=\frac{\pi dn}{1000}$ 求得，得到的主轴转速 n 应圆整到机床说明书中的标准值	例：已知铣刀直径 $d=80$mm；铣削速度 $v_c=130$m/min；求铣床上的铣刀转速 n。 解：$n=\frac{1000v_c}{\pi d}=\frac{1000\times130}{3.14\times80}\approx517.5$(r/min) 根据铣床主轴转速表，取铣刀转速 $n=500$r/min

2.4.2 数控铣削加工的切削用量选择

(1)数控铣削类的加工特点

数控铣削加工可以加工平面和曲面。加工平面时分为端铣及周端铣。如图 2-7 所示。加工刀具中一般采用面铣刀加工端面称为端铣，立式铣刀加工周、端面称为周端铣。

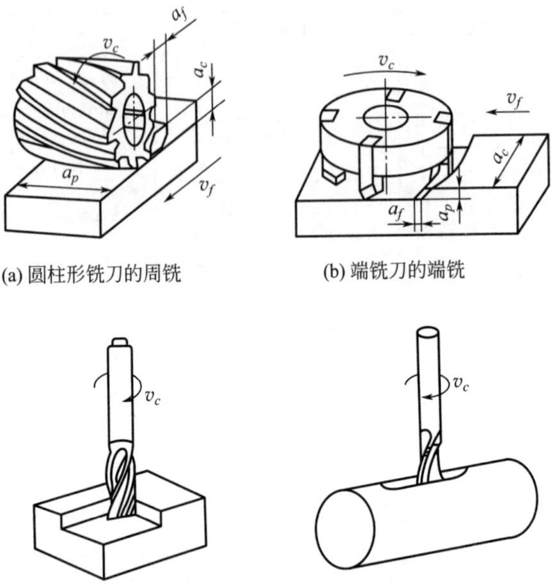

(a) 圆柱形铣刀的周铣　(b) 端铣刀的端铣

(c) 立铣刀的周铣和端铣　(d) 键槽铣刀的周铣和端铣

图 2-7　平面加工中的端铣及周铣和端铣

(2)切削用量的选择

铣削加工的切削用量包括：切削速度、进给速度、切削深度和侧吃刀量。从刀具耐用度出发，切削用量的选择原则，应首先选择切削深度或侧吃刀量，其次选择进给速度，最后确定切削速度。

1）选择切削深度 a_p 或侧吃刀量 a_c。切削深度或侧吃刀量的选取主要由工件的加工余量、精度要求及工艺系统的刚度决定。

① 当工件表面粗糙度值要求为 $Ra=12.5\sim25\mu m$ 时，如果圆周铣削加工余量小于 5mm，端面铣削加工余量小于 6mm，粗铣一次进给就可以达到要求。但是在余量较大，工艺系统刚性较差或机床动力不足时，可分为两次进给完成。

② 当工件表面粗糙度值要求为 $Ra=3.2\sim12.5\mu m$ 时，应分为粗铣和半精铣两步进行。粗铣时背吃刀量或侧吃刀量选取同前。粗铣后留 0.5～1.0mm 余量，在半精铣时切除。

③ 当工件表面粗糙度值要求为 $Ra=0.8\sim3.2\mu m$ 时，应分为粗铣、半精铣、精铣三步进行。半精铣时背吃刀量或侧吃刀量取 1.5～2.0mm；精铣时圆周铣的侧吃刀量取 0.3～0.5mm，面铣刀背吃刀量取 0.5～1.0mm。

2）选择进给量 f 与进给速度 v_f。进给量与进给速度是数控铣床加工切削用量中的重要参数，根据零件的表面粗糙度、加工精度要求、刀具及工件材料等因素，参考切削用量手册选取或通过选取每齿进给量 f_z，再根据公式 $f=f_z z$ 计算。

每齿进给量 f_z 的选取主要依据工件材料的力学性能、刀具材料、工件表面粗糙度等因素。工件材料强度和硬度越高，f_z 越小；反之则越大。硬质合金铣刀的每齿进给量高于同类高速钢铣刀。工件表面粗糙度要求越高，f_z 就越小。每齿进给量的确定可参考表 2-40 选取。工件刚性差或刀具强度低时，应取较小值。

3）选择切削速度 v_c。铣削的切削速度 v_c 与刀具的耐用度、每齿进给量、切削深度、侧吃刀量以及铣刀齿数成反比，而与铣刀直径 d 成正比。其原因是当 f_z、a_p、a_c 和 z 增大时，刀刃负荷增加，而且同时工作的齿数也增多，使切削热增加，刀具磨损加快，从而限制了切削速度的提高。为提高刀具耐用度允许使用较低的切削速度。但是加大铣刀直径则可改善散热条件，可以提高切削速度。铣削加工的切削速度 v_c 可参考表 2-41 选取，也可参考有关切削用量手册中的经验公式通过计算选取。

4）选择主轴转速 n。主轴转速 n 可根据选取的切削速度 v_c 通过表 2-39 中的公式求得，得到的主轴转速用圆整后机床说明书中的标准值。

表 2-40　铣刀每齿进给量 f_z

工件材料	f_z/(mm/z)			
	粗铣		精铣	
	高速钢铣刀	硬质合金铣刀	高速钢铣刀	硬质合金铣刀
钢	0.10～0.15	0.10～0.25	0.02～0.05	0.10～0.15
铸铁	0.12～0.20	0.15～0.30		

表 2-41　铣削时的切削速度

工件材料	硬度/HBS	切削速度 v_c/(m/min)	
		高速钢铣刀	硬质合金铣刀
钢	<225	18～42	66～150
	225～325	12～36	54～120
	325～425	6～21	36～75
铸铁	<190	21～36	66～150
	190～260	9～18	45～90
	160～320	4.5～10	21～30

(3)两种常用刀具的切削用量选择

1）面铣刀　面铣刀采用多刃断续切削，加工过程比较平稳。影响这种刀具工作寿命的主要因素是工件的材质与硬度。故在确定其切削用量时应优先采用较大的切削深度，来提高加工效率，选择稍大的进给量，根据面铣刀的使用寿命选择合理的切削速度。硬质合金面铣刀切削用量参考数据见表 2-42。

表 2-42　硬质合金面铣刀切削用量参考数据

项目		k_r=90°、75°面铣刀		密齿面铣刀	
		粗铣	精铣	粗铣	精铣
工件材料	主轴转速/(r/min)	f_z=0.2～0.3 mm/z	f_z=0.1～0.2 mm/z	f_z=0.03～0.06 mm/z	f_z=0.01～0.03 mm/z
普通碳钢（Q235、45#）	v_c/(r/min)	170～350	250～400	320～600	400～700
低碳合金钢	v_c/(r/min)	150～250	170～350	250～500	350～600
高强度合金钢	v_c/(r/min)	100～180	120～190	130～250	170～300
铸钢	v_c/(r/min)	150～280	170～320	160～230	180～250
铸铁	v_c/(r/min)	105～190	130～255	160～300	200～350

注：表中铣刀直径设为 150mm，若铣刀直径与此有较大的区别，可按比例增减切削速度。

2）立铣刀（含螺旋铣刀、直柄铣刀、整形铣刀）　立铣刀刀柄直径较小，刀柄长度相对较大，在加工中容易产生振动和弯曲而影响工件质量。故立铣刀加工时，切削深度不应超过其直径 d 的 1/3～

1/2。刀具直径越小，切削深度与其比值也应相应减小。进给量也不应太大，否则在加工中产生横向切削力会引起刀具弯曲变形而导致加工误差，甚至折断刀柄。立铣刀类切削用量参考数值见表 2-43。

表 2-43　立铣刀类切削用量参考数值（切削速度：r/min）

项目	螺旋立铣刀(玉米铣刀)		螺旋齿立铣刀	整体合金铣刀		
	铣槽	铣平面		$\phi 3$	$\phi 3.5 \sim 6$	$\phi 7 \sim 8$
	$f_z=0.2 \sim 0.4$ mm/z	$f_z=0.12 \sim 0.4$ mm/z	$f_z=0.15 \sim 0.4$mm/z	$f_z=0.015$ mm/z	$f_z=0.02 \sim 0.04$mm/z	$f_z=0.03 \sim 0.06$mm/z
普碳钢	1500～1800	1500～1800	3000～3500	3000～4000	1500～2000	1600～3600
低合金钢	1500～1800	1500～2500	2800～3500	3000～4000	1500～2000	1600～3500
高强度合金钢	1400～1600	3000～4000	2700～3400	3000～4000	1500～2000	1600～3600
铸钢	1300～1500	3000～4000	2600～3200	3000～4000	1500～2000	1600～3600
铸铁	1400～1600	3000～4000	2800～3500	3000～4000	1800～2200	1600～3200
有色金属			5000～5600	4000～4500	2000～2400	2000～2500

注：此表中玉米铣刀及螺旋齿以及立铣刀的直径设为 10mm，如果直径与此相差大于 20%，则切削速度须按比例进行调整。

高速钢立铣刀粗铣切削用量参考数值见表 2-44。

表 2-44　高速钢立铣刀粗铣切削用量参考数值

工件材料		铸铁		铝		钢	
刀具直径/(mm)	刀槽数	转速/(r/min)	进给速度/(mm/min)	转速/(r/min)	进给速度/(mm/min)	转速/(r/min)	进给速度/(mm/min)
		切削速度/(m/min)	每齿进给量/(mm/z)	切削速度/(m/min)	每齿进给量/(mm/z)	切削速度/(m/min)	每齿进给量/(mm/z)
8	2	1100	115	5000	500	1000	100
		28	0.05	126	0.05	25	0.05
10	2	900	110	4100	490	820	82
		28	0.06	129	0.06	26	0.05
12	2	770	105	3450	470	690	84
		29	0.07	130	0.07	26	0.06
14	2	660	100	3000	440	600	80
		29	0.07	132	0.07	26	0.07

续表

工件材料		铸铁		铝		钢	
刀具直径/(mm)	刀槽数	转速/(r/min)	进给速度/(mm/min)	转速/(r/min)	进给速度/(mm/min)	转速/(r/min)	进给速度/(mm/min)
		切削速度/(m/min)	每齿进给量/(mm/z)	切削速度/(m/min)	每齿进给量/(mm/z)	切削速度/(m/min)	每齿进给量/(mm/z)
16	2	600	94	2650	420	530	76
		30	0.08	133	0.08	27	0.07

2.5 数控铣削加工工艺规程制定及实例

2.5.1 数控铣削加工工艺规程制定的内容及流程

数控铣削加工工艺流程见表2-45。

表2-45 数控铣削加工工艺流程

序号	加工工艺流程		说明
1	零件图的工艺分析		对零件图进行工艺分析的主要内容包括零件结构工艺分析、选择数控铣削的加工内容、零件毛坯的工艺性分析和加工方案分析
	(1)	零件结构工艺分析	①零件的加工精度　如薄的腹板和缘板这类零件在实际加工中因较大切削力的作用使薄板易产生弹性退让变形，从而影响到薄板的加工精度和表面粗糙度，应采取相应的措施保证其加工精度。 ②零件的内转接圆弧　为了保证零件上的内槽及缘板之间的内转接圆弧半径符合要求，应选用不同直径的铣刀分别进行粗、精加工。 ③零件底面的圆角半径　零件的槽底圆角半径 r 或腹板与缘板相交处的圆角半径 r 对平面的铣削影响较大。应先采用 r 较小的铣刀粗加工，再用 r 符合零件要求的铣刀进行精加工。 ④零件的定位基准　当零件需要多次装夹才能完成加工时，应保证多次装夹的定位基准尽量一致
	(2)	选择数控铣削的加工内容	①零件上曲线轮廓表面，特别是由数学表达式给出的其轮廓为非圆曲线和列表曲线等曲线轮廓。 ②能在一次装夹中顺带铣出来的简单表面或形状。 ③用通用铣床加工难以观察、测量和控制进给的内、外凹槽。 ④由数学模型设计出的并具有三维空间曲面的零件。 ⑤形状复杂、尺寸繁多、划线与检测困难的部位。 ⑥尺寸精度、形位精度和表面粗糙度等要求较高的零件。 ⑦采用数控铣削后能成倍提高生产率，大大减轻劳动强度的一般加工内容

续表

序号	加工工艺流程		说明
1	(3)	零件毛坯的工艺性分析	毛坯应有充分、稳定的加工余量;毛坯装夹适应性即毛坯在加工时的定位和夹紧的可靠性与方便性,以便在一次安装中加工出较多表面
	(4)	加工方案分析	①平面轮廓加工　平面轮廓多由直线和圆弧或各种曲线构成,通常采用三坐标数控铣床进行两坐标联动加工。 ②固定斜角平面加工　固定斜角平面是与水平面成一固定夹角的斜面。采用五坐标数控铣床,铣头摆动加工,不留残留面积。 ③变斜角面加工　加工变斜角类零件,采用多坐标联动的数控机床进行摆角加工,也可用锥形铣刀或鼓形刀在三坐标数控铣床上进行两轴半近似加工。 ④曲面轮廓加工　立体曲面的加工应根据曲面形状、刀具形状以及精度要求,可采用两轴半、三轴、四轴及五轴等联动加工
2	选择定位装夹方案		定位基准的选择:为在一次装夹中加工出所有需加工的表面,除遵循定位基准的选择原则外,最好选择不需要数控铣削的平面或孔作定位基准,所选的定位基准应有利于提高工件的刚度。 夹具的选择:一般选择顺序是单件生产尽量选用平口虎钳、压板螺钉等通用夹具,批量生产时优先选用组合夹具,其次考虑可调夹具,最后考虑选用成组夹具和专用夹具
3	进给路线的确定		确定进给路线的原则是在保证零件加工精度和表面粗糙度的条件下,尽量缩短进给路线,以提高生产率。确定铣削进给路线还应考虑正确选择铣削方式;先加工外轮廓,后加工内轮廓;进刀、退刀位置应选在零件不太重要的部位,并且使刀具沿零件的切线方向进刀、退刀,以避免产生刀痕。当铣削内表面轮廓时,切入、切出无法外延,铣刀只能沿法线方向切入和切出,此时,切入点、切出点应选在零件轮廓的两个几何元素的交点上。 对于不同工件的轮廓形状,其进给路线的确定应根据实际情况来确定,大致分为三种方案,即铣削外轮廓的进给路线;铣削内轮廓的进给路线;铣削内槽的进给路线
4	铣刀的选择		铣刀类型的选择应与工件表面形状与尺寸相适应。加工较大平面应选择面铣刀;加工凸台、凹槽和平面曲线轮廓应选择立铣刀;加工空间曲面、模具型腔或凸模成形表面等选用模具铣刀或鼓形铣刀;加工键槽用键槽铣刀;加工各种圆弧形的凹槽、斜角面、特殊孔可选用成形铣刀。 铣刀参数的选择主要考虑零件加工部位的几何尺寸和刀具的刚性等因素,参考 2.2 中数控铣削刀具

续表

序号	加工工艺流程	说明
5	切削用量的选择	切削用量的选择原则是：保证零件加工精度和表面粗糙度，充分发挥刀具切削性能，保证合理的刀具耐用度并充分发挥机床的性能，最大限度提高生产率，降低成本。在机床、工件和刀具足够和工艺系统刚度允许的条件下，应选取尽可能大的切削深度 a_p，其次选择一个较大的进给速度 f，最后在刀具耐用度和机床功率允许条件下选择一个合理的切削速度 v_c。切削用量也可参考数控切削用量推荐表

2.5.2 典型零件的数控铣削加工工艺

平面凸轮是在自动和半自动机械装置中传递复杂运动的构件，其工作轮廓曲线是由直线—圆弧、圆弧—圆弧、圆弧—非圆曲线及非圆曲线等几种曲线组成的。尽管其结构形式多种多样，但加工工艺却大同小异。如图 2-8 所示为平面槽形凸轮。平面凸轮槽的数控铣削加工工艺见表 2-46。

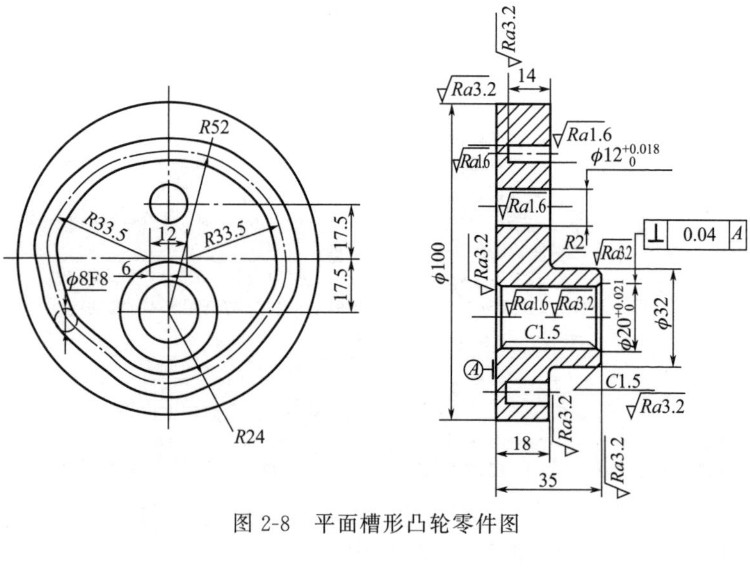

图 2-8 平面槽形凸轮零件图

表 2-46　平面凸轮槽的数控铣削加工工艺

序号	加工工艺流程	说明
1	零件图工艺分析	零件如图 2-8 所示为平面槽形凸轮，该凸轮工作轮廓槽的内、外轮廓是由直线和圆弧组成的，几何元素之间关系描述清楚、完整，凸轮为直径 280mm，厚度 18mm 的圆盘。凸轮槽侧面与 $\phi 20^{+0.021}_{0}$、$\phi 12^{+0.018}_{0}$ 两个内孔表面粗糙度要求较高，为 $Ra1.6$。凸轮槽内、外轮廓面和 $\phi 20^{+0.021}_{0}$ 孔与底面有垂直度要求，只要提高装夹精度，使底面与铣刀轴线垂直，即可保证。零件材料为 HT200，切削加工性较好
2	加工方案	根据上述分析，凸轮槽内、外轮廓侧面与 $\phi 20^{+0.021}_{0}$、$\phi 12^{+0.018}_{0}$ 两个内孔表面粗糙度要求较高，凸轮槽内、外轮廓面和 $\phi 20^{+0.021}_{0}$ 孔与底面有垂直度要求。因此，应分别用粗、精加工两个阶段完成。凸轮槽内、外轮廓由粗铣、精铣完成；$\phi 20^{+0.021}_{0}$、$\phi 12^{+0.018}_{0}$ 两个孔采取钻、扩、铰的方法加工
3	选择数控加工内容	普通机床无法加工或加工难度大、质量难以保证的内容作为数控加工的优先内容，对于普通机床能加工但效率低，而且又可以在数控加工其他表面时顺带加工出的内容也可用数控加工。因此，凸轮槽内、外轮廓应选作数控铣削加工内容，其余则由普通机床完成
4	确定装夹方案	加工 $\phi 20^{+0.021}_{0}$、$\phi 12^{+0.018}_{0}$ 两个孔时，以底面 A 定位，采用螺旋压板机构夹紧。加工凸轮槽内、外轮廓时，采用“一面两孔”方式定位，即底面 A 和 $\phi 20^{+0.021}_{0}$、$\phi 12^{+0.018}_{0}$ 两孔作为定位基准，并用双螺母夹紧，提高装夹刚性，防止铣削时振动。如图所示为本例凸轮槽零件加工的装夹方案示意图 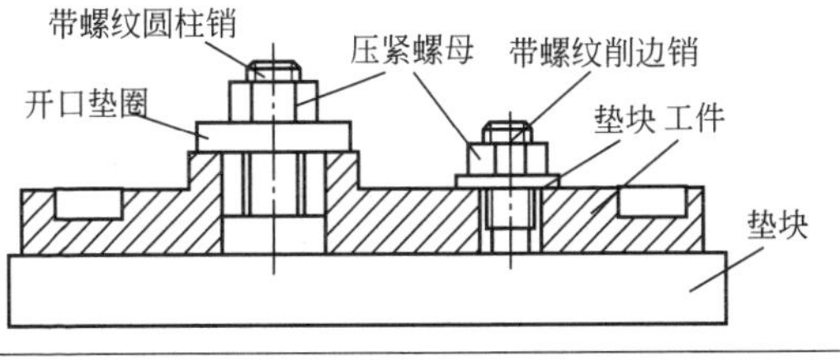
5	确定加工顺序	加工顺序按照基面先行、先粗后精的原则确定，因此应先加工用作定位基准的外部轮廓尺寸，用作定位基准的底面 A 和 $\phi 20^{+0.021}_{0}$、$\phi 12^{+0.018}_{0}$ 两个孔以及外部轮廓，为数控加工凸轮槽轮廓提供稳定可靠的定位基准。具体的加工顺序见表 2-47 及表 2-48

续表

序号	加工工艺流程	说明
6	确定进给路线	进给路线包括平面进给和深度进给，对平面内进给，对外凸轮廓从切线方向切入，对内凹轮廓从过渡圆弧切入。为使凸轮槽表面具有较好的表面质量，对外凸轮廓，按顺时针方向铣削，对内凹轮廓按逆时针方向铣削，如图为铣刀在水平面内的切入进给路线。图(a)为直线切入外凸轮廓；图(b)为过渡圆弧切入内凹轮廓。深度进给有两种方法：一种是在 XZ 平面(或 YZ 面)来回铣削逐渐进刀到既定深度；另外一种是先钻一个落刀工艺孔，然后从工艺孔进刀到既定深度 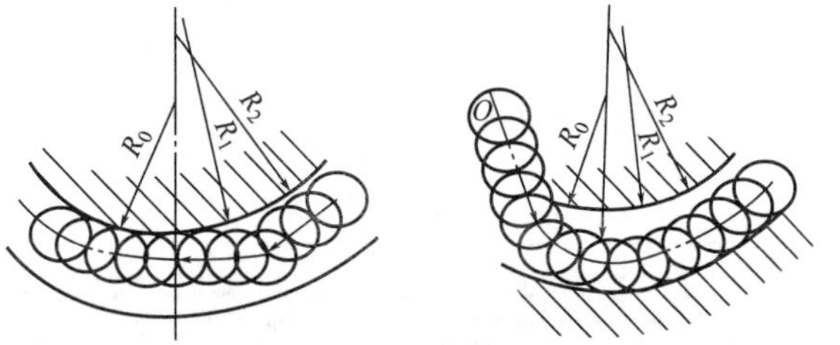 (a) 直接切入外凸轮廓　(b) 过渡圆弧切入内凹轮廓
7	刀具的选择	根据零件的结构特点，铣削凸轮槽内、外轮廓时，铣刀直径受槽宽限制，取为 $\phi 6$。粗加工选用 $\phi 6$ 高速钢立铣刀。精加工选用 $\phi 6$ 硬质合金立铣刀。所选刀具及其加工表面见表 2-49
8	选择切削用量	凸轮槽内、外轮廓精加工时留 0.1mm 的铣削余量，扩 $\phi 20^{+0.021}_{0}$、$\phi 12^{+0.018}_{0}$ 两个孔时留 0.1mm 的铰削余量。选择主轴转速与进给速度时，先查切削用量手册，确定切削速度与每齿进给量，然后根据式 $v_c=\frac{\pi Dn}{1000}$、$f_z=\frac{f}{z}$、$v_f=nf$ 计算主轴转速与进给速度

表 2-47　平面凸轮槽机械加工工艺过程（单件小批量生产）

序号	工序名称	工序内容	设备及工装
1	铸	制作毛坯，各部留单边余量 3～5mm	
2	车	夹右端，粗车左端面(A 面)及 $\phi 100\times 18$ 外圆，各留余量 0.5mm	C6132
3	钳	划 $\phi 32$ 凸台加工线	

续表

序号	工序名称	工序内容	设备及工装
4	车	①上四爪卡盘，夹左端，按线找正，粗车 $\phi 32\times 17$ 台阶，留余量 0.5mm； ②钻 $\phi 20^{+0.021}_{0}$ 孔的底 $\phi 16$mm； ③精车 $\phi 32\times 17$ 台阶，确保轴向尺寸 18mm 及 35mm，确保 $Ra3.2$； ④夹右端，精车左端面（A 面）及 $\phi 100\times 18$ 外圆，确保 $Ra3.2$； ⑤精车 $\phi 20^{+0.021}_{0}$ 孔及倒角 C1.5 至尺寸要求	
5	钳	划 $\phi 12^{+0.018}_{0}$ 孔加工线	
6	钻	①将 $\phi 12^{+0.018}_{0}$ 孔钻成 $\phi 10$ 孔； ②将 $\phi 12^{+0.018}_{0}$ 孔扩成 $\phi 11.9$ 孔，确保孔心距 35mm； ③铰 $\phi 12^{+0.018}_{0}$ 孔至尺寸	
7	铣	粗、精铣凸轮槽至要求	数控铣床
8	检验		

表 2-48　平面凸轮槽数控加工工序卡

<table>
<tr><td rowspan="2">工厂名称</td><td rowspan="2"></td><td colspan="2">产品名称或代号</td><td colspan="2">零件名称</td><td colspan="2">零件图号</td></tr>
<tr><td colspan="2"></td><td colspan="2">平面凸轮槽</td><td colspan="2"></td></tr>
<tr><td>工序号</td><td>程序编号</td><td colspan="2">夹具名称</td><td colspan="2">使用设备</td><td colspan="2">车间</td></tr>
<tr><td>7</td><td></td><td colspan="2">螺旋压板</td><td colspan="2">XK5025/4</td><td colspan="2"></td></tr>
<tr><td>工步号</td><td>工步内容</td><td>刀具号</td><td>刀具规格/mm</td><td>主轴转速/(r/min)</td><td>进给速度/(mm/min)</td><td>切削深度/mm</td><td>备注</td></tr>
<tr><td>1</td><td>一面两孔定位粗铣凸轮槽内轮廓</td><td>T01</td><td>$\phi 6$</td><td>1100</td><td>40</td><td>4</td><td></td></tr>
<tr><td>2</td><td>粗铣凸轮槽外轮廓</td><td>T01</td><td>$\phi 6$</td><td>1100</td><td>40</td><td>4</td><td></td></tr>
<tr><td>3</td><td>精铣凸轮槽内轮廓</td><td>T02</td><td>$\phi 6$</td><td>1495</td><td>20</td><td>41</td><td>自动</td></tr>
<tr><td>4</td><td>精铣凸轮槽外轮廓</td><td>T02</td><td>$\phi 6$</td><td>1495</td><td>20</td><td>41</td><td>自动</td></tr>
<tr><td>编制</td><td>审核</td><td>批准</td><td></td><td colspan="2">年　月　日</td><td>共　页</td><td>第　页</td></tr>
</table>

表 2-49　平面凸轮槽数控加工刀具卡

产品名称或代号			零件名称		平面凸轮槽	零件图号
序号	刀具号	刀具			加工表面	备注
		规格名称	数量	刀长/mm		
1	T01	ϕ6 高速钢立铣刀	1	20	粗加工凸轮槽内、外轮廓	底圆角 $R0.5$
2	T02	ϕ6 硬质合金立铣刀	1	20	精加工凸轮槽内、外轮廓	
编制	审核	批准		年　月　日	共　页	第　页

2.6　数控铣削加工实例

2.6.1　平面类零件内轮廓加工实例

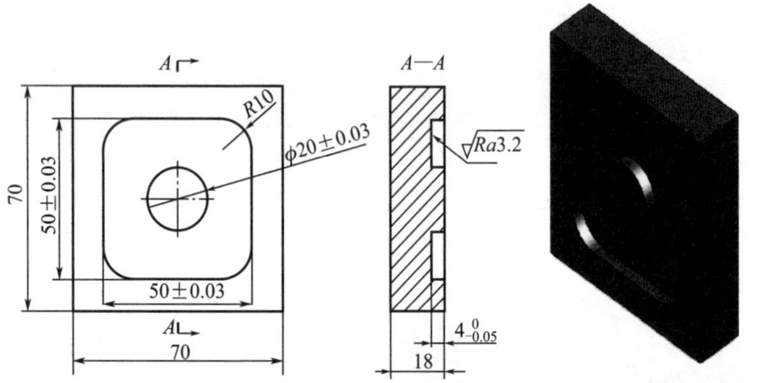

图 2-9　平面类零件内轮廓加工实例

毛坯为 70mm×70mm×18mm 板材，六面已粗加工过，要求数控铣出如图 2-9 所示的槽，工件材料为 45 钢。

根据图样要求、毛坯及前道工序加工情况，确定工艺方案及加工路线：

以已加工过的底面为定位基准，用通用台虎钳夹紧工件前后两侧面，台虎钳固定于铣床工作台上。

工步顺序：

① 铣刀先走两个圆轨迹，再用左刀具半径补偿加工 50mm×

50mm 四角倒圆的正方形。

② 每次切深为 2mm，分二次加工完。

选择机床设备：根据零件图样要求，选用经济型数控立式铣床。

选择刀具：现采用 $\phi 10$ 的平底立铣刀，定义为 T01，并把该刀具的直径输入刀具参数表中。

确定切削用量：切削用量的具体数值应根据该机床性能、相关的手册并结合实际经验确定，详见加工程序。

确定工件坐标系和对刀点：在 XOY 平面内确定以工件中心为工件原点，Z 方向以工件表面为工件原点，建立工件坐标系。采用手动对刀方法把点 O 作为对刀点。

编写程序：按该机床规定的指令代码和程序段格式，把加工零件的全部工艺过程编写成程序清单。考虑到加工图示的槽，深为 4mm，每次切深为 2mm，分两次加工完，则为编程方便，同时减少指令条数，可采用子程序。

该工件的加工程序如下：

```
N0010 G00 Z2 S800 T1 M03
N0020 X15 Y0 M08
N0030 G20 N01 P1.-2;调一次子程序,槽深为 2mm
N0040 G20 N01 P1.-4;再调一次子程序,槽深为 4mm
N0050 G01 Z2 M09
N0060 G00 X0 Y0 Z150
N0070 M02;主程序结束
N0010 G22 N01;子程序开始
N0020 G01 ZP1 F80
N0030 G03 X15 Y0 I-15 J0
N0040 G01 X20
N0050 G03 X20 YO I-20 J0
N0060 G41 G01 X25 Y15 ;左刀补铣四角倒圆的正方形
N0070 G03 X15 Y25 I-10 J0
N0080 G01 X-15
N0090 G03 X-25 Y15 I0 J-10
N0100 G01 Y-15
N0110 G03 X-15 Y-25 I10 J0
```

```
N0120 G01 X15
N0130 G03 X25 Y-15 I0 J10
N0140 G01 Y0
N0150 G40 G01 X15 Y0;左刀补取消
N0160 G24;主程序结束
```

2.6.2 平面类零件外轮廓加工实例

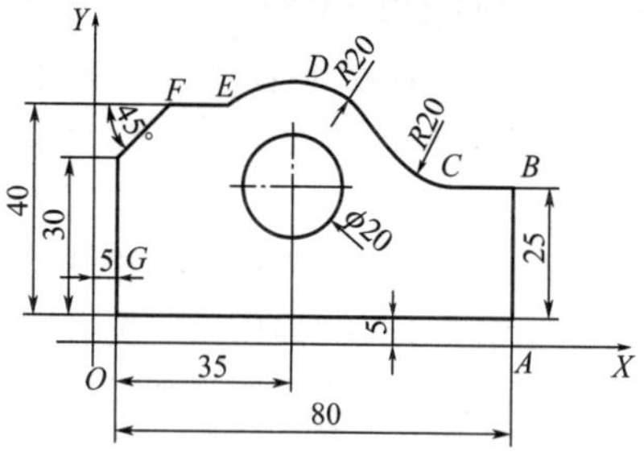

图 2-10 平面类零件外轮廓加工实例

毛坯为 120mm×60mm×10mm 板材，5mm 深的外轮廓已粗加工过，周边留 2mm 余量，要求加工出如图 2-10 所示的外轮廓及 ϕ20 的孔。工件材料为铝。

(1)根据图纸要求，确定工艺方案及加工路线

1）以底面为定位基准，两侧用压板压紧，固定于铣床工作台上。

2）工步顺序。

①钻孔 ϕ20。

②按 O′*ABCDEFG* 线路铣削轮廓。

(2)选用经济型数控铣床

(3)选择刀具

现采用 ϕ20 的钻头，钻削 ϕ20 孔；ϕ4 的平底立铣刀用于轮廓的铣削，并把该刀具的直径输入刀具参数表中。

由于经济型数控铣床没有自动换刀功能，钻孔完成后，直接手动换刀。

(4)确定切削用量

切削用量的具体数值应根据该机床性能、相关的手册并结合实际经验确定，详见加工程序。

(5)确定工件坐标系和对刀点

在 XOY 平面内以 O 点为工件原点，Z 方向以工件表面为工件原点，建立工件坐标系。

采用手动对刀方法把 O 点作为对刀点。

(6)编写程序

按该机床规定的指令代码和程序段格式，把加工零件的全部工艺过程编写成程序清单。该工件的加工程序如下：

1）加工 $\phi 20$ 孔程序（手工安装好 $\phi 20$ 钻头）。

```
%7528
G54 G91 M03;相对坐标编程
G00 X40 Y30;在 XOY 平面内加工
G98 G81 X40 Y30 Z-5 R15 F120;钻孔循环
G00 X5 Y5 Z50
M05
M02
```

2）铣轮廓程序（手工安装好 $\phi 4$ 立铣刀）。

```
%7529
G54 G90 G41 G00 X-20 Y-10 Z-5 D01
G01 X5 Y-10 F150
G01 Y35
G91 G01 X10 Y10
G01 X11.8 Y0
G02 X30.5 Y-5 R20
G03 X17.3 Y-10 R20
G01 X10.4 Y0
G01 X0 Y-25
G01 X-100 Y0
G90 G40 G00 X0 Y0 Z100
M05
M02
```

2.6.3 曲面类零件加工实例

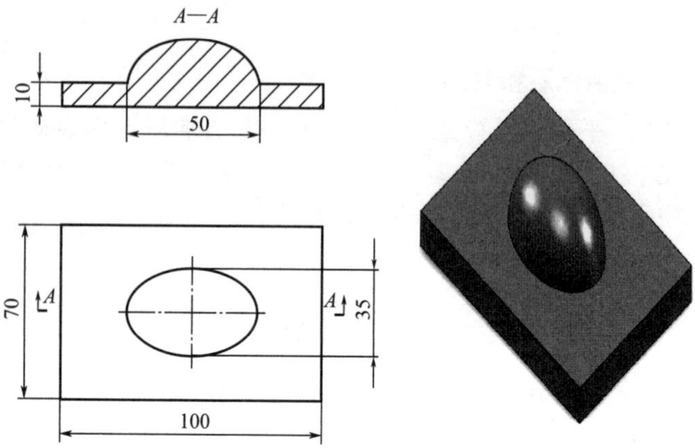

图 2-11　曲面类零件外轮廓加工实例

毛坯为 150mm×70mm×20mm 块料，要求铣出如图 2-11 所示的椭球面，工件材料为蜡块。

根据图样要求、毛坯及前道工序加工情况，确定工艺方案及加工路线：

以底面为主要定位基准，两侧用压板压紧，固定于铣床工作台上。

加工路线：*Y* 方向以行距小于球头铣刀逐步行切形成椭球形状。

选择机床设备：根据零件图样要求，选用经济型数控铣床即可达到要求，故选用华中Ⅰ型数控钻铣床。

选择刀具：球头铣刀大小 $\phi 6$。

确定切削用量：切削用量的具体数值应根据该机床性能、相关的手册并结合实际经验确定，详见加工程序。

确定工件坐标系和对刀点：在 *XOY* 平面内确定以工件中心为工件原点，*Z* 方向以工件表面为工件原点，建立工件坐标系。采用手动对刀方法把 *O* 点作为对刀点。

编写程序：按该机床规定的指令代码和程序段格式，把加工零件的全部工艺过程编写成程序清单。

该工件的加工程序如下：

```
%8005(用行切法加工椭圆台块,X、Y按行距增量进给)
#10=100;毛坯X方向长度
#11=70;毛坯Y方向长度
#12=50;椭圆长轴
#13=20;椭圆短轴
#14=10;椭圆台高度
#15=2;行距步长
G92 X0 Y0 Z[#13+20]
G90G00 X[#10/2] Y[#11/2] M03
G01 Z0 X[-#10/2] Y[#11/2]
G17G01 X[-#10/2] Y[-#11/2]
X[#10/2]
Y[#11/2]
#0=#10/2
#1=-#0
#2=#13-#14
#5=#12*SQRT[1-#2*#2/#13/#13]
G01 Z[#14]
WHILE #0 GE #1
IF ABS[#0] LT #5
#3=#13*SQRT[1-#0*#0/[#12*#12]]
IF #3 GT #2
#4=SQRT[#3*#3-#2*#2]
G01 Y[#4] F400
G19 G03 Y[-#4] J[-#4] K[-#2]
ENDIF
ENDIF
G01 Y[-#11/2] F400
#0=#0-#15
G01 X[#0]
IF ABS[#0] LT #5
#3=#13*SQRT[1-#0*#0/[#12*#12]]
IF #3 GT #2
```

```
#4=SQRT[#3*#3-#2*#2]
G01 Y[-#4] F400
G19 G02 Y[#4] J[#4] K[-#2]
ENDIF
ENDIF
G01 Y[#11/2] F1500
#0=#0-#15
G01 X[#0]
ENDW
G00 Z[#13+20] M05
G00 X0 Y0
M02
```

2.6.4 斜面类零件加工实例

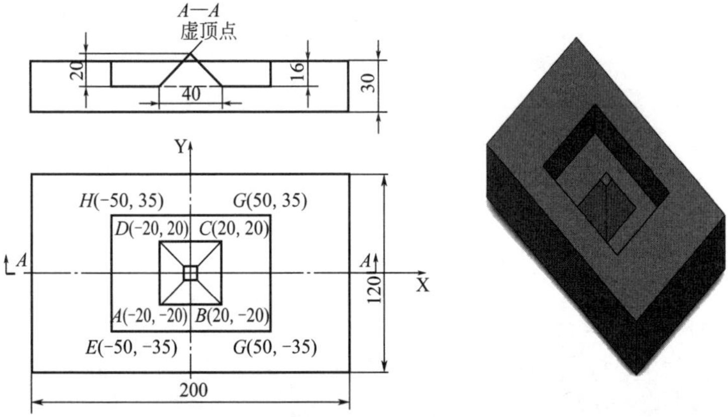

图 2-12 斜面类零件外轮廓加工实例

毛坯 200mm×100mm×30mm 块料，要求铣出如图 2-12 所示的四棱台，工件材料为蜡块。

程序如下：(用于华中 I 型铣床)

```
%1978
#10=100 底平面 EF 的长度,可根据加工要求任定
#0=#10/2;起刀点的横坐标(动点)
#100=20;C 点的横坐标
```

```
＃1＝20;C 点和 G 点的纵向距离
＃11＝70;FG 的长度
＃20＝-＃10/2;E 点的横坐标
＃15＝3;步长
＃4＝16;棱台高
＃5＝3;棱台底面相对于 Z＝0 平面的高度
＃6＝20;C 点的纵坐标
G92 X0 Y0 Z[＃4＋＃5＋2];MDI 对刀点 Z 向距毛坯上表面距离
G00 X0 Y0
G00 Z[＃4＋10] M03
G01 X[＃0] Y[＃11/2] Z[＃5];到 G 点
WHILE ＃0 GE ＃20;铣棱台所在的凹槽
IF ABS[＃0] LE ＃100
G01 Y[＃1] F100
X0 Y0 Z[＃4+ ＃5]
X[＃0] Y[-＃1] Z[＃5]
Y[-＃11/2]
ENDIF
G01 Y[-＃11/2] F100
＃0＝＃0-＃15
G01 X[＃0]
IF ABS[＃0] le ＃100
G01 Y[-＃1]
X0 Y0 Z[＃4＋＃5]
X[＃0] Y[＃1] Z[＃5]
Y[＃11/2]
ENDIF
G01 Y[＃11/2]
＃0＝＃0-＃15
G01 X[＃0]
ENDW
G01 Z[＃4＋20]
X0 Y0
X[＃1] Y[＃1] Z[＃5]
WHILE ABS[＃6] LE ＃1;铣棱台斜面
```

```
＃6=＃6-＃15
G01 Y[＃6]
X0 Y0 Z[＃4+＃5]
X[-＃1] Y[-＃6] Z[＃5]
G01 Y[-＃6+＃15]
X0 Y0 Z[＃4+＃5]
X[＃1] Y[＃6] Z[＃5]
ENDW
G00 Z[＃4+20]
G00 X0 Y0
M05
M30
```

第3章 加工中心加工

3.1 加工中心加工

加工中心是在数控铣床的基础上发展起来的，是一种功能较全的数控加工机床，一般它将铣削、镗削、钻削、攻螺纹和车削螺纹等功能集中在一台设备上，使其具有多种工艺手段。加工中心由于运动部件是由伺服电动机单独驱动的，各运动部件的坐标位置由数控系统控制，因而各坐标方向的运动可以精确地联系起来，其控制系统功能全面，加工中心可有两坐标轴联动、三坐标轴联动、四坐标轴联动、五坐标轴联动或更多坐标轴联动控制，加工中心配置有刀库，在加工过程中由程序控制选用和更换刀具。加工中的分类有多种情况，具体可按照机床主轴布局形式分类、按换刀形式分类。

3.1.1 加工中心的组成结构及其工艺范围

(1)立式加工中心的组成和运动

如图 3-1 所示为立式加工中心，是指主轴轴心线为垂直状态设置的加工中心。其结构形式多为固定立柱式，工作台为长方形，无分度回转功能，适合仅进行单面加工的零件。

立式加工中心由数控系统、机体、主轴、进给系统、刀库、换刀机构、操作面板、工作台和辅助系统等组成。其主轴可以具有单主轴、双主轴或多主轴等形式，主轴数越多，加工效率则越高。

立式加工中心坐标轴的运动形式有两种：一种是 X 轴、Y 轴方向工作台移动，Z 轴方向主轴箱移动；另一种是工作台固定，X 轴、Y 轴和 Z 轴的运动由主轴立柱和主轴箱移动来实现。

(2)卧式加工中心的组成和运动

如图 3-2 所示为卧式加工中心，是指主轴轴心线为水平状态设置的加工中心。通常都带有可进行分度回转运动的正方形分度工作台。卧式加工中心一般具有3～5个运动坐标，常见的是三个直线运动坐标加一个回转运动坐标。卧式加工中心适于加工复杂的箱体类零件。

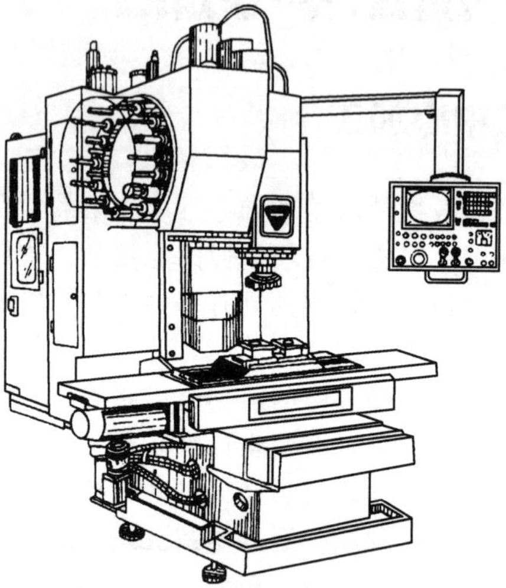

图 3-1　立式加工中心

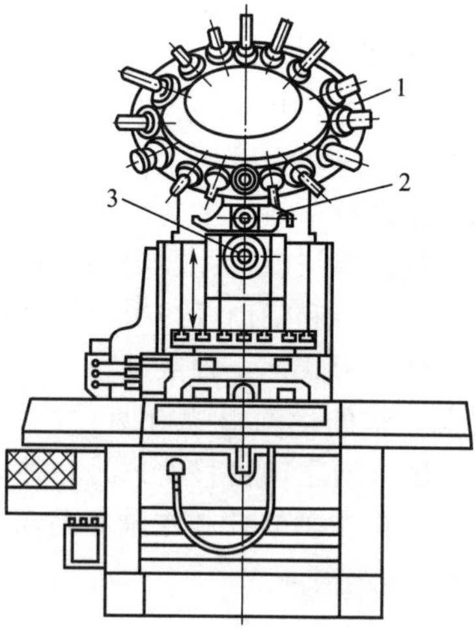

图 3-2　卧式加工中心

1—刀库；2—机械手；3—主轴

3.1.2 加工中心加工对象

针对加工中心的工艺特点，加工中心适宜加工形状复杂、加工内容多，要求较高，需用多种类型的普通机床和众多的工艺设备，且经过多次装夹和调整才能完成加工的零件。主要的加工对象见表 3-1。

表 3-1　加工中心加工对象

加工对象	图示	说明
箱体类零件		箱体类零件一般是指具有孔系和平面，内部有一定型腔或空腔，在长、宽、高方向有一定比例的零件。箱体零件一般需要进行多工位孔系、轮廓及平面的加工，精度要求较高，特别是形状精度和位置精度要求严格，通常要经过铣、钻、扩、镗、铰、锪、攻丝等工序加工，需要刀具较多
盘、套、板、壳体类零件		带有键槽、径向孔，或端面分布的、如图有孔系或曲面的盘、套、板类零件，具有较多孔的零件和各种壳体类零件等，都适合在加工中心上加工。对于加工部位集中在单一端面上的盘、套、板类零件，宜选择立式加工中心；对于加工部位不位于同一方向表面上的零件，则应选择卧式加工中心
外形不规则的异形件		异形件即外形特异的零件，如图各种异形支架，这类零件大多需要采用点、线、面多工位混合加工。异形件的总体刚性一般较差，在装夹过程中易变形，在普通机床上只能采取工序分散的原则加工，需要工装较多，周期较长，加工精度难以保证。而加工中心具有多工位点、线、面混合加工的特点，能完成大部分甚至全部工序内容

续表

加工对象	图示	说明
带复杂曲面零件	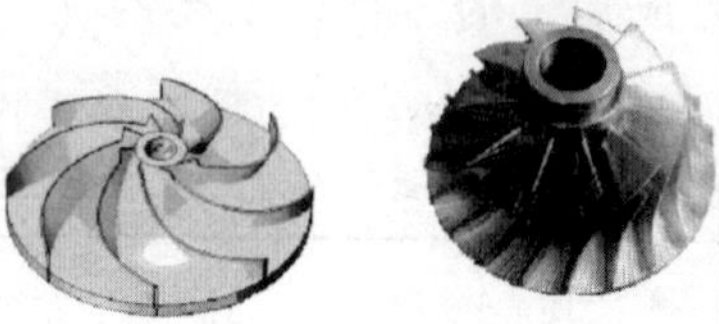	这类零件如图所示叶轮、螺旋浆叶片、凸轮(圆柱凸轮)等,其主要表面是由复杂曲线、曲面组成的,形状复杂,有的精度要求极高。加工这类零件时,需要多坐标联动加工,加工中心可以采取三、四、五坐标联动将这些零件加工出来,并且质量稳定、精度高、互换性好
带复杂曲面零件	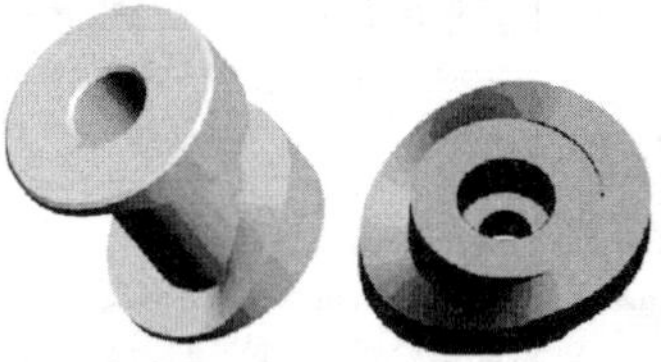	这类零件上的复杂曲面用加工中心加工与数控铣削加工基本是一样的,所不同的是加工中心刀具可以自动更换,工艺范围更宽
模具	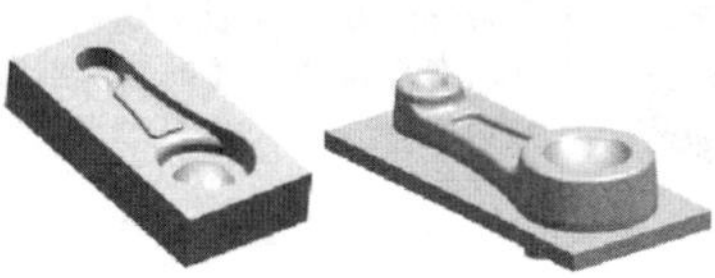	常见的模具有锻压模具、铸造模具、注塑模具及橡胶模具等。如图所示为连杆锻压模具。这类零件的型面大多由三维曲面构成,采用加工中心加工这类成型模具,由于工序集中,因而基本上能在一次安装中采用多坐标联动完成动模、静模等关键件的全部精加工,尺寸累积误差及修配工作量小

3.2 加工中心的常用夹具

(1)加工中心常用的夹具见表 3-2

加工中心常用的夹具包括通用夹具、组合夹具和专用夹具等。通用夹具即可装夹各种零件的机床附件和装夹元件，如数控气动立卧式分度工作台、三爪卡盘、分度头及各种台钳等。组合夹具即由一套已经标准化的结构及元件按加工需要组合而成的夹具，如槽系组合夹具及孔系组合夹具。专用夹具是专门为某一工件的某一道或几道工序加工而设计的夹具。

表 3-2　数控加工中心常用的夹具

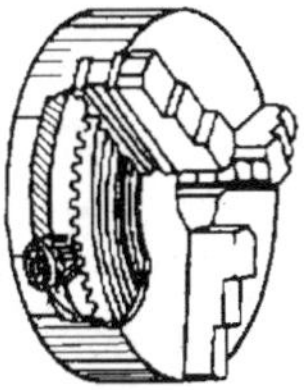 三爪卡盘	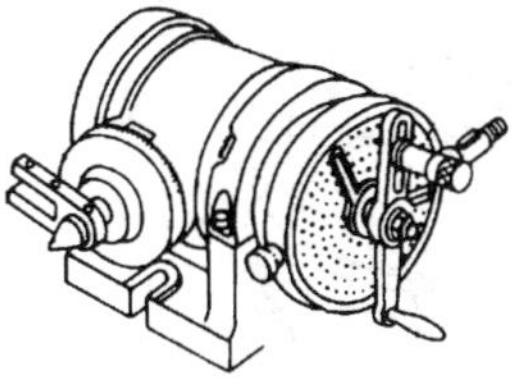 万能分度头	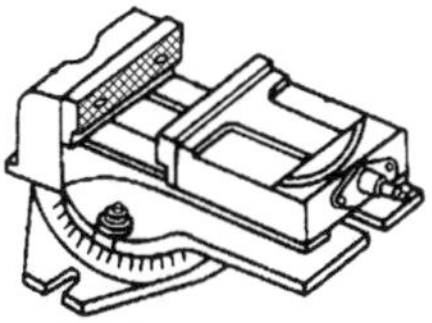 平口虎钳
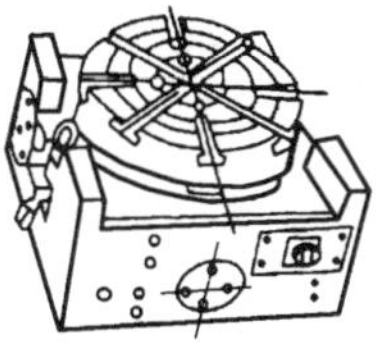 数控气动立卧式分度工作台	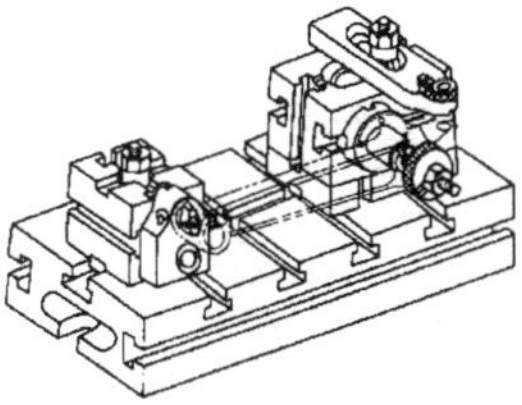 槽系组合夹具	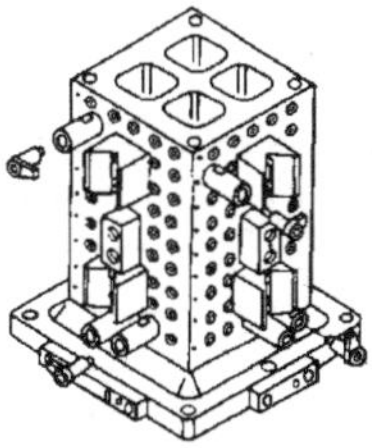 孔系组合夹具

(2)在加工中心上工件常用的装夹方式见表 3-3

表 3-3　在加工中心上工件常用的装夹方式

夹具名称	装夹示意图	特点
平口钳	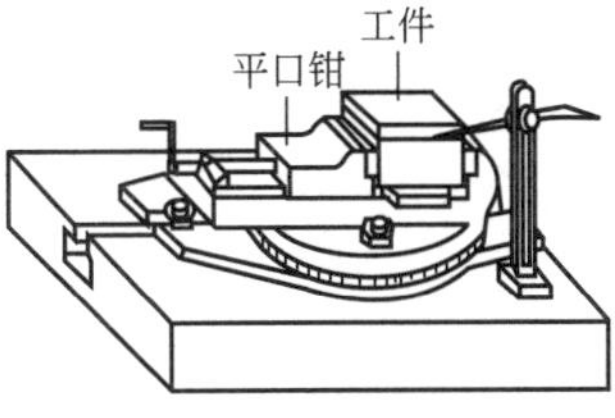	加工工件比较简单，单件小批量生产，尽量采用通用夹具，如平口钳等
液压虎钳	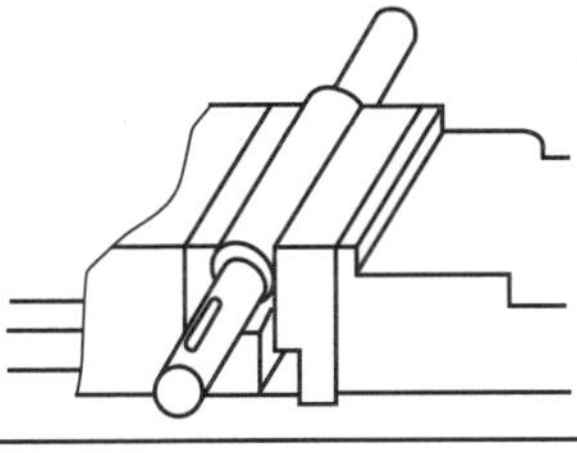	液压虎钳主要用于成批生产，其能实现快速夹紧，快速松开，且能保证夹紧力的大小，大大提高生产率

续表

夹具名称	装夹示意图	特点
三爪卡盘	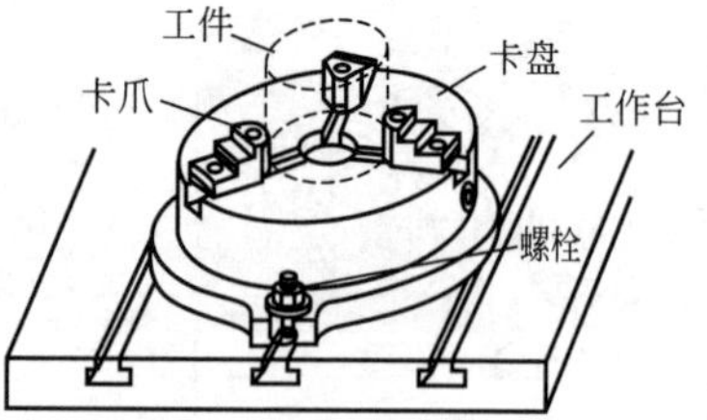	在工作台上安放三爪卡盘，并用卡盘定位，夹紧圆柱形工件
用压板装夹工件	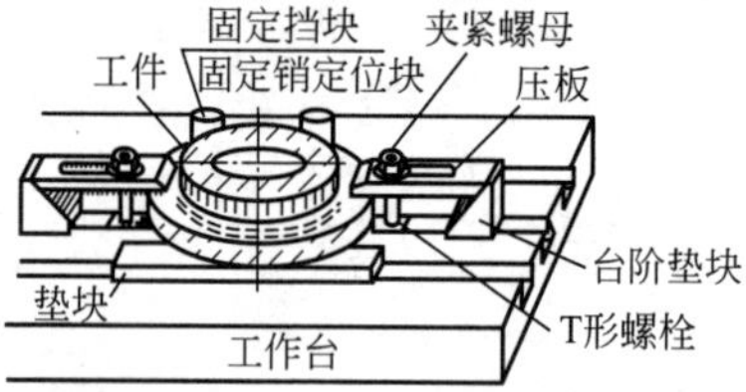	用压板压紧圆柱形工件。对于圆柱形工件，用压板压紧工件后，还需设置圆柱销、定位块将工件定位
数控回转台	 (a) 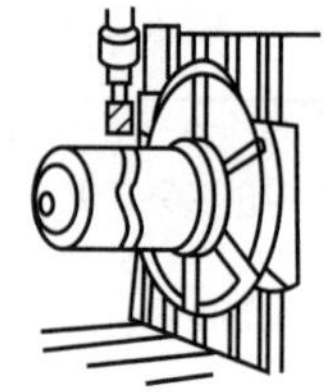 (b) 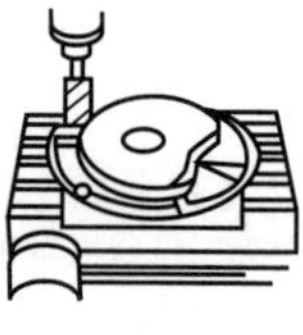 (c) 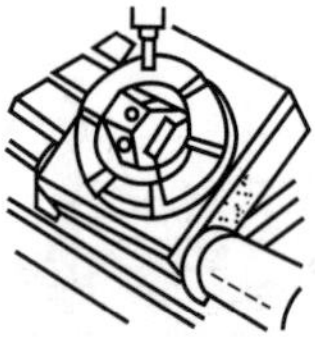 (d)	图(a)所示数控回转台一次安装工件，可从四面加工工件。图(b)所示对圆柱凸轮的空间成形面进行加工。图(c)所示对平面凸轮进行加工。图(d)为双回转台，可用于加工在表面上成不同角度布置的孔，从五个方向进行加工

3.3 加工中心常用的刀柄

在加工中心上，各种刀具分别装在刀库上，按程序规定随时进行选刀和安刀动作，因此必须采用标准刀柄，以便使钻、镗、扩、铣削等工序用的标准刀具迅速、准确地装在机床主轴或刀库上去，编程人员应了解机床上所用刀柄的结构尺寸、调整方法以及调整范围，以便在编程时确定刀具的径向和轴向尺寸。在我国应用最广泛的是 BT40 和 BT50 系列刀柄和拉钉。

3.3.1 加工中心常用的刀柄

加工中心常用刀柄的类型及应用范围见表 3-4。

表 3-4 加工中心常用刀柄的类型及应用范围

刀柄类型	刀柄简图	夹头或中间楔块	夹持刀具	型号举例
削平型工具刀柄	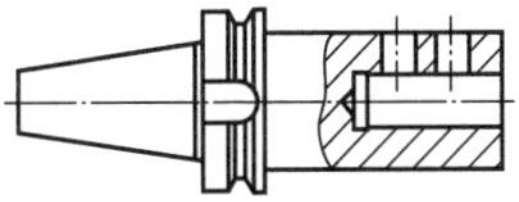	无	直柄立铣刀、球头铣刀、削平型浅孔钻	BT40-XP20-80
弹簧夹头刀柄	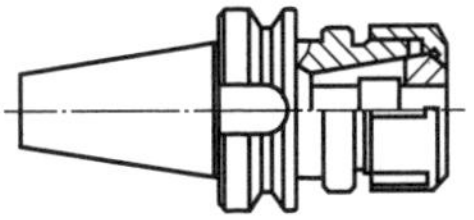	ER 弹簧夹头	直柄立铣刀、球头铣刀、中心钻、钻头	BT40-QH1-75
强力夹头刀柄	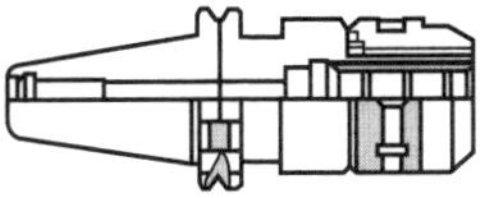	KM 弹簧夹头	直柄立铣刀、球头铣刀、中心钻	BT40-TXJT-22-75
面铣刀刀柄	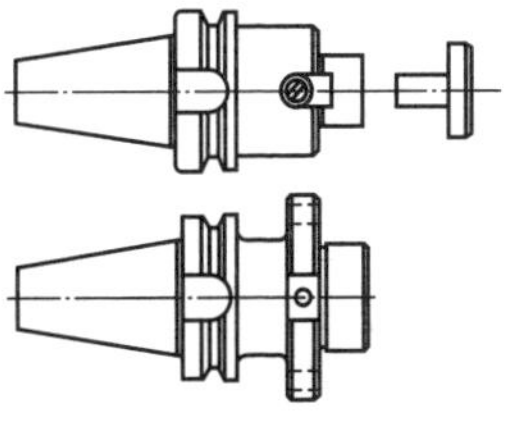	无	各种面铣刀	BT40-XD27-60
三面刃铣刀刀柄	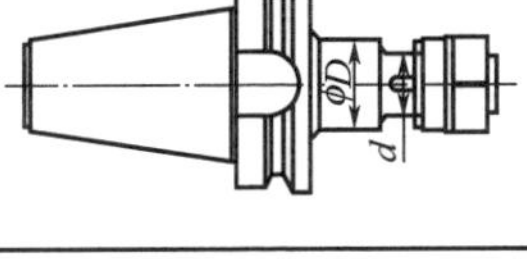	无	三面刃铣刀	BT40-XS16-75

续表

刀柄类型	刀柄简图	夹头或中间楔块	夹持刀具	型号举例
侧固式刀柄	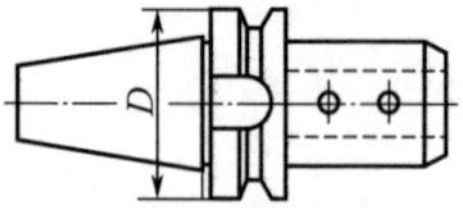	粗、精镗刀及丝锥夹头	丝锥及各粗、精镗刀	BT40-25-50
莫氏锥度刀柄	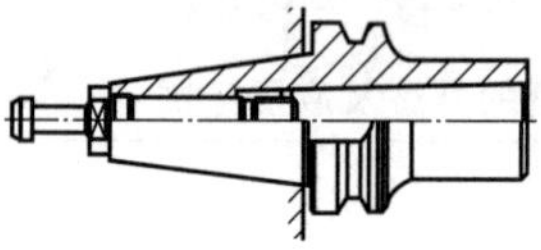	莫氏变径套	锥柄钻头、铰刀	BT40-M1-35
		莫氏变径套	锥柄立铣刀和锥柄带内螺纹立铣刀	BT40-MW1-50
钻夹头刀柄	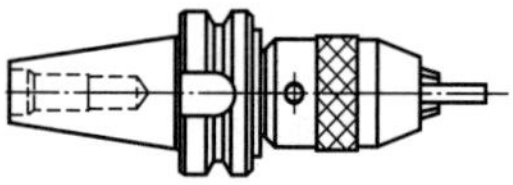	钻夹头	直柄钻头、铰刀	BT40-Z10-45
丝锥夹头刀柄	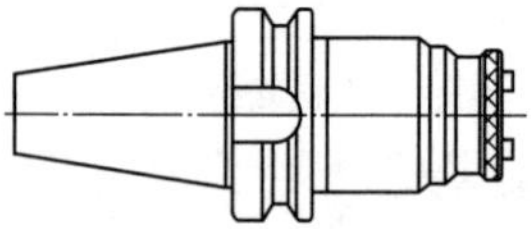	无	机用丝锥	BT40-G3-100
整体式刀柄	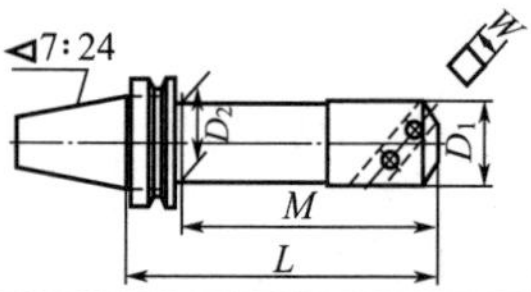	粗、精镗刀头	整体粗、精镗刀	BT40-TQC25-135

3.3.2 加工中心常用的刀柄规格

加工中心常用的刀柄规格见表 3-5～表 3-12。

表 3-5 削平型工具刀柄 mm

示图	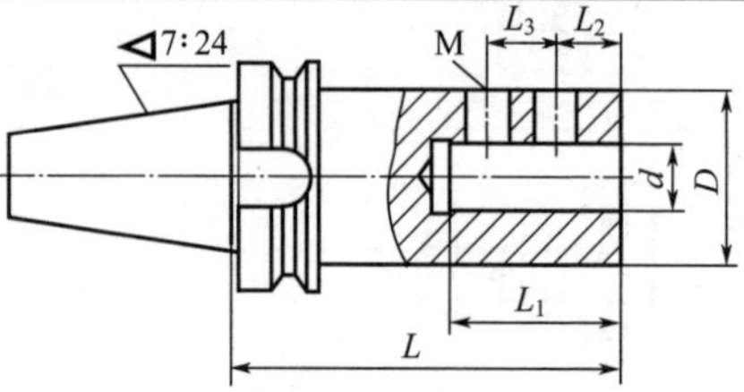

续表

	规格	尺寸						
		d	L	D	L_1	L_2	L_3	M
参数	BT40-XP16-80	16	80	48	47	24	—	M14
	BT40-XP20-80	20	80	52	49	25	—	M16
	BT40-XP25-110	25	110	65	54	24	25	M18
	BT40-XP32-110	32	110	72	58	24	28	M20
	BT45-XP16-80	16	80	48	47	24	—	M14
	BT45-XP20-80	20	80	52	49	25	—	M16
	BT45-XP25-110	25	110	65	54	24	25	M18
	BT45-XP32-110	32	110	72	58	24	28	M20
	BT50-XP16-80	16	80	48	47	24	—	M14
	BT50-XP20-80	20	80	52	49	25	—	M16
	BT50-XP25-110	25	110	65	54	24	25	M18
	BT50-XP32-110	32	110	72	58	24	28	M20

表 3-6　弹簧夹头刀柄　　mm

示图

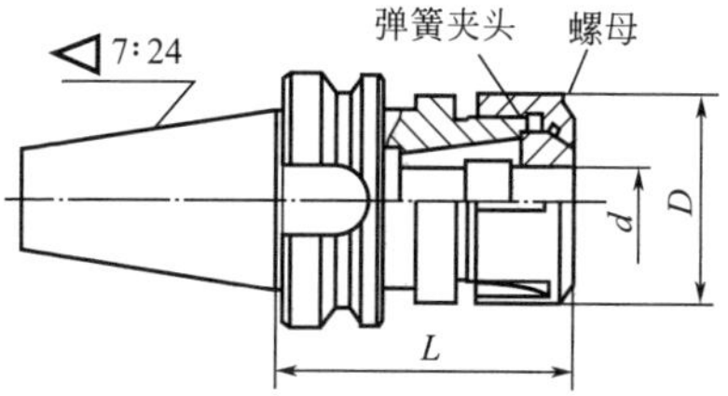

	型号规格	尺寸			配件	
		L	D	d	弹簧夹头	螺母
参数	JT/BT40-QER20-75	75	35	>2.5～13	ER20-d	ER20-T1
	JT/BT40-QER20-120	120			ER20-d	
	JT/BT40-QER25-75	75	42	>2.5～16	ER25-d	ER25-T2
	JT/BT40-QER25-120	120			ER25-d	
	JT/BT40-QER32-75	75	50	>2.5～20	ER32-d	ER32-T2
	JT/BT40-QER32-120	120			ER32-d	

续表

	型号规格	尺寸			配件	
		L	D	d	弹簧夹头	螺母
参数	JT/BT40-QER40-75	75	63	>3.0～20	ER40-d	ER40-T2
	JT/BT40-QER40-120	120			ER40-d	
	JT/BT45-QER20-75	75	35	>2.5～13	ER20-d	ER20-T1
	JT/BT45-QER20-120	120			ER20-d	
	JT/BT45-QER25-75	75	42	>2.5～16	ER25-d	ER25-T2
	JT/BT45-QER25-120	120			ER25-d	
	JT/BT45-QER32-75	75	50	>3.5～20	ER32-d	ER32-T2
	JT/BT45-QER32-120	120			ER32-d	
	JT/BT45-QER32-90	90	63	>3.0～26	ER40-d	ER40-T2
	JT/BT45-QER32-150	150			ER40-d	
	JT/BT50-QER20-75	75	35	>2.5～13	ER20-d	ER20-T1
	JT/BT50-QER20-120	120			ER20-d	
	JT/BT50-QER25-90	90	42	>2.5～16	ER25-d	ER25-T2
	JT/BT505-QER25-150	150			ER25-d	
	JT/BT50-QER32-90	90	50	>3.5～20	ER32-d	ER32-T2
	JT/BT50-QER32-150	150			ER32-d	
	JT/BT50-QER40-90	90	63	>3.0～26	ER40-d	ER40-T2
	JT/BT505-QER40-150	150			ER40-d	

表 3-7 端面铣刀刀柄 mm

示图	型号规格	型式	尺寸				压紧螺钉	
			d	D	L	L_1	型号	规格
	JT/BT40-XD22-60	I	22	40	60	19	XD22-1	M10
	JT/BT40-XD27-60	I	27	50		21	XD27-1	M12
	JT/BT40-XD32-60		32	60		24	XD32-1	M16
	JT/BT40-XD40-60		40	70		27	XD40-1	M20
	JT/BT40-XD50-60		50	90		30	XD50-1	M24

续表

示图	型号规格	型式	尺寸				压紧螺钉	
			d	D	L	L_1	型号	规格
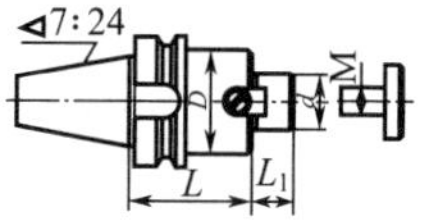	JT/BT45-XD22-60	Ⅰ	22	40	60	19	XD22-1	M10
	JT/BT45-XD27-60		27	50		21	XD27-1	M12
	JT/BT45-XD32-60		32	60		24	XD32-1	M16
	JT/BT45-XD40-60		40	70		27	XD40-1	M20
	JT/BT45-XD50-60		50	90		30	XD50-1	M24
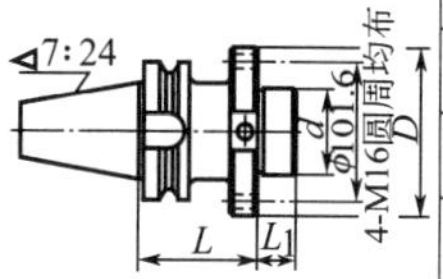	JT/BT50-XD22-75	Ⅰ	22	40	75	19	XD22-1	M10
	JT/BT50-XD27-75		27	50		21	XD27-1	M12
	JT/BT50-XD32-75		32	60		24	XD32-1	M16
	JT/BT50-XD40-75		40	70		27	XD40-1	M20
	JT/BT50-XD50-75		50	90		30	XD50-1	M24
	JT/BT50-XD60-75	Ⅱ	60	128.57		40	—	—

表 3-8　三面刃铣刀柄　　mm

示图

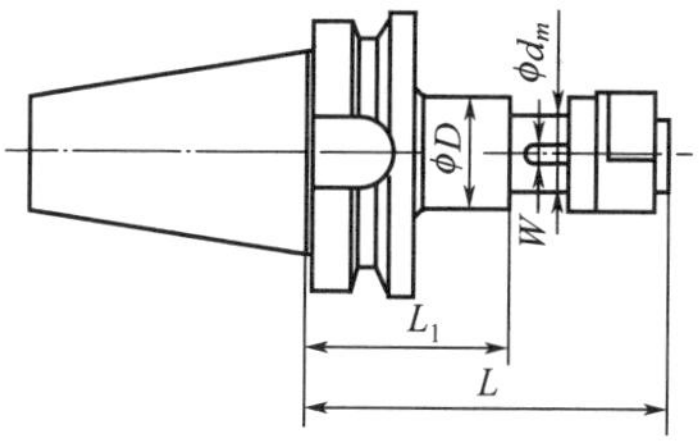

	型号	锥度号	基本尺寸					标准配置		
			ϕD	ϕd_m	L_1	L	W 键宽	螺母	键	垫圈
参数	BT40-XS27-75	40	40	27	75	130	6	LM24	A6×21	K27
	BT40-XS27-120	40	40	27	120	175	6	LM24	A6×21	K27
	BT40-XS32-90	40	40	32	90	150	8	LM30	A6×22	K32
	BT50-XS27-90	50	40	27	90	145	6	LM24	A6×21	K27
	BT50-XS27-135	50	40	27	135	190	6	LM24	A6×21	K27

续表

	型号	锥度号	基本尺寸					标准配置		
			ϕD	ϕd_m	L_1	L	W 键宽	螺母	键	垫圈
参数	BT50-XS32-90	50	46	32	90	150	8	LM30	A12×22	K32
	BT50-XS32-135	50	46	32	135	195	8	LM30	A12×22	K32
	BT50-XS40-90	50	55	40	90	156	10	LM36	A10×23	K40
	BT50-XS40-135	50	55	40	135	201	10	LM36	A10×23	K40
	BT50-XS50-100	50	63	50	100	150	12	LM48	A12×23	K50
	BT50-XS50-140	50	63	50	140	210	12	LM48	A12×23	K50

表 3-9　侧固式刀柄　　mm

示图

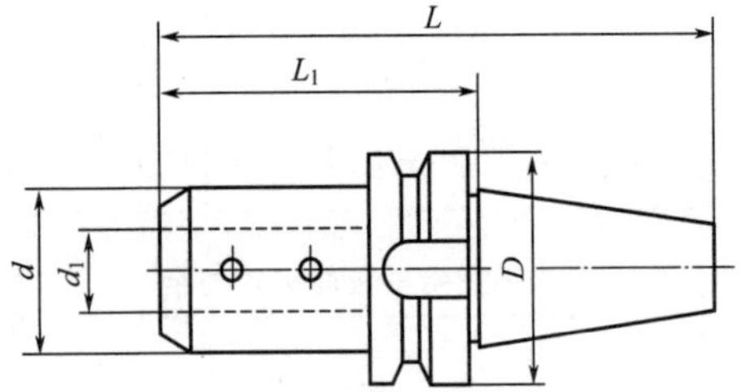

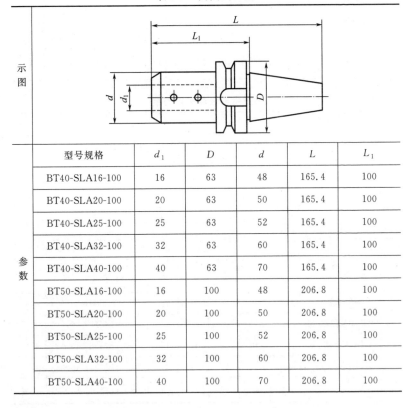

	型号规格	d_1	D	d	L	L_1
参数	BT40-SLA16-100	16	63	48	165.4	100
	BT40-SLA20-100	20	63	50	165.4	100
	BT40-SLA25-100	25	63	52	165.4	100
	BT40-SLA32-100	32	63	60	165.4	100
	BT40-SLA40-100	40	63	70	165.4	100
	BT50-SLA16-100	16	100	48	206.8	100
	BT50-SLA20-100	20	100	50	206.8	100
	BT50-SLA25-100	25	100	52	206.8	100
	BT50-SLA32-100	32	100	60	206.8	100
	BT50-SLA40-100	40	100	70	206.8	100

表 3-10　BT-MTB 莫氏锥度刀柄　　mm

示图

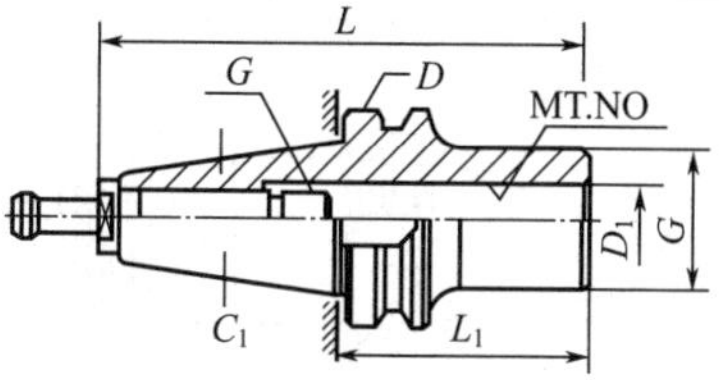

参数

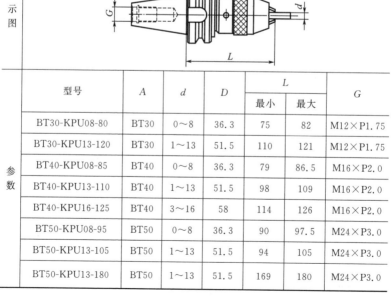

型号	D_1	C_1	D	L_1	L	G
BT40-MTB1-45	12.065	25	63	45	110.4	M6×1
BT40-MTB2-45	17.780	32		45	115.4	M10×1.5
BT40-MTB3-75	23.852	40		75	135.4	M12×1.75
BT40-MTB4-100	31.267	48		100	160.4	M16×2
BT50-MTB1-45	12.065	25	100	45	146.6	M6×1
BT50-MTB2-45	17.780	32		45	161.8	M10×1.5
BT50-MTB3-65	23.825	40		60	166.8	M12×1.75

表 3-11　钻夹头刀柄　　mm

示图

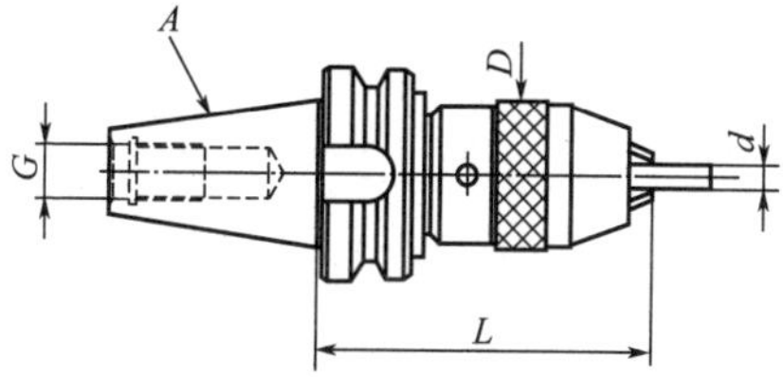

参数

型号	A	d	D	L 最小	L 最大	G
BT30-KPU08-80	BT30	0～8	36.3	75	82	M12×P1.75
BT30-KPU13-120	BT30	1～13	51.5	110	121	M12×P1.75
BT40-KPU08-85	BT40	0～8	36.3	79	86.5	M16×P2.0
BT40-KPU13-110	BT40	1～13	51.5	98	109	M16×P2.0
BT40-KPU16-125	BT40	3～16	58	114	126	M16×P2.0
BT50-KPU08-95	BT50	0～8	36.3	90	97.5	M24×P3.0
BT50-KPU13-105	BT50	1～13	51.5	94	105	M24×P3.0
BT50-KPU13-180	BT50	1～13	51.5	169	180	M24×P3.0

表 3-12 攻丝夹头刀柄 mm

示图

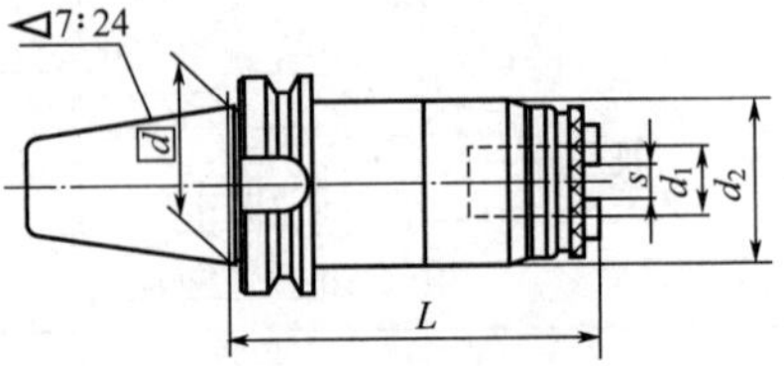

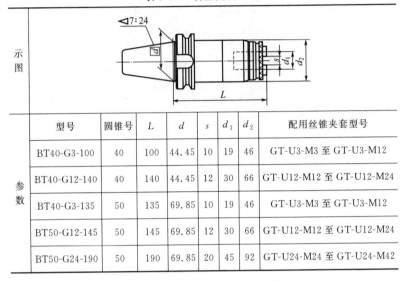

	型号	圆锥号	L	d	s	d_1	d_2	配用丝锥夹套型号
参数	BT40-G3-100	40	100	44.45	10	19	46	GT-U3-M3 至 GT-U3-M12
	BT40-G12-140	40	140	44.45	12	30	66	GT-U12-M12 至 GT-U12-M24
	BT40-G3-135	50	135	69.85	10	19	46	GT-U3-M3 至 GT-U3-M12
	BT50-G12-145	50	145	69.85	12	30	66	GT-U12-M12 至 GT-U12-M24
	BT50-G24-190	50	190	69.85	20	45	92	GT-U24-M24 至 GT-U24-M42

3.3.3 加工中心的刀具

加工中心刀具由成品刀具和标准刀柄组成。其中刀具部分与通用刀具相同，如铣刀、钻头、扩孔钻、铰刀、镗刀、丝锥等。标准刀柄是加工中心必备的辅具，刀柄和机床主轴孔相对应。加工中心的刀柄已经系列化和标准化，其锥柄和机械手抓卸部分都已有相应的标准。

加工中心钻孔、扩孔、镗孔刀具及其用途见表 3-13。

表 3-13 加工中心钻孔、扩孔、镗孔刀具及其用途

类型	形状	特点和用途
可转位浅孔钻	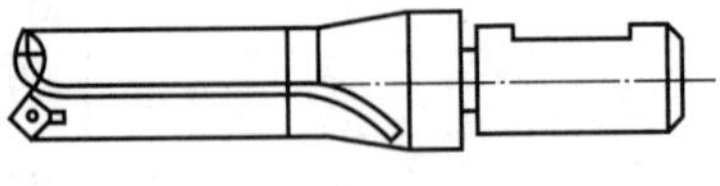	如图所示，其结构是在排屑槽及内冷却通道钻体的头部装有两个刀片，交错排列，切屑排出流畅，钻头定心稳定。适合于箱体零件的钻孔加工

续表

类型	形状	特点和用途
麻花钻	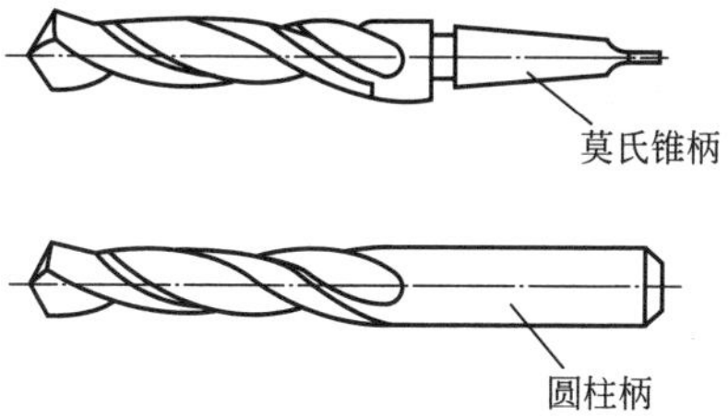	麻花钻有莫氏锥柄和圆柱柄两种。直径为 8～80mm 的麻花钻多为莫氏锥柄，可直接装在带有莫氏锥孔的刀柄内，刀具长度不能调解。直径为 0.1～20mm 的麻花钻多为圆柱柄，可装在钻夹头刀柄上。中等尺寸的麻花钻两种形式均可选用。在加工中心上钻孔应用最广泛，尤其是加工直径在 30mm 以下的孔时
高速钢扩孔钻	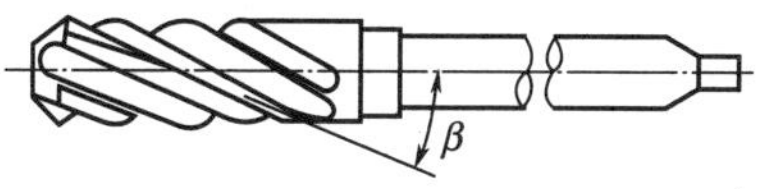	如图所示，其结构形式为锥柄式高速钢整体式。适用于扩孔直径较小或中等时
镶齿套式扩孔钻	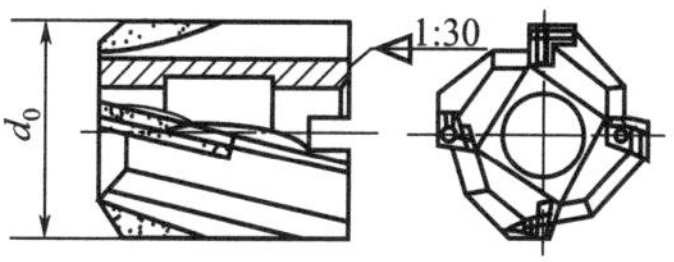	如图所示，其结构形式为镶齿套式。适用于扩孔直径较大时
套式高速钢扩孔钻	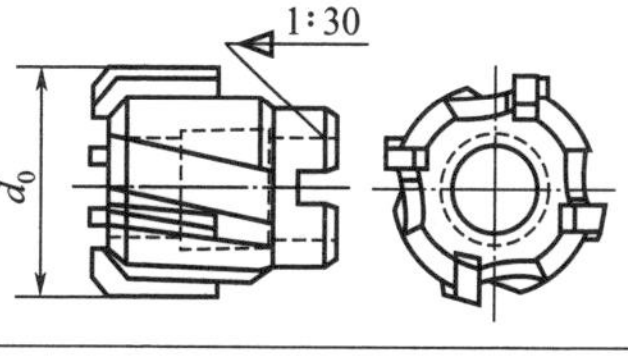	如图所示，其结构形式为套式高速钢式。适用于扩孔直径较小或中等时
可转位扩孔钻	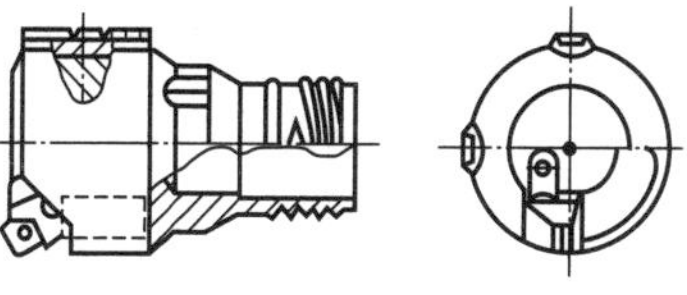	如图所示，其结构形式为硬质合金可转位式。适用于扩孔直径在 20～60mm 之间，且机床刚性好、功率大时

续表

类型	形状	特点和用途
微调镗刀	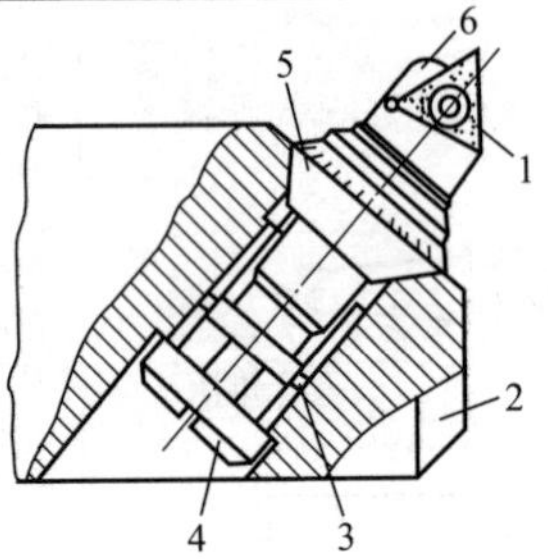 1—刀片;2—镗刀杆;3—导向块;4—螺钉; 5—螺母;6—刀块	如图所示,这种镗刀的径向尺寸在一定范围内进行微调,调解方便且精度高。调节尺寸时,只要转动螺母5,与它相配合的螺杆(即刀头)就会沿其轴线方向移动。尺寸调整好后,把螺钉尾部的螺钉4紧固后即可使用。适用于精镗孔时
单刃镗刀	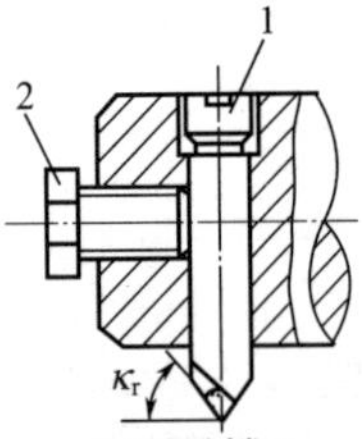 (a) 通孔镗刀 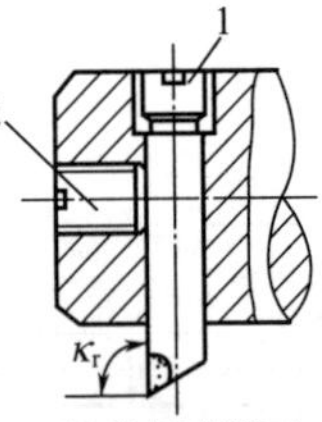 (b) 阶梯孔镗刀 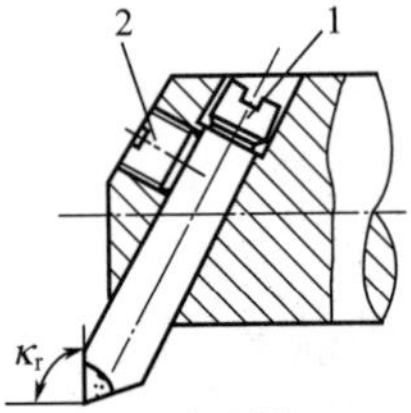 (c) 盲孔镗刀 1—调解螺钉;2—紧固螺钉	图(a)～图(c)所示为单刃镗刀,可用于镗削通孔、阶梯孔和盲孔。单刃镗刀只有一个刀片,使用时用螺钉装夹到镗杆上,垂直安装的刀片镗通孔,倾斜安装的镗盲孔或阶梯孔
双刃镗刀	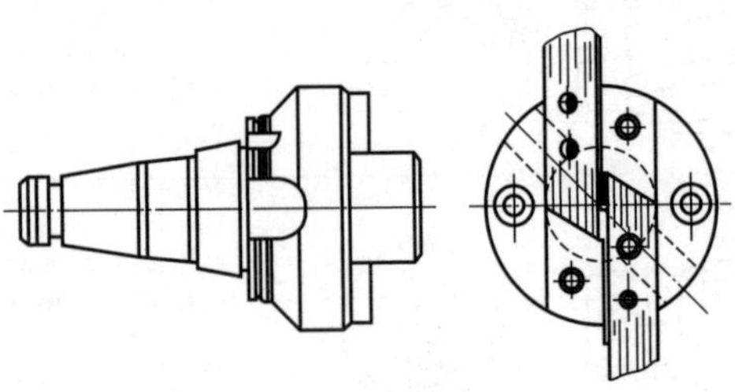	镗削大直径的孔可选用图示的双刃镗刀。这种镗刀有两个对称的切削刃同时工作。双刃镗刀的头部可以在较大范围内进行调整,且方便,最大镗孔直径可达1000mm。其刚性好,切削效率高,容屑空间大,加工精度高,仅用于大批量生产

续表

类型	形状	特点和用途
普通标准铰刀	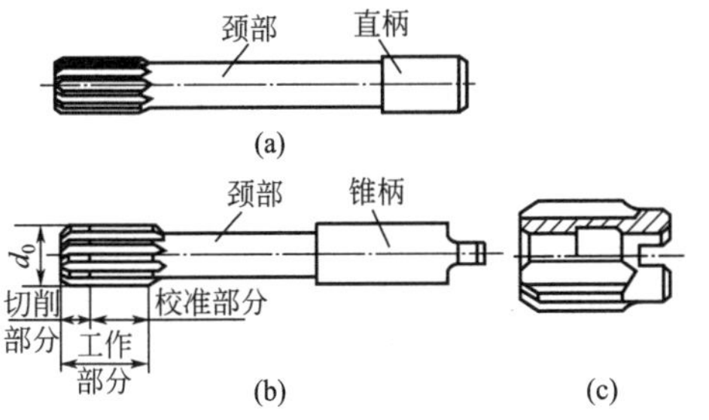	图(a)直柄机用铰刀，其直径为6～20mm，小孔直柄铰刀为1～6mm；图(b)锥柄铰刀，其直径为10～32mm；图(c)套式铰刀直径为25～80mm。根据加工精度的要求选择铰刀的齿数
单刃铰刀	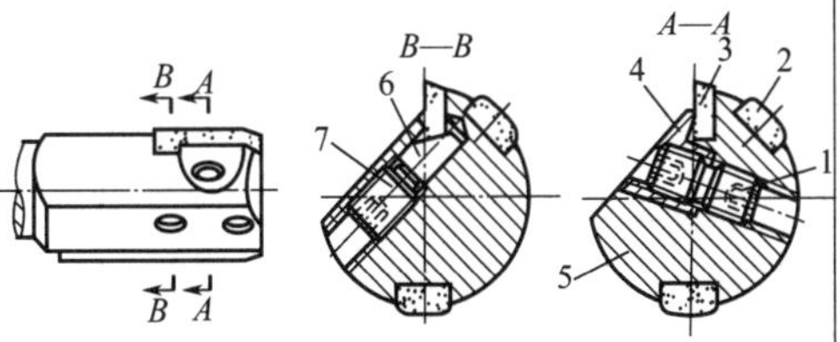 1,7—螺钉；2—导向块；3—刀片；4—楔套；5—刀体；6—销子	如图为使用机夹硬质合金的单刃铰刀，其不仅寿命长，而且加工孔的精度高，表面粗糙度可达 $Ra0.7$。对于有内冷却通道的单刃铰刀，允许切削速度高达80m/min
浮动铰刀	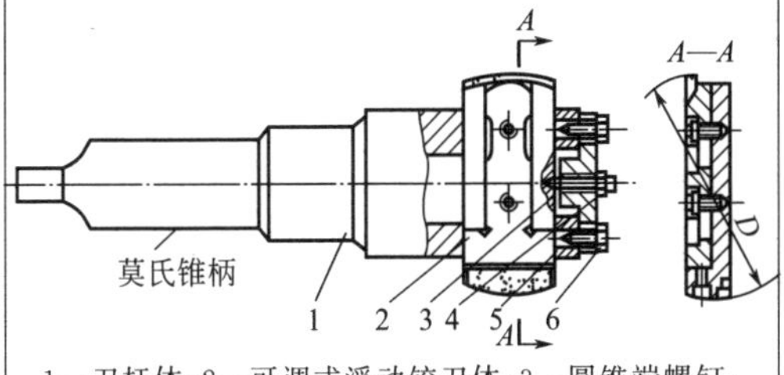 1—刀杆体；2—可调式浮动铰刀体；3—圆锥端螺钉；4—螺母；5—定位滑块；6—螺钉	这种铰刀不仅能保证换刀和进刀过程中刀具的稳定性，而且还能通过自由浮动而准确地“定心”。由于浮动铰刀有两个对称刃，能自动平衡切削力，因而加工精度稳定，寿命长，直径调整连续。它是加工中心采用的一种比较理想的铰刀

3.4 加工中心常用刀具的规格

3.4.1 钻孔刀具

在加工中心上钻孔，其刀具有普通麻花钻、可转位浅孔钻、喷吸钻及扁钻等，用得最多的是麻花钻，麻花钻有高速钢和硬质合金两种。

(1)麻花钻的结构参数见表 3-14

表 3-14 麻花钻的结构和几何参数

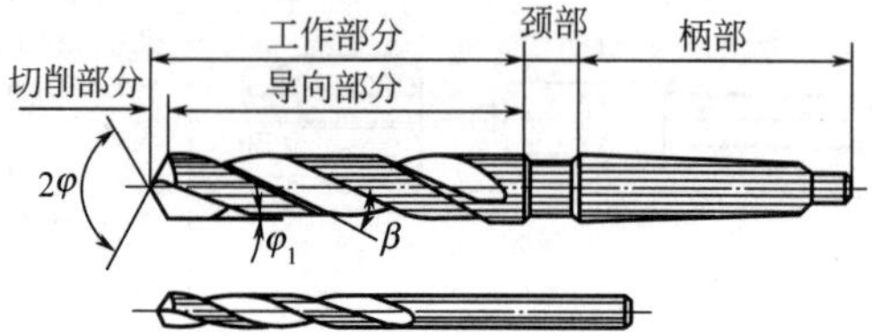

(a)

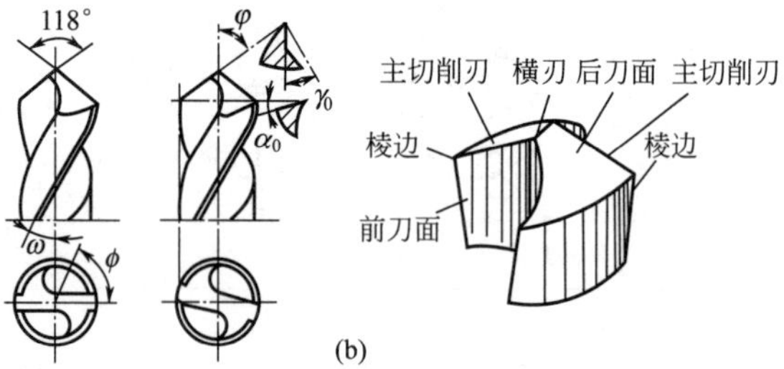

(b)

名称			说明
结构	工作部分	切削部分	钻头切削部分共有一尖(钻尖),三刃(主切削刃、副切削刃和横刃)参与切削工作
		导向部分	用来保证钻头在切削过程中的方向和作为切削部分重磨后的后备部分
	颈部		是工作部分和柄部的连接部分,常在此处打刻标记
	柄部		是用于装夹钻头和传递转矩的部分,尺寸大的钻头用锥柄,尺寸较小的钻头用直柄
	主刀刃		前刀面与后刀面相交的棱边,共有两个起主要切削工作
	副切削刃		是钻头的两条刃带,由钻尖两柄部按外径每 100mm 长度缩小 0.03～0.12mm
	横刃		两个后刃面的相交部分即两个主刀刃是横刃连接的,钻头每个刃瓣由钻心连接,钻心直径沿轴线方向从钻头向柄部逐渐增大,每 100mm 长度增大 1.4～2.0mm

续表

名称		说明
几何参数	螺旋角 β	钻头外圆柱面与螺旋槽表面的交线(螺旋线)上任意点的切线和钻头轴线之间的夹角，设螺旋槽的导程为 P_1，钻头外圆直径为 d_0，则 $$\tan\beta=\frac{2d_0}{P_1}$$ 刃上位于直径 d_m 圆柱上的任意点 m 的螺旋角 β_m 为 $$\tan\beta_m=\frac{2d_m}{P_1}=\frac{d_m}{d_0}\tan\beta$$ 由此可见，钻头外径的螺旋角最大，越近中心，螺旋角越小，标准麻花钻的螺旋角 $\beta=18°\sim30°$，螺旋槽的方向为右旋
	顶角 2φ	即两主切削刃之间的夹角。顶角的大小主要影响钻头的强度和轴向阻力。顶角 2φ 越大，麻花钻的强度越大，但切削时的轴向力也越大。减小顶角 2φ，会增大主切削刃的长度，使相同条件下切削刃单位长度上的负荷减轻，切削轴向切削分力减小，容易切入工件。但过小的顶角会使钻头的强度降低，因此，顶角应根据工件的材料来选择，较软材料可用较小的 2φ。标准麻花钻的顶角 $2\varphi=118°\pm2°$
	主偏角 k_r	主切削刃上任一点 m 的主偏角，是主切削刃在该点基面上的投影和钻头进给方向之间的夹角，主刃上各点主偏角不相等
	端面刃倾角 λ_{0t}	主切削刃上任一点 m 的端面刃倾角，是主切削刃在端面中的投影与 m 点的基面间的夹角。越近钻头中心，λ_{0t} 的绝对值越大
	前角 γ_0	主剖面内前刀面与基面间的夹角，越接近钻头外圆，前角越大，约为 30°，越接近钻头中心，前角越小，一般为负值。靠近横刃处前角约为 −30°，横刃上的前角为 −50°～−60°，即前角内小外大
	后角 α_0	钻头主切削刃上任意一点 m 的后角，经常是用通过 m 点的圆柱剖面中的轴向后角 α_0、钻头的后角、主切削刃是变化的，名义后角是指钻头外圆处的后角，该处的 $\alpha_0=8°\sim14°$，接近横刃处的 $\alpha_0=20°\sim26°$，横刃处约为 30°～36°，这样可以增加横刃的前角和后角，改变切削条件
	横刃角 ψ	在钻头端面投影中横刃和主切削刃的夹角，标准麻花钻的横刃角 ψ 为 50°～55°，横刃角愈小，横刃就愈长。横刃太长则钻削时轴向力增大，对钻削不利

(2)麻花钻的刃磨见表 3-15

麻花钻使用中很容易磨损，必须刃磨以保持其锋利，在加工中心上钻孔，无钻模导向，若刃磨质量不高，则很容易引起钻孔偏斜，因此必须提高刃磨质量。

表 3-15　麻花钻的刃磨

麻花钻的刃磨的一般要求

顶角大小要符合要求并被钻头中心线平分，工件材料硬度低的，顶角可小些；两条主刃长度要相等，否则钻出的孔径会偏大或呈多角形

麻花钻的刃磨方法与步骤

1）刃磨前，钻头主切削刃放置在砂轮中心水平面上或稍高一些，钻头中心线与砂轮外圆柱面母线在水平面内夹角等于顶角 2φ 的一半（$\varphi=59°$），同时钻尾向下倾斜，见图(a)。

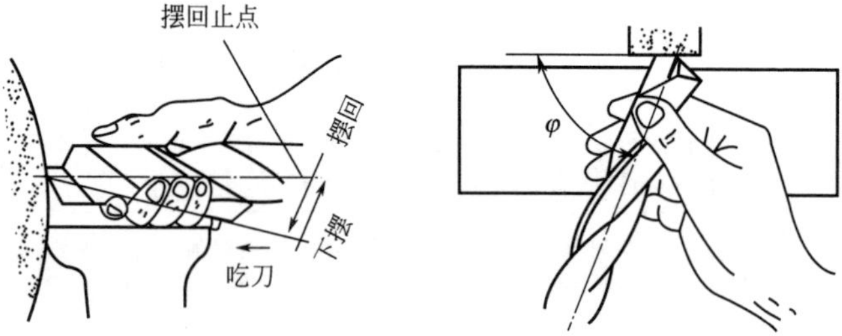

(a)　　　　(b)

2）刃磨时，右手握住钻头前端作支点，左手握钻尾作上下摆动并略带旋转，见图(b)，但不能转动过多或上下摆动太大，以防磨成副后角或把另一面主切削刃磨掉。

3）磨完一个主切削刃后，把钻头转过 180°用相同的方法磨另一主切削刃。为达到两刃对称的目的，人和手要保持原来的位置和姿势

麻花钻的刃磨的注意事项

1）磨钻头时，钻尾向上摆动，不得高出水平线，以防磨出副后角。钻尾向下摆动亦不能太多，以防磨掉另一条主刀刃。

2）随时检查两主切削刃的刃长及钻头轴心线的夹角是否对称。

3）刃磨时应随时冷却，以防钻头刃口发热退火，降低硬度

钻削适合尺寸精度为 IT12～IT13，表面粗糙度为 $Ra12.5$ 的孔加工，钻孔属于粗加工。

(3)钻削要素见表 3-16

表 3-16　钻削要素

<table>
<tr><th>简图</th><th colspan="3">名称</th><th>说明</th></tr>
<tr><td rowspan="7">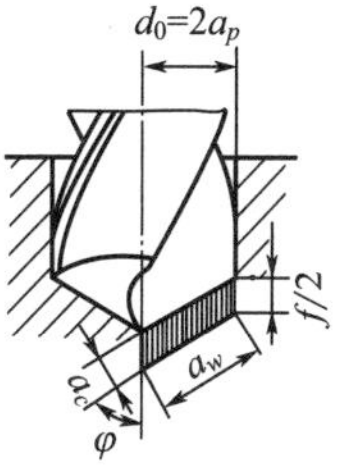
</td><td rowspan="4">切削用量要素</td><td colspan="2">切削速度 v_c</td><td>$v_c=\frac{\pi dn}{1000}$(m/min)</td></tr>
<tr><td rowspan="2">进给量</td><td>进给量 f</td><td>钻头每转一周沿进给方向移动的距离,mm/r</td></tr>
<tr><td>每齿进给量 a_f</td><td>由于钻头有两个刀齿,故每个刀齿的进给量 a_f 为
$a_f=f/2$(mm/z)</td></tr>
<tr><td colspan="2">切削深度 a_p</td><td>沿钻头半径方向测得的切削尺寸。钻实心孔时,钻削深度 a_p 为钻头直径 d_0 的一半
$a_p=d_0/2$(mm)</td></tr>
<tr><td rowspan="3">切削层要素</td><td colspan="2">切削厚度 a_c</td><td>沿垂直于主切削刃的基面上投影的方向所测出的切削层厚度
$a_c=a_f\sin k_n=\frac{f}{2}\sin k_n$(mm)
$a_c=a_f\sin k_r=\frac{f}{2}\sin k_r$(mm)
由于主切削刃各点的 k_r 不相等,因此各点的切削厚度也不相等,可近似地用平均切削厚度表示
$a_c=a_f\sin\varphi=\frac{f}{2}\sin\varphi$</td></tr>
<tr><td colspan="2">切削宽度 a_w</td><td>沿主切削刃在基面上投影测量的切削层宽度,近似地表达为
$a_w=\frac{a_p}{\sin k_r}=\frac{a_p}{\sin\varphi}$</td></tr>
<tr><td colspan="2">切削面积 A_c</td><td>钻头每个刀齿切下的切削面积为
$A_c=a_ca_w=a_fa_p$(mm^2)</td></tr>
</table>

(4)麻花钻的型式和尺寸见表 3-17～表 3-18

表 3-17　2°斜削平直柄麻花钻型式和尺寸（GB/T 25667.2—2010）

mm

示图

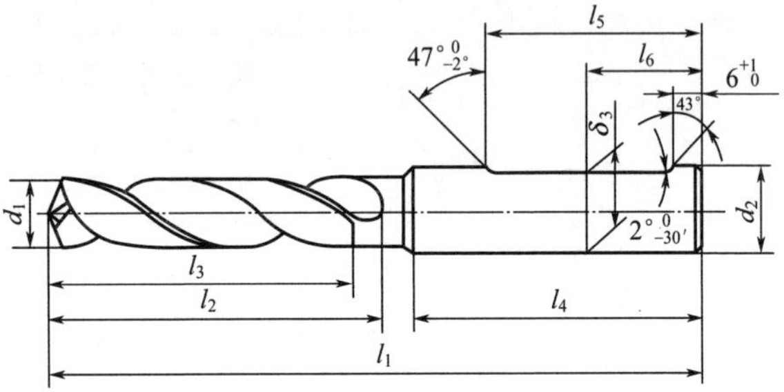

标记示例

直径 d_1=5mm，总长 l_1=82mm，长系列　整体硬质合金 2°斜削平直柄麻花钻的标记为：

整体硬质合金 2°斜削平直柄麻花钻　长 5×82　GB/T 25667.2—2010

直径 d_1=5mm，总长 l_1=66mm，短系列　整体硬质合金 2°斜削平直柄左旋麻花钻的标记为：

整体硬质合金 2°斜削平直柄麻花钻　短 5×66-L　GB/T 25667.2—2010

参数

直径范围 d_1 m7		柄部直径 d_2 h6	短系列			长系列			柄长 l_4 $^{+2}_{\ 0}$
>	≤		总长 l_1	槽长 l_2 max	刃长 l_3 min	总长 l_1	槽长 l_2 max	刃长 l_3 min	
2.9	3.75	6	62	20	14	66	28	23	36
3.75	4.75		66	24	17	74	36	29	
4.75	6.00			28	20	82	44	35	
6.00	7.00	8	79	34	24	91	53	43	
7.00	8.00			41	29				
8.00	10.00	10	89	47	35	103	61	49	40
10.00	12.00	12	102	55	40	118	71	56	45
12.00	14.00	14	107	60	43	124	77	60	
14.00	16.00	16	115	65	45	133	83	63	48
16.00	18.00	18	123	73	51	143	93	71	
18.00	20.00	20	131	79	55	153	101	77	50

表 3-18　莫氏锥柄麻花钻的型式和尺寸（GB/T 1438.1—2008）

mm

示图

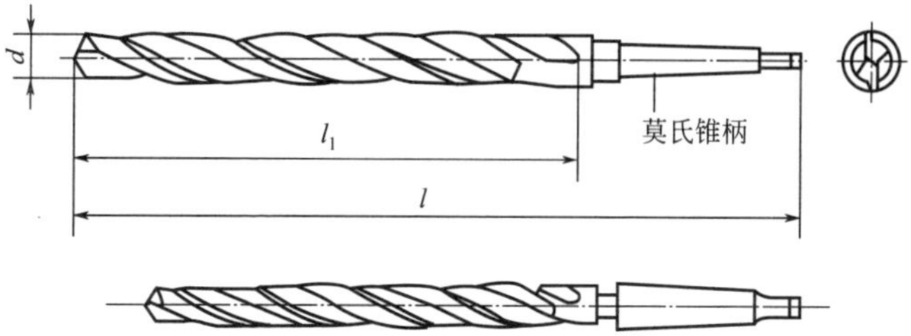

标记示例

钻头直径 d=10mm，标准柄的右旋莫氏锥柄麻花钻为：莫氏锥柄麻花钻 10　GB/T 1438.1—2008

钻头直径 d=10mm，标准柄的左旋莫氏锥柄麻花钻为：莫氏锥柄麻花钻 10-L　GB/T 1438.1—2008

参数

d h8	l_1	标准柄		粗柄		d h8	l_1	标准柄		粗柄	
		l	莫氏锥柄号	l	莫氏锥柄号			l	莫氏锥柄号	l	莫氏锥柄号
3.00	33	114	1	—	—	6.50	63	144	1	—	—
3.20	36	117				6.80	69	150			
3.50	39	120				7.00					
3.80	43	124				7.20					
4.00						7.50					
4.20						7.80	75	156			
4.50	47	128				8.00					
4.80	52	133				8.20					
5.00						8.50					
5.20						8.80	81	162			
5.50	57	138				9.00					
5.80						9.20					
6.00						9.50					
6.20	63	144				9.80	87	168			

续表

d h8	l	标准柄 l	标准柄 莫氏锥柄号	粗柄 l	粗柄 莫氏锥柄号
10.00	87	168	1	—	—
10.20					
10.50					
10.80	94	175			
11.00					
11.20					
11.50					
11.80					
12.00	101	182	1	199	2
12.20					
12.50					
12.80					
13.00					
13.20					
13.50	108	189		206	
13.80					
14.00					
14.25	114	212	2	—	—
14.50					
14.75					
15.00					
15.25	120	218			
15.50					
15.75					
16.00					
16.25	125	223			

d h8	l	标准柄 l	标准柄 莫氏锥柄号	粗柄 l	粗柄 莫氏锥柄号
16.50	125	223	2	—	—
16.75					
17.00					
17.25	130	228			
17.50					
17.75					
18.00					
18.25	135	233		256	3
18.50					
18.75					
19.00					
19.25	140	238		261	
19.50					
19.75					
20.00					
20.25	145	243		266	
20.50					
20.75					
21.00					
21.25	150	248		271	
21.50					
21.75					
22.00					
22.25					
22.50	155	253		276	
22.75					

续表

d h8	l	标准柄		粗柄		d h8	l	标准柄		粗柄	
		l	莫氏锥柄号	l	莫氏锥柄号			l	莫氏锥柄号	l	莫氏锥柄号
23.00	155	253	2	276	3	27.25	170	291	3	319	4
23.25		276	3	—	—	27.50					
23.50						27.75					
23.75	160	281				28.00					
24.00						28.25	175	296		324	
24.25						28.50					
24.50						28.75					
24.75						29.00					
25.00						29.25					
25.25	165	286				29.50					
25.50						29.75					
25.75						30.00					
26.00						30.25	180	301		329	
26.25						30.50					
26.50						30.75					
26.75	170	291		319	4	31.00					
27.00						31.25					

3.4.2 扩孔刀具

(1)扩孔钻及其特点（见表3-19）

表 3-19　扩孔钻及其特点

名称	简图	特点
扩孔钻	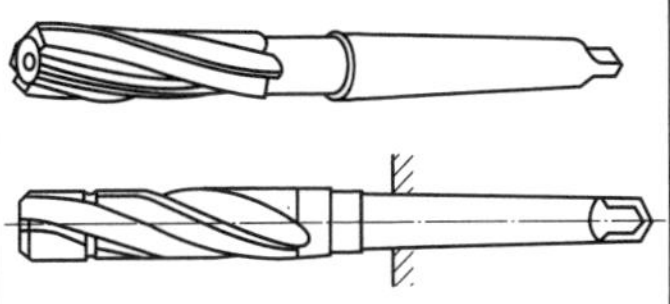	用来扩大孔径，提高孔的加工精度的工具，其外形和麻花钻类似，因其加工余量小，主刀刃短，容屑槽浅，钻心直径大，齿数比麻花钻多，故刚性好，加工后孔的精度可达IT10～IT11，粗糙度为Ra6.3～3.2。 直径10～32mm的扩孔钻做成整体，25～80mm的做成套装

加工中心上进行扩孔多采用扩孔钻，标准扩孔钻一般有 3～4 条主切削刃，切削部分的材料高速钢或硬质合金，结构形式有直柄、锥柄和套式等。

(2)扩孔钻型式和尺寸

1）直柄扩孔钻的型式和尺寸（见表 3-20、表 3-21）。

表 3-20　直柄扩孔钻的型式和尺寸（GB/T 4256—2004）　mm

示图	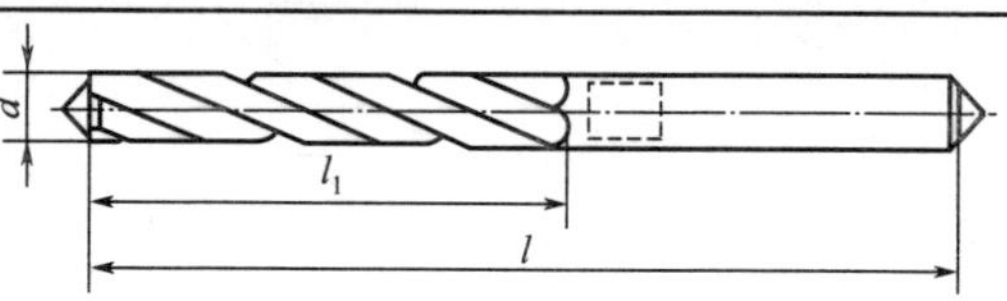					
优先采用的尺寸	d	l_1	l	d	l_1	l
	3.00	33	61	10.75	94	142
	3.30	36	65	11.00		
	3.50	39	70	11.75		
	3.80	43	75	12.00	101	151
	4.00			12.75		
	4.30	47	80	13.00		
	4.50			13.75	108	160
	4.80	52	86	14.00		
	5.00			14.75	114	169
	5.80	57	93	15.00		
	6.00			15.75	120	178
	6.80	59	109	16.00		
	7.00			16.75	125	184
	7.80	75	117	17.00		
	8.00			17.75	130	191
	8.80	81	125	18.00		
	9.00			18.70	135	198
	9.80	87	133	19.00		
	10.00			19.70	140	205

表 3-21　以直径范围分段的尺寸（GB/T 4256—2004）　　mm

直径范围 d		相应长度		直径范围 d		相应长度	
大于	至	l_1	l	大于	至	l_1	l
—	3.00	33	61	9.50	10.60	87	133
3.00	3.35	36	65	10.60	11.80	94	142
3.35	3.75	39	70	11.80	13.20	101	151
3.75	4.25	43	75	13.20	14.00	108	160
4.25	4.75	47	80	14.00	15.00	114	169
4.75	5.30	52	86	15.00	16.00	120	178
5.30	6.00	57	93	16.00	17.00	125	184
6.00	6.70	63	101	17.00	18.00	130	191
6.70	7.50	69	109	18.00	19.00	135	198
7.50	8.50	75	117	19.00	20.00	140	205
8.50	9.50	81	125				

2）莫氏锥柄扩孔钻的型式和尺寸（见表 3-22、表 3-23）。

表 3-22　莫氏锥柄扩孔钻的型式和尺寸（GB/T 4256—2004）　　mm

示图

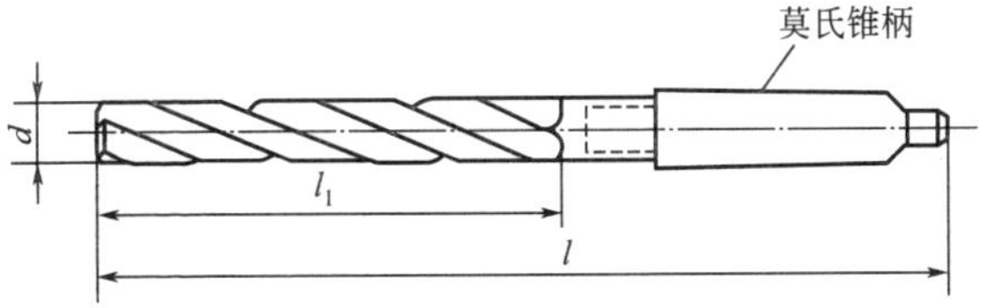

	d	l_1	l	莫氏锥柄号	d	l_1	l	莫氏锥柄号
优先采用的尺寸	7.80	75	156	1	11.00	94	175	1
	8.00				11.75			
	8.80	81	162		12.00	101	182	
	9.00				12.75			
	9.80	87	168		13.00			
	10.00				13.75	108	189	
	10.75	94	175		14.00			

续表

	d	l_1	l	莫氏锥柄号	d	l_1	l	莫氏锥柄号
优先采用的尺寸	14.75	114	212	2	29.70	175	296	3
	15.00				30.00			
	15.75	120	218		31.60	185	306	
	16.00				32.00	185	334	4
	16.75	125	223		33.60	190	339	
	17.00				34.00			
	17.75	130	228		34.60			
	18.00				35.00			
	18.70	135	233		35.60	195	344	
	19.00				36.00			
	19.70	140	238		37.60	200	349	
	20.00				38.00			
	20.70	145	243		39.60			
	21.00				40.00			
	21.70	150	248		41.60	205	354	
	22.00				42.00			
	22.70	155	253		43.60	210	359	
	23.00				44.00			
	23.70	160	281	3	44.60			
	24.00				45.00			
	24.70				45.60	215	364	
	25.00				46.00			
	25.70	165	286		47.60	220	369	
	26.00				48.00			
	27.70	170	201		49.60			
	28.00				50.00			

表 3-23　以直径范围分段的尺寸（GB/T 4256—2004）　mm

直径范围 d		相应长度			直径范围 d		相应长度		
大于	至	l_1	l	莫氏锥柄号	大于	至	l_1	l	莫氏锥柄号
7.50	8.50	75	156	1	23.02	23.60	155	276	3
8.50	9.50	81	162		23.60	25.00	160	281	
9.50	10.60	87	168		25.00	26.50	165	286	
10.60	11.80	94	175		26.50	28.00	170	291	
11.80	13.20	101	182		28.00	30.00	175	296	
13.20	14.00	108	189		30.00	31.50	180	301	
14.00	15.00	114	212	2	31.50	31.75	185	306	
15.00	16.00	120	218		31.75	33.50		334	4
16.00	17.00	125	223		33.50	35.50	190	339	
17.00	18.00	130	228		35.50	37.50	195	344	
18.00	19.00	135	233		37.50	40.00	200	349	
19.00	20.00	140	238		40.00	42.50	205	354	
20.00	21.20	145	243		42.50	45.00	210	359	
21.20	22.40	150	248		45.00	47.50	215	364	
22.40	23.02	155	253		47.50	50.00	220	369	

3）套式扩孔钻的型式和尺寸（见表 3-24）。

表 3-24　套式扩孔钻的型式和尺寸（GB/T 1142—2004）　mm

示图

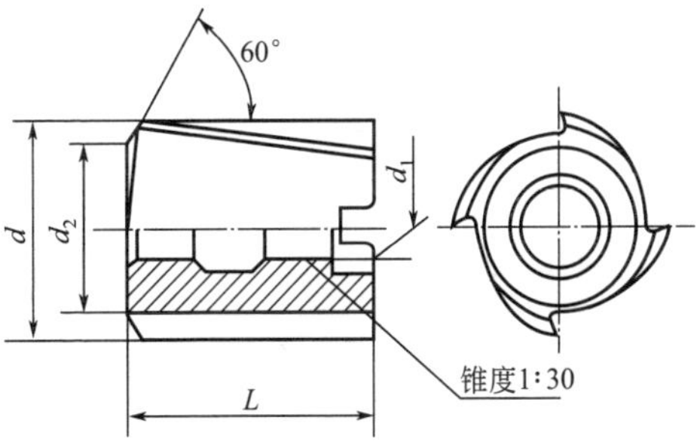

续表

	直径范围 d h8		d_1	d_2	L
	大于	至			
参数	23.6	35.5	13	d-5	45
	35.5	45	16	d-6	50
	45	53	19	d-8	56
	53	63	22	d-9	63
	63	75	27	d-11	71
	75	90	32	d-13	80
	90	101.6	40	d-15	90

3.4.3 镗孔刀具

(1)镗刀的种类及用途

镗刀用于加工各类不同直径的孔，特别是位置精度要求较高的孔和孔系，镗刀的类型按功能可分为粗镗刀、精镗刀；按切削刃数量可分为单刃镗刀、双刃镗刀和多刃镗刀；按工件加工表面可分为通孔镗刀、盲孔镗刀、阶梯孔镗刀和端面镗刀；按刀具结构可分为整体式、模块式、浮动式镗刀。

1）镗削工艺特点。如图 3-3、图 3-4 所示为各种类型的粗镗刀和精镗刀示意图，适合于各种类型孔的镗削加工。

2）镗刀的种类和应用见表 3-25。

表 3-25 加工中心常用镗刀的种类和用途

名称	镗刀示意图	选配方法	特点与用途
单刃粗镗刀	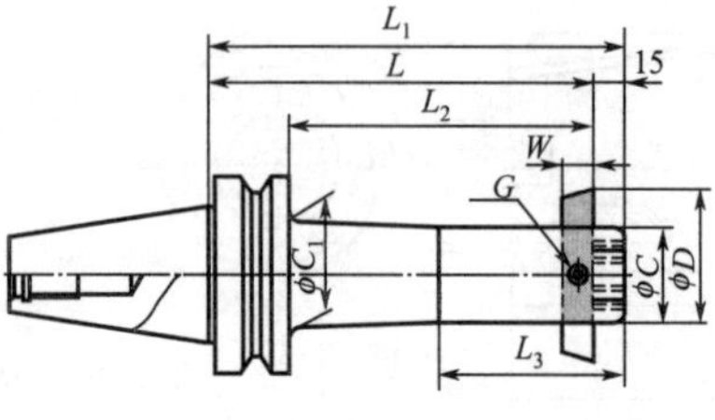	确认机床接口(选配刀柄形式)；确认工件结构、孔径、深度及材料等；根据孔径、孔深等选配刀杆；根据刀杆前端的方孔，选配镗刀头；根据刀片座、工件材料，选配刀片	45°粗镗刀加工通孔、盲孔用。90°粗镗刀加工通孔用，也可用于倒角，返镗

续表

名称	镗刀示意图	选配方法	特点与用途
单刃粗镗刀	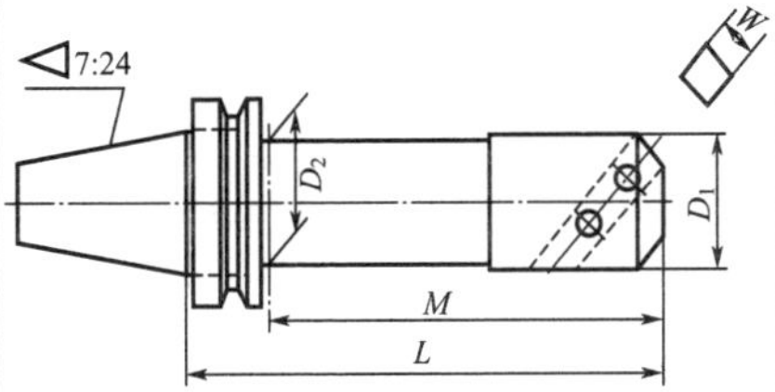	确认机床接口(选配刀柄形式);确认工件结构、孔径、深度及材料等;根据孔径、孔深等选配刀杆;根据刀杆前端的方孔,选配镗刀头;根据刀片座、工件材料,选配刀片	45°粗镗刀加工通孔、盲孔用。90°粗镗刀加工通孔用,也可用于倒角,返镗
双刃可调粗镗刀	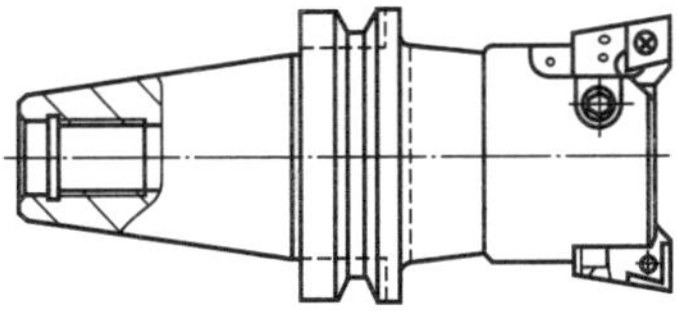	确认机床接口(选配刀柄形式);确认工件结构、孔径、深度及材料等;根据孔径、孔深等选配刀杆;根据孔径、结构等选配镗刀头;根据孔深(注意接口型号一致)选配刀柄和接杆;根据刀片座、工件材料选配刀片	加工直径从25~1250mm;C型刀片适合粗镗、重切及断续切削。T型刀片适合中粗镗,连续切削,适合高速高效率加工
微调镗刀	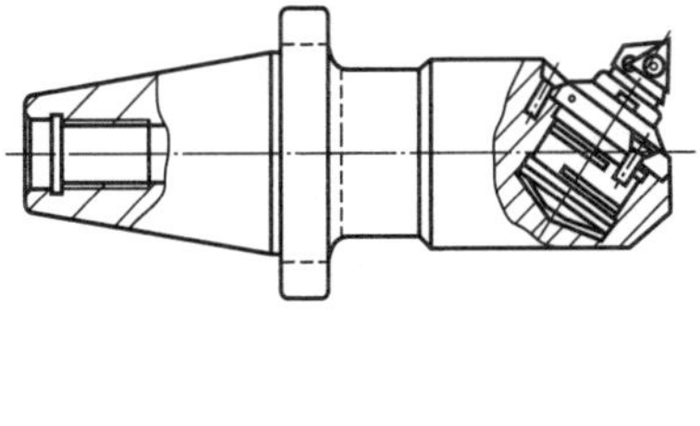	确认机床接口(选配刀柄形式);确认工件结构、孔径、深度及材料等;根据孔径、结构等选配镗刀头;根据刀片座、工件材料选配刀片	为了在孔加工中能获得更高的精度,这种精镗刀采用的是单刃形式,刃头带有微调结构,以获得更高的调整精度和调整效率

续表

名称	镗刀示意图	选配方法	特点与用途
精密镗刀	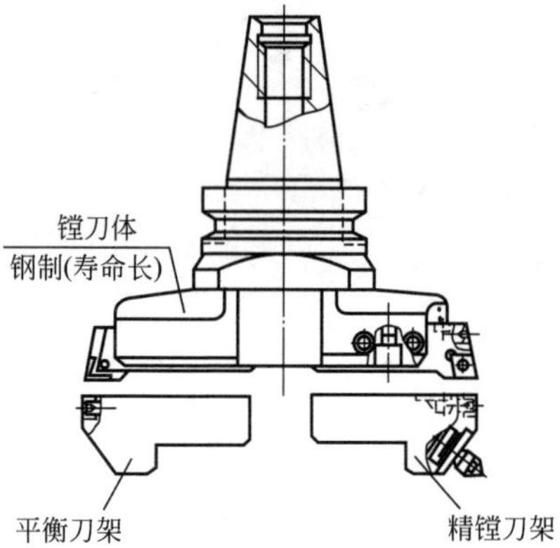	确认机床接口(选配刀柄形式);确认工件结构、孔径、深度及材料等;根据孔径、孔深等选配刀杆;根据孔径、结构等选配镗刀头;根据孔深(注意接口型号一致)选配刀柄和接杆;根据刀片座、工件材料选配刀片	图中的大直径的精密镗刀主要由镗刀体、平衡刀架、精镗刀架等组成,其主要特点是镗孔精度高、镗孔范围200～800mm
模块精镗刀	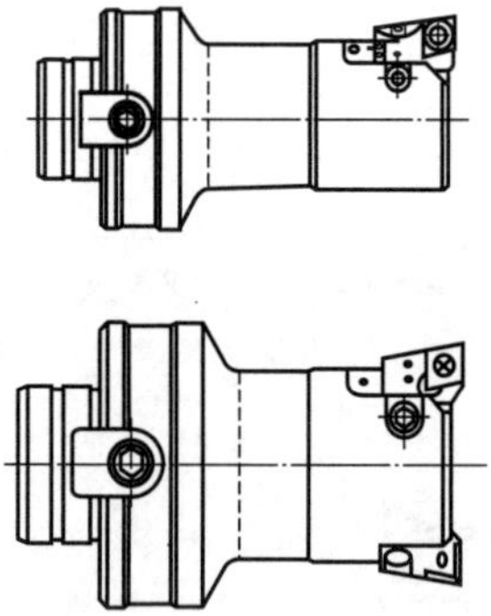	确认机床接口(选配刀柄形式);确认工件结构、孔径、深度及材料等;根据孔径、孔深等选配刀杆;根据孔径、结构等选配镗刀头;根据孔深(注意接口型号一致)选配刀柄和接杆;根据刀片座、工件材料选配刀片	模块式镗刀是将镗刀分为基础柄、延长器、减径器、镗杆、镗头、刀片座、刀片、倒角环等多个部分,然后根据具体的加工内容(粗镗、精镗;孔的直径、深度、形状;工件材料等)进行自由组合

续表

名称	镗刀示意图	选配方法	特点与用途
小径精镗刀	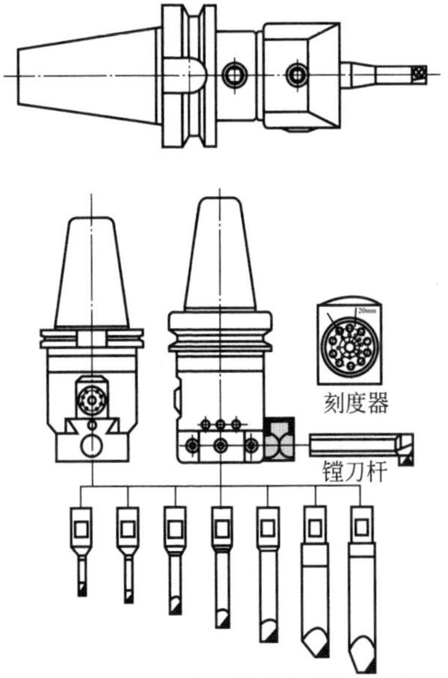	确认机床接口（选配刀柄形式）；确认工件结构、孔径、深度及材料等；选配镗刀调整头；根据孔径、结构、孔深等选配刀头、刀杆；选配钨钢刀杆套筒；选配刀柄（注意接口型号一致）；根据刀片座，工件材料选配刀片	通过更换不同的刀杆，可以加工 $\phi2\sim\phi50$ 的孔，可调范围大，所以成本较低；对于长径比较大的孔，可采用钨钢防震刀杆进行加工；对于 $\phi20$ 以上的孔，其刚性和稳定性不如模块式镗刀
内冷镗刀	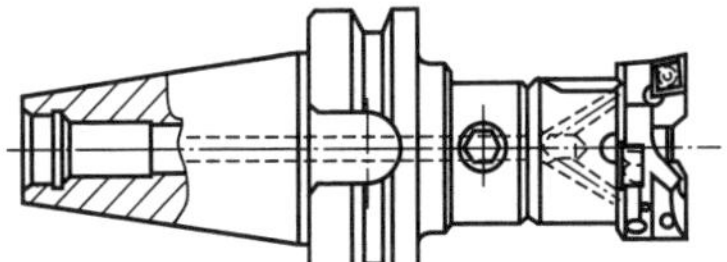 内冷双刀镗刀 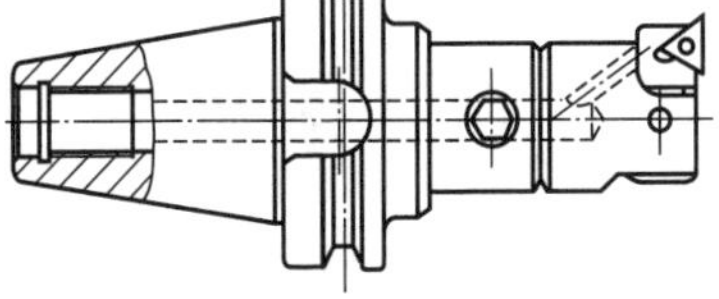 内冷精密镗刀	确认机床接口（选配刀柄形式）；确认工件结构、孔径、深度及材料等；根据孔径、孔深等选配刀杆；根据孔径、结构等选配镗刀头；根据孔深（注意接口型号一致）选配刀柄和接杆；根据刀片座、工件材料选配刀片	此刀具可以把冷却润滑剂尽可能输送到工件与刀具之间的加工部位，既能冷却刀具，又能改善排屑情况。采用内冷却方法可以显著提高镗削的加工效率及加工能力

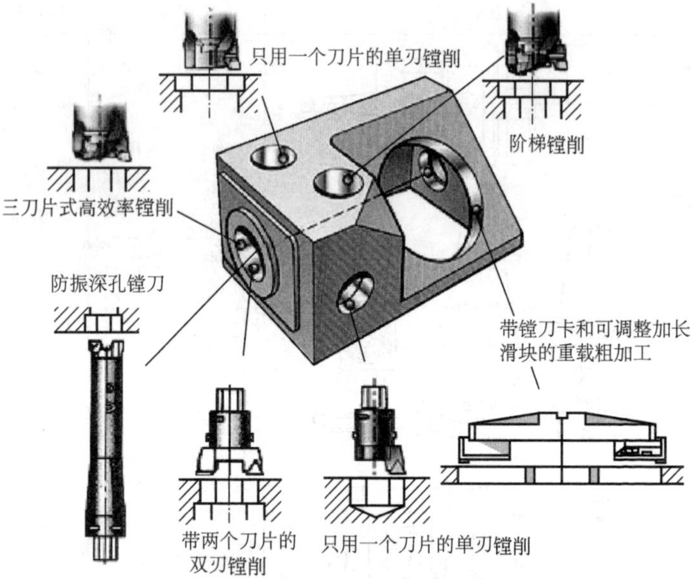

图 3-3　用粗镗刀镗削孔

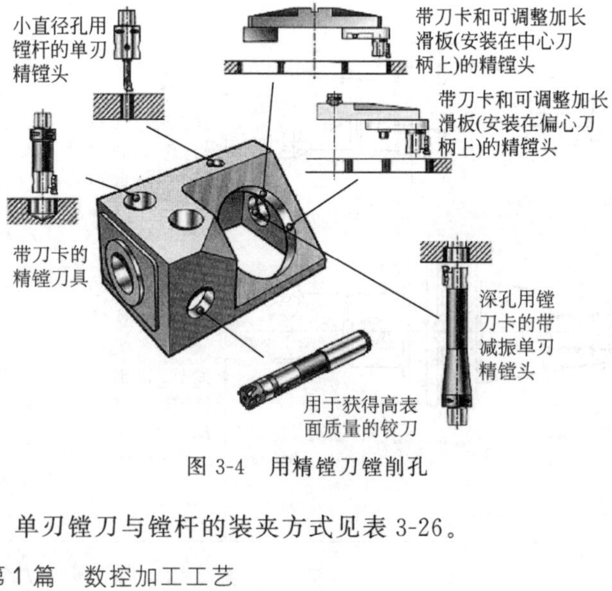

图 3-4　用精镗刀镗削孔

3）单刃镗刀与镗杆的装夹方式见表 3-26。

表 3-26　单刃镗刀装夹在镗杆上的方式

简图	说明
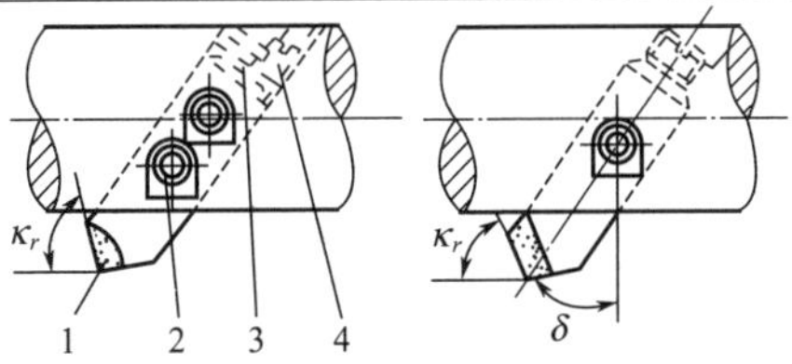 (a)　(b) 1—镶刀头；2—固定螺钉；3—镶块；4—调节螺钉	镗刀插在镗杆的槽内，通过螺钉 4 调节、螺钉 2 固定。调节比较方便，精度较高，适用于精镗
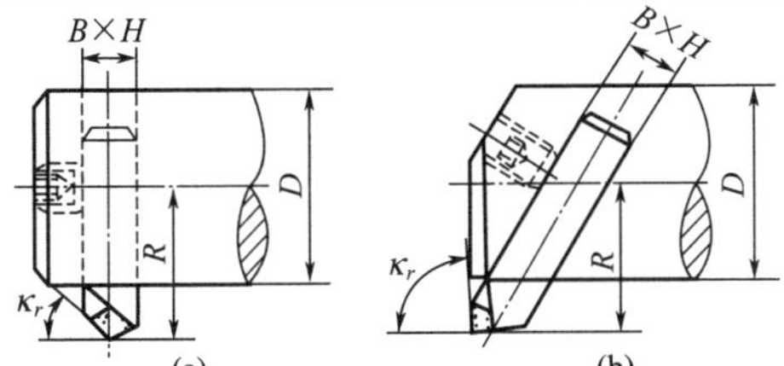 (a)　(b)	镗刀插在镗杆的槽内，通过螺钉调节和固定。结构比较简单，调节精度较低，适用粗镗与半精镗
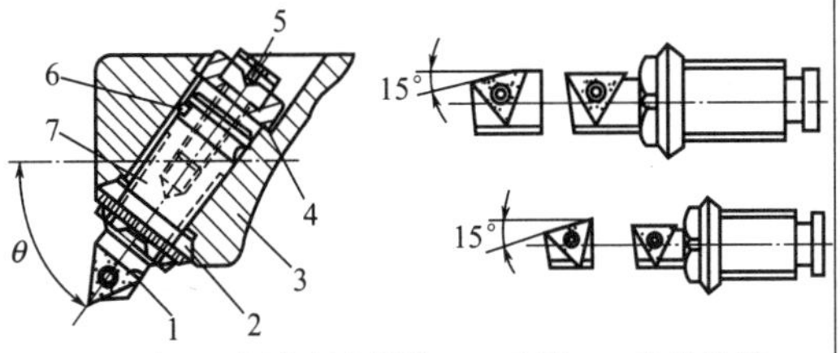 1—刀片；2—调节刻度螺母；3—刀杆；4—拉紧垫圈；5—内六角螺钉；6—导向螺钉；7—刀体	微调镗刀与镗杆螺纹连接，通过调节带刻度的螺母 2 调节镗刀尺寸、通过螺钉 5 固定镗刀。结构简单，精度较高（一般可达 H6），范围较广（因为刀体大小规格齐全），微调器每小格镗刀径向移动 0.01mm。适用于半精镗、精镗通孔和盲孔。 微调镗刀在镗杆上的安装角度通常采用直角型和倾斜型，倾斜角度 $\theta=53°8'$
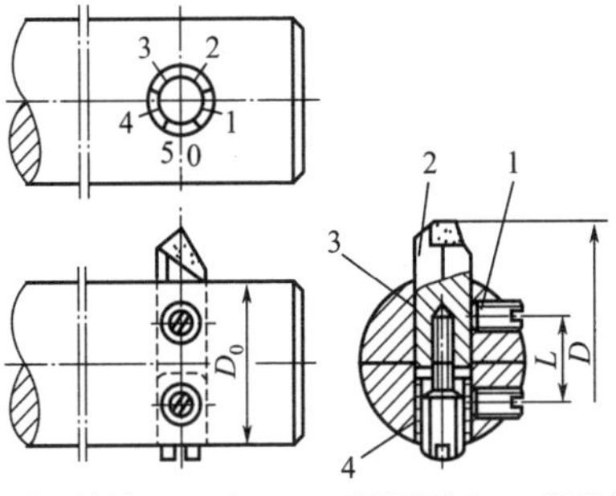 1—紧固螺钉；2—镗刀；3—调紧螺钉；4—定位块	差动调节镗刀与镗杆槽为过渡配合，通过螺钉 3 上不同螺距的螺纹与镗刀和定位块实现差动调节，通过螺钉 1 将镗刀和定位块固定在刀杆上。这种结构比较简单，孔径调节范围小，适用于精镗及半精镗。差动调节器每小格镗刀径向移动 0.005mm

续表

<table>
<tr><th>简图</th><th>说明</th></tr>
<tr><td>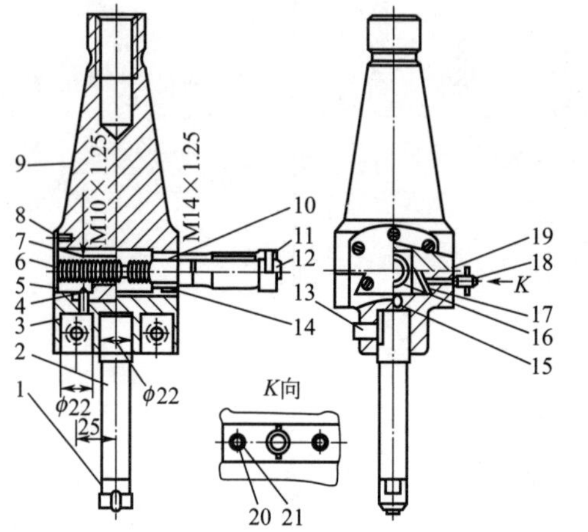

1,8,13～16,21—螺钉；2—刀柄；3—滑体；4—螺母座；
5—盖板；6—差动螺杆；7,20—螺母；9—滑座；10—螺母套筒；
11—套筒；12—销子；17—塞铁；18—调节螺钉；19—顶柱</td><td>精度高，镗排有足够刚性和强度，使用方便，镗孔直径为 10～120mm，微调行程为 5mm。差动微调器为每小格镗刀径向移动 0.05mm。
适用于半精镗及精镗</td></tr>
<tr><td>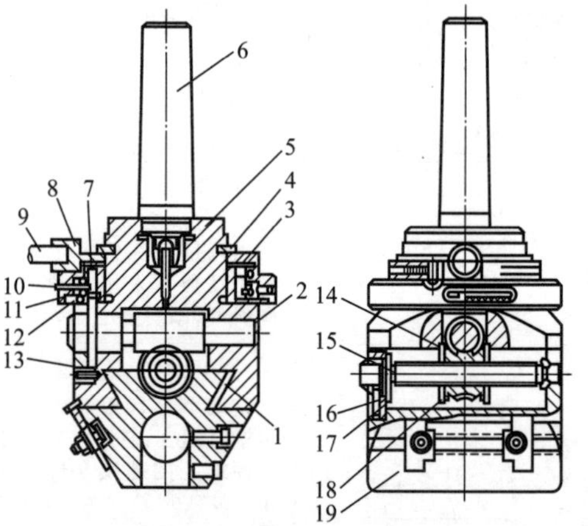
1—塞铁；2—蜗杆；3—制动环；4—弹簧片；5—上壳体；
6—莫氏锥柄；7,10—拔销；8—上凸轮片；
9—凸轮片；11,12—环；13—盖板；
14—蜗轮；15—丝杠</td><td>横向微动镗头能作变速横向自动进给运动，并有进给运动限位器，圆柱表面直径为 ϕ5～ϕ200，平面加工自动进给宽度为 0～40mm，粗调尺寸为 2mm/r，微调尺寸为 0.025mm/格，平面自动进给为 0.01、0.02、0.03、0.04、0.05、0.06mm/r，工作精度平面与轴线垂直度不大于 0.01mm。
适用于半精镗，精镗内外圆柱表面、平面、内槽及圆锥孔等</td></tr>
</table>

4）单刃镗刀的规格见表 3-27～表 3-29。

表 3-27 单刃镗刀刀杆尺寸 mm

简图

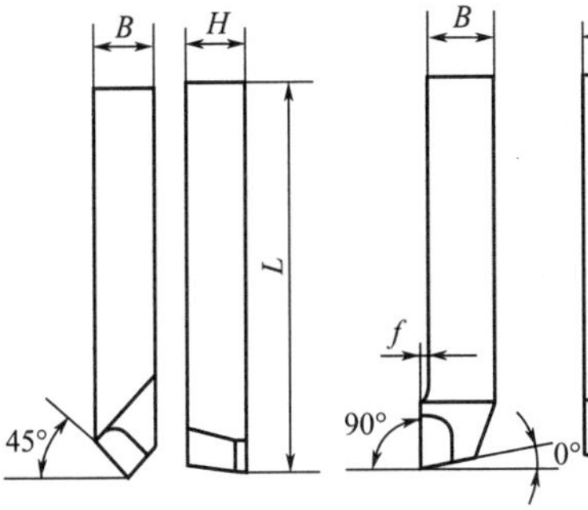

参数

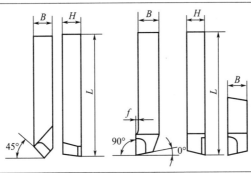

$B\times H$	L	f
8×8	25～40	2
10×10	30～50	
12×12	50～70	
16×16	70～90	4
20×20	80～100	

表 3-28 机夹单刃镗刀的系列尺寸 mm

简图

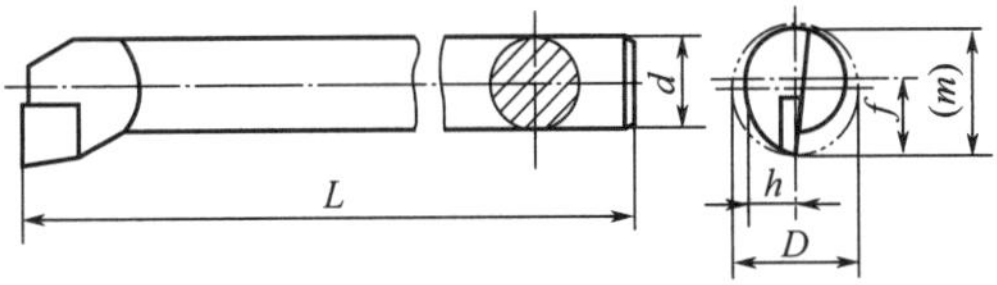

参数

杆部直径 d(g7)		8	10	12	16	20	25	32	40	50	60
总长 L	优选系列	80	100	125	150	180	200	250	300	350	400
	第二系列	100	125	150	200	250	300	350	400	450	500
尺寸 $f_{-0.25}^{0}$		6	7	9	11	13	17	22	27	35	43
最小镗孔直径 D		11	13	16	20	25	32	40	50	63	80

表 3-29 机夹单刃镗刀 mm

简图

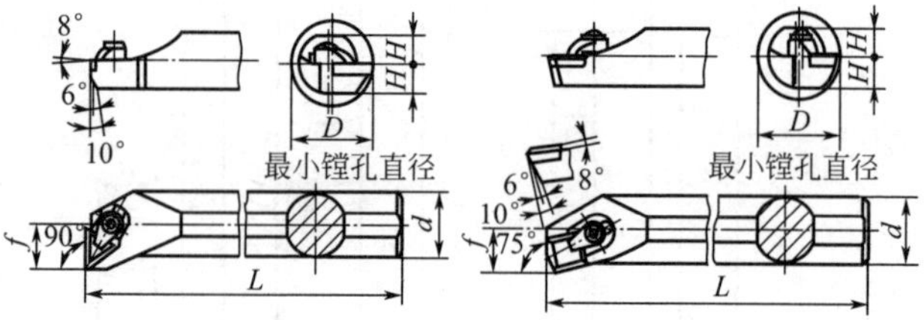

参数

d	L	f	H	D 最小镗孔直径	刀片内切圆直径	
					三角形刀片	四方形刀片
16	200	11	7	20	6.35	9.525
20	250	13	9	25		
25	300	17	11	32	9.525	12.70
32	350	22	14	40		

5）双刃镗刀及浮动镗刀块。双刃镗刀分整体镗刀块和可调镗刀两大类。整体镗刀块与镗杆有固定和浮动两种装夹形式，见表 3-30。整体镗刀块固定安装在镗杆时，两切削刃与镗杆中心线的对称度主要取决于镗刀块的制造、刃磨精度。

表 3-30 双刃镗刀及浮动镗刀块装夹方式

镗刀名称	示图	装夹方式及应用
固定式双刃镗刀	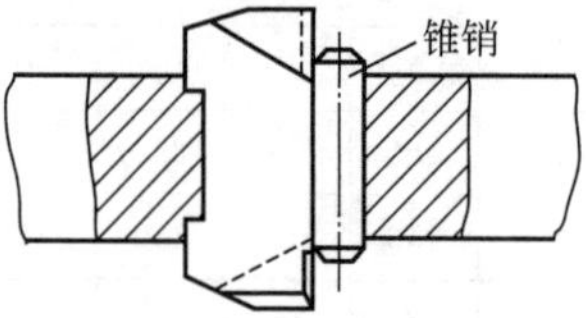	固定式双刃镗刀工作时，镗刀块可通过斜楔、锥销或螺钉装夹在镗杆上，镗刀块相对于轴线的位置偏差会造成孔径误差。固定式双刃镗刀是定尺寸刀具，适用于粗镗或半精镗直径较大的孔

镗刀名称	示图	装夹方式及应用
可调双刃镗刀	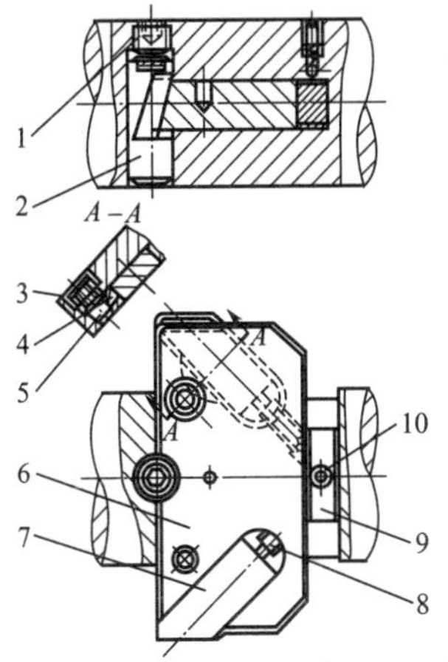 1,5,8,10—螺钉;2—楔销;3—螺母;4—滑块;6—镗刀块;7—镗刀;9—垫块	可调双刃镗刀块6插在镗杆槽内,拧紧螺钉1通过楔销2、垫块9将刀块顶紧固定在镗杆上,如图所示。刀刃调节时,将螺钉1松开,取出垫块9,松开螺母3,通过螺钉8,调节镗刀7在刀块6槽中的位置,调好后,拧紧螺母3,通过螺钉5的圆锥体,推动滑块4将镗刀7夹紧在镗刀块6的槽中。这种镗刀块的镗杆直径不宜小于35mm,可用于半精加工和精加工
可调节浮动镗刀块	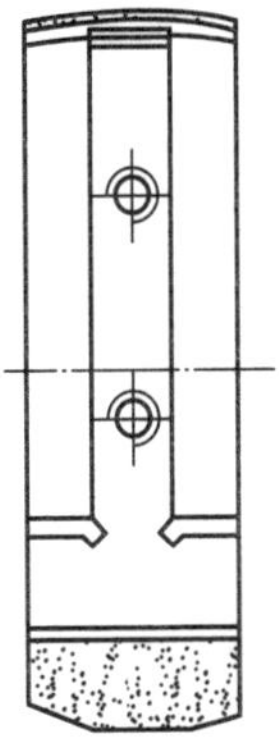 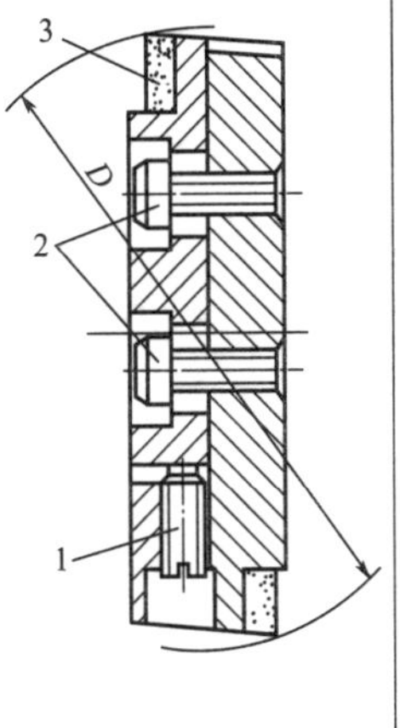	可调节浮动镗刀块,调节时,先松开螺钉2,转动螺钉1,改变刀片的径向位置至两切削刃之间尺寸等于所要加工孔径尺寸,最后拧紧螺钉2。工作时,镗刀块在镗杆的径向槽中不紧固,能在径向自由滑动,刀块在切削力的作用下保持平衡对中,可以减少镗刀块安装误差及镗杆径向跳动所引起的加工误差,获得较高的加工精度。但它不能校正原有孔轴线偏斜或位置误差,其使用应在单刃镗之后进行。浮动镗削适于精加工批量较大、孔径较大的孔

6)整体定装镗刀块、浮动镗刀块规格系列见表3-31、表3-32。

表 3-31　整体定装镗刀块　　　　mm

简图

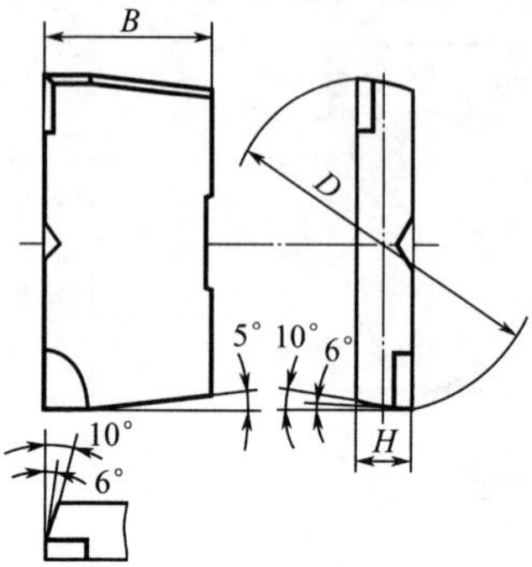

参数

<table>
<tr><th>公称直径 D</th><th>B</th><th>H</th><th>公称直径 D</th><th>B</th><th>H</th></tr>
<tr><td>25～30</td><td rowspan="3">20</td><td rowspan="3">8</td><td>100～105</td><td rowspan="3">35</td><td rowspan="3">12</td></tr>
<tr><td>30～35</td><td>105～110</td></tr>
<tr><td>35～40</td><td>110～115</td></tr>
<tr><td>40～45</td><td rowspan="2">30</td><td rowspan="2">10</td><td>115～120</td><td rowspan="13">35</td><td rowspan="13">14</td></tr>
<tr><td>45～50</td><td>120～125</td></tr>
<tr><td>50～55</td><td>35</td><td>12</td><td>125～130</td></tr>
<tr><td>55～60</td><td rowspan="2">30</td><td rowspan="2">10</td><td>130～135</td></tr>
<tr><td>60～65</td><td>135～140</td></tr>
<tr><td>65～70</td><td rowspan="7">35</td><td rowspan="7">12</td><td>140～145</td></tr>
<tr><td>70～75</td><td>145～150</td></tr>
<tr><td>75～80</td><td>150～155</td></tr>
<tr><td>80～85</td><td>155～160</td></tr>
<tr><td>85～90</td><td>160～165</td></tr>
<tr><td>90～95</td><td>165～170</td></tr>
<tr><td>95～100</td><td>170～175</td></tr>
</table>

表 3-32　浮动镗刀块　　mm

简图

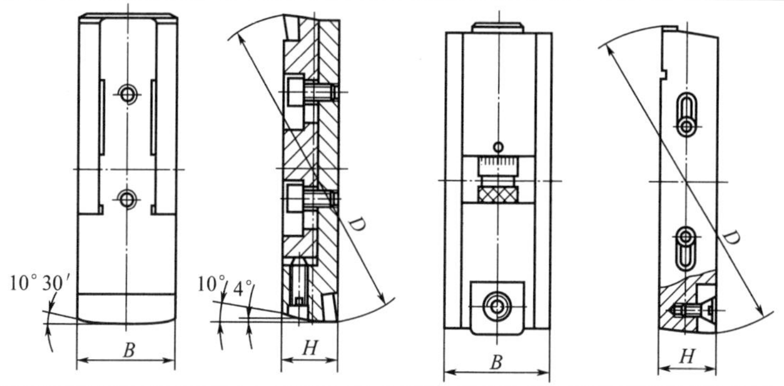

参数

公称直径 D	直径调节范围	B	H	公称直径 D	直径调节范围	B	H
20	20～22	20	8	80	80～90	30	16
22	22～24			90	90～100		
24	24～27			100	100～110		
27	27～30			110	110～120		
30	30～33			120	120～135		
33	33～36			135	135～150		
36	36～40	25	12	150	150～170		
40	40～45			170	170～190	35	20
45	45～50			190	190～210	40	25
50	50～55			210	210～230		
55	55～60			230	230～250		
60	60～65			250	250～270		
65	65～70	30	16	270	270～300	45	30
70	70～80			300	300～330		

(2)镗铣类模块式 TMG21 工具系统的型式和尺寸

1）术语和定义见表 3-33。

表 3-33　术语和定义

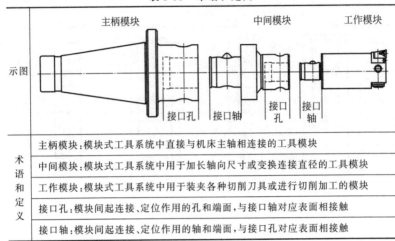

示图

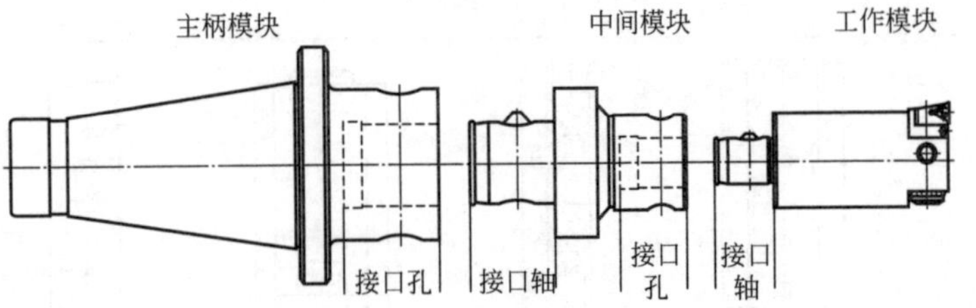

术语和定义	主柄模块:模块式工具系统中直接与机床主轴相连接的工具模块
	中间模块:模块式工具系统中用于加长轴向尺寸或变换连接直径的工具模块
	工作模块:模块式工具系统中用于装夹各种切削刀具或进行切削加工的模块
	接口孔:模块间起连接、定位作用的孔和端面,与接口轴对应表面相接触
	接口轴:模块间起连接、定位作用的轴和端面,与接口孔对应表面相接触

2) TMG21 接口的型式尺寸见表 3-34。

表 3-34　TMG21 接口的型式尺寸（GB/T 25668.2—2010）　mm

示图

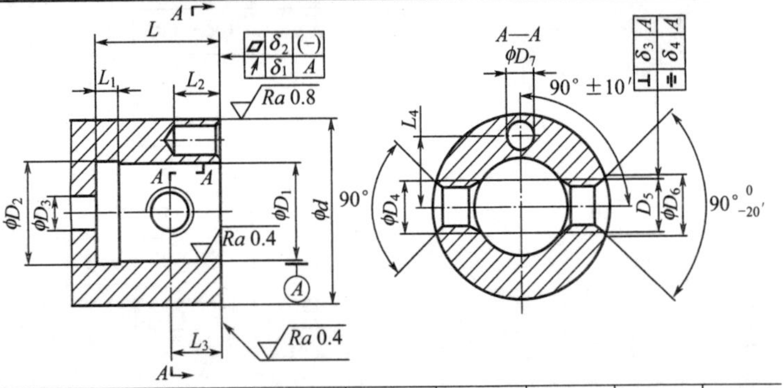

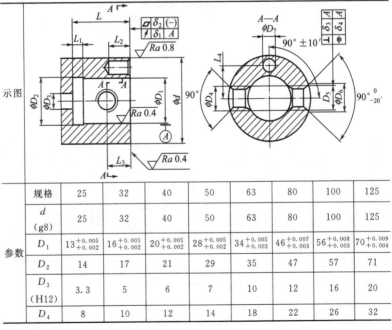

参数								
规格	25	32	40	50	63	80	100	125
d (g8)	25	32	40	50	63	80	100	125
D_1	$13^{+0.005}_{+0.002}$	$16^{+0.005}_{+0.002}$	$20^{+0.005}_{+0.002}$	$28^{+0.005}_{+0.002}$	$34^{+0.005}_{+0.003}$	$46^{+0.007}_{+0.003}$	$56^{+0.008}_{+0.003}$	$70^{+0.009}_{+0.004}$
D_2	14	17	21	29	35	47	57	71
D_3 (H12)	3.3	5	6	7	10	12	16	20
D_4	8	10	12	14	18	22	26	32

续表

	规格	25	32	40	50	63	80	100	125
参数	D_5	M6×0.75	M8×1	M10×1.25	M12×1.5	M16×1.5	M20×2	M24×2	M30×2
	D_6	8.3	10.4	13.4	16.5	20.5	26	31	40
	D_7	作为主柄内冷却孔由各生产厂家自行设计，作为中间模块内冷却孔根据接口轴的 D_3 尺寸设计							
	L	24	27	31	36	43	48	60	76
	L_1	6	7	8	8	8	8	8	10
	L_2	4	7	9	10	12	14	18	25
	$L_3 \pm 0.05$	8.3	10.3	11.3	13.3	17.4	20.4	24.4	30.5
	L_4(JS12)	9.5	12	15	19.5	24.3	31	39	48.5
	δ_1	0.0025	0.003	0.003	0.003	0.004	0.004	0.004	0.005
	δ_2	0.003	0.004	0.004	0.005	0.005	0.006	0.006	0.008
	δ_3	ϕ0.03	ϕ0.04	ϕ0.04	ϕ0.05	ϕ0.05	ϕ0.06	ϕ0.06	ϕ0.08
	δ_4	0.05	0.06	0.06	0.06	0.08	0.08	0.08	0.10

3）接口轴的型式尺寸见表 3-35。

表 3-35　接口轴的型式尺寸（GB/T 25668.2—2010）　　mm

示图	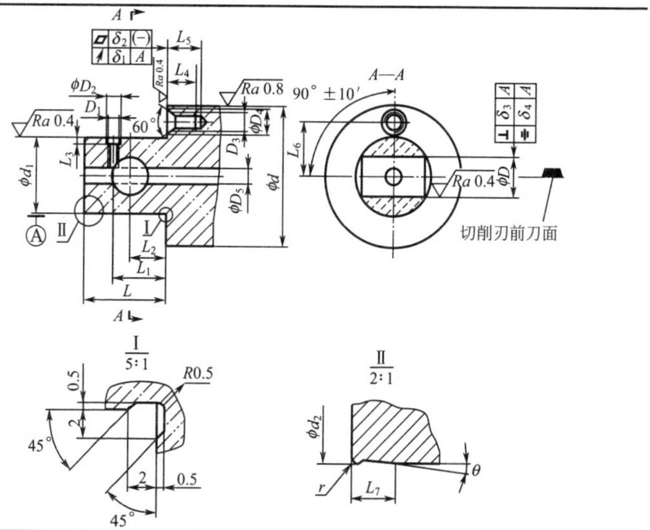

续表

	规格	25	32	40	50	63	80	100	125
参数	d (g8)	25	32	40	50	63	80	100	125
	d_1	$13_{-0.004}^{-0.003}$	$16_{-0.004}^{-0.002}$	$20_{-0.004}^{-0.003}$	$28_{-0.004}^{-0.002}$	$34_{-0.005}^{-0.002}$	$46_{-0.004}^{-0.003}$	$56_{-0.004}^{-0.003}$	$70_{-0.002}^{-0.003}$
	d_2 (f9)	13	16	20	28	34	46	56	70
	D (H8)	7	9	11	13	17	21	25	32
	D_1	M2.5-6H	M2.5-6H	M4-6H	M4-6H	M5-6H	M5-6H	M5-6H	M6-6H
	D_2	3.5	3.5	5	5	6	6	6	7
	D_3	M2.5-6H	M4-6H	M4-6H	M5-6H	M8-6H	M10-6H	M14-6H	M16-6H
	D_4	3.3	5.0	6.0	7.0	10.3	12.5	16.0	20.0
	D_5	4.1	6.1	6.1	7.0	7.0	8.1	14	14
	L	20	23	26	31	38	43	55	70
	L_1 (js12)	11.3	14.1	16	18.8	24.8	20	24	30
	L_2	$8_{-0.03}^{0}$	$10_{-0.04}^{0}$	$11_{-0.06}^{0}$	$13_{-0.06}^{0}$	$17_{-0.08}^{0}$	$20_{-0.08}^{0}$	$24_{-0.08}^{0}$	$30_{-0.10}^{0}$
	L_3	1	1.5	1.5	2	2.5	4	5	6
	L_4	5	7	9.3	11.5	12	16	18	22
	L_5	7	9.5	10.2	15	16	20	22	26
	L_6 (js12)	9.5	12.0	15.0	19.5	24.3	31	39	48.5
	L_7	3.7	4.5	5.5	6.8	7.5	8	12	16
	r	$R0.6$	$R1$	$R1$	$R1$	$R1$	$R1$	$R1.5$	$R1.5$
	δ_1	0.0025	0.003	0.003	0.003	0.004	0.004	0.004	0.005
	δ_2	0.003	0.004	0.004	0.005	0.005	0.006	0.006	0.008
	δ_3	$\phi0.025$	$\phi0.025$	$\phi0.03$	$\phi0.04$	$\phi0.04$	$\phi0.05$	$\phi0.05$	$\phi0.06$
	δ_4	0.04	0.04	0.05	0.05	0.06	0.06	0.08	0.08
	θ	10°	10°	10°	10°	10°	10°	7°	7°

4）主柄模块的型式尺寸见表3-36。

表 3-36　主柄模块的型式尺寸（GB/T 25668.2—2010）　mm

示图	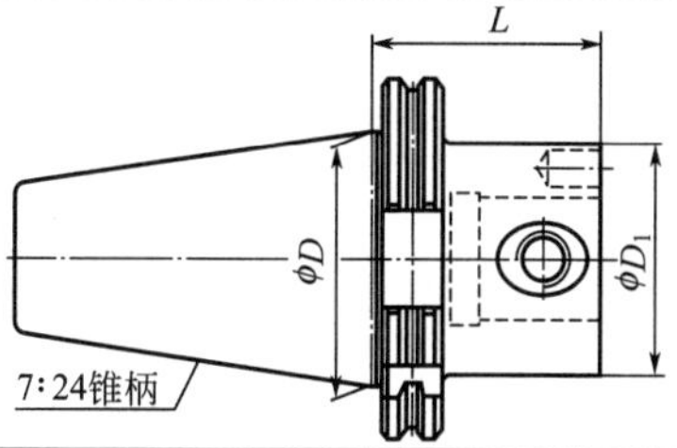					
参数	柄部型式	型号规格		D	D_1	工作长度 L(参考)
		基本型号	工作长度			
	ISO 7388—1:2007	21A. A40. 25-	50～220	44.45	25	50～220
		21A. A40. 32-			32	
		21A. A40. 40-			40	
		21A. A40. 50-			50	
		21A. A40. 63-			63	
		21A. A50. 32-		69.85	32	
		21A. A50. 40-			40	
		21A. A50. 50-			50	
		21A. A50. 63-			63	
		21A. A50. 80-			80	
		21A. A50. 100-			100	
		21A. A50. 125-			125	
	主柄模块与主轴端面键相配的键槽方向与 TMG21 接口孔处内、外锥端螺钉孔中心线平行					

5）中间模块的型式尺寸。

① 等径中间模块见表 3-37。

表 3-37　等径中间模块的型式尺寸（GB/T 25668.2—2010）mm

示图	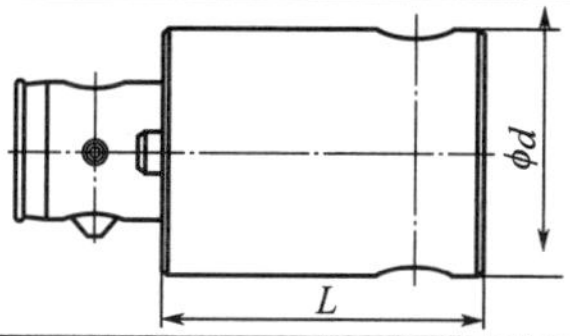

续表

	型号		d	工作长度 L（参考）
	基本型号	工作长度		
参数	21B. 25/25-	45～200	25	45～200
	21B. 32/32-		32	
	21B. 40/40-		40	
	21B. 50/50-		50	
	21B. 63/63-		63	
	21B. 80/80-		80	
	21B. 100/100-		100	
	21B. 125/125-		125	

② 变径中间模块的型式尺寸见表 3-38。

表 3-38　变径中间模块的型式尺寸（GB/T 25668. 2—2010）　mm

示图

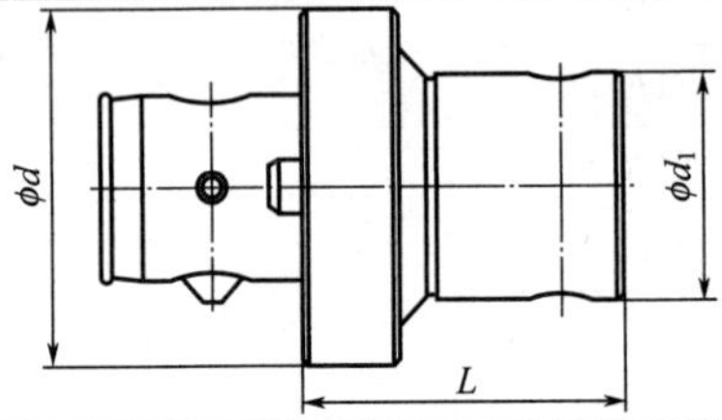

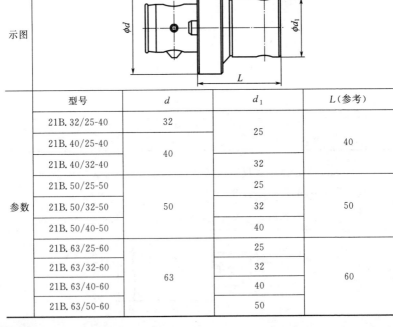

	型号	d	d_1	L（参考）
参数	21B. 32/25-40	32	25	40
	21B. 40/25-40	40		
	21B. 40/32-40		32	
	21B. 50/25-50	50	25	50
	21B. 50/32-50		32	
	21B. 50/40-50		40	
	21B. 63/25-60	63	25	60
	21B. 63/32-60		32	
	21B. 63/40-60		40	
	21B. 63/50-60		50	

续表

	型号	d	d_1	L(参考)
参数	21B. 80/32-60	80	32	60
	21B. 80/40-60		40	
	21B. 80/50-60		50	
	21B. 80/63-60		63	
	21B. 100/40-80	100	40	80
	21B. 100/50-80		50	
	21B. 100/63-80		63	
	21B. 100/80-80		80	
	21B. 125/40-100	125	40	100
	21B. 125/50-100		50	
	21B. 125/63-100		63	
	21B. 125/80-100		80	
	21B. 125/100-100		100	

6）工作模块的型式和尺寸。

① 弹簧夹头模块见表 3-39。

表 3-39　按 ISO 15488：2003 的带有 80 半锥角的弹簧夹头模块的型式和尺寸

mm

示图

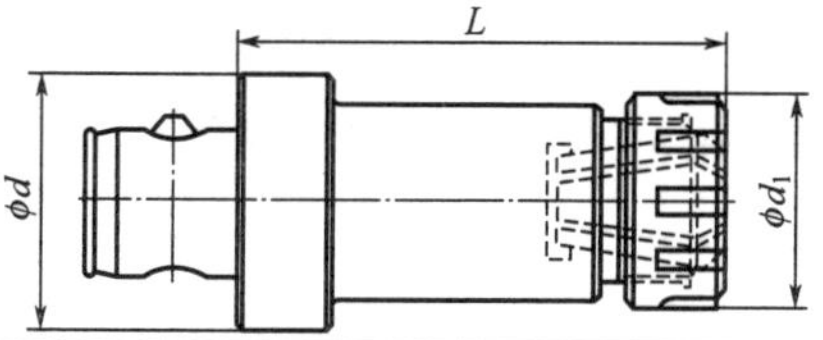

	型号		d	d_1	工作长度 L（参考）
	基本型号	工作长度			
参数	21C. 25-ER11-	40～160	25	19	40～160
	21C. 25-ER16-			32	
	21C. 32-ER11-		32	19	
	21C. 32-ER16-			32	
	21C. 32-ER20-			35	

续表

	型号		d	d_1	工作长度 L（参考）
	基本型号	工作长度			
参数	21C.40-ER11-	40～160	40	19	40～160
	21C.40-ER16-			32	
	21C.40-ER20-			35	
	21C.40-ER25-			42	
	21C.50-ER11-		50	19	
	21C.50-ER16-			32	
	21C.50-ER20-			35	
	21C.50-ER25-			42	
	21C.50-ER32-			50	
	21C.63-ER11-		63	19	
	21C.63-ER16-			32	
	21C.63-ER20-			35	
	21C.63-ER25-			42	
	21C.63-ER32-			50	
	21C.63-ER40-			63	

② 有扁尾莫氏圆锥孔模块见表 3-40。

表 3-40 有扁尾莫氏圆锥孔模块的型式和尺寸（GB/T 25668.2—2010）

mm

示图	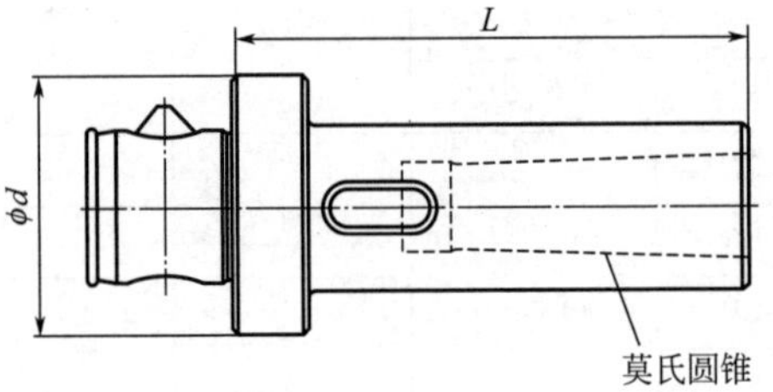

续表

<table>
<tr><td rowspan="17">参数</td><td>型号</td><td>d</td><td>工作长度 L(参考)</td><td>莫氏圆锥号</td></tr>
<tr><td>21C.32-M1-100</td><td>32</td><td>100</td><td>M1</td></tr>
<tr><td>21C.40-M2-110</td><td rowspan="2">40</td><td>110</td><td>M2</td></tr>
<tr><td>21C.40-M3-135</td><td>135</td><td>M3</td></tr>
<tr><td>21C.50-M2-110</td><td rowspan="3">50</td><td>110</td><td>M2</td></tr>
<tr><td>21C.50-M3-135</td><td>135</td><td>M3</td></tr>
<tr><td>21C.50-M4-160</td><td>160</td><td>M4</td></tr>
<tr><td>21C.63-M2-110</td><td rowspan="4">63</td><td>110</td><td>M2</td></tr>
<tr><td>21C.63-M3-135</td><td>135</td><td>M3</td></tr>
<tr><td>21C.63-M4-160</td><td>160</td><td>M4</td></tr>
<tr><td>21C.63-M5-190</td><td>190</td><td>M5</td></tr>
<tr><td>21C.80-M4-160</td><td rowspan="3">80</td><td>160</td><td>M4</td></tr>
<tr><td>21C.80-M5-190</td><td>190</td><td>M5</td></tr>
<tr><td>21C.80-M6-250</td><td>250</td><td>M6</td></tr>
<tr><td>21C.100-M5-190</td><td rowspan="2">100</td><td>190</td><td>M5</td></tr>
<tr><td>21C.100-M6-250</td><td rowspan="2">250</td><td rowspan="2">M6</td></tr>
<tr><td>21C.125-M6-250</td><td>125</td></tr>
</table>

③ Ⅰ型丝锥夹头模块见表 3-41。

表 3-41　Ⅰ型丝锥夹头模块的型式和尺寸 (GB/T 25668.2—2010)

mm

<table>
<tr><td>示图</td><td colspan="4">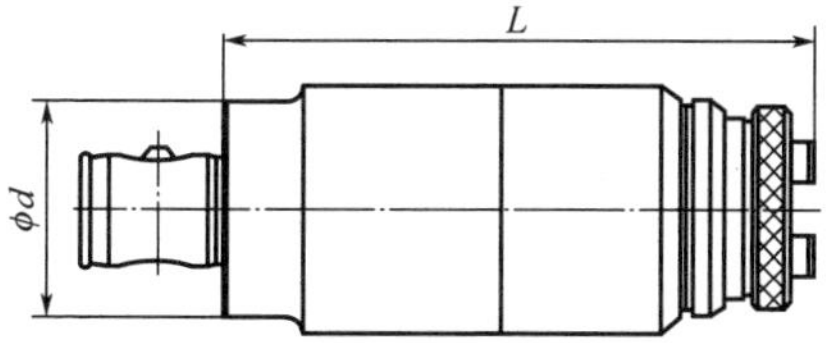
</td></tr>
<tr><td rowspan="3">参数</td><td>型号</td><td>d</td><td>L</td><td>攻丝范围</td></tr>
<tr><td>21C.40-GⅠ3-110</td><td>40</td><td>110</td><td>M3～M12</td></tr>
<tr><td>21C.50-GⅠ12-135</td><td>50</td><td>135</td><td>M12～M24</td></tr>
</table>

④ 装削平型直柄刀具模块见表 3-42。

表 3-42　按 GB/T 6133.1—2006 装削平型直柄刀具模块的型式和尺寸

mm

示图

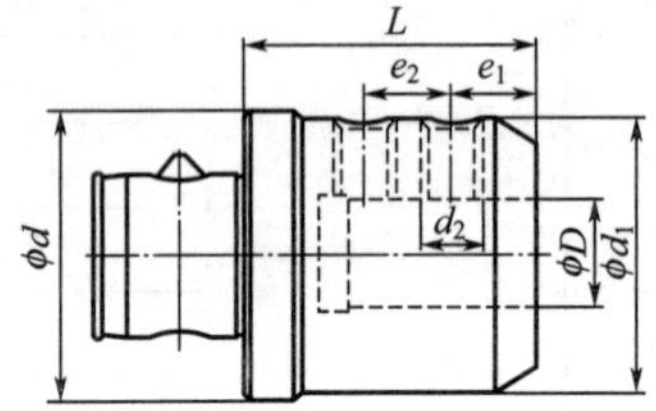

参数	型号	d	D 基本尺寸	D 极限偏差(H5)	d_1	d_2	e_1	e_2	L(参考)
	21C.50-XP6-45	50	6	$^{+0.005}_{0}$	25	M6	18	—	45
	21C.50-XP8-45		8	$^{+0.006}_{0}$	28	M8			
	21C.50-XP10-55		10		35	M10	20		55
	21C.50-XP12-65		12	$^{+0.008}_{0}$	42	M12	22.5		65
	21C.50-XP16-65		16		48	M14	24		
	21C.50-XP20-65		20	$^{+0.009}_{0}$	52	M16	25		
	21C.50-XP25-75		25		65	M18×2	24	25	75
	21C.63-XP10-55	63	10	$^{+0.006}_{0}$	35	M10	20	—	55
	21C.63-XP12-65		12	$^{+0.008}_{0}$	42	M12	22.5		65
	21C.63-XP16-65		16		48	M14	24		
	21C.63-XP20-65		20	$^{+0.009}_{0}$	52	M16	25		
	21C.63-XP25-75		25		65	M18×2	24	25	75
	21C.63-XP32-80		32	$^{+0.011}_{0}$	72	M20×2	24	28	80
	21C.80-XP16-65	80	16	$^{+0.008}_{0}$	48	M14	24	—	65
	21C.80-XP20-65		20	$^{+0.009}_{0}$	52	M16	25		
	21C.80-XP25-75		25		65	M18×2	24	25	75
	21C.80-XP32-80		32	$^{+0.011}_{0}$	72	M20×2	24	28	80

⑤ 装 2°削平型直柄刀具夹头模块的型式和尺寸见表 3-43。

表 3-43　装 2°削平型直柄刀具夹头模块的型式和尺寸（GB/T 25668.2—2010）

mm

示图

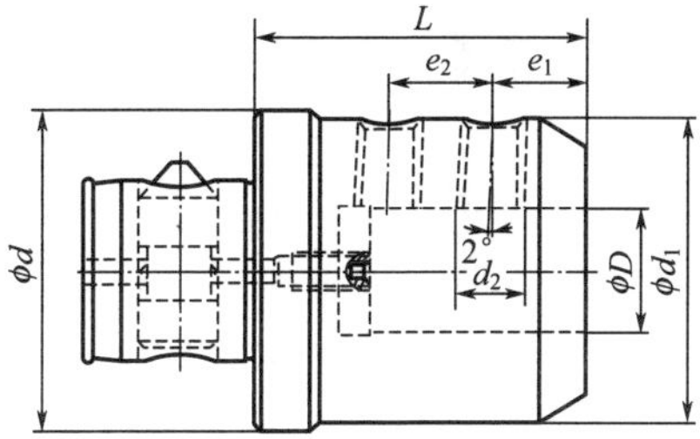

	型号	d	D 基本尺寸	D 极限偏差(H5)	d_1	d_2	e_1	e_2	L(参考)
参数	21C.50-XPD6-55	50	6	+0.005 0	25	M6	18	—	55
	21C.50-XPD8-55		8	+0.006 0	28	M8			
	21C.50-XPD10-60		10		35	M10	20		60
	21C.50-XPD12-65		12	+0.008 0	42	M12	22.5		65
	21C.50-XPD16-70		16		48	M14	24		70
	21C.50-XPD20-75		20	+0.009 0	52	M16	25		75
	21C.63-XPD10-60	63	10	+0.006 0	35	M10	20		60
	21C.63-XPD12-65		12	+0.008 0	42	M12	22.5		65
	21C.63-XPD16-70		16		48	M14	24		70
	21C.63-XPD20-75		20	+0.009 0	52	M16	25		75
	21C.63-XPD25-80		25		65	M18×2	24	22	80
	21C.80-XPD16-70	80	16	+0.008 0	48	M14	24	—	70
	21C.80-XPD20-75		20	+0.009 0	52	M16	25		75
	21C.80-XPD25-80		25		65	M18×2	24	22	80
	21C.80-XPD32-90		32	+0.011 0	72	M20×2		24	90

⑥ 装可转位面铣刀（按 GB/T 5342.1—2006）的模块见表 3-44。

表 3-44　装 A、B 类可转位面铣刀的型式和尺寸（GB/T 25668.2—2010）

mm

示图

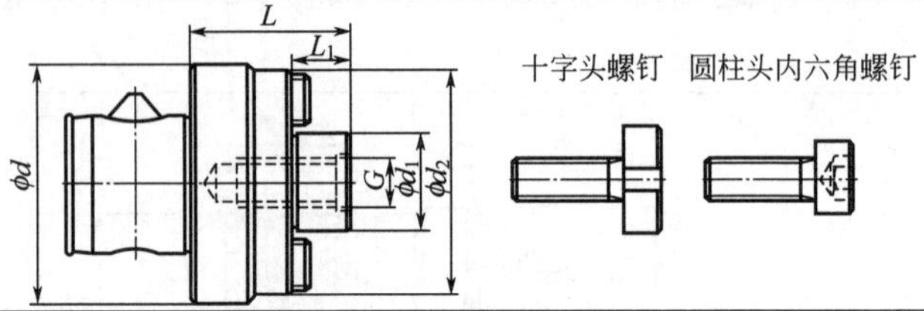

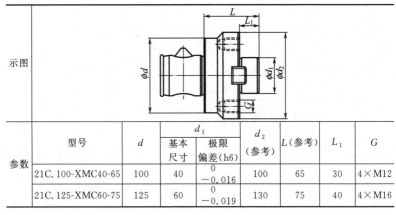

参数	型号	d	d_1 基本尺寸	d_1 极限偏差(h6)	L(参考)	d_2(参考)	L_1	G
	21C.50-XMA22-30	50	22	0 −0.013	30	40	19	M10
	21C.50-XMA27-30		27			48	21	M12
	21C.50-XMB27-30					60		
	21C.63-XMA27-32	63			32	48		
	21C.63-XMB27-32					60		
	21C.80-XMA32-37	80	32	0 −0.016	37	58	24	M16
	21C.80-XMB32-37					78		
	21C.100-XMB40-43	100	40		43	89	27	M20
	注：装 A 类面铣刀配圆柱头内六角螺钉，装 B 类面铣刀配十字头螺钉							

⑦ 装 C 类可转位面铣刀的型式和尺寸见表 3-45。

表 3-45　装 C 类可转位面铣刀的型式和尺寸（GB/T 25668.2—2010）

mm

示图

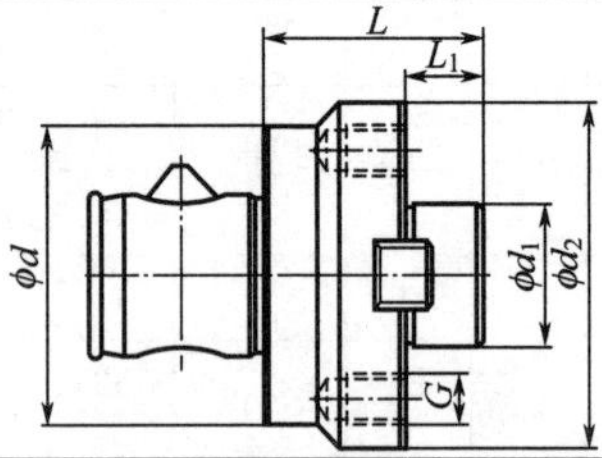

参数	型号	d	d_1 基本尺寸	d_1 极限偏差(h6)	d_2(参考)	L(参考)	L_1	G
	21C.100-XMC40-65	100	40	0 −0.016	100	65	30	4×M12
	21C.125-XMC60-75	125	60	0 −0.019	130	75	40	4×M16

⑧ 可转位浅孔钻模块见表 3-46。

表 3-46　可转位浅孔钻模块的型式和尺寸(GB/T 25668.2—2010)　　mm

	型号	d	d_1		L（参考）	L_1（参考）	型号	d	d_1		L（参考）	L_1（参考）
示图	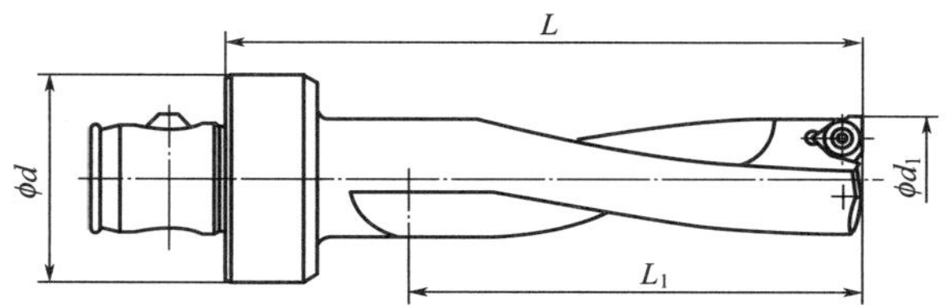											
			基本尺寸	极限偏差					基本尺寸	极限偏差		
参数	21CD. 50-QKZ16-89	50	16	±0.260	89	48	21CD. 50-QKZ25-110	50	25	±0.260	110	75
	21CD. 50-QKZ17-90		17		90	51	21CD. 50-QKZ26-113		26		113	78
	21CD. 50-QKZ18-91		18		91	54	21CD. 50-QKZ27-116		27		116	81
	21CD. 50-QKZ19-92		19		92	57	21CD. 50-QKZ28-119		28		119	84
	21CD. 50-QKZ20-95		20		95	60	21CD. 50-QKZ29-122		29		122	87
	21CD. 50-QKZ21-98		21		98	63	21CD. 50-QKZ30-130		30		130	90
	21CD. 50-QKZ22-101		22		101	66	21CD. 50-QKZ31-133		31	±0.195	133	93
	21CD. 50-QKZ23-104		23		104	69	21CD. 50-QKZ32-136		32		136	96
	21CD. 50-QKZ24-107		24		107	72	21CD. 50-QKZ33-139		33		139	99

续表

	型号	d	d_1		L（参考）	L_1（参考）	型号	d	d_1		L（参考）	L_1（参考）
			基本尺寸	极限偏差					基本尺寸	极限偏差		
参数	21CD. 50-QKZ34-142	50	34	±0. 195	142	102	21CD. 63-QKZ46-193	63	46	±0. 195	193	138
	21CD. 50-QKZ35-145		35		145	105	21CD. 63-QKZ47-196		47		196	141
	21CD. 50-QKZ36-148		36		148	108	21CD. 63-QKZ48-199		48		199	144
	21CD. 50-QKZ37-161		37		161	111	21CD. 63-QKZ49-202		49		202	147
	21CD. 50-QKZ38-164		38		164	114	21CD. 63-QKZ50-205		50		205	150
	21CD. 50-QKZ39-167		39		167	117	21CD. 63-QKZ51-208		51	±0. 230	208	153
	21CD. 50-QKZ40-170		40		170	120	21CD. 63-QKZ52-211		52		211	156
	21CD. 50-QKZ41-173		41		173	123	21CD. 63-Z53-214		53		214	159
	21CD. 50-QKZ42-176		42		176	126	21CD. 63-Z54-217		54		217	162
	21CD. 50-QKZ43-179		43		179	129	21CD. 80-Z55-220	80	55		220	165
	21CD. 50-QKZ44-182		44		182	132	21CD. 80-Z56-223		56		223	168
	21CD. 63-QKZ45-190	63	45		190	135	—					

⑨ 可转位扩孔钻模块见表 3-47。

表 3-47　可转位扩孔钻模块的型式和尺寸（GB/T 25668.2—2010）　mm

示图

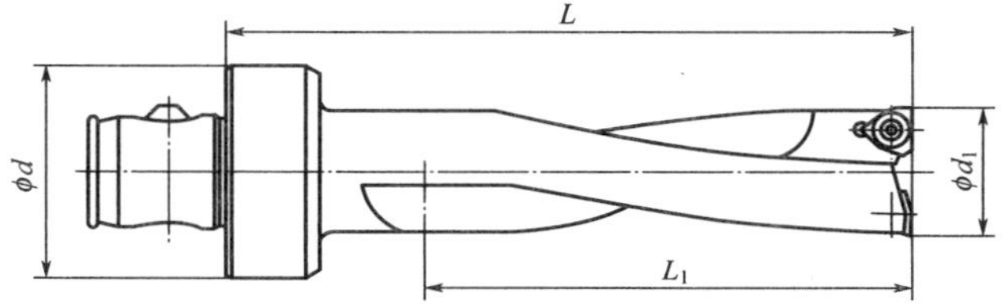

参数

型号	d	d_1 基本尺寸	d_1 极限偏差	L（参考）	L_1（参考）	型号	d	d_1 基本尺寸	d_1 极限偏差	L（参考）	L_1（参考）
21CD. 50-K19-92	50	19	±0.20	95	57	21CD. 50-K28-119	50	28	±0.20	119	84
21CD. 50-K20-95		20		95	60	21CD. 50-K29-122		29		122	87
21CD. 50-K21-98		21		98	63	21CD. 50-K30-130		30		130	90
21CD. 50-K22-101		22		101	66	21CD. 50-K31-133		31		133	93
21CD. 50-K23-104		23		104	69	21CD. 50-K32-136		32		136	96
21CD. 50-K24-107		24		107	72	21CD. 50-K33-139		33		139	99
21CD. 50-K25-110		25		110	75	21CD. 50-K34-142		34		142	102
21CD. 50-K26-113		26		113	78	21CD. 50-K35-145		35		145	105
21CD. 50-K27-116		27		116	81	21CD. 50-K36-148		36		148	108

续表

	型号	d	d_1		L（参考）	L_1（参考）	型号	d	d_1		L（参考）	L_1（参考）
			基本尺寸	极限偏差					基本尺寸	极限偏差		
参数	21CD. 50-K37-161	50	37	±0.20	161	111	21CD. 63-K47-196	63	47	±0.20	196	141
	21CD. 50-K38-164		38		164	114	21CD. 63-K48-199		48		199	144
	21CD. 50-K39-167		39		167	117	21CD. 63-K49-202		49		202	147
	21CD. 50-K40-170		40		170	120	21CD. 63-K50-205		50		205	150
	21CD. 50-K41-173		41		173	123	21CD. 63-K51-208		51		208	153
	21CD. 50-K42-176		42		176	126	21CD. 63-K52-211		52		211	156
	21CD. 50-K43-179		43		179	129	21CD. 63-K53-214		53		214	159
	21CD. 50-K44-182		44		182	132	21CD. 63-K54-217		54		217	162
	21CD. 63-K45-190	63	45		190	135	21CD. 80-K55-220	80	55		220	165
	21CD. 63-K46-193		46		193	138	21CD. 80-K56-223		56		223	168

⑩ 镗刀模块。

• 90°双刃可调可转位镗刀模块见表 3-48。

表 3-48　90°双刃可调可转位镗刀模块的型式和尺寸（GB/T 25668.2—2010）

mm

示图

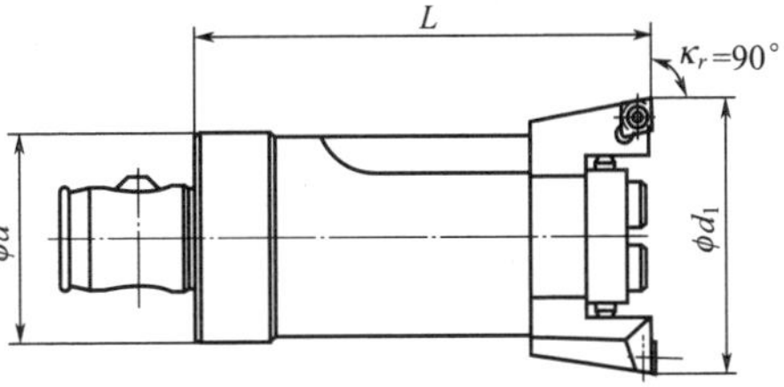

参数	型号	d	最小镗孔直径 d_1（参考）	最小工作长度 L
	21CD. 25-TS9020-70	25	20	70
	21CD. 25-TS9023-70		23	
	21CD. 25-TS9026-80		26	80
	21CD. 25-TS9030-70		30	70
	21CD. 32-TS9030-85	32		85
	21CD. 32-TS9039-60		39	60
	21CD. 40-TS9039-120	40		120
	21CD. 40-TS9049-60		49	60
	21CD. 50-TS9049-135	50		135
	21CD. 50-TS9064-70		64	70
	21CD. 63-TS9083-70	63	83	70
	21CD. 80-TS90109-90	80	109	90
	21CD. 100-TS90139-125	100	139	125
	21CD. 125-TS90139-150	125		150

• 90°双刃可调可转位镗刀模块的型式和尺寸见表 3-49。

表 3-49　90°双刃可调可转位镗刀模块的型式和尺寸（GB/T 25668.2—2010）

mm

示图

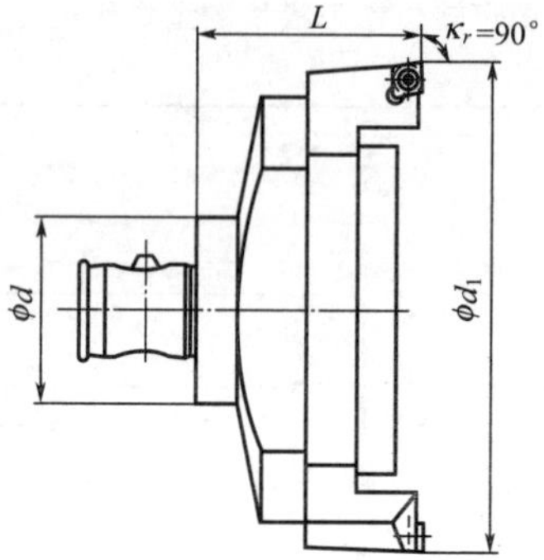

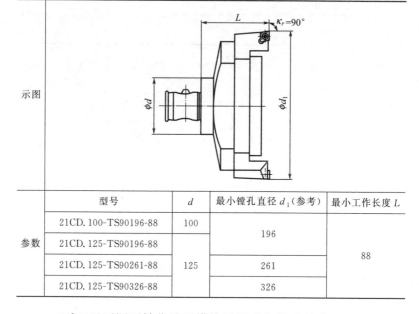

参数	型号	d	最小镗孔直径 d_1（参考）	最小工作长度 L
	21CD. 100-TS90196-88	100	196	88
	21CD. 125-TS90196-88	125		
	21CD. 125-TS90261-88		261	
	21CD. 125-TS90326-88		326	

• 80°双刃可调可转位镗刀模块的型式和尺寸见表 3-50。

表 3-50　80°双刃可调可转位镗刀模块的型式和尺寸（GB/T 25668.2—2010）

mm

示图

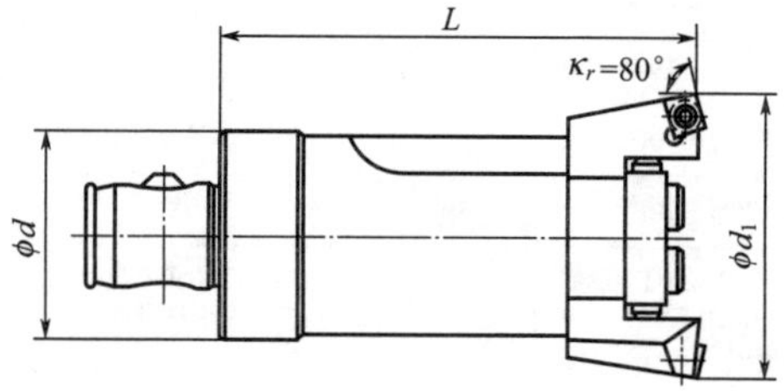

续表

	型号	d	最小镗孔直径 d_1（参考）	最小工作长度 L
参数	21CD.25-TS8020-70	25	20	70
	21CD.25-TS8023-70		23	
	21CD.25-TS8026-80		26	80
	21CD.25-TS8030-50		30	50
	21CD.32-TS8030-85	32		85
	21CD.32-TS8041-60		41	60
	21CD.40-TS8041-120	40		120
	21CD.40-TS8049-60		49	60
	21CD.50-TS8049-135	50		135
	21CD.50-TS8064-70		64	70
	21CD.63-TS8083-70	63	83	70
	21CD.80-TS80109-90	80	109	90
	21CD.100-TS80139-125	100	139	125
	21CD.125-TS80139-150	125		150

• 80°双刃可调可转位镗刀模块的型式和尺寸见表 3-51。

表 3-51　80°双刃可调可转位镗刀模块的型式和尺寸（GB/T 25668.2—2010）

mm

示图	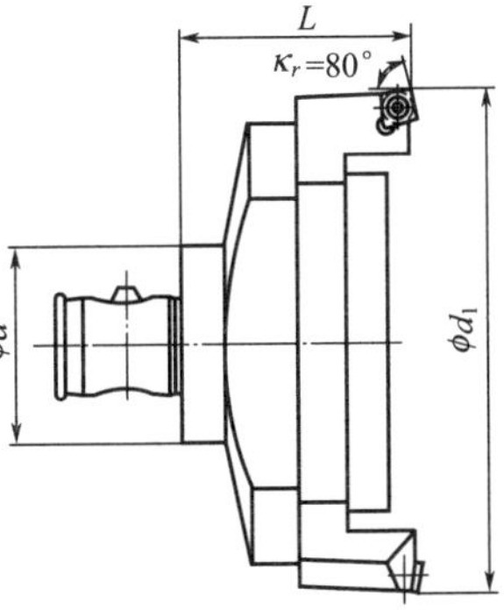

续表

	型号	d	最小镗孔直径 d_1(参考)	最小工作长度 L
参数	21CD. 100-TS80196-88	100	196	88
	21CD. 125-TS80196-88	125		
	21CD. 125-TS80261-88		261	
	21CD. 125-TS890326-88		326	

• 直角微调可转位镗刀模块的型式和尺寸见表 3-52。

表 3-52 直角微调可转位镗刀模块的型式和尺寸（GB/T 25668.2—2010）

mm

示图

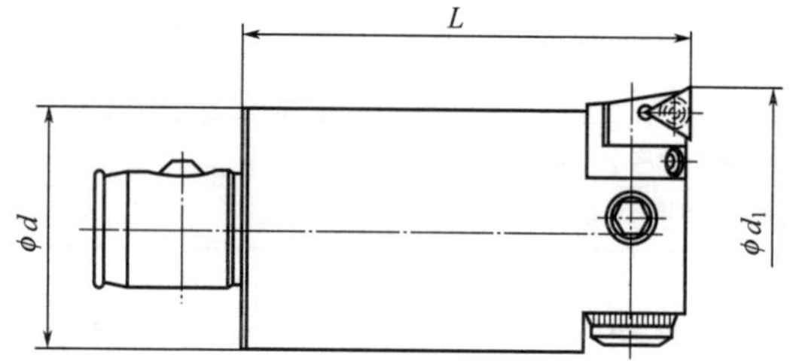

	型号	d	工作长度 L(参考)	最小镗孔直径 d_1(参考)
参数	21CD. 25-TZW29. 5-50	25	50	29.5
	21CD. 25-TZW35. 5-50			35.5
	21CD. 32-TZW39-60	32	60	39
	21CD. 32-TZW44-60			44
	21CD. 40-TZW47-60	40		47
	21CD. 40-TZW56-60			56
	21CD. 50-TZW58-70	50	70	58
	21CD. 50-TZW70-70			70
	21CD. 63-TZW79-70	63		79
	21CD. 63-TZW93-70			93

续表

<table>
<tr><td rowspan="6">参数</td><td>型号</td><td>d</td><td>工作长度 L(参考)</td><td>最小镗孔直径 d_1(参考)</td></tr>
<tr><td>21CD. 80-TZW100-90</td><td rowspan="2">80</td><td rowspan="5">90</td><td>100</td></tr>
<tr><td>21CD. 80-TZW120-90</td><td>120</td></tr>
<tr><td>21CD. 100-TZW138-90</td><td rowspan="3">100</td><td>138</td></tr>
<tr><td>21CD. 100-TZW158-90</td><td>158</td></tr>
<tr><td>21CD. 100-TZW178-90</td><td>178</td></tr>
</table>

• 倾斜微调可转位镗刀模块的型式和尺寸见表 3-53。

表 3-53　倾斜微调可转位镗刀模块的型式和尺寸（GB/T 25668. 2—2010）

mm

示图

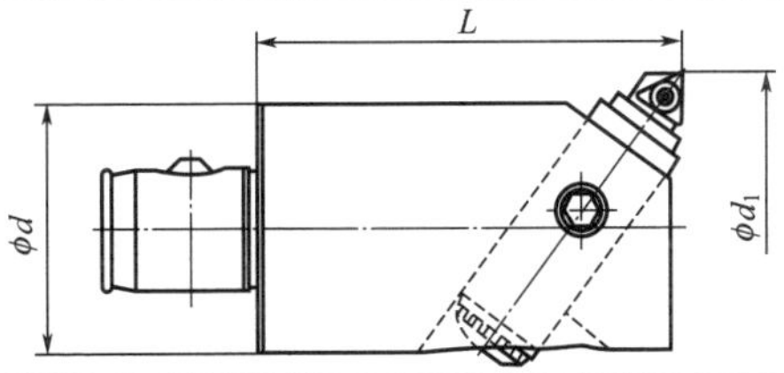

<table>
<tr><td rowspan="15">参数</td><td>型号</td><td>d</td><td>工作长度 L(参考)</td><td>最小镗孔直径 d_1(参考)</td></tr>
<tr><td>21CD. 25-TQW28-50. 5</td><td rowspan="2">25</td><td>50. 5</td><td>28</td></tr>
<tr><td>21CD. 25-TQW32-52</td><td>52</td><td>32</td></tr>
<tr><td>21CD. 32-TQW36-60. 5</td><td rowspan="2">32</td><td>60. 5</td><td>36</td></tr>
<tr><td>21CD. 32-TQW40-62</td><td>62</td><td>40</td></tr>
<tr><td>21CD. 40-TQW45-60. 9</td><td rowspan="2">40</td><td>60. 9</td><td>45</td></tr>
<tr><td>21CD. 40-TQW50-63. 8</td><td>63. 8</td><td>50</td></tr>
<tr><td>21CD. 50-TQW56-70. 5</td><td rowspan="2">50</td><td>70. 5</td><td>56</td></tr>
<tr><td>21CD. 50-TQW64-73. 5</td><td>73. 5</td><td>64</td></tr>
<tr><td>21CD. 63-TQW72-90. 5</td><td rowspan="2">63</td><td>90. 5</td><td>72</td></tr>
<tr><td>21CD. 63-TQW80-93. 5</td><td>93. 5</td><td>80</td></tr>
<tr><td>21CD. 80-TQW90-110. 8</td><td rowspan="2">80</td><td>110. 8</td><td>90</td></tr>
<tr><td>21CD. 80-TQW100-114. 5</td><td>114. 5</td><td>100</td></tr>
<tr><td>21CD. 100-TQW110-125. 8</td><td rowspan="2">100</td><td>125. 8</td><td>110</td></tr>
<tr><td>21CD. 100-TQW125-131. 4</td><td>131. 4</td><td>125</td></tr>
</table>

• 90°可转位小孔径微调镗刀模块的型式和尺寸见表 3-54。

表 3-54　90°可转位小孔径微调镗刀模块的型式和尺寸（GB/T 25668.2—2010）

mm

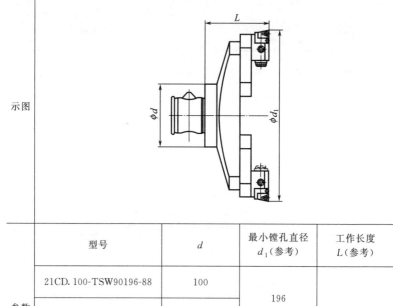

示图	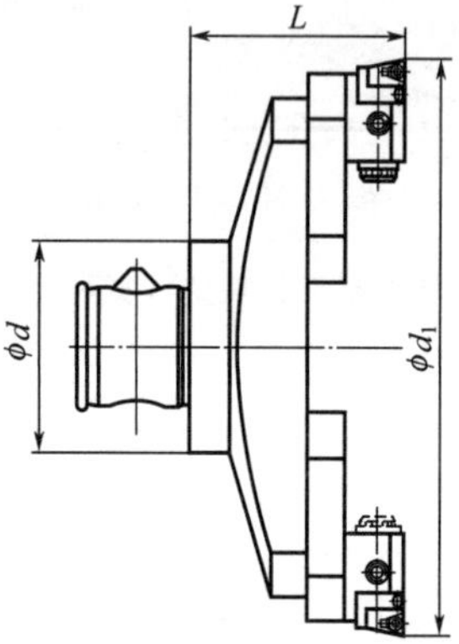			
参数	型号	d	最小镗孔直径 d_1（参考）	工作长度 L（参考）
	21CD. 100-TSW90196-88	100	196	88
	21CD. 125-TSW90196-88	125		
	21CD. 125-TSW90261-88		261	
	21CD. 125-TSW90326-88		326	

3.4.4　铰孔刀具

在加工中心上铰孔时，通常使用普通的标准铰刀，普通标准铰刀有直柄、锥柄和套式三种，还常使用机夹硬质合金刀片的单刃铰刀和浮动铰刀。一般铰孔的尺寸精度可达 IT7～IT9，表面粗糙度可到 Ra1.6～0.8。

(1) 普通的标准铰刀的结构及几何参数见表 3-55，铰刀齿数选择见表 3-56

表 3-55　普通的标准铰刀的结构及几何参数

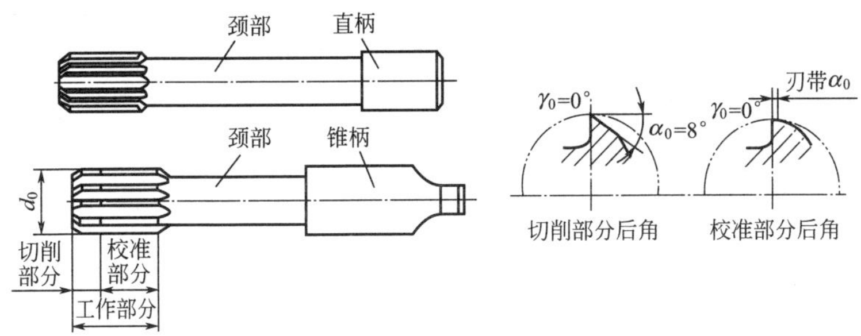

项目	名称		作用
结构	工作部分	引导锥	便于将铰刀引入孔中
		切削部分	起主要的切削作用
		圆柱部分	起导向、校准和修光的作用
	颈部		连接工作部分与柄部
	柄部		有直柄和圆锥柄两种
几何参数	齿数 z		直径越大，齿数也越多，导向性好，每齿负荷小，铰孔质量高
	齿形与齿槽方向		刃齿通常制成直线齿背、折线齿背；齿槽方向可制成直槽和螺旋槽(后者切削平稳)，通孔为左旋、不通孔为右旋，β 为其螺旋角
	切削锥角 k_r		k_r 小时，切屑薄，轴向分力小，切入时导向好，但切削变形大，切入和切出的时间长，通常取 $k_r=0.5°\sim1°$(机动铰刀可大些)
	前角 γ_0 后角 α_0		一般取 $\gamma_0=0°$，为减小切削变形可取 $\gamma_0=5°\sim10°$。因 a_c 很小，故后角 α_0 应较大，一般取 $\alpha_0=6°\sim10°$，校准部分必须留有刃带 $b_{o1}=0.05\sim0.3$mm，以修光和校准，并便于制造和检验刀齿
	轴向刃倾角 λ_{ax}		直槽铰刀切削刃与轴线间的倾角，常取 $\lambda_{ax}=-15°\sim-20°$，使切屑向前排出，不致擦伤已加工表面
铰刀的极限偏差值			指校准部分的直径与公差，铰刀公称直径应等于被铰孔公称直径 d，而其公差则与被加工孔公差，铰刀制造公差备磨量及铰削后孔径可能产生的扩张量或收缩量有关，其上差$=\frac{2}{3}$孔公差，下差$=\frac{1}{3}$孔公差

表 3-56 铰刀齿数的选择

铰刀直径/mm		1.5～3	3～14	14～40	>40
齿数	一般加工精度	4	4	6	8
	高加工精度	4	6	8	10～12

(2) 套式机用铰刀、直柄和锥柄机用铰刀及硬质合金可调节浮动铰刀的型式和尺寸（见表 3-57～表 3-60）

表 3-57 套式机用铰刀的型式和尺寸（GB/T 1135—2004） mm

示图

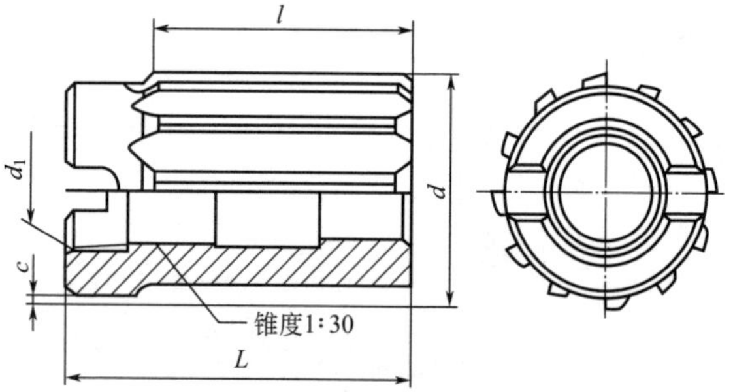

标记示例

直径 d=25mm，公差为 m6 的套式机用铰刀为：

套式铰刀 25 GB/T 1135—2004

直径 d=25mm，加工 H8 级精度孔的套式机用铰刀为：

套式铰刀 25 H8 GB/T 1135—2004

参数

直径范围 d		d_1	l	L	c 最大
大于	至				
19.9	23.6	10	28	40	1.0
23.6	30.0	13	32	45	
30.0	35.5	16	36	50	1.5
35.5	42.5	19	40	56	
42.5	50.8	22	45	63	
50.8	60.0	27	50	71	2.0
60.0	71.0	32	56	80	
71.0	85.0	40	63	90	2.5
85.0	101.6	50	71	100	

表 3-58　直柄机用铰刀型式和尺寸（GB/T 1132—2004）　mm

示图

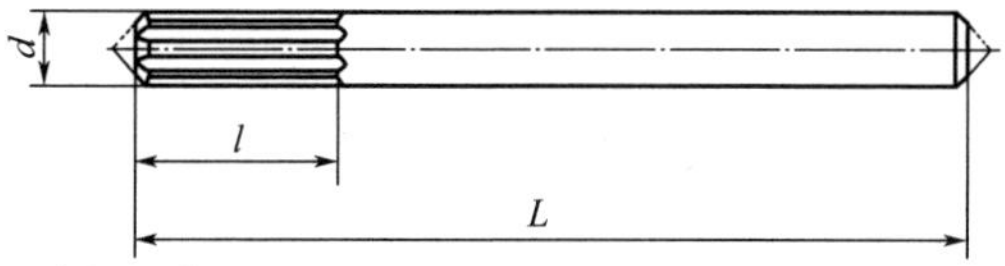

直径 d 大于 3.75mm

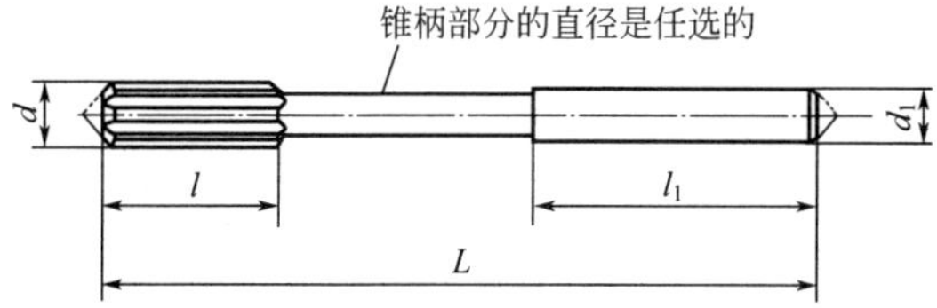

标记示例

直径 d＝10mm，公差为 m6 的直柄机用铰刀为：直柄机用铰刀 10　GB/T 1132—2004

直径 d＝10mm，加工 H8 级精度孔的直柄机用铰刀为：直柄机用铰刀 10 H8 GB/T 1132—2004

参数

d	d_1	L	l	l_1	d	d_1	L	l	l_1
1.4	1.4	40	8	—	6.0	5.6	93	26	36
(1.5)	1.5				7.0	7.1	109	31	40
1.6	1.6	43	9		8.0	8.0	117	33	42
1.8	1.8	46	10		9.0	9.0	125	36	44
2.0	2.0	49	11		10.0	10.0	133	38	46
2.2	2.2	53	12		11.0		142	41	
2.5	2.5	57	14		12.0		151	44	
2.8	2.8	61	15		(13.0)				
3.0	3.0				14.0	12.5	160	47	50
3.2	3.2	65	16		(15.0)		162	50	
3.5	3.5	70	18		16.0		170	52	
4.0	4.0	75	19	32	(17.0)	14.0	175	54	52
4.5	4.5	80	21	33	18.0		182	56	
5.0	5.0	86	23	34	(19.0)	16.0	189	58	58
5.5	5.6	93	26	36	20.0		195	60	

注：括号内的尺寸尽量不采用。

表 3-59　莫氏锥柄机用铰刀型式和尺寸（GB/T 1132—2004）mm

示图

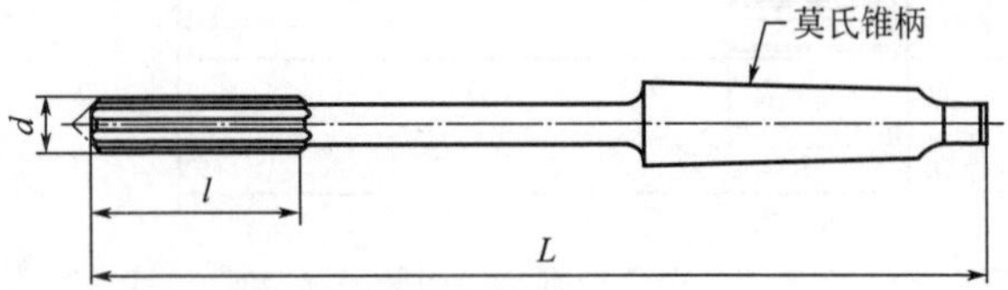

标记示例

直径 d=10mm，公差为 m6 的莫氏锥柄机用铰刀为：　莫氏锥柄机用铰刀 10　GB/T 1132—2004

直径 d=10mm，加工 H8 级精度孔的莫氏锥柄机用铰刀为：莫氏锥柄机用铰刀 10 H8　GB/T 1132—2004

参数

d	L	l	莫氏锥柄号	d	L	l	莫氏锥柄号
5.5	138	26	1	25	268	68	3
6				(26)	273	70	
7	150	31		28	277	71	
8	156	33		(30)	281	73	
9	162	36		32	317	77	4
10	168	38		(34)	321	78	
11	176	41		(35)			
12	182	44		36	325	79	
(13)	182	44		(38)	329	81	
14	189	47		40			
15	204	50	2	(42)	333	82	
16	210	52		(44)	335	83	
(17)	214	54		(45)			
18	219	56		(46)	340	84	
(19)	223	58		(48)	344	85	
20	228	60		50			
22	237	64					
(24)	268	68	3				

注：括号内的尺寸尽量不采用

表 3-60　硬质合金可调节浮动铰刀　　mm

示图

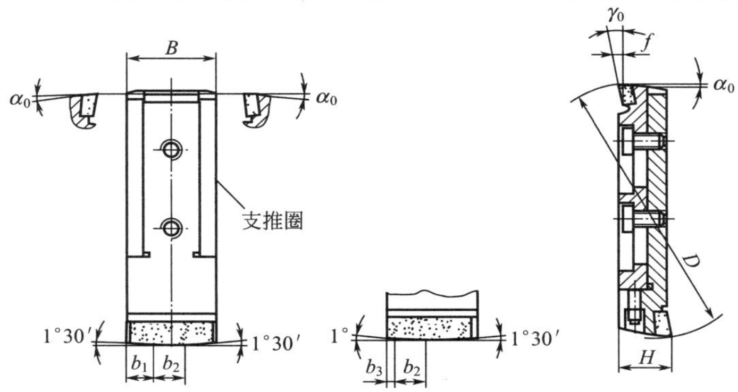

A、AC型　　B、BC型

标记示例

调节范围 100mm～110mm、刀体宽度 B＝30mm、刀体厚度 H＝16mm、A 型硬质合金可调节浮动铰刀的标记为：

硬质合金可调节浮动铰刀　100～110—30×16A　JB/T 7426—2006

参数

铰刀代号	调节范围	D 基本尺寸	D 极限偏差	B 基本尺寸	B 极限偏差	H 基本尺寸	H 极限偏差	参考 b_1	参考 b_2	参考 b_3	参考 硬质合金刀片尺寸(长×宽×厚)	参考 γ_0 A、B型	参考 γ_0 AC、BC型	参考 α_0	参考 f
20～22-20×8	20～22	20	0 −0.52	20	−0.007 −0.028	8	−0.005 −0.020	7	6	1.5	18×2.5×2.0	0°	15°	0°～4°	0.10～0.15
22～24-20×8	22～24	22													
24～27-20×8	24～27	24													
27～30-20×8	27～30	27									18×3.0×2.0				

续表

	铰刀代号	调节范围	D 基本尺寸	D 极限偏差	B 基本尺寸	B 极限偏差	H 基本尺寸	H 极限偏差	参考 b_1	参考 b_2	参考 b_3	参考 硬质合金刀片尺寸(长×宽×厚)	参考 γ_0 A、B型	参考 γ_0 AC、BC型	参考 α_0	参考 f
参数	30～33-20×8	30～33	30	0 −0.52	20	−0.007 −0.028	8	−0.005 −0.020	7	6	1.5	18×3.0×2.0	0°	15°	0°～4°	0.10～0.15
	33～36-20×8	33～36	33	0 −0.62										12°		
	36～40-25×12	36～40	36		25		12	−0.006 −0.024	9.5			23×5.0×3.0		15°		
	40～45-25×12	40～45	40													
	45～50-25×12	45～50	45											12°		
	50～55-25×12	50～55	50													
	55～60-25×12	55～60	55	0 −0.74										10°		
	(60～65-25×12)	60～65	60													
	(65～70-25×12)	65～70	65													
	(70～80-25×12)	70～80	70													
	(50～55-30×16)	50～55	50	0 −0.62	30		16		11	8	1.8	28×8.0×4.0		15°		
	(55～60-30×16)	55～60	55	0 −0.74										12°		
	60～65-30×16	60～65	60													
	65～70-30×16	65～70	65													
	70～80-30×16	70～80	70													
	80～90-30×16	80～90	80													
	90～100-30×16	90～100	90	0 −0.87												

续表

	铰刀代号	调节范围	D 基本尺寸	D 极限偏差	B 基本尺寸	B 极限偏差	H 基本尺寸	H 极限偏差	参考 b_1	参考 b_2	参考 b_3	参考 硬质合金刀片尺寸（长×宽×厚）	参考 γ_0 A、B型	参考 γ_0 AC、BC型	参考 α_0	参考 f
参数	100～110-30×16	100～110	100	0 −0.87	30	−0.007 −0.028	16	−0.006 −0.024	11	18	1.8	28×8.0×4.0	0°	6°	0°～4°	0.10～0.15
	110～120-30×16	110～120	110													
	120～135-30×16	120～135	120													
	135～150-30×16	135～150	135	0 −1.00												
	(80～90-35×20)	80～90	80	0 −0.74	35	−0.009 −0.034	20	−0.007 −0.028	13	9	2	33×10×5.0		12°		
	(90～100-35×20)	90～100	90	0 −0.87										10°		
	(100～110-35×20)	100～110	100													
	(110～120-35×20)	110～120	110													
	(120～135-35×20)	120～135	120											6°		
	(135～150-35×20)	135～150	135	0 −1.00												
	150～170-35×20	150～170	150													
	170～190-35×20	170～190	170													
	(190～210-35×20)	190～210	190	0 −1.15												
	(210～230-35×20)	210～230	210													
	(150～170-40×25)	150～170	150	0 −1.00	40		25		15	10		38×14×5.0				
	(170～190-40×25)	170～190	170													
	190～210-40×25	190～210	190	0 −1.15										4°		
	210～230-40×25	210～230	210													

注：硬质合金可调节浮动铰刀的型式有 A 型、B 型、AC 型和 BC 型四种（见示图）。A 型用于加工通孔铸铁件；B 型用于加工盲孔铸铁件；AC 型用于加工通孔钢件；BC 型用于加工盲孔钢件

3.5 加工中心切削用量的选择

3.5.1 切削用量的计算公式

切削用量的选择应充分考虑零件的加工精度、表面粗糙度、刀具的强度、刚度以及加工效率等因素，在机床说明书允许的范围之内、查阅手册并结合经验确定。刀具厂商会根据切削材料提供切削参数，由此计算出主轴转速和进给速度。切削用量的计算公式见表 3-61。

表 3-61 切削用量的计算公式

名称	定义	计算公式
切削速度 v_c /(m/min)	主运动的线速度，在进行切削加工时，刀具切削刃的某一点相对于待加工表面在主运动方向上的瞬时速度	$v_c=\dfrac{\pi dn}{1000}$ 式中，n 为主运动转速(r/mm)；d 为工件待加工表面或刀具的最大直径(mm)
主轴转速 n /(r/min)	主轴每分钟的转速	$n=\dfrac{1000v_c}{\pi d}$ 式中，n 为刀具或工件的转速(r/min)；v_c 为切削速度(m/min)；d 为工件或刀具的回转直径(mm)
孔加工工作进给速度 v_f /(mm/min)	切削刃上选定点相对工件的进给运动瞬时速度	$v_f=nf$ 式中，f 为每转进给速度(mm/r)；v_f 为每分钟的进给速度(mm/min)；n 为主轴转速(r/min)
铣削加工工作进给速度 v_f /(mm/min)	进给速度是单位时间内工件与铣刀沿进给方向的相对位移量	$v_f=fn=f_zzn$ 式中，f 为铣刀每转一转，铣刀相对工件在进给运动方向上移动的距离(mm/r)；f_z 为铣刀每转一个齿，铣刀相对工件在进给运动方向上移动的距离(mm/z)；n 为铣刀主轴转速(r/min)；z 为铣刀齿数
攻螺纹时工作进给速度 v_f /(mm/min)	攻螺纹时进给量的选择决定于螺纹的导程，攻螺纹时工作进给速度 v_f 可略小于理论计算值	$v_f\leqslant Pn$ 式中，P 为加工螺孔的导程；n 为主轴转速(r/min)

3.5.2 加工中心切削用量的选择

加工中心一般有较大的刀具库。库里的刀具数量多种类齐全。加工中心加工类型主要是铣削、镗削、钻削、铰孔及螺纹成形。工件装夹一次后可以循环完成所需的全部工作。

(1)钻削切削用量

钻孔的切削用量仅指钻头的旋转速度（切削速度）及钻头的钻进速度。钻头的类型主要有高速钢钻头、硬质合金镶边钻头及最近几年发展起来的整体硬质合金钻头。表 3-62 是硬质合金钻头切削用量参考数据表。

表 3-62 硬质合金钻头切削用量参考数据

加工材料	抗拉强度 σ_b /MPa	硬度 /HBS	进给量 f/(mm/r)			主轴转速 S/(r/min)			切削液
			d_0=3～8mm	d_0=8～20mm	d_0=20～40mm	d_0=3～8mm	d_0=8～20mm	d_0=20～40mm	
工具钢、热处理钢	850～1200	—	0.02～0.04	0.04～0.08	0.08～0.12	1000～1250	480～600	350～400	非水溶性切削油
	1200～1800	—	0.02	0.02～0.04	—	400～600	192～288	—	
淬硬钢	—	≥50 HRC	0.01～0.02	0.02～0.03	—	320～400	160～192	—	
高锰钢（12%～14%）	—	—	—	0.03～0.05	—	—	160～256	—	
铸钢	≥700	—	0.02～0.05	0.05～0.12	0.12～0.18	1000～1250	480～608	350～400	
不锈钢	—	—	0.08～0.12	0.12～0.2	—	1000～1080	432～560	—	
耐热钢	—	—	0.01～0.05	0.05～0.1	—	120～240	80～128	—	
镍铬钢	1000	300	0.08～0.12	0.12～0.2	—	1400～1600	640～720	—	
	1400	420	0.04～0.05	0.05～0.08	—	600～800	320～400	—	

加工材料	抗拉强度 σ_b /MPa	硬度 /HBS	进给量 f/(mm/r)			主轴转速 S/(r/min)			切削液
			d_0=3~8mm	d_0=8~20mm	d_0=20~40mm	d_0=3~8mm	d_0=8~20mm	d_0=20~40mm	
灰铸铁	—	≥250	0.04~0.08	0.08~0.16	0.16~0.3	1600~2000	800~1120	600~800	干切或乳化液
合金铸铁	—	250~350	0.02~0.04	0.03~0.08	0.06~0.16	800~1000	400~800	300~600	非水溶性切削油或乳化液
		350~450	0.02~0.04	0.03~0.06	0.05~0.1	320~500	160~400	120~300	
冷硬铸铁	—	65~85HS	0.01~0.03	0.02~0.04	0.03~0.06	200~300	96~160	80~120	
可锻铸铁、球墨铸铁	—	—	0.03~0.05	0.05~0.1	0.1~0.2	1600~1800	720~800	500~600	干切或乳化液
黄铜	—	—	0.06~0.1	0.1~0.2	0.2~0.3	3200~4000	1440~1760	1000~1200	
铸造青铜	—	—	0.06~0.08	0.08~0.12	0.12~0.2	2000~2400	880~1200	600~800	—

注：1. 硬质合金牌号按照 ISO 选用 K10 或 K20 对应的国内牌号；

2. 高速钢钻头耐热性较低，故切削用量相应降低 20%~30%。

高速钢钻头加工铸铁的切削用量见表 3-63。高速钢钻头加工钢件的切削用量见表 3-64。

表 3-63　高速钢钻头加工铸铁的切削用量

钻头直径/mm \ 切削用量 \ 材料硬度	160~200HBS		200~300HBS		300~400HBS	
	v_c /(m/min)	f /(mm/r)	v_c /(m/min)	f /(mm/r)	v_c /(m/min)	f /(mm/r)
1~6	16~24	0.07~0.12	10~18	0.05~0.1	5~12	0.03~0.08
6~12	16~24	0.12~0.2	10~18	0.1~0.18	5~12	0.08~0.15
12~24	16~24	0.2~0.4	10~18	0.18~0.25	5~12	0.15~0.2
22~50	16~24	0.4~0.8	10~18	0.25~0.4	5~12	0.2~0.3

注：采用硬质合金钻头加工铸铁时取 v_c=20~30m/min。

表 3-64　高速钢钻头加工钢件的切削用量

材料硬度 / 切削用量 / 钻头直径/mm	σ_b=520～700MPa (35、45 钢)		σ_b=700～900MPa (15Cr、20Cr 钢)		σ_b=1000～1100MPa (合金钢)	
	v_c /(m/min)	f /(mm/r)	v_c /(m/min)	f /(mm/r)	v_c /(m/min)	f /(mm/r)
1～6	8～25	0.05～0.1	12～30	0.05～0.1	8～15	0.03～0.08
6～12	8～25	0.1～0.2	12～30	0.1～0.2	8～15	0.08～0.15
12～24	8～25	0.2～0.3	12～30	0.2～0.3	8～15	0.15～0.25
22～50	8～25	0.3～0.45	12～30	0.3～0.45	8～15	0.25～0.35

铰孔的切削用量见表 3-65。

表 3-65　高速钢铰刀铰孔的切削用量

材料硬度 / 切削用量 / 钻头直径/mm	铸铁		钢及合金钢		铝铜及其合金	
	v_c /(m/min)	f /(mm/r)	v_c /(m/min)	f /(mm/r)	v_c /(m/min)	f /(mm/r)
6～10	2～6	0.3～0.5	1.2～5	0.3～0.4	8～12	0.3～0.5
10～15	2～6	0.5～1	1.2～5	0.4～0.5	8～12	0.5～1
15～25	2～6	0.8～0.15	1.2～5	0.5～0.6	8～12	0.8～0.15
25～40	2～6	0.8～0.15	1.2～5	0.4～0.6	8～12	0.8～0.15
40～60	2～6	1.2～1.8	1.2～5	0.5～0.6	8～12	1.5～2

注：采用硬质合金铰刀铰铸铁时取 v_c=8～10m/min，铰铝时 v_c=12～15m/min。

(2)镗削加工的切削用量

镗削加工一般采用刀柄直径较大的镗刀进行切削，但镗杆长度较大，故刀具在加工时变形较大，工件的加工精度及表面质量不高。由于镗刀杆的相对刚度不足且单点受力使镗削刀具变形较大，且选择切削用量低一些，切削深度相对减小。表 3-66 为硬质合金刀具镗孔切削用量参考数据，表 3-67 为镗削切削用量参考数据。

表 3-66 硬质合金刀具镗孔切削用量参考数据

工件材料（典型钢号）	工件热处理状态	a_p=3～6mm	a_p=1.0～3mm	a_p=0.1～1mm
		f=0.3～0.6mm/r	f=0.15～0.3mm/r	f=0.05～0.15mm/r
		主轴转速 S/(r/min)		
低碳钢(Q235,20#)	热轧	500～650	600～750	700～850
中碳钢(45#)	热轧	550～680	650～800	750～900
	调质	500～620	550～700	700～820
合金钢(16Mn,42CrMo)	热轧	450～550	550～650	600～720
	调质	380～500	500～600	580～680
铸钢(ZG55)		520～650	600～700	650～800
铸铁	HBS<200	550～700	630～800	720～820
	HBS=200～250	420～550	500～620	600～700

表 3-67 镗削切削用量参考数据

工序	刀具材料 \ 切削用量 \ 工件材料	铸铁 v_c/(m/min)	铸铁 f/(mm/r)	钢 v_c/(m/min)	钢 f/(mm/r)	铝及其合金 v_c/(m/min)	铝及其合金 f/(mm/r)
粗镗	高速钢 硬质合金	20～25 35～50	0.4～1.5	15～30 50～70	0.35～0.7	100～150 100～250	0.5～0.15
半精镗	高速钢 硬质合金	20～35 50～70	0.15～0.45	15～50 95～135	0.15～0.45	100～200	0.2～0.5
精镗	高速钢 硬质合金	70～90	D1<0.08 D级 0.12～0.15	100～135	0.12～0.15	150～400	0.06～0.1

注：当采用高精度的镗头镗孔时，由于余量较小，直径余量不大于 0.2mm，因而切削速度可提高一些，铸铁件为 100～150m/min，钢件为 150～250m/min，铝合金为 200～400m/min，巴氏合金为 250～500m/min。进给量可在 0.03～0.1mm/r 范围内。

加工中心螺纹成形主要依靠钻削底孔后用丝锥切制螺纹。用丝锥切制螺纹其切削用量只有主轴转速一项，一般要求此时的主轴转速限制在 150r/min 以下。攻螺纹切削用量见表 3-68。

表 3-68　攻螺纹切削用量参考表

加工材料	铸铁	钢及其合金	铝及其合金
v_c/(m/min)	2.5～5	1.5～5	5～15

3.6　数控加工中心加工工艺规程制定及实例

3.6.1　数控加工中心加工工艺规程制定流程

数控加工中心加工工艺规程制定流程见表 3-69。

表 3-69　数控加工中心加工工艺规程制定流程

序号	加工工艺流程		说明
1	零件的工艺分析		零件工艺分析的任务是分析零件图纸的完整性、正确性和技术要求，选择加工内容、分析零件的结构工艺性和定位基准
	(1)	选择加工中心加工内容	加工内容的选择是指在选定零件后，还要选择零件上适合加工中心加工的表面，这种表面主要有：尺寸精度、相对位置精度要求较高的表面；不便于普通机床加工的复杂曲线、曲面；能够集中加工的表面
	(2)	零件结构的工艺性分析	①切削余量要小，以减少切削时间、降低加工成本； ②零件刚性足够，以减小夹紧和切削变形； ③小孔和螺孔的尺寸规格尽可能少，以减少相应刀具的数量，避免选择大的刀具库容量； ④加工表面要能方便地实现加工，效果明显； ⑤有关尺寸要尽量标准化，以便于采用标准刀具
	(3)	选择定位基准	①尽量使定位基准与设计基准重合； ②保证在一次装夹中加工完成尽可能多的内容； ③必须多次装夹时应尽可能做到基准统一； ④批量生产时的定位基准与对刀基准重合
2	加工方法的选择		加工中心加工零件表面主要是平面、平面轮廓、曲面、孔和螺纹等
	(1)	平面、平面轮廓及曲面的加工方法	这类零件表面在镗铣类加工中心上的加工方法是铣削，一般是粗铣后再精铣

续表

序号	加工工艺流程		说明
2	(2)	孔的加工方法	所有的孔都粗加工后，再精加工。 毛坯上铸出或锻出的孔(其直径通常在 $\phi 30$ 以上)，先在普通机床加工并留余量，然后在加工中心按粗镗→半精镗→孔口倒角→精镗方案加工；有空刀槽时可用锯片铣刀在半精镗之后精镗之前用圆弧插补方式铣削或镗削加工。孔径较大时可用键槽铣刀或立铣刀用圆弧插补方式粗铣、精铣加工。 对于直径小于 $\phi 30$ 的孔，需要在加工中心完成其全部加工。通常采用锪(或铣)平面→钻中心孔→钻→扩→孔口倒角→精镗(或铰)的加工方案。 对于同轴孔系，相距较近采用穿镗法加工；跨距较大，采用调头镗的方法加工。 对于螺纹孔，要根据其孔径的大小选择不同的加工方法。直径在 M6～M20 之间的螺纹孔，在加工中心用攻螺纹的方法加工；直径在 M6 以下的螺纹在加工中心加工出底孔，然后用其他方法攻螺纹；直径在 M20 以上的螺纹，采用镗刀镗削加工
3	加工阶段的划分		对已经过粗加工的零件，加工中心只完成精加工，不必划分加工阶段；对零件加工精度较高，则应将粗、精加工分开；对零件加工精度要求不高，根据具体情况，可把粗、精加工合并进行
4	加工顺序的安排		安排加工顺序要遵循“基面先行”“先面后孔”“先主后次”及“先粗后精”的工艺原则。还应考虑每道工序尽量减少刀具的空行程移动量及减少换刀次数
5	工件的装夹与夹具的选择		确定工件的装夹方案时，根据已选定的定位基准和需要加工的表面确定工件的定位夹紧方式，并选择适当的夹具
	(1)	确定工件在工作台上的最佳位置	确定零件在工作台上的最佳位置时，主要考虑机床行程、各种干涉以及加工各部位的刀具长度等因素。在满足机床不超程的前提下，多工位加工应尽量将零件置于工作台的中间部位
	(2)	常用夹具	见机床附件(通用夹具)
	(3)	夹具的选择	加工中心使用夹具应结构紧凑、简单和可靠，夹紧准确、迅速，操作方便、安全、并保证足够的刚性。还应注意：加工部位要尽量敞开；夹具应能在机床上实现定向安装；在加工过程中无须更换夹紧点

续表

序号	加工工艺流程		说明
6	刀具的选择		加工中心使用的刀具由刃具和刀柄两部分组成。刃具有面加工用的各种铣刀和孔加工用的钻头、扩孔钻、镗刀、铰刀及丝锥等。刀柄要满足机床主轴的自动松开和拉紧定位，并能准确地安装各种刃具和适应换刀机械手的夹持等要求。 ①对刀具的基本要求：同一把刀具多次装入机床主轴锥孔时，刀刃的位置应重复不变；刀刃相对于主轴的一个固定点的轴向和径向位置应能准确调整； ②刀具尺寸的确定：刀具尺寸包括直径尺寸和长度尺寸。孔加工刀具的直径尺寸根据被加工孔直径确定，特别是确定尺寸刀具（如钻头、铰刀）的直径，完全取决于被加工孔径。刀具的长度在满足使用要求的前提下应尽可能短
7	进给路线的确定		加工中心上刀具的进给路线可分为铣削加工进给路线和孔加工进给路线
	(1)	孔加工的进给路线	加工孔时，刀具在 XY 平面内迅速、准确地运动到孔中心线位置，然后再沿 Z 向运动加工。孔加工进给路线包括在 XY 平面内的进给路线和 Z 向（轴向）的进给路线的内容
	(2)	铣削加工时的 Z 向进给路线	铣削加工时的 Z 向进给路线分三种情况： ①铣削开口不通槽时，铣刀在 Z 向直接快速移动到位，不需工作进给。 ②对铣削封闭槽时，铣刀需要有一切入距离，先快速移动到距工件表面一切入距离位置上，然后以工作进给速度进给至铣削深度。 ③铣削轮廓及通槽时，铣刀需有一切出距离。可直接快速移动到距工件加工表面一切出距离的位置上
8	切削用量的选择		切削用量的选择应充分考虑零件的加工精度、表面粗糙度以及刀具的强度、刚度和加工效率等因素。在机床说明书允许的范围内，查阅切削用量表
			主轴转速 n（单位为 r/min）根据选定的切削速度 v_c（单位为 m/min）和工件或刀具的直径来计算： $$n=\frac{1000v_c}{\pi d}$$ 式中，d 为工件的加工直径或刀具直径，单位为 mm

续表

序号	加工工艺流程	说明
8	切削用量的选择	孔加工工作进给速度 v_f 根据选择的进给量 f 和主轴转速 n 计算： $v_f=nf$(单位为 mm/min) 铣削加工工作进给速度 v_f 根据选择的铣刀转速 n、铣刀齿数 z 及每齿进给量 f_z 计算：$v_f=f_z zn$(单位为 mm/min)。 攻螺纹时进给量的选择决定螺纹的导程，由于使用了带有浮动功能的攻螺纹夹头，因而攻螺纹时工作进给速度 v_f(单位为 mm/min)可略小于理论计算值，即 $v_f \leqslant Pn$ 式中，P 为加工螺孔的导程，单位为 mm

3.6.2 典型零件加工中心的加工工艺

盖板零件加工中心的加工工艺

盖板的主要加工面是平面和孔，需经铣平面、钻孔、扩孔、镗孔、铰孔及攻螺纹等多个工步加工。图 3-5 所示为盖板的零件图。盖板的加工工艺见表 3-70。

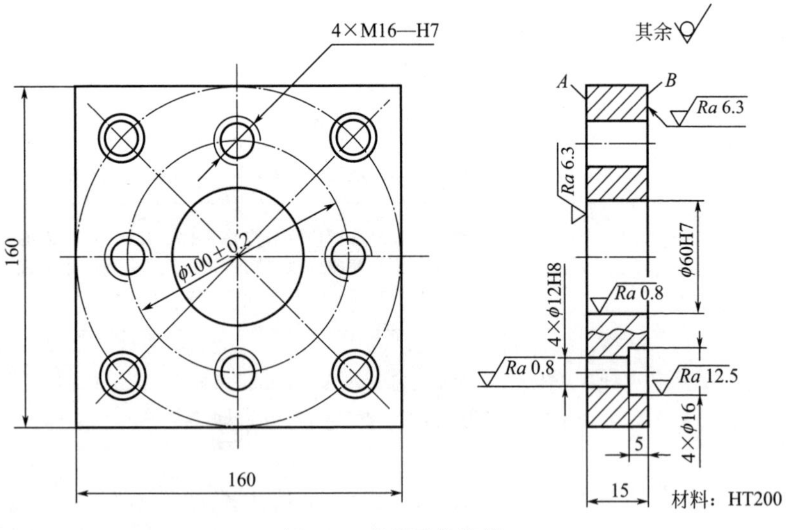

图 3-5 盖板零件简图

表 3-70 盖板零件加工中心的加工工艺

序号	加工工艺流程	说明
1	零件工艺分析	盖板的材料为铸铁,毛坯为铸件。由图 3-5 可知,盖板加工内容为平面、孔和螺纹,且都集中在 A、B 面上,孔的最高精度为 IT7,四个侧面不需要加工。从定位和加工两个方面考虑,以 A 面为主要定位基准,并在前道工序中先加工好,B 面及位于 B 面上的全部孔在加工中心上加工
2	选择加工中心	由于 B 面及位于 B 面上的全部孔,只需要单工位加工即可完成,故选择立式加工中心。该零件加工内容有粗铣、精铣、粗镗、半精镗、精镗、钻、扩、锪、铰及攻螺纹等工步。选择 XH714 型立式加工中心,其刀库容量为 18 把,定位精度和重复定位精度都能满足上述要求,工件一次装夹后即可自动完成上述内容
3	选择加工方案	B 面表面粗糙度为 $Ra6.3$,故采用粗铣→精铣方案;$\phi60H7$ 孔已铸出毛坯孔,为达到 $\phi60H7$ 和 $Ra0.8$ 的表面粗糙度,需经粗镗→半精镗→精镗三次镗削加工;$\phi12H8$ 孔为防止钻偏和满足 IT8 精度,需按钻中心孔→钻孔→扩孔→铰孔方案进行;$\phi16$ 孔在加工 $\phi12$ 孔基础上锪至尺寸即可;M16 螺纹孔按钻中心孔→钻底孔→倒角→攻螺纹方案加工
4	确定加工顺序	按先面后孔、先粗后精的原则,确定其加工顺序为粗、精铣 B 面→粗镗、半精镗、精镗 $\phi60H7$ 孔→钻各孔的中心孔→钻、扩、锪、铰 $\phi12H8$ 及 $\phi16$→M16 螺纹孔钻底孔、倒角和攻螺纹,具体加工过程见表 3-71 和表 3-72
5	确定装夹方案和选择夹具	该盖板零件形状简单,加工面与不加工面之间的位置精度要求不高,故可选用通用台钳直接装夹,以盖板底面 A 和相邻两个侧面定位,用台钳钳口从侧面夹紧
6	选择刀具	铣削 B 面 160mm×160mm 正方形,选择粗、精铣刀直径大于 B 平面的一半即可,选用 $\phi100$ 的面铣刀;镗 $\phi60H7$ 孔选用单刃、双刃镗刀;加工 $4\times\phi12H8$ 孔选用 $\phi3$ 中心钻、$\phi10$ 麻花钻、$\phi11.85$ 扩孔钻和 $\phi12H8$ 铰刀;刀柄柄部根据主轴锥孔和拉紧机构选择。具体所选择刀具和刀柄见表 3-73
7	确定进给路线	所选铣刀直径就基本确定了 B 面的粗、精加工的进给路线。因选用铣刀直径为 $\phi100$,故安排沿 X 方向两次进给,见表中图铣削 B 面的进给路线。因为各孔的位置精度要求均不高,故所有孔加工的进给路线可按最短路线确定。见表中的进给路线图

续表

序号	加工工艺流程	图示	说明
7	确定进给路线	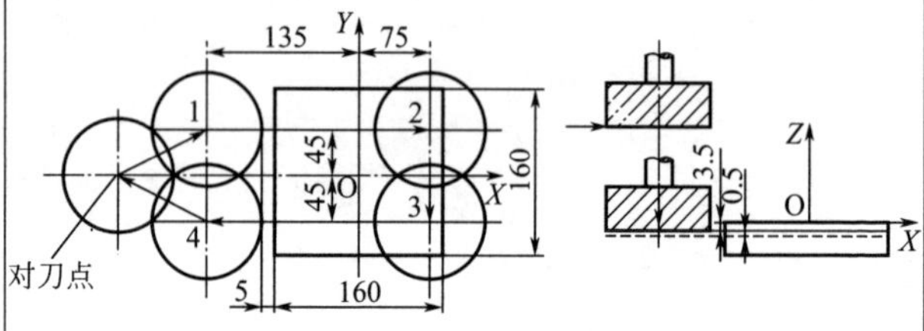	铣削*B*面的进给路线
		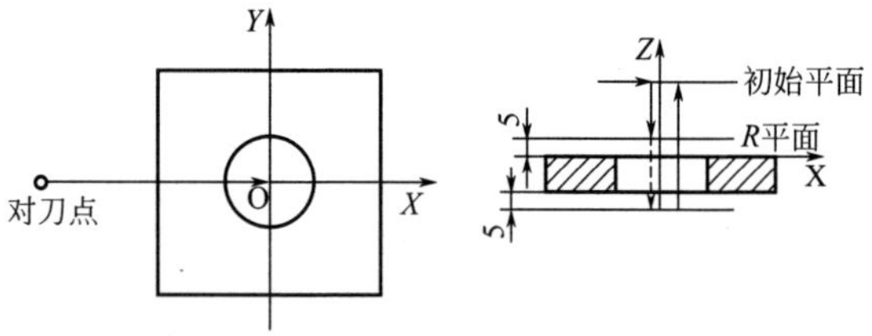	镗 ϕ60H7孔进给路线
		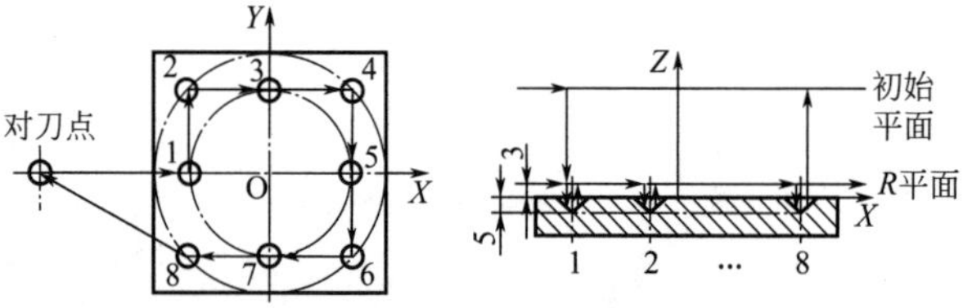	钻中心孔进给路线
		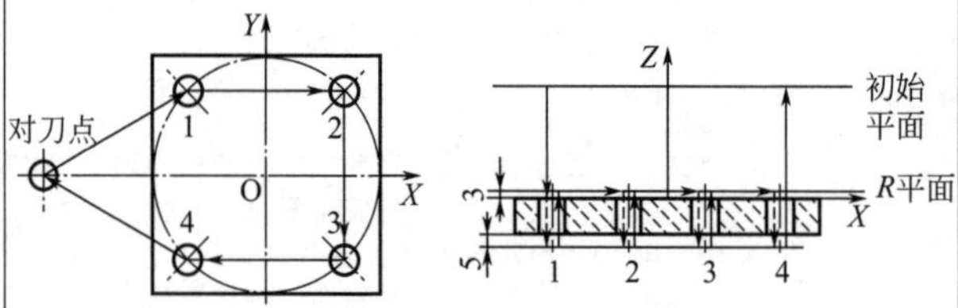	钻、扩、铰 ϕ12H8孔进给路线

续表

序号	加工工艺流程	图示	说明
7	确定进给路线	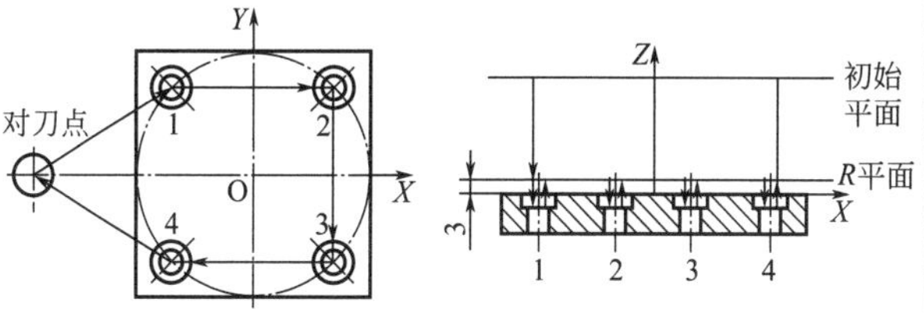	锪 $\phi16$ 孔进给路线
		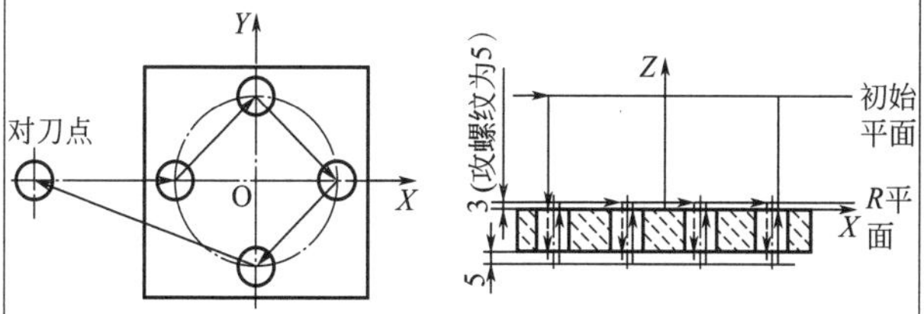	钻螺纹底孔、攻螺纹进给路线
8	选择切削用量	查表确定切削速度和进给量，然后计算出机床主轴转速和机床进给速度	

表 3-71　盖板零件的机械加工工艺过程

序号	工序名称	工序内容	设备及工装
1	铸造	制作毛坯，除四周侧面外，各部留单边余量 2～3mm	
2	钳	划全线，检查	
3	铣	粗、精铣 *A* 面；粗铣 *B* 面留 0.3mm 余量	普通铣床
4	数控加工	精铣 *B* 面，加工各孔	立式加工中心
5	钳	去毛刺	
6	检验		

表 3-72 数控加工工序卡

(工厂)	数控加工工序卡		产品名称或代号		零件名称		材料	零件图号
					盖板		HT200	
工序号	程序编号	夹具名称	夹具编号		使用设备			车间
4		台钳			XH714			
工步号	工步内容	加工面	刀具号	刀具规格/mm	主轴转速/(r/min)	进给速度/(mm/min)	切削深度/mm	备注
1	精铣 B 平面至尺寸		T01	ϕ100	350	50	0.5	
2	粗镗 ϕ60H7 孔至 ϕ58		T02	ϕ58	400	60		
3	半精镗 ϕ60H7 孔至 ϕ59.95		T03	ϕ59.95	450	50		
4	精镗 ϕ60H7 孔至尺寸		T04	ϕ60H7	500	40		
5	钻 4×ϕ12H8 及 4×M16 的中心孔		T05	ϕ3	1000	50		
6	钻 4×ϕ12H8 至 ϕ10		T06	ϕ10	300	40		
7	扩 4×ϕ12H8 至 ϕ11.85		T07	ϕ11.85	300	40		
8	锪 4×ϕ16 至尺寸		T08	ϕ16	150	30		
9	铰 4×ϕ12H8 至尺寸		T09	ϕ12H8	100	40		
10	钻 4×M16 底孔至 ϕ14		T10	ϕ14	450	60		
11	倒 4×M16 底孔端角		T11	ϕ18	300	40		
12	攻 4×M16 螺纹孔		T12	M16	100	200		
编制		审核		批准		共 页	第 页	

表 3-73 数控加工刀具卡

产品名称或代号		零件名称	盖板	零件图号		程序编号	
工步号	刀具号	刀具名称	刀柄型号	刀具		补偿值/mm	备注
				直径/mm	长度/mm		
1	T01	面铣刀 ϕ100	BT40-XM33-75	ϕ100			
2	T02	镗刀 ϕ58	BT40-TQC50-180	ϕ58			
3	T03	镗刀 ϕ59.95	BT40-TQC50-180	ϕ59.95			
4	T04	镗刀 ϕ60H7	BT40-TW50-140	ϕ60H7			
5	T05	中心钻 ϕ3	BT40-Z10-45	ϕ3			
6	T06	麻花钻 ϕ10	BT40-M1-45	ϕ10			
7	T07	扩孔钻 ϕ11.85	BT40 M1 45	ϕ11.85			
8	T08	阶梯铣刀 ϕ16	BT40-MW2-55	ϕ16			
9	T09	铰刀 ϕ12H8	BT40-M1-45	ϕ12H8			
10	T10	麻花钻 ϕ14	BT40-M1-45	ϕ14			
11	T11	麻花钻 ϕ18	BT40-M2-50	ϕ18			
12	T12	机用丝锥 M16	BT40-G12-130	ϕ16			
编制		审核		批准		共 页	第 页

3.6.3 异形支架零件加工中心切削加工工艺规程制定的分析

异形支架零件如图 3-6 所示，其切削加工工艺规程制定分析见表 3-74。

表 3-74 异形支架零件加工中心切削加工工艺规程制定分析

序号	加工工艺过程	说明
1	零件工艺分析	该异形支架的结构比较复杂，精度要求高，各加工表面之间有较严格的形位公差要求。主要形位公差为 ϕ55H7 孔对 ϕ62J7 的对称度 0.06mm 及垂直度 0.02mm，ϕ62J7 孔与 ϕ75js6 外圆之间 ϕ0.03 的同轴度，40h8 对 ϕ55H7 的垂直度为 0.02mm。该零件材料为铸铁，毛坯为铸件，加工余量大；零件的刚性差，容易发生变形，加工部位多，加工难度较大。若在普通机床上加工难以保证零件的尺寸精度、形位精度和表面粗糙度的要求

续表

序号		加工工艺过程	说明
2		选择加工中心	通过零件的工艺分析，该异形支架有多个需要加工的部位，要从几个方向进行加工，故选择在卧式加工中心上加工。本例选用XH754型卧式加工中心
3		工艺措施	①采用先粗、粗精分开的办法，待全部加工表面的粗加工和半精加工完成之后，再精加工，使其在粗加工、半精加工中引起的内应力能充分释放，所产生的变形在精加工中得以消除和纠正。 ②所选卧式加工中心本身采用编码器进行位置检测，利用鼠齿盘进行工作台分度定位，多次回转加工，能有效地保证各面之间的垂直度要求。 ③ 在精镗 ϕ62J7 孔之前加工 $2\times2.2^{+0.12}_{0}$ 槽及倒角，可防止精加工后孔内产生毛刺。加工 $2\times2.2^{+0.12}_{0}$ 槽时，可采用三面刃铣刀或锯片铣刀按圆弧插补方式进行铣削，还可用专用刀具卡簧槽铣刀铣削两槽
4 工艺设计	(1)	加工部位和加工方案	ϕ62J 孔：粗镗→半精镗→孔两端倒角→铰； ϕ55H7 孔：粗镗→孔两端倒角→精镗； $2\times2.2^{+0.12}_{0}$ 空刀槽：一次切成； 44U 形槽：粗铣→精铣； R22 尺寸：一次镗； 40h8 尺寸两面：粗铣左面→粗铣右面→精铣左面→精铣右面
	(2)	确定加工顺序	具体加工顺序见表3-75和表3-77。B0°：粗镗 R22 尺寸→粗铣U形槽→粗铣 40h8 尺寸左面；B180°：粗铣 40h8 尺寸右面；B270°：粗镗 ϕ62J7 孔→半精镗 ϕ62J7 孔→切 $2\times\phi65^{+0.4}_{0}\times2.2^{+0.12}_{0}$ 空刀槽→ϕ62h7 孔两端倒角；B180°：粗镗 ϕ55H7 孔、孔两端倒角；B0°：精铣U形槽→精铣 40h8 尺寸左端面；B180°：精铣 40h8 尺寸右端面→精镗 ϕ55H7 孔；B270°：铰 ϕ62J7 孔
	(3)	确定装夹方案和选择夹具	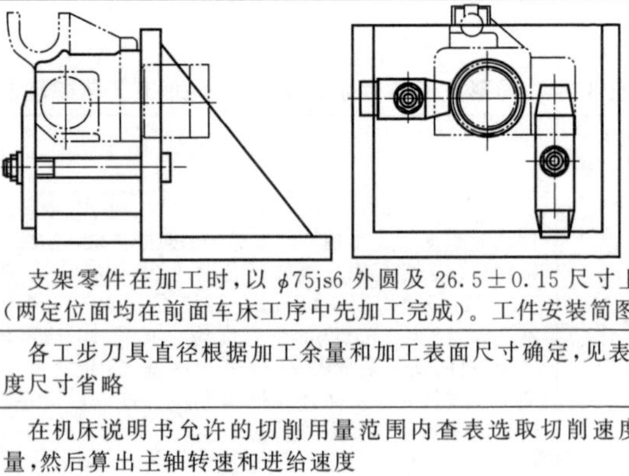 支架零件在加工时，以 ϕ75js6 外圆及 26.5±0.15 尺寸上面定位（两定位面均在前面车床工序中先加工完成）。工件安装简图如图
	(4)	选择刀具	各工步刀具直径根据加工余量和加工表面尺寸确定，见表3-77，长度尺寸省略
	(5)	选择切削用量	在机床说明书允许的切削用量范围内查表选取切削速度和进给量，然后算出主轴转速和进给速度

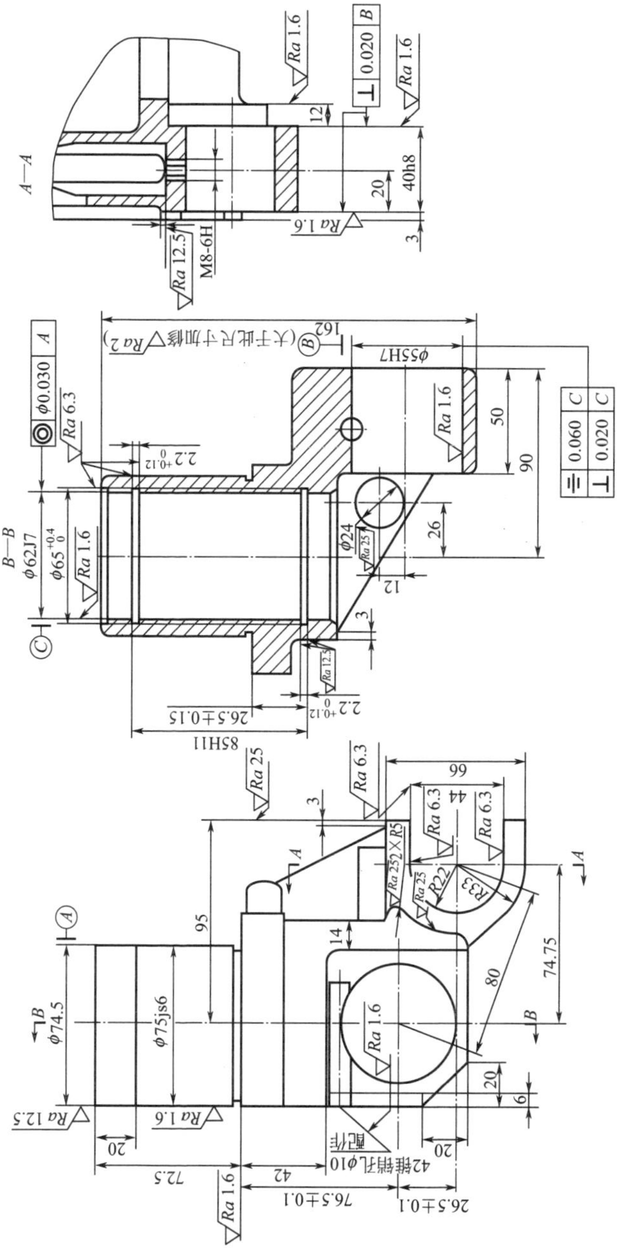

图 3-6　异形支架零件简图

表 3-75　异形支架零件的机械加工工艺过程卡

序号	工序名称	工序内容	设备及工装
1	铸造	铸造毛坯，各加工部位留单边余量 2～3mm	
2	热处理	时效	
3	油漆	刷底漆	
4	钳	划全线，合理分配加工余量	
5	车	上花盘：①按线找正，粗、精车 ϕ75js6、ϕ74.5 及尺寸 26.5±0.05，*Ra* 值为 1.6 的上端面；②粗车 ϕ62J7 内孔，留单边余量 1mm；③ ϕ62J7 两端倒角	普通车床
6	数控加工	加工 ϕ62J7 孔、ϕ55H7 孔、$2\times2.2^{+0.12}_{0}$ 空刀槽、宽 44 及 *R*22 的 U 形槽、尺寸 40h8 的两端面等	卧式加工中心专用夹具
7	钻	钻 ϕ24 孔、M8-6H 螺纹底孔	立式钻床
8	钳	攻 M8-6H 螺纹、去毛刺	
9	检验		

表 3-76　数控加工刀具卡

产品名称或代号			零件名称	异形支架	零件图号		程序编号	
工步号	刀具号	刀具名称	刀柄型号		刀具		补偿值/mm	备注
					直径/mm	长度/mm		
1	T01	镗刀 ϕ42	JT40-TQC30-270		ϕ42			
2	T02	长刃铣刀 ϕ21	JT40-MW3-75		ϕ21			
3	T03	立铣刀 ϕ30	JT40-MW4-85		ϕ30			
4	T03	立铣刀 ϕ30	JT40-MW4-85		ϕ30			
5	T04	镗刀 ϕ61	JT40-TQC50-270		ϕ61			
6	T05	镗刀 ϕ61.85	JT40-TZC50-270		ϕ61.85			
7	T06	专用切槽刀 ϕ50	JT40-M4-95		ϕ50			
8	T07	镗刀 ϕ54	JT40-TZC40-240		ϕ54			
9	T08	倒角刀 ϕ66	JT40-TZC50-270		ϕ66			

续表

工步号	刀具号	刀具名称	刀柄型号	刀具		补偿值/mm	备注
				直径/mm	长度/mm		
10	T02	长刃铣刀 ϕ25	JT40-MW3-75	ϕ25			
11	T09	镗刀 ϕ66	JT40-TZC40-180	ϕ66			
12	T10	镗刀 ϕ55H7	JT40-TQC50-270	ϕ55H7			
13	T11	铰刀 ϕ62J7	JT40-K27-180	ϕ62J7			
编制		审核		批准		共 页	第 页

表 3-77　数控加工工序卡

(工厂)	数控加工工序卡片		产品名称或代号	零件名称	材料	零件图号
				异形支架	铸铁	
工序号	程序编号	夹具名称	夹具编号	使用设备		车间
6		专用夹具		XH754		

工步号	工步内容	加工面	刀具号	刀具规格/mm	主轴转速/(r/min)	进给速度/(mm/min)	切削深度/mm	备注
	$B0°$							
1	粗铣U形槽宽尺寸44mm至42mm		T01	ϕ42	300	45		
2	粗铣U形槽 $R22$ 至 $R25$		T02	ϕ21	200	60		
3	粗铣40h8尺寸左面，留余量0.5mm		T03	ϕ30	180	60		
	$B180°$							
4	粗铣40h8尺寸右面，留余量0.5mm		T03	ϕ30	180	60		
	$B270°$							
5	粗镗ϕ62J7孔至ϕ61		T04	ϕ61	250	80		

续表

工步号	工步内容	加工面	刀具号	刀具规格/mm	主轴转速/(r/min)	进给速度/(mm/min)	切削深度/mm	备注
6	半精镗 ϕ62J7 孔至 ϕ61.85		T05	ϕ61.85	350	60		
7	铣 $2\times\phi65^{+0.5}_{0}\times2.2^{+0.12}_{0}$ 槽		T06	ϕ50	200	20		
	$B180°$							
8	粗镗 ϕ55H7 孔至 ϕ54		T07	ϕ54	350	60		
9	ϕ55H7 孔两端倒角		T08	ϕ66	100	30		
	$B0°$							
10	精铣 U 形槽		T02	ϕ25	200	60		
11	精铣 40h 左端面至尺寸		T09	ϕ66	250	30		
	$B180°$							
12	精铣 40h 右端面至尺寸		T09	ϕ66	250	30		
13	精镗 ϕ55H7 孔至尺寸		T10	ϕ55H7	450	20		
	$B270°$							
14	镗 ϕ62J7 孔至尺寸		T11	ϕ62J7	100	80		
编制		审核		批准			共 页	第 页

3.7 加工中心加工实例

如图 3-7 所示为数控铣削加工的凸轮零件图，毛坯已加工，ϕ30H7 孔和两端面已加工，材料为 20Cr。

根据图纸要求，工件以孔 ϕ30H7 和一个端面作为定位面，在端面上用螺母和垫圈压紧。由于孔 ϕ30H7 是设计和定位基准，应将对刀点（起刀点）选在 ϕ30H7 孔中心线上距离工件上表面 50mm 处，以便于确定刀具与工件的相对位置。

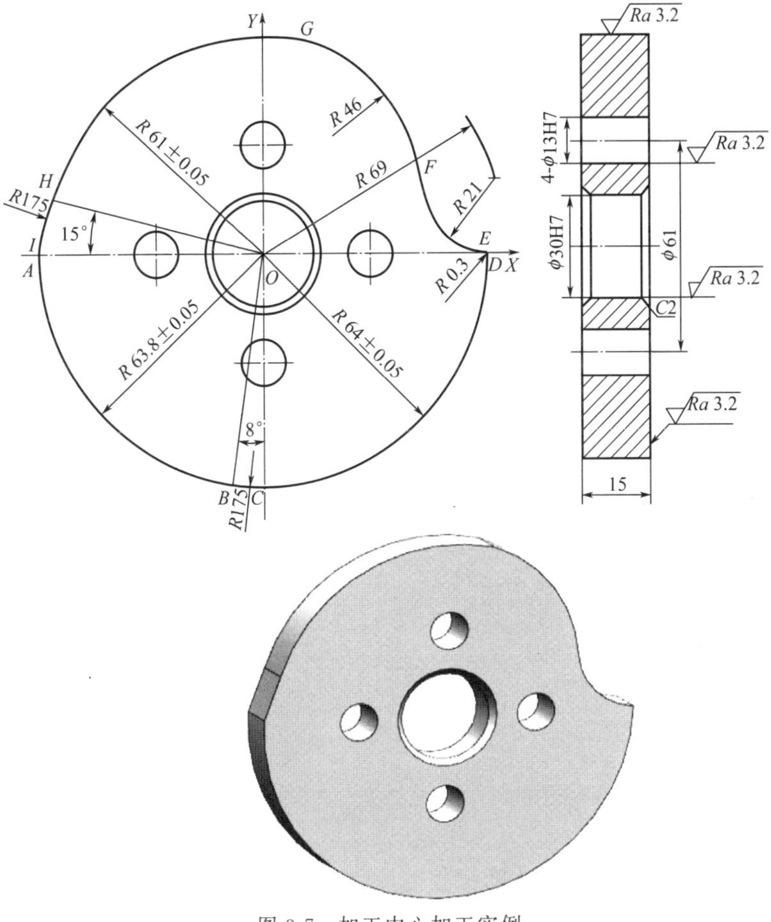

图 3-7　加工中心加工实例

加工工艺路线如下：凸轮轮廓铣削加工（选用 ϕ20 立铣刀 T01，可以通过改变刀具半径补偿量来进行粗加工和精加工）；钻、扩、铰 4-ϕ13H7 孔（ϕ3 中心钻 T02、ϕ11 钻头 T03、ϕ12.85 扩孔钻 T04、ϕ13H7 铰刀 T05）。

工件坐标原点设置于工件上表面，建立如图 3-7 所示的工件坐标系，起刀点在工件坐标系中的坐标为（0，0，50）。通过计算可以得到各段圆弧连接点在 XY 平面上坐标：A（−63.8，0）；B

(−9.962，−63.017)；*C*(−5.596，−63.746)；*D*(63.999，−0.269)；*E*(63.728，0.03)；*F*(44.805，19.387)；*G*(14.786，59.181)；*H*(−55.618，25.054)；*I*(−62.897，10.697)。

数控加工程序如下：

(1) O0017;

```
N0010 G92 X0 Y0 Z50;
N0020 M06 T01;
N0030 G90 G00 Z10;
N0040 X-73.8 Y20;
N0050 S800 M03;
N0060 G43 Z-16 H01 M08;
N0070 G42 G01 X-63.8 Y10 F60 D01;
N0080 X-63.8 Y0;
N0090 G03 X-9.962 Y-63.017 R63.8;
N0100 G02 X-5.596 Y-63.746 R175;
N0110 G03 X63.999 Y-0.269 R64;
N0120 X63.728 Y0.03 R0.3;
N0130 G02 X44.805 Y19.387 R21;
N0140 G03 X14.786 Y59.181 R46;
N0150 X-55.617 Y25.054 R61;
N0160 G02 X-62.897 Y10.697 R175;
N0170 G03 X-63.8 Y0 R63.8;
N0180 G01 X-63.8 Y-10;
N0190 G01 G40 X-73.8 Y-20 M09;
N0200 G00 G49 Z10 M05;
N0210 M06 T02;
N0220 G00 X0 Y31.5;
N0230 S1000 M03;
N0240 G43 Z4 H02 M08;
N0250 G98 G90 G81 Z-5 R2 F50;
N0260 M98 P0032;
N0270 G80 G00 G49 Z10 M05 M09;
N0280 M06 T03;
N0290 G00 X0 Y31.5;
N0300 S600 M03;
```

```
N0310 G43 Z4 H03 M08;
N0320 G99 G81 Z-18 R2 F60;
N0330 M98 P0033;
N0340 G80 G00 G49 Z10 M05 M09;
N0350 M06 T04;
N0360 G00 X0 Y31.5;
N0370 S500 M03;
N0380 G43 Z4 H04;
N0390 G99 G81 Z-18 R2 F40;
N0400 M98 P0033;
N0410 G80 G00 G49 Z10 M05;
N0420 M06 T05;
N0430 G00 X0 Y31.5;
N0440 S500 M03;
N0450 G43 Z4 H04;
N0460 G99 G81 Z-18 R2 F40;
N0470 M98 P0033;
N0480 G80 G00 G49 Z10 M05;
N0490 G00 X0 Y0 Z50;
N0500 M30;
```

（2）子程序

```
O0032;
N0010 G99 G81 Z-5 R2 X-31.5 Y0 F40;
N0020 G81 Z-5 R2 X0 Y-31.5;
N0030 G81 Z-5 R2 X31.5 Y0;
N0040 M99;
O0033;
N0010 G99 G81 Z-18 R2 X-31.5 Y0 F40;
N0020 G81 Z-18 R2 X0 Y-31.5;
N0030 G81 Z-18 R2 X31.5 Y0;
N0040 M99;
```

第4章 数控电火花加工

4.1 数控电火花加工

电火花加工是利用两极间脉冲放电时产生的电腐蚀现象对材料进行加工的方法，是一种利用电能和热能进行加工的新工艺，也称放电加工，由于在放电过程中有电火花产生，所以称电火花加工。

4.1.1 电火花加工的工艺类型、特点及适用范围

电火花加工范围比较广泛，电火花加工工艺类型、工艺方法、主要特点和用途如表 4-1 所示。

表 4-1 电火花加工工艺方法的分类

类别	工艺类型	特点	适用范围	备注
1	电火花穿孔成形加工	(1)工具和工件间只有一个相对的伺服进给运动； (2)工具为成形电极，与被加工表面有相同的截面和相应的形状	(1)穿孔加工：加工各种冲模、挤压模、粉末冶金模、各种异型孔和微孔； (2)型腔加工：加工各种类型腔模和各种复杂的型腔工件	约占电火花机床总数的 30%，典型机床有 D7125、D7140 等电火花穿孔成形机床
2	电火花线切割加工	(1)工具和工件在两个水平方向同时有相对伺服进给运动； (2)工具电极为顺电极丝轴线垂直移动的线状电极	(1)切割各种冲模和具有直纹面的零件； (2)下料、切割和窄缝加工	约占电火花机床总数的 60%，典型机床有 DK7725、DK7740 等数控电火花线切割机床
3	电火花磨削和镗削	(1)工具和工件间有径向和轴向的进给运动； (2)工具和工件有相对的旋转运动	(1)加工高精度、表面粗糙度值小的小孔，如拉丝模、微型轴承内环、钻套等； (2)加工外圆、小模数滚刀等	约占电火花机床总数的 3%，典型机床有 D6310、电火花小孔内圆磨机床

续表

类别	工艺类型	特点	适用范围	备注
4	电火花同步共轭回转加工	(1)工具相对工件可作纵、横向进给运动； (2)成形工具和工件均作旋转运动，但二者角速度相等或成整数倍，相对应接近的放电点可有切向相对运动速度	以同步回转、展成回转、倍角速度回转等不同方式，加工各种复杂型面的零件，如高精度的异形齿轮、精密螺纹环规，高精度、高对称、表面粗糙值小的内、外回转体表面	小于电火花机床总数的1%，典型机床有JN—2、JN—8内外螺纹加工机床
5	电火花高速小孔加工	(1)采用细管电极(>ϕ0.3)，管内冲入高压水工作液； (2)细管电极旋转； (3)穿孔速度很高(30～60mm/min)	(1)线切割预穿丝孔； (2)深径比很大的小孔，如喷嘴等	约占电火花机床总数的2%，典型机床有D703A电火花高速小孔加工机床
6	电火花表面强化和刻字	(1)工具相对工件移动； (2)工具在工件表面上振动，在空气中放火花	(1)模具刃口、刀具、量具刃口表面强化和镀覆； (2)电火花刻字、打印记	约占电火花机床总数的1%～2%，典型设备有D9105电火花强化机床等

4.1.2 数控电火花成形机床

数控电火花成形机床主要由机床主体、脉冲电源、数控系统及工作液系统四大部分组成，如图4-1所示。

(1)机床主体

机床主体由床身、立柱、主轴、工作液槽、工作台等组成。其中主轴头是关键部件，在主轴头装有电极夹具，用于装夹和调整电极位置。主轴头是自动进给调节系统的执行机构，对加工精度有最直接的影响。床身、立柱、坐标工作台起着支撑定位和便于操作的作用。

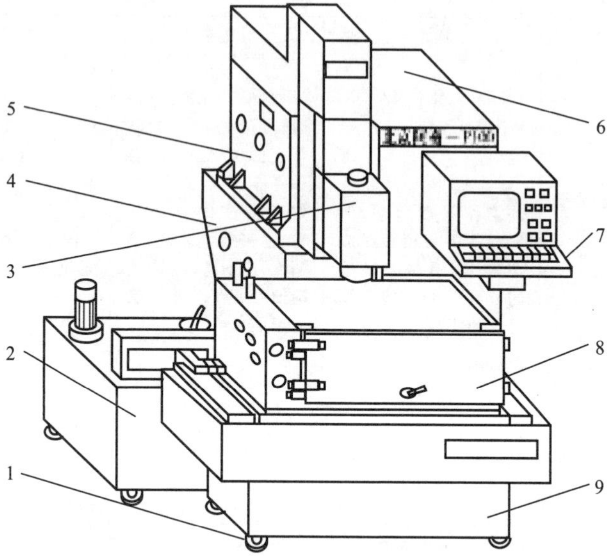

图 4-1 数控电火花成形机床

1—机床垫铁；2—油箱；3—主轴；4—底座；5—立柱；
6—数控电源柜；7—控制台；8—工作液槽；9—床身

(2)脉冲电源

脉冲电源将直流或交流电转换为高频率的脉冲电源，也就是把普通 220V 或 380V、50Hz 的交流电转变成频率较高的脉冲电源，提供电火花加工所需要的放电能量。

(3)数控系统

数控系统是运动和放电加工的控制部分。在电火花加工时，由于火花放电的作用，工件不断被蚀除，电极被损耗，当火花间隙变大时，加工便因此而停止。为了使加工过程连续，电极必须间歇式地及时进给，以保持最佳放电间隙。

(4)工作液系统

工作液系统是由储液箱、油泵、过滤器及工作液分配器等部分组成，工作液系统可进行冲、抽、喷液及过滤工作。

4.1.3 电火花成形加工工艺流程

电火花成形加工的基本工艺包括：电极的制作、工件的准备、电极与工件的装夹定位、冲抽油方式的选择、加工规准的选择、转换、电极缩放量的确定及平动（摇动）量的分配等。

(1)电火花成形加工的基本工艺路线如图 4-2 所示

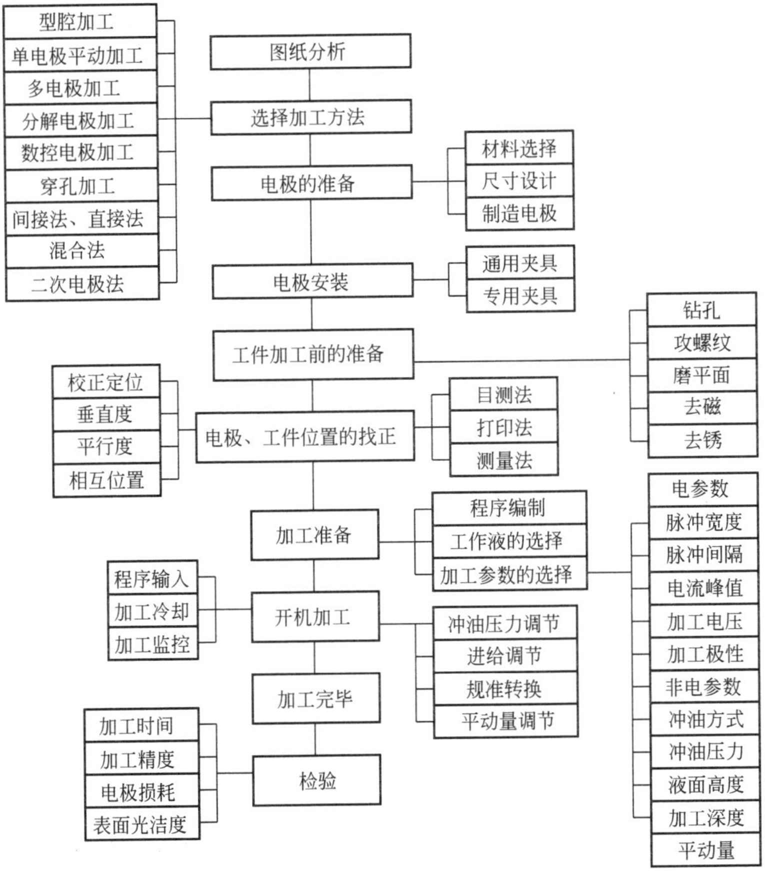

图 4-2 电火花成形加工的基本工艺路线图

(2)电火花穿孔加工工艺路线见表 4-2

表 4-2 电火花穿孔加工工艺路线一览表

序号	电火花穿孔加工工艺路线	说明
1	分析图纸	
2	选择加工方法	根据加工对象、精度及表面粗糙度等要求和机床功能选择加工方法，如冲模加工可采用直接法、间接法、混合法、二次放电法等四种工艺方法
1）	直接法	直接法是在加工过程中，将凸模长度适当增加，先作为电极，加工后将电极损耗部分切去后作凸模使用
2）	间接法	间接法是指在模具电火花加工中，凸模与加工凹模用的电极分开制造。先根据凹模尺寸设计电极，然后制造电极并进行凹模加工，再根据间隙要求来配制凸模
3）	混合法	混合法就是把电极和凸模连接在一起，然后分开凸模与电极，电极用来加工凹模
4）	二次放电法	二次放电法是利用一次电极加工二次电极，并加工出凸模与凹模的工艺方法
3	电极的准备	电极材料、电极设计、电极制造
1）	电极材料的选择	应选择导电性能良好、损耗小、造型容易、加工过程稳定、效率高、机械加工性好和价格便宜的材料作为电极材料。电火花成形加工常用的电极的材料有紫铜、黄铜、铸铁、钢、石墨、铜钨合金和银钨合金等。表 4-3 为常用电极材料的性能
2）	电极的结构形式	根据型孔的尺寸精度、形位精度、表面粗糙度等决定电极的结构形式
①	整体电极	用一整块电极材料加工出的完整电极称为整体电极
②	组合电极	组合电极也称多电极。在同一凹模上加工多个型孔，可采用多电极加工，即把多个电极装夹在一起，一次完成凹模型孔的加工
③	镶拼式电极	当电极作成整体时，机械加工困难，采用几块分开加工后镶拼的方法，易得到清角，这样可以保证电极的制造精度
3）	冲模电极的设计	要求工具电极的尺寸精度和表面粗糙度比凹模高，一般精度不低于 IT7，粗糙度 Ra 小于 1.25μm，直线度、平面度和平行度在 100mm 长度上不大于 0.01mm

续表

序号	电火花穿孔加工工艺路线	说明
3)	工具电极的长度	工具电极的长度 L 可用下列公式进行估算： $L=KH+H_1+H_2+(0.4\sim0.8)(n-1)KH$ K 值选取见表 4-4
4)	冲模电极的制造	可以采用先机械加工，然后成形磨削。也可直接采用电火花线切割加工电极。采用钢冲头直接作为电极时，可直接用成形磨削磨出
5)	电规准加工参数的选择	对于精度要求较高的冲模具，除了保证其表面精度外，还应考虑到确定合理的放电间隙，并控制凸、凹模间的配合间隙，以便选择与之相适应的电参数。对于精度要求不高的工件或加工工艺孔及去除折断在工件中的丝锥、钻头时，则可选择最高加工速度的脉冲参数，即脉宽与峰值电流。对于型孔截面面积较小的工件，不宜选择过大的峰值电流，以防止放电集中（尖角、狭槽处）出现电弧烧伤工件并增大电极的损耗

(3)常用电极材料的性能、特点及其应用范围见表 4-3

表 4-3　常用电极材料的性能、特点及其应用范围

电极材料	相对密度	机械磨削加工性能	电火花加工性能说明	适用范围
紫铜	8.9	常用电极材料，机械加工性虽好，但磨削加工困难，因其材质软，易产生瑕疵	加工性能优异，适用晶体管电源加工，电极损耗较小	穿孔加工 型腔加工
石墨	1.7	常用电极材料，机械加工性好，但机械强度差，制造电极时粉尘较大，还容易崩刃	加工性能优异，但不适用于精加工，也不适用于硬质合金加工，电极损耗较小	大型 型腔模
黄铜	8.5	机械加工性能一般，较少采用，难以磨削	加工稳定性好，比铜加工速度低 20%～30%，电极损耗较大	简易形状 穿透加工
银钨合金	15.0	是较好的电极材料，但价格昂贵，切削或磨削时工具磨损较大，但有一定弯曲变形	加工精度和稳定性好，适用于高光洁度和硬质合金的加工，电极损耗小	精密冲模 精密型腔

续表

电极材料	相对密度	机械磨削加工性能	电火花加工性能说明	适用范围
铜钨合金	14.0	价格昂贵，切削或磨削时工具磨损较大，且有一定弯曲变形	同上，适用于深长直壁孔、硬质合金穿孔加工等	精密冲模 精密型腔
钢	7.8	机械加工性能好	加工稳定性较差，电极损耗一般	冲模加工
铝	2.7	机械加工性能好，易产生瑕疵	加工稳定性较好，加工速度快，适用于大电流、高效率加工，电极损耗大	穿透加工 大型型腔
锌合金	6.7	机械加工性能好，易产生变形	加工性能较好，电极损耗大	穿透加工
铸铁	6.6	机械加工性能好	在加工过程中易于起弧，加工速度不如铜电极高	大型型腔 冲模加工

(4)常用电极材料的 *K* 值选取的经验数据见表 4-4

表 4-4　*K* 值选取的经验数据

电极材料	紫铜	黄铜	石墨	铸铁	钢
K 值	2～2.5	3～3.5	1.7～2	2.5～3	3～3.5

(5)不同冲模加工的规准选择要点见表 4-5

表 4-5　不同冲模加工的规准选择要点

冲模的表现形式和要求	规准选择要点
间隙大	加工刃口可选择较强规准，或采用平动电极法和电极镀铜法实现大间隙
间隙小	加工刃口部分只能选择较弱规准
斜度大	不采用阶梯电极，增加规准转换级差，并采用冲油
斜度小	用阶梯电极，采用抽油。粗规准可较强，精规准看刃口表面粗糙度而定
半刃口	粗、中、精逐规准过渡，根据刃口要求间隙、斜度来选择规准的强弱

续表

冲模的表现形式和要求	规准选择要点
全刃口	采用阶梯电极、规准选择同斜度小的冲模加工
小型孔槽	采用较弱规准，以保证精度和表面粗糙度
形状复杂	规准选择相应弱些
余量大	规准选择尽量强些
钢打钢	选择脉冲宽度不大、峰值电流高、脉冲间隔较大的规准加工

(6)电火花型腔加工工艺路线见表4-6

表4-6 电火花型腔加工工艺路线一览表

序号	电火花型腔加工工艺路线	说明
1	图纸分析	对零件图进行分析，了解工件的结构特点，材料，明确加工要求
2	选择加工方法	根据加工对象、工件精度及表面粗糙度等要求和机床功能选择，采用单电极平动加工法、多电极加工法、分解电极加工法和程控电极加工法等
1)	单电极平动法	即采用一个电极完成的粗、中、精加工方法
2)	多电极加工法	即将粗、精加工分开，更换不同的电极加工同一个型腔的方法
3)	分解电极法	即单电极平动法和多电极加工法的综合应用
4)	程控电极加工	将型腔分解成更为简单的表面，制造相应的简单电极，在数控电火花机床上，由程序控制自动更换电极和转换电规准，实现复杂型腔的加工
3	电极的准备	包括电极的材料、电极的结构形式、电极的尺寸与制造
1)	选择电极材料	选择耐蚀性高的电极材料，在大、中型零件及模具加工方面，大多采用石墨制作电极，精密加工时大多采用紫铜电极
2)	电极的结构形式	整体电极、组合式电极、镶拼电极、分解式电极
3)	电极尺寸设计	按图样要求，并根据加工方法和放电脉冲设定有关的参数等设计电极纵、横断面尺寸及公差

续表

序号	电火花型腔加工工艺路线	说明
4）	电极制造	常用的方法有铣、车以及平面和圆柱面磨削。数控铣削加工可以完成型面复杂的电极制造，靠模铣削加工是加工多个电极的有效方法，电火花线切割加工可以完成复杂形状、精度高的电极加工，电铸的方法适用于大尺寸电极制造
4	电极的安装	见表 4-7
5	电极的校正	见表 4-8
6	工件的装夹与校正	工件可直接装夹在垫块或工作台上。如果采用下冲油时，工件可装夹在油杯上，用压板压紧。工作台有坐标移动时，应使工件中心线和十字拖板移动方向一致，以便于电极和工件的校正定位。电极与工件的校正见表 4-9
7	加工前的准备	对工件进行电火花加工前的钻孔、攻螺纹加工、磨平面、去磁、去锈等。加工预孔：工件型孔部分要加工预孔，并留适当的电火花加工余量，一般每边留余量 0.3～1.5mm，力求均匀。如果加工形状复杂的型孔，余量要适当增大。凹模采用阶梯空刀时，台阶加工应深度一致。型孔有尖角部位时，为减少电火花加工角损耗，加工预孔要尽量做到清角。螺孔、螺纹、销孔均加工出来。热处理时，淬火硬度一般要求为 RC58°～60°左右。磨光、除锈、去磁
8	热处理安排	对需要淬火处理的型腔，根据精度要求安排热处理工序
9	编制输入程序	一般采用国际标准 ISO 代码。加工程序是由一系列适应不同深度的工艺和代码所组成。编程的方法还有自动生成程序系统编程、用手动方式进行编程、用半自动生成程序系统进行编程
10	加工参数的选择	根据加工工件的表面粗糙度及精度要求选择有关参数
1）	电规准的选择	当电流峰值一定时，脉冲宽度越宽，则单个脉冲能量越大，生产效率越高，间隙越大，工件的表面越粗糙，电极损耗越小。当电流峰值增加时，则生产率增加，电极损耗加大，且和脉冲有关
2）	电规准的转换与平动量的分配	一般粗加工规准选择 1 档，中、精加工选择 2～4 档
11	检验	对工件各尺寸、相对位置、精度及表面粗糙度进行检验

(7)电极的装夹

电极装夹与校正的目的是使电极正确、牢固地装夹在机床主轴的电极夹具上，使电极轴线和机床主轴轴线一致，保证电极与工件的垂直和相对位置。电极的装夹见表 4-7。

表 4-7　电极的装夹

电极	图示	说明
整体式电极	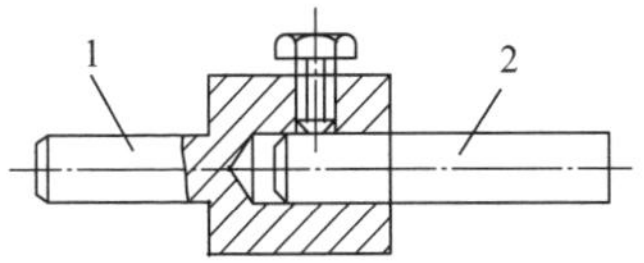 (a) 1—套筒；2—电极 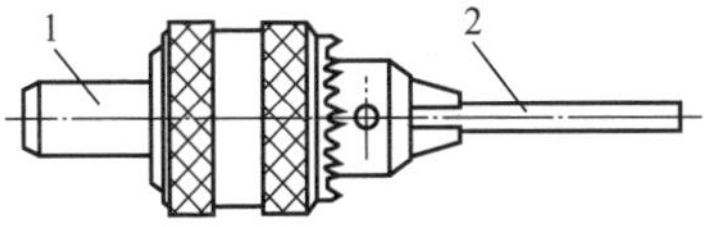 (b) 1—钻夹头；2—电极	图(a)对于圆柱形电极可选用标准套筒夹具装夹；图(b)直径较小的电极可选用钻夹头装夹
	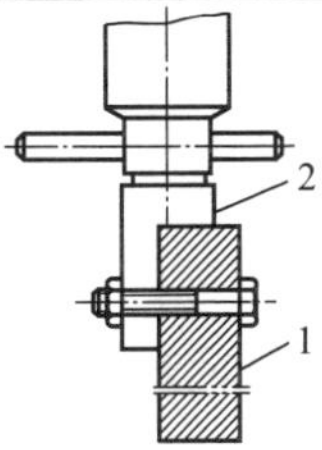 (a) 1—电极；2—夹具 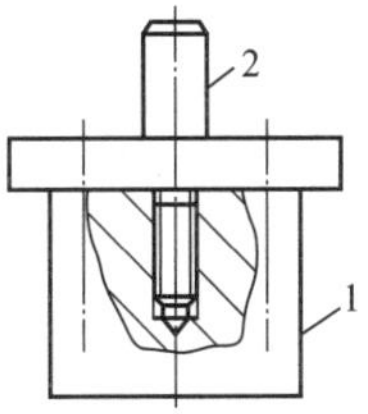 (b) 1—电极；2—标准螺纹夹具 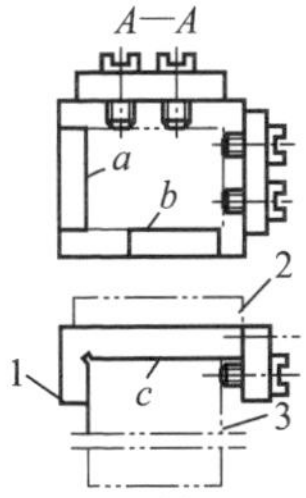 (c) 1—连接法兰盘；2—主轴法兰；3—电极	图(a)对于小电极，可利用电极夹具装夹。图(b)对于尺寸较大的电极可选用螺纹夹头装夹。也可选用图(c)主轴下端连接法兰上 a、b、c 三个基面作基准直接装夹

电极	图示	说明
镶拼式电极	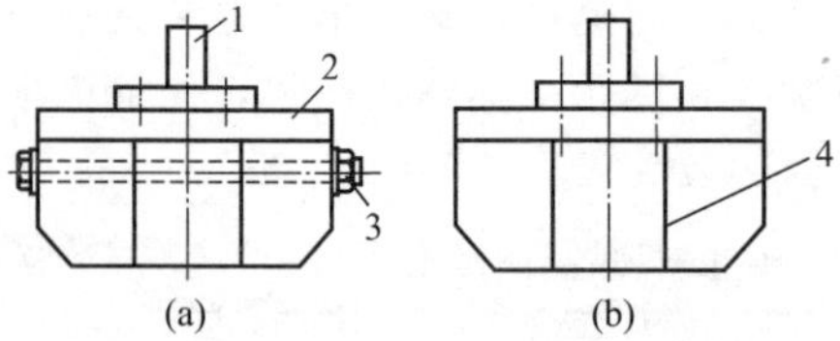 1—电极柄；2—连接板；3—螺栓；4—黏合剂	镶拼式电极一般采用一块连接板，将几块电极连接成所需整体后，再装夹
	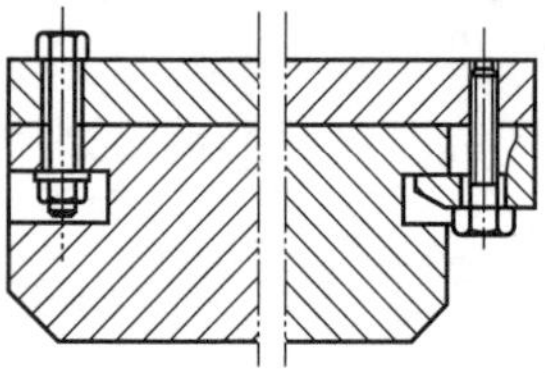	石墨电极，可与连接板直接固定后再装夹。石墨是一种脆性材料，因此在紧固时，只需施加金属材料的1/5紧固力就可以了。若电极是薄板时，还可用导电性黏结剂黏结
组合电极	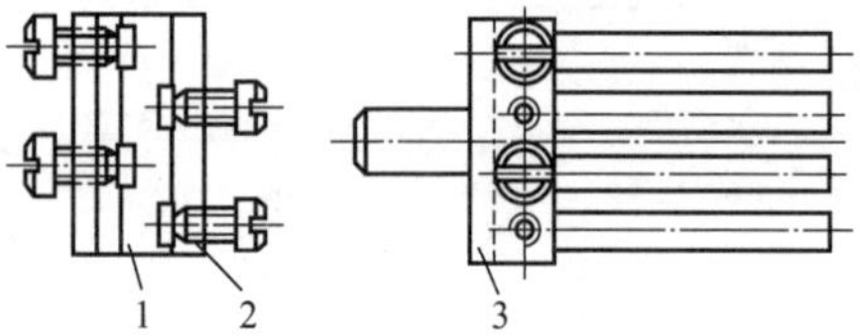 1—定位块；2—电极；3—夹具体	组合电极可选用配置了定位块的通用夹具加定位块装夹或专用夹具

(8)电极的校正见表4-8

电极装夹后，应该进行校正，主要是检查电极的垂直度，即使其轴线或轮廓线垂直于机床工作台面。

表4-8 电极的校正

方法	图示	说明
用精密角尺校正电极的垂直度	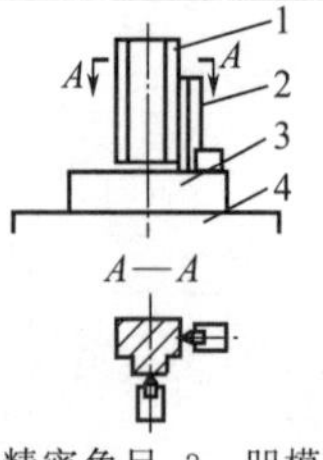 1—电极；2—精密角尺；3—凹模；4—工作台	按电极基准面校正电极。对于侧面有较长直壁面的电极，采用精密角尺进行校正

方法	图示	说明
用千分表校正电极的垂直度	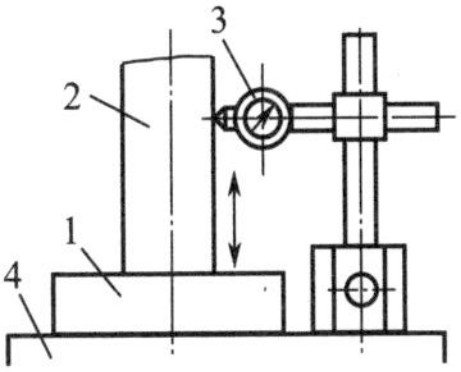 1—凹模；2—电极；3—千分表；4—工作台	按电极基准面校正电极。对于侧面有较长直壁面的电极，采用千分表进行校正
按辅助基准面校正电极	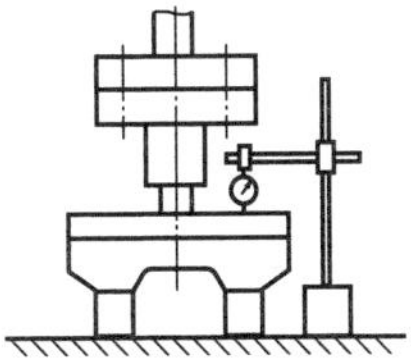	按辅助基准面(固定板)校正电极。对于型腔外形不规则，侧面没有直壁面的电极，可按电极(或固定板)的上端面作辅助基准，用千分表检验电极上端面与工作台面的平行度

表 4-9　电极和工件的校正定位

采用方法	图示	说明
划线法	—	如果工件毛坯留有较大加工余量，按图样在工件两面划出型孔线，在沿线打冲眼，根据冲眼确定电极位置
量块角尺法	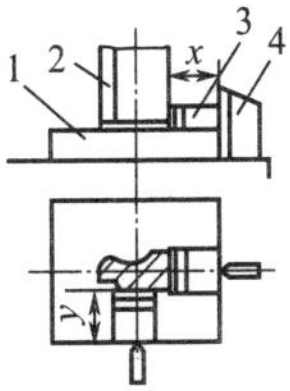 1—凹模；2—电极；3—量块；4—角尺	先在凹模 X 和 Y 方向的外侧面表面上磨出两个基准面，用一精密角尺与凹模定位基准面吻合，然后在角尺与电极之间垫入尺寸分别为 x 和 y 的量块，电极与量块的接触松紧适度，x、y 分别为电极至两基准面距离

续表

采用方法	图示	说明
测定器量块定位法	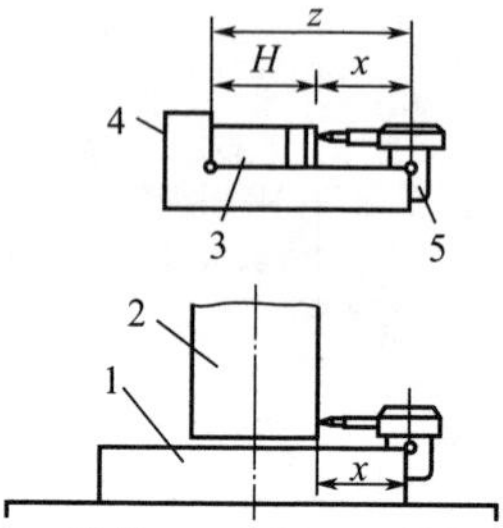 1—凹模;2—电极;3—量块; 4—测定器;5—千分表	测定器中两个基准平面间的尺寸 z 是固定的,它配合量块和千分表进行定位。定位时,将千分表靠在凹模外侧已磨出的基准面上,移动电极,当读数达到计算所得到电极与基准面的距离 x 时,即可紧固工件
自动找正	—	数控电火花成形机床均具有自动找正定位功能,可用接触感知代码,编程数控程序自动定位

采用晶闸管脉冲电源、石墨电极加工型腔时,电规准转换与平动量分配见表 4-10。

表 4-10 采用晶闸管脉冲电源、石墨电极加工型腔时电规准的转换与平动量的分配

加工类型	加工规准				平动量 e/mm	进给量 e/mm	备注
	脉冲宽度 $t_i/\mu s$	脉冲间隔 $t_o/\mu s$	电源电压 U/V	加工电流 I/A			
粗加工	600	350	80	35	0	0.6	加工型腔深度为101mm,电极双面收缩量为 1.2mm,工件材料为CrWMn
中加工 (Ra20~5)	400 250 50	250 200 50	60 60 100	15 10 7	0.2 0.35 0.45	0.3 0.2 0.12	
精加工 (Ra2.5~1.25)	15 10 6	35 23 19	100 100 80	4 1 0.5	0.52 0.57 0.6	0.06 0.02	

采用晶体管复合脉冲电源、紫铜电极加工型腔时,电规准转换与平动量分配见表 4-11。

表 4-11　采用晶体管复合脉冲电源、紫铜电极加工型腔时电规准的转换与平动量的分配

序号	加工规准						加工极性	侧面修量/mm			端面修量/mm		备注
	高压脉冲宽度 /μs	低压脉冲宽度 /μs	低压脉冲间隔 /μs	精加工电容 /μF	高压电流峰值 /A	低压电流峰值 /A		与上规准间隙差（双面）	修光面（双面）	总平动量（双面）	与上规准间隙差	加工深度	
1	60				5.4		—						
2	60	1000	100		5.4		—	0.38	0.09	0.47	0.14	0.19	
3	20	200	50		5.4	48 24 8 4.8	—	0.20	0.05	0.72	0.10	0.32	
4	10	50	20		5.4		+	0.11	0.02	0.85	0.06	0.39	
5	10	2	20	0.05	5.4		+	0.20	0.01	0.88	0.01	0.41	电极双面收缩量 0.9mm，型腔深度大于 30mm，电极双面收缩量 0.043mm
6	5			0.02	5.4	24 8 4.8	+	0.005	0.005	0.89	0.005	0.42	
7	60				5.4		—						
8	20	200	50		5.4		—	0.2	0.05	0.25	0.1	0.13	
9	10	50	50		5.4		+	0.11	0.02	0.38	0.055	0.2	
10	10	2	20	0.05	5.4		+	0.02	0.01	0.41	0.01	0.22	
11	5			0.05	5.4		+	0.005	0.005	0.42	0.005	0.23	

4.1.4 冲模零件电火花成形加工的加工工艺分析实例

(1)冲模图（图 4-3）

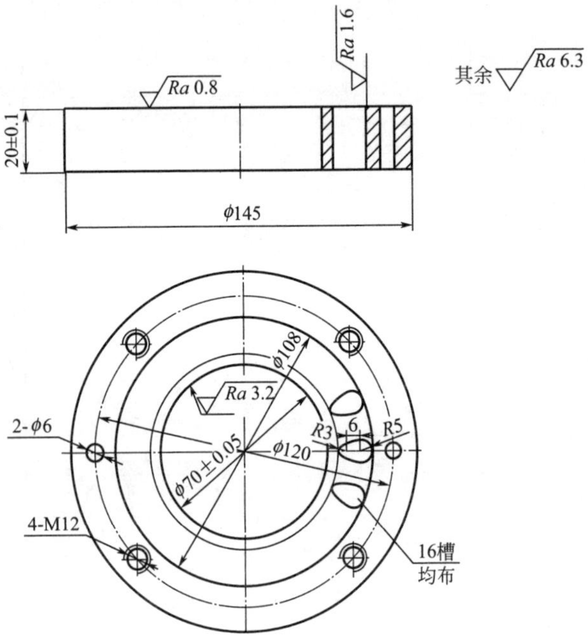

图 4-3　冲模图

(2)冲模零件电火花成形加工的加工工艺路线分析见表 4-12

表 4-12　冲模零件电火花成形加工的加工工艺路线一览表

序号	电火花成形加工工艺路线	说明
1	图纸分析	如图 4-3 所示为冲模零件图，其材料为 Cr12MoV 钢。该零件的主要尺寸：直径为 $\phi145$，高度为 20mm±0.1mm。内孔直径为 $\phi70\pm0.05$，2-$\phi6$ 孔和 4-M12 螺纹孔的中心圆直径为 $\phi120$。需要电火花加工该零件的尺寸小端 R 为 3mm；大端 R 为 5mm 均布 16 槽；$R3$ 至 $R5$ 的中心距为 6mm；均布 16 槽的最大外圆直径为 $\phi108$，被电火花加工的表面粗糙度 Ra 为 1.6μm。零件上表面的表面粗糙度 Ra 为 0.8μm，内孔的表面粗糙度 Ra 为 5.2μm，零件其余表面粗糙度 Ra 均为 6.3μm

续表

序号	电火花成形加工工艺路线	说明
2	电火花加工工艺分析	由零件图可知，需要电火花加工凹模的孔。这也是一个多孔加工，这种形式的零件其加工方法有两种：一种是将多个电极组合成一体，对各孔同时加工。另一种是只做一个电极，对各孔依次加工或做两个电极分别进行粗、精加工。这种加工方法需要做一个能分度的夹具或者机床具有 C 轴功能。图零件是一个凹模，在使用中还需要凸模，凸、凹模之间需要保证一定的间隙，采用凸模直接加工凹模的方法，通过选择合适的电规准，能使凸、凹模之间得到最佳间隙。加工完成后，切除凸模损耗部分并截取适当的长度作为凸模。因此加工该零件的方法选用组合电极的方式
3	选择加工方法	加工该零件的方法选用组合电极的方式
4	电极的准备	包括电极的材料、电极的结构形式、电极的尺寸与制造
1）	选择电极材料	电极材料就是凸模的材料 Cr12MoV 钢
2）	电极结构形式	组合式电极
3）	电极尺寸设计	电极尺寸小端为 $R3\pm0.05$；大端为 $R5\pm0.05$；两端其中心距为 6mm，电极长度为 45mm 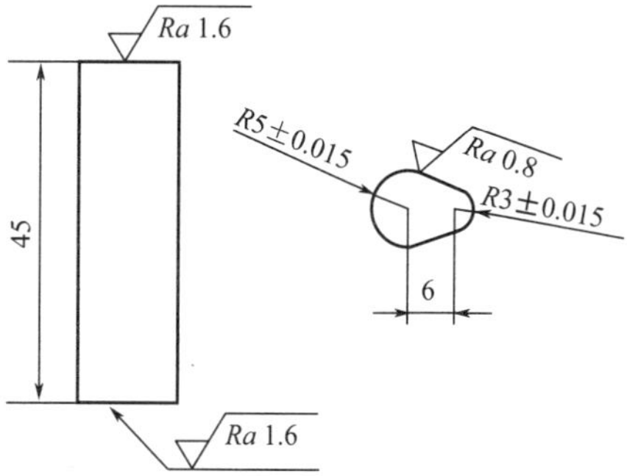
4）	电极制造	电极制造：采用成形磨削加工，电极的组合形式见图。由图可以看出，电极组合质量的好坏直接影响加工质量的好坏，因此对组合电极的装配质量要提出较高的技术要求

续表

<table>
<tr><th>序号</th><th>电火花成形加工工艺路线</th><th>说明</th></tr>
<tr><td>4)</td><td>电极制造</td><td>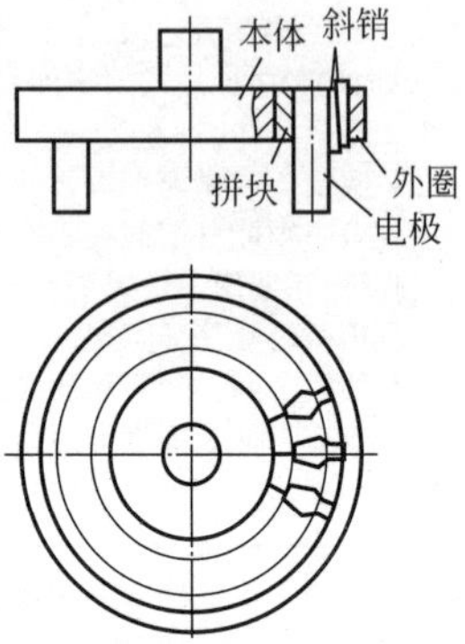
</td></tr>
<tr><td>5</td><td>电极的装夹与校正</td><td>在电火花加工前首先还是找正问题。对于组合电极只需找正垂直关系，找正方法是将百分表固定在机床上，表的触点接触在电极上，让机床 Z 轴上下移动(此时要按下“忽略接触感知”键)，将电极的垂直度调整到满足零件加工要求为止</td></tr>
<tr><td>6</td><td>工件的装夹与校正</td><td>1)先将找正块插入电极中，再插入工件中(见图，工件上 Ra0.8 的表面在下，工件下面要有高度一致垫块若干，既可方便电解液流动，也防止电极打到电磁吸盘)；
2)取下找正块；
3)在电极底部涂上颜料，让电极接触工件，看电极的轮廓线与工件上的 $\phi8$ 孔重叠是否均匀，否则转动工件直至调整合适为止(调整的不准确也没关系，因 $\phi8$ 孔周围有留量)；
4)重复 1)步，检验执行了 3)步后工件的中心是否发生变化。
工件装夹是用磁力吸盘直接将工件固定在电火花机床上，将 X、Y 方向坐标原点定在工件的中心，利用机床接触感知的功能，将 Z 方向坐标的原点定在工件的上表面上
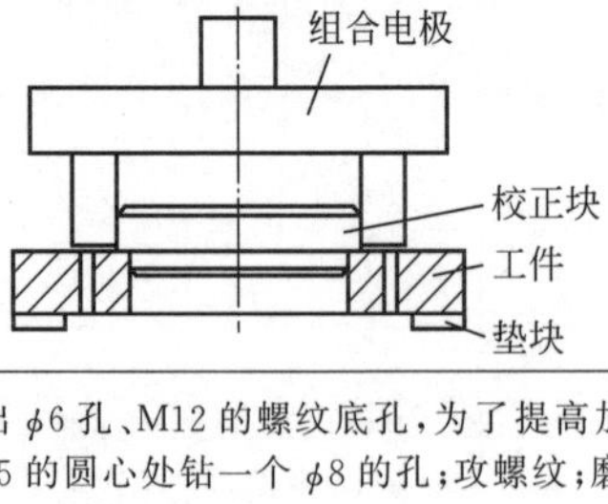
</td></tr>
<tr><td>7</td><td>加工前的准备</td><td>用钻床钻出 $\phi6$ 孔、M12 的螺纹底孔，为了提高加工效率及冲油效果，在 R5 的圆心处钻一个 $\phi8$ 的孔；攻螺纹；磨出 Ra0.8 的上表面</td></tr>
<tr><td>8</td><td>热处理安排</td><td>热处理：50～55HRC</td></tr>
</table>

续表

序号	电火花成形加工工艺路线	说明
9	编制输入程序	一般采用国际标准 ISO 代码。加工程序是由一系列适应不同深度的工艺和代码组成。编程的方法还有自动生成程序系统编程、用手动方式进行编程、用半自动生成程序系统进行编程。加工程序(略)
10	加工参数的选择	停止位置＝1.00mm，加工轴向＝Z－，材料组合＝铜－硬质合金(该机床没有钢打钢的条件组合，可借用铜打硬质合金的条件视加工状况进行局部修改)，工艺选择＝低损耗，加工深度＝20.20mm，电极收缩量＝0.5mm，粗糙度＝1.6μm，投影面积＝0.2cm^2，平动方式＝关闭
11	检验	工件各尺寸、相对位置、精度及表面粗糙度进行检验

4.1.5 连杆模具电火花成形加工工艺分析

(1)连杆模具图（图 4-4）

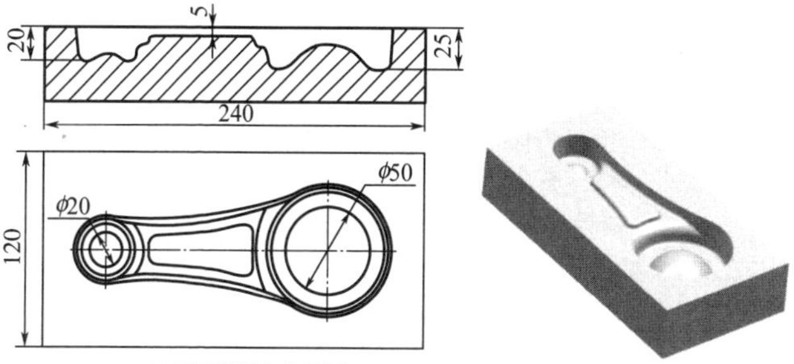

(a) 连杆模具示意图　　(b) 连杆模具立体图

图 4-4　连杆模具图

(2)连杆零件锻模电火花成形加工的加工工艺路线分析见表 4-13

表 4-13　连杆零件锻模电火花成形加工工艺路线一览表

序号	加工工艺路线	说明
1	连杆零件分析	锻模可将零件直接锻压成形，零件的内部组织性能较好，它在汽车、拖拉机制造、建筑机械、五金工具等领域得到广泛应用。尤其是精密锻模可以直接锻压出成品零件，或经简单加工即可使用。如汽车、拖拉机中使用的各种齿轮、连杆、半轴、曲轴等，都离不开锻模制造加工，而电火花加工是制造锻模的重要手段之一。

续表

<table>
<tr><th>序号</th><th colspan="2">加工工艺路线</th><th>说明</th></tr>
<tr><td rowspan="2">1</td><td colspan="2">连杆零件分析</td><td>图 4-4 所示为连杆锻模凹模，其材料为 5CrNiMo</td></tr>
<tr><td colspan="2">加工工艺分析</td><td>(1)如果锻模精度要求相对较低，可以采用单电极一次加工成形，否则，需选用较小的电参数加工，或做两个电极，分粗、精两次加工完成。
(2)该型腔不深，属于盲孔加工，但加工时间相对较长，要求石墨电极上必须加工出排气孔、排屑孔，便于稳定加工。
(3)石墨电极制作时应加固定连接板(金属)，便于电极的校正、装夹，同时应注意防尘、排烟等事项。
(4)由于电极上开有排气孔，故模具型腔加工后某些局部留有残余高度，用钳工或再做一小电极将残留加工掉</td></tr>
<tr><td rowspan="3">2</td><td colspan="2">选择加工方法</td><td>如果锻模精度要求相对较低，可以采用单电极一次加工成形，否则，需选用较小的电参数加工，或做两个电极，分粗、精两次加工完成</td></tr>
<tr><td>1)</td><td>单电极平动法</td><td>即采用一个电极完成的粗、中、精加工方法</td></tr>
<tr><td>2)</td><td>多电极加工法</td><td>即将粗、精加工分开，更换不同的电极加工同一个型腔的方法</td></tr>
<tr><td rowspan="5">3</td><td colspan="2">电极的准备</td><td>包括电极的材料、电极的结构形式、电极的尺寸与制造</td></tr>
<tr><td>1)</td><td>选择电极材料</td><td>电极材料选用高纯度石墨</td></tr>
<tr><td>2)</td><td>电极的结构形式</td><td>镶拼式电极，石墨电极可与连接板直接固定后再装夹</td></tr>
<tr><td>3)</td><td>电极尺寸设计</td><td>按图样要求，并根据加工方法和放电脉冲设定有关的参数等设计电极纵、横断面尺寸及公差</td></tr>
<tr><td>4)</td><td>电极制造</td><td>经数控机床直接加工成形，电极尺寸缩小量 0.2～0.3mm(单边)，并在 140mm 中心线上打若干 $\phi1$～1.5 的排气孔。电极形式见下图
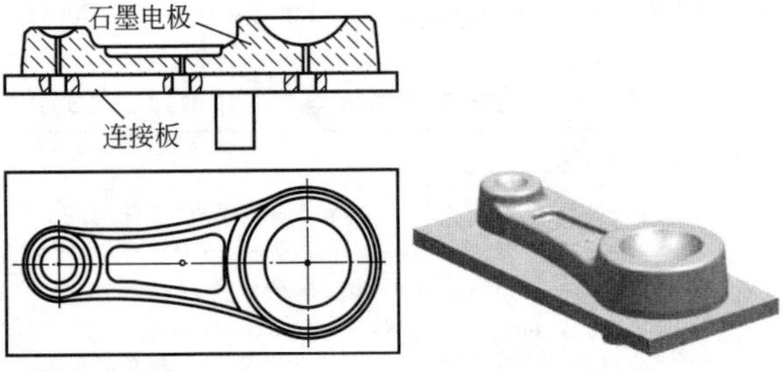
</td></tr>
</table>

续表

序号	加工工艺路线	说明
4	电极的安装	电极装夹是把电极牢固地装夹在主轴的电极夹具上,并使电极轴线与主轴进给轴线一致,保证电极与工件的垂直和相对位置
5	电极的校正	先将百分表固定在机床上,百分表的触点接触在电极固定连接板上,此时要按下"忽略接触感知"键,让机床沿 X、Z 轴方向移动,将电极位置调整到满足加工要求为止
6	工件的装夹与校正	用磁力吸盘直接将工件固定在机床上(工件应尽量靠近吸盘的某个角上,以便于电极触碰工件建立工件坐标系),将百分表固定在机床主轴上,百分表的触点接触在工件侧面,此时要按下"忽略接触感知"键,让机床沿 X(或 Y)轴方向移动,将工件位置调整到满足加工要求为止
7	建立工件坐标系	用电极的固定连接板触碰工件的上表面以及工件的两个侧面,寻找坐标的原点。坐标系 X、Y 的原点在工件中心,Z 方向的原点在工件上表面
8	加工前的准备	要求石墨电极上必须加工出排气孔、排屑孔,便于稳定加工
9	热处理安排	热处理:50~55HRC
10	编制输入程序	一般采用国际标准 ISO 代码。加工程序是由一系列适应不同深度的工艺和代码所组成。编程的方法还有自动生成程序系统编程、用手动方式进行编程、用半自动生成程序系统进行编程,加工程序(略)
11	加工参数的选择	根据加工工件的表面粗糙度及精度要求选择有关参数
	电火花加工工艺数据	停止位置为 1.0mm,加工轴向为 $Z-$,材料组合为石墨-钢,工艺选择为标准值,加工深度为 25.0mm,电极收缩量为 0.2mm,粗糙度 5.2μm,投影面积 $120cm^2$,平动方式为关闭
12	检验	工件各尺寸、相对位置、精度及表面粗糙度进行检验

4.2 数控电火花线切割加工

4.2.1 数控电火花线切割机床的组成结构

数控电火花线切割机床分为高速往复走丝电火花线切割机和低

速单向走丝电火花线切割机。往复走丝电火花线切割机床的走丝速度为6～12m/s，产品的最大特点是具有1.5°锥度切割功能，加工厚度可超过1000mm，广泛应用于各类中低档模具制造和特殊零件加工。低速走丝线切割机电极丝以铜线作为工具电极，一般以低于0.2m/s的速度作单向运动，在铜线与铜、钢或超硬合金等被加工物材料之间施加60～300V的脉冲电压，并保持5～50μm间隙，间隙中充满脱离子水等绝缘介质，使电极与被加工物之间发生火花放电、腐蚀工件表面，加工精度高、表面质量好（接近磨削），但不宜加工大厚度工件，适用于各种形状的冷冲模具、微细异形孔、窄缝、样板、粉末冶金模、成形刀具等复杂形状的工件。

数控快走丝电火花线切割机床的电极丝作高速往复运动。电极丝可以多次重复使用，走丝速度为8～10m/s，一般使用钼丝。

数控快走丝电火花线切割机床主要由床身、工作台、锥度切割装置、走丝机构、机床电气箱、工作液循环系统、脉冲电源、数控系统等组成，如图4-5所示。

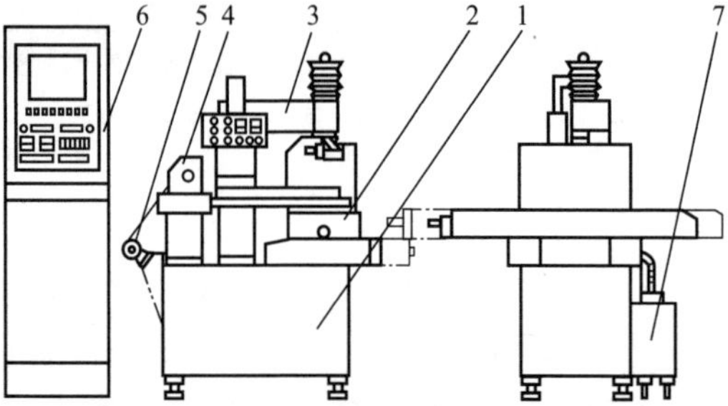

图4-5 数控快走丝电火花线切割机床的组成

1—床身；2—工作台；3—丝架；4—储丝筒；5—紧丝电动机；6—数控箱；7—工作液循环系统

(1)工作台

坐标工作台是用来承载工件，由控制系统发出进给信号分别控制X、Y方向的驱动电动机，按设定的轨迹运动，完成工件的切割运动。该工作台主要由工作台驱动电动机（步进电动机或交、直流伺服电动机）、进给丝杠、导轨与拖板、安装工件的工作台面等组成。

(2)走丝机构

线切割机床走丝机构的主要功能是带动电极丝按一定的线速度，在加工区域保持张力的均匀一致，以完成预定的加工任务。

快速走丝线切割机床的线电极，被整齐有序地排绕在储丝筒1表面，如图4-6所示，线电极从储丝筒上的一端经丝架上上导轮（导向器）2定位后，或穿过工件、或再经过下导轮（定位器）返回到储丝筒上的另一端。加工时，线电极在储丝筒电极的驱动下，将在上、下导轮之间做高速往复运动。当驱动储丝筒的电动机为交流电动机时，线电极的走丝速度受到电动机转速和储丝筒外径的影响而固定为450m/min左右，最高可达700m/min。如果采用直流电动机驱动储丝筒，该驱动装置则可根据加工工件的厚度自动调整线电极的走丝速度，使加工参数更为合理。尤其是在进行大厚度工件切割时，需要有更高的走丝速度，这样会有利于线电极的冷却和电蚀物的排除，以获得较高的表面粗糙度。为了使加工时线电极有一个较固定的张紧力，在绕线时要有一定的拉力（预紧力），以减少加工时线电极的振动幅度，提高加工精度。

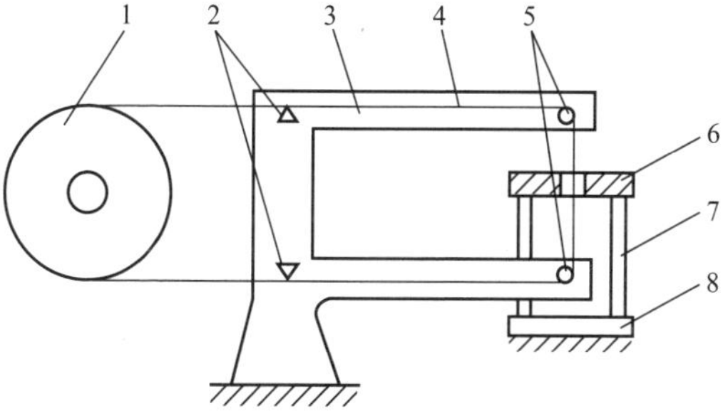

图4-6 快速走丝系统示意图

1—储丝筒；2—导向器；3—丝架；4—线电极；5—导轮；6—工件；7—夹具；8—工作台

(3)锥度切割装置

电极丝是通过两个导轮来支撑，并使电极丝工作部分与工作台面保持一定的几何角度。当切割直壁时，电极丝与工作台面垂直。需要进行锥度切割时，有的机床采用偏移上下导轮的方法，如

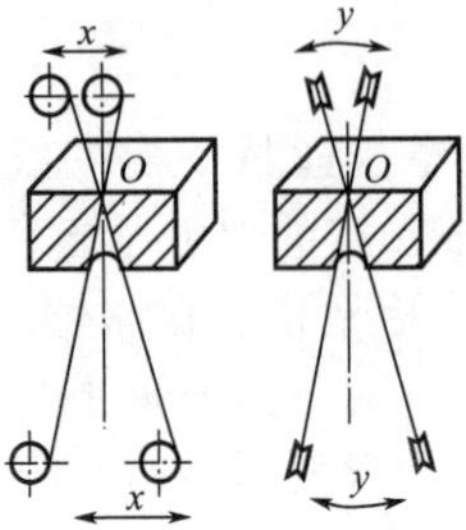

图 4-7　偏移上下导轮

图 4-7 所示，这种方法加工的锥度一般较小。采用四坐标联动机构的机床，能切割较大的锥度，并可进行上下异型截面形状的加工。

(4)数控系统

控制系统的主要作用是在电火花线切割加工过程中，按加工要求自动控制电极丝相对工件的运动轨迹和进给速度，来实现工件形状和尺寸的加工，即当控制系统使电极丝相对工件按一定轨迹运动时，同时还应实现进给速度的自动控制，以维持正常的稳定切割加工。进给速度是根据放电间隙大小与放电状态自动控制的，使进给速度与工件材料的蚀除速度相平衡。

(5)脉冲电源

电火花线切割所用的脉冲电源又称高频电源，是线切割机床重要的组成部分之一，是决定线切割加工工艺指标的关键装置，提供工件和电极丝之间的放电加工能量。线切割加工的切割速度，被加工面的表面粗糙度，尺寸和形状精度及电极丝的损耗等，都将受到脉冲电源的影响。

(6)工作液循环系统

快速走丝线切割机床工作液循环系统原理如图 4-8 所示。工作液泵 7 将工作液经滤网 8 吸入，并通过主进液管 6 分别送到上、下

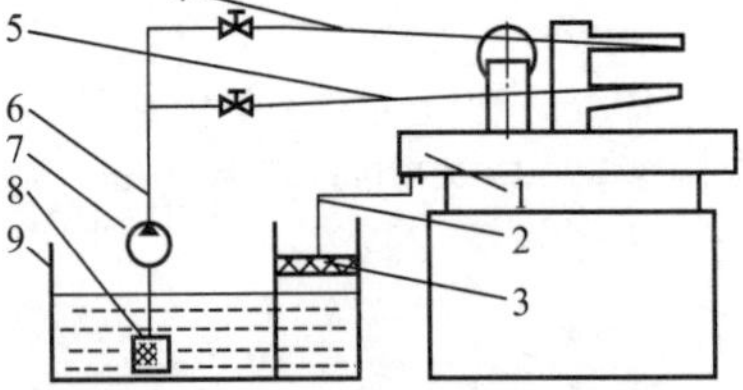

图 4-8　快速走丝线切割机床工作液循环系统原理图

1—机床工作台；2—回液管；3—过滤层；4—上丝臂进液管；5—下丝臂进液管；6—主进液管；7—工作液泵；8—滤网；9—工作液箱

丝臂进液管，用阀门调节其供液量的大小，加工后的废液由工作台1靠自重（通过回液管2）流回工作液箱9。废液经过过滤层3，大部分蚀物被过滤掉。乳化液主要用于快速走丝线切割机床。

4.2.2 数控线切割的加工工艺流程

(1)数控线切割的加工工艺流程如图4-9所示

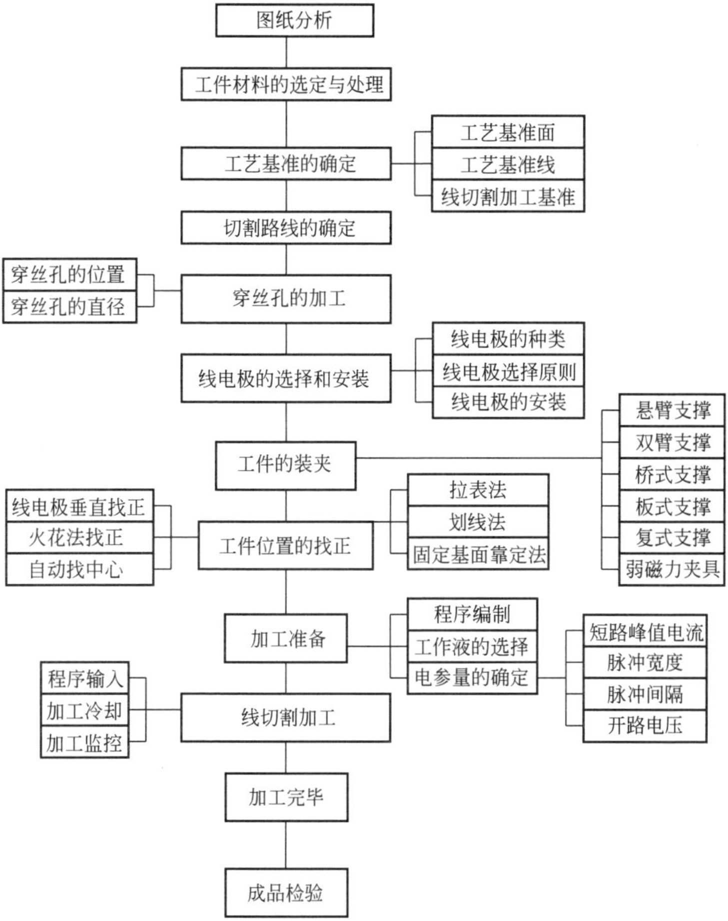

图4-9 数控线切割的加工工艺路线流程

(2)数控线切割的加工工艺见表 4-14

表 4-14　数控线切割的加工工艺

序号	加工工艺路线	说明
1	零件图分析	在零件图上分析出同一基准标准尺寸或直接给出的坐标尺寸，分析零件图几何元素的给定条件是否充分。构成零件轮廓的几何元素为点、线、面，这些条件是编程的主要依据。分析零件技术条件及零件材料
2	工艺分析	制定零件的线切割加工工艺时，对零件图进行分析，了解工件的结构特点，明确加工要求。对零件技术条件、材料要求、热处理及其他要求，根据加工精度的要求合理确定有关的工艺参数；根据图样分析确定定位基准、装夹方式、加工坐标系，从编程的角度出发，使图样的尺寸便于编程；考虑加工过程中的变形，采取合理的加工切割起点和加工路线
3	加工基准准备	根据工件外形和加工要求，在线切割加工之前，应准备相应的校正和加工基准面。该基准应尽量与图纸的设计一致
1)	以外形为校正和加工基准	对于外形是矩形的工件，除上下平行的表面外，一般需要有两个互相垂直的侧面，且垂直于工件的上下两个平面。可选相邻两侧面为校正和加工基准面
2)	以外形为校正基准，内孔为加工基准	工件的外形无论是圆形、矩形，还是其他形状，都应准备一个与工件的上下平面保持垂直的校正基准面，而内孔可以作加工基准
3)	以工件上的划线为校正和加工基准	当加工精度不高，工件上允许有工艺平面，但无工艺孔的情况下，可在工件上划线作为校正和加工基准，保证定位要求
4	电极丝的选择	电极丝的直径应根据工件加工的切缝宽度、工件厚度和拐角尺寸的要求来选择，对凹模内侧拐角 R 的加工，电极丝的直径应小于 1/2 切缝宽，即 $R \geqslant 1/2\phi+\delta$。常用电极丝的特点见表 4-15
5	穿丝孔位置的确定	穿丝孔作为工件加工的工艺孔，是电极丝相对于工件运动的起点，同时也是程序执行的起始位置。穿丝孔应选在容易找正和便于编程计算的位置

续表

序号	加工工艺路线	说明
1)	穿丝孔位置和直径的确定	当切割凸模时，穿丝孔的位置可选在加工轨迹的拐角附近以简化编程；当切割凹模等零件的内表面时，可将穿丝孔位置设置在工件对称中心；加工大型工件时，穿丝孔应设置在靠近加工轨迹边角处或选在已知坐标点上，还应沿加工轨迹设置多个穿丝孔，以便发生断丝时就近重新穿丝，切入断丝点；穿丝孔的直径一般选在ϕ3～10范围内
2)	穿丝孔的加工	为了保证穿丝孔径尺寸精度，穿丝孔可采用钻铰、钻镗或钻车等较精密的机械加工方法。穿丝孔的位置精度和尺寸精度，一般等于或高于工件要求的精度
3)	电极丝垂直校正	采用专用工具校正法和火花校正法见表4-17
4)	电极丝运动起点位置的确定	采用目测法、火花法和自动找中心法见表4-18
6	电极丝半径补偿	切割加工过程中，电极丝的中心的运动轨迹并不等于工件的实际轮廓。因此，编程时需要进行电极丝半径补偿，线切割加工的电极丝半径补偿值等于电极丝半径与单边放电间隙之和
7	加工路线的确定	避免从工件端面开始加工，应从穿丝孔开始加工；加工路线距离端面(侧面)应大于5mm；加工路线开始应从离开工件夹具的方向进行加工，最后再转向工件夹具的方向；一般情况下，最好将工件与其夹持部分分割的线段安排在切割总程序的末端
8	工件的装夹与找正	见表4-21、表4-22
9	编制程序	线切割程序的编制可采用手动编程或自动编程，无论采用哪一种方法进行编程均应考虑配合间隙、过渡圆、起割点和切割路线
10	加工参数的选择原则	选择电火花线切割加工的电参数主要有脉冲宽度、脉冲间隔、峰值电压、峰值电流等脉冲参数，又称电规准
1)	电参数的选择	加工时可改变的电参数有脉冲宽度、峰值电流、脉冲间隔、空载电压及放电电容等
①	脉冲宽度的选择	脉冲宽度的选择范围一般为1～60μs，而脉冲频率约为10～100kHz，有时也高于这个范围。精加工：精加工时选择较宽的脉冲宽度，可在20μs以内选择；中加工：中加工时选择较宽的脉冲宽度，可在20～60μs之间选择

续表

序号	加工工艺路线	说明
②	峰值电流的选择	一般选择峰值电流<40A,平均切割电流 I<5A
③	脉冲间隔的选择	一般脉冲间隔在10～250μs之间选择,取脉冲间隔等于4～8倍的脉冲宽度,即 $t_0=(4\sim8)t_i$,基本上能适应各种加工条件,进行稳定加工
④	空载电压的选择	采用乳化液介质和高速走丝方式加工时,空载电压峰值一般在60～150V的范围内,有特殊加工要求时,空载电压峰值可达300V
⑤	放电电容的选择	在使用紫铜电极丝时,为了得到理想的表面粗糙度,减小拐角的塌角,放电电容应小;在使用黄铜电极丝进行高速切割时,若要减少腰鼓量,应选用大的放电电容量
⑥	要求表面粗糙度好时的选择	若切割的工件厚度在80mm以内,则选用分组波的脉冲电源,在同样的切割速度条件下,它比矩形波脉冲电源获得较好的表面粗糙度
⑦	要求电极丝损耗小时的选择	多选用前阶梯脉冲波或脉冲前沿上升缓慢的波形,由于这种波形电流上升率低的缘故,可以减少电极丝损耗
2)	其他加工参数的选择原则	其他加工参数应根据电极丝材质、电极张力、电极丝直径、工件材质、工件板厚、走丝速度、工作液浓度、水电阻率、喷嘴的流量以及进给速度等来选择
①	电极丝的种类和线径	电极丝的种类和线径可根据工件的厚度、拟加工的切缝宽和拐角 R 的大小进行选择
②	电极丝张力的大小	对加工精度要求高的,要提高张力。如果是以提高切割速度为主时,可降低张力
③	工作液电阻率	要提高工作液的电阻率,一般可按表4-23进行选择
④	工作液喷嘴的流量和压力	工作液流量或压力大,冷却排屑条件好,有利于提高切割速度和加工表面的垂直度。但在精加工时,应减小工作液的流量或压力,以减小电极丝的振动。上下喷嘴与工件之间的距离应尽量近一些,若距离太大,则会增大拐角的塌角等,使加工精度下降
⑤	工作液的浓度	工作液及工作液的浓度对切割速度都有影响,如表4-24和表4-25,不同材料的切割速度如表4-26所示
⑥	工件的材质和厚度	如表4-26所示为同样的加工条件下不同材料的切割速度

续表

序号	加工工艺路线	说明
⑦	进给速度	在正式加工时，进给速度要调的适当。一般将试切的进给速度下降10%～20%，以防止短路和断丝。要求切割速度高时的选择：应该在满足表面粗糙度的前提下追求高的切割速度。切割速度还受到间隙消电离的限制，要选择合适脉冲间隔
⑧	走丝速度	走丝速度一般是根据工件厚度和切割速度来确定。（最大的走丝速度随着工件厚度的增加而降低）
11	工件检验	

(3)电极丝的选用

目前电极丝的种类很多，有纯铜丝、钼丝、黄铜丝和各种专用铜丝。表4-15为电火花常用的电极丝。

表 4-15　电火花常用电极丝的特点　　mm

材质	丝径/mm	特点
紫铜	0.10～0.25	适合于切割速度要求不高或精加工时用，丝不宜卷曲，抗拉强度低，容易断丝
黄铜	0.10～0.30	适合于高速加工，加工面的蚀屑附着少。表面粗糙度和加工面的平直度也较好
专用黄铜	0.05～0.35	适合于高速、高精度和粗糙度要求高的加工以及自动穿丝，但价格高
钼	0.05～0.25	由于其抗拉强度高，一般用于快走丝，在进行微细、窄缝加工时，也可用于慢走丝
钨	0.03～0.10	由于其抗拉强度高，可用于各种窄缝的微细加工，但价格昂贵

为了满足切缝和拐角的要求，需要选用线径丝细的电极丝，但是线径细，加工的厚度就会受到限制。表4-16列出线径、拐角R极限和能加工的工件厚度的极限。

表 4-16　线径、拐角 R 极限和能加工的工件厚度的极限　　mm

电极丝线径 ϕ		拐角 R 极限	切割工件厚度
钨	0.05	0.04～0.07	0～10
	0.07	0.05～0.10	0～20
	0.10	0.07～0.12	0～30

续表

电极丝线径 ϕ		拐角 R 极限	切割工件厚度
黄铜	0.15	0.10～0.16	0～50
	0.20	0.12～0.20	0～100 以上
	0.25	0.15～0.22	0～100 以上

(4)电极丝的校正

表 4-17 电极丝垂直校正方法

校正方法	图示	说明
专用工具校正	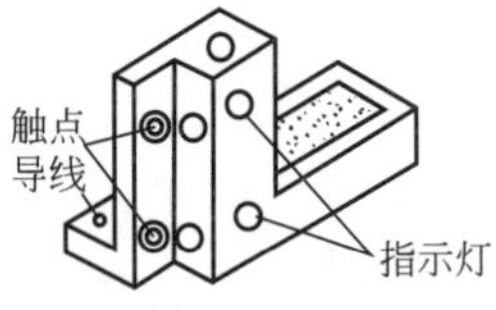 (a) 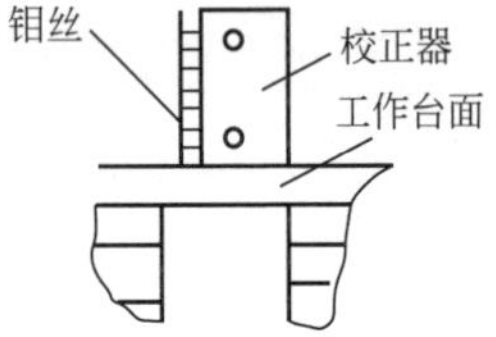 (b)	垂直校正器如图(a)所示，是一种有触点、基准座由指使灯组成的光电校正装置。如图(b)所示在使用时，先擦净工作台面和校正器各表面，把校正器置于工件基准面上，移动 X、Y 方向，使校正器的上下触点与电极丝接触，当指示灯同时亮起，说明电极丝垂直度符合要求，如果一只指示灯亮，则表明电极丝的垂直度尚未校正好。需要调整导轮基座的轴向位置、丝架位置
火花校正法	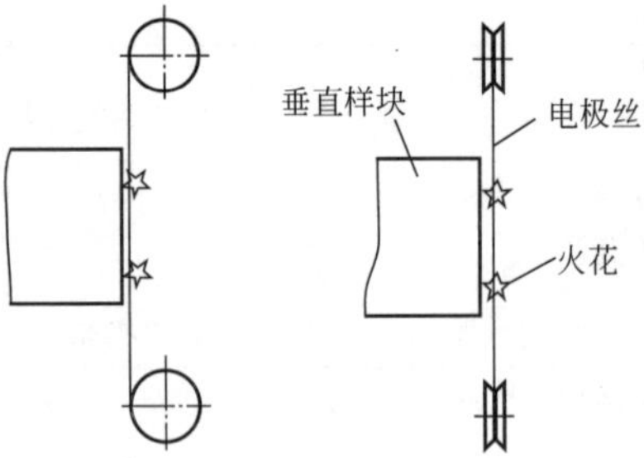	火花校正法是用直角精度很高的校正尺或校正杯，也可以直接用工件的垂直面，缓慢移至电极丝，此时加上小能量脉冲，观察电极丝是否同时放电来确定电极丝的垂直度。如图所示。操作时先将垂直样块平稳放在工作台上或切割工件的上表面，打开控制柜的脉冲电源并调整放电参数，使之处于微弱状态和手动控制盒状态；然后移动 X、Y 轴将垂直样块靠近运行的电极丝，观察火花放电是否均匀；最后分别调整导轮的基架和丝架使电极丝和工作台的 X、Y 轴垂直

表 4-18　电极丝运动起点位置的确定

方法	图示	说明
自动找中心	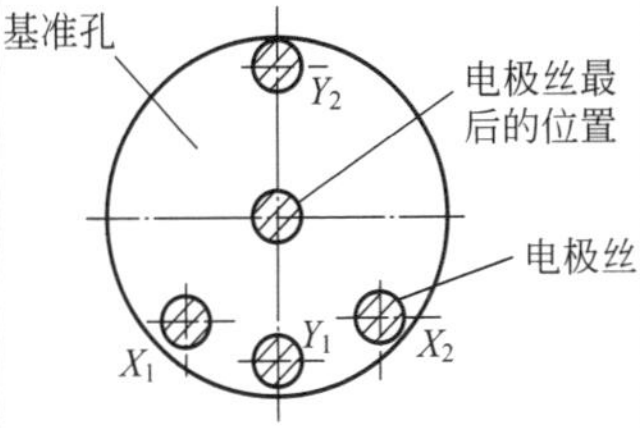	自动找中心是让电极丝在工件的穿丝孔的中心自动定位。将钼丝经过穿丝孔上丝后，可以经过机床自动找正功能将钼丝定位在穿丝孔的中心。按下自动功能键，工作台自动向正 X 方向移动，使电极丝和孔壁接触，控制系统自行记下坐标值 X_1，再向反方向移动工作台，记下相应坐标值 X_2，然后移动工作台使电极丝位于穿丝孔在 X 轴方向的中心。同理，得到 Y 轴的中心，如图所示。这种方法的定位中心精度和预割孔圆度、垂直度和表面粗糙度有很大关系
目测法	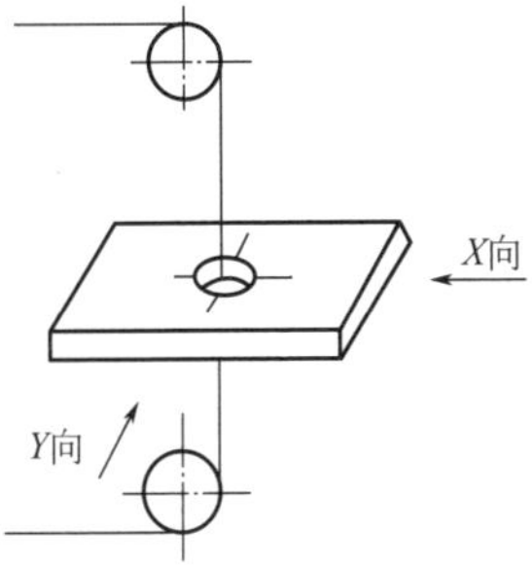	目测法一种是利用钳工或钻削加工工件穿丝孔所划的十字中心线，目测电极丝与十字基准线的相对位置，如图所示。调整时，移动工作台使电极丝中心在 X、Y 两个方向上分别与十字基准线重合。另一种是在工件上预先划出平行于 X、Y 轴的十字中心线，利用 2～51 倍的放大镜观察电极丝和基准线之间的相对位置，根据偏离方向移动工作台，使电极丝中心与基准线的纵横方向重合。目测法适用于加工精度要求较低的工件
火花法	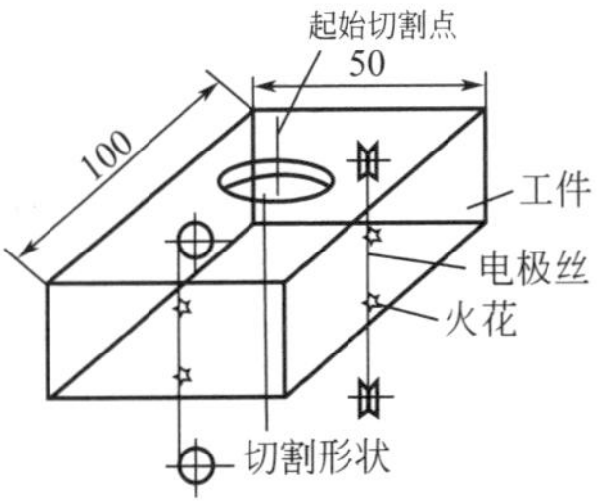	火花法是利用电极丝与工件在一定间隙下发生放电火花来调整电极丝位置的方法，如图所示。调整时，移动工作台（拖板）使工件的基准面逐渐靠近电极丝，在发生火花的瞬时，记下工作台（拖板）的相应坐标。然后根据工件的外形尺寸，得出工件在某一轴的中心，再根据放电间隙推算电极丝中心的坐标。计算方法为：工件外形尺寸/2＋电极丝的半径＋单边放电间隙。此方法简单易行，但往往因放电间隙的存在而产生误差。用四面找正法可以消除单边找正的误差，方法和单边找正近似，四面找正是在工件的两边同时火花找正。这样可以消除单面放电间隙带来的误差

(5)脉冲参数的选择

线切割加工时，可改变的脉冲参数主要有电流峰值、脉冲宽度、脉冲间隔、空载电压、放电电流。快走丝线切割加工脉冲参数的选择见表 4-19。

表 4-19 快走丝线切割加工脉冲参数的选择

<table>
<tr><th>应用</th><th>脉冲宽度 t_i/μs</th><th>电流峰值</th><th>脉冲间隔 t_0/μs</th><th>空载电压/V</th></tr>
<tr><td>快速切割或加工厚度工件</td><td>20～40</td><td>>12</td><td rowspan="3">为实现稳定加工，一般选择 t_0=3～4μs 以上</td><td rowspan="3">一般为 70～90</td></tr>
<tr><td>半精加工 Ra=1.25～2.5μm</td><td>6～20</td><td>6～12</td></tr>
<tr><td>精加工 Ra<1.25μm</td><td>2～6</td><td><4.8</td></tr>
</table>

(6)多次切割加工参数的选择

多次切割加工也称二次切割加工，它是在对工件进行第一次切割之后，利用适当的偏移量和更精的加工规准，使线电极沿原切割轨迹逆向或顺向再次对工件进行精修的切割加工。多次切割加工的有关参数选择见表 4-20。

表 4-20 多次切割加工参数选择

<table>
<tr><th colspan="2">条件</th><th>薄工件</th><th>厚工件</th></tr>
<tr><td colspan="2">空载电压/V</td><td colspan="2">80～100</td></tr>
<tr><td colspan="2">峰值电流/A</td><td>1～5</td><td>3～10</td></tr>
<tr><td colspan="2">脉冲/间隔</td><td colspan="2">2/5</td></tr>
<tr><td colspan="2">电容量/μF</td><td>0.02～0.05</td><td>0.04～0.2</td></tr>
<tr><td colspan="2">加工进给速度/(mm/min)</td><td colspan="2">2～5</td></tr>
<tr><td colspan="2">线电极张力/N</td><td colspan="2">8～9</td></tr>
<tr><td rowspan="2">偏移量增范围</td><td>开阔面加工</td><td>0.02～0.03</td><td>0.02～0.06</td></tr>
<tr><td>切槽中加工</td><td>0.02～0.04</td><td>0.02～0.06</td></tr>
</table>

(7)工件装夹方式见表4-21

表 4-21 工件常用的装夹方式

装夹方式	图示	说明
悬臂支撑式	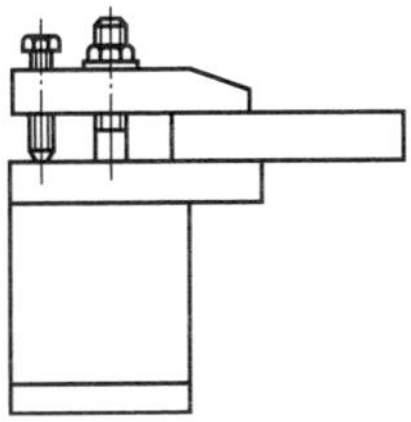	悬臂支撑式装夹通用性好，装夹方便。但工件一端受力，位置容易变动。工件的平面不易与工作台平面平行，使切割表面与工件上下平面的垂直度出现误差。适用于重量较轻、工件的精度要求不高、悬臂短的工件装夹
两端支撑式	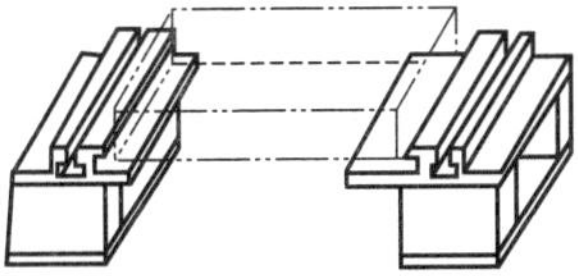	两端支撑式装夹工件方便、平面定位精度高、支撑稳定，可以克服悬臂式装夹的缺点，但不适用于小型工件的装夹
桥式支撑式	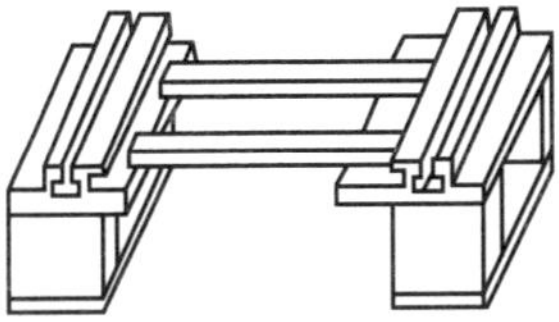	桥式支撑式是在两端支撑的夹具上架上两块支撑垫铁而构成复式支撑。这种装夹方式通用性强、装夹方便、支撑稳定，大、中、小型工件都适用
板式支撑式	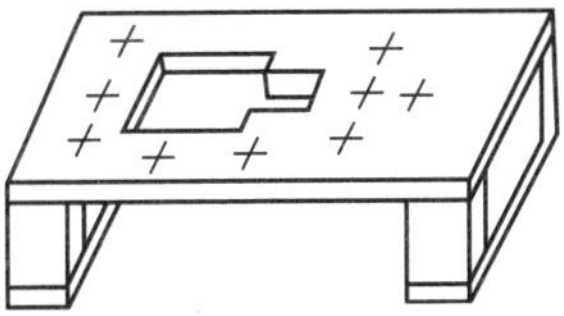	板式支撑装夹是根据常规工件的形状和大小，制成具有矩形或圆形孔的支撑板夹具，它增加了 X、Y 方向的定位基准。其装夹方式精度高，适用于批量生产，但通用性差
复式支撑式	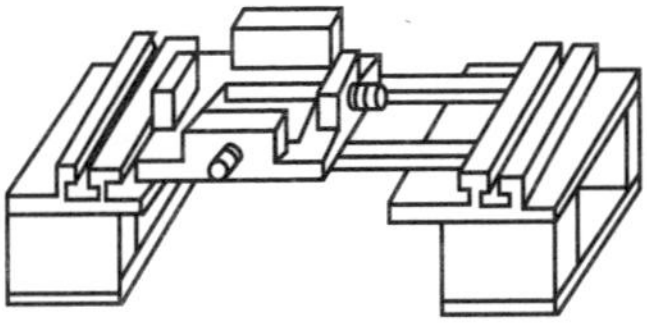	这种方式是在通用夹具上再装专用夹具。此方式装夹方便，装夹精度高。它减少了工件调整和电极丝位置的调整，既提高了生产效率，又保证了工件加工的一致性。适用于工件的批量生产

续表

装夹方式	图示	说明
弱磁力夹具	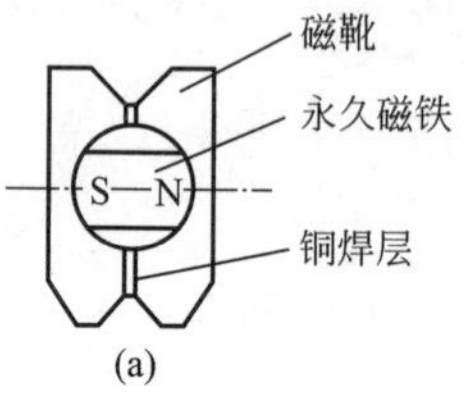	这种方式装夹工件迅速简便，通用性好，应用广泛，适用于微小或薄型片状工件的装夹和工件的批量生产。弱磁力夹具的工作原理如图所示。当磁铁旋转90°时，磁靴分别与S、N极接触，可将工件吸牢，如图(a)所示，再将永久磁铁旋转90°，如图(b)所示，则磁铁松开工作

(8)工件的校正

工件采用上述方式装夹后，必须进行校正，使工件的定位面分别与机床的工作台面及工作台进给方向X、Y方向保持平行，才能保证切割加工表面与基准面的相对位置精度。常用的校正方法见表4-22。

表4-22　工件的校正

校正方法	图示	说明
百分表法	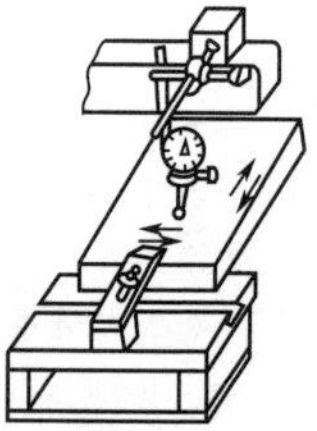	将百分表的磁力表架固定在机床丝架或其他部位，使百分表触头接触工件基准面。往复移动XY工作台。根据百分表指示数值，相应调整工件使之在允许的偏差数值之内。必要时校正工件可在三个方向即上表面与两个垂直侧面进行
划线法	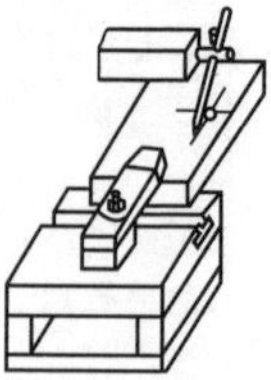	利用固定在丝架上的划针尖对准工件上的基准线或基准面，往复移动XY工作台。根据目测调整工件进行找正。该方法适用于工件的切割图形与定位基准相互位置精度不高(±0.10mm左右)的情况

续表

校正方法	图示	说明
固定基面靠定法	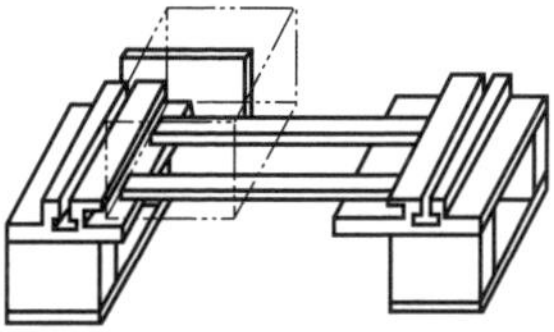	固定基面靠定法是利用通用或专用夹具纵横方向的基准面，经过一次校正后，保证基准面与相应坐标方向一致。于是具有相同加工基准面的工件可以直接靠定，适用于多件加工

(9)工作液电阻率

电阻率需要根据工件材质而定。对于表面在加工时容易形成绝缘膜的铝材、钼、结合剂烧结的金刚石以及由于电腐蚀使表面氧化的硬质合金和表面容易产生气孔的工件材料，如果要提高工作液的电阻率，一般可按表 4-23 进行选择。

表 4-23　工作液电阻率

材质	钢铁	铝、结合剂烧结的金刚石	硬质合金
工作液电阻率/$10^4\Omega\cdot cm$	2～5	5～20	20～40

(10)数控线切割参数见表 4-24～表 4-26

表 4-24　乳化剂浓度与切割速度

乳化剂浓度	脉宽/μs	间隔/μs	电压/V	电流/A	切割速度/(mm^2/min)
10%	40	100	87	1.6～1.7	41
	20	100	85	2.1～2.3	44
18%	40	100	87	1.6～1.7	36
	20	200	85	2.1～2.3	37.5

表 4-25　乳化剂对切割速度的影响

乳化剂	脉宽/μs	间隔/μs	电压/V	电流/A	切割速度/(mm^2/min)
Ⅰ	40	100	88	1.7～1.9	37.5
	20	100	86	2.3～2.5	39

续表

乳化剂	脉宽/μs	间隔/μs	电压/V	电流/A	切割速度/(mm^2/min)
Ⅱ	40	100	87	1.6～1.8	32
	20	100	85	2.3～2.5	36
Ⅲ	40	100	87	1.6～1.8	49
	20	100	85	2.3～2.5	51

表 4-26 不同材料的电火花切割速度

工件材料	铝	模具钢	铜	石墨	硬质合金
切割速度/(mm^2/min)	230	57	40	36	22

(11)慢走丝常用电极丝材料的性能及常用的冲液方式（见表 4-27、表 4-28）

表 4-27 慢走丝常用电极丝材料的性能

名称	$\sigma_{0.2}$/(N/mm^2)	σ_b/(N/mm^2)	A/%	基体材料	镀层	电极丝直径/mm	优点
黄铜丝							
软黄铜 W=4	175	350～450	>30	CuZn37		0.1～0.35	大锥度切割
半硬黄铜 W=1	380	480～520	17～25	CuZn37		0.1～0.35	
硬黄铜 W=10		800～900	0.5～3	CuZn37		0.1～0.35	允许高张力，有利于表面质量和几何精度
黄铜镀锌丝							
半硬黄铜 W=6	335	450～550	14～20	CuZn37	Zn	0.1～0.35	在柱形或斜度粗加工中能获得相当好的表面质量
硬黄铜 W=5		800～900	0.5～3	CuZn37	Zn	0.1～0.35	0.1mm 的丝有满意的张力
硬化合金包覆丝							
紫铜 W=2		490～570	<1	Cu	Zn	0.2～0.3	在粗加工高速切割

表 4-28 慢走丝常用的冲液方式

名称	对冲方式	同向冲液	单冲方式
示图	↓ ↑	↓ ↓	○ ↑
应用	用于切割高精度，较厚的工件	用于切割精度要求不高，厚度较高的工件	用于较小型腔，不易取料时，将废料升至工件上表面
特点	加工效率高，易在中间部分造成二次放电	加工效率高，工件易形成锥度	加工效率相对较低

(12)数控快、慢走丝电火花线切割机床的主要区别见表 4-29

表 4-29 数控快、慢走丝电火花线切割机床的主要区别

比较项目	快走丝电火花线切割机床	慢走丝电火花线切割机床
走丝速度	≥2.5m/s，常用值 6～10m/s	＜2.5m/s，常用值 0.001～0.25m/s
电极丝工作状态	往复供丝，反复使用	单向运行，一次使用
电极丝材料	钼、钨钼合金	黄铜、铜、以铜为主体的合金或镀覆材料
电极丝直径	ϕ0.03～0.25，常用值 ϕ0.12～0.20	ϕ0.003～0.30，常用值 ϕ0.20
穿丝方法	只能手工	可手工，可自动
工作电极丝长度	数百米	数千米
电极丝张力	上丝后即固定不变	可调，通常 2.0～25N
电极丝振动	较大	较小
运丝系统结构	较简单	复杂
运丝速度	7～10m/s	0.2m/s
脉冲电源	开路电压 80～100V，工作电流 1～5A	开路电压 300V 左右，工作电流 1～32A
单面放电间隙	0.01～0.03mm	0.01～0.12mm
工作液	线切割乳化液或水基工作液	去离子水，个别场合用煤油
工作液电阻率	0.5～50kΩ·cm	10～100kΩ·cm
导丝机构形式	导轮，寿命较短	导向器，寿命较长
机床价格	便宜	昂贵

(13)快走丝电火花线切割机床与慢走丝电火花线切割机床加工工艺水平比较见表 4-30

表 4-30 数控快、慢走丝电火花线切割机床加工工艺水平比较

比较项目	快走丝电火花线切割机床	慢走丝电火花线切割机床
切割速度	20～160mm²/min	20～240mm²/min
加工精度	±(0.02～0.005)mm	±(0.005～0.002)mm
表面粗糙度	*Ra*3.2～1.6	*Ra*1.6～0.1
重复定位精度	±0.01mm	±0.002mm
电极丝损耗	均布于参与工作的电极丝全长，加工(3～10)×10^4mm 时，损耗 0.01mm	不计
最大切割厚度	钢 500mm，铜 610mm	400mm
最小切缝宽度	0.09～0.04mm	0.014～0.0045mm

4.2.3 数控线切割加工实例

(1)零件图分析

如图 4-10 所示为支架零件图。其材料为铝。该零件的主要尺寸直径为 $\phi100$，厚度为 40mm，凸台的直径 $\phi42$；孔的直径为 $\phi25^{+0.052}_{0}$；四个外形槽尺寸宽为 12mm，开口槽尺寸宽为 6mm，以工件中心线为基准槽底间距为 57mm。线切割加工零件的外形，其尺寸公差为自由公差。零件外圆 $\phi100$ 的圆心与内孔 $\phi25^{+0.052}_{0}$ 基准圆的圆心同轴度公差为 $\phi0.08$。零件内孔表面粗糙度 *Ra* 为 1.6μm，其余被加工表面的粗糙度 *Ra* 均为 32μm。

(2)线切割加工工艺分析

由前面可知，零件内孔在车床上加工，线切割加工零件外形，零件外形与内孔有同轴度的要求，线切割加工外形时需以内孔为基准。因为是批量生产，为了节省找正时间，提高生产效率，可利用 120°标准 V 形铁定位已加工好的工件外形，在加工前，可根据外圆的尺寸，改变钼丝的起始位置。

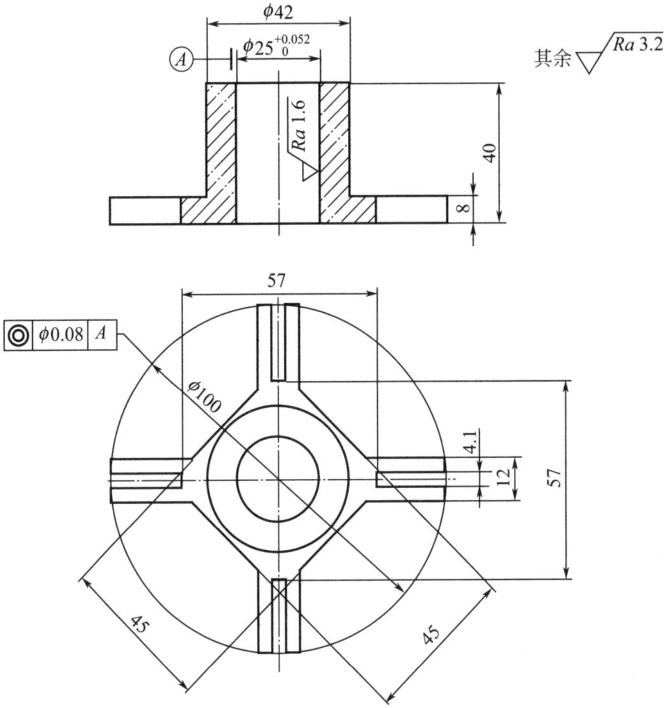

图 4-10　支架零件图

(3)工件装夹与找正

工件装夹如图 4-11 所示，工件靠近 V 形块，用压板组件把工件固定紧。V 形块用百分表找正，保证 V 形铁 V 形凹槽中心线平行线切割工作台某一个方向。这样，无论工件坯料大小，工件的中心都处在同一条直线上。

(4)工件在坯料上的排布

工件的外圆已加工至图样要求 $\phi100$，按图 4-10 所示的方向加工，工件无法装夹，根据工件的形状，可把图 4-10 图形旋转 45°，如图 4-11 所示。这样，工件两端装夹量约为 10mm。装夹时，注意线切割工作台支撑板的距离，防止切割上工作台支撑板。

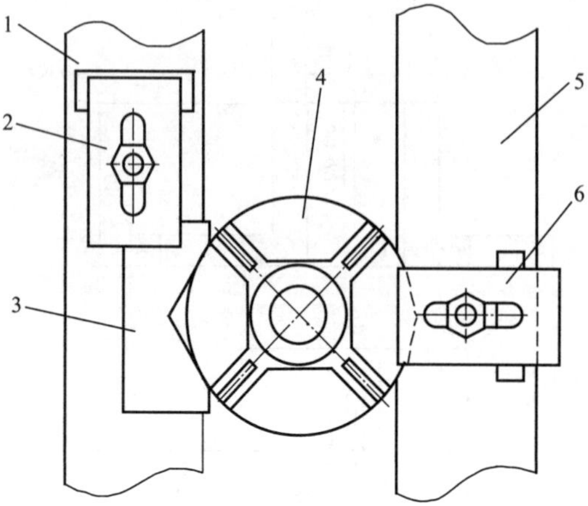

图 4-11 工件装夹

1,5—工作台支撑板；2,6—压板组件；3—V 形块；4—工件

(5)选择钼丝起始位置和切入点

此工序为切割工件外形，钼丝可在坯料的外部切入，起始点的位置如图 4-12 所示。

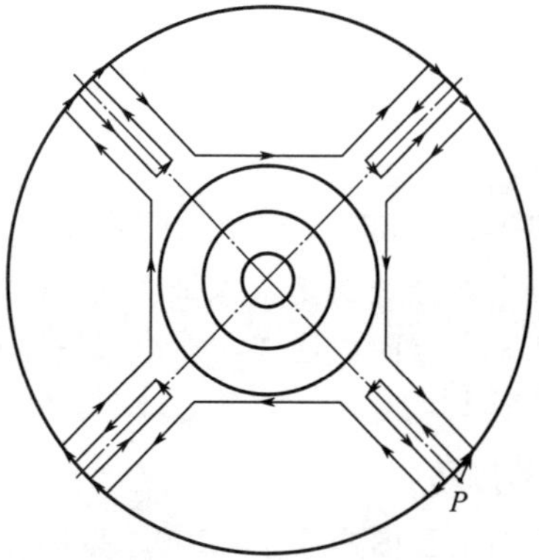

图 4-12 切割路线

(6)确定切割路线

切割路线如图 4-12 所示，工件外形圆弧已加工完毕，为了防

止工件在未加工完时脱离坯料，线切割最后加工工件压紧部分，箭头所指方向为切割路线方向。

(7)计算平均尺寸

平均尺寸见图 4-13。

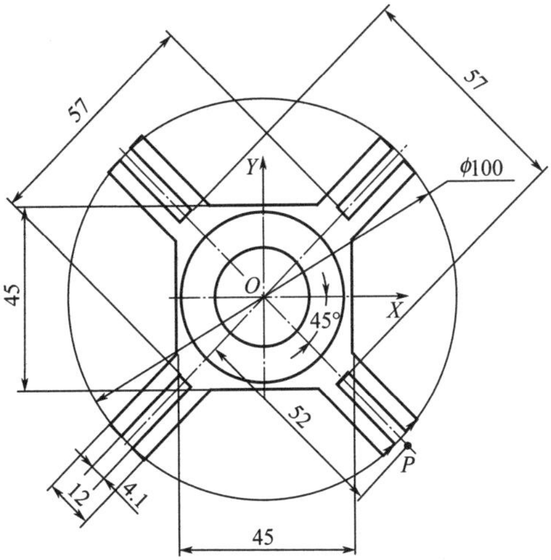

图 4-13　平均尺寸

(8)确定计算坐标系

选 ϕ25 内孔圆心为坐标系的原点，建立坐标系，如图 4-13 所示。

(9)确定偏移量

选择直径为 ϕ0.18 的钼丝，加工铝件时单面放电间隙可取 0.02mm，钼丝中心偏移量 $f=0.18/2+0.02=0.11$mm。

(10)编制加工程序

采用自动编程软件绘图编程（略）。

(11)零件加工

1）钼丝起始点的确定　工件装夹前，需用游标卡尺测量坯料外圆尺寸，把零件分成若干组，每组外圆尺寸的偏差控制在 0.1mm。在第一组里拿出一件作为标准件装夹。为把调整好垂直

度的钼丝摇至 $\phi25$ 的孔内，利用线切割自动找中心的功能找出工件的中心位置，为了减少误差，可以采用多次找中心的方法找正。找正完毕，手轮对零，摇动手轮使钼丝向 X 正方向、Y 的负方向上分别移动 37.770mm，此时钼丝停在切割起始位置 P 点上。当钼丝在 $\phi25$ 的孔中心处时，也可以执行表 4-31 的程序使钼丝移动到切割起始位置上。

表 4-31　程序单

序号	B	X	B	Y	B	J	G	N	说明
1	B	37770	B	37770	B	37770	GX(或 GY)	L4	从点 O 空走至点 P
2								D	结束

当加工其他组工件时，求出这一组和第一组工件坯料直径平均偏差 Δd，在 X 方向上移动钼丝 $\frac{\sqrt{3}\,\Delta d}{3}\approx 0.577\Delta d$ mm，当 Δd 为正值时，向 X 正向移动，反之，向 X 负向移动。

2）选择电参数　脉冲宽度 8～12μs，脉冲间隔 4～6，电压 70～75V，平均加工电流 0.8～1.2A。

3）冷却液的选择　油基型乳化液，型号为 DX-2。

第2篇

数控编程基础

第5章 程序结构

5.1 基本编程术语

(1)字符

字符是用于组织、控制或表示数据的各种符号，如字母、数字、标点符号和数学运算符号等。在功能上，字符是计算机进行存储或传送的信号；在结构上，字符是加工程序的最小组成单位。

① 数字 程序中可以使用十个数字（0～9）来组成一个数。数字有两种使用模式：一种是整数值（没有小数部分的数），另一种是实数（具有小数部分的数）。数字有正负之分，一些控制器中，实数可以有小数点，也可以没有小数点。两种模式下的数字，只能输入控制器系统许可范围内的数字。

② 字母 26 个英文字母都可用来编程，用字母表示地址码，通常编写在最前面。大写字母是 CNC 编程中的正规名称，但是一些控制器也接受小写形式的字母，并与其对应的大写字母具有相同的意义。

③ 符号 除了数字和字母，编程中也使用一些符号。最常见的符号是小数点、负号、百分号、圆括号等，这将取决于控制器选项。

(2)字

字是程序字的简称。它是一套有规定次序的字符，可以作为一个信息单元存储、传递和操作，如 X1234.56 就是由 8 个字符组成的一个字。

(3)程序段

字在 CNC 系统中作为单独的指令使用，而程序段则作为多重指令使用。输入控制系统的程序由单独的以逻辑顺序排列的指令行组成，每一行由一个或几个字组成，每一个字由两个或多个字符组成。程序是由程序段组成，程序中每一行为一个程序段。

(4)程序

CNC（数控）程序通常以程序号或类似的符号开始，后面紧跟以逻辑循序排列的指令程序段。程序段以停止代码终止符号结束，比如百分号（%）。

5.2 编程格式

零件的加工程序是由程序段组成。程序段格式是指一个程序段中字、字符、数据的书写规则，在数字控制的早期应用中，就出现了三种当时非常重要的格式，按它们出现的先后顺序列出如下。

① 分隔符顺序格式　只用在 NC 中——没有小数点。

② 固定格式　只用在 NC 中——没有小数点。

③ 字地址格式　用在 NC 或 CNC 中——有小数点。

分隔符顺序格式和固定格式只在早期的控制系统中使用，20 世纪 70 年代早期就已经被淘汰了，现在根本不使用它们，替代它们的是更为便利的字地址格式。

5.3 字地址格式

(1)地址

地址又称为地址符。在数控加工中。它是指位字头的字符或字符组，用以识别其后的数据；在传递信息时，它表示其出处或目的地。在加工程序中常用的地址及含义如表 5-1 所示。

表 5-1　地址码中英文字母的含义

地址	功　能	含　　义
A	坐标字	绕 X 轴旋转
B	坐标字	绕 Y 轴旋转
C	坐标字	绕 Z 轴旋转

续表

地址	功　能	含　　义
D	补偿号	刀具半径补偿指令
E		第二进给功能
F	进给速度	进给速度的指令
G	准备功能	指令动作方式
H	补偿号	补偿号的指令
I	坐标字	圆弧中心 X 轴向坐标
J	坐标字	圆弧中心 Y 轴向坐标
K	坐标字	圆弧中心 Z 轴向坐标
L	重复次数	固定循环及子程序的重复次数
M	辅助功能	机床开/关指令
N	顺序号	程序段顺序号
O	程序号	程序号、子程序号的规定
P		暂停或程序中某功能的开始使用的顺序号
Q		固定循环终止段号或固定循环中的定距
R	坐标字	固定循环中定距离或圆弧半径中的指定
S	主轴功能	主轴转速的指令
T	刀具功能	刀具编号的指令
U	坐标字	与 X 轴平行的附加轴的增量坐标值或暂停时间
V	坐标字	与轴 Y 平行的附加轴的增量坐标值
W	坐标字	与轴 Z 平行的附加轴的增量坐标值
X	坐标字	X 轴的绝对坐标值或暂停时间
Y	坐标字	Y 轴的绝对坐标
Z	坐标字	Z 轴的绝对坐标

(2)地址字

由带有地址的一组字符而组成的字，称为地址字。加工程序中的地址字也称为程序字。有顺序号字、准备功能字、尺寸字、进给功能字、主轴转速功能字、刀具功能字、辅助功能字和程序段结束字。

① 顺序号字　用于识别程序段的编号，由地址码 N 和后面的若干位数字组成。例如 N20 表示该程序段号为 20。

② 准备功能字（G 功能字）　G 功能是使数控机床做某种操作的指令，用地址 G 和两位数字来表示，从 G00～G99 共 100 种。有时 G 字可能还带有一个小数位，或用到 00～99 之外的数字。它们中许多已经被定为工业标准代码。

③ 尺寸字　尺寸字由地址码、＋、－符号及绝对（或增量）数值构成。

例如 X20，尺寸字的“＋”可省略。

④ 进给功能字 F　表示刀具中心运动时的进给速度，由地址码 F 和后面若干数字构成。

⑤ 主轴转速功能字 S　表示主轴转速，由地址码 S 和后面若干数字构成。

⑥ 刀具功能字 T　由地址码 T 和后面若干数字构成。数字的位数由所用的系统决定。

⑦ 辅助功能字　辅助功能也叫 M 功能或 M 代码，它是控制机床或系统的开关功能的一种指令。由地址码 M 和后面的两位数字组成，从 M00～M99 共 100 种。各种机床的 M 代码规定有差异，必须根据说明书的规定进行编程。

⑧ 程序段结束字　写在每一程序段之后，表示程序结束。当用“EIA”标准代码时，结束符为“CR”；用“ISO”标准代码时为“NL”或“LF”；有的用符号“:”或“*”表示；有的直接回车即可。

5.4　程序中的其他符号

除了基本符号外，数控编程还可以应用到其他的符号，表 5-2 所示为所有在 FANUC 控制器上可用的符号。

表 5-2　FANUC 控制器上可用的符号

符号	说明	注解
	小数点	数字的小数部分
+	加号	FANUC 宏中的正值或加法符号
-	减号	FANUC 宏中的负值或减法符号
*	乘号	FANUC 宏中的乘法符号
/	斜杠(左斜杠)	FANUC 宏中的跳过程序段功能或除法符号
()	圆括号	程序注解和信息
%	百分号	停止代码(程序文件的结束)
:	冒号	程序号名称

续表

符 号	说 明	注 解
,	逗号	只用在注解中
[]	中括号	FANUC 宏中的变量
;	分号	不可编程的程序段结束符号(只用于符号显示)
#	井号	FANUC 宏中的各种定义或调用
=	等号	FANUC 宏中的等式

注：1. 特殊符号只用在可选功能里；比如客户宏选项；这些符号不能用在标准编程中。

2. 代数符号——加号和减号是 CNC 编程中最常见的一种符号，运动指令中的数据可能为正，也可以为负。为了方便起见，正值前的加号可以省略，但负号必须编写。

3. 符号可以赋予字母和数字新的含义。它也是程序结构必不可少的一部分。

5.5 程序头

倘若注释或信息位于圆括号中，则可将它们放置到程序中，这种内容文档对程序员和操作人员都有很大的帮助。程序顶部的一系列注释定义为程序头，程序头中定义了各种程序的功能。下面的例子包括了所有可能在程序头中的术语：

(____)
(文件名 …………………………………………… O123. NC)
(最后修订日期 ……………………………………… 06-12-1)
(最后修订时间 ……………………………………… 19：45)
(程序员 …………………………………………… LIJUN)
(机床 …………………………………………… OKK-SMID)
(控制器 ………………………………………… FANUC 15M)
(单位 ………………………………………………………… in)
(加工编号 …………………………………………… 4321)
(操作 ………………………………………… 钻-镗-攻螺纹)
(毛坯材料 ……………………………………………… 铝板)
(材料尺寸 ……………………………………… 200×150×20)
(程序原点 …………………………………………… 左上角)
(状态 …………………………………………… 尚未校正)
(____)

程序中也会指定各种刀具：

例如：（T03　M16×1.5 丝锥）

如果需要，也可添加其他一些供操作人员使用的注释和信息。

5.6 典型程序结构

为了进一步了解程序的结构，现举例说明：

O1001;(ID 最大为 15 个字符)	(程序号和 ID)
(样本程序结构);	(简要的程序说明)
(LIPIN——07-04-01);	(程序员和上次修订时间)
N1 G2;	(在单独行中设置单位)
N2 G17 G40 G80 G49;	(初始设置与取消)
N3 T01;	(刀具 T01 到等待位置)
N4 M06;	(T01 安装到主轴上)
N5 G90 G54 G00 X_ Y_ S_M03 T02;	(T01 重新开始程序段,T02 到等待位置)
N6 G43 Z20.0 H01 M08;	(刀具长度偏置,工件上方间隙,冷却液开)
N7 G01 Z_ F_;	(进给到 Z 深度)
(——刀具 T01 的切削运动——);	
…	
N33 G00 G80 Z20.0 M09;	(工件上方间隙,冷却液关)
N34 G28 Z20.0 M05;	(Z 轴回原点,主轴停)
N35 M01;	(可选择暂停)
	(——空行——)
N36 T02;	(刀具 T02 到等待位置,只进行检查)
N37 M06;	(刀具 T02 安装到主轴)
N38 G90 G54 G00 X_Y_S_M03 T03;	(T02 重新开始程序段,T03 到等待位置)
N39 G43 Z20.0 H02 M08;	(刀具长度偏置,工件上方间隙,冷却液开)
N40 G01 Z_ F_;	(进给到 Z 深度)
(——刀具 T02 的切削运动——);	
…	

```
N62 G00 G80 Z20.0 M09;              (工件上方间隙,冷却液关)
N63 G28 Z20.0 M05;                  (Z 轴回原点,主轴停)
N64 M01;                            (可选择暂停)
                                    (——空行——)
N65 T03;                            (刀具 T03 到等待位置,只进行检查)
N66 M06;                            (刀具 T03 安装到主轴上)
N67 G90 G54 G00 X_ Y_ S_ M03 T01;   (T03 重新开始程序段,T01 到等待位置)
N68 G43 Z20.0 H02 M08;              (刀具长度偏置,工件上方间隙,冷却液开)
N69 G01 Z_ F_;                      (进给到 Z 深度)
(——刀具 T03 的切削运动——);
...
N86  G00 G80 Z20.0 M09;             (工件上方间隙,冷却液关)
N87 G28 Z20.0 M05;                  (Z 轴回原点,主轴停)
N88 G28 X_ Y_;                      (XY 轴回原点)
N89 M30;                            (程序结束)
%                                   (停止代码,程序传递结束)
```

第6章 准备功能

程序地址G表示准备功能，通常称为G代码，它是用来指令机床进行加工运动和插补方式的功能。按其运行性质，准备功能有以下两种。

① 模态G代码　一旦指令，则一直有效，直到被同组的其他G代码取代为止。

② 非模态G代码　只在被指令的程序段有效。

不同的数控控制系统，G代码的功能不同，编程时需参考机床制造厂的编程说明书。在这里，给出了几种国内常用的数控系统的G代码，供读者学习参考。

6.1 FANUC数控系统的准备功能

FANUC 0i-T数控车系统的G代码如表6-1所示。

表6-1　FANUC 0i-T数控车系统常用G代码

G代码			组别	功能
A	B	C		
G00	G00	G00	01	快速定位
G01	G01	G01		直线插补(切削进给)
G02	G02	G02		圆弧插补(顺时针)
G03	G03	G03		圆弧插补(逆时针)
G04	G04	G04	00	暂停
G10	G10	G10		可编程数据输入
G11	G11	G11		可编程数据输入方式取消
G20	G20	G70	06	英制输入
G21	G21	G71		米制输入
G27	G27	G27	00	返回参考点检查
G28	G28	G28		返回参考位置
G32	G33	G33	01	螺纹切削
G34	G34	G34		变螺距螺纹切削

续表

G代码			组别	功能
A	B	C		
G36	G36	G36	00	自动刀具补偿 X
G37	G37	G37		自动刀具补偿 Z
G40	G40	G40	07	取消刀尖半径补偿
G41	G41	G41		刀尖半径左补偿
G42	G42	G42		刀尖半径右补偿
G50	G92	G92	00	坐标系或主轴最大速度设定
G52	G52	G52	00	局部坐标系设定
G53	G53	G53		机床坐标系设定
G54～G59			14	选择工件坐标系 1～6
G65	G65	G65	00	调用宏指令
G70	G70	G72	00	精加工循环
G71	G71	G73		外圆粗车循环
G72	G72	G74		端面粗车循环
G73	G73	G75		多重车削循环
G74	G74	G76		排屑钻端面孔
G75	G75	G77		外径/内径钻孔循环
G76	G76	G78		多头螺纹循环
G80	G80	G80	10	固定钻循环取消
G83	G83	G83		钻孔循环
G84	G84	G84		攻螺纹循环
G85	G85	G85		正面镗循环
G87	G87	G87		侧钻循环
G88	G88	G88		侧攻螺纹循环
G89	G89	G89		侧镗循环
G90	G77	G20	01	外径/内径车削循环
G92	G78	G21		螺纹车削循环
G94	G79	G24		端面车削循环
G96	G96	G96	02	横表面切削速度控制
G97	G97	G97		横表面切削速度控制取消
G98	G94	G94	05	每分钟进给
G99	G95	G95		每转进给
—	G90	G90	03	绝对值编程
—	G91	G91		增量值编程

注：标有相同数字的为一组，其中 00 组的 G 代码为非模态代码，其余为模态代码。

FANUC 0i-T 数控铣系统的 G 代码如表 6-2 所示。

表 6-2 FANUC 0i-T 数控铣系统常用 G 代码

G 代码	组	功能	G 代码	组	功能
G00	01	快速定位	G51.1	22	可编程镜像有效
G01		直线插补	G52	00	局部坐标系设定
G02		顺时针圆弧插补/螺旋线插补	G53		选择机床坐标系
G03		逆时针圆弧插补/螺旋线插补	G54	14	选择工件坐标系 1
G04	00	暂停，准确停止	G54.1		选择附加工件坐标系
G05.1		超前读多个程序段	G55		选择工件坐标系 2
G07.1		圆柱插补	G56		选择工件坐标系 3
G08		预读控制	G57		选择工件坐标系 4
G09		准确停止	G58		选择工件坐标系 5
G10		可编程数据输入	G59		选择工件坐标系 6
G11		可编程数据输入方式取消	G60	00/01	单方向定位
G15	17	极坐标指令消除	G61	15	准确停止方式
G16		极坐标指令	G62		自动拐角倍率
G17	02	选择 *XY* 平面	G63		攻螺纹方式
G18		选择 *XZ* 平面	G64		切削方式
G19		选择 *YZ* 平面	G65	00	宏程序调用
G20	06	英制单位输入	G66	12	宏程序模态调用
G21		公制单位输入	G67		宏程序模态调用取消
G22	04	储存行程检验“开”	G68	16	坐标旋转有效
G23		储存行程检验“关”	G69		坐标旋转取消
G27	00	返回参考点检验	G73	09	高速深孔钻循环
G28		返回参考点(参考点 1)	G74		左旋攻螺纹循环
G29		从参考点返回	G76		精镗循环
G30		返回第 2、3、4 参考点	G80		固定循环取消
G31		跳转功能	G81		钻孔循环
G33	01	螺纹切削	G82		钻孔循环
G37	00	自动刀具长度测量	G83		深孔钻循环
G39		拐角偏置圆弧插补	G84		右旋攻螺纹循环
G40	07	取消刀具半径补偿	G85		镗孔循环
G41		刀具半径左补偿	G86		镗孔循环
G42		刀具半径右补偿	G87		背镗循环
G40.1	18	法线方向控制取消方式	G88		镗孔循环
G41.1		法线方向控制左侧接通	G89		镗孔循环
G42.1		法线方向控制右侧接通	G90	03	绝对尺寸模式
G43	08	刀具长度正补偿	G91		相对尺寸模式
G44		刀具长度负补偿	G92	00	设定工件坐标系
G45	00	位置补偿(单增加)	G92.1		工件坐标系预置
G46		位置补偿(单减少)	G94	05	每分进给
G47		位置补偿(双增加)	G95		每转进给
G48		位置补偿(双减少)	G96	13	恒周速控制
G49	08	刀具长度补偿取消	G97		恒周速控制取消
G50	11	比例缩放取消	G98	10	固定循环返回初始点
G51		比例缩放有效	G99		固定循环返回到 *R* 点
G50.1	22	可编程镜像取消			

注：标有相同数字的为一组，其中 00 组的 G 代码为非模态代码，其余为模态代码。

6.2 SIEMENS数控系统准备功能

SIEMENS数控系统G代码如表6-3所示。

表6-3 SIEMENS 802S/C数控系统的常用G代码

代码	意义	说明	格式	模态/非模态	组
G0	快速移动	运动指令	G0 X…Y…Z…	m	1
G1	直线插补		G1 X…Y…Z…F…	m	1
G2	顺时针圆弧插补		G2 X…Z…I…K…F…；圆心和终点 G2X…Z…CR=…F…；半径和终点 G2 AR=…I…K…F…；张角和圆心 G2 AR=…X…Z…F…；张角和终点	m	1
G3	逆时针圆弧插补		G3…；同G2	m	1
G4	暂停时间	特殊运动	G4 F…；以s表示的停留时间 G4 S…；以主轴旋转表示的停留时间 独立程序段	s	2
G5	中间点圆弧插补	运动指令	G5 X… Z…IX…KZ…F…	m	1
G9	准确定位减速			s	11
G17	平面选择 X/Y	进给方向 Z		m	6
G18	平面选择 Z/X	进给方向 Y		m	6
G19	平面选择 Z/Y	进给方向 X		m	6
G22	半径尺寸			m	9
G23	直径尺寸			m	9
G25	主轴低速限制	写入存储器	G25 S…；单独一段	s	3
G26	主轴高速限制		G26 S…；单独一段	s	3
G33	恒螺距的螺纹切削	运动指令	G33 Z…K…SF…；圆柱形螺纹 G33 X…I…SF=…；端面螺纹 G33 Z…X…K…SF=…；锥螺纹（Z轴路径比X轴长） G33 Z…X…I…SF=…；锥螺纹（X轴路径比Z轴长）	m	1

续表

代码	意义	说明	格式	模态/非模态	组
G40	取消刀具半径补偿			m	7
G41	刀具半径左补偿			m	7
G42	刀具半径右补偿			m	7
G53	取消当前零点偏置	包括程序偏置		s	9
G54	可设置的零点偏置1			m	8
G55	可设置的零点偏置2			m	8
G56	可设置的零点偏置3			m	8
G57	可设置的零点偏置4			m	8
G60	精确定位	准确定位减速		m	10
G63	带补偿的攻螺纹		G63 Z…G1	s	2
G64	精确停止轮廓模式			m	10
G70	英制尺寸			m	13
G71	公制尺寸			m	13
G74	返回参考点	加工轴	G74X…Z…;独立程序段	s	2
G75	返回固定点		G75X…Z…独立程序段	s	2
G90	绝对尺寸			m	14
G91	增量尺寸			m	14
G94	每分进给率			m	15
G95	每转进给率			m	15
G96	恒线速切削开			m	15
G97	恒线速切削关			m	15

续表

代码	意义	说明	格式	模态/非模态	组
G110	极点编程，相对于上次编程的设定位置		G110 X…Y…Z…	s	3
G111	极点编程，相对于当前工件坐标系的圆点		G110 X…Y…Z…	s	3
G112	极点编程，相对于上次有效的极点		G110 X…Y…Z…	s	3
G158	可编程的偏置	写入存储器	G158 X…Y…Z…；	s	3
G258	可编程的旋转		G258 RPL=…；在 G17 到 G19 平面中旋转	s	3
G259	附加可编程旋转		G259RPL=…；在 G17 到 G19 平面中附加旋转	s	3
G331	不带补偿夹具切削内螺纹	运动指令		m	1
G332	不带补偿夹具切削内螺纹(退刀)			m	1
G450	圆弧过渡	刀具半径补偿的拐角特征		m	18
G451	等距交点过渡(尖角)			m	18
G500	取消可设定零点偏置			m	8
G601	在 G60、G9 方式下精准确定位	只有在 G60 或 G9 有效时才有效		m	12
G602	在 G60、G9 方式下粗准确定位			m	12
G603	在 G60、G9 方式下插补结束时的准确定位			m	12
G641	在 G60、G9 方式下，轮廓模式的准确定位		G641 ADIS=…	m	10

6.3 FAGOR 8055T系统常用的准备功能

FAGOR 8055T 系统常用的准备功能如表 6-4。

表 6-4 FAGOR 8055T 系统常用的 G 功能

G 代码	功能	G 代码	功能
G00	快速定位	G54～57	绝对零点偏置
G01	直线插补	G58	附加零点偏置
G02	顺时针圆弧插补	G59	附加零点偏置
G03	逆时针圆弧插补	G60	轴向钻削/攻螺纹固定循环
G04	停顿/程序段准备停止	G61	径向钻削/攻螺纹固定循环
G05	圆角过渡	G62	纵向槽加工固定循环
G06	绝对圆心坐标	G63	径向槽加工固定循环
G07	方角过渡	G66	模式重复固定循环
G08	圆弧切于前一路径	G68	沿 X 轴的余量切除固定循环
G09	三点定义圆弧	G69	沿 Z 轴的余量切除固定循环
G10	图像镜像取消	G70	以英寸为单位编程
G11	图像相对于 X 轴镜像	G71	以毫米为单位编程
G12	图像相对于 Y 轴镜像	G72	通用和特定缩放比例
G13	图像相对于 Z 轴镜像	G74	机床参考点搜索
G14	图像相对于编程的方向镜像	G75	探针运动直到接触
G15	纵向轴的选择	G76	探针接触
G16	用两个方向选择主平面	G77	从动轴
G17	主平面 X-Y 纵轴为 Z	G77S	主轴速度同步
G18	主平面 Z-X 纵轴为 Y	G78	从动轴取消
G19	主平面 Y-Z 纵轴为 X	G78S	取消主轴同步
G20	定义工作区下限	G81	直线车削固定循环
G21	定义工作区上限	G82	端面车削固定循环
G22	激活/取消工作区	G83	钻削固定循环
G28	第二主轴选择	G84	圆弧车削固定循环
G29	主轴选择	G85	端面圆弧车削固定循环
G30	主轴同步(偏移)	G86	纵向螺纹切削固定循环
G32	进给率“F”用作时间的倒函数	G87	端面螺纹切削固定循环
G33	螺纹切削	G88	沿 X 轴开槽固定循环
G36	自动半径过渡	G89	沿 Z 轴开槽固定循环
G37	切向入口	G90	绝对坐标编程
G38	切向出口	G91	增量坐标编程
G39	自动倒角连接	G92	坐标预置/主轴速度限制
G40	取消刀具半径补偿	G93	极坐标原点
G41	左手刀具半径补偿	G94	直线进给率
G42	右手刀具半径补偿	G95	旋转进给率 mm(in)/min
G45	切向控制	G96	恒速切削 mm(in)/r
G50	受控圆角	G97	主轴转速 r/min

6.4 HNC数控系统准备功能

HNC 系统数控铣床常用 G 代码如表 6-5 所示。

表 6-5 HNC 系统数控铣床常用 G 代码

G 代码	功　能	G 代码	功　能
G00	快速移动	G57	工件坐标系 4 选择
G01	直线插补	G58	工件坐标系 5 选择
G02	顺圆插补	G59	工件坐标系 6 选择
G03	逆圆插补	G60	单方向定位
G04	暂停	G61	精确停止校验方式
G07	虚轴指定	G64	连续方式
G09	准停校验	G65	子程序调用
G17	*XY* 平面选择	G68	旋转变换
G18	*ZX* 平面选择	G69	旋转取消
G19	*YZ* 平面选择	G73	深孔钻削循环
G20	英制输入	G74	逆攻螺纹循环
G21	公制输入	G76	精镗循环
G22	脉冲当量	G80	固定循环取消
G24	镜像开	G81	定心钻循环
G25	镜像关	G82	钻孔循环
G28	返回到参考点	G83	深孔钻循环
G29	由参考点返回	G84	攻螺纹循环
G40	刀具半径补偿取消	G85	镗孔循环
G41	左补偿	G86	镗孔循环
G42	右补偿	G87	反镗循环
G43	刀具长度正向补偿	G88	镗孔循环
G44	刀具长度负向补偿	G89	镗孔循环
G49	刀具长度补偿取消	G90	绝对值编程
G50	缩放关	G91	增量值编程
G51	缩放开	G92	工件坐标系设定
G52	局部坐标系设定	G94	每分钟进给
G53	直接机床坐标系编程	G95	每转进给
G54	工件坐标系 1 选择	G98	固定循环返回起始点
G55	工件坐标系 2 选择	G99	固定循环返回到 *R* 点
G56	工件坐标系 3 选择		

HNC 系统数控车床常用 G 代码如表 6-6 所示。

表 6-6　HNC 系统数控车床常用 G 代码

G 代码	功　　能	G 代码	功　　能
G00	快速移动	G40	取消刀尖半径偏置
G01	直线插补	G41	刀尖半径左偏置
G02	顺圆插补	G42	刀尖半径右偏置
G03	逆圆插补	G53	直接机床坐标系编程
G04	暂停	G54～G59	坐标系选择
G09	准停校验	G71	内外径粗切循环
G20	英制输入	G72	台阶粗车循环
G21	公制输入	G73	闭环车削复合循环
G22	内部行程限位有效	G76	切螺纹循环
G23	内部行程限位无效	G80	内外径切削循环
G27	检查参考点返回	G81	端面车削固定循环
G28	参考点返回	G82	螺纹切削固定循环
G29	从参考点返回	G90	绝对值编程
G30	回到第二参考点	G91	增量值编程
G32	切螺纹	G92	工件坐标系设定
G36	直径编程	G96	恒线速度控制
G37	半径编程		

第7章 辅助功能

7.1 常见的辅助功能

辅助功能又称M功能或M代码。控制机床在加工操作时做一些辅助动作的开、关功能。如主轴的转停，冷却液的开关，卡盘的夹紧松开，刀具更换等。在一个程序段中只能指令一个M代码，如果在一个程序中同时指令了两个或两个以上的M代码时，则只是最后一个M代码有效，其余的M代码均无效。通常辅助功能M代码是以地址M为首后跟两位数字组成，不同的厂家和不同的机床，M代码的书写格式和功能不尽相同，需以厂家的说明书为准，为了保持一致，本书使用的所有M功能都基于下面的表格所示。其中表7-1为数控铣削机床常用辅助功能，表7-2为数控车床常见辅助功能。

表7-1 数控铣削机床常见辅助功能（M代码）

M代码	说明	M代码	说明
M00	程序停止	M19	主轴定位
M01	可选择停止程序	M30	程序结束(通常需要重启和倒带)
M02	程序结束(通常需要重启,不需要倒带)	M48	进给率倍率取消“关”(使无效)
M03	主轴正转	M49	进给率倍率取消“开”(使有效)
M04	主轴反转	M60	自动托盘交换
M05	主轴停止	M78	B轴夹紧
M06	自动换刀	M79	B轴松开
M07	冷却液喷雾开	M98	子程序调用
M08	冷却液“开”(冷却液马达“开”)	M99	子程序结束
M09	冷却液“关”(冷却液马达“关”)		

表 7-2　数控车削机床常见辅助功能（M 代码）

M 代码	说　明	M 代码	说　明
M00	程序停止	M19	主轴定位（可选择）
M01	可选择停止程序	M21	尾架向前
M02	程序结束(通常需要重启,不需要倒带)	M22	尾架向后
M03	主轴正转	M23	螺纹逐渐退出"开"
M04	主轴反转	M24	螺纹逐渐退出"关"
M05	主轴停止	M30	程序结束(通常需要重启和倒带)
M07	冷却液喷雾开	M41	低速齿轮选择
M08	冷却液"开"(冷却液马达"开")	M42	中速齿轮选择 1
M09	冷却液"关"(冷却液马达"关")	M43	中速齿轮选择 2
M10	卡盘夹紧	M44	高速齿轮选择
M11	卡盘松开	M48	进给率倍率取消"关"(使用无效)
M12	尾架顶尖套筒进	M49	进给率倍率取消"开"(使用有效)
M13	尾架顶尖套筒退	M98	子程序调用
M17	转塔向前检索	M99	子程序结束
M18	转塔向后检索		

7.2　控制程序辅助功能（M00、M01、M02、M30）

7.2.1　程序停止（M00）

(1)指令格式

M00

说明：

① M00 的含义为程序停止。属于非模态指令。

② 程序执行到 M00 这一功能时，将停止机床所有的自动操作：

a. 所有轴的运动；

b. 主轴的旋转；

c. 冷却液功能；

d. 程序的进一步执行。

③ M00 功能可以编写在单独的程序段中，也可以在包含其他指令的程序段中编写，通常是轴的运动。如果 M00 功能与运动指令编写在一起，程序停止将在运动完成后才有效。

a. 将 M00 编写在运动指令后。

【例】 N100 G00 X45.0 Y55.0；
N102 M00；

b. 将 M00 与运动指令编写在一起

【例】 N100 G00 X 45.0 Y55 M00；

两种情况下，运动指令将在程序停止前完成，它们没有实际性的区别。

④ M00 使程序停在本程序段状态，不执行下段。在此以前有效的信息全部被保存下来，例如进给率、坐标设置、主轴速度等。相当于单段停止。当按下控制面板上的循环启动键后，可继续执行下一段程序。特别注意的是，M00 功能将取消主轴旋转和冷却液功能，因此必须在后续程序段中对它们进行重复编写。

(2)应用

该指令可应用于自动加工过程中，停车进行某些固定的手工操作，如手工变速、换刀、排屑等，也可以用来在停车过程中进行检查工件的尺寸和刀具。无论目的如何，在程序中，给出一个包含必要信息的注释部分。注释部分必须用圆括号括起来。

(3)编程举例

【例 1】 使用刀具长度补偿功能和固定循环功能加工如图 7-1 所示的零件上的 12 个孔。该零件孔加工中，有通孔、盲孔需要钻孔和镗孔。故选择钻头 T01、T02 和镗刀 T03，工件坐标系原点建立在工件表面处，按先小孔后打孔的加工原则，确定工艺路线为：从程序原点开始，先加工 6 个 ϕ6 孔，再加工 4 个 ϕ10 孔，最后加工 2 个 ϕ40 孔。

T01、T02 和 T03 的刀具补偿分别为 H01、H02 和 H03，对刀时，以 T01 为基准，H01 中刀具补偿值为零。换刀时，用 M00 指令停止，手工换刀后再按循环启动键，继续执行程序。

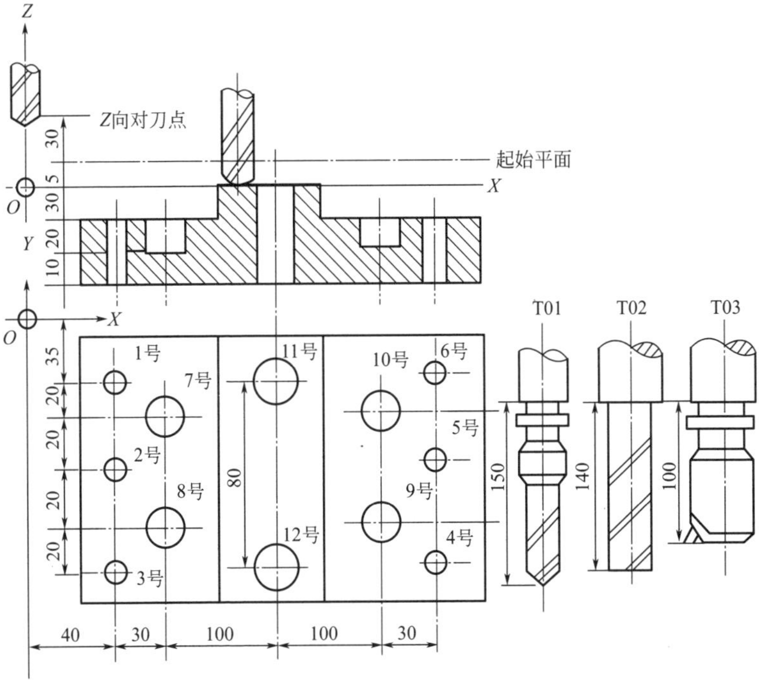

图 7-1　零件及刀具

加工程序如表 7-3 所示。

表 7-3　加工程序

程　　序	说　　明
O3001;	
N0010 G92 X0 Y0 Z35.0;	建立工件坐标系
N0020 G90 G43 G00 Z5.0 H01;	到达起始平面
N0030 S600 M03;	主轴正转，转速 600r/min
N0040 G99 G81 X40 Y－35.0 Z－63.0 R－27.0 F120;	加工 1 号孔，返回到 R 平面
N0050 Y－75.0;	加工 2 号孔，返回到 R 平面
N0060 G98 Y－115.0;	加工 3 号孔，返回到起始平面
N0070 G99 X300.0;	加工 4 号孔，返回到 R 平面
N0080 Y－75.0;	加工 5 号孔，返回到 R 平面
N0090 G98 Y－35.0;	加工 6 号孔，返回到起始平面
N0100 G80 G00 X500.0 Y0;	XY 轴回换刀点

续表

程　　序	说　　明
N0110 G49 Z20.0；	Z 轴回换刀点
N0120 M00；	程序停止，手工换刀
N0130 G43 Z5 H02；	刀具长度正补偿，补偿值放在 H02 地址中
N0140 S600 M03；	主轴正转，转速 600r/min
N0150 G99 G81 X70.0 Y−55.0 Z−50.0 R−27.0 F120；	加工 7 号孔，返回到 R 平面
N0160 G98 Y−95.0；	加工 8 号孔，返回到起始平面
N0170 G99 X270.0；	加工 9 号孔，返回到 R 平面
N0180 G98 Y−55.0；	加工 10 号孔，返回到起始平面
N0190 G80 G00 X500.0 Y0；	XY 轴回换刀点
N0200 G49 Z20.0；	Z 轴回换刀点
N0210 M00；	程序停止，手工换刀 T03
N0220 G43 Z5.0 H03；	刀具长度正补偿，补偿值放在 H03 地址中
N0230 S300 M03；	主轴正转，转速 300r/min
N0240 G99 G85 X170.0 Y−35.0 Z−65.0 R3.0 F50；	镗 11 号孔，返回到 R 平面
N0250 G98 Y−115.0；	镗 12 号孔，返回到起始平面
N0260 G80 G00 X0 Y0 M05；	取消固定循环，主轴停
N0270 G49 G91 G28 Z0；	取消长度补偿，返回参考点
N0280 M30；	程序结束
；	

7.2.2　程序选择停（M01）

(1)指令格式

M01

说明：

① M01 的含义为程序选择停，又称有条件的程序停止。属于非模态指令。

② M01 和控制面板上的选择开关合用。当控制面板上的选择停为开时，程序执行到 M01，机床停止运动，即 M01 起作用。否则，执行到 M01 时，M01 不起作用，机床接着执行下一段程序。

③ M01 起作用时，它的运转方式和 M00 功能一样，所有轴的

运动、主轴旋转、冷却液功能和进一步的程序执行都暂时中断，而进给率、坐标设置、主轴速度等设置保持不变。

④ 为了执行下一段程序，必须按下控制面板上的循环开始键。由于 M01 功能将取消主轴旋转和冷却液功能，因此必须在后续程序段中对它们进行重复编写。

⑤ M01 和 M00 的书写格式和编程规则一样。M01 功能可以编写在单独的程序段中，也可以在包含其他指令的程序段中编写，通常是轴的运动。如果 M01 功能与运动指令编写在一起，程序停止将在运动完成后才有效。

(2)应用

M01 通常用于关键尺寸的抽样检查或临时停车。与 M00 的区别在于，M01 适用于批量大的零件加工，而 M00 适用于单件加工。

7.2.3 程序结束（M02）

(1)指令格式

M02

说明：

① M02 为主程序结束。属于非模态指令。

② 当控制器读到程序结束功能 M02 时，便取消所有轴的运动、主轴旋转、冷却液功能，并且通常将系统重新设置到缺省状态。

③ 执行 M02 时，将终止程序执行，但不会回到程序的第一个程序段，按控制面板上的复位键后可以返回。但是比较先进的控制器，可以通过设置系统参数，使 M02 的功能和 M30 的功能一样。即执行到 M02 时返回到程序开头位置，含有复位功能。

④ M02 单独处在一段上，也可以与其他指令处在一行上，如果 M02 功能与运动指令编写在一起，程序停止将在运动结束后才有效。

⑤ M02 与 M30 相比，通常在主程序中用 M30 的比较多。M02 的历史很短，可以忽略它的存在。

(2)应用

该功能表示加工程序全部结束。它使主轴、进给、切削液都停止，机床复位。

7.2.4 程序结束（M30）

(1)指令格式

M30

说明：

① M30为主程序结束。属于非模态指令。

② 当控制器读到程序结束功能M30时，便取消所有轴的运动、主轴旋转、冷却液功能，并且通常将系统重新设置到缺省状态。

③ 执行M30时，将终止程序执行，并返回到程序开头位置。

④ M30单独处在一段上，也可以与其他指令处在一行上，如果M30功能与运动指令编写在一起，程序停止将在运动结束后才有效。通常M30单独处在一行上。

(2)应用

该功能表示加工程序全部结束。它使主轴、进给、切削液都停止，机床复位。

7.3 主轴旋转功能（M03、M04、M05）

(1)指令格式

$$\begin{cases}\text{M03}\\\text{M04}\\\text{M05}\end{cases}$$

说明：

① M03：主轴顺时针旋转（正转）

M04：主轴逆时针旋转（反转）

M05：主轴停

② 主轴旋转有两个方向，即顺时针旋转（CW）和逆时针旋转

(CCW)，主轴的旋转方向通常与在机床主轴一侧确定的视点有关，机床的该部分包含主轴，通常称为床头箱，从床头箱区域沿主轴中心线方向观看它的端面，则可确定定义主轴 CW 和 CCW 旋转的正确视点。图 7-2 为立式数控铣床主轴旋转方向的判断，图 7-3 为数控车床主轴旋转方向的判断。

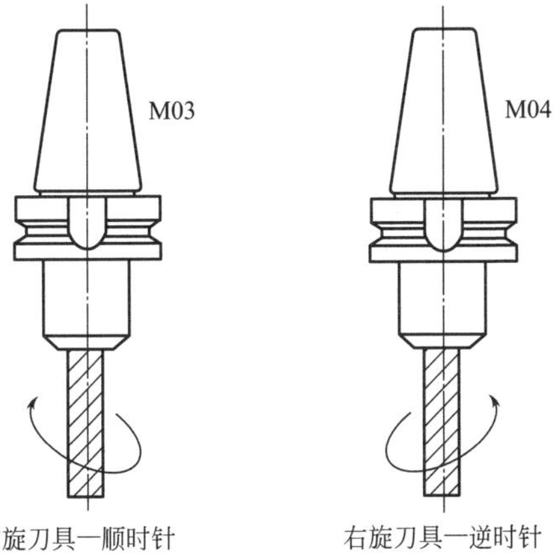

图 7-2　主轴旋转方向（图中所示为立式加工中心的前视图）

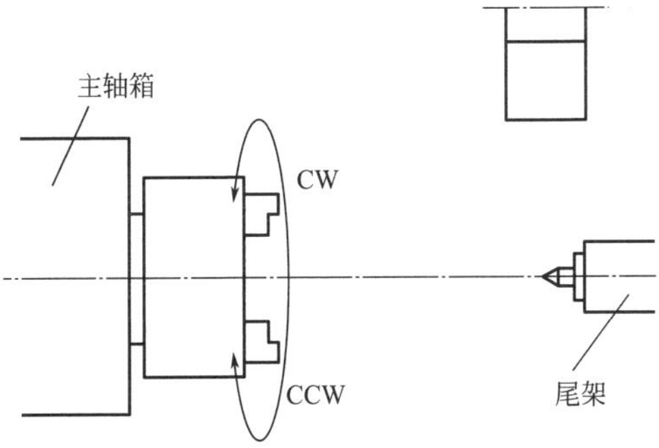

图 7-3　斜床身两轴 CNC 车床的典型视图

③ M05 为主轴停，不管主轴的旋转方向如何，执行 M05 后，主轴将停止转动。在加工中心换刀前，需用 M05 命令主轴停止。有时，在程序中可以不包含 M05，因为在程序结束时，M02 或

M30 都可以使主轴停转。在加工过程中，主轴旋转方向需要改变时，需用 M05 先将主轴停转，再启动主轴反方向旋转。

④ 主轴停止功能可以作为单独程序段编写，也可以编写在包含刀具运动的程序段中。通常只有在运动完成后，主轴才停止旋转，这是控制器中添加的一项安全功能。最后不要忘记编写 M03 或 M04 恢复主轴旋转。

⑤ 主轴地址 S 和主轴旋转功能 M03 或 M04 必须同时使用，只使用其中一个对控制器没有任何意义。如果将主轴转速和主轴旋转方向编写在同一程序段中，主轴转速和主轴旋转方向将同时有效；如果将主轴转速和主轴旋转方向编写在不同的程序段中，主轴将不会旋转，直到将转速和旋转方向处理完毕。一般情况下，M03 或 M04 与 S 地址编写在一起或在它后面编写，不要将它们编写在 S 地址前。

(2)应用

两种类型的 CNC 机床，加工中心和车床，都是利用主轴旋转来切除工件上多余的材料，它们可能是切削刀具（铣床）和工件自身的旋转（车床）。不论哪种情况，应该由程序严格控制机床主轴或工件旋转，即利用 M03 或 M04。

7.4 主轴定位功能［M19、$M\alpha \sim M(\alpha+5)$］

主轴定位功能是使主轴转动一定角度，从而将安装在主轴上的工件或刀具定位在某一角度。主轴定位功能包含如下三种操作：

① 取消主轴回转方式并进入主轴定位方式（主轴定向）。

② 在主轴定位方式定位主轴。

③ 取消主轴定位方式并进入主轴回转方式。

7.4.1 主轴定向停止

(1)指令：

M19

说明：

① M19 为主轴定向停止。对于不同的控制系统，可以指定不

同的 M 代码实现主轴定向功能。

② 一般数控铣床都有定向停止功能，使主轴停在某一确定位置。例如：在加工中心换刀时（M06），主轴应实现定向停止，保证铣刀刀柄键槽和主轴上的键位置一致，能顺利地把刀具安装在主轴上；再有，在数控铣床上进行精镗循环加工（G76 和 G87），必须停止主轴并使主轴定向，主轴定向可确保刀具从加工完毕的孔中退到非工作方向，从而防止破坏加工完毕的孔。

③ 对于数控铣床，只有当主轴静止时，也就是主轴停止后才使用该功能，执行 M19 时，将产生以下运动：主轴会在两个方向（顺时针和逆时针）上轻微的转动，并在短时间内回激活内部锁定机构，有时也会听到锁定的声音，这样就将主轴锁定在一个精确位置，精确位置的锁定由机床生产厂家决定，它用角度表示，如图 7-4 所示。

④ 对于数控车床，当主轴电机在普通的主轴运行之后或者当主轴定位被中断时，必须进行主轴定向。

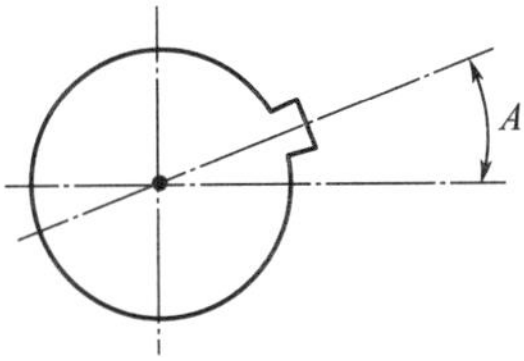

图 7-4　主轴定向角度由机床生产厂家决定且不可更改
A—主轴定向角度

(2)应用

M19 能使主轴定向停止，但在程序中很少使用，这是因为在一些需要主轴定向停止的命令中，已包含了定向停止的功能，例如 M06，在加工中心执行 M06 时，主轴先定向停止，再换刀，无需用 M19 指令。该指令功能在机床调试中使用最多，当使用 MDI 操作时，它可作为一种辅助编程手段。

7.4.2　数控车床主轴定位功能［$M\alpha \sim M(\alpha+5)$］

在数控车床上主轴可以按任意角度或固定角度定位。

(1)用 M 代码指定主轴固定角度定位

用地址 M 及其后的 2 位数值指令定位。指令值为 $M\alpha$ 到 $M(\alpha+5)$ 六个值中的一个。α 值必须预先设置在参数中，$M\alpha$ 到 $M(\alpha+5)$ 对应的定位角度列在表 7-4 中，β 值必须预先设置在参数中。

表 7-4　主轴定位 M 代码

M_代码	定位角	例：$\beta=30°$
$M\alpha$	β	30°
$M(\alpha+1)$	2β	60°
$M(\alpha+2)$	3β	90°
$M(\alpha+3)$	4β	120°
$M(\alpha+4)$	5β	150°
$M(\alpha+5)$	6β	180°

指令用增量值，回转方向由参数设定。

(2)用角度指令定位

用地址 C（绝对值）或 H（增量值）及其后面的带符号的数值指令定位位置。地址 C 或 H 必须在 G00 方式指令。

【例】 C－1000；

H4500；

用地址 C 必须指令至程序零点（绝对值）的距离指定终点。用地址 H 必须指令起点至终点（增量值）的位移指定终点。数值可以带小数点输入，单位为度（°）。

【例】 C35.0 即 35°

(3)程序零点位置

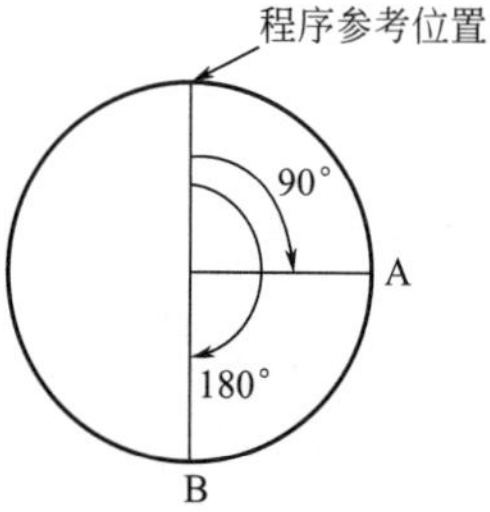

图 7-5　主轴定位

主轴定向的位置就是程序零点的位置，程序零点的位置可以用坐标系设定指令 G50 设定和变更或用自动坐标系设定和变更。

(4)定位指令

如图 7-5 所示。指令格式举例如表 7-5 所示。

表 7-5　指令格式举例

指令格式		G 代码 A		G 代码 B 和 C	
		地址	从 A 到 B	地址和 G 代码	从 A 到 B
绝对值指令	用终点至程序原点位置的距离指定终点	C	C180.0；	G90，C	G90 C180.0；
增量值指令	指定从起点到终点的距离	H	H90.0；	G91，C	G91 C90.0；

(5)定位时的进给速度

定位期间的进给速度等于参数设定的快速移动速度。定位时用直线加速度。指定的速度可以用快速进给速度倍率修调。

(6)定向时的速度

刀具先以快速移动速度移动，再降至定向速度，以参数设定的定向速度进行定向。

(7)取消主轴定位

要从主轴定位方式切换到正常的主轴回转方式应用参数设定M代码。

注意：

① 在主轴定位期间，不能执行进给暂停、空运转、机床锁住和辅助功能锁住。

② 即使不用M代码指令的固定角度定位，也要设置相应的参数，如果不设定这个参数，则M00～M05不能正确执行。

③ 主轴定位必须在单独的程序段中指令，X 轴或 Z 轴的移动指令不能与其指令在同一程序段。

④ 主轴定位期间按下急停按钮时，中断主轴定位。若想恢复定位方式，应重新执行主轴定向。

⑤ 串行主轴的Cs轴轮廓控制功能和主轴定位功能不能同时使用。如果指定了两项选择，主轴定位功能优先。

⑥ 主轴定位位置在机床坐标系中以脉冲表示。

7.5 冷却液功能（M07、M08和M09）

(1)指令格式

$$\begin{cases}\text{M07}\\\text{M08}\\\text{M09}\end{cases}$$

说明：

① M07为2号冷却液开。2号冷却液为喷雾状的，是小量切削液和压缩空气的混合物。

② M08 为 2 号冷却液开，2 号冷却液通常为液状，是可溶性油和水的混合物。M09 命令切削液关。

③ 在刀具开始靠近工件和最终返回换刀位置的过程中，通常不需要冷却液。可使用 M09 功能来关掉冷却液功能。

④ 冷却液功能可以编写在单独的程序段中，或与轴的运动一起编写。

⑤ 单独程序段中的冷却液功能在它所在程序段中有效。

⑥ 冷却液“开”和轴的运动编写在一起时，将和轴运动同时变得有效。

⑦ 冷却液“关”和轴的运动编写在一起时，只有在轴运动完成以后才变得有效。

⑧ 加工冷却时，不要让冷却液喷溅到工作区域外，并且不要让冷却液喷注到高温的切削刀刃上。

(2)应用

大多数的金属切削均需要合适的冷却液来喷洒在切削刀刃上，主要原因就是散掉切削过程中产生的热量，第二个原因是使用冷却液的冲力，从切削区域排屑，第三个原因是冷却液有润滑作用，可以减少切削刀具和金属材料之间的摩擦，从而延长刀具寿命，并改善工件表面的加工质量。

7.6 进给倍率开关控制（M48、M49）

(1)指令格式

$$\begin{cases}M48\\M49\end{cases}$$

说明：

① M48 为进给倍率取消功能“关”，即进给倍率有效。M49 为进给倍率取消功能“开”，即进给倍率无效。二者属于模态指令，彼此可以相互取消。

② 通常 M49 为默认状态，在工件加工过程中，操作人员可以通过 CNC 系统控制面板上一个专用的旋钮开关来控制进给倍率。如图 7-6 所示。

③ 当 M48 有效时，CNC 系统控制面板上进给倍率开关不起作用。刀具进给速度为程序给定值。

④ 在数控车床上执行 G32、G92 和 G76 时，M48 自动生效，M49 是无效的。

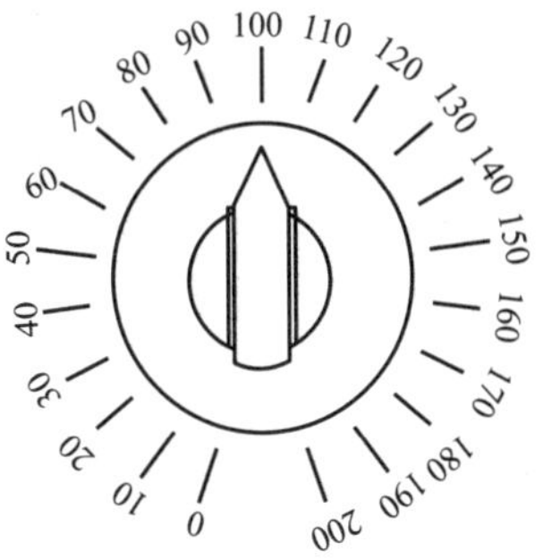

图 7-6 典型的进给倍率旋钮

(2)应用

数控机床操作面板上设有进给倍率开关，CNC 操作人员可以根据实际加工情况调节该旋钮来临时增大或减少程序中的进给率，操作起来非常便利。数控系统提供了两个辅助功能用来设置进给倍率开关有效还是无效。即 M48 和 M49。M48 为数控系统缺省值。一般 M49 不写在程序里，执行某些指令（如 G32、G92、G76）时，数控系统自动使 M49 有效。但在特殊情况下，可以把 M49 编写在程序里，例如在没有循环的攻螺纹操作，它使用 G01 和 G00 功能，M49 正好可以实现这一目的。

(3)编程举例

【例】 利用 G00 和 G01 在数控车床上用丝锥加工螺纹孔。加工程序如表 7-6 所示。

表 7-6 丝锥加工螺纹孔程序

程序	说明
O3002;	
N1 G20;	
N2 T0500 M41;	
N3 S300 M03;	
N4 G00 X0 Z5.0 M09 T0505;	
N5M49;	(进给倍率失效)
N6 G01 Z－30.0 F2.0 M05;	(攻螺纹)
N7 Z5.0 M04;	(丝锥退出)
N8 M48;	(进给倍率有效)
N9 G00 Z200.0;	
N10 M30;	
%	

第8章 主轴控制

8.1 主轴功能（S）

(1)指令格式

S_

说明：

① S为主轴功能，表示主轴的转速，是由地址S和一组数据组成。

② 根据不同的机床，主轴速度功能格式有两种：

a. 用S地址和其后2位数选择主轴速度，这2位数是主轴转速的编码，表示转速级。例如S12为主轴第12级转速。主轴的实际转速以机床的具体结构确定，用于主轴的电动机为非调速电机，主传动为有级变速的机床。其变速方式，可能为液压拨叉，也可能为电磁离合器，以机床结构为准，但必须是自动变速，由机床可编程控制器（PMC）控制。最多为99级速度。

b. 用地址S后面的数字直接指定主轴转速。数据范围为1～9999或1～99999，且不能使用小数点。通常单位为：转/分。数据的大小与CNC机床允许的主轴最大转速和控制器中允许的最大转速有关，不允许超过机床控制器的最大转速和机床的最大转速。

③ 编程时，允许主轴的转速高于实际切割时的主轴转速，在切割过程中，可以根据工件的材料、切削量以及刀具的情况，通过调节控制面板上的主轴转速倍率开关改变主轴的转速。

④ 执行了S代码后，主轴转与不转，是正转还是反转，转后是否停止，由M代码决定。

⑤ 当移动指令和S代码在一个程序段内指令时，其执行顺序

可参照机床厂家的说明书。

⑥ 当S功能和G96合用时，S表示工件表面的圆周速度，单位为：米/分或英尺/分。

(2)应用

无论哪种类型的CNC机床（例如：铣床、加工中心、数控车床），都是利用主轴旋转来切削工件上多余的材料，它们可能是切削刀具或工件自身的旋转。这两种情况下，通常应该由程序来严格控制主轴或工件的旋转速度。当然，也有不是由程序来控制主轴或工件的转速，例如一些简易的数控车床，主轴的转速是由机床机械部分控制的。当由程序来控制主轴或工件的转速时，用地址S和一组数字表示。

8.2 恒表面速度控制（G96、G97）

(1)指令格式

$$\begin{cases}G96\\G97\end{cases} S\_$$

说明：

① G96为恒表面速度指令，模态指令。如图8-1所示，表面速度 $v=\pi Xn$，X 为刀尖所在工件表面直径，n 为主轴转速。所谓恒表面速度，即 Xn 乘积为一定值。

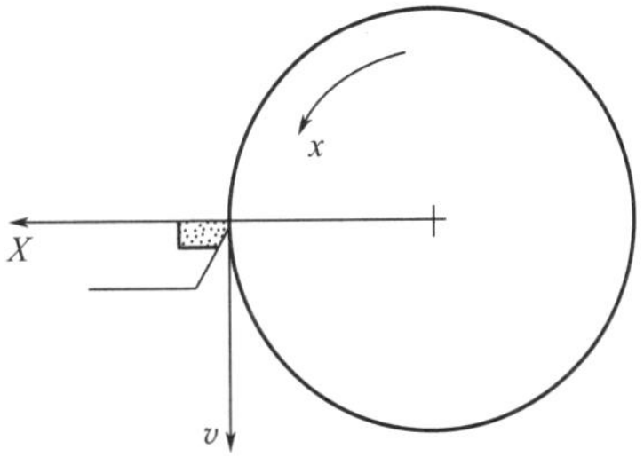

图8-1 表面速度控制

② G97为恒表面速度取消指令，模态指令。

③ 在G96或G97的状态下，S的含义不同，当与G96合用时，S表示表面速度，是恒定值，不随刀具的位置变化，系统根据恒表面速度计算出主轴转速，S的单位为：米/分或英尺/分。S与G97合用时，S表示主轴的转速，单位为：转/分。通常G97为机床省缺值。

④ 用恒表面速度控制时，主轴速度若高于规定的最大速度，就被箝在最大主轴转速，如未规定最大速度，则主轴转速不被箝制。为了安全起见，用恒表面速度控制时，必须规定最大主轴转速指令。

⑤ 在 G96 程序段中，直到出现 M03 或 M04 指令前，程序中的 S（表面速度）指令被当作 S=0。

⑥ 执行恒表面速度控制，必须设定坐标系，使旋转轴例如 Z 轴（应用恒表面切削速度控制的轴）的中心的坐标值为零。如图 8-2 所示。

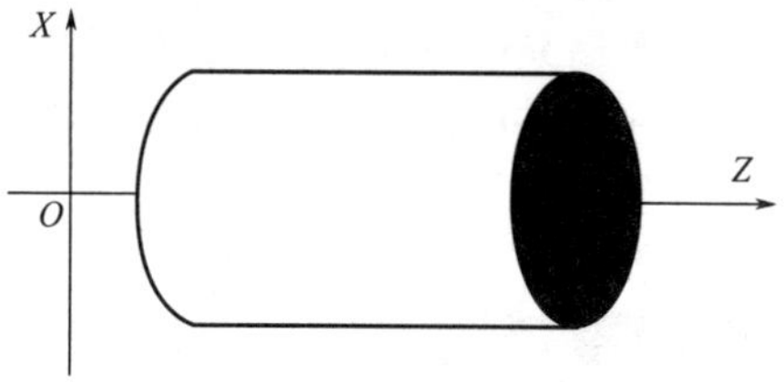

图 8-2　表面切削速度控制的坐标系示例

⑦ 在指定快速移动 G00 的程序段中，恒表面速度控制不是根据刀具位置的瞬间变化计算主轴转速，而是根据该程序段的终点计算主轴转速。因为快速移动时不切削。

⑧ 在 G96 状态中被指令的 S 值，即使在 G97 状态中也被保存，当再次返回到 G96 时，又被恢复。

【例】	G96 S50；	指令周速 50m/min 或 50ft/min
	G97 S1000；	指令主轴转速 1000r/min
	G96 X3000；	恢复前面指令的周速 50m/min 或 50ft/min

⑨ 在切削锥螺纹和端面螺纹时，要用 G97 方式，使周速控制无效。

⑩ 指令每分钟进给（G98）时，恒周速控制方式（G96）无效。即使指令 G96，也无意义。

⑪ 从 G96 状态变为 G97 状态时，G97 程序段若没有指令 S（r/min）值，则使用 G96 状态的最后转速作为 G97 状态的 S 转速。

【例】 N111 G97 S800；　　主轴转速 800r/min

…

N222 G96 S100；　　恒表面速度 100m/min

…

N333 G97；　　　　使用 G96 状态的最后转速

(2)应用

数控车床上装备了双重主轴转速选项——直接指定 r/min 和圆周速度，要使用适当的准备功能辨别哪种选择有效。数控系统提供了两个 G 代码，即 G96 和 G97，其中 G96 用来指定圆周速度，单位为：米/分或英尺/分；G97 用来指定主轴转速，单位为：转/分。

通常，数控机床默认状态为 G97，它主要用来直径变化不大的外圆车削和端面车削，例如螺纹车削、钻削、铰削、攻螺纹等。指令 G96 主要用于车削端面或工件直径变化较大的场合，例如切断加工。另外，有些车削件外形轮廓复杂，而表面质量要求较高，此时使用恒表面速度就具有更大的优势。利用恒表面速度指令，主轴转速将根据正在车削的直径（当前直径），自动增加或减少。该功能不仅节省编程时间，也允许刀具始终以恒切削量切除材料，从而避免刀具额外磨损，并可获得良好的加工表面质量。

(3)编程举例

【例】 零件如图 8-3 所示，加工程序见表 8-1。

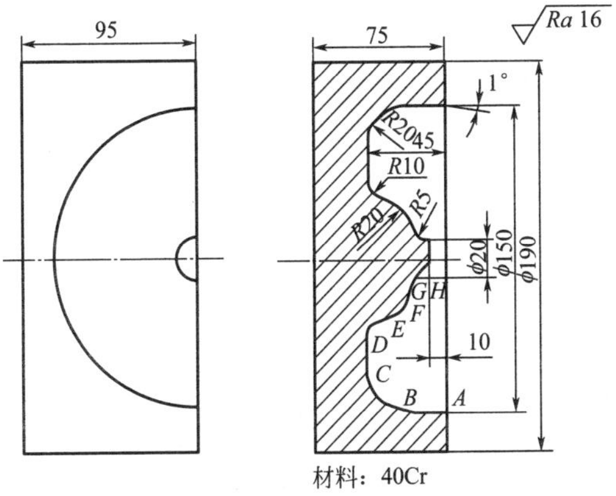

图 8-3　零件图

表 8-1 零件图加工程序

程　　序	说　　明
O4001;	程序代号
N010 G50 X250 Z150;	设定坐标系
N020 G50 S1000;	设定最高转速
N030 G97 G40 M08;	冷却液开
N040 G00 G423 X200 Z100 M03 T1010;	*R*4 圆头车刀
N050 G01 G96 X150 Z1 F1.5 S80;	恒线速度为 80r/min
N060 G73 U0 W45 R20;	
N070 G73 P080 Q150 U0 W0.2 F0.2;	
N080 G00 X150 Z0;	*A* 点
N090 G01 X148.2052 Z−25.698 F0.1;	直线插补 *A*→*B*
N100 G03 X108.2396 Z−45 R20;	圆弧插补 *B*→*C*
N110 G01 X79.1608;	直线插补 *C*→*D*
N120 G03 X59.4406 Z−36.6667 R15;	圆弧插补 *D*→*E*
N130 G02 X28 Z−20.4041;	圆弧插补 *E*→*F*
N140 G03 X20 Z−15.5051;	圆弧插补 *F*→*G*
N150 G01 *Z*−10;	直线插补 *G*→*H*
N160 G70 P080 Q150;	精加工
N170 G40 G00 X200 Z150 T0100;	
N180 M05;	
N190 M02;	
:	

型腔各节点的坐标：

A：(150, 0)，*B*：(148.2052，−25.698)，*C*：(108.2396，−45)，*D*：(79.1608，−45)，*E*：(59.4406，−36.6667)，*F*：(28，−20.4041)，*G*：(20，−15.5051)，*H*：(20，−10)

8.3 主轴最高转速限制（G50、G92）

(1)指令格式

G 50（或 G92）S _ ；

说明：

① G50（或 G92）为主轴最高转速限制指令，仅用于 G96 状态。通常 G50 用在数控车床上，G92 应用在数控铣床上。

② S 为指令恒表面速度控制的主轴最高转速（r/min）。

③ 在恒周速控制时，当主轴转速大于指定的速度时，则被限制在主轴最高转速上。

④ 当电源接通时，为 G97 状态，此时不需要限制主轴最高转

速。所谓限制，只用于 G96 状态。若电源接通时未指令主轴最高速度，则主轴速度不被限制。当指令为 G50 S0；时，表示主轴转速被限制到 0r/min。

(2)应用

在恒表面速度运行时，主轴转速与当前工件直径直接相关，工件直径越小，主轴转速越大。例如加工零件端面，越靠近中心线位置，主轴的转速就越大，当到达主轴中心线 $X0$ 时，其速度通常是有效齿轮传动速度范围的最大转速。当工件伸出较长时，由于转速较大，离心力太大，可能产生危险并影响机床寿命。此时，可以利用 G50 或 G92 指令限制主轴最高转速。当主轴转速大于指定的速度时，则被限制在主轴最高转速上。

(3)编程举例

【例】 利用切断刀把工件在坯料上切断，如图 8-4 所示。程序如表 8-2 所示。

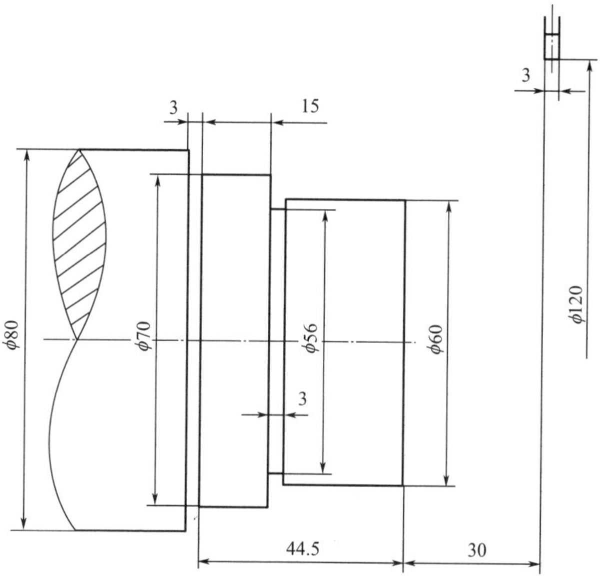

图 8-4　用切断刀切断工件

表 8-2 利用切断刀把工件在坯料上切断加工程序

程 序	说 明
O4002；	
N1 G50 X120.0 Z30.0；	坐标系设定
N2 G50 S1250 M42；	最高转速限制
N3 G96 S90 M03；	恒表面速度控制
N4 G00 X85.0 Z－77.5 M08；	
N5 G01 X－0.8 F0.1；	
N6 G00 X85.0 M09；	
N7 X120.0 Z－77.5；	
N8 M30；	加工结束
%	

第9章 进给率控制

9.1 刀具进给功能（F）

(1)指令格式

F _

说明：

① F 为刀具的进给功能，表示刀具在切割过程中的进给速度，是由地址 F 和一组数据组成。该值是模态的，只能由另一个 F 地址字取消。

② 刀具进给速度有 4 种，分别为：in/min、mm/min、in/转和 mm/转。在我国的数控系统中，数控铣床默认值为 mm/min，数控车床的默认值为 mm/转。可以通过准备功能 G94 和 G95 改变进给速度的单位。G94 为每分钟进给速度；G95 为每转进给速度。

③ 进给率使用中很重要的一点就是可使用的进给率值的范围。控制系统的进给率范围往往会超出机床伺服系统的范围，例如 FANUC 数控系统的进给率范围介于 0.0001～24000.0in/min 或 0.0001～240000.0mm/min 之间。注意两种单位之间的区别仅仅是小数点的移动而不是真正的转换，程序中只能使用属于这一指定范围内的进给率，这样的进给率要比控制系统的小。

④ 编程时，允许刀具进给速度高于实际切割时的进给速度，在切割过程中，可以根据工件的材料、切削量以及刀具的情况，通过调节控制面板上的刀具进给倍率开关改变切削速度。在螺纹加工等指令中倍率无效。

⑤ 快速进给速度用于定位指令（G00）进行快速移动时的移动速度。快速进给的速度由系统参数设定，在程序中不必指令。

⑥ 在直线移动加工中，F 值是沿直线的速度；在圆弧移动时，

F 值是圆弧切线方向的速度。如图 9-1 所示。

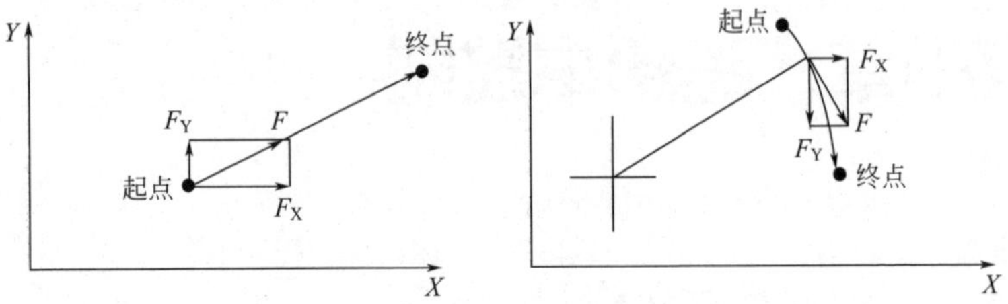

图 9-1　切线速度

⑦ 在加工移动开始和结束时，系统自动进行加减速，以保证平稳启动和停止。并且在速度变化时也能自动地加减速，使速度平稳变化。因此编程时不必考虑加减速。

(2)应用

进给率是主轴功能关系最为密切的编程因素。通常在切除多余材料时，主轴功能控制主轴转速以及旋转方向，而进给率则控制着刀具进给率。进给率的值表示切削刀具每分钟或每转走过的距离。

9.2　进给单位的设定（G94、G95 或 G98、G99）

(1)指令格式

$$\begin{Bmatrix} G94 \\ G95 \end{Bmatrix} 或 \begin{Bmatrix} G98 \\ G99 \end{Bmatrix}$$

说明：

① 在数控铣床和车床上使用的进给单位设定的 G 代码有着明显的区别。如表 9-1 所示。

表 9-1　数控铣床和车床上的进给单位

进给率	铣削	A 组车削	B 组车削	C 组车削
每分钟	G94	G98	G94	G94
每转	G95	G99	G95	G95

② G94、G95 或 G98、G99 是模态指令。彼此可以相互取消。

③ G94 和 G98 为每分钟进给量，单位为 mm/min 或 in/min。

④ G95 和 G99 为每转进给量，单位为 mm/转或 in/转。如采用每转进给量，在主轴上必须安装位置编码器。

⑤ 在数控铣床上，通常以每分钟进给量为初始设定。在数控车床上，以每转进给量为初始设定。

⑥ 采用每转进给形式，当主轴速度低时，可能出现进给速度波动。主轴转速越低，进给速度波动越频繁。

(2)应用

切削进给率就是刀具在切削运动中切除材料的进给速度，CNC 程序中使用两种进给率：每分钟进给和每转进给。采用哪种形式的进给，编程人员在编程时必须指定。一般在数控铣床上利用每分钟进给量形式的较多，而每转进给形式通常用在数控车床上。

9.3 暂停指令（G04）

(1)指令格式

$$G04\begin{cases}X\_\\U\_\\P\_\end{cases}$$

说明：

① G04 为暂停指令，即停刀，非模态指令，延时指定的时间后执行下个程序段。

② X、U、P 为指定时间。X、U（U 仅用于 CNC 车床）的单位为 s，允许小数点编程，指令范围为 0.001～99999.999；P 的单位为 ms，不允许小数点编程，指定范围为 1～99999999。在加工中，暂停时间很少会超过几秒钟，通常都远远小于 1s。

③ 如果省略 X、U 和 P，则可看作是准停（G09）。

④ 通过设置参数，可以用主轴旋转的转数来表示暂停时间，它只需使用暂停指令 G04，后面跟所需的主轴转速，范围为 0.001～99999.999r。

例如：G04 P1000；

G04 X1.0；

G04 U1.0；

表示暂停主轴旋转一周所需的时间。

⑤ 加工中心的一些固定循环也会用到暂停指令。暂停指令与循环数据编写在一起，而不是用在单独的程序段中。只有需要用到暂停的固定循环才可以在同一个程序段中使用暂停指令，其他的应用则必须将暂停指令编写在独立的程序段中。

⑥ X、P 或 U 地址与暂停指令 G04 一起使用时不会发生轴运动。

(2)应用

暂停指令是应用在程序处理过程中有目的地时间延迟，在程序指定的这段时间内，所有轴的运动都将停止，但不影响所有其他的程序指令和功能。超过指定的时间后，控制系统将立即从包含暂停指令程序段的下一程序段重新开始处理程序。

暂停指令主要有以下两方面的重要应用。

① 在实际切削过程中　暂停指令主要用于钻孔、扩孔、凹槽加工或切断工件时的排屑，也用于车削和钻孔时消除切削刀具最后切入时留在工件上的加工痕迹。

② 当没有切削运动时对机床附件操作的应用　暂停指令的第二个常见应用是某些辅助功能（M 功能）。其中一些功能用于控制各种 CNC 机床附件，如棒料进给器、尾座、套筒、夹紧工件等。程序中的暂停时间能保证彻底完成某一特定步骤，另外在一些 CNC 车床中改变主轴转速时也需要用到暂停指令，它通常位于齿轮传动速度范围调整后。

9.4　切削进给速度控制（G09、G61、G62、G63、G64）

(1)指令格式

G09 X _ Y _ Z _
G61
G62
G63
G64

说明：

① G09 准确停，为非模态指令，只在本程序段有效，即在每个需要它的程序段中都要进行重复编写。

② 执行 G09 指令时，刀具在程序段的终点减速，执行刀位检查。然后执行下个程序段。如图 9-2 所示，使用于不使用 G09 指令时的刀具运动情况。

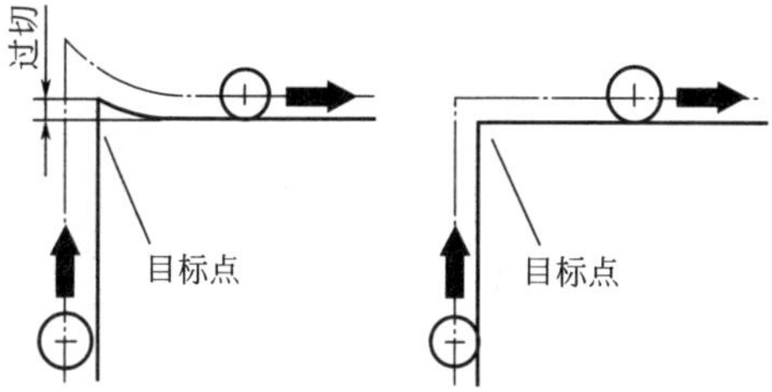

(a) 不使用G09/G61　　(b) 使用G09/G61

图 9-2　拐角附近的进给率控制——准确停指令

③ G09 指令后接 *XYZ*，*XYZ* 为刀具目标点坐标。

④ 所谓“到位”是指到达位置的某一范围内（这个范围由机床厂决定）。到位检查是自动进行的，只用在切削进给程序段中指令进给速度减速到零位才使用。定位指令（G00）无须采用该指令便进行到位检查。

⑤ G61、G62、G63 和 G64 属于模态指令，它们之间可以相互取消。

⑥ G61 为准确停模式指令，属于模态指令。刀具在程序段的终点减速，执行到位检查。然后执行下个程序段。执行情况如图 9-2 所示。

⑦ G61 功能和 G09 相同，G61 缩短了编程时间，但不能缩短循环时间。在同一程序中重复使用 G09 指令而使程序变得冗长时，则 G61 是最有用的。

⑧ G62 为自动拐角倍率模式指令。当执行刀具半径补偿时，刀具在内拐角和内圆弧区域移动时自动减速以减少刀具上的负荷，从而加工出光滑的表面。

a. 倍率条件。有四种内拐角，如图 9-3 所示，其中，$2° \leqslant \theta \leqslant \theta_p \leqslant 178°$，$\theta_p$ 是参数设定的值，当 θ 近似等于 θ_p 时（误差小于 0.001），认为是内拐角。当拐角被确定为内拐角时，在内拐角的前端和后端均对进给速度执行倍率。执行进给倍率的距离为 L_s 和 L_e。L_s 和 L_e 是从刀具中心轨迹上的点到拐角处的距离，如图 9-4 所示，L_s、L_e 和倍率值可用参数设定。

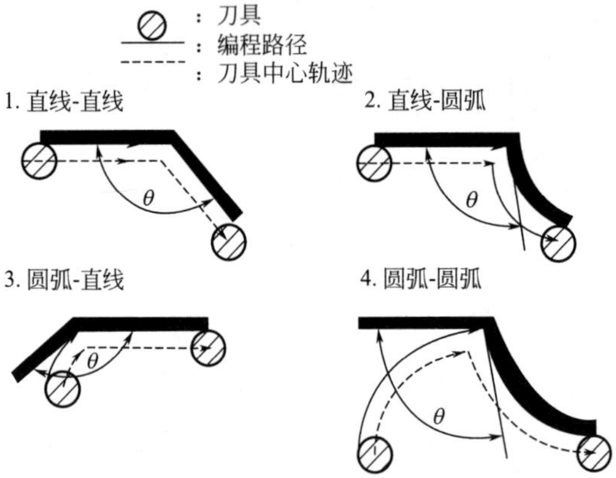

图 9-3　内拐角

b. 倍率量。倍率量由参数设定，1% ≤ 倍率量 ≤ 100%（每挡 1%）。

实际进给速度为：F×(内拐角倍率)×(进给倍率)

c. 在下列情况下内拐角倍率无效：

- 在插补前加/减速期间，内拐角倍率无效；
- 如果拐角前有起刀程序段或拐角后有包括 G41 或 G42 的程序段，则内拐角倍率无效；
- 如果偏置为零，则内拐角倍率不执行。

d. 指令 G63 为攻螺纹指令，刀具在程序段的终点不减速，而执行下一个程序段。当指定 G63 时，进给倍率和进给暂停都无效。

e. G64 为切削模式。在程序中编写切削模式 G64 或者系统缺省将它激活时，它表示正常切削模式。该指令有效，准确停检查 G61 将不起作用，自动拐角倍率 G62 或攻螺纹模式 G63 也是一样。这就意味着进给倍率有效且加速和减速正常进行。这是控制系统最

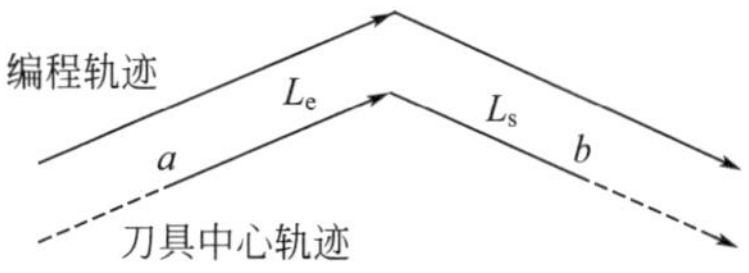

从a点到b点，进给速度实施倍率

(a) 倍率范围(直线到直线)

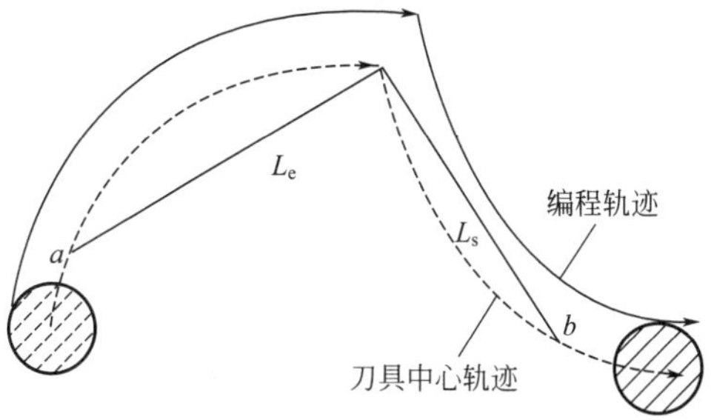

从a点到b点，进给速度实施倍率

(b) 倍率范围(圆弧到圆弧)

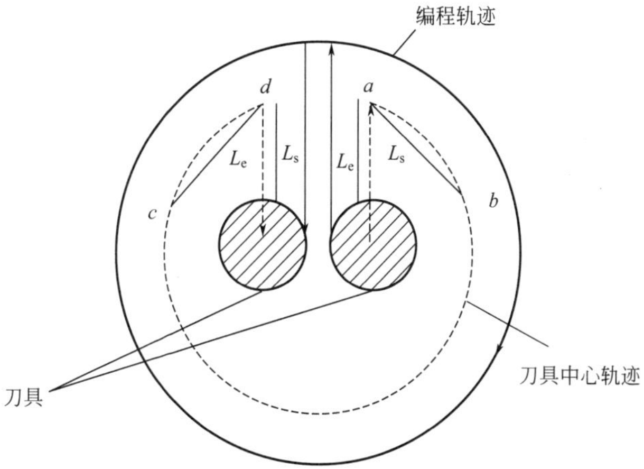

(c) 倍率范围(直线到圆弧，圆弧到直线)

图 9-4　倍率范围

常见的缺省模式。

一般不在程序中编写 G64 指令，除非在同一程序中还使用了一种或多种其他的进给率模式。

(2)应用

在程序段转接时，为了避免刀具停顿，系统在插补完成后即进入下个程序段。由于运动滞后，刀具实际移动与插补之间的差称为跟踪误差，速度越快，这个误差也越大。当下段已经启动，而上一段实际并未结束，所以在拐角处会产生两个运动的叠加，形成不了尖角，如图 9-5 所示。

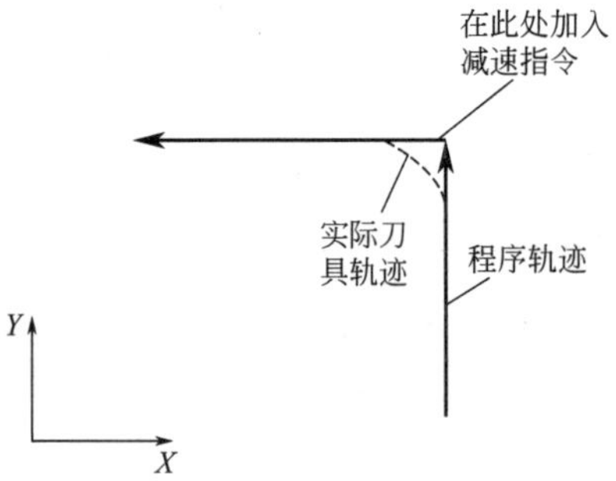

图 9-5　拐角处的刀具轨迹

例如，某程序段只有 Y 轴移动，下个程序段只有 X 轴移动，Y 轴移动还未结束，X 轴已经启动，此时，刀具轨迹如图 9-5 所示。

切削进给速度越大，或加减速时间常数越大，则拐角处的圆弧误差越大。如果加入减速指令，则刀具按实线那样运动。在圆弧插补时，实际刀具轨迹的圆弧半径比程序给出的圆弧要小。若减小加减速时间常数，可以降低这种误差。

当拐角有严格要求时，可加入拐角处的速度控制指令。

第10章 坐标值和尺寸

10.1 单位的选择（G20、G21）

(1)指令格式

$\begin{cases}G20\\G21\end{cases}$

说明：

① G20 和 G21 是模态指令，彼此可以相互取消。

② G20：英制，最小设定单位为 0.0001in。

③ G21：米制，最小设定单位为 0.001mm。

④ 在同一程序里，G20 和 G21 不能混合使用。

在程序里，使用 G20 或 G21 指令的任何切换，并不会导致从一种单位到另一种单位的真正改变，它只会移动小数点的位置，而不是改变数字。

【例】 从公制到英制

G21；	初时单位选择（公制）
G00 X50.0；	系统接受的 *X* 值为 50mm
G20 ；	前面的值变为 5.0in（实际变换是 50mm=1.9685in）

【例】 从英制到公制

G20；	初时单位选择（英制）
G00 X6.0；	系统接受 *X* 值为 6in
G21；	前面的值变为 60.0mm（实际变换是 6.0in=152.4mm）

⑤ 尺寸单位的初始选择，可以由系统设置来完成，国内机床大部分初始设置为公制，即 G21。

⑥ 在单独程序段中编写单位设置，它位于轴运动、偏置选择或坐标系设置（G50 和 G54～G59）之前，不遵循这一原则可能会

导致错误的结果。

⑦ 英制输入和米制输入相互转换时，为使偏置值符合输入单位，应重新设定。

⑧ 下列各值的单位根据英制、米制转换的 G 代码变化：

a. F 表示的进给速度的指令值。

b. 与位置有关的指令值。

c. 偏移量。

d. 手摇脉冲发生器 1 个刻度的值。

e. 步进的移动量。

f. 某些参数。

⑨ 无论采用英制还是米制，输入的角度数据的单位保持不变。

(2)应用

程序中使用的图纸尺寸，根据不同的国家，其单位形式不一样，分为英制和米制。编程时，必须说明程序中数据的单位形式。数控系统提供了两个 G 代码把它们加以区分开来，即 G20 和 G21。单位的选择必须在设定坐标系之前，在程序的开头位置以单独程序段指定。

10.2 绝对坐标和相对坐标［G90、G91 或 X（U）、Z（W）］

(1)指令格式

$\begin{Bmatrix} G90 \\ G91 \end{Bmatrix}$ 或 X（U）_ Z（W）_

说明：

① G90 为绝对坐标编程，坐标值是相对于原点来定义的。

② G91 为增量坐标编程，又称相对坐标编程，坐标值是相对于当前位置来定义的。

③ G90 和 G91 为模态指令，彼此可以相互取消。

④ 控制系统使用的初始缺省设置通常是 G91，在开启电源和重启时，该设置可通过对计算机进行预先设置的系统参数来修改。

⑤ 对于数控车床，一般绝对模式和相对模式的选择不使用

G90 和 G91，而是使用 X、Z 或 U、W。其中 X、Z 为绝对坐标指令，U、W 为增量坐标指令。

⑥ 在数控车床上，绝对值和增量值指令可以一起在一个程序段中。

例如：X100.0 W－150.0

⑦ 当 X 和 U 或者 Z 和 W 指令在一个程序段时，后指定者有效。

(2)应用

在数控加工程序中，以任意单位输入的尺寸必须有一指定的参考点，例如在数控铣床上的程序中，如果出现 X35.0，且单位是毫米，但这里并未指定 35mm 的起点，控制系统需要更多的信息来正确编写尺寸值。

编程中有两种参考：

① 以零件上一个公共点作为参考点——称为绝对输入的原点。

② 以零件上的当前点作为参考——称为增量输入的上一刀具位置。

以上两种参考，在数控铣床上用 G90 和 G91 进行选择。在数控车床上通常用地址 X、Z 和地址 U、W 区分。

为了计算方便，在编程中可以采用任何一种形式，通常采用增量形式，增量程序的主要优点就是使程序各部分之间具有可移植性，可以在工件的不同位置上，甚至在不同的程序中，调用一个增量程序，它在子程序开发和重复相等的距离时用得比较多。

(3)编程举例

【例 1】 如图 10-1 所示，立铣刀的刀心轨迹“$O_p \to A \to B \to C \to D$”，写出 $A \sim D$ 各点的绝对、增量坐标值。

$A \sim D$ 各点的绝对、增量坐标值如表 10-1 所示。

表 10-1　绝对、增量坐标

点	G90		G91	
	X	*Y*	*X*	*Y*
A	25	15	25	15
B	－12	15	－37	0
C	－12	－30	0	－45
D	38	－12	50	18

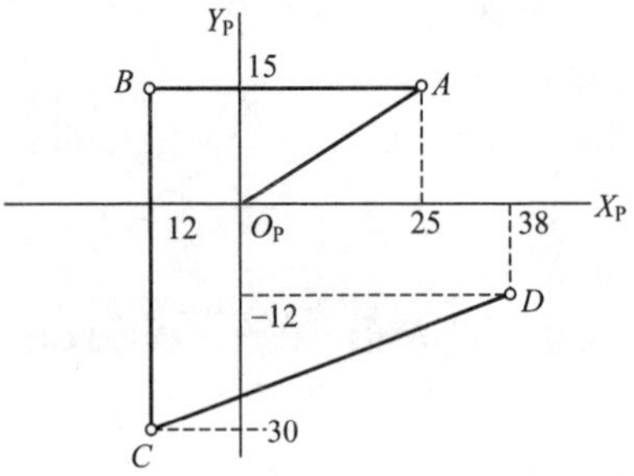

图 10-1　绝对坐标值与增量坐标值

【例 2】 分别采用 G90 和 G91 的形式，加工如图 10-2 所示零件上的凹槽。刀具直径为 8mm。刀具的刀位点距零件左下角距离为 $X=20$mm，$Y=10$mm，$Z=5$mm。

程序如表 10-2 所示。

表 10-2　程序表

G90 形式		G91 形式	
O6001；	程序号	O0010；	程序号
N1 G21 G90；	公制尺寸，绝对坐标	N1 G21 G91；	公制尺寸，相对坐标
N2 S1000 M03	主轴正转，转速为 1000r/min	N2 S1000 M03	主轴正转，转速为 1000r/min
N3 G92 X0Y0 Z5.0；	建立坐标系	N3 G92 X0Y0 Z5.0；	建立坐标系
N4 G01 Z−4.0 F60.0；	直线插补至凹槽底部	N4 G01 Z−9.0 F60.0；	直线插补至凹槽底部
N5 Y24.0；	直线插补	N5 Y24.0；	直线插补
N6 X70.0；		N6 X70.0；	
N7 Y48.0；		N7 Y24.0.0；	
N8 X106.0；		N8 X36.0；	
N9 G00 Z5.0；	抬刀	N9 G00 Z9.0；	抬刀
N10 X0 Y0；	快速回起点	N10 X−106.0 Y−48.0；	快速回起点
N11 M30；	加工结束	N11 M30；	加工结束
%		%	

【例 3】 如图 10-3 所示，车刀刀尖从 A 点出发，按照 $A\to B\to C\to D$ 顺序加工。

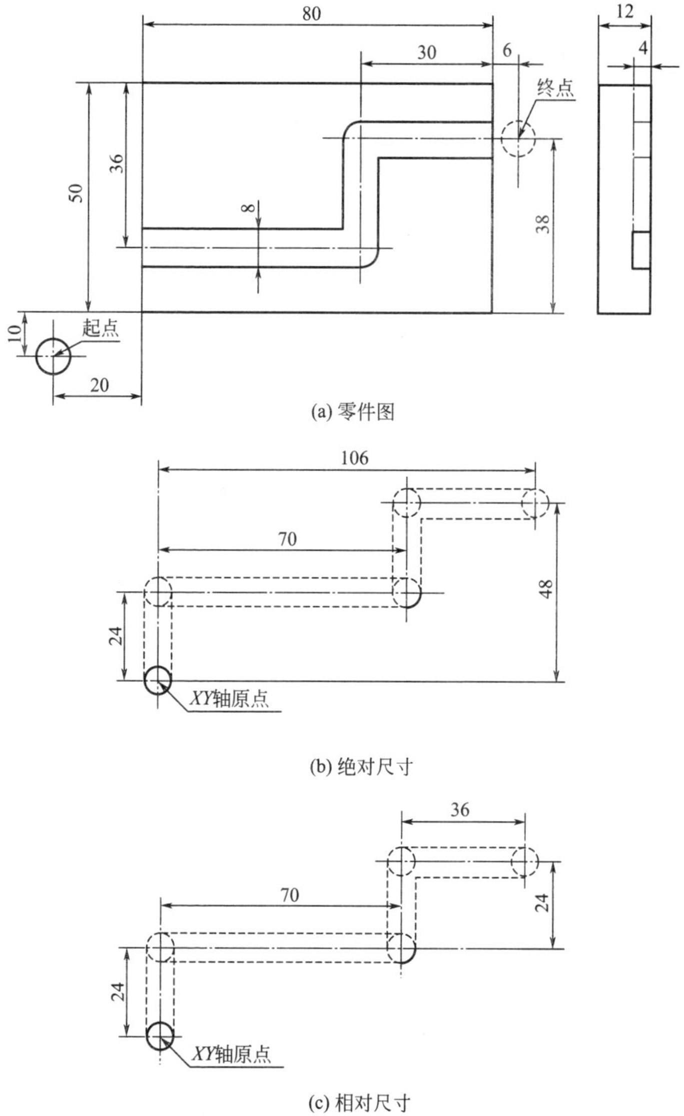

图 10-2　加工零件上的凹槽

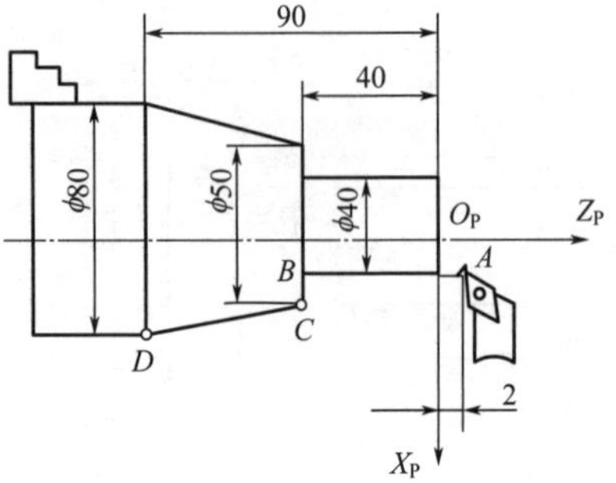

点	绝对坐标		增量坐标	
	X	*Z*	*X*	*Z*
B	40	－40	0	－42
C	50	－40	10	0
D	80	－90	30	－50

图 10-3　绝对、增量坐标

程序：

绝对值编程

```
…
N5 G01 Z－40.0;
N6 X50.0;
N7 X80.0 Z－90.0;
…
```

增量值编程

```
…
N5 G01 W－42.0;
N6 U10.0;
N7 U30.0 Z－50.0;
…
```

绝对值和增量值混合编程

```
…
N5 G01 Z－40.0;
N6 U10.0;
N7 X80.0 W－50.0;
…
```

10.3　极坐标（G15、G16）

(1)指令格式

$$\left\{\begin{matrix}G17\\G18\\G19\end{matrix}\right.\left\{\begin{matrix}G90\\G91\end{matrix}\right.G16$$

$\begin{cases} G90 \\ G91 \end{cases}$ IP

:

:

G15

:

说明：

① G15 为极坐标指令取消；G16 为极坐标系指令有效。当程序中不需要极坐标时，必须用 G15 指令取消。两条指令都必须在单独程序段中编写。

② 当利用极坐标编程时，在程序里必须有平面选择。G17 为 *XY* 平面选择；G18 为 *ZX* 平面选择；G19 为 *YZ* 平面选择。其中 G17 平面可以省略，但是在编写加工程序单时最好编出来。

③ G90 指定工件坐标系的零点作为极坐标系的原点，从该点测量半径。G91 指定当前位置作为极坐标系的原点，从该点测量半径。

④ IP 指定极坐标系选择平面的轴地址及其值。如表 10-3 所示。

表 10-3　不同平面选择的各轴的表示方式

G 代码	选择平面	第一根轴	第二根轴
G17	*XY*	*X*＝半径	*Y*＝角度
G18	*ZX*	*Z*＝半径	*X*＝角度
G19	*YZ*	*Y*＝半径	*Z*＝角度

第一轴：极坐标半径。

第二轴：极坐标角度，规定所选平面第一轴（＋方向）的逆时针方向为角度的正方向，顺时针方向为角度的负方向。

⑤ 当应用极坐标系时，半径和角度可以用绝对指令（G90），也可以用增量指令（G91）。用绝对值指令指定半径。工件坐标系的原点被设定为极坐标系的原点。当使用局部坐标系（G52）时，局部坐标系的原点变为极坐标系的原点。图 10-4 和图 10-5 表示角度用绝对指令和增量指令的情况。

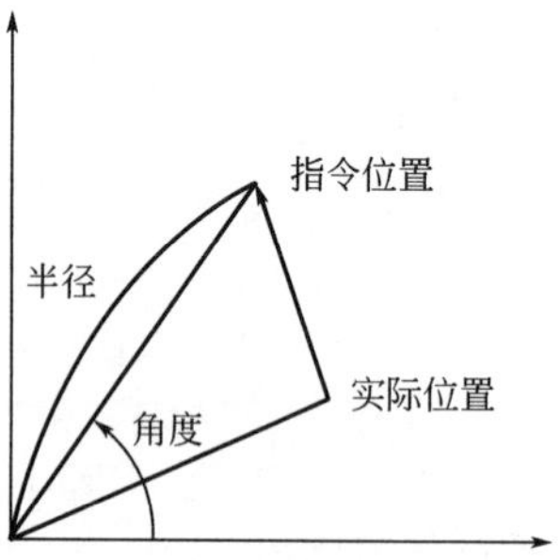

图 10-4　当角度用绝对指令时（一）

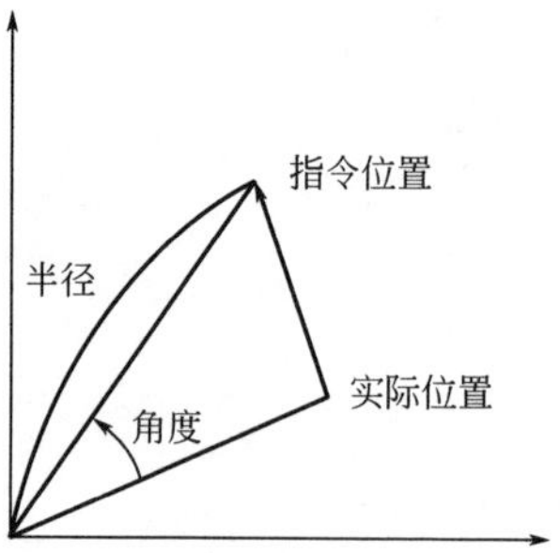

图 10-5　当角度用增量指令时（一）

用增量值编程指令指定半径（当前位置和编程点之间的距离），当前位置指定为极坐标的原点。图 10-6 和图 10-7 表示角度用绝对指令和增量指令的执行情况。

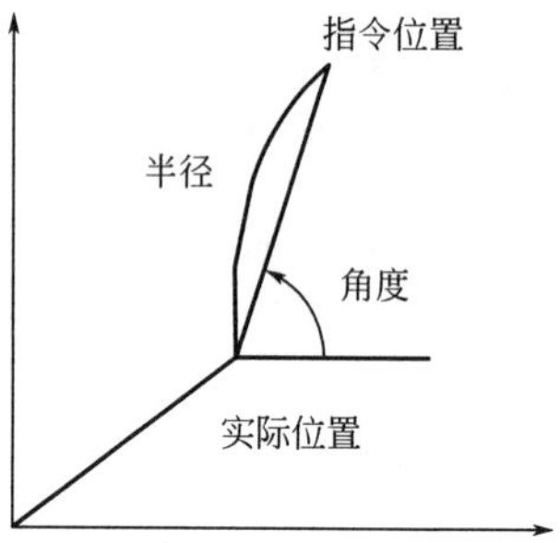

图 10-6　当角度用绝对指令时（二）

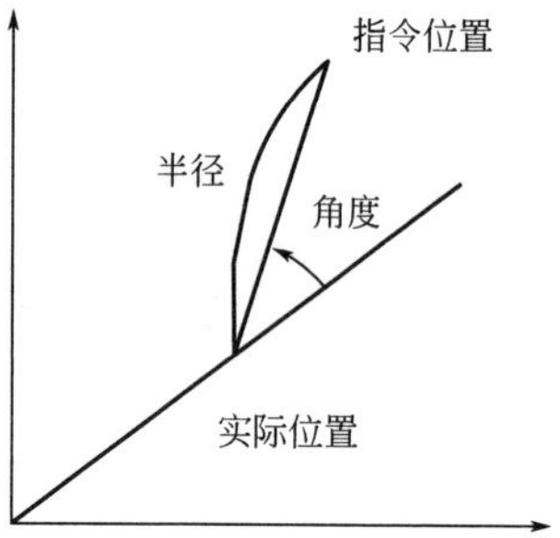

图 10-7　当角度用增量指令时（二）

⑥ 下列指令即使使用轴地址代码，也不视为极坐标指令。

a. 暂停（G04）。

b. 程序改变偏置量（G10）。

c. 设定局部坐标系（G52）。

d. 改变工件坐标系（G92）。

e. 选择机床坐标系（G53）。

f. 存储行程检验（G22）。

g. 坐标系旋转（G68）。

h. 比例缩放（G51）。

⑦ 选择极坐标系时，指定圆弧插补或螺旋线切削（G02，

G03）时用 R 指定半径。

⑧ 在极坐标方式中不能指定任意角度倒角和拐角圆弧过渡。

(2)应用

对于一些圆弧形分布的孔来说，采用直角坐标系，需要利用三角函数计算孔的中心坐标，相当烦琐，给编程带来不便。如采用极坐标的形式，可以使计算简便，有时可以不通过计算直接在图纸上确定孔的坐标位置。

(3)编程举例

【例】 采用极坐标编程加工如图 10-8 所示零件上的 6 个孔，加工程序如表 10-4 所示。

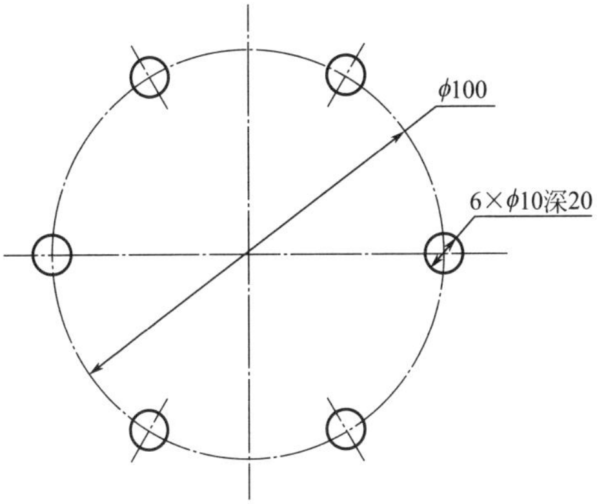

图 10-8 零件示意图

表 10-4 零件图的加工程序表

程序	注解
O6002；	
N1 G21；	公制尺寸
N2 G17 G40 G80；	平面选择,取消刀具半径补偿,取消孔加工循环
N3 G90 G54 G00 X0 Y0 S900 M03；	极点
N4 G43 Z1.0 H01 M08；	刀具长度补偿,冷却液开
N5 G16；	极坐标开
N6 G99 G82 X50.0 Y0 R3.0 Z-20.0 P500	孔加工
F50；	孔加工
N7 X50.0 Y60.0；	

续表

程　　序	注　　解
N8 X50.0 Y120.0;	
N9 X50.0 Y180.0;	
N10 X50.0 Y240.0;	
N11 X50.0 Y300.0;	
N12 G15;	极坐标关
N13 G80 M09;	取消孔加工循环，冷却液关
N14 G91 G28 Z0 M5;	*Z* 轴回参考点
N15 G28 X0 Y0;	*XY* 轴回参考点
N16 M30;	程序结束
%	

10.4 尺寸输入格式

从发展历程来看，尺寸输入格式大致有四种格式：满地址格式、前置零消除、尾置零消除、小数点格式等四种格式，其中小数点编程的历史最短。老式控制系统不能接受较高层次的尺寸输入，但最新的控制器在最常用小数点格式的情况，并可兼容其他格式。

(1)满地址格式

尺寸地址的满格式，英制系统中用“+44”表示，公制系统中用“+53”表示。这意味着在 X、Y、Z、I、J、K 等轴字中，所有可用的八位数字必须写出来，例如，英制尺寸 0.625 应用到 *X* 轴上时将被写成 X00006250。同样，公制尺寸 0.42mm 应用到 *X* 轴上时被写成 X00000420。

只有在很早以前的控制单元中，才使用满地址编程，但在今天它仍是正确的，其编程轴没有轴名称，它由尺寸在程序段中的位置确定。现代 CNC 编程中，满地址格式已经被淘汰，在这里使用它只是为了参考和比较。当然，这一格式在现代编程中仍能很好地工作，但并不将它们作为标准格式来使用。

(2)消零格式

消零概念是满地址编程的一大改进，它采用一种新的形式，以减少尺寸输入时零的数目。许多现代控制器仍然支持消零方法，但只是为了与老式程序的兼容和程序调试方便。

消零格式有两种情况：前置零和尾置零。这两种形式相互排斥，使用哪种编写没有小数点的地址？它取决于控制系统的参数设置或控制器生产厂家指定的状态，所以必须知道实际的控制器状态，其状态决定了可以消除哪些零。

如果用前置零消除格式编写应用在 X 轴上的英制输入 0.625in，那么它在程序中为 X6250。同样尺寸 0.625in，在尾置零消除程序中为 X0000625。

很明显，前置零消除比尾置零消除更实用。由于它的实用性，许多老式控制器系统将前置零消除设置为省缺置。

(3)小数点编程

所有现代编程的尺寸输入都使用小数点。小数点编程部分是因为程序数据带有小数，从而使得 CNC 程序更容易开发，且在日后比较易读。

对于所有可以使用的程序地址，并不是所有的都可以跟小数点编写在一起，那些以英寸、毫米或秒（也有一些例外）为单位的地址都可以。

以下两例，包含在铣削和车削程序中都允许使用的地址。

铣削控制器程序：

X、Y、Z、I、J、K、A、B、C、Q、R

车削控制器程序：

X、Z、U、W、I、K、R、C、E、F

为了与老式程序兼容，支持小数点编程选项的控制器，也可以接受没有小数点的尺寸值，这种情况下，了解前置零和尾置零编程格式的原则是非常重要的，如果使用正确，那么将不同的尺寸格式应用到其他控制系统都没有问题。如果可能，最好将小数点编程作为标准方法。

公制系统中设定的最小尺寸数据增量为 0.001mm，英制系统中为 0.0001in（缺省状态是前置零消除有效）：

Y12.56 等同 Y125600　　英制系统

Y12.56 等同 Y12560　　公制系统

可以在同一程序段中混合使用小数点和没有小数点编程值：

N230 X4.0 Y－10

这对系统内存的最大存储量是有意的，例如，X4.0 比 X40000 的字符要少；另外，Y－10 又比与其等价的小数点形式 Y－0.001 短（两个例子都使用英制单位）。如果小数点前面或后面所有数字都是零，则不必写出：

X0.5＝X.5

X40.0＝X40.

有些情况下，所用零都必须写出来，例如 X0 不能只写成 X。本书中所有的程序要有可能，就使用小数点格式。

【例 1】 英制实例——输入 0.625in

满地址格式	X00006250
无前置零格式	X6250
无尾置零格式	X0000625
小数点格式	X0.625 或 X.625

【例 2】 公制格式——输入 0.42mm

满地址格式	X00000420
无前置零格式	X420
无尾置零格式	X0000042
小数点格式	X0.42 或 X.42

10.5 直径编程和半径编程

CNC 车床上，所有沿 *X* 轴的尺寸都可以用直径编程和半径编程。直径编程易于理解，因为图纸中的回转体工件一般使用直径尺寸，而且车床上直径测量也较常见。因此，大多数 FANUC 控制器的省缺值为直径编程，也可以通过改变系统参数，将输入的 *X* 值作为半径值编译。

当 *X* 轴用直径指定时，注意表 10-5 中所列的规定。

表 10-5 直径指令时的注意事项

项　目	注意事项
X 轴指令	用直径值指定
用地址 U 的增量值指令	用直径值指定
坐标系设定(G50)	用直径指定 X 轴坐标值
刀具位置补偿量 X 值	用参数设置是直径值还是半径值
固定循环中沿 X 轴切深(R)	用半径值指令
圆弧插补中 R、I、K	用半径值指令
X 轴方向进给速度	用半径值指令
X 轴位置显示	用直径值显示

第11章 CNC编程中常用的数学知识

对零件图形进行数学处理是编程前的主要准备工作之一，不但对于手工编程来说是必不可少的工作步骤，即使采用计算机进行自动编程，也经常需要对工件的轮廓图形先进行数学处理，才能对有关的几何元素进行定义。而且作为一名编程人员，即使数控编程系统具有完备的处理功能，不需要人工干预处理，也应该明白其中的数学理论，知道数控编程系统如何进行工作。

11.1 圆的几何图形与计算

(1)与圆相关的术语

圆是数学曲线，圆上的每一个点到固定点有相同的距离，这个固定的点叫圆心。

圆的基本组成要素如图 11-1 和图 11-2 所示。

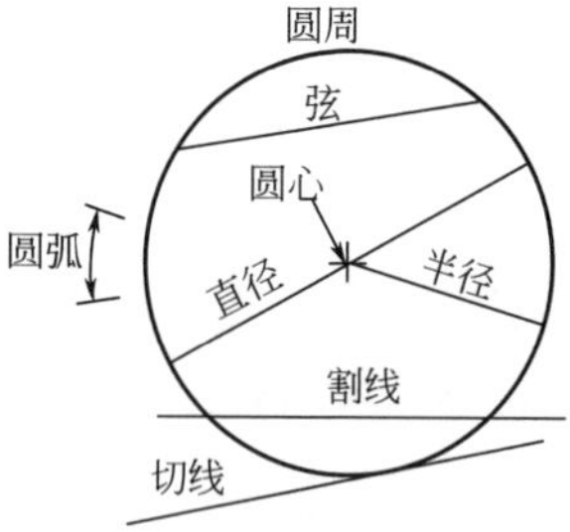

图 11-1 圆的基本组成要素

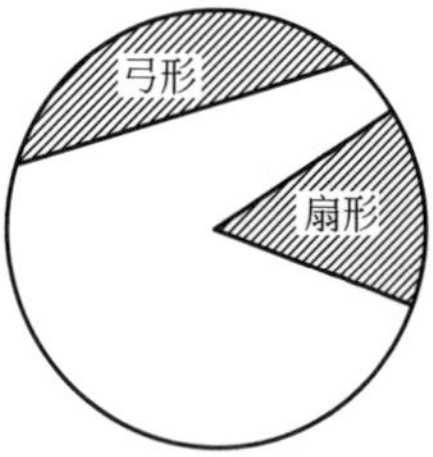

图 11-2 圆的扇形和弓形

(2)圆的周长和弧长的计算

圆的几何图形与计算如表 11-1 所示。

表 11-1　圆的几何图形与计算

名　称	图　　示	公　　式
圆的周长计算	圆周 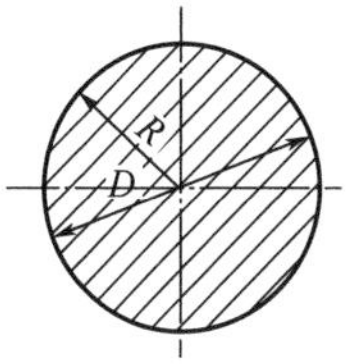	$C=2\pi R$ $C=\pi D$ C——圆的周长 π——3.141592654 R——圆的半径 D——圆的直径
弧的长度计算	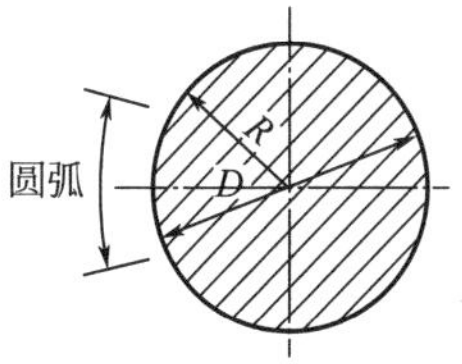	$C=\dfrac{2\pi RA}{360^\circ}$ C——圆的周长 π——3.141592654 R——圆的半径 A——弧的度数

(3)象限

一个圆内有四个相等的象限，从右上角开始沿逆时针方向用罗马数字Ⅰ、Ⅱ、Ⅲ和Ⅳ表示。如图 11-3 所示。每个象限正好是 90°，因此，一个圆是 4 个角度之和，等于 360°。角度从 0°线开始，沿逆时针方向为正。

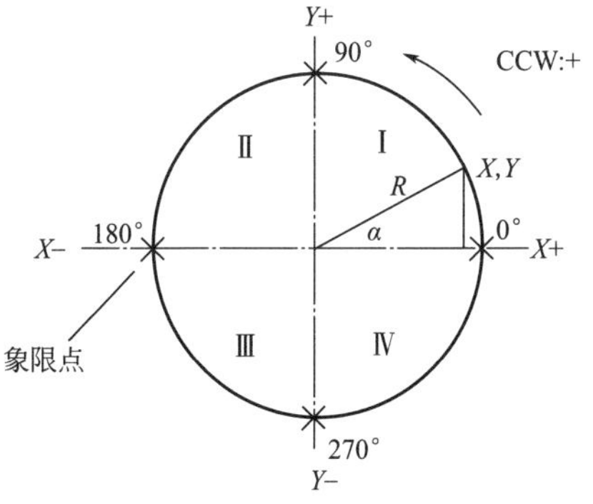

图 11-3　圆的象限和角的方向数学定义

11.2 多边形的几何图形与计算

多边形是由一定数目的直线首尾相接组成的最普通的几何元素。直线是多边形的边。有关多边形的几何图形与计算见表 11-2。

表 11-2 多边形的几何图形与计算

<table>
<tr><th>名　称</th><th>图　示</th><th>计 算 公 式</th></tr>
<tr><td>多边形内角和</td><td>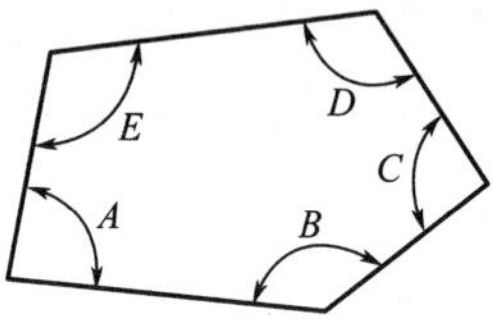
</td><td>$S=(N-2)\times180°$
S——角的和
N——多边形的边数</td></tr>
<tr><td>正多边形的单角</td><td>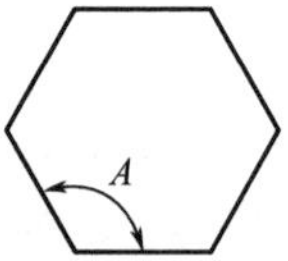
</td><td>$A=\frac{(N-2)\times180°}{N}$
A——单独的角的度数
N——多边形的边数</td></tr>
<tr><td rowspan="2">正方形</td><td rowspan="2">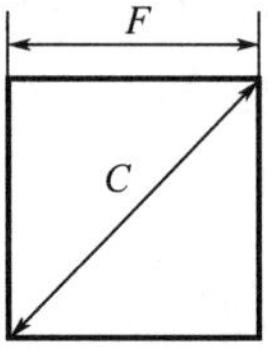
</td><td>$C=F\times\sqrt{2}$
C——对顶角之间的距离
F——水平距离</td></tr>
<tr><td>$F=C\sin45°$
F——水平距离
C——对顶角之间的距离</td></tr>
<tr><td rowspan="3">正六边形</td><td rowspan="3">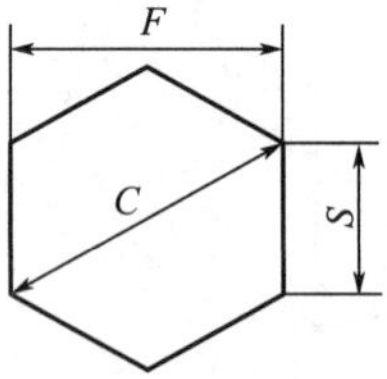
</td><td>$C=F/\cos30°$
$C=2S$
F——水平距离
C——对顶角之间的距离
S——每边长</td></tr>
<tr><td>$F=C\cos30°$
$F=S/\tan30°$</td></tr>
<tr><td>$S=F\tan30°$
$S=C/2$</td></tr>
</table>

续表

名　称	图　　示	计 算 公 式
正八边形	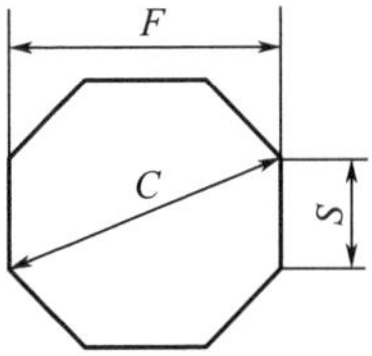	$C=F/\cos22.5^\circ$ $C=S/\sin22.5^\circ$ $F=C\cos22.5^\circ$ $F=S/\tan22.5^\circ$ $S=F\tan22.5^\circ$ $S=C\sin22.5^\circ$

11.3　锥体的几何图形与计算

① 锥体的几何图形与计算（公制单位） 见表 11-3。

表 11-3　锥体的几何图形与计算

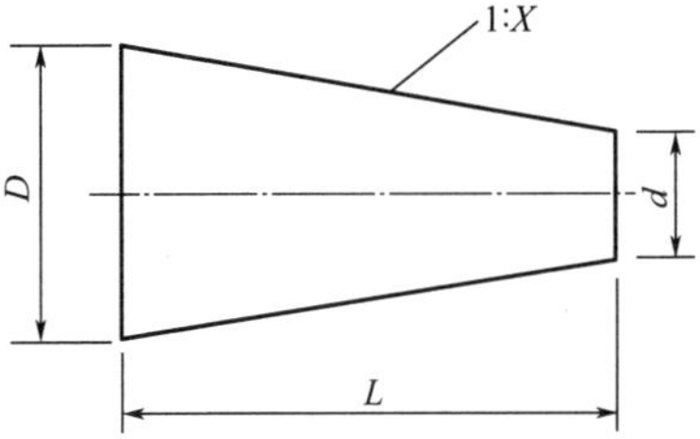

锥 度 计 算	计 算 公 式
锥度比	$$\frac{1}{X}=\frac{D-d}{L}$$ 1∶X——在 X 的长度上，圆锥直径的变化 D——大端的直径(mm) d——小端的直径(mm) L——锥体的长度(mm)
计算小端直径	$$d=D-\frac{L}{X}$$ d——小端的直径(mm) D——大端的直径(mm) L——锥体的长度(mm) X——比率 1∶X

续表

锥度计算	计算公式
计算大端直径	$D=d+\frac{L}{X}$
计算锥体长度	$L=D-dX$
计算锥体比率中 X 值	$X=\frac{L}{D-d}$

② 锥体的几何图形与计算（英制单位） 见表 11-4。

表 11-4 锥体的几何图形与计算

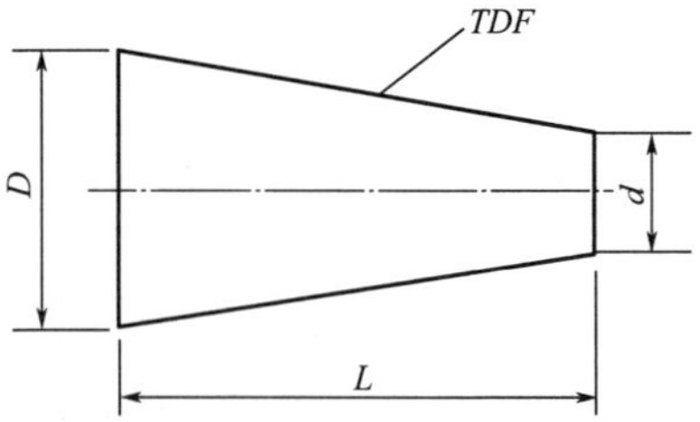

锥度计算	计算公式
锥度比	$X=\frac{L}{D-d}$
计算小端直径	$d=D-\frac{L\times TPF}{12}$
计算大端直径	$D=\frac{L\times TPF}{12}+d$
计算锥体长度	$L=(D-d)\times\frac{12}{TPF}$

11.4 常用的三角函数公式

对于由直线和圆弧组成的零件轮廓，采用手工编程时，常利用直角三角形的几何关系进行基点坐标的数值计算，图 11-4 为直角三角形的几何关系，三角函数计算公式如表 11-5 所示。

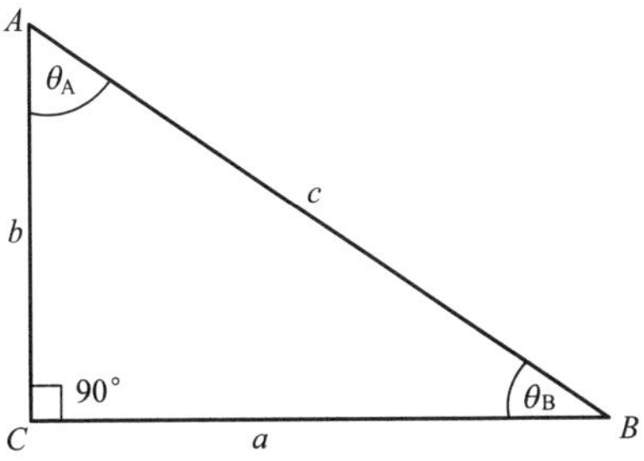

图 11-4　直角三角形的几何关系

表 11-5　直角三角形中的三角函数计算公式

已知角	求相应的边	已知边	求相应的角
θ_A	$\frac{a}{c}=\sin\theta_A$	a,c	$\theta_A=\arcsin\frac{a}{c}$
θ_A	$\frac{b}{c}=\cos\theta_A$	b,c	$\theta_A=\arccos\frac{b}{c}$
θ_A	$\frac{a}{b}=\tan\theta_A$	a,b	$\theta_A=\arctan\frac{a}{b}$
θ_B	$\frac{b}{c}=\sin\theta_B$	b,c	$\theta_B=\arcsin\frac{b}{c}$
θ_B	$\frac{a}{c}=\cos\theta_B$	a,c	$\theta_B=\arccos\frac{a}{c}$
θ_B	$\frac{b}{a}=\tan\theta_B$	b,a	$\theta_B=\arctan\frac{b}{a}$
勾股定理	$c^2=a^2+b^2$	三角形内角和	$\theta_A+\theta_B+90°=180°$

11.5　圆的弦和切线的计算

圆的弦和切线的计算见表 11-6 和 11-7。

表 11-6　圆的弦的计算

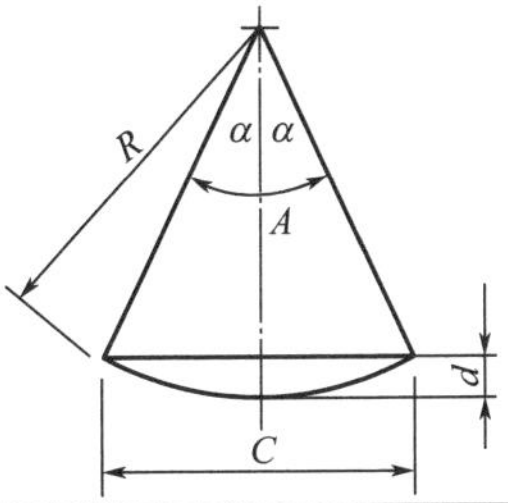

$\alpha=\frac{A}{2}$

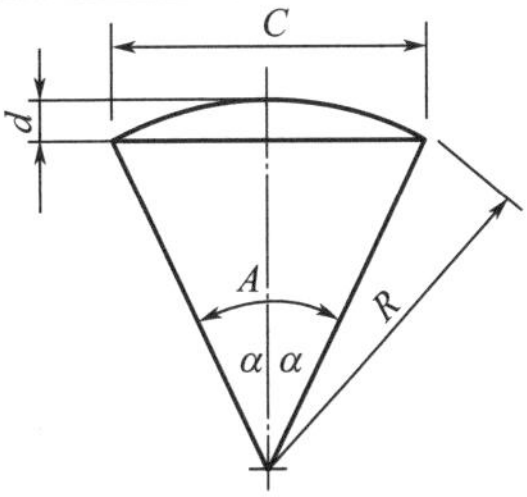

续表

半径 R	$\frac{C^2}{8\times d}+\frac{d}{2}$	$\frac{C}{\sin\alpha\times 2}$
圆的弦 C	$\sin\alpha\times 2\times R$	$2\times\sqrt{2\times R\times d^2-d}$
偏差 d	$(1-\cos\alpha)\times R$	$R-\sqrt{R^2-\frac{c^2}{4}}$
角度$\angle A$	$\arccos\frac{R-d}{R}\times 2$	$\arcsin\frac{C}{2\times R}\times 2$

表 11-7　圆的切线计算

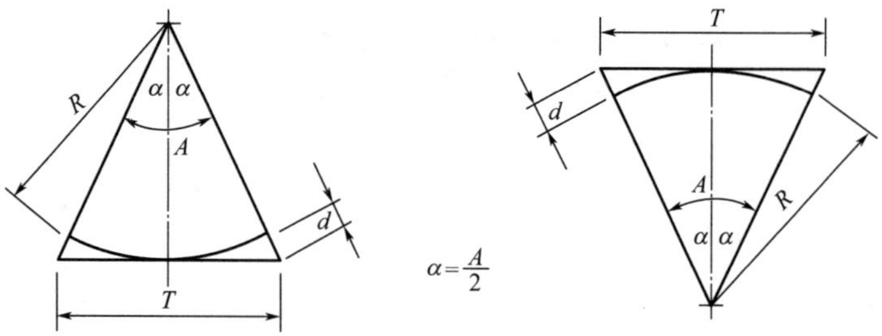

半径 R	$\frac{T}{\tan\alpha\times 2}$	
切线 T	$\tan\alpha\times 2\times R$	$2\times\sqrt{2\times R\times d^2+d}$
偏差 d	$\left(\frac{1}{\cos\alpha}-1\right)\times R$	$\sqrt{R^2+\frac{T^2}{4}}-R$
角度$\angle A$	$\arctan\frac{T}{2\times R}\times 2$	$\arccos\frac{R}{R+d}\times 2$

第3篇

数控铣床编程

第12章　数控铣床坐标系

数控机床中控制刀具的位置，是用某坐标系的坐标值指令的。编程时，可用机床坐标系、工件坐标系、临时坐标系和局部坐标系4种坐标系表示。其中，机床坐标系使用得很少。

刀具的坐标位置是用坐标轴的分量给出的，对于三轴数控铣床，则坐标值用X_ Y_ Z_表示。不同的机床，坐标系的轴号是不一样的，本书中，尺寸字用IP_表示。

12.1　机床坐标系（G53）

机床上一个作为加工基准的特定点为机床零点。机床制造厂为每台机床设置了机床零点。以机床零点为原点的坐标系叫机床坐标系，它是机床本身固有的坐标系，是制造和调试机床的基础，是设置工件坐标系的基础，一般不允许随意变动。在通电之后，执行手动返回参考点设置机床坐标系。机床坐标系一旦设定，就保持不变，直到电源关掉为止。

(1)机床坐标系建立的原则

① 刀具相对于静止的零件而运动的原则　机床的结构不同，有的机床是刀具运动、零件静止不动，有的是刀具不动、零件运动。无论机床采用什么形式，都假设工件静止不动，刀具运动。

② 标准坐标系采用右手笛卡儿坐标系　笛卡儿右手坐标系如图12-1所示，三个坐标轴相互垂直，大拇指的方向为X正方向，食指为Y轴的正方向，中指为Z轴的正方向。

(2)机床坐标系坐标轴及方向的确定

数控铣床的机床坐标系采用笛卡儿坐标系，它规定直角坐标X、Y、Z三轴正方向用右手定则判定，围绕X、Y、Z各轴的回转运动及其正方向$+A$、$+B$、$+C$用右螺旋法则判定。如图 12-1 所示。

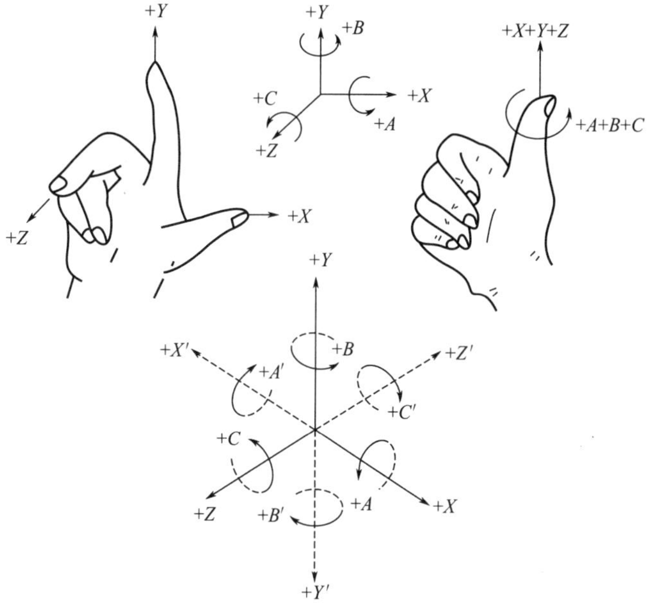

图 12-1 机床坐标系与转动方向的确定

Z 轴定义为平行于机床主轴的坐标轴，如果机床有一系列主轴，则尽可能垂直工件装夹的主轴为 Z 轴，X 轴为水平的、平行于工件装夹平面的坐标轴，它平行于主要切削方向，Y 轴的方向则根据右手法则确定。无论 X 轴还是 Y 轴、Z 轴，它们的方向是远离工件的方向为正方向。

机床坐标系的原点，简称机床原点，它是一个固定的点，由厂家在设计机床时确定，数控铣床的原点一般设在各个轴的正向极限位置。

(3)机床坐标系的选择

① 指令格式

G90 G53 IP _

说明：

a. G53 为调用机床坐标系，属于非模态指令，只能在所在的程序段有效。

b. IP _ 为目标点坐标，坐标值是相对于机床原点来说的，在这里必须用绝对坐标，即 G90 的形式。而用增量值指令则无效。

c. 当指定 G53 指令时，就清除了刀具半径补偿、刀具长度补偿和刀具偏置。

d. G53 指令并不能取消当前工件坐标系（工件偏置）。

e. 在指定 G53 指令之前，必须设置机床坐标系，因此通电后必须进行手动返回参考点或由 G28 指令自动回参考点。当采用绝对位置编码器时，就不需要该操作。

② 应用　在加工零件时，通常采用多把刀来完成零件的加工。这就涉及换刀的问题，数控铣床因为没有刀库，所以采用手工换刀，对于工作台采用升降式的加工中心，虽然具有刀库，但换刀点位置不固定，为了安全起见，不管工件位于工作台上什么位置和何种工件偏置有效，在不知道当前刀具位置下，使用机床坐标系确保所有换刀位置都在同一工作台位置上，这样换刀位置由刀具相对于机床原点位置的实际距离决定，而不是相对于程序原点或从其他任何位置开始的距离。

③ 编程举例

【例】下面所示为 G53 指令的使用，它在机床工作台上的固定位置进行换刀，该位置与程序或者工件没有直接关系，如图 12-2 所示。

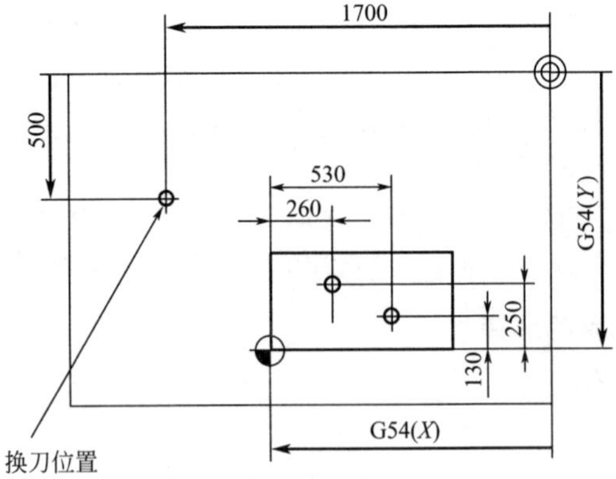

图 12-2　机床坐标系 G53 程序实例

```
O8001;
N10 G21;
N20 G17 G40 G80;
N30 G54 G91 G28 Z0;
N40 G90 G53 G00 X－1700.0 Y－500.0;            (换刀位置)
N50 M00;
                                               (手工换刀)
N60 G00 X260.0 Y250.0 S1000 M03;
N70 G43 Z20.0 H01 M08;
N80 G99 G82 R2.0 Z－4 P100 F200;
N90 X530.0 Y130.0;
N100 G80 G28 Z20.0 M05;
N110 G53 G00 X－1700.0 Y－500.0;               (换刀位置)
N120 M00;
                                               (手工换刀)
N130 G90 G00 X530.0 Y130.0 S800 M03;
N140 G43 Z20.0 H02 M08;
N170 G99 G81 R2.0 Z－20.0 F250;
N180 X260.0 Y250.0;
N190 G80 G28 Z20.0 M05;
N200 G53 G00 X－1700.0 Y－500.0;               (换刀位置)
N210 M00;
                                               (手工换刀)
N220;                                          (继续加工)
⋮
```

12.2 工件坐标系的选择（G54～G59）

(1)指令格式

G54（～G59）

说明：

① G54～G59为工件坐标系，或为调用工件坐标系，G54为数控机床第一坐标系，依此类推，为第二～第六坐标系。

② 通常在程序的开头需要指定工件坐标系，如果程序中没有

指定工件坐标系而控制系统又支持工件坐标系，控制器将自动选择 G54。

③ G54～G59 为模态指令，在同类型指令出现之前都有效。

④ G54～G59 坐标系的原点保存在数控系统里，开关机 G54～G59 仍然存在，坐标原点不变，除非人为改变坐标系原点的位置。

⑤ G54～G59 可以和其他指令同处一行上，后面可以接坐标值 X、Y、Z。当接 X、Y、Z 时，机床将产生运动，运动形式由运动指令决定，G54～G59 并不能使机床产生运动。

⑥ G54～G59 的坐标系与刀具的位置无关，G92 所建立的坐标系与刀具的位置有关。

⑦ 工件坐标系的原点简称工件原点，也是编程的程序原点即编程原点。工件的原点是任意的，操作人员可以根据零件的特点进行设定。选择工件原点的位置时应注意以下几点：

a. 工件的原点应选在零件图的尺寸基准上，以便于坐标值计算，使编程简单。

b. 尽量选择在精度较高的加工表面上，以提高被加工零件的加工精度。

c. 对于对称的零件，一般工件的原点设在对称中心上。

d. 对于一般零件，通常设在工件外轮廓的某一角上。

e. 工件原点在 Z 轴方向，一般设在工件的上表面上。

⑧ 在工件坐标系建立过程中，必须知道编程原点在机床坐标系的位置 X、Y、Z。可通过对刀法确定编程原点的位置，并把此坐标值输入到原点设定页面中的相应的位置上即可。具体操作步骤可参见下面的例 1。

⑨ 工件坐标系的扩充。对有些机床可交换工作台数量较多，六个工件坐标系已远远不够用，此时，可扩充至 48 个附加工件坐标系，最多可使用 300 个附加工件坐标系。

指令格式：G54.1 Pn 或 G54 Pn；

其中 Pn：指定附加工件坐标系的代码；

n：1～48。

当 P 代码和 G54.1（G54）一起指定时，从附加工件坐标系（1～48）中选择相应的坐标系。工件坐标系一旦选择，直到一个工件坐标系被选择前一直有效。在电源接通时，选择标准工件坐标系1(G54)。

G54.1 P1：附加工件坐标系 1

G54.1 P2：附加工件坐标系 2

⋮

G54.1 P48：附加工件坐标系 48

(2)应用

工件坐标系又称工作区偏置，它是一种编程方法，使得 CNC 程序员可以在不知道工件在机床工作台的确切位置的情况下，远离 CNC 机床编程。这与位置补偿方法相似，但比其更先进，也更复杂。

(3)编程举例

【例 1】 工件坐标系设定的实例。

下面以数控铣床（FANUC 0M）加工坐标系的设定为例，零件如图 12-3 所示，说明其工作步骤。

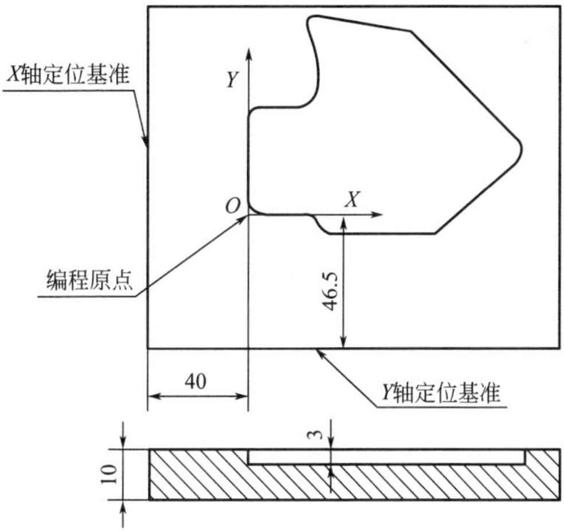

图 12-3 零件图

在选择了图 12-3 所示的被加工零件图样，并确定了编程原点位置后，可按以下方法进行加工坐标系设定。

① 准备工作　机床回参考点，确认机床坐标系。

② 装夹工件毛坯　通过夹具使零件定位，并使工件定位基准面与机床运动方向一致。

③ 对刀测量　用简易对刀法测量，方法如下：

用直径为 ϕ10 的标准测量棒、塞尺对刀，得到测量值为 $X=-437.726$，$Y=-298.160$，如图 12-4 所示。$Z=-237.160$，如图 12-5 所示。

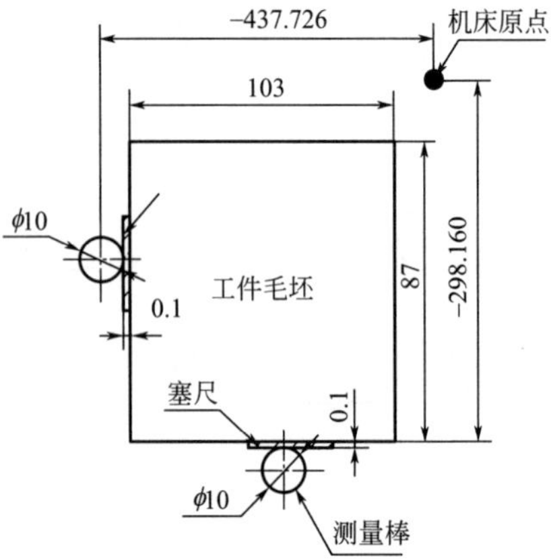

图 12-4　XY 向对刀图

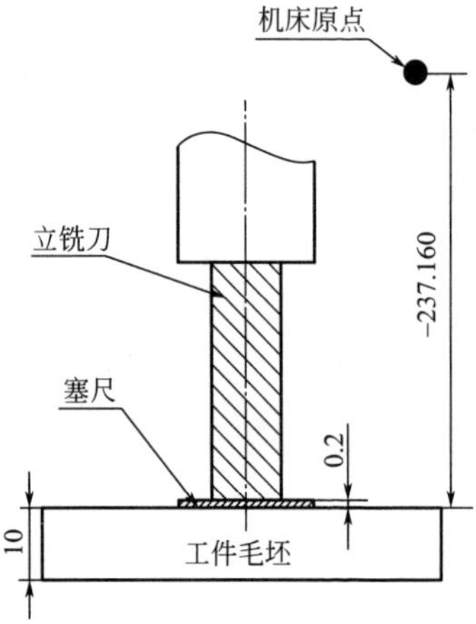

图 12-5　Z 向对刀图

④ 计算设定值　按图 12-4 所示，将前面已测得的各项数据，按设定要求运算。

X 坐标设定值：$X=-437.726+5+0.1+40=-392.626$mm

注：-437.726mm 为 X 坐标显示值；$+5$mm 为测量棒半径值；$+0.1$mm 为塞尺厚度；$+40.0$mm 为编程原点到工件定位基准面在 X 坐标方向的距离。

Y 坐标设定值：$Y=-298.160+5+0.1+46.5=-246.460$mm

注：如图 12-4 所示，-298.160mm 为坐标显示值；$+5$mm 为测量棒半径值；$+0.1$mm 为塞尺厚度；$+46.5$mm 为编程原点到工件定位基准面在 Y 坐标方向的距离。

Z 坐标设定值：$Z=-237.160-0.2=-237.360$mm。

注：−237.16mm 为坐标显示值；−0.2mm 为塞尺厚度，如图 12-5 所示。

通过计算结果为：X−392.626；Y−246.460；Z−237.360。

⑤ 设定加工坐标系　将开关放在 MDI 方式下，进入加工坐标系设定页面。输入数据为：

X=−392.626　Y=−246.460　Z=−237.360

表示加工原点设置在机床坐标系的 $X=-392.626$、$Y=-246.460$、$Z=-237.360$ 的位置上。

⑥ 校对设定值　在进行了加工原点的设定后，应进一步校对设定值，以保证参数的正确性。对工作的具体过程如下：在设定了 G54 加工坐标系后，再进行回机床参考点操作，其显示值为：

X +392.626，Y +246.460，Z +237.360

这说明在设定了 G54 加工坐标系后，机床原点在加工坐标系中的位置为：

X +392.626，Y +246.460，Z +237.360

这反过来也说明 G54 的设定值是正确的。

【例 2】 如图 12-6 所示，调用坐标系。

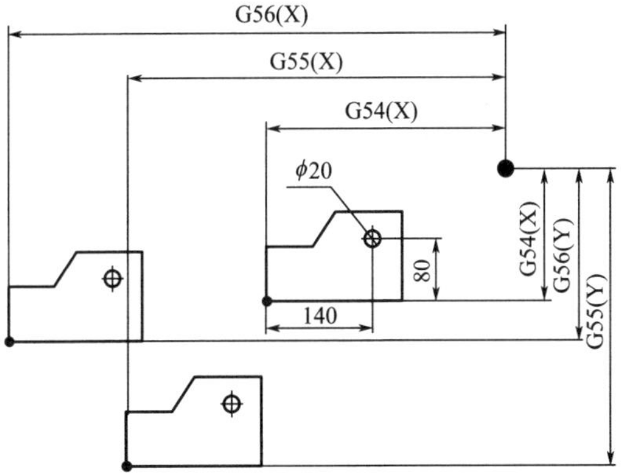

图 12-6　在一次安装和程序中使用多个工作区偏置

程序如下：

```
O8002;
N1 G21;
N2 G17 G40 G80;
N3 G90 G54 G00 X140.0 Y80 S1000 M03;          (使用 G54)
N4 G43 Z2 H01 M08;
N5 G99 G82 R2.0Z－3.0 P100 F8;
N6 G55 X140.0 Y80.0;                          (使用 G55)
N7 G56 X140.0Y80.0;                           (使用 G56)
N8 G80 Z25.0 M09;
N9 G91 G54 G28 Z0 M05;                        (转到 G54)
N10 M00;
                                              (手工换刀)
N11 G90 G00 X140.0 Y80.0 S150 M03;
N12 G43 Z10.0 H02 M08;
N13 G99 G82 R2.0 Z－20.0 P100 F15;
N14 G55 X140.0 Y80.0;                         (使用 G55)
N15 G56 X140.0 Y80.0;                         (使用 G56)
N16 G54 G80 Z100.0 M09;                       (转到 G54)
N17 M30;
%
```

12.3 G54～G59工件坐标系的变更（G10）

变更工作坐标系原点有以下方法：利用 CRT/MDI 面板，变更工件坐标系偏置量；用外部工件原点偏置；用程序指令。

① 通过 CRT/MDI 面板，打开原点设定页面，如图 12-7 所示，选择一个工件坐标系，打开数据保护键，移动光标到需要改变的工件原点偏移值，输入需要值，替换或增减，便改变了工件坐标系。

② 外部工件原点偏置：外部工件原点偏置存储器为 00，如图 12-7 所示，将外部工件原点偏移量输入到 00 存储器中，其偏置值可以偏移六个工件坐标系。它们之间的关系如图 12-8 所示。

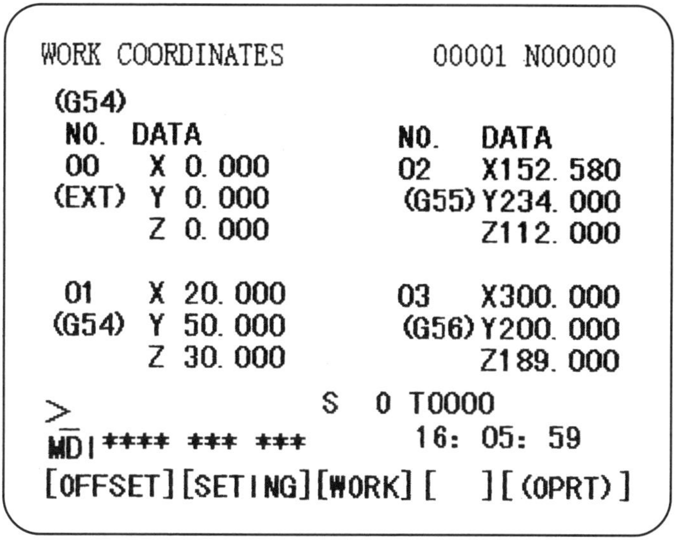

图 12-7　工件坐标系原点设定页面

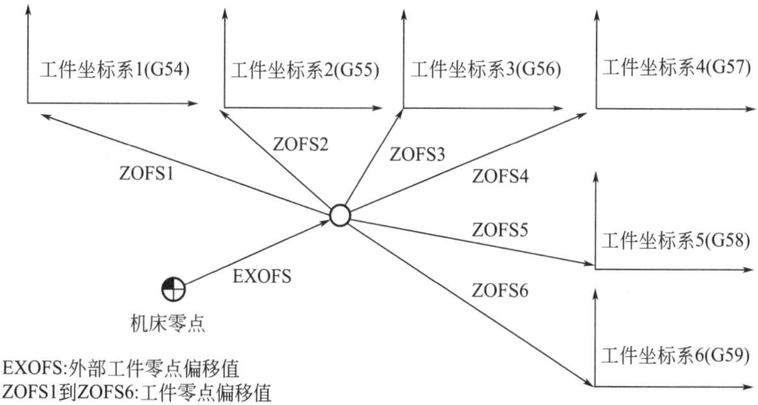

图 12-8　外部原点偏移与六个工件原点偏置的关系

③ 用 G10 指令编程：

指令格式：$G10\left\{\begin{matrix}L2\\L20\end{matrix}\right\}Pn\ IP\_$

说明：

a. G10 为数据设置指令，为非模态指令，只在该程序段中有效，如果后续程序段中仍需使用，则必须重复编写该指令。

b. L2 为标准工件偏置，L20 为附加工件偏置。

c. P*n* 指定变更的工件坐标系。

当使用 L2 时，P 地址的值可以从 1～6，它们分别对应 G54～G59 选择：P1＝G54，P2＝G55，P3＝G56，P4＝G57，P5＝G58，P6＝G59。

当使用 L2 时，P 地址的值可以为零，P0 表示外部工件偏置。

当使用 L20 时，P 地址的值可以从 1～48，它们分别对应 G54.1～G54.48 或 G54 P1～G54P48 的选择。

d. IP 为设定工件零点偏移的轴地址和偏移量。可用绝对值形式（G90）和增量形式（G91）。当采用绝对值形式时，为每个轴的工件零点偏移值。采用增量形式时，为每个轴加到设定的工件零点的偏移量（相加的结果为新的工件零点偏移量）。

12.4 工件坐标系的设定（G92）

(1)指令格式

G92 IP _

说明：

① G92 是建立工件坐标系指令，属于非模态指令。

② IP _ 是刀位点在新建坐标系的位置，采用绝对值形式。如果在刀具长度偏置期间用 G92 设定坐标系，则 G92 用无偏置的坐标值设定坐标系。刀具半径补偿被 G92 临时删除。

【例 1】 如图 12-9 所示，以刀尖为程序起点建立坐标系。

程序为：G92 X25.2 Z23.0;

【例 2】 如图 12-10 所示，以刀柄上的基准点设定坐标系。

程序为：G92 X41.0 Z60.0;

刀柄上的基准点是程序的起点，如果发出绝对值指令，基准点移动到指令位置，为了把刀尖移动到指令位置，则刀尖到基准点的差，用刀具长度偏差来补偿。

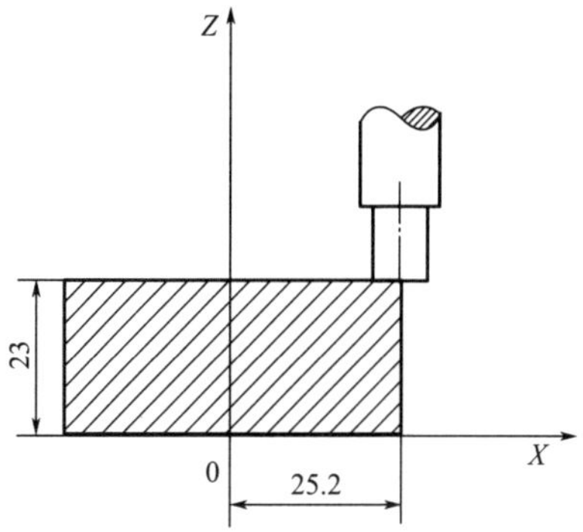

图 12-9 以刀尖为程序起点建立坐标系

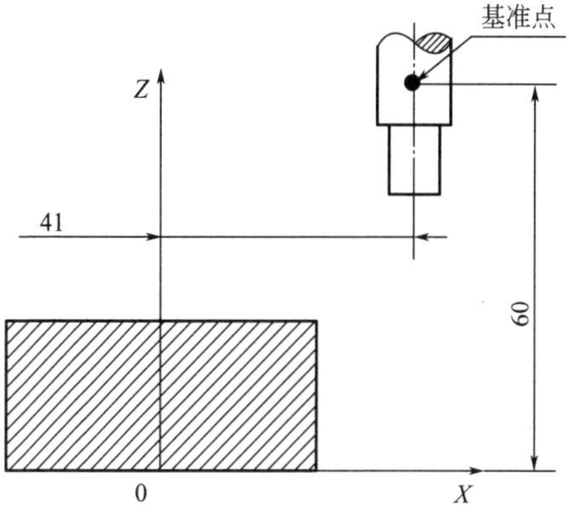

图 12-10 以刀柄上的基准点设定坐标系

③ G92 指令执行前，应把刀具刀位点移至 G92 所设定的坐标位置上。因刀具在不同的位置上所设定的工件坐标系的原点位置也不一样，即 G92 设定的坐标系的原点与当前所在的位置有关，因此只有把刀具刀位点移到程序要求的位置方可执行程序加工，否则后果不堪设想。

④ 执行 G92 指令的程序段将不会发生任何机床运动。

⑤ 执行 G92 指令时，显示器上的所有当前值均被 G92 所指定的值替代，如果 G92 没有指定某根轴的值，那么显示器上该轴的值不会改变。

⑥ 当外部工件零点偏移值设定后，用 G92 设定坐标系时，该坐标系不受外部工件零点偏置值的影响。例如，当指令 G92 X100.0 Z80.0 时，刀具当前位置为 $X=100.0$，$Z=80.0$ 的坐标系被指定。

⑦ 在多件加工中，利用 G92 建立坐标系，刀具的起始位置可以在机床原点上，在工作台上安装具有定位作用的夹具，首次加工前测定 G92 中工件坐标系的设定值即可，再加工时，刀具在机床原点位置上直接执行程序，不需重新测量。

(2)应用

编制程序时，首先要设定一个坐标系，程序上的坐标值均以此坐标系为依据，此坐标系为工件坐标系。在没有工件坐标系功能(G54～G59)情况下，可以利用 G92 建立工件坐标系。此外，对于具有工件坐标系功能的数控机床，在加工多型腔工件时，多次采用 G92 可以简化图形各交点的计算。

(3)编程举例

【例 1】 利用 G92 建立工件坐标系，加工零件如图 12-11 所示。A、B 上的 4 个 ϕ30 的孔。孔深为 20mm。工件 A 的原点在机床坐标系的位置为(－576.6，－495.3，－317.5)，工件 B 的原点在工件 A 坐标系的位置为(284.5,246.4,0)。

程序如下：

```
O8003;
N1 G20 G90;
N2 G92  X576.6  Y495.3  Z317.5;  (刀具在机床原点)
N3 S1200 M03;
N4 M08;
N5 G99 G82 X63.5 Y38.1 R5.0 Z－20.0 P200 F100.0;
N6 X171.4;
N7 Y127.0;
N8 X63.5;                        (刀具在工件 A 的最后一个孔)
N9 G80 Z25.0;
N10 G92 X－221.0 Y－119.4 Z25.0;  (在工件 A 的最后一个孔处设置)
N11 G99 G82 X63.5 Y38.1 R5.0 Z－20.0 P200;
N12 X171.4;
```

```
N13 Y127.0;
N14 X63.5;                        (刀具在工件 B 的最后一个孔)
N15 G80 Z25.0;
N16 G92 X－228.6 Y－121.9;        (刀具到机床原点的距离)
N17 G00 Z－292.5 M09;
N18 X0 Y0;                        (刀具在机床原点)
N19 M30;
%
```

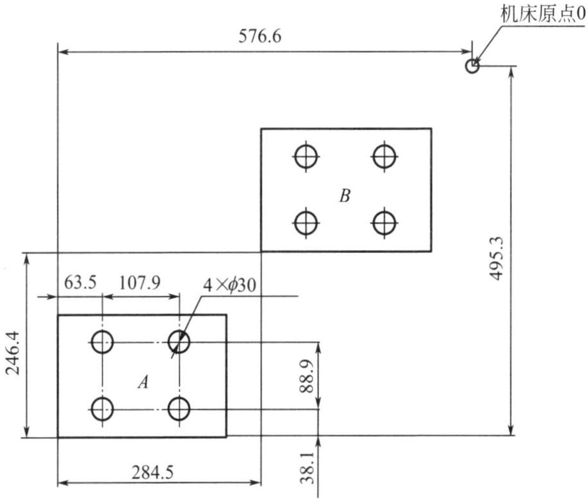

图 12-11　利用 G92 建立坐标系

12.5　局部坐标系（G52）

(1)指令格式

G52 IP _

说明：

① G52 为局部坐标系，为非模态指令。

② IP _ 为局部坐标系的原点在工件坐标系的位置。局部坐标系与原工件坐标系的偏移关系，如图 12-12 所示。

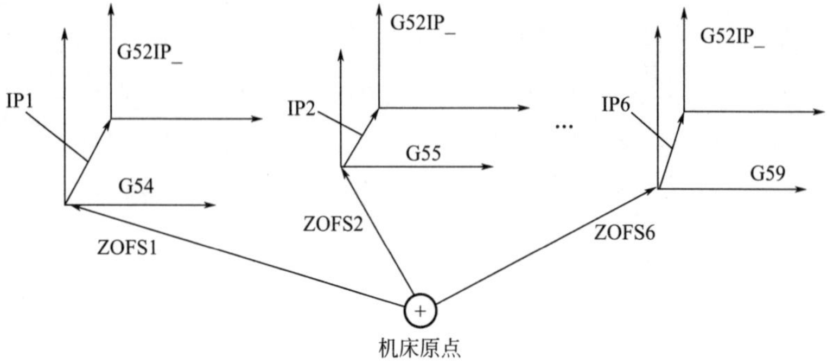

图 12-12　局部坐标系与原坐标系的关系

③ 只有在选择了工件坐标系（G54～G59）后，才能设定局部坐标系。即在程序利用 G52 之前，必须有工件坐标系的选取。

④ 局部坐标系不能替代工件坐标系，它只是工件坐标系的补充。

⑤ 局部坐标系设定不改变工件坐标系和机床坐标。

⑥ G52 暂时取消刀具半径补偿中的偏置。

⑦ 复位时是否取消局部坐标系将取决于参数的设定。

⑧ 当指令 G52 IP0 时，表示取消局部坐标系，返回所指定的工件坐标系。

⑨ 在局部坐标系设定后，若采用绝对值（G90）指令的移动位置便是局部坐标系中的坐标位置。

(2)应用

在很多情况下，图纸尺寸的标注方式不适于使用工件坐标系(G54～G59)，一个很好的例子是螺栓孔的分布模式，如果整个加工工件是圆形的，程序原点最好选在螺栓孔分布模式的中心，这样有利于计算。然而如果螺栓孔分布位于矩形上，那么工件原点可能设置在工件边缘的角上，在工件坐标系中计算螺栓孔的坐标比较烦琐。利用 G52 建立局部坐标系，使局部坐标系建立在螺栓孔分布的圆心上，节省了计算坐标的时间，从而可以减少计算失误。

在加工工件的过程中，从一个工件偏置交换到另一种偏置，它也比较常见，其方法并不困难，其限制是常见的数控控制器的标准特征中只有 6 个工件偏置（G54～G59），对于某些需要 6 个以上的工件坐标系来说，可以使用 G52 建立多个局部坐标系。

(3)编程举例

【例 1】 使用指令 G52 建立局部坐标系，加工如图 12-13 所示的零件。

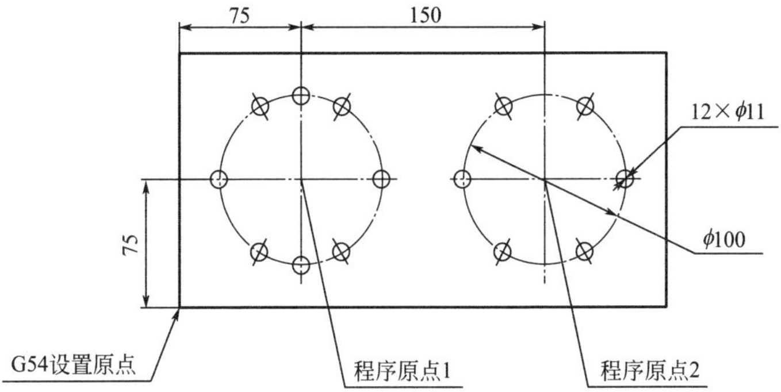

图 12-13 使用 G52 指令定义局部坐标系

程序如下：

```
O8004;
N1 G21;
N2 G17 G40 G80;
N3 G90 G54 G00 X75. 0 Y75. 0 S400 M03; (圆心)
N4 G43 Z20. 0 H01 M08;
N5 G52 X75. 0 Y75. 0;                  (临时程序原点位于螺栓圆周圆心)
N6 G99 G82 R3. 0 Z—15. 0 P100 F50 L0; (没有孔)
N7 X50 . 0Y0;
N8 X25. 0 Y43. 301;
N9 X—25. 0;
N10 X—50. 0 Y0;
N11 X—25. 0 Y—43. 301;
N12 X25. 0;
N13 G80 Z20. 0 M09;
N14 G52 X0 Y0;                         (返回 G54 系统)
```

```
N15 G00 X225.0 Y0;
N16 G52 X225.0 Y0;                    (临时程序原点位于螺栓圆周圆心)
N17 G99 G82 R3 Z－15 P100 F50 L0;     (没有孔)
N18 X50 .0 Y0;
N19X25.0 Y43.301;
N20X－25.0;
N21 X－50.0 Y0;
N22 X－25.0 Y－43.301;
N23 X25.0;
N24 G80 Z100.0 M09;
N25 G52 X0 Y0;                        (返回 G54 系统)
N26 M30;
%
```

12.6 平面选择（G17、G18、G19）

(1)指令格式

$$\begin{cases} G17 \\ G18 \\ G19 \end{cases}$$

说明：

① G17、G18、G19 为平面选择指令，属于模态指令。

G17 为 *XY* 平面，*X* 为第一轴，*Y* 为第二轴；

G18 为 *ZX* 平面，*Z* 为第一轴，*X* 为第二轴；

G19 为 *YZ* 平面，*Y* 为第一轴，*Z* 为第二轴。

② 平面选择指令影响圆弧插补、刀具半径补偿和固定循环，所以在程序中必须含有平面选择指令。一般将平面选择指令写在加工运动指令的前面。机床通电后，一般设定为 G17，因此，G17 可以省略。

③ 平面选择后，轴移动指令不影响平面选择。

例如 G17 Z_；*Z* 为不在 *XY* 平面上的轴，选择 *XY* 平面，*Z* 轴移动与平面选择无关。

(2)应用

数控铣床在加工过程中，刀具沿着程序所规定的轨迹上运行，这就需要所编写的轨迹是唯一的，不能出现一条程序多条轨迹。对于直线，确定两个端点，这条直线是唯一的，而对于圆弧而言，即使给出圆弧的起点、终点、圆心，圆弧的轨迹也不是唯一的，例如球形就是一个很好的例子，要想轨迹唯一，必须告诉圆弧所在的平面。再有，在刀具补偿和钻孔循环中，必须含有平面选择，用来判定刀具偏移方向和确定哪个轴用来确定为孔的深度。

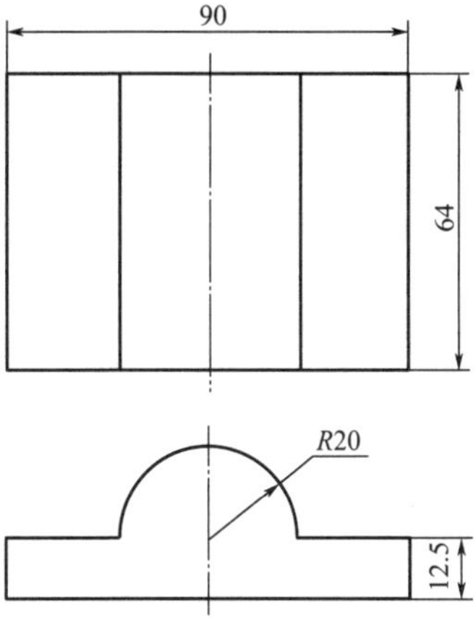

图 12-14　零件图

(3)编程举例

【例 1】 如图 12-14 所示，用 ϕ10 球头刀精铣 R20 的圆柱，Y 向每次步进量为 0.5mm，采用子程序编程。

如图 12-15 所示为程序实例中编好的两条刀具路径，程序原点选在工件的左下角，步进进给量为 0.5mm。

程序如下：

```
O8005;
N1 G21;
N2 G18;
N3G90 G54 G00 X－8.0 Y－0.5 S1000 M03;
N4 G43 Z25.0 H01 M08;
N5 G90 M98 P6408100;
N6 G91 G28 Z0 M05;
N7 M30;
%
O8100;
N1 G91 G01 Y0.5;
N2 G90 G01 G42 Z12.5 D01 F150.0;
```

```
N3 X25.0;
N4 G03 X65.0 I20.0;
N5 G01 X98;
N6 G91 G41 Y1.0;
N7 G90 X65.0;
N8 G02 X25.0 I－20.0;
N9 G01 X－8.0;
N10 D40 G00 Z25.0;
N11 M99;
%
```

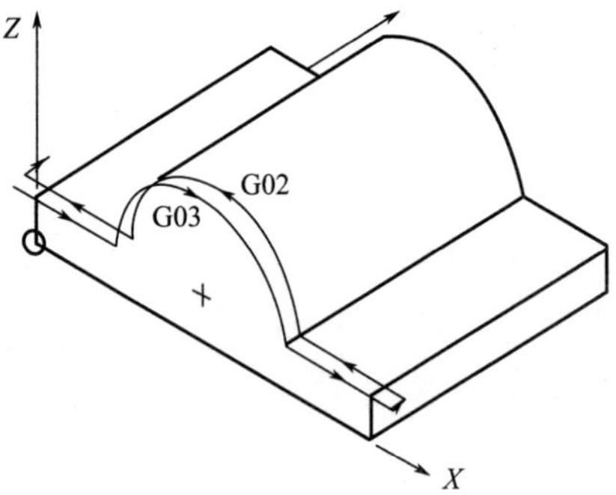

图 12-15　刀具路径

第13章　参考点

参考点是机床上的一个固定点，用于对机床运动进行检测和控制的固定位置点，与机床原点的相对位置是固定的，机床出厂前由机床制造商精密测量确定。其位置由机械挡块或行程开关来确定。现代的数控系统一般都要求机床回零操作，即使机床回到机床原点或机床参考点（不同的机床采用的回零操作的方式可能不一样，但一般都要求回参考点）之后，才能启动，目的是使机床运动部分与操作系统保持同步。只有机床参考点被确认后，刀具（或工作台）移动才有基准。对于加工中心来说，参考点为机床的自动还刀位置。

13.1　自动返回参考点校验（G27）

(1)指令格式

G27 IP _

说明：

① G27 为自动返回参考点检验，属于非模态指令。刀具以快速进给（不需要 G00）定位在 IP _ 指令的位置上。如果到达的位置为参考点，则对应的轴返回参考点的指示灯亮，执行下一个程序段。如果刀具到达位置不是参考点，则报警。

② IP _ 为参考点在工件坐标系中的位置坐标。可以用绝对模式或增量模式。

③ 如果在偏置状态下执行 G27 指令，刀具到达位置则是加上偏置量后的位置。该位置若不是参考点，则指示灯不亮。通常，在指令 G27 之前取消刀具偏置。

④ 在机床锁紧状态下指令 G27 时，不执行返回参考点。若刀具已经在参考点的位置上，返回完成指示灯也不亮。在这种情况

下，即使指令 G27，也不检测刀具是否已经返回参考点。

⑤ 若希望执行该程序段后让程序停止，应于该程序段后加上 M00 或 M01 指令，否则程序将不停止而继续执行后面的程序段。

(2)应用

G27 为执行检验功能，这是它的唯一目的，在现在工业生产中很少用，当 G92 建立坐标系以参考点为开始位置时，加工完成后，通常用 G27 返回参考点执行检验。

13.2 自动返回参考点（G28）

(1)指令格式

G28 IP _

说明：

① G28 指令为自动返回参考点，为非模态指令。通常以较快的速度将指令的轴移动到机床参考点的位置上。这就意味着 G00 指令不起作用，且可以不编写它。移动速度可以通过参数设定，也可以使用快速移动倍率开关。

② IP _ 为 G28 自动返回参考点所经过的中间点坐标。被指令的中间坐标被储存在存储器中。每次只储存 G28 程序中指令轴的坐标。对于其他轴，使用指令过的坐标值。其动作如图 13-1 所示。

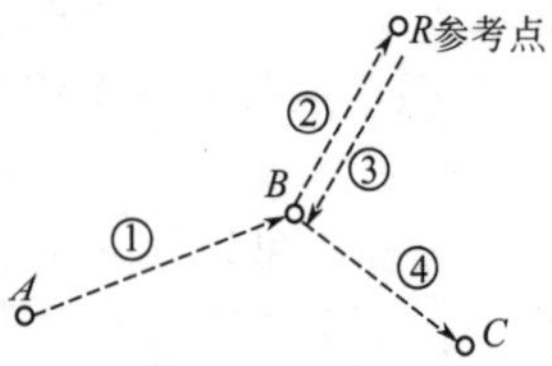

图 13-1　自动返回参考点

G28 指令的轴，从 A 点以快速进给速度定位到中间点 B，即动作①，然后再以快速进给速度定位到参考点 R，即动作②。如果没有机械锁紧，该轴的参考点返回指示灯亮。

③ 当在刀具长度补偿方式中指定 G28 时，刀具长度补偿取消。执行情况如表 13-1 所示。但是，以前指定的模态 G 代码仍然显示，模态代码显示不切换到 G49。

表 13-1　在刀具长度补偿方式下指定 G28

指　令	指　定　轴	刀具补偿
G28 IP_	刀具长度偏置轴	移动到参考点时取消
	除刀具补偿以外的轴	不取消

当同时指定刀具长度补偿取消时指定 G28，刀具长度补偿执行情况如表 13-2 所示。

表 13-2　在取消刀具长度补偿方式下指定 G28

指　令	指　定　轴	刀具补偿
G49 G28 IP_	刀具长度偏置轴	移动到中间点取消
	除刀具补偿以外的轴	移动到中间点取消

为了安全起见，执行 G28 指令之前，应该清除刀具长度补偿。当在中间点取消长度补偿时，应注意刀具长度补偿的方向和补偿值的大小，中间点距工件的距离应足够大，以免发生危险。

④ 在刀具半径补偿 C 方式中指令 G28 时，自动取消半径补偿矢量执行自动返回参考点，在下个移动指令期间，刀具半径补偿矢量自动地恢复。为了安全起见，执行 G28 指令之前，应该清除刀具半径补偿。

⑤ 中间坐标可以采用绝对或增量形式。在加工过程中，在不知道当前刀具位置的情况下，机床回参考点必须使用增量形式。在这种情况下，临时将坐标改为增量形式，并为每一个轴编写为 0，即中间点为刀具当前位置。在采用增量形式回参考点时，必须注意，在后面的程序中应回到绝对形式上，否则可能会导致很严重的错误并付出惨重的代价。

⑥ 当由 G28 指令刀具经中间点到达参考点之后，工件坐标系改变时，中间点的坐标值也变为新坐标系中的坐标值。此时若指令了 G29，则刀具经新坐标系的中间点移动到指令位置。

⑦ 编写中间点坐标时，必须注意，使刀具回参考点时绕开机床上的障碍物。

(2)应用

参考点为数控机床上的一个固定点，开机后必须手动或自动回参考点，目的是使数控机床运动部分和控制部分保持同步。同时，对于加工中心来说，换刀点为一固定点，通常设在机床参考点位置上，所以在换刀时，必须回参考点。

13.3 从参考点返回（G29）

(1)指令格式

G29 IP _

说明：

① G29 为从参考点自动返回，属于非模态指令。G29 指令执行时，刀具从参考点出发，快速到达 G28 或 G30 指令的中间点坐标，然后到达 G29 指令的目标点。动作如图 13-1 所示。刀具从参考点 R 出发，快速到达 G28 指令的中间点 B 定位，即动作③，然后到达 G29 指令的目标点 C 定位，即动作④。G29 一般在 G28 或 G30（返回第二参考点）之后指令。

② IP _ 为目标点坐标。可用绝对或增量形式。当采用增量形式时，目标点的坐标是相对于中间点来说的。

③ 在半径补偿方式下，若指令 G29，则在 G28 的中间点取消偏置方式，从下一个程序段自动恢复偏置方式。为了安全起见，G29 指令通常应该跟刀具半径偏置（G40）和固定循环（G80）取消模式一起使用，程序中使用任何一个都可以，在程序使用 G29 指令前，使用标准 G 代码 G40 和 G80 分别取消刀具偏置和固定循环。

④ 当由 G28 指令刀具经中间点到达参考点之后，工件坐标系改变时，中间点的坐标值也变为新坐标系中的坐标值。此时若指令了 G29，则刀具经新的坐标的中间点移动到指令位置。

(2)应用

准备功能 G29 与 G28 指令恰好相反，G28 或 G30 自动将刀具复位到机床原点位置上，而 G29 指令是将刀具复位到它的初始位置上。跟 G27 指令一样，CNC 程序员也很少支持 G29 指令的使用。G29 在极少的场合下非常有用，但在实际的日常工作中并不需要它。

13.4 自动返回机床第二、三、四参考点（G30）

(1)指令格式

G30 P _ IP _

说明：

① G30 为自动返回第二、三、四参考点。

② P 用以识别参考点的位置，第二、三、四参考点分别用 P2、P3 和 P4 表示。当省略 P 时，执行 G30 指令为返回第二参考点。

③ IP _ 为返回参考点时的中间点坐标。可以采用绝对或增量形式。

④ 第二、三、四参考点的位置是由参数设置该点距（第一）参考点的距离来调整的，在完成手动返回（第一）参考点之后有效。因此在使用 G30 指令之前，在接通电源之后，至少应有一次手动返回参考点操作或用 G28 返回参考点。

⑤ 与 G28 指令相同，使用此指令时，最好取消刀具半径补偿和刀具长度补偿。

⑥ 当正确回到参考点后，相应的参考点返回指示灯亮。

⑦ 如果 G30 后紧接 G29 指令，则刀具经 G30 指令的中间点，在 G29 指令的目标点定位。运动过程与 G28 后接 G29 指令的运动相同。

(2)应用

对于特殊的 CNC 机床，它有多个参考点，它们由机床生产厂家指定，不是每台 CNC 机床都有多个参考点的，有些机床根本不需要它。对于多个参考点，主要是用在卧式加工中心上。

当自动换刀位置不在 G28 指令的参考点上，通常用 G30 指令。

第14章　插补指令

14.1　快速移动（点定位）指令（G00）

(1)指令格式

G00 IP _

说明：

① G00 为快速移动，又称点定位，模态指令。

② IP _ 为目标点的坐标，可用绝对坐标和相对坐标。

③ 移动速度：其移动速度由参数来设定。指令执行开始后，刀具沿着各个坐标方向同时按参数设定的速度移动，最后减速到达终点，移动速度可以通过数控系统上的控制面板上的倍率开关调节。

④ 运动轨迹：利用 G00 使刀具快速移动，在各坐标方向上有可能不是同时到达终点。刀具移动轨迹是几条线段的组合，不是一条直线，是折线。

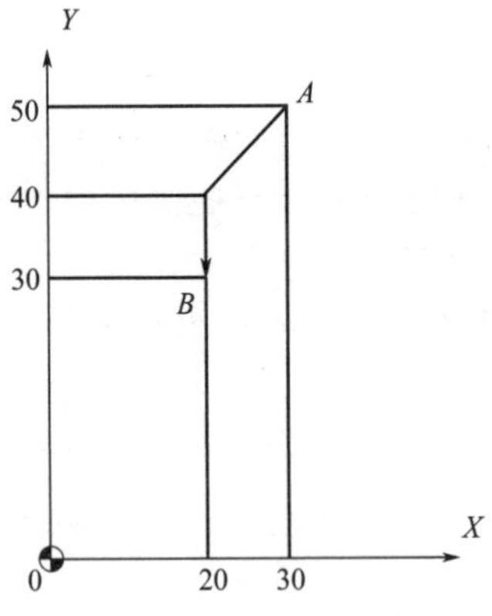

图 14-1　G00 运行的轨迹

例如，在 FANUC 系统中，运动总是先沿 45°角的直线移动，最后再在某一轴单向移动至目标点位置，如图 14-1 所示。

⑤ G00 运行的轨迹为折线，为了使刀具在移动的过程中避免发生撞车，在编写 G00 时，X、Y 与 Z 最好分开写。

当刀具需要靠近工件时，先 X、Y 后写 Z。即：

G00 X _ Y _ ;

Z _ ;

当刀具需要远离工件时，先 Z 后 X、Y，即：

G00 Z _ ;

X _ Y _ ;

(2)应用

G00 为快速移动，用于定位，只用于空行程，不能用于切削，其目的是节省非切削操作时间。即切削刀具跟工件没有接触的时间。快速运动操作通常包括四种类型的运动：

① 从换刀位置到工件的运动；

② 从工件到换刀位置的运动；

③ 绕过障碍物的运动；

④ 工件上不同位置间的运动。

(3)编程举例

【例 1】 如图 14-2 所示，现命令刀具从 A 点快速移动到 B→C→D 点。

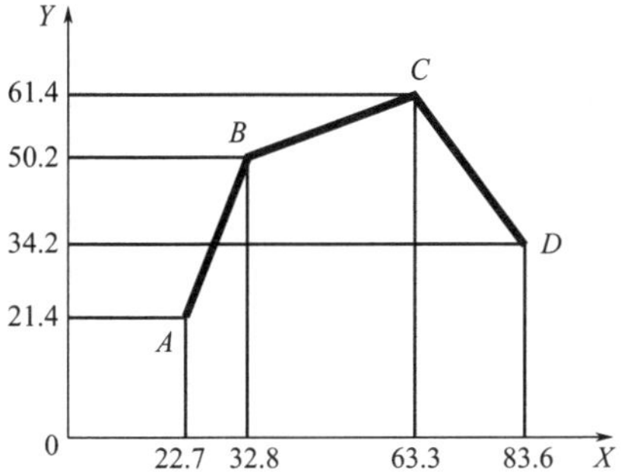

图 14-2　G00 应用

用 G90 编程，其程序为：

```
N1 G90 G00 X32. 8 Y50. 2;
N2 X63. 3 Y61. 4;
N3 X83. 6 Y34. 2;
```

用 G91 编程，其程序为：

```
N1 G91 G00 X9. 9 Y28. 8;
```

```
N2 X30.5 Y11.2;
N3 X20.3 Y-27.2;
```

14.2 单方向定位（G60）

(1)指令格式

G60 IP _

说明：

① G60 为单方向定位，单方向定位原理如图 14-3 所示。

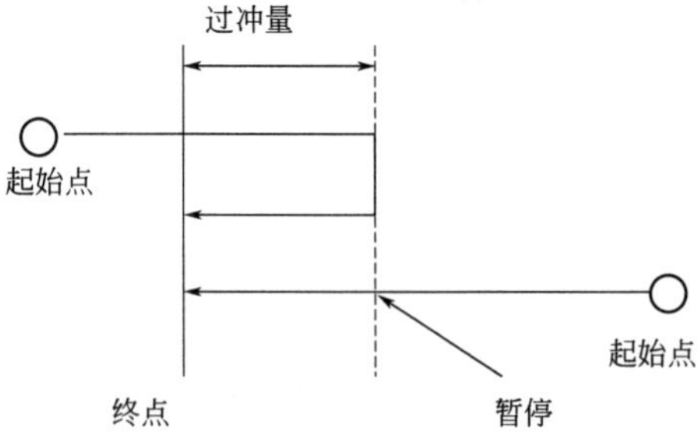

图 14-3 单方向定位

② 过冲量和定位方向由参数设定，即使指令的方向与参数设定的方向一致，刀具在到达终点之前也要停止一次。

③ 通过参数设置，G60 可以是模态指令或非模态指令。当在单向定位方式中指定为模态 G 代码时，G60 可以作为 01 组模态 G 代码。

④ IP _：绝对值指令时，是终点的坐标值；增量值指令时，是刀具移动的距离。

⑤ 对于没有参数设定过冲量的轴或移动距离为零时，单向定位不起作用。

⑥ 在钻孔固定循环期间，Z 轴不执行单方向定位。

⑦ 镜像不影响参数设定的方向。

⑧ 固定循环 G76 和 G87 中的偏移运动不使用单方向定位。

(2)应用

对于要求精确定位的孔加工，使用 G60 取代 G00 可以实现单方向定位，从而到达消除因机床反向间隙而引起的加工误差，实现精确定位的目的。

(3)编程举例

G60 编程举例如表 14-1 所示。

表 14-1 G60 编程举例

当使用非模态 G60 指令时	当使用模态 G60 指令时
：	：
G90；	G90 G60；单方向定位方式
G60 X0 Y0； G60 X100.0； G60 Y100.0； } 单方向定位	X0 Y0； X100.0； Y100.0； } 单方向定位
G04 X10.0；	G04 X10.0；
G00 X0 Y0；	G00 X0 Y0；单方向定位方式取消
：	：

14.3 直线插补（G01）

(1)指令格式

G01 IP _ F _

说明：

① G01 为直线插补指令，又称直线加工，是模态指令。

② IP _ 为目标点的坐标。可以用绝对坐标或相对坐标，当采用绝对模式时，坐标值是相对于工件坐标系的原点，采用增量模式时，坐标值是相对于刀具当前位置的坐标。

③ F _ 为进给速度。模态指令，开始直线插补之前，程序中必须包含有效的进给率，否则在电源启动后的首次运行中将出现警告。

④ 直线轴各轴的分速度与各轴的移动距离成正比，如图 14-4 所示，以保证指令各轴同时到达终点。

各轴方向的进给速度如下：

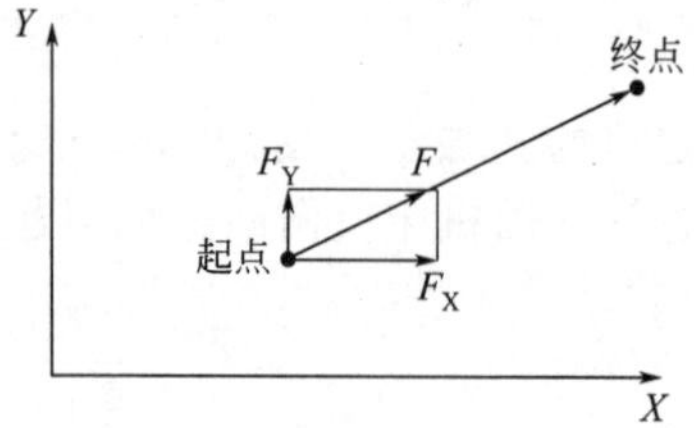

图 14-4 各轴方向的速度分量

$$F_X = \frac{\Delta X}{L}F$$

$$F_Y = \frac{\Delta Y}{L}F$$

$$F_Z = \frac{\Delta Z}{L}F$$

式中，$L = \sqrt{\Delta X^2 + \Delta Y^2 + \Delta Z^2}$。

一般情况下，直线轴进给速度的单位为 mm/min。

⑤ 当直线轴与旋转轴同时指令时，其运动轨迹一般不是直线。为保证同时到达终点，各系统的处理方法不尽相同。旋转轴进给速度的单位是（°）/min。

a. 按各轴的脉冲当量综合处理。

【例】X 轴向分速度

$$F_X = \frac{\Delta X}{\sqrt{\Delta X^2 + \Delta Y^2 + \Delta Z^2 + \Delta \alpha^2 + \Delta \beta^2}}F$$

α、β 可以是旋转轴。这样处理的结果，由于未考虑 α、β 的回转半径，实际的线速度将改变，因此，按每齿进给量乘以主轴转速计算的切削速度将被改变。

b. 按直线轴给定进给速度，而旋转轴的进给速度则按各轴同时到达终点的时间相等，计算出旋转轴的进给速度。

【例】G01 Y-B-F；$F_Y = F$，$F_B = \frac{\Delta B}{\frac{\Delta Y}{F}}$。

c. 按刀具实际切削距离计算出切削时间，再将各轴移动距离除以时间，即为各轴的进给速度，这就是时间倒数进给速度，此法能保证给定的进给速度。

当直线轴与旋转轴同时指令时，其轨迹一般不是直线。

(2)应用

在编程中使用直线插补使刀具从起点作直线切削运动。它通常使切削刀具路径的距离最短，直线插补运动通常都是连接轮廓起点和终点的直线。在该模式下，刀具以两个端点间最短的距离从一个位置移动到另一个位置，这是一个非常重要的编程功能，主要应用在轮廓加工和成形加工中。任何斜线运动（比如倒角、斜切、角、锥体等）必须以这种模式编程，以进行精确加工。直线插补模式可能产生三种类型的运动：

① 水平运动——只有一根轴；

② 竖直运动——只有一根轴；

③ 斜线运动——多根轴。

(3)编程举例

【例 1】 如图 14-5 所示，一个刀具运动将从 P_1 点开始和结束，编程方向为顺时针；另一个程序实例也将从 P_1 点开始，但它的方向为逆时针。

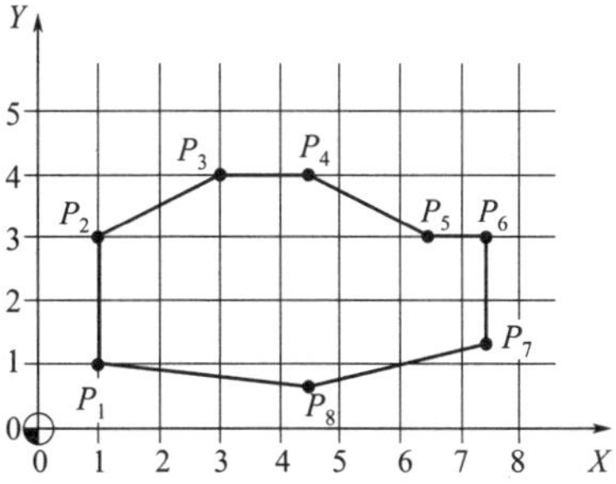

图 14-5 简单的直线插补实例

顺时针方向，从 P_1 点开始

```
G90…;                      (绝对模式)
G01 X1.0 Y3.0 F_;          (P1 点到 P2 点)
X3.0 Y4.0;                 (P2 点到 P3 点)
X4.5;                      (P3 点到 P4 点)
X6.5 Y3.0;                 (P4 点到 P5 点)
X7.5;                      (P5 点到 P6 点)
Y1.5;                      (P6 点到 P7 点)
X4.5 Y0.5;                 (P7 点到 P8 点)
X1.0 Y1.0;                 (P8 点到 P1 点)
…
```

逆时针方向，从 P_1 点开始

```
G90…;                      (绝对模式)
G01 X4.5 Y5.0 F_;          (P1 点到 P8 点)
X7.5 Y1.5;                 (P8 点到 P7 点)
```

```
Y3.0;                         (P7 点到 P6 点)
X6.5;                         (P6 点到 P5 点)
X4.5 Y4.0;                    (P5 点到 P4 点)
X3.0;                         (P4 点到 P3 点)
X1.0 Y3.0;                    (P3 点到 P2 点)
X1.0;                         (P2 点到 P1 点)
…
```

【例 2】 用 $\phi 5$ 的立铣刀铣削如图 14-6 所示工件上不等边五角形槽，加工程序如表 14-2 所示。

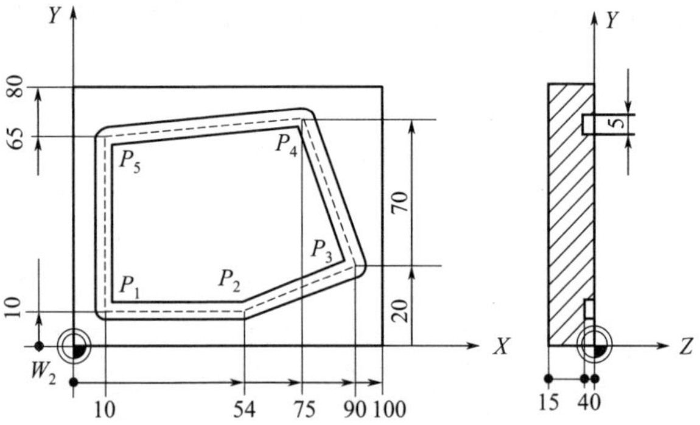

图 14-6 不等边五角形槽零件图

表 14-2 不等边五角形槽零件的加工程序

程　　序	说　　明
O1001;	程序名
N1 G21;	公制尺寸
N2 G17 G40 G80;	初始状态(XY 平面,取消刀具半径补偿和孔加工循环)
N3 G90 G54 G00 X10.0 Y10.0 S1800 M03;	刀具快速移至 P_1 点的上方,主轴正转,转速为 1800r/min
N4 Z5.0;	刀具快速移至 P_1 点的上方 5mm 处
N5 G01 Z−4.0 F80.0 M08;	刀具以进给速度垂直铣削至槽深 4mm 处,冷却液开
N6 X54.0;	铣削至 P_2 点
N7 X90.0 Y20.0;	铣削至 P_3 点
N8 X75.0 Y70.0;	铣削至 P_4 点
N9 X10.0 Y65.0;	铣削至 P_5 点
N10 Y10.0;	铣削至 P_1 点
N11 Z5.0 M09;	刀具以进给速度移至距工件上平面 5mm 处,冷却液关
N12 G00 Z150.0 M05;	刀具远离工件,主轴停止
N13 M30;	程序结束
%	

14.4 圆弧插补（G02、G03）

(1)指令格式

在 XY 平面上：

$$\mathrm{G17}\left\{\begin{matrix}\mathrm{G02}\\\mathrm{G03}\end{matrix}\right\}\mathrm{X\_}\ \mathrm{Y\_}\left\{\begin{matrix}\mathrm{R\_}\\\mathrm{I\_}\ \mathrm{J\_}\end{matrix}\right\}\mathrm{F\_}$$

在 XZ 平面上：

$$\mathrm{G18}\left\{\begin{matrix}\mathrm{G02}\\\mathrm{G03}\end{matrix}\right\}\mathrm{X\_}\ \mathrm{Z\_}\left\{\begin{matrix}\mathrm{R\_}\\\mathrm{I\_}\ \mathrm{K\_}\end{matrix}\right\}\mathrm{F\_}$$

在 YZ 平面上：

$$\mathrm{G19}\left\{\begin{matrix}\mathrm{G02}\\\mathrm{G03}\end{matrix}\right\}\mathrm{Y\_}\ \mathrm{Z\_}\left\{\begin{matrix}\mathrm{R\_}\\\mathrm{J\_}\ \mathrm{K\_}\end{matrix}\right\}\mathrm{F\_}$$

说明：

① G02 顺圆插补指令，G03 逆圆插补指令。二者属于模态指令，

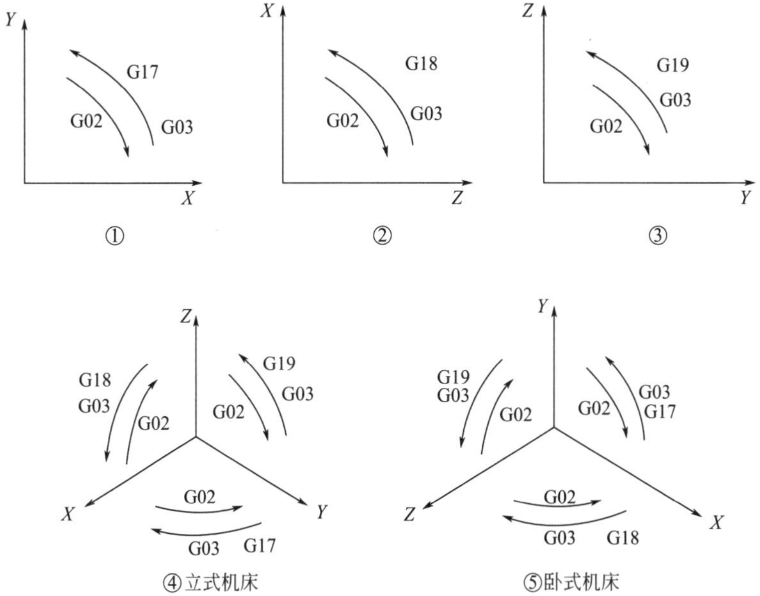

图 14-7　坐标平面和移动方向

移动方向的判别方法是：从坐标平面垂直轴的正方向向负方向看坐标平面上的圆弧移动是顺时针方向还是逆时针方向。如图 14-7 所示。

② 圆弧加工必须有平面选择，G17、G18、G19 为圆弧插补平面选择指令，以此来确定被加工表面所在平面，G17 可以省略。

③ X _ Y _ Z _ 为圆弧终点坐标，可用绝对坐标或相对坐标编程。采用绝对模式时，终点坐标是相对于坐标原点的，采用增量模式时，终点坐标是相对于圆弧起点来说的。当 X、Y、Z 值不变时，可以省略，当终点与起点重合时，即整圆时，X、Y、Z 都可省略。

④ I _ J _ K _ 表示圆弧圆心的坐标，无论是用 G90 还是 G91，它是圆心相对于起点的增量值，采用 G91 编程。G17 平面为 I、J，G18 平面为 I、K，G19 平面为 J、K。当 I、J、K 为零时，可以省略。如图 14-8 所示为圆弧的终点位置与圆心的关系。

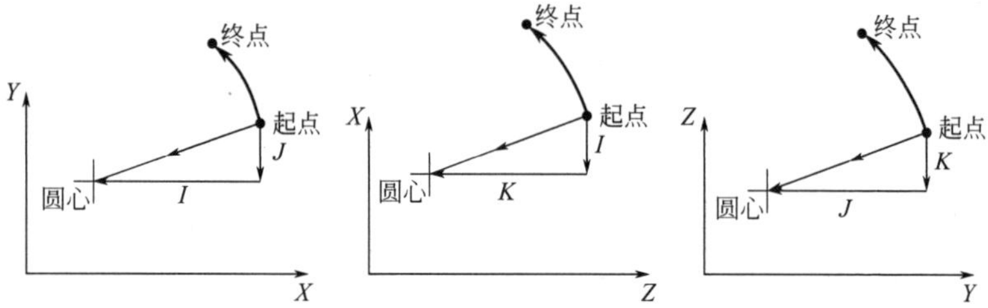

图 14-8　圆弧的终点位置与圆心的关系

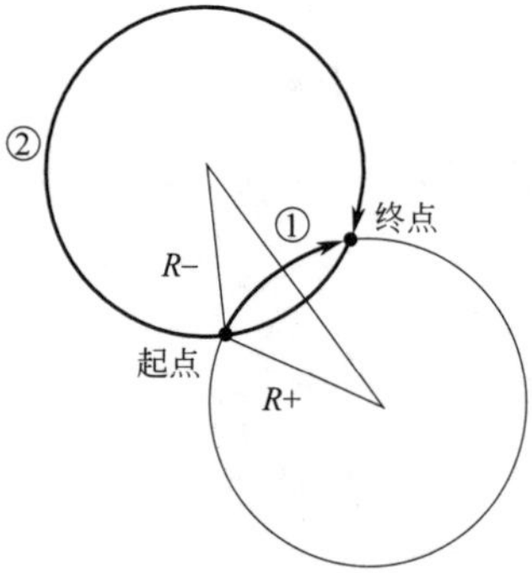

图 14-9　用半径指令圆弧

⑤ R 为圆弧半径，有正负之分，如图 14-9 所示，过起点和终点的圆弧有两个，即小于 180°的圆弧和大于 180°的圆弧，为了区分是指令哪一个圆弧，对于小于 180°的圆弧，半径用正值表示；对于大于 180°的圆弧，半径用负值表示；对于等于 180°的圆弧，半径用正值或负值均可。

⑥ 如果同时指定地址 I、J、K 和 R，用地址 R 指定的圆弧优先，

其他都被忽略。

⑦ X、Y、Z 都省略时，则有两种情况，当用 I、J、K 表示圆心时，表示为一个 360°的整圆；当用 R 表示时，则圆弧插补不执行。也就是说，加工整圆时，必须用 I、J、K 指定圆心。

⑧ 当指定接近 180°圆心角的圆弧时，计算出的圆心坐标可能有误差，应使用 I、J 和 K 指定圆弧中心。

⑨ 如果在指定平面上指令了不存在的轴，则报警。

⑩ F _ 为圆弧切向的进给速度。在数控铣床上，单位通常为 mm/min。指定的进给速度和实际刀具的进给速度之间的误差在±2%以内。但是，这个进给速度是在加上刀具半径补偿之后沿圆弧的进给速度。

(2)应用

圆弧插补指令用来编写圆弧或完整的圆，主要在外部和内部半径（过渡和局部半径）、圆柱型腔、圆球或圆锥、放射状凹槽、凹槽、圆弧拐角、螺旋切削甚至大的平面沉头孔等操作中应用。

(3)编程举例

【例 1】 如图 14-10 所示，说明 G02、G03 的编程方法，分别采用绝对坐标和相对坐标编程。程序如表 14-3 所示。

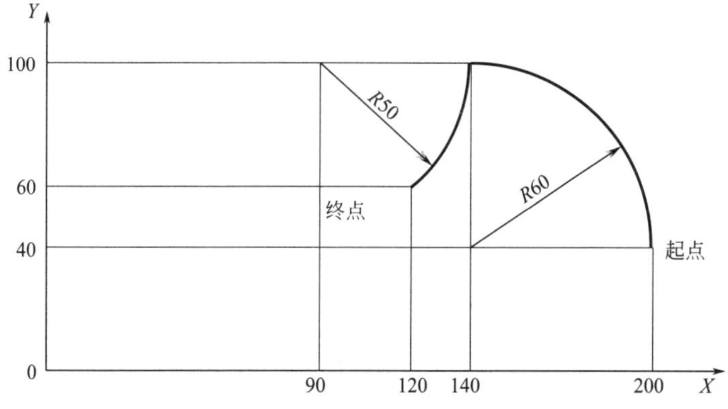

图 14-10　G02、G03 应用举例

表 14-3 G02、G03 应用举例程序表

G90 形式	G91 形式
N1 G92 X200.0 Y40.0 Z0;	N1 G92 X200.0 Y40.0 Z0;
N2 G90 G03 X140.0 Y60.0 I−60.0 J0 F100;	N2 G91 G03 X−60.0 Y60.0 I−60.0 J0 F100;
N3 G02 X120.0 Y60.0 I−50.0 J0;	N3 G02 X−20.0 Y−40.0 I−50.0 J0;
或	或
N1 G92 X200.0 Y40.0 Z0;	N1 G92 X200.0 Y40.0 Z0;
N2 G90 G03 X140.0 Y60.0 R60.0 F100;	N2 G91 G03 X−60.0 Y60.0 R60.0 F100;
N3 G02 X120.0 Y60.0 R50.0;	N3 G02 X−20.0.0 Y−40.0 R50.0;

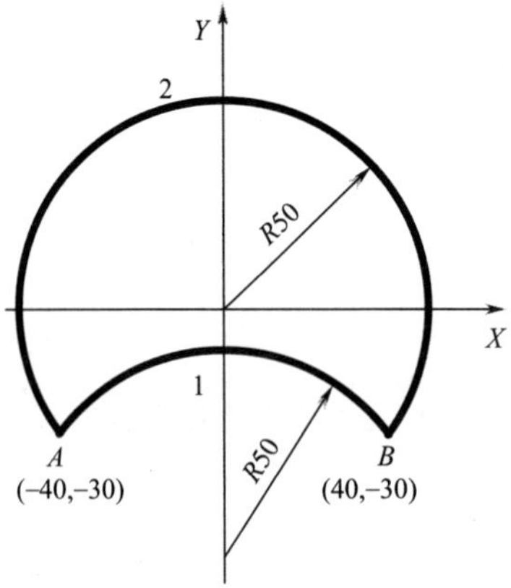

图 14-11 R 编程举例

【例 2】 如图 14-11 所示，试用 R 编程，加工路径为 A→1→B→2→A。

程序如下：

N10G92 X−40.0 Y−30.0;

N20G90 G02 X40.0 Y − 30.0 R50 F100;

N3 G03 X−40.0 R−50;

【例 3】 铣削如图 14-12 所示零件上的“S”字，深度为 3mm。其编制程序如表 14-4 所示。

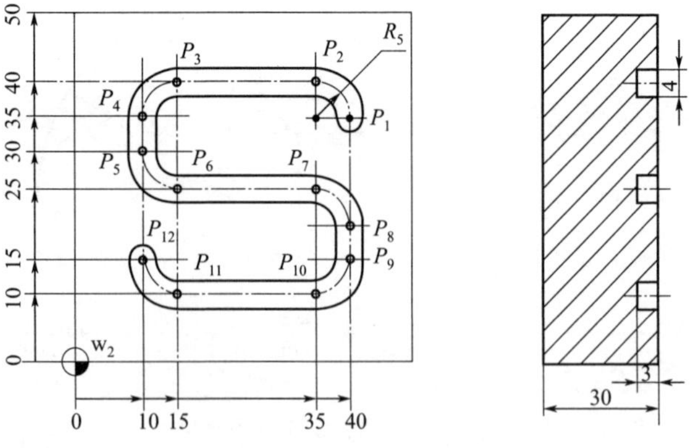

图 14-12 “S”字零件图

表 14-4 铣削“S”字的程序表

程序	说明
O1002	程序名
N1 G21;	公制尺寸
N2 G17 G40 G80;	初始状态
N3 G54 G90 G00 X40.0 Y35.0 S1500 M03;	刀具快速移至 P_1 点上方，主轴正转
N4 Z5.0;	刀具快速移至距工件上表面 5mm 处
N5 G01 Z-3.0 F60 M08	刀具以进给速度垂直铣削至槽深 3mm 处，冷却液开
N6 G03 X35.0 Y40.0 I−5.0	刀具逆时针铣削 P_1P_2
N7 G01 X15.0 Y40.0	刀具铣至 P_3 处
N8 G03 X10.0 Y35.0 J−5.0	刀具逆时针铣削 P_3P_4
N9 G01 X10.0 Y30.0	刀具铣至 P_5 处
N10 G03 X15.0 Y25.0 I5.0	刀具逆时针铣削 P_5P_6
N11 G01 X35.0	刀具铣至 P_7 处
N12 G02 X40.0 Y20.0 J−5.0	刀具顺时针铣削 P_7P_8
N13 G01 Y15.0	刀具铣至 P_9 处
N14 G02 X35.0 Y10.0 I−5.0	刀具顺时针铣削 P_9P_{10}
N15 G01 X15.0	刀具铣至 P_{11} 处
N16 G02 X10.0 Y15.0 J5.0	刀具顺时针铣削 $P_{11}P_{12}$
N17 G01 Z5.0M09	刀具以进给速度退至距工件上表面 5mm 处，冷却液关
N18 G91 G28 Z0 M05	Z 轴回参考点，主轴停转
N19 M30	程序结束
%	

14.5 螺旋线插补（G02、G03）

(1)指令格式

在 XY 平面上：

$$G17\begin{Bmatrix}G02\\G03\end{Bmatrix}X\_\ Y\_\begin{Bmatrix}R\_\\I\_J\_\end{Bmatrix}Z\_\ F\_$$

在 XZ 平面上：

$$G18\begin{Bmatrix}G02\\G03\end{Bmatrix}X\_\ Z\_\begin{Bmatrix}R\_\\I\_\ K\_\end{Bmatrix}Y\_\ F\_$$

在 YZ 平面上：

$$G19\begin{Bmatrix}G02\\G03\end{Bmatrix}Y\_\ Z\_\begin{Bmatrix}R\_\\J\_\ K\_\end{Bmatrix}X\_F\_$$

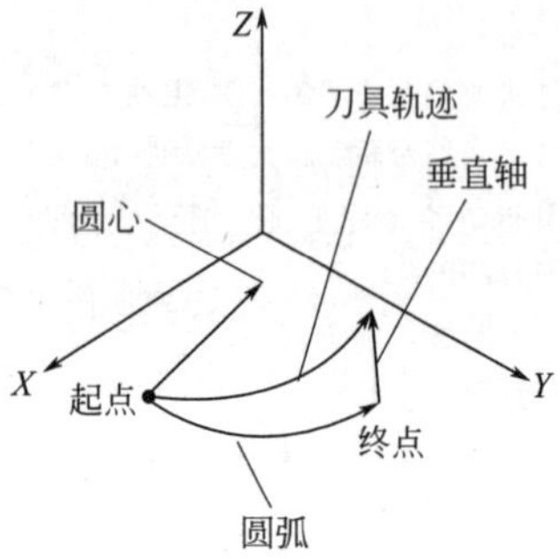

图 14-13 螺旋线插补

说明：

① 螺旋插补是工作平面内两轴联动的圆弧插补运动与另一轴上的直线运动。三根轴的运动通常是同步的，并且同时到达目标位置。如图 14-13 所示。

② 在螺旋插补中的圆弧插补运动中指令格式和含义遵循圆弧插补运动的原则，详见 14.4 节。

③ 螺旋插补中必须有平面选择，平面选择决定了哪根轴有效以及它们的功能。表 14-5 列出了平面选择和各个轴之间的关系。

表 14-5 平面选择和坐标轴

有效平面	圆弧运动	直线运动	圆弧向量
G17	X 和 Y	Z	I 和 J
G18	X 和 Z	Y	I 和 K
G19	Y 和 Z	X	J 和 K

④ F 指令指定沿圆弧的进给速度，因此，直线轴的进给速度如下：

$$F\times\frac{直线轴的长度}{圆弧的长度}$$

⑤ 螺旋插补中，半径补偿只用于圆弧移动。

⑥ 在指令螺旋插补的程序段中，不能指令刀具偏置和长度补偿。

⑦ 螺旋线插补可用于切削螺纹。

(2)应用

虽然螺旋插补选项不是最常用的编程方法，但它可能是大量非常复杂的加工应用中使用的唯一方法：螺纹铣削、螺旋轮廓、螺旋斜面加工。

螺纹铣削是目前螺旋插补在工业中应用最常见的方法，在很多情况下，攻螺纹和单线螺纹加工方法都不实用或比较复杂，有时甚至不可能使用，这时可以选择螺纹铣削来解决。编程中使用螺旋铣削有以下好处。

- 大直径螺纹——实际上任何直径都可以加工螺纹铣削。
- 可以加工更加平滑和更加精密的螺纹。
- 一次装夹中就能完成螺纹铣削，从而消除了二次操作。
- 能够将螺纹铣削到所需深度。
- 没有丝锥可用。
- 攻螺纹是不实际的。
- 攻螺纹很困难而且容易出现问题。
- 很难在硬质材料上攻螺纹。
- 盲孔攻螺纹容易出现问题。
- 工件在 CNC 车床上不能旋转。
- 必须使用一把刀具加工左旋螺纹和右旋螺纹。
- 必须使用一把刀具加工内螺纹和外螺纹。
- 可以减少或消除螺纹上的毛刺。
- 可以得到较高的表面加工质量，尤其是在软材料上。
- 延长螺纹铣刀的使用寿命。
- 避免使用昂贵的螺纹板牙。
- 避免使用昂贵的大尺寸的丝锥。
- 不需要主轴反转。
- 改变了刀具相对于切削的额定功率。
- 刀架可以容纳不同螺距尺寸的刀片。
- 减少螺纹加工成本。

总之，螺纹铣削能强化其他螺纹加工操作，但不能代替它们，它使用称为螺纹滚刀的特殊螺纹刀具或特殊的多齿螺纹铣刀，如图 14-14 所示为加工中常用的螺纹铣刀。螺距固定在刀具上。

(3)编程举例

【例 1】 用螺旋指令加工如图 14-15 所示零件上的螺纹，螺纹

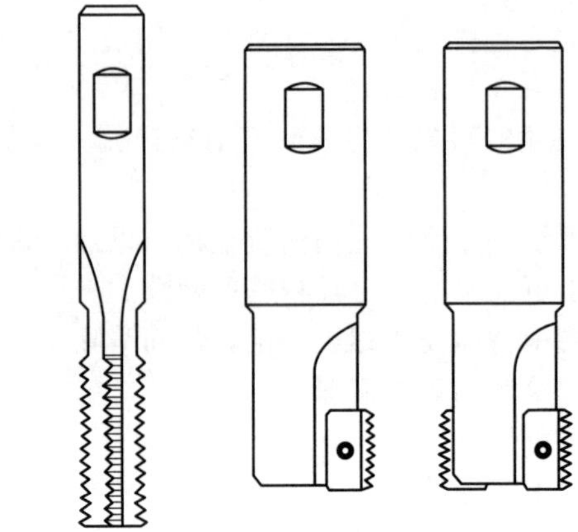

(a) 硬质合金铣刀　　(b) 单刀片　　(c) 双刀片

图 14-14　常见的螺纹铣刀

直径为 3.00in，深度为 0.75in，每英寸 12 线螺纹。编制程序如表 14-6 所示。

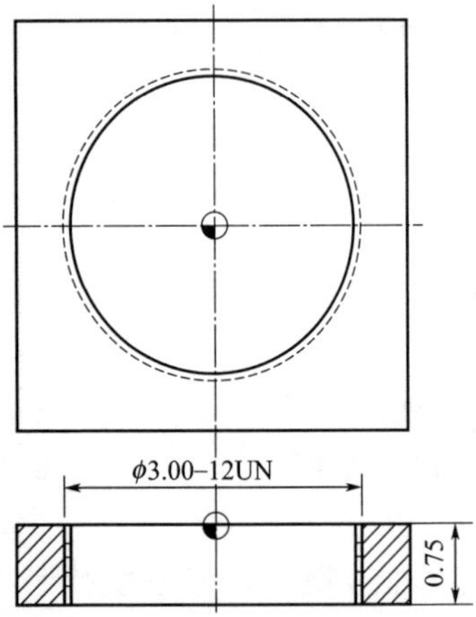

图 14-15　铣削内螺纹零件图

① 初步计算

a. 螺纹铣刀的选择。螺纹滚刀直径为 1.5in，刀号为 T03，刀具长度和半径补偿偏置号分别为 H03 和 D03。螺纹滚刀使用单刀片，通过参考刀具目录，可以确定铣削所需深度只需要两转。

b. 镗孔直径。内螺纹的深度由一个常用的公式决定，计算内螺纹深度 D 的公式为螺距乘以一个常数：

$$D=螺距\times 0.54127$$

如果螺纹直径为 3in，每英寸螺纹线为 12（螺距＝0.0833333），那么螺纹深度为：

$$D=0.0833333\times 0.54127=0.0451058$$

当使用该公式计算预钻孔直径时，就是用给定的名义直径减去两倍的螺纹深度；

$$3.0-2\times0.0451058=2.9097884$$

因此，螺纹镗孔直径应为 ϕ2.9in。

② 工件坐标系的设置　工件坐标系的原点设在工件上表面的中心位置上。

③ 旋转运动和方向　螺旋插补中，协调并同步进行以下三个程序项是极其重要的：主轴旋转；圆弧加工方向；*Z* 轴运动方向。

a. 主轴旋转。主轴旋转可以是 M03（顺时针）也可以是 M04（逆时针）。

b. 圆弧加工方向。圆弧加工方向遵循圆弧插补中的规则：G02 是顺时针方向，G03 是逆时针方向。

c. *Z* 轴运动方向。对于立式加工，沿 *Z* 轴方向的加工有两个：向上（正向）或向下（负向）。这些运动共同决定螺纹的旋向（左旋或右旋）以及是应用外螺纹还是内螺纹。本例采用主轴正转（M03）、圆弧逆时针（G03）、*Z* 轴向上运动的加工方法。如图 14-16 所示。

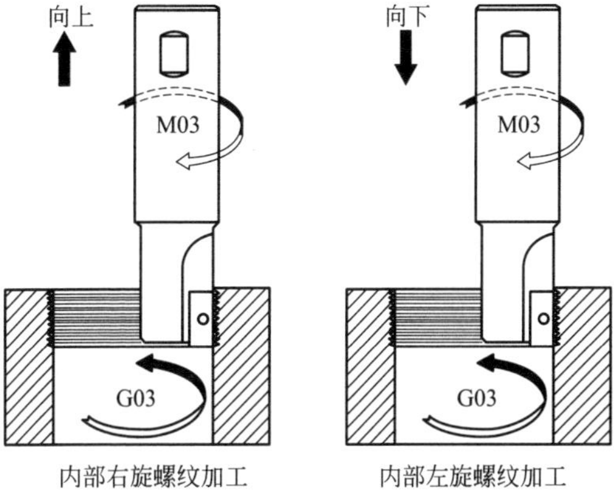

图 14-16　使用顺铣模式的内部螺纹铣削

④ 导入运动　螺纹铣削开始时，铣刀位于工件的 *X*0，*Y*0 原点以及 *Z* 轴方向的安全深度，*Z* 取－0.95，铣削时，导入和导出运动的方式如图 14-17 所示。

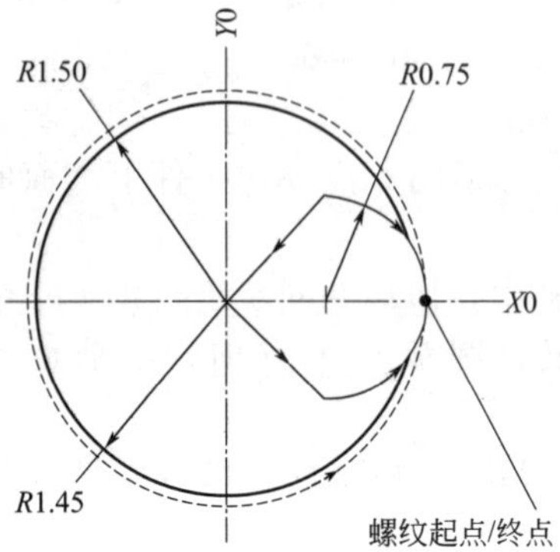

图 14-17　导入和导出运动

采用圆弧导入导出时，螺旋铣刀直着进出材料。由于螺纹铣刀具有相互平行的齿，所以它将切出一系列的槽，而不是螺纹，为了避免这种情况，导入和导出运动采用螺旋加工。

在导入和导出运动中，Z 轴移动的距离为：

$$L = 螺距 \times 90/360 = 0.0208$$

⑤ 加工程序　内螺纹铣削实例程序如表 14-6 所示。

表 14-6　内螺纹铣削实例程序

程　　序	说　　明
O1003;	程序名
N1 G20;	英制输入
N2 G17 G40 G80;	初始状态
N3 G90 G54 G00 X0 Y0 S900 M03;	刀具快速到达工件原点的上方，主轴正转
N4 G43 Z0.1 H03 M08;	刀具长度补偿，冷却液开
N5 G01 Z−0.95 F50.0;	直线插补
N6 G41 X0.75 Y−0.75 D01 F10.0;	直线插补，刀具半径补偿(导入运动)
N7 G03 X1.5 Y0 Z−0.9292 R0.75;	圆弧插补(导入运动)
N8 Z−0.8459 I−1.5;	螺旋线插补(第一次切削)
N9 Z−0.7626 I−1.5;	螺旋线插补(第二次切削)
N10 X0.75 Y0.75 Z−0.7418 R0.75;	圆弧插补(导出运动)
N11 G40 G01 X0 Y0;	直线插补，取消刀具半径补偿(导出运动)
N12 G00 Z1.0 M09;	刀具快速移至工件上表面的上方
N13 G28 X0 Y0 Z1.0 M05;	返回参考点
N14 M30;	程序结束
%	

14.6　等螺距螺纹切削（G33）

(1)指令格式

G33 IP _ F _

说明：

① G33 为等螺距螺纹切削指令，属于模态指令。

② IP _ 为轴地址指令，若为 X、Y、Z 三轴机床时，主轴为 Z 轴，此时指令为 G33 Z _ F _ 。

③ F _ 为轴向螺距。螺距的范围如表 14-7 所示。

表 14-7　螺纹螺距的范围

	最小指令增量	螺距的指令值范围
mm 输入	0.001mm	F1～F50000(0.01～500.00mm)
	0.0001mm	F1～F50000(0.01～500.00mm)
in 输入	0.0001in	F1～F99999 (0.0001～9.9999in)
	0.00001in	F1～F99999 (0.0001～9.9999in)

④ 要执行 G33 等螺距螺纹切削指令，主轴上必须装有位置编码器。当系统检测到一转信号时，螺纹切削启动，此后，螺纹切削从固定位置开始，在工件上沿着相同的刀具轨迹重复进行螺纹切削。如果不是这样，将出现不正确的螺纹螺距。

⑤ 一般情况下，由于伺服系统的滞后等原因，在螺纹切削的起点和结束点将产生一些不正确的螺距。对这些情况进行补偿的方法是指定的螺纹切削长度稍大于要求的长度。

⑥ 执行等螺距螺纹切削时，装在主轴上的位置编码器实时地读取主轴速度。读取的主轴速度转换成刀具的每分进给量。

⑦ 主轴速度限制如下：

$$1 \leqslant \text{主轴速度} \leqslant \frac{\text{最大进给速度}}{\text{螺纹螺距}}$$

主轴速度：r/min。

螺纹螺距：mm 或 in。

最大进给速度：mm/min 或 in/min。有两个最大进给速度；一个由每分钟进给速度的允许最大值确定；另一个由机械（包括电机）的限制值确定。应该在这两者中取较小值。

⑧ 从粗加工到精加工的所有加工过程中，不能用切削进给速度倍率，进给速度倍率固定在 100%。

⑨ 在螺纹加工期间，进给暂停无效。在螺纹加工期间，若按下进给暂停按钮，机床在螺纹切削完成之后（即 G33 方式结束以后）的下个程序段的终点停止。

(2)应用

螺纹加工是在圆柱上加工特殊形状螺旋槽的过程，螺纹的主要目的是在装配和拆卸时毫无损伤地将两个工件连接在一起。螺纹加工的生产过程各种各样，主要有两大类：金属切削和塑料成形。在螺纹产品的金属加工领域中主要有以下几种方法：

① 滚螺纹。

② 攻螺纹。

③ 螺纹铣削。

④ 螺纹磨削。

⑤ 螺纹车削。

对于在主轴上装有位置编码器的数控铣床，利用指令 G33 可以实现螺纹铣削。主轴编码器可以记录主轴的初始位置、转角、转数和旋转速度。由于切削螺纹时要多次重复进行，螺纹切削必须从固定位置开始，否则就会乱扣。

(3)编程举例

【例】 如图 14-18 是在数控铣床上切削螺纹示意图。工件固定在工作台上，刀具装到主轴上随主轴转动，工件坐标系的原点建立在工件上端面孔的中间位置。加工程序如表 14-8 所示。

表 14-8　切削螺纹程序

程　　序	说　　明
O1004；	程序名
N1 G21 G40 G80；	采用米制、取消刀补和钻孔循环
N2 G54 G90 G00 X0 Y0 S45 M03；	刀具定位到螺孔中心主轴正转，转速为 45r/min
N3 Z200.0；	刀具靠近螺孔端面
N4 G33 Z120.0 F5.0；	进行第一次螺纹切削，螺距 $F=5$mm
N5 M19；	主轴定向
N6 G00 Y−5；	刀具从 Y 向退刀
N7 Z200.0 M00；	刀具退至孔端，程序暂停，调节刀具

续表

程　　序	说　　明
N8 Y0 M03;	刀具对准螺孔中心,启动主轴
N9 G04 X2.0;	暂停 2s,便于主轴速度到达额定值
N10 G33 Z120.0 F5.0;	进行第二次螺纹切削
N11 M19;	主轴定向
N12 G00 Y−5.0;	刀具从 Y 向退刀
N13 Z200.0 M00;	刀具退至孔端,程序暂停,调节刀具
N14 Y0 M03;	刀具对准螺孔中心,启动主轴
N15 G04 X2.0;	暂停 2s,便于主轴速度到达额定值
N16 G33 Z120 F5.0;	进行第二次螺纹切削
N17 M19;	主轴定向
⋮	⋮
N*n* M30;	程序结束
%	

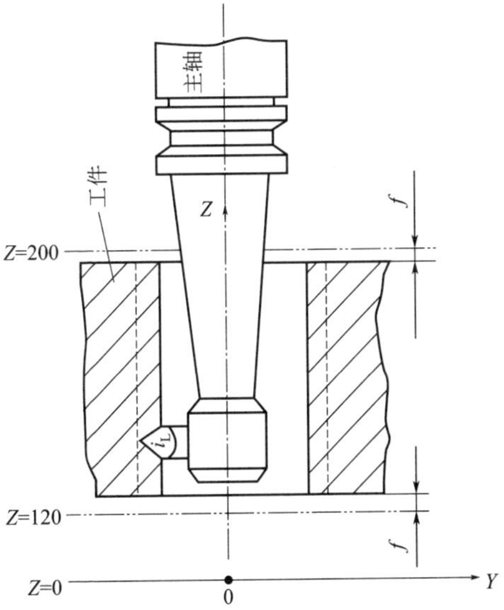

图 14-18　切削螺纹示意图

14.7 跳转功能（G31）

(1)指令格式

G31 IP _

说明：

① G31 为跳转功能，属于非模态指令，只在指定的程序段中有效。在该指令执行时，若输入了外部跳转信号，则中断该指令的执行，转而执行下个程序段。

② 在 G31 指令之后指令轴移动，执行直线插补，与 G01 类似。

③ 输入跳转功能信息之后的运动，根据下一个程序段是增量值还是绝对值指令将有所不同。

④ 下一个程序段是增量值指令时：下个程序段中的运动，从跳转信号中断处按增量方式执行。

【例】
```
G31 G91 X100.0 F100;
Y50.0;
```

运动如图 14-19 所示。

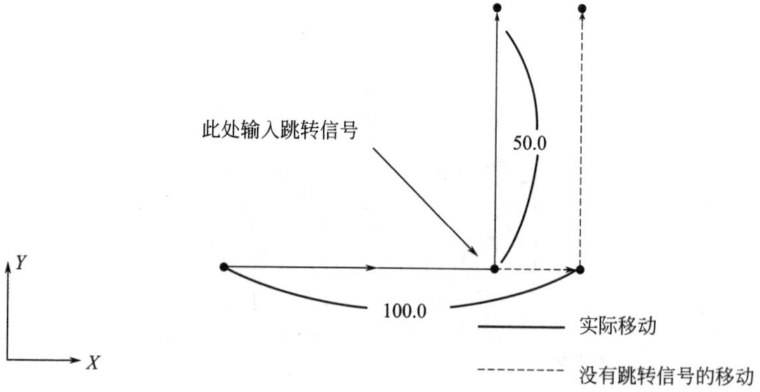

图 14-19 增量值指令

⑤ 当下一个程序段是绝对值指令，且仅指令一个轴时：指令轴移动到指令位置，不指定轴则停留在跳转信号输入时的位置。

【例】 G31 G90 X200.0 F100;

Y100.0;

运动如图 14-20 所示。

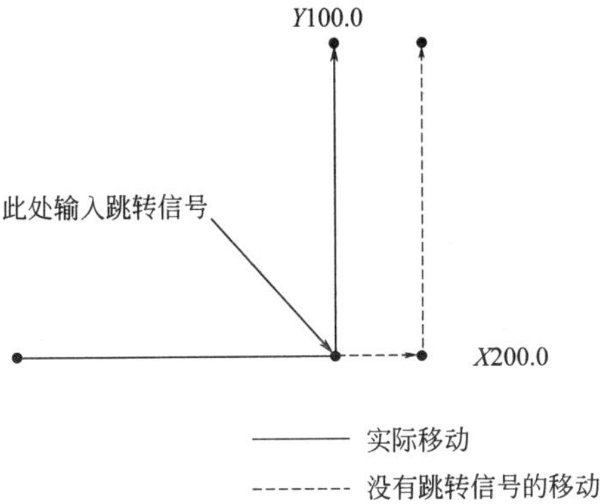

图 14-20 绝对指令，一轴

⑥ 当下一个程序段是绝对值指令，且指令两个轴时：从跳转信号输入点，两个轴都移动到下一个程序段指令的位置。

【例】 G31 G90 X200.0 F100;

X300.0 Z150.0;

运动如图 14-21 所示。

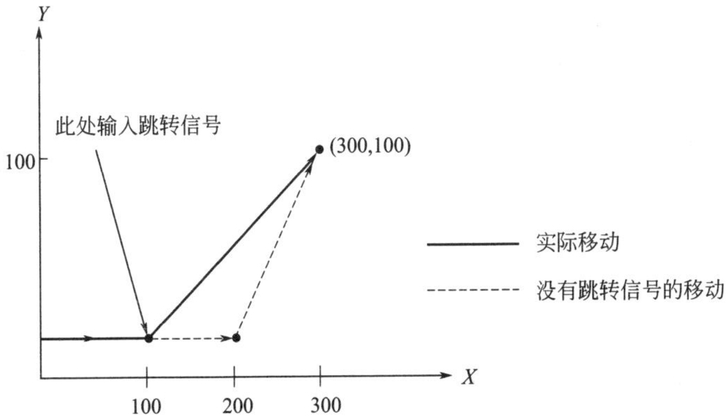

图 14-21 绝对指令，两轴

a. 当跳转信号接通时，中断处的坐标位置存储在系统变量中。此坐标值可用于用户宏程序中。

b. 为了提高跳转信号输入时的刀具位置精度，在进给速度以每分进给指定的情况下，进给速度倍率、空运行和自动加减速对于跳转功能无效。当进给速度以每转进给指定的情况下，进给速度倍率、空运行和自动加减速对于跳转功能都有效。

c. 如果在刀尖半径补偿时指定了 G31 指令，机床将报警，在指定 G31 指令前需用 G40 指令取消刀具半径补偿。

(2)应用

在执行 G31 指令时，若输入了外部跳转信号，则中断该指令的执行，并记录中断的位置，转而执行下一个程序段。跳转功能用于在程序不编写加工终点值，而是用来自于机床的信号指定加工终点。使用 G31 指令，配合测头的应用，可以测量工件，以检验所加工的零件是否合格。也可用该功能进行工件坐标原点测量并进行补偿。还可以用于自动对刀、刀具磨损控制及刀具寿命管理。

第15章　刀具补偿

15.1　刀具长度补偿（G43、G44、G49）

(1)刀具长度补偿指令格式

工件坐标系设定是以基准点为依据的，零件加工程序中的指令值是刀位点的值。刀位点到基准点的矢量，即刀具长度偏置，又称长度补偿。根据刀具长度的偏置，可以使用下面三种刀具偏置方式：

- 刀具长度偏置 A：沿 *Z* 轴补偿刀具长度的差值。
- 刀具长度偏置 B：沿 *X*，*Y* 或 *Z* 轴补偿刀具长度的差值。
- 刀具长度偏置 C：沿指定轴补偿刀具长度的差值。

三种刀具长度偏置的格式如表 15-1 所示：

表 15-1　三种刀具长度偏置格式

<table>
<tr><th>类　型</th><th>格　式</th><th>说　明</th></tr>
<tr><td>刀具长度偏置 A</td><td>$\left\{\begin{matrix}G43\\G44\end{matrix}\right.$Z_H_</td><td rowspan="4">各地址的说明：
G43：正向偏置
G44：负向偏置
G17：XY 平面选择
G18：ZX 平面选择
G19：YZ 平面选择
α：被选择轴的地址
H：指定刀具长度偏置值的地址</td></tr>
<tr><td>刀具长度偏置 B</td><td>G17$\left\{\begin{matrix}G43\\G44\end{matrix}\right.$Z_H_
G18$\left\{\begin{matrix}G43\\G44\end{matrix}\right.$Y_H_
G19$\left\{\begin{matrix}G43\\G44\end{matrix}\right.$X_H_</td></tr>
<tr><td>刀具长度偏置 C</td><td>$\left\{\begin{matrix}G43\\G44\end{matrix}\right.$α_H_</td></tr>
<tr><td>刀具长度偏置取消</td><td>G49 或 H00</td></tr>
</table>

说明：

① 通过参数设定，可以选择刀具长度偏置的类型。

② G43 为刀具长度正偏置；G44 为刀具长度负偏置；G49 取

消刀具长度偏置。三者都属于模态指令。

刀具长度正偏置和负偏置的含义：

如图 15-1(a) 所示，执行 G43 时：将 H 偏置值加到目标 Z 位置，即：

$$Z_{实际值}=Z_{指令值}+(H\_)$$

如图 15-1(b) 所示，执行 G44 时：则从目标 Z 位置减去 H 偏置值，即：

$$Z_{实际值}=Z_{指令值}-(H\_)$$

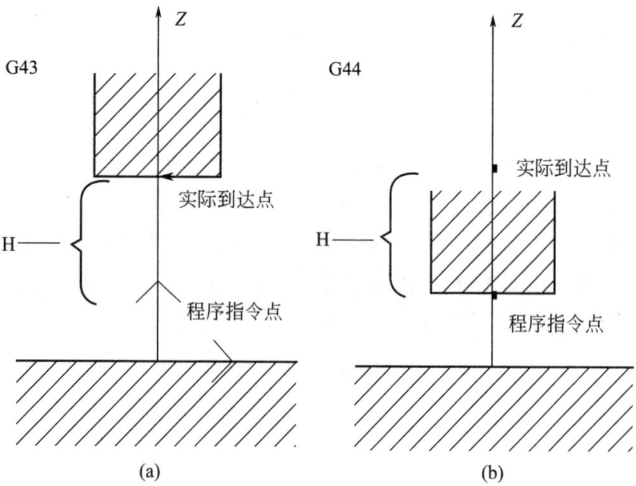

图 15-1　正偏置和负偏置（G43 和 G44）

③ Z _（或 X _ 、Y _ 、α _ ）为编程目标点的坐标。通常刀具长度补偿以绝对模式 G90 编写。

④ H _ 为刀具长度偏置代号，即指定刀具长度偏置值的地址。根据不同的系统和机床，刀具补偿号的数量也不同，具体数量可以参见机床说明书。刀具长度偏置值可设定的范围为 0～±999.999mm，其中 H00 对应的偏置值始终为零，不能赋予除零以外的任何值。

⑤ 偏置值管理：系统可以分为几何偏置（G）和磨损偏置（W），也可以不分，统一为偏置值。如图 15-2 所示为典型刀具长

度输入的显示屏。例：H01＝G01＋W01。几何偏置值一般为测量值，可以为绝对补偿值或相对补偿值。磨损偏置一般为切削加工的实测值，用该值修整几何偏置，而且只能增量输入，修整量为0～±9.999mm。

刀具偏置（长度）

编号	几何尺寸	磨损
001	－6.7430	0.0000
002	－8.8970	0.0000
003	－7.4700	0.0000
004	－0.0000	0.0000
005	0.0000	0.0000
006	0.0000	0.0000
…	…	…

图 15-2　典型的刀具长度输入显示屏

⑥ 刀具长度偏置值的测量。刀具偏置值是从刀位点到基准点的矢量。根据不同的测量方法，其值也不一样。目前测量刀具偏置值的方法主要有以下3种方法。

a. 预先设定刀具方法。预先设定刀具方法是最原始的方法，它基于外部加工刀具的测量装置，直接测量刀具的实体长度，即刀具切削刃到测量基准线的距离，如图15-3所示，其值即为补偿值，又称绝对补偿值。将所需刀具放置到刀具库中，并将各刀具长度登记到偏置寄存器中。

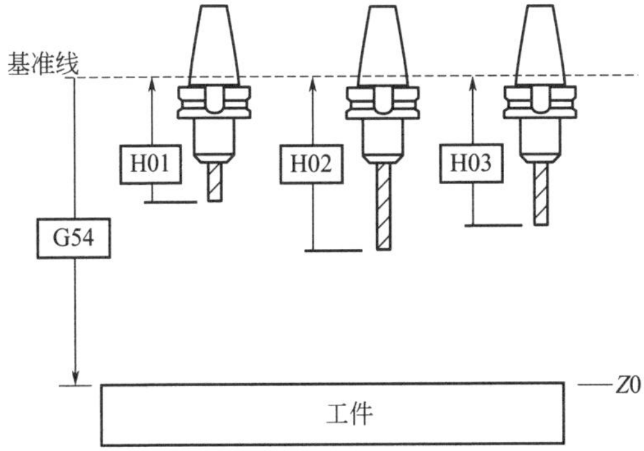

图 15-3　离机刀具长度预先设置

用预先设定刀具方法测定刀具长度补偿值时，编程时必须使用工作区偏置指令，即 G54～G59。

b. 接触式测量方法。使用接触测量法测量刀具长度是一种常见方法，每把刀具都指定一个刀具长度偏置号 H，补偿值就是测量刀具从机床原点运动到程序原点位置的距离，如图 15-4 所示。其值通常为负，通常称为相对补偿值。

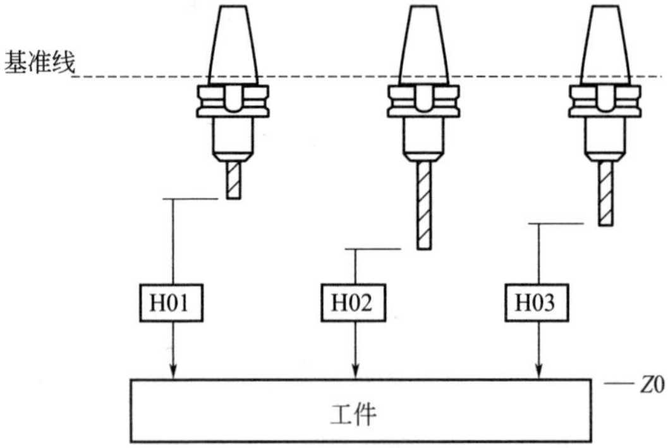

图 15-4　刀具长度偏置设置的接触测量法

采用接触式测量方法确定刀具长度补偿，编程所用的偏置（G54～G59）以及外部工作区偏置的 Z 轴设置通常为 $Z0$，即工件坐标系 Z 向原点和机床坐标系 Z 向原点一致。

c. 主刀长度法。把其中一把刀作为主刀或作为标准刀，它的长度偏置值通常为 0，测量其他刀具长度与主刀对比，它们的差值作为刀具的偏置值，如图 15-5 所示，任何比主刀长的刀具偏置值为正，比主刀短的刀具偏置值为负，和主刀长度一样的刀具偏置值为 0。

使用主刀法确定刀具长度偏置值时，必须用主刀（或标准刀）建立工件偏置。

⑦ 在实际使用时，一般仅使用 G43 指令，而 G44 指令使用的较少。正向或负向的移动，靠变换 H 地址里的偏置值的正负来实现。

⑧ 一把刀可以有多个补偿号写入几个偏置值。用这种方法可

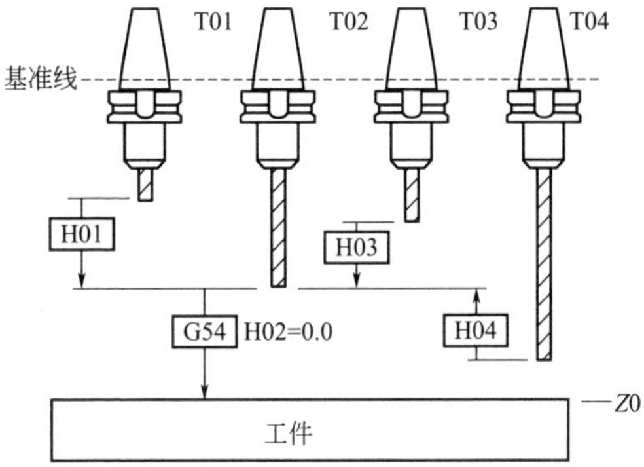

图 15-5 使用主刀长度方法的刀具偏置
T02 刀为主刀，其设置为 H02＝0.0

以用一个子程序对工件进行分层切削。当由于补偿号（偏置号）改变使刀具偏置值改变，偏置值变为新的刀具长度偏置值，新的刀具偏置值不加到旧的刀具偏置值上。

⑨ 取消长度偏置的方法。

a. 在长度偏置沿一个轴执行后，指定 G49 或 H00 可以取消刀具长度偏置。

b. 在刀具长度偏置 B 沿两个或更多轴执行之后，指定 G49 可以取消沿所有轴的偏置。如果指定 H00，仅取消沿垂直于指定平面的轴的偏置。

c. 当使用 3 轴以上的偏置情况下，如果使用 G49 取消偏置，将产生报警，正确取消偏置应使用 G49 和 H00。

G49 或 H00；

⑩ 取消刀具长度偏置时必须注意刀具的移动，使刀具远离工件，防止刀具下移碰撞上工件和工作台。

⑪ 刀具长度偏置方式下指定 G53、G28 或 G30。

a. 当在刀具长度补偿方式中指定 G53，刀具长度补偿取消。

例如：G53 Z _ ：移动刀指令位置取消刀具长度补偿。

b. 当在刀具长度补偿方式中指定 G28 或 G30 时，有两种情况：

ⅰ. 当单独使用 G28 或 G30 时，刀具移动到参考点时取消刀具长度补偿。

例如：G28 P _ ：移动参考点时取消刀具长度补偿。

ⅱ. 当与指令 G49 合用时，刀具移动到中间点时，取消刀具长度补偿。

例如：G49 G28 P _ ：移动到中间点时取消刀具长度补偿。

(2)应用

① 刀具长度偏置是纠正刀具编程长度和刀具实际长度差异的过程，编程人员为了设计一个完整的加工程序，可以尽可能地多使用刀具，而不必知道任何刀具的实际长度。

② 利用刀具长度补偿，操作人员可以有意识地改变刀具的长度，可以实现零件的分层加工，简化加工程序。

③ 刀具长度补偿通常用在加工中心上，在数控铣床上，当刀具磨损后，也可以使用刀具长度补偿。

(3)编程举例

【例 1】 零件如图 15-6 所示，三个孔分别需要点钻、钻孔和铰孔加工。采用长度补偿功能编程。

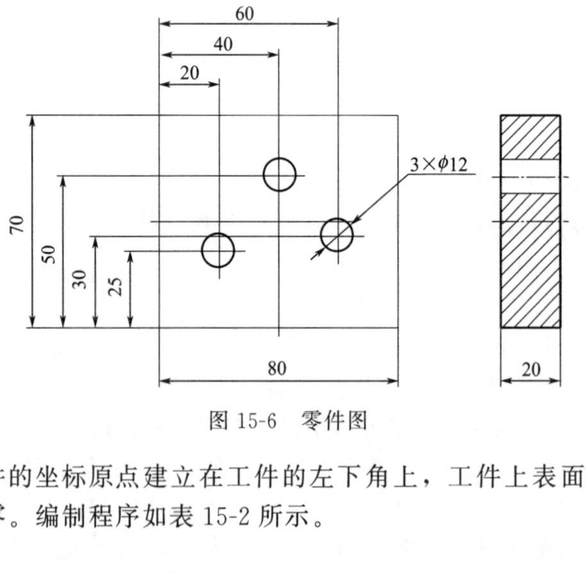

图 15-6 零件图

工件的坐标原点建立在工件的左下角上，工件上表面的 Z 向坐标为零。编制程序如表 15-2 所示。

表 15-2　加工程序

程　　序	说　　明
O1101;	程序名
N1 G21;	公制模式
N2 G17 G40 G80 T01;	平面选择,取消刀具半径补偿和固定循环,调用 T01
N3 M06;	换刀
N4 G90 G00 G54 X20.0 Y25.0 S1800 M03 T02;	刀具快速移至孔的上方,主轴正转
N5 G43 Z10 H01 M08;	T01 刀刀具偏置,冷却液开
N6 G99 G82 R3.0 Z−4.0 P200 F100.0;	孔加工(点钻)
N7 X40.0 Y50.0;	孔加工(点钻)
N8 X60.0 Y30.0;	孔加工(点钻)
N9 G80 Z10.0 M09;	取消孔加工,冷却液关
N10 G28 Z10.0 M05;	返回参考点
Nil M01;	可选择暂停
M12 T02;	重复调用 T02
N13 M06;	换刀
N14 G90 G00 G54 X60.0 Y30.0 S1600 M03 T03;	刀具快速移至孔的上方,主轴正转,T03 准备
N15 G43 Z10 H02 M08;	T02 刀刀具偏置,冷却液开
N16 G99 G81 R3.0 Z−25 F120.0;	孔加工(钻孔)
N17 X40.0 Y50.0;	孔加工(钻孔)
N18 X20.0 Y30.0;	孔加工(钻孔)
N19 G80 Z10.0 M09;	取消孔加工,冷却液关
N20 G28 Z10.0 M05;	返回参考点
N21 M01;	可选择暂停
N22 T03;	重复调用 T03
N23 M06;	换刀
N24 G90 G00 G54 X20.0Y30.0S740 M03 T01;	刀具快速移至孔的上方,主轴正转,T01 准备
N25 G43 Z20.0 H03 M08;	T03 刀刀具偏置,冷却液开
N26 G99 G84 R10.0 Z−30.0 F300.0;	孔加工(铰孔)
N27 X40.0Y50.0;	孔加工(铰孔)
N28 X60.0 Y30.0;	孔加工(铰孔)
N29 G80 Z20.0 M09;	取消孔加工,冷却液关
N30 G28 Z20.0 M05;	返回参考点
N31 M30;	程序结束
%	

【例 2】 零件如图 15-7 所示，利用同一把刀具使用两个长度补偿值完成零件加工。加工程序如表 15-3 所示。

工件坐标系的原点建立在工件上表面的中间位置。图 15-8 所示的 H07 和 H27 为刀具的两个长度偏置，D07 为刀具半径偏置，0.125 为槽铣刀的宽度。

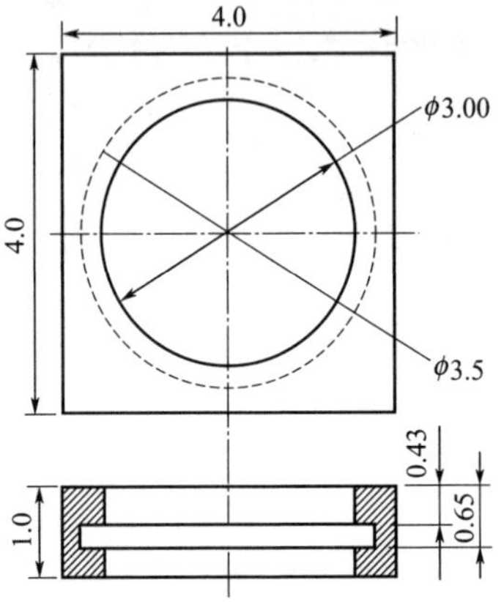

图 15-7　零件图

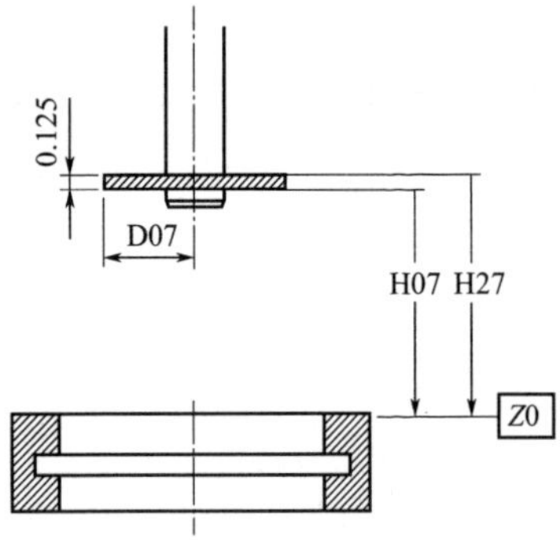

图 15-8　一把刀设置两个长度偏置

表 15-3　加工程序

程　　序	说　　明
O1102;	主程序名
N1 G20;	英制模式
N2 G17 G40 G80;	平面选择，取消刀具半径补偿和孔加工循环
M3 G90 G00 G54 X0 Y0 S600 M03;	刀具快速移至孔的上方，主轴正转
N4 G43Z1.0H07M08;	刀具长度补偿，补偿号为 H07，冷却开
N5 G01 Z−0.65 F20.0;	切削刃(底部)到达 *Z*−0.65 处
N6 M98 P7000;	调用子程序，在 *Z*−0.65 深度切削凹槽
N7 G43 Z−0.43 H27;	刀具长度补偿，切削刃(顶部)到达 *Z*−0.43 处
N8 M98 P7000;	调用子程序，在 *Z*−0.65 深度切削凹槽
M9 G00 Z1.0 M09;	刀具快速移至孔的上方，冷却液关
N10 G28 Z1.0 M05;	*Z* 轴回参考点
N11 M30;	程序结束
%	
O7000;	子程序名(铣削凹槽)
Nl G01 G41X0.875 Y−0.875 D07 F15.0;	直线插补，刀具半径补偿(直线导入运动)

续表

程　　序	说　　明
NZ G03 X 1.75 Y0.875 F10.0;	圆弧插补(导入运动)
N3 I－1.75;	铣削凹槽
N4 X0.875 Y0.875 R0.875 F15.0;	圆弧插补(导出运动)
N5 G01 G40 X0 Y0;	直线插补,取消刀具半径补偿(导出运动)
N6 M99;	返回主程序
%	

15.2 刀具长度自动测量（G37）

(1)指令格式

G37 IP _

说明：

① G37 为自动刀具长度测量指令，属于非模态指令，只在本程序段中有效。

② IP 代表 X、Y 或 Z 中的一个轴，IP _ 为测量位置坐标，采用绝对值指令。

③ 为了使刀具移动到测量位置之后，能进行测量。坐标系必须与编程的工件坐标系相同。

④ 执行 G37 时，动作如图 15-9 所示，刀具以快速进给方式移向测量位置，在中途 B 点降低进给速度并继续移动，直到测量装置发出接近终点的信号。当刀尖到达测量位置时，测量仪器给 CNC 发出信号，使刀具停止运动。

⑤ 修改偏置值。刀具到达测量位置时的坐标值和 G37 指令的坐标值之间的差值被加到当前使用的刀具长度偏置上。即：偏置值＝(当前补偿值)＋[(刀具测量到达位置的坐标值)－(由 G37 指定的坐标值)]

当为补偿存储 A 时，变更补偿值。

当为补偿存储 B 时，变更磨损补偿值。

当为补偿存储 C 时，变更 H 代码中的磨损补偿值。

这些偏置值可以用 MDI 手动修改。

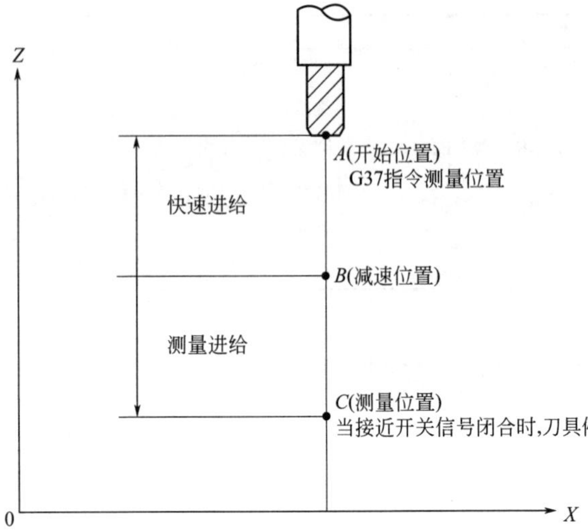

图 15-9　自动刀具长度偏置

⑥ 当执行刀具长度偏置自动测量时（即执行 G37），刀具移动如图 15-10 所示。

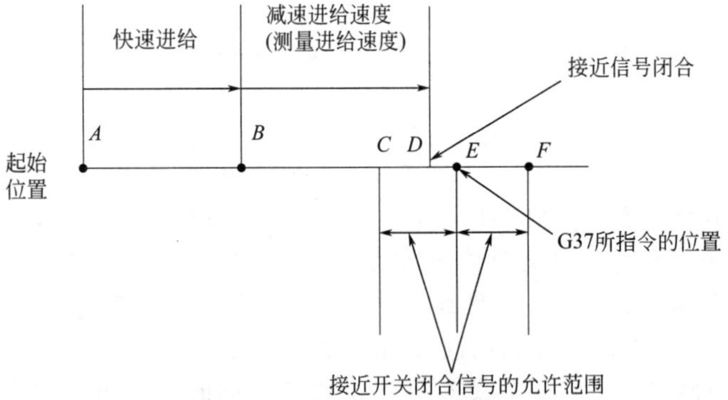

图 15-10　G37 动作图

a. 如果刀具从 B 点向 C 点移动时，趋进结束信号接通，则出现报警。若在 F 点之前，还不发出接近终点的信号，则刀具停在 F 点上，并发生报警。

b. 测量速度、减速位置和趋进结束信号接通的允许范围，由机床制造厂设定。

c. 趋进结束信号通常每 2ms 检测一次。

d. 在检测到趋进结束信号之后，刀具停止最多 16ms。而趋进结束信号被检测的位置（注意当刀具停止时的值）用于决定偏置量。

16ms 时的超程 $Q_{max}=F_{m}\times 1/60\times 16/1000$

式中 Q_{max}——最大超程量，mm；

F_{m}——测量进给速度。

⑦ 应在 G37 程序段之前指定 H 代码，若在 G37 程序段中指定 H 代码则报警。

(2)应用

利用 G37 指令，刀具开始移向测量位置，并继续移动，直到测量装置发出到达测量位置信号，当前刀具到达测量位置时，刀具停止移动，把刀具到达测量位置的坐标值与 G37 指令的坐标值之差加到刀具长度补偿量来使用。从而避免了由于刀具的磨损或人为测量刀具长度的误差而造成的零件报废。

(3)编程举例

如图 15-11 所示。

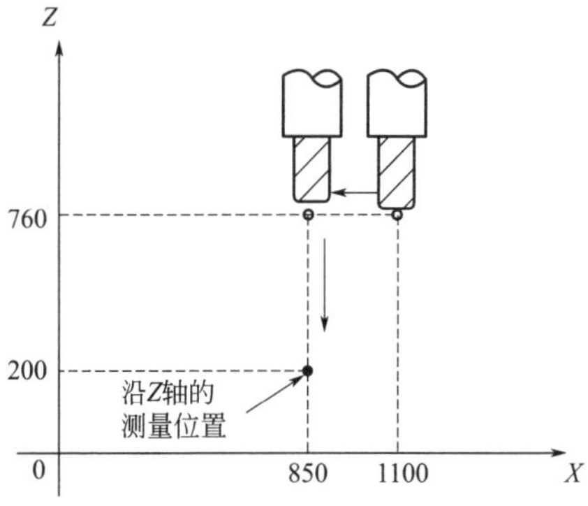

图 15-11 G37 举例

程序如下：

G92 Z760.0 X1100.0;	根据编程绝对零点,设置工件坐标系
G00 G90 X850.0;	刀具移动到 X850.0。刀具移到一指定位置,以便刀具沿 Z 轴移到测量点
H01;	指定偏置号 1
G37 Z200.0;	刀具移动到测量位置
G00 Z204.0;	刀具沿 Z 轴退回一个小距离

例如:如果刀具到达测量位置是 $Z198.0$,补偿值必须改正。因为正确的测量位置是 200mm,补偿修整值为－2.00mm(198.0－200.0=－2.0)。偏置号 H01 的偏置量加上－2mm。

15.3 刀具偏置(G45～G48)

(1)指令格式

$$\begin{cases} G45 \\ G46 \\ G47 \\ G48 \end{cases} IP\_ \ D\_$$

说明：

① G45～G48 为刀具偏置指令,又称位置补偿,属于非模态指令,只能在指定的程序段有效。

② IP_为编程目标点坐标。可以采用绝对形式或增量形式。位置补偿功能通常只用在 X 轴和 Y 轴上,但不用在 Z 轴上。大多数情形下,Z 轴刀具长度偏置控制。

③ D_为刀具偏置值的代码。偏置值由 D 代码指定,刀具偏置值为 0～±999.999mm(°)。D00 偏置值总为零。但是,通过参数设置也能用 H 代码,以便与普通的 CNC 系统兼容。在刀具长度偏置取消(G49)期间,必须使用 H 代码。

④ 刀具偏置与 G 代码的关系如下：

G45 为刀具偏置值单增加；

G46 为刀具偏置值单减少；

G47 为刀具偏置值双增加；

G48 为刀具偏置值双减少。

如表 15-4 所示，刀具的移动距离增加或减少了指定的刀具偏置值。在绝对值的方式中，当刀具从上个程序段的终点移动到含有 G45～G48 程序指令位置时，移动距离增加或减少。

表 15-4　刀具移动距离的增加或减少

G 代码	当指定正的刀具偏置值时	当指定负的刀具偏置值时
G45	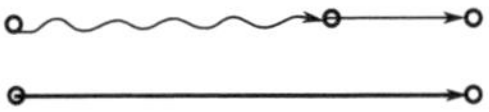 开始位置　结束位置	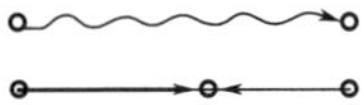 开始位置　结束位置
G46	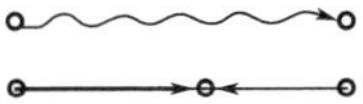 开始位置　结束位置	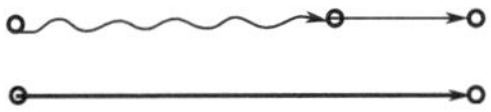 开始位置　结束位置
G47	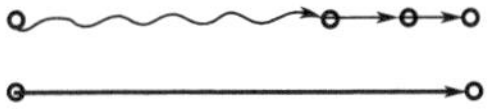 开始位置　结束位置	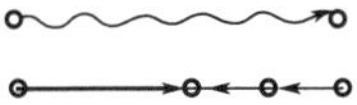 开始位置　结束位置
G48	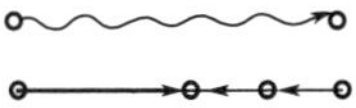 开始位置　结束位置	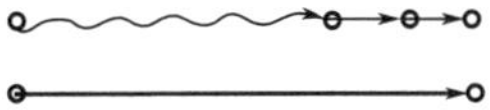 开始位置　结束位置

注：：编程移动距离；

：刀具偏置值；

：实际移动距离。

在增量指令（G91）方式中，指令移动距离为 0 的移动指令，刀具移动与指定的刀具偏置值相同的距离。如果在绝对值（G90）方式中，指令移动距离为 0 的移动指令，刀具不动。

当指定方向被刀具偏置值相减而反向时，刀具向相反方向移动。

⑤ 若在一个运动程序段中 G45～G48 同时指令几个轴，则几个轴都执行偏置，偏置量相同。

⑥ 由于各轴偏置量相同，对于斜线轮廓或非坐标轴点的圆弧轮廓将产生误差，会产生过切或欠切。因此，利用指令 G45～G48 时，仅限于平行于坐标轴的直线。若对于圆弧插补，也仅限于用地

址 I、J、K 指定的 1/4 和 3/4 的圆弧进行编程，并应进行参数设定。

【例 1】 斜线过切，如图 15-12 所示。

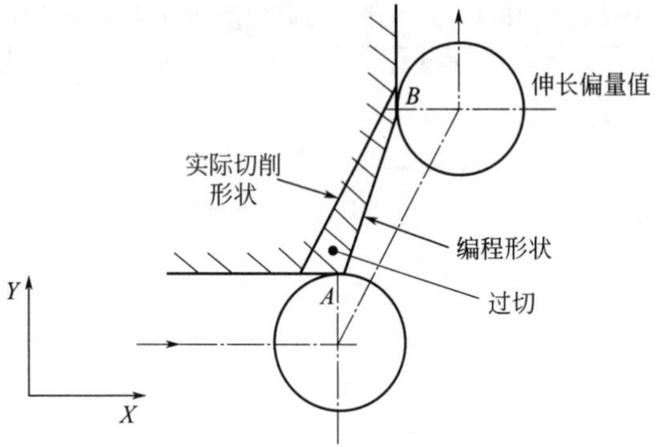

图 15-12　斜线过切

G91 G01 Z _ F _ ;　　　　A 点
G45 X _ Y _ D _　　　　B 点
Y _

【例 2】 斜线欠切，如图 15-13 所示。

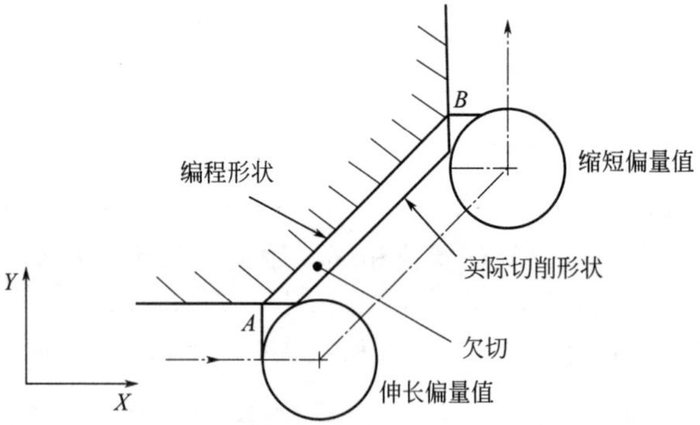

图 15-13　斜线欠切

G91 G01 G45 X _ F _ D _ ;　　　　A 点
X _ Y _ ;　　　　B 点
G45 Y _ ;

【例 3】 圆弧，如图 15-14 所示。

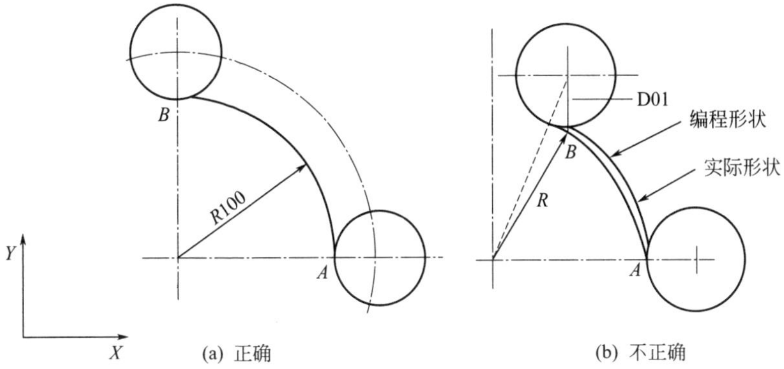

图 15-14 圆弧

a. 正确 [图 15-14(a)]

G91 G03 G45 X−100.0 Y100.0 I−100.0 D01;

b. 不正确 [图 15-14(b)]

G91 G03 G45 X_ Y_ I−100.0 D01;

⑦ 在固定循环方式下，G45～G48 无效。

⑧ 在 G41 或 G42（刀具补偿）方式中，G45～G48 不能使用。

(2)应用

位置偏置和刀具半径补偿有着相同的含义，但在实际应用中，G45～G48 指令不如 G41、G42 指令简便，在极少数情况下，位置补偿也可以代替刀具半径偏置使用。

(3)编程举例

【例】 如图 15-15 所示，使用刀具偏置编写加工程序。程序如表 15-5 所示。

表 15-5 刀具偏置加工程序表

程序	说明
N1 G91 G46 G00 X80.0 Y50.0 D01;	X、Y 缩短 D01
N2 G47 G01 X50.0 F120.0;	X 增长 2×D01
N3 Y40.0;	不补偿
N4 G48 X40.0;	X 缩短 2×D01
N5 Y−40.0;	不补偿

续表

程　　序	说　　明
N6 G45 X30.0；	X 增长 D01
N7 G45 G03 X30.0 J30.0；	逆时针 1/4 圆弧 X、Y 增长 D01
N8 G45 G01 Y20.0；	Y 增长 D01
N9 G46 X0；	X 负方向移动 D01
N10 G46 G02 X－30.0 Y30.0 J30.0；	X、Y 缩短 D01，顺时针 1/4 圆弧
N11 G45 G01 Y0；	Y 正向移动 D01
N12 G47 X－120.0；	X 增长 2×D01
N13 G47 Y－80.0；	X 增长 2×D01
N14 G46 G00 X80.0 Y－50.0；	X、Y 缩短 D01，回到出发点

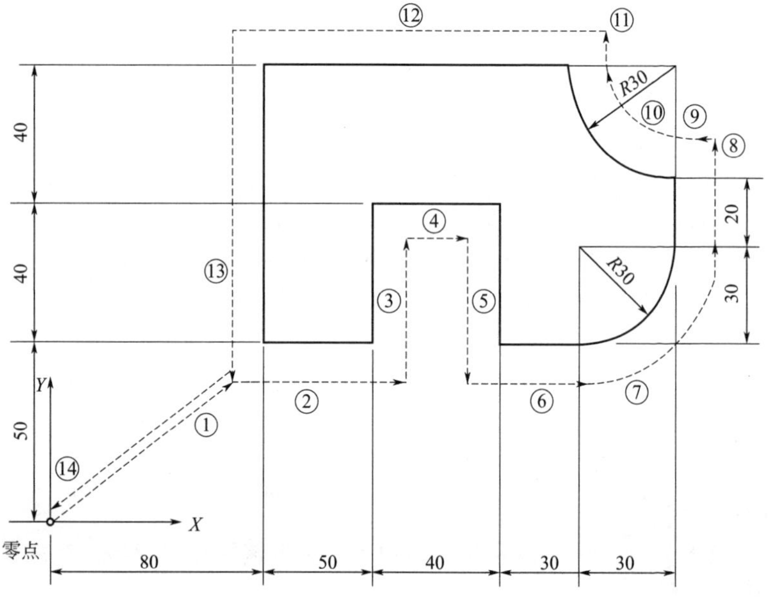

图 15-15　刀具偏置加工举例

刀具直径 φ20；偏置号为 01；偏置值为＋10.0。

15.4　刀具半径补偿（G40、G41、G42）

所谓刀具半径补偿就是具有这种功能的数控装置能使刀具中心

自动从零件实际轮廓上偏离一个指定的刀具半径值，并使刀具中心在这一被补偿的轨迹上运动，从而把工件加工成图纸上要求的轮廓形状。在CNC技术发展的同时，刀具半径补偿方法也不断发展，它的发展可分为三个阶段，也就是说三种刀具半径偏置类型：A类、B类和C类。

A类偏置：最老的方法，程序中使用特殊向量来确定切削方向（G39、G40、G41、G42）。

B类偏置：较老的方法，程序中使用G40、G41和G42，但它不能预测刀具走向，因此可能会导致过切。

C类刀具半径偏置是当前所有现代CNC系统中使用的类型。它可以自动处理拐角的矢量转接和内拐角的交点计算，因此得到了广泛应用。在这里主要介绍C类型偏置。

(1)半径补偿指令G41、G42、G40

指令格式：

在G17平面上：

$$\mathrm{G17}\ \begin{matrix}\mathrm{G41}\\ \mathrm{G42}\\ \mathrm{G40}\end{matrix}\ \begin{matrix}\mathrm{G00}\\ \mathrm{G01}\end{matrix}\ \mathrm{X}\_\ \mathrm{Y}\_\ \mathrm{D}\_$$

在G18平面上：

$$\mathrm{G18}\ \begin{matrix}\mathrm{G41}\\ \mathrm{G42}\\ \mathrm{G40}\end{matrix}\ \begin{matrix}\mathrm{G00}\\ \mathrm{G01}\end{matrix}\ \mathrm{X}\_\ \mathrm{Z}\_\ \mathrm{D}\_$$

在G19平面上：

$$\mathrm{G19}\ \begin{matrix}\mathrm{G41}\\ \mathrm{G42}\\ \mathrm{G40}\end{matrix}\ \begin{matrix}\mathrm{G00}\\ \mathrm{G01}\end{matrix}\ \mathrm{Y}\_\ \mathrm{Z}\_\ \mathrm{D}\_$$

说明：

① G41为刀具半径左补偿，属于模态指令。刀具沿前进的方向上，向左侧进行补偿。如图15-16所示。

② G42为刀具半径右补偿，属于模态指令。刀具沿前进的方向上，向右侧进行补偿，又称刀具右补偿。如图15-16所示。

③ G40为取消半径补偿，属于模态指令。如图15-16所示。

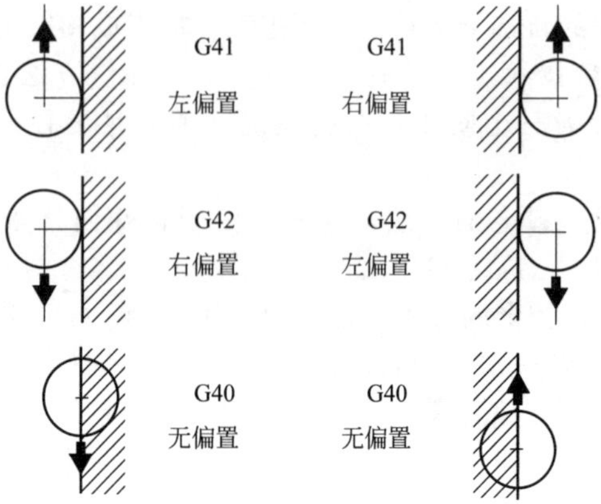

图 15-16　G41、G42 以及 G40
在刀具路径中的应用

④ 半径补偿仅能在规定的坐标平面内进行，使用平面选择指令选择补偿平面。G17 可以省略。

⑤ D _ 为补偿号。用于指定刀具偏置值以及刀具半径补偿值，补偿号是由字母 D 和后面 1～3 位数字组成。在 MDI 面板上，把刀具半径补偿值赋给 D 代码。半径补偿值的范围为 0～±999.999mm，通常 D0（或 D00）补偿号的数值为零。

⑥ 根据不同的偏置类型（如图 15-17 所示），补偿号可以使用地址 D 或地址 H。

a. 刀具偏置存储类型 A。A 类型刀具偏置的层次低，该类型中将刀具长度值和刀具半径偏置存储在同一栏中，刀具长度和半径值共享，所以它的灵活性受到很大的限制。对于类型 A 来说，补偿号通常用地址 H。

b. 刀具偏置存储类型 B。A 类偏置只有一个屏幕栏，但 B 类却有两个。但它仍没有将两栏分别用来存储刀具长度值和刀具半径值，而是将其中一栏用来存储几何尺寸偏置，另一栏则存储磨损偏置，因此 B 类仍是刀具长度和刀具半径值共享的偏置。对于刀具偏置存储类型 B 来说，补偿号通常用地址 H。

偏置号	偏置
01	0.0000
02	0.0000
03	0.0000
…	…

A类

偏置号	几何尺寸	磨损
01	0.0000	0.0000
02	0.0000	0.0000
03	0.0000	0.0000
…	…	…

B类

偏置号	H偏置		D偏置	
	几何尺寸	磨损	几何尺寸	磨损
01	0.0000	0.0000	0.0000	0.0000
02	0.0000	0.0000	0.0000	0.0000
03	0.0000	0.0000	0.0000	0.0000
…	…	…	…	…

C类

图 15-17　A类、B类和C类偏置存储类型

c. 刀具偏置存储类型C。C类型偏置的灵活性最好，它是唯一将刀具长度和刀具半径值分开存储的类型。同时，它也沿袭了B类的做法，将几何尺寸偏置和磨损偏置也分开存储，这样它需要4栏（2+2）。在这一类型中，常见的地址H和地址D具有不同的含义，在半径补偿中，补偿号用地址D表示。

⑦ 在偏置取消方式下指定刀具半径补偿（G41或G42，在偏置平面内，非零尺寸，和除D0以外的D代码）和在刀具补偿方式下指定取消偏置方式必须指令定位（G00）或直线插补，如果指令圆弧插补（G02、G03），出现报警。

⑧ 一把刀具可以有多个补偿号。利用有意识地改变刀具半径补偿量，则可用同一刀具、同一段程序，实现留有不同切削余量零件的加工。通常刀具半径补偿值应在取消方式改变。如果在偏置方式中改变半径补偿值，在程序段的终点的矢量被计算作为新刀具半径补偿值。

⑨ 利用 G40 或 D00 可以取消刀具半径补偿。格式如下：

a. 利用指令 G40

格式：G40　G00/G01 X _ Y _

b. 利用补偿号 D00 内存为 0

格式：G00/G01　X _ Y _ D00

⑩ 当电源接通时，CNC 系统处于刀具半径补偿取消方式。刀具中心轨迹与编程轨迹一致。程序结束之前，必须是取消状态，否则，刀具在终点定位将偏置一个矢量值。

(2)应用

① 在编程时可以不考虑刀具的半径，直接按图纸所给尺寸编程，只要在实际加工时输入刀具的半径即可。

② 刀具因磨损、重磨、换新刀而引起直径改变后，不必修改程序，只需在刀具参数设置状态，面板输入改变后刀具的直径。

③ 用同一程序、同一把刀具，利用不同的刀具补偿值，可以进行粗精加工。

④ 利用刀具补偿值控制轮廓尺寸精度。因刀具直径的输入值具有小数点后 2～4 位（0.01～0.0001）的精度，故可控制轮廓尺寸精度。

(3)编程举例

【例 1】 加工图 15-18 所示的零件外轮廓，用刀具半径补偿指令，

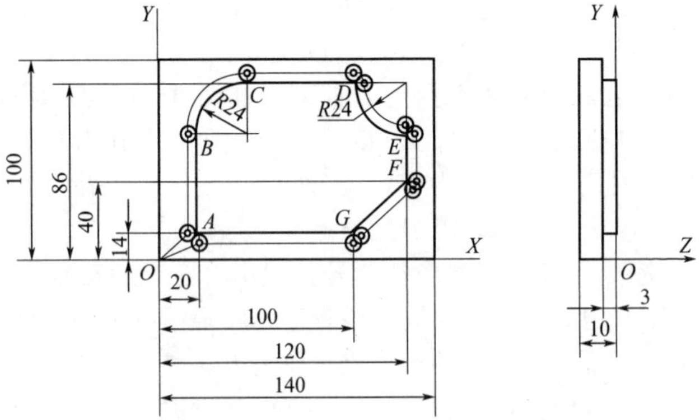

图 15-18　零件图

加工程序如表 15-6 所示。

表 15-6 零件加工程序

程 序	说 明
O1103;	程序名
N1 G21;	公制模式
N2 G17 G40 G80;	平面选择,取消半径补偿和孔加工固定循环
N3 G90 G54 G00 X0 Y0 S1500 M03;	刀具快速移至工件原点上方,主轴正转
N4 Z2.0;	刀具在 Z 向靠近工件
N5 G01 Z−3.0 F150;	刀具进至深 3mm
N6 G41 X20.0 Y14.0 D01;	建立刀具左补偿 O→A,补偿号为 D01
N7 Y62.0;	直线插补 A→B
N8 G02 X44.0 Y86.0 I24.0 J0;	顺时针圆弧插补 B→C
N9 G01 X96.0;	直线插补 C→D
N10 G03 X120.0 Y62.0 I24.0 J0;	逆时针圆弧插补 D→E
N11 G01 Y40.0;	直线插补 E→F
N12 X100.0 Y14.0;	直线插补 F→G
N13 X20.0;	直线插补 G→A
N14 G40 X0 Y0;	取消刀具半径补偿 A→O
N15 G00 Z100.0;	刀具 Z 向快退
N16 M30;	程序结束
%	

【例 2】 立铣刀直径为 20mm，加工图 15-19 所示的外轮廓，

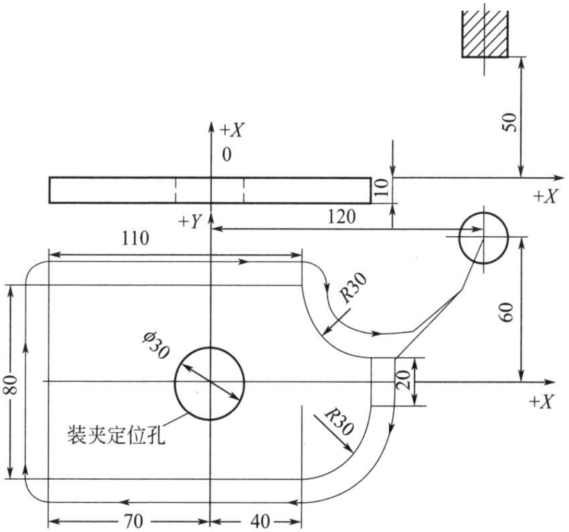

图 15-19 零件图

用刀具半径补偿指令。加工程序见表 15-7。

表 15-7　零件加工程序

程　　序	说　　明
O1104；	程序名
N1 G21；	公制模式
N2 G92 X120.0 Y60.0 Z50.0；	建立工件坐标系
N3G00 X100.0 Y40.0 S500 M03；	快速进给到 $X100$,$Y40$,主轴正转,切削液开
N4 Z−11.0；	快速向下进给至 $Z-11$
N5 G01 G41 X70.0 Y10.0 D01 F100.0；	直线插补,刀具半径补偿
N6 Y−10.0；	直线插补到 $X70$,$Y-10$
N7 G02 X40.0 Y−40.0 R30.0；	顺时针圆弧插补,半径为 30mm
N8 G01 X−70.0；	直线插补到 $X-70$,$Y-40$
N9 Y40.0；	直线插补到 $X-70$,$Y40$
N10 X40.0；	直线插补到 $X40$,$Y40$
N11 G03 X70.0 Y10.0 R30.0；	逆时针圆弧插补,半径为 30mm
N12 G01 X85.0；	直线插补到 $X85$,$Y10$
N13 G00 G40 X100.0 Y40；	快速进给到 $X100$,$Y40$,取消刀具半径补偿
N14 X120.0 Y60.0 Z50.0；	返回起始点
N15 M30；	程序结束
%	

【例 3】 加工如图 15-20 所示的零件，采用刀具半径补偿功能。加工程序如表 15-8 所示。

表 15-8　零件加工程序

程　　序	说　　明
N1 G21；	公制模式
N2 G92 X0 Y0 Z0；	建立坐标系
N3 G90 G17 G01 G41 D01 X250.0 Y550.0 S500 M03；	开始刀具半径补偿
N4 Y900.0 F150.0；	从 P_1 到 P_2 加工
N5 X450.0；	从 P_2 到 P_3 加工
N6 G03 X500.0 Y1150.0 R650.0；	从 P_3 到 P_4 加工
N7 G02 X900.0 R−250.0；	从 P_4 到 P_5 加工
N8 G03 X950.0 Y900.0 R650.0；	从 P_5 到 P_6 加工
N9 G01 X1150.0；	从 P_6 到 P_7 加工
N10 Y550.0；	从 P_7 到 P_8 加工
N11 X700.0 Y650.0；	从 P_8 到 P_9 加工
N12 X250.0 Y550.0；	从 P_9 到 P_1 加工
N13 G00 G40 X0 Y0；	取消偏置方式,刀具返回开始位置
N14 M30；	程序结束
%	

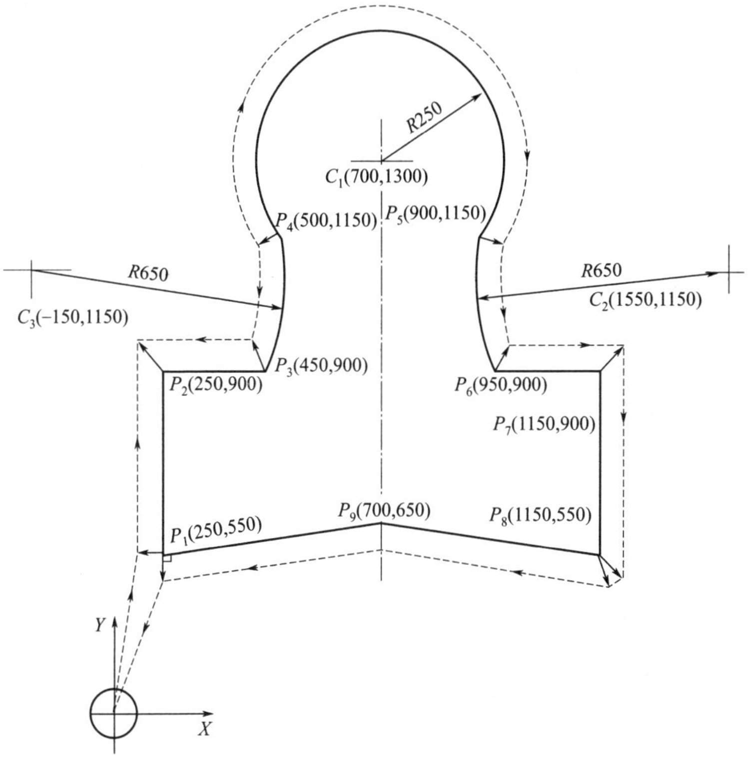

图 15-20　零件图

15.5　刀具半径 C 详述

这里要详述实施刀具半径补偿时真正的刀具路径是如何变化的。系统在处理这种变化时分三种情况，它们有各自的补偿方法：情况一为开始进入补偿状态时的补偿方法；情况二是已进入补偿状态的补偿方法；情况三为退出补偿状态的补偿方法。在具体讲述这些方法之前先讲述一些规定的术语和符号。

(1)一些规定的术语和符号

①“内边”和“外边”　当两端程序指令建立的刀具轨迹的夹角超过 180°时，称该轨迹为“内侧”。当夹角在 0°和 180°之间时，

称为“外侧”。如图 15-21 所示。

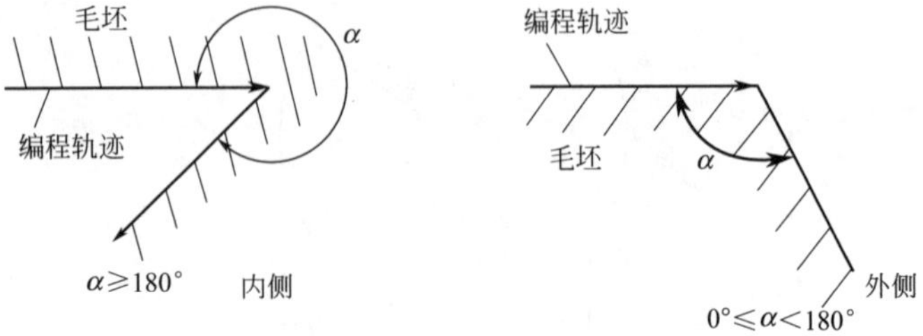

图 15-21 内侧、外侧

如果移动命令在工件上形成的实体中有圆弧存在，则在观察实体的角度时应以圆弧走向的切线为角度的一条边。

② 符号含义 在后面图中使用下面的符号：

S：表示在这个位置上单程序段执行 1 次。

SS：表示在这个位置上单程序段执行 2 次。

SSS：表示在这个位置上单程序段执行 3 次。

L：表示刀具沿直线移动。

C：表示刀具沿圆弧移动。

r：表示刀具半径补偿值。

交点：交点是两段编程轨迹在它们由 r 偏置之后，彼此相交的位置。

O：表示刀具中心。

(2)起刀时的刀具移动

从偏置取消方式变为偏置方式称为启动偏置，启动偏置时的刀具轨迹如下：

① 加工内侧面（180°≤α）：刀具直接在下个程序段起点成垂直的位置上。若下个程序段为圆弧，则与切线垂直。如图 15-22 所示。

② 加工外侧面（90°≤α<180°）：有 A、B 两种型式，由参数选择其中一种，A 型是直接在下个程序段起点成垂直的位置上。B 型是先在启动段的终点成垂直的位置上，然后再按转接形式过渡到下个程序段的起点成垂直的位置上。B 型可防止启动段过切。

a. A 型：如图 15-23 所示。

b. B 型：如图 15-24 所示。

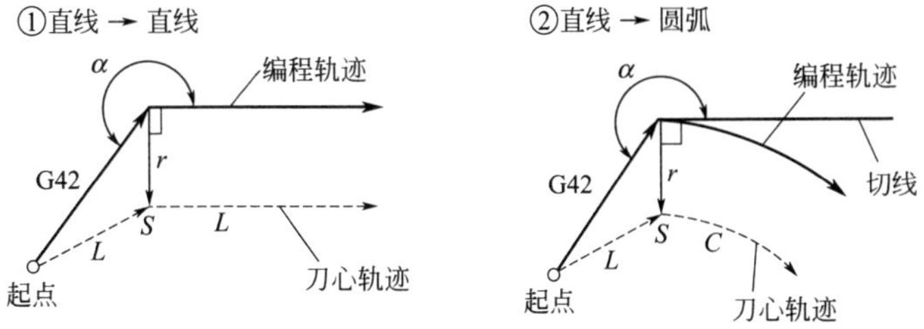

图 15-22　启动偏置（180°≤α）

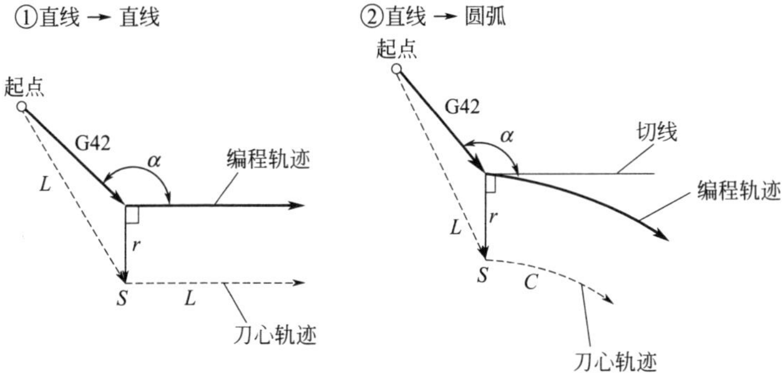

图 15-23　启动偏置（90°≤α<180°，A 型）

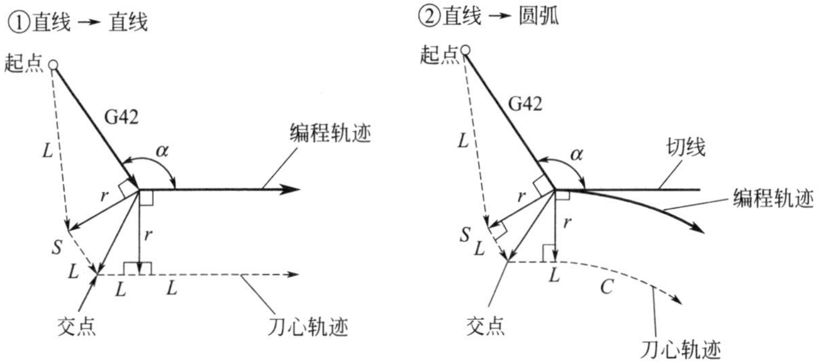

图 15-24　启动偏置（90°≤α<180°，B 型）

③ 加工外侧面（α<90°）：有 A、B 两种型式。

a. A 型：如图 15-25 所示。

b. B 型：如图 15-26 所示。

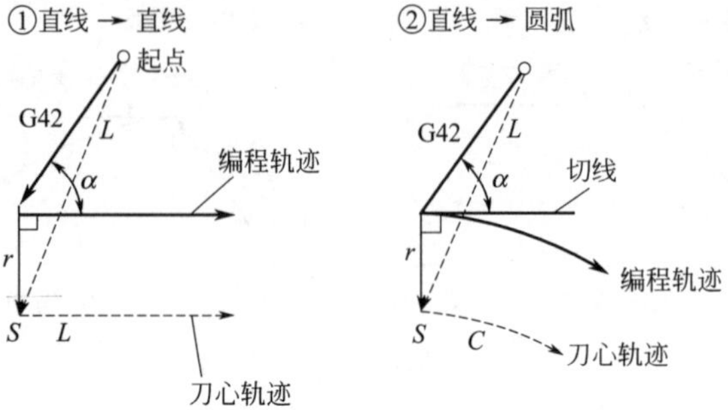

图 15-25　启动偏置（1°≤α<90°，A 型）

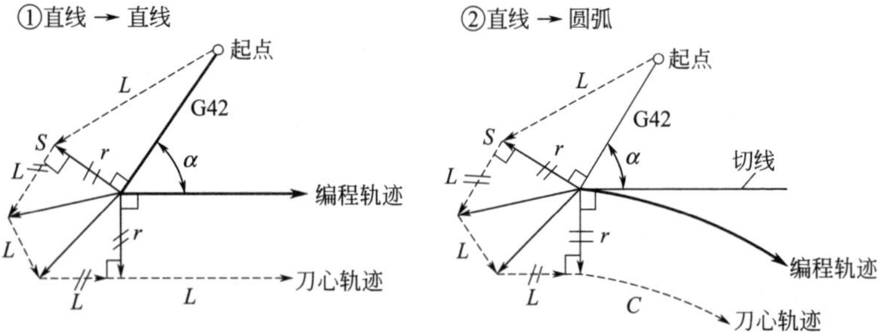

图 15-26　启动偏置（1°≤α<90°，B 型）

④ 加工外侧面（α<1°）：直线→直线，如图 15-27 所示。

⑤ 在启动偏置时，若指令一个无刀具移动的程序段，则不产生偏置矢量。

例如：如图 15-28 所示。

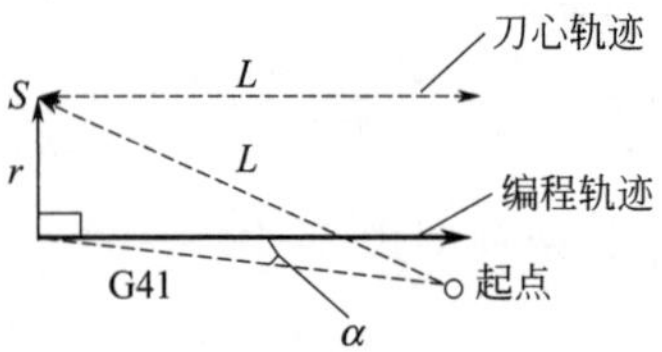

图 15-27　启动偏置（α<1°）

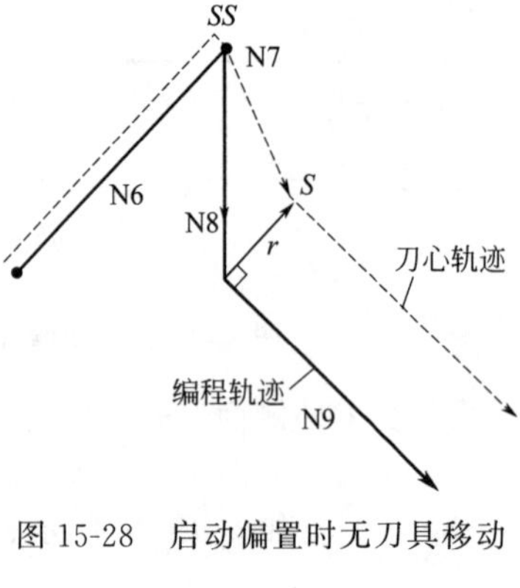

图 15-28　启动偏置时无刀具移动

```
G40 G91;
...
N6 X100.0 Y100.0;
N7 G41 X0 D06;
N8 Y—1000.0;
N9 X100.0 Y—100.0;
```

(3)进入刀具补偿状态后的刀具运动路径

① 加工外侧（180°≤α）（缩短型）：系统自动求除偏置轨迹的交点，如图 15-29 所示。

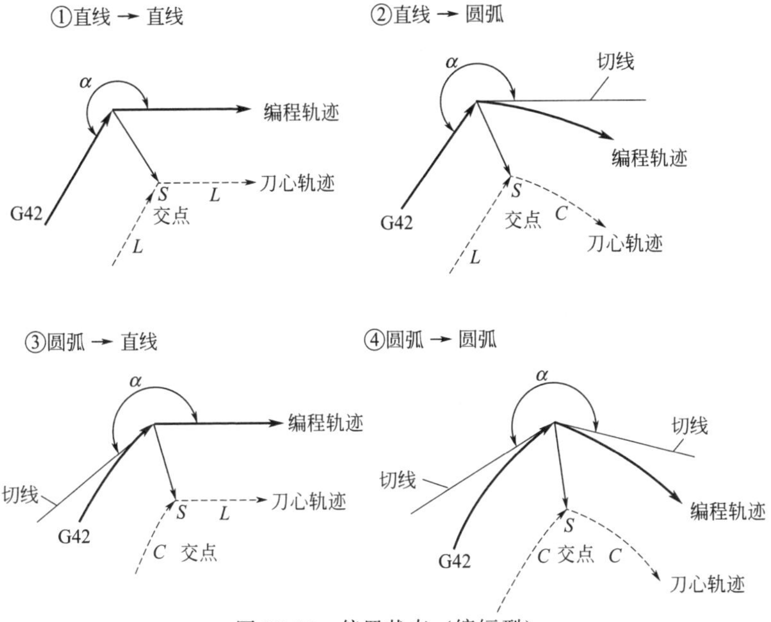

图 15-29 偏置状态（缩短型）

② 加工外侧（90°≤α<180°）（伸长型）：伸长型使刀具远离零件拐点，如图 15-30 所示。

③ 加工外侧面（α<90°）（插入型）：插入型使刀具不至于离零件拐角太远，要插入一段拐角运动，如图 15-31 所示。

④ 加工外侧（α<1°）（直线→直线），如图 15-32 所示。还有

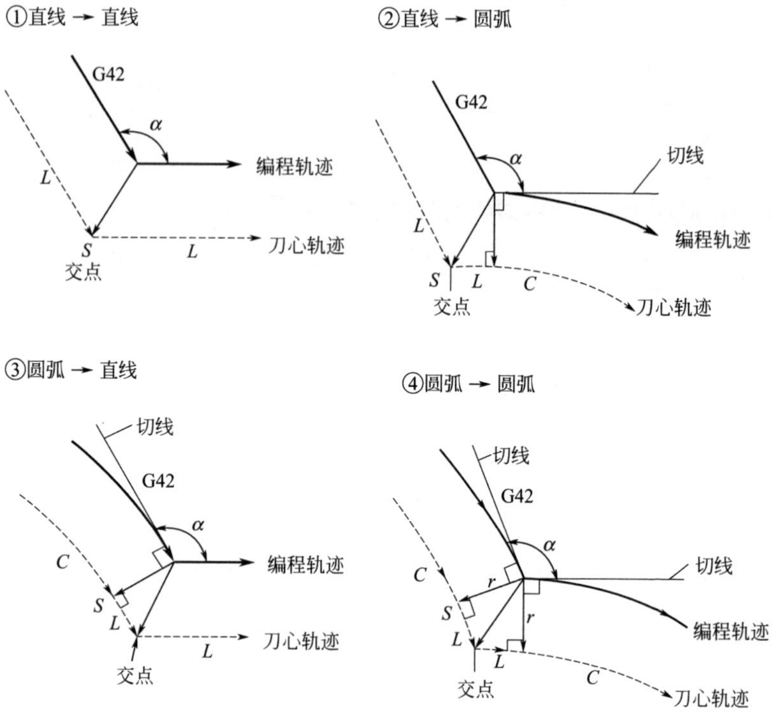

图 15-30　偏置状态（伸长型）

圆弧到直线，直线到圆弧和圆弧到圆弧的情况，应以同样的方法处理。

⑤ 特殊情况。

a. 圆弧的终点不在圆弧上。如果圆弧上一条直线的终点被错误地编程为圆弧的终点，则系统认为刀具半径补偿的编程轨迹为一假想圆。假想圆的圆心为原来圆弧的圆心，并且通过指定的终点。根据这一假定，系统建立矢量并实现补偿。由此产生的刀具中心轨迹不同于圆弧与直线的刀具半径补偿轨迹。轨迹如图 15-33 所示。

上面的叙述同样适用于两个圆弧轨迹之间刀具移动的情况。

b. 没有交点。如图 15-34 所示，如果刀具半径补偿值足够小，补偿后形成的两个圆弧刀具中心轨迹相交在一点上（P）。如果刀

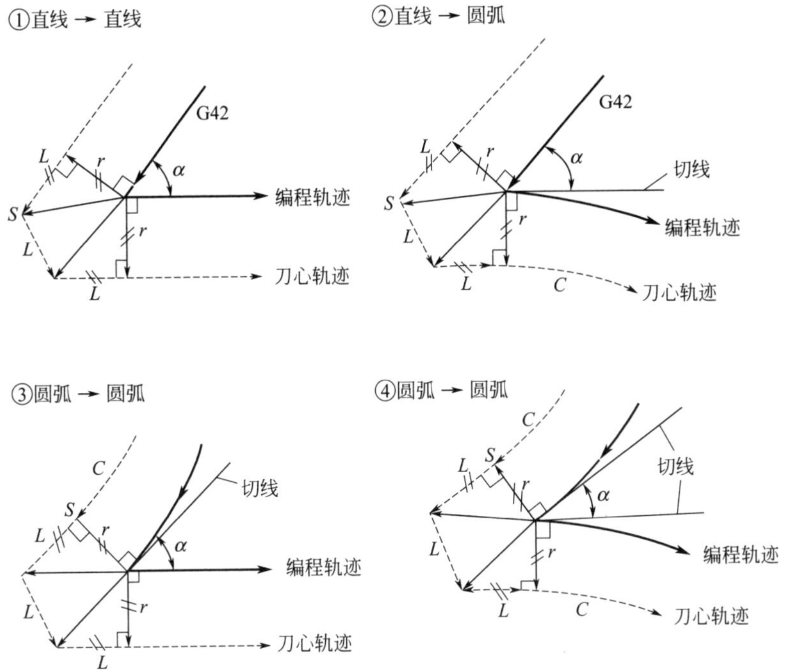

图 15-31　偏置状态（插入型）

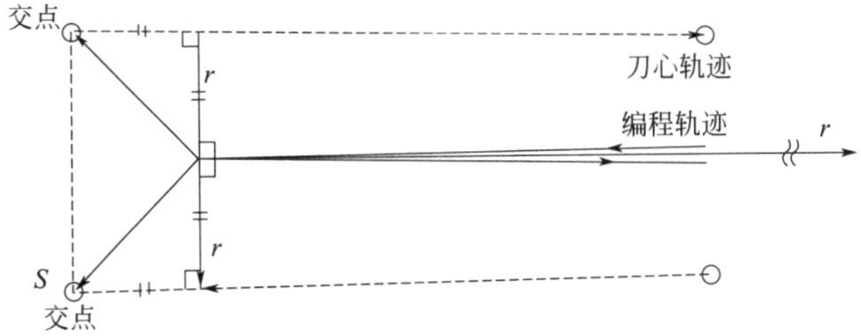

图 15-32　偏置状态（$\alpha<1°$）

具半径补偿值过分大，交点（P）则可能不出现。当出现这种情况时，在前一个程序段的终点出现报警并停止刀具运动。

c. 当圆弧中心与始点或者终点是同一个点时，显示报警，并且刀具将在前一个程序段的终点停止移动。

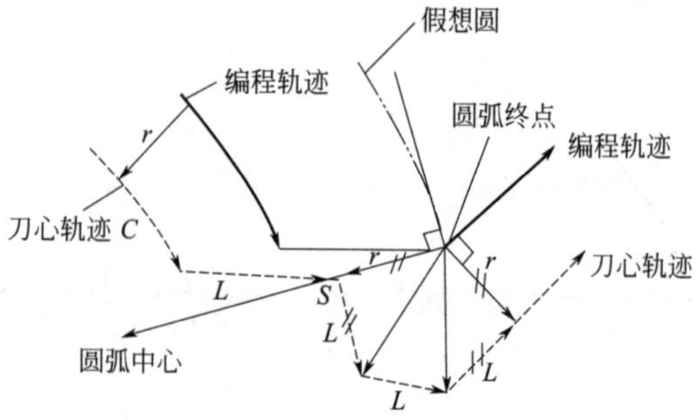

图 15-33　圆弧终点不在圆上

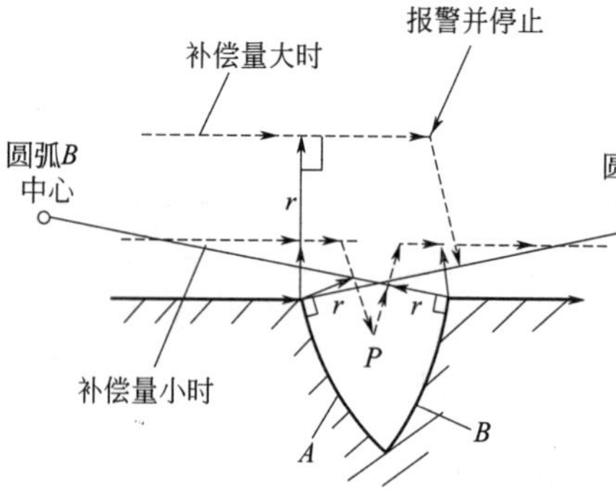

图 15-34　没有内侧交点

例如：如图 15-35 所示

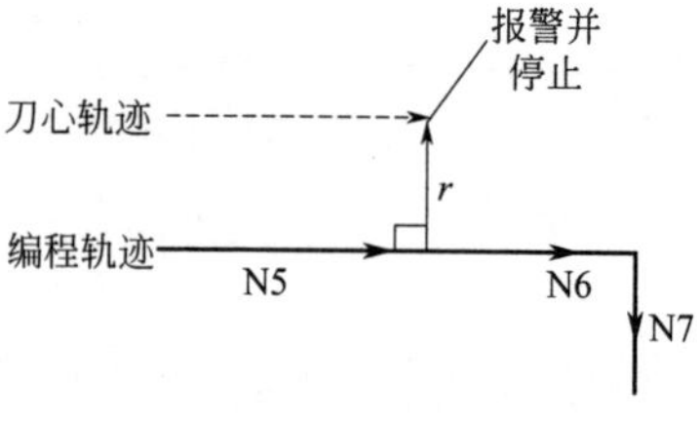

图 15-35　圆弧中心与
始点或者终点重合

```
(G41)
N5 G01 X100.0;                    报警并停止
```

```
N6 G02 X100.0 I0 J0;         圆心和起点重合
N7 G03 Y—100.0 J—100.0;      圆心和终点重合
```

⑥ 在偏置状态改变偏置方向的轨迹。

在偏置状态改变偏置方向，偏置方向由刀具补偿 G 代码（G41 和 G42）和偏置量的符号决定，如表 15-9 所示。

表 15-9　偏置方向

偏置量符号 / G 代码	+	−
G41	左侧补偿	右侧补偿
G42	右侧补偿	左侧补偿

在偏置方式中，偏置方向可以改变。如果在程序段中改变偏置方向，在该程序段的刀具中心轨迹和前面的程序段的刀具中心轨迹的交点生成矢量。但是，在起刀程序段和它后面的程序段中，不能进行改变。

a. 有交点时的刀心轨迹：有轮廓交点时，若改变偏置方向，按刀心轨迹的交点进行转变，如图 15-36 所示。

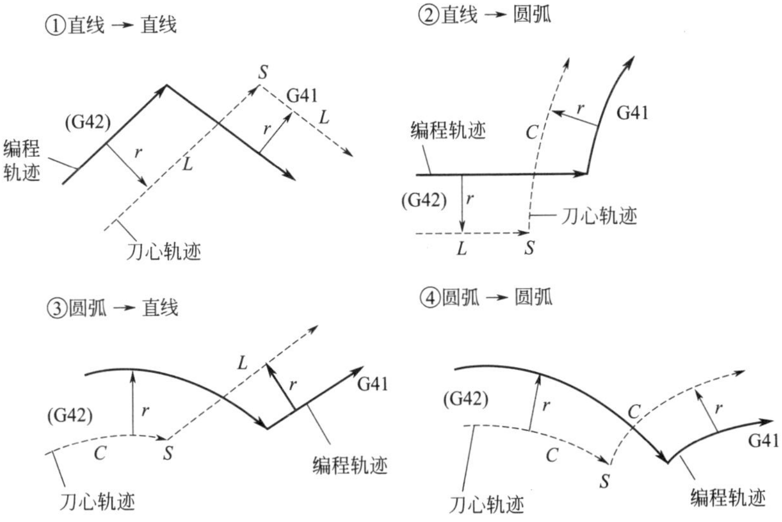

图 15-36　有交点时的偏置方向改变

b. 无交点时的偏置改变：当从 A 程序段到 B 程序段变更时，使用 G41 和 G42。在无交点时，在 B 程序段起点生成垂直于 B 程序段的矢量，如图 15-37 所示。

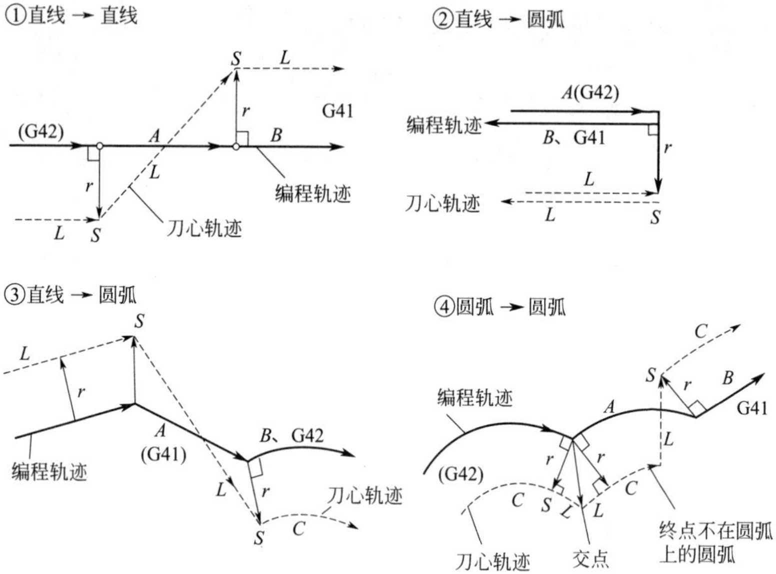

图 15-37　无交点时的偏置方向改变

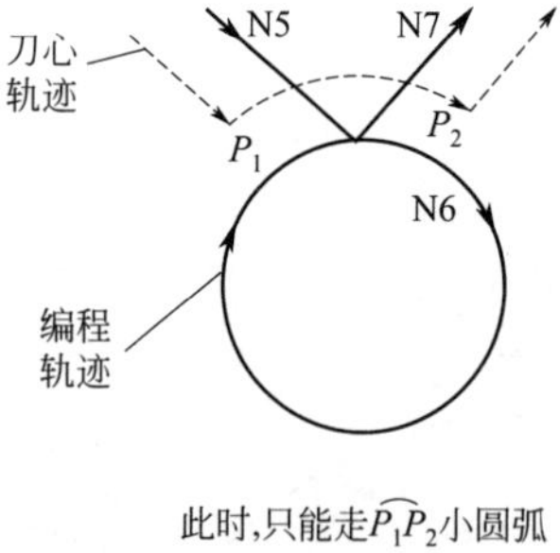

图 15-38　刀具轨迹的长度大于圆的周长

c. 通常几乎不可能产生这种情况，但是，当 G41 和 G42 改变时，或者用 I、J 或 K 与 G40 一起刀具轨迹的长度大于圆的周长指令时，这种情况可能发生。

【例】 变更 G41、G42，如图 15-38 所示。

```
N5(G42) G01 G91 X5000.0 Y—7000.0;
N6 G41 G02 J—5000.0;
N7 G42 G01 X5000.0 Y7000.0;
```

在上面例子中，大于一个圆的圆周的范围内，不执行刀具半径补偿，形成了 P_1 到 P_2 的圆弧。要想实现刀具中心大于一周圆弧时，必须把圆分段指令。

⑦ 在偏置状态下刀具半径暂时取消。如果在偏置方式中指定下面指令，偏置方式被暂时取消，然后又自动恢复。

a. 在偏置方式中指令 G28。在偏置方式下指令 G28 时，如图 15-39 所示，在中间点取消偏置，如果在刀具返回到达参考点后矢量仍然保持，执行回参考点的各轴的矢量复位为零。

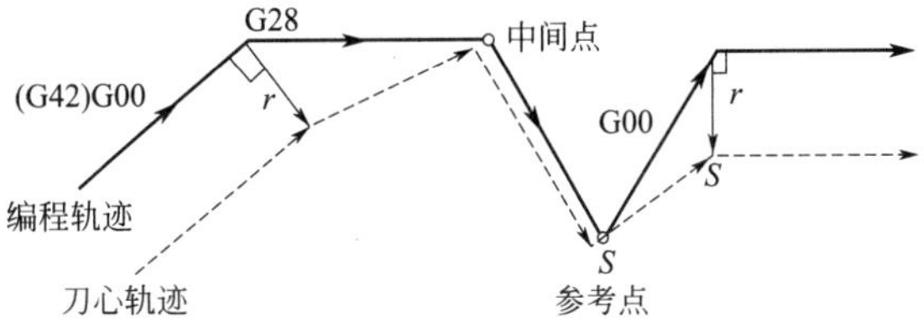

图 15-39　G28 暂时取消偏置

b. 在偏置方式中指定 G29。在偏置方式下，若指令 G29，则在 G28 的中间点仍为取消偏置方式，从下一个程序段自动恢复偏置方式，如图 15-40 所示。

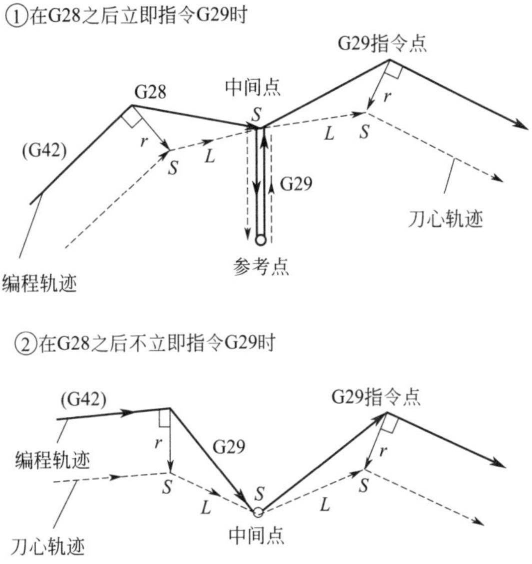

图 15-40　G29 恢复偏置

⑧ 在偏置方式中指令刀具半径补偿 G 代码。在偏置方式中，若再次指令刀具半径补偿 G 代码（G41、G42），不管加工内侧或外侧，均可建立与前一程序段的运动方向垂直的偏置矢量。如果是在圆弧指令这个代码，将不能获得正确的圆弧运动。如图 15-41 所示。

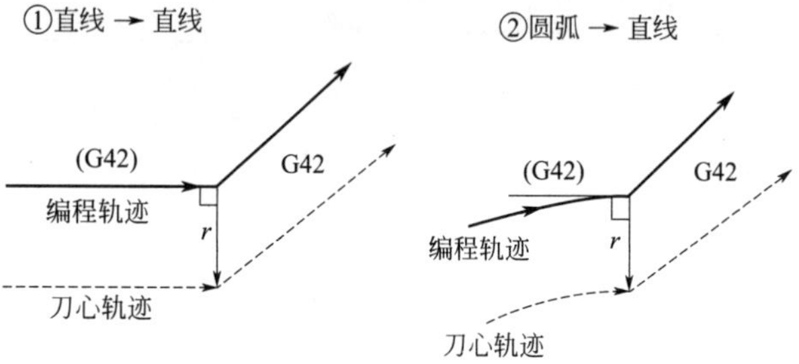

图 15-41　偏置方式中的指定刀具半径补偿

⑨ 暂时取消偏置矢量的指令 G92。在偏置方式中，若指令 G92（绝对坐标系设定），则偏置矢量被暂时取消，随后偏置方式自动恢复，如图 15-42 所示。

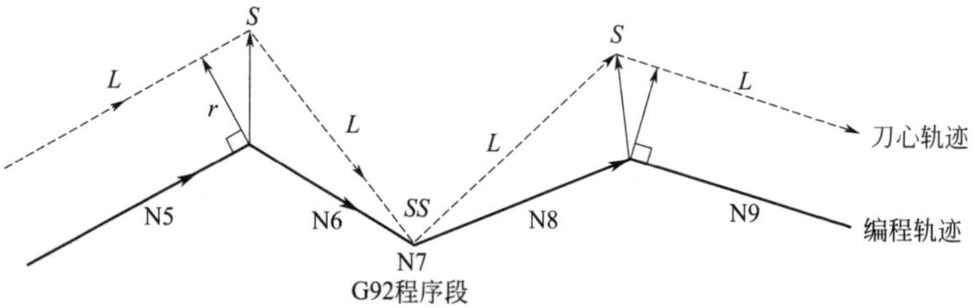

图 15-42　G92 暂时取消偏置

在这种情况下，没有偏置取消移动，刀具直接从交点移动到偏置矢量被取消的指令点。当恢复到偏置方式时，刀具直接移动到交点。

程序举例如下：

```
(G41)
N5 G91 X700.0 Y700.0;
N6 X600.0 Y—300.0;
```

```
N7 G92 X200.0 Y100.0;
N8 G90 X800.0 Y400.0;
N9 X1200.0 Y200.0;
```

⑩ 在偏置平面内无刀具移动程序段。在偏置平面内，没有刀具移动的程序段如表 15-10 所示。

表 15-10 没有刀具移动程序段

M05;	M 代码输出	不移动指令
S21;	S 代码输出	
G04 X1000;	暂停	
G10 P01 X100;	设定偏置值	
(G17)Z2000;	移动指令不在偏置平面上	
G90;	只是 G 代码	
G91 X0;		刀具移动距离为零

在这些程序段中，即使刀具半径补偿有效，刀具也不运动。

a. 当在偏置方式中指令没有刀具移动的程序段时，矢量和刀心轨迹与程序段不指令时相同。这个程序段在单程序段停止点执行。

【例】 如图 15-43 所示。

```
…
N6 G91 X100.0 Y200.0;
N7 G04 X100.0;
N8 X200.0;
```

b. 在偏置方式下，若指令两段或以上无刀具移动的程序段，则矢量与前一个移动程序段的移动方向成直角，其大小等于偏置量。此时，可能产生过切。因此，不能连续指令两个或两个以上无刀具移动的程序段。

【例】 如图 15-44 所示。

```
(G42)…
…
N6 G91 X100.0 Y200.0;
N7 S21;
N8 G04 X1.0;
N9 X200.0;
```

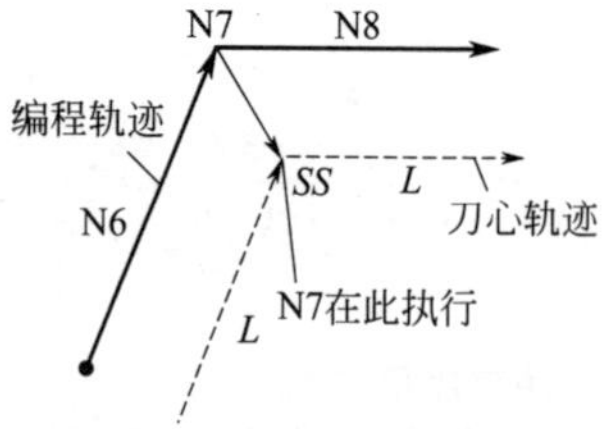

图 15-43 偏置方式下，一个无刀具移动程序段

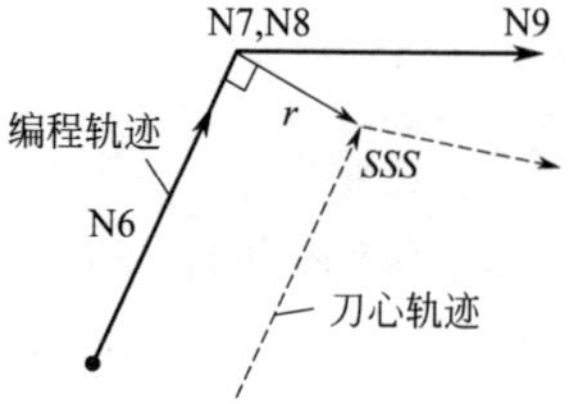

图 15-44 偏置方式下，两个无刀具移动程序段

c. 在偏置方式下，指令一个刀具移动为零的程序段，也与指令两个以上无刀具移动的程序段时相同。即矢量与前一个移动程序段的移动方向成直角，大小等于偏置量。

【例】 如图 15-45 所示。

```
N6 G91 X100.0 Y200.0;
N7 X0;
N8 X200.0;
```

⑪ 拐角移动。当在程序的终点产生两个或更多的矢量时，刀具从一个矢量直线地移动至另一个矢量。这一移动称为拐角移动。若这些矢量几乎重合，拐角移动不执行并且后面的矢量被忽略。

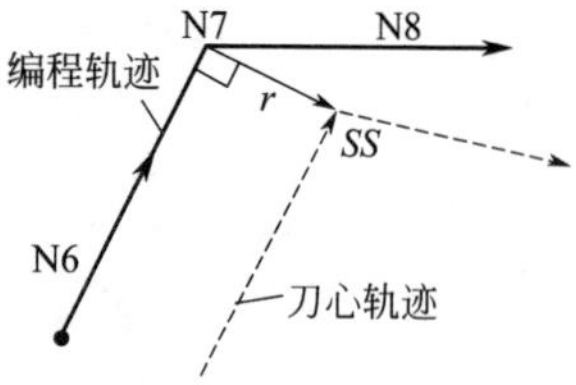

图 15-45 偏置方式下，一个刀具移动量为零程序段

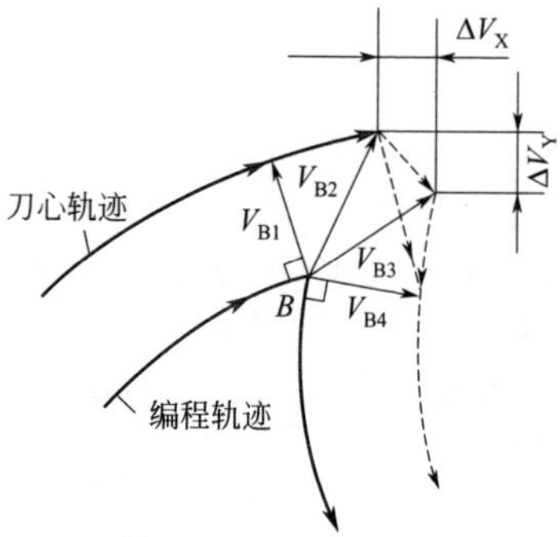

图 15-46 拐角移动

如图 15-46 所示，在拐角 B 处，有四个矢量 V_{B1}、V_{B2}、V_{B3}、V_{B4}。当 V_{B2} 与 V_{B3} 很近时，即 $\Delta V_X \leqslant \Delta V_{极限}$，$\Delta V_Y \leqslant \Delta V_{极限}$（$V_{极限}$事先由参数设置）时，后面的矢量被忽略，如果这些矢量不重合，产生绕着拐角的移动，这个移动属于后面的程序段。进给速度等于后一个程序段中的进给速度。若后一个程序段为 G00 时，刀具按快速进给方式移动；若后一个程序段为 G01、G02 或 G03 时，刀具按 G01 的方式移动。

但是，若下一个程序段是整圆的圆弧时，不能执行上述功能。

【例】 如图 15-47 所示。

```
N4 G41 G91 G01 X150.0 Y200.0 D01;
N5 X150.0 Y200.0;
N6 G02 J-600.0;
N7 G01 X150.0 Y-200.0;
```

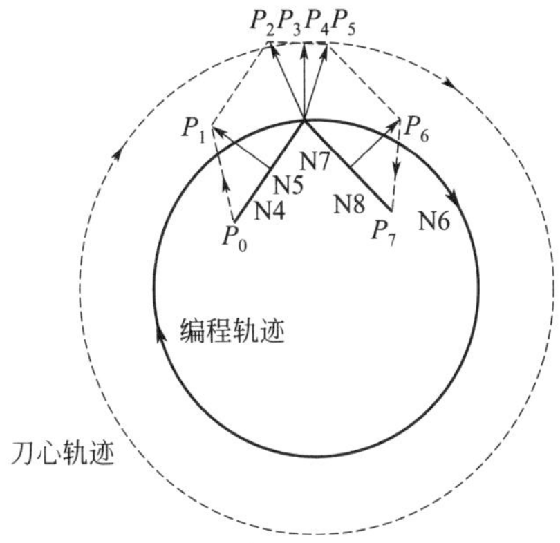

图 15-47 整圆圆弧时的拐角移动

当矢量有效时，刀具轨迹为 $P_0 \rightarrow P_1 \rightarrow P_2 \rightarrow P_3 \rightarrow$（一周圆弧）$\rightarrow P_4 \rightarrow P_5 \rightarrow P_6 \rightarrow P_7$。但是 P_2 和 P_3 之间的距离很小，P_3 点无效。此时刀具轨迹变化为：$P_0 \rightarrow P_1 \rightarrow P_2 \rightarrow P_4 \rightarrow P_5 \rightarrow P_6 \rightarrow P_7$。即 N6 程序段被跳过，切削圆弧无效。

(4)取消刀具半径补偿时的刀具轨迹

① 加工内侧面时（$180° \leqslant \alpha$）：刀具停在与偏置程序段终点成直角的位置上。若为圆弧，则与切线垂直，如图 15-48 所示。

② 加工外侧面时（$90° \leqslant \alpha < 180°$）：有 A、B 两种型式，由参数选择其中一种。A 型是刀具停在偏置程序段终点成直角的位置上，若为圆弧，则与切线垂直。若为 B 型，则按偏置状态转接（伸长型），刀具停在取消偏置程序段起点成直角的位置上。B 型可防止对偏置程序段的过切。

a. A 型：如图 15-49 所示。

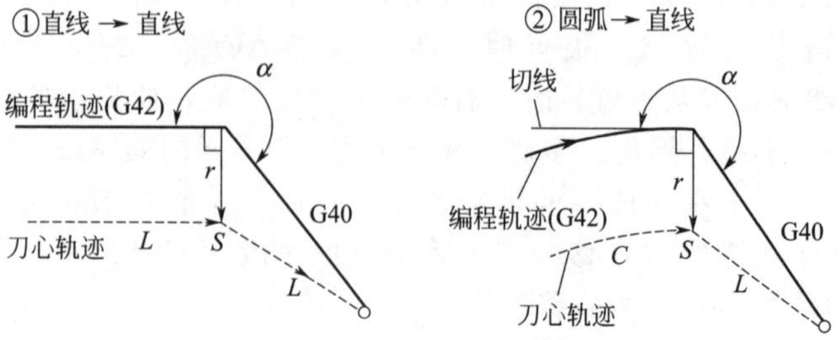

图 15-48　取消偏置（180°≤α）

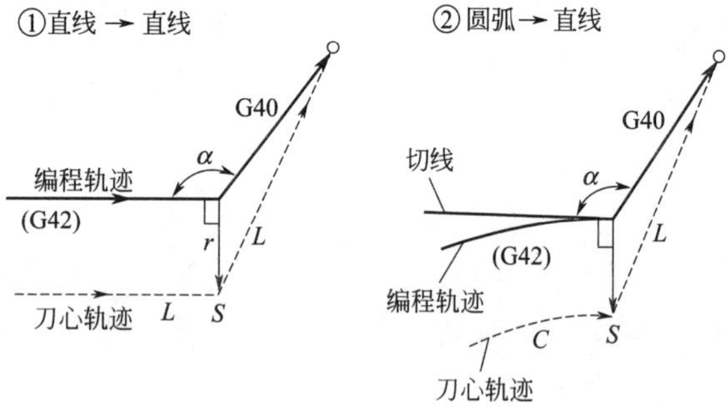

图 15-49　取消偏置（90°≤α<180°，A 型）

b. B 型：如图 15-50 所示。

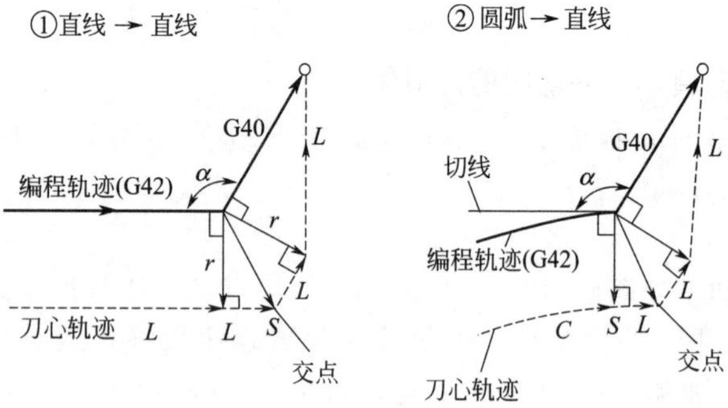

图 15-50　取消偏置（90°≤α<180°，B 型）

③ 加工外侧面时（α<90°）：有 A、B 两种型式，由参数选择

其中一种。A 型是刀具停在偏置程序段终点成直角的位置上，若为圆弧，则与切线垂直。若为 B 型，则按偏置状态转接（插入型），刀具停在取消偏置程序段起点成直角的位置上。B 型可防止对编程程序段的过切。

a. A 型：如图 15-51 所示。

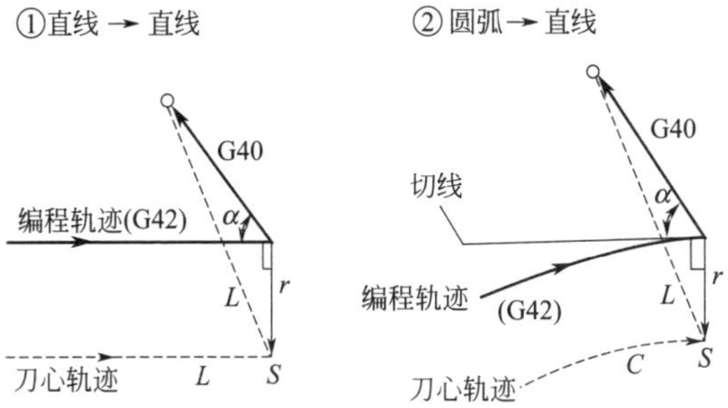

图 15-51　取消偏置（$\alpha<90°$，A 型）

b. B 型：如图 15-52 所示。

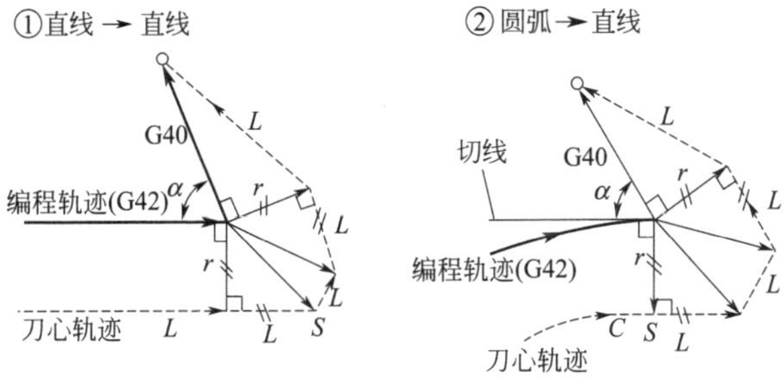

图 15-52　取消偏置（$\alpha<90°$，B 型）

④ 加工外侧面（$\alpha<1°$）：直线→直线，如图 15-53 所示。

⑤ 与取消偏置同时指令的无刀具移动程序段。当没有刀具移动的程序段与偏置取消一起指令时，长度等于偏置值的矢量产生在前面程序段中刀具移动的垂直方向上，矢量在下个移动指令中取消。

【例】 如图 15-54 所示。

```
N6 G91 X100.0 Y200.0;
```

```
N7 G40;
N8 X200.0;
```

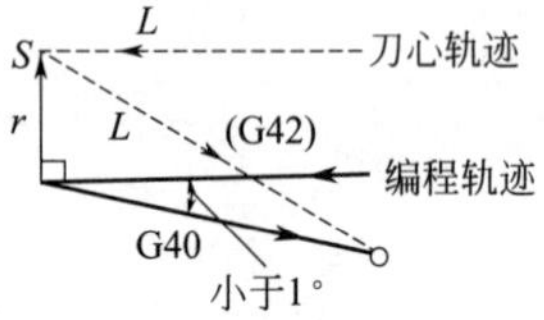

图 15-53　取消偏置（α<1°）

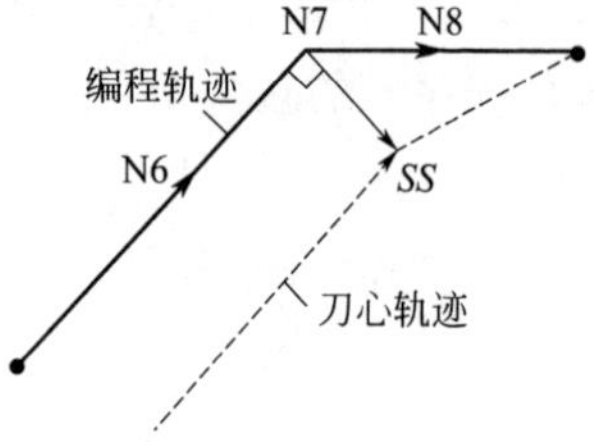

图 15-54　取消偏置，指令无刀具移动程序段

⑥ 包含 G40 和 I、J、K 的程序段。如果在程序段 G40 I_ J_ K_ 之前有一 G41 或 G42 的程序段，则系统认为编程轨迹为前一程序段的终点到（I，J），（I，K）或（J，K）确定的矢量的轨迹。补偿方向为前一段的补偿方向。在此情况下，不管加工内侧或外侧，CNC 处理的刀具轨迹都有一个交点。当交点不可能得到时，刀具移动到前面程序段的终点与前面程序段垂直的位置。如图 15-55 所示。

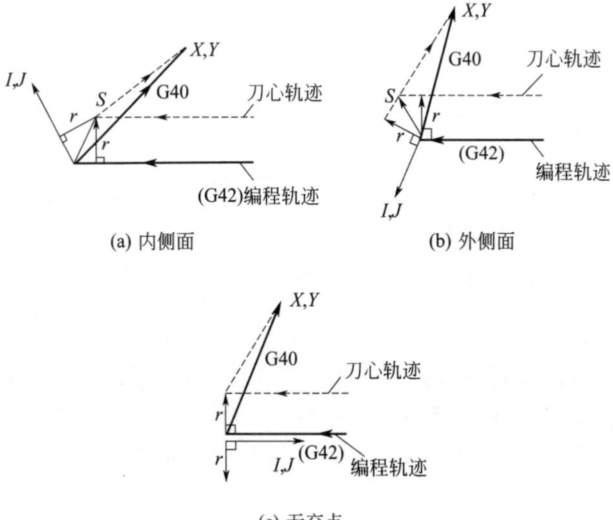

图 15-55　含有 G40 和 I、J 或 K 时

指令格式：

N1（G42 方式）

N2 G40　X＿　Y＿　I＿　J＿

⑦ 刀具中心轨迹的长度大于圆的周长。在下面的例子中，刀具不沿着圆周移动。沿着圆弧 P_1 移动到 P_2，为使刀具沿着圆移动，编程两段或更多段圆弧。

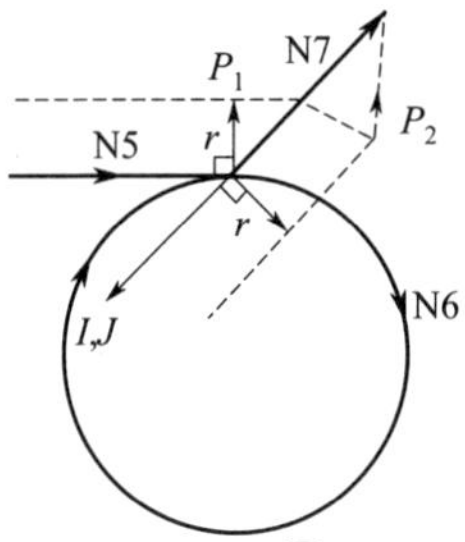

图 15-56　刀具轨迹的长度大于圆的周长

【例】　G40 与 I、J 或 K 一起指令时，如图 15-56 所示。

```
(G41)
N5 G01 G91 X10000.00;
N6 G02 J－6000.0;
N7 G40 G01 X5000.0 Y5000.0 I－1000.0 J－1000.0;
```

(5)干涉检查

刀具过切被称为“干涉”，干涉检查功能用于预先检查刀具是否过切。但是，该功能不能检查所有干涉。即使不发生过切，也要进行干涉检查。

① 干涉的判断条件

a. 刀具轨迹的方向与编程轨迹的方向不同，轨迹间夹角在 90°～270°之间，如图 15-57 所示。

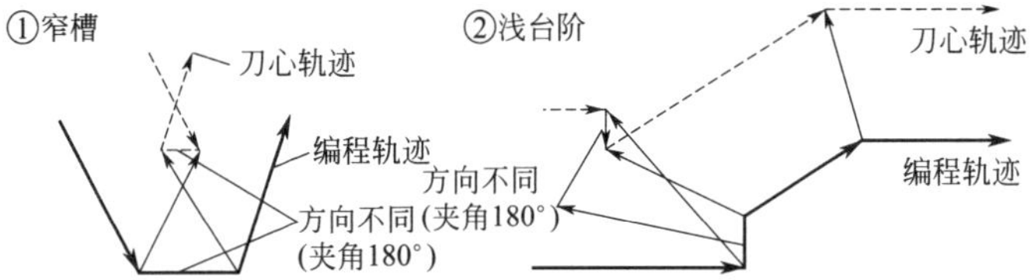

图 15-57　干涉、编程轨迹与刀心轨迹夹角 180°

b. 刀具中心轨迹的起点和终点之间的夹角与编程的轨迹完全不同，大于 180°。

【例】　如图 15-58 所示。

```
(G41)(D01)
N5 G01 G91 X800.0 Y200.0;
```

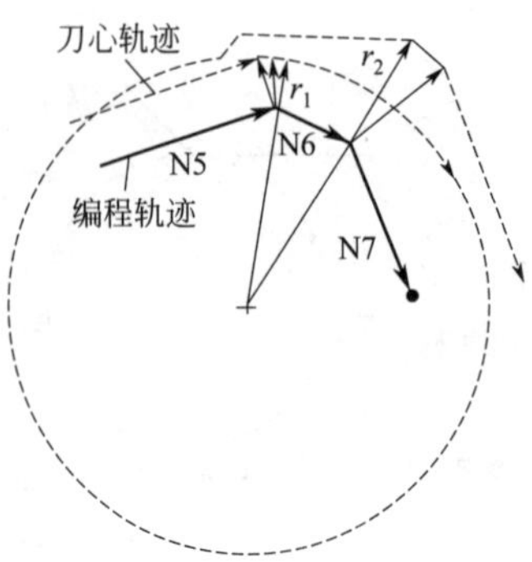

图 15-58 干涉、编程轨迹与刀心轨迹夹角大于 180°

```
N6 G02 X320.0 Y－160.0 I－200.0 J－800.0 D02;
N7 G01 X200.0 Y－500.0;
(D01= 200.0,D02= 600.0)
```

上例中，N6 程序段中的圆弧位于一个象限内，而刀具半径补偿后，该圆弧位于四个象限内，且轨迹也不相同。

② 预先纠正干涉

a. 消除产生干涉的矢量：当对程序段 A、B 和 C 执行刀具半径补偿，在程序段 A 和 B 中间形成矢量 V_1、V_2、V_3 和 V_4，B 和 C 之间形成矢量 V_5、V_6、V_7 和 V_8。首先检查最接近的矢量，若干涉，则使其无效。但是，若省略的干涉矢量是拐角处最后一个矢量时，该矢量不能省略。如图 15-59 所示。

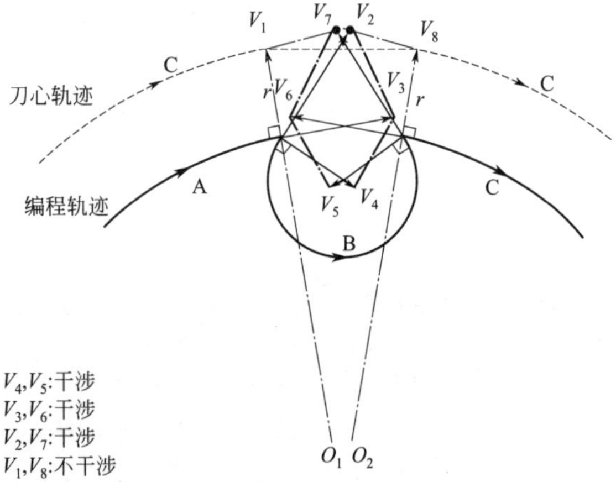

图 15-59 干涉矢量检查

V_4 和 V_5 之间干涉，去掉 V_4、V_5；

V_3 和 V_6 之间干涉，去掉 V_3、V_6；

V_2 和 V_7 之间干涉，去掉 V_2、V_7；

V_1 和 V_8 之间干涉，V_1、V_8 不能被忽略。

因此只剩下 $V_1 \to V_8$ 之间的直线运动。

如果中途出现不干涉情况，例如 V_2、V_7 之间不干涉，那么其后的矢量不再进行检查，其运动轨迹为 $V_1 \to V_2 \to V_7 \to V_8$。如图 15-60 所示如果程序段 B 是圆弧移动，假如矢量干涉，便产生一直移动。

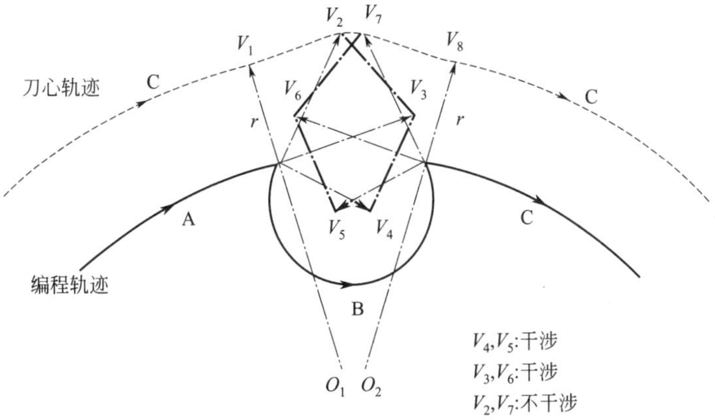

图 15-60　干涉矢量检查

b. 纠正 a 之后，若发生干涉，刀具停止并产生报警。

若纠正 a 之后发生干涉，或从检查开始只有一对矢量发生干涉时，则报警。并且刀具立即停止。这一切应在执行前一个程序之后进行。如图 15-60 所示，刀具在 A 程序段之前停止。如果单程序段方式下执行，则刀具停在 A 段终点。

③ 实际不干涉而认为有干涉时，系统报警并停止，如图 15-61 所示举例。

没有实际干涉，但在 B 程序段中，编程轨迹与刀具中心轨迹的方向相反，故认为干涉而报警停止。

(6)刀具半径补偿产生的过切

① 加工半径小于刀具半径的内拐角　当拐角半径小于刀具半径时，因为刀具的内偏置将引起过切，显示报警，并且，CNC 在程序段的开始处停止。在单程序段运行中，刀具在程序段执行之后

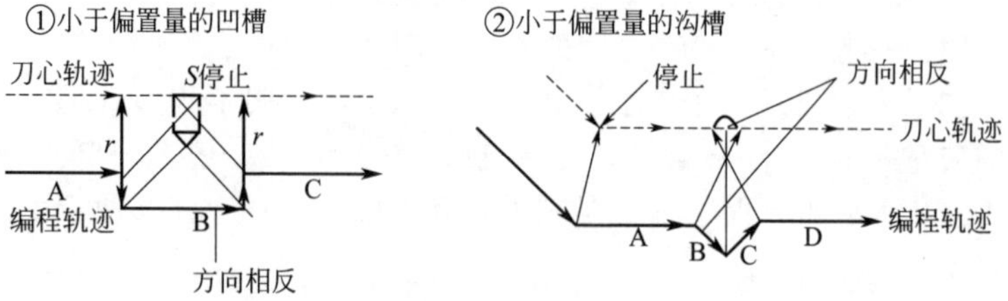

图 15-61　实际不干涉而认为有干涉

停止，所以，产生过切。如图 15-62 所示。

② 加工小于刀具半径的沟槽　由于刀具半径补偿迫使刀心轨迹以编程方向相反的方向移动，将引起过切。此时显示报警，并且 CNC 在该程序段的开始处停止。如图 15-63 所示。

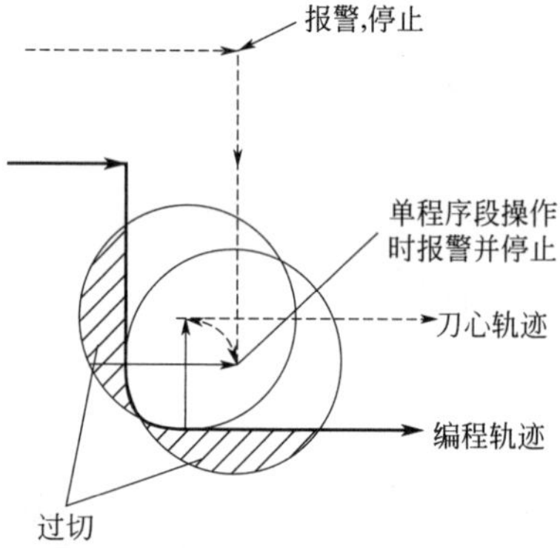

图 15-62　拐角半径小于刀具半径

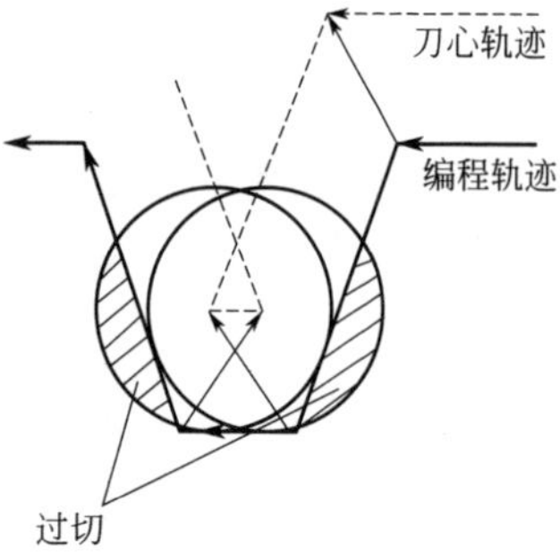

图 15-63　窄槽

③ 加工小于刀具半径的台阶　当台阶加工是按刀具圆弧加工，如果程序中有一个小于刀具半径的台阶时，则有偏置的刀具中心轨迹与编程方向相反。此时，第一矢量无效，刀具用直线走到第二矢量的位置。单程序段操作时，在该点停止。若不以单程序段方式加工，则继续循环运行。若台阶具有直线，则不发生报警，切削正确。但是，欠切部分将保留。如图 15-64 所示。

④ 补偿启动和沿 Z 轴切削　通常的加工方法是：加工开始时，在离工件一定距离处，当刀具半径补偿有效以后，刀具沿 Z 轴

移动。

【例】 如图 15-65 所示。

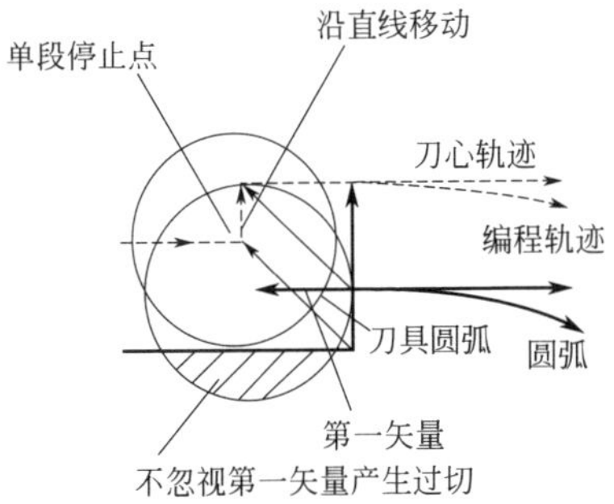

图 15-64 浅台阶

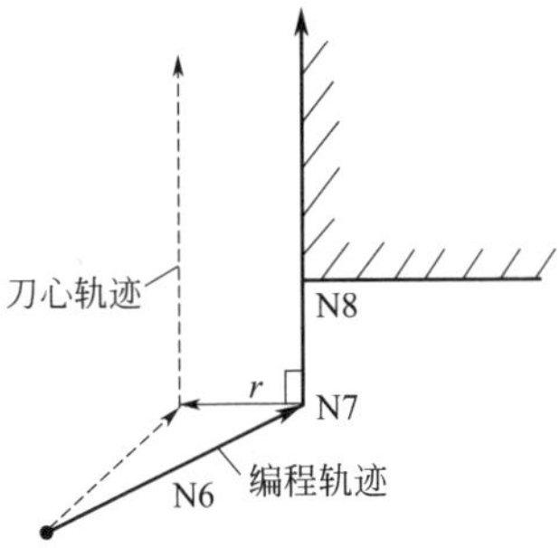

图 15-65 启动偏置后，一段无刀具移动程序段

```
…
N6 G00 G91 X20.0 Y10.0 G41 D01;
N7 G01 Z－40.0 F60;
N8 Y110.0 F100;
```

在 N6 之后，N7 无刀具移动，到在执行 N6 时，把 N7、N8 也读入缓冲寄存器，通过 N6 和 N8 的关系，正确地执行补偿，所以不影响偏置启动。

在编程时，在启动偏置之后，有时会连续两段编程 Z 轴运动（通常是把沿 Z 轴的运动分为快速进给和切削进给），因后面有运动的程度段读不进缓冲寄存器，则不产生偏置矢量。并且可能产生过切。

【例】 如图 15-66 所示。

程序如下：

```
…
N6 G00 G91 X20.0 Y10.0 G41 D01;
N7 Z－30.0;
N8 G01 Z－10.0 F60;
N9 Y110.0 F100;
```

若在 N7 与 N8 之间插入一段移动程序段，则可避免过切。例如，N10 Y10.0 F100；或者，在 N6 与 N7 之间插入一个移动程序段，可以正确启动刀具移动程序段，刀具只是停留在移动方向的垂直位置上，因与后面的移动方向相同，不会产生过切，如图 15-67 所示。

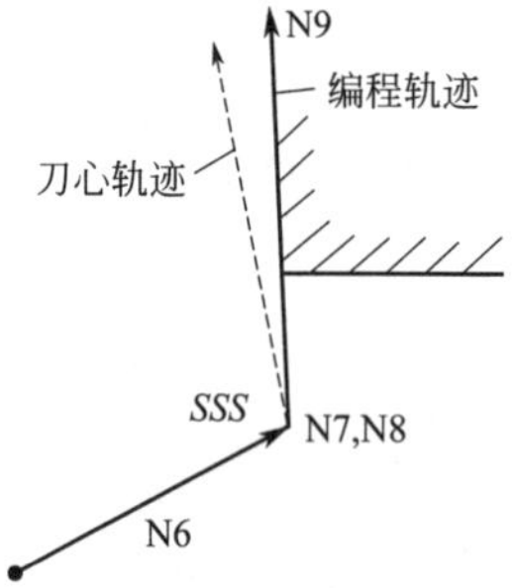

图 15-66　启动偏置后，两段无刀具移动程序段（过切）

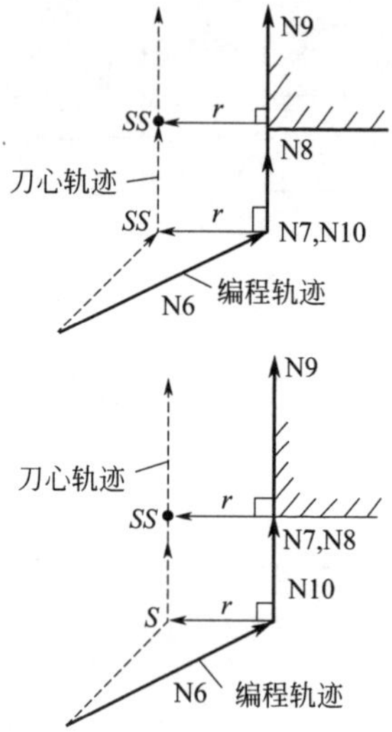

图 15-67　启动后正确偏置

15.6　拐角圆弧插补（G39）

(1)指令格式

G39；

或 G39 I_ J_

I_ K_

J_ K_

说明：

① G39 为拐角圆弧插补，为非模态指令，当指定上面的指令时，可以执行其半径等于补偿值的拐角圆弧插补。在该指令前面的

G41 或 G42 决定圆弧是顺时针还是逆时针。

② 当指定没有 I、J 或 K 的 G39 时，拐角处形成圆弧，在圆弧终点的矢量垂直于下个程序段的起点。

③ I、J、K 为距拐角圆弧终点的增量值。在圆弧轮廓时，I、J、K 通常为圆弧的切线。

④ 当指令有 I、J 和 K 的 G39 时，在拐角形成圆弧，圆弧终点的矢量垂直于有 I、J 和 K 值决定的矢量。

⑤ 在包含 G39 的程度段中，不能指定运动指令。

⑥ 在不含 I、J 和 K 的 G39 的程序段之后，不能指定两个或更多的连续不移动的程序段（在一个程序段中指令移动距离为 0，系统认为是两个或多个连续的不移动程序段）。如果指定多个不移动程序段的话，偏置矢量暂时丢失。然后，偏置方式自动恢复。

(2)应用

G39 为拐角圆弧插补指令，属于比较老的半径偏置类型，在现代数控加工编程中很少应用。但在半径补偿 C 期间在偏置方式中指令 G39，可以执行拐角圆弧补偿，拐角插补半径等于补偿值。

(3)编程举例

【例】 如图 15-68 所示，加工程序如表 15-11 所示。

表 15-11　加工程序

序号	程　　序	说　　明
①	G91G17G01G41X20.0Y20.0H08;	刀具半径左补偿，在 *A* 点产生的矢量垂直于直线 *AB*
②	Y40.0 F250;	直线插补
③	G39 I40.0 J20.0;(或 G39)	拐角圆弧插补，圆弧终点的矢量垂直于直线 *BC*
④	X40.0 Y20.0;	直线插补
⑤	G39 I40.0;(或 G39)	拐角圆弧插补，圆弧终点的矢量垂直于直线 *X* 轴
⑥	G02 X40.0 Y−40.0 R40.0;	圆弧插补，半径为 40mm
⑦	X−20.0 Y−20.0 R20.0;	圆弧插补，半径为 20mm
⑧	G01 X−60.0;	直线插补
⑨	G40 X−20.0 Y−20.0 M30;	取消半径补偿

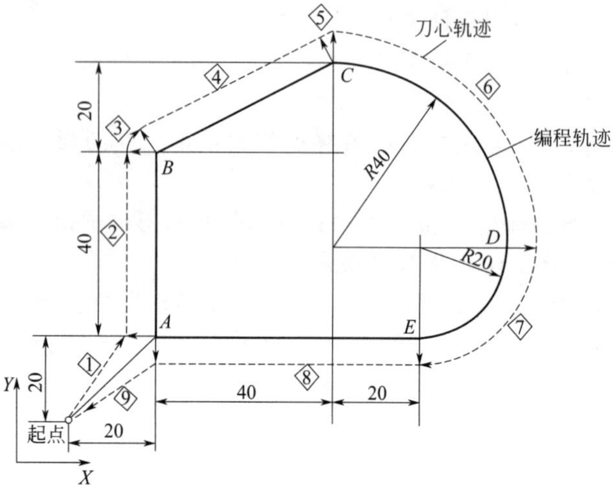

图 15-68　G39 编程举例

15.7　刀具补偿偏置（G10）

(1)指令格式

$\begin{Bmatrix} G90 \\ G91 \end{Bmatrix}$ G10 L _ P _ R _ ；

说明：

① G10：数据设置，非模态指令。

② L _ 为偏置组编号。其值为 10～13，根据不同储存类型，L 偏置组的含义也不相同，如表 15-12 所示。

表 15-12　L 偏置组的含义

刀具偏置储存类型	偏置类型	地址	L 值
A 类	几何偏置＋磨损偏置	H	11
B 类	几何偏置	H	10
	磨损偏置	H	11
C 类	几何偏置	H	10
	磨损偏置	H	11
	几何偏置	D	12
	磨损偏置	D	13

老式 FANUC 控制器中使用地址 L1 而不是 L11，为了与老式控制器兼容，现代控制器可以使用 L1。

③ P _ 是 CNC 系统中偏置寄存器号（刀具补偿号)。通常 CNC 系统有 64、99、200 或者 400 个偏置寄存器号可供使用。

④ R _ 是偏置量，偏置量可以用绝对模式和增量模式，当用绝对模式时，程序给定的偏置量直接取代寄存器内的数值；当采用增量模式时，寄存器内的内存数值在原值的基础上加上偏置量。

【例】

G90 G10 L12 P7 R5.0；将半径值 5.0 输入到 7 号刀具半径几何尺寸偏置寄存器中

G90 G10 L13 P7 R－0.03；将半径值－0.03 输入到 7 号刀具半径磨损偏置寄存器中

如果只需调整现有的偏置量，可使用增量编程模式，下面通过在磨损偏置中增加 0.01mm 对上例进行更新：

G91 G10 L13 P7 R0.01；新设置为－0.02

(2)应用

在加工中，用 G10 指令改变刀具长度补偿，可以实现分层多刀加工，若改变刀具半径补偿，则可实现径向多刀切削，例如，粗、半精或精加工。用 G10 指令改变刀具偏置值，操作者可在刀偏存储画面中看到被修改的刀偏值。用 G10 指令改变刀偏置，比操作者手动修改要快速、可靠。在编程时要记住，当程序结束时，要把刀偏置恢复到初始值，不然再用时就会出错。

第16章　任意角度倒角与拐角圆弧（C、R）

在CNC铣削零件外形时，刀具从一面铣削到另一面通常需要拐角过渡。拐角过渡可能是倒角或圆角。它们的尺寸通常很小，有时工程图中并不给出尺寸，这时便由程序员来决定。如果图中给出了拐角过渡尺寸，程序员可直接使用。起点和终点计算并不困难，但是很费时，采用倒角和过渡圆弧编程，不但可以简化编程而且使得程序在加工过程中更快且更容易修改。如果图纸中需要改变某个倒角和圆角的尺寸，只要改变程序中的一个值就行，而不需要重新计算。

倒角和拐角圆弧过渡程序段可以自动地插入在下面的程序段之间：

① 在直线插补和直线插补程序段之间；

② 在直线插补和圆弧插补程序段之间；

③ 在圆弧插补和直线插补程序段之间；

④ 在圆弧插补和圆弧插补程序段之间。

16.1　任意角度倒角与拐角圆弧编程格式

指令格式：

$$\begin{cases} ,\ C\_ \\ ,\ R\_ \end{cases}$$

说明：

① C为倒角，R为圆弧过渡。

② 倒角和圆弧过渡指令加在直线插补（G01）或圆弧插补（G0Z或G03）程序段的末尾并用“,”分开时，加工中自动在拐角

处加工倒角或过渡圆弧。

③ 倒角和拐角圆弧过渡的程序段可连续地指定。

④ C 后的值表示倒角起点和终点距假想拐角交点的距离，假想拐角交点即未倒角前的拐角交点，如图 16-1 所示。

⑤ 在 R 之后，指定拐角圆弧的半径。如图 16-2 所示。

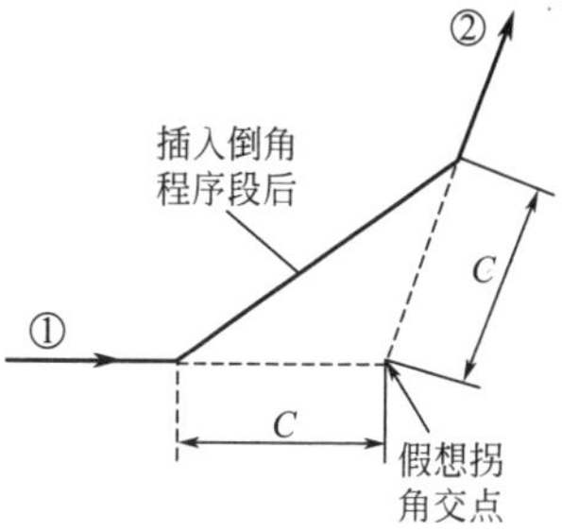

图 16-1 任意角度倒角

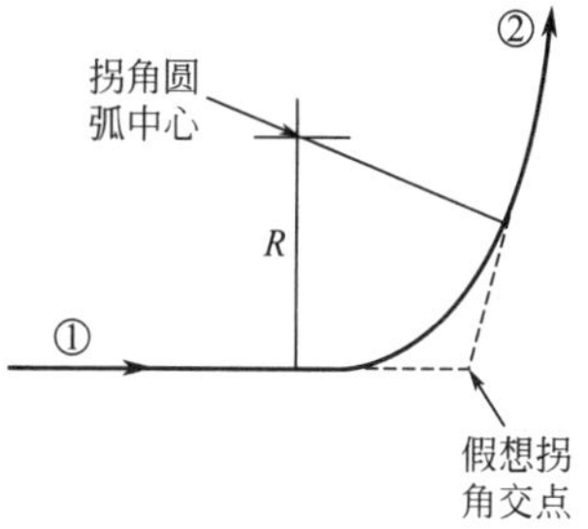

图 16-2 拐角圆弧过渡

⑥ 倒角和拐角圆弧过渡只能在（G17，G18 或 G19）指定的平面内执行。G17 可以省略。平行轴不能执行这些功能。

⑦ 指定倒角或拐角圆弧过渡的程序段必须跟随一个用直线插补（G01）或圆弧插补（G02 或 G03）指令的程序段。否则，出现报警。

⑧ 只能在同一平面内执行的移动指令才能插入倒角或拐角圆弧过渡程序段。在平面切换之后（G17，G18 或 G19 被指定）的程序段中，不能指定倒角或圆角圆弧过渡。

⑨ 如果插入的倒角或圆弧过渡的程序段引起刀具超过原插补移动的范围，出现报警，如图 16-3 所示。

⑩ 在坐标系变动（G92 或 G52 到 G59）或执行返回参考点（G28 到 G30）之后的程序段中，不能指定倒角或拐角圆弧过渡。

⑪ 执行倒角和拐角圆弧过渡指令，在下列情况下，倒角或拐角圆弧

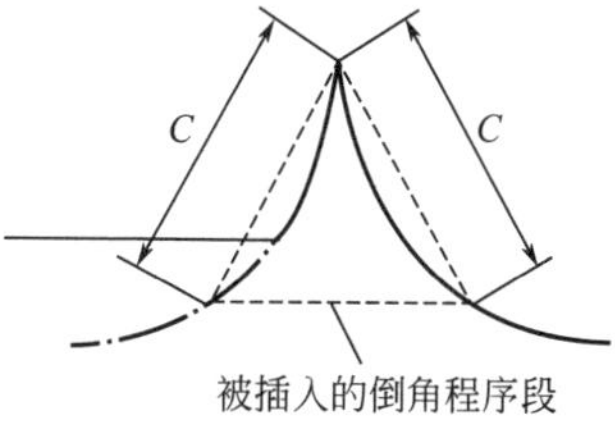

图 16-3 超过运动范围
（实线表示没有倒角的刀具轨迹）

过渡程序段被当作一个移动距离为 0 的移动，即倒角和拐角圆弧过渡无效。

a. 直线和直线之间　两个直线之间的角度在±1°以内；

b. 直线和圆弧之间　直线和在交点处的圆弧的切线之间的夹角是在±1°以内；

c. 圆弧和圆弧之间　在交点处的圆弧切线之间的角度是在±1°以内。

⑫ 下面的 G 代码不能用在指定倒角和拐角圆弧过度程序段中。它们也不能用在决定一个连续图形的倒角和拐角圆弧过渡的程序段之间。

- 00 组 G 代码（除了 G04 以外）；
- 16 组的 G68。

⑬ 拐角圆弧过渡不能在螺纹加工程序段中指定。

⑭ DNC 运行不能使用任意角度倒角和拐角圆弧过渡。

16.2 编程举例

【例】 利用倒角和拐角圆弧过渡指令编写如图 16-4 所示的程序。

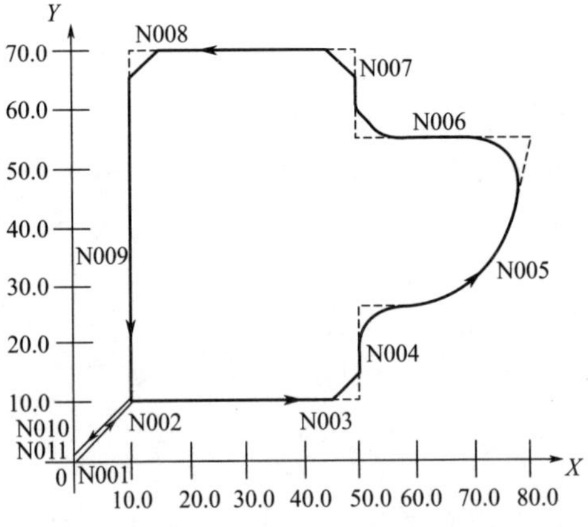

图 16-4　倒角和拐角圆弧过渡

```
O1201;
N001 G92 G90 X0 Y0;
N002 G00 X10.0Y10.0;
N003 G01 X50.0 F10.0 C5.0;
N004 Y25.0,R8.0;
N005 G03 X80.0 Y50.0 R30.0,R8.0;
N006 G01X50.0,R8.0;
N007 Y70.0,C5.0;
N008 X10.0,C5.0;
N009 Y10.0;
N010 G00 X0 Y0;
N011 M30;
%
```

第17章 孔加工固定循环

17.1 孔加工固定循环的基本动作

孔加工固定循环，只用一个指令，便可完成某种孔加工（如钻、攻、镗）的整个过程。孔加工固定循环由六个基本动作组成，如图 17-1 所示。

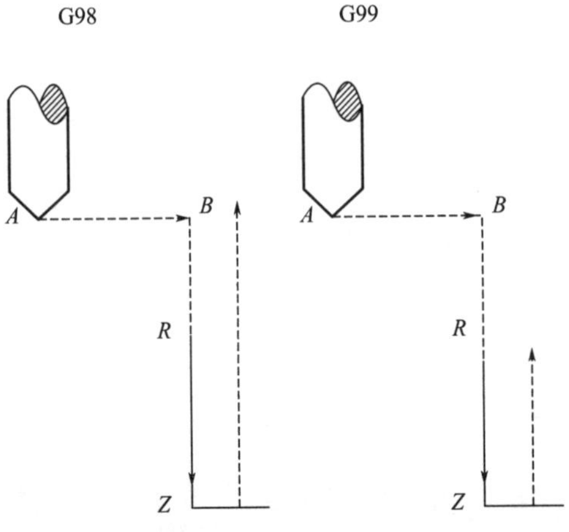

图 17-1 孔加工循环基本动作

① $A \to B$：刀具的刀位点从当前点 A 出发，在 XY 平面内快速进给至孔位坐标 B（被加工孔的上方）。

② $B \to R$：刀具 Z 向快速进给至加工表面附近的安全平面 R（后简称 R 平面）。

③ $R \to Z$：孔加工至孔底 Z。

④ Z：孔底动作（如进给暂停、主轴定向停止、刀具偏移、主轴反转）。

⑤ $Z \rightarrow R$：刀具返回 R 平面。

⑥ $R \rightarrow B$：刀具 Z 向快速退至返回平面 B。G98 返回 B 平面，G99 返回 R 平面。

17.2 返回平面的选择（G98、G99）

(1)指令格式

G98

G99

说明：

① G98 和 G99 为模态指令，彼此可以相互取消。

② G98 为孔加工固定循环刀具返回初始平面，初始平面是调用固定循环前程序中最后一个 Z 轴坐标绝对值。

③ G99 为孔加工固定循环刀具返回 R 平面的位置（由 R 值指定）。

④ 一般情况下，G98 为数控铣床默认值。在程序中没有返回平面的选择时，刀具返回初始平面。

(2)应用

G98 和 G99 代码只用于固定循环，它们的主要作用就是在孔之间运动时绕开障碍物。障碍物包括夹具、零件的突出部分、未加工区域以及附件。如果没有这两条指令，就必须停止循环来移动刀具，然后再继续该循环，而使用 G98 和 G99 指令就可以不用取消固定循环直接绕过障碍物，这样便提高了效率。

17.3 孔加工固定循环的指令格式

以 G17 平面为例，指令格式为：

$$\text{G17}\begin{cases}\text{G90}\\\text{G91}\end{cases}\begin{cases}\text{G98}\\\text{G99}\end{cases}\text{G}\times\times\quad \text{X\_ Y\_ Z\_ R\_ Q\_ P\_ F\_ K\_;}$$

说明：

① 孔定位平面和加工轴指定：孔位平面由坐标平面指令 G17、

G18、G19 指定，孔加工轴为坐标平面的垂直轴。表 17-1 为定位平面和钻孔轴的关系。取消固定循环后，方能转换孔加工轴。用参数设置的方法可以设定 Z 轴总是用作钻孔轴。

表 17-1　定位平面和钻孔轴的关系

G 代码	定位平面	钻孔轴
G17	$X—Y$	Z
G18	$Z—X$	Y
G19	$Y—Z$	X

② G90：绝对坐标编程。

G91：增量坐标编程。

在固定循环前或在循环模式中任何时候都可以建立绝对或增量坐标。

③ G98：刀具返回初始平面。

G99：刀具返回 R 平面。

如果在固定循环程序中没有编写 G98 或 G99，那么控制系统就会选择由系统参数设置的默认指令（通常为 G98）。

④ G×× 为孔加工方式，均为模态指令，一旦指定，一直有效，直到出现其他孔加工循环指令，或固定循环取消指令（G80），或 G00、G01、G02、G03 等插补指令才失效。加工方式见表 17-2。

表 17-2　加工方式

G73	高速深孔钻循环	G84	右旋攻螺纹螺纹
G74	左旋攻螺纹循环	G85	镗削循环
G76	精镗循环	G86	镗削循环
G80	固定循环取消	G87	背镗循环
G81	钻孔循环	G88	镗削循环
G82	孔底暂停钻孔循环	G89	镗削循环
G83	深孔排屑钻循环		

⑤ X、Y 为孔定位数据。可用绝对坐标和增量坐标。当采用增量坐标时，XY 数值是相对于刀具当前位置来说的。

⑥ Z、R、Q、P、F 为加工数据，模态值，一直保持到被修改或孔加工固定循环被取消。

⑦ Z 为孔底 Z 坐标，可用绝对坐标和相对坐标。用增量方式时，为相对 R 平面的增量值。

⑧ R 为安全平面（R 平面）的 Z 向坐标，又称 Z 轴起点（R 点），激活切削进给率的位置，可用绝对、增量方式。增量时，为相对刀具起始位置的 Z 向增量值。

⑨ Q 为不同的孔加工指令，Q 的含义不一样，具体含义见各孔加工循环指令的含义。

⑩ P 为孔底主轴停转或进给暂停时间，不能使用小数点，单位为 ms（1s=1000ms）。

⑪ F 为进给速度，在数控铣床上单位通常为 mm/min。

⑫ K 为重复次数，仅在被指令的程序段内有效。最大指令值为 9999。执行一次时，K1 可以省略，如果是 K0，则系统存储加工数据，但不执行加工。

当程序用到 K 时，注意用 G91 的选择，否则在相同位置上重复钻孔。

⑬ 以下功能在孔加工固定循环中不可进行：

a. 改变插补平面（G17、G18、G19）。

b. 刀具半径补偿。

c. 加工中心换刀。

d. 回参考点。

17.4 孔循环取消（G80）

指令格式：G80

说明：

① 取消所有孔加工固定循环模态指令，且可自动切换到 G00 快速运动模式。

② 孔加工数据（F 除外）被取消，也就是说，在增量指令时，R、Z 值为零。

例如：

G00 X0 Y0 Z100

G73 X20 Y30 Z－50 R5 P1 Q10 F100

G80（取消 G73 固定循环，恢复 G00 模态）

X0 Y0 Z100（快退）

注意：用插补指令 G00 G01 G02 G03 也可取消固定循环。如：

G73 X20 Y20 Z－50 R5 P1 Q10 F100

G00 X100 Y100（取消 G73 固定循环，刀具快速移至点（100，100）处）

17.5 钻孔循环（G81）

(1)指令格式

G81　X _ Y _ Z _ R _ F _

说明：

① G81：钻孔循环，模态指令。

② XY：孔位坐标。

③ Z：孔底 Z 向坐标。

④ R：R 平面的 Z 向坐标。

⑤ F：进给速度。

⑥ 执行 G81 循环如图 17-2 所示，加工步骤如表 17-3 所示。

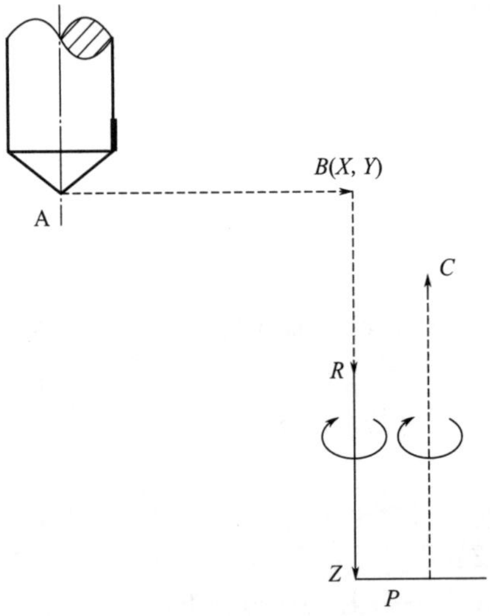

图 17-2　钻孔循环

表 17-3　加工步骤

步骤	G81 循环介绍
1	快速运动至 *XY* 位置
2	快速运动至 *R* 平面
3	进给运动至 *Z* 向深度
4	刀具快速退至初始平面(G98)或快速退刀至 *R* 平面(G99)

(2)应用

G81 循环主要用于钻孔和中心孔，即不需要在 *Z* 轴深度位置暂停。G81 如果用于镗孔，将在退刀时刮伤内圆柱面。

17.6　点钻循环（G82）

(1)指令格式

G82　X _ Y _ Z _ R _ P _ F _ ;

说明：

① G82 为点钻孔循环，模态指令。

② X、Y 为孔位坐标。

③ Z 为孔底 *Z* 向坐标。

④ R 为 *R* 平面的 *Z* 向坐标。

⑤ P 为孔底进给暂停时间，不能使用小数点，单位为 ms。

⑥ F 为进给速度。

⑦ 执行 G82 循环如图 17-3 所示，加工步骤见表 17-4。

表 17-4　加工步骤

步骤	G81 循环介绍
1	快速运动至 *XY* 位置
2	快速运动至 *R* 平面
3	进给运动至 *Z* 向深度
4	在孔底暂停,单位为 ms
5	刀具快速退至初始平面(G98)或快速退刀至 *R* 平面(G99)

(2)应用

G82 是有暂停地钻孔，刀具在孔底停留一段时间，主要用于中

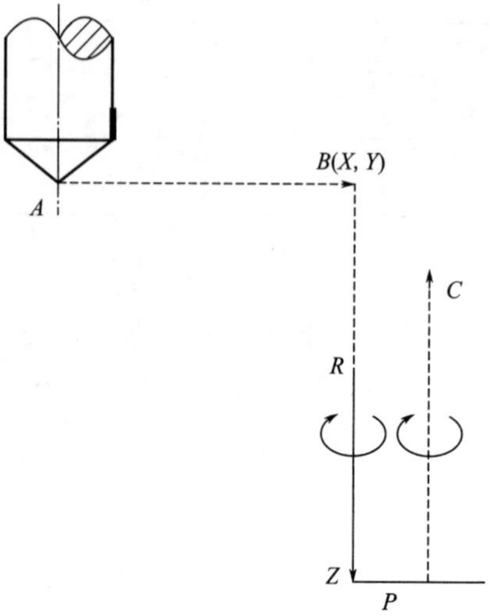

图 17-3 点钻循环（G82）

心钻、点钻、打锥沉孔等需要孔底光滑的加工操作，该循环通常需要较低的主轴转速。

17.7 高速深孔钻（G73）

(1)指令格式

G73 X _ Y _ Z _ R _ P _ Q _ F _

说明：

① G73 为高速深孔钻循环，模态指令。

② X、Y 为孔位坐标。

③ Z 为孔底 *Z* 向坐标。

④ R 为 *R* 平面的 *Z* 向坐标。

⑤ P 为孔底进给暂停时间，不能使用小数点，单位为 ms。

⑥ Q 表示每次切削进给的切削深度。它必须用增量值指定。而且 Q 必须指定正值，负值被忽略（无效）。当 *Z* 向进给 *Q* 值时，刀具快速后退一个设定量 *d*。刀具后退量由 NC 系统选择参数设定，末次进给量≤*Q*，为剩余值。

⑦ F 为进给速度。

⑧ 执行 G73 循环如图 17-4 所示，加工步骤如表 17-5 所示。

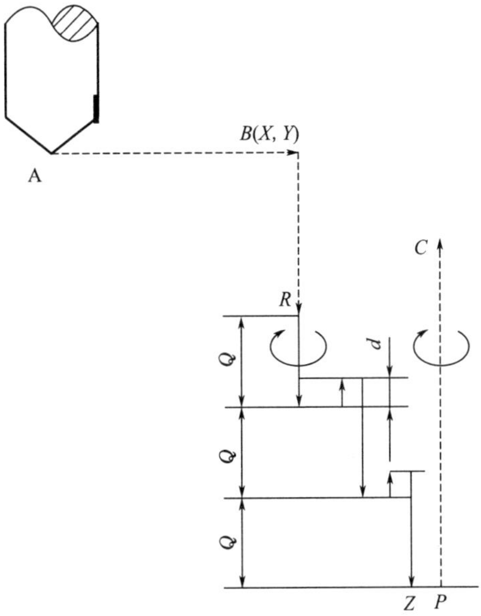

图 17-4　高速深孔钻（G73）

表 17-5　加工步骤

步骤	G73 循环介绍
1	快速运动 *XY* 位置
2	快速运动至 *R* 平面
3	根据 *Q* 值进给运动至 *Z* 向深度
4	根据间隙值快速返回(间隙有系统参数设定)
5	在 *Z* 向做进给运动，进给量为 *Q* 值与间隙值之和
6	重复 4、5 步直至到达编程 *Z* 向深度
7	快速退刀至初始平面(G98)或快速退刀至 *R* 平面

(2)应用

高速深孔钻采用间歇进给方法，有利断屑、排屑，适合深孔加工。G73 和 G83 两个固定循环的区别在于退刀方式的不同，

G83 中钻头每次进给后退刀至 R 平面（通常在孔的上方），而 G73 中钻头退刀距离很小，从而节省了时间。退刀距离由系统参数设定。

17.8 深孔钻循环（G83）

(1)指令格式

G83 X_ Y_ Z_ R_ Q_ P_ F_

说明：

① G83 为深孔钻循环，模态指令。

② X、Y 为孔位坐标。

③ Z 为孔底 Z 向坐标。

④ R 为 R 平面的 Z 向坐标。

⑤ P 为孔底进给暂停时间，不能使用小数点，单位为 ms。

⑥ Q 为间歇进给量。Z 向进给 Q 值，刀具快速后退至安全平面上。末次进给量≤Q，为剩余值。

⑦ F 为进给速度，通常单位为 mm/min。

⑧ 执行 G83 循环如图 17-5 所示，加工步骤见表 17-6。

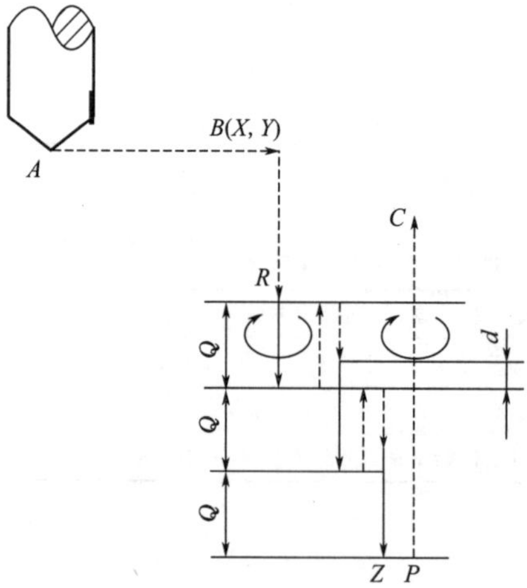

图 17-5　深孔钻（G83）

表 17-6　加工步骤

步骤	G83 循环介绍
1	快速运动 *XY* 位置
2	快速运动至 *R* 平面
3	根据 *Q* 值进给运动至 *Z* 向深度
4	快速退刀至 *R* 平面
5	快速运动至前一深度减去间隙(间隙由系统参数设定)
6	重复 3、4、5 步直至到达编程 *Z* 向深度
7	快速退刀至初始平面(G98)或快速退刀至 *R* 平面(G99)

(2)应用

深孔钻也采用间歇进给的方法，但其后退方式、后退量与高速深孔钻不同，可分为以下两种：用 *Q* 指令、用 I，J 指令。主要用于深孔钻削、清除堆积在钻头螺旋槽内的切屑、控制钻头穿透材料或钻头切削刃需要冷却和润滑等情况。*Q* 值指定每次进给的实际切削深度。

17.9 左旋攻螺纹循环（G74）

(1)指令格式

G74 X _ Y _ Z _ R _ P _ F _

说明：

① G74 为左旋攻螺纹循环，模态指令。

② X、Y 为孔位坐标。

③ Z 为孔底 *Z* 向坐标。

④ R 为 *R* 平面的 *Z* 向坐标。

⑤ P 为暂停时间，单位为 ms。

⑥ F 为进给速度，F = 主轴转速 × 螺距，通常单位为 mm/min。

⑦ 由于需要加速，攻螺纹循环的 *R* 平面比其他循环的高，以保证进给率的稳定。

⑧ G84 和 G74 循环处理中，控制面板上用来控制主轴转速和进给速率的倍率按钮无效。

⑨ 为了安全起见，即使在攻螺纹循环处理中按下进给保持键也将完成攻螺纹运动。

⑩ G74 只加工左旋螺纹。主轴逆时针旋转（M04）在循环开始前必须有效。

⑪ 执行 G74 循环如图 17-6 所示，加工步骤见表 17-7 所示。

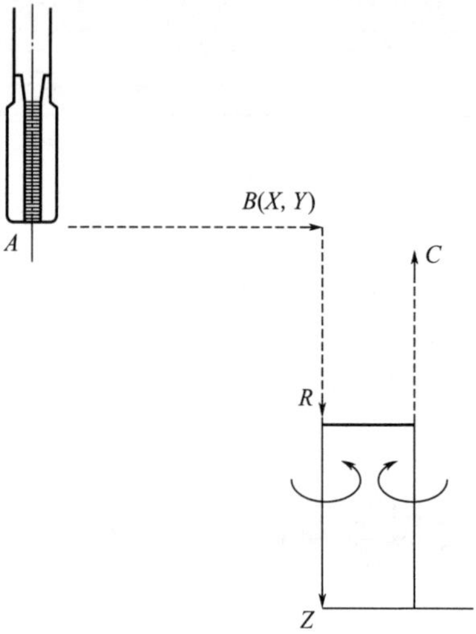

图 17-6 左旋攻螺纹（G74）

表 17-7 加工步骤

步骤	G74 循环介绍
1	快速运动 XY 位置
2	快速运动至 R 平面
3	进给运动至 Z 向深度
4	主轴停止旋转
5	主轴顺时针旋转(M03)且进给运动返回 R 平面
6	主轴停止旋转
7	主轴逆时针旋转(M04)返回初始平面(G98)或停留在 R 平面(G99)

(2)应用

左旋攻螺纹的特点是主轴反转攻入，正转退刀，攻螺纹及退刀时的切削速度应根据螺纹的螺距换算。

17.10 右旋攻螺纹循环（G84）

(1)指令格式

G84 X _ Y _ Z _ R _ P _ F _ ;

说明：

① G84 为右旋攻螺纹循环，模态指令。

② X、Y 为孔位坐标。

③ Z 为孔底 *Z* 向坐标。

④ R 为 *R* 平面的 *Z* 向坐标。

⑤ P 为暂停时间，单位为 ms。

⑥ F 为进给速度，F=主轴转速×螺距，通常单位为 mm/min。

⑦ 由于需要加速，攻螺纹循环的 *R* 平面比其他循环的高，以保证进给率的稳定。

⑧ G84 和 G74 循环处理中，控制面板上用来控制主轴转速和进给速率的倍率按钮无效。

⑨ 为了安全起见，即使在攻螺纹循环处理中按下进给保持键也将完成攻螺纹运动。

⑩ G74 只加工左旋螺纹。主轴顺时针旋转（M03）在循环开始前必须有效。

⑪ 执行 G84 循环如图 17-7 所示，加工步骤如表 17-8 所示。

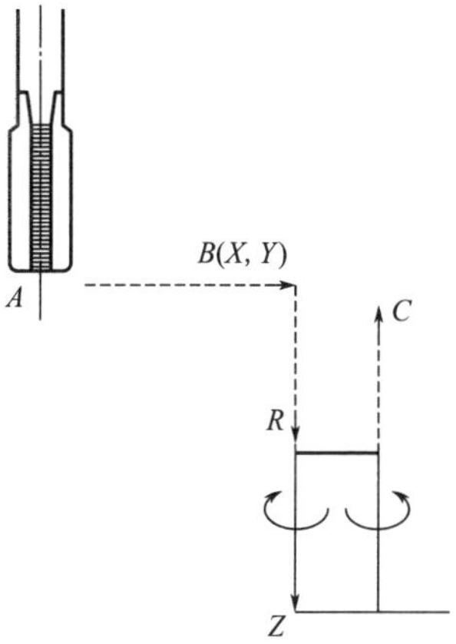

图 17-7 右旋攻螺纹（G84）

表 17-8 加工步骤

步骤	G84 循环介绍
1	快速运动 *XY* 位置
2	快速运动至 *R* 平面

续表

步骤	G84 循环介绍
3	进给运动至 Z 向深度
4	主轴停止旋转
5	主轴顺时针旋转(M04)且进给运动返回 R 平面
6	主轴停止旋转
7	主轴逆时针旋转(M03)返回初始平面(G98)或停留在 R 平面(G99)

(2)应用

右旋攻螺纹与左旋攻螺纹的区别是主轴正转切入，反转退出。

17.11 粗镗循环（G86、G85、G89）

粗镗循环中，刀具主轴退出的速度有两种：快速和切削进给速度，分别用 G85 指令和 G85（G89）指令。

(1)快速退刀的粗镗（G86）

① 指令格式

G86 X _ Y _ Z _ R _ F _

说明：

a. G86 为粗镗循环，模态指令。

b. X、Y 为孔位坐标。

c. Z 为孔底 Z 向坐标。

d. R 为 R 平面的 Z 向坐标。

e. F 为进给速度，通常单位为 mm/min。

f. 该循环中退刀时主轴是静止的，不能用来钻孔。

g. 执行 G86 循环如图 17-8 所示，加工步骤见表 17-9。

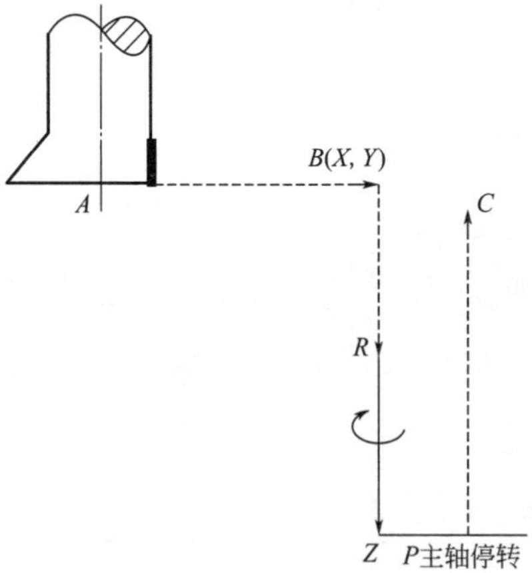

图 17-8 粗镗（G86）

表 17-9 加工步骤

步骤	G86 循环介绍
1	快速运动 *XY* 位置(主轴旋转)
2	快速运动至 *R* 平面
3	进给运动至 *Z* 向深度
4	主轴停止旋转
5	快速退刀至初始平面(G98)或快速退刀至 *R* 平面(G99)

② 应用 该循环用于粗加工孔或需要额外加工操作的孔。它与 G81 循环相似，区别是该循环在孔底停止主轴旋转。

(2)以切削速度退刀的粗镗（G85）

① 指令格式

G85 X _ Y _ Z _ R _ F _ ;

说明：

a. G85 为镗削循环，模态指令。

b. X、Y 为孔位坐标。

c. Z 为孔底 *Z* 向坐标。

d. R 为 *R* 平面的 *Z* 向坐标。

e. F 为切削进给速度，通常单位为 mm/min。

f. 执行 G85 循环如图 17-9 所示，加工步骤如表 17-10 所示。

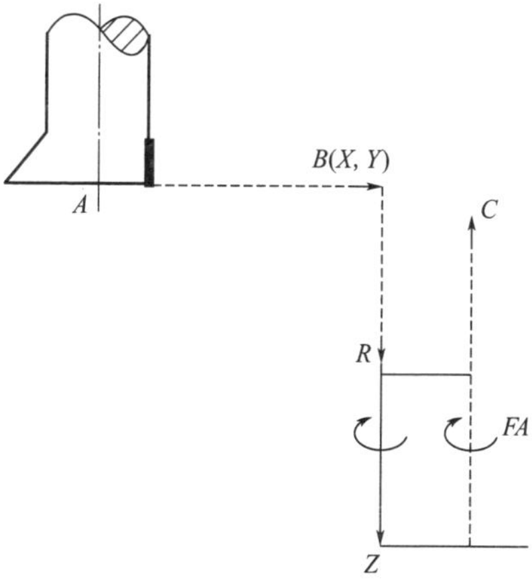

图 17-9 镗孔 G85

表 17-10　加工步骤

步骤	G85 循环介绍
1	快速运动 *XY* 位置
2	快速运动至 *R* 平面
3	进给运动至 *Z* 向深度
4	进给运动返回 *R* 平面
5	快速退刀至初始平面(G98)或快速退刀至 *R* 平面(G99)

② 应用　该循环用于镗孔和铰孔，主要用于刀具运动进入或退出孔时可以改善孔的表面质量、尺寸公差和（或）同轴度、圆度等。使用 G85 循环进行镗孔切削时，镗孔返回过程中可能会切削少量的材料，这是因为退刀过程中刀具压力会减少。如果无法改善表面质量，应换其他循环。

17.12　以切削速度退刀的粗镗（G89）

(1)指令格式

G89 X _ Y _ Z _ R _ P _ F _

说明：

① G89 为镗削循环，模态指令。

② X、Y 为孔位坐标。

③ Z 为孔底 *Z* 向坐标。

④ R 为 *R* 平面的 *Z* 向坐标。

⑤ P 为孔底进给暂停时间，单位为 ms。

⑥ F 为切削进给速度，通常单位为 mm/min。

⑦ 执行 G89 循环如图 17-10 所示，加工步骤见表 17-11。

表 17-11　加工步骤

步骤	G89 循环介绍
1	快速运动 *XY* 位置
2	快速运动至 *R* 平面
3	进给运动至 *Z* 向深度
4	在孔底暂停,单位为 ms
5	进给运动返回 *R* 平面
6	快速退刀至初始平面(G98)或快速退刀至 *R* 平面(G99)

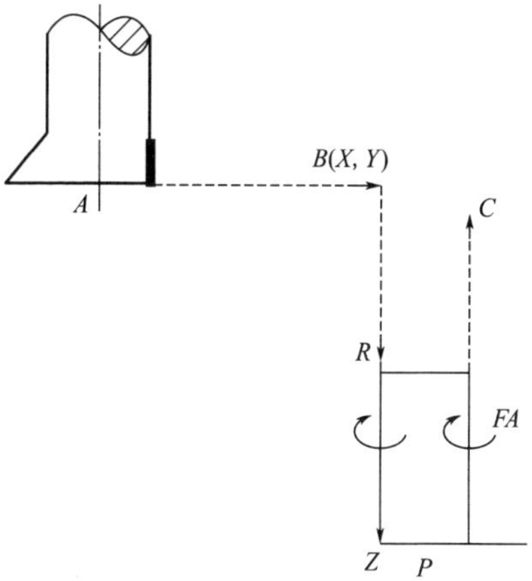

图 17-10　镗孔 G89

(2)应用

该循环用于进入和退出孔时都需要进给率，且在孔底指定暂停时间。G89 与 G85 的唯一区别是暂停值。

17.13　精镗循环（G76）

(1)指令格式

G76 X _ Y _ Z _ R _ I _ J _ P _ F _

G76 X _ Y _ Z _ R _ Q _ P _ F _

说明：

① G76 为精镗循环，模态指令。

② X、Y 为孔位坐标。

③ Z 为孔底 *Z* 向坐标。

④ R 为 *R* 平面的 *Z* 向坐标。

⑤ I 为 *X* 方向刀具偏移量，向 *X* 轴正向偏移为正，反之为负。

⑥ J 为 *Y* 方向刀具偏移量，向 *Y* 轴正向偏移为正，反之为负。

⑦ Q 为回退量。

⑧ I、J 不常用，常用 Q 形式。

⑨ P 为孔底进给暂停时间，单位为 ms。

⑩ F 为切削进给速度，通常单位为 mm/min。

⑪ 执行 G76 循环如图 17-11 所示，加工步骤如表 17-12 所示。

表 17-12　加工步骤

步骤	G76 循环介绍
1	快速运动 *XY* 位置
2	快速运动至 *R* 平面
3	进给运动至 *Z* 向深度
4	在孔底暂停，单位为 ms
5	主轴停止旋转
6	主轴定位
7	根据 *Q* 值退出或移动至 I 和 J 指定的大小和方向
8	快速退刀至初始平面(G98)或停留在 *R* 平面(G99)
9	根据 *Q* 值进入或朝 I 和 J 指定的相反方向移动
10	主轴恢复旋转

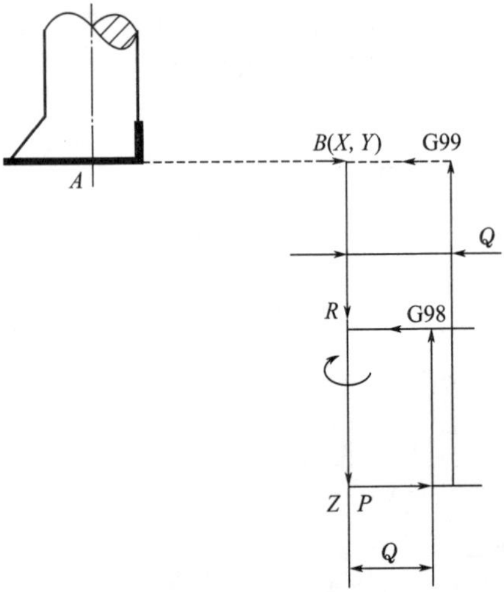

图 17-11　精镗（G76）

(2)应用

该循环主要用于孔的精加工。精镗循环与粗镗循环的区别是：精镗至孔底后，主轴定向停止，并反刀尖方向偏移，使刀尖退出时不划伤精加工孔表面。

17.14 背镗循环（G87）

(1)指令格式

G98 G87 X _ Y _ Z _ R _ I _ J _ P _ F _

G98 G87 X _ Y _ Z _ R _ Q _ P _ F _

说明：

① G87 为背镗循环，模态指令。

② X、Y 为孔位坐标。

③ Z 为孔底 Z 向坐标。

④ R 为 R 平面的 Z 向坐标。

⑤ I 为 X 方向刀具偏移量，向 X 轴正向偏移为正，反之为负。

⑥ J 为 Y 方向刀具偏移量，向 Y 轴正向偏移为正，反之为负。

⑦ Q 为孔底的偏移量。

⑧ I、J 不常用，常用 Q 形式。

⑨ P 为孔底进给暂停时间，单位为 ms。

⑩ F 为切削进给速度，通常单位为 mm/min。

⑪ G99 不能和 G87 循环同时使用。

⑫ 执行 G87 循环如图 17-12 所示，加工步骤如表 17-13 所示。

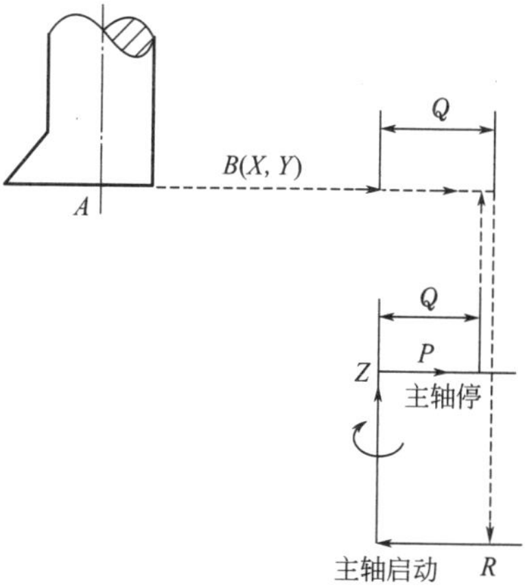

图 17-12 背镗（G87）

表 17-13 加工步骤

步骤	G87 循环介绍
1	快速运动 XY 位置
2	主轴停止旋转
3	主轴定位
4	根据 Q 值退出或移动由 I 和 J 指定的大小和方向

续表

步骤	G87 循环介绍
5	快速运动到 *R* 平面
6	根据 *Q* 值退出或朝 I 和 J 指定的相反方向移动
7	主轴顺时针旋转(M03)
8	进给运动至 *Z* 向深度
9	主轴停止旋转
10	主轴定位
11	根据 *Q* 值退出或移动由 I 和 J 指定的大小和方向
12	快速退刀至初始平面
13	根据 *Q* 值退出或朝 I 和 J 指定的相反方向移动
14	主轴旋转

(2)应用

该循环只能用于某些（不是所有）背镗操作。背镗循环中的切削进给方向与一般孔加工方向相反，一般孔加工时，刀具主轴沿 *Z* 轴负向切削进给，*R* 平面在孔底的正向：背镗时，刀具主轴沿着 *Z* 轴正向切削进给，*R* 平面在孔底 *Z* 的负向。

17.15 刚性攻螺纹循环（G84、G74）

17.15.1 刚性攻螺纹

(1)指令格式

$$\begin{cases}G84\\G74\end{cases} X\_\ Y\_\ Z\_\ R\_\ P\_\ F\_\ ;$$

① 式中的符号与普通攻螺纹相同。

② 指定 G84 和 G74 为刚性攻螺纹方式，可以用下列方法之一指定：

a. 在攻螺纹程序段前指定 M29 S _ ；

b. 在攻螺纹程序段中指令 M29 S _ ；

c. 通过参数设定，把 G84 或 G74 作为刚性攻螺纹 G 代码。

③ 执行刚性循环 G73 动作如图 17-13 所示，加工步骤如表 17-14 所示。当攻螺纹正在执行时，进给速度倍率和主轴倍率认

为是 100%。但是，回退（动作 5）的速度通过参数设置可以调到 200%。

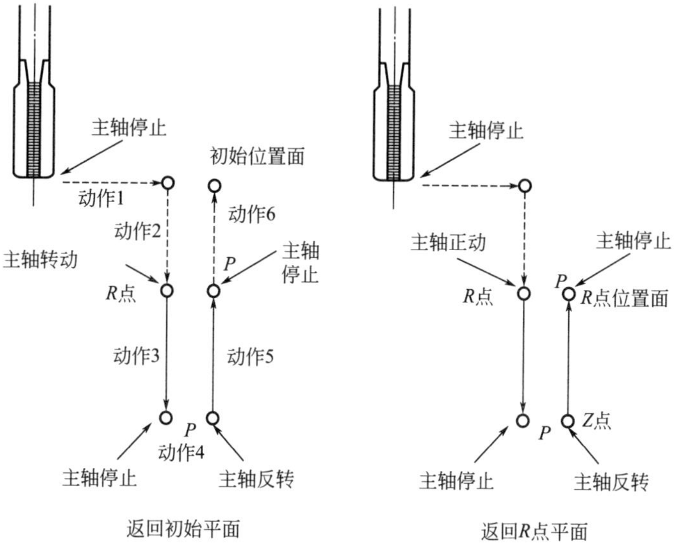

图 17-13 G84 和 G74 刚性攻螺纹动作过程

表 17-14 加工步骤

步骤	G84 和 G74 刚性攻螺纹循环介绍
1	快速运动 *XY* 位置
2	快速运动至 *R* 平面
3	主轴转动，以切削速度进给运动至 *Z* 向深度
4	主轴停止旋转，暂停
5	主轴反向旋转且以退刀速度返回 *R* 平面
6	主轴停止旋转，暂停
7	返回初始平面(G98)或停留在 *R* 平面(G99)

④ 在每分钟进给方式下，螺纹导程＝进给速度×主轴转速。在每转进给 方式中，螺纹导程等于进给速度。

⑤ 如果在固定循环方式中指定刀具长度补偿（G43，G44 或 G49），则在定位到 *R* 点的同时加偏置。

⑥ 必须在切换攻螺纹轴之前取消固定循环。如果在刚性方式中改变攻螺纹轴，发生报警。

⑦ 如果速度比指定挡的最大速度高，发生报警。

⑧ 如果在 M29 和 G84 之间指定 S 和轴移动指令，发生报警。

⑨ 不能在同一个程序段中指定 01 组 G 代码（G00 到 G03 或 G60）。

⑩ 在固定循环方式中，刀具偏置被忽略。

⑪ 在刚性攻螺纹期间，程序再启动无效。

⑫ 如果指定的 F 值超过切削进给速度上限值，则发出报警。

⑬ F 指令的单位见表 17-15。

表 17-15　F 指令单位

指令代码	公制输入	英制输入	备注
G94	1mm/min	0.01in/min	允许小数点编程
G95	0.01mm/r	0.0001in/r	允许小数点编程

(2)应用

在标准方式中，为执行攻螺纹，使用辅助功能 M03（主轴正转），M04（主轴反转）和 M05（主轴停止），使主轴旋转、停止，并沿着攻螺纹轴移动。在刚性攻螺纹方式中，用主轴电机控制攻螺纹过程，主轴电机的工作和伺服电机一样。由攻螺纹轴和主轴之间的插补来执行攻螺纹。刚性方式执行攻螺纹时，主轴每旋转一转，沿攻螺纹轴产生一定的进给螺纹导程。即使在加减速期间，这个操作也不变化。刚性方式不用标准攻螺纹方式中使用的浮动丝锥卡头，这样可得到较快和较精确的攻螺纹。

在刚性方式中主轴电机的控制仿佛是一个伺服电机，可实现高速高精度攻螺纹。

17.15.2　排屑刚性攻螺纹循环

(1)指令格式

$$\begin{cases}G84\\G74\end{cases} X\_\ Y\_\ Z\_\ R\_\ P\_\ Q\_\ F\_\ K\_\ ;$$

说明：

① 式中的符号与普通攻螺纹相同。

② G84 和 G74 在刚性攻螺纹模式下，通过参数设置，可以设

定 G84 和 G74 为高速深孔（排屑）攻螺纹循环或标准深孔（排屑）攻螺纹循环。

当设定为高速深孔（排屑）攻螺纹循环时，动作如图 17-14 所示，步骤如表 17-16 所示。通过参数设置，指定后退速度（图中第 2 步）是否能倍率。

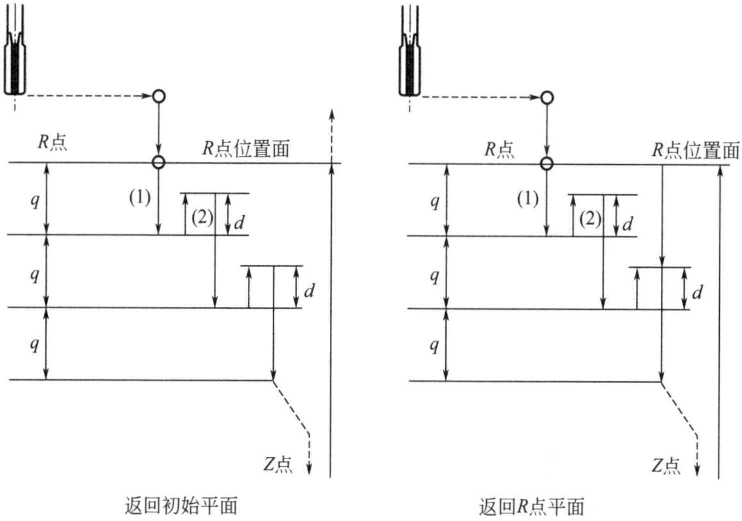

图 17-14　G84 和 G74 高速深孔（排屑）攻螺纹循环

表 17-16　加工步骤

步骤	G84 和 G74 高速深孔(排屑)攻螺纹循环介绍
1	快速运动 XY 位置
2	快速运动至 R 平面
3	主轴转动，根据 Q 值以切削速度进给运动至 Z 向深度
4	根据间隙值反转以后退速度返回(间隙有系统参数设定)
5	以进给速度做进给运动，进给量为 Q 值与间隙值之和
6	重复 4、5 步直至到达编程 Z 向深度
7	主轴反转，以退刀速度退刀至 R 平面(G99)，主轴停转，根据需要快速退刀至初始平面(G98)

当设定为深孔（排屑）攻螺纹循环时，动作如图 17-15 所示，

动作步骤如表17-17所示。通过参数设置，指定后退速度（图中第2、3步）是否能倍率。

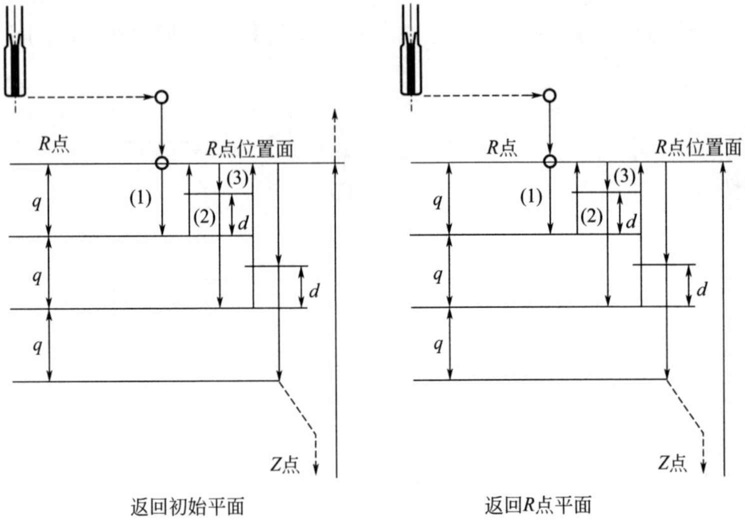

图 17-15 G84 和 G74 深孔（排屑）刚性攻螺纹循环

表 17-17 加工步骤表

步骤	G84 和 G74 深孔(排屑)刚性攻螺纹循环介绍
1	快速运动 *XY* 位置
2	快速运动至 *R* 平面
3	主轴转动，根据 *Q* 值以进给速度进给运动至 *Z* 向深度
4	主轴反转，以退刀速度退刀至 *R* 平面
5	以退刀速度进给运动至前一深度减去间隙 *d*(间隙由系统参数设定)
6	重复 3、4、5 步直至到达编程 *Z* 向深度
7	主轴反转，以退刀速度退刀至 *R* 平面(G99)，主轴停转，根据需要快速退刀至 *R* 平面(G98)

③ 必须在切换攻螺纹轴之前取消固定循环。如果在刚性方式中切换攻螺纹轴，发出报警。

④ 如果指令速度超过所用挡的最大速度，发出报警。

⑤ 如果指定超过切削进给速度上限值，发出报警。

⑥ F 指令单位见表 17-18。

表 17-18　F 指令单位

指令代码	公制输入	英制输入	备注
G94	1mm/min	0.01in/min	允许小数点编程
G95	0.01mm/r	0.0001in/r	允许小数点编程

⑦ 如果在 M29 和 G84（或 G74）之间指定 S 和轴移动指令，发出报警。

⑧ 如果 M29 在攻螺纹循环中指定，发出报警。

⑨ 在执行攻螺纹程序段中指定 P/Q。如果在非攻螺纹程序段中指定它们，则不能作为模态数据存储。

(2)应用

在刚性攻螺纹方式中深孔攻螺纹可能是困难的，因为切屑阻止刀具的运动或者增加切削阻力。在这样的情况下，排屑对刚性攻螺纹是有用的。这种循环中，执行数次进刀直到孔底。深孔攻螺纹循环有两种：高速深孔攻螺纹循环和标准深孔攻螺纹循环，用参数可以选择。

17.16　编程举例

【例 1】 如图 17-16 所示。利用两把刀具：T01 为 90°点钻，它切削到每一台阶表面下方 2.7mm 处；T02 为 $\phi6$ 的钻头，它切削到绝对深度 $Z-28$。工件的左下角坐标为 $X0Y0$，工件上表面 Z 向坐标为零。程序如表 17-19 所示。

表 17-19　加工程序

程　　序	说　　明
O1310;	程序名
(T01—点钻)	T01 在主轴上
N1 G21;	公制模式
N2 G17 G40 G80;	XY 平面，取消半径补偿和钻孔循环
N3 G90 G54 G00 X6.5 Y10.0 S900 M03;	刀具快速移至孔 1 的上方，主轴正转
N4 G43 Z25 H01 M08;	刀具长度补偿，冷却液开

续表

程　　序	说　　明
N5 G99 G82 R−10.0 Z−15.7 P200 F150.0;	钻孔 1,返回 *R* 平面
N6 Y20.0;	钻孔 2,返回 *R* 平面
N7 Y30.0;	钻孔 3,返回 *R* 平面
N8 G98 Y40.0;	钻孔 4,返回初始平面
N9 G99 X22.0 R−1.0 Z−6.7;	钻孔 5,返回 *R* 平面
N10 Y30.0;	钻孔 6,返回 *R* 平面
N11 G98 Y10.0;	钻孔 7,返回初始平面
N12 G99 X43.0 R3.0 Z−2.7;	钻孔 8,返回 *R* 平面
N13 Y20.0;	钻孔 9,返回 *R* 平面
N14 Y40.0;	钻孔 10,返回 *R* 平面
N15 X62.0 Y30.0 R−7.0 Z−12.7;	钻孔 11,返回 *R* 平面
N16 Y10.0;	钻孔 12,返回 *R* 平面
N17 G80 Z25.0 M09;	取消钻孔循环,冷却液关
N18 G28 Z25.0 M05;	*Z* 轴返回参考点,主轴停转
N19 M00;	程序暂停
	(手工换刀,T02——钻孔)
N20 G90 G54 X62.0 Y10.0 S1000 M03;	刀具快速移至孔 12 的上方,主轴正转
N21 G43 Z25.0 H01 M08;	刀具长度补偿,冷却液开
N22 G99 G83 R−7.0 Z−28.0 Q9.0 F200.0;	钻孔 12,返回 *R* 平面
N23 G98 Y30.0;	钻孔 11,返回初始平面
N24 G99 X43 .0 Y40.0 R3.0;	钻孔 10,返回 *R* 平面
N25 Y20.0;	钻孔 9,返回初始平面
N26 Y10.0;	钻孔 8,返回 *R* 平面
N27 X22.0 R−1.0;	钻孔 7,返回 *R* 平面
N28 Y30.0;	钻孔 6,返回初始平面
N29 Y40.0;	钻孔 5,返回 *R* 平面
N30 X10.0 R−10.0;	钻孔 4,返回 *R* 平面
N31 Y30.0;	钻孔 3,返回 *R* 平面
N32 Y20.0;	钻孔 2,返回 *R* 平面
N33 Y10.0;	钻孔 1,返回 *R* 平面
N34 G80 Z25.0 M09;	取消钻孔循环,*Z* 轴上移,冷却液关
N35 G28 Z25.0 M05;	*Z* 轴返回参考点,主轴停转
N36 M30;	程序停止
%	

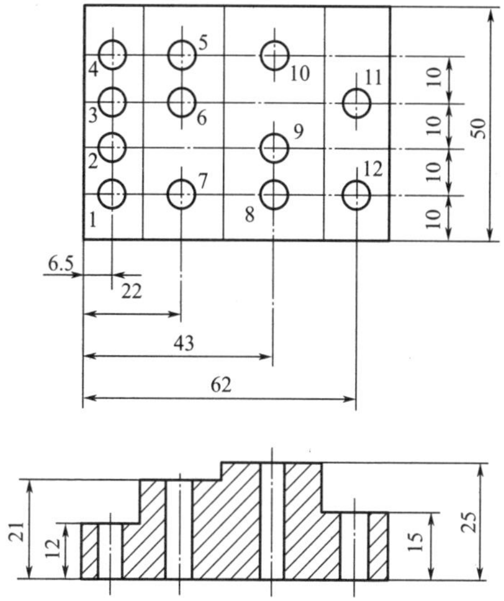

图 17-16 零件图

【例 2】 利用钻孔循环加工如图 17-17 所示的零件。

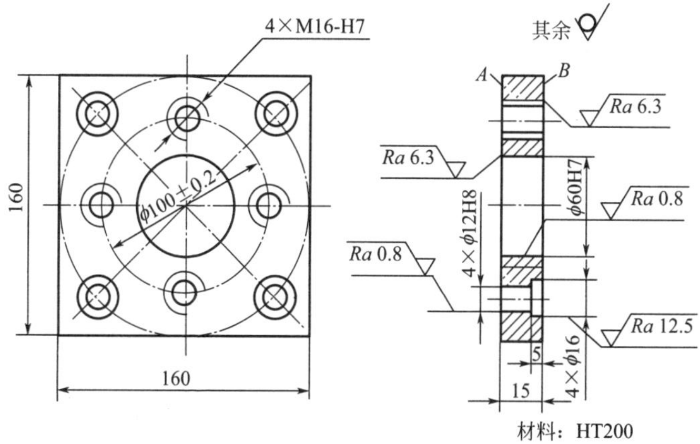

图 17-17 盖板零件图

X、Y 向加工原点选在 $\phi60$ 孔的中心，Z 向加工原点选在工件上表面上。盖板数控加工工序如表 17-20 所示，加工程序见表 17-21。

表 17-20　盖板数控加工工艺卡片

(工厂)	数控加工工序卡片		产品名称或代号			零件名称		材料		零件图号
						盖板		HT200		
工序号	程序编号	夹具名称	夹具编号			使用设备				车间
		台虎钳				XH714				
工步号	工序内容		加工面	刀具号	刀具规格/mm	主轴转速/(r/min)	进给速度/(mm/min)	背吃刀量/mm		备注
1	粗镗 ϕ60H7 孔至 ϕ58			T01	ϕ58	400	60			
2	半精镗 ϕ60H7 孔至 59.92mm			T02	ϕ59.92	450	50			
3	精镗 ϕ60H7 孔至尺寸			T03	ϕ60	500	40			
4	钻 4×ϕ12H8 及 4×M16 中心孔			T04	ϕ3	1000	50			
5	钻 ϕ12H8 至 ϕ11			T05	ϕ11	600	60			
6	扩 4×ϕ12H8 至 11.85mm			T06	ϕ11.85	300	40			
7	锪 4×ϕ16 至尺寸			T07	ϕ16	150	30			
8	铰 4×ϕ12H8 至尺寸			T08	ϕ12	100	40			
9	钻 4×M16 底孔至 ϕ14			T09	ϕ14	450	60			
10	倒 4×M16 底孔端角			T10	ϕ18	300	40			
11	攻 4×M16 螺纹孔			T11	M16	100	200			
编制		审核				批准		共 1 页		第 1 页

表 17-21　加工程序

程　　序	说　　明
O1320;(主程序)	程序号
N1 G21;	公制模式
N2 G17 G40 G80;	平面选择,取消半径补偿和固定循环
N3T01;	选刀,T01 粗镗刀
N4 G91 G28 X0 Y0 Z0;	回参考点
N5 M06;	自动换刀(T01 安装在主轴上)
N6 G90 G54 G00 X0 Y0 S450 M03 T02;	刀具快速移至孔的上方,主轴正转,T02 准备(半精镗刀)
N7G43 Z30.0 H01;	刀具长度补偿
N8 G98 G81 Z-20.0 R5.0 F60;	固定循环,粗镗 ϕ60 孔
N9 G00 Z100.0 M05	Z 轴上升至安全位置,主轴停转
N10 G28 Z100.0;	Z 轴返回参考点
N11 T02;	重复调用 T02(T02 为半精镗刀)
N12 M06;	自动换刀(T02 安装在主轴上)

续表

程　　序	说　　明
N13G00 G43 Z30.0 H02 M03 T03；	刀具长度补偿，T03 刀准备(精镗刀)
N14 G98 G81 Z－20.0 R5.0 F50；	固定循环，半精镗 ϕ60 孔
N15 G00 Z100.0 M05；	Z 轴上升至安全位置，主轴停转
N16 G28 Z30.0 M05；	Z 轴返回参考点
N17 T03；	重复调用 T03(T03 为精镗刀)
N18 M06；	自动换刀(T03 安装在主轴上)
N19 G00 G43 Z30.0 H03 S500 M03 T04；	刀具补偿，T04 刀准备(中心钻)
N20 G98 G76 Z－20.0 R5.0 Q0.2 P200 F40；	固定循环，精镗 ϕ60 孔
N21 G00 Z100.0 M05；	Z 轴上升至安全位置，主轴停转
N22 G28 Z100.0；	Z 轴返回参考点
N23 T04；	重复调用 T04(T04 为中心钻)
N24 M06；	自动换刀(T04 安装在主轴上)
N25 G00 G43 Z30.0 H04 S1000 M03 T05；	刀具补偿，T05 刀准备(ϕ10 钻头)
N26 G99 G81 X－50.0 Z－5.0 R3.0 F50；	固定循环，钻中心孔
N27 X－56.569 Y56.569；	
N28 X0 Y50.0；	
N29 X56.569 Y53.569；	
N30 X50.0 Y0；	
N31 X56.569 Y－56.569；	
N32 X0 Y－50.0；	
N33 X－56.569 Y－56.569；	
N34 G00 Z100.0 M05；	Z 轴上升至安全位置，主轴停转
N35 G28 Z100.0	Z 轴返回参考点
N36 T05；	重复调用 T05(T05 为 ϕ10 钻头)
N37 M06；	自动换刀(T05 安装在主轴上)
N38 G00 G43 Z30.0 H05 S600 M03 T06；	刀具补偿，T06 刀准备(ϕ11.85)
N39 G99 G81 X－56.569 Y56.569 Z－20.0 R3.0 F60；	固定循环，钻 ϕ12 为 ϕ10
N40 M98 P0020；	调用子程序
N41 G00 Z100.0 M05；	Z 轴上升至安全位置，主轴停转
N42 G28 Z100.0；	Z 轴返回参考点
N43 T06；	重复调用 T06(T06 为 ϕ11.85 的钻头)
N44 M06；	自动换刀(T06 安装在主轴上)
N45 G00 G43 Z30.0 H06 S300 M03 T07；	刀具补偿，T07 刀准备(ϕ16 的阶梯孔铣刀)
N46 G99 G81 X－56.569 Y56.569 Z－20.0 R3.0 F40；	固定循环，钻 ϕ12 为 ϕ11.85
N47 M98 P0020；	调用子程序

续表

程　序	说　明
N48 G00 Z100.0 M05；	Z 轴上升至安全位置，主轴停转
N49 G28 Z100.0；	Z 轴返回参考点
N50 T07；	重复调用 T07(T07 为阶梯孔铣刀)
N51 M06；	自动换刀(T07 安装在主轴上)
N52 G00 G43 Z30.0 H07 S150 M03 T08；	刀具补偿，T08 刀准备(铰刀)
N53 G99 G82 X－56.569 Y46.469 Z－5.0 R3.0 P500 F30；	固定循环，锪 ϕ16 孔至尺寸
N54 M98 P0020；	调用子程序
N55 G00 Z100.0 M05；	Z 轴上升至安全位置，主轴停转
N56 G28 Z100.0；	Z 轴返回参考点
N59 T08；	重复调用 T08(铰刀)
N60 M06；	自动换刀(T08 安装在主轴上)
N61 G00 G43 Z30.0 H08 S100 M03 T09；	刀具补偿，T09 刀准备(ϕ14 钻头)
N62G99 G81 X－56.569 Y56.569 Z－20.0 R3.0 F40；	固定循环，铰 ϕ12H8 孔至尺寸
N63 M98 P0020；	调用子程序
N64 G00 Z100.0 M05；	Z 轴上升至安全位置，主轴停转
N65 G28 Z100.0；	Z 轴返回参考点
N66 T09；	重复调用 T09(ϕ14 钻头)
N67 M06；	自动换刀(T09 安装在主轴上)
N68 G00 G43 Z30.0 H09 S450 M03 T10；	刀具补偿，T10 刀准备(ϕ18 的倒角钻头)
N69 G99 G81 X－50 .0Z－20.0 R3.0 F60；	固定循环，钻 M16 螺纹的底孔
N70 M98 P0030；	调用子程序
N71 G00 Z100.0 M05；	Z 轴上升至安全位置，主轴停转
N72 G28 Z100.0；	Z 轴返回参考点
N73 T10；	重复调用 T10(ϕ18 的倒角钻头)
N74 M06；	自动换刀(T10 安装在主轴上)
N75 G00 G43 Z30.0 H10 S300 M03 T11；	刀具补偿，T11 刀准备(M16 机用丝锥)
N76 G99 G82 X－50.0 Y0 Z－20.0 R3.0 P500 F40；	固定循环，倒角
N77 M98 P0030；	调用子程序
N78 G00 Z100.0 M05；	Z 轴上升至安全位置，主轴停转
N79 G28 Z100.0；	Z 轴返回参考点
N80 T11；	重复调用 T11(M16 机用丝锥)
N81 M06；	自动换刀(T11 安装在主轴上)
N82 G00 G43 Z30.0 H11 S100 M03 T01；	刀具补偿，T01 刀准备(粗镗刀)
N83 G99 G84 X－50.0 Y0 Z－20.0 R5.0 F200；	固定循环，攻 M16 螺纹孔

续表

程　　序	说　　明
N84 M98 P0030;	调用子程序
N85 G00 Z100.0 M05;	Z 轴上升至安全位置，主轴停转
N86 G28 Z100.0;	Z 轴返回参考点
N87 M30;	程序结束
%	
O0020(ϕ160 中心线上的子程序)	子程序名
N1 X56.569 Y56.569;	
N2 Y－56.569;	
N3 X－56.569	
M99;	子程序结束
%	
O0030(ϕ100 中心线上的子程序)	子程序名
N1 X0 Y50.0;	
N2 X50.0 Y0;	
N3 X0 Y－50.0	
N4 M99;	子程序结束
%	

【例 3】 精镗如图 17-18 所示 ϕ47.4 两孔至 ϕ48，用 G87 指令编程。加工程序见表 17-22 所示。

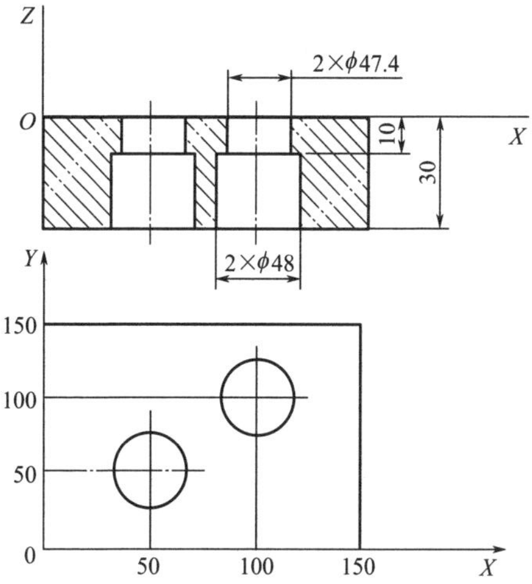

图 17-18　精镗实例

表 17-22　加工程序

程　序	说　明
O1330；	程序号
N1 G21；	公制模式
N2 G17 G40 G80；	平面选择，取消刀具半径补偿和固定循环
N3 G90 G54 G00 X−50.0 Y−50.0 S350；	X、Y 轴靠近工件
N4 G43 Z20.0 H01；	刀具长度补偿
N5 G98 G87 X50.0 Y50.0 Z−10.0 R−40.0 Q0.5 F40；	加工第一个孔，背镗循环，完毕后刀具停留在(50,50,20.0)
N6 X100.0 Y100.0	加工第二个孔，完毕后刀具停留在(100,100,20)
N7 G00 Z200.0	Z 轴远离工件
N8 M30；	程序结束
%	

第18章 子程序（M98、M99）

18.1 子程序格式（M99）

子程序的格式：

O××××；

…………；

…………；

…………

M99；

说明：

① 在子程序的开头，继“O”（EIA）或“:”（ISO）之后规定子程序号（由 4 位数字组成，前 0 可以省略）。

② M99 为子程序结束指令，或返回主程序指令，M99 不一定要单独用一个程序段，如 G00 X_ Y_ M99；也是允许的。

③ 如果在子程序的返回指令中加入 Pn，即格式变为 M99 Pn，则子程序在返回时将返回到主程序中顺序号为 n 的程序段，但这种情况只用于存储器工作方式而不能用于纸带方式。

例如：

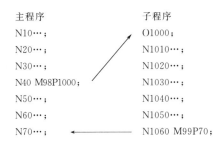

主程序	子程序
N10…；	O1000；
N20…；	N1010…；
N30…；	N1020…；
N40 M98P1000；	N1030…；
N50…；	N1040…；
N60…；	N1050…；
N70…；	N1060 M99P70；

④ 当在主程序中执行 M99 时，程序将返回到程序开头的位置并继续执行程序，为了让程序能够停止或继续执行后面的程序，这种情况下通常是写成/M99，以便在不需要重复执行时，跳过这程序段。也可以在主程序中插入/M99 P*n*。

```
N0010…;
N0020…;
N0030…;
N0040…;
N0050…;
N0060…;
/N0070 M99 P0030;
N0080…;
N0090 M02 ;
```

任选程序段跳过开关(/)OFF 时

任选程序段跳过开关(/)ON 时

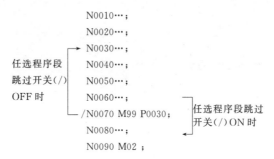

⑤ 通过 MDI 检索到子程序的开头，就可以像执行主程序那样执行子程序。在这种情况下，如果执行含有 M99 的程序段，则返回到子程序的开头，并重复执行。如果执行 M99 P*n*，则返回到顺序号 *n* 的程序段重复执行。为了结束这个程序，把含有/M02 或/M30 的程序段插入适当的位置，如下列程序，要想结束，把面板上跳过任选程序段开关设置为断开，这个开关要先设定，不要临时设定。

例如：

```
N1040…;
N1050…;
N1060…;
/N1070 M02 ;
N1080 M99 P1050;
```

任选程序段跳过开关(/)ON 时

任选程序段跳过开关(/)OFF 时

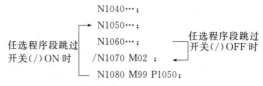

⑥ M99 信号不输出到机床。

18.2 子程序调用（M98）

(1)指令格式

M98 P _ L（或 K） _

说明：

① M98 为调用子程序，但它不是一个完整的功能，需要两个附加参数使其有效。在单独程序段中只有 M98 指令将会出现错误。

② 地址 P 后面的四位数字为子程序号。

③ 地址 L（或 K）指令为调用子程序的次数，系统允许调用次数最多为 999 次，若只调用一次可以省略不写。有些控制器不能接受 L 或 K 地址作为重复次数，直接在 P 地址后编写重复次数。

例如：

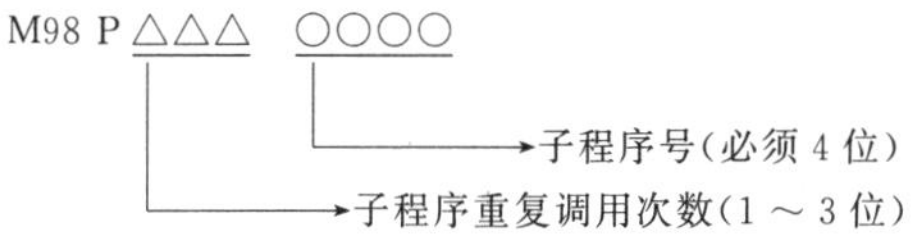

④ 子程序调用只能在存储器方式下用自动方式执行。

⑤ 为了进一步简化程序，可以让子程序调用另一个子程序，这称为子程序的嵌套，现代控制器允许最大四级嵌套，主程序调用子程序时，它被认为是一级子程序，一级子程序调用的子程序被认为是二级子程序，以此类推，三级子程序调用的子程序为四级子程序，编程使用较多的是二重嵌套，其程序执行情况如图 18-1 所示。

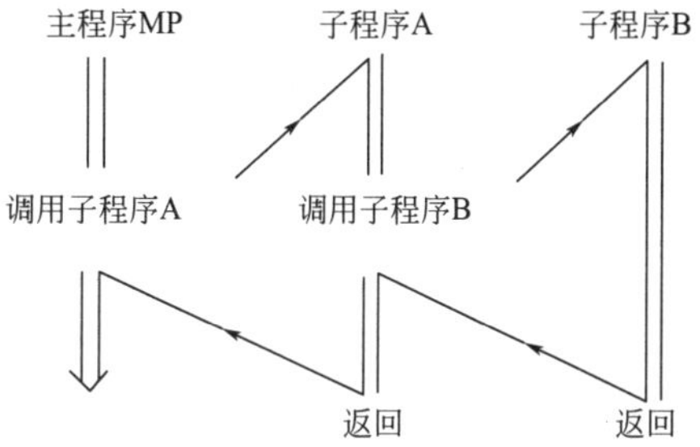

图 18-1 子程序的嵌套

⑥ 调用子程序的 M98 程序段也可能包含附加指令，如快速运动、主轴转速、进给率、刀具半径偏置等。大多数 CNC 控制器中，与子程序调用位于同一程序段中的附加数据将会传递到子程序中。

例如：N50 G00 X28.373 Y13.420 M99 P3591；

程序段先执行快速运动，然后调用子程序，程序段中的地址字的顺序对程序运行没有影响。

N50 M98 P3591 G00 X28.373 Y13.420；

它将得到相同的加工顺序，即刀具运动在调用子程序之前进行。

⑦ 在使用子程序时需要注意以下两点：

a. 主程序中的模态 G 代码可被子程序中同一组的其他 G 代码所更改。如下例中，主程序中的 G90 被子程序中的 G91 更改，从子程序返回时主程序也变为 G91 状态了：

```
         ┌O0100(主程序)
         │N1 G54 G90
G90 状态 ┤:
         │:
         └N10 G98 P0200
               ┌N11——
               │:
变为 G91 状态  ┤:
               └N20M30
O0200(子程序)
N100 G91 ____;
:
:
:
N120 M99;
```

b. 最好不要在刀具补偿状态下的主程序中调用子程序　因为当子程序中连续出现两段以上非移动指令或非刀补平面轴运动指令时很容易出现过切等错误，如下例：

```
O1(MAIN);
N1 G41 G17;
N2 M98 P100;
N3 G40;
N5 M30;

O100(SUB);
N100 Z－98.0;                  连续两段 Z 轴指令
N200 Z－2.0;
M99;
```

(2)应用

① 零件上有若干处具有相同的轮廓形状。在这种情况下，只

编写一个轮廓形状的子程序，然后用一个主程序来调用该子程序。

② 加工中反复出现具有相同轨迹的走刀路线。被加工的零件从外形上看并无相同的轮廓，但需要刀具在某一区域分层或分行反复走刀，走刀轨迹总是出现某一特定的形状，采用子程序就比较方便，此时通常要以增量方式编程。

③ 程序中的内容具有相对的对立性。加工中心编写的程序往往包含许多独立的工序，有时工序之间的调用也是允许的，为了优化加工顺序，把每一个独立的工序编成一个子程序，主程序中只有换刀和调用子程序等指令，是加工中心编程的一个特点。

④ 满足某种特殊的需要。

18.3 编程举例

【例 1】 如图 18-2 所示零件图，采用子程序功能，*Z* 轴原点建立在工件上表面上，*Z* 向铣削深度为 10mm。加工程序如表 18-1 所示。

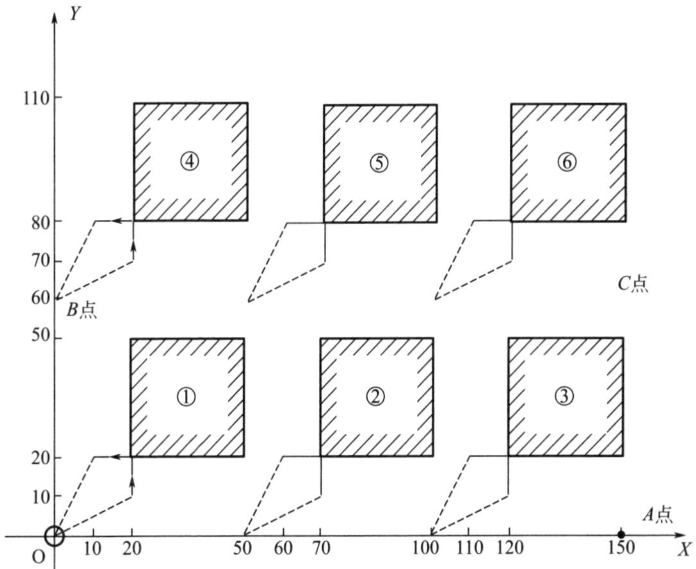

图 18-2　子程序举例

表 18-1 加工程序

程　　序	说　　明
O1410（主程序）；	主程序名
N1 G21 G40 G80 G17；	初始状态
N2 G54 G90 G00 X0 Y0 S300 M03；	X、Y 轴移动到起始位置，主轴正转
N3 G43 Z30.0 H01；	刀具长度补偿
N5 M98 P100 L3；	调用 3 次子程序 O100，分别加工①、②、③后到达 A 点
N6 G90 G00 X0 Y60.0；	向 B 点移动
N7 M98 P100 L3；	再调用 3 次程序 O100，分别加工④、⑤、⑥后到达
N8 G90 G00 Z200.0 M05；	C 点
N9 M30；	远离工件
%	程序结束
O100 （子程序）；	子程序号
N100 G01 Z2.0 F500；	靠近工件
N100G91G41G01 X20.0 Y9.0 D01；	加刀具半径补偿
N110 Y1.0；	
N120 G01 Z−12.0 F100.0 ；	
N140 Y40.0；	
N150 X30.0；	
N160 Y30.0；	
N170 X−40.0；	
N180 G01 Z40.0 F500；	
N190 G00 G40X−10.0 Y−20.0；	取消半径补偿
N200 X50.0；	移向下次加工始点
N210 M99；	子程序结束
%	

【例 2】 零件如图 18-3 所示，用 ϕ8mm 键槽铣刀加工，使用半径补偿，每次 Z 轴下刀 2.5mm，利用子程序编写程序。加工程序如表 18-2 所示。

工件坐标系原点建立在工件左下角上，工件上平面 Z 向坐标为零。

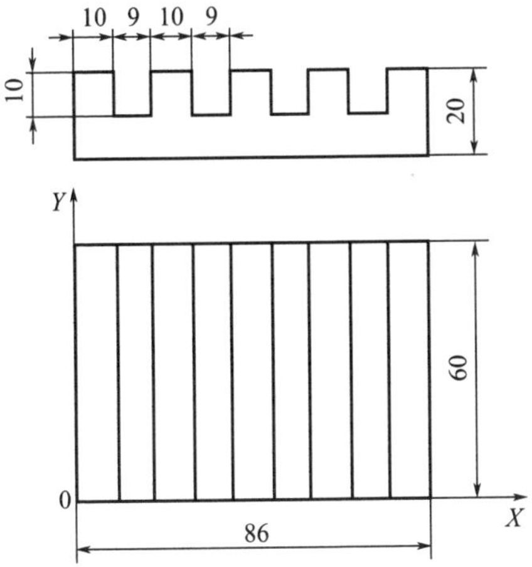

图 18-3　零件图

表 18-2　加工程序

程　　序	说　　明
O1450	主程序名
N1 G21 G40 G80 G17	初始状态
N2 G90 G54 G00 X－4.5 Y－10.0	X、Y 轴快速移至起始点的位置
N3 G43 Z5 H01	刀具长度补偿
N4 S800 M03	主轴正转
N5 G01 Z0 M08	Z 轴移至起始位置
N6 M98 P110 L4	调用子程序
N7 G90 G00 Z20. M09	刀具 Z 向移动
N8 G28 Z20 M05	Z 轴返回参考点
N9 M30	程序结束
%	
O110(分层铣削)	
N1 G91 G00 Z－2.5	Z 轴下降 2.5mm
N2 M98 P120 L4	调用子程序(铣削凹槽)
N3 G00 X－76	X、Y 轴返回起始点
N4 M99	子程序结束
%	
O120(凹槽铣削)	子程序名

续表

程　　序	说　　明
N1 G91 G00 X19	刀具移至凹槽中心线上
N2 G41 D21 X4.5	刀具半径补偿
N3 G01 Y75 F100	
N4 X−9	
N5 Y−75	
N6 G40 G00 X4.5	取消半径补偿
N7 M99	子程序结束
%	

【例 3】 如图 18-4 所示，粗铣某型腔至图纸尺寸，用子程序编程。

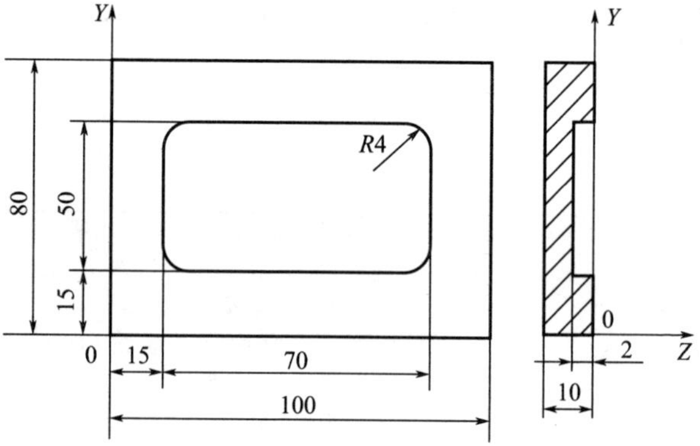

图 18-4　粗铣型腔

① 选择刀具直径 $\phi 8$。

② 确定加工工艺路线。如图 18-5 所示，刀心轨迹“$A \to B \to C \to D \to E \to F \to G$”作为一个循环单元，反复循环多次。

③ 计算刀心轨迹坐标、循环次数及步进量。如图 18-5 所示，设循环次数为 n，Y 方向步距为 y，步进方向槽宽为 B，刀具直径为 d，则 n 者关系如下：

$$\begin{cases} \text{循环 1 次} & \text{铣出槽宽 } y+d \\ \text{循环 2 次} & \text{铣出槽宽 } 3y+d \\ \text{循环 3 次} & \text{铣出槽宽 } 5y+d \\ \cdots & \cdots \\ \text{循环 } n \text{ 次} & \text{铣出槽宽 } (2n-1)y+d=B \end{cases}$$

将 $B=50$，$d=8$ 代入式 $(2n-1)y+d=B$，即 $(2n-1)y=$

42，取$n=4$（必须是整数），得 $y=6$，刀具轨迹有 1mm 重叠即可。

另外，B 点坐标 $X_B=15+\frac{1}{2}d=19$，同样 $Y_B=19$；C 点坐标 $X_C=81$，$Y_C=19$。

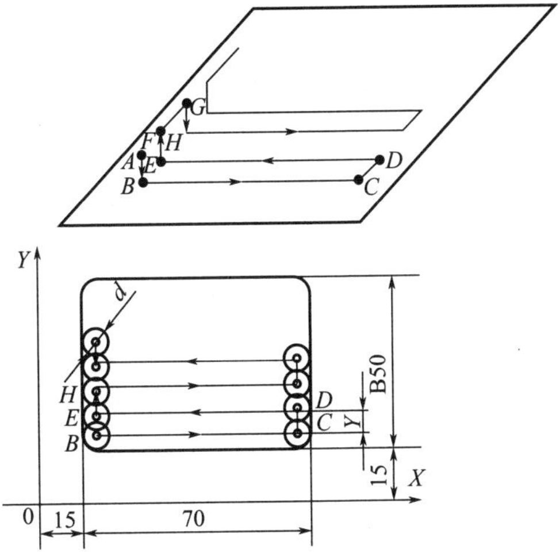

图 18-5　刀心轨迹

④ 编程如表 18-3 所示。

表 18-3　循环程序实例

程　　序	说　　明
O1460;	程序名
N1 G21 G17 G40 G80;	初始状态
N2 G90 G54 G00 X19.0 Y19.0 S1000 M03;	快进到 A 点，主轴正转
N3 G53 Z2.0 H01 M08;	刀具长度补偿，冷却液开
N4 G98 P 0020 P4;	调用 4 次子程序 O0020
N5 G90 G28 Z2 M09;	Z 向返回参考点
N6 M30;	程序结束
%	
O0020;	
N1 G91 G01 Z−4.0 F100;	$A\rightarrow B$

续表

程　　序	说　　明
N2 X62；	$B \to C$
N3 Y6；	$C \to D$
N4 X－62；	$D \to E$
N5 G00 Z4；	$E \to F$
N6 Y6；	$F \to G$
N7 M99；	子程序结束
%	

【例 4】 如图 18-6 所示，用球头铣刀铣一曲面。刀具直径 ϕ16mm，每次 Z 向切深 $a_p \leqslant 5$mm。

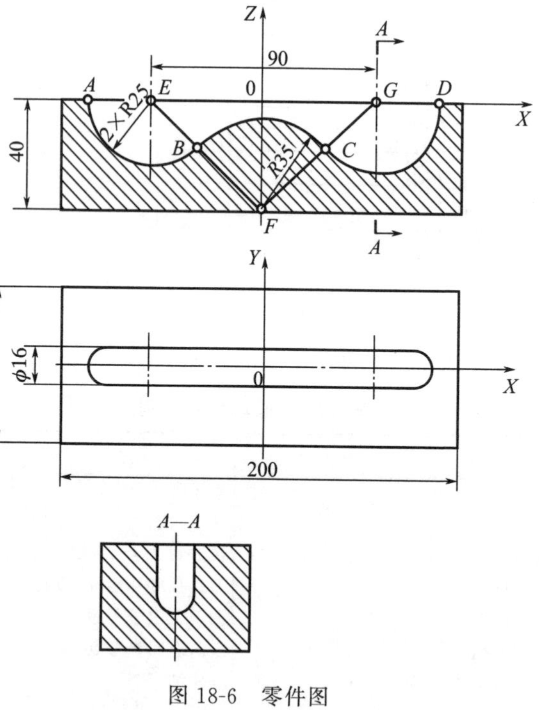

图 18-6　零件图

① 加工工艺路线安排。采用刀具半径补偿功能，在 XOZ 平面内插补运动；采用子程序，使 Z 向深度逐层增加；刀心轨迹如

图 18-7 所示，“1→2→3→4→5→6→2”为一个循环单元，反复循环 5 次。

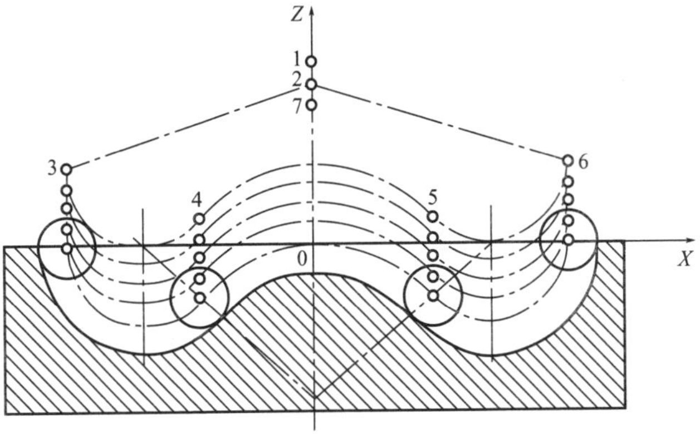

图 18-7　刀心轨迹

② 计算轨迹点的绝对坐标值。如图 18-6 所示，各轨迹点及圆心坐标为：

A(−70,0)　*B*(−26.25,−16.54)　*C*(26.25,−16.54)

D(70,0)　*E*(−45,0)　*F*(0,−39.69)

G(45,0)

③ 编制程序。见表 18-4。

表 18-4　加工程序

程　　序	说　　明
O1470;	
N1 G21 G40 G80 G17;	初始状态
N2 G54 G90 G00 X0 Y0 S1000 M03;	刀具在 *X*、*Y* 向快速移至起始位置
N3 G43 Z45.0 H01 S1000 M03;	刀具长度补偿，到达点 1
N4 M08;	冷却液开
N5 G98 P0020 L5;	调用子程序
N6 G90 G00 Z45.0 M09;	刀具 *Z* 向上升
N7 G28 Z45.0 M05;	*Z* 轴返回参考点
N8 M30;	程序结束
%	

续表

程　　序	说　　明
O0020;	
N1 G91 G01 Z−5 F400;	直线插补:1→2
N2 G18 G42 X−70 Z−20;	在G18平面上半径补偿,直线插补:2→3
N3 G02 X43.75 Z−16.54 125.0 K0 F100.0;	顺时针圆弧插补:3→4
N4 G03 X52.5 Z0 I26.25 K−23.15;	逆时针圆弧插补:4→5
N5 G02 X43.75 Z16.54 I18.75 K−16.54;	顺时针圆弧插补:5→6
N6 G40 G01 X−70 Z20 F400;	取消半径补偿,刀具移至下一个循环起始位置:6→2
N7 M99;	子程序结束,返回主程序
%	

【例5】 加工如图18-8所示的螺纹孔，采用子程序编程。程序见表18-5。

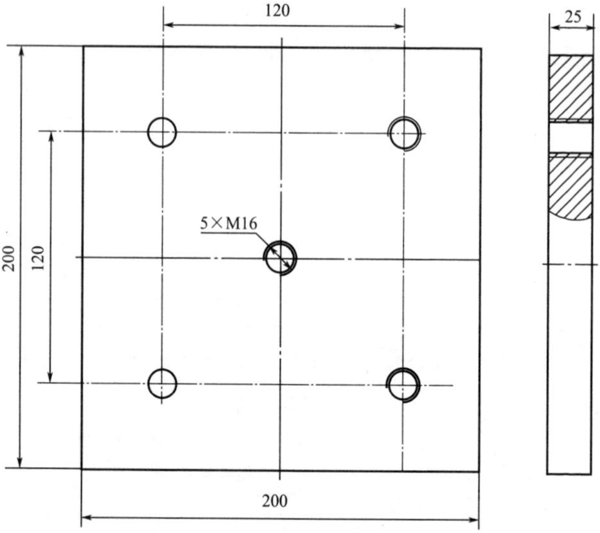

图18-8　零件图

表 18-5　加工程序

程　　序	说　　明
O1480;(主程序)	程序名
N1 G21;	公制模式
N2 G17 G40 G80 T01;	选择刀具(T01——90°中心钻)
N3 G91 G28 X0 Y0 Z0;	回参考点
N4 M06;	换刀,T01 安装在主轴上
N5 G90 G00 G54 X40.0 Y40.0 S900 M03 T02;	在 X、Y 向上刀具靠近工件,主轴正转,T02(钻头)准备
N6 G43 H01 Z25.0 M08;	刀具长度补偿,冷却液开
N7 G99 G82 R3 Z-8.5 P200 F60 L0;	钻孔循环参数
N8 M98 P3953;	调用子程序
N9 G28 Z25.0 M05;	Z 轴返回参考点
N10 M01;	可选择暂停
N11 T02;	重复调用 T02(钻螺纹底孔钻头)
N12 M06;	换刀,T02 安装在主轴上
N13 G90 G00 G54 X40.0 Y40.0 S840 M03 T03;	在 X、Y 向上刀具靠近工件,主轴正转,T03(丝锥)准备
N14 G43 Z25.0 H02 M08;	刀具长度补偿
N15 G99 G81 R3.0 Z-31.0 F150 L0;	钻孔循环参数
N16 M98 P3953;	调用子程序
N17 G28 Z25.0 M05;	Z 轴返回参考点
N18 M01;	可选择暂停
N19 T03;	重复调用 T03(丝锥)
N120 M06;	换刀,T03 安装在主轴上
N21 G90 G00 G54 X40.0 Y40.0 S200 M03 T01;	在 X、Y 向上刀具靠近工件,主轴正转,T01(中心钻)准备
N22 G43 H03 Z25.0 M08;	刀具长度补偿
N23 G99 G84 R10.0 Z-35.0 F400.0 L0;	攻螺纹循环参数
N24 M98 P3953 ;	调用子程序
N25 G28 Z25.0 M05;	Z 轴返回参考点
N26 G28 X100.0 Y100.0;	X、Y 轴回参考点
N27 M30;	程序结束
%	
O3953;(子程序)	子程序名
N1 X40.0 Y40.0;	孔位坐标,钻孔循环
N2 X160.0;	孔位坐标,钻孔循环
N3 Y160.0;	孔位坐标,钻孔循环
N4 X40.0;	孔位坐标,钻孔循环
N5 X100.0 Y100.0;	孔位坐标,钻孔循环
N6 G80 Z25.0 M09;	取消孔加工循环,Z 轴上升
N7 M99;	子程序结束
%	

第19章　比例缩放功能

19.1　比例缩放功能（G51、G50）

(1)指令格式

$$G51\ X\_\ Y\_\ Z\_\ \begin{cases}P\_\\ I\_\ J\_\ K\_\end{cases}$$

:

G50

说明：

① G51 为比例缩放功能。所谓比例缩放就是编程的形状被放大和缩小。如图 19-1 所示，$P_1 \sim P_4$ 为加工程序指令的图形，$P_1' \sim P_4'$ 为比例缩放后的图形，P_C 为比例缩放中心。G51 为模态指令，需在单独程序段指定，比例缩放之后必须用 G50 取消。

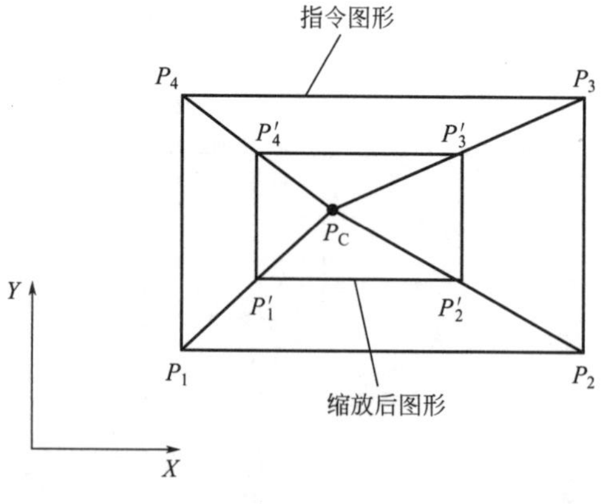

图 19-1　比例缩放

② X _ Y _ Z _ 为比例缩放中心坐标，采用绝对值编程。比例缩放功能在 X、Y、Z 轴上有效，但它对任何附加轴都不起作用。若省略 X、Y、Z，则指令 G51 时刀具所在的位置作为比例缩放中心。

③ P 为比例因子，当沿所有轴以相同比例缩放时，用 P 表示比例因子，指定范围为 0.001～999.999 倍或 0.0001～99.99999 倍。若 P 省略时，可用 MDI 预先设定比例因子。

④ 当不指令 P 而是把参数设定值用作比例系数，在 G51 指令时，就把设定值作为比例系数。任何其他指令不能改变这个值。

⑤ 当各轴的比例因子不同时，用 I、J、K 表示比例因子，I、J、Z 分别为 X、Y、Z 轴的比例因子。

【例】 如图 19-2 所示

X、Y 的比例因子不同：

a/b：X 轴比例系数。

c/d：Y 轴比例系数。

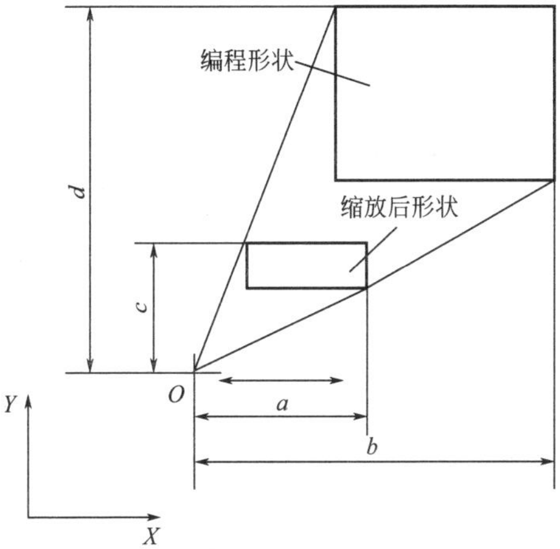

图 19-2 各轴缩放比例系数不同

⑥ I、J、K 指定范围为 ±0.001～999.999 或 ±0.00001～9.99999。比例系数 I、J、K 不用小数点。例如：在 X 轴上放大 2 倍时，用 I2000 表示。当 I、J、K 省略时，则按照系统参数（分别对应 I、J、K）设定的比例因子缩放。这些参数必须设定非零值。

⑦ I、J、K 为负值时，则执行镜像加工，以比例缩放中心为镜像对称中心。如图 19-3 所示。

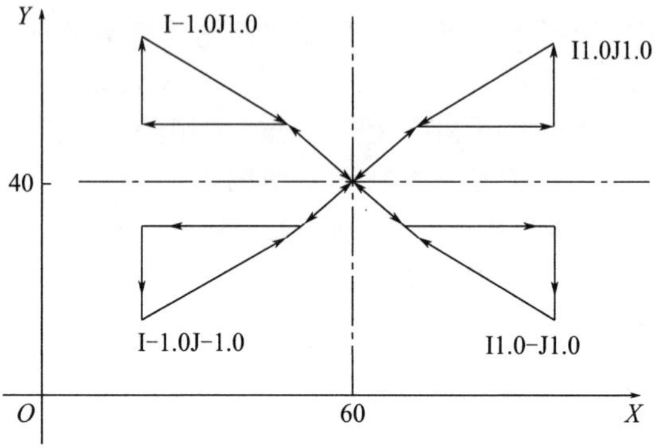

图 19-3　镜像加工

镜像功能使用时的注意事项：

a. 当对所选平面其中一轴使用镜像时，其结果为：

● 圆弧指令，旋转方向反向，即 G02→G03，G03→G02，如图 19-4 所示。

● 刀具半径补偿 B 和刀具半径补偿 C，偏置方向反向，即 G41→G42，G42→G41。如图 19-4 所示。

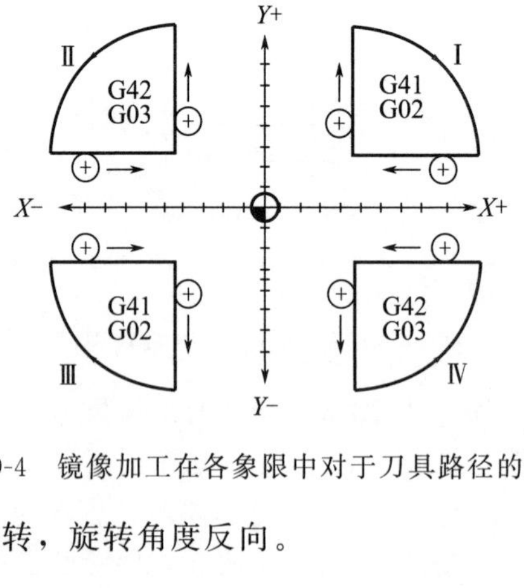

图 19-4　镜像加工在各象限中对于刀具路径的影响

● 坐标系旋转，旋转角度反向。

b. 对固定循环使用镜像时，下面的量不镜像：

- 在深孔钻 G83、G73 时，切深（Q）和退刀量不使用镜像。
- 在精镗（G76）和背镗（G87）中，移动方向不使用镜像。

c. 在使用中，对连续形状不使用镜像功能，走刀中有接刀，使轮廓不光滑。

⑧ 比例缩放对刀具半径补偿值、刀具长度补偿值和刀具偏置值无效。如图 19-5 所示为刀具半径补偿时的比例缩放。

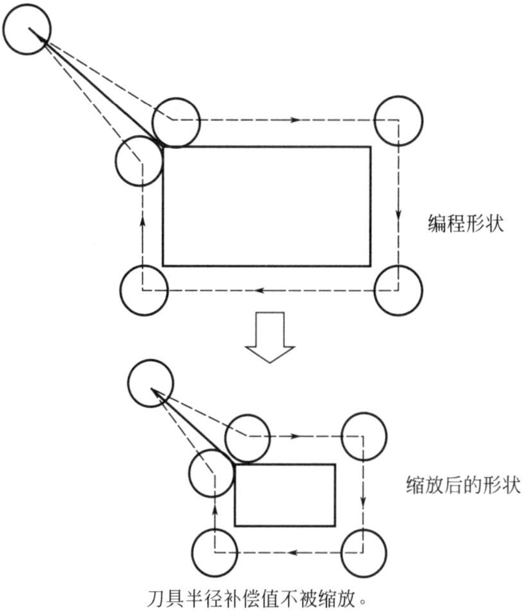

图 19-5　半径补偿时的比例缩放

⑨ 数控铣床位置显示比例缩放后的坐标值。

⑩ 若比例缩放结果按四舍五入圆整后，有可能使移动量变为零，此时，程序段被视为无运动程序段，若用刀具半径补偿 C 将影响刀具的运动。

⑪ 比例缩放功能对纸带（DNC）运行、存储器运行或 MDI 操作有效，对手工操作无效。

⑫ 在下面的固定循环中，*Z* 轴的移动缩放无效。

a. 深孔钻循环（G73、G83）中切削深度 Q 和退刀值 d。

b. 精镗（G76）和背镗（G87）中 X 轴和 Y 轴的偏移值。

⑬ 指定返回参考点（G27、G28、G29、G30）或坐标系设定（G92）的 G 代码之前，应取消比例缩放方式。

⑭ 当圆弧插补（G02、G03），通过对各轴使用不同的比例系数，将不会产生一个椭圆。

a. 当对各轴指令不同的比例系数，并用 R 指定一个圆弧插补时，半径 R 的比例系数取决于 I 或 J 中的大者。

【例】 如图 19-6 所示：

G90 G00 X0 Y100.0 Z0;

G51 X0 Y0 Z0 I2000 K1000;

G02 X100.0 Y0 R100.0 F500;

上述指令与下面指令等效：

G90 G00 X0 Y100.0 Z0;

G02 X200.0 Y0 R200.0 F500;

b. 当对各轴使用不同的比例系数，并用 I、J 和 K 指令圆弧插补时，终点不在指令的圆弧上，多出部分走一段直线。

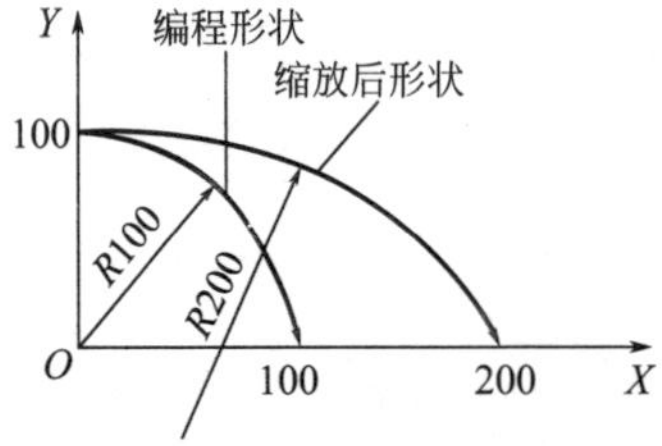

图 19-6　缩放系数不等，用 R 指定圆弧

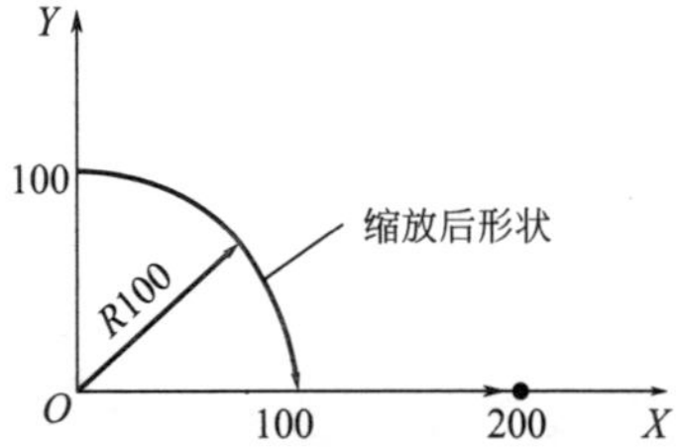

图 19-7　缩放系数不等，用 I、J 指定圆弧

【例】 如图 19-7 所示：

G90 G00 X0 Y100.0 Z0;

G51 X0 Y0 Z0 I2000 J1000 K1000;

G02 X100.0 Y0 J-100.0 F500;

上述指令与下面的指令等效：

G90 G00 X0 Y100.0 Z0;

G02 X200.0 Y0 J-100.0 F500;

在这种情况下。终点不在指令的圆弧上，多出部分走一段直线。

(2)应用

比例缩放功能是产生一个大于或小于原刀具路径的新刀具路径，用于刀具路径的放大或缩小。适合于几何尺寸相似的工件，有利于英制和米制尺寸之间的换算。利用比例缩放功能和其他功能相结合，可以加工不同余量的零件，使编程简单化。

19.2 编程举例

【例 1】 如图 19-8 所示零件，采用缩放功能，编制程序如表 19-1 所示。

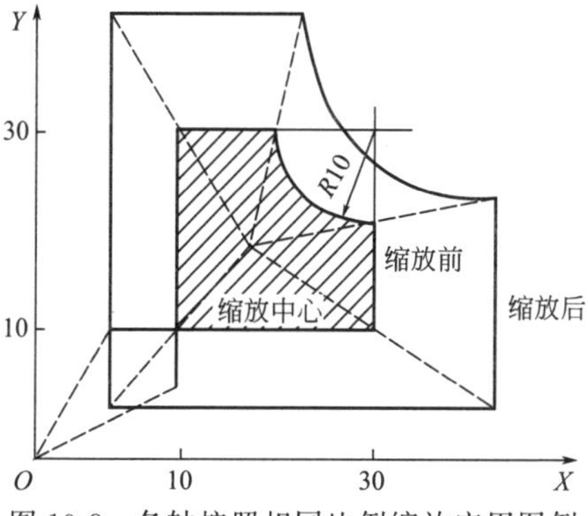

图 19-8 各轴按照相同比例缩放应用图例

表 19-1 加工程序

程 序	说 明
O1510;	主程序
N1 G21;	公制模式
N2 G40 G80 G17 G50;	初始状态
N3 G90 G54 G00 X0 Y0;	
N4 S800 M03;	
N5 G43 Z3.0 H01;	
N6 G01 Z−3 F100.0;	

续表

程　　序	说　　明
N7 M98 P1000;	调用子程序铣削缩放前的图形
N8 G01 Z－6.0;	
N9 G51 X15.0 Y15.0 P2;	比例缩放,缩放中心(15,15),放大2倍
N10 M98 P1000;	调用子程序铣削缩放的图形
N11 G50;	取消缩放功能
N12 G00 Z3;	
N13 G28 Z3 M05;	
N14 M30;	
%	
子程序:	编程图形加工程序
O1000;	
N1 G41 G01 X10.0 Y4.0 D01;	
N2 Y30.0;	
N3 X20.0;	
N4 G03 X30.0 Y20.0 I10.0 J0;	
N5 G01 Y10.0;	
N6 X5.0;	
N7 G40 X0 Y0;	
N8 M99;	
%	

【例 2】 利用缩放功能加工如图 19-9 所示的零件，图 19-10 为

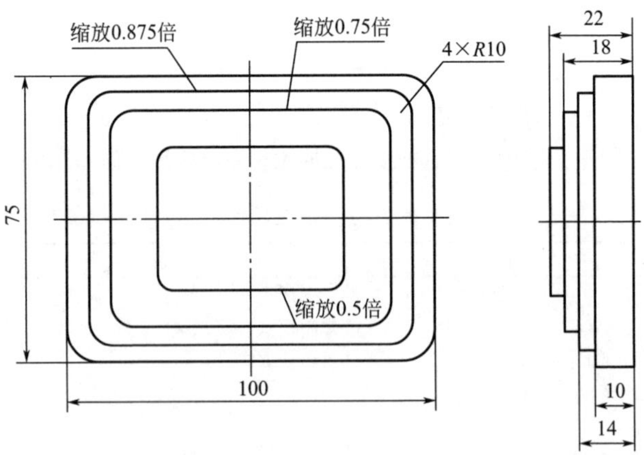

图 19-9　零件图

原始大小轮廓，工件坐标系的原点建立在工件左下角上，Z 向原点在工件的顶部。加工程序如表 19-2 所示。

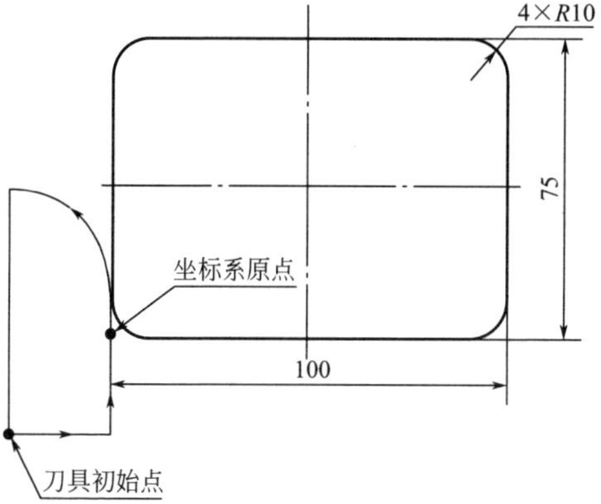

图 19-10　原始大小轮廓

表 19-2　加工程序

程　　序	说　　明
O1520;	主程序
N1 G20;	公制模式
N2 G50 G17 G90 G40 G80 T01;	初始状态,选择刀具
N3 M06;	
N4 G54 G00 X－25.0 Y－25.0 S1000;M03;	设置深度
N5 G43 Z10.0 H01 M08;	
N6 G01 Z－4.0 F100.0;	在 $Z=-4$ 的位置缩放 0.5 倍,缩放中心(50,37.5)
N7 G51 X50.0 Y37.5 P0.5;	调用子程序,加工缩放 0.5 倍的图形
N8 M98 P7001;	设置深度
N9 G01 Z－8.0;	在 $Z=-8$ 的位置缩放 0.75 倍,缩放中心(50,37.5)
N10 G51 X50.0 Y37.5 P0.75;	
N11 M98 P7001;	调用子程序,加工缩放 0.75 倍的图形 设置深度
N12 G01 Z－12.0;	在 $Z=-12$ 的位置缩放 0.875 倍,缩放中心(50,37.5)
N13 G51 X50.0 Y37.5 P0.875;	
N14 M98 P7001;	调用子程序,加工缩放 0.875 倍的图形

续表

程　　序	说　　明
N15 M09；	
N16 G28 Z10.0 M05；	
N17 G00 X200.0 Y150.0；	
N18 M30；	
%	
O7001(子程序)；	
N1 G01 G41 X0 D01；	
N2 Y65.0 F80；	
N3 G02 X10.0 Y75.0 R10.0；	
N4 G01 X90.0；	
N5 G02 X100.0 Y65.0 R10.0；	
N6 G01 Y10.0；	
N7 G02 X90.0 Y0 R10.0；	
N8 G01 X10.0；	
N9 G02 X0 Y10.0 R10.0；	
N10 G03 X－25.0 Y25.0 R25.0；	
N11 G40 G01 Y－25.0 F200.0；	
N12 G50	
N13 X－25.0 Y－25.0 ；	取消比例缩放功能
N14 M99；	返回初始点
%	

【例 3】 利用缩放功能实现零件镜像加工。如图 19-11 所示。程序如表 19-3 所示。

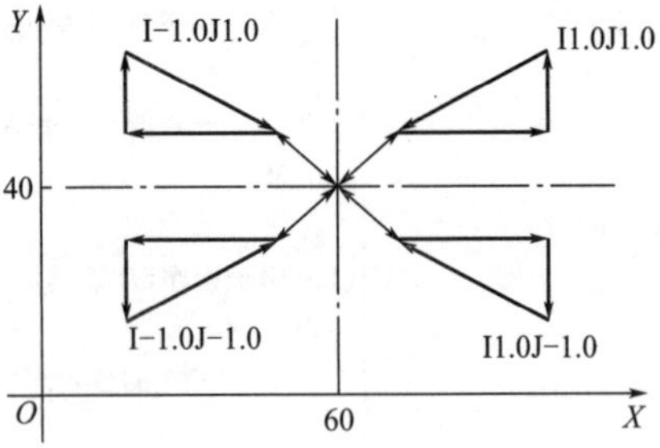

图 19-11　镜像加工

表 19-3 加工程序

程 序	说 明
O1530;	主程序
N1 G21;	
N1 G17 G21 G40 G80 G50;	
N2 G54 G90 G00 X60.0 Y40.0;	
N3 S800 M03;	
N4 G43 Z5.0 H01;	
N5 G01 Z−3.0 F100.0;	
N5 M98 P9000;	加工第 1 象限图形
N6 G51 X60.0 Y40.01−1000 J1000;	*X* 轴镜像
N7 M98 P9000;	加工第 2 象限图形
N8 G51 X60.0 Y40.01−1000 J−1000;	*X*、*Y* 轴镜像
N9 M98 P9000;	加工第 3 象限图形
N10 G51X60.0Y40.0 I1000 J−1000;	*X* 轴取消镜像、*Y* 轴镜像
N11 M98 P9000;	加工第 4 象限图形
N12 G50;	取消比例缩放方式
N13 G00 Z5.0 M05;	
N14 G28 Z5.0;	
N15 M30;	
O9000;	子程序
N1 G01 X70.0 Y50.0;	
N2 X100.0;	
N3 Y70.0;	
N4 X70.0 Y50.0;	
N5 G00 X60.0Y40.0;	
N6 M99;	
%	

第20章 镜像加工

当工件具有相对于某一轴对称的形状时，可以利用镜像功能和子程序的方法，只对工件的一部分进行编程，就能加工出工件的整体，这就是镜像功能。大多数控制器可以镜像进行设置但不能编程，通常在 CNC 机床上而不是在程序中通过控制器设置产生镜像。另外，可编程镜像有使用 M 代码的也有使用 G 代码（例如第 15 章利用 G51 缩放功能实现镜像功能），不同机床上的镜像功能代码不一样，但是使用的原则是一样的。本章以 M21、M22 和 M23 为例说明镜像加工功能。

20.1 镜像功能（M21、M22、M23）

(1)指令格式

$$\begin{cases} \text{M21} \\ \text{M22} \\ \text{M23} \end{cases}$$

说明：

① M21、M22、M23 属于模态指令。其中 M21 为沿 *X* 轴镜像（关于 *Y* 轴对称）；M22 为沿 *Y* 轴镜像（关于 *X* 轴对称）；M23 为取消镜像。

【例】 如图 20-1 所示。

图形①为编程轨迹，

执行 M21 时，加工图②。

执行 M22 时，加工图④。

同时执行 M21 和 M22 时，加工图③。

② 通过 M 功能设置镜像，如果在一个功能有效时编写另一个功能，两者会同时有效；如果要使一根轴有效，则必须先取消有效

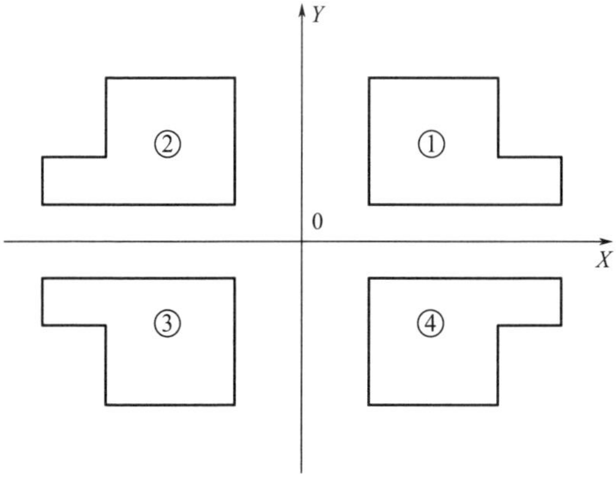

图 20-1　镜像功能

的镜像功能。

③ M21、M22 同时有效时，在书写格式上 M21、M22 最好分开书写，不能同时出现在一行上。

④ 在指令平面对某一个轴镜像时，使下列指令发生变化：

a. 圆弧指令，G02 和 G03 被互换。

b. 刀具半径补偿，G41 和 G42 被互换。

c. 坐标系旋转，旋转角度反向旋转。

⑤ 镜像有效时，除了机床原点返回外，程序中所有其他的运动会发生镜像，这就意味着以下几个考虑事项比较重要。

a. 程序以什么方式开始。

b. 在什么地方应用镜像。

c. 什么时候取消镜像。

⑥ 在可编程镜像方式中，与返回参考点（G27，G28，G29，G30 等）和改变坐标系（G52～G59，G92 等）有关的 G 代码不准指定。如果需要这些 G 代码的任意一个，必须在取消可编程镜像方式之后再指定。

⑦ 大多数控制器可以对镜像进行设置但不能编程，通常在 CNC 机床上而不是在程序中通过控制器设置产生镜像。另外，可编程镜像使用 M 功能（有时也使用 G 代码）且几乎都使用子

程序。

⑧ 控制器设置通过程序实现自动化，不同机床上的镜像实现程序代码不一样，但是使用的原则是一样的。具体操作可参见机床说明书。

(2)应用

当工件具体有相对某一轴对称的形状时，可以利用镜像功能和子程序的方法，只对工件的一部分进行编程，就能加工出工件的整体。利用镜像功能可以缩短编程时间和简化程序，同时也减少出现错误的可能性。

20.2 编程举例

【例 1】 利用镜像功能加工如图 20-2 所示的图形。加工程序如表 20-1 所示。

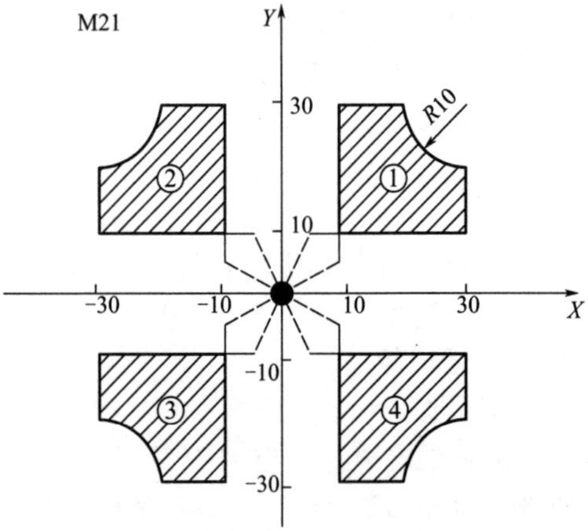

图 20-2 镜像功能

【例 2】 利用镜像功能加工如图 20-3 所示的零件，工件坐标系的原点建立在工件上表面中心位置上。加工程序如表 20-2 所示。

表 20-1　加工程序

程　　序	说　　明
O1610;(MAIN PROGRAM)	
N1 G21 G17 G40 G80 ;	初始状态
N2 G90 G54 G00 X0 Y0 ;	
N3 S1000 M03 F100;	
N3 G43 Z25 H01;	刀具长度补偿
N4 G01 Z－5;	
N5 M98 P0200;	调用子程序,加工①
N6 M21;	沿 *X* 轴镜像
N7 M98 P0200;	调用子程序,加工②
N8 M22;	沿 *Y* 轴镜像
N9 M98 P0200;	调用子程序,加工③
N10 M23;	取消镜像
N11 M22;	沿 *Y* 轴镜像
N12 M98 P0200;	调用子程序,加工④
N13 M23;	取消镜像
N14 G00 Z25 M09;	
N15 G28 Z25 M05;	
N16 M30;	
%	
O0200;(SUB PROGRAM);	子程序名(①的加工程序)
N1 G41 G01 X10.0 Y4.0 D01;	
N2 Y30.0;	
N3 X20.0;	
N4 G03 X30.0 Y20.0 I10.0;	
N5 G01 Y10.0;	
N6 X4.0;	
N7 G40 X0 Y0;	
N8 M99;	
%	

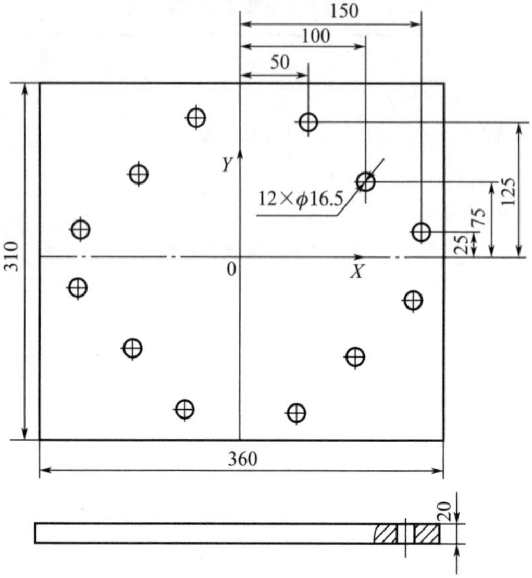

图 20-3　零件图

表 20-2　加工程序

程　　序	说　　明
O1620;	主程序
N1　G21;	
N2　G17 G40 G80;	
N3　M23;	镜像取消
N4　G90 G54 G00 X0 Y0 S400 M03;	刀具移至 $X0Y0$ 处
N5　G43 Z25.0 H01 M08;	刀具长度补偿
N6　G99 G82 R3.0 Z－26.0 P300 F50 L0;	钻孔循环(储存钻孔循环参数)
N7　M98 P0200;	调用子程序,加工第一象限的孔
N8　M21;	沿 X 轴镜像
N9　M98 P0200;	调用子程序,加工第二象限的孔
N10 M22;	沿 Y 轴镜像
N11　M98 P0200;	调用子程序,加工第三象限的孔
N12　M23;	镜像取消
N13　M22;	沿 Y 轴镜像
N14　M98 P0200;	调用子程序,加工第四象限的孔
N15　G80 Z25.0 M05;	取消钻孔循环
N16　M23;	镜像取消

程　　序	说　　明
N17　G28 Z25.0 M05;	Z 轴返回参考点
N18　G00 X100.0 Y150.0;	安全自动换刀位置
N19　M30;	程序结束
%	
O0200;（子程序）	
N1　X150.0 Y25.0;	孔位坐标,执行钻孔循环
N2　X100.0 Y75.0;	
N3　X50.0Y125.0;	
N4　M99;	子程序结束
%	

【例 3】 采用镜像功能加工如图 20-4 所示的零件，零件材料为铝板，工件坐标系的原点 X0，Y0 位于左下角，Z0 在工件的顶部。加工主程序如表 20-3 所示，加工子程序如表 20-4、表 20-5 所示。

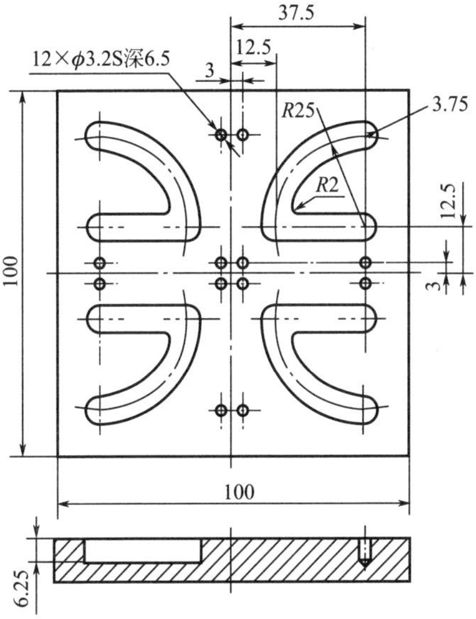

图 20-4　零件图

表 20-3　加工主程序

程　　序	说　　明
O1630(主程序)	
(使用子程序 O1631 和 O1632)	
(X0 Y0 位于左下角——Z0 在工件顶部)	
(M21= X 轴镜像“ON”　　　　　)	
(M22= Y 轴镜像“ON”　　　　　)	
(M23= 镜像“OFF”　　　　　)	
(T01——1/8 直径的短钻头)	
N1　G17 G20 G40 G80 G49;	(启动程序段)
N2　T01 M06;	(换刀)
N3　G52 X50.0 Y50.0 M23;	(镜像“OFF”)
N4　G90 G54 G00 X0 Y0 S1800 M03 T02;	
N5　G43 Z25.0 H01 M08;	
N6　G99 G81 R3.0 Z−6.5 F15.0 L0;	
N7　M98 P1631;	(第Ⅰ象限)
N8　M21;	(X 轴镜像“ON”)
N9　M98 P1631;	(第Ⅱ象限)
N10　M22;	(Y 轴镜像“ON”)
N11　M98 P1631;	(第Ⅲ象限)
N12　M23;	(镜像“OFF”)
N13　M22;	(镜像“ON”)
N14　M98 P1631;	(第Ⅳ象限)
N15　G80 M09;	(取消循环)
N16　M23;	(镜像“OFF”)
N17　G52 X0 Y0;	
N18　G28 Z3 M05;	
N19　G00 X100.0 Y150.0;	(安全自动换刀位置)
N20　M01;	(可选择暂停)
(T02——直径为 6mm 的中心切削端铣刀)	
N21　T02 M06;	
N22　G52 X50.0 Y50.0 M23;	(T02 安装到主轴上)
N23　G90 G54 G00 X0 Y0 S2500 M03 T01;	(镜像“OFF”)
N24　G43 Z3.0 H02 M08;	
N25　M98 P1632;	
N26　M21;	(第Ⅰ象限)
N27　M98 P1632	(X 轴镜像“ON”)

续表

程　　序	说　　明
N28　M22；	（第Ⅱ象限）
N29　M98 P1632；	（Y 轴镜像“ON”）
N30　M23；	（第Ⅲ象限）
N31　M22；	（镜像“OFF”）
N32　M98 P1632；	（Y 轴镜像“OFF”）
N33　M23；	（第Ⅳ象限）
N34　G52 X0 Y0 M09；	（镜像“OFF”）
N35　G28 Z3 M05	
N36　G00 X100.0 Y150.0；	
N37　M30；	（安全自动换刀位置）
%	（程序结束）

如图 20-4 中所示镜像应用的完整实例使用包含更多刀具运动的两把刀具进行编程，程序同时还使用坐标转换指令 G52、自动换刀、固定循环、插补运动和刀具半径补偿。它需要两个子程序：一个在子程序 O1631 中钻削三个孔，如表 20-4 所示；另一个在是子程序 O1632 中铣槽，如表 20-5 所示。

表 20-4　加工子程序（一）

程　　序	说　　明
O1631；	（子程序——钻孔）
N1　X3.0 Y3.0；	（中间孔）
N2　X37.5；	（X 轴方向的孔）
N3　X3.0 Y37.5；	（Y 轴方向的孔）
N4　X0 Y0 L0；	（钢板中心没有孔）
N5　M99；	（子程序结束）
%	

子程序 O1631 只包含第Ⅰ象限内的三个孔，子程序中不包括循环调用，但是返回钢板中心（N4）仍在循环模式中，它使用 L0 向量。

子程序 O1632 中的槽加工也使用第Ⅰ象限。刀具在槽中心线开始粗加工半径以及侧壁，接着使用刀具半径补偿，将槽精加工到所需尺寸。与钻孔一样，子程序在程序段 N21 中于钢板中心上结束。程序 O1630 调用两个子程序，如果使用更多刀具，编程技巧并不改变。

表 20-5　加工子程序（二）

程　　序	说　　明
O1632；	（子程序——铣削）
N1　G00 X37.5 Y37.5；	（槽中心）
N2　G01 Z−6.25 F80.0；	
N3　G03 X12.5 Y12.5 I0 J−25.0 F120.0；	
N4　G01 X37.5；	
N5　G41 D01 X34.25 Y0.5；	（开始加工槽）
N6　G03 X37.5 Y9.05 I3.25 J0；	
N7　X37.5 Y16.25 J3.75；	
N8　G01 X19.129；	
N9　G02 X17.22 Y18.847 R2；	
N10　X37.5 Y33.75 R21.25；	
N11　G03 X37.5 Y41.25 R3.75；	
N12　X8.75 Y12.5 R28.75；	
N13　X12.5 Y8.75 R3.75；	
N14　G01 X37.5；	
N15　G03 X40.75 Y12.0 R3.25；	
N16　G40 G01 X37.5 Y12.5；	槽加工结束
N17　G00 Z3；	
N18　X0 Y0；	运动到工件中心
N19　M99；	
%	

注意 G52 的用法，为了正确地使用镜像，程序原点必须定义在镜像轴上。由于该工作需要两条轴，所以钢板的中心必须是编程原点。不管在刀具加工完毕还是程序结束时，都不需要返回 *X* 轴和 *Y* 轴机床原点，所要做的只是定位在一个安全的位置进行换刀。

第21章　坐标系旋转

21.1　坐标系旋转（G68、G69）

(1)指令格式

$$\left\{\begin{matrix}G17\\G18\\G19\end{matrix}\right\}G68\left\{\begin{matrix}X\_\ Y\_\\X\_\ Z\_\\Y\_\ Z\_\end{matrix}\right.\ R\_;$$

⋮

G69;

说明：

① G68 为坐标旋转，即坐标系旋转“开”。G69 取消坐标系旋转，即坐标系旋转“关”。

② X _ Y _ Z _ 为旋转中心坐标。采用绝对坐标编程。

③ 在坐标系旋转的程序段之前指定平面选择代码。平面选择代码不能在坐标系旋转方式中指定。G17 平面，*XY* 为旋转中心坐标；G18 平面，*XZ* 为旋转中心坐标；G19 平面，*YZ* 为旋转中心坐标。在平面选择里，G17 平面可以省略。

④ 当没有指定 G68 指令旋转中心时，那么当前刀具称为缺省的旋转中心。该方法在任何情况下都不实用，也不推荐使用。

⑤ R 为旋转角度，单位为度，有正负之分，逆时针旋转时为正，顺时针旋转时为负。最小输入增量单位为 0.001°，有效数据范围为−360.000 到 360.000。

⑥ 省略 R 时，参数赋予的值便视为旋转角度。

⑦ 在坐标系旋转之后，执行刀具半径补偿、刀具长度补偿、刀具偏置和其他补偿操作。

⑧ 坐标系旋转取消指令（G69）以后的第一个移动指令必须用绝对值指定。如果用增量值指令，将不执行正确的移动。

⑨ 在坐标系旋转方式中，与返回参考点有关的 G 代码（G27，G28，G29，G30 等）和那些与坐标系有关的 G 代码（G52～G59，G92 等）不能指定。如果需要这些 G 代码，必须在取消坐标系旋转方式后才能指令。

⑩ 执行 G45～G48 刀具位置偏移中，不能指定 G68。

⑪ 第四、第五坐标不能进行坐标旋转。

⑫ 在 G68 方式下，不能指令 G31（跳步功能）指令。

⑬ 位置显示是加上坐标旋转后的坐标值。

⑭ 在刀具半径补偿 C 中可以指定 G68 和 G69，但是，旋转平面必须与刀具半径补偿的偏置平面相同。

【例】 如图 21-1 所示。

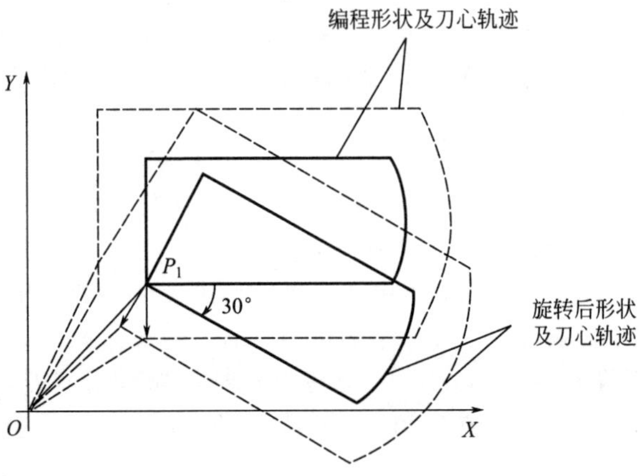

图 21-1　G68 与刀补 C

程序如下：

N1 G92 X0 Y0 G69 G17;	
N2 G42 G01 G90 X1000 Y1000 F1000 H01;	启动刀具偏至 P_1 点
N68 G68 R－30.0;	以 P_1 点为旋转中心，旋转－30°

```
N4 G91 X2000;
N5 G03 Y1000 I－1000 J500;
N6 G01 X－2000;
N7 Y－1000;
N8 G69 G40 G90 X0 Y0;      取消旋转方式,取消刀偏,移动指令以绝对值编程
N9 M30;
%
```

⑮ 比例缩放方式中的旋转　如果在比例缩放方式（G51）中执行坐标系旋转指令，旋转中心的坐标值也被缩放。但是，不缩放旋转角（R）。当发出移动指令时，比例缩放首先执行，然后坐标旋转。

在缩放方式（G51），在刀具半径补偿 C 方式（G41，G42）中不能发出坐标旋转指令（G68）。坐标系旋转指令应该总是先于设定刀具半径补偿 C 方式。

a. 当系统不在刀具半径补偿 C 方式时，按下面的顺序指定指令

```
G51     比例缩放方式开始
G68     坐标旋转开始
:
:
G69     坐标旋转方式取消
G50     比例缩放方式取消
```

b. 当系统在刀具半径补偿 C 方式时，按下面的顺序指定指令

```
G40          刀具半径补偿取消
G51          比例缩放方式开始
G68          坐标旋转方式开始
:
:
G41(G42)     刀具补偿 C 方式开始
:
:
G40          刀具半径补偿取消
G69          坐标系旋转取消
G50          比例缩放方式取消
```

【例】 如图 21-2 所示为在刀具半径补偿 C 方式中的比例缩放和坐标系旋转。

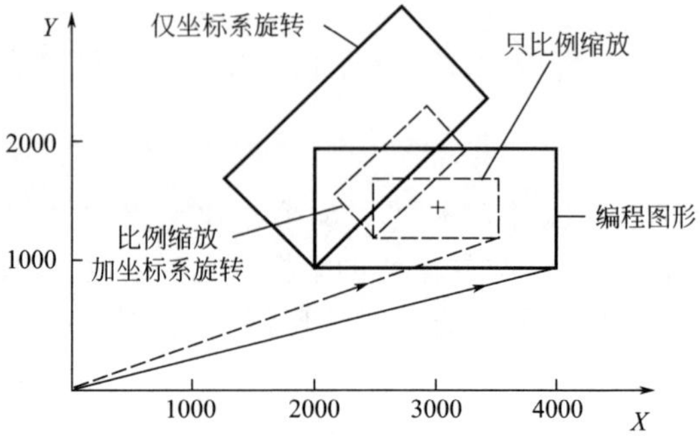

图 21-2　在刀具半径补偿 C 方式中的比例缩放和坐标系旋转（G51＋G68）

程序：

```
G92 X0 Y0;
G51 X3000 Y1500 P500;          指令比例，缩放方式有效
G68 G90 X2000 Y1000 R45.0;     指令坐标旋转方式有效
G01 X4000 Y1000;
G91 Y1000;
X－2000;
Y－1000;
G50 G69 G90 X0 Y0;             取消比例缩放及坐标系旋转方式
```

⑯ 坐标系旋转的重复指令。可将一个程序作为子程序存储，通过改变角度多次调用子程序，从而实现重复形状的加工。通过参数设置，用增量指令控制旋转角度。

【例】 如图 21-3 所示。

程序如下：

```
主程序；
G92 X0 Y-20.0 G69 G17;
G01 F200 H01;
M98 P1700;                     基本图形子程序
M98 P071701;                   重复指令
```

```
G69 G00 G90 X0 Y-20.0 M30;
重复调用程序;
O1701;
G68 X0 Y0 G91 R45.0;
G90 M98 P1700;
M99;
基本图形子程序
O1700;
G90 G01 G42 X0 Y-10.0;
X4.142 Y-10.0;
X7.071 Y-7.071;
G40;
M99;
%
```

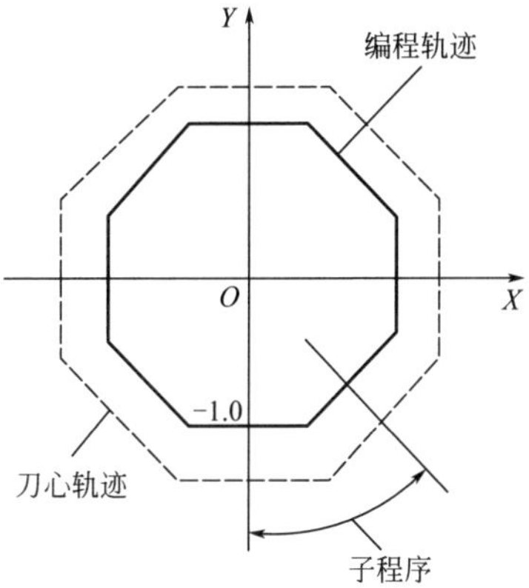

图 21-3　坐标旋转指令（重复指令）

(2)应用

对于图形虽然简单，但是图形带有一定的角度，计算图形坐标不方便，可以利用旋转功能，首先可以忽略图形中的角度，按照正交位置编程，也就是垂直于各轴，再采用旋转功能。

对于旋转重复图形，使用系统提供的旋转功能编程，可以大大简化编程，先编出一个图形，再将其选转，角度用增量编程，重复调用，加工出所有图形。在程序设计上，一般要三级，即主程序、重复调用子程序、图形原形子程序。在主程序中，先调用原形子程序加工第一个图形，再指令重复调用子程序重复调用，而原形子程序包含再重复调用的子程序的旋转功能中。

21.2 编程举例

【例 1】 利用旋转功能加工如图 21-4 所示的链轮，只写精加工程序。刀具为 ϕ20 棒铣刀（T5），长度补偿号 H05，刀具半径补偿

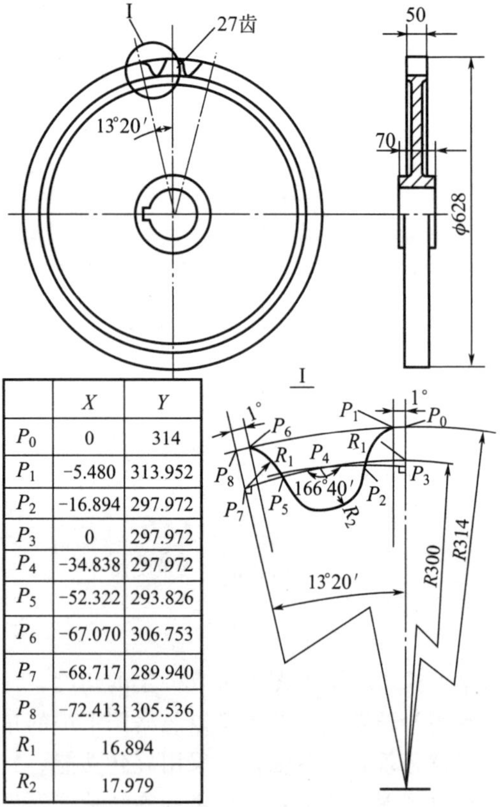

	X	Y
P_0	0	314
P_1	-5.480	313.952
P_2	-16.894	297.972
P_3	0	297.972
P_4	-34.838	297.972
P_5	-52.322	293.826
P_6	-67.070	306.753
P_7	-68.717	289.940
P_8	-72.413	305.536
R_1	16.894	
R_2	17.979	

图 21-4 链轮

号 D35。加工程序如表 21-1 所示。

其程序结构为：

O3000—O1720

└O17300—O1720

表 21-1　加工程序

程　　序	注　　解
O1710;	主程序
N10 G21 G17 G40 G80	初始状态
N20 G54 G90 G00 X10.0 Y324.0 G69 ;	刀具移至起点
N30 G43 H05 Z−62.0 S600 M03;	长度补偿
N40 G42 G01 X5.0 Y314.0 D35 F300;	切向切入
N50 G01 X0 Y314.0 F80;	P_0 点
N60 M98 P1720;	铣第 1 齿
N70 M98 P261730;	旋转调用 26 次
N80 G69 G90 G01 X−5.0 Y314.0 F300;	切向切出、取消旋转
N90 G40 G00 X−10.0 Y324.0 M05;	终点，取消刀具半径补偿功能
N110 Z200;	远离工件
N120 M30;	
O1730;	旋转子程序
N200 G68 X0 Y0 G91 R13.333;	
N210 M98 P1720;	
N220 M99;	
%	
O1720;	齿形子程序
N100 G90 G03 X−5.480 Y313.952 I0 J−314.0;(R314.0);	P_1 点
N110 X−16.894 Y297.972 I5.480 J−15.980; (R16.894);	P_2 点
N120 G02 X−52.322 Y293.826 I17.979 J0; (R17.979);	P_5 点
N130 G03 X−67.070 Y306.753 I−16.395 J−3.886; (R16.894);	P_6 点
N140 X−72.413 Y305.536 I72.413 J−305.536; (R314.0);	P_8 点
N150 M99;	
%	

注意：齿形子程序第一段应用 G90 编程，以保证绕指令的旋转中心旋转。

由于旋转角度增量为 13°20′，化成小数时为 13.3°，这样，每

3 个齿就差 0.001°的分度误差。到最后将差出 0.009°的误差。

为解决这个问题，可每隔 2 个齿加工一个齿。第 2 轮时，先错一齿，再每隔 2 齿加工一个齿，一次循环。这样，前面的程序需要如下修改，修改后的程序如表 21-2 所示。

表 21-2 修改后的加工程序

程　　序	注　　解
O1710；	
N10 G21 G17 G40 G80	
N20 G54 G90 G00 X10.0 Y324.0 G69 ；	
N30 G43 H05 Z－62.0 S600 M03；	
N40 G42 G01 X5.0 Y314.0 D35 F300；	
N50 G01 X0 Y314.0 F80；	
N60 M98 P1720；	
N70 M98 P81730；	第 1 轮旋转调用 8 次
N80 G69 G03X0 Y314.0 R314.0；	清旋转角存储,刀具到出发点
N90 G68 X0 Y0 G91 R13.333；	错 1 齿,进行第 2 轮加工
N100 M98 P1720；	
N110 M98 P81720；	第 2 轮旋转调用 8 次
N120 G69 G03 X0 Y314.0 R314.0；	清旋转角存储,刀具到出发点
N130 G68 X0 Y0 G91 R26.667；	错 2 齿,进行第 3 轮加工
N140 M98 P1720；	
N150 M98 P81730；	第 3 轮旋转调用 8 次
N170 G69 G90 G01 X－5.0 Y314.0 F300；	
N180 G40 G00 X－10.0 Y324.0 M05；	
N190 Z200	
N200 M30；	
O1730；	
N200 G68 X0 Y0 G91 R40.0；	每隔 2 齿加工 1 齿
N210 M98 P1720；	
N220 M99；	
O1720；	
N100 G90 G03 X－5.480 Y313.925 R314.0；	
N110 X－16.894 Y297.972 R16.894；	
N120 G02 X－52.322 Y293.826 R17.979；	
N130 G03 X－67.070 Y306.753 R16.894；	
N140 X－72.413 Y305.536 R314.0；	
N150 M99；	

【例 2】 利用旋转功能加工如图 21-5 所示的零件。

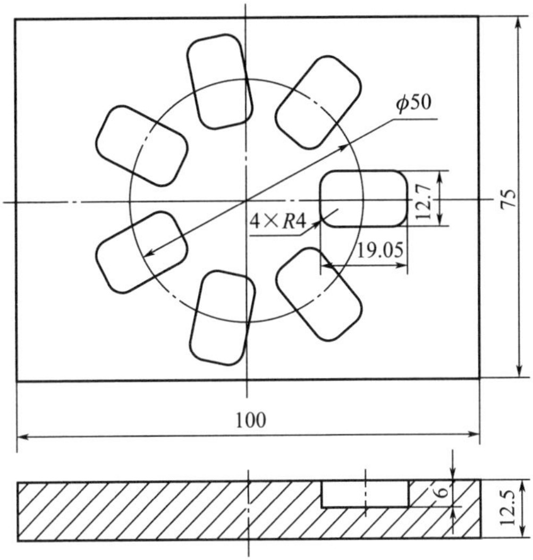

图 21-5　零件图

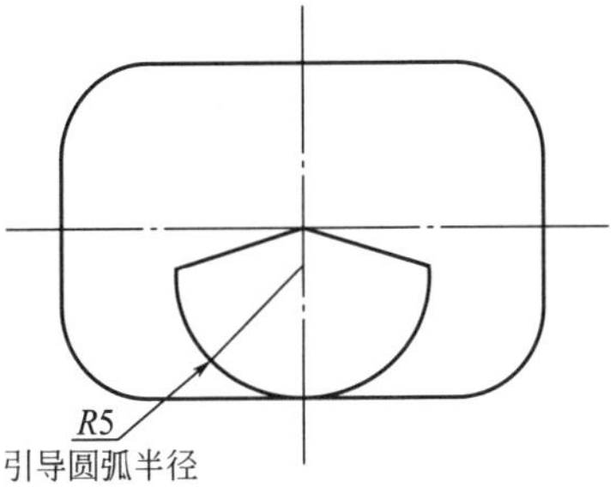

图 21-6　铣削型腔的导入和导出轨迹

工件材料为铝板，在数控铣床上水平放置。工件坐标系原点选在工件的顶部，Z 向切削深度最大为 1.2mm。底部和侧壁留出精加工余量。此外所有尖锐的棱边都要倒出最小倒角。一共需要使用三把刀具：ϕ80 的平面铣刀、ϕ7 的中心切削端铣刀、ϕ10 的倒角刀。

铣削型腔的导入和导出轨迹如图 21-6 所示。加工程序如表 21-3 所示。

表 21-3 加工程序

程　序	说　明
O4202；	主程序
N1 G21；	公制模式
N2 G69；	如果坐标系旋转有效则取消
N3 G17 G40 G80 T01；	初始状态，如果没有准备好 T01 则搜索（T01 为直径 80 的平面铣刀——快速清理上表面）
N4 M06；	T01 安装到主轴上
N5 G90 G54 G00 X－35.0 Y－80.0 S3500；M03 T02；	平面铣削的 XY 起始位置，准备刀具 T02，主轴正转
N6 G43 Z25.0 H01 M08；	进行调试的 Z 轴安全间隙——冷却液开
N7 G01 Z0 F800；	平面加工工件的上表面
N8 Y80 F300；	左侧端面铣削
N9 G00 X35.0；	运动到右侧
N10 G01 Y－80；	右侧端面铣削
N11 G00 Z25.0 M09；	Z 轴退刀，冷却液关
N12 G28 Z25.0 M05；	返回 Z 轴参考点，主轴停止
N13 M01；	可选择暂停
N14 T02；	如果没有准备好 T02 则搜索（T02 为直径 7mm 的中心切削端铣刀——最大切削深度为 1.2mm）
N15 M06 ；	T02 安装到主轴上
N16 G90 G54 G00 X25.0 Y0 S2000 M03 T03；	第一个型腔中心的 XY 起点位置，主轴正转，准备 T03
N17 G43 Z25.0 H02 M08；	进行调试的 Z 轴安全间隙，冷却液开
N18 G01 Z0.15 F500.0；	在型腔底部留出 0.15 的余量
N19 M98 P4252 L7；	对 7 个型腔进行粗加工和精加工
N18 G69；	如果坐标旋转有效则取消
N19 G90 G00 Z25.0 M09；	Z 轴方向退刀，冷却液关
N20 G28 Z25.0 M05；	Z 轴回参考点
N21 M01 ；	可选择暂停
N22 T03；	如果没有准备好 T03 则搜索（T03 为直径 10mm 的倒角刀，最小倒角 90°）
N23 M06；	T03 安装到主轴上
N24 G90 G54 G00 X－60.0 Y－45.0 S4000 M03 T01；	周边倒角的 XY 起始位置，准备刀具 T01
N25 G43 Z25 H03 M08；	进行调试的 Z 轴安全间隙，冷却液开
N26 G01 Z－2 F800；	倒角深度为 2mm
N27 G41 X－50 D50 F300.0；	趋进运动以及半径补偿

续表

程　　序	说　　明
N28 Y37.5；	左侧棱边倒角
N29 X50.0；	顶部棱边倒角
N30 Y－37.5；	右侧棱边倒角
N31 X－60.0；	底部棱边倒角
N32 G00 G40 Y－45.0；	返回起始点并取消补偿
N33 Z3.0；	工件上方安全位置
N34 X25.0 Y0；	运动到第一个型腔的中心
N35 M98 P4254 L7；	对 7 个型腔进行倒角
N37 G69；	如果坐标旋转有效则取消
N38 G90 G00 Z25 M09；	Z 轴方向退刀，冷却液关
N39 G28 Z25.0 M05；	返回 Z 轴原点
N40 M30；	主程序结束
%	
O4251；	0°位置的刀具路径——第一个型腔
N101 G91 Z－1.2；	从型腔中心开始，进给量为 1.2mm
N102 M98 P4253；	型腔轮廓——使用 O4253 进行粗铣
N103 M99；	子程序结束
%	
O4252；	型腔铣削子程序
N201 M98 P4251 D51 F120 L5；	分 5 次粗加工到绝对深度 Z－5.85
N202 Z－0.15；	精加工到最终绝对深度 Z－6
N203 M98 P4253 D53 F100；	型腔轮廓——使用 O4253 加工到最终深度
N204 G90 G00 Z3.0；	返回绝对模式以及 Z 轴安全位置
N205 G91 G68 X0 Y0 R51.429；	下一个型腔的角度增量
N206 G90 X25.0 Y0；	运动到旋转后下一个 XY 轴的起始位置
N207 M99；	子程序 O4252 结束
%	
O4253；	0°位置的刀具路径——第一个型腔
N301 G41 X5.0,Y－1.35；	直线导入运动
N302 G03 X5.0 Y－5.0 I5.0 J0；	圆弧导入运动
N303 G01 X5.525,Y0；	轮廓右侧的底部侧壁
N304 G03 X4.0 Y4.0 I0 J4.0；	轮廓右下角的拐角半径
N305 G01 X0 Y4.7；	轮廓右侧的底部侧壁
N306 G03 X－4.0 Y4.0 I4.0 J；	轮廓右上角的拐角半径

续表

程　　序	说　　明
N307 G01 X−11.05 Y0；	轮廓上边的侧壁
N308 G03 X−4.0 Y−4.0 I0 J4.0；	轮廓左上角的拐角半径
N309 G01 X0 Y−4.7；	轮廓左侧侧壁
N310 G03 X4.0 Y−4.0 I4.0 J；	轮廓左下角的拐角半径
N311 G01 X5.525 Y；	轮廓左侧的底部侧壁
N312 G03 X5.0 Y5.0 I0 J−5.0 ；	圆弧导出运动
N313 G40 G01 X−5.0 Y1.35	直线导出运动
N314 M99；	子程序 O4253 结束
%	
O4254；	型腔倒角子程序
N401 G91 G01 Z−5.0；	型腔倒角绝对深度为 $Z-2.0$
N402 M98 P4253 D50 F200.0；	型腔轮廓——使用 O4253 进行倒角
N403 G90 G00 Z3；	返回绝对模式以及 Z 轴安全位置
N404 G91 G68 X0 Y0 R51.429；	下一个型腔的角度增量
N405 G90 X25.0 Y0；	运动到旋转后下一个型腔 XY 轴的起始位置
N406 M99；	子程序 O4254 结束
%	

第22章　加工中心编程

22.1　加工中心概述

带有刀库和换刀装置的数控铣床叫加工中心，它是将数控铣床、数控镗床、数控钻床的功能组合起来，能实现钻、铣、镗、

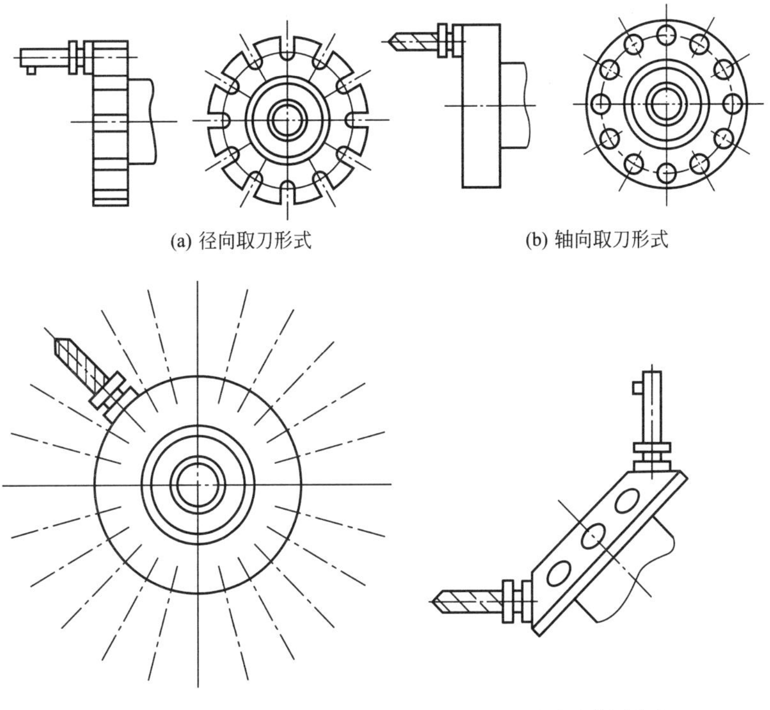

(a) 径向取刀形式　　(b) 轴向取刀形式

(c) 刀具径向布置形式　　(d) 刀具角度布置形式

图 22-1　鼓轮式刀库

铰、扩、攻等功能。通常加工中心分为立式加工中心和卧式加工中心，立式加工中心适合于加工板类零件及各种模具，卧式加工中心只用于箱体零件的加工。

自动换刀装置的用途是按照加工需要，自动地更换装在主轴上的刀具。自动换刀装置是一套独立、完整的部件，主要有回转式刀架和自动换刀装置两种形式。其中回转式刀架换刀装置的刀具数量有限，但结构简单，维护方便，主要用于数控车床；带刀库的自动换刀装置由刀库和机械手组成，是多工序数控机床上应用最广泛的换刀装置。

刀库的形式很多，结构各异。加工中心常用的刀库有鼓轮式刀库和链式刀库两种。

① 鼓轮式刀库的结构简单、紧凑、应用较多，一般存放刀具不超过 32 把，如图 22-1 所示。

② 链式刀库多为轴向取刀，适合于要求刀库容量较大的数控机床。如图 22-2 所示。

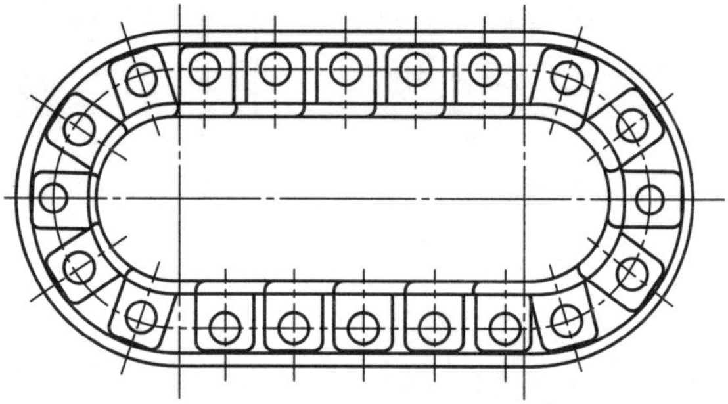

图 22-2 链式刀库

在数控铣床编程中，已对常用准备功能和辅助功能作了详细介绍，这些编程方法多数可用于加工中心的编程，在这里不做介绍，只介绍与刀库和与换刀过程有关的指令。

22.2 加工中心选刀（T）

指令格式：

T××

说明：

① 在刀库的行程范围内有一个用来自动换刀的专用位置，该位置与换刀有关，通常叫作等待位置、刀具准备位置或直接叫换刀位置。当执行上述命令时，刀库将产生运动，所选刀具移动到换刀的位置上。

② T 功能本身根本不能实现换刀，为此，程序员需要而且必须编写自动换刀功能（M06）。

③ 常用的选刀方式有两种：顺序选刀和随机选刀。

刀具的顺序选刀方式是将当前主轴上的刀具用完放回原处后，再选择新刀具。使用中刀库的刀座号中的刀具号保持不变。在机床结构上，一般没有机械手，换刀时由主轴直接与刀库进行交换。这时，在程序中的指令格式为：T×× M06。此时，若主轴上没有刀具，则刀库旋转找到 T××，由 M06 指令，将 T××换到主轴上。若主轴上有刀，则先将主轴上的刀具放回原刀库刀座内，刀库再旋转找刀，并进行换刀。总之，执行格式为：还刀—找刀—装刀。

刀具的随机选刀方式是预先将指令刀具转到换刀位上，当执行换刀指令时，将主轴的刀具（也可能是空刀）与换刀位的刀具交换。在机床结构上，需要有机械手。

④ 刀具选择是由刀具功能 T 和一组数据组成，对于不同的选刀方式，它们的含义也不同。

使用顺序刀具选择的加工中心，要求 CNC 操作人员将所有刀具按照预定工序先后次序放置在刀库中与之编号相对应的位置上，例如，1 号刀（程序中叫作 T01）必须放置在刀库中的 1 号刀位上，2 号刀必须放置在刀库的 2 号刀位上，以此类推，使用时按顺序取出。字母 T 后面的数字表示为刀具库中的刀位的实际编号。这种刀具选择类型在许多老式的加工中心或一些廉价加工中心上比较常见。

随机刀具选择是现代加工中心最常见的功能，这种功能将加工工件所需的所有刀具储存在远离加工区域的刀库中，CNC 程序员通过 T 编号来区分它们，通常是按照其使用的顺序。通过程序访问所需的刀具号，常常会在刀库里将刀具移动刀等待位置，这跟机床当前刀具切削工件是同时完成的，实际换刀可以在稍后任意时间发生。字母 T 后面的数字表示为刀具的编号。

⑤ 铣削系统中使用的 T 功能的编程格式取决于 CNC 机床可拥有刀具的最大数量。例如刀库装刀容量为 16 把，编程可用 T01～T16 来指令 16 把刀具，刀具号名称最前面的 0 可以省略，如 T01 可以写成 T1。但末尾的 0 必须写上。

⑥ 加工中常常需要没有任何刀具的空主轴。为此，就要指定一个空刀位，尽管该刀位实际上不使用刀具，但也要用一个唯一的编号指定它，空刀的编号必须选择一个比所有刀号还大的数。例如，如果一个加工中心有 24 个刀具刀位，那么空刀应该定为 T25 或者更大的数。

⑦ 所有尚未编号的刀具都可以被登记为 T00。通常不要将空刀编为 T00。

22.3 加工中心换刀（M06）

(1)指令格式

M06

说明：

① M06 为自动换刀。换刀功能的目的就是调换主轴和等待位置上的刀具。

② 完成安全自动换刀必须具备下列条件：

a. 机床轴已经回零。

b. 轴完全退回：立式机床的 Z 轴位于机床原点；卧式机床的 Y 轴位于机床原点。

c. 必须在非工作区域选择刀具的 X 轴和 Y 轴位置。

d. T 功能必须提前选择下一刀具。

③ M06 指令可以使主轴停止运动并定向停止，但在加工中心换刀前，必须用 M05 使主轴停转。

④ 通常加工中心换刀的位置在加工中心的参考点的位置。换刀前，加工中心换刀轴必须回参考点。

⑤ 加工中心换刀程序通常包含以下内容：

a. 关闭冷却液。

b. 取消固定循环模式。

c. 取消刀具半径偏置。

d. 主轴停止旋转。

e. 返回机床参考点位置。

f. 取消偏置值。

g. 进行换刀。

(2)应用

在加工中心上加工零件时，通常用到多把刀来完成零件的加工。这就涉及换刀的问题，而 CNC 加工中心中使用刀具功能 T 时，并不发生实际换刀——程序中必须使用辅助功能 M06 时才可以实现换刀。换刀功能的目的就是调换主轴和等待位置上的刀具。而铣削加工中心的 T 功能则是旋转刀库，并将所选择的刀具放置到等待的位置上，也就是发生实际换刀的位置。

(3)编程举例

【例 1】 下面程序 O1402 是编写加工中心加工程序最常见的格式。操作人员将所有刀具放置在刀库中并登记下来，但留下最后一把刀在主轴上测量。大部分机床上，这把刀不是第一把，程序员将编写与此刀的换刀方法相匹配的程序。加工程序如表 22-1 所示。

表 22-1 加工程序

程序	说明
O1810；	米制
N1 G21；	T01 刀准备
N2 G17 G40 G80 T01；	T01 刀安装到主轴上
N3 M06；	T02 刀准备
N4 G90 G54 G00 X.. Y.. S.. M03 T02；	趋近工件
N5 G43 Z.. H01 M08；	
…	

续表

程　　序	说　　明
<…T01 刀工作…>	
…	
N26 G00 Z.. M09；	T01 刀完成加工
N27 G28 Z.. M05；	T01 刀回到 Z 轴原点
N28 G00 Z.. Y..；	安全的 XY 位置
N29 M01；	可选择暂停
N30 T02；	重复调用 T02 刀
N31 M06；	T02 刀安装到主轴上
N32 G90 G00 G54 X.. Y.. S.. M03 T03；	T03 刀准备
N33 G43 Z.. H02 M08；	趋近工件
…	
<…T02 刀工作…>	
…	
N46 G00 Z.. M09；	T02 刀完成加工
N47 G28 Z.. M05；	T02 刀回到 Z 轴原点
N48 G00 X.. Y..；	安全的 XY 位置
N49 M01；	可选择暂停
N50 T03；	重复调用 T03 刀
N51 M06；	T03 刀安装到主轴上
N52 G90 G00 G54 X.. Y.. S.. M03 T01；	T01 刀准备
N53 G43 Z.. H03 M08；	趋近工件
…	
<…T03 刀工作…>	
…	
N66 G00 Z.. M09；	T03 刀完成加工
N67 G28 Z.. M05；	T03 刀回到 Z 轴原点
N68 G00 X.. Y..；	安全的 XY 位置
N69 M30；	程序结束
%	

【例 2】 如图 22-3 所示为链节零件图，现要在机床上加工各孔，要求编制该零件的加工程序。

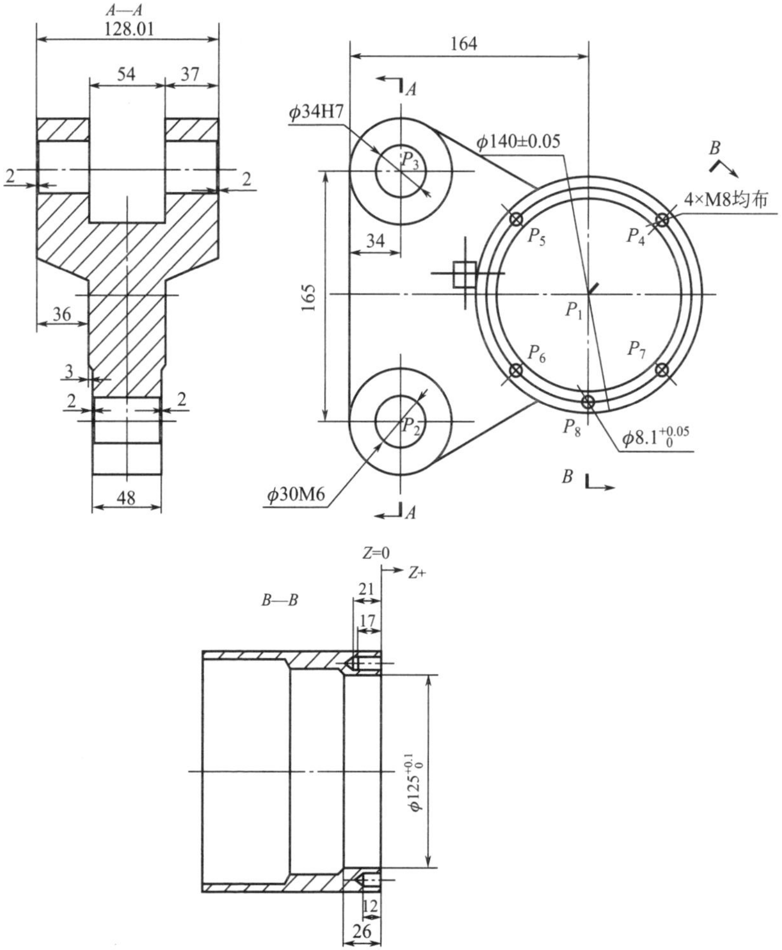

图 22-3 链节零件图

① 确定工件坐标系并标注在零件图上。

② 编制出工步表和刀具表，见表 22-2 和表 22-3。

表 22-2 工步表

mm

工步号	加工面	加工内容	刀具							主轴转数	进给量	辅助操作		加工面到回转台中心距离	加工深度	备注
			T码	刀具种类	刀辅具	直径	长度	直径码 D	长度码 H	S	F	G	M			
1	G54	粗镗 $\phi 125^{+0.1}_{0}$ 孔	T1	镗刀	JP50FP TZC90-300	ϕ124.5	300		H1	S130	F35				26	P_1 孔
2		粗镗 ϕ34H7 孔	T2	镗刀	JP50FP M4-180 通用镗杆	ϕ33.5	300		H2	S170	F35				128	P_3 孔
3		粗钻 ϕ30M6 孔	T3	麻花钻	JP50FP M4-180 通用镗杆	ϕ28	300		H3	S110	F40				48	P_2 孔
4		半精镗 $\phi 125^{+0.1}_{0}$ 孔	T4	镗刀	JP50FP TZC90-300	ϕ124.9	300		H4	S240	F45				26	P_1 孔
5		半精镗 ϕ34H7 孔	T5	镗刀	JP50FP M4-180	ϕ33.9	300		H5	S200	F20				128	P_3 孔
6		半精镗 ϕ30M6 孔	T17	镗刀	JP50FP M4-180	ϕ29.5	300		H17	S200	F35				48	P_2 孔
7		半精镗 ϕ30M6 孔	T6	镗刀	JP50FP M4-180	ϕ29.85	300		H6	S200	F40				48	P_2 孔
8		粗钻 ϕ8.1 孔	T7	麻花钻	JP50FP TZ10-105	ϕ8	250		H7	S600	F45				12	P_8 孔
9		钻 4×M8 底孔	T8	麻花钻	JP50FP TZ10-105	ϕ6.7	200		H8	S600	F40				21	$P_{4\sim7}$ 孔
10		倒角	T23	专用镗刀	JP50FP M3-150	ϕ10	200		H23	S250	F100				1	$P_{4\sim7}$ 孔
11		攻螺纹 4×M8	T9	丝锥	JP50FP G3-90	M8	200		H9	S100	F125				21	$P_{4\sim7}$ 孔
12		倒角 $\phi 125^{+0.1}_{0}$ 孔	T14	镗刀	JP50FP M5-110	ϕ125	200		H14	S50	F10				1	P_1 孔
13		倒角	T15	专用镗刀	JP50FP M4-75	ϕ30	200		H15	S80	F10				2	P_3P_2 孔
14		铰 $\phi 125^{+0.1}_{0}$ 孔	T10	铰刀	JP50FP M5-180	ϕ125	300		H10	S25	F100				16	P_1 孔
15		铰 ϕ34H7 孔	T11	铰刀	JP50FP M4-75 专用铰刀杆	ϕ34	300		H11	S25	F120				128	P_3 孔
16		铰 ϕ30M6 孔	T12	铰刀	JP50FP M4-75 专用铰刀杆	ϕ30	300		H12	S25	F120				48	P_2 孔
17		铰 ϕ8.1 孔	T13	铰刀	JP50FP ZJ10-105	ϕ8.1	220			25	140				12	P_3 孔

表 22-3　刀具调整卡　mm

工步号	T码	刀具种类	直径		长度	
			设定值	实测值	设定值	实测值
1	T01	镗刀	ϕ124.5		300	
2	T02	镗刀	ϕ33.5		300	
3	T03	麻花钻	ϕ28.0		300	
4	T04	镗刀	ϕ124.9		300	
5	T05	镗刀	ϕ33.9		300	
6	T17	镗刀	ϕ29.5		300	
7	T06	镗刀	ϕ29.85		300	
8	T07	麻花钻	ϕ8		250	
9	T08	麻花钻	ϕ6.7		200	
10	T23	专用镗刀(倒45°角)	ϕ10		200	
11	T09	机用丝锥	M8		200	
12	T14	专用镗刀(倒45°角)	ϕ125		300	
13	T15	专用镗刀(倒45°角)	ϕ30		200	
14	T10	铰刀	ϕ125		300	
15	T11	铰刀	ϕ34		300	
16	T12	铰刀	ϕ30		300	
17	T13	铰刀	ϕ8.1		220	

③ 编制程序。加工程序如表 22-4 所示。

表 22-4　加工程序

程　　序	说　　明
O1820;	
N1 G21;	公制模式
N2 G17 G40 G80 T01;	选刀(镗刀)
N3 G91 G28 Z0;	Z 轴回参考点
N4 M06;	换刀
N5 G54 G90 G00 X164.0 Y0 T02;	G54 工件坐标系、快速至 $X164$,$Y=0$,T02 准备
N6 G43 Z10.0 H1;	Z 轴快移至 $Z=10$,刀具长度补偿 $H_1=300$
N7 S130 M03;	主轴正转,转速 130r/min
N8 G01 Z−35.0 F35.0;	Z 轴工作进给至 $Z=-35$,进给速度 35
N9 G00 Z100;	Z 轴快移至 $Z=100$
N10 M05;	主轴停
N11 T02;	重复调用 T02
N12 G28 G91 Y0 Z0;	Y、Z 轴返回参考点
N13 M06;	换刀
N14 G90 G00 X34.0Y82.5 T03;	快速进给至 $X=34$,$Y=82.5$ 点，T03 准备

续表

程　序	说　明
N15 G43 Z10. 0H2；	Z 轴快移至 $Z=10$，刀具长度补偿 $H_2=300$
N16 S170 M03；	主轴正转，转速 170r/min
N17 G01 Z−42. 0 F35. 0；	Z 轴工进至 $Z=-42$，进给速度 35
N18 G00 Z−86. 0；	Z 轴快进至 $Z=-86$
N19 G01 Z−132. 0；	Z 轴工进至 $Z=-132$，进给速度 35
N20 G00 Z100. 0；	Z 轴快移至 $Z=100$
N21 M05；	主轴停
N22 T03；	重复调用 T03
N23 G28 G91 Y0 Z0；	Y、Z 轴返回参考点，同时选刀(麻花钻)
N24 M06；	换刀
N25 G90 G00 X34. 0 Y−82. 5 T04；	快速进给至 $X=34$，$Y=-82.5$ 点，T04 准备
N26 G43 Z−31. 0H3；	Z 轴快移至 $Z=-31$，刀具长度补偿 $H_3=300$
N27 S110 M03；	主轴正转，转速 110r/min
N28 G01 Z−92. 0 F40. 0；	Z 轴工进至 $Z=-92$，进给速度 40
N29 G00 Z100. 0；	Z 轴快移至 $Z=100$
N30 M05；	主轴停
N31 T04；	重复调用 T04
N32 G28 G91 Y0 Z0；	Y、Z 轴返回参考点，同时选刀(镗刀)
N33 M06；	换刀
N34 G90 G00 X164. 0 Y0 T05；	快速进给至 $X=164$，$Y=0$ 点，T05 准备
N35 G43 Z10. 0 H4；	Z 轴快移至 $Z=10$，刀具长度补偿 $H_4=300$
N36 S240 M03；	主轴正转，转速 240r/min
N37 G01 Z−35 F45；	Z 轴工进至 $Z=-35$，进给速度 45
N38 M05；	主轴停
N39 G00 Z100. 0；	Z 轴快移至 $Z=100$
N40 T05；	重复调用 T05
N41 G28 G91 Y0 Z0；	Y、Z 轴返回参考点
N42 M06；	换刀
N43 G90 G00 X34. 0 Y82. 5 T17；	快速进给至 $X=34$，$Y=-82.5$ 点，T17 准备
N44 G43 Z10. 0 H5；	Z 轴快进至 $Z=10$，刀具长度补偿 $H_5=300$
N45 S200 M03；	主轴正转，转速 200r/min
N46 G01 Z−42. 0 F40；	Z 轴工进至 $Z=-42$，进给速度 40
N47 G00 Z−86. 0；	Z 轴快进至 $Z=-86$
N48 G01 Z−132. 0F40. 0；	Z 轴工进至 $Z=-132$，进给速度 40
N49 M05；	主轴停
N50 G00 Z100. 0；	Z 轴快移至 $Z=100$
N51 T17；	重复调用 T17
N52 G28 G91 Y0 Z0；	Z、Y 轴返回参考点
N53 M06；	换刀
N54 G90 G00 X34. 0 Y−82. 5 T06；	快速进给至 $X=34$，$Y=-82.5$ 点，T06 准备

续表

程　　序	说　　明
N55 G43 Z-31.0 H17;	Z 轴快进至 $Z=-31$,刀具长度补偿 $H_{17}=300$
N56 S200 M03;	主轴正转,转速 200r/min
N57 G01 Z-91.0 F35.0;	Z 轴工进至 $Z=-91$,进给速度 35
N58 G00 Z100.0;	Z 轴快进至 $Z=100$
N59 M05;	主轴停
N60 T06;	重复调用 T06
N61 G28 G91 Z0 Y0;	Y、Z 轴返回参考点
N62 M06;	换刀
N63 G90 G00 X34.0 Y-82.5 T07;	快速进给至 $X=34$,$Y=-82.5$ 点,T07 准备
N64 G43 Z-31.0 H6;	Z 轴快进至 $Z=-31$,刀具长度补偿 $H_6=300$
N65S200 M03;	主轴正转,转速 200r/min
N66 G01 Z-91. F40.0;	Z 轴工进至 $Z=-91$,进给速度 40
N67M05;	主轴停
N68 G00 Z100.0;	Z 轴快移至 $Z=100$
N69 T07;	重复调用 T07
N70 G28 G91 Y0 Z0;	Y、Z 轴返回参考点
N71 M06;	换刀
N72 G90 G00 X164.0Y-70.0T08;	快速进给至 $X=164$,$Y=-70$ 点,T08 准备
N73 G43 H7 Z10.0;	Z 轴快移至 $Z=10$,刀具长度补偿 $H_7=250$
N74 S600 M03;	主轴正转,转速 600r/min
N75 G01 Z-16.5 F45.0;	Z 轴工作进给至 $Z=-16.5$,进给速度 45
N76 G00 Z30.0;	Z 轴快移至 $Z=30$
N77 M05;	主轴停
N78 T08;	重复调用 T08(麻花钻)
N79 G28 G91 Y0 Z0;	Y、Z 轴返回参考点
N80 M06;	换刀
N81 G90 G00 Y49.497 T23;	Y 轴快进至 $Y=49.497$,T23 准备
N82G43 Z50.0 H8;	Z 轴快移至 $Z=50$,刀具长度补偿 $H_8=200$
N83 S600 M03;	主轴正转,转速 600r/min
N84 G99 G83X213.497 Y49.497 Z-23. R10.0 Q2.5 F40;	$X=213.497$,$Y=49.497$ 处钻孔循环(深孔钻),孔底深 $Z=-23$
N85 X114.503 Y49.497;	$X=114.503$,$Y=49.497$ 处钻孔循环
N86 X114.503 Y-49.497;	$X=114.503$,$Y=-49.497$ 处钻孔循环
N87 X213.497 Y-49.497;	$X=213.497$,$Y=-49.497$ 处钻孔循环
N88 G98 G81 X34.0 Y0 R-30.0 Z-55.0F45.0 M05;	$X=34.0$,$Y=0$ 处钻孔循环(定点钻,孔底深 $Z=-55$),之后主轴停
N89 T23;	重复调用 T23(专用镗刀)
N90 G28 G91 Y0 Z0;	Y、Z 轴返回参考点
N91 M06;	换刀
N92 G00 G90X213.497 Y49.497 T09;	快速进给至 $X=213.497$,$Y=49.497$,T09 准备

续表

程　　序	说　　明
N93 G43 Z50.0H23；	Z 轴快移至 $Z=50$，刀具长度补偿 $H_{23}=200$
N94 S250 M03；	主轴正转，转速 250r/min
N95 G98 G81 X213.497 Y49.497 Z−4. R5.0F100；	$X=213.497$，$Y=49.497$ 处钻孔循环（定点钻，此处为倒角）
N96 X114.503 Y49.497；	$X=114.503$，$Y=49.497$ 处钻孔循环（倒角）
N97 Y−49.497；	$X=114.503$，$Y=-49.497$ 处钻孔循环
N98 X213.497；	$X=213.497$，$Y=-49.497$ 处钻孔循环
N99 G00 Z50.0；	Z 轴快移至 $Z=50$
N100 M05；	主轴停
N101 T09；	重复调用 T09（丝锥）
N102 G28 G91 Y0 Z0；	Y、Z 轴返回参考点
N103 M06；	换刀
N104 G90 G00 Y49.497 T14；	Y 轴快移至 $Y=49.497$，T14 准备
N105 G43 Z50.0 H9；	Z 轴快移至 $Z=50$，刀具长度补偿 $H_9=200$
N106 S100 M03；	主轴正转，转速 100r/min
N107 G99 G84 X213.497 Y49.497 Z−19. R10.0F125；	$X=213.497$，$Y=49.497$ 处攻螺纹
N108 X114.503 Y49.497；	$X=114.503$，$Y=49.497$ 处攻螺纹
N109Y−49.497；	$X=114.503$，$Y=-49.497$ 处攻螺纹
N110 X213.497；	$X=213.497$，$Y=-49.497$ 处攻螺纹
N111 M05；	主轴停
N112 G00 Z50.0；	Z 轴快移至 $Z=50$
N113 T14；	重复调用 T14（镗刀）
N114 G28 G91 Z0 Y0；	Z、Y 轴返回参考点
N115 M06；	换刀
N116 G90 G00 X164.0 Y0 T15；	快进至 $X=164$，$Y=0$，T15 准备
N117 G43 H14 Z10.0；	Z 轴快移至 $Z=10$，刀具长度补偿 $H_{14}=300$
N118 S50 M03；	主轴正转，转速 50r/min
N119 G01 Z2.0F300；	Z 轴工进至 $Z=2$，速度 300
N120 G01 Z−1.0 F10.0；	Z 轴工进至 $Z=-1$，速度 10
N121 G04 X3.0；	暂停 3s
N122 G00 Z80.0；	Z 轴快移至 $Z=80$
N123 M05；	主轴停
N124 T15；	重复调用 T15（专用镗刀）
N125 G28 G91 Z0 Y0；	Y、Z 轴返回参考点
N126 M06；	换刀
N127 G00 G90 X34.0 Y−82.5 T10；	快进至 $X=34$，$Y=-82.5$，T10 准备
N128 G43 H15 Z−35.0；	Z 轴快移至 $Z=-35$，刀具长度补偿 $H_{15}=200$
N129 S80 M03；	主轴正转，转速 80r/min
N130 G01 Z−40.0F10.0；	Z 轴工进至 $Z=-40$，速度 10

续表

程　　序	说　　明
N131 G04 X2.5;	暂停 2.5s
N132 G00 Z60.0;	Z 轴快移至 $Z=60$
N133 X34.0 Y82.5;	快进至 $X=34$,$Y=82.5$
N134 Z－2.0;	Z 轴快进至 $Z=-2$
N135 G0 Z－6.2 F10.0;	Z 轴工进至 $Z=-6.2$,速度 10
N136 G04 X2.5;	暂停 2.5s
N137 G00 Z50.0;	Z 轴快移至 $Z=50$
N138 M05;	主轴停
N139 T10;	重复调用 T10(铰刀)
N140 G28 G91 Y0 Z0 T10;	Y、Z 轴返回参考点
N141 M06;	换刀
N142 G90 G00 X164.0Y0 T11;	快进至 $X=164$,$Y=0$,T11 准备
N143 G43 Z10.0 H10;	Z 轴快移至 $Z=10$,刀具长度补偿 $H_{10}=200$
N144 S25 M03;	主轴正转,转速 25r/min
N145 G01 Z－40.0F100.0;	Z 轴工进至 $Z=-40$,速度 100
N146 M05;	主轴停
N147 G00 Z100.0;	Z 轴快移至 $Z=100$
N148 T11;	重复调用 T11(铰刀)
N149 G28 G91 Y0 Z0;	Y、Z 轴返回参考点
N150 M06;	换刀
N141 G90 G00 X34.0Y82.5 T12;	快进至 $X=34$,$Y=82.5$,T12 准备
N152 G43 Z10.0H11;	Z 轴快移至 $Z=10$,刀具长度补偿 $H_{11}=300$
N153 S25 M03;	主轴正转,转速 25r/min
N154 G01 Z－138.0 F130.0;	Z 轴工进至 $Z=-138$,速度 130
N155 M05;	主轴停
N156 G00 Z50.0;	Z 轴快移至 $Z=50$
N157 T12;	重复调用 T12(铰刀)
N158 G28 G91 Y0 Z0;	Y、Z 轴返回参考点
N159 M06;	换刀
N160 G90 G00 X34.0 Y－82.5 T13;	快进至 $X=34$,$Y=-82.5$,T13 准备
N161 G43 Z－31.0 H12;	Z 轴快进至 $Z=-31$,刀具长度补偿 $H_{12}=300$
N162 S25 M03;	主轴正转,转速 25r/min
N163 G01 Z－97.0 F120;	Z 轴工作进给至 $Z=-97$,速度 120
N164 M05;	主轴停
N165 G00 Z50.0;	Z 轴快移至 $Z=50$
N166 T13;	重复调用 T13(铰刀)
N167 G28 G91 Y0 Z0;	Y、Z 轴返回参考点
N168 M06;	换刀
N169 G90 G00 X164.0 Y－70.0 T01;	快进至 $X=164$,$Y=-70$,T01 准备
N170 S33 M03;	主轴正转,转速 33r/min

续表

程　　序	说　　明
N171 G43 H13 Z10.0;	Z 轴快移至 $Z=10$，刀具长度补偿 $H_{13}=220$
N172 G01 Z－13.8 F138.0;	Z 轴工进至 $Z=-13.8$，速度 138
N173 M05;	主轴停
N174 G00 Z50.0;	Z 轴进给至 $Z=50$
N175 G28 G91 Y0 Z0;	Y、Z 轴返回参考点
N176 G28 X0;	X 轴返回参考点
N177 M30;	程序结束
%	

【例 3】 用加工中心加工如图 22-4 所示的零件，零件毛坯是经过预先铣削加工过的规则合金铝材，尺寸为 96mm×96mm×50mm。

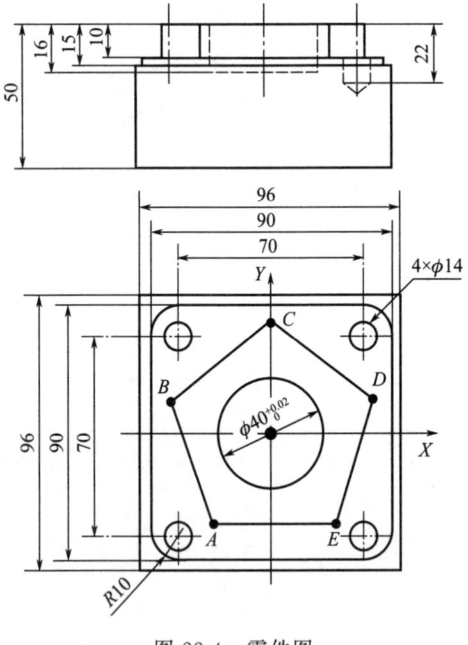

图 22-4　零件图

下面根据图样要求、机床条件、毛坯状况作出加工方案。

① 装夹。本例中毛坯规则，采用平口钳装夹即可。

② 刀具选择及预调对刀。在本例中选择了以下 4 种刀具：$\phi 10$ 中心钻用于打定位孔，$\phi 10$ 钻头用于加工孔。其余加工采用立铣刀，考虑到排屑情况，粗加工采用双刃，精加工采用 4 刃铣刀，并且经预调对刀完毕。刀具测定值及补偿设定值如表 22-5 所示。

表 22-5 刀具补偿值

刀具号码	刀具名称	刀长测定值	刀径测定值	刀长补偿码	刀长补偿值	刀径补偿码	刀径补偿值
T01	$\phi 20$ 双刃铣刀	145.85	$\phi 20.005$	H01	145.85	D11 D12	10.002 22.0
T02	$\phi 16$ 四刃铣刀	170.51	$\phi 16.036$	H02	170.51	D21 D22	8.018 8.038
T03	$\phi 10$ 中心钻	150.15		H03	150.15		
T04	$\phi 10$ 钻头	240.55		H04	240.55		

表 22-5 中对同一刀具采用了不同的刀径补偿值是为了逐步切除加工余量，是加工中心常采用的一种切削方法。

对于钻头类刀具，不需要测定直径方向的值，但要注意两切削刃是否对称等问题。

对表 22-5 的数值输入控制装置内存的刀补表（OFFSET）中，以备切削加工时使用，并在控制装置上进行登录。

③ 编制程序。本程序由一个主程序加五个子程序构成，程序及说明如表 22-6 所示。

表 22-6 加工程序

程　　序	说　　明
主程序：	
O1830；	
N1 G21 G40 G80 G17；	
N2 T01；	刀具选择
N3 M98 P8999；	调用换刀程序
N10 G00 G17	粗加工
N11 S796 H01 T02；	
N13 M98 P8998；	刀具接近工件子程序

续表

程　　序	说　　明
N14 Y－60.0；	
N15 Z5.0；	
N16G01 Z－14.8 F200；	
N17 D11 F318；	
N18 M98 P2001；	加工四边形子程序
N19 Z－9.8；	
N20 D12；	
N21 M98 P2002；	加工五边形子程序
N22 D11；	
N23 M98 P2002；	
N24 Z10.0；	
N25 X0 Y0；	
N26 G01 Z－15.8 F200；	加工圆
N27X9.8 F318；	
N28G03 I－9.8；	
N29G00 X0；	
N30 Z100.0；	
N31 M98 P8999；	刀具交换
N32 S1194 H02 T03；	精加工
N33M98 P8998；	刀具接近工件子程序
N34 Y－60.0；	
N35N Z5.0；	
N36 G01 Z－15.0 F200；	
N37 D21 F239；	
N38 M98 P2001；	加工四边形子程序
N39 Z－9.98；	
N40D22；	
N41 M98 P2002；	加工五边形子程序
N42 Z－10.0；	
N43 D21；	
N44 M98 P2002；	
N45 Z10.0；	
N46 X0 Y0；	
N47 G01 Z－15.98 F200；	
N48 D22；	
N49M98 P2003；	加工圆子程序
N50 Z－16.0；	
N51 D21；	
N52 M98 P2003；	
N53 G00 Z100.0；	

续表

程　　序	说　　明
N54 M98 P8999；	
N55 S3135 H03 T04；	中心孔加工
N56 M98 P8998；	
N57 G90 G98 G81 X－35.0 Y－35.0 Z－18.0 R－5.0 F200；	
N58 Y35.0；	
N59 X35.0；	
N60 Y－35.0；	
N61 G00 G80 X0 Y0；	
N62 M98 P8999；	
N63 S1659 H04 T99；	孔加工
N64 M98 P8998；	
N65 G90 G98 G73 X－35.0 Y－35.0 Z－25.0 R－5.0	
Q5.0 F200；	
N66 Y35.0；	
N67 X35.0；	
N68 Y－35.0；	
N69 G00 G80 X0 Y0；	
N70 M98 P8999；	
N71 M30；	
%	程序结束
子程序	
O2001；	四边形加工子程序
N1 G90 G00 G41 X15.0；	
N2 G03 X0 Y－45.0 R15.0；	
N3 G01 X－35.0；	
N4 G02 X－45.0 Y－35.0 R10.0；	
N5 G01 X－35.0；	
N6 G02 X－35.0 Y－45.0 R10.0；	
N7 G01 X－35.0；	
N8 G02 X－45.0 Y－35.0 R10.0；	
N9 G01 X－35.0；	
N10 G02 X－35.0 Y－45.0 R10.0；	
N11G01 X0；	
N12 G03 X－15.0 Y－60.0 R15.0；	
N13 G00 G40 X0；	
N14 M99；	
%	

续表

程　序	说　明
O2002； N1 G90 G00 G41 X28.056； N2 G03 X0 Y－31.994 R28.056； N3 G01 X－23.512； N4 X37.82 Y12.36； N5 X0 Y40.0； N6 X37.82 Y12.36； N7 X23.512 Y－31.944； N8 X0； N9 G03 X－28.056 Y－60.0 R28.056； N10 G00 G40 X0； N11 M99； %	五边形加工子程序
O2003； N1 G90 G01 G41 X9.0 Y－10.0 F239； N2 X10.0； N3 G03 X20.0 Y0 R10.0； N4 I－20.0； N5 X10.0 Y10.0 R10.0； N6 G01 G40 X0 Y0； N7 M99； %	圆形加工子程序
O8998； N1 G90 G54 X0 Y0 M03； N2 G43 Z100.0； N3 M08； N4 M99； %	刀具接近工件子程序
O8999； N1 M09； N2 G91 G28 Z0 M05； N3 G49 M06； N4 M99； %	交换刀具子程序

执行 O2001（四边形）、O2002（五边形）、O2003（圆形）子程序时的刀具轨迹分别如图 22-5(a)、(b)、(c) 所示。

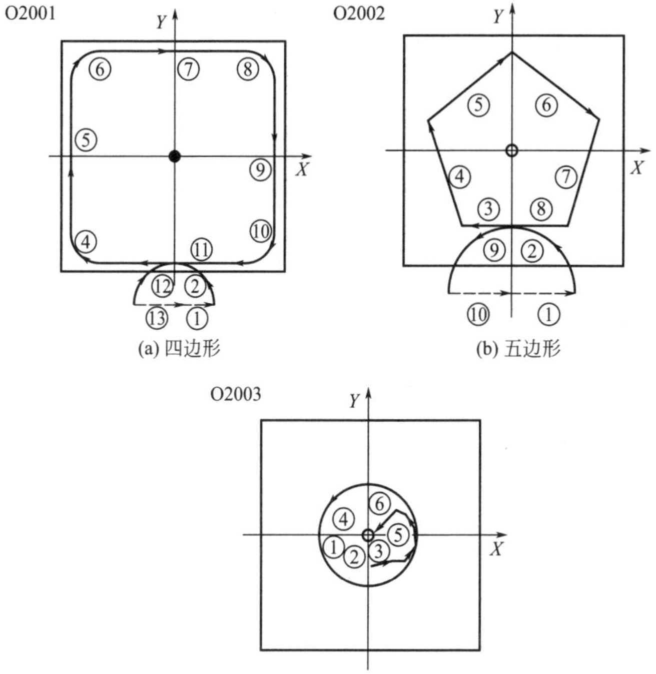

(a) 四边形

(b) 五边形

(c) 圆形

图 22-5　加工子程序

第23章 程序段跳过功能（“/”）

程序段跳过功能“/”是所有 CNC 控制器的标准功能，当机床面板上的选择程序段跳过开关接通时，在程序中执行到程序跳过功能“/”，控制系统会跳过跟在斜杠后的所有指令。它的主要目的就是在不多于两个冲突可能性的情况下，为程序员的程序设计提供一些额外的手段。没有程序跳过功能，唯一的办法就是编写两个分别用于唯一可能的不同程序。例如。编写一个端面切削程序，交付到 CNC 机床上的坯料尺寸并不完全一样。一些毛坯的尺寸较小，可以经过一道切削工序完成，一些可能比较大，需要两次端面切削。这种情况在 CNC 加工厂并不少见，且常常不能得到有效的处理。编写两个不同的程序是一个选择，但一个可以包含两个选择的程序将是更好的选择——其区别就是程序中是否使用程序段跳过功能。

23.1 跳过功能的格式

为了在程序中识别程序跳过功能，需要特殊的编程符号。程序跳过功能符号用左斜杠“/”表示。系统将该斜杠当作跳过程序段代码。在大多数的 CNC 编程应用中，斜杠是程序段中的第一个字符。

例如：

```
N1…          (始终执行)
N2…          (始终执行)
N3…          (始终执行)
/N4…         (如果跳过程序段无效则执行)
/N5…         (如果跳过程序段无效则执行)
/N6…         (如果跳过程序段无效则执行)
/N7…         (如果跳过程序段无效则执行)
```

```
N8…                    (始终执行)
N9…                    (始终执行)
```

一些控制系统中，可以在程序段中间使用跳过程序段代码以选择性使用某些地址，而不是在它的开头。

例如：

```
N6…
N7 G00 X50.0  /M08
N8 G01…
…
```

在这种情况下，即控制系统确实允许在程序段中使用跳过程序段时，那么控制器将执行所有斜杠前的指令，而不管跳过程序段触发器的设置如何。如果启动程序跳过功能（程序段跳过功能激活），只跳过斜杠后面的指令。在上例中，将跳过冷却液功能 M08，如果关掉程序段跳过功能（程序跳过功能无效），将执行整个程序段，包括冷却液功能。

无论采取哪种形式，由操作人员根据加工类型来最终决定是否使用程序段的跳过功能。为此，CNC 单元控制面板上设置了按键、波动开关或菜单选项，跳过程序段的选择可以激活（开）或无效（关）。当程序段跳过功能设为“开”位置时，表示忽略跟在斜杠后的所有程序指令；当程序跳过功能设为“关”时，表示执行所有程序段指令。

加工中将程序段跳过功能设为“开”或“关”位置，且在整个程序中都保持这一模式。如果在程序的一部分需要“开”设置，而其余的并不需要时，通常在程序注释中告知操作人员。在程序运行中改变跳过程序段模式是不安全的，也很容易产生问题。一些控制器上有可选功能，即一个选择性的或跳过程序号功能。这一选项使操作人员可以选择程序的哪一部分需要“开”设置，哪一部分需要“关”设置。该设置可以在按下循环开始键初始化程序之前完成。

书写格式：/n

其中 $n=1\sim9$

跳过任选程序段（/n）放在程序段的开头，当机床操作面板跳过任选程序段开关 n 置于 ON 位置时，带/n 的程序段与开关 n

号对应，在纸带或存储方式运行时，该程序段无效，即从/n 开始到程序段结束符之间的程序被跳过。当跳过任选程序段开关 n 置于 OFF 时，/n 后面的程序段有效。也就是说，含有“/”的程序段根据机床操作面板上开关的选择，其后的程序段可以跳过。

例如：

```
N1…
N2…
/1N3…                     (跳过程序段组 1)
/1N4…                     (跳过程序段组 1)

…
…
N16…
/21N17…                   (跳过程序段组 2)
/2N18…                    (跳过程序段组 2)
…
…
N29…
/3N30…                    (跳过程序段组 3)
/31N31…                   (跳过程序段组 3)
```

/1 中的 1 可以忽略。但是，当两个或多个选择程序段开关用于一个程序段时，/1 中的 1 不能忽略。

例如：

```
//3G00 X10.0;          (不正确)
/1/3G00 X10.0;         (正确)
```

使用程序段跳过功能时，一定要注意所有的模态指令，使用斜杠代码的程序段中的指令并不是始终有效的，它取决于程序段跳过开关的设置，如果使用程序跳过功能，从具有斜杠代码的部分跳转到没有斜杠代码的部分，其中在斜杠后面指定的模态指令将丢失。编写程序段跳过功能时，如果忽略模态指令，可能会导致严重的错误。为了避免这一潜在问题，即在被程序段跳过功能影响的程序部分重复编写所有的模态指令。

比较下面两个例子

例 A——不重复模态指令

```
N5 G00 X50.0 Z2.0
/N6 G01 X45.0 F0.15 M08    (G01和M08丢失)
N7 Z-45.0 F0.1
N8…
```

例 B——重复模态指令

```
N5 G00 X50.0 Z2.0
/N6 G01 X45.0 F0.15 M08
N7 G01 Z-45.0 F0.1 M08
N8…
```

在程序跳过功能为无效时，例 A 和例 B 会得到同样的结果，此时，控制系统将按照编程顺序，执行所有程序中的指令。当激活程序跳过功能时，控制系统不执行跟在斜杠代码后的程序段指令，那么两个例子将有不同的执行结果。以下是忽略程序段 N6 时得到的不同结果：

例 C——不重复模态指令

```
N5 G00 X50.0 Z2.0          (快速运动)
N7 Z-45.0 F0.1             (快速运动)
N8…
```

例 D——重复模态指令

```
N5 G00 X50.0 Z2.0          (快速运动)
N7 G01 Z-45.0 F0.1 M08     (直线插补)
N8…
```

23.2 编程举例

程序段跳过功能非常简单，以致经常被忽略。然而它却是功能强大的编程方法，对于这一功能的创造性使用将使很多程序收益。工作的类型和独创性的思考是它成功应用的关键。下面例子所示为程序段跳过功能的一些实际应用，这些例子可用做一般程序设计的开头，或用在拥有相似加工应用的场合。

(1)各种毛坯切除

在铣削中，切除多余的毛坯材料是十分常见的操作。对于不规则表面（如铸件、锻件）或粗糙表面，很难确定切削次数。例如，对于某一给定的工作，其中一些铸件可能只有最小的余量，所以一次粗铣或端面切削已经足够；同一工作中其他的铸件可能稍大一点，因而需要两次粗车铣或端面加工。

如果设计的程序只含有一次粗铣或端面切削，那么在加工厚的毛坯时将发生错误。对所有的工件都编写两次切削将比较安全，但对于只有最小余量的工件而言，效率较低。当毛坯很小时，将有很多称为“空切”的刀具运动。

例如用 ϕ100 的平面铣刀，需要铣削平面的毛坯材料余量为 3.0～8.0mm，这里选择最大合理切削深度为 4.5mm，如图 23-1 所示。

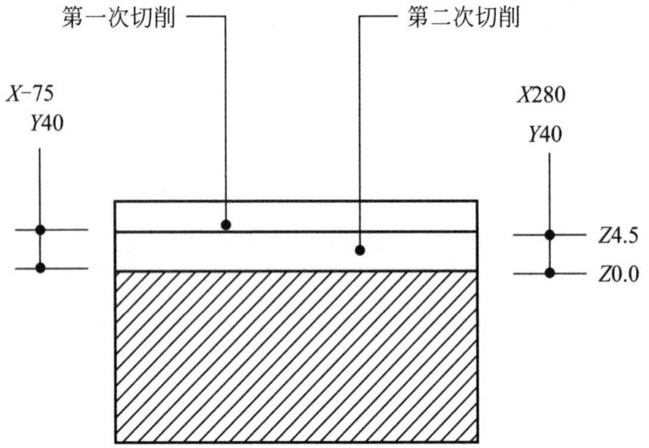

图 23-1　铣削应用中不同毛坯的表面加工

程序：

```
O1910
N1 G21;
N2 G17 G40 G49 G80;
N3 G90 G00 G54 X280.0 Y40.0;
N4 G43 Z25.0 S550 M03 H01;
N5 G01 Z4.5 F200.0 M08;
/N6 X－75.0 F250.0;
/N7 Z10.0;
/N8 G00 X280.0;
N9 G01 Z0;
```

```
N10 X－75.0 F250.0;
N11 G00 Z25.0 M09;
N12 G28 X－75.0 Y40.0 Z25.0;
N13 M30;
%
```

(2)改变加工模式

程序段跳过功能在另一种应用中非常有效，即简单的族工件编程。“族工件”表示在两个或多个工件的编程条件设计中可能有一些细微的差别，相似工件间的这种微小的变化通常很合适使用程序段跳过功能。

如图 23-2 所示，两个工件有四个孔一样，只是第二个工件少了两个孔，使用程序段跳过功能可以使一个程序包括两种模式。图 23-2(a) 所示为程序跳过功能设为“关”时的结果，图 23-2(b) 所示为程序段跳过功能设为“开”时的结果，它们使用的程序相同。

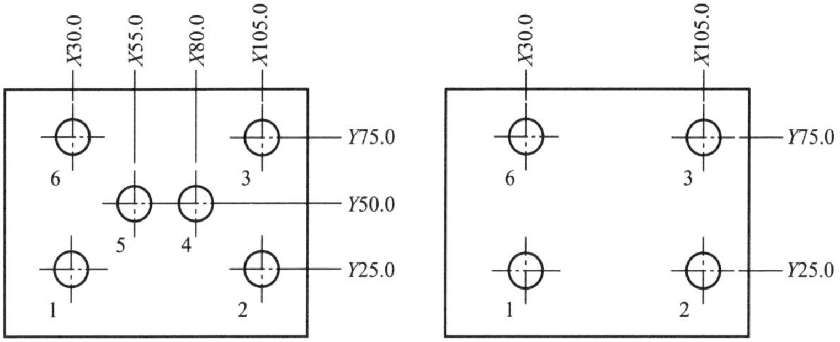

(a) (b)

图 23-2　不同的加工模式

程序：

```
O1920
N1 G21;
…
N16 G90 G00 G54 X30.0 Y25.0 M08;
```

```
N17 G43 Z25.0 S1200 M03 H04;
N18 G99 G81 R2.5 Z—4.0 F100.0;(孔 1)
N19 X105.0;                    (孔 2)
N20 Y75.0;                     (孔 3)
/N21 X80.0 Y50.0;              (孔 4)
/N22 X55.0;                    (孔 5)
N23 G98 X30.0 Y75.0;           (孔 6)
N24 G80 G28 X30.0 Y75.0 Z25.0;
N25 M30;
%
```

(3)程序校验

程序段跳过功能对在机床上校对新程序以及检查明显的错误也是很有用的，经验有限的 CNC 操作人员在第一次运行程序时可能有些忧虑，最关心的就是朝向工件的初始快速运动，尤其当空隙很小时。下面的例子为排除设置和程序校验过程中的问题的一般编程方法。但为了保证生产能力，在重复操作中，仍然保持最大的快速运动速率。

```
O1930;
N1 G21 G17 G40 G80;
N2 G90G00 G54 X219. 0 Y75. 0 M08;
N3 G43 Z—5.0 S600 M03 H01 /G01 F500.0;
N4 G01 X.. F200.0;
N5;…
```

上面的例子中，只在一个程序段中使用跳过程序段。利用了同一程序段中的两条互相冲突的指令。如果在一个程序段中使用两条互相冲突的指令，那么程序段中的一条指令将无效。

例子中的第一条指令为 G00，第二条为 G01。通常，G01 的优先级要高，但因为斜杠代码的存在，所以如果程序段跳过设为“开”，控制器接受 G00，如果程序段跳过设为“关”，则接受 G01。当程序段跳过模式为“关”时，控制器将阅读两条运动指令，且程序段中的第二条指令有效（G01 取代 G00）。

第24章 宏程序（G65、G66和G67）

24.1 宏程序概述

在某种功能的零件加工程序中，用变量代替某些数值，和用这些变量的运算和赋值过程而编写的程序叫宏程序。宏程序的作用与子程序相类似，它具有某种通用功能，由主程序的专用语句调用，执行宏程序后再返回主程序。

宏程序由三部分组成：①宏程序名，字母 O 后接 4 位自然数；②宏程序本体；③宏程序结束指令 M99。如果在宏程序中遇到 M02、M30 时，程序结束返回主程序。宏程序名和结束指令与子程序相同，但调用命令不相同。宏程序通常用在加工路线基本相同，但坐标数值不相同的一组零件中。用变量或变量表达式编程，在调用语句中给变量赋值，这样就可用一个程序加工一组零件。为了了解宏程序，以图 24-1 为例给以简要说明。刀具中心轨迹为 $OA \to AB \to BC \to CD \to DA \to AO$，对于不同尺寸但形状相同的一批零件，刀具中心轨迹的终点坐标值 I、J、U、V 是不同的。在宏程序中，把可用的英文字母叫地址，变量用 # i（i=1～36，100～199，500～599，…）表示，#1～#33 和英文字母有固定的对应关系，本例所用字母与变量的对应关系是 I=#4、J=#5、U=#21、V=#22，在宏程序中的变量用 # i 不用字母。

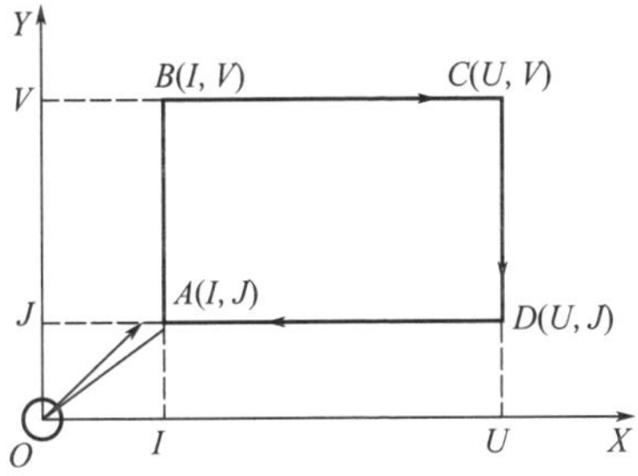

图 24-1　加工路线

刀具中心轨迹的宏程序：

```
O2010
N1 G91 G00 X#4 Y#5;   刀具由 O 点至 A 点(用#4、#5 而不用 I、J)
N2 G01 Y(#22-#5);      由 A→B(用#22、#5 而不用 V、J)
N3 X(#21-#4);          由 B→C(用#21、#4 而不用 U、I)
N4 Y(#5-#22);          由 C→D(用#5、#22 而不用 J、V)
N5 X(#4-#21);          由 D→A(用#4、#21 而不用 I、U)
N6 G00 X-#4 Y-#5;      由 A→O
N9 M99;                结束指令
```

对于一个已给定轮廓尺寸的工件，#4、#5、#21、#22 的值可通过调用给 I、J、U、V 赋值语句完成。若 $AB=CD=20$，$BC=AD=40$，$OI=20$，$OJ=20$，则可用如下语句调用 O9801 程序：

G65 P9801 I20.0 J20.0 U60.0 V40.0;

P 字母后的数值与宏程序名的数值相同。

FANUC 0i 系统提供两种用户宏程序，用户宏程序功能 A 和用户宏程序功能 B，用户宏程序功能 A 可以说是 FANUC 系统的标准配置功能，任何配置的 FANUC 系统都具备此功能，而用户宏程序功能 B 虽然不算是 FANUC 系统的标准配置功能，但是绝大部分 FANUC 系统也都支持用户宏程序功能 B。

一般情况下，在一些较老的 FANUC 系统中采用 A 类宏程序，因为在老型号的系统面板上没有"+"、"−"、"×"、"/"、"="、"[]"等符号，故不能进行这些符号的输入，也不能用这些符号进行赋值及数学计算。所以在这类系统中，只能按 A 类宏程序进行编程，而在 FANUC 0i 及其以后的系统中，则可以输入这些符号并运用这些符号进行赋值及数学运算，即按 B 类宏程序进行编程。

24.2 A 类、B 类用户宏程序的形式及其区别

A 类宏程序的一般表达形式：

主程序	举例
程序名	O0001

程序开始,定位原点	G54 G90 X0 Y0 Z20
定义主轴转速、转向	M03 S1000
调用用户宏程序	M98 P9100
程序结束	M30
用户宏程序(本体)(类似子程序)	举例
用户宏程序名	O9100
运算指令(包括赋值)	G65 H05…
…	…
条件转移指令	G65 H82…
…	…
宏程序结束	M99

B类宏程序的一般表达形式

主程序	举例
程序名	O0001
程序开始,定位原点	G54 G90 X0 Y0 Z20
定义主轴转速、转向	M03 S1000
调用用户宏程序	G65 P1122 A18 B19
	C10 Q0.95 F300
程序结束	M30
自变量赋值	举例
…	＃1= (A)
…	＃2= (B)
…	…

用户宏程序(本体)(类似子程序)	举例
用户宏程序名	O9100
赋值	＃5= [＃1－＃4]/2
…	Z[－＃4＋1]
…	…
加工循环(使用控制指令)	WHILE …
…	…
…	END
宏程序结束	M99

由上可见，B类宏程序的运算和条件转移指令与A类宏程序的运算和条件转移指令有很大区别，B类宏程序的运算相似于数学

运算，仍用数学符号来表示，而 A 类宏程序则采用 G 码、H 码。A 类宏程序的条件转移指令也采用 G 码、H 码，而 B 类宏程序则采用 IF 语句和 WHILE 语句等。

24.3 变量

(1)变量的表示与引用

① 变量的表示　普通加工程序直接用数值指定 G 代码和移动距离。例如 G01 和 X100.0。使用用户宏程序时，数值可以直接指定或用变量指定，当用变量时，变量值可用程序或用 MDI 面板操作改变。

一般编程方法允许对变量命名，但用户宏程序不行。变量用变量符号（#）和后面的变量号指定。

例如：#1

#20

表达式可以指定变量号。此时，表达式必须封闭在括号中。

例如：#[#1+#2-12]

② 变量的引用　在地址后指定变量号即可引用其变量值。当用表达式指定变量时，要把表达式放在括号中。

例如：G01X[#1+#2]F#3

被引用变量的值根据地址的最小设定单位自动地舍入。

例如：当系统的最小输入增量为 1/1000mm 单位，指令 G00X#1，并将 12.3456 赋值给变量#1，实际指令值为 G00X12.346。

改变引用变量值符号时，要把负号（—）放在#的前面。

例如：G00X-#1。

当引用未定义的变量时，变量及地址字都被忽略。

例如：当变量#1 的值为 0，并且变量#2 的值是空时，G00X#1Y#2 的执行结果为 G00X0。

变量引用中应注意：

a. 当变量值空白时，变量是空。

b. 符号 ******** 表示溢出（当变量的绝对值大于 99999999 时）或下溢出（变量的绝对值小于 0.0000001 时）。

c. 当在程序中定义变量值时，小数点可以省略。

例如：当定义＃1=123，变量＃1的实际值是123.000。

d. 程序号、顺序号和任选程序段跳转号不能使用变量。

例如：下面情况不能使用变量：

O＃1；

/＃2G00 X100.0；

N＃3 Y200.0；

当变量值未定义时，这样的变量成为“空”变量。变量＃0总是空变量，它不能写，只能读。未赋值的变量具有下列特征：

ⅰ. 引用。当引用一个未定义的变量时，地址本身也被忽略。

当＃1=＜空＞	当＃1=0
G90 X100.0 Y＃1 ↓ G90 X100.0	G90 X100.0 Y＃1 ↓ G90 X100.0 Y0

ⅱ. 运算。除了用＜空＞赋值以外，其余情况下＜空＞与0相同。

当＃1=＜空＞时	当＃1=0时
＃2=＃1 ↓ ＃2=＜空＞	＃2=＃1 ↓ ＃2=0
＃2=＃1*5 ↓ ＃2=0	＃2=＃1*5 ↓ ＃2=0
＃2=＃1+＃1 ↓ ＃2=0	＃2=＃1+＃1 ↓ ＃2=0

ⅲ. 条件表达式。EQ(=)和NE(≠)时，＜空＞与0不同，其余相同。

当#1=<空>时	当#1=0时
#1EQ#0 ↓ 成立	#1EQ#0 ↓ 不成立
#1NE#0 ↓ 成立	#1NE#0 ↓ 不成立
#1GE#0 ↓ 成立	#1GE#0 ↓ 不成立
#1GT#0 ↓ 不成立	#1GT#0 ↓ 不成立

(2)变量类型

变量有三类：局部变量；公用变量；系统变量。

① 局部变量　#1～#33，是用户在宏程序中局部使用的变量，共33个。局部变量只能用在宏程序中储存数据，例如，运算结果。在有些系统中，这些变量可在一个宏程序中使用，也可在另外几个宏程序中重复使用。当它们有嵌套关系时，包括主程序在内，同一个变量最多可重复用5次，因此，最多有四层嵌套。重复用的变量在各自的程序中互相影响。但在同一个程序中不能重复使用。

② 公用变量　#100～#199、#500～#699两个区域中的变量是公用变量。公用变量直接用#i赋值和调用，可通过操作面板赋值。它们能够在任何主程序、子程序中被调用。#100～#199区域中的变量是非保持型变量，断电后被清除。#500～#699区域中的变量是保持型变量，断电后仍被保存。

③ 系统变量　系统变量是系统固定用途的变量，它们可被任何程序使用。有些是只读的，有些可以赋值或修改。系统变量的用途见表24-1。

a.接口信号　接口信号是可编程机床控制器（PMC）和用户宏程序之间交换的信号。用于接口信号的系统变量见表24-2。

表 24-1　系统变量

<table>
<tr><th>变量号码</th><th>用　　途</th><th>变量号码</th><th colspan="2">用　　途</th></tr>
<tr><td>#1000～#1015,#1032</td><td>输入接口信号</td><td rowspan="2">#5061～#5063</td><td colspan="2" rowspan="2">跳转信号时的位置(工件坐标系)</td></tr>
<tr><td>#1100～#1115,#1132,#1133</td><td>输出接口信号</td></tr>
<tr><td>#2001～#2400</td><td>刀具补偿量</td><td>#5081～#5083</td><td colspan="2">刀具长度补偿值</td></tr>
<tr><td>#3000,#3006</td><td>报警,信息</td><td>#5101～#5103</td><td colspan="2">伺服位置偏差</td></tr>
<tr><td>#3001,#3002,#3011,#3012</td><td>时间信息</td><td>#5201～#5203</td><td colspan="2">外部偏置量</td></tr>
<tr><td>#3003,#3004</td><td>单步,连续控制</td><td>#5221～#5223</td><td>G54</td><td rowspan="10">工件坐标系原点在基本机床坐标系中的坐标值</td></tr>
<tr><td>#3005</td><td>数据设定</td><td>#5241～#5243</td><td>G55</td></tr>
<tr><td>#3901,#3902</td><td>零件数</td><td>#5261～#5283</td><td>G56</td></tr>
<tr><td>#4001～#4130</td><td>模态信息</td><td>#5281～#5283</td><td>G57</td></tr>
<tr><td rowspan="2">#5001～#5004</td><td rowspan="2">程序段各轴终点坐标(工件坐标系)</td><td>#5301～#5203</td><td>G58</td></tr>
<tr><td>#5321～#5323</td><td>G59</td></tr>
<tr><td rowspan="2">#5021～#5023</td><td rowspan="2">工件坐标系现行位置坐标</td><td>#7001～#7003</td><td>G54.1 P1</td></tr>
<tr><td>#7021～#7023</td><td>G54.1 P2</td></tr>
<tr><td rowspan="2">#5041～#5043</td><td rowspan="2">机床坐标系现行位置坐标</td><td>：</td><td>：</td></tr>
<tr><td>#7941～#7943</td><td>G54.1 P48</td></tr>
</table>

表 24-2　接口信号的系统变量

<table>
<tr><th>变量号</th><th>功　　能</th></tr>
<tr><td>#1000～#1015
#1032</td><td>把 16 位信号从 PMC 送到用户宏程序。变量#1000 到#1015 用于按位读取信号
变量#1032 用于一次读取一个 16 位信号</td></tr>
<tr><td>#1100～#1115
#1132</td><td>把 16 位信号从用户宏程序送到 PMC。变量#1100 到#1115 用于按位读取信号
变量#1132 用于一次读取一个 16 位信号</td></tr>
<tr><td>#1133</td><td>变量#1133 用于从用户宏程序一次写一个 32 位的信号到 PMC
注意,#1133 的值为－99999999 到＋99999999</td></tr>
</table>

b. 刀具补偿值　用系统变量可以读和写刀具补偿值。可用的变量数取决于刀补数、是否区分外形补偿和磨损补偿以及是否区分刀长补偿和刀尖补偿。当偏置组数小于等于 200 时，也可用#2001～#2400。刀具补偿存储器 C 的系统变量如表 24-3 所示。

c. 宏程序报警　宏程序报警的系统变量如表 24-4 所示。

表 24-3　刀具补偿存储器 C 的系统变量

补偿号	刀具长度补偿(H)		刀具半径补偿(D)	
	外形补偿	磨损补偿	外形补偿	磨损补偿
1	#11001(#2201)	#10001(#2001)	#13001	#12001
⋮	⋮	⋮	⋮	⋮
200	#11201(#2400)	#10201(#2200)	⋮	⋮
⋮	⋮	⋮	⋮	⋮
400	#11400	#10400	#13400	#12400

表 24-4　宏程序报警的系统变量

变量号	功　　能
#3000	当变量#3000 的值为 0～200 时,CNC 停止运行且报警 可在表达式后指定不超过 26 个字符的报警信息。CRT 屏幕上显示报警号和报警信息,其中报警号为变量#3000 的值加上 3000

例如:

#3001=1(TOOL NOT FOUND)

报警屏幕上显示“3001 TOOL NOT FOUND”

d. 停止和信息显示　程序停止并显示信息的系统变量如表 24-5 所示。

表 24-5　程序停止并显示信息的系统变量

报警号	功　　能
#3006	在宏程序中指令“#3006=1(MESSAGE):”时,程序在执行完成前一程序段后停止 可在同一程序段中指定最多 26 个字符的信息,由控制输入“(”和控制输出“)”括住,相应信息显示在外部操作信息画面

e. 时间信息　阅读时间信息的系统变量可以确定时间，给系统变量赋值，可以预调时间。时间信息的系统变量如表 24-6 所示。

表 24-6　时间信息的系统变量

变量号	功　　能
#3001	该变量为一个计时器,以 1ms 为计时单位。当电源接通时,该变量值复位为 0。当达到 2147483648ms 时,该计时器的值返回到 0
#3002	该变量为一个计时器,以 1h 为计时单位。该计时器即使在电源断电时也保存数值。当达到 9544.371767h,该计时器的值返回到 0

续表

变量号	功　能
＃3011	该变量用于读取当前的日期(年/月/日)。年/月/日信息转换成十进制数。例如,2001年9月28日表示为20010928
＃3012	该变量用于读取当前的日期(时/分/秒)。时/分/秒信息转换成十进制数。例如,下午3点34分56秒表示为153456

f. 自动运行控制

ⅰ. 系统变量＃3003的数值与单段停止、辅助功能结束信号的关系如表24-7所示。

表24-7　自动运行控制的系统变量＃3003

＃3003	单段停止	辅助功能结束信号	＃3003	单段停止	辅助功能结束信号
0	有效	等待	2	有效	不等待
1	无效	等待	3	无效	不等待

注意事项：

ⅰ）当电源接通时，该变量的值为0。

ⅱ）当单程序段停止无效时，即使单程序段开关设为ON，也不执行单程序段停止。

ⅲ）当指定不等待辅助功能完成时，在辅助功能完成之前，程序即执行到下一程序段。而且分配完成信号DEN不输出。

ⅱ. 系统变量＃3004的值与进给暂停、进给倍率及准确停止的关系如表24-8所示。

表24-8　自动运行控制的系统变量＃3004

＃3004	进给暂停	进给速度倍率	准确停止	＃3004	进给暂停	进给速度倍率	准确停止
0	有效	有效	有效	4	有效	有效	无效
1	无效	有效	有效	5	无效	有效	无效
2	有效	无效	有效	6	有效	无效	无效
3	无效	无效	有效	7	无效	无效	无效

注意事项：

ⅰ）当电源接通时，该变量的值为0。

ⅱ）当进给暂停无效时，按下进给暂停按钮，机床以单段停止方式停止。但是，当＃3003 使单程序段无效时，单程序段停止无效。

ⅲ）当进给暂停无效时，按下暂停按钮又松开时，进给暂停灯亮，但是，机床不停止，程序继续执行，并且机床停在进给有效的第一个程序段。

ⅳ）当进给速度无效时，倍率总为 100％。而不管机床操作面板上的进给速度倍率开关的设置。

g. 数据设定　通过对系统变量＃3005 赋值，可以对设定功能进行设定。用二进制来表示系统变量＃3005 的值时，各位与各设定功能相对应，见表 24-9。指令时，数据用十进制。

表 24-9　数据设定＃3005

＃15	＃14	＃13	＃12	＃11	＃10	＃9	＃8
						FCV	
＃7	＃6	＃5	＃4	＃3	＃2	＃1	＃0
		SEQ			INI	ISO	TVC

其中：＃9（FCV）：是否使用 FS10/11 纸带格式转换功能。

＃5（SEQ）：是否自动插入顺序号。

＃2（INI）：毫米输入或英寸输入。

＃1（ISO）：EIA 或 ISO 作为输出代码。

＃0（TVC）：是否进行 TV 校验。

h. 零件计数　要求的零件数和已加工的零件数可以读和写，系统变量如表 24-10 所示。

表 24-10　零件计数的系统变量

变　量　号	功　　能
＃3901	已加工的零件数
＃3902	要求的零件数

使用零件计数系统变量，其值不能为负，程序中应有 M02 或 M30，当执行 M02 或 M30 时，零件计数加 1。

i. 模态信息　阅读系统变量的值，可知前一个程序指定的模态指令。模态信息见表 24-11。

表 24-11　模态信息系统变量

变量号	模态信息	备　注
#4001	01 组 G 代码	G00、G01、G02、G03、G33
#4002	02 组 G 代码	G17、G18、G19
#4003	03 组 G 代码	G90、G91
#4005	05 组 G 代码	G94、G95
#4006	06 组 G 代码	G20、G21
#4007	07 组 G 代码	G40、G41、G42
#4008	08 组 G 代码	G43、G44、G49
#4009	09 组 G 代码	G73、G74、G74、G80～G89
#4010	010 组 G 代码	G98、G99
#4011	011 组 G 代码	G50、G51
#4012	012 组 G 代码	G66、G67
#4013	013 组 G 代码	G96、G97
#4014	014 组 G 代码	G54～G59
#4015	015 组 G 代码	G61～G64
#4016	016 组 G 代码	G68、G69
#4017	017 组 G 代码	G15、G16
⋮	⋮	
#4022	22 组 G 代码	（待定）
#4102	B 代码	
#4107	D 代码	
#4109	F 代码	
#4111	H 代码	
#4113	M 代码	
#4114	顺序号	
#4115	程序号	
#4119	S 代码	
#4120	T 代码	

【例】　当执行 #1＝#4002 时，在 #1 中得到的值是 17、18 或 19。

对于不能执行的 G 代码组。如果指定系统变量读取相应的模态信息，则发出 P/S 报警。

j. 位置信息　位置信息不能写，只能读，位置信息的系统变量如表 24-12 所示。

表 24-12 位置信息的系统变量

变量号	位置信息	坐标系	刀具补偿值	运动时的读操作
#5001G #5002 #5003	X 轴程序终点坐标 Y 轴程序终点坐标 Z 轴程序终点坐标	工件坐标系	不包含	可以
#5021 #5022 #5023	X 轴当前位置 Y 轴当前位置 Z 轴当前位置	机床坐标系	包含	不可能
#5041 #5042 #5043	X 轴的当前位置 Y 轴的当前位置 Z 轴的当前位置	工件坐标系	包含	不可能
#5061 #5062 #5063	X 轴跳跃信号位置 Y 轴跳跃信号位置 Z 轴跳跃信号位置	工件坐标系	包含	可能
#5081 #5082 #5083	X 轴刀具长度量 Y 轴刀具长度量 Z 轴刀具长度量			不可能
#5101 #5102 #5103	X 轴伺服位置偏移 Y 轴伺服位置偏移 Z 轴伺服位置偏移			不可能

注意事项：

ⅰ）变量#5081～#5083 储存的刀具补偿值是当前的执行值，不是后面程序段的处理值。

ⅱ）在 G31（跳转功能）程序段中跳转信号接通时的刀具位置储存在变量#5061～#5063 中。当 G31 程序段中的跳转信号未接通时，这些变量中储存指定程序段的终点值。

ⅲ）移动期间不能读是指由于缓冲（预读）功能的原因，不能读期望值。

k. 工件零点偏移值 阅读系统变量的值，可以确定工件零点的偏置值。对这些变量赋值，可以改变工件零点的偏置值。工件零点偏置与系统变量的对应关系如表 24-13 所示。

表 24-13　工件零点偏置值的系统变量

变量号	功　能	变量号	功　能
#5201	X 轴外部工件零点偏置值	#5301	X 轴 G58 工件零点偏置值
#5202	Y 轴外部工件零点偏置值	#5302	Y 轴 G58 工件零点偏置值
#5203	Z 轴外部工件零点偏置值	#5303	Z 轴 G58 工件零点偏置值
#5221	X 轴 G54 工件零点偏置值	#5321	X 轴 G59 工件零点偏置值
#5222	Y 轴 G54 工件零点偏置值	#5322	Y 轴 G59 工件零点偏置值
#5223	Z 轴 G54 工件零点偏置值	#5323	Z 轴 G59 工件零点偏置值
#5241	X 轴 G55 工件零点偏置值	#7001	X 轴 G54.1 P1 工件零点偏置值
#5242	Y 轴 G55 工件零点偏置值	#7002	Y 轴 G54.1 P1 工件零点偏置值
#5243	Z 轴 G55 工件零点偏置值	#7003	Z 轴 G54.1 P1 工件零点偏置值
#5261	X 轴 G56 工件零点偏置值	#7021	X 轴 G54.2 P2 工件零点偏置值
#5262	Y 轴 G56 工件零点偏置值	#7022	Y 轴 G54.2 P2 工件零点偏置值
#5263	Z 轴 G56 工件零点偏置值	#7023	Z 轴 G54.2 P2 工件零点偏置值
		⋮	⋮
#5281	X 轴 G57 工件零点偏置值	#7941	X 轴 G54.1 P48 工件零点偏置值
#5282	Y 轴 G57 工件零点偏置值	#7942	Y 轴 G54.1 P48 工件零点偏置值
#5283	Z 轴 G57 工件零点偏置值	#7943	Z 轴 G54.1 P48 工件零点偏置值

工件零点偏移值也可以使用表 24-14 的系统变量。

表 24-14　工件零点偏置值的系统变量

轴	功　能	变　量	
X	外部工件零点偏置	#2500	#5201
	G54 工件零点偏置	#2501	#5221
	G55 工件零点偏置	#2502	#5241
	G56 工件零点偏置	#2503	#5261
	G57 工件零点偏置	#2504	#5281
	G58 工件零点偏置	#2505	#5301
	G59 工件零点偏置	#2506	#5321
Y	外部工件零点偏置	#2600	#5202
	G54 工件零点偏置	#2601	#5222
	G55 工件零点偏置	#2602	#5242
	G56 工件零点偏置	#2603	#5262
	G57 工件零点偏置	#2604	#5282
	G58 工件零点偏置	#2605	#5302
	G59 工件零点偏置	#2606	#5322
Z	外部工件零点偏置	#2700	#5203
	G54 工件零点偏置	#2701	#5223
	G55 工件零点偏置	#2702	#5243
	G56 工件零点偏置	#2703	#5263
	G57 工件零点偏置	#2704	#5283
	G58 工件零点偏置	#2705	#5303
	G59 工件零点偏置	#2706	#5323

24.4 算术和逻辑运算

24.4.1 B类宏程序的算术、逻辑运算

表24-15中列出B类宏程序的运算可以在变量中执行。运算符右边的表达式可包含常量和/或由函数或运算符组成的变量。表达式中的变量#j和#k可以用常量替代。左边的变量也可以用表达式赋值。

表24-15　B类宏程序算术和逻辑运算

功　能	格　　式	备　　注
定义	#i=#j	
加法	#i=#j+#k	
减法	#i=#j-#k	
乘法	#i=#j*#k	
除法	#i=#j/#k	
正弦	#i=SIN[#j]	角度单位为度
反正弦	#i=ASIN[#j]	①角度单位为度。通过参数设定,角度范围可为270°~90°或-90°~90°; ②当#j超出-1到1的范围时,发出P/S报警
余弦	#i=COS[#j]	角度单位为度
反余弦	#i=ACOS[#j]	①角度单位为度。通过参数设定,角度范围可为180°~0°; ②当#j超出-1到1的范围时,发出P/S报警
正切	#i=TAN[#j]	角度单位为度
反正切	#i=ATAN[#j/#k]	①角度单位为度。通过参数设定,角度范围可以为0°~360°或-180°~180°; ②指定两个边的长度,并用斜杠(/)分开
平方根	#i=SQRT[#j]	
绝对值	#i=ABS[#j]	
舍入	#i=ROUND[#j]	①当算术运算或逻辑运算指令IF或WHILE中包含ROUND函数时,函数在第1个小数位置四舍五入; ②当在NC语句地址中使用ROUND函数时,ROUND函数根据地址的最小设定单位将指定四舍五入

续表

功 能	格 式	备 注
上取整	#i=FIX[#j]	小数部分进位到整数
下取整	#i=FUP[#j]	舍去小数部分
自然对数	#i=LN[#j]	
指数函数	#i=EXP[#j]	当运算结果超过 3.65×10^{47}（j 大约是110）时，出现溢出并发出 P/S 报警
或	#i=#j OR #k	
异或	#i=#j XOR #k	
与	#i=#j AND #k	
从 BCD 转为 BIN	#i=BIN[#j]	二进制到十进制转换
从 BIN 转为 BCD	#i=BCD[#j]	十进制到二进制转换

24.4.2 A 类宏程序算术和逻辑计算

A 类宏程序的算术和逻辑计算与 B 类宏程序不同，用户宏程序功能 A 的运算和逻辑计算都采用 G 代码和 H 代码的形式。

一般指令形式：G65 H*m* P#*i* Q#*j* R#*k*；

其中，*m*：01～99，表示宏程序功能；

#*i*：储存运算结果的变量号；

#*j*，#*k*：进行运算的变量号，也可以是常数；

意义：#*i*=#*j*①#*k*，①为运算符，其含义由 H*m* 指定。

G65 H*m* 宏程序指令，如表 24-16 所示。

表 24-16 A 类宏功能算术和逻辑计算指令表

G 码 H 码	功 能	举 例
G65 H01	定义，替换	G65 H01 P#101 Q−#102；含义：#101=−#102
G65 H02	加	G65 H02 P#101 Q#102 R#103； 含义：#101=#102+#103
G65 H03	减	G65 H03 P#101 Q#102 R#103； 含义：#101=#102−#103
G65 H04	乘	G65 H04 P#101 Q#102 R#103； 含义：#101=#102×#103
G65 H05	除	G65 H05 P#101Q#102 R#103； 含义：#101=#102/#103
G65 H11	逻辑“或”	G65 H11P#101 Q#102 R#103； 含义：#101=#102OR#103

续表

G码 H码	功　能	举　例
G65 H12	逻辑“与”	G65 H12 P#101 Q#102 R#103； 含义：#101=#102AND#103
G65 H13	异或	G65 H13 P#101 Q#102 R#103； 含义：#101=#102XOR#103
G65 H21	平方根	G65 H21 P#101 Q#102；含义：$\#101=\sqrt{\#102}$
G65 H22	绝对值	G65 H22 Q#101 R#102； 含义：#101=｜#102｜
G65 H23	求余	G65 H23 P#101 Q#102 R#103； 含义：#101=#102—trunc(#102/#103)*#103 trunc
G65 H24	BCD码→ 二进制码	G65 H24 P#101 Q#102； 含义：#101=BIC(#102)
G65 H25	二进制码→ BCD码	G65 H25 P#101 Q#102； 含义：#101=BCD(#102)
G65 H26	复合乘/除	G65 H26 P#101 Q#102 R#103； 含义：#101=(#101×#102)/#103
G65 H27	复合平方根1	G65 H27 P#101 Q#102 R#103； 含义：$\#101=\sqrt{\#102^2+\#103^2}$
G65 H28	复合平方根2	G65 H28 P#101 Q#102 R#103； 含义：$\#101=\sqrt{\#102^2-\#103^2}$
G65 H31	正弦	G65 H31 P#101 Q#102 R#103；(单位：度) 含义：#101=#102×SIN#103
G65 H32	余弦	G65 H32 P#101 Q#102 R#103；(单位：度) 含义：#101=#102×COS(#103)
G65 H33	正切	G65 H33 P#101 Q#102 R#103；(单位：度) 含义：#101=#102×TAN(#103)
G65 H34	反正切	G65 H34 P#101Q#102 R#103；(单位：度#j0°～360°) 含义：#101= ATAN(#102/#103)

使用宏指令时的注意事项：

①“#”的输入方法：按地址键后，再按键“#”就被输入。

② 在MDI方式下，也能执行宏指令，但G65以外的地址数据不能显示和输入。

③ 宏指令中的H、P、Q和R必须在G65之后指定，只有O和N可在G65之前指定。

例如：G65 P#100 Q#101 R#102；（错误）

N100 G65 H02 P#100 Q#101 R#102；(正确)

④ 单步运行。通常在宏指令执行过程中，接通单步运行开关，程序仍继续执行，但当 11 号参数的 SBRM 为 1，单步运行开关接通时，程序停止执行，此功能一般用于检查宏程序。

⑤ 变量值的取值范围为—99999999～99999999，超过这个范围将显示 **********。

⑥ 因为变量的值取整数，在运算结果中出现的小数必须舍去，所以要注意操作的顺序。

例如：要求#111＝15 #121＝17

设 #100＝35，#101＝10，#102＝5

则#110＝#100 /#101(＝3)；#111＝#110×#102(＝15)

#102＝#100×#102(＝175)；#121＝#20/#101(＝17)

⑦ 宏指令的执行时间因条件不同，其平均值为 10ms。

另外，在用户宏程序本体中，可以使用普通 NC 指令，采用变量的 NC 指令、计算指令、转换指令等。还有，在用户宏程序功能 A 中，使用的变量是公共和系统变量，这点一定要注意。

用变量可以指定用户宏程序本体的地址值。

当用变量替代变量号时，不能表示为“##100”或“#[#100]”，而应写成“#9100”，即用“9”替代后面的“#”，表示替换的变量号。

例如：若#100＝#110，#110＝－400，则 X#9100 表示 *X*－400，而 X－#9100 则表示 *X*400。

注意：地址 O 和 N 不能引用变量。指令值不能超过各地址的最大指令值。若#130＝200，则 G#130 超过了最大指令值。

24.5 控制语句

24.5.1 B 类宏程序控制语句

(1)无条件转移命令：GOTO

格式：GOTO *n*

无条件地跳转到 *n* 的程序段中，顺序号必须位于程序段的最前面。当 n 为 1 到 99999 以外的顺序号时，出现 P/S 报警。顺序号 n 可以用变量或表达式来指定顺序号。

例：

GOTO #10

(2)条件转移语句：IF

格式：IF [<条件表达式>] GOTO n

如果指定的条件表达式满足时，转移到顺序号为 n 的程序段中，如果指定的条件表达式不满足，执行下个程序段。

条件表达式必须包含运算符。运算符的含义如表 24-17 所示。运算符插在两个变量中间或变量和常量中间，表达式必须用括号 [] 封闭。

表 24-17 运算符

运算符	含义	运算符	含义
EQ	等于(=)	GE	大于或等于(≥)
NE	不等于(≠)	LT	小于(<)
GT	大于(>)	LE	小于或等于(≤)

(3)循环语句：WHILE

指令格式：

WHILE [<条件表达式>] DO m

:

:

END m

说明：

① 当指定的条件满足时，执行 WHILE 后从 D0 到 END 之间的程序。否则，转而执行 END 之后的程序段。与 IF 语句的指令格式相同。DO 后的数和 END 后的数值为指定程序执行范围的标号，必须相同。标号值为 1、2、3。若用 1、2、3 以外的值会产生报警。

② 标号（1 到 3）可以根据要求多次使用。

【例】

```
WHILE[…]DO 1;
  程序
END 1;
  ⋮
WHILE[…]DO 1;
  处理
END 1;
```

③ DO 的范围不能交叉。

【例】

```
WHILE[…]DO 1;
  程序
WHILE[…]DO 2;
  ⋮
END 1;
  程序
END 2;
```

④ DO 循环可以嵌套 3 级。

【例】

```
WHILE[…]DO 1;
  ⋮
  WHILE[…]DO 2;
    ⋮
    WHILE[…]DO 3;
      程序
    END 3;
    ⋮
  END 2;
  ⋮
END 1;
```

⑤ 从 DO m－END m 内部可以转移到外部，但不得从外部向内部转移。

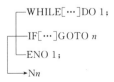

【例】

```
WHILE[…]DO 1;
IF[…]GOTO n
ENO 1;
→Nn
```

⑥ 当指定 DO 而没有 WHILE 语句时，产生从 DO 到 END 的无限循环。

24.5.2 A 类宏程序控制语句

A 类宏程序控制语句与 B 类宏程序不同，它采用 G 代码 H 代码的形式。G65 H*m* 控制指令如表 24-18 所示。

表 24-18 A 类宏程序控制语句

G 码 H 码	功能	举 例
G65 H80	无条件转移	G65 H80 P120； 含义：无条件转移到 N120
G65 H81	条件转移 1	G65 H82 P1000 Q#101 R#102； 含义：当#101 =102，转移到 N1000 程序段，若#101 ≠ #102，执行下一程序段
G65 H82	条件转移 2	G65 H82 P1000 Q#101 R#102； 含义：当#101≠102，转移到 N1000 程序段，若#101 = #102，执行下一程序段
G65 H83	条件转移 3	G65 H83 P1000 Q#101 R#102； 含义：当#101>102，转移到 N1000 程序段，若#101 ≤#102，执行下一程序段
G65 H84	条件转移 4	G65 H84 P1000 Q#101 R#102； 含义：当#101<102，转移到 N1000 程序段，若#101≥#102，执行下一程序段
G65 H85	条件转移 5	G65 H85 P1000 Q#101 R#102； 含义：当#101≥#102，转移到 N1000 程序段，若#101<#102，执行下一程序段
G65 H86	条件转移 6	G65 H86 P1000 Q#101 R#102； 含义：当#101≤#102，转移到 N1000 程序段，若#101 >#102，执行下一程序段
G65 H99	产生 PS 报警	G65 H99 P*i*； 含义：出现 P/S 报警号 *i*+500，例如 G65H99P15；出现 P/S 报警号 515

24.6 宏程序调用命令（G65、G66、G67、G 代码、M 代码、T 代码）

用户宏指令是调用用户宏程序的指令，分为 A 类和 B 类两种，调用方法可概括为以下两类。

① 用户宏程序功能 A 用以下方法调用宏程序：

宏程序模态调用（G66、G67）；

子程序调用（M98）；

用 M 代码调用子程序［M(*m*)］；

用 T 代码调用子程序。

② 用户宏程序功能 B 用以下方法调用宏程序：

用非模态调用（G65）；

宏程序模态调用（G66、G67）；

用 G 代码调用宏程序［G(*g*)］；

用 M 代码调用宏程序［M(*m*)］；

用 M 代码调用子程序［M(*m*) 或 M98］；

用 T 代码调用子程序。

可见调用宏程序本体的方法基本相似，但用户宏程序功能 B 还可以使用非模态调用（G65）进行调用。

(1)非模态调用 G65

① 指令格式

G65 P _ L _ ＜自变量赋值＞；

② 说明

a. G65 是非模态调用宏程序命令；在书写时，G65 必须写在＜自变量赋值＞之前。

b. P 后跟被调用的宏程序号。

c. L 后的数值是宏程序执行次数，L 最多可达 9999 次，L1 可以省略。

d. 若要向用户宏程序传递数据，由自变量进行赋值。其值被赋值到相应的局部变量。自变量赋值有两种类型，如表 24-19 所示。

表中 I、J、K 的下标用于确定自变量指定的顺序，在实际编程中不写。

自变量指定 I 使用除了 G、L、O、N 和 P 以外的字母，每个字母指定一次，赋值不必按字母顺序进行，但使用 I、J、K 时，必须按顺序指定，不赋值的地址可以省略。

表 24-19　地址与变量的对应关系

变量	自变量指定Ⅰ	自变量指定Ⅱ	变量	自变量指定Ⅰ	自变量指定Ⅱ	变量	自变量指定Ⅰ	自变量指定Ⅱ
#1	A	A	#12		K_3	#23	W	J_7
#2	B	B	#13	M	I_4	#24	X	K_7
#3	C	C	#14		J_4	#25	Y	I_8
#4	I	I_1	#15		K_4	#26	Z	J_8
#5	J	J_1	#16		I_5	#27		K_8
#6	K	K_1	#17	Q	J_5	#28		I_9
#7	D	I_2	#18	R	K_5	#29		J_9
#8	E	J_2	#19	S	I_6	#30		K_9
#9	F	K_2	#20	T	J_6	#31		I_{10}
#10		I_3	#21	U	K_6	#32		J_{10}
#11	H	J_3	#22	V	I_7	#33		K_{10}

自变量指定Ⅱ使用 A、B 和 C 各 1 次，I、J、K 各 10 次。I、J、K 的下标用于确定自变量指定的顺序，在实际编程中不写。同组的 I、J、K 必须按顺序赋值，不赋值的地址可以省略。

e. CNC 内部自动识别自变量指定Ⅰ和自变量指定Ⅱ。如果自变量指定Ⅰ和自变量指定Ⅱ混用指定，后指定的自变量类型有效。

【例】 G65 A1.0 B2.0 I−3.0 I4.0 D5.0 P1000;

赋值结果为：#1=1.0，#2=2.0，#4=−3.0，#7=5.0

本例中 I4.0 和 D5.0 自变量都分配给变量 #7，后者 D5.0 有效。

f. 不带小数点的自变量，其数据单位为各地址的最小设定单位。传递不带小数点的自变量，其值会根据机床实际的系统配置变化。在宏程序调用中使用小数点可使程序兼容性好。

g. 宏程序调用可以嵌套 4 级，但不包括子程序调用（M98）。局部变量嵌套从 0 到 4 级，其中，主程序是 0 级。宏程序每调用一次（用 G65 或 G66），局部变量级别加 1。前一级的局部变量值保存在 CNC 中。当宏程序执行 M99 时，控制返回到调用程序。此时，局部变量级别减 1，并恢复宏程序调用时保存的局部变量值。

【例】

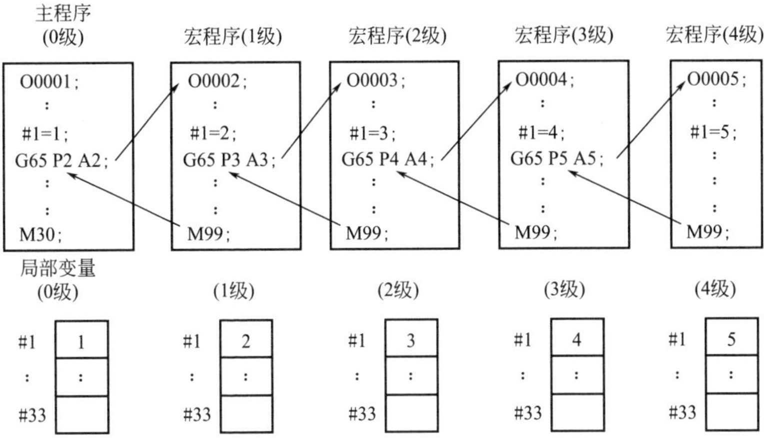

公共变量

#100-，#500-	变量可以由宏程序在不同级上读写

③ 编程举例

【例 1】 编制一个宏程序加工如图 24-2 所示的孔。圆周的半径为 I，起始角为 A，间隔为 B，钻孔数为 H，圆的中心是（X，Y）。

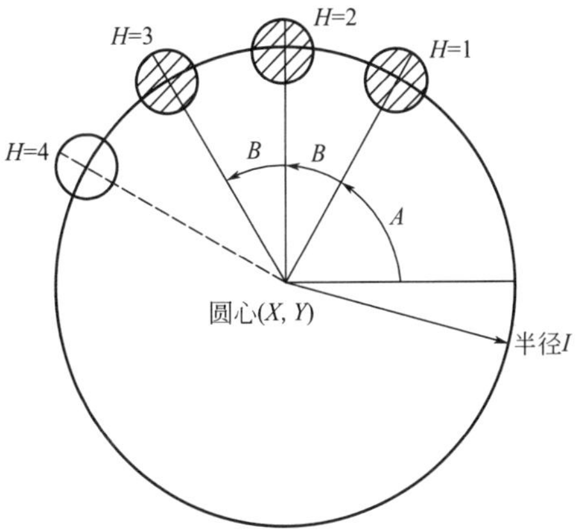

图 24-2　圆周孔

宏程序调用指令：

G65 P9100 Xx Yy Zz Rr Ff Ii Aa Bb Hh；

其中：

X：圆心的 X 坐标（#24）；

Y：圆心的 Y 坐标（#25）；

Z：孔深（#26）；

R：趋近点坐标（#18）；

F：切削进给速度（#9）；

I：圆半径（#4）；

A：第一个孔的角度（#1）；

B：增量角（指定负值时为顺时针）（#2）；

H：孔数（#11）。

宏程序本体：

```
O9100
#=#4003;储存 03 组 G 代码
G81 Z#26 R#18 F#9 L0;钻孔循环
IF [#3 EQ 90] GOTO 1;在 G90 方式转移到 N1
#24= #5001+ #24;计算圆心的 X 坐标
#25=#5002+#25;计算圆心的 Y 坐标
N1 WHILE[#11 GT 0]DO 1;直到剩余孔数为 0
#5=#24+#4* COS[#1];计算 X 轴上的孔位
#6=#25+#4* SIN[#1];计算 Y 轴上的孔位
G90 X#5 Y#6;移动到目标位置之后执行钻孔
#1=#1+#2;更新角度
#11=#11-1;孔数减 1
END 1
G#3 G80;返回原始状态的 G 代码
M99
```

调用上面用户宏程序本体的程序举例如下：

```
O0010;
G92 X0 Y0 Z100.0
G65 P9100 X100.0 Y50.0 R30.0  Z-50.0 F500 I100.0 A0 B45.0 H5;
M30;
```

【例 2】 如图 24-3 所示，用铣刀铣内圆表面。当把刀具引到圆心的上方以后，可调用下面的宏程序加工。图中 I 为被加工圆半径，C 趋近圆半径，省略后取 $I/2$，R 是快速趋近补偿号码，Q 为切削方向，缺省为G41 方式，$Q=1$ 为G42 方式；M 指示R、Z 方式：$M=1$ 为相对方式，缺省为绝对方式。

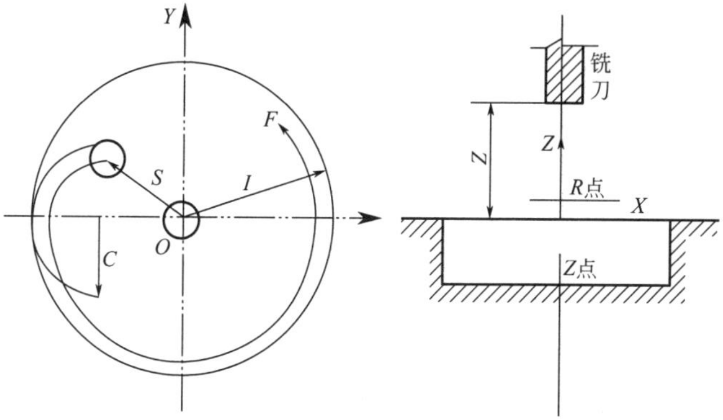

图 24-3 用铣刀铣内圆表面

调用指令格式：

G65 P1110 I _ D _ R _ Z _ F _ C _ S _ Q _ M _ ；

式中：I= ＃4，D= ＃7，R= ＃18，Z= ＃26，F= ＃9，C= ＃3，S= ＃19，Q= ＃17，M= ＃13。

宏程序本体见表 24-20，读入刀补程序见表 24-21。

表 24-20 宏程序本体

程　　序	说　　明
O9110(CIRCLE FINISH)；	
IF[＃4＊＃7＊＃9]EQ 0 GOTO 990；	若 I、D、F 赋值为＜空＞或 0 时报警
IF[＃18EQ0] GOTO 990；	若没有 R 的赋值，报警
IF[＃26EQ0] GOTO 990；	若没有 Z 的赋值，报警
＃33=＃5003；	Z 轴坐标值赋给＃33
＃32=＃4001；	模态指令读取并存入＃32
＃31=＃4003；	模态指令读取并存入＃31
M98 P9100；	刀补量的读入
IF[＃3LE＃30]GOTO 991；	加工孔半径≤刀具直径时，报警

续表

程　　序	说　　明
IF[#3NE0]GOTO 10;	接近加工圆半径被指定时,转向 N10
#3=#4/2;	加工孔半径的 1/2 作为接近加工圆
N10 IF [#3LE#30]GOTO 991;	接近加工圆半径≤刀具半径时,报警
IF[3GT#4]GOTO 992;	接近加工圆半径>加工孔半径时,报警
IF[#19NE0]GOTO 20;	若 S 被指定,转向 N20
#19=#9*3;	$S=F\times3$
N20 IF[#13EQ1] GOTO 30;	有 M1 的指定,转向 N30
IF[#18LT#26] GOTO 992;	$R<Z$ 点(孔底点)时,报警
IF[#33LT#18]GOTO 992;	刀具端点的 Z 值<R 点值时,报警
#5=[#33-#18];	ABS(绝对坐标方式)时的 $Z-R$ 值
#6=ABS[#18-#26];	绝对方式 $Z-R$ 点值
GOTO 40;	转向 N40
N30 #5=ABS[#18];	INC(相对坐标方式)时 R 的读入
#6=ABS[#26];	INC(相对坐标方式)时 Z 的读入
N40 G91 G00 G17 Z-#5;	向 R 点快速移动
G01 Z-#6F[#9/2];	切削进给到 Z 点(F/2)
IF[#17EQ1] GOTO 50;	若 Q1 指定,则转向 50
G41 X-[#4-#3]Y#3D#7F#19;	以 G01 方式到达趋近圆起点,建立半径补偿
G03 X-#3Y-#3 J-#3 F#9;	逆时针圆弧切削趋近圆(G41)
I#4;	逆时针圆弧切削半径为 I 的整圆
X#3Y-#3 I#3;	逆时针圆弧切出趋近圆
G01 G40X[#4-#3] Y#3 F#19;	回零点,消除半径补偿
GOTO 60;	转向 N60 句程序
N50 G42 X-[#4-#3]Y-#3D#7F#19;	以 G01 方式到达趋近圆起点,建立半径补偿
	顺时针圆弧切削趋近圆(G42)
G02 X-#3 Y#3 J#3 F#9;	顺时针圆弧切削半径为 I 的整圆
I#4;	顺时针圆弧切出趋近圆
X#3Y#3 I#3;	回零点,消除半径补偿
G01 G40 X[#4-#3]Y-#3 F#19;	返回到原高度
N60 G00 Z[#5+#6];	转向 N999
GOTO 999;	报警信息
N990 #3000=140(NOT ASSIGEND);	报警信息
	报警信息
N991 #3000=141(OFFSET ERROR);	恢复模态指令
N992 #3000+142(DATA ERRPR);	
N999 G#32 G#31 F#9 M99;	

表 24-21　读入刀补程序

程　　序	说　　明
O9100(CALL OFFSET)；	
N1 #30=[#2000+#7]；	
N2 IF [#512 NE 1] GOTO 4；	
N3 #30=[#2000+#7]=[#2600+#7]；	给出大于等于刀具直径的值
N4 IF[#512 NE 2] GOTO 6；	
N5 #30=[#2400+#7]+[#2600+#7]；	给出大于等于另一刀具直径的值
N6 M99	

在本例中，公共变量#512的设定为<空>或0，在具有刀补B或C功能的系统上则需设定为1或2。

【例3】 图24-4是用立铣刀铣方槽的加工示意图。铣刀半径为r。工件的左下角的坐标位置为$X0$、$Y0$、$Z0$，加工前刀具引进位置是$X=X0+K+r$、$Y=Y0+K+r$、$Z=R$。工艺路线是：

① 刀具Z向切入深度Q；

② X向切削到$I-k-r$；

③ Y向移动一个$T\times 2r$的距离，T为吃刀宽度与刀具直径之比；

④ 刀具再Y向切削。如此往复多次，直到完成一层加工。在下一层加工时刀具重复上一层的动作。直到全部完成切削加工，每一层的进给深度为Q。

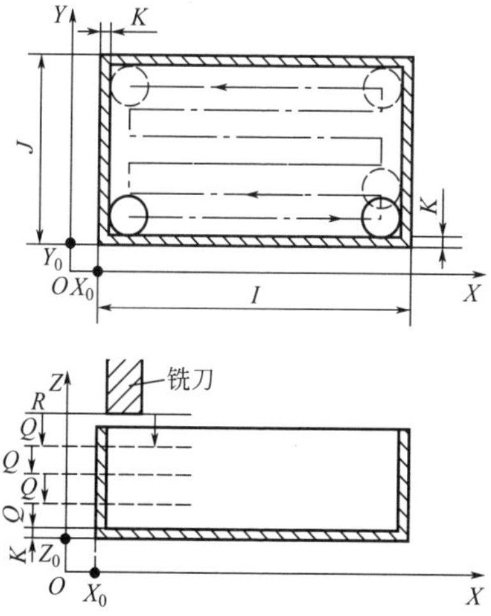

图24-4　用立铣刀铣方槽

在下面宏程序中应用的局部变量地址与变量的关系：

X=#24、Y=#25、Z=#26、I=#4、J=#5、K=#6、R=#18、Q=#17、T=#20、D=#7（刀具补偿号）、F=#9（XY平面进给速度）、E=#8（Z向进给速度）。其他变量为中间变量，中间变量用来存放某些计算结果，供后面的程序用。下列程序用的中间变量有：

#27、#28、#29、#30、#31、#10、#11、#12、#13、#14、#15。在同一宏程序中，中间变量不能与调用指令宏程序中所用的局部变量重复。加工程序见表 24-22。

表 24-22　加工程序

程　序	说　明
O9802	宏程序名
#27=[#2000+7];	刀具半径补偿值 r
#28=#6+#27;	$K+r$ 存入#28 中
#29=#5-2*#28;	$J-2(k+r)$
#30=2*#27*#28;	刀具直径×T
#31=FUP[#29/#30];	XY 平面铣刀往复总次数(FUP 小数进位取整)
#32=#29/#31;	每次切削宽度
#10=#24+#28;	X 初值$+k+r$
#11=#25/#28;	Y 初值$+k+r$
#12=#24+#4-#28;	X 初值$+I-(k+r)$
#13=#26+#6;	Z 初值$+k$
G00 X#10 Y#11;	把刀具引到 XY 面起始加工点
Z#18;	刀具到 Z 向起始点 R
#14=#18;	把 R 值赋值到#14 中
DO 1	加工循环开始
#14=#14-#17;	$R-Q$,每切削一次减去一次 Q
IF[#14 GE #13] GOTO 1;	若 $R-Q\geqslant Z$ 初值$+K$,转移至 N1
#14=#13	
N1 G01 Z#14 F#8;	Z 向切入 Q 深度
X#12 F#9;	X 向走刀
#15=1;	走刀往复次数记数
WHILE [#15 LE #31] DO 2;	每一层切削循环开始
Y[#11+#15*#32];	Y 向走刀
IF[#15 AND 1EQ 0] GOTO 2;	如果走刀往返次数为单数,X 向返回
X#10;	
GOTO 3;	
N2 X#12;	如果 Y 向走刀次为双数,X 向到#12 位置
N3 #15=#15+1;	走刀往返次数记数
END2;	
G00Z#18;	刀具抬起
X#10 Y#11	刀具回到起始加工点
IF [#14 LE #13] GOTO 4;	到达切削总深度则结束
G00 Z[#14+1] F[8*#8];	刀具 Z 向快进刀距切削表面 1mm 位置
END1;	返回 DO1 句进行下一层加工
N4 M99;	程序结束返回主程序

对于一个具体的被加工零件，各坐标尺寸是已知的，如果图 24-4 中的尺寸为：$X0=10$、$Y0=10$、$Z0=5$、$R=50$、$I=110$、$J=55$、$K=5$、$T=80$、$r=10$，刀具偏置号 $D=15$，取进给速度 $F=200$，Z 向进给速度 $E=100$。则调用指令为：

G65 P9802 X10 Y10 Z5 R50 I110 J55 K5 80 D15 F0200 E0100；

(2)模态调用（G66、G67）

① 指令格式

G66 P _ L _ A _ B _ …；

…X _ …；

…X _ Y _ …；

…Z _ …；

G67；

② 说明

a. G66 是模态调用命令。即在指定轴移动的程序段后调用宏程序。在无移动的程序段中不能调用宏程序。

b. G67 为取消模态调用指令。指定 G67 代码后，其后面的程序段不再执行模态宏程序调用。

c. P 后跟调用的宏程序号。

d. 当要求重复时，在地址 L 后指定 1 到 9999 的重复次数。其中，L1 可以省略。

e. 执行 G66 时，自变量指定的数据传递到宏程序体中。局部变量（自变量）只能在 G66 程序段中指定。每次执行模态调用时，不再设定局部变量。G66 必须在自变量之前指定。

f. 调用可以嵌套 4 级。包括非模态调用（G65）和模态调用（G66）。但不包括子程序调用（M98）。

③ 编程举例

【例】 用宏程序编制 G81 固定循环（如图 24-5 所示）的操作。加工程序使用模态调用。

a. 调用宏程序格式：

G65 P9110 Xx Yy Zz Rr Ff Ll；

其中：

X：孔的 X 坐标（由绝对值指定）（#24）

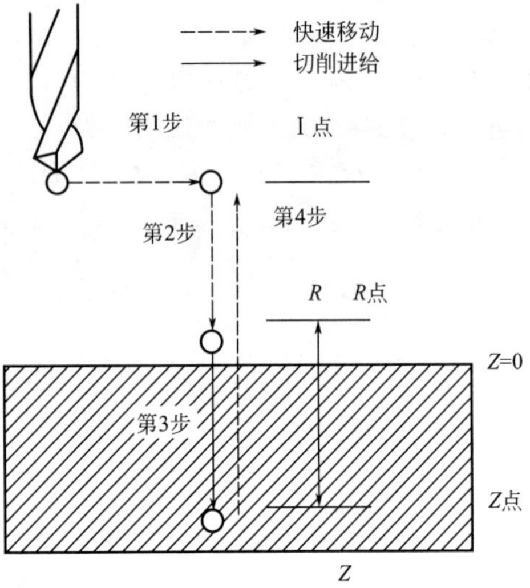

图 24-5　G81 固定循环

Y：孔的 Y 坐标（由绝对值指定）（＃25）

Z：Z 点坐标（由绝对值指定）（＃26）

R：R 点坐标（由绝对值指定）（＃18）

F：切削进给速度（＃9）

L：重复次数

b. 宏程序本体：

```
O9110
＃= ＃4001;储存 G00/G01
＃2= 4003:储存 G90/G91
＃3= ＃4109;储存切削进给速度
＃5=＃5003;储存钻孔开始的 Z 坐标
G00 G90 Z＃18;定位在 R 点
G01 Z＃26 F＃9;切削进给到 Z 点
IF[＃4010 EQ 98] GOTO 1;返回到 1 点
G00 Z＃18;定位在 R 点
GOTO 2
N1 G00 Z＃5;定位在 1 点
N2 G＃1 G＃3 F＃4;恢复模态信息
```

```
M99;
```

c. 调用上面用户宏程序本体的程序举例如下：

```
O2010;
G28 G91 X0 Y0 Z0;
G92 X0 Y0 Z50.0;
G00 G90 X100.0 Y50.0;
G66 P9110 Z-20.0 R5.0 F500;
G90 X20.0 Y20.0;
X50.0;
Y50.0;
X70.0 Y80.0;
G67;
M30;
```

(3)用 G 代码调用宏程序

指令格式：

G_ L_ <自变量赋值>

说明：

① 在参数（NO. 6050 到 NO. 6059）中设定 G 代码，可以调用宏程序。G 代码号可以从 1 到 9999。调用用户宏程序的方法与 G65 相同。

② 参数号和程序号之间的对应关系如表 24-23 所示。

表 24-23　参数号和程序号之间的对应关系

程序号	参数号	程序号	参数号
O9010	6050	O9015	6055
O9011	6051	O9016	6056
O9012	6052	O9017	6057
O9013	6053	O9018	6058
O9014	6054	O9019	6059

③ 当要求重复时，在地址 L 后指定 1 到 9999 的重复次数。其中，L1 可以省略。

④ 与非模态一样，可以使用两种自变量指定类型：自变量指

定Ⅰ和自变量指定Ⅱ。根据使用的地址自动决定自变量的指定类型。

⑤ 在G代码调用的程序中，不能用G代码调用宏程序。这种程序中的G代码被处理为普通G代码。

⑥ 在用M或T代码调用的子程序中，不能用G代码调用宏程序。这种程序中的G代码也处理为普通G代码。

(4)用M代码调用宏程序

指令格式：

M _ L _ <自变量赋值>

说明：

① 在参数（NO.6080到NO.6089）中设定M代码，可以调用宏程序。M代码号可以从1到99999999。调用用户宏程序的方法与G65相同。

② 调用宏程序的M代码必须在程序段的开头指定。

③ 参数号和程序号之间的对应关系如表24-24所示。

表24-24 参数号和程序号之间的对应关系

程序号	参数号	程序号	参数号
O9020	6080	O9025	6085
O9021	6081	O9026	6086
O9022	6082	O9027	6087
O9023	6083	O9028	6088
O9024	6084	O9029	6089

④ 地址L中指定从1到9999的重复次数。

⑤ 与非模态一样，可以使用两种自变量指定类型：自变量指定Ⅰ和自变量指定Ⅱ。根据使用的地址自动决定自变量的指定类型。

⑥ 在G代码、M代码、T代码调用的子程序中，不能用M代码调用宏程序。这种程序中的M代码被处理为普通M代码。

(5)用M代码调用子程序

编程格式：

M_ L_

说明：

① 在参数（NO. 6071 到 NO. 6079）中设定 M 代码，可以调用子程序。M 代码号可以从 1 到 99999999。调用子程序的方法与 M98 相同。

② 参数号和程序号之间的对应关系如表 24-25 所示。

表 24-25 参数号和程序号之间的对应关系

程序号	参数号	程序号	参数号
O9001	6071	O9006	6076
O9002	6072	O9007	6077
O9003	6073	O9008	6078
O9004	6074	O9009	6079
O9005	6075		

③ 地址 L 中指定从 1 到 9999 的重复次数。

④ 用 M 代码调用子程序，子程序不允许指定自变量。

⑤ 在 G 代码、M 代码、T 代码调用的子程序中，不能用 M 代码调用宏程序。这种程序中的 M 代码被处理为普通 M 代码。

(6)用 T 代码调用子程序

设置参数 NO. 6001 的 5 位 TCS＝1，当在加工程序中指定 T 代码时，可以调用宏程序 O9000。在加工程序中指定的 T 代码赋值到公共变量＃149。

用 G 代码调用的宏程序中或用 M 或 T 代码调用的程序中，不能用 T 代码调用子程序。这种宏程序或子程序中的 T 代码被处理为普通 T 代码。

24.7 宏程序编程举例

【例 1】 根据图 24-6 中的尺寸编写函数 $Y=0.1X^2$ 的宏程序。

函数 $Y=0.1X^2$ 的宏程序如表 24-26 所示。

表 24-26　函数 $Y=0.1X^2$ 的宏程序

程　　序	说　　明
O001;	程序号
G54;	坐标系
M03 S900;	指令主轴正转,转速 900r/min
G00 Z20;	到安全平面
X0 Y0;	刀具到(X0,Y0)点
#24=0;	定义 X 变量并赋值
#25=0;	定义 Y 变量并赋值
G01 Z-5.0 F300;	切深 5mm
WHILE[#24 LE 20]DO1;	在 #10≤20 时执行下面程序
G01 X[#24] Y[#25] F200;	插补一个微小的距离
#24=#24+0.09;	变量自增并赋给自己
#25=#24*#24/10;	通过 $Y=0.1X^2$ 换算变量#25
END1;	循环结束
M05;	主轴停
M30 ;	程序结束

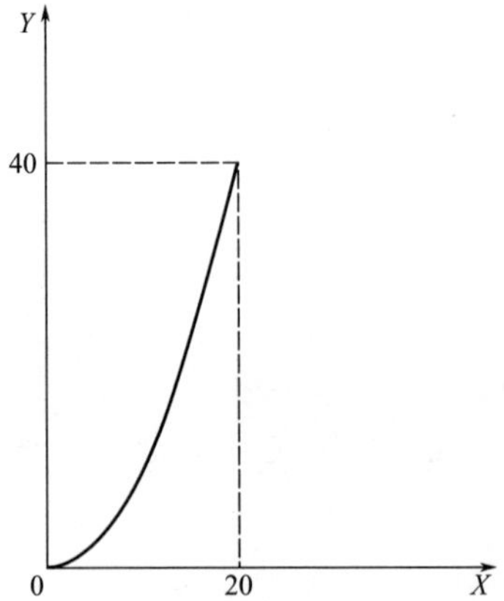

图 24-6　函数 $Y=0.1X^2$ 曲线

【例 2】 抛物线方程 $Y=0.1X^2$，定义域［－20，20］，如图 24-7 所示，根据图中尺寸编写程序。

加工程序如表 24-27 所示。

表 24-27 抛物线方程 $Y=0.1X^2$ 宏程序

程　　序	说　　明
O002;	程序名
G54 ;	建立工件坐标系
M03 S900;	指定主轴正转,转速 900r/min
#24=-20;	定义 X 变量并赋值
#25=40;	定义 Y 变量并赋值
G01 Z-5.0 F300;	切深 5mm
WHILE[#24 LE 20]DO1;	在 #10≤20 时执行下面程序
G01 X[#24] Y[#25] F200;	插补一个微小的距离
#25=0.1*#24*#24;	换算#24 和#25
#24=#24+0.2;	自变量自增,保证循环的进行
END1;	循环结束
G00 Z20;	快速起刀
M05;	主轴停
M30 ;	程序结束

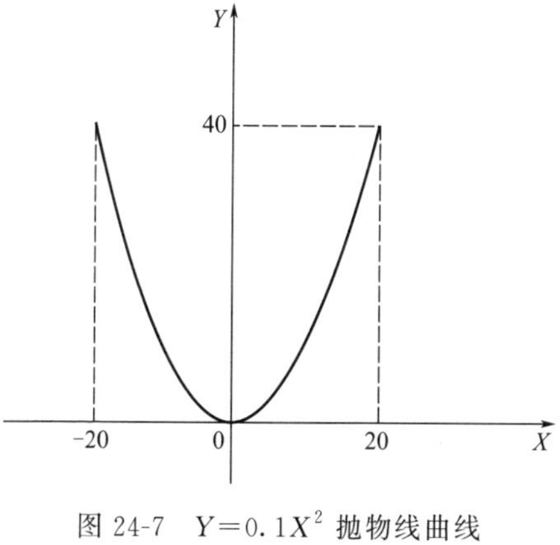

图 24-7 $Y=0.1X^2$ 抛物线曲线

【例 3】 椭圆参数方程 $X=60\cos\phi$，$Y=40\sin\phi$，定义域 [0，360]，如图 24-8 所示，根据图中尺寸编写加工程序。加工程序如

表 24-28 所示。

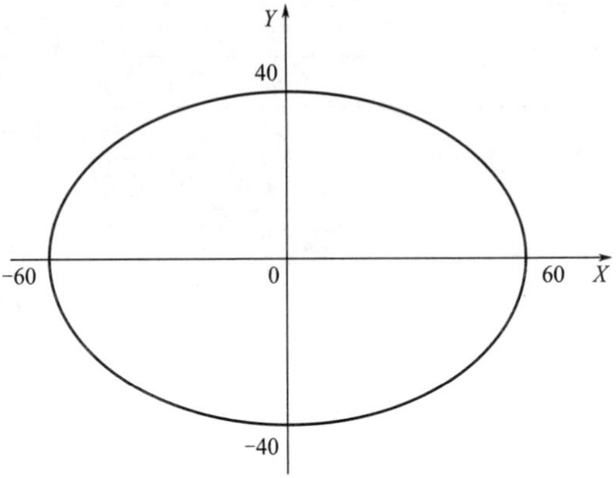

图 24-8　函数 $X=60\cos\phi$，$Y=40\sin\phi$ 曲线

表 24-28　加工程序

程　　序	说　　明
O002；	程序名
G54；	建立工件坐标系
M03 S900；	指定主轴正转，转速 900r/min
#24=60；	定义 X 变量并赋值
#25=0；	定义 Y 变量并赋值
#1=0	定义角度 ϕ
G00 Z20；	快速定位 Z20 处
X60 Y0；	刀具到(X60,Y0)位置
G01 Z-5.0 F300；	切深 5mm
WHILE[#1 LE 360]DO1	在 $\phi\leqslant360$ 时执行下面程序
G01 X[#24] Y[#25] F250；	插补一个微小的距离
#24=60 * cos[#1]；	角度 ϕ 与 X 换算的函数方程
#25=40 * sin[#1]；	角度 ϕ 与 Y 换算的函数方程
#1=#1+1 ；	自变量自增赋值给自己
END1；	循环结束
G00 Z20；	快速起刀
M05；	主轴停
M30 ；	程序结束

【例 4】 阿基米德螺旋线的解析式为：$\rho=50\theta$，$X=\rho\cos\theta$，$Y=\rho\sin\theta$，根据图 24-9 中尺寸编写加工程序。程序如表 24-29 所示。

表 24-29 加工程序

程　　序	说　　明
O0005；	指令程序号
＃1＝0；	θ 角初始值(弧度)
＃18＝0；	ρ 初始值
＃24＝0；	X 初始值
＃25＝0；	Y 初始值
G54；	建立工件坐标系
M03 S900；	指令主轴正转和转速
G00 Z20；	刀具到安全平面
X0 Y0 ；	刀具到(X0,Y0)
G01 Z－5 F300；	切深 5mm
WHILE [＃1 LE 6.28] DO1；	循环开始在＃1≤6.28 时执行下面的程序
＃18＝50 * ＃1；	通过变量＃1 换算变量＃11
＃24＝＃18 * COS[＃1 * 180/3.14]；	换算变量＃24
＃25＝＃18 * SIN[＃1 * 180/3.14]；	换算变量＃25
G01 X[＃24] Y[＃25]；	每次插补一个微小距离
＃1＝＃1＋0.1；	变量自增
END1；	循环结束
G00 Z50；	到安全高度
M30；	程序结束

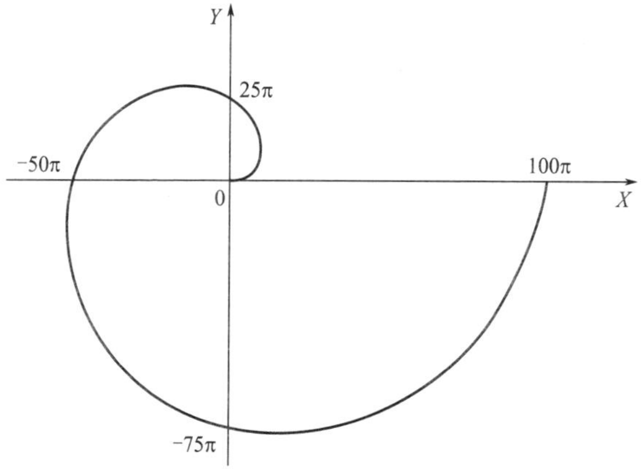

图 24-9　函数 $\rho=50\theta$，$X=\rho\cos\theta$，$Y=\rho\sin\theta$ 阿基米德螺旋线

【例 5】 如图 24-10 所示，在圆周上均匀分布的孔群，沿直线以相同间隔呈线性排列，先加工第一组孔群，然后加工第二组孔群，在加工每组孔群时，都是按照相同的顺序加工各孔，依此类推，直到所有组的孔群加工完毕。试用宏程序编程。

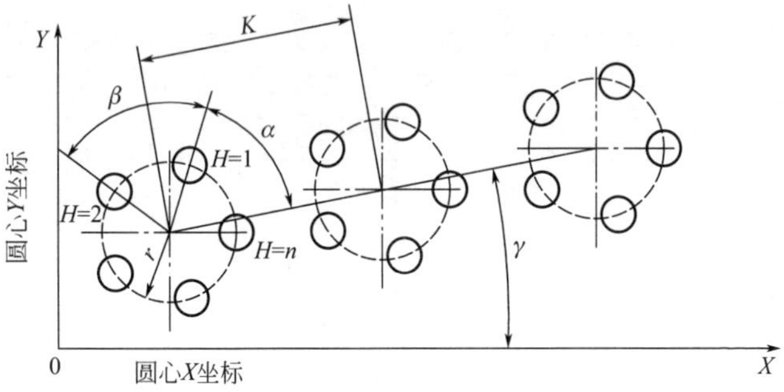

图 24-10 加工孔群

加工程序如表 24-30 所示。

表 24-30 加工程序及说明

主 程 序	说 明
O0010;	
S1000 M03;	
G54 G90 G00 X0 Y0 Z30;	程序开始,定位于 G54 原点上方
G65 P1532 X50 Y20 Z−10 R1 F200 A67 B72 I20 J15 K55 D3 H5;	调用宏程序
M30	程序结束
自变量赋值说明:	
#1=(A)	孔群中第一个孔和该组中心连线与 X 轴的夹角
#2=(B)	每组孔群中各孔间夹角 β(即增量角)
#4=(I)	每组孔群中圆弧半径 r
#5=(J)	孔群中心所在直线与 X 轴的夹角
#6=(K)	孔群的线性间隔距离
#7=(D)	孔群的组数
#9=(F)	切削进给速度
#11=(H)	每一孔群的孔数 H

续表

主 程 序	说 明
#18=(R)	固定循环中快速趋近 R 点 Z 坐标(非绝对值)
#24=(X)	圆心 X 坐标值
#25=(Y)	圆心 Y 坐标值
#26=(Z)	孔深(系 Z 坐标值,非绝对值)
宏程序	
O01532;	
#13=1;	孔群序号计数值置1(即从第一组孔群开始)
WHILE[#13 LE #7]DO 1;	如#13(孔群序号)≤#7(孔群组数)。循环1继续
#20=#24+[#13-1]*#6*COS[#5];	第#13组孔群中心的 X 坐标值
#21=#25+[#13-1]*#6*SIN[#5];	第#13组孔群中心的 Y 坐标值
#3=1;	孔群中孔序号计数值置1(从孔群的第一孔开始)
WHILE[#3 LE #11]DO 2;	如果#3(孔序号)≤#11(孔数 H),循环2继续
#8=#1+[#3-1]*#2;	孔群中第#3个孔对应的角度
#22=#20+#4*COS[#8];	孔群中第#3个孔中心的 X 坐标值
#23=#21+#4*SIN[#8];	孔群中第#3个孔中心的 Y 坐标值
G98 G81 X#22 Y#23 Z#26 R#18 F#9;	G81方式加工第#3个孔
#3=#3+1;	孔序号#3递增1
END 2;	循环2结束
#13=#13+1;	孔群序号递增1
END 1;	循环1结束
G80;	取消固定循环
M99;	宏程序结束返回

【例6】 如图24-11所示，无论需要加工的外球面是一个完整(标准)的半球面还是半球面的一部分(即球冠)，均假设待加工的毛坯为一圆柱体，图中阴影部分即为使用平底立铣刀进行粗加工时需要去除的部分：粗加工使用平底立铣刀，自上而下以等高方式逐层去除余量，每层以G02方式走刀(顺铣)；在每层加工时如果被去除部分的宽度大于刀具直径，则还需要由外至内多次完成G02

方式走刀；为方便描述和对比，每层加工时刀具的开始和结束位置均指定在 ZX 平面内的 $+X$ 方向上。

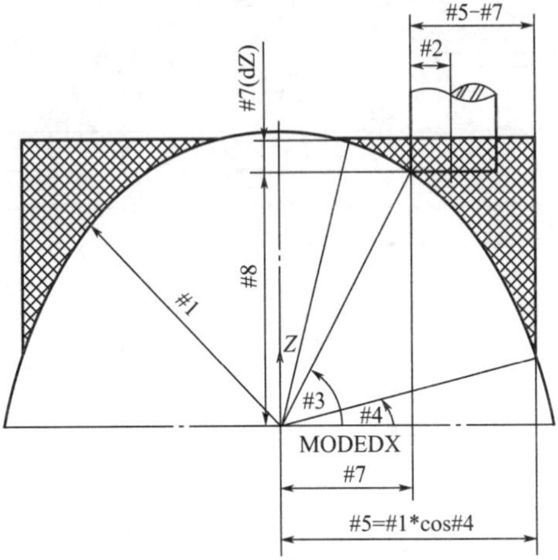

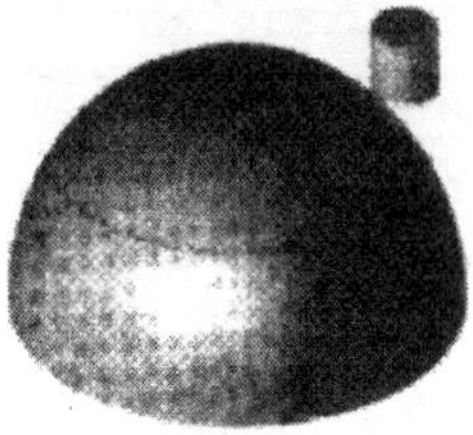

图 24-11　外球面自上而下等高体积粗加工（平底立铣刀）

加工程序及注释说明如表 24-31 所示。

表 24-31　加工程序及注释说明

主　程　序	注 释 说 明
O0010	程序名
S1000 M03	指定转向及转速
G54 G90 G00 X0 Y0	程序开始，定位于 G54 原点
G65 P1911 X50. Y－20. Z－10. A20. B3. O10. I0. Q1.	调用宏程序 O1911
M30	程序结束
自变量赋值说明	
＃1＝(A)	→(外)球面的圆弧半径 R
＃2＝(B)	→平底立铣刀半径 r
＃3＝(C)	→(外)球面起始角度，＃3≤90°
＃4＝(I)	→(外)球面终止角度，＃4≥0°
＃17＝(Q)	→Z 坐标每次递减量(每层切深即层间距)
＃24＝(X)	→球心在工件坐标系 G54 中的 X 坐标
＃25＝(Y)	→球心在工件坐标系 G54 中的 Y 坐标

主　程　序	注 释 说 明
＃26＝(Z)	→球心在工件坐标系 G54 中的 Z 坐标
宏程序	注释说明
O191	
G52 X＃24 Y＃25 Z＃26	→在球面中心(X,Y,Z)处建立局部坐标
G00X0Y0Z[＃1＋30.]	→定位至球面中心上方安全高度
＃5＝＃1＊COS[＃4]	→终止高度上接触点 X 坐标值(即毛坯)
＃6＝1.6＊＃2	→步距设为刀具直径的 80％(经验值)
＃8＝＃1＊SIN[＃3]	→任意高度上刀尖的 Z 坐标值设为自变量赋初始值
＃9＝＃1＊SIN[＃4]	→终止高度上刀尖的 Z 坐标值
WHILE[＃8GT＃9]DO1	→如果＃8 大于＃9，循环 1 继续
X[＃5＋＃2＋1.]Y0	→(每层)G00 快速移动到毛坯外侧
Z[＃8＋1]	→G00 下降至 Z＃8 以上 1 处
＃18＝＃8—＃17	→当前加工深度(切削到材料时)对应的 Z 坐标
G01 Z＃18 F150	→G01 下降至当前加工深度(切削到材料时)
＃7＝SQRT[＃1＊＃1—＃18＊＃18]	→任意高度上刀具与球面接触点的 X 坐标值
＃10＝＃5—＃7	→任意高度上被去除部分的宽度(绝对值)
＃11＝FIX[＃10/＃6]	→每层被去除宽度以步距并上取整，重置为初始值
WHILE[＃11GE0]DO2	→如＃11≥0(即还未走到最内一圈)，循环 2 继续
＃12＝＃7＋＃11＊＃6＋＃2	→每层(刀具中心)在 X 方向上移动的 X 坐标目标值
G01 X＃12 Y0 F1000	→以 G01 移动至第 1 目标点
G02I—＃12	→顺时针走整圈
＃11＝＃11—1	→自变量＃11(每层走刀圈数)依次递减至 0
END2	→循环 2 结束(最内一圈已走完)
G00 Z[＃1＋30.]	→G00 提刀至安全高度
＃8＝＃8—＃17	→Z 坐标自变量＃8 递减＃17
END1	→循环 1 结束
G00 Z[＃1＋30.]	→G00 提刀至安全高度
G52 X0 Y0 Z0	→恢复 G54 原点
M99	→宏程序结束返回

注意：

① 如果＃3＝90°，＃4＝0°，即对应于一个完整（标准）的半球面。

② 如果特殊情况下要逆铣时，只需把程序中的“G02”改为“G03”，其余部分基本不变。

【例 7】 加工圆周等分孔。设圆心在 O 点，它在机床的坐标用 G54 来设置，在半径为 r 的圆周上均匀地钻几个等分孔，起始角为 α，孔数为 n，以零件上表面为 Z 向零点（见图 24-12）。采用 A 类宏程序编程。

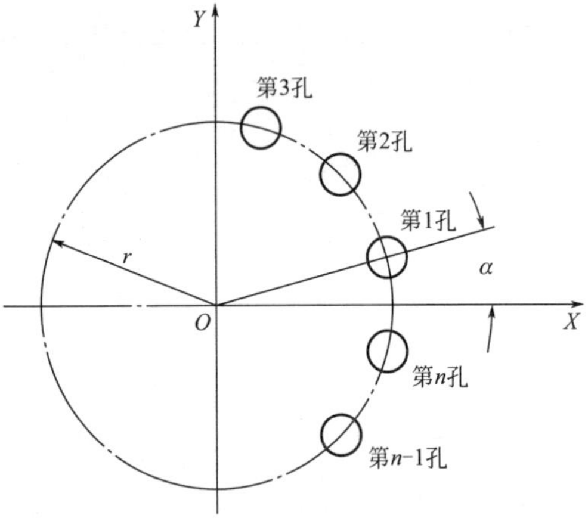

图 24-12 加工圆周孔

使用以下保持型变量：

＃502：半径 r。

＃503：起始角度 α。

＃504：孔数 n，当 $n>0$ 时，按逆时针方向加工；当 $n<0$ 时，按顺时针方向加工。

＃505：孔底 Z 坐标值。

＃506：R 平面 Z 坐标值。

＃507：F 进给量。

注意：设置保持型变量时，角度值输入设置为带小数点的方式。

若起始角度 $\alpha=30°$，则输入＃503＝“30.0”；数值为不带小数点的方式输入，指令值为 0.001mm，若设置＃502＝100mm，则输入＃502＝“100000”。

使用以下变量进行操作运算：

#100：表示第 i 步钻 i 孔的计数器；

#101：计数器的最终值（为 n 的绝对值）；

#102：第 i 个孔的角度 θ_i 的值；

#103：第 i 个孔的 X 坐标值；

#104：第 i 个孔的 Y 坐标值；

用户宏程序编制如表 24-32 所示。

表 24-32　加工程序

程　　序	说　　明
O9100；	子程序号
N110 G65 H01 P#100 Q0；	#100=0
N120 G65 H22 P#101 Q#504；	#101=｜#504｜
N130 G65 H04 P#102 Q#100 R360.；	#102=#100×360°
N140 G65 H05 P#102 Q#102 R#504；	#102=+#102/#504
N150 G65 H02 P#102 Q#503 R#102	#102=#503+#102 当前孔位角度 $\theta_i=\alpha+(360°\times i)/n$
N160 G65 H32 P#103 Q#502 R#102；	#103=#502×cos(#102)当前孔的 X 坐标
N170 G65 H321P#104 Q#502 R#102；	#103=#502×sin(#102)当前孔的 Y 坐标
N180 G90 G81 G98 X#103 Y#104 Z#505 R#506 F#507；	加工当前孔(返回开始平面)
N190 G65 H021P#100 Q#100 R1；	#100=#100+1 下一个孔
N200 G65 H84 P130 Q#100 R#101；	当#100<#101 时，向上返回到 N130 程序段
M99；	返回主程序
调用上述子程序的主程序如下：	
O0010	主程序号
N10 G54 G90 G00 X0 Y0 Z20.0；	进入加工坐标系
N20 M98 P9100；	调用钻孔子程序
N30 G00 G90 X0 Y0；	返回加工坐标系零点
N40 Z20.0；	抬刀
N50 M30；	程序结束

第4篇

数控车床编程

第25章 数控车床坐标系

25.1 机床坐标系（G53）

(1)指令格式

G53 IP _

说明：

① G53为调用机床坐标系，属于非模态指令，只能在所在的程序段有效。执行G53指令时，刀具以快速进给速度移动到指令位置。

② IP _ 为目标点坐标，坐标值是相对于机床原点来说的，在这里必须用绝对坐标，而用增量值指令则无效。

③ 如果指令G53命令，就取消了刀尖半径补偿和刀具偏置。

④ 在指定G53指令之前，必须设置机床坐标系，因此通电后必须进行手动返回参考点或由G28指令自动回参考点。当采用绝对位置编码器时，就不需要该操作。

⑤ G53指令并不能取消当前工件坐标系（工件偏置）。

(2)应用

在加工零件时，通常用到多把刀来完成零件的加工。这就涉及换刀的问题，数控车床换刀点位置不固定，为了安全起见，不管工件位于什么位置和何种工件偏置有效，在不知道当前刀具位置下，使用机床坐标系确保所有换刀位置都在同一位置上，这样换刀位置由刀具相对于机床原点位置的实际距离决定，而不是相对于程序原点或从其他任何位置开始的距离。

25.2 工件坐标系的设定（G50）

(1)指令格式

G50 X _ Z _

说明：

① G50 是建立工件坐标系指令。

② X _ Z _ 是刀具基准点在新建坐标系的位置，刀具基准点可以在刀架基准点（或刀架棱边），基准刀尖，或第一把刀具刀尖，编程人员可以自由确定，但要与操作者约定，使用其中的一种。

例如：当刀具基准点设在刀尖时，如图 25-1 所示。

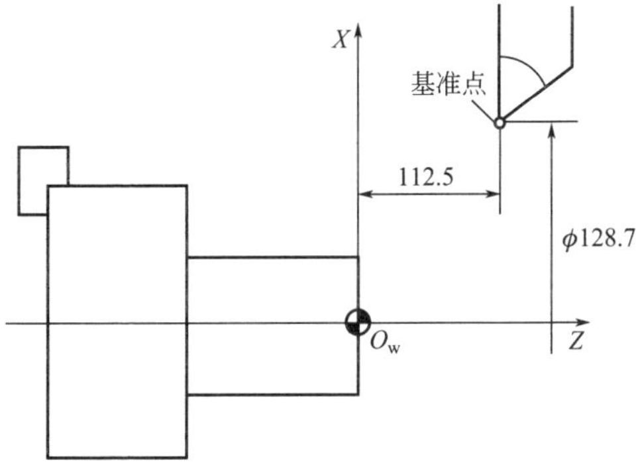

图 25-1 基准点设在刀尖

在程序的开头，指令：

G50 X128.7 Z112.5；

如果后面程序用绝对值指令，刀尖就移到指令位置。

当刀具基准点设在刀架棱边时，如图 25-2 所示。

在程序的开头，指令：

G50 X1200.0 Z210.0

这样，如果后面程序用绝对值指令，其基准点就移到被指令的位置上。为使刀尖移到被指令的位置上，把基准点和刀尖的位置差用刀具位置补偿功能进行补偿。

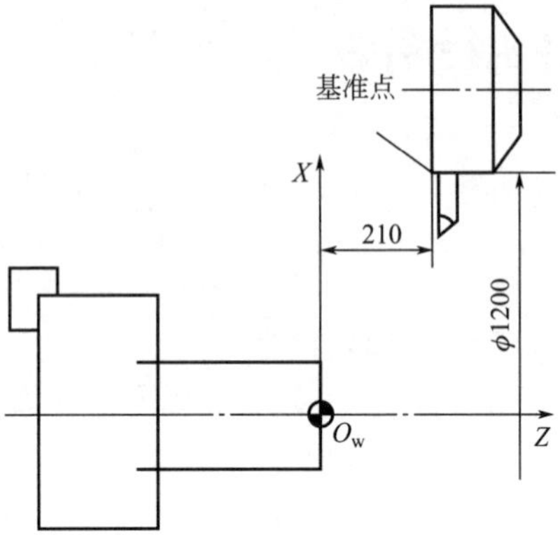

图 25-2　基准点设在刀架棱边

③ G50 是一个非运动指令，只起预置寄存作用，一般作为第一条指令放在整个程序的前面。

④ 通过 G50 建立的工件坐标系与刀具的位置有关，在执行该程序段前，必须先进行对刀，通过调整机床将刀具的基准点放在程序所要求的起刀位置上。对于多件加工，加工结束后，刀具应返回刀具的起始位置上。

⑤ 在程序中用 G50 建立的坐标系为临时坐标系，只对本程序有效，更换程序或机床断电后不再存在。

⑥ 执行 G50 指令可以改变工件坐标系 G54～G59 原点的位置，实现工件坐标系的偏移。详见工件坐标系的偏移。

(2)应用

编制程序时，首先要设定一个坐标系，程序上的坐标值均以此坐标系为依据。在没有工件坐标系功能（G54～G59）情况下，可以利用 G50 建立工件临时坐标系。

(3)编程举例

例如：在 FANUC 系统某车床上，分别设 O_1、O_2、O_3 为工件零点。如图 25-3 所示。

设 O_1 为工件零点时，程序段为：

```
G50 X70.0 Z70.0
```

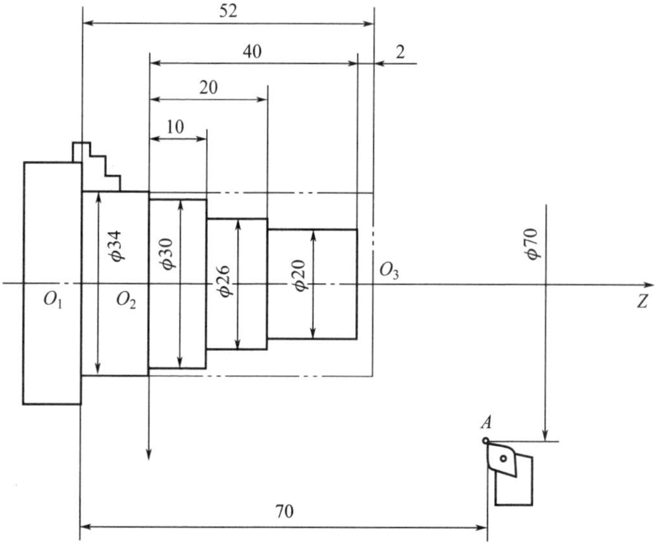

图 25-3　工件零点设定

设 O_2 为工件零点时，程序段为：

```
G50 X70.0 Z60.0
```

设 O_3 为工件零点时，程序段为：

```
G50 X70.0 Z20.0
```

例如：利用试切对刀法建立如图 25-4 所示的坐标系。

试切对刀的具体步骤如下。

① 回参考点操作。采用手工回参考点，建立机床坐标系，此时 CRT 上显示刀架中心（对刀参考点）在机床坐标系中当前位置的坐标值。

② 试切测量。采用 MDI 方式操作机床，将工件外圆表面试切一刀，然后保持刀具在横向（X 轴方向）上的位置尺寸不变，沿纵向（Z 轴方向）退刀，测量工件试切后的直径 D，即可知道刀尖在 X 轴方向上的当前位置的坐标，并记录 CRT 上显示的刀架中心在机床坐标系中 X 轴方向上的当前位置的坐标值 X_t。采用同样的方法测量试切端面至工件原点的距离 L，并记录 CRT 上显示的刀架中心在机床坐标系中 Z 轴方向的当前的坐标值 Z_t。

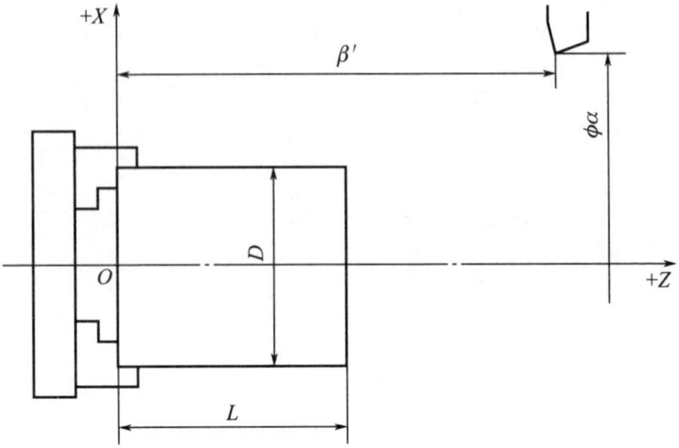

图 25-4　工件坐标系的设定

③ 计算坐标增量。根据试切后测量的工件直径 D、端面距离长度 L 与程序所要求的起刀点位置（α,β），即可计算出刀尖移到起点位置所需的 X 轴坐标增量 $\alpha-D$ 与 Z 轴坐标增量 $\beta-L$。

④ 对刀。根据计算出的坐标增量，用手摇脉冲发生器移动刀具，使前面记录的位置坐标值（X_t，Z_t）增加相应的坐标值增量，即将刀具移至使 CRT 上显示的刀架中心在机床坐标系中的位置坐标值（$X_t+\alpha-D$，$Z_t+\beta-L$）为止。这样就实现了将刀尖放在程序所要求的起刀位置上。

⑤ 建立工件坐标系。如执行程序 G50 Xα Yβ，则 CRT 将会立即变为显示当前刀具在工件坐标系中的位置（α,β）。

25.3　工件坐标系选择（G54～G59）

(1)指令格式

G54（～G59）

说明：

① G54～G59 为工件坐标系，或为调用坐标系，G54 为数控机床第一坐标系，依此类推，为第二～第六坐标系。

② 通常在程序的开头需要指定工件坐标系，如果程序中没有指定

工件坐标系而控制系统又支持工件坐标系，控制器将自动选择 G54。

③ G54～G59 为模态指令，在同类型指令出现之前都有效。

④ 工件坐标系是在通电后执行了返回参考点操作时建立的，通电时，自动选择 G54 坐标系。

⑤ G54～G59 可以和其他指令同处一行上，后面可以接坐标值 $X(U)$、$Z(W)$。当接 $X(U)$、$Z(W)$ 时，机床将产生运动，运动形式由运动指令决定，G54～G59 并不能使机床产生运动。

⑥ G54～G59 与刀具的位置无关，G50 与刀具的位置有关。

⑦ 工件坐标系的原点简称工件原点，也是编程的程序原点即编程原点。工件的原点是任意的，操作人员可以根据零件的特点进行设定。对于数控车床工件坐标系 X 轴的坐标原点选择在工件中心轴线上。

⑧ 在 G54～G59 工件坐标系建立过程中，必须知道编程原点在机床坐标系的位置 X、Z。可通过对刀法确定编程原点的位置，并把此坐标值输入到原点设定页面中的相应的位置上即可。

(2)应用

工件坐标系又称工作区偏置，它是一种编程方法，使得 CNC 程序员可以在不知道工件在机床工作台的确切位置的情况下，远离 CNC 机床编程。这与位置补偿方法相似，但比其更先进。

25.4 G54～G59 工件坐标系的变更(G10、G50)

由 G54～G59 指定的 6 个工件坐标系，可以用下列方法改变工件坐标系零点的位置。

(1)从 MDI 面板输入偏移值（图 25-5）

选择一个工件坐标系，打开数据保护键，移动光标到需要改变的工件原点偏移值，输入需要值，替换或增减，便改变了工件坐标系。

(2)用 G10 或 G50 指令

① 用 G10 改变工件坐标系

指令格式：

G10 L2 P_ X(U)_ Z(W)

WORK COORDINATES　　　　O0001N00000

No.		DATA	No.		DATA
00	X	0.000	02	X	152.580
(EXT)	Z	0.000	(G55)	Z	234.000
01	X	20.000	03	Z	300.000
(G54)	Z	50.000	(G56)	Z	200.000

图 25-5　工件坐标系设定

说明：

a. G10 为数据设置指令，非模态指令。

b. L2 为固定偏置组编号，它将输入的值作为工件偏置设置处理。

c. P 地址的数值可以从 1～6，它们分别对应 G54～G59 选择。

d. X、Z 为每轴的工件零点偏移值，U、W 是要加到每轴设定的工件零点偏移上的值（其和设为新偏移）。

e. 用 G10 指令，各工件坐标系可分别改变。

② 用 G50 改变工件坐标系

指令格式：

G50 X(U)_Z(W)_

说明：

a. G50 为坐标系设定指令。当其后接绝对坐标时，执行 G50 为建立坐标系；当其后接相对坐标时，执行 G50 时是对工件坐标进行偏移。

b. U、W 为增量值指令，则该值与原刀具坐标值相加，建立新的坐标系。只改变坐标系偏移，刀具不移动。

c. 坐标系的偏移量加在所有工件零点的偏移值上。这意味着所有的工件坐标系都移动了相同的量。

例如：如图 25-6 所示，刀具在 G54 中的位置为（200，160），执行指令 G50 X100.0 Z100.0 后，坐标系（X-Z）移动矢量 A，变为坐标系（X'-Z'）。

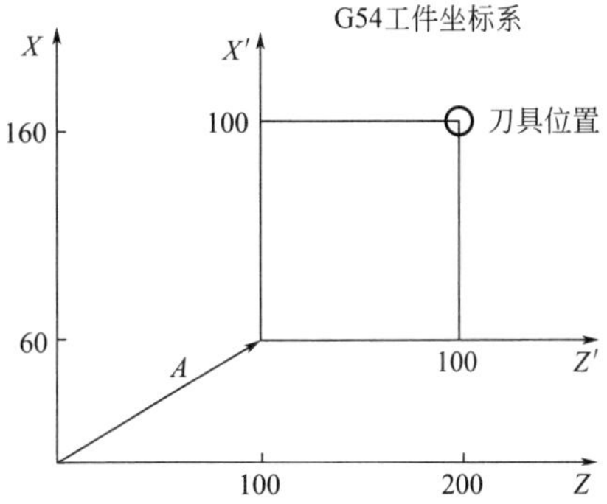

图 25-6　G50 偏移工件坐标系

这时，其他工件坐标系，如 G55 也将偏移相同的量，如图 25-7 所示。

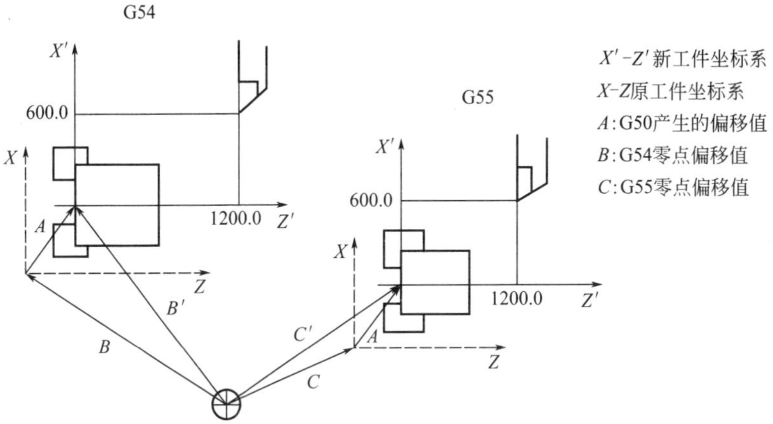

图 25-7　G50 偏移工件坐标系（1～6）

③ 用外部数据输入功能改变工件坐标系　外部工件原点偏置存储器为 00，将外部工件原点偏移量输入到 00 存储器中，其偏置值可以偏移六个工件坐标系。它们之间的关系如图 25-8 所示。

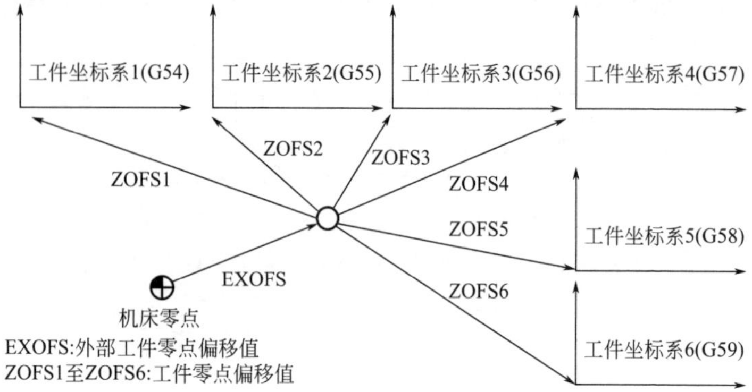

图 25-8 外部工件零点偏移改变工件零点偏移值

25.5 局部坐标系（G52）

指令格式：

G52 X_ Z_

说明：

① G52 为局部坐标系，为模态指令，直到被取消。

② X、Z 为局部坐标系的原点在工件坐标系的位置。局部坐标系与原工件坐标系的偏移关系，如图 25-9 所示。

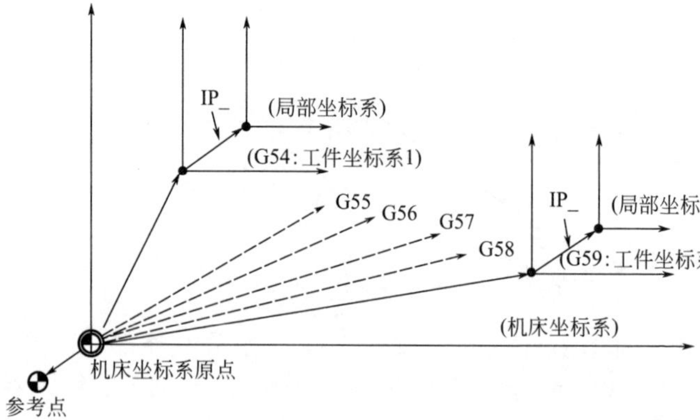

图 25-9 设定局部坐标系

③ 只有在选择了工件坐标系（G54～G59）后，才能设定局部坐标系。即在程序利用 G52 之前，必须有工件坐标系的选取。

④ 局部坐标系不能替代工件坐标系，它只是工件坐标系的补充。

⑤ 局部坐标系设定不改变工件坐标系和机床坐标。

⑥ G52 暂时取消刀尖半径补偿中的偏置。

⑦ 复位时是否取消局部坐标系将取决于参数的设定。

⑧ 当 X、Z 为零时，表示取消局部坐标系，返回所指定的工件坐标系。

⑨ 在局部坐标系设定后，若采用绝对值指令的移动位置便是局部坐标系中的坐标位置。

第26章 参考点

参考点是机床上的一个固定点，是用于对机床运动进行检测和控制的固定位置点，与机床原点的相对位置是固定的，机床出厂前由机床制造商精密测量确定。其位置由机械挡块或行程开关来确定。现代的数控系统一般都要求机床在回零操作，即使机床回到机床原点或机床参考点（不同的机床采用的回零操作的方式可能不一样，但一般都要求回参考点）之后，才能启动。目的是使机床运动部分与操作系统保持同步。只有机床参考点被确认后，刀具（或工作台）移动才有基准。

26.1 自动返回参考点校验（G27）

(1)指令格式

G27 X(U)_Z(W)_

说明：

① G27 为自动返回参考点检验，非模态指令。刀具以快速进给（不需要 G00）定位在指令的点上。如果到达的位置为参考点，则对应的轴返回参考点的指示灯亮，执行下一个程序段。如果刀具到达位置不是参考点，则报警。

② X（U）、Z（W）为参考点在工件坐标系中的位置坐标。可以用绝对模式或增量模式。

③ 如果在偏置状态下执行 G27 指令，刀具到达位置则是加上偏置量后的位置。该位置若不是参考点，则指示灯不亮。通常，在指令 G27 之前取消刀具偏置。

④ 在机床锁紧状态下指令 G27 时，不执行返回参考点。若刀具已经在参考点的位置上，返回完成指示灯也不亮。在这种情况

下，即使指令G27指令，也不检测刀具是否已经返回参考点。

⑤ 若希望执行该程序段后让程序停止，应于该程序段后加上M00或M01指令，否则程序将不停止而继续执行后面的程序段。

(2)应用

G27为执行检验功能，这是它的唯一目的，在现在工业生产中很少用，当用G50建立坐标系以参考点为开始位置时，加工完成后，通常用G27返回参考点执行检验。

26.2 自动返回参考点（G28）

(1)指令格式

G28 X(U)_ Z(W)_

说明：

① G28指令为自动返回参考点，为非模态指令。通常以较快的速度将指令的轴移动到机床参考点的位置上。这就意味着G00指令不起作用，且可以不编写它。移动速度可以通过参数设定，也可以使用快速移动倍率开关。

② X（U）、Z（W）为G28自动返回参考点所经过的中间点坐标。被指令的中间坐标被储存在存储器中。每次只储存G28程序中指令轴的坐标。对于数控车床，当返回参考点时至少指定一个轴。对于其他轴，使用指令过的坐标值。其动作如图26-1所示。

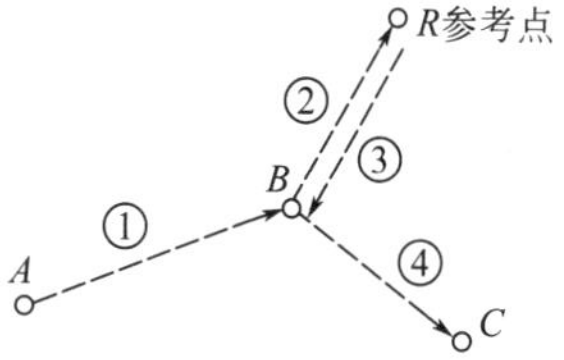

图26-1 自动返回参考点

G28指令的轴，从A点以快速进给速度定位到中间点B，即动作①，然后再以快速进给速度定位到参考点R，即动作②。如果没有机械锁紧，该轴的参考点返回指示灯亮。不指令轴不执行返回参考点的操作。

③ 为了安全起见，在执行回参考点之前，应该取消刀尖半径补偿和刀具位置偏置。通常在中间点取消补偿。尤其应注意刀具位置偏置的方向和偏置值的大小，中间点距工件的距离应足够大，以

免发生危险。

④ 中间坐标可以采用绝对或增量形式。在加工过程中，在不知道当前刀具位置的情况下，机床回参考点必须使用增量形式。在这种情况下，临时将坐标改为增量形式，并为每一个轴编写为 0，即中间点为刀具当前位置。在采用增量形式回参考点时，必须注意，在后面的程序中回到绝对形式上，否则可能会导致很严重的错误并付出惨重的代价。

⑤ 当由 G28 指令刀具经中间点到达参考点之后，工件坐标系改变时，中间点的坐标值也变为新坐标系中的坐标值。此时若指令了 G29，则刀具经新坐标系的中间点移动到指令位置。

⑥ 编写中间点坐标时，必须注意，使刀具回参考点时绕开机床上的障碍物。

(2)应用

参考点为数控机床上的一个固定点，开机后必须手动或自动回参考点，目的是使数控机床运动部分和控制部分保持同步。如果对于数控车床来说，回参考点的目的是为了换刀，那么只要移动特定的轴就可以，通常选择 X 轴，因为在一些大型车床中，Z 轴参考点离得太远。

26.3 从参考点返回（G29）

(1)指令格式

G29 X(U)_ Z(W)_

说明：

① G29 为从参考点自动返回，属于非模态指令。G29 指令执行时，刀具从参考点出发，快速到达 G28 或 G30 指令的中间点坐标，然后到达 G29 指令的目标点。动作如图 26-1 所示。刀具从参考点 R 出发，快速到达 G28 指令的中间点 B 定位，即动作③，然后到达 G29 指令的目标点 C 定位，即动作④。G29 一般在 G28 或 G30（返回第二参考点）之后指令。

② X（U）、Z（W）为切削点坐标。可用绝对或增量形式。当

采用增量形式 U、W 时，切削点的坐标是相对于中间点的增量坐标。

③ G29 指令通常应该跟刀具半径偏置（G40）和（G80）取消模式一起使用，程序中使用任何一个都可以，在程序使用 G29 指令前，使用标准 G 代码 G40 和 G80 分别取消刀具偏置和固定循环。

④ 当由 G28 指令刀具经中间点到达参考点之后，工件坐标系改变时，中间点的坐标值也变为新坐标系中的坐标值。此时若指令了 G29，则刀具经新的坐标的中间点移动到指令位置。

(2)应用

准备功能 G29 与 G28 指令恰好相反，G28 或 G30 自动将刀具复位到机床原点位置上，而 G29 指令是将刀具复位到它的初始位置上。跟 G27 指令一样，CNC 程序员也很少支持 G29 指令的使用。G29 在极少的场合下非常有用，但在实际的日常工作中并不需要它。

26.4 自动返回机床第二、三、四参考点（G30）

(1)指令格式

G30 P_ X(U)_Z(W)_

说明：

① G30 为自动返回第二、三、四参考点。

② P 用以识别参考点的位置，第二、三、四参考点分别用 P2、P3 和 P4 表示。当省略 P 时，执行 G30 指令为返回第二参考点。

③ X（U）、Z（W）为返回参考点时的中间点坐标。可以采用绝对或增量形式。

④ 第二、三、四参考点的位置是由参数设置该点距（第一）参考点的距离来调整的，在完成手动返回（第一）参考点之后有效。因此在使用 G30 指令之前，在接通电源之后，至少应有一次手动返回参考点操作或用 G28 返回参考点。

⑤ 与 G28 指令相同，使用此指令时，要取消刀尖半径补偿和

刀具位置偏置。

⑥ 当正确回到参考点后，相应的参考点返回指示灯亮。

⑦ 如果 G30 后紧接 G29 指令，则刀具经 G30 指令的中间点，在 G29 指令的目标点定位。运动过程与 G28 后接 G29 指令的运动相同。

(2)应用

对于特殊的 CNC 机床，它有多个参考点，它们由机床生产厂家指定，不是每台 CNC 机床都有多个参考点的，有些机床根本不需要它。对于有多个参考点的数控车床，当自动换刀位置不在 G28 指令的参考点时，通常用 G30 指令。

第27章　插补指令

27.1　快速定位（G00）

(1)指令格式

G00 IP _

说明：

① G00为快速移动，又称点定位，模态指令。

② IP _ 表示移动的轴地址及数据，可用绝对坐标和相对坐标，绝对值指令时采用X、Z表示，表示终点位置的坐标值；采用增量坐标时用U、W表示，表示刀具移动的距离。在一个程序段中，绝对坐标和增量坐标可以混用。

如G00 X _ W _ 或G00 U _ Z _

③ X和U采用直径编程。

④ 移动速度：其移动速度由参数来设定。指令执行开始后，刀具沿着各个坐标方向同时按参数设定的速度移动，最后减速到达终点，移动速度可以通过数控系统上的控制面板上的倍率开关调节。

⑤ 运动轨迹：利用G00使刀具快速移动，在各坐标方向上有可能不是同时到达终点。刀具移动轨迹是几条线段的组合，通常不是一条直线，是折线。

移动轨迹如图27-1所示。刀具从 *A* 点快速移向 *B* 点，可以指令为：

G00 X40.0 Z4.0或G00 U－60.0 W－36.0。

⑥ G00运行的轨迹为折线，为了使刀具在移动的过程中防止刀具与尾座碰撞，在编写G00时，X与Z最好分开写。当刀具需要靠近工件时，首先得沿 *Z* 轴，然后再沿 *X* 轴运动。在返回换刀

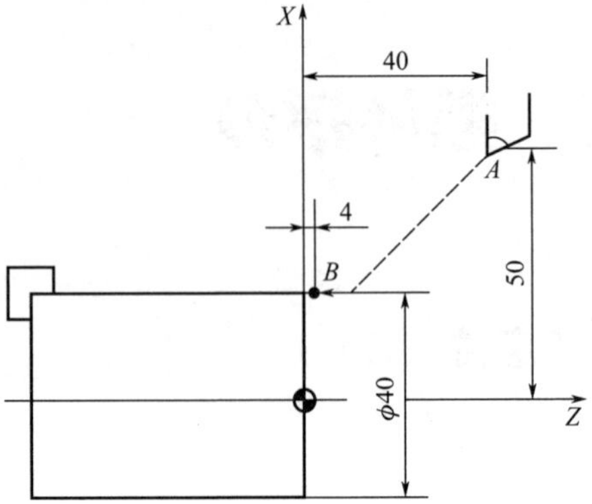

图 27-1　G00 的运动轨迹

位置，为了到达相同的安全位置，相反地运动得先沿 X 轴，然后再 Z 轴运动。

(2)应用

G00 指令用于定位。其唯一目的就是节省非加工时间。刀具以快速进给速度移动到指令位置，接近终点位置时，进行减速，当确定到达进入位置状态，即定位后，开始执行下个程序段。由于快速，只用于空程，不能用于切削。快速运动操作通常包括四种类型的运动：

① 从换刀位置到工件的运动；

② 从工件到换刀位置的运动；

③ 绕过障碍物的运动；

④ 工件上不同位置间的运动。

(3)编程举例

【例 1】 如图 27-2 所示，工件采用卡盘夹持。不用尾座，让刀具从 *a* 点快速移动到 *b* 点。

程序如下：

```
N1 G50 X200.0 Z100.0;
N2 G00 X100.0 Z0.2 ;
…
N20 M30;
```

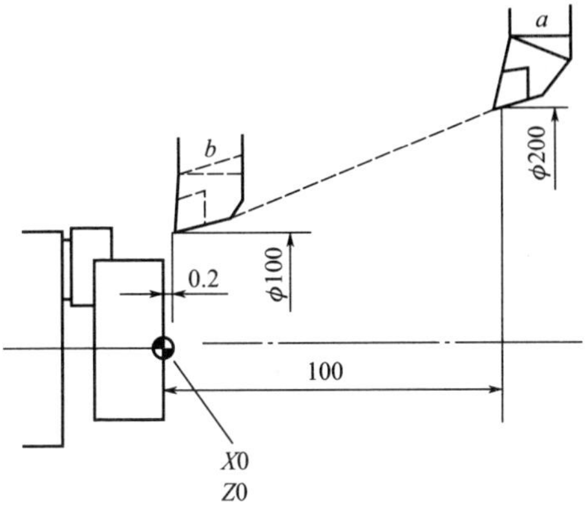

图 27-2　快速定位举例 1

【例 2】 如图 27-3 所示，工件采用卡盘夹持，使用尾座顶尖，让刀具从 *a* 点快速移动到 *b* 点。程序如下：

```
N1 G50 X200.0 Y100.0;
N2G00 Z2.0;
N3 X80.0;
…
N20 M30;
```

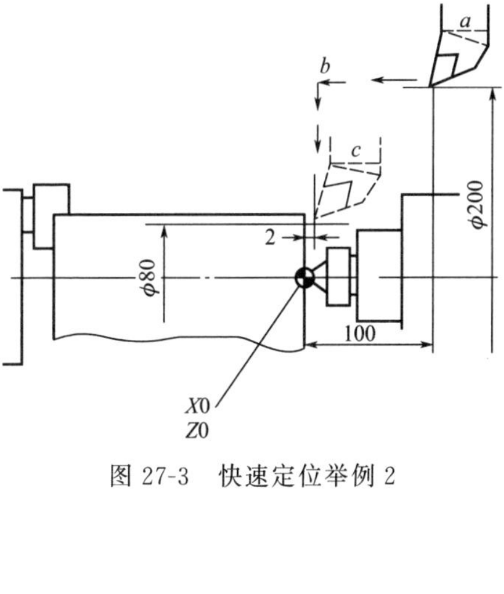

图 27-3　快速定位举例 2

27.2 直线插补（G01）

(1)指令格式

G01 IP_F_；

说明：

① G01 为直线插补指令，又称直线加工，是模态指令。

② IP _ 为目标点的坐标，可用绝对坐标和相对坐标，当采用绝对坐标时用 X、Z 表示，采用增量坐标时用 U、W 表示。

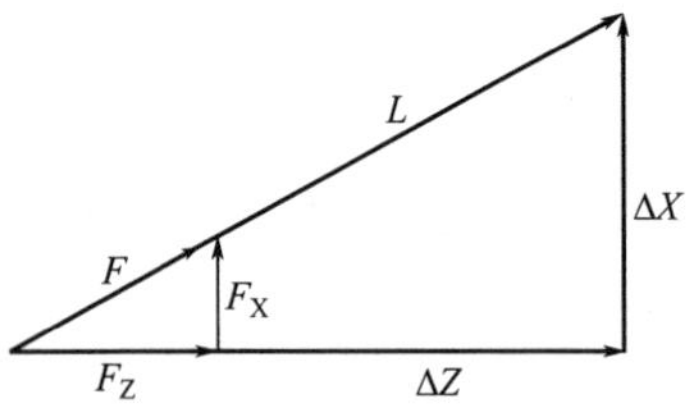

图 27-4 各轴方向的速度分量

③ F _ 为进给速度，模态值，可为每分进给量或主轴每转进给量。在数控车床上通常指定主轴每转进给量。它是轮廓切削进给指令，移动的轨迹为直线。F 是沿直线移动的速度。如果没有指令进给速度，就认为进给速度为零。

直线各轴的分速度与各轴的移动距离成正比，如图 27-4 所示，以保证指令各轴同时到达终点。

各轴方向进给计算：

$$F_X=\frac{\Delta X}{L}F$$

$$F_Z=\frac{\Delta Z}{L}F$$

式中，$L=\sqrt{\Delta X^2+\Delta Z^2}$

(2)应用

直线插补指令是直线运动指令，刀具按地址 F 下编程的进给速度，以直线方式从起始点移动到目标点位置。所有坐标轴可以同时运行，在数控车床上使用 G01 指令可以实现纵切、横切、锥切等形式的直线插补运动，如图 27-5 所示。

(3)编程举例

【例 1】 如图 27-6 所示，零件各面已完成粗车，试设计一个精

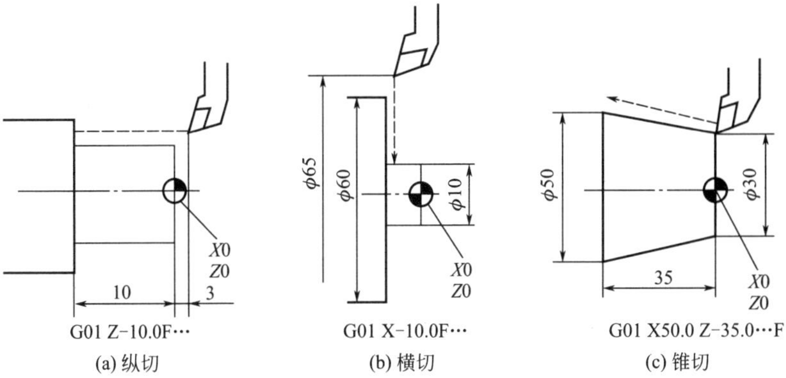

图 27-5　直线插补

加工程序。编制程序如表 27-1 所示。

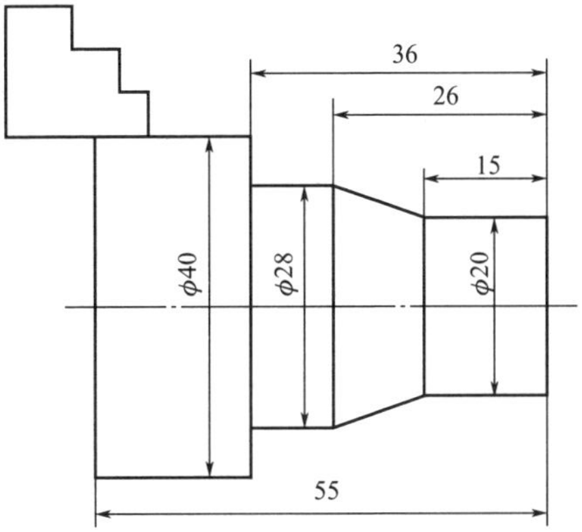

图 27-6　零件图

工件坐标系 G54 的原点建立在工件右端面的中心位置上。

表 27-1　加工程序

程　　序	说　　明
O2310；	程序名
N1 G21 G54；	公制模式，调用坐标系
N2 S600 M03；	主轴正转，转速为 600r/min
N3 G00 X20.0 Z2；	靠近工件
N4 G01 Z－15.0 F0.15；	车 φ20 外圆

续表

程　　序	说　　明
N6 X28.0 Z－26；	车锥面
N7 Z－36.0；	车 ϕ28 外圆
N8 X42.0	车 ϕ40 端面
N8 G00 X200.0 Z100.0；	远离工件
N9 M30；	程序结束
%	

【例 2】 加工如图 27-7 所示零件图，毛坯外径 $\phi30$，内径 $\phi10$，伸出卡爪长 70，每次切削深度 $a_p \leqslant 2$mm，试编制加工程序。

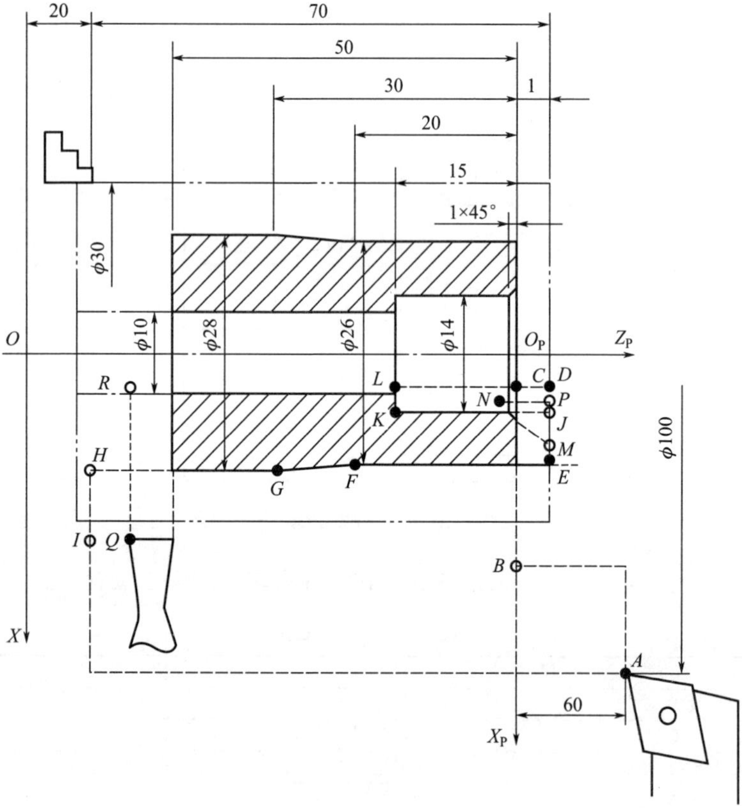

图 27-7　零件图

编制加工程序如表 27-2 所示。

表 27-2　直线车削实例程序表

程　　序	说　　明
O2320	程序名
N1 G21	公制模式
N2 G50 X100.0 Z60.0;	设工件零点 O_P
N3 M03 S600;	主轴正转
N4 G00 X34.0 Z0;	快速点位运动($A\rightarrow B$)
N5 G01 X8.0 F0.1;	车端面($B\rightarrow C$)
N6 G00 Z1.0;	Z 向退刀($C\rightarrow D$)
N7 X26.0;	快进($D\rightarrow E$)
N8 G01 Z-20.0 ;	车外圆($E\rightarrow F$)
N9 X28.0 Z-30.0;	车锥面($F\rightarrow G$)
N10 Z-55.0;	车外圆($G\rightarrow H$)
N11 X32.0;	X 向退刀($H\rightarrow I$)
N12 G00 X100.0 Z60.0;	快退至换刀点($I\rightarrow A$)
N13 T66;	换镗刀,刀架转位,镗刀至水平加工位置
N14 G00 X14.0 Z1.0;	快进($A\rightarrow J$)
N15 G01 Z-15.0 F0.08;	镗孔($J\rightarrow K$)
N16 X8.0;;	镗孔底($K\rightarrow L$)
N17 G00 Z1.0;	Z 向快退($L\rightarrow D$)
N18 X18.0;	X 向快进($D\rightarrow M$)
N19 G01 X12.0 Z-2.0 F0.1;	倒角($M\rightarrow N$)
N20 G00 Z1.0;	Z 向快退($N\rightarrow P$)
N21 X100.0 Z60.0;	X 向返回换刀点
N22 S400;	主轴降速至 400r/min
N23 T33;	换 3 号切刀(3mm 宽)
N24 G00 X34.0 Z-53.0;	快进($A\rightarrow Q$)
N25 G01 X8.0 F0.08;	切断($Q\rightarrow R$)
N26 G00 X100.0 Z60.0;	返回换刀点($R\rightarrow A$)
N27 M05;	主轴停止
N28 M30;	程序结束
%	

27.3　圆弧插补（G02、G03）

(1)指令格式

$$\begin{Bmatrix} G02 \\ G03 \end{Bmatrix} X(U)\_\ Z(W)\_ \begin{Bmatrix} I\_K\_ \\ R\_ \end{Bmatrix} F\_$$

说明：

① G02 为顺时针方向移动。G03 为逆时针方向移动。两者都是模态指令。

移动方向的判别方法：从坐标平面垂直轴的正方向向负方向看，坐标平面上的圆弧移动是顺时针方向还是逆时针方向，如图 27-8 所示。

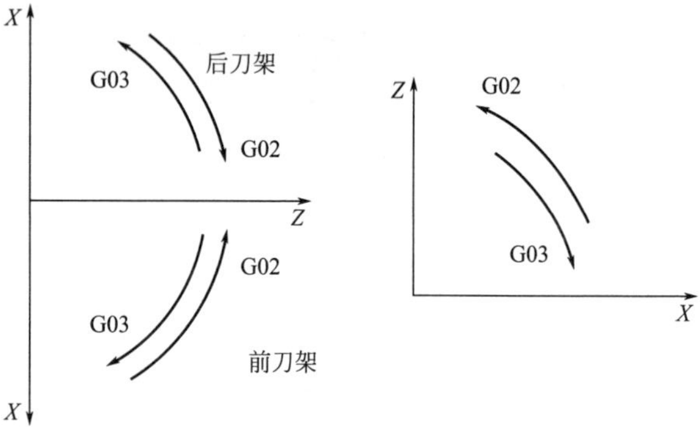

(a) 卧式车床　　(b) 立式车床

图 27-8　圆弧移动方向

② X(U)_ Z(W)_：圆弧终点坐标，可以用绝对坐标或相对坐标的形式，X、Z 为绝对坐标，是圆弧终点相对于工件坐标系原点的坐标；U、W 是相对坐标，是圆弧终点相对圆弧起点的坐标。其中 X、U 采用直径值。

③ 用 I、K 指令圆心，其值为增量值，是圆心相对于起点的坐标。如图 27-9 所示。其中 I 采用半径值。

④ 当 I 或 K 为零时，I0 或 K0 可以省略。

⑤ R 为圆弧半径，半径值。当插补圆弧是大于 180°时，R 为负，当小于或等于 180°的圆弧，半径用正值表示。但在车床上，一般不会超过 180°。

⑥ F 表示进给速度。圆弧插补中的进给速度等于由 F 代码指定的进给速度，并且沿圆弧的进给速度（圆弧的切线进给速度）被控制为指定的进给速度。指定的进给速度和刀具的实际进给速度之间的误差小于±2%，但是该进给速度是在加上刀尖补偿以后沿圆弧测量的。

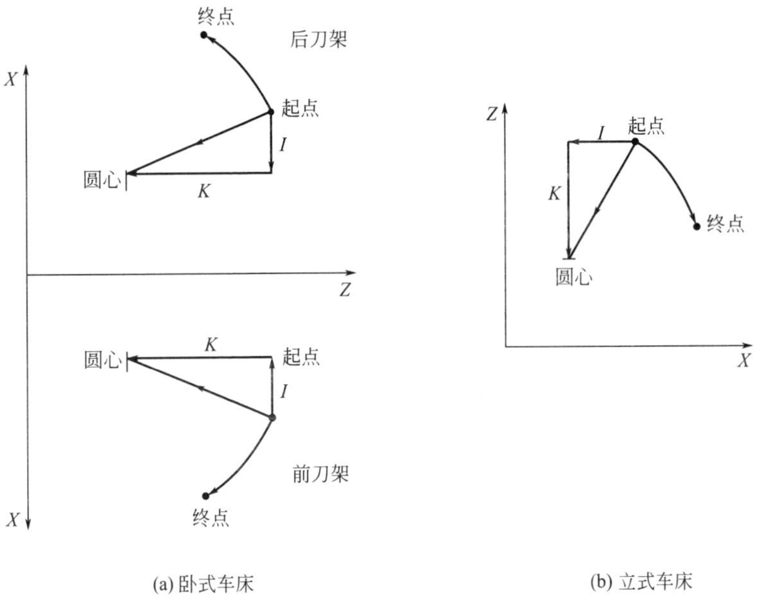

图 27-9　用 I、K 指令圆心

(2)应用

在大部分的 CNC 编程应用中，只有两类与轮廓加工相关的刀具运动，圆弧插补是其中一项。它指令可使刀具在指定平面内按给定的进给速度 F 做圆弧运动，从起始点移动到终点切削出圆弧轮廓。

(3)编程举例

【例 1】 图 27-10 所示的零件图是个有一段圆弧的轴类零件。现按图中圆弧轨迹。用绝对值方式和相对值方式编程。

编制程序如下：

```
用 I、K 编程
绝对形式:G02  X50.0  Z—20.0  I25.0  K0  F0.3
相对形式:G02  U20.0  W—20.0  I25.0  F0.3
用 R 编程
绝对形式:G02  X50.0  Z—20.0  R25.0  F0.3
相对形式:G02  U20.0  W—20.0  R25.0  F0.3
```

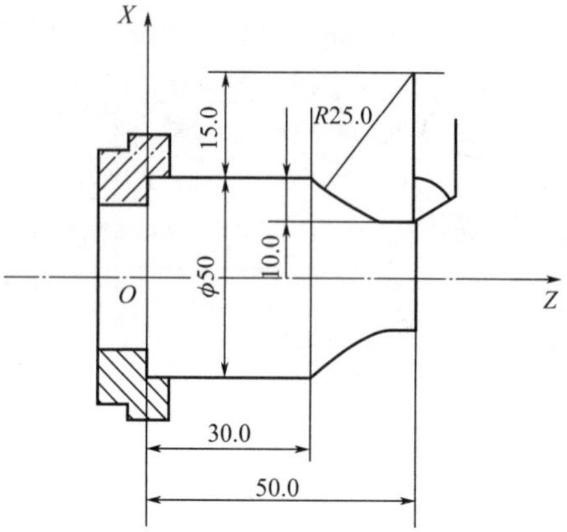

图 27-10　零件图

【例 2】 如图 27-11 所示零件，粗加工已完毕，单面留精加工余量为 0.2mm，试编写精加工程序。

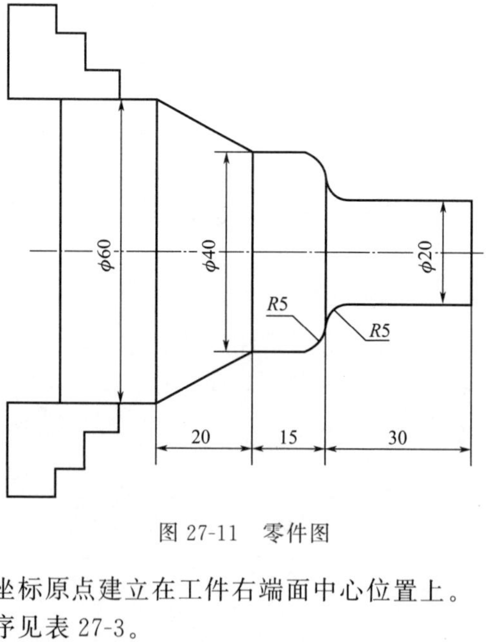

图 27-11　零件图

零件的坐标原点建立在工件右端面中心位置上。

加工程序见表 27-3。

表 27-3　零件图编程实例

程　　序	说　　明
O2330；	
N1 G21 G54；	公制模式
N2 S800 M08；	
N3 G42 G00 X20.0 Z2.0 T0101；	换刀,刀尖补偿
N4 G01 Z－25 F0.1；	直线插补
N5 G02 X30.0 Z－30.0 R5.0；	顺时针圆弧插补
N6 G03 X40.0 Z－35.0 R5.0；	逆时针圆弧插补
N7 G01 Z－45.0；	直线插补
N8 X60.0 Z－65.0	直线插补
N9 G00 X200.0 Z50.0 T0100；	远离工件,取消刀尖补偿
N10 M30；	程序结束
%	

27.4　极坐标插补（G112、G113）

(1)指令格式

$$\begin{cases} G112 \\ \vdots \\ \vdots \\ G113 \end{cases} \text{或} \begin{cases} G12.1 \\ \vdots \\ \vdots \\ G13.1 \end{cases}$$

说明：

① G112 为启动极坐标插补方式指令。极坐标插补功能是将轮廓控制由直角坐标系中编程的指令转换成一个直线轴的运动（刀具的运动）和一个回转轴的运动（工件的回转）。

② G113 为极坐标插补方式取消指令。当接通电源或系统复位时，极坐标插补被取消，即 G113 有效。

③ 用于极坐标插补的直线轴和回转轴必须预先设在参数中，通常直线轴设为 X 轴，回转轴设为 C 轴，在编程中，X 轴增量值用 U 地址，C 轴增量值用 H 地址表示。

④ G112 启动极坐标插补方式，并选择一个极坐标插补平面，

如图 27-12 所示。极坐标插补在该平面上完成。

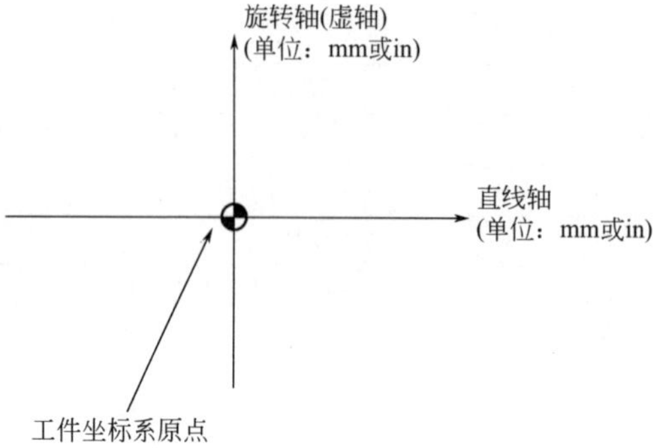

图 27-12　极坐标插补平面

⑤ 极坐标插补的移动距离和进给速度。在极坐标插补方式，程序指令是在极坐标平面上用直角坐标指令。回转轴的轴地址作为平面中第二轴（虚拟轴）的地址。平面中的第一轴是用直径值指令或者半径值指令，对于回转轴都是一样的，即回转轴与平面中第一轴的规定无关，仍用半径值指令。当指令 G112 之后，虚拟轴处于坐标 0 的位置。当指令 G112 时，极坐标插补的刀具位置是从角度 0 开始的。

虚拟轴与直线轴坐标单位相同，即 mm 或 in。进给速度的单位是 mm/min 或 in/min。F 指令的进给速度是与极坐标插补平面（直角坐标系）相切的速度（工件和刀具间的相对速度）。

⑥ 在极坐标系插补方式可以指令下列 G 代码：

G01	直线插补
G02、G03	圆弧插补
G04	暂停
G40、G41、G42	刀尖半径补偿（极坐标插补用于刀具补偿后的轨迹）
G65、G66、G67	用户宏程序指令
G98、G99	每分进给，每转进给

⑦ 极坐标平面中的圆弧插补。在极坐标插补平面中为圆弧插补（G02 或 G03）指令圆弧半径的地址取决于插补平面中的第一轴

（直线轴）：

a. 当直线轴是 X 轴或其平行轴时，在 X_p-Y_p 平面中用 I 和 J。

b. 当直线轴是 Y 轴或其平行轴时，在 Y_p-Z_p 平面中用 J 和 K。

c. 当直线轴是 Z 轴或其平行轴时，在 Z_p-X_p 平面中用 K 和 I。

d. 圆弧半径也可以用 R 指令。

⑧ 在极坐标插补方式，刀具能沿非极坐标插补平面中的轴运动，而与极坐标插补无关。

⑨ 在极坐标插补方式中，当前位置显示实际坐标值，而程序段中剩余要走的距离则显示极坐标插补平面（直角坐标）中的坐标值。

⑩ 使用极坐标插补方式时，注意事项如下：

a. 在指令 G112 之前，必须设定一个工件坐标系，回转轴中心是该坐标的原点。在 G112 方式中，坐标系绝对不能改变。如 G50（G92）、G52、G53、对坐标复位、G54～G59 等。

b. 在刀尖补偿方式（G41 或 G42）不能启动或取消极坐标插补方式，必须在刀尖半径补偿取消方式指令 G112 或 G113。

c. 对于 G112 方式中的程序段，不能进行程序的再启动。

d. 回转轴的切削进给速度。极坐标插补将直角坐标系中的刀具运动转换为回转轴（C 轴）和直线轴（X 轴）的刀具运动。当刀具移动到快接近工件中心时，进给速度 C 轴分量变大，会超过 C 轴的最大切削进给速度，机床产生报警。为防止 C 轴分量超过 C 轴最大切削进给速度，应降低 F 地址指令的进给速度，或者编制程序使刀具（当用刀具半径补偿时为刀具中心）不能接近工件中心。如图 27-13 所示，ΔX 是刀具在直角坐标系中进给速度 F 的单位时间内移动的距离。当刀具在 L_1、L_2 和 L_3 移动时，刀具在直角坐标系中对应

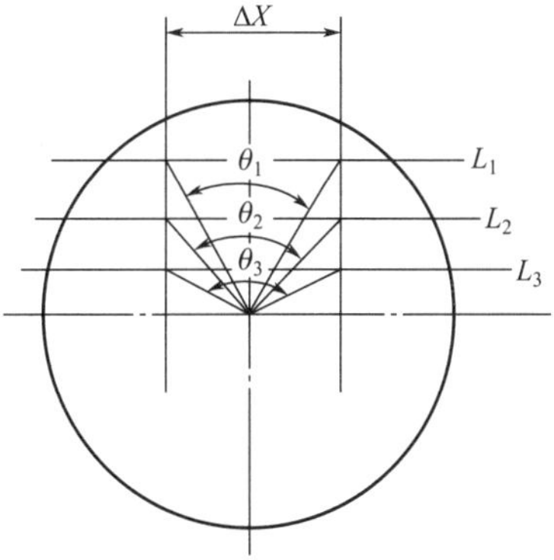

图 27-13　角度变化

ΔX，每单位时间移动的角度分别为 θ_1、θ_2 和 θ_3。由图 27-13 可以看出，角度在变大。换句话说，进给速度的 C 轴分量在刀具接近工件中心时变大。由于在直角坐标系中的刀具运动已经转换为 C 轴和 X 轴的刀具运动，进给速度的 C 轴分量可能会超过允许的最大切削进给速度。

设 L 为当刀具中心接近工件中心时刀具中心和工件中心之间的距离，单位为 mm。

R 为 C 轴的最大切削进给速度，单位为（°）/min。

于是，在极坐标插补中可以用地址 F 指令的速度允许值，可由下式给出。指令的速度允许值，由该公式计算。该公式提供理论值。实际上，由于计算误差，必须使用比理论值稍小一些的值。

$$F < LR \times \frac{\pi}{180} \ (\mathrm{mm/min})$$

e. 即使直线轴（X 轴）用直径编程，回转轴（C 轴）仍用半径编程。

(2)应用

对于车削中心，除具有车削功能外，还具有铣削功能。为完成车削中心的铣削功能，车削中心的刀架应有动力头，同时除了有 X 轴和 Z 轴外，还必须有第 3 轴 C 轴，有时含有第 4 轴 Y 轴。在车削中心上使用极坐标插补功能是将轮廓控制由直角坐标系中的编程转换成一个直线轴运动和一个旋转轴运动。这种方法用于在车床上铣削端面和磨床上磨削凸轮轴。

(3)编程举例

【例】 X 轴（直线轴）和 C 轴（回转轴）的极坐标插补编程，零件如图 27-14 所示。X 轴用直径编程，C 轴用半径编程。加工程序如表 27-4 所示。

表 27-4　零件图编程实例

程　序	说　明
O2340;	
N010 T0101;	

续表

程　　序	说　　明
N0100 G00 X120.0 C0 Z_；	定位到起始点
N0200 G112；	极坐标插补开始
N0201 G42 G01 X40.0 F_；	几何形状程序(直角坐标系 X-C 平面的程序)
N0202 　C10.0；	
N0203 G03 X20.0 C20.0 R10.0；	
N0204 G01 X－40.0；	
N0205 　C－10.0；	
N0206 G03 X－20.0 C－20.0 I10.0 J0；	
N0207 G01 X40.0；	
N0208 　C0；	
N0209 G40 X120.0；	
N0210 G113；	取消极坐标插补
N0300 G00 Z_；	
N0400 　　X_C_；	
N0900 M30；	
%	

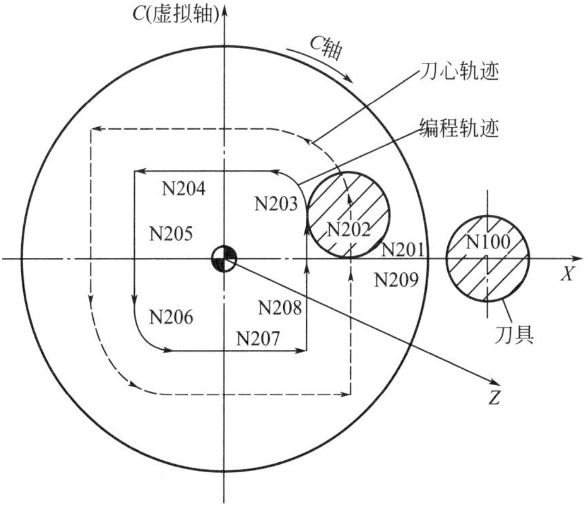

图 27-14　极坐标插补

27.5 圆柱插补（G107）

(1)圆柱插补指令格式

G107(或 G07.1) IPr　　　启动圆柱插补方式(圆柱插补方式有效)

轮廓描述

G107(或 G07.1)IP0　　圆柱插补取消

说明：

① G107 为圆柱插补指令。

② IP 为回转轴的地址，用参数指定回转轴是 X、Y 或 Z 轴，或是平行于这些轴的一个轴。

用 G 代码指定选择平面，对于该平面，回转轴是指定的直线轴。例如，当回转轴是平行于 X 轴的一个轴时，必须用 G17 规定 X_p-Y_p 平面，它是由回转轴和 Y 轴或平行于 Y 轴的一个轴定义的平面。

③ 圆柱插补只能设定一个回转轴。

④ r 为圆柱体半径。

⑤ G107 IPr 和 G107 IP0 需在单独程序段指定。

⑥ 在圆柱插补方式下指定的速度是展开的圆柱表面的速度。

⑦ 在圆弧插补方式中，用回转轴和另外的直线轴完成圆弧插补是可能的。用 R 指令被插补的圆弧半径。半径的单位不是度而是毫米或英寸。

【例】 Z 轴和 C 轴的圆弧插补

用参数设定与 X 轴平行的轴作为 C 轴，在这种情况下，圆弧插补指令是：

G18 Z_ C_；

G02(G03) Z_ C _R _；

也可以用参数设定与 Y 轴平行的轴作为 C 轴，在这种情况下，圆弧插补指令是：

G19 Z_ C_；

G02(G03)Z_ C_ R_；

⑧ 为了在圆柱插补方式下执行刀具补偿，在进入圆柱插补方式之前应注销任何正在进行的刀具补偿方式，然后，在圆柱插补方式中开始和结束刀具补偿。

⑨ 圆柱插补精度。在圆柱插补法方式中，用角度指令的回转轴的移动量在内部一次转换为外表面上的直线轴的距离以便能同其他轴进行直线插补或圆柱插补。插补后，此距离又被转换为角度。对于这一转换，移动量舍入为一个最小增量单位。

当圆柱体半径小的时候，实际移动量与指定移动量不等。不过，这一误差不积累。

如果在圆柱插补方式用手动绝对值开关接通进行手动操作，由于上述原因会产生误差。

$$\text{实际移动量}=\left[\frac{\text{回转轴每转移动量}}{2\times 2\pi R}\times\left[\text{指令值}\times\frac{2\times 2\pi R}{\text{回转轴每转移动量}}\right]\right]$$

式中　R——工件半径；

[ ] ——舍入至最小输入增量单位。

⑩ 注意事项

a. 在圆柱插补方式中，圆弧半径不能用地址 I、J 或 K 指定，而是用 R 指定。

b. 如果圆柱插补方式是在刀具半径补偿方式下开始时，圆弧插补在圆柱插补方式中不能正确地进行。

c. 在圆柱插补方式中，不能指定定位操作，包括产生快速移动循环的定位操作，如 G28、G80～G89。圆柱插补方式必须在指定定位指令之前取消。圆柱插补不能在定位方式（G00）执行。

d. 在圆柱插补方式，不能指定工件坐标系设定指令 G50。

e. 在圆柱插补方式中，圆柱插补方式不能被复位。因此，应在圆柱插补方式复位前取消圆柱插补方式。

f. 在圆柱插补方式期间不能指定钻孔循环 G81～G89。

(2)应用

用角度指定的回转轴的移动量在内部转换为沿外表面的直线轴

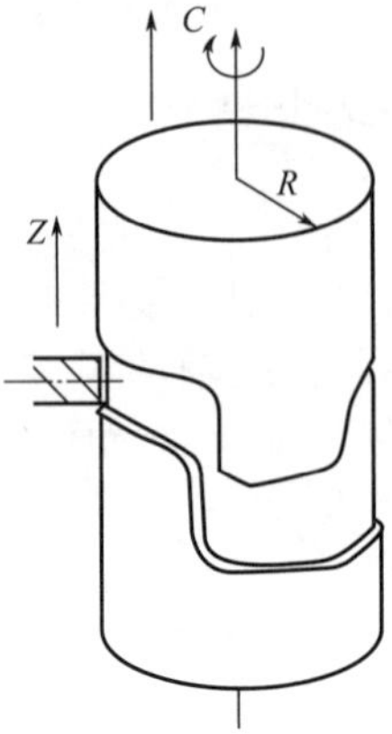

图 27-15　圆柱凸轮

的距离，以便能同其他轴一起完成直线插补或圆弧插补。在插补完成后，这一距离又转换为回转轴的移动量。圆柱插补功能可以用圆柱体的展开面编程。因此，像圆柱凸轮槽等的程序编程变得非常容易。

(3)编程举例

【例】　圆柱插补编程，零件如图 27-15 所示。展开图如图 27-16 所示。程序如表 27-5 所示。

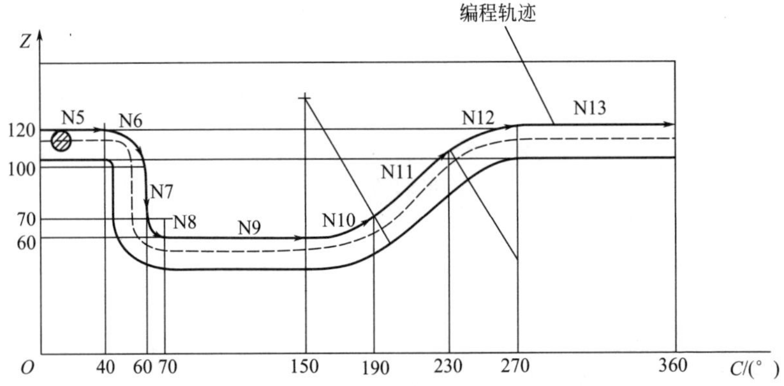

图 27-16　圆柱表面展开图

表 27-5　圆柱插补编程表

程　　序	说　　明
O2350	
N01 G00 Z110.0 C0 T0101;	
N02 G01 G18 W0 H0;	用参数指定回转轴为 *X* 轴
N03 G107 C57296;	回转轴为 *C* 轴,圆柱体半径为 57.296mm
N04 G01 G42 Z120.0 F250;	
N05　　C40.0;	
N06 G02 Z100.0 C60.0 R20.0;	

续表

程　　序	说　　明
N07 G01 Z70.0;	
N08 G03 Z60.0 C70.0 R10.0;	
N09 G01 C150.0;	
N10 G03 Z70.0 C190.0 R75.0	
N11 G01 Z110.0 C230.0;	
N12 G02 Z120.0 C270.0 R75.0;	
N13 G01 C360.0;	
N14 G40 Z110.0;	
N15 G107 C0;	
N16 M30;	
%	

27.6 螺纹切削（G32）

(1)等螺距螺纹切削的指令格式

G32　X(U)_Z(W)_F_

说明：

① G32 为等螺距螺纹切削指令，属于模态指令。

② X(U)_Z(W)_为终点位置坐标。可以用绝对形式 X、Z 或相对形式 U、W，也可以两种形式混用，如 X、W 或 U、Z。

③ F_为长轴螺距，总是半径编程。装在主轴上的位置编码器实时地读取主轴转速，并转换为刀具的每分钟进给量。F 值的指令范围：米制输入 F＝0.0001～5000.0000mm，英制输入 F＝0.000001～9.000000in。终点位置和导程如图 27-17 所示。

④ 锥形螺纹的导程用长轴方向的长度指令，如图 27-18 所示。当 $\alpha \leqslant 45°$，导程为 LZ，当 $\alpha > 45°$，导程为 LX。

⑤ 螺纹切削是沿着同样的刀具轨迹从粗加工到精加工重复进行。因为螺纹切削是在主轴上的位置编码器输出一转信号时开始的，所以螺纹切削是从固定点开始且刀具在工件上的轨迹不变而重复切削螺纹。注意主轴速度从粗切到精切必须保持恒定，否则螺纹导程不正确。

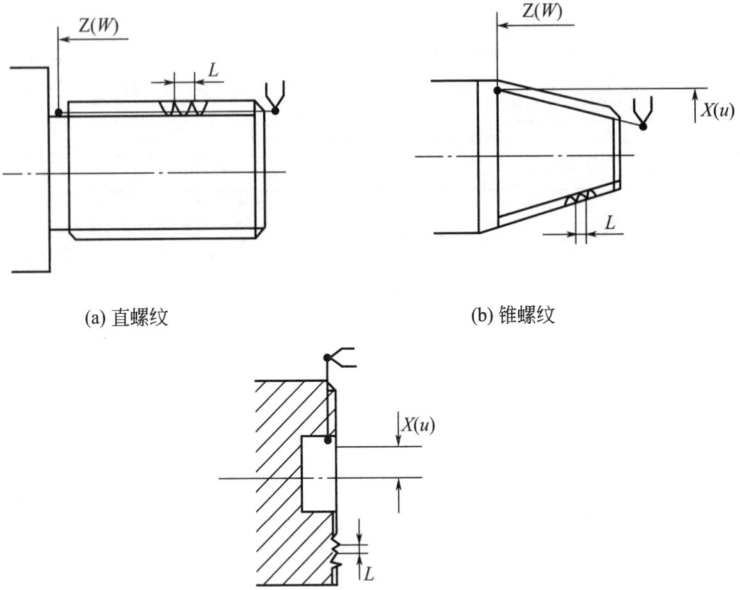

图 27-17　螺纹终点位置和导程

⑥ 由于伺服系统滞后会在螺纹切削的起点和终点产生不正确的导程，为了补偿，在螺纹之前和之后增加一段距离，如图 27-19 所示。

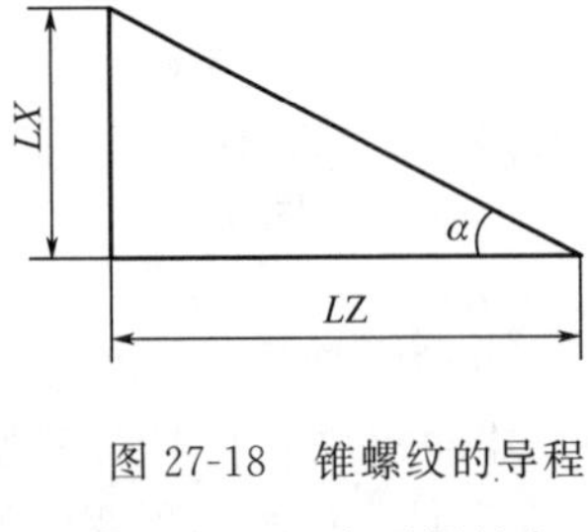

图 27-18　锥螺纹的导程

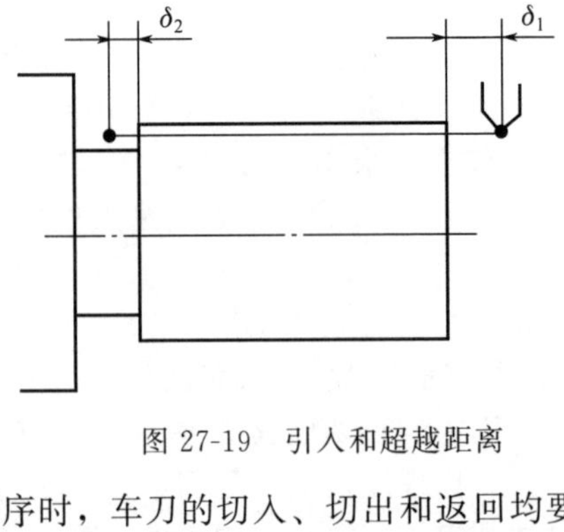

图 27-19　引入和超越距离

⑦ 用 G32 编写螺纹加工程序时，车刀的切入、切出和返回均要编入程序。如果螺纹牙型深度较深，螺距较小，可分为数次进给，每

次进给背吃刀量用螺纹深度减精加工背吃刀量所得差按递减规律分配，如图 27-20 所示。常用的螺纹切削进给次数与背吃刀量见表 27-6。

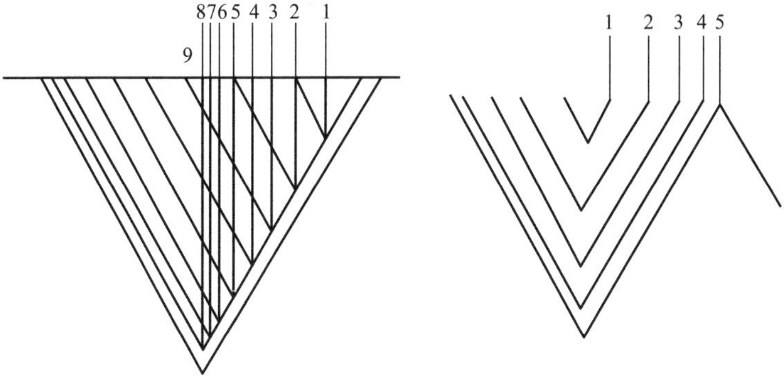

图 27-20 螺纹加工进刀方法

表 27-6 常用的螺纹加工进给次数与背吃刀量 mm

米制螺纹								
螺距		1.0	1.5	2.0	2.5	3.0	3.5	4.0
牙深		0.649	0.947	1.299	1.624	1.949	2.273	2.598
吃刀量及切削次数	1 次	0.7	0.8	0.9	1.0	1.2	1.5	1.5
	2 次	0.4	0.6	0.6	0.7	0.7	0.7	0.8
	3 次	0.2	0.4	0.6	0.6	0.6	0.6	0.6
	4 次		0.16	0.4	0.4	0.4	0.6	0.6
	5 次			0.1	0.4	0.4	0.4	0.4
	6 次				0.15	0.4	0.4	0.4
	7 次					0.2	0.2	0.4
	8 次						0.15	0.3
	9 次							0.2
英制螺纹								
牙/in		24	18	16	14	12	10	8
牙深		0.678	0.904	1.016	1.162	1.355	1.626	2.033
吃刀量及切削次数	1 次	0.8	0.8	0.8	0.8	0.9	1.0	1.2
	2 次	0.4	0.6	0.6	0.6	0.6	0.7	0.7
	3 次	0.16	0.3	0.5	0.5	0.6	0.6	0.6
	4 次		0.11	0.14	0.3	0.4	0.4	0.5
	5 次				0.13	0.21	0.4	0.5
	6 次						0.16	0.4
	7 次							0.17

⑧ 利用 G32 指令可以实现连续螺纹切削和多头螺纹切削。

a. 连续螺纹车削。连续螺纹切削功能是程序段交界处的少量脉冲输出与下一个程序的脉冲处理与输出是重叠的，消除了运动中断引起的螺纹中断。当螺纹切削程序段连续指令时，在开始的第一个螺纹切削程序段系统检测主轴编码器的一转信号，而在后面的螺纹切削程序段系统不再检测一转信号而直接进入下个螺纹切削程序段，系统保证在程序段的交界处进给与主轴仍能严格同步，如图 27-21 所示能进行中途改变螺距和形状的特殊螺纹切削，并能进行从粗加工到精加工的多次重复切削而不损坏螺纹。

例如：G32 Z _ F _ ；

Z _ ；　　　　在此程序段之前不检测一转信号

G32；　　　　这个程序段认为是螺纹切削程序段

Z _ F _ ；　　此程序段之前也不检测一转信号

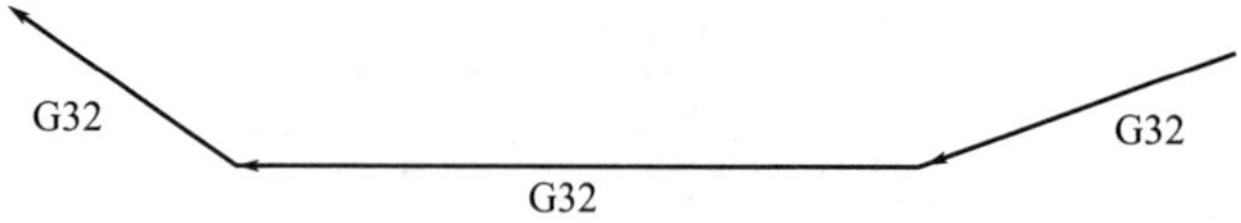

图 27-21　连续螺纹切削

b. 多头螺纹切削

指令格式：

G32 IP _ F _ Q _ ；

G32 IP _ Q _ ；

说明：

a）Q 为螺纹的起始角，起始角的增量为 0.001°，不能指定小数点。例如：如果位移角为 180°，则指定 Q180000。

b）起始角 Q 不是模态值，每次都必须指定，如果不指定，则认为是 0，此时的螺纹切削即从一转信号处开始切削。

c）Q 值的指令范围从 0 到 360000（即 360°）。如果指令值大于 360000 的值。则按 360000（即 360°）计算。

d）多头螺纹切削对 G32、G34、G92 和 G76 指令均有效。

编程举例：

【例】 双线螺纹加工程序（起始角为 0°和 180°）如表 27-7 所示。

表 27-7 双线螺纹加工程序

程　　序	说　　明
G00 X40.0;	
G32 W－38.0 F4.0 Q0;	加工第1线螺纹
G00 X72.0;	
W38.0	
X40.0	
G32 W－38.0 F4.0 Q180000;	加工第2线螺纹
G00 X72.0	
X72.0	
W38.0	
:	

⑨ 执行螺纹切削时的注意事项。

a. 在螺纹切削期间进给速度倍率开关无效（固定在100%）。

b. 不停主轴而停止进给会使切削深度加深，在螺纹切削中进给暂停功能无效。

c. 当进给暂停按钮一直被按住，或者紧跟在螺纹切削程序段之后的第一个非螺纹切削的程序段中再次按了进给暂停按钮时，刀具在设有指定螺纹切削的程序段停止。

d. 当在单程序段状态执行螺纹切削时，在第一个设定指定螺纹切削的程序段执行之后，刀具停止。

e. 在螺纹切削过程中，将操作方式从自动运行方式转变为手动运行方式时，同按了进给暂停按钮一样，刀具在没有指令螺纹切削的第一个程序段停止。但是，当操作方式从一种自动方式变为另一种自动方式时，同单程序段方式，刀具在执行完第一个设定指定螺纹切削的程序段之后停止。

f. 由于涡形（端面）螺纹和锥形螺纹切削期间恒表面切削速度控制功能有效，若主轴速度发生变化将不能保证正确的螺距，因此，在螺纹切削期间要取消恒表面切削速度功能（指令G97）。

g. 如果使用的系统主轴速度倍率有效，在螺纹切削过程中不要改变倍率，以保证正确的螺距。

h. 在螺纹切削程序段中不能指定倒角和圆角 R。

i. 在螺纹切削程序段之前的移动指令程序段可以是倒角，但不能是圆角 R。

j. 螺纹循环回退功能对 G32 无效。

k. 螺纹加工完成后，应该在尚未卸下以前检验螺纹质量，一旦卸下工件后再需要对螺纹进行再加工，那么重新装夹需要付出很大的努力。

(2)应用

螺纹加工是在圆柱上加工出特殊形状螺旋槽的过程，螺纹的主要目的是在装配和拆卸时毫无损伤地将两个工件连接在一起。螺纹加工是数控车床一个重要的功能。G32 是 FANUC 控制系统中最常用的螺纹加工代码。该螺纹加工运动期间，控制系统自动使进给倍率和主轴转速倍率无效。在数控车床上使用 G32 指令可以加工等螺距直螺纹、锥形螺纹、端面螺纹等。

(3)编程举例

【例】 如图 27-22 所示，要车削 M50×4 的圆柱螺纹，经计算大径为 ϕ49.72，编程小径为 ϕ46.52，进刀段 δ_1＝4mm，退刀段 δ_2＝2mm。加工程序及说明如表 27-8 所示。

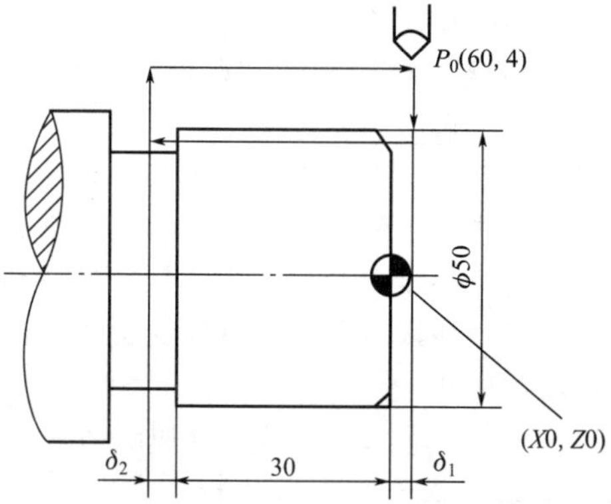

图 27-22　圆柱螺纹加工

表 27-8　圆柱螺纹的加工程序

程　　序	说　　明
N01 G00 X60.0 Z4.0 M03 S600 T0101;	到起始点、主轴正转
N02 X49.72;	切进

续表

程　　序	说　　明
N03 G32 Z－32.0 F4；	切削螺纹
N04 G00 X60.0；	退刀
N05 Z4.0；	返回
N06 X48.72；	切进
N07 G32 Z－32.0；	切削螺纹
N08 G00 X60.0；	退刀
N09 Z4.0；	返回
N10 X48.12；	切进
N11 G32 Z－32.0；	切削螺纹
N12 G00 X60.0；	退刀
N13 Z4.0；	返回
N14 X47.52；	切进
N15 G32 Z－32.0； …	切削螺纹 X 向尺寸按每次吃刀深度递减，直到终点尺寸 ϕ46.52mm
N25 X46.52；	切进
N26 G32 Z－32.0；	切削螺纹
N27 G00 X60.0；	退刀
N28 X200.0 Z200.0 M09 T0000；	回到换刀点，切削液停
N29 M30；	程序结束
%	

27.7　跳转功能（G31）

(1)指令格式

G31 IP _

说明：

① G31 为跳转功能，属于非模态指令，只在指定的程序段中有效。在该指令执行时，若输入了外部跳转信号，则中断该指令的执行，转而执行下个程序段。

② 在 G31 指令之后指令轴移动，执行直线插补，与 G01 类似。

③ 输入跳转功能信息之后的运动，根据下一个程序段是增量

值还是绝对值指令将有所不同。

a. 下一个程序段是增量值指令时：下个程序段中的运动，从跳转信号中断处按增量方式执行。

例如：G31 W100.0 U20.0 F100

U50.0

运动如图 27-23 所示。

b. 一个程序段是绝对值指令，且仅指令一个轴时：指令轴移动到指令位置，不指定轴则停留在跳转信号输入时的位置。

例如：Z200.0 X50.0 F100

X100.0

运动如图 27-24 所示。

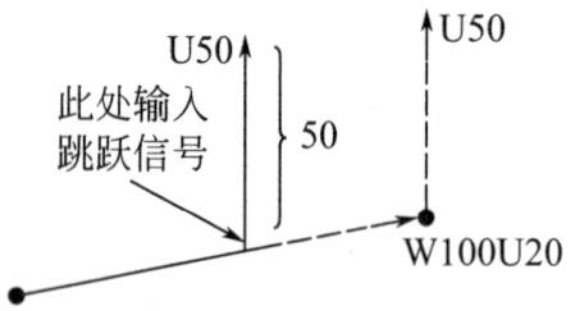

图 27-23 增量值指令

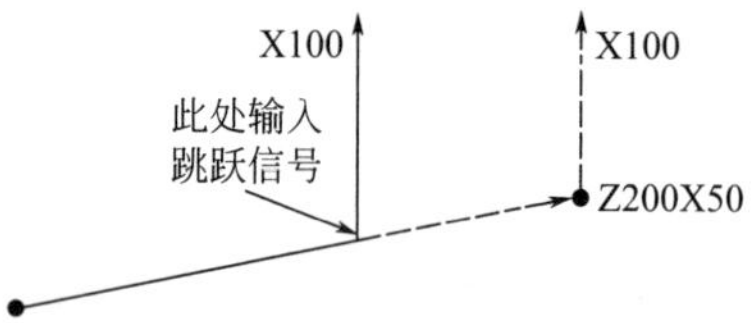

图 27-24 绝对指令，一轴

c. 一个程序段是绝对值指令，且指令两个轴时：从跳转信号输入点，两个轴都移动到下一个程序段指令的位置。

例如：Z200.0 X50.0 F100

Z300.0 X150.0

运动如图 27-25 所示。

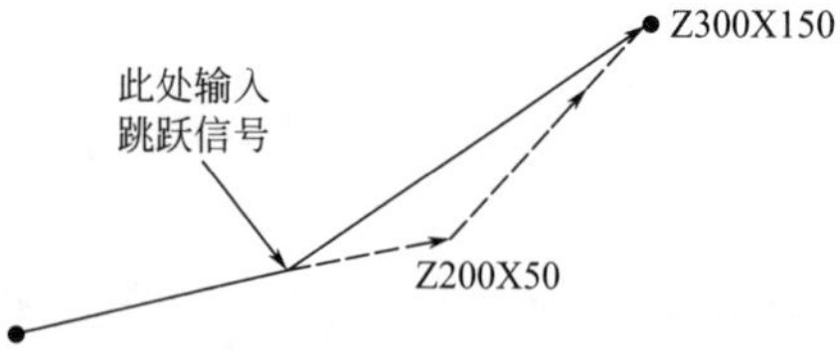

图 27-25 绝对指令，两轴

ⅰ. 跳转信号接通时，中断处的坐标位置存储在系统变量中。此坐标值可用于用户宏程序中。

ⅱ. 为了提高跳转信号输入时的刀具位置精度，在进给速度以每分进给指定的情况下，进给速度倍率、空运行和自动加减速对于跳转功能无效。当进给速度以每转进给指定，进给速度倍率、空运行和自动加减速对于跳转功能都有效。

ⅲ.如果在刀尖半径补偿时指定了 G31 指令，机床将报警，在指定 G31 指令前需用 G40 指令取消刀尖半径补偿。

ⅳ.对于高速跳转，在每转进给方式执行 G31，机床将报警。

(2)应用

在执行 G31 指令时，若输入了外部跳转信号，则中断该指令的执行，并记录中断的位置，转而执行下一个程序段。跳转功能用于在程序不编写加工终点值，而是用来自于机床的信号指定加工终点。使用 G31 指令，配合测头的应用，可以测量工件，以检验所加工的零件是否合格。也可用该功能进行工件坐标原点测量并进行补偿。还可以用于自动对刀、刀具磨损控制及刀具寿命管理。

第28章 刀具补偿功能

28.1 刀具位置补偿（T）

(1)指令格式

TO O 或 TOO OO

说明：

① T 为刀具功能。在车削系统中，不用 G 代码来指令刀具位置补偿，而用 T 代码指令。

a. 当几何偏置和磨损偏置使用一个补偿号时，通过参数设定，T 代码后面的数字含义为：

当 T（1+1）时： TO O

O（第二位）——几何和磨损补偿号

O（第一位）——刀具选择

例如：T11 表示选择 1 号刀，1 号几何偏置和磨损偏置号。

当 T（2+2）时： TOO OO

OO（后两位）——形状和磨损补偿号

OO（前两位）——刀具选择

例如：T0101 表示选择 1 号刀，1 号几何偏置和磨损偏置号。

b. 当形状补偿和磨损补偿分别指定补偿号时，通过参数设定，T 代码后面数值的含义为：

当 T（1+1）时： TO O

O（第二位）——磨损补偿号

O（第一位）——刀具选择和几何形状补偿号

例如：T12 表示选择 1 号位刀具、1 号刀具几何偏置和 2 号磨损偏置号。

当T（2+2）时： TOO OO

磨损补偿号（后两位）

刀具选择和几何形状补偿号（前两位）

例如：T0102表示选择1号位刀具、1号刀具几何偏置和2号磨损偏置号。

② 如果用T代码指定了刀具号，就选择了与刀具号相对应的刀具，所选刀具换到当前加工位置。有关刀具号与实际刀具的对应关系，应参照机床厂的说明书。

③ 刀具偏置号有两种意义，既用来开始偏置功能，又指定与该号对应的偏置距离。刀具偏置号0或00表示偏置量是0，即取消偏置。

④ 偏置动作。有两种类型偏置：一种是刀具磨损偏置；而另一种是刀具几何偏置。

a. 刀具磨损偏置

• 刀具轨迹是对编程轨迹偏置X、Z的磨损偏置值。在每个程序段的终点位置上加上或减去与T代码指定的号对应的偏置距离。如图28-1所示。

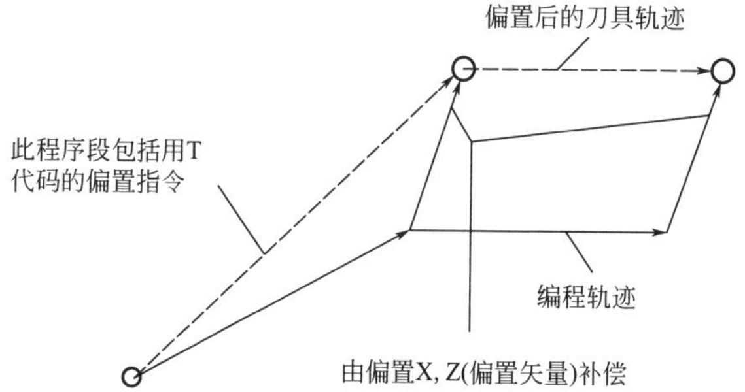

图28-1 启动偏置

在图28-1中，具有偏置X、Z的矢量叫作偏置矢量。补偿量等于偏置矢量。

当选择T代码偏置号0或00时取消偏置。在取消偏置的程序终点，偏置矢量值为0，例如：

N1 X100.0 Z50.0 T0202；	启动偏置，产生与偏置号 02 对应的偏置矢量
N2 Z200.0；	偏置状态
N3 X200.0 Z250.0 T0200；	指定偏置号 00 以取消偏置矢量

运行上面的程序刀具轨迹如图 28-2 所示。

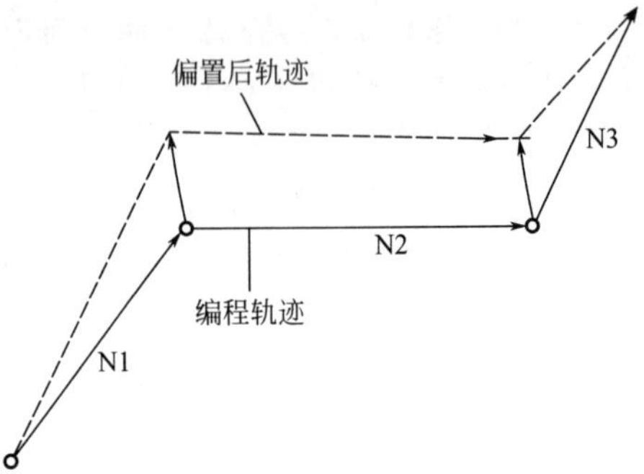

图 28-2 偏置运动

• 当一个程序段中只指定 T 代码，而没有移动指令时，刀架移动磨损补偿量，如果是 G00 方式，刀架则以快速移动，否则按切削进给移动。当在一个程序段中单独指令 T 代码取消偏置补偿时，刀架移动取消的补偿量。

• 当 T 代码与 G50 指令一起时，例如：G50 X _ Z _ T _ 。此时，刀具不移动，在设定了坐标系后，不是显示基准点的坐标值，而是减去 T 代码指定的补偿号对应的磨损偏置量后的刀位点的坐标值。

b. 刀具几何偏置。对于刀具几何偏置，系统有两种处理方法，一种是只变更坐标值，不移动刀具。将基准点的位置加上或减去 T 代码指定的几何形状补偿号对应的补偿量，改变为几何形状补偿的刀位点的坐标值，系统从该点移动刀具，如图 28-3 所示。系统将基准点 B 的坐标，减去 $P_{G}B$ 后，变更到 P_{G} 点，当移动时，刀具从该点开始移动。坐标值的变更，并不改变工件坐标系。还有一种，用参数设定，使几何形状补偿与磨损补偿一样，在各程序的终点加上或减去补偿量来进行补偿。

在偏置方式下，刀具按编程轨迹运动。

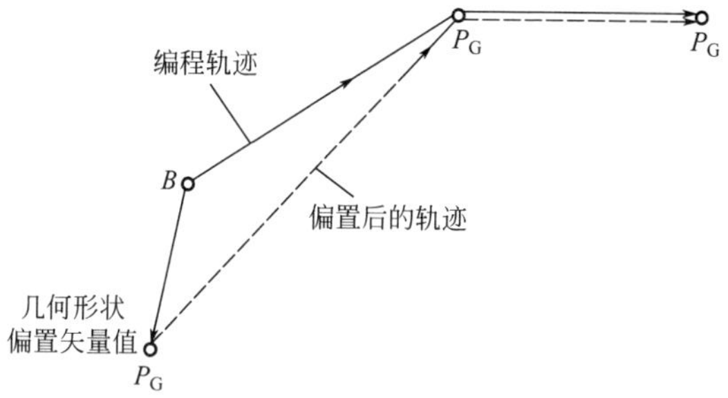

图 28-3 启动几何补偿偏置

刀具偏置取消，有三种形式：

• 用 T 代码的最后一位数或两位数指定形状和磨损补偿号时，零补偿号取消几何形状补偿。

【例】 N100 X50.0 T0202； 几何补偿

N2 Z200.0；

N3 X200.0 Z250.0 T0200； 取消几何补偿

刀具运动轨迹如图 28-4 所示。

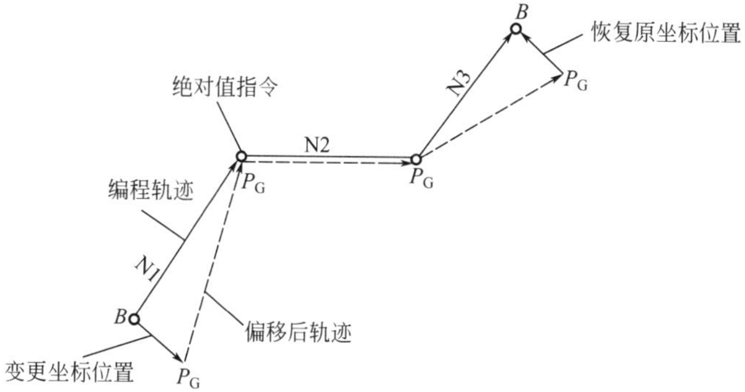

图 28-4 偏置运动取消几何补偿

• 用 T 代码的最后一位数或两位数指定磨损补偿号时，零补偿号不能取消几何形状补偿。

【例】 N100 X50.0 T0202； 几何补偿

N2 Z200.0；

N3 X200.0 Z250.0 T0200；　　　　　　不取消几何补偿

刀具运动轨迹如图 28-5 所示。

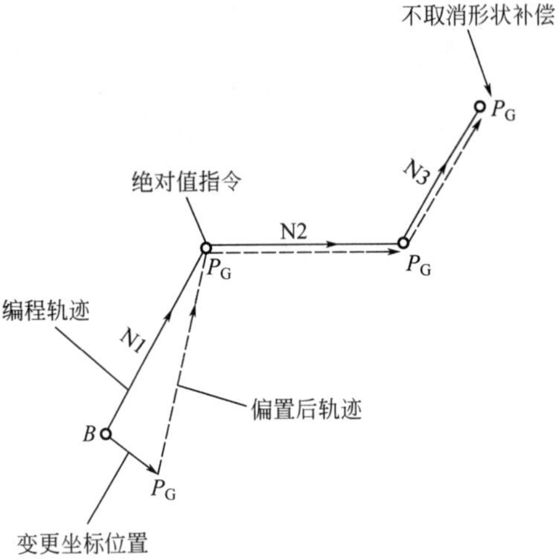

图 28-5　偏置运动，不取消几何补偿

• 用 T 代码的刀具选择号指定补偿号时，零刀具号取消几何形状补偿。

【例】 N100 X50.0 T0202；　　　　　　几何补偿

N2 Z200.0；

N3 X200.0 Z250.0 T0000；　　　　　　取消几何补偿

刀具运动轨迹如图 28-6 所示。

⑤ CNC 车床上大多数加工都需要较高的精度，即满足图纸中指定的公差范围，并且这个范围经常改变。由于每把刀具使用偏置并不足以保证这些公差，因此每把刀具可以有两个或两个以上的偏置。

(2)应用

工件坐标系设定时是以刀具基准点为依据的，零件加工程序中的指令值是刀位点（刀尖）的值。刀位点到基准点的矢量，即刀具位置补偿。用刀具位置补偿后，改变刀具，只需改变刀具位置补偿值，而不必变更加工程序，以简化编程。数控车床的刀具位置补偿用 T 功能指令。执行 T 功能指令数控车床进行刀具检索，将所选

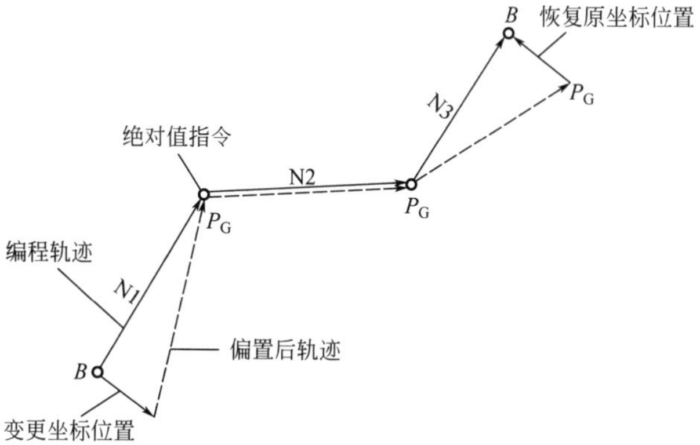

图 28-6 偏置运动，取消几何补偿

刀具换到当前加工位置，并进行刀具位置补偿。刀具位置补偿包含几何尺寸偏置和刀具磨损偏置。几何尺寸偏置确定刀具相对于程序原点的位置，磨损偏置用于尺寸的精确调整，调整编程尺寸与工件上实际刀具位置之间的差。

(3)编程举例

【例 1】 零件如图 28-7 所示，加工程序如表 28-1 所示。零件已粗加工过。本次程序要求：

① 右端面及外轮廓，用 T02 和 T01；

② 内孔 T03 和 T04；

③ 切槽 T05。

表 28-1 加工程序

程序	说明
O2410；	
N1 G21；	公制模式
N2 G50 S1200 T0200；	最高限速 1200r/min，选择 2 号刀具
N3 G96 S180 M03；	恒表面速度 $S=180$m/min
N4 G00 X70.0 Z0 T0202 M08；	位置补偿，补偿号为 02
N5 G01 X50.0 F0.12；	车 ϕ65mm 端面
N6 G00 Z2.0；	
N7 X98.0；	
N8 Z−15.93；	

续表

程　　序	说　　明
N9 G01 X67.5 F0.18;	车 ϕ95mm 端面
N10 G00 X100.0 Z100.0;	
N11 X65.3 Z2.0;	
N13 G01 Z−15.93 F0.22;	车 ϕ65mm 外圆
N14 G00 X95.2 Z−15.0;	
N15 G01 Z−25.0;	车 ϕ95mm 外圆
N16 G00 X150.0 Z200.0;	移至安全位置
N17 M01;	可选择暂停
N18 G50 S1000 T0300;	最高限速 1000r/min,选择 3 号刀具
N19 G96 S120 M03;	恒表面速度 S=120m/min
N20 G00 X53.0 Z2.0 T0303 M08;	位置补偿,补偿号为 02,刀具移至内孔粗加工起始位置
N21 G71 U2.0 R1.0;	内孔粗加工循环
N22 G71 P24 Q27 U-0.3 W0.1 F0.2;	
N23 G00 X56.5;	内孔精加工路线
N24 G01 X56.468 Z0.234 F0.12;	
N25 X55.0 Z−0.5;	
N26 Z−26.0;	
N27 G00 X150.0 Z150.0;	移至安全位置
N28 M01;	可选择暂停
N29 G50 S3800 T0400;	选择 4 号刀具
N30 G96 S250 M03;	
N31 G00 X53.0 Z2.0 T0404 M08;	刀具位置补偿
N32 G70 P24 Q27;	精镗内孔
N33 G00 X150.0 Z150.0;	移至安全位置
N34 M01;	
N35 G50 S3800 T0100;	选择 1 号刀
N36 G96 S210 M03;	
N37 G00 X62.0 Z2.0 T0101 M08;	刀具位置补偿
N38 G01 X62.2 Z0 F0.12;	
N39 G03 X65.0 Z−1.0 R1.0 F0.08;	车 ϕ65mm 圆角
N40 G01 Z−15.9 F0.12;	精车 ϕ65mm 外圆
N41 G00 X92.0 Z15.0;	
N42 G01 X92.2 Z−16.0 F0.12;	
N43 G03 X95.0 Z−17.0 R1.0 F0.08;	车 ϕ95mm 圆角
N44 G01 X95.3 W−1.0 F0.12;	
N45 G00 X100.0 Z100.0;	

续表

程　　序	说　　明
N46 X98.0 Z−16.0;	
N47 G01 X64.3;	车台阶面、清根
N48 G00 X65.2 Z−15.96;	
N49 X150.0 Z200.0;	安全位置
N50 M01;	
N51 G50 S380 T0500;	选择 5 号刀
N52 G96 S130 M03 ;	
N53 G00 X54.3 Z2.0 T0505;	
N54 Z−13.2;	
N55 G01 X58.0 F0.1;	切槽
N56 G00 X50.0;	
N57 Z250.0;	
N58 M30;	
%	

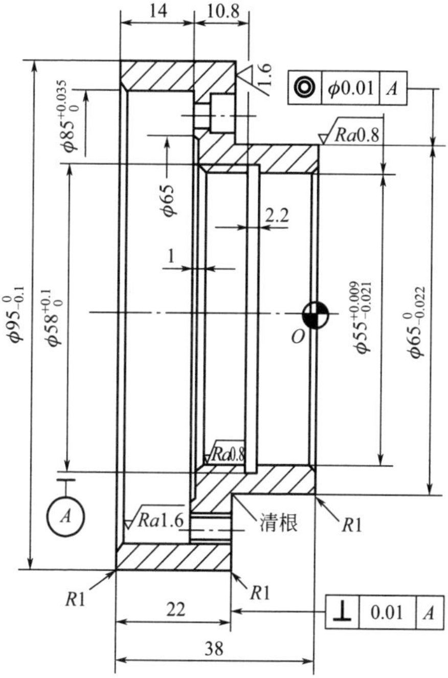

图 28-7　端盖（材料为 45 钢）

【例 2】 利用多重偏置加工如图 28-8 所示零件。材料为 ϕ1.5 的铝棒料，从夹头表面伸出部分长 1.5in。

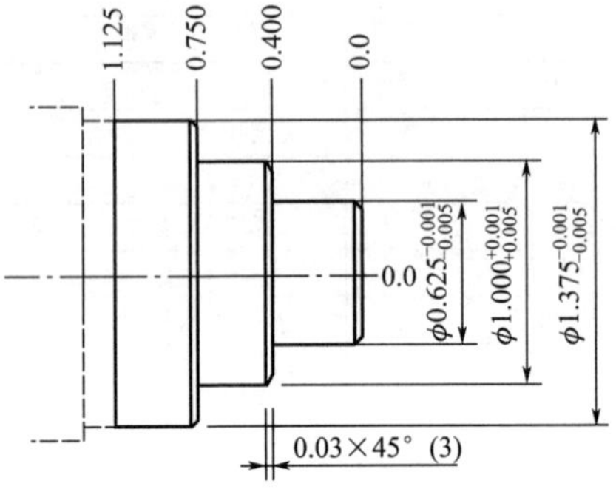

图 28-8 加工零件图

在外圆精加工中使用两种偏置，例如 T0313 和 T0314，必须在加工前在控制器中设置正确的偏置值：

13X－0.003　Z0.000

14X＋0.003　Z0.000

编制加工程序见表 28-2。

表 28-2 加工程序

程　　序	说　　明
O2420	
N1 G20	英制模式
N2 G50 S3000 T0100	最大转速为 3000r/min，换刀（T01——端面加工和外圆粗车）
N3 G96 S500 M03	恒表面速度 S＝500ft/min
N4 G00 G41X1.7 Z0 T0101 M08	刀尖补偿
N5 G01 X－0.07 F0.005	车端面
N6 Z0.1	退刀
N7 G00 X0.365	刀具快速移至外圆粗加工起点
N8 G71 P9 Q16 U0.04 W0.004 D1000 F0.01	外圆粗加工
N9 G00 X0.365	精加工路线
N10 G01 X0.625 Z－0.03 F0.003	
N11 Z－0.4	
N12 X1.0 C－0.03(K－0.03)	
N13 Z－0.75	
N14 X1.375 C－0.03(K－0.03)	
N15 Z－1.255	
N16 U0.2	

续表

程　　序	说　　明
N17 G00 G40 X5.0 Z5.0 T0100	取消刀尖补偿，移至换刀点
N18 M01	
T03——外圆精车	
N19 G50 S3500 T0300	换刀，刀具开始加工时的 00 号偏置
N20 G96 S750 M03	
N21 G00 G42 X1.7 Z0.1 T0313 M08	加工 ϕ0.625 直径时的 13 号偏置
N22 X0.365	
N23 G01 X0.625 Z−0.03 F0.002	
N24 Z−0.4	
N25 X1.0 C−0.03(K−0.03)T0314	加工 ϕ1.0 直径时的 14 号偏置
N26 Z−0.75	
N27 X1.375 C−0.03(K−0.03)T0313	加工 ϕ1.375 直径时的 13 号偏置
N28 Z−1.255	
N29 U0.2	
N30 G00 G40 X5.0 Z5.0 T0300	刀具结束加工后的 00 号偏置
N31 M01	
N32 T0500	T05——0.125 宽的切断刀
N33 G97 S2000 M03	
N34 G00 X1.7 Z−1.255 T0505 M08	
N35 G01 X1.2 F0.002	
N36 G00 X1.45	
N387 Z−1.1825	
N38 G01 X1.315 Z−1.25 F0.001	
N39 X−0.02 F0.0015	
N40 G00 X5.0	
N41 Z5.0 T0500 M09	
N42 M30	
%	

28.2 刀尖半径补偿（G40、G41、G42）

(1)指令格式

$$\begin{Bmatrix} G41 \\ G42 \\ G40 \end{Bmatrix} \begin{Bmatrix} G00 \\ G01 \end{Bmatrix} X\_\ Z\_$$

说明：

① 刀尖常是刀具的拐角，两个切削刃便形成一个刀尖。图 28-9 所示为车刀和镗刀的常用刀尖。车削中的刀尖参考点通常称为指令点或虚构点，甚至称为虚点。它是沿着工件轮廓移动的点，因为它直接与工件的 $X0Z0$ 点相关。

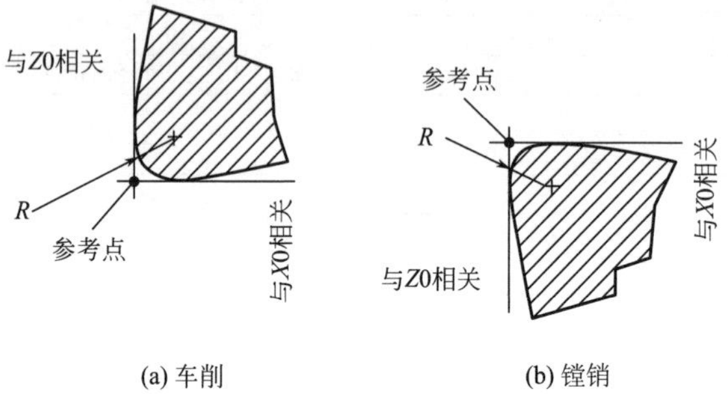

图 28-9　车削和镗削的刀具参考点

② 刀尖半径补偿指令 G40、G41 和 G40 的含义如表 28-3 所示。它们都属于模态指令。在车床上的应用如图 28-10 所示。

表 28-3　刀尖半径补偿指令

G 代码	含义	刀具轨迹
G40	取消刀尖半径补偿	沿编程轨迹运动
G41	刀尖半径左补偿	在编程轨迹左侧运动
G42	刀尖半径右补偿	在编程轨迹右侧运动

③ X _ Z _ 为刀具目标点坐标。

④ 具备刀尖半径补偿功能的数控系统，除利用刀尖半径指令外，还应根据刀具在切削时所摆放的位置，选择刀尖的方位。按照刀尖的方位，确定补偿量。刀尖的方位有 8 种位置可以选择，如图 28-11 所示为刀尖方向和 T 代码的关系，箭头表示刀尖方向，如果按刀尖圆弧中心编程，则选择 T 等于 0 或 9。

当刀尖 R 中心坐标值 X_C、Z_C 向理论刀尖坐标 X、Z 变换时，需根据刀尖的方向号将中心坐标值（X_C 或 Z_C）$\pm R$ 值，方向号 T 与 R 的符号和值的关系见表 28-4。

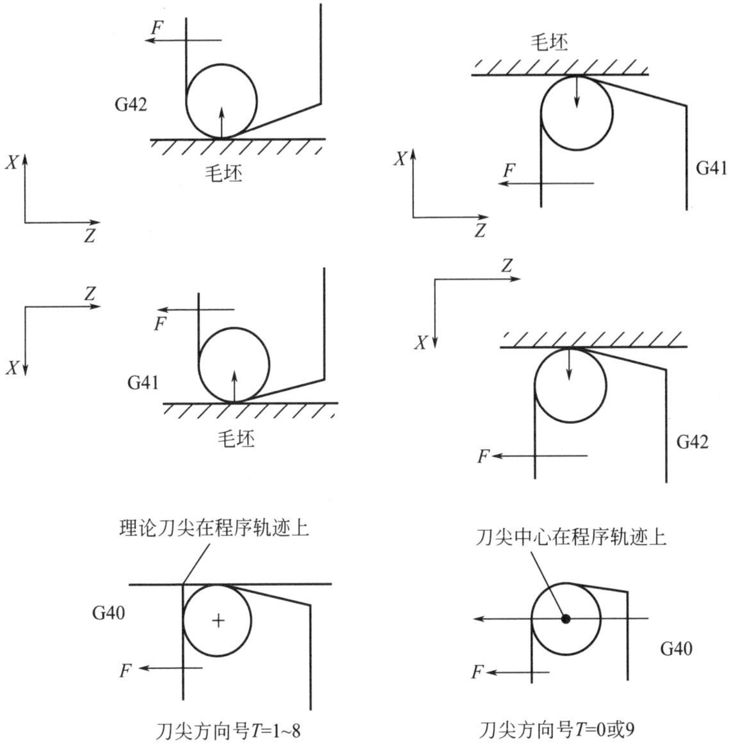

图 28-10　刀尖半径补偿在车床上的应用

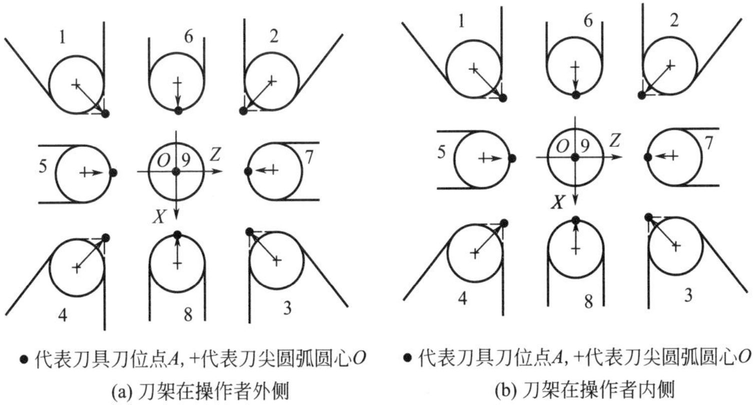

图 28-11　刀尖的方向

表 28-4　*T* 与 *R* 的符号和值的关系

T	0	1	2	3	4	5	6	7	8	9
$X=X_C\pm R$	0	$+R$	$+R$	$-R$	$-R$	0	$+R$	0	$-R$	0
$Z=Z_C\pm R$	0	$+R$	$-R$	$-R$	$+R$	$+R$	0	$-R$	0	0

⑤ 在车床上进行刀尖半径补偿不使用 D 地址，偏置值存储在几何尺寸/磨损偏置中，如表 28-5 和表 28-6 所示。

表 28-5　刀具几何偏置

几何偏移号	OFGX（X 轴几何偏置值）	OFGZ（Z 轴几何偏置值）	OFGR（刀尖半径几何偏置值）	OFT（假想刀具方位）
G01	10.040	50.020	0	1
G02	20.060	30.030	0	2
G03	0	0	0.20	6
G04	⋮	⋮	⋮	⋮
G05	⋮	⋮	⋮	⋮
⋮	⋮	⋮	⋮	⋮

表 28-6　刀具磨损偏置

磨损偏移号	OFGX（X 轴磨损偏置值）	OFGZ（Z 轴磨损偏置值）	OFGR（刀尖半径磨损偏置值）	OFT（假想刀具方位）
W01	0.040	0.020	0	1
W02	0.060	0.030	0	2
W03	0	0	0.20	6
W04	⋮	⋮	⋮	⋮
W05	⋮	⋮	⋮	⋮
⋮	⋮	⋮	⋮	⋮

刀尖半径补偿是刀具几何偏置值与刀具磨损偏置值的和，即

$$\text{OFR}=\text{OFGR}+\text{OFWR}$$

⑥ G40、G41、G42 为模态指令，不要再重复指定，否则将按特殊补偿方法处理。

⑦ 在刀尖半径补偿方式下（G41 或 G42），当工件方位不变时，刀尖 R 与编程轨迹相切移动。当工件方位变动时，在编程轨迹的拐角处刀具与工件两边相切，如图 28-12 所示。

在 $A\rightarrow B$ 段，指令 G41，毛坯在前进方向的右侧。当 $B\rightarrow C$ 段，指令 G42，将毛坯改在前进方向的左侧，这样，刀尖圆弧在 B 点与 AB 和 BC 同时相切，刀具位于图示位置。

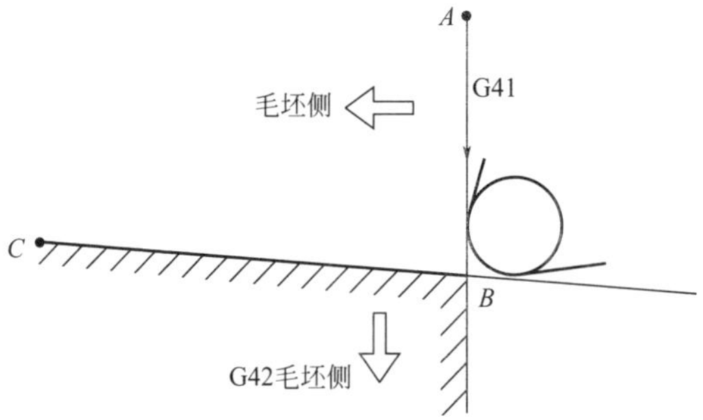

图 28-12　工件方位的变动

⑧ 启动偏置，又称起刀，把从 G40 方式变为 G41 或 G42 方式的程序段称为启动偏置程序段。

【例】　（G40）…；取消偏置

G41…；启动偏置

…；方式

在启动偏置程序段进行刀具偏置的过渡运动，在启动程序段的终点，刀尖 R 中心位于下个程序段起点与下个程序段垂直的位置上，如图 28-13 所示。

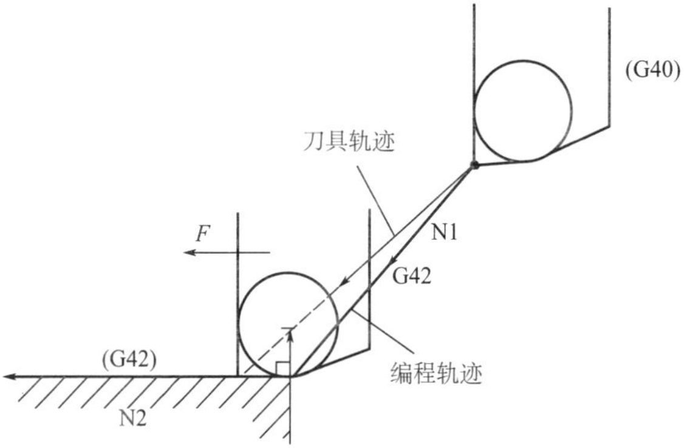

图 28-13　启动偏置

从图上可以看出，在启动程序段结束时，刀位点不是在下个程序段的起点上，而是移动了一个距离，最大为刀尖 R 半径。在使用中注意这一变化，尤其在刀尖 R 半径较大时，这个影响不容忽略。

⑨ 取消偏置。在 G41 或 G42 偏置方式中，如果指令了 G40，则这个程序段称为取消偏置程序段。

【例】 G41…；

…；　　　　偏置方式

G40…；　　取消偏置程序段

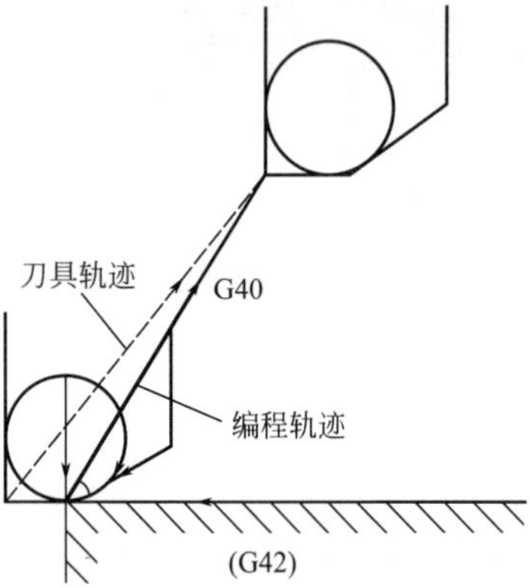

图 28-14　取消偏置

在取消刀尖半径补偿程序段之前的程序段中刀尖中心运动到垂直于编程轨迹的位置，定位于刀尖补偿取消程序段的终点位置上，如图 28-14 所示。

从图上可以看出，在取消偏置程序段的前一个程序段，刀尖不是在该程序段的终点，而是偏离一个距离，最大为刀尖 *R* 半径。在使用中要注意这个变化，尤其在封闭轮廓时，这个影响不容忽略。

⑩ 在启动偏置和取消偏置程序段必须是 G00 或 G01，否则将报警。

⑪ 在 G41/G42 偏置方式中，再次指令 G41/G42 时，刀尖 *R* 中心位于前一个程序段终点垂直的位置上，如图 28-15 所示，则下一段将得不到正确的轮廓。

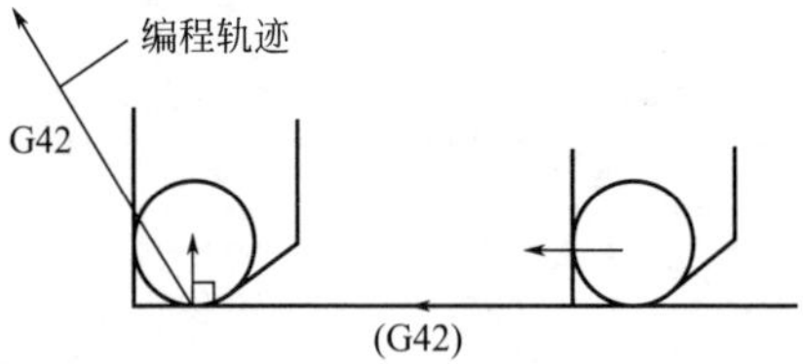

图 28-15　重复指令 G41/G42

⑫ 在 G40 的程序段中，按照轮廓形状改变移动指令的方向，如图 28-16 所示。如果按正常取消偏置，则刀尖 *R* 位于取消程序段的前一段终点并与该程序段垂直，此时刀具将过切。所以，应指定如下指令：

G40 X(U) _Z(W)_I_K_;

I、K 为下个轮廓的方向，I 、K 为增量值，且 I 为半径值。

按上述指令后，刀尖 R 中心到取消偏置的前一个程序与由 I 、K 指令的轮廓的角平分线上，刀具从该位置取消偏置运动到终点。

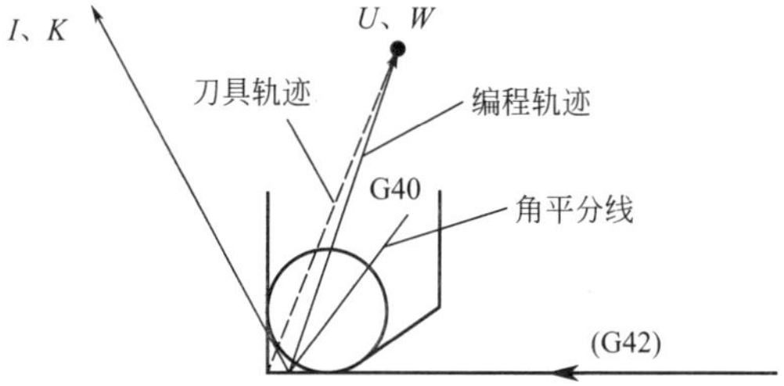

图 28-16　封闭轮廓取消偏置

【例】 零件如图 28-17 所示。

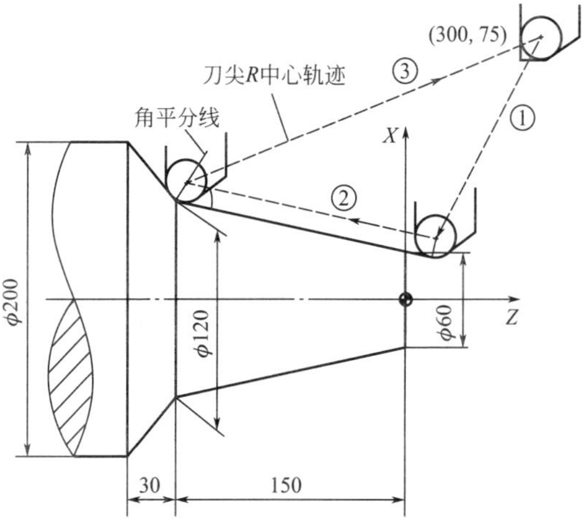

图 28-17　G40，I、K 编程举例

程序如下：

a. G42 G00 X58.0 Z5.0;

b. G01 X120.0 Z−150.0 F10;

c. G40 G00 X300.0 Z75.0 I40.0 K−30.0;

⑬ 刀尖 R 半径补偿在固定循环中的应用。

a. 在 G90、G94 时，刀尖 R 补偿如下：

ⅰ. 按理论刀尖运动，在各循环中，刀尖 R 中心轨迹与程序轨迹平行，如图 28-18 所示。

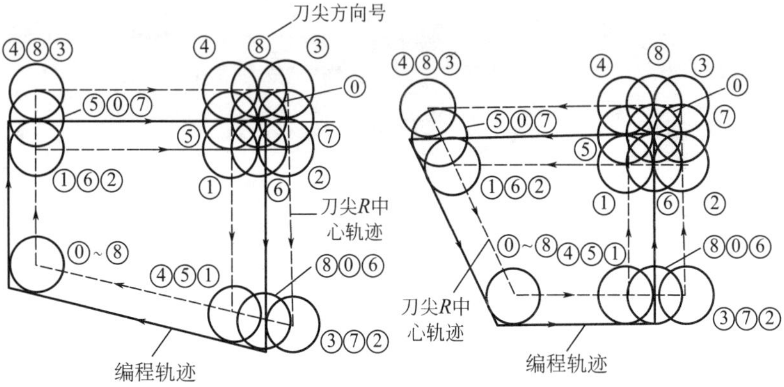

(a) G90　　(b) G94

图 28-18　G90、G94 刀尖 R 中心轨迹

ⅱ. 偏置方向与 G41/G42 无关，走刀轨迹如图 28-19 所示。

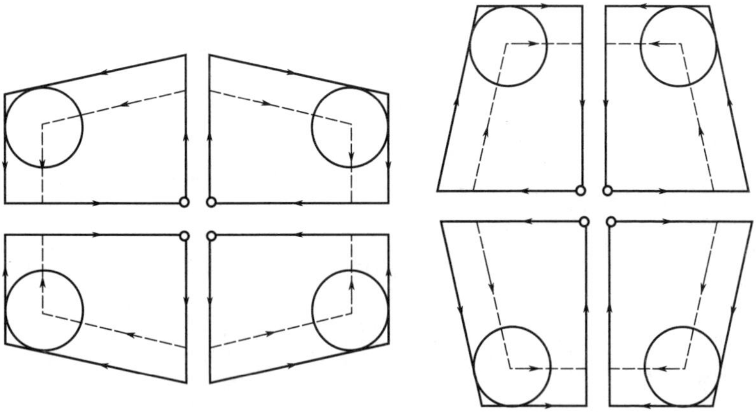

(a) G90　　(b) G94

图 28-19　G90、G94 与 G41/G42 无关

b. 当 G71、G72、G73 被指令时，按偏移一个刀尖 R 半径补偿矢量进行循环运动，在循环期间，不再进行交点运算。

c. G74、G75、G76 时，在循环中不进行刀尖 R 半径补偿。

⑭ 刀尖 R 半径补偿详述可参见数控铣床半径补偿。

(2)应用

任何一把刀具，不论制造或磨得如何锋利，在其刀尖部分都存在一个刀尖圆弧。编程时，若以假想刀尖位置为切削点，则编程很简单。由于圆弧的存在，当车削外圆柱面或端面时，刀尖圆弧的大小并不起作用，但当车倒角、锥面、圆弧或曲面时，就将影响零件的加工精度。图 28-20 所示为以假想刀尖位置编程时的过切削及欠切削现象。

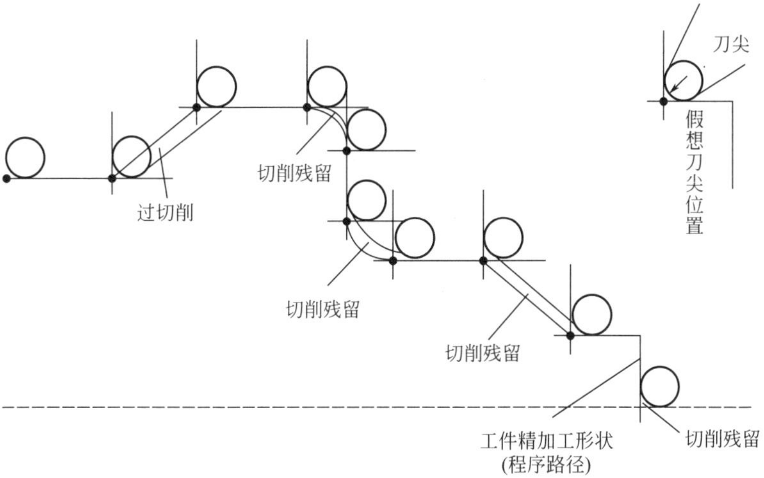

图 28-20　过切削及欠切削现象

编程时若以刀尖圆弧中心编程，可避免过切削和欠切削现象，但计算刀位点比较麻烦，并且如果刀尖圆弧半径发生变化，还需改动程序。数控系统的刀尖补偿功能正是为解决这个问题所设定的。它允许编程者以假想刀尖位置编程，然后给出刀尖半径，由系统自动计算补偿值，产生刀具路径，完成对工件的合理加工。

(3)编程举例

【例】 如图 28-21 所示，粗加工已完成，采用刀尖半径补偿功能精加工零件，试编程。加工程序如表 28-7 所示。

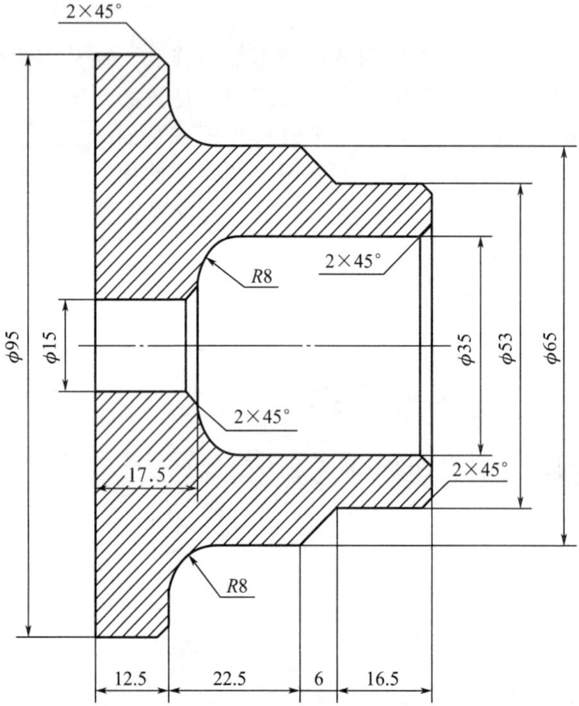

图 28-21　零件图

表 28-7　加工程序

程　　序	说　　明
O2420；	
N1 G21 G54；	
N2 T0300；	选择 3 号刀，外部精加工
N3 G96 S110 M03；	恒表面速度 S＝110m/min
N4 G00 G42 X45.0 Z2.0 T0303 M03；	刀尖半径右补偿
N5 G01 X53.0 Z－2.0 F0.15	
N6 Z－16.5 F0.2；	

续表

程　　序	说　　明
N7 X65.0 Z－22.5；	
N8 Z－37.0；	
N9 G02 X81.0 Z－45.0 R8.0；	
N10 X91.0；	
N11 X97.0 Z－48.0；	
N12 U5.0；	
N13 G00 G40 X200.0 Z150.0 T0300；	刀具移至安全位置，取消刀尖半径补偿
N14 M01；	
N15 T0400；	选择 4 号刀具，内部精加工
N16 G96 S100 M03；	
N17 G00 G41 X43.0 Z2.0 T0404 M08；	刀尖半径左补偿
N18 G01 X35.0 Z－2.0 F0.12；	
N19 Z－32.0 F0.2；	
N20 G03 X19.0 Z－40.0 R8.0；	
N21 G01 X15.0 Z－42.0；	
N22 Z－60.0；	
N23 U－4.0；	
N24 G00 Z2.0；	
N25 X200.0 Z150.0T0400；	刀具移至安全位置，取消刀具半径补偿
N26 M30；	
%	

28.3 刀具偏置输入（G10）

(1)指令格式

G10 P _X(U)_ Z(W)_R(C)_Q_；

说明：

① G10 为刀具偏置的输入指令，属于非模态指令，只在本程序段中有效，如果后续程序段中仍需使用则必须重复编写该指令。

② P 为偏置号。

P＝0：工件坐标系偏移指令。

P＝1～64：刀具磨损补偿偏置号指令。

P＝10000＋(1～64)：刀具几何形状补偿偏置号指令。其中 1～64 为偏置号。

例如：P2 表示磨损补偿偏置号 2，P10012 表示几何补偿偏置号 12。

③ X(U)_、Z(W)_、R(C)_为 *X* 轴、*Z* 轴、刀尖半径偏置值。

可以用绝对值或增量值形式，采用绝对值形式时，地址 X、Z 和 R 中所指定的值即为地址 P 所指定的偏移号对应偏移值。采用增量值形式时，地址 U、V、W 和 C 中指定的值被加在相应偏置号的当前偏移值上。

④ Q：理论刀尖方向号。Q0 可以取消刀尖偏置号。

⑤ 地址 X、Z、U 和 W 可以在同一个程序段中指定。

⑥ 在加工中用 G10 P0 指令可以实现工件坐标系的偏移，若用绝对值指令，则是设定偏移量；若用增量值指令，则是修改偏移量。用 G10 P0 指定的偏移量加到 G50 设定的坐标值和自动设定工件坐标系的设定值上。

(2)应用

编程时，用 G10 指令可以设定工件坐标系偏移量和刀具补偿的偏置量。若用 G10 指令改变刀具位置偏置，可以实现多次走刀。例如：粗、半精或精加工。用 G10 指令改变刀具偏置值，操作者可在刀偏存储画面中看到被修改的刀偏值。用 G10 指令改变刀偏置，比操作者手动修改要快速、可靠。但在编程时要记住，当程序结束时，要把刀偏置恢复到初始值，不然再用时就会出错。

(3)编程举例

下面是 CNC 车床偏置数据设置的常见实例，根据下面输入的顺序，所有的例子都是连续的。

G10 P10001 X0 Z0 R0 Q0；清除 W01 设置中的所有几何形状偏置（1 号几何形状偏置寄存器）

G10 P1 X0 Z0 R0 Q0；清除 W01 设置中的所有磨损偏置（1 号磨损偏置寄存器）

G10 P10001 X－200.0 Z－150.0 R0.8 Q3；设置 G01 几何形状偏置为：X－200.0 Z－150.0 R0.8 T3，同时在磨损偏置中自动设置 T3

G10 P1 R0.8；在 W01 磨损偏置中设置 R0.8

G10 P1 X－0.12；在 W01 磨损偏置中设置 X－0.12

G10 P1 U0.05；通过＋0.05 来更新 X－0.12，W01 磨损偏置中设置 X－0.07

28.4 刀具偏置自动测量（G36、G37）

(1)指令格式

G36 X_；

G37 Z_；

说明：

① G36 和 G37 为刀具偏置自动测量指令，其动作如图 28-22 所示。执行该指令时，刀具以快速进给移向测量装置，中途降低进给速度并继续移动，直到测量装置发出接近终点的信号。当刀尖到达测量位置时，测量仪器给 CNC 发出信号，使刀具停止运动。

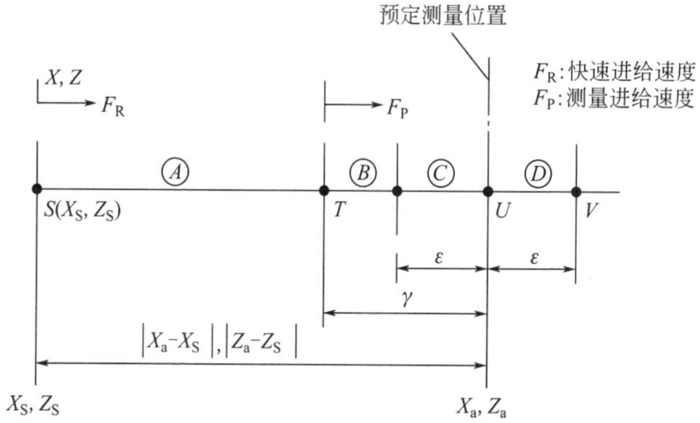

图 28-22 G36 、G37 动作

② 把刀具到达测量位置的坐标值与 G36 或 G37 指令的坐标值之差加到刀具位置偏置位置补偿量上使用。

即：偏置值＝(当前补偿值)＋[(刀具测量到达位置的坐标值)－(由 G36 或 G37 指定的坐标值)]

③ 将刀具移动到测量位置，应先设定坐标系。一般使用编程时工件坐标系。

④ 在 MDI 或存储器方式下，指定如下指令，可以进行到达测量位置的运动。指令为：

G36 X $\underline{X_a}$；

或，G37 Z Z_a；

测量位置应该是 X_a 或 Z_a（绝对值指令）。

⑤ 如图 28-22 所示，当刀具从起点 S 移向 X_a 或 Z_a 与 G36 或 G37 一起判断的测量位置时，刀具以快速进给通过 A 区。然后停在 T 点，再以参数设定的测量进给速度通过 B、C、D 区域。若在区域 B 移动过程中，发出接近终点信号，则发生报警。若在 V 点之前，不发出接近终点的信号，则刀具停在 V 点并发出报警。

⑥ 刀具偏置自动测量 G36 或 G37 指令使用中应注意：

a. 测量速度 F_p 及距离 γ 和 ε 由机床制造厂用参数设定。ε 必须为正值，而且 $\gamma > \varepsilon$。

b. 在指令 G36 或 G37 之前，应取消刀尖半径补偿。

c. 若在测量进给速度运动中插入手动运动时，在恢复原方式之前，应将刀具返回到插入手动运动之前的位置。

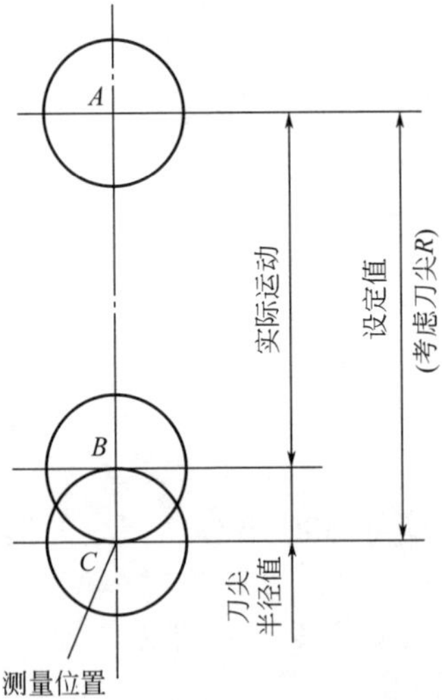

图 28-23　刀位点与刀尖 R 重合时

d. 确定刀偏量时，若选择刀尖 R 中心为刀位点时，要考虑刀尖 R 的值，如图 28-23 所示。刀具实际上从 A 点移动到 B 点，但在确定刀具偏移时，应考虑刀尖半径值，认为刀具移动到 C 点。

e. 在 G36 或 G37 指令之前若没有 T 指令时，或 T 代码与 G36 或 G37 指令在同一个程序段指定时，产生报警。

f. 防止产生测量误差，一般应每隔 2ms 监测一次接近终点信号。

g. 测得接近终点信号后，刀具最长停顿 16ms。

(2)编程举例

【例】 加工零件如图 28-24 所示。加工程序如表 28-8 所示。

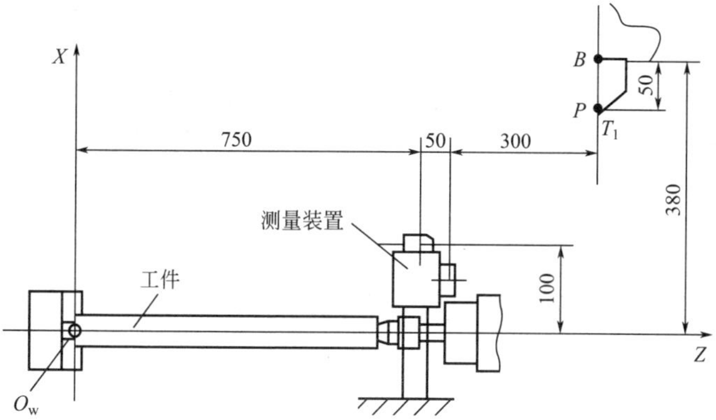

刀具T_1、偏置值(测量前)X 100.0

Z0

偏置值(测量后)X 98.0

Z4.0

图 28-24　刀偏值测量举例

表 28-8　加工程序

程　　序	说　　明
G50 X760.0 Z1100.0; …	工件坐标系设定
T0101;	指令刀具 T1,偏置号 01
G00 X750.0;	移向测量位置
N1 G36 X200.0;	向测量装置移动
G00 X204.0;	沿 X 轴退刀
Z1100.0;	沿 Z 轴退刀
X100.0	移向测量位置
N2 G37 Z800.0;	向测量装置移动
G00 Z804.0;	沿 Z 轴退刀
T0101;	再次指令 T 代码时,新偏移值有效
…	

在 N1 段，如果刀具在 X198.0 就已经到达测量位置，由于正确的测量位置是 200mm，则修改偏移值 198.0－200.0＝－2.0。

所以，T1 刀具 X 轴偏置值 100.0＋(－2.0)＝98.0，则修改后的偏移值为 X＝98.0。

在 N2 段，如果刀具在 Z804.0 就已经到达测量位置，则修改偏移值 804.0－800.0＝4.0。

所以，T1 刀具 Z 轴偏置值 0＋4.0＝4.0，则修改后的偏移值为 Z＝4.0。

第29章　车削固定循环

29.1　外径/内径切削循环（G90）

(1)指令格式

G90　X(U)_Z(W)_F_；

说明：

① G90 为外径/内径切削循环，模态指令。执行指令 G90 的动作如图 29-1 所示。

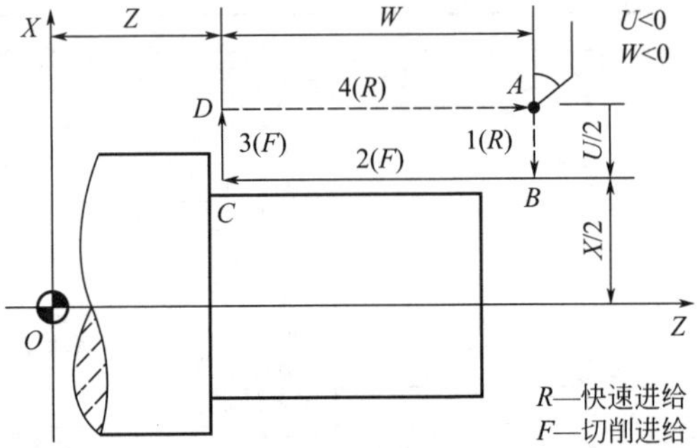

图 29-1　圆柱切削循环

刀具的运动轨迹为：刀具从 A 点出发，第一段只快速移动 X 轴，到达 B 点，第二段以 F 进给速度切削到达 C 点，第三段切削进给退到 D 点，第四段快速退回到出发点 A，完成一个切削循环。

② X（U）、Z（W）为 C 点的坐标值，在固定循环期间是模态的，如果没有重新指令 X（U）、Z（W），则原来指定的数据有效。C 点的坐标值可用绝对值指令，也可用增量值指令。增量值时为 A 点到 C 点增量。

③ 当 C 点在 A 点的左上方时，为内孔车削循环。

④ F 为切削进给速度。

⑤ 在单程序段方式，1、2、3 和 4 切削过程，必须一次次地按循环启动按钮。

⑥ 利用 G90 指令可以实现锥面切削。刀具轨迹如图 29-2 所示。

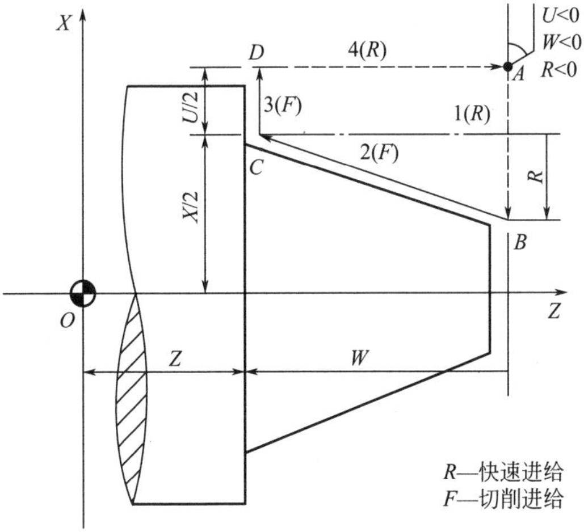

图 29-2　锥形切削循环

指令格式：

G90　X(U)_Z(W)_R_ F_

其中，R 为 C 点到 B 点 X 轴的增量，模态值，为半径值指令。且 $|R| \leqslant \left|\frac{U}{2}\right|$。

地址 U、W 和 R 的数值符号与刀具轨迹之间的关系如图 29-3 所示。

(2)应用

CNC 车床手工编程中耗时最多的工作就是用于去除多余的毛坯余量。通常是在圆柱形毛坯上进行粗车和粗镗，也就是所谓的粗加工。利用 G90 可以对工件进行粗加工。准备功能 G90 称为外圆/

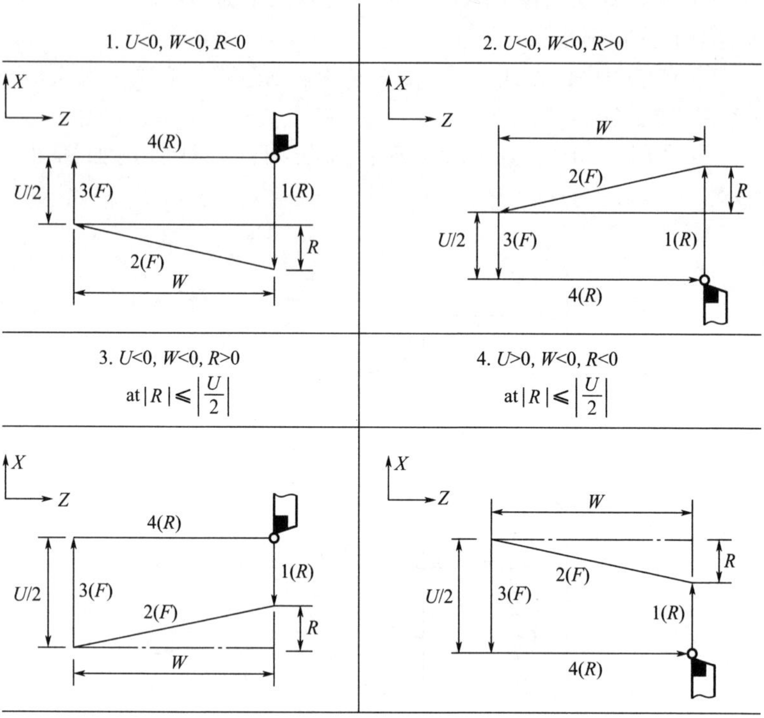

图 29-3　U、W、R 的数值符号与刀具轨迹之间的关系

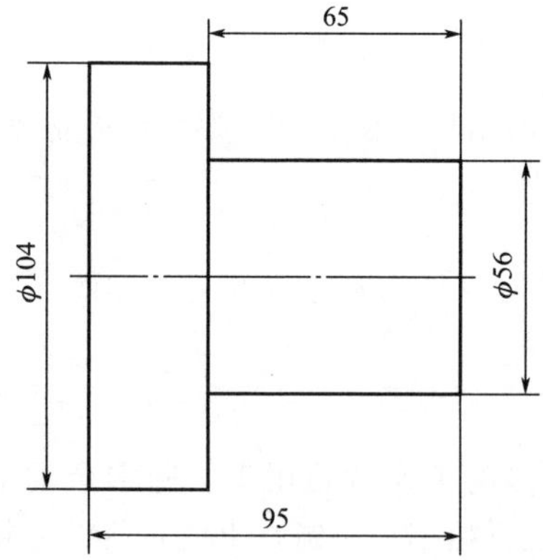

图 29-4　零件图

内孔车削循环，又称直线切削循环，其目的是去除刀具起始位置与指定的 X、Z 坐标位置之间的多余材料，通常为平行于主轴中心线的直线车削或镗削，Z 轴为主要的切削轴。同时，可以利用 G90 实现锥体切削。

(3)编程举例

【例 1】 利用 G90 指令粗加工如图 29-4 所示的零件。精加工余量每侧为 0.7mm。工件坐标系的原点建立在工件右端面的中心位置上。加工程序如表 29-1 所示。

表 29-1 加工程序

程　　序	说　　明
O2510	
N1 G21;	
N2 T0100 M41;	
N3 G96 S150 M03;	
N4 G00 X109.0 Z2.5 T0101 M08;	起点
N5 G90 X96.0 Z-64.3 F0.2;	外圆切削循环,走刀 1
N6 X88.0;	走刀 2
N7 X80.0;	走刀 3
N8 X72.0;	走刀 4
N9 X64;	走刀 5
N10 X57.4;	走刀 6
N11G00 X250.0 Z50.0 T0100 M09;	远离工件
N12 M01;	粗加工结束
N13…;	
:	

【例 2】 利用 G90 指令粗加工如图 29-5 所示的零件斜面。毛坯最大直径为 $\phi 85$，斜面留精加工余量 0.3mm(单侧)。零件的坐标原点建立在工件右端面的中心位置上。

实际毛坯量沿 X 轴方向最大单侧值为

$(85-45)/2-0.3=19.7$ (mm)

选择 6 次切削，每次切削量为 6.6mm。

为了编写图 29-5 所示零件的加工程序，一定要注意图中所示均为精加工后的尺寸值且没有任何安全间隙，所以首先要添加所有必要的安全间隙，然后再计算 R 值。

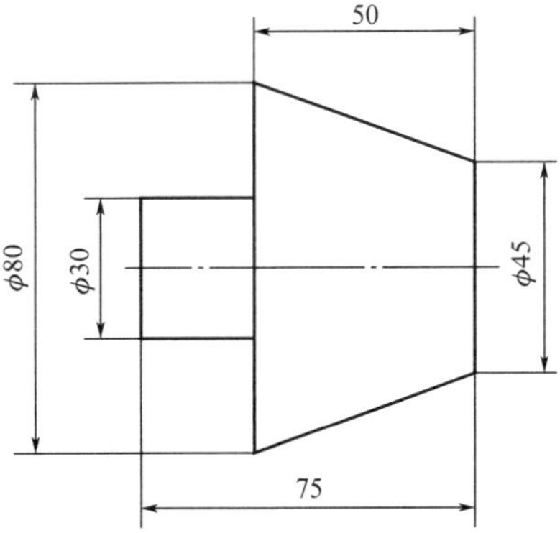

图 29-5 零件图

在锥体两端均加上 2.5mm

的安全间隙，X 轴方向的长度由原来的 50mm 延长到 55mm。如图 29-6 所示。R 值的计算需要在锥度保持不变的情况下计算刀具的实际行程长度，这种计算可以使用相似三角形或三角法。如图 29-7 所示，求得 R 为 19.25。

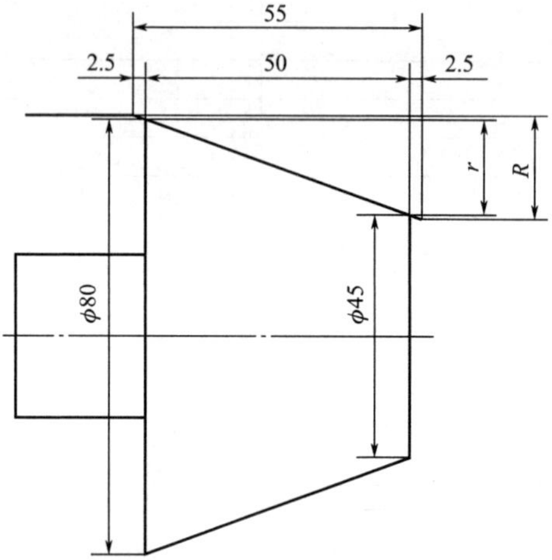

图 29-6　锥体切削安全间隙

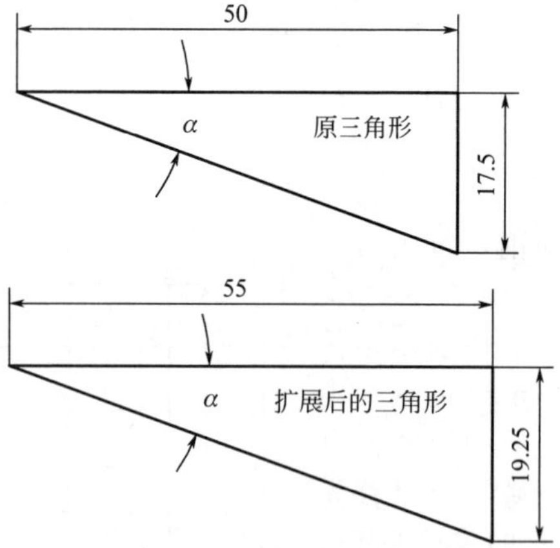

图 29-7　使用相似三角形计算 R 值

加工程序如表 29-2 所示。

表 29-2 加工程序

程 序	说 明
O2520	
N1 G21；	
N2 T0100 M41；	
N3 G96 S450 M03；	
N4 G00 X120.0 Z2.5 T0101 M08；	起点
N5 G90 X115.4Z－57.5 R－19.25 F0.2；	外圆切削循环，走刀 1
N6 X108.8；	走刀 2
N6 X102.2；	走刀 3
N7 X95.6；	走刀 4
N8 X89.0；	走刀 5
N9 X82.4；	走刀 6
N10 G00 X200.0 Z50.0 T0100 M09；	远离工件
N11 M01；	粗加工结束
：	

【例 3】 利用 G90 指令粗加工如图 29-8 所示零件。零件的坐标原点建立在工件右端面的中心位置上。

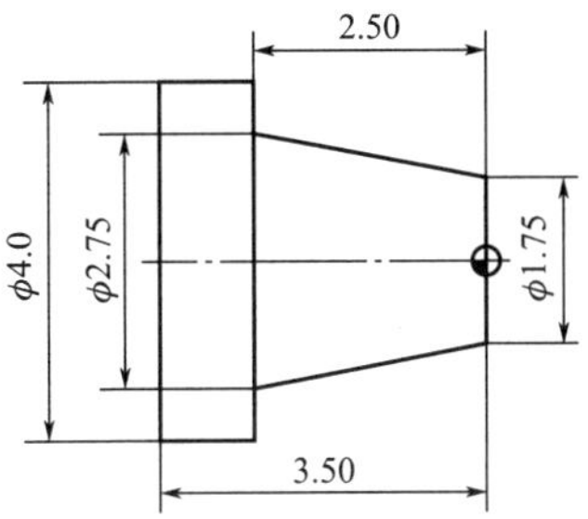

图 29-8 零件图

使用两种循环，其中一个直线粗加工，另一个进行锥体粗加工。

与前面例子相似，R 值要使用相似三角形规则计算，原三角形斜边 2.5 对应的高为 $\phi2.750$ 和 $\phi1.750$ 之差的一半，即

$$(2.75-1.75)/2=0.5\ (\text{in})$$

肩部的精加工余量取 0.005，锥体的前端面余量取 0.1000，因此锥体总长度为 2.595，根据相似三角形可以计算出对应的高度 R 值。

$$R/2.595=0.5/2.5$$

$$R=(0.5\times2.595)/2.5=0.519$$

如图 29-9 所示，需要四次直线切削，每次深度为 0.161，锥体则需要三次切削，每次深度为 0.173。

加工程序如表 29-3 所示。

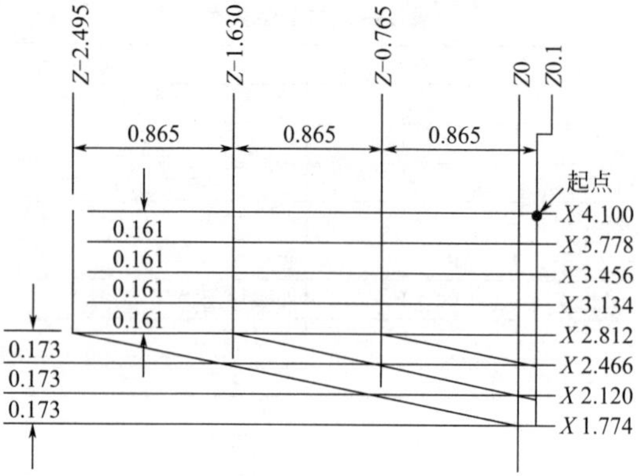

图 29-9　程序 O2530 中切削深度的计算

表 29-3　编制程序

程　　序	说　　明
O2530	
N1　G20；	
N2　T0100 M41；	
N3　G96 S450 M03；	
N4　G00 X4. 100 Z0. 1 T0101 M08；	起点
N5　G90 X3. 778 Z－2. 495 F0. 01；	第 1 次直线切削
N6　X3. 456；	第 2 次直线切削
N7　X3. 134；	第 3 次直线切削
N8　X2. 812；	第 4 次直线切削
N9　G00 X3. 0；	从直线切削变为锥体切削
N10　G90 X2. 812 Z－0. 765 I－0. 173；	第 1 次锥体切削
N11　Z－1. 63 I－0. 346；	第 2 次锥体切削
N12　Z－2. 495 I－0. 519；	第 3 次锥体切削
N13　G00 X10. 0 Z2. 0 T0100 M09；	安全间隙位置
N14　M01；	粗加工结束
：	

29.2　端面切削循环（G94）

(1)指令格式

G94　X(U)_Z(W)_F_；

说明：

① G94 为端面循环指令，属于模态指令。执行 G94 指令轨迹如图 29-10 所示。

刀具的运动轨迹为：刀具从 A 点出发，第一段只快速移动 Z 轴，到达 B 点，第二段以 F 进给速度切削到达 C 点，第三段切削进给退到 D 点，第四段快速退回到出发点 A，完成一个切削循环。

② X（U）、Z（W）为 C 点的坐标值，可用绝对值指令。也可用增量值指令。增量值时为 A 点到 C 点增量。

③ F 为切削进给速度。

④ 刀具首先以快速移动 Z 轴，进行两段切削运动后，再以快速返回到起始点。

⑤ 在单程序段方式，1、2、3 和 4 切削过程，必须一次次地按循环启动按钮。

⑥ 利用 G94 指令可以实现锥面切削。刀具轨迹如图 29-11 所示。

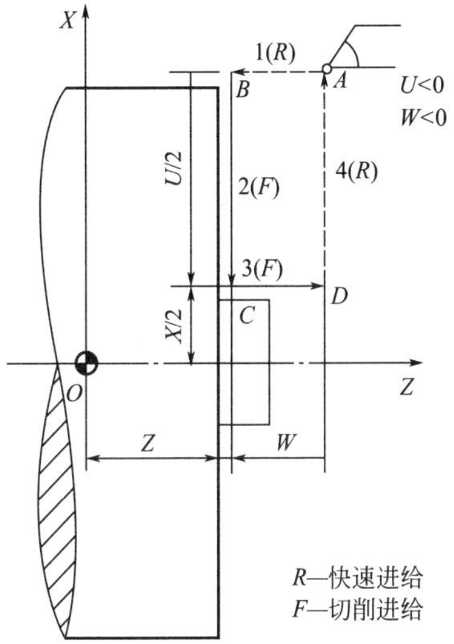

图 29-10　端面循环指令

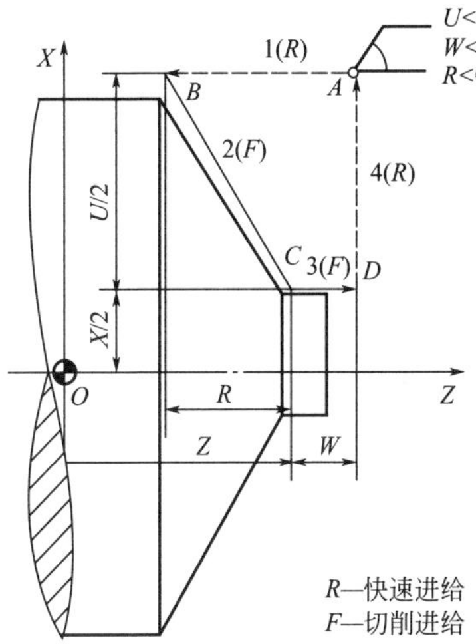

图 29-11　G94 锥面车削循环

指令格式：

G94　X(U)_Z(W)_R_ F_

其中，R 为 C 点到 B 点 Z 轴的增量，模态值。

增量编程中。地址 U、W 和 R 的数值符号与刀具轨迹之间的关系如图 29-12 所示。

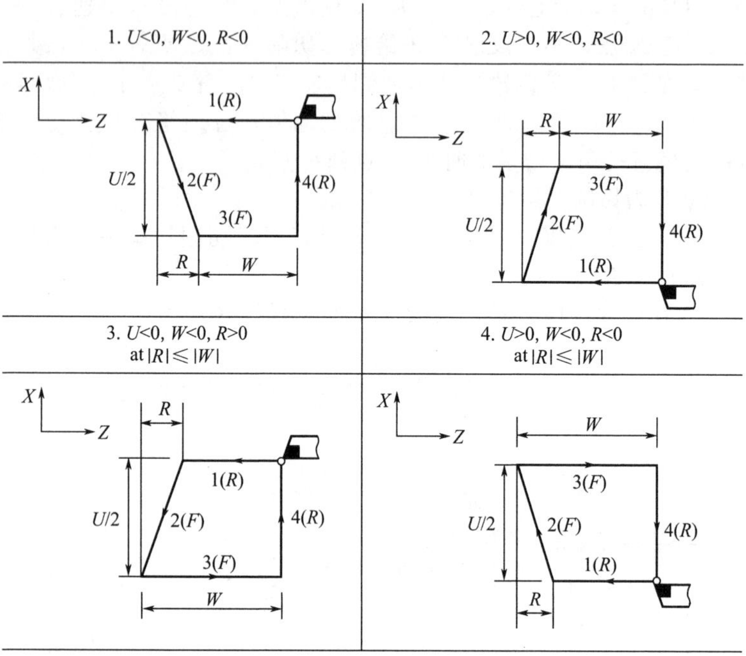

图 29-12　U、W、R 的数值符号与刀具轨迹之间的关系

⑦ 当 C 点在 A 点的左上方时，为内端面及内锥面切削循环。

(2)应用

G94 为端面切削循环指令，与 G90 循环指令相似，主要用于粗加工，其目的是去除刀具的起点位置与 XZ 坐标指定点之间的多余材料，通常为垂直于主轴中心线的直线切削，X 轴方向为主切削方向。与 G90 循环一样，G94 循环主要用于端面切削，也可用作切削简单的垂直锥体。

(3)编程举例

【例 1】 利用 G94 端面循环粗加工如图 29-13 所示的零件，每次背吃刀量 Z 向为 1mm，留 0.2mm 用于精车。

工件的坐标原点建立在工件右端中心位置上，加工程序如

表 29-4 所示。

表 29-4　加工程序

程　　序	说　　明
O2540	
N1 G21；	
N2 T0100 M41；	
N3 G96 S450 M03；	
N4 G00 X60.0 Z2.5 T0101 M08；	起点
N5 G94 X14.4 Z−1.0 F0.4；	端面切削循环，走刀 1
N6 Z−2.0；	走刀 2
N7 Z−3.0；	走刀 3
N8 Z−4.0；	走刀 4
N8 Z−4.8；	走刀 5
N9 G00 X200.0 Z150.0 T0100；	远离工件
N10 M01；	粗加工结束
：	

【例 2】 利用 G94 端面循环粗加工图 29-14 所示的零件，每次背吃刀量 Z 向为 1mm，留 0.2mm 用于精车。

为了编写图 29-14 中所示的零件加工程序，一定要注意图中所示均为精加工后的尺寸且没有任何安全间隙，所以首先要添加所有必要的安全间隙，然后再计算 R 值。安全间隙的大小如图 29-15 所示。经计算 R 为 21.08mm，根据毛坯尺寸，选择粗车次数为 6 次。加工程序如表 29-5 所示。

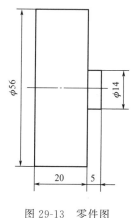

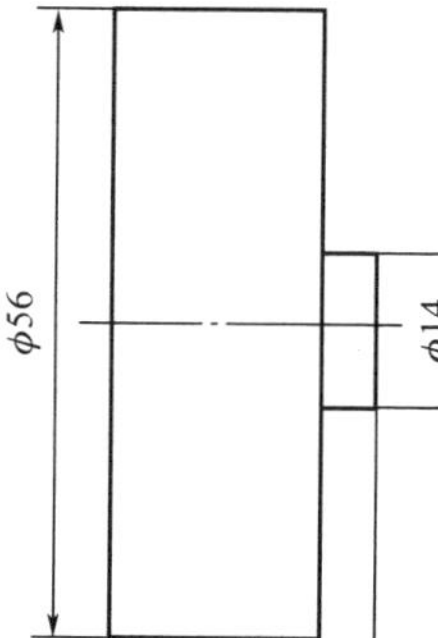

图 29-13　零件图

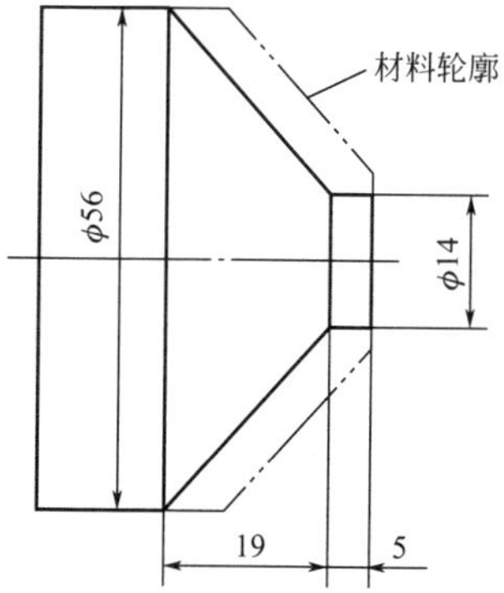

图 29-14　锥形端面车削固定循环

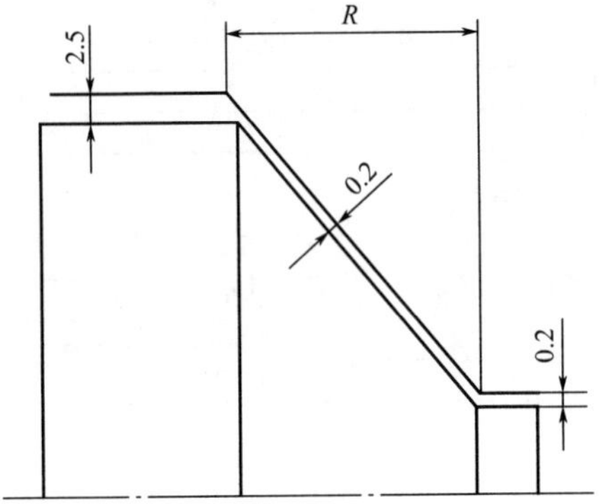

图 29-15　安全间隙及 R

表 29-5　加工程序

程　　序	说　　明
O2550	
N1 G21；	
N2 T0100 M41；	
N3 G96 S450 M03；	
N4 G00 X61.0 Z2.5 T0101 M08；	起点
N5 G94 X14.4 Z0 R－21.08 F0.3；	端面切削循环,走刀 1
N6 Z－1.0；	走刀 2
N7 Z－2.0；	走刀 3
N8 Z－3.0；	走刀 4
N9 Z－4；	走刀 5
N10 Z－4.8；	走刀 6
N10 G00 X200.0 Z150.0 T0100；	远离工件
N11 M01；	粗加工结束
：	

29.3　螺纹切削循环（G92）

(1)指令格式

G92　X(U)_Z(W)_ F_；

说明：

① G92 为螺纹车削循环，模态指令，执行 G92 时的刀具轨迹如图 29-16 所示。

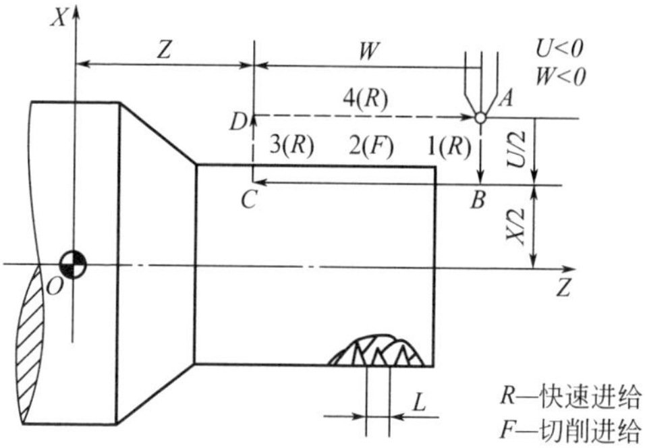

图 29-16 圆柱螺纹车削循环

刀具的运动轨迹为：刀具从 A 点出发，第一段只快速移动 X 轴，到达 B 点，第二段以 F 为螺纹导程加工螺纹至 C 点，第三段快速退到 D 点，第四段快速退回到出发点 A，完成一个切削循环。

② X（U），Z（W）为 C 点的坐标值，可用绝对值指令，也可用增量值指令。增量值时为 A 点到 C 点增量。

③ F 为螺纹导程。

④ 在单程序段方式，1、2、3 和 4 切削过程，必须一次次地按循环启动按钮。

⑤ 利用 G92 指令可以实现锥螺纹切削。锥螺纹车削循环刀具轨迹如图 29-17 所示。

指令格式：

G92　X(U)_Z(W)_R_ F_

其中，R 为 C 点到 B 点 X 轴的增量，模态值，为半径值指令。

增量编程中，地址 U、W 和 R 的数值符号与刀具轨迹之间的关系如图 29-18 所示。

⑥ 螺纹切削循环中的螺纹切削的注意事项与 G32 中的螺纹切削相同。

⑦ 在螺纹切削期间，按下进给暂停按钮时，刀具立即按斜线

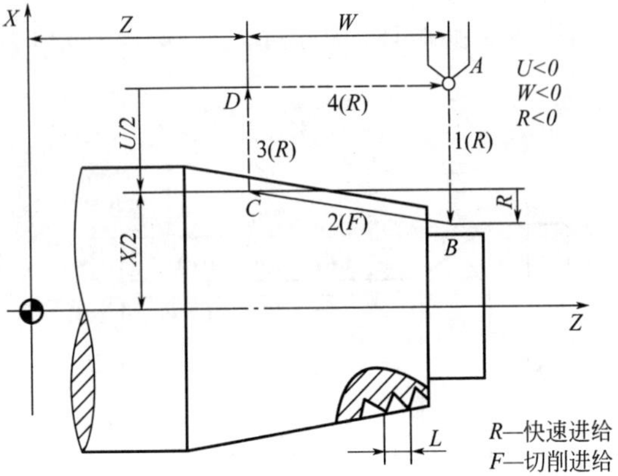

图 29-17　锥螺纹车削循环

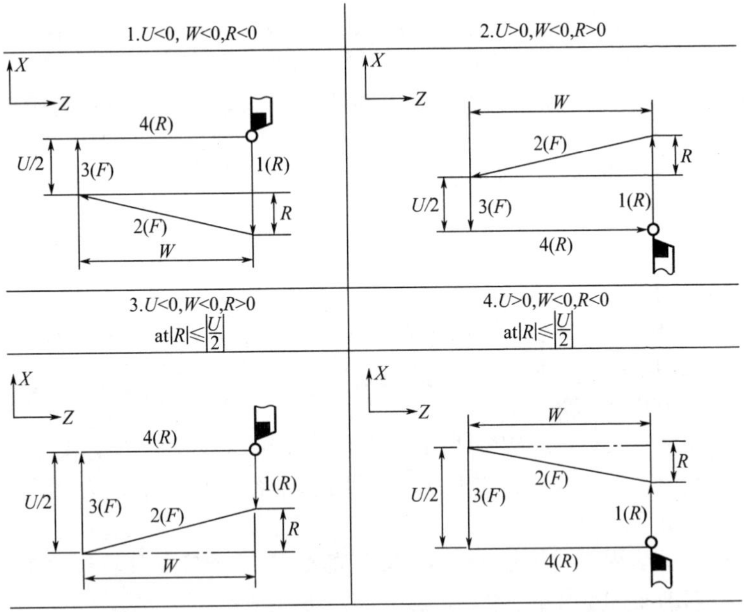

图 29-18　U、W、R 的数值符号与刀具轨迹之间的关系

回退，然后先回到 X 轴起点再回到 Z 轴起点。在回退期间，不能

进行另外的进给暂停。倒角量与终点处的倒角量相同；如图 29-19 所示。

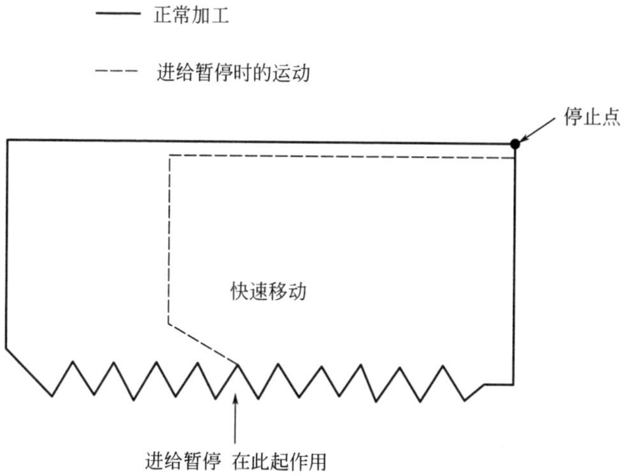

图 29-19　螺纹切削暂停时刀具轨迹

(2)应用

G92 为简单螺纹加工循环，是计算机技术的直接产物。与螺纹加工指令 G32 相比，使用 G92 能大大简化程序。因为用 G32 每次加工螺纹需要 4 个甚至 5 个程序段，而使用 G92 循环每次螺纹加工需要一个程序段。

例如：

G92 U－50.0 W－30.0 F2.0；

等价于下面 4 个程序段

G00 U－50.0；

G32 W－30 F2.0；

G00 U50.0；

W30.0；

(3)编程举例

【例】 利用 G92 指令加工如图 29-20 所示零件的螺纹。工件坐标系的原点建立在工件右端面的中心位置上。加工程序如表 29-6 所示。

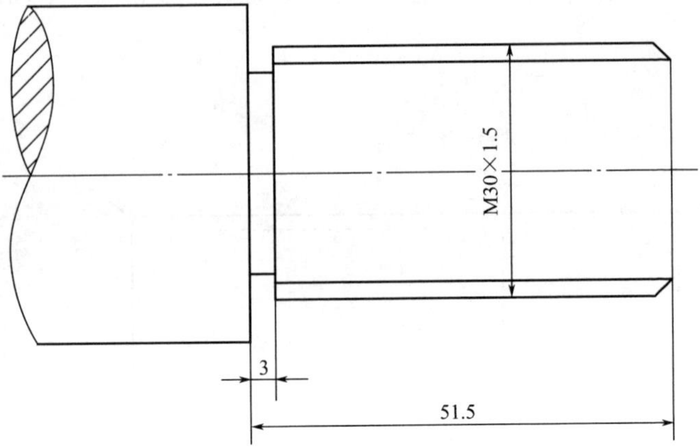

图 29-20 圆柱螺纹

表 29-6 加工程序

程　　序	说　　明
O2560	
N1 G21;	
…	
N21 T0100;	
N22 S300 M03;	
N23 G00 X35.0 Z5.0 T0101 M08;	起点
N24 G92 X29.6 Z－50.0 F1.5;	螺纹切削循环,走刀 1
N25 X28.6;	走刀 2
N26 X28.2;	走刀 3
N27 X28.04;	走刀 4
N28 G00 X100.0 Z100.0 T0100;	远离工件
N29 M01;	螺纹加工结束
:	

第30章　车削多重循环

30.1　外圆粗车循环（G71）

(1)指令格式

G71 U(Δ*d*)R(*e*);

G71 P(*ns*) Q(*nf*) U(Δ*u*) W(Δ*W*) F(*f*) S(*s*) T(*t*);

N(*ns*)…;
…;
…;
…F_
…S_
…T_
…;
N(*nf*)…;

从顺序号 *ns* 到 *nf* 的程序段为 $A \to A' \to B$ 的精加工形状的移动指令

说明：

① G71 ：外圆粗车循环。外圆粗车循环有两种类型，即Ⅰ型和Ⅱ型。它们的运动轨迹如图 30-1 和图 30-2 所示。

② Δ*d*：切削深度，采用半径编程，该量无正负号，刀具的切削方向取决于 AA'（见图 30-1）方向，该值为模态值，直到下个指定之前均有效。也可用参数指定。根据程序指令，参数中的值也变化。

③ *e*：退刀量。模态值，在下次指定之前均有效。也可用参数指定。根据程序指令，参数中的值也变化。

④ *ns*：精加工形状开始程序段的顺序号。

⑤ *nf*：精加工形状结束程序段的顺序号。

⑥ Δ*u*：*X* 轴方向精加工余量的留量及方向。通常采用直径值。

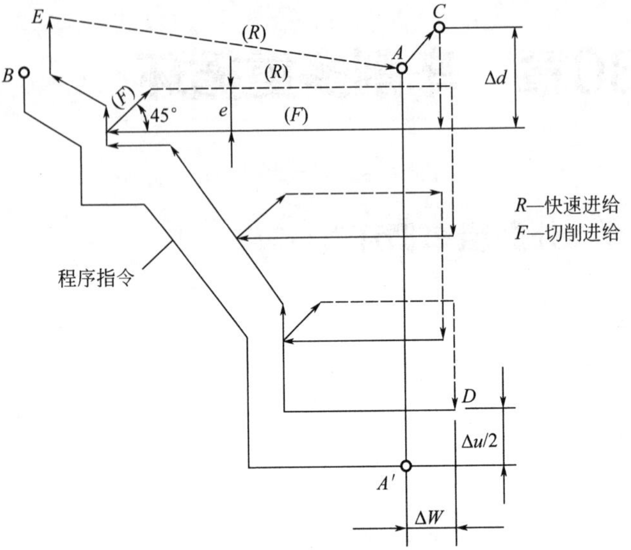

图 30-1　外圆粗加工循环（Ⅰ型）

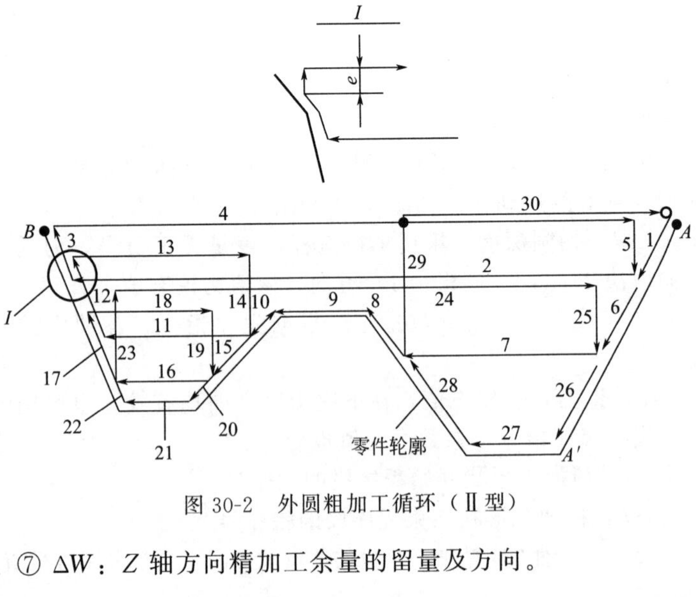

图 30-2　外圆粗加工循环（Ⅱ型）

⑦ ΔW：Z 轴方向精加工余量的留量及方向。

⑧ F、S、T：包含在 ns 到 nf 程序段中的任何 F、S、T 功能在循环中被忽略，但是，在 G71 程序段中或前面程序段指定的 F、S 和 T 指令功能有效。当有恒周速控制功能时，在 ns 到 nf 程序段中指定的 G96 或 G97 也无效，粗车循环使用 G71 程序段或以前指令的 G96 或 G97 功能。

⑨ 由地址 P 指定的程序段 ns 必须指令 G00 或 G01，否则报警。

⑩ 在顺序号 ns～nf 的程序段中不能调用子程序。

⑪ 在顺序号 ns～nf 的程序段中不能指定下列指令：

- 除 G04 以外的非模态 G 代码；
- 除 G00、G01、G02 和 G03 以外的所有 01 组 G 代码；
- 06 组 G 代码；
- M98/M99。

⑫ 在顺序号 ns～nf 的程序段中不应包含刀尖半径补偿，而应在调用循环前编写刀尖半径补偿。循环结束后应取消半径偏置。

⑬ 刀具返回起点运动是自动的，因而在顺序号 ns～nf 的程序段中不需要进行编程。

⑭ 在程序指令时，A 点在 G71 程序段之前指令，一定保证进刀的安全。$A \rightarrow A'$（如图 30-1 所示）之间的刀具轨迹，在顺序号 ns 的程序段中指定，可以用 G00 或 G01 指令，当用 G00 指定时，$A \rightarrow A'$为快速移动，当用 G01 指令时，$A \rightarrow A'$为切削进给移动。

⑮ 外圆粗加工Ⅰ型要求 $A \rightarrow A'$的运动轨迹必须采用垂直进刀，在程序中不能指定 Z 轴运动。$A' \rightarrow B$ 之间的零件形状，X 轴和 Z 轴都必须是单调增大或减小的图形。

⑯ 外圆粗加工Ⅱ型要求 $A \rightarrow A'$的运动轨迹不必垂直进刀，可以沿 Z 轴单调变化。当顺序号 ns 程序段中没有 Z 轴移动时，必须指定 $W0$，即必须指定两个轴的移动，否则，刀尖会切入零件的侧面。$A' \rightarrow B$ 之间的零件形状，外圆粗加工Ⅱ型允许零件轮廓的 X 轴不必单调增大或减少，但 Z 轴都必须是单调增大或减小。系统最多允许有 10 个凹面（槽）。

⑰ 外圆粗加工（Ⅰ型）的刀具运动过程如表 30-1 所示。

表 30-1　外圆粗加工（Ⅰ型）的刀具运动步骤

步　骤	说　明
1	由 A 点退到 C 点，移动 $\Delta u/2$ 和 ΔW 的距离
2	平行于 AA' 移动 Δd，移动方式由程序号 ns 中的代码确定
3	切削运动，用 G01，到达轮廓 DE
4	以与 Z 轴夹角 45°的方向退出。X 方向退回的距离为 e
5	快速返回到 Z 轴的出发点
6	重复 2、3、4、5 步，直到按工件小头尺寸已不能进行完整的循环为止
7	沿精加工留量轮廓 DE 加工
8	从 E 点快速返回到 A 点

⑱ 在 MDI 方式中不能指令 G71 ，如果指令了则报警。

(2)应用

对于数控车床而言，非一刀加工完成的轮廓表面、加工余量较大的表面，采用循环编程，只需指定精加工路线和粗加工的背吃刀量、精车余量、进给量等参数，系统会自动计算粗加工路线和加工次数，因此可大大简化编程。

最常见的车削循环是 G71，其目的是通过沿 Z 轴方向的水平切削去除材料，它用于粗加工圆柱。

(3)编程举例

【例 1】 用外径粗加工复合循环编制如图 30-3 所示零件的加工程序。要求循环起始点在（46,3)，切削深度为 1.5mm（半径量)，退刀量为 1mm，X 方向精加工余量为 0.2mm，Z 方向精加工余量为 0.2mm，其中点画线部分为工件毛坯。

加工程序见表 30-2。

表 30-2　加工程序

程　序	说　明
O2610；	程序名
N1　G21 T0100；	公制模式
N2　G00 X80.0 Z80.0 T0101；	程序起点位置
N3　S400 M03；	
N4　G00 X46 .0Z3.0；	刀具快速到达循环起点
N5 G71 U1.5 R1.0	设置切深为 1.5mm(半径值)，退刀量 1mm

续表

程　　序	说　　明
N6　G71 P7 Q16 X0.2 Z0.2 F0.2；	循环从 N7 到 N16 精车余量 $\Delta u=0.4$mm，$\Delta W=0.1$mm，粗车时 F0.2
N7 G00 X0；	精加工轮廓起始行，到倒角延长线上
N8　G01 X10.0 Z－2；	精加工 2×45°倒角
N9　Z-20.0；	精加工 ϕ10 外圆
N10　G02 U14.0 W－7.0 R7.0；	精加工 R5 圆弧
N11　G01 W-10.0；	精加工 ϕ20 外圆
N12　G03 U14.0 W－7.0 R7.0；	精加工 R7 圆弧
N13　G01 Z－52.0；	精加工 ϕ34 外圆
N14　U10 W－10.0；	精加工外圆锥
N15　W－20.0；	精加工 ϕ44 外圆，精加工轮廓结束行
N16　X50.0；	退出已加工面
N17　G00 X80.0 Z80.0；	回对刀点
N18　M05；	主轴停
N19　M01；	粗加工结束
：	

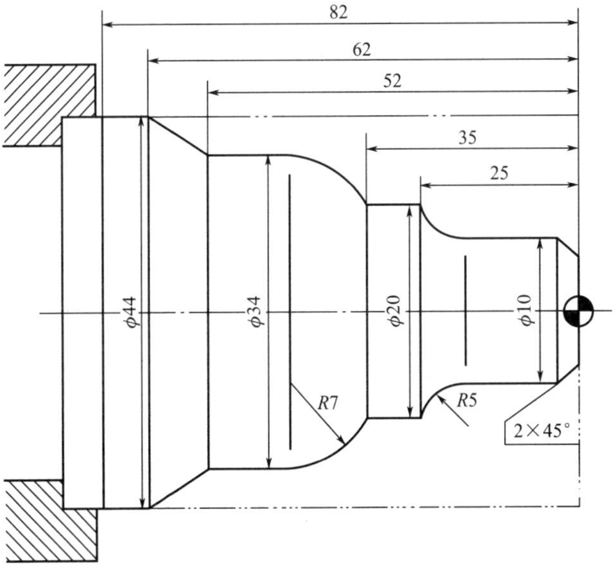

图 30-3　零件图

【例 2】 用内径粗加工复合循环编制如图 30-4 所示零件的加工程序。要求循环起始点在 $A(46,3)$，切削深度为 1.5mm，退刀量为 1mm，X 方向精加工余量为 0.3mm，Z 方向精加工余量为 0.3mm，其中点画线部分为工件毛坯。

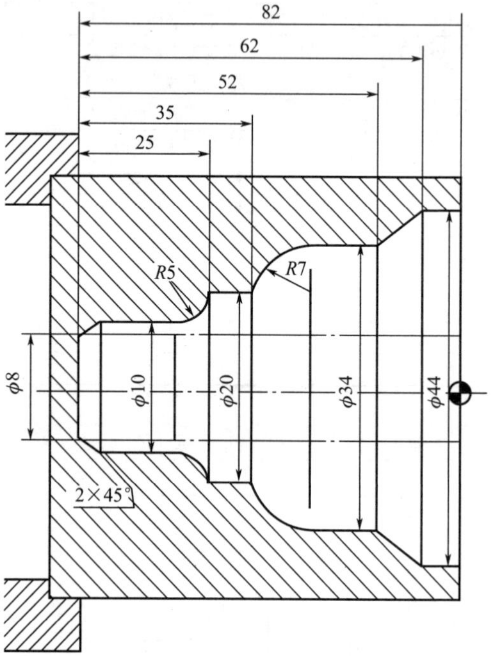

图 30-4 零件图

加工程序见表 30-3。

表 30-3 用内径粗车循环 G71 编写的加工程序

程 序	说 明
O2620	
N010 G21 T0400;	公制模式,4 号刀移至工作位置
N020 G00 X80.0 Z80.0 T0404;	程序起点或换刀点位置
N030 S400 M03;	
N040 X6.0 Z3.0;	到循环起点位置
N050 G71 U1.5 R1.0	设置切深为 1.5mm(半径值),退刀量 1mm

续表

程　　序	说　　明
N060 G71 P70 Q150.0 X−0.3 Z0.3 F0.25;	循环从 N7 到 N16 精车余量 Δu = 0.3mm，ΔW=0.3mm，粗车时 F0.15
N070　G00 X44.0;	精加工轮廓开始，到 ϕ44 外圆处
N080　G01 Z−20.0 F0.15;	精加工圆 ϕ44
N090　U-10.0 W−10.0;	精加工圆锥
N100　W−10.0;	精加工圆 ϕ34
N110　G03 U-14.0 W−7.0 R7.0;	精加工 R7 圆弧
N120　G01 W−10.0;	精加工圆 ϕ20
N130　G02 U−10.0 W−5.0 R5.0;	精加工 R5 圆弧
N140　G01 Z−80.0;	精加工圆 ϕ10
N150　U−4.0 W−2.0;	精加工 2×45°倒角，精加工轮廓结束
N160　G00 Z80.0;	返回起点
N170　X80.0;	回程序起点
N180　M01	粗加工结束
⋮	

30.2　端面粗车循环（G72）

(1)指令格式

G72　W(Δd)R(e);

G72　P($\underline{ns}$) Q($\underline{nf}$) U($\underline{\Delta u}$) W($\underline{\Delta W}$) F($\underline{f}$) S($\underline{s}$) T($\underline{t}$);

N(ns)…;
…;
…;
…F_
…S_
…T_
…;
N(nf)…;

（以上从顺序号 ns 到 nf 的程序段为 A—A'—B 的精加工形状的移动指令）

① G72：端面粗车循环。执行端面粗车循环时的刀具运动轨迹如图 30-5 所示。

② Δd：切削深度，该量无正负号，刀具的切削方向取决于

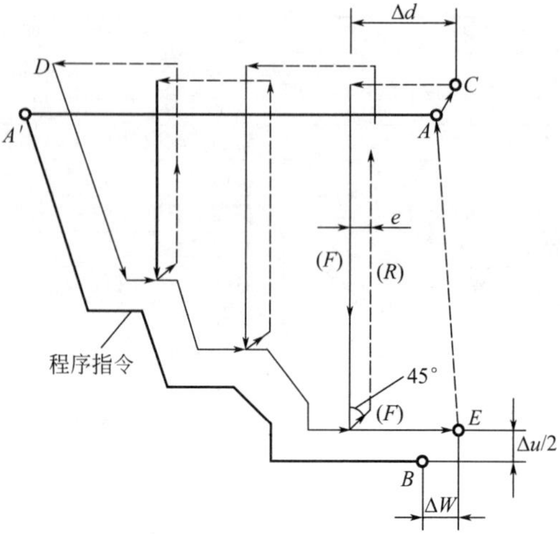

图 30-5　端面粗车循环

AA'（见图 30-5）方向，该值为模态值，直到下个指定之前均有效。也可用参数指定。根据程序指令，参数中的值也变化。

③ e：退刀量。模态值，在下次指定之前均有效。也可用参数指定。根据程序指令，参数中的值也变化。

④ ns：精加工形状开始程序段的顺序号。

⑤ nf：精加工形状结束程序段的顺序号。

⑥ Δu：X 轴方向精加工余量的留量及方向。通常采用直径值。

⑦ ΔW：Z 轴方向精加工余量的留量及方向。

⑧ F、S、T：包含在 ns 到 nf 程序段中的任何 F、S、T 功能在循环中被忽略，但是，在 G72 程序段中或前面程序段指定的 F、S 和 T 指令功能有效。当有恒周速控制功能时，在 ns 到 nf 程序段中指定的 G96 或 G97 也无效，粗车循环使用 G72 程序段或以前指令的 G96 或 G97 功能。

⑨ 由地址 P 指定的程序段 ns 必须指令 G00 或 G01，否则报警。

⑩ 在顺序号 ns～nf 的程序段中不能调用子程序。

⑪ 在顺序号 ns～nf 的程序段中不能指定下列指令：

- 除 G04 以外的非模态 G 代码；
- 除 G00、G01、G02 和 G03 以外的所有 01 组 G 代码；
- 06 组 G 代码；
- M98/M99。

⑫ 在顺序号 $ns \sim nf$ 的程序段中不应包含刀尖半径补偿，而应在调用循环前编写刀尖半径补偿。循环结束后应取消半径偏置。

刀具返回起点运动是自动的，因而在顺序号 $ns \sim nf$ 的程序段中不需要进行编程。

⑬ 在程序指令时，A 点在 G72 程序段之前指令，一定保证进刀的安全。$A \rightarrow A'$之间的刀具轨迹，在顺序号 ns 的程序段中指定，可以用 G00 或 G01 指令，但不能指定 X 轴运动。当用 G00 指定时，$A \rightarrow A'$ 为快速移动，当用 G01 指令时，$A \rightarrow A'$ 为切削进给移动。

⑭ $A' \rightarrow B$ 之间的零件形状，X 轴和 Z 轴都必须是单调增大或减小的图形。

⑮ 端面粗车循环的刀具运动过程如表 30-4 所示。

表 30-4　端面粗车循环的刀具运动步骤

步　骤	说　　明
1	由 A 点退到 C 点，X 方向移动 $\Delta u/2$ 和 Z 向为 ΔW 的距离
2	平行于 AA'移动 Δd，移动方式由程序号 ns 中的代码确定
3	切削运动，用 G01，到达轮廓 DE 上
4	以与 X 轴夹角 45°的方向退出。Z 方向退回的距离为 e
5	快速返回到 Z 轴的出发点
6	重复 2、3、4、5 步，直到不能进行完整的循环为止
7	沿精加工留量轮廓 DE 加工
8	从 E 点快速返回到 A 点

⑯ 在 MDI 方式中不能指令 G71 ，如果指令了则报警。

(2)应用

G72 循环的各方面都与 G71 相似，只需指定精加工路线和粗加工的背吃刀量、精车余量、进给量等参数，系统会自动计算粗加工路线和加工次数，大大简化编程。唯一的区别就是它从较大直径向主轴中心线（$X0$）垂直切削，以去除端面上的多余材料，它使用一系列端面切削粗加工圆柱。适用于圆盘类零件加工。

(3)编程举例

【例 1】 端面粗车循环指令编程，零件如图 30-6 所示。

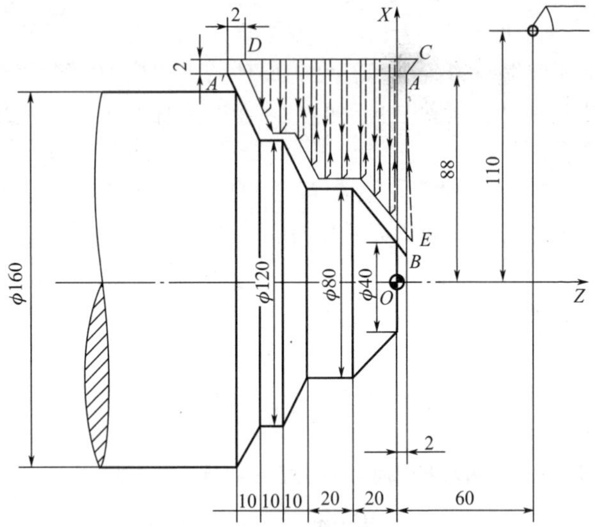

图 30-6 端面粗车循环指令编程举例

加工程序见表 30-5。

表 30-5 端面粗车加工程序

程　　序	说　　明
O2630;	
N010　G50 X200.0 Z60.0;	设定坐标系
N011　G00 X176.0 Z2.0;	刀具快速到达循环起点 A
N012　G72 W7.0 R1.0;	设置切深 $\Delta d=7.0$mm,后退量 $e=1.0$mm
N013　G72 P014 Q019 U4.0 W2.0 F0.3 S55;	循环从 N14 到 N19,精车留量 $\Delta u=4.0$mm,$\Delta W=2.0$mm,粗车时 F0.3,S55
N014　G00 Z−72.0 S58;	A'点,从 $A\rightarrow A'$是快速进给,设定精车 S58,第一刀时,刀具从 A 点退到 C 点(Δu,ΔW),从 C 点进刀切深 Δd,直至 D 点
N015　G01 X120.0 W−12.0 F0.15;	设定精车 F0.15
N016　W10.0;	

续表

程　　序	说　　明
N017　X80.0 W10.0；	
N018　W－20.0；	
N019　X36.0 W－22.0；	B 点，当循环结束时，沿精车留量从 D 车到 E，刀具快速退到 A 点，粗车循环结束
N021　G00 X200.0 Z60.0	返回起始位置
N022　M01	粗加工结束
：	

30.3 固定形状粗车循环（G73）

(1)指令格式

G73 U(Δi) W(Δk) R(d)；

G73 P(ns) Q(nf) U(Δu) W(ΔW) F(f) S(s) T(t)；

N(ns) …；
…；
…；
…F _
…S _
…T…
…；
N(nf) …；

从顺序号 ns 到 nf 的程序段为 A→A′→B 的精加工形状的移动指令

说明：

① G73：固定形状粗车循环，执行 G73，其刀具运动轨迹如图 30-7 所示。

② Δi：X 轴方向退刀的距离及方向，半径指定，为模态值。该值可由参数指定，由程序指令改变。

③ Δk：Z 轴方向退刀的距离及方向，为模态值。该值可由参数指定，由程序指令改变。

④ d：分割次数，等于粗车次数，模态值，该值可由参数指定，由程序指令改变。

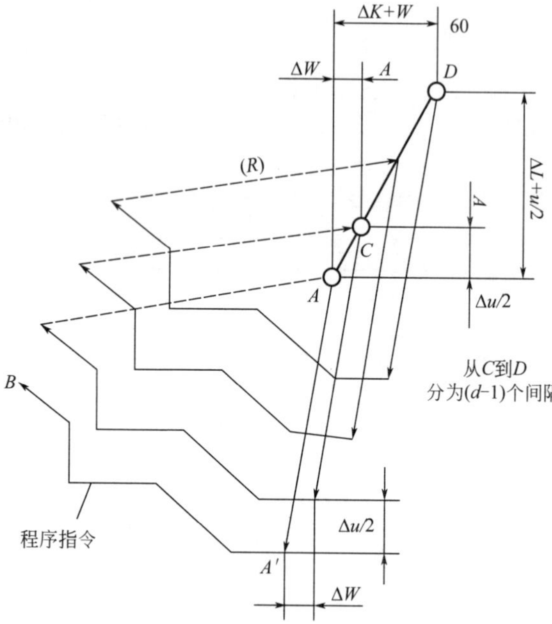

图 30-7　固定形状粗车循环

⑤ *ns*：精加工形状开始程序段的顺序号。

⑥ *nf*：精加工形状结束程序段的顺序号。

⑦ Δu：*X* 轴方向精加工余量的留量及方向，通常直径值指定。

⑧ ΔW：*Z* 轴方向精加工余量的留量及方向。

⑨ *f*、*s*、*t*：顺序号 *ns*～*nf* 之间的程序段中所包含的任何 F、S 和 T 功能都被忽略，而在 G73 程序段中的 F、S、T 功能有效。

⑩ Δi、Δk、Δu、ΔW 都用地址 U、W 指定。其区别，根据有无指定 P、Q 来判断。

⑪ 循环结束后，刀具返回到 *A* 点。

⑫ 由地址 P 指定的程序段 *ns* 必须指令 G00 或 G01，否则报警。

⑬ 在顺序号 *ns*～*nf* 的程序段中不能调用子程序。

⑭ 在顺序号 *ns*～*nf* 的程序段中不能指定下列指令：

- 除 G04 以外的非模态 G 代码；
- 除 G00、G01、G02 和 G03 以外的所有 01 组 G 代码；

• 06 组 G 代码；
• M98/M99。

⑮ 在顺序号 $ns \sim nf$ 的程序段中不应包含刀尖半径补偿，而应在调用循环前编写刀尖半径补偿。循环结束后应取消半径偏置。

⑯ 刀具返回运动是自动的，因而在顺序号 $ns \sim nf$ 的程序段中不需要进行编程。

⑰ 在 MDI 方式中不能指令 G71 ，如果指令了则报警。

(2)应用

固定形状粗车循环可以按零件轮廓的形状重复车削，每次平移一个距离，直到要求的位置。其目的是将材料或不规则形状的切削时间限制在最低限度。这种车削循环，对均匀余量，如锻造、铸造等毛坯的零件是适宜的。

(3)编程举例

【例】 如图 30-8 所示，采用固定形状指令加工编程，加工程序见表 30-6。

表 30-6 加工程序

程　序	说　明
O2640；	
N1 G50 X260.0 Z100.0；	设置坐标系
N2 G00 X220.0 Z40.0；	刀具快速到达循环起点 A
N3 G73 U14.0 W14.0 R3；	设置 Δi、Δk，其值均为 14.0mm，分割次数 $d=3$，即粗车 3 次
N4 G73 P5 Q10 U4.0 W2.0 F0.3 S0180	循环从 N5 到 N10，精车留量 $\Delta u=4.0$mm，$\Delta W=2.0$mm，粗车时 F0.3 S180
N5 G00 X80.0 W−40.0；	指令 A' 点，从 $A \to A'$ 是快速进给
N6 G01 W−20.0 F0.15 S600；	设定精车 F0.15 S0600
N7 X120.0 W−10.0；	
N8 W−20.0 S0400；	
N9 G02 X160.0 W−20.0 R20.0；	
N10 G01 X180.0 W−10.0 S280；	设定 B 点，改变精车 S280
N11 G00 X130.0 Z60.0	返回起始位置
N12 M01；	粗加工结束
：	

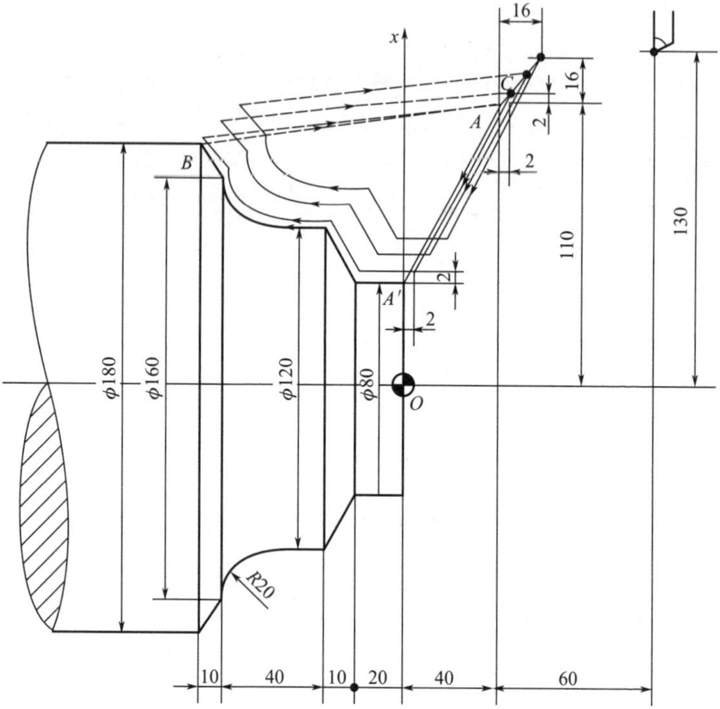

图 30-8　固定形状粗车循环编程举例

30.4　精车循环（G70）

(1)指令格式

G70　P(ns)　Q(nf)；

说明：

① G70：精车循环指令。在 G71、G72、G73 粗车后，用 G70 指令进行精车。

② *ns*：精加工形状开始程序段的顺序号。

③ *nf*：精加工形状结束程序段的顺序号。

④ G71～G73 粗车循环结束后，都返回到循环起始点，因此，精车开始时，仍从循环起始点出发，加工完毕再返回到起始点。

⑤ G70 循环结束后，执行 G70 程序段的下一个程序段。

⑥ 在 G71～G73 程序段中指令的 F、S、T，在 G70 执行时无效，G70 执行顺序号 *ns*～*nf* 指定的 F、S、T 功能。如果顺序号*ns*～*nf* 程序段中没有指定 F、S、T 功能，也可以在 G70 循环处理过程中为轮廓的精加工编写。如：N13 G70 P9 Q12 F0.08。

⑦ 由地址 P 指定的程序段 *ns* 程序段必须指令 G00 或 G01，否则报警。

⑧ 在顺序号 *ns*～*nf* 之间的程序段中，不能调用子程序。

⑨ 在顺序号 *ns*～*nf* 的程序段中不能指定下列指令：

- 除 G04 以外的非模态 G 代码；
- 除 G00、G01、G02 和 G03 以外的所有 01 组 G 代码；
- 06 组 G 代码；
- M98/M99。

⑩ 在顺序号 *ns*～*nf* 的程序段中不应包含刀尖半径补偿，而应在调用循环前编写刀尖半径补偿。循环结束后应取消半径偏置。

⑪ 刀具返回运动是自动的，因而在顺序号 *ns*～*nf* 的程序段中不需要进行编程。

⑫ 在 MDI 方式中不能指令 G70 ，如果指令了则报警。

(2)应用

G70 为精加工循环，由循环的名称可以看出，它只能用于精加工经过粗加工的轮廓。通常用 G71、G72、G73 粗车后，用 G70 的指令进行精车。

(3)编程举例

【例】 采用 G71 和 G70 加工如图 30-9 所示的零件，工件的坐标原点建立在工件右端面的中心位置上，坯料中间有一个 ϕ11 的孔。程序见表 30-7。

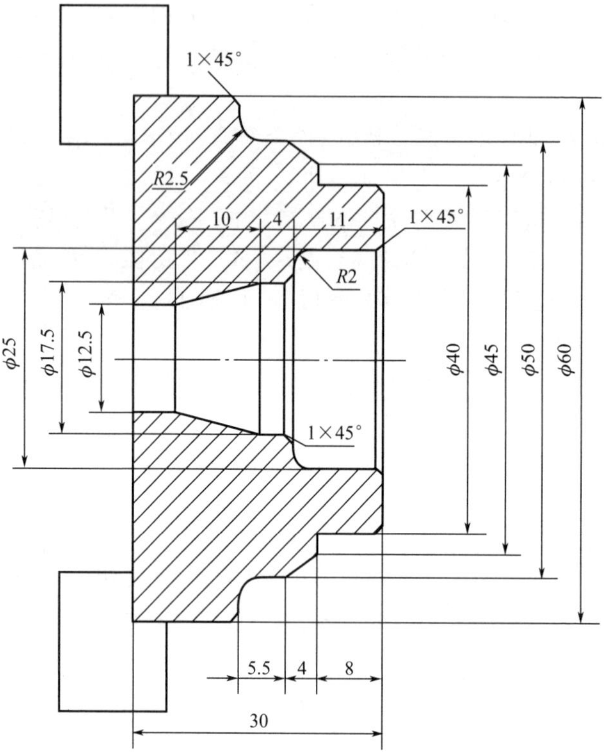

图 30-9 零件图

表 30-7 加工程序

程　　序	说　　明
O2650；	
N1 G21；	
N2 T0100 M41；	外部粗加工刀具移至工作位置，速度范围选择
N3 G96 S180 M03；	粗车转速
N4 G54 G00 G41 X64.0 Z0 M08；	开始端面切削
N5 G01 X7.0 F0.1；	端面加工结束处的直径
N6 G00 Z3.0；	刀具后退
N7 G42 X64.0；	循环开始位置
N8 G71 U2.5 R1.0；	设置切深 $d=2.5$mm，退刀量 $e=1.0$mm
N9 G71 P9 Q18 U1.2 W0.1 F0.25；	循环从 N9 到 N18，精车余量 $\Delta u=1.2$mm，$\Delta W=0.1$mm，粗车时 F0.25

续表

程　序	说　明
N9 G00 X38.0；	轮廓起点
N10 G01 X40.0 Z－1.0 F0.1；	
N11 Z－8.0 F0.2；	
N12 X45.0；	
N13 X50.0 Z－12.0；	
N14 Z－15.0；	
N15 G03 X55 Z－17.5 R2.5；	
N16 X58.0；	
N17 G01 X62.0 Z－19.0；	
N18 X66.0；	轮廓终点
N19 G00 G40 X100.0 Z120.0 T0100；	远离工件取消刀具补偿
N20 M01；	
N21 T0300；	内部粗加工刀具
N22 G96 S150 M03；	粗镗转速
N23 G00 G41 X10.0 Z2.0 T0303 M08；	内孔粗车循环起始位置
N24 G71 U1.5 R1.0；	设置切深 $d=1.5$mm，退刀量 $e=1.0$mm
N25 G71 P26 Q35 U1.2 W0.1 F0.25；	循环从 N26 到 N38，精车余量 $\Delta u=1.2$mm，$\Delta W=0.1$mm，粗车时 F0.25
N26G00 X27.0；	轮廓起点
N27 G01 X25.0 Z－1.0 F0.08；	
N28 Z－9.0；	
N29 G02 X21.0 Z－11.0 R2.0 F0.16；	
N30 X 19.5；	
N31 X17.5 Z－12.0；	
N32 Z－15.0；	
N33 X12.5 Z－25.0；	
N34 Z－32；	
N35 U－4 F0.4；	轮廓终点
N36 G00 G40 X100.0 Z40.0 T0300；	远离工件取消刀具补偿
N37 M01；	
N38 T0500 M42；	外部精加工刀具＋速度范围
N39 G96 S200 M03；	精车转速
N40 G42 X64.0 Z3.0 T0505 M08；	移至外圆粗车循环起始位置
N41 G70 P9 Q18；	外部精加工循环，循环从 N9 到 N18，加工完毕自动返回循环起始点
N42 G00 G40 X100.0 Z120.0 T0500；	取消补偿，远离工件
N43 M01；	

续表

程　　序	说　　明
N44 T0700；	内部精加工刀具
N45 G96 S180 M03；	精镗转速
N46 G00 G41 X10.0 Z2.0 T0707 M08；	移至内孔粗车循环起始位置
N47 G70 P26 Q35；	内部精加工循环，循环从 N26 到 N35
N48 G00 G40 X100.0 Z40.0 T0700；	取消刀具补偿，远离工件
N59 M30；	程序结束
%	

30.5 端面车槽循环（G74）

(1)指令格式

G74 R(e)

G74 X(U)_Z(W)_P(Δi) Q(Δk) R(Δd) F(f)

说明：

① G74：端面车槽循环，循环动作如图 30-10 所示。

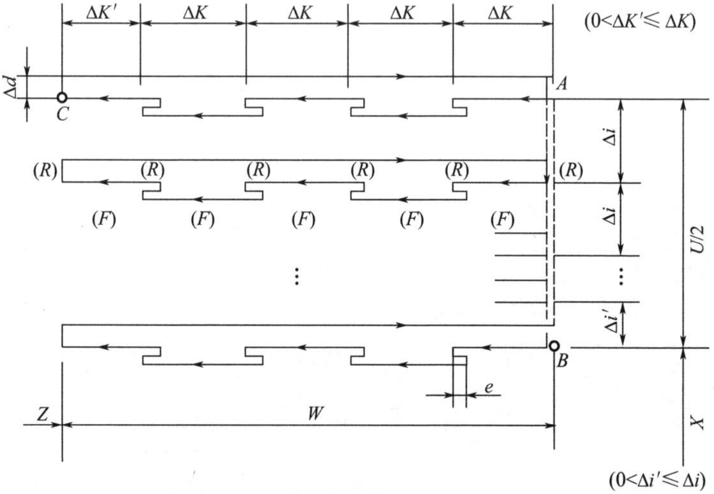

图 30-10　端面车槽循环动作

② e：退回量，这个指定是模态值，在下次指定之前一直有效。还可由参数设定，根据程序指令，参数值也改变。

③ X：B 点的 X 轴坐标值。

④ U：$A \rightarrow B$ 的增量值。此值为槽宽减去切刀宽度。A 点的坐标根据刀尖的位置和 U 的方向决定，A 点应在工件之外，以保证快速进给的安全。

⑤ Z：C 点的 Z 轴坐标值。

⑥ W：$A \rightarrow C$ 的增量值。

⑦ Δi：X 方向的移动量（无符号值），半径值，不支持小数点输入，必须以最小输入增量为单位指定移动量。

⑧ Δk：Z 方向的每次切深（无符号值）。不支持小数点输入，必须以最小输入增量为单位指定切深。

⑨ Δd：刀具在底部的退刀量，用正值指定。如果省略 X(U) 和 Δi 时，要指定退刀方向的符号。

⑩ f：进给速度。

⑪ e 和 Δd 都用地址 R 指定，其意义由地址 X(U) 决定，如果指定 X(U) 时，就为 Δd。

⑫ 当 X(U) 和 P(Δi) 省略时，执行 G74 可以实现深孔钻削循环。此时刀架上要安装钻头。并且也只能在工件回转中心钻孔。

⑬ 在 MDI 方式下可以指令 G74。

⑭ 当指令 X(U) _ 时，则执行 G74 循环。动作步骤如表 30-8 所示。

表 30-8 端面车槽循环动作步骤

步骤	说明
1	刀具从点 A 向点 C 切削，切削深度为 Δk
2	刀具快速回退，回退量为 e
3	刀具切削进给 $\Delta k+e$
4	重复 2、3 步，直至到达槽的底部 C
5	刀具在底部 C 横移 Δd
6	刀具快速返回 A 点
7	刀具向点 B 快速移动 Δi，Δi 为半径值
8	重复 1～5 步
9	重复 6～7 步，直至刀具在 B 点处加工完毕并返回 B 点
10	刀具从 B 点快速返回 A 点

(2)应用

G74 为端面车槽循环指令，通常只用于非精加工。它采用了间歇式加工。利用 G74 指令可以在工件的端面加工出凹槽，大大简化了程序。同时应用 G74 可以实现深孔钻削循环，在刀架上安装钻头，在工件回转中心钻孔，如顶尖孔，或中心深孔等加工。

(3)编程举例

【例】 利用 G74 指令加工如图 30-11 所示零件的深孔。工件坐标系的原点建立在右端面中心位置上。加工程序见表 30-9。

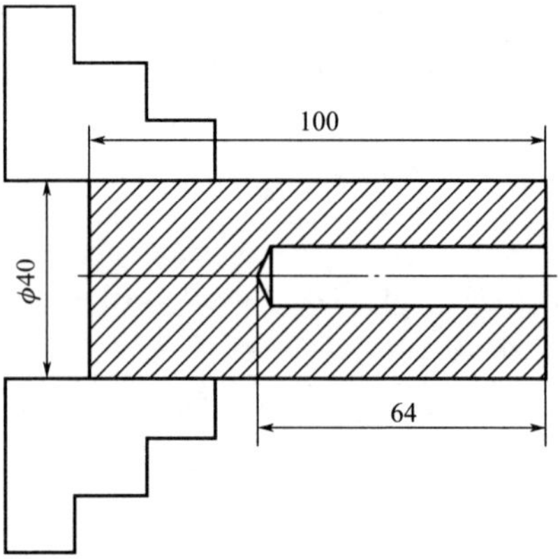

图 30-11　端面切槽循环编程举例

表 30-9　程序表

程　　序	说　　明
O2660;	
N1 G21;	
N2 T0200;	
N3 G97 S450 M03;	
N4 G54 G00 X0 Z4.0 T0202 M08;	刀具移至孔的位置
N5 G74 Z−64.0 Q25000 R2.0 F0.15;	钻孔循环
N6 G00 X 120.0 Z40.0 T0200;	远离工件
N7 M30;	
%	

30.6 外圆、内孔车槽循环（G75）

(1)指令格式

G75 R($\underline{e}$)；

G75 X(U)_Z(W)_P($\underline{\Delta i}$) Q($\underline{\Delta k}$) R($\underline{\Delta d}$) F($\underline{f}$)；

说明：

① G75：外圆、内孔车槽循环指令。执行 G75 指令循环动作如图 30-12 所示。

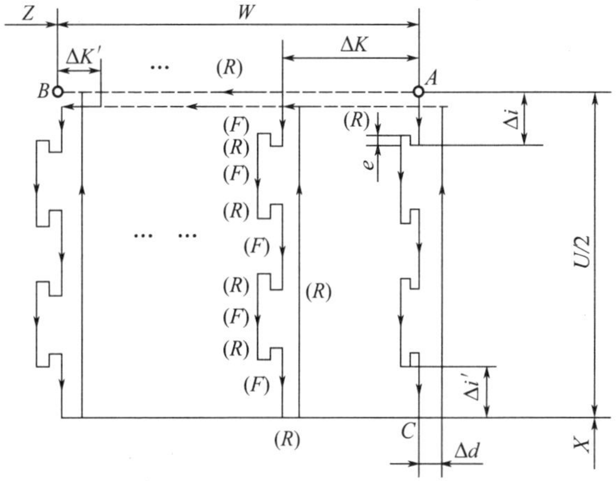

图 30-12　外圆、内孔车槽循环

② e：退回量，模态值，在下次指定之前一直有效。还可由参数设定，根据程序指令，参数中值可以改变。

③ X _ ：C 点的 X 轴坐标值。

④ U _ ：$A \to C$ 的增量值。此值为槽宽减去切刀宽度。A 点的坐标根据刀尖的位置和 U 的方向决定，A 点应在工件之外，以保证快速进给的安全。

⑤ Z _ ：B 点的 Z 轴坐标值。

⑥ W _ ：$A \to B$ 的增量值。

⑦ Δi：X 方向的每次切深（无符号值），半径值。不支持小数点输入，以最小输入增量作为单位指定切深。

⑧ Δk：Z 方向的移动量（无符号值）。不支持小数点输入，以最小输入增量作为单位指定移动量。

⑨ Δd：刀具在底部的退刀量，用正值指定。如果省略 Z(W) 和 Δk 时，要指定退刀方向的符号。

⑩ f：进给速度。

⑪ e 和 Δd 都用地址 R 指定，其意义由地址 Z(W) 决定，如果指定 Z(W) 时，就为 Δd。

⑫ 在 MDI 方式下可以指令 G75。

⑬ 当指令 Z(W) _ 时，则执行 G75 循环。动作步骤如表 30-10 所示。

表 30-10　外圆、内孔车槽循环指令动作步骤

步　　骤	说　　明
1	刀具从点 A 向点 C 切削，切削深度为 Δi
2	刀具快速回退，回退量为 e
3	刀具切削进给 $\Delta i+e$
4	重复 2、3 步，直至到达槽的底部 C
5	刀具在底部 C 横移 Δd
6	刀具快速返回 A 点
7	刀具向点 B 快速移动 Δk
8	重复 1～5 步
9	重复 6～7 步，直至刀具在 B 点处加工完毕并返回 B 点
10	刀具从 B 点快速返回 A 点

(2)应用

G75 为外圆、内孔车槽循环指令，与 G74 循环一样，它采用了间歇式加工，通常只用于非精加工。利用 G74 指令可以在 X 轴上加工凹槽。凹槽加工是 CNC 车床加工的一个重要组成部分，凹槽通常适用于圆柱、圆锥面上。其主要目的是使得两个零件面对面（肩对肩）地配合。而对于润滑油槽，其目的是让润滑油或其他润滑剂在两个或多个连接零件之间顺畅流动。槽的形状取决于刀具的形状，凹槽刀具的形状也适应用于许多特殊的加工操作。

(3)编程举例

【例】 利用G75循环加工如图30-13所示零件上的凹槽。程序见表30-11。

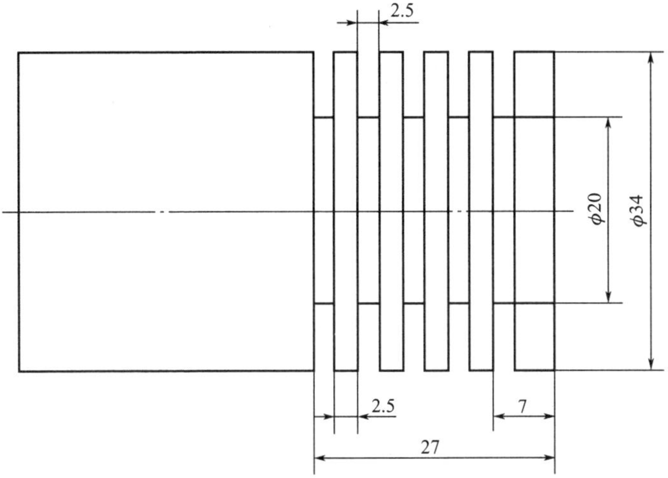

图30-13 零件图

表30-11 利用G75循环加工零件上的凹槽程序

程序	说明
O2670	
N1 G21;	
…	
N20 G50 S1250 T0300 M42;	最高限速
N21 G96 S150 M03;	恒表面速度
N22 G00 X36.0 Z−7.0 T0303 M08;	刀具移至第一个凹槽位置
N23 G75 R0.2;	指定退刀量 $e=0.2$mm
N24 G75 X20.0 Z−22.0 P1400 Q5000 F0.08;	切槽循环加工5个凹槽，每次切深为1.4mm，Z向移动量为5.0mm
N25 G00 X120.0 Z40.0 T0300 M09;	远离工件至安全位置
N26 M30;	
%	

30.7 螺纹车削循环（G76）

(1)指令格式

G76 P(m) (r) (a) Q(Δd_{min}) R(d)；

G76 X(U)_Z(W)_R(i) P(k) Q(Δd) F(L)；

说明：

① G76：螺纹车削循环指令。执行 G76 指令刀具轨迹如图 30-14 所示。

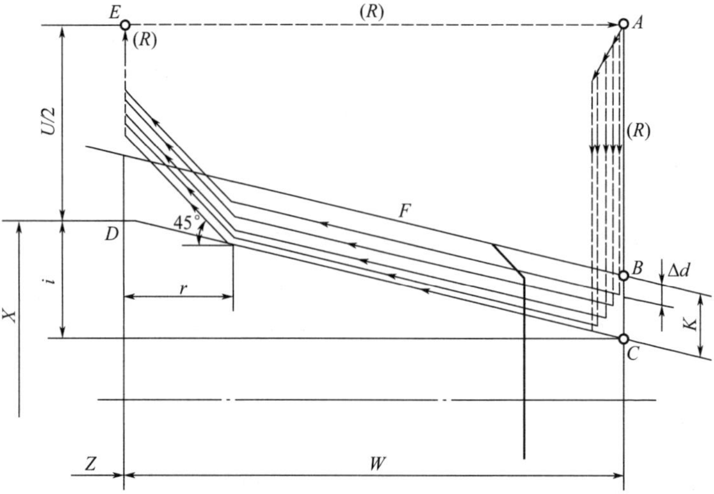

图 30-14　螺纹切削循环的刀具轨迹

② m：精加工的重复次数 1～99，该值是模态的，在下次被指定之前一直有效。也可以用参数设定。根据程序指令，参数值被改变。

③ r：螺纹收尾量系数，是螺纹导程（L）的 0.1～9.9 倍，以 0.1 为一挡增加，设定时用两位数，即从 00～99。该值是模态的，在下次被指定之前一直有效。也可以用参数设定。根据程序指令，参数值被改变。

④ a：刀尖角度，即螺纹的牙型角。可以选择 80°，60°，50°，

30°，29°，0°共 6 种角度，两位数指定。该值是模态的，在下次被指定之前一直有效。也可以用参数设定。根据程序指令，参数值被改变。

⑤ m、r、a 用地址 P 一次指定。

例如：若 $m=2$，$r=1.2L$，$a=60°$，则指令：

$$\mathrm{P}\;\underset{m}{\underline{02}}\;\;\underset{r}{\underline{12}}\;\;\underset{a}{\underline{60}}$$

⑥ $\Delta d_{\min}$：最小切入量（用半径值指定）。当一次切入量（$\Delta d\sqrt{n}-\Delta d\sqrt{n-1}$）小于 $\Delta d_{\min}$ 时，则用 $\Delta d_{\min}$ 作为一次切入量。见图 30-15，该值是模态的，在下次被指定之前一直有效。也可以用参数设定。根据程序指令，参数值也改变。

⑦ d：精加工余量。该值是模态的，在下次被指定之前一直有效。也可以用参数设定。根据程序指令，参数值也改变。X 轴方向半径值指定。

⑧ i：锥螺纹的半径差。若为圆柱螺纹，则 $i=0$。

⑨ k：螺纹牙高（X 轴方向的牙高，用半径值指令），不支持小数点输入，以最小输入增量作为单位指定。

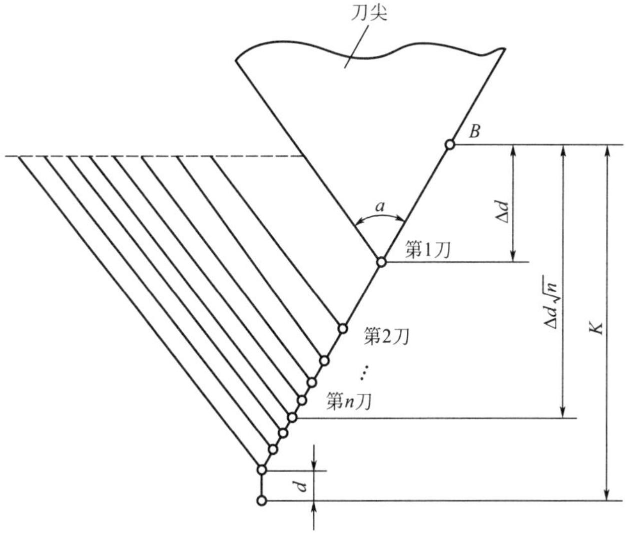

图 30-15　单侧刃切入加工进刀

⑩ Δd：第 1 次切入量（X 轴方向半径值指定），不支持小数点输入，以最小输入增量作为单位指定。

⑪ L：螺纹导程。

⑫ 用 P、Q、R 指定的数据，根据有无地址 X(U)、Z(W) 来区别，循环动作由地址 X(U)、Z(W) 指定的 G76 指令进行。

⑬ 在螺纹加工中通常采用刀具单侧刃切入加工，可以减轻刀尖的负荷。在最后精加工时为双刃切削，以保证加工精度。单侧刃切入加工的详细进刀如图 30-15 所示。保证每次材料切除量相等。这样，第一次切入量 Δd，第 n 次切入为 $\Delta d\sqrt{n}$。

⑭ 在螺纹切削循环（G76）加工中，按下进给暂停按钮时，就如同在螺纹切削循环终点的倒角一样，刀具立即快速退回。刀具返回该时刻的循环起始点，如图 30-16 所示。当按下循环启动按钮时，螺纹循环恢复。

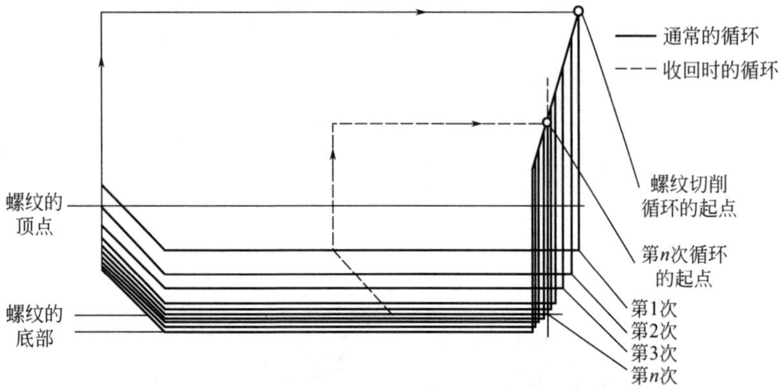

图 30-16　螺纹切削循环暂停时的刀具轨迹

⑮ 在 MDI 方式下可以指令 G76。

⑯ G76 螺纹切削循环中的螺纹切削的注意事项与 G32 和 G92 中的螺纹切削相同。

(2)应用

螺纹加工是在圆柱上加工出特殊形状螺旋槽，主要目的是在装配和拆卸时毫无损伤地将两个工件连接在一起。它是车床加工中最常见、最麻烦的操作之一。CNC 发展的早期，G92 简单螺纹加工循环是计算机技术的直接产物。随着计算机技术的迅速发展，也为 CNC 程序员提供了更多更重要的新功能，这些新功能大大简化了程序开发。其中一个主要功能用于螺纹加工的另一种车削循环，即 G76。G76 为多重螺纹加工循环指令。使用 G92 循环每次进行螺纹加工需要一个程序段，但是使用 G76 循环能在两个程序段中加工任何单头螺纹，螺纹加工程序占程序很少部分，机床修改程序也会更快。

(3)编程举例

【例】 用 G76 指令加工螺纹，零件如图 30-17 所示，加工程序见表 30-12。

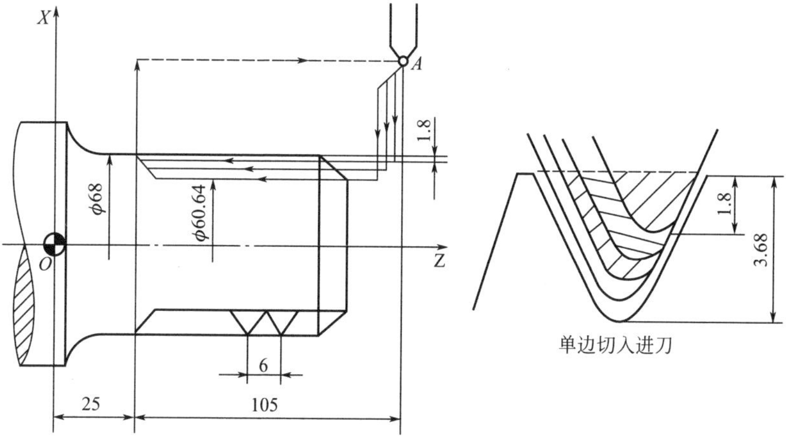

图 30-17 螺纹切削复循环编程举例

表 30-12 用 G76 指令加工螺纹程序表

程 序	说 明
O2680	
N1 G20;	
…	
N20 G00 X80.0 Z130.0;	循环起始点:A 点
N21 G76 P011060 Q100 R200;	指令 m、r、a、Δd_{min}、d 值
N22 G76 X60.64 Z25.0 P3680 Q1800 F6.0;	指令 D、K、Δd、L 值
N23 G00 X150.0 Z100.0;	远离工件
M30;	
%	

第31章　车削中心钻孔固定循环指令

31.1　孔加工固定循环的基本动作

孔加工固定循环，只用一个指令，便可完成某种孔加工（如钻、攻、镗）的整个过程。孔加工固定循环有六个基本动作，如图 31-1 所示。

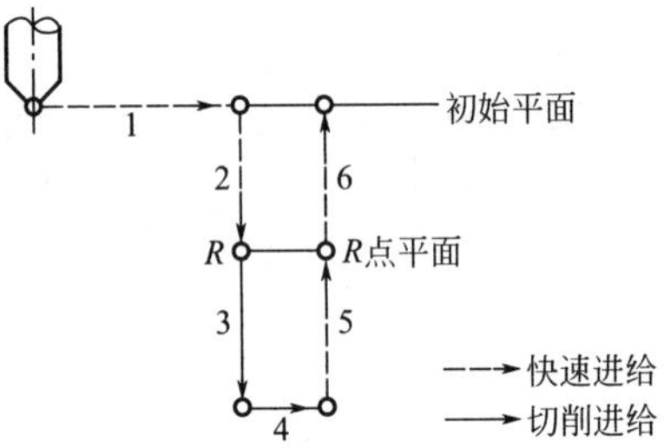

图 31-1　钻孔循环的顺序操作

① 动作 1：刀具的刀位点从当前点 A 出发，快速进给定位到孔中心。孔的指令为 X、C 或 Z、C。

② 动作 2：刀具快速进给至加工表面附近的安全平面 R（后简称 R 平面）。R 平面是快速进给转变切削进给的转折点。

③ 动作 3：切削进给加工至孔底。

④ 动作 4 ：孔底动作（如进给暂停、主轴定向停止、刀具偏移、主轴反转）。

⑤ 动作 5：刀具返回 R 平面。

⑥ 动作 6：刀具快速退至初始平面。

31.2 返回平面的选择（G98、G99）

(1)指令格式

$$\begin{cases}G98\\G99\end{cases}$$

说明：

① G98 和 G99 为模态指令，彼此可以相互取消。

② G98 为孔加工固定循环刀具返回初始平面，初始平面是调用固定循环前程序中最后一个孔加工方向的绝对值位置。

③ G99 为孔加工固定循环刀具返回 *R* 平面的位置（由 *R* 值指定）。

④ 一般情况下，G98 为数控机床默认值。在程序中没有返回平面的选择时，刀具返回初始平面。

(2)应用

在 G 代码系统 A 中，因没有返回平面指令，刀具只从孔底返回到初始点平面。在 G 代码系统 B 或 C 中，提供了代码 G98 和 G99 用来指定刀具返回平面的选择。G98 和 G99 代码只用于固定循环，它们的主要作用就是在孔之间运动时绕开障碍物。障碍物包括夹具、零件的突出部分、未加工区域以及附件。如果没有这两条指令，就必须停止循环来移动刀具，然后再继续该循环，而使用 G98 和 G99 指令就可以不用取消固定循环直接绕过障碍物，这样便提高了效率。

31.3 孔加工固定循环的指令格式

指令格式：

$$G\times\times\begin{Bmatrix}G98\\G99\end{Bmatrix}\begin{Bmatrix}X(U)\_C(H)\_\\Z(W)\_C(H)\_\end{Bmatrix}\begin{Bmatrix}Z(W)\_\\X(U)\_\end{Bmatrix}R\_\ [Q\_P\_]\ F\_\ [K\_]\ M\_$$

说明：

① G×× 为孔加工循环指令，属于模态指令。各种孔加工循

环指令见表 31-1。

表 31-1 孔加工循环指令

G 代码	钻孔轴	孔加工操作(－向)	孔底位置操作	回退操作(＋向)	应用
G80	—	—	—	—	取消
G83	Z 轴	切削进给/断续	暂停	快速移动	正钻循环
G84	Z 轴	切削进给	暂停→主轴反转	切削进给	正攻螺纹循环
G85	Z 轴	切削进给	—	切削进给	正镗循环
G87	X 轴	切削进给/断续	暂停	快速移动	侧钻循环
G88	X 轴	切削进给	暂停→主轴反转	切削进给	侧攻螺纹循环
G89	X 轴	切削进给	暂停	切削进给	侧镗循环

② G98：刀具返回初始平面。

G99：刀具返回 R 平面。

如果在固定循环程序中没有编写 G98 或 G99，那么控制系统就会选择由系统参数设置的默认指令（通常为 G98）。

③ 孔定位数据。指令孔在定位平面的位置，X(U)_ C(H)_为端面，Z(W)_ C(H)_为外圆。

④ Z、R、Q、P、F 为加工数据，模态值，一直保持到被修改或孔加工固定循环被取消。

⑤ R_为初始平面到 R 平面的距离，增量值指定，采用半径值。从初始平面到 R 点平面，或者从 R 点平面到初始平面，移动速度均为快速进给。

⑥ Q_为每次切削的切深。为无符号增量值。不支持小数点编程。对于需要 Q 代码的程序段，每个程序段都必须指定 Q 代码。

⑦ P_为暂停时间。不能使用小数点，单位为 ms(1s＝1000ms)。

⑧ F_为进给速度，单位为 mm/min，若为攻螺纹方式，$F=ST$。式中，S 为主轴转速；T 为螺距。

⑨ K_重复次数，仅在被指令的程序段内有效。最大指令值

为 9999。执行一次时，K1 可以省略，如果是 K0，则系统存储加工数据，但不执行加工。

当程序用到 K 时，注意孔的数据用增量值指定，否则在相同位置上重复钻孔。

⑩ M _ 为 C 轴夹紧/松开用的代码。通过参数可以设置 C 轴夹紧/松开代码，当程序中指令了 C 轴夹紧/松开的 M 代码时，刀具定位以后，以快速移动速度移动到 R 平面以前，CNC 送出使 C 轴夹紧的 M 代码。在刀具退到 R 平面之后，CNC 发出使 C 轴松开的 M 代码（夹紧代码＋1），刀具作停顿之后，继续以后的加工。

⑪ 在钻孔循环期间即使因复位或急停而使控制器停止工作，钻孔方式和钻孔数据仍然保留，所以，据此可以重新启动操作。

⑫ 在单程序段方式执行钻孔循环时，运行将停在图 31-1 中操作 1、2、6 的终点。因此，按图中顺序操作三次才钻一个孔。当进给暂停灯接通时，运行停在操作 1、2 的终点。如果重复保留，运行将在操作 6 的终点停在进给暂停状态，而在其他情况下，停在停止状态。

31.4 孔循环取消（G80）

(1)指令格式

G80

说明：

① 取消所有孔加工固定循环模态，且可自动切换到 G00 快速运动模式。

② 孔加工数据（F 除外）被取消，也就是说，在增量指令时，数据为零。

③ 用插补指令 G00 G01 G02 G03 也可取消固定循环。

(2)编程举例

G80 编程举例见表 31-2。

表 31-2 G80 编程举例

程序	说明
M51；	设置 C 轴分度方式
M03 S2000；	转动钻孔轴
G00 X50.0 C0.0；	沿 X 和 C 轴定位钻孔轴
G83 Z－40.0 R－5.0 P500 F5.0 M31；	钻孔 1
C90.0 M31；	钻孔 2
C180.0 M31；	钻孔 3
C270.0 M31	钻孔 4
G80 M05；	取消钻孔循环并停止主轴
G80 M05；	取消 C 轴分度方式

31.5 正面钻孔循环（G83）/侧面钻孔循环（G87）

(1)指令格式

G83 X(U)_ C(H)_ Z(W)_ R_ Q_P_ F_ K_ M_；

或

G87 Z(W)_ C(H)_ X(U)_ R_ Q_P_ F_ K_ M_；

说明：

① G83：正面钻孔循环；

G87：侧面钻孔循环；

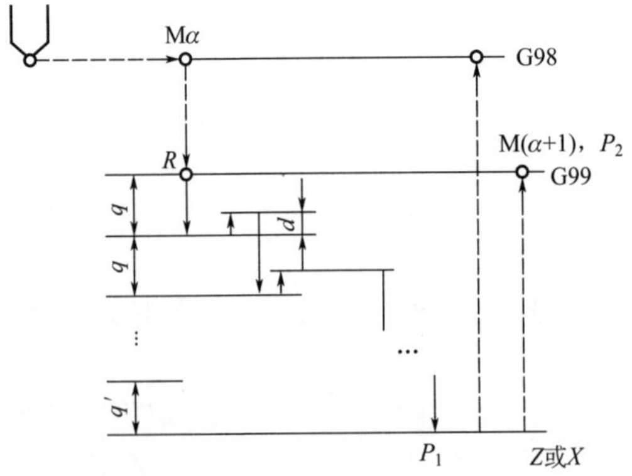

图 31-2 高速深孔钻孔循环（G83，G87）

用参数设定，G83 和 G87 可以是深孔钻循环（排屑式）或者是高速深孔钻循环（断屑式）。两种循环的动作如图 31-2、图 31-3 所示。其中，d 为由参数设定的回退距离。

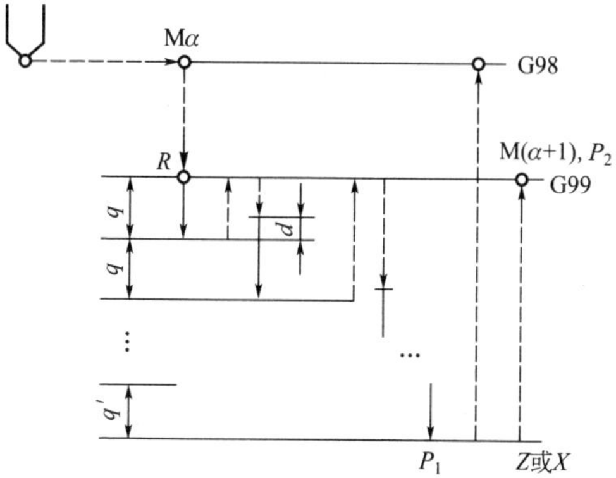

图 31-3　深孔钻孔循环（G83、G87）

② X _ C _ 或 Z _ C _ ：孔位数据。

③ Z _ 或 X _ ：为孔底数据，点 R 到孔底的距离，增量值指定。X(U) _ 可以用半径值或直径值编程。

④ R _ ：初始平面到点 R 平面的距离。增量值指定，采用半径值。

⑤ Q _ ：每次切削深度。为无符号增量值，不使用小数点编程。当 Q 省略时，G83 和 G87 为普通钻孔循环。刀具在孔底快速返回。动作过程如图 31-4 所示。

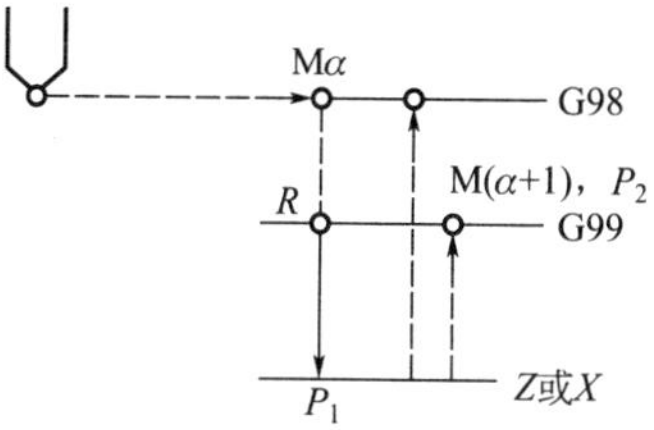

图 31-4　钻孔循环（G83、G87）

⑥ P _ ：孔底暂停时间。

⑦ F _ ：切削进给速度。

⑧ K _ 重复次数（需要时）。

⑨ M _ ：C 轴夹紧的 M 代码（需要时），当 Mα 设为 C 轴夹紧代码时，则 M(α＋1) 为 C 轴松开代码。

(2)编程举例

见表 31-3。

表 31-3　G83 编程举例

程　　序	说明
M51;	设定 C 轴分度方式
M03 S2000;	转动钻孔轴
G00 X50.0 C0.0;	沿 X 和 C 轴定位钻孔轴
G83 Z－40.0 R－5.0 Q5000 F5.0 M31;	钻孔 1(从初始平面到 R 点的距离为 5mm，从 R 点到孔底的距离为 40mm，每次切削深度为 5mm)C 轴夹紧
C90.0 Q5000 M31;	钻孔 2
C180.0 Q5000 M31;	钻孔 3
C270.0 Q5000 M31;	钻孔 4
G80 M05;	取消钻孔循环，停止钻头旋转
M50;	取消 C 轴分度方式

31.6　正面攻螺纹循环（G84）/侧面攻螺纹循环（G88）

(1)指令格式

G84 X(U)_ C(H)_ Z(W)_ R_ P_ F_ K_ M_;

或

G88 Z(W)_ C(H)_ X(U)_ R_ P_ F_ K_ M_;

说明：

① G84：正面攻螺纹循环；

G88：侧面攻螺纹循环；

执行 G84 或 G88 指令动作如图 31-5 所示。主轴顺时针方向旋转执行攻螺纹。到达孔底时，主轴反向旋转退回。这样运行就形成螺纹。

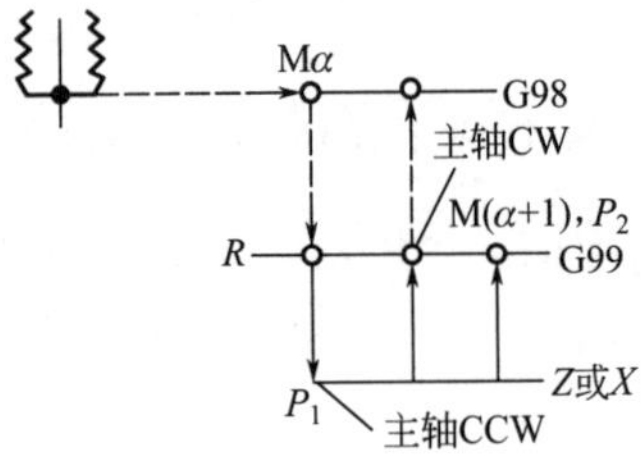

图 31-5　攻螺纹循环（G84，G88）

② X _ C _ 或 Z _ C _：孔位数据。

③ Z _ 或 X _：孔底数据，为点 R 到孔底的距离。X(U) _ 可以用半径值或直径值编程。

④ R _：初始平面到点 R 平面的距离。

⑤ P _：孔底暂停时间。

⑥ F _：切削进给速度。与螺距有关，$F=ST$。式中，S 为主轴转速，T 为螺距。

⑦ K _：重复次数（需要时）。

⑧ M _：C 轴夹紧的 M 代码（需要时），当 Mα 设为 C 轴夹紧代码时，则 M($\alpha+1$) 为 C 轴松开代码。

⑨ 在攻螺纹期间进给倍率和主轴速度倍率被忽略。进给暂停不停止加工直到完成返回操作。

⑩ 在 M03 或 M04 指定主轴旋转方向之前是否发出主轴停止指令（M05），由参数设定，详见机床制造商的操作说明书。

(2)编程举例

见表 31-4。

表 31-4 G84 编程举例

程 序	说 明
M51；	设置 C 轴分度方式
M03 S200；	转动主轴
G00 X50.0 C0.0；	沿 X 和 C 轴定位主轴
G84 Z－40.0 R－5.0 P500 F500M31；	攻螺纹 1
C90.0 M31；	攻螺纹 2
C180.0 M31；	攻螺纹 3
C270.0 M31；	攻螺纹 4
G80 M05；	取消攻螺纹循环并停止主轴
M50；	取消 C 轴分度方式

31.7 刚性攻螺纹循环（G84、G88）

(1)指令格式

G84 X(U)_C(H)_Z(W)_R_P_F_K_M_；

G88 Z(W)_C(H)_X(U)_R_P_F_K_M_；

说明：

① 式中的符号与普通攻螺纹相同。

② 指定 G84 和 G88 为刚性攻螺纹方式可以用下列方法之一指定：

a. 在攻螺纹程序段前指定 M29 S_；

b. 在攻螺纹程序段中指令 M29 S_；

c. 通过参数设定，把 G84 或 G88 作为刚性攻螺纹 G 代码。

③ 刚性攻螺纹的动作过程如图 31-6 所示。X 轴（G84）或 Z 轴（G88）一旦完成定位，主轴快速移动到 R 点。从 R 点到孔底执行攻螺纹，然后主轴停止并进给暂停。随后，主轴开始反转，退回到 R 点，停止转动，接着快速移动到初始位置。

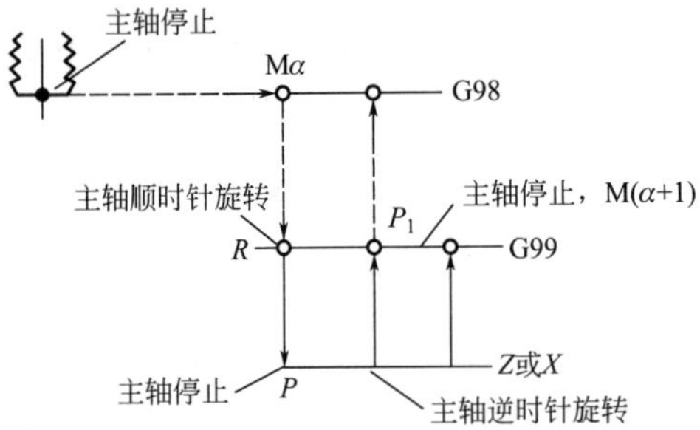

图 31-6　刚性攻螺纹（G84，G88）

④ 在刚性攻螺纹方式下，攻螺纹时进给速度倍率和主轴倍率固定在 100%，但是，对于动作 5（从孔底移至 R 点），通过参数设置可以应用最大到 200%的固定倍率。

⑤ 在每分钟进给方式，进给速度除以主轴速度等于螺距。在每转进给方式，进给速度等于螺距。

⑥ S 指令：当指令值超过变速后的最大回转速度时，报警。

⑦ 刚性攻螺纹中所使用的 S 指令，在刚性攻螺纹取消时被清除，成为与指定 S0 相同的状态。在取消刚性攻螺纹之后，应根据需要重新指定 S。

⑧ M29：在 M29 和 G84 或 G88 之间指定 S 指令或轴运动将产生报警。在攻螺纹循环时指定 M29，也产生报警。

⑨ F 指令：当指定大于切削进给速度的上限值时，报警。

⑩ 刚性攻螺纹指令代码：在参数中设定指令刚性攻螺纹方式的 M 代码。

⑪ 沿攻螺纹轴运动的最大位置偏差：在刚性攻螺纹方式沿攻

螺纹轴运动的最大位置偏差通常设在参数中。

⑫ R 值：R 值必须在执行攻螺纹的程序段中指令。如果 R 值不在攻螺纹程序段中指定，则 R 值就不是模态值。

⑬ 取消刚性攻螺纹方式：G00 到 G03（01 组 G 代码）不能在含有 G84 或 G88 的程序段中指令，如果指令了，则该程序段中的 G84 或 G88 被取消。

⑭ 刀具位置偏置：在固定循环方式中忽略任何刀具偏置。

⑮ F 的单位：每分钟进给时，米制输入为 1mm/min，英制输入时为 0.01in/min，可用小数点。每转进给时，米制输入时为 0.01mm/r，英制输入为 0.0001mm/r，可用小数点。

(2)应用

用传统方式或刚性方式可实现正面攻螺纹（G84）或侧面攻螺纹（G88），在传统方式，主轴的回转与沿攻螺纹轴进给运动同步。主轴的正转、反转、停止由辅助功能 M03、M04 和 M05 控制。在刚性攻螺纹时，主轴电机的控制方法与伺服电机的相同。沿攻螺纹轴的运动和主轴的回转运动均有补偿。主轴转一转对应于沿主轴轴向一定的进给量（螺纹螺距），主轴加减速时，也严格维持这一关系。

刚性攻螺纹不用传统攻螺纹用的浮动丝锥，因此，可实现高速、高精度攻螺纹。

(3)编程举例

攻螺纹进给速度：1000mm/min。

主轴速度：1000r/min。

螺距：1.0mm。

加工程序如表 31-5 所示。

表 31-5 刚性攻螺纹举例

程　　序	说　　明
（每分钟编程）	
G98；	每分钟进给指令
G00 X100.0；	定位
M29 S1000；	刚性方式指定
G84 Z－100.0 R－20.0 F1000；	刚性攻螺纹

31.8 正面镗孔循环（G85）/侧面镗孔循环（G89）

(1)指令格式

G85 X(U)_ C(H)_ Z(W)_ R_ P_ F_ K_ M_;

或

G89 Z(W)_ C(H)_ X(U)_ R_ P_ F_ K_ M_;

说明：

① G85：正面攻镗孔循环；

G89：侧面攻镗孔循环。

执行 G85 或 G89 指令动作如图 31-7 所示。在定位后，快速移动到 R 点。从 R 点到孔底执行镗孔，在刀具到达孔底后，以切削速度的二倍速度返回到 R 点。

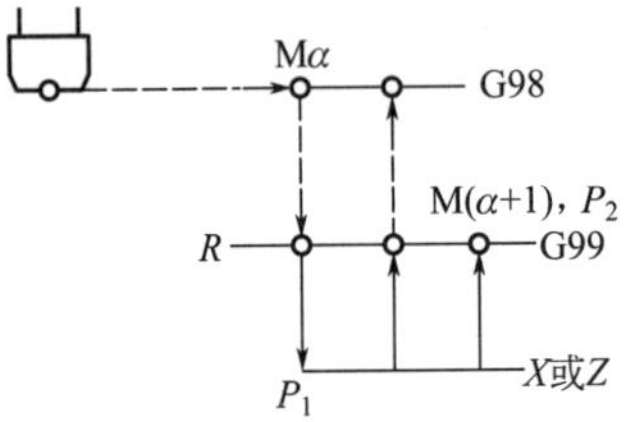

图 31-7　镗孔循环（G85、G89）

② X _ C _ 或 Z _ C _：孔位数据。

③ Z _ 或 X _：孔底数据，为点 R 到孔底的距离。X(U) _ 可以用半径值或直径值编程。

④ R _：初始平面到点 R 平面的距离。

⑤ P _：孔底暂停时间。

⑥ K _：重复次数（需要时）。

⑦ M _：C 轴夹紧的 M 代码（需要时），当 Mα 设为 C 轴夹紧代码时，则 M(α+1) 为 C 轴松开代码。

(2)编程举例

见表 31-6。

表 31-6　镗孔循环编程举例

程　　序	说　　明
M51	设置 C 轴分度方式
M03 S2000；	转动主轴
G00 X50.0 C0.0；	沿 X 和 C 轴定位主轴
G84 Z−40.0 R−5.0 P500 F5.0M31；	镗孔 1
C90.0 M31；	镗孔 2
C180.0 M31；	镗孔 3
C270.0 M31；	镗孔 4
G80 M05；	取消镗孔循环并停止主轴
M50；	取消 C 轴分度方式

第32章　轮廓简化编程

32.1　倒角和圆角的简化编程（C、I）

(1)倒角和圆角简化编程格式

由 Z 轴移向 X 轴倒角简化编程

指令格式：G01 Z(W)$\underline{b}$　C(I)$\underline{(\pm i)}$

由 X 轴移向 Z 轴倒角简化编程

指令格式：G01 X(U)$\underline{b}$ C(K)$\underline{(\pm k)}$

由 Z 轴移向 X 轴圆角简化编程

指令格式：G01 Z(W)$\underline{(b)}$ R$\underline{(\pm r)}$

由 X 轴移向 Z 轴圆角简化编程

指令格式：G01 X(U)$\underline{(b)}$ R$\underline{(\pm r)}$

说明：

① 由 Z 轴移向 X 轴倒角时的刀具运动如图 32-1 所示。刀具从 a 点出发，指令点为 b 点，但在距离 b 点为 i 的 d 点，刀具沿 45°角运动到 c 点，即 $a \to d \to c$。$i=\overline{bc}$，当 $d \to c$ 沿 $+X$ 方向移动时，i 为正值。当 $d \to c$ 是沿 $-X$ 方向移动时，i 取负值，i 值用半径值指令。

② 由 X 轴移向 Z 轴倒角时的刀具运动如图 32-2 所示。刀具从 a 点出发，指令点为 b 点，但在距离 b 点为 k 的 d 点，刀具沿 45°角运动到 c 点，即 $a \to d \to c$。$k=\overline{bc}$，当 $d \to c$ 沿 $+Z$ 方向移动时，k 为正值。当 $d \to c$ 是沿 $-Z$ 方向移动时，k 取负值。

③ 由 Z 轴移向 X 轴圆角时的刀具运动如图 32-3 所示。刀具从 a 点出发，指令点为 b 点，但在距离 b 点为 r 的 d 点，刀具沿圆弧移动到 c 点，即 $a \to d \to c$。当 $d \to c$ 沿 $+X$ 方向移动时，r 为正值。当 $d \to c$ 是沿 $-X$ 方向移动时，r 取负值，r 值用半径值指令。

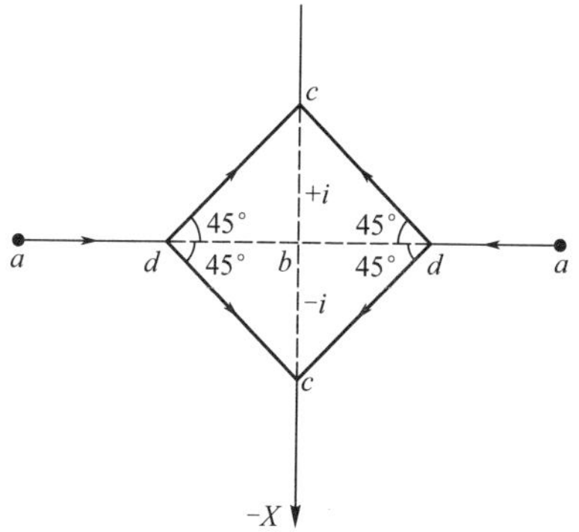

图 32-1　$Z \rightarrow X$ 倒角

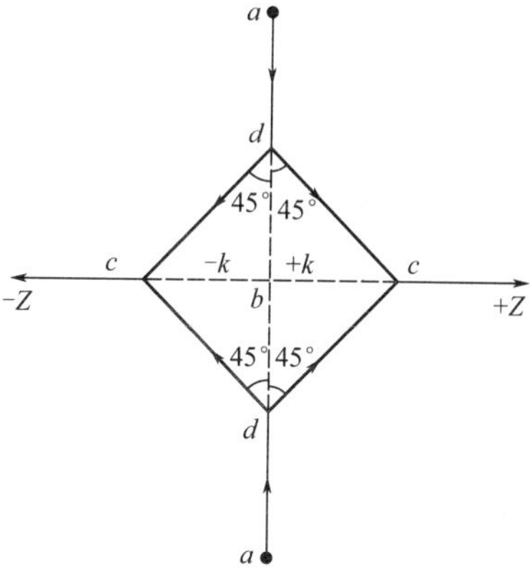

图 32-2　$X \rightarrow Z$ 倒角

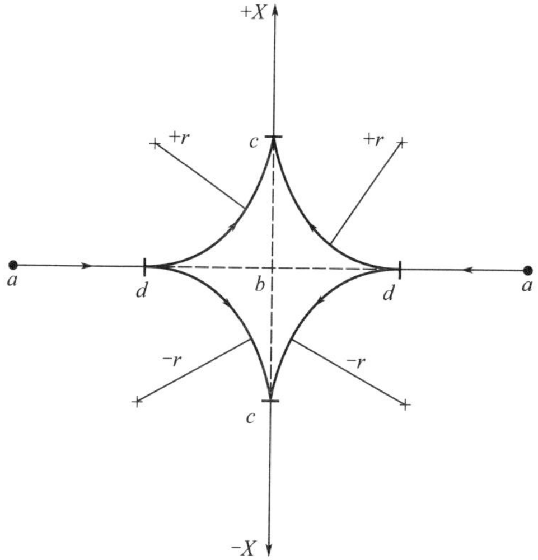

图 32-3　$Z \rightarrow X$ 过渡圆

④ 由 X 轴移向 Z 轴圆角时的刀具运动如图 32-4 所示。刀具从 a 点出发，指令点为 b 点，但在距离 b 点为 r 的 d 点，刀具沿圆弧移动到 c 点，即 $a \rightarrow d \rightarrow c$。当 $d \rightarrow c$ 沿 $+Z$ 方向移动时，r 为正值。当 $d \rightarrow c$ 是沿 $-Z$ 方向移动时，r 取负值，r 值用半径值指令。

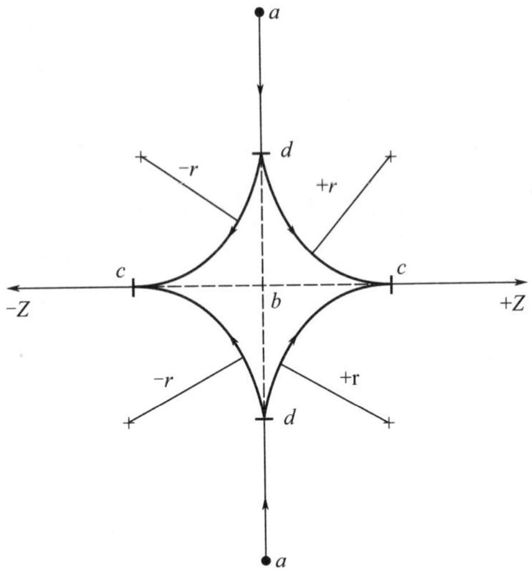

图 32-4　$X \to Z$ 过渡圆

⑤ 对于倒角和拐角 R 的移动必须是以 G01 方式，而且指令的移动轴只能是一个轴，X 轴或 Z 轴，在下一个程序段，必须指令与其成直角的另一轴 Z 轴或 X 轴。

⑥ I 或 K 和 R 的命令值为半径编程。

⑦ 跟在倒角和圆角程序段后面的程序段中，指定命令的始点不是图 32-1～图 32-4 中所示的 c 点而是 b 点。在增量编程中，指定从 b 点出发的距离。

⑧ 单程序段停止点在 c 点而不是 d 点。

⑨ 在螺纹切削的程序段中，不能使用倒角和过渡圆弧。

⑩ 通过参数设置，可以用 C 代替 I 或 K 作为倒角的地址。

⑪ 用 G01 在同一程序段中指令了 C 和 R 时，后者有效。

⑫ 指令下列指令时报警：

a. 用 G01 指令了 X、Z 两个轴，又指令了 C 或 R 两者之一时。

b. 在指令了倒角或过渡圆的程序段中，X 或 Z 的移动量比倒角量、过渡圆 R 小时。

c. 在含有倒角、过渡圆 R 程序段的下个程序段中没有与前个程序段成直角的非 G01 指令时。

d. 如果在 G01 中指定了多于一个的 I、K、R 时。

(2)应用

在 CNC 车削和镗削操作中，从轴肩到外圆（或从外圆到轴肩）的切削通常需要拐角过渡。拐角过渡可能是 45°的倒角或圆角。它们的尺寸通常很小，有时工程图中并不给出尺寸，这时便由程序员来决定。如果图中给出了拐角过渡尺寸，程序员可直接使用。起点和终点计算并不困难，但是很费时，采用倒角和过渡圆弧编程，不但可以简化编程而且使得程序在加工过程中更快且更容易修改。如果图纸中需要改变某个倒角和圆角的尺寸，只要改变程序中的一个值就行。而不需要重新计算。

(3)编程举例

【例】 采用倒角和过渡圆弧指令加工如图 32-5 所示零件，所有倒角为 1.5×45°，圆角为 *R*2。如表 32-1 所示的程序 O2810 为精加工程序，没有端面的加工，刀具从所选安全间隙 2.5 处开始加工。

表 32-1　加工程序

程　　序	说　　明
O2810	
…	
N51 T0100;	
N52 G96 S150 M03;	
N53 G00 G42 X8.0 Z2.5 T0101 M08;	刀尖半径补偿，起始位置
N54 G01 X16.0 Z−1.5 F0.08;	倒工件右端倒角
N55 Z12.7 R2.0;	车 ϕ16 外圆和过渡圆 *R*2
N56 X32.0 K−1.5;	车 ϕ32 端面和倒角 1.5×45°
N57 Z−25.4 R2.0;	车 ϕ32 外圆和过渡圆 *R*2
N58 X48.0 R−2.0;	车 ϕ48 端面和过渡圆 *R*2
N59 Z−38.1 I1.5;	车 ϕ48 外圆和倒角 1.5×45
N60 X61.0;	车 ϕ48 端面
N61 X66.0 Z−40.6;	倒角 1.5×45
N62 U5.0;	
N63 G00 G40 X250.0 Z150.0 T0100;	远离工件，取消刀尖半径补偿
N64 M30;	
%	

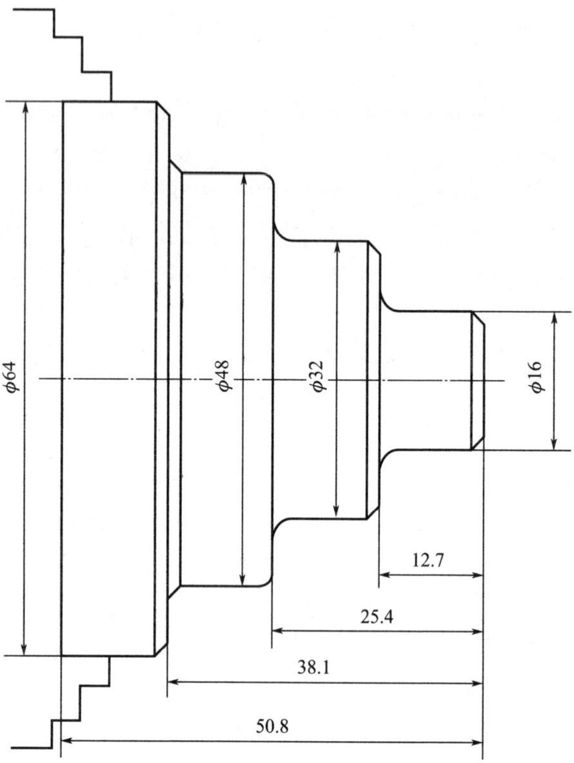

图 32-5　零件图

32.2　图样尺寸直接编程

(1)指令格式

指令格式及刀具运动轨迹见表 32-2。

说明：

① 图样尺寸直接编程，只能在存储器运行方式下有效。

② 图样尺寸直接编程只用绝对值编程，用 C 表示倒角，用 R 表示过渡圆弧半径，用 A 表示直线角度。角度的正方向以逆时针为正值。

③ 如果直线的终点不指定，则这条直线为开放的，若终点指定，则为封闭的。在指令中，在两段之内，终点应封闭。

④ 为指令一条直线，应指令 X、Z 和 A 中的一个或两个。如果只指令一个，在下个程序段必须首先定义直线。要指令直线的倾角、倒角值或拐角 R 用一个逗号（,）分开，指令如下：

，A _

，C _

，R _

在不用 A 或 C 作轴名的系统中，通过参数设置，直线的倾角、倒角值或拐角 R 可以不用（,），指令如下：

A _

C _

R _

⑤ 下列 G 代码不能在图样尺寸直接编程的程序中指令，也不能在定义图形的直接指定图样尺寸的程序段间指令：

a. 00 组的 G 代码（G04 除外）；

b. 01 组中的 G02、G03、G90、G92、G94。

⑥ 螺纹切削程序段中不能插入拐角和圆弧过渡。

⑦ 当前一段的终点是在下一段的指令确定时，不能执行单程序运动，但在前一段的终点可以执行暂停。

⑧ 程序中交点计算的角度差应大于±1°（因为这个计算得到的移动距离太大）。

a. 当指令 X _ ，A _ ；时，如果 A 值为 0°±1°或 180°±1°以内的值，则报警。

b. 当指令 Z _ ，A _ ；时，如果 A 值为 90°±1°或 270°±1°以内的值，则报警。

⑨ 在计算交点时，如果两条直线构成的角度是在±1°以内，则报警。

⑩ 如果两条直线构成的角度在±1°以内，倒角或圆角被忽略。

⑪ 角度指令必须在尺寸指令（绝对值编程）之后指令。

表 32-2　指令格式及刀具运动轨迹

序　　号	指　　令	刀具运动
1	G01 X_2_(Z_2_),A_;	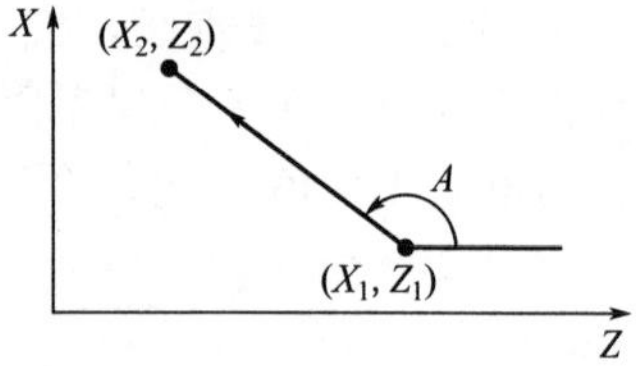
2	G01 ,A_1_; X_3_Z_3_;	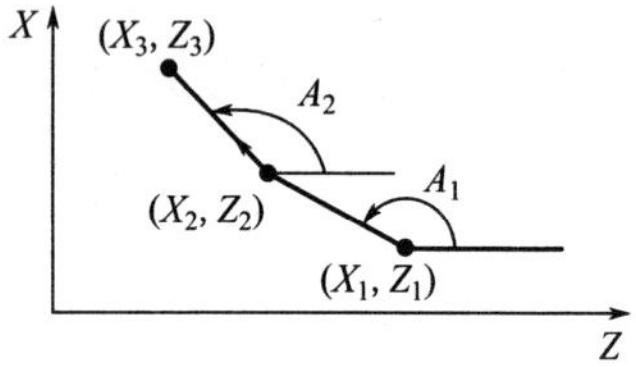
3	G01 X_2_Z_2_,R_1_; X_3_Z_3_; 或 G01 ,A_1_,R_1_; X_3_Z_3_ ,A_2_;	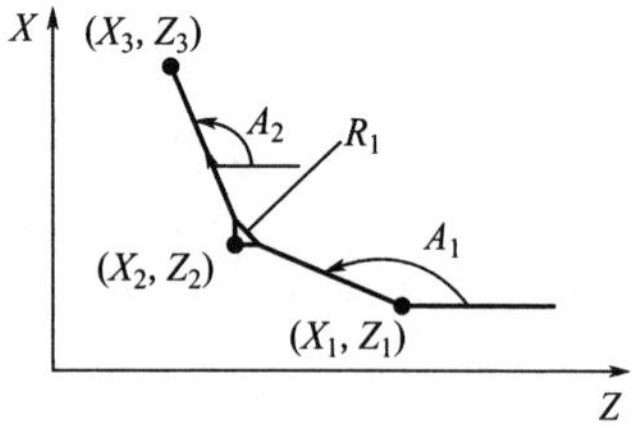
4	G01 X_2_Z_2_,C_1_; X_3_Z_3_; 或 G01 ,A_1_,C_1_; X_3_Z_3_ ,A_2_;	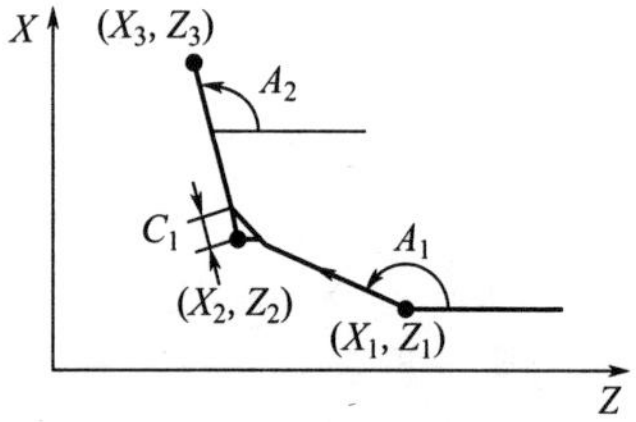
5	G01 X_2_Z_2_,R_1_; X_3_Z_3_,R_2_; X_4_Z_4_; 或 G01, A_1_,R_1_; X_3_Z_3_,A_2_,R_2_; X_4_Z_4_;	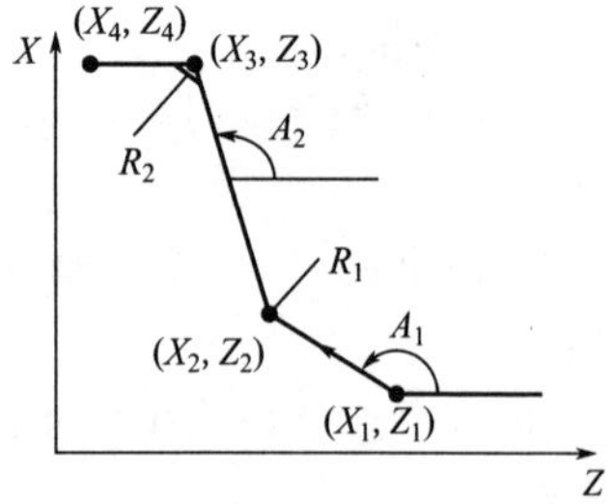

序　　号	指　　令	刀具运动
6	G01 X_2_Z_2_,C_1_; X_3_Z_3_,C_2_; X_4_Z_4_; 或 G01, A_1_,C_1_; X_3_Z_3_,A_2_,C_2_; X_4_Z_4_;	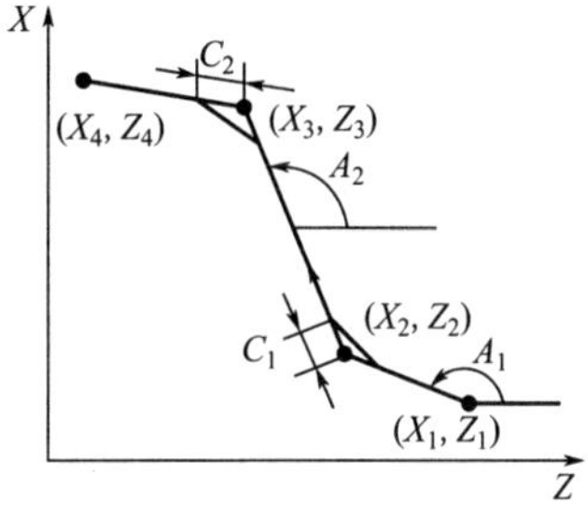
7	G01 X_2_Z_2_,R_1_; X_3_Z_3_,C_2_; X_4_Z_4_; 或 G01, A_1_,R_1_; X_3_Z_3_,A_2_,C_2_; X_4_Z_4_;	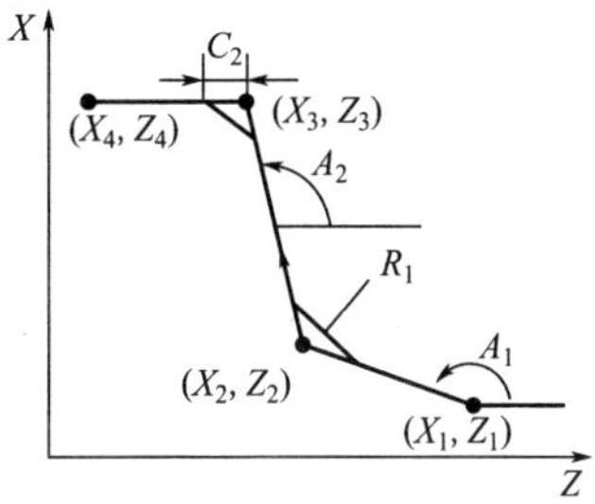
8	G01 X_2_Z_2_,C_1_; X_3_Z_3_,R_2_; X_4_Z_4_; 或 G01, A_1_,C_1_; X_3_Z_3_,A_2_,R_2_; X_4_Z_4_;	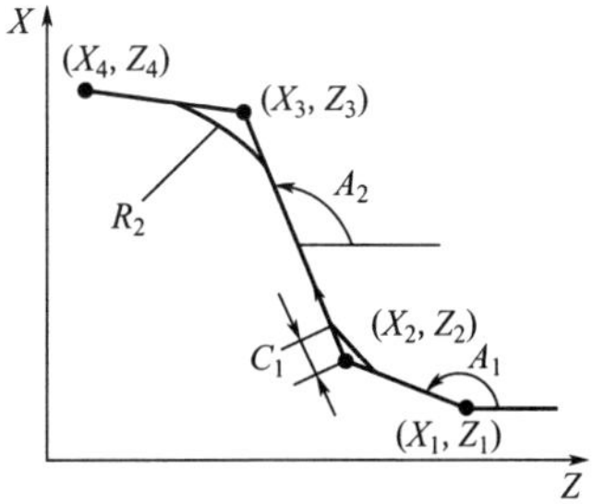

例如：

N1 X _ ，A _ ，R _ ；

N2，A _ ；

N3 X _ Z _ ，A _ ；

(2)应用

当加工的图形是由直线为主元素、倒角和过渡圆弧为辅助元素组成时，有些数控系统可以采用图样尺寸直接编程。采用图样直接编程，系统可自动计算直线的交点，倒角的交点和过渡圆弧的切点，节省了程序员大量的计算时间，减少了计算错误的机会，不但可以简化编程而且使得程序在加工过程中更快且更容易修改。

(3)编程举例

【例】 如图 32-6 所示，用图样尺寸直接编程。加工程序如表 32-3 所示。

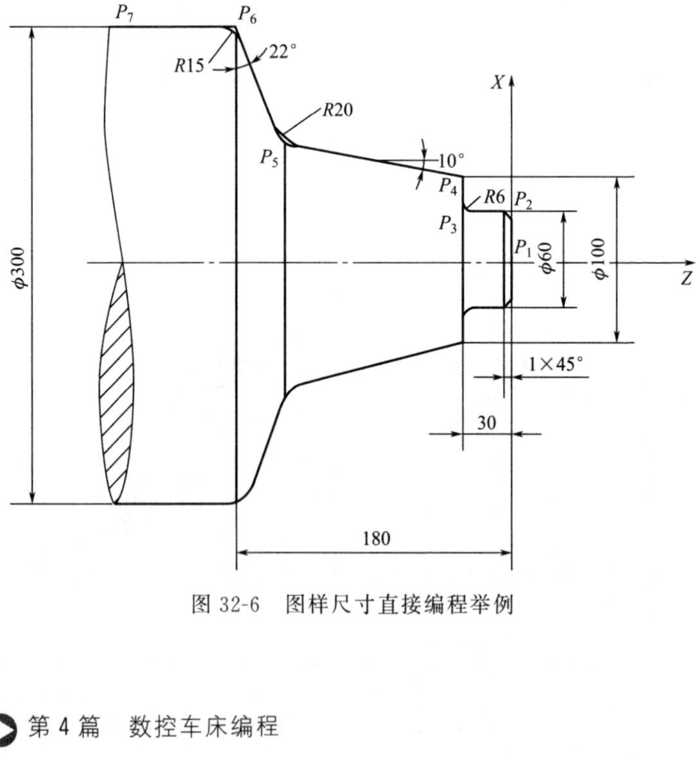

图 32-6 图样尺寸直接编程举例

表 32-3　程序表

程　　序	说　　明
…	
N010 G01 X0 Z0 F80；	P_1
N011 X60.0，A90.0，C1.0；	P_2
N012 Z－30.0，A180.0，R6.0；	P_3
N013 X100.0，A90.0；	P_4
N014，A170.0，R20.0；	P_5
N015 X300.0，Z－180.0，A112.0，R15.0	P_6
N016 Z－230.0，A180.0；	P_7
…	

第33章　子程序

33.1　子程序格式（M99）

子程序的格式：

O××××；

…；

…；

…；

M99；

说明：

① M99 为子程序结束指令，或返回主程序指令，M99 不一定要单独用一个程序段，如 G00 X _ Z _ M99；也是允许的。

② 如果在子程序的返回指令中加入 P*n*，即格式变为 M99 P*n*，则子程序在返回时将返回到主程序中顺序号为 *n* 的程序段，但这种情况只用于存储器工作方式而不能用于纸带方式。

例如：

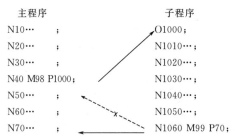

主程序	子程序
N10…　；	O1000；
N20…　；	N1010…；
N30…　；	N1020…；
N40 M98 P1000；	N1030…；
N50…　；	N1040…；
N60…　；	N1050…；
N70…　；	N1060 M99 P70；

③ 当在主程序中执行 M99 时，程序将返回到程序开头的位置并继续执行程序，为了让程序能够停止或继续执行后面的程序，这

种情况下通常是写成/M99；以便在不需要重复执行时，跳过这程序段。也可以在主程序中插入/M99 P*n*。

例如：

```
                        N0010…；
                        N0020…；
                     ┌→ N0030…；
任选程序段            │  N0040…；
跳过开关(/)           │  N0050…；
OFF 时               │  N0060…；            ┐
                     └ /N0070 M99 P0030；     │任选程序段跳过
                        N0080…；            ←┘开关(/)ON 时
                        N0090 M02 ；
```

④ 只用子程序。通过 MDI 检索到子程序的开头，就可以像执行主程序那样执行子程序。在这种情况下，如果执行含有 M99 的程序段，则返回到子程序的开头，并重复执行。如果执行 M99 P*n*，则返回到顺序号 *n* 的程序段重复执行。为了结束这个程序，把含有/M02 或/M30 的程序段插入适当的位置，如下列程序，要想结束，把面板上跳过任选程序段开关设置为断开，这个开关要先设定，不要临时设定。

例如：

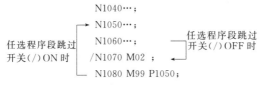

```
                        N1040…；
                     ┌→ N1050…；              任选程序段跳过
任选程序段跳过        │  N1060…；            ┐ 开关(/)OFF 时
开关(/)ON 时          │ /N1070 M02 ；       ←┘
                     └  N1080 M99 P1050；
```

⑤ M99 信号不输出到机床。

33.2 子程序调用（M98）

(1)指令格式

M98 P×××× L(K)×××

说明：

① M98 为调用子程序，但它不是一个完整的功能，需要两个附加参数使其有效。在单独程序段中只有 M98 指令将会出现

错误。

② 地址 P 后面的四位数字为子程序号。如果由地址 P 指定的子程序号没能找到，机床将报警。

③ 地址 L 或 K 指令为调用子程序的次数，系统允许调用次数最多为 999 次，若只调用一次可以省略不写。有些控制器不能接受 L 或 K 地址作为重复次数，直接在 P 地址后编写重复次数。

如：M98 P△△△ ○○○○

子程序号(必须 4 位)

子程序重复调用次数

④ 子程序调用只能在存储器方式下用自动方式执行。

⑤ 为了进一步简化程序，可以让子程序调用另一个子程序，这称为子程序的嵌套，编程使用较多的是二重嵌套，其程序执行情况如图 33-1 所示。

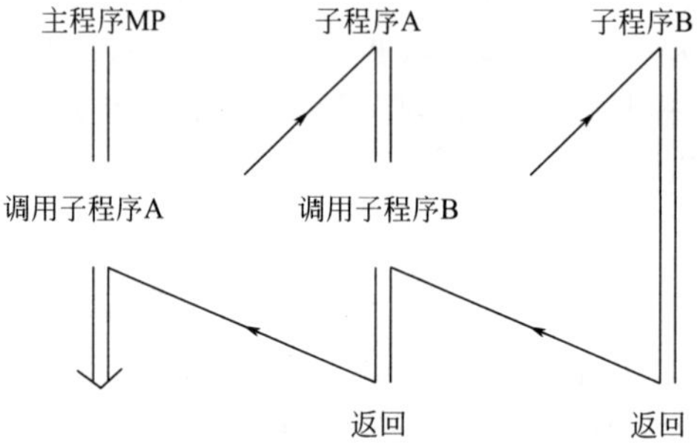

图 33-1　子程序的嵌套

⑥ 调用子程序的 M98 程序段也可能包含附加指令，如快速运动、主轴转速、进给率、刀具半径偏置等。大多数 CNC 控制器中，与子程序调用位于同一程序段中的附加数据将会传递到子程序中。

例如：N50 G00 X28.373 Z13.420 M99 P3591

程序段先执行快速运动，然后调用子程序，程序段中地址字的顺序对程序运行没有影响。

N50 M98 P3591 G00 X28.373 Z13.420

它将得到相同的加工顺序，即刀具运动在调用子程序之前进行。

⑦ M98 信号不输出到机床。

(2)应用

① 零件上有若干处具有相同的轮廓形状。在这种情况下，只编写一个轮廓形状的子程序，然后用一个主程序来调用该子程序。

② 加工中反复出现具有相同轨迹的走刀路线。被加工的零件从外形上看并无相同的轮廓，但需要刀具在某一区域分层或分行反复走刀，做刀轨迹总是出现某一特定的形状，采用子程序就比较方便，此时通常要以增量方式编程。

③ 采用子程序可以缩短程序长度、减少程序错误、缩短编程时间和工作量，修改程序很快而且很容易。

(3)编程举例

【例】 利用 G90 指令粗加工如图 33-2 所示的零件。精加工余量每侧为 0.7mm。

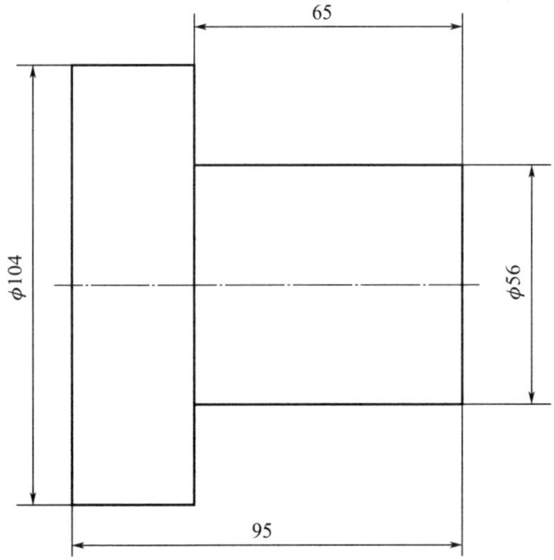

图 33-2　零件图

加工程序见表 33-1。

表 33-1　加工程序

程　　序	说　　明
O2910；	
N1 G21；	
N2 T0100 M41；	
N3 G96 S150 M03 F0.2；	恒表面速度
N4 G00 X113.4 Z2.5 T0101 M08；	起点
N5 M98 P0020 L6；	调用子程序
N6 G00 X250.0 Z50.0 T0100 M09；	远离工件
N7 M01 ；	粗加工结束
…	
N20 M30；	
%	
O0020；	子程序
N1 G00 U4.0；	
N2 G90 U4.0 Z－64.3；	外圆粗车循环
N3 M99；	返回主程序
%	

第34章　程序段跳过功能“/”

程序段跳过功能“/”是所有 CNC 控制器的标准功能，当机床面板上的选择程序段跳过开关接通时，在程序中执行到程序跳过功能“/”，控制系统会跳过跟在斜杠后的所有指令。它的主要目的就是在不多于两个冲突可能性的情况下，为程序员的程序设计提供一些额外的手段。没有程序跳过功能，唯一的办法就是编写两个分别用于唯一可能的不同程序。例如，编写一个端面切削程序，交付到 CNC 机床上的坯料尺寸并不完全一样。一些毛坯的尺寸较小，可以经过一道切削工序完成，一些可能比较大，需要两次端面切削。这种情况在 CNC 加工厂并不少见，且常常不能得到有效的处理。编写两个不同的程序是一个选择，但一个可以包含两个选择的程序将是更好的选择——其区别就是程序中是否使用程序段跳过功能。

34.1　跳过功能的格式

为了在程序中识别程序跳过功能，需要特殊的编程符号。程序跳过功能符号用左斜杠“/”表示。系统将该斜杠当作跳过程序段代码。在大多数的 CNC 编程应用中，斜杠是程序段中的第一个字符。

例如：

```
N1…                    (始终执行)
N2…                    (始终执行)
N3…                    (始终执行)
/N4…                   (如果跳过程序段无效则执行)
/N5…                   (如果跳过程序段无效则执行)
/N6…                   (如果跳过程序段无效则执行)
/N7…                   (如果跳过程序段无效则执行)
```

```
N8…                    (始终执行)
N9…                    (始终执行)
```

一些控制系统中，可以在程序段中间使用跳过程序段代码以选择性使用某些地址，而不是在它的开头。

例如：

```
N6…
N7 G00 X50.0  /M08
N8 G01…
…
```

在这种情况下，即控制系统确实允许在程序段中使用跳过程序段时，则控制器将执行所有斜杠前的指令，而不管跳过程序段触发器的设置如何。如果启动程序跳过功能（程序段跳过功能激活），只跳过斜杠后面的指令。在上例中，将跳过冷却液功能 M08，如果关掉程序段跳过功能（程序跳过功能无效），将执行整个程序段，包括冷却液功能。

无论采取哪种形式，由操作人员根据加工类型来最终决定是否使用程序段的跳过功能。为此，CNC 单元控制面板上设置了按键、波动开关或菜单选项，跳过程序段的选择可以激活（开）或无效（关）。当程序段跳过功能设为“开”位置时，表示忽略跟在斜杠后的所有程序指令；当程序跳过功能设为“关”时，表示执行所有程序段指令。

加工中将程序段跳过功能设为“开”或“关”位置，且在整个程序中都保持这一模式。如果在程序的一部分需要“开”设置，而其余的并不需要时，通常在程序注释中告知操作人员。在程序运行中改变跳过程序段模式是不安全的，也很容易产生问题。一些控制器上由可选功能，即一个选择性的或跳过程序号功能。这一选项使操作人员可以选择程序的哪一部分需要“开”设置，哪一部分需要“关”设置。该设置可以在按下循环开始键初始化程序之前完成。

书写格式：$/n$

其中 $n=1\sim9$

跳过任选程序段（$/n$）放在程序段的开头，当机床操作面板跳过任选程序段开关 n 置于 ON 位置时，带$/n$ 的程序段与开关 n

号对应，在纸带或存储方式运行时，该程序段无效，即从/*n* 开始到程序段结束符之间的程序被跳过。当跳过任选程序段开关 *n* 置于 OFF 时，/*n* 后面的程序段有效。也就是说，含有“/”的程序段根据机床操作面板上开关的选择，其后的程序段可以跳过。

例如：

```
N1…
N2…
/1N3…                    (跳过程序段组 1)
/1N4…                    (跳过程序段组 1)

…
…
N16…
/21N17…                  (跳过程序段组 2)
/2N18…                   (跳过程序段组 2)
…
…
N29…
/3N30…                   (跳过程序段组 3)
/31N31…                  (跳过程序段组 3)
```

/1 中的 1 可以忽略。但是，当两个或多个选择程序段开关用于一个程序段时，/1 中的 1 不能忽略。

例如：

```
//3G00 X10.0;          (不正确)
/1/3G00 X10.0;         (正确)
```

使用程序段跳过功能时，一定要注意所有的模态指令，使用斜杠代码的程序段中的指令并不是始终有效的，它取决于程序段跳过开关的设置，如果使用程序跳过功能，从具有斜杠代码的部分跳转到没有斜杠代码的部分，其中在斜杠后面指定的模态指令将丢失。编写程序段跳过功能时，如果忽略模态指令，可能会导致严重的错误。为了避免这一潜在问题，即在被程序段跳过功能影响的程序部分重复编写所有的模态指令。

比较下面两个例子

例 A——不重复模态指令

```
N5 G00 X50.0 Z2.0
/N6 G01 X45.0 F0.15 M08    (G01 和 M08 丢失)
N7 Z－45.0 F0.1
N8…
```

例 B——重复模态指令

```
N5 G00 X50.0 Z2.0
/N6 G01 X45.0 F0.15 M08
N7 G01 Z－45.0 F0.1 M08
N8…
```

在程序跳过功能为无效时，例 A 和例 B 会得到同样的结果，此时，控制系统将按照编程顺序，执行所有程序中的指令。当激活程序跳过功能时，控制系统不执行跟在斜杠代码后的程序段指令，那么两个例子将有不同的执行结果。以下是忽略程序段 N6 时得到的不同结果：

例 C——不重复模态指令

```
N5 G00 X50.0 Z2.0                (快速运动)
N7 Z－45.0 F0.1                  (快速运动)
N8…
```

例 D——重复模态指令

```
N5 G00 X50.0 Z2.0                (快速运动)
N7 G01 Z－45.0 F0.1 M08          (直线插补)
N8…
```

34.2 编程实例

程序段跳过功能非常简单，以致经常被忽略。然而它却是功能强大的编程方法，对于这一功能的创造性使用将使很多程序收益。工作的类型和独创性的思考是它成功应用的关键。下面例子所示为程序段跳过功能的一些实际应用，这些例子可用做一般程序设计的开头，或用在拥有相似加工应用的场合。

(1)各种毛坯切除

在粗车中切除多余的毛坯材料是十分常见的操作。在车床上加工不规则表面（如铸件、锻件）或粗糙表面时，很难确定切削次数。例如，对于某一给定的工作，其中一些铸件可能只有最小的余量，所以一次粗车或端面切削已经足够；同一工作中的其他的铸件可能稍大一点，因而需要两次粗车或端面加工。

如果设计的程序只含有一次粗车或端面切削，那么在加工厚的毛坯时将发生错误。对所有的工件都编写两次切削将比较安全，但对于只有最小余量的工件而言，效率较低。当毛坯很小时，将有很多称为“空切”的刀具运动。

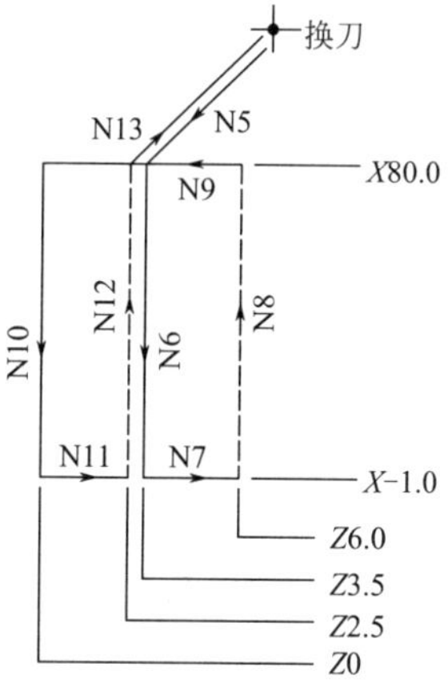

图 34-1 车削应用中不同毛坯的表面加工

下面是车床上一个典型端面切削实例，切削毛坯的尺寸介于 2mm 和 7mm 之间。经过对几种加工选择的考虑，程序员确定可以一次切削毛坯的最大合理切削深度为 3.5mm，如图 34-1 所示。

程序：

```
O3010
N1 G21 G40 G99;
N2 G50 S2000;
N3 G00 T0200 M42;
N4 G96 S150 M03;
N5 G41 X80.0 Z3.5 T0202 M08;
/N6 G01 X－1 F0.01;
/N7 G00 Z6.0;
/N8 X80.0
N9 G01 Z0 F0.05;
N10 X－1.0 F0.01;
N11 G00 Z2.5;
N12 X80.0;
N13 G40 X12.0 Z50.0 T0200;
N14 M30;
%
```

(2)改变加工模式

程序段跳过功能在另一种应用中非常有效，即简单的族工件编程。“族工件”表示在两个或多个工件的编程条件设计中可能有一些细微的差别，相似工件间的这种微小的变化通常很合适使用程序段跳过功能。在使用程序段跳过功能的程序中，可以对不同工程图之间的加工模式做一些细微的改变。下面两个例子所示为编写改变刀具路径的典型可能性，一个例子强调的是跳过加工位置，另一个例子中强调的是改变模式本身。

图 34-2(a) 所示为程序跳过功能设为“开”时的结果，如图 34-2(b) 所示为程序段跳过功能设为“关”时的结果，它们使用的程序相同。

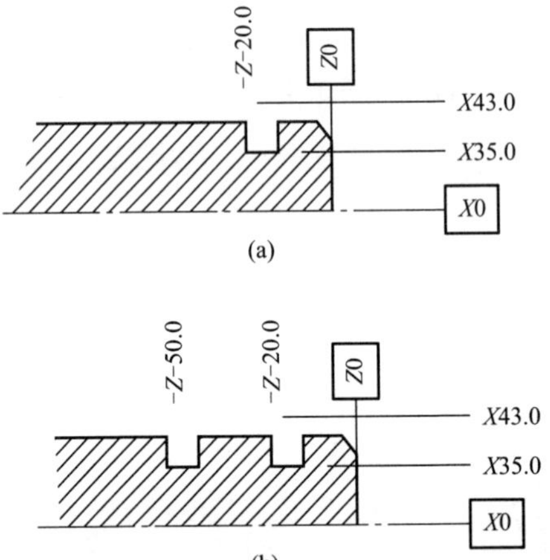

(a)

(b)

图 34-2　不同的加工模式——车削应用

程序：

```
O3020;
N1 G21;
…;
N12 G50 S1800;
N13 G00 T0600 M42;
```

```
N14 G96 S40 M03;
N15 X43.0 Z-20.0 T0606 M08;
N16 G01 X35.0 F0.13;
N17 G00 X43.0;
/N18 Z-50.0;
/N19 G01 X35.0;
/N20 G00 X43.0;
N21 X400.0 Z45.0 T0600;
N22M01;
:
```

(3)用于测量的试切

跳过程序段还有一个应用，它为机床操作人员在终加工前提供测量方法。由于切削刀具不太理想的尺寸以及其他一些因素，加工完的工件可能稍微超出了所需公差范围。

下面的编程方法对编写具有很小公差范围的工件很有用。它对那些在所有加工完成前很难测量其形状的工件也很有用，比如锥体。对有些工件，单把刀具的循环时间很长，并且在产品加工前需要很好地协调所有的刀具偏置，这对上述方法也是非常有用的。

工件的编程使用这一方法要有效得多，因为它可以消除重切，加速表面加工速度，甚至可以避免产生废品。两种情况下，试切编程方法需要使用程序段跳过功能。设置程序段跳过模式为“关”，机床操作人员检查试切尺寸，如果需要，则调整个别偏置，然后设置程序段跳过模式为“开”以继续加工。

【例】 如图 34-3 所示。

程序：

```
O3030;
N1 G20;
…;
N10 G50 S1400;
N11 G00 T060 M43;
N12 G96 S600 M03;
```

```
/N13 G42 X2.0563 Z0.1 T0606 M08;
/N14 G01 Z—0.4 F0.008;
/N15 X2.3 F0.03;
/N16 G00 G40 X3.0 Z2.0 T0600 M00;
/(试切直径为 2.0563in)
/N17 G96 S600 M03;
N18 G00 G42 X1.675 Z0.1 T0.606 M08;
N19 G01 X2.0 Z—0.0625 F0.007;
N20 Z—1.75;
N21 X3.5 F0.01;
N22 G00 G40 X10.0 Z2.0 T0600;
N23 M01;
```

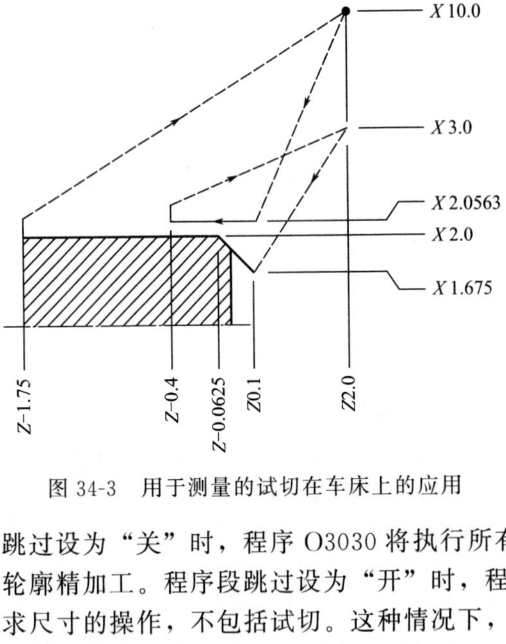

图 34-3　用于测量的试切在车床上的应用

程序段跳过设为“关”时，程序 O3030 将执行所有的程序段，包括试切和轮廓精加工。程序段跳过设为“开”时，程序仅仅执行加工到所要求尺寸的操作，不包括试切。这种情况下，所有重要的指令都通过对关键指令的重复而保留下来（N18 和 N19）。这样的重复对在两种跳过程序段模式下的成功执行是非常关键的。N16 中的 M00 功能可以停止机床以检查尺寸。

下面的例子中，在实际加工前编写了另一个试切程序，但其原因不一样，如图 34-4 所示。

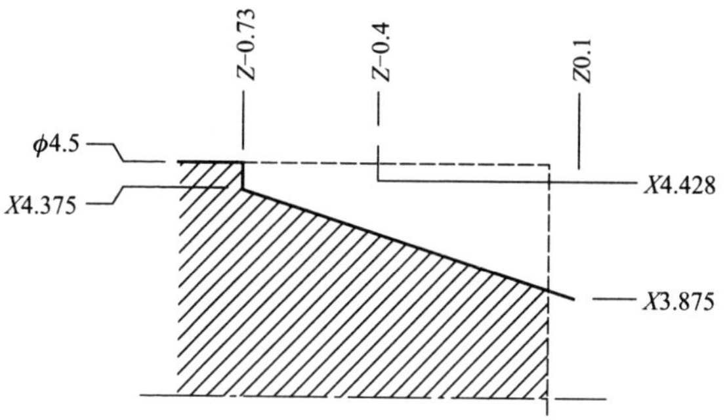

图 34-4　车床上锥体的试切程序——程序 O3040

程序 O3040 中，工件加工后的形状是一个锥体，该特征在加工完成前难以测量。在试切和错误方式下调整刀具偏置，并不是一个正确的解决办法。可以在实体材料区域内沿直径方向编写试切程序，这使得操作人员可以方便地检查试切尺寸，并在完成最后切削前调整偏置。

```
O3040
(锥体的试切——一把刀具)
N1 G20 G99 G40;
N2 G50 S1750 T0200 M42;
MS G96 S500 M03;
/N4 G00 G42 X4. 428 Z0. 1 T0202 M08;
/N5 G01 Z－0. 4 K0. 008;
/N6 U0. 2 F0. 03;
/N7 G00 G40 X10. 0 Z5. 0 T0200 M00;
/(试切直径为 4. 428in)
/N8 G96 5500 M03;
N9 G00 G42 X4. 6 Z0. 1 T0202 M08;
N10 G71 U0. 15 R0. 04
N11 G71 P12 Q14 U0. 06 W0. 005 F0. 01;
N12 G00 X3. 875;
N13 G01 X4. 375 Z－0. 73 F0. 008;
N14 X4. 6 F. 012;
```

```
N15 S550 M43;
N16G70 P12 Q14;
N17 G0 G40 X10.0 Z5.0 T0200 M01;
```

程序 O3040 所示为一种常见情形，即用一把切削刀具来进行粗加工和精加工。它以简单的形式显示了使用程序段跳过功能的合理方法。在大多数的应用中，需要不同的粗加工和精加工刀具，这取决于所需的精度等级。使用两把切削刀具时，精加工刀具的试切尺寸通常比粗加工的更重要。程序 O3050 所示为使用两把切削刀具的程序段跳过功能——T02 用做粗加工，T04 用做精加工，这里仍使用图 34-4 中的例子。

```
O3050
(锥体的试切——两把刀具)
N1 G20 G99 G40;
N2 G50 S1750 T0200 M42;
N3 G96 S500 M03;
/N4 G00 G42 X4.46 Z0.1 T0202 M08;
/N5 G01 Z—0.4 F0.008;
/N6 U0.2 F0.03;
/N7 G00 G40 X10.0 Z5.0 T0200 M00
/(T02 试切直径为 4.46in)

/N8 G50 S1750 T0400 M43;
/N9 G96 S550 M03;
/N10 G00 G42 X4.428 Z0.1 T0404 M08;
/N11 G01 Z—0.4 F0.008;
/N12 U0.2 K0.03;
/N13 G00 G40 X10.0 Z5.0 T0400 M00;
/(T04 试切直径为 4.428in)

/N14 G50 51750 T0200 M42;
/N15 G96 S500 M03;
N16 G00 G42 X4.6 Z0.1 T0202 M08;
N17 G71 U0.15 R0.04;
N18 G71 P19 Q21 U0.06 W0.005 F0.01;
N19 G00 X3.875;
```

```
N20 G01 X4.375 Z-0.73 F0.008;
N21 X4.6 F0.012;
N22 G00 G40 X10.0 Z5.0 T0200 M01;
N23 G50 51750 T0400 M43;
N24 G96 5550 M03;
N25 G00 G42 X122.0 Z3.0 T0404 M08;
N26 G70 P19 Q21;
N27 G00 G40 X10.0 Z5.0 T0400 M09;
N28 M30;
%
```

(4)程序校验

程序段跳过功能对在机床上校对新程序以及检查明显的错误也是很有用的，经验有限的CNC操作人员在第一次运行程序时可能有些忧虑，最关心的就是朝向工件的初始快速运动，尤其当空隙很小时。下面的例子为排除设置和程序校验过程中的问题的一般编程方法。但为了保证生产能力，在重复操作中，仍然保持最大的快速运动速率。

```
O3060;
N1 G21 G40 G99;
N2 G50 S2000;
N3 G00 T0200 M42;
N4 G96 S150 M03;
N5 G41 X50.0 Z0 T0202 M08 /G01 F2.0;
N6 G01 X.. F0.1;
N7…
```

上面的例子中，只在一个程序段中使用跳过程序段。利用了同一程序段中的两条互相冲突的指令。如果在一个程序段中使用两条互相冲突的指令，那么程序段中的一条指令将无效。例子中的第一条指令为G00，第二条为G01。通常，G01的优先级要高，但因为斜杠代码的存在，所以如果程序段跳过设为“开”，控制器接受G00，如果程序段跳过设为“关”，则接受G01。当程序段跳过模式为“关”时，控制器将阅读两条运动指令，且程序段中的第二条指令有效（G01取代G00）。

第35章 数控车床辅助功能

辅助功能又称 M 功能或 M 代码。控制机床在加工操作时做一些辅助动作的开、关功能。在数控基础第 3 章中对于一些常用的辅助功能已作了详细的介绍。在本章中主要介绍与数控车床结构及附件有关的辅助功能。

35.1 与转速有关的辅助指令（M41～M44）

(1)指令格式

$$\left\{\begin{array}{l}\text{M41}\\\text{M42}\\\text{M43}\\\text{M44}\end{array}\right.$$

说明：

① M41～M44 为齿轮传动速度范围选择，模态指令。对于传动速度范围的数目是 1、2、3 或 4，M41～M44 的含义见表 35-1。

表 35-1 齿轮传动速度选择

<table>
<tr><th>范 围</th><th>M 功能</th><th>齿轮传动速度范围</th><th>范 围</th><th>M 功能</th><th>齿轮传动速度范围</th></tr>
<tr><td>1 个可用</td><td>N/A</td><td>不编程</td><td rowspan="6">4 个可用</td><td rowspan="6">M41
M42
M43
M44</td><td rowspan="6">低速范围
中速范围 1
中速范围 2
高速范围</td></tr>
<tr><td rowspan="2">2 个可用</td><td>M41</td><td>低速范围</td></tr>
<tr><td>M42</td><td>高速范围</td></tr>
<tr><td rowspan="3">3 个可用</td><td>M41</td><td>低速范围</td></tr>
<tr><td>M42</td><td>中速范围</td></tr>
<tr><td>M43</td><td>高速范围</td></tr>
</table>

② 对于有齿轮传动速度范围选择的机床，在编写加工程序时，主轴旋转前需选择传动范围。

③ 选定齿轮传动范围后就限制了主轴转速的范围，因此如果

需要确定的主轴转速范围，必须找出每一范围内对应的主轴转速。

④ 两个相邻的传动范围对应的转速之间通常都有较大的重叠。当选择重叠部分的转速时，一般会选择较低的转动范围，这样可得到较大的功率。

⑤ 通常改变传动速度时，并不需停止主轴旋转，但无论如何，一定要参考车床手册。如有疑问，可以首先停止主轴以改变传动速度范围，然后重新启动主轴。

(2)应用

数控车床常采用1～4挡齿轮变速与无级调速相结合的方式，即所谓分段无级变速的方式，来弥补电动机低速段输出力矩无法满足机床强力切削的要求，采用机械齿轮减速，增大了输出扭矩，并利用齿轮换挡扩大了调速范围。数控系统通过程序中的S代码来控制主轴电动机的驱动调速电路，同时利用程序中M41～M44代码来控制机械齿轮变速自动换挡的执行机构。

35.2 螺纹退出控制（M23、M24）

(1)指令格式

$$\begin{cases} \mathrm{M23} \\ \mathrm{M24} \end{cases}$$

说明：

① M23和M24为螺纹退出控制指令，螺纹退出功能也称螺纹倒角功能或螺纹精加工功能，属于模态指令。其中M23为螺纹精加工“开”，M24为螺纹精加工“关”。

② 执行M23指令时，刀具在螺纹末端沿两根轴斜线退出。如图35-1(a)所示。其中距离d由控制参数设定，其范围为导程的0.1～12.7倍之间。通常等于螺纹导程。

③ 执行M24指令时，刀具在螺纹末端沿一根轴垂直退出。如图35-1(b)所示。

④ 对于螺纹加工循环G92或G76，M24为缺省状态，因此不需要使用M24，除非同一程序中的另一个螺纹使用M23功能，这

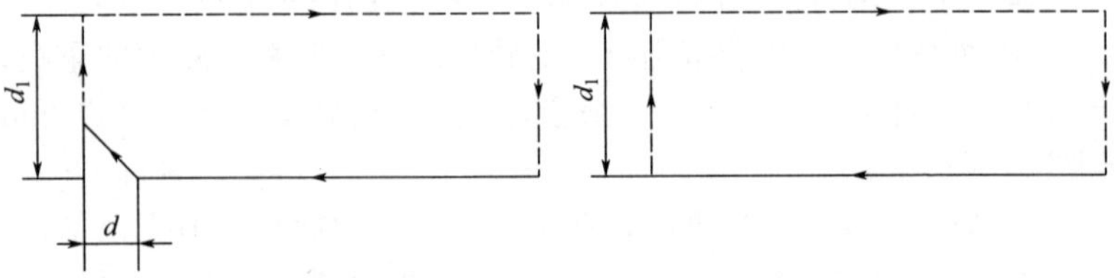

(a) M23　　　　(b) M24

图 35-1　螺纹斜线退出的常见辅助功能

两个功能可以相互取消。

⑤ 如使用 M24 功能，必须在螺纹加工循环前将其写入程序中。

(2)应用

CNC 车床使用螺纹加工循环 G92 和 G76 时，螺纹末端（Z 轴值）可能位于已加工的凹槽中，也可能位于实体材料中。实际退出运动可以沿一根轴编程，也可以同时沿两根轴编程。采用哪种方式退刀，数控系统提供了两个辅助功能用于选择，即 M23 和 M24。该功能的目的是使螺纹加工运动第 2 步和第 3 步之间自动插入退出运动有效或无效。通常机床默认状态为 M24。

(3)编程举例

【例】 用 G76 指令加工螺纹，零件如图 35-2 所示，程序见表 35-2 和表 35-3。

表 35-2　采用单轴退出加工程序

程序号	程　序	说　明
N1	G20;	
…	…;	
N20	T0500 M42;	
N21	G97 S450 M03;	
N22	M24;	螺纹退出“关”
N23	G00 X80.0 Z130.0 T0505 M08;	A 点
N24	G76 P011060 Q100 R200;	指令 m、r、a、Δd_{min}、d 值
N25	G76 X60.64 Z25.0 P3680 Q1800 F6.0;	指令 D、K、Δd、I 值
N26	G00 X150.0 Z100.0 T0500 M09;	远离工件
N27	M30;	

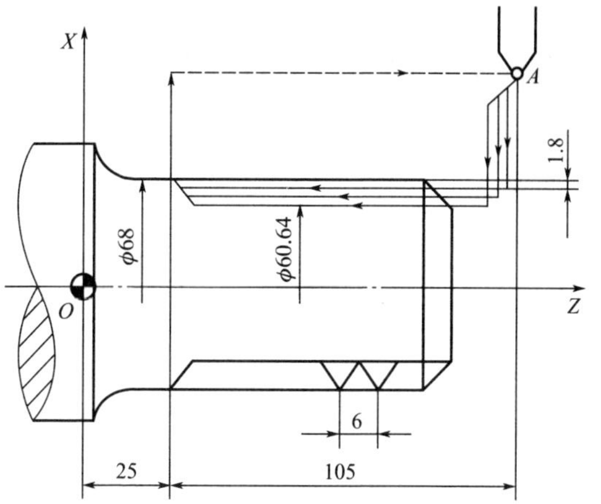

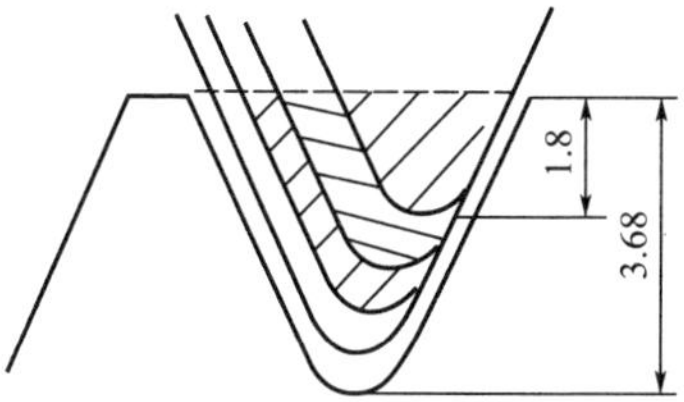

单边切入进刀

图 35-2 零件图

表 35-3 采用两轴退出加工程序

程序号	程 序	说 明
N1	G20;	
…	…;	
N20	T0500 M42;	
N21	G97 S450 M03;	
N22	M23;	螺纹退出“开”
N23	G00 X80.0 Z130.0 T0505 M08;	A 点
N24	G76 P011060 Q100 R200;	指令 m、r、a、Δd_{min}、d 值
N25	G76 X60.64 Z25.0 P3680 Q1800 F6.0;	指令 D、K、Δd、I 值
N26	G00 X150.0 Z100.0 T0500 M09;	远离工件
N27	M24;	取消 M23
N28	M30;	

35.3 与车床附件有关的辅助功能

35.3.1 卡盘控制（M10 和 M11）

(1)指令格式

$$\begin{cases}\text{M10}\\\text{M11}\end{cases}$$

说明：

① M10 和 M11 为卡盘控制指令。其中 M10 为松开卡盘，M11 为夹紧卡盘。两个功能可相互取消。

② 卡盘的夹紧力可以通过安装在尾架区域内的可调阀进行控制，少数 CNC 车床制造商提供可编程的卡盘夹紧力，通常使用两个非标准辅助功能，例如：

M15：夹紧力较小。

M16：夹紧力较大。

(2)应用

通常数控车床卡盘的控制由踏板开关控制，不用辅助功能控制。某些应用中（比如棒料进给）需要在程序控制下松开和夹紧卡盘，这样，可以使用两个 M 功能来控制卡盘或夹头的松开和夹紧，即 M10 和 M11。

(3)编程举例

具有卡盘控制的数控车床常见的编程步骤包括主轴停和暂停。程序格式如下：

```
…
M05             主轴停
M10             松开卡盘
G04 U1.0        暂停 1s
M11             夹紧卡盘
G04 U1.0        暂停 1s
M03             主轴重新开始旋转
…
```

35.3.2 尾架和尾架顶尖套筒控制（M12、M13和M21、M22）

(1)指令格式

$$\begin{cases}M12\\M13\\M21\\M22\end{cases}$$

说明：

① M12和M13为尾架顶尖套筒控制指令。其中，M12为尾架顶尖套筒伸出或“开”，即有效；M13为尾架顶尖套筒缩回或“关”，即无效。

② M21和M22为尾架控制指令。其中M21为尾架本体向前；M22为尾架本体向后。

③ 执行尾架和尾架顶尖套筒指令，通常编程步骤如下：

a. 松开尾架本体。

b. 向前移动尾架本体。

c. 固定尾架本体。

d. 将套筒移向工件。

e. 完成所需的加工操作。

f. 将套筒移离工件。

g. 松开尾架本体。

h. 向后移动尾架本体。

i. 固定尾架本体。

(2)应用

尾架是CNC车床常用的附件。其主要目的是支撑相对于卡爪过长、过大的工件或需要额外固定的工件，例如在某些粗车操作进行支撑。尾架也可以用来支撑管状毛坯或者卡盘中的夹持量过小的工件，以防止工件飞出。常用的尾架有三个主要部分：尾架本体、尾架顶尖套筒、尾架顶尖。尾架结构如图35-3所示。

大多数CNC车床的尾座套筒运动编程是相同的，通过两个辅助功能来控制尾座套筒的运动，即M12和M13。

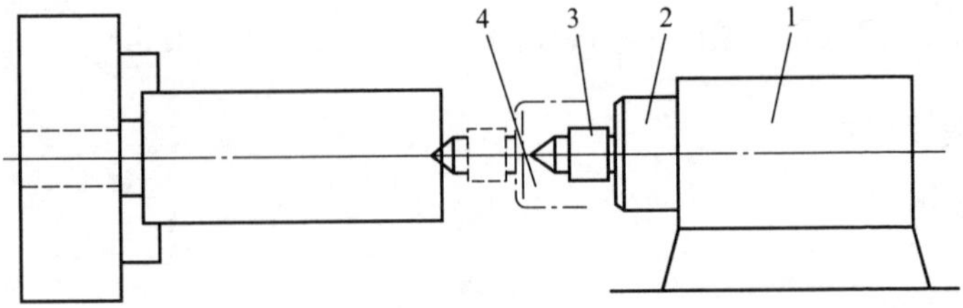

图 35-3　CNC 车床的常见尾架

1—尾架本体；2—尾架顶尖套筒—外（缩回更换工件）；
3—尾架顶尖；4—尾架顶尖套筒—内（支撑工件位置）

通常尾架本体不可编程（只有套筒编程），但是许多 CNC 车床上将该功能作为工程安装选项使用。也就是说在购买车床时应该预定该功能。常用尾架的编程使用两个非标准 M 代码。例如 M21 和 M22。

35.3.3　双向转塔的控制（M17 和 M18）

(1)指令格式

$$\begin{cases}M17\\M18\end{cases}$$

说明：

① M17 为向前索引，执行顺序为：T01—T02—T03…，M18 为向后索引，执行顺序为：…T03—T02—T01。图 35-4 所示为 M17 和 M18 功能在八角转塔刀架上的应用。

② 通常 CNC 车床都有所谓的内置双向转塔索引，也就是自动转塔索引方法。在选择刀具时，数控系统会选择最短路线。例如 T01 和 T08 在编号上相隔较远，但是在具有 8 刀位的多边形刀架上它们是相邻的，在这种情况下，控制系统会选择最短的路线，从 T01 到 T08

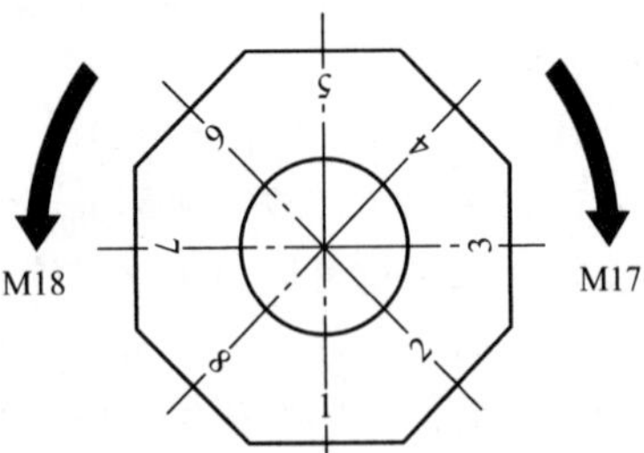

图 35-4　可编程双向转塔检索

采用向后索引，从 T08 到 T01 采用向前索引。

③ 双向转塔的控制指令 M17 和 M18，两个功能都是非标准的，因此需要仔细查看机床使用手册。

(2)应用

如果机床上没有内置的自动双向索引，那么如果控制器允许，可通过编程实现，否则使用常规编程方法从 T08 回到 T01，索引运动将通过其他 6 个刀位，这样势必降低工作效率。拥有可编程索引方向可以人为地选择最短路线，提高工作效率。或者为了避开特大号刀具选择转塔索引方向。可编程的转塔索引可以用两个辅助功能编程。例如：M17 和 M18。

(3)编程举例

如表 35-4 所示，程序 O3110 是双向转塔索引的完整程序，同时也展示了可编程尾架的使用，其中所有刀具运动都是实际可行的，但在本例中并不重要。

表 35-4　双向索引和尾架

程　　序	说　　明
O3110；	
N1 G20 G99 M18；	
N2 G50 S1200；	
N3 T0100；	
N4 G96 S500 M03；	设置向后索引
N5 G00 G41 X3.85 Z0.2 T0101 M08；	限制最大转速
N6 G01 Z0 F0.03；	使用 M18 时 T02 到 T01 的距离最短
N7 X−0.07 F0.07；	
N8 G00 Z0.2；	
N9 G40 X10.0 Z5.0 T0100；	
N10 M01；	
N11 T0800；	
N12 G97 S850 M03；	
N13 G00 X0 Z0.25 T0808 M08；	
N14 G01 Z−0.35 F0.005；	使用 M18 时 T01 到 T08 的距离最短
N15 G04 U0.3；	
N16 G00 Z0.25；	
N17 X15.0 Z3.0 T0800；	

续表

程　序	说　明
N18 M05；	主轴停
N19 M01；	可选择暂停
N20 M21；	尾架前移
N21 G04 U2.0；	暂停 2s
N22 M12；	尾架顶尖套筒伸出
N23 G04 U1.0；	暂停 1s
N24 G50 M17；	不限制最大转速－设置向前索引
N25 T0100 ；	使用 M17 时 T08 到 T01 的距离最短
N26 G96 S500 M03；	
N27 G00 G42 X3.385 Z0.1 T0101 M08；	
N28 G01 X3.685 Z－0.05 F0.008；	
N29 Z－2.5 F0.012；	
N30 U0.2；	
N31 G00 G40 X10.0 Z5.0 T0100；	
N32 M01；	可选择暂停
N33 T0200；	使用 M17 时 T01 到 T02 的距离最短
N34 G96 S600 M03；	
N35 G00 G42 X3.325 Z0.1 T0202 M08；	
N36 G01 X3.625 Z－0.05 F0.004；	
N37 Z－2.5 F0.006；	
N38 U0.2 F0.015；	
N39 G00 G40 X15.0 Z5.0 T0200；	
N40 M05；	主轴停以进行尾架操作
N41 M01；	可选择暂停
N42 M13；	尾架顶尖套筒缩回
N43 G04 U1.0；	暂停 1s
N44 M22；	尾架后移
N45 G04 U2.0；	暂停 2s
N46 M30；	程序结束
%	

35.3.4 棒料进给器控制（M71 和 M72）

(1)指令格式

$$\begin{cases}\text{M71}\\\text{M72}\end{cases}$$

说明：

① M71 为棒料进给器“开”——开始；M72 为棒料进给器“关”——停止。

② M71 和 M72 为非标准辅助功能。使用棒料进给器时，需要仔细查看机床使用手册。

③ 在使用棒料进给器时，棒料存储在特殊的管道中，该管道引导（推或拉）棒料通过管道进入加工区域。虽然沿导向管的棒料运动由卡盘的松开和夹紧（M10 和 M11）控制，也必须提供棒料的目标位置，即移出导向管多远。该位置应低于棒料直径且在 Z 轴正方向上，如图 35-5 所示。

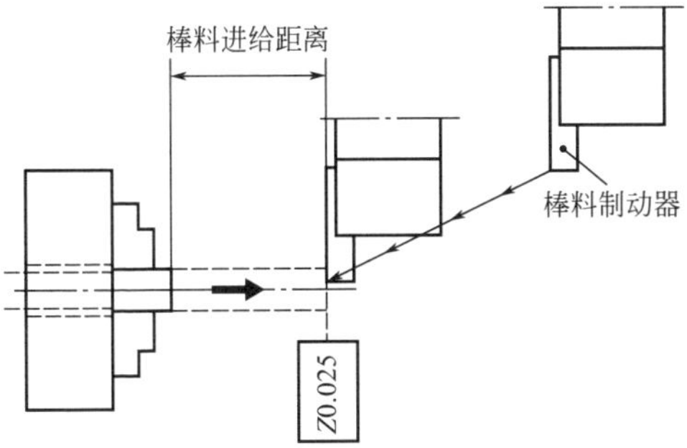

图 35-5　棒料进给时的棒料制动器位置

④ 在棒料制动器编程中考虑以下几点将有助于编写更好的程序：

a. 通常用刀位 1（T01）夹持棒料制动器。

b. 手动完成最初棒料（棒料的第一段）装夹。

c. 在松开卡盘之前主轴必须停止旋转。

d. 所有与棒料进给相关的辅助功能都必须在独立的程序段中编程。

e. 暂停时间应能足够完成任务，但不必过长。

f. 查看棒料进给器设计的推荐步骤。

(2)应用

棒料进给器是 CNC 车床上的外部附件，它可不间断加工中小型圆柱工件，加工的长度可以达到几英尺。棒料进给器有很多优点，尤其是现在使用的液压型，它比老式的机械型有更多优点，例如消除了锯操作（使用更精确的切断刀代替）、不再镗削软卡盘爪、可以进行无人操作（至少延长了时间周期，减轻工人的劳动强度），能得到经济的毛坯和较高的主轴转速。对于含有棒料进给器的数控车床，可以使用两个非标准的辅助功能，即 M71 和 M72。不同的机床生产厂家或不同的数控系统，控制棒料进给器的代码可能不一样，具体使用时应参考机床说明书。

(3)编程举例

棒料进给编程步骤如表 35-5 所示。

表 35-5　棒料进给编程

程　序	说　明
O3120；	
N1 G21 T0100 M05；	T01 为棒料制动器
N2 G00 Z25.0 Z2.0 T0101；	停止位置
N3 M10；	松开卡盘
N4 G04 U1.0；	暂停 1s
N5 M71；	棒料进给器“开”
N6 G04 U2.0；	暂停 2s
N7 M11；	夹紧卡盘
N8 G04 U1.0；	暂停 1s
N9 M72；	棒料进给器“关”
N10 G00 X200.0 Z150.0 T0100；	安全间隙位置
N11 M01；	可选择暂停
…	
M30；	
%	

第5篇

数控电火花加工编程

第36章　数控电火花成型加工编程

36.1　数控成型加工编程中的常用术语

(1)字符集

① 数字　程序中可以使用十个数字（0～9）来组成一个数。数字有两种使用模式：一种是整数值（没有小数部分的数），另一种是实数（具有小数部分的数）。

② 字母　26 个英文字母都可用来编程。大写字母是 CNC 编程中的正规名称，但是一些控制器也接受小写形式的字母。

③ 符号　除了数字和字母，编程中也使用一些符号。最常见的符号是小数点、＋、－、;、/、(、)、空格等。

(2)地址

地址一般由字母（A～Z）表示，电火花成型加工常用的地址字符及含义如表 36-1 所示。

表 36-1　常用地址字符及含义

地　址	含　义	地　址	含　义
N,O	顺序号	A	指定加工锥度
G	准备功能	RI,RJ	图形旋转的中心坐标
X,Y,Z,U,V,W	表示轴移动的尺寸		
I,J,K	指定圆弧中心坐标	S	
T	机械设备控制	RX,RY	图形或坐标旋转的角度（X,Y 轴）
D,H	偏移量指定		
P	指定子程序调用	RA	图形或坐标旋转的角度
L	指定子程序调用次数	ON,OFF,IP,SV,SF	变更个别加工条件
C	指定加工条件	R	转角 R 功能
M	辅助功能		

(3)字

字是一个地址后接一个相应的数据的组合体，它是组成程序的最基本单位。字开头的地址字母决定了附在其后的数据或代码的意义，如 X300.0、G01。

(4)代码与数据

常用的代码与数据的输入格式和形式如表 36-2 所示。

表 36-2 代码与数据输入格式和形式列表

代　码	说　明	举　例
C_	加工条件号,其后可接三位十进制数,有 C00～C039 共 40 种不同的加工条件	C000,C039,C009
D/H_	指定偏移量值代码,其后可接三位十进制数,每一个变量代表一个具体的数值,共有 H000～H099 共 100 种。D/H 代码的取值范围为±99999.999mm 或±9999.9999in	H000,H
G_	准备功能,其后接两位十进制数,可表示直线或圆弧插补	G00, G01, G02, G54,G17
I_,J_,K_	表示圆弧中心坐标,其后数据可以在±99999.999mm 或±9999.9999in 之间	I5,J10
L_	子程序重复执行次数,后可接 1～3 位十进制数,最多可调用 999 次	L5,L99
M_	辅助功能代码,其后接两位十进制数	M00,M02,M05
N/O_	程序的顺序号,其后接 1～4 位十进制数	N0000,N1000
P_	指定调用子程序的序号,其后接 1～4 位十进制数	P0001,P0100
Q_	直接跳转代码,其后接 1～4 位十进制数,表示要跳转的程序号	Q0100,Q5000
S_	*R* 轴转速	S0, S1700
T_	表示一部分机床控制功能,后接两位十进制数	T84,T85
X_,Y_,Z_,U_,V_,W_	坐标值代码,用以指定坐标移动的数据,其后接的数据在±99999.999mm 或±9999.9999in 之间	X100.0,Y200.0
R_	转角 *R* 功能,后接的数据为所插圆弧的半径,最大为 99999.999mm	R100.0

(5)程序段

一个 NC 加工程序均由若干个程序段（即段）组成，而程序段是由若干个字构成的一行程序，通常以“;”为结束符。如下所示为一个程序段：

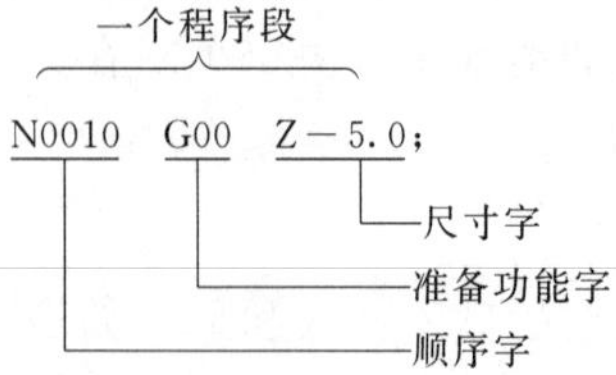

(6)典型程序结构

电火花成型加工的程序主要包括顺序号、注释、条件选择、M代码、T代码、G代码等，一个完整的电火花成型加工的程序如下：

```
N0000;                  顺序号
(Main Program);         注释:在“(”和“)”之间的字符,可书写说明、
                        程序员、日期等
T84;                    油泵开
G54 G90;                绝对坐标系 G54
G30 Z+ ;                指定抬刀方向为 Z 轴正向
H970=5.0;               将理论加工深度 5.0 赋给变量 H970
H980=1.0;               将抬刀的安全平面高度 1.0 赋给变量 H980
G00 Z0+H980;            快速移动到安全平面
M98 P0109;              调用编号为 0109 的子程序
T85 M02;                关闭油泵,结束程序并复位
;
N0109;                  0109 的子程序
G00 Z0.5;               快速移动到 Z0.5 的位置
C109;                   选择加工条件为 C109
G01 Z0.2－H970;         加工到理论深度(5.0)扣除放电间隙(0.2)
M05 G00 Z0+ H980;       忽略接触感知,并快速移动到安全平面
M99;                    子程序调用结束,返回主程序
```

36.2 辅助功能和T代码

辅助功能又称M功能或M代码。控制机床在加工操作时做一些辅助动作的开、关功能。在一个程序段中只能指令一个

M 代码，如果在一个程序段中同时指令了两个或两个以上的 M 代码时，则只是最后一个 M 代码有效，其余的 M 代码均无效。通常辅助功能 M 代码是以地址 M 为首后跟两位数字组成，不同的厂家和不同的机床，M 代码的书写格式和功能不尽相同，需以厂家的说明书为准，为了保持一致，本章使用的所有辅助功能主要参照北京阿奇夏米尔公司的 SE 系列机床的 M 代码。

(1)暂停（M00）

执行 M00 代码后，程序暂停运行，按 Enter 键后，程序接着运行下一段。例如：

```
C001;
M00;
G01 X10.0;
```

(2)程序结束（M02）

执行 M02 代码后，整个程序结束运行，所有模态代码的状态都被复位，也就是说，上一个程序的模态代码不会影响下一个程序。

(3)忽视接触感知（M05）

执行 M05 代码后，脱离接触一次（M05 代码只在本程序段有效）。当电极与工件接触时，因接触感知而停在此处后，要用此代码才能把电极移开。

应用：

① 利用感知方式建立坐标系后，移走电极；

② 加工完毕后抬刀时，也需要忽略接触感知。

编程举例见表 36-3。

表 36-3 加工程序

程　　序	说　　明
G80X－；	X 轴负方向接触感知
G90 G92 X0 Y0；	置当前点为(0,0)
G00 X1.0 M05；	忽略接触感知，并把电极移到 X1.0 处
G00 X10.0 Y5.0；	接触感知有效，并把电极移动到 X10.0 Y5.0 处

(4)调用子程序（M98）

指令格式

M98 P _ L _

说明：

M98 指令使程序进入子程序，子程序号由“P _”给出，子程序的循环次数则由“L _”确定。当调用次数为 1 时，L1 可以省略。

(5)子程序结束（M99）

任何程序都有结尾，子程序是以 M99 结尾，其作用是返回主程序，继续执行下一程序段。M98、M99 编程举例：用 C109、C106 两个条件加工一个 5mm 深的孔，考虑放电间隙，加工深度分别为 4.8mm、4.95mm，不要求修光侧面，加工程序如表 36-4 所示。

表 36-4 加工程序

程 序	说 明
T84；	开油泵
G54 G90；	G92 X0 Y0 Z1.0 设起点指令，为了安全起见一般不写
G30 Z+；	*Z* 轴正方向抬刀
H970=5.0；	H970 一般用来代表理论加工深度
H980=1.0；	H980 一般用来代表电极换加工条件时抬起的高度
G00 Z0+H980；	不管电极加工前距工件表面多高，均先快速定位至 H980 指定的高度
M98 P0109；	调用编号为 N0109 的子程序
M98 P0106；	调用编号为 N0106 的子程序
T85 M02；	关油泵，程序结束
；	
N0109；	子程序号
G00 Z0.5；	快速移动到 *Z*0.5
C109；	选用加工条件 C109
G01 Z0.2−H970；	沿 *Z* 方向向下加工，加工深度为理论深度扣除一个 0.2 的间隙
M05 G00 Z0+H980；	以忽略感知的方式快速抬至距工件表面 1mm 的地方
M99；	子程序调用结束
；	

续表

程　　序	说　　明
N0106；	换条件后的另一个子程序。注意，子程序号与放电条件号一致以便阅读
G00 Z0.5；	快速移动到 Z0.5
C106；	选用加工条件 C106
G01 Z0.05－H970；	沿 Z 方向向下加工，加工深度为理论深度扣除一个 0.05 的间隙
M05 G00 Z0＋H980；	以忽略感知的方式快速抬至距工件表面 1mm 的地方
M99；	子程序调用结束

(6)液泵开关（T 代码）

T 代码主要有 T84 和 T85。T84 为打开液泵指令，T85 为关闭液泵指令。

36.3 准备功能

数控电火花成型加工的加工程序，根据机床功能设置，一般采用国际标准 ISO 代码，常用的 G 代码如表 36-5 所示。

表 36-5　代码一览表

代码	功　　能	代码	功　　能
G00	快速移动	G15	返回 *C* 轴起始点
G01	直线插补	G17	*XOY* 平面选择
G02	顺时针圆弧插补	G18	*XOZ* 平面选择
G03	逆时针圆弧插补	G19	*YOZ* 平面选择
G04	暂停	G20	英制
G05	*X* 轴镜像	G21	公制
G06	*Y* 轴镜像	G22	软极限开关 ON
G07	*Z* 轴镜像	G23	软极限开关 OFF
G08	*X*-*Y* 交换	G26	图形旋转开(ON)
G09	取消镜像和 *X*-*Y* 交换	G27	图形旋转关(OFF)
G11	打开跳转	G28	尖角圆弧过渡
G12	关闭跳转	G29	尖角直线过渡

续表

代码	功　　能	代码	功　　能
G30	按指定轴向抬刀	G59	选择工件坐标系 6
G31	按路径反方向抬刀	G80	移动轴直到接触感知
G32	伺服回原点(中心)后再抬刀	G81	移动到机床的极限
G40	取消电极补偿	G82	移动原点与现位置的一半处
G41	电极左补偿	G83	读取坐标值到 H**
G42	电极右补偿	G84	定义 H 起始地址
G45	比例缩放	G85	读取坐标值到 H** 并 H**+1
G53	进入子程序坐标系	G86	定时加工
G54	选择工件坐标系 1	G87	退出子程序坐标系
G55	选择工件坐标系 2	G90	绝对坐标指令
G56	选择工件坐标系 3	G91	增量坐标指令
G57	选择工件坐标系 4	G92	指定坐标原点
G58	选择工件坐标系 5		

36.3.1　快速移动（G00）

(1)指令格式

G00 X _ Y _ Z _ ;

说明：

① G00 为快速移动，又称点定位，模态指令（直到同类型的指令出现前都有效的指令）。

② X _ Y _ Z _ 为目标点的坐标，可用绝对坐标和相对坐标。

③ X _ Y _ Z _ 数值若带小数点单位为 mm，否则为 μm。

(2)应用

G00 为快速移动，用于定位，只用于空行程，不能用于加工，其目的是节省非加工操作时间。快速运动操作通常包括四种类型的运动：

- 从初始位置到工件的运动；
- 从工件到安全平面的运动；
- 绕过障碍物的运动；
- 工件上不同位置间的运动。

(3)举例

【例】 刀具从初始位置快速沿 Z 轴移动到工件表面上 1mm，进行加工，加工完毕后抬刀，用 G91 编程，并快速移动到距第一位置 X20.0 位置，进行下一个加工程序，过程如图 36-1 所示，程序如下：

```
N0010;
G90 G00 Z1.0;        快速接近工件到安全平面
C105;
:
:
G00 Z1.0;            从工件快速移动到安全平面
G91 G00 X20.0;       快速定位到下一个加工位置
:
:
M02;
```

36.3.2 直线插补（G01）

(1)指令格式

G01 X _ Y _ Z _ ；

说明：

① G01 为直线插补指令，又称直线加工，是模态指令。

② X _ Y _ Z _ 为目标点的坐标，可用绝对坐标和相对坐标。

③ 电火花成型加工的工艺方法一般指的是一个从粗到精的加工过程，且多数为沿 Z-方向加工，其指令为 G01 Z- _ ；

④ 也可进行侧向加工，例如：G01 X _ ；或 G01 Y- _ ；

⑤ 斜向加工，例如：G01 X _ Z- _ ；或 G01 Y- _ Z- _ ；

G01 X _ Y _ Z- _ ；G01 X _ Y _ Z- _ ；

⑥ 使用 G01 时，需指定加工方式，加工方式由加工条件和平动方式控制，一般放在 G01 之前。

(2)应用

在编程中使用直线插补使电极从起点在一定加工方式下沿直线加工到终点。这是一个非常重要的编程功能，主要应用在轮廓加工和成型加工中。直线插补模式可能产生三种类型的运动：

- 水平运动——只有一根轴；
- 竖直运动——只有一根轴；
- 斜线运动——多根轴。

(3)编程举例

如图 36-1 所示，加工深 5mm 的孔，采用条件 C109，其安全间隙为 0.4mm，加工完成后，电极与孔底之间的距离应为 0.2mm。其程序如表 36-6 所示。

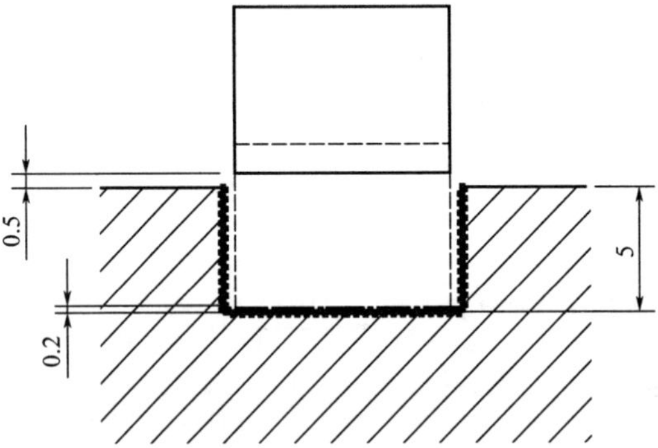

图 36-1　G01 加工实例

表 36-6　加工程序

程　　序	说　　明
T84；	开油泵
G54 G90；	采用 G54 坐标系
G30 Z＋；	指定抬刀方向
G00 Z0.5；	快速定位电极至 Z0.5
C109；	加工条件
G01 Z－4.8；	加工到 Z－4.8
M05 G00 Z0.5；	忽略感知，快速抬刀至 Z0.5
T85 M02；	关油泵，结束程序

36.3.3　顺（逆）时针圆弧插补（G02/G03）

(1)指令格式

在 *XY* 平面上：

$$G17\begin{cases}G02\\G03\end{cases}X\_\ \ Y\_\ \ I\_\ \ J\_$$

在 *XZ* 平面上：

$$G18\begin{cases}G02\\G03\end{cases}X\_\ \ Z\_\ \ I\_\ \ K\_$$

在 *YZ* 平面上：

$$G19\begin{cases}G02\\G03\end{cases}Y\_\ \ Z\_\ \ J\_\ \ K\_$$

说明：

① 圆弧加工需要指定加工平面，平面指定默认为 *XOY* 平面（用 G17 指定）可以省略，*XOZ* 平面用 G18 指定，*YOZ* 平面用 G19 指定。

② G02（G03）为圆弧插补指令，又称圆弧加工，是模态指令。G02 为顺圆插补指令，G03 为逆圆插补指令。顺逆的规定：往第三轴的负方向上看，圆弧为顺时针转向的为顺圆，反之为逆圆。如图 36-2 所示。

③ X_ Y_ Z_ 是本段圆弧的终点坐标。

④ I_ J_ K_ 指的是圆心相对于起点在 *X*、*Y*、*Z* 方向的坐标。

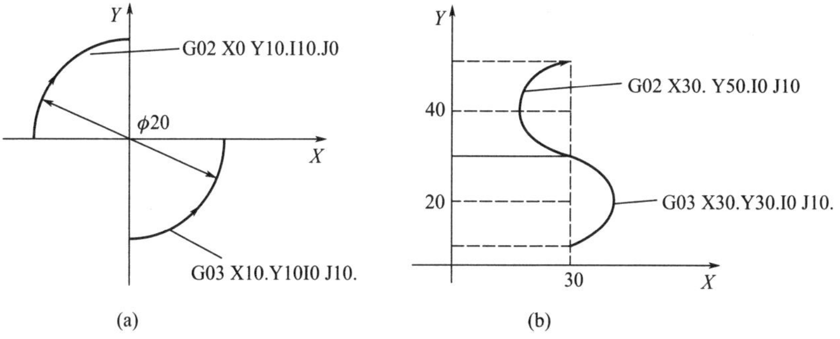

图 36-2 顺逆圆弧的定义和实例

(2)应用

圆弧插补指令一般用在平动加工中，可指令电极沿圆弧移动，它是轮廓加工进给指令。SE 机床的伺服圆平动固化子程序主要用此指令描述。

(3)编程举例

例如图 36-2(b) 所示的轨迹，电极移动到轨迹的起点后，其程序为：

```
G92 X30.0 Y10.0;
G90 G03 X30.0 Y30.0 I30.0 J10.0;
G02 X30. Y50. I0 J10;
```

【例】 需要加工深 10mm、直径为 10mm 的圆孔，加工结束后测量，孔径为 9.5mm，在不修改电极的情况下，利用表 36-7 所示程序加工。

表 36-7　加工程序

程　序	说　明
T84;	开油泵
G54 G90;	采用 G54 坐标系
G30 Z+;	指定抬刀方向为 Z 轴+向
G00 Z0.5;	快速定位电极至 Z0.5
C130;	加工条件
G01 Z+0.230−10.0;	加工到 Z−9.77
G32;	伺服轴回平动中心点后抬刀
G91;	相对坐标系
G01 X0.25;	移动圆心位置到平动要求的圆心位置
G02 X−0.50 Y0 I−0.25J0;	顺圆加工半圆
G02 X0.25 Y0 I0.25 J0;	顺圆加工另外半圆
G03 X0 Y0 I−0.25 J0	逆圆加工半圆
G03 X0.25 Y0 I0.25 J0;	逆圆加工另外半圆
G01 X−0.25 Y−0;	回圆心点
G90;	绝对坐标系
G30Z+;	指定抬刀方向为 Z 轴+向
M05 G00Z0+1;	忽略接触感知，并抬刀至 Z1
T85 M02;	关油泵，结束程序

36.3.4　G04 停歇指令

(1)指令格式

G04 X _

说明：

① G04 执行完一段程序之后，暂停一段时间，再执行下一程序段。

② X后面的数据为暂停时间，单位为秒，最大值为99999.99秒。

例如暂停5.8秒的程序：

公制：G04 X5.8；或G04 X5800；

英制：G04 X5.8；或G04 X58000；

(2)应用

加工过程中，暂停加工，用于测量、检验等手工操作。

36.3.5 电火花成型机床镜像加工（G05～G09）

(1)指令格式

G05～G09

说明：

① G05：*X* 轴镜像；

G06：*Y* 轴镜像；

G07：*Z* 轴镜像；

G08：*X*、*Y* 轴交换指令，即交换程序中 *X*、*Y* 值；

G09：取消镜像、取消 *X*/*Y* 轴交换。

镜像和 *X*、*Y* 轴互换的具体情况如图36-3所示。

② G05～G09只在自动执行方式下起作用，在手动方式下不起作用。

③ 在执行镜像指令时，程序最好从（0,0）点开始。否则应注意电极的位置，一般电极需要移动到镜像后的轨迹起点。

④ 执行一个轴的镜像指令后，圆弧插补的方向将改变，即G02变为G03，G03变为G02，如图36-3(c)所示。同时如果处于补偿状态，则补偿方向也将变化，即G41变为G42，G42变为G41。如果同时有两轴的镜像，则方向不变，如图36-3(d)所示。

⑤ 两轴同时镜像，与代码的先后次序无关，即“G05 G06;”与“G06 G05;”的结果相同。

⑥ 执行轴交换指令，圆弧插补的方向将改变，如图36-3(e)所示。

⑦ 使用G05～G09代码时，程序中的轴坐标值不能省略，即使是程序中的Y0、X0也不能省略。

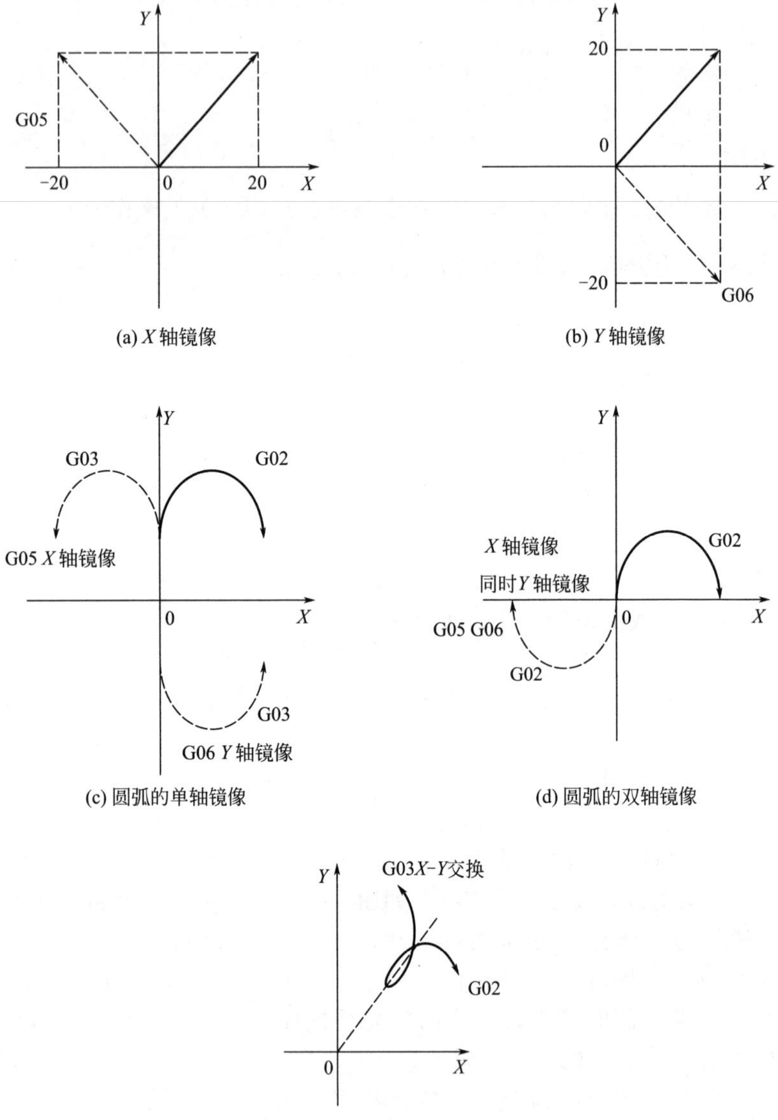

(a) X 轴镜像　(b) Y 轴镜像

(c) 圆弧的单轴镜像　(d) 圆弧的双轴镜像

(e) X-Y轴互换坐标

图 36-3　镜像和 X/Y 轴互换的图形

(2)应用

当工件具体有相对某一轴对称的形状时，可以利用镜像功能和子程序的方法，只对工件的一部分进行编程，就能加工出工件的整体。利用镜像功能可以缩短编程时间和简化程序，同时也减少出现错误的可能性。

36.3.6 跳段（G11，G12）

(1)指令格式

$$\begin{cases}G11\\G12\end{cases}$$

说明：

① G11、G12 与标志参数栏中的跳段开关设定起相同的作用，决定对段首有“/”符号的程序段是否忽略，即跳过。

② G11：“跳段 ON”，跳过段首有“/”符号的程序段，标识参数画面的 SKIP 显示 ON。

③ G12：“跳段 OFF”，忽略段首有“/”符号，照常执行该程序段，标识参数画面的 SKIP 显示 OFF。

(2)编程举例

【例】 利用不同的补偿方式加工一个方形轮廓，在不改变子程序内容的情况下，第二次调用时，*Z* 轴进给程序段被跳过，其程序如表 36-8 所示。

表 36-8 加工程序

程 序	说 明
G54 G90 G92 X0 Y－10；	采用 G54 坐标系，将当前点设为(0，－10)
G12；	先关闭跳转，使第一次调用子程序时不跳过
G42 H0190；	设定电极补偿
M98 P0030；	第一次调用 0030 子程序
G11；	跳转开关打开
G41 H0136；	
M98 P0030；	第二次调用子程序，此时跳转开关打开
M02；	关闭跳动

续表

程　　序	说　　明
;	
N0030;	子程序号
/G01 Z−1.;	该程序段在第二次调用时不执行
G01 Y0;	
X−15;	
Y−30;	电极按一个中心点在 0,−10 的 30×30 的方形轨迹运动加工
Y15;	
Y0;	
X0;	
G40 Y−10;	
M99;	子程序结束,返回主程序

36.3.7　平面选择（G17～G19）

指令格式：

$$\begin{cases}G17\\G18\\G19\end{cases}$$

说明：

① G17、G18、G19 为模态指令，如图 36-4 所示。

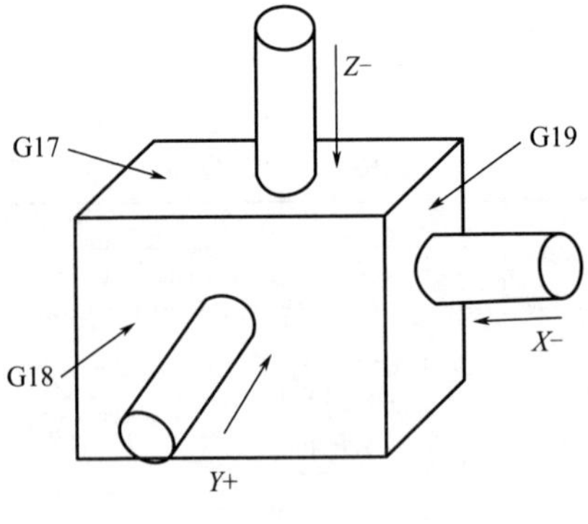

图 36-4　G17～G19 的含义

G17 为 *XOY* 平面，*X* 为第一轴，*Y* 为第二轴；

G18 为 *ZOX* 平面，*Z* 为第一轴，*X* 为第二轴；

G19 为 *YOZ* 平面，*Y* 为第一轴，*Z* 为第二轴。

② 一般将平面选择指令写在加工运动指令的前面。机床通电后，一般设定为 G17，因此，G17 可以省略。

③ 一般用在平动平面的选择上。与所选择的加工轴方向垂直。如：沿着 *Z* 方向加工，则应选取 G17 指令；沿着 *Y* 方向加工，则应选取 G18 指令。

36.3.8 单位选择（G20、G21）

指令格式：

$\begin{cases} G20 \\ G21 \end{cases}$

说明：

① G20、G21 应放在 NC 程序的开头用于选择单位制。

② G20 表示英制，有小数点为英寸，否则为 1/10000 英寸，如 0.5 英寸可写作“0.5”或“5000”。

③ G21 表示公制，有小数点为 mm，否则为 μm，如 12mm 可写作“12.0”或“12000”。

36.3.9 图形旋转（G26、G27）

(1)指令格式

G26 RA _ ；

:

:

G27；

说明：

① 图形旋转是指编程轨迹绕 G54 坐标系原点旋转一定的角度，如图 36-5 所示。

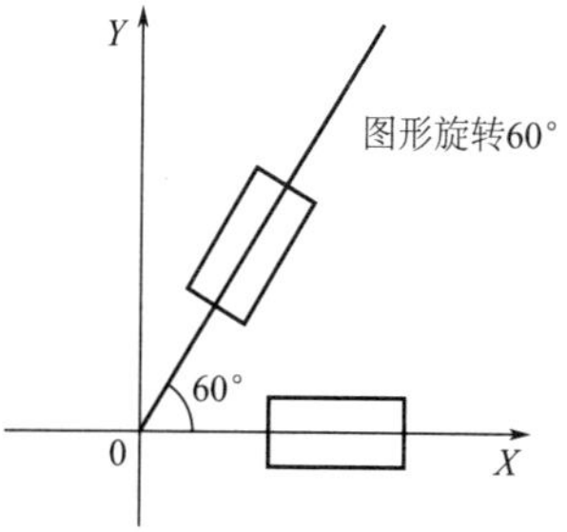

图 36-5 图形旋转

② G26 为旋转打开。RA 给出旋转角度，角度值在顺时针旋转时为

负，在逆时针旋转时为正，加小数点为度，否则为千分之一度。如“G26 RA60.0;”表示图形逆时针旋转 60°。

③ 图形旋转功能仅在 G17（*XOY* 平面）和 G54（坐标系）条件下有效，否则出错。

④ G27 为旋转取消。

(2)应用

对于图形虽然简单，但是图形带有一定的角度，计算图形坐标不方便，可以利用旋转功能，首先可以忽略图形中的角度，按照正交位置编程，也就是垂直于各轴，再采用旋转功能。

对于旋转重复图形，使用系统提供的旋转功能编程，可以大大简化编程，先编出一个图形，再将其旋转，角度用增量编程，重复调用，加工出所有图形。在程序设计上，一般要三级，即主程序、重复调用子程序、图形原形子程序。在主程序中，先调用原形子程序加工第一个图形，再指令重复调用子程序，而原形子程序包含再重复调用的子程序的旋转功能中。

36.3.10 尖角过渡（G28 、G29）

指令格式：

$\begin{cases}\text{G28}\\ \text{G29}\end{cases}$

说明：

① G28 为尖角圆弧过渡，在尖角处加一个过渡圆，丢失省为 G28。

② G29 为尖角直线过渡圆，在尖角处加三段直线，以避免尖角损伤。如图 36-6 所示（虚线为刀具中心轨迹）。

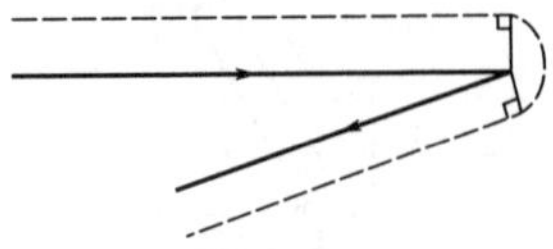

尖角圆弧过渡例

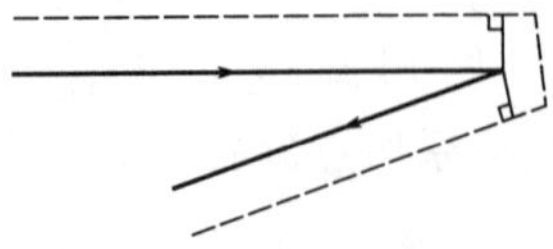

尖角直线过渡例

图 36-6 尖角过渡类型

③ 过渡圆半径及尖角过渡线段的长度与选用的补偿大小有关，如补偿为 0，尖角过渡策略无效。

36.3.11 抬刀控制（G30、G31、G32）

(1)指令格式

$$G30\begin{cases}X\pm\\Y\pm\\Z\pm\end{cases}$$

G31

G32

说明：

① G30 为指定抬刀方向，后接抬刀轴及方向，如“G30Z+”，即抬刀方向为 Z 轴正向，其中“±”不论正负都不能省略。

② G31 为指定按加工路径的反方向抬刀。

③ G32 为指定伺服轴回平动中心点后抬刀。

(2)应用

电火花成型加工过程，电极要频繁地靠近和离开工件（抬刀）。抬刀的作用就是排屑和保证加工的稳定进行。一般用电火花成型机床提供了 G30～G32 三种抬刀方向，分别适用于不同的加工方式。

G30 用于沿某个轴加工，G31 用于斜向加工，G32 用于有伺服平动的加工。

(3)编程举例

【例】 加工斜孔如图 36-7 所示，加工方向与竖直方向成 30°夹角，5mm 厚工件上加工通孔，加工程序如表 36-9 所示。

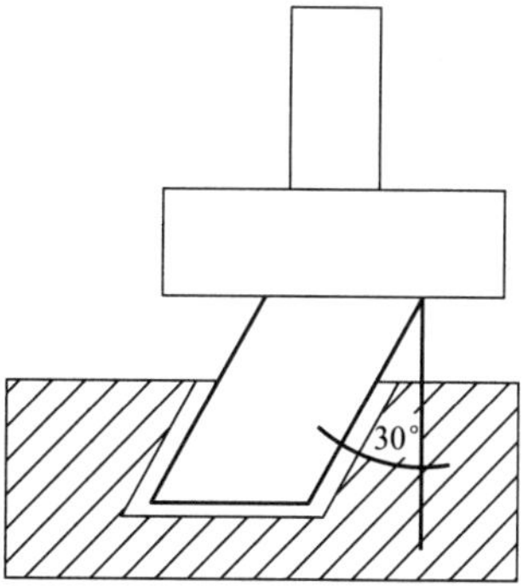

图 36-7 斜孔加工方式

表 36-9　加工程序

程　　序	说　　明
T84；	开油泵
G90 G54 G92 X0.577 Y0 Z1.0；	采用 G54 坐标系，将当前点设为（X0.577，Y0，Z1.0）
G31；	按加工路径的反方向抬刀
C109；	加工条件
G01 X－3.464 Z－6；	斜线加工到（X－3.464，Z－6）
M05 G00 X0.577 Z1.0；	忽略接触感知，快速移动到（X0.577，Z1.0）
T85 M02；	关油泵，结束程序

36.3.12　电极半径补偿（G40、G41、G42）

(1)指令格式

在 G17 平面上：

$$\mathrm{G17}\begin{cases}\mathrm{G41} & & & & \mathrm{H(D)\_}\\ \mathrm{G42} & \begin{matrix}\mathrm{G00}\\ \mathrm{G01}\end{matrix} & \mathrm{X\_} & \mathrm{Y\_} & \mathrm{H(D)\_}\\ \mathrm{G40} & & & & \end{cases}$$

在 G18 平面上：

$$\mathrm{G18}\begin{cases}\mathrm{G41} & & & & \mathrm{H(D)\_}\\ \mathrm{G42} & \begin{matrix}\mathrm{G00}\\ \mathrm{G01}\end{matrix} & \mathrm{X\_} & \mathrm{Y\_} & \mathrm{H(D)\_}\\ \mathrm{G40} & & & & \end{cases}$$

在 G19 平面上：

$$\mathrm{G19}\begin{cases}\mathrm{G41} & & & & \mathrm{H(D)\_}\\ \mathrm{G42} & \begin{matrix}\mathrm{G00}\\ \mathrm{G01}\end{matrix} & \mathrm{X\_} & \mathrm{Y\_} & \mathrm{H(D)\_}\\ \mathrm{G40} & & & & \end{cases}$$

(2)说明

① G41 为电极半径左补偿，电极沿前进的方向上，向左侧进行补偿，为模态指令。

② G42 为电极半径右补偿，电极沿前进的方向上，向右侧进行补偿，为模态指令。

③ G40 为取消电极半径补偿，为模态指令。

④ H(D)_：补偿号，地址较常用的是 H，从 H000～H099 共有 100 个补偿码，可通过赋值语句“H *** = _”赋值，范围为 0～99999999。

⑤ 半径补偿仅能在规定的坐标平面内进行，使用平面选择指令选择补偿平面。G17 可以省略。

⑥ 补偿开始和取消都必须与直线插补指令或快速移动指令同时使用，不能与圆弧插补指令同时使用。

⑦ 补偿初始建立阶段电极轨迹如图 36-8 中虚线所示（以左补偿为例，右补偿同理）。

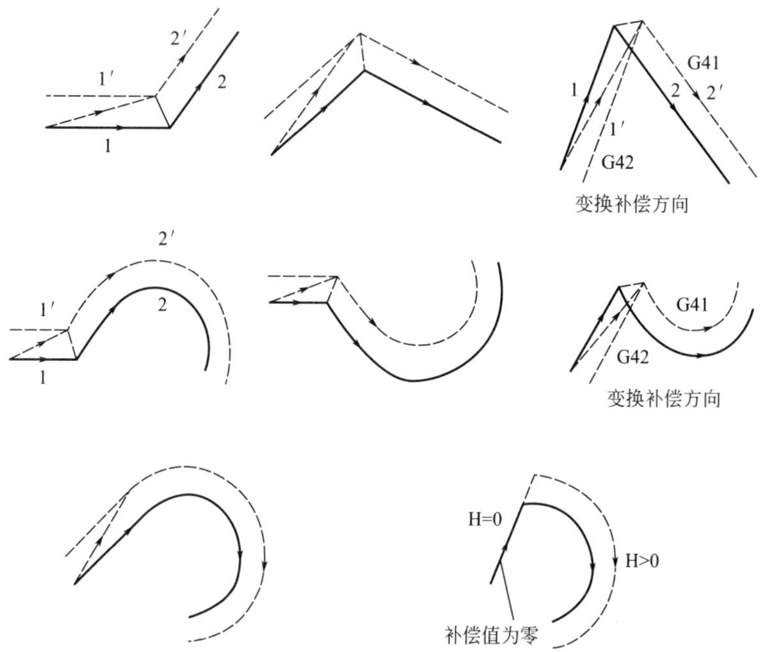

图 36-8　补偿初始建立阶段电极轨迹

⑧ 补偿进行中的电极各种轨迹。

a. 直线-直线相接时，计算补偿后电极轨迹如图 36-9 中虚线所示。

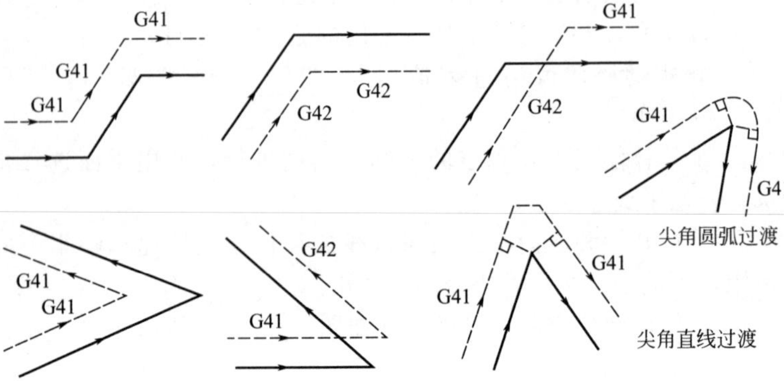

图 36-9 直线-直线

b. 直线-圆弧相接时，计算补偿后电极轨迹如图 36-10 中虚线所示。

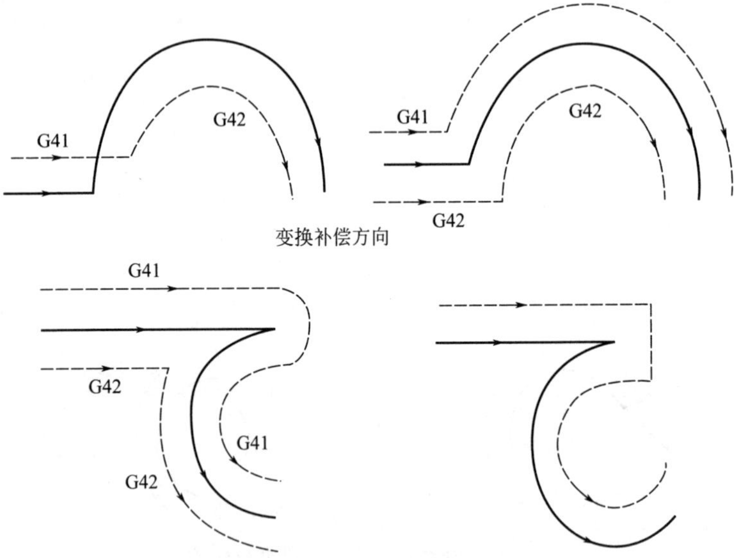

图 36-10 直线-圆弧

c. 圆弧-直线相接时，计算补偿后电极轨迹如图 36-11 中虚线所示。

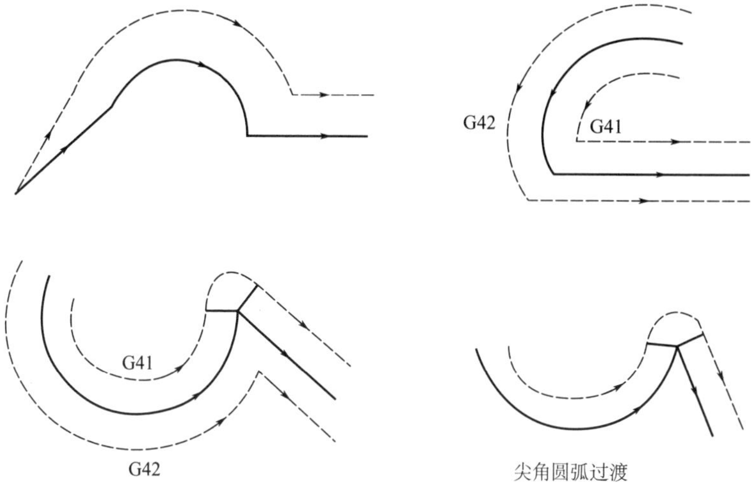

图 36-11　圆弧-直线

d. 圆弧-圆弧相接时，计算补偿后电极轨迹如图 36-12 中虚线所示。

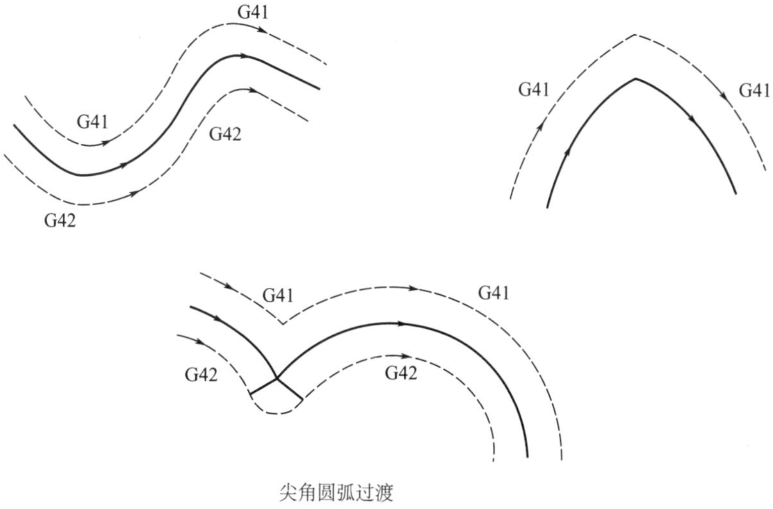

图 36-12　圆弧-圆弧

⑨ 补偿取消时的电极轨迹如图 36-13 所示。

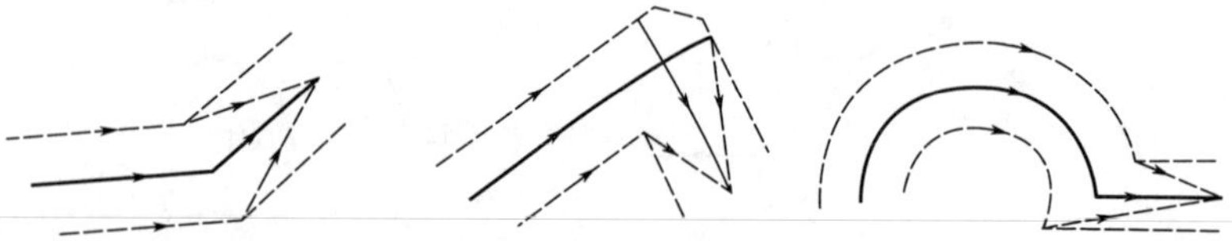

图 36-13　补偿取消时电极轨迹

a. 取消补偿时只能在直线段上进行，在圆弧段取消补偿将会引起错误。

正确的方式：G40 G01 X0 Y0；

错误的方式：G40 G02 X20.0 Y0 I10. J0.0；

b. 当补偿值为零时，运动轨迹与取消补偿一样，但补偿模式并没有被取消。

⑩ 改变补偿方向。在补偿方式下改变补偿方向时（由 G41 变为 G42，或由 G42 变为 G41），电极由第一段补偿终点插补走到下一段的补偿终点。下面改变补偿方向的程序，电极所走轨迹如图 36-14 所示。

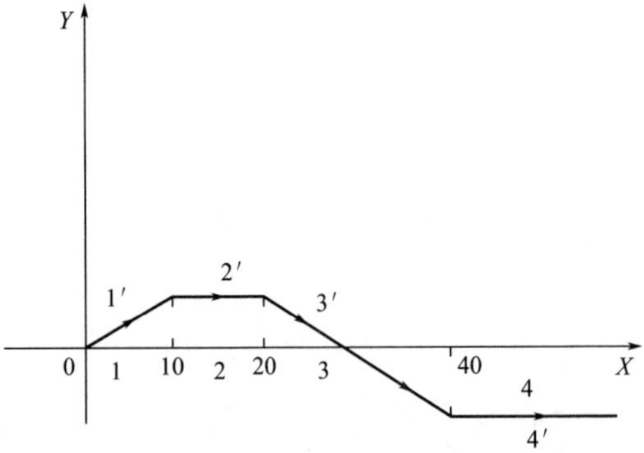

图 36-14　补偿方向变化时电极的轨迹

```
G90 G92 X0 Y0;
G41 H000;
G01 X10;
G01 X20;
```

```
G42 H000;
G01 X40;
 ⋮
```

⑪ 补偿模式下的 G92 代码。在补偿模式下，如果程序中遇到了 G92 代码，那么补偿会暂时取消，在下一段像补偿起始建立段一样再把补偿值加上，如下程序中电极的轨迹如图 36-15 所示。

```
N001 G41 H000 G01 X300 Y900;
N002 X300 Y600;
N003 G92 X100 Y200;
N004 G01 X400 Y400;
N005 …
```

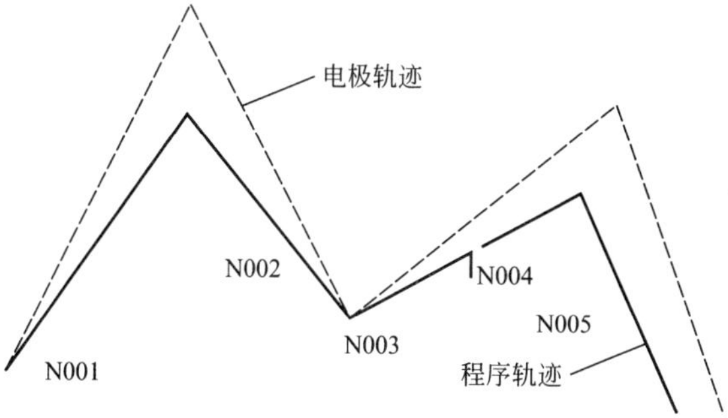

图 36-15 补偿模式下的 G92 代码

⑫ 关于过切。当加工内凹的轨迹很小，而加工电极半径很大时就会出现过切现象。如图 36-16 所示，当采用左补偿，且补偿值大于圆弧半径 R 时，就会发生过切；如图 36-17 所示，当采用左补偿，且补偿值大于两线段间距的 $D/2$ 时，也会发生过切。当发生过切时，程序执行将被中断。

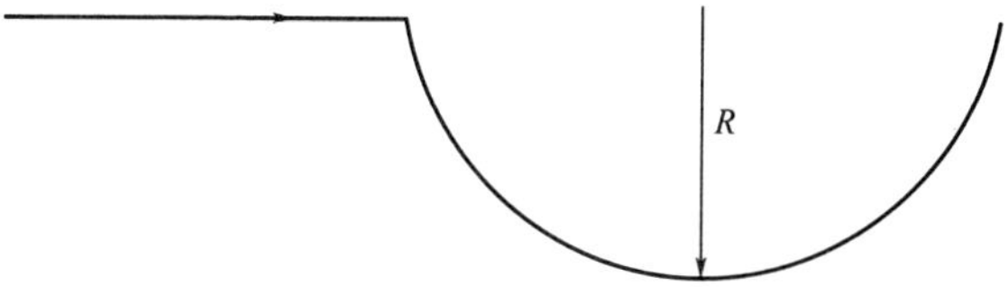

图 36-16 带有圆弧的内凹型轨迹

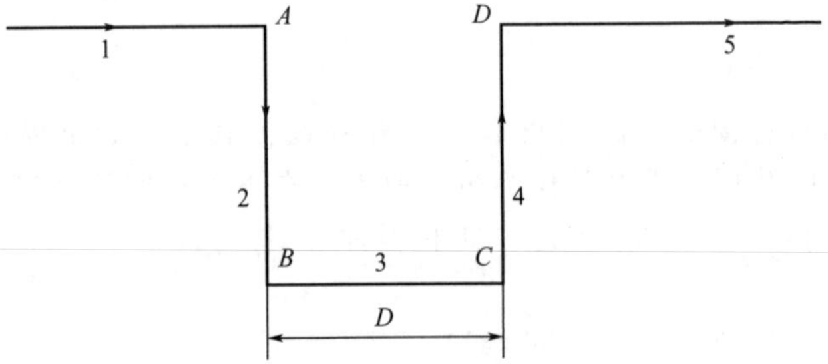

图 36-17 不带圆弧的内凹型轨迹

36.3.13 选择坐标系（G54～G59）

指令格式：

G54～G59

说明：

① 这组代码用来选择坐标系。

② 可与G90、G91、G92等一起使用，如G92 G54 X0 Y0，指定当前点为G54的坐标原点。

③ 提供多坐标系的目的有以下两个。

一是重复记忆，主要是为了防止误操作丢掉加工原点。由于当前选定的工作坐标系原点通过“置零”操作可以改变，而不是当前工作坐标系的坐标原点不会因误置零操作而变为零。所以加工前把找正好的点记入两个以上的坐标系中就起了一个安全作用。例如一个工件找正完后，把G54坐标系置零，同时把G55也置零，当在G54中出现误操作丢掉坐标原点后，回到G55中还可以找到加工起点。

二是坐标系嵌套，即在一个程序中采用多个工作坐标系记忆多个工作起点。例如一个加工部位换电极后要保证加工在同样的地方，则需在加工前分别用这两个电极找正加工零件，用两个坐标系记忆各自电极的加工起点。

④ 开机后系统自定义为G54，并一直有效，直到指定其他坐标系。

36.3.14 接触感知（G80）

(1)指令格式

$$G80\begin{cases}X\pm\\Y\pm\\Z\pm\end{cases}$$

说明：

① G80后跟轴及方向。方向用“+”、“－”号表示（“+”、“－”号均不能省略）。例：“G80X－”。

② G80的运动如图36-18所示，按指定方向前进，直到电极与工件接触后，回退一小段距离，再接触工件，再退回，上述动作重复数次后停止，确定已找到了接触感知点，并显示“接触感知”。

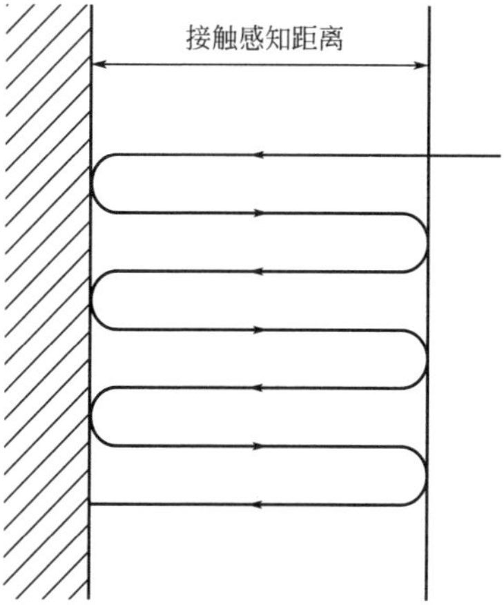

图36-18　接触感知命令电极运动轨迹

③ 接触感知可由三个参数设定：

感知速度，即电极接近工件的速度，从0～255，数值越大，速度越慢；

回退长度，即电极与工件脱离接触的距离，一般为1～250μm；

感知次数，即重复接触次数，从0～127，一般为4次。

(2)应用

在建立坐标系过程，需要利用电极对工件进行找正，以确定电极与工件的相对位置。在电火花成型加工中一般利用G80使电极与工件的边对齐。如：方形工件加工时，对工件两个边找正后，电极的位置如图36-19所示，就可以方便地根据需要建立坐标系。

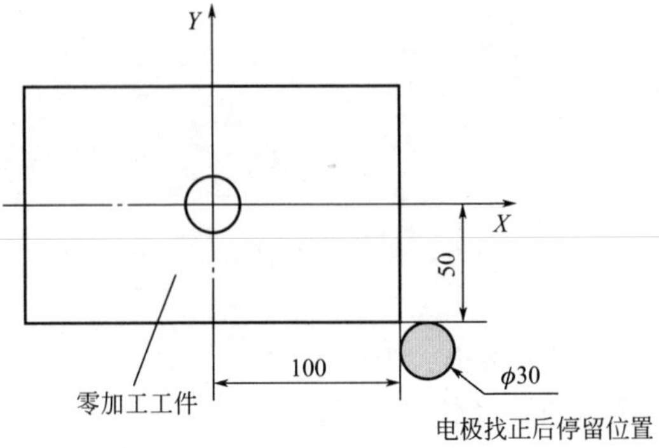

图 36-19　电极找正后坐标系的建立

36.3.15　回极限位置（G81）

指令格式：

$$G81\begin{cases}X\pm\\Y\pm\\Z\pm\end{cases}$$

说明：

① G81 使指定的轴回到极限位置停止。

② G81 后跟轴及方向。方向用“＋”、“－”号表示（“＋”、“－”号均不能省略）。例：“G81X－”。

③ G81 使机床轴快速移动到负极限后减速，有一定过冲，然后回退一段距离，再以低速到达极限位置停止，如图 36-20 所示。

36.3.16　半程返回（G82）

(1)指令格式

$$G82\begin{cases}X\_\\Y\_\\Z\_\end{cases}$$

说明：G82 使电极移到指定轴当前坐标的 1/2 处，假如电极当前位置的坐标是 $X100.0\ Y60.0$，执行“G82X”命令后，电极将移

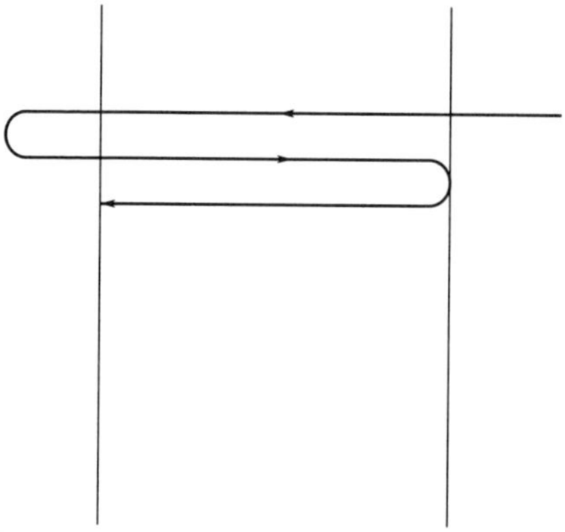

图 36-20 机床回极限位置方式

动到 $X50.0$ 处。

(2)应用

用于找中心，先将工件一边的坐标设为 0，在将电极移动到工件对边后执行该命令，可找到工件该方向的中心。

(3)编程举例

```
G92 G54 X0 Y0;
G00 X100.0 Y100.0;
G82 X;
```

上述程序电极运动的轨迹如图 36-21 所示，最终电极移动到 $X50.0$ $Y100.0$ 的位置。

36.3.17 读取坐标值（G83）

指令格式：

$$G83\begin{cases}X\_\\Y\_\\Z\_\end{cases}$$

说明：

① 把指定轴的当前坐标值读到指定的 H 寄存器中，H 寄存器地址范围为 000～890。

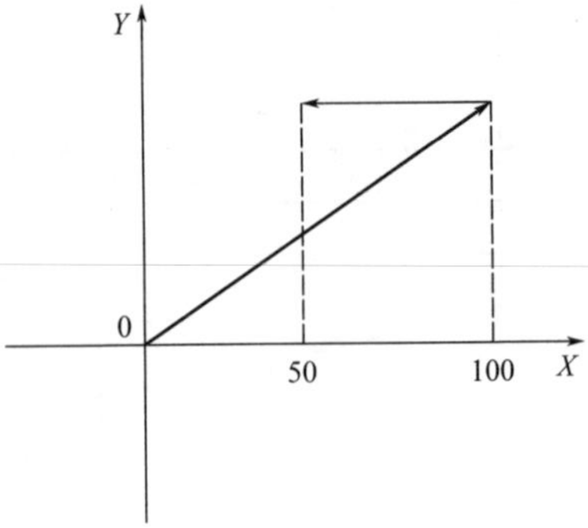

图 36-21 电极运动轨迹

② G83 后为轴指定及寄存器起始地址，如 G83 X012；把当前 X 坐标值读到寄存器 H012 中；“G83 Z053;”把当前 Z 坐标值读到寄存器 H053 中。

36.3.18 H 寄存器起始地址定义（G84）

指令格式：

$$G84\begin{cases}X\_\\Y\_\\Z\_\end{cases}$$

说明：

① G84 为 G85 定义一个 H 寄存器的起始地址。

② G84 后为轴指定及寄存器起始地址。

③ 各轴的 H 寄存器地址不要重合。

36.3.19 读取坐标值到 H 寄存器并使 H 加 1（G85）

(1)指令格式

$$G85\begin{cases}X\_\\Y\_\\Z\_\end{cases}$$

说明：

① G85 把当前坐标值读到由 G84 指定了起始地址的 H 寄存器

中，同时 H 寄存器地址加 1。

② G85 后为轴指定。

(2)编程实例

【例】 联合采用 G84 和 G85 指令，将四个不同点的坐标存入指定的寄存器地址的程序如表 36-10 所示。

表 36-10 存入指定点坐标的程序

程　　序	说　　明
G90 G92 X0 Y0 Z0；	坐标系置零
G84 X100；	指定存放 X 坐标值的地址起始位置为 H100
G84 Y200；	指定存放 Y 坐标值的地址起始位置为 H200
G84 Z300；	指定存放 Z 坐标值的地址起始位置为 H300
M98 P0010 L4；	调用 0010 子程序 4 次
M02；	
N0010；	子程序号
G91；	采用相对坐标系
G85 X；	存储 X 坐标值到相应的 H 寄存器,同时 H 寄存器地址加 1
G85 Y；	存储 Y 坐标值到相应的 H 寄存器,同时 H 寄存器地址加 1
G85 Z；	存储 Z 坐标值到相应的 H 寄存器,同时 H 寄存器地址加 1
G00 X10.0； G00 Y23.0； G00 Z−5.0；	移动电极,为下一次坐标输入做准备
M99；	子程序结束,返回主程序

上述程序执行完成后，每次 H 寄存器内的值如下：

第一次 H100=0；　H200=0；　H300=0；

第二次 H101=10.0；　H201=23.0；　H301=−5.0；

第三次 H102=20.0；　H202=46.0；　H302=−10.0；

第四次 H103=30.0；　H203=69.0；　H303=−15.0；

36.3.20 定时加工（G86）

(1)指令格式

G86 X_

G86 T_

说明：

① 地址可以为 X 或 T。地址为 X 时，本段加工到指定的时间后结束（不管加工深度是否达到设定值）；地址为 T 时，在加工到设定深度后，启动定时加工，再持续加工指定的时间，但加工深度不会超过设定值。

② G86 仅对其后的第一个加工代码有效。

③ G86 应放在一个单独的段内。

④ 时、分、秒各 2 位，共 6 位数，不足补 0。最长定时为 99 小时 99 分钟 99 秒，如 G86 X011236 为定时加工 1 小时 12 分钟 36 秒。

(2)应用

【例】 G86 X001000；加工 10 分钟，不管 *Z* 是否达到深度－20 均结束

```
C109;
G01 Z－20;
 ⋮
M02;
;
C103 BT001 STEP0050;
G86T003000;加工到深度－22 后,再持续加工 30 分钟时间
G01 Z－22.0;
M05 G00 Z1.0;
M02;
```

36.3.21 子程序坐标系（G53、G87）

指令格式：

$$\begin{cases} G53 \\ G87 \end{cases}$$

说明：在固化的子程序中，用 G53 代码进入子程序坐标系；用 G87 代码退出子程序坐标系，回到原程序所设定的坐标系。

36.3.22 绝对坐标（G90）和增量坐标（G91）

(1)指令格式

$$\begin{cases}G90\\G91\end{cases}$$

说明：

① G90为绝对坐标，所谓绝对坐标，即所有点的坐标值均以坐标系的零点为参考点得出。

② G91为相对坐标，所谓相对坐标，即当前点坐标值是以上一点为参考点得出的。

(2)应用

如图36-22所示。

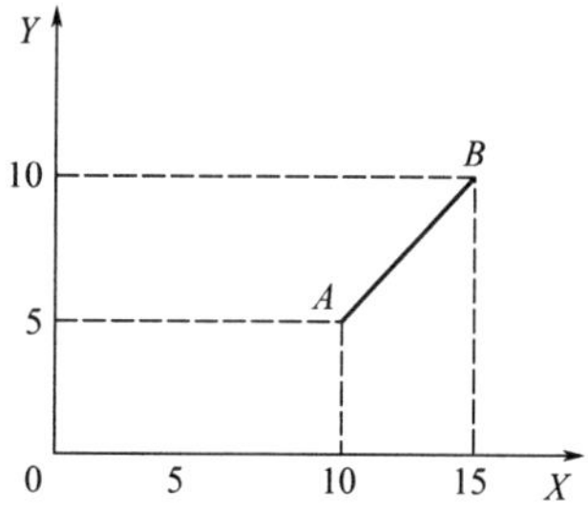

图36-22　坐标系示例

由 A 点运动到 B 点，在不同方式下程序如下：

绝对方式：G90 G01 X15. Y10.；

相对方式：G91 G01 X5. Y5.；

36.3.23 设置当前点的坐标值（G92）

(1)指令格式

G92 G54～G59 X_ Y_ Z_

说明：

① G92把当前点设置为指定的坐标值。其中G54～G59可以省略，如“G92 X0 Y0;”把当前点在当前坐标系的值设置为（0,0）；

② 在补偿方式下，遇到G92代码，会暂时中断补偿功能；

③ 每个程序的开头最好要有G92代码，否则可能发生不可预测的错误。

(2)应用

例：电极和所需加工孔的位置如图36-23所示，如想把坐标系的原点设在工件的角点，则执行G92 X15.0 Y－15.0即可，若想将坐标系原点设在孔的中心位置，则执行 G92 X115.0 Y－65.0 即可。

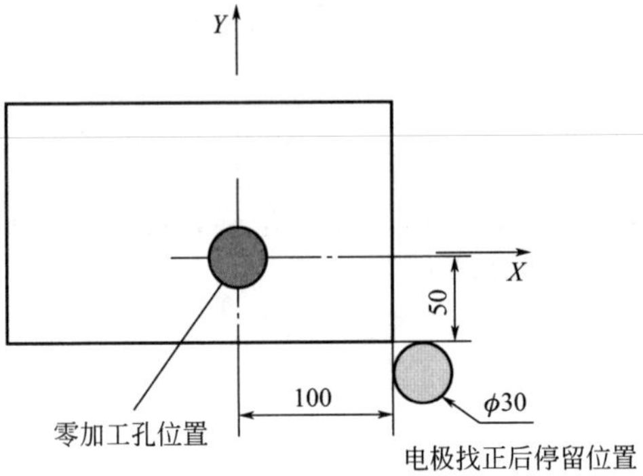

图 36-23　G92 坐标系设定指令实例

36.4　条件选择

加工条件的选择决定电极的生产和电加工工艺。加工条件是一组和脉冲放电相关的参数的组合。电火花加工过程中，脉冲放电是个快速复杂的动态过程，多种干扰对加工效果的影响很难掌握。影响工艺指标的主要因素可以分为离线参数（加工前设定，加工中基本不再调节的参数，如极性、峰值电压等）和在线参数（加工中常需调节的参数，如脉冲间隔、进给速度等）。

(1)在线控制参数

在线控制参数在加工中的调整没有规律可循，主要依靠经验。它们对表面粗糙度和侧面间隙的影响不大。下面介绍一些调整的参考性方法。

① 伺服参考电压 S_v（平均端面间隙 S_F）。S_v 与 S_F 呈一定的比例关系，这一参数对加工速度和电极相对损耗影响很大。一般说来，其最佳值并不正好对应于加工速度的最佳值，而应当使间隙稍微偏大些，这时的电极损耗较小。小间隙不但引起电极损耗加大，还容易造成短路和拉弧，因而稍微偏大的间隙在加工中比较安全，

在加工起始阶段更为必要。

② 脉冲间隔 t_o。当 t_o 减小时，u_w 提高，θ 减小。但是过小的 t_o 会引起拉弧，只要能保证进给稳定和不拉弧，原则上可选取尽量小的 t_o 值，但在加工起始阶段应取较大的值。

③ 冲液流量。由于电极损耗随冲液流量（压力）的增加而增大，因而只要能使加工稳定，保证必要的排屑条件，应使冲液流量尽量小（在不计电极损耗的场合另作别论）。

④ 伺服抬刀运动。抬刀意味着时间损失，只有在正常冲液不够时才采用，而且要尽量缩小电极上抬和加工的时间比。

(2)离线控制参数

这类参数通常在安排加工时要预先选定，并在加工中基本不变。在此不再说明。这些参数的设定是通过选择不同加工条件实现的。每一个加工条件是一组和放电相关的参数的组合，一般用 C 代码控制。

在程序中，C 代码用于选择加工条件，格式为 C***，C 和数字间不能有别的字符，数字也不能省略，不够三位要补“0”，如 C005。各参数显示在加工条件显示区中，加工中可随时更改。对于 SE 系列机床，该系统可以存储 1000 种加工条件。其中 0～99 为用户自定义加工条件，其余为系统内定加工条件。不同的机床，具体会有差别。

表 36-11～表 36-13 列出了 SE 系列电火花机床的部分条件号及其参数。

表 36-11 铜打钢——最小损耗型参数表

条件号	面积 /cm^2	安全间隙 /mm	放电间隙 /mm	加工速度 /(mm^3/min)	损耗 /%	侧面 Ra /μm	底面 Ra /μm	管数	脉冲间隙 /μs	脉冲宽度 /μs	伺服速度	材料余量（双边）/mm
115	20	1.65	0.89	205.0	0.05	13.4	16.7	15	16	26	15	0.626
114	12	1.55	0.83	110.0	0.05	12.4	15.5	14	16	25	15	0.597
113	8	1.22	0.60	90.0	0.05	11.2	14.0	13	16	24	15	0.508
112	6	0.83	0.47	70.0	0.05	9.68	12.1	12	16	21	15	0.263
111	4	0.70	0.37	43.0	0.05	6.80	8.50	11	17	20	12	0.262

续表

条件号	面积/cm^2	安全间隙/mm	放电间隙/mm	加工速度/(mm^3/min)	损耗/%	侧面Ra/μm	底面Ra/μm	管数	脉冲间隙/μs	脉冲宽度/μs	伺服速度	材料余量(双边)/mm
110	3	0.58	0.32	22.0	0.05	6.32	7.90	10	31.6	19	12	0.197
109	2	0.40	0.25	15.0	0.05	5.44	6.80	9	27.2	18	12	0.096
108	1	0.28	0.19	10.0	0.10	3.92	5.00	8	20	17	10	0.05
107		0.19	0.15	3.0		3.04	3.80	7	15.2	16	10	0.0096
106		0.12	0.070	1.2		2.0	2.60	6	10.4	14	10	0.029
105		0.11	0.065			1.5	1.90	5	7.6	13	8	0.0298
104		0.08	0.05			1.2	1.50	4	6	12	8	0.018
103		0.06	0.045			0.8	1.00	3	4	11	8	0.007
101		0.04	0.025			0.56	0.70	2	2.8	8	8	0.009
100		0.01	0.005					3		2	8	

表 36-12 铜打钢——标准参数表

条件号	面积/cm^2	安全间隙/mm	放电间隙/mm	加工速度/(mm^3/min)	损耗/%	侧面Ra/μm	底面Ra/μm	管数	脉冲间隙/μs	脉冲宽度/μs	伺服速度	材料余量(双边)/mm
135	20	1.581	0.84	261.0	0.15	15.0	18.0	15	16	25	15	0.597
134	12	1.06	0.544	166.0	0.15	13.4	16.7	14	14	23	15	0.382
133	8	1.00	0.53	126.0	0.15	12.2	15.2	13	14	22	15	0.348
132	6	0.72	0.36	77.0	0.25	8.2	12.0	12	14	19	15	0.264
131	4	0.61	0.31	46.0	0.25	7.0	10.2	11	13	18	12	0.218
130	3	0.46	0.24	26.0	0.25	5.8	9.8	10	13	18	12	0.142
129	2	0.38	0.22	17.0	0.25	4.4	7.4	9	13	17	12	0.101
128	1	0.28	0.165	12.0	0.40	3.7	5.8	8	11	15	10	0.068
127		0.22	0.11	4.0		2.8	3.5	7	8	12	10	0.082
126		0.14	0.06			2.0	2.6	6	7	11	10	0.060
125		0.12	0.055			1.9	1.9	5	6	10	8	0.050
124		0.10	0.05			1.6	1.6	4	6	10	8	0.037
123		0.07	0.045			1.3	1.4	3	4	8	8	0.014
121		0.045	0.04			1.1	1.2	2	4	8	8	0.597

表 36-13　铜打钢——最大去除率参数表

条件号	面积/cm^2	安全间隙/mm	放电间隙/mm	加工速度/(mm^3/min)	损耗/%	侧面 Ra/μm	底面 Ra/μm	管数	脉冲间隙/μs	脉冲宽度/μs	伺服速度	材料余量(双边)/mm
155	20	1.6	0.81	310.0	0.4	15.0	19.0	15	15	23	58	0.638
154	12	1.22	0.59	220.0	0.4	13.9	17.2	14	12	21	58	0.492
153	8	0.97	0.457	145.0	0.4	11.8	14.2	13	12	20	65	0.399
152	6	0.71	0.35	76.0	0.8	8.0	12.2	12	11	17	65	0.262
151	4	0.61	0.3	45.0	0.9	6.0	9.2	11	11	16	70	0.236
150	3	0.43	0.22	30.0	1.0	4.6	8.0	10	10	15	70	0.146
149	2	0.346	0.19	19.0	1.8	4.2	6.2	9	8	13	75	0.106
148	1	0.29	0.145	15.0	2.5	3.4	5.4	9	7	12	75	0.102
147		0.23	0.122	10.0	5.0	3.2	4.8	8	6	11	75	0.070
146		0.18	0.08			2.7	3.7	7	4	8	75	0.070
145		0.15	0.07			2.1	2.6	6	10	14	75	0.059
144		0.13	0.065			1.7	2.1	5	9	13	78	0.048
143		0.11	0.06			1.2	1.6	4	8	12	80	0.037
142		0.09	0.055			1.1	1.4	3	7	11	80	0.024
141		0.046	0.04			1.0	1.2	2	6	9	80	

36.5　R 转角功能

R 转角功能即在两条曲线的连接处中段加一段圆弧，如图 36-24 所示。这段增加的圆弧与原有两条曲线均相切，圆弧半径在程序中通过 *R* 指定。

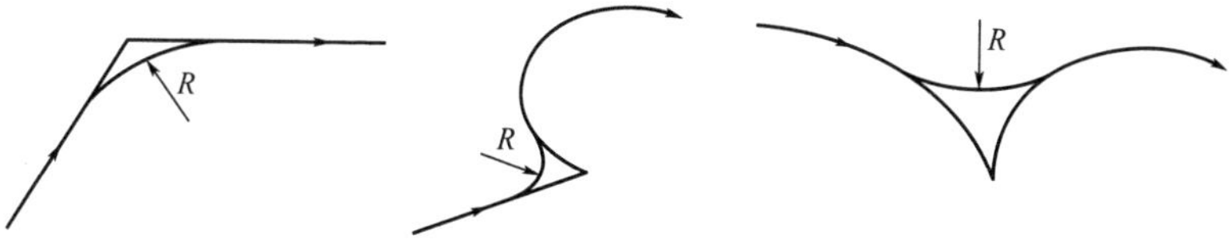

(a) 直线接直线　　(b) 直线接圆弧　　(c) 圆弧接圆弧

图 36-24　*R* 转角功能的类型

指令格式：

G01 X_ Y_ R_；

G02 X_ Y_ I_ J_ R_；

G03 X_ Y_ I_ J_ R_；

说明：

① R 及半径值必须和第一段曲线的运动代码在同一程序段内；

② R 转角功能仅在有补偿的状态下（G41、G42）才有效，当补偿存在时 R 转角功能的电极轨迹与程序轨迹的关系如图 36-25 所示；

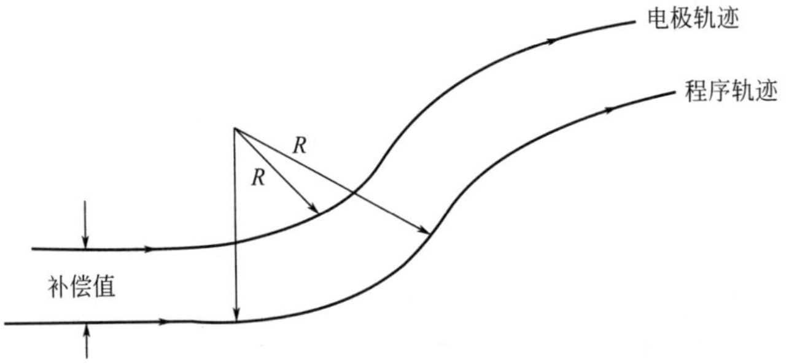

图 36-25 电极轨迹与程序轨迹

③ 当 G40 取消补偿后，程序中 R 转角指令无效；

④ 在 G00 代码后加 R 转角功能无效。

36.6 综合举例

SE 机床具有自动编程功能，一般只需要在编辑界面输入相应的参数，即可自动生成程序。下面列举了典型的加工程序及参数的输入。

【例 1】 利用铜电极在钢铁零件上，加工深 10mm、直径为 10mm、粗糙度 $Ra2.0\mu m$ 的圆孔。电极根据要求设定收缩量，并无平动加工，其工艺数据如下：

停止位置＝1.000mm

加工轴向＝$Z-$

材料组合＝铜-钢

工艺选择＝标准值

加工深度＝10.000mm

尺 寸 差＝0.600mm

粗 糙 度＝2.000μm

投影面积＝3.14cm^2

平动方式＝关闭　　　型腔数＝0

程序解读（为便于阅读，指令间加了空格，实际编程时不需空格）

程　　序	说　　明
T84；	开油泵
G90；	绝对坐标系
G30 Z＋；	指定抬刀方向 Z＋
H970＝10.0000；(machine depth)	H970 一般用来代表理论加工深度
H980＝1.0000；(up-stop position)	H980 一般用来代表电极换加工条件时抬起的高度
G00 Z0＋H980；	不管电极加工前距工件表面多高，均先快速定位至 H980 指定的高度
M98 P0130；	
M98 P0129；	
M98 P0128；	调用编号为 N0130～N0125 的子程序，可实现孔由粗加工（粗糙度较低）到精加工（粗糙度较高）
M98 P0127；	
M98 P0126；	
M98 P0125；	
T85 M02；	关油泵，程序结束
；	
N0130；	子程序号
G00 Z＋0.5；	快速移动到 Z0.5
C130 OBT000；	选用加工条件 C130，无平动
G01 Z＋0.230－H970；	沿 Z 方向向下加工，加工深度为理论深度扣除一个 0.230 的间隙
M05 G00 Z0＋H980；	以忽略感知的方式快速抬至距工件表面 1mm 的地方
M99；	子程序调用结束
；	
N0129；	
G00 Z＋0.5；	
C129 OBT000；	

续表

程　　序	说　　明
G01 Z+0.190－H970；	加工至距孔底 0.190mm 处
M05 G00 Z0＋H980；	
M99；	
；	
N0128；	
G00 Z+0.5；	
C128 OBT000；	
G01 Z+0.140－H970；	加工至距孔底 0.14mm 处
M05 G00 Z0＋H980；	
M99；	
；	
N0127；	
G00 Z+0.5；	
C127 OBT000；	
G01 Z+0.110－H970；	加工至距孔底 0.11mm 处
M05 G00 Z0＋H980；	
M99；	
；	
N0126；	
G00 Z+0.5；	
C126 OBT000；	
G01 Z+0.070－H970；	加工至距孔底 0.070mm 处
M05 G00 Z0＋H980	
M99；	
；	
N0125；	
G00 Z+0.5；	
C125 OBT000；	
G01 Z+0.027－H970；	加工至距孔底 0.027mm 处
M05 G00 Z0＋H980；	
M99；	
；	

【例 2】 利用铜电极在钢铁零件上，加工深 10mm、直径为 10mm，粗糙度 $Ra2.0$ 的圆孔。电极根据要求设定收缩量，并采用平动加工，工艺参数如下：

停止位置＝1.000mm

加工轴向＝Z－

材料组合＝铜-钢

工艺选择＝标准值

加工深度＝10.000mm

尺 寸 差＝0.600mm

粗 糙 度＝2.000μm　　平动方式＝打开　型腔数＝0

投影面积＝3.14cm²　　自由圆形平动　平动半径　0.30mm

程序解读（为便于阅读，指令间加了空格，实际编程是不需空格的）

程　序	说　明
T84；	开油泵
G90；	绝对坐标系
G30 Z＋；	指定抬刀方向 Z＋
H970＝10.0000；(machine depth)	H970 一般用来代表理论加工深度
H980＝1.0000；(up-stop position)	H980 一般用来代表电极换加工条件时抬起的高度
G00 Z0＋H980；	先快速定位至 H980 指定的高度
M98 P0130；	
M98 P0129；	
M98 P0128；	调用编号为 N0130～N0125 的子程序，可实现孔由粗加工（粗糙度较低）到精加工（粗糙度较高）
M98 P0127；	
M98 P0126；	
M98 P0125；	
T85 M02；	关油泵，程序结束
；	
N0130；	子程序号
G00 Z＋0.5；	快速移动到 Z0.5
C130 OBT001 STEP0070；	选用加工条件 C130，自由圆形平动
G01 Z＋0.230－H970；	加工至距孔底 0.230mm 处
M05 G00 Z0＋H980；	以忽略感知的方式快速抬至距工件表面 1mm 的地方
M99；	子程序调用结束
；	
N0129；	
G00 Z＋0.5；	
C129 OBT001 STEP0148；	
G01 Z＋0.190－H970；	加工至距孔底 0.190mm 处
M05 G00 Z0＋H980；	

续表

程　　序	说　　明
M99；	
；	
N0128；	
G00 Z+0.5；	
C128 OBT001 STEP0188；	
G01 Z+0.140－H970；	加工至距孔底 0.14mm 处
M05 G00 Z0+H980；	
M99；	
；	
N0127；	
G00 Z+0.5；	
C127 OBT001 STEP0212；	
G01 Z+0.110－H970；	加工至距孔底 0.11mm 处
M05 G00 Z0+H980；	
M99；	
；	
N0126；	
G00 Z+0.5；	
C126 OBT001 STEP0244；	
G01 Z+0.070－H970；	加工至距孔底 0.070mm 处
M05 G00 Z0+H980；	
M99；	
；	
N0125；	
G00 Z+0.5；	
C125 OBT001 STEP0272；	
G01 Z+0.027－H970；	加工至距孔底 0.027mm 处
M05 G00 Z0+H980；	
M99；	
；	

【例 3】 利用铜电极在钢铁零件上，加工深 10mm、边长为 10mm、粗糙度 *Ra*3.5 的方孔。电极根据要求设定收缩量，并采用二维矢量平动加工，工艺参数如下：

停止位置＝1.000mm

加工轴向＝*Z*－

材料组合＝铜-钢

工艺选择＝标准值

加工深度＝5.000mm

尺 寸 差＝0.40mm

粗 糙 度＝3.50μm

投影面积＝2cm^2

平动方式＝打开　型腔数＝0

二维矢量

开始角度　　0 度

平动半径　　0.20mm

角　　数　　4

程序解读（为便于阅读，指令间加了空格，实际编程是不需空格的）

程　　序	说　　明
T84；	开油泵
G90；	绝对坐标系
G30Z＋；	指定抬刀方向 $Z+$
G17；	选择加工平面为 XOY 平面
H970＝5.000；(machine depth)	H970 一般用来代表理论加工深度
H980＝1.000；(up-stop position)	H980 一般用来代表电极换加工条件时抬起的高度
G00Z0＋H980；	先快速定位至 H980 指定的高度
M98P0129； M98P0128； M98P0127；	调用编号为 N0129～N0127 的子程序，子程序其中子程序号 0129 对应加工条件为 C0129 的加工。子程序从 0129 到 0127 的调用可实现孔由粗加工(粗糙度较低)到精加工(粗糙度较高)
T85 M02；	关油泵，结束程序
；	
N0129；	子程序号
G00Z＋0.500；	快速移动到 $Z0.5$
C129 OBT000；	选用加工条件 C129
G01 Z＋0.190－H970；	加工至距孔底 0.190mm 处
G32；	指定抬刀方式为伺服轴回平动中心点后抬刀
G91；	相对坐标系
M05G00Z＋0.014；	以忽略感知的方式快速移至 $Z+0.014$ 的地方，为二维矢量平动留好余量

续表

程　序	说　明
G01X0.014Y0.000Z−0.014; G01X−0.014Y−0.000Z+0.014; G01X0.000Y0.014Z−0.014; G01X−0.000Y−0.014Z+0.014; G01X−0.014Y0.000Z−0.014; G01X0.014Y−0.000Z+0.014; G01X0.000Y−0.014Z−0.014; G01X−0.000Y0.014Z+0.014;	按照二维矢量平动方式加工修整
G90;	绝对坐标系
G30Z+;	指定抬刀方向 Z+
M05 G00Z0+H980;	以忽略感知的方式快速抬至抬刀平面
M99;	返回主程序
N0128;	选用加工条件 C128 再加工一次，以获得粗糙度较高的表面
G00Z+0.500; C128 OBT000; G01 Z+0.140−H970; G32; G91; M05G00Z+0.124; G01X0.124Y0.000Z−0.124; G01X−0.124Y−0.000Z+0.124; G01X0.000Y0.124Z−0.124; G01X−0.000Y−0.124Z+0.124; G01X−0.124Y0.000Z−0.124; G01X0.124Y−0.000Z+0.124; G01X0.000Y−0.124Z−0.124; G01X−0.000Y0.124Z+0.124; G90; G30Z+; M05 G00Z0+H980; M99; ;	
N0127; G00Z+0.500; C127 OBT000; G01 Z+0.055−H970;	选用加工条件 C127 第三次加工，以获得粗糙度符合要求的表面

续表

程　　序	说　　明
G32;	
G91;	
M05G00Z+0.205;	
G01X0.205Y0.000Z−0.205;	
G01X−0.205Y−0.000Z+0.205;	
G01X0.000Y0.205Z−0.205;	
G01X−0.000Y−0.205Z+0.205;	
G01X−0.205Y0.000Z−0.205;	
G01X0.205Y−0.000Z+0.205;	
G01X0.000Y−0.205Z−0.205;	
G01X−0.000Y0.205Z+0.205;	
G90;	
G30Z+;	
M05 G00Z0+H980;	
M99;	
;	

【例 4】 利用铜电极在钢铁零件上，加工 4 个深 10mm、直径为 10mm、粗糙度 Ra2.0μm 的圆孔。电极根据要求设定收缩量，并采用圆形平动加工，工艺参数如下：

停止位置=1.000mm

加工轴向=Z−

材料组合=铜-钢

工艺选择=标准值

加工深度=10.000mm

尺 寸 差=0.600mm

粗 糙 度=7.4μm

投影面积=3.14cm^2

平动方式=打开　　型腔数=4

伺服圆周平动

平动半径　　0.30mm

型腔 01　　X=0　　Y=0

型腔 02　　X=100.0　Y=0

型腔 03　　$X=100.0$　$Y=100.0$

型腔 04　　$X=0$　　　$Y=100.0$

程序解读（为便于阅读，指令间加了空格，实际编程是不需空格的）

程　　序	说　　明
T84；	开油泵
G90；	绝对坐标系
G30 Z+；	指定抬刀方向 $Z+$
H970=10.0000；(machine depth)	H970 一般用来代表理论加工深度
H980=1.0000；(up-stop position)	H980 一般用来代表电极换加工条件时抬起的高度
G00 Z0+H980；	不管电极加工前距工件表面多高，均先快速定位至 H980 指定的高度
G00 X0.000；	快速移动到($X0$,$Y0$)
G00 Y0.000；	
M98 P0130；	以 C0130 条件加工($X0$,$Y0$)的孔
G00 X100.000；	快速移动到($X100$,$Y0$)
G00 Y0.000；	
M98 P0130；	以 C0130 条件加工($X100$,$Y0$)的孔
G00 X100.000；	快速移动到($X100$,$Y100$)
G00 Y100.000；	
M98 P0130；	以 C0130 条件加工($X100$,$Y100$)的孔
G00 X0.000；	快速移动到($X0$,$Y100$)
G00 Y100.000；	
M98 P0130；	以 C0130 条件加工($X0$,$Y100$)的孔
G00 X0.000；	
G00 Y0.000；	
M98 P0129；	
G00 X100.000；	
G00 Y0.000；	
M98 P0129；	以 C0129 条件对四个孔再加工一遍，以获得粗糙度较高的表面
G00 X100.000；	
G00 Y100.000；	
M98 P0129；	
G00 X0.000；	
G00 Y100.000；	
M98 P0129；	
T85 M02；	关油泵，结束程序

续表

程　　序	说　　明
;	
N0130;	子程序号(条件 C130 的圆形伺服平动加工)
G00 Z+0.5;	快速移动到 Z0.5
C130 OBT000;	选用加工条件 C130,无平动
G01 Z+0.230-H970;	沿 Z 方向向下加工,加工深度为理论深度扣除一个 0.230 的间隙
H910=0.070;	H910 平面圆形伺服平动 X 轴偏移量
H920=0.000;	H920 平面圆形伺服平动 Y 轴偏移量
M98 P9210;	调用平面圆形伺服平动子程序
G30 Z+;	指定抬刀方向 Z+
M05 G00Z0+H980;	以忽略感知的方式快速抬至距工件表面 1mm 的地方
M99;	子程序调用结束
;	
N0129;	子程序号(条件 C129 的圆形伺服平动加工)
G00 Z+0.5;	快速移动到 Z0.5
C129 OBT000;	选用加工条件 C129,无平动
G01 Z+0.110-H970;	沿 Z 方向向下加工,加工深度为理论深度扣除一个 0.110 的间隙
H910=0.190;	H910 平面圆形伺服平动 X 轴偏移量
H920=0.000;	H920 平面圆形伺服平动 Y 轴偏移量
M98 P9210;	调用平面圆形伺服平动子程序
G30 Z+;	指定抬刀方向 Z+
M05 G00 Z0+H980;	以忽略感知的方式快速抬至距工件表面 1mm 的地方
M99;	子程序调用结束

第37章　数控电火花线切割加工编程

37.1　数控线切割编程中的常用术语

(1)插补

工件的轮廓形状均由直线、圆弧及自由曲线等几何元素构成，这些几何元素仅是由其有限个参数（如起点、终点、圆心、圆弧半径、型值点等）进行定义的。数控系统仅靠少量的几何参数来控制刀具或工作台运动是不够的，还需要利用数学方法在已知的几何元素的起点和终点间进行数据点的密化，确定该几何元素的一些中间点，这个过程称为插补。

(2)直线插补与圆弧插补

直线插补是预定的刀具运动轨迹的曲线方程是直线；圆弧插补是预定的刀具运动轨迹是圆弧。

(3)刀具补偿

刀具补偿包括刀具半径补偿与刀具长度补偿。线切割只有刀具半径补偿。为了保证线切割加工出来正确的工件轮廓，编程时将电极丝中心相对于工件轮廓中心偏移一个电极丝半径的距离。编程时假设电极丝半径为零，直接根据工件的轮廓形状直接编程。插补与刀补是由数控系统根据编程所选定的模式自动进行的。

(4)字

字是程序字的简称，是一套有规定次序的代码符号，可以作为一个信息单元存储、传递和操作。字表示某一功能的一组代码符号，如 X3455 表示一个字。

37.2 3B 代码程序编程

数控线切割机床编程常用的程序格式有 3B、4B 格式及符合国际标准的 ISO 格式等。快速走丝线切割机床一般采用 3B、4B 格式，而慢速走丝线切割机床多采用 ISO 格式。

(1) 3B 代码程序格式

3B 代码程序格式是无间隙补偿程序格式，3B 代码程序描述的是电极丝中心的运动轨迹，与切割所得的工件轮廓曲线相差一个偏移量。

① 3B 代码程序编制方法　3B 程序为相对坐标程序，即每一图线的坐标原点随图线发生变化，常见的图形都是由直线或圆弧组成，任何复杂的图形，只要分解为直线和圆弧就可以依次分别编程。对于直线坐标原点建立在直线的起点上，对于圆弧坐标原点建立在圆弧的圆心上。

我国数控线切割机床采用统一的五指令 3B 程序格式，见表 37-1。

表 37-1　3B 程序格式

B	X	B	Y	B	J	G	Z
分隔符号	x 坐标值	分隔符号	y 坐标值	分隔符号	计数方向	计数方向	加工指令

说明：

B——分隔符，用它来区分、隔离 X、Y 和 J 等数码，B 后的数字为零，零可以不写。

X、Y——直线的终点或圆弧起点坐标值。编程时均取绝对值，以 μm 为单位。

J——计数长度，计数长度应取从起点到终点某拖板移动的总距离。当计数方向确定后，计数长度则为被加工线段或圆弧在该方向坐标轴上的投影长度的总和，以 μm 为单位。

G——计数方向，GX 为 X 方向计数，GY 为 Y 方向计数，表示工作台在该方向每走 1μm 时，计数长度累减 1，当累计减到计数长度 J=0 时，这段程序加工完毕。

Z——加工指令，分为直线和圆弧加工两大类，用来确定切割轨迹的形状、起点或终点所在象限与加工方向。

② 直线的编程

指令格式：BX BY BJ GZ；

说明：

a. 直线的起点作为坐标的原点。

b. X、Y——加工直线时，X、Y 值均为终点相对起点的坐标值的绝对值，即该直线段在 X、Y 轴上的投影长度值，单位为 μm。

对于斜线，允许将 X 和 Y 的值按相同的比例放大或缩小。

当 X 或 Y 为零时，如平行于 X 或 Y 的直线，X、Y 值均可不写，但分隔符必须保留。例如：沿 $+X$ 轴方向切割 2mm。

B B B2000 GX L1　等同于　B2000B0B2000 GX L1 或 B0B0B2000 GX L1

c. G——计数方向。

加工直线时，起点坐标为 (0，0)，终点坐标为 (X_e，Y_e)，则有：

$|X_e|>|Y_e|$ 时，计数方向取 GX；

$|Y_e|>|X_e|$ 时，计数方向取 GY；

$|X_e|=|Y_e|$ 时，计数方向取 GX 或 GY。

d. J——计数长度，是加工直线在计数方向坐标轴上的投影绝对值，当 $X \geqslant Y$ 时取 X 长度值，当 $X \leqslant Y$ 时取 Y 为长度值。单位为 μm。

e. Z——加工指令　加工直线时的加工指令，按直线走向和终点所在象限不同而分为 L_1、L_2、L_3、L_4，如图 37-1(a)、(b) 所示，其中与正 X 轴重合的直线取 L_1，与正 Y 轴重合的直线取 L_2，与负 X 轴重合的直线取 L_3，与负 Y 轴重合的直线取 L_4。

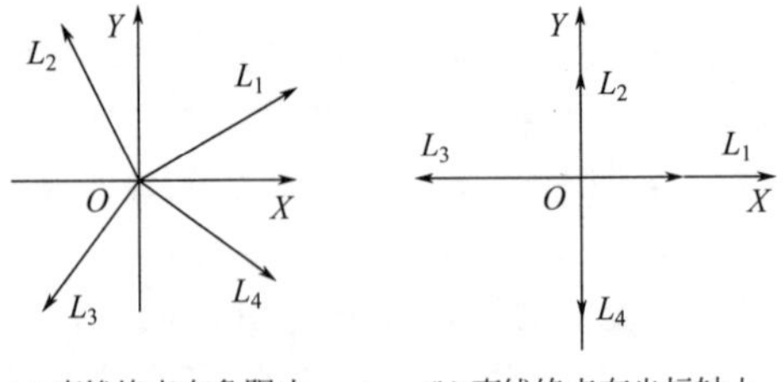

图 37-1　直线的加工指令

③ 圆弧的编程

指令格式：BX BY BJ GZ；

说明：

a. 圆弧圆心作为坐标的原点。

b. X、Y 为圆弧起点坐标值绝对值，单位为 μm。

c. G 为计数方向。

加工圆弧时，圆心坐标为（0，0），终点坐标为（X_e，Y_e），则有：

$|Y_e|>|X_e|$时，计数方向取 GX；

$|X_e|>|Y_e|$时，计数方向取 GY；

$|X_e|=|Y_e|$时，计数方向取 GX 或 GY。

d. J 为计数长度，是加工圆弧在计数方向坐标轴上投影的绝对值总和，即投影长度的总和。单位为 μm。

例如：如图 37-2 所示，取 GY，计数长度 $J=J_{y1}+J_{y2}+J_{y3}$。

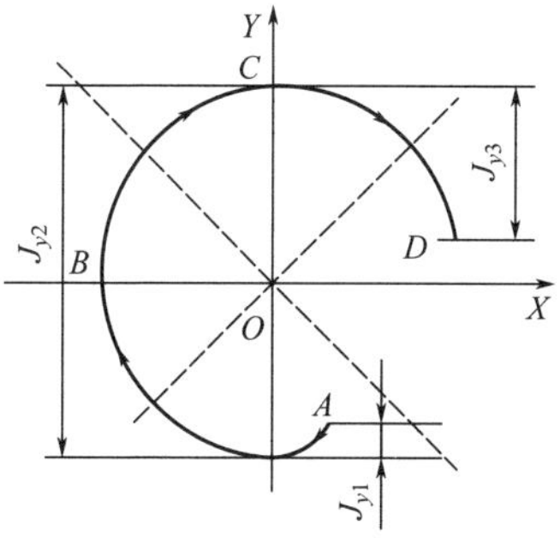

图 37-2　加工圆弧时计数长度 J 的计算

e. Z 为加工指令，对圆弧的加工指令，按圆弧插补时第一步所进入的象限可分为 R1、R2、R3、R4，按切割方向又分为顺圆 S 和逆圆 N，故共有八种加工指令 SR1、SR2、SR3、SR4；NR1、NR2、NR3、NR4。如图 37-3(a)、(b) 所示。

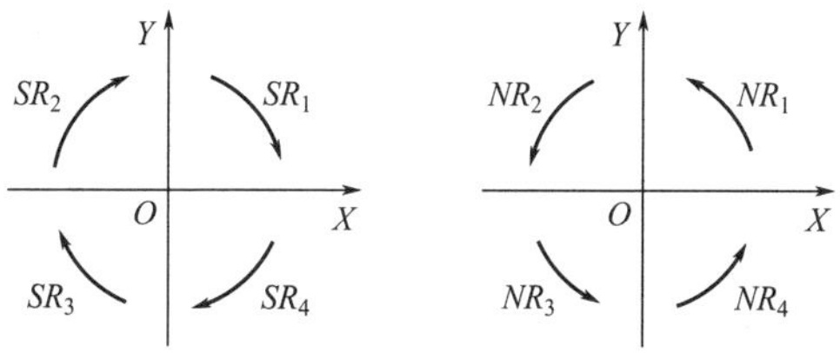

(a) 顺时针加工圆弧　　(b) 逆时针加工圆弧

图 37-3　圆弧的加工指令

编程举例：如图 37-4(a) 所示，切割加工圆弧 AE，圆弧半径 $R=50\text{mm}$。

程序为：B40000 B30000 B170000 GX SR4

注：X、Y 值均取绝对值；$J=J_{x1}+J_{x2}+J_{x3}+J_{x4}=40+50+50+30=170$（mm）$=170000$（$\mu$m）

由于该圆弧终点 $Y>X$，所以计数方向取 GX。加工圆弧起点 A 在第Ⅳ象限且按顺时针方向进行切割，故加工指令 Z 用 SR4。

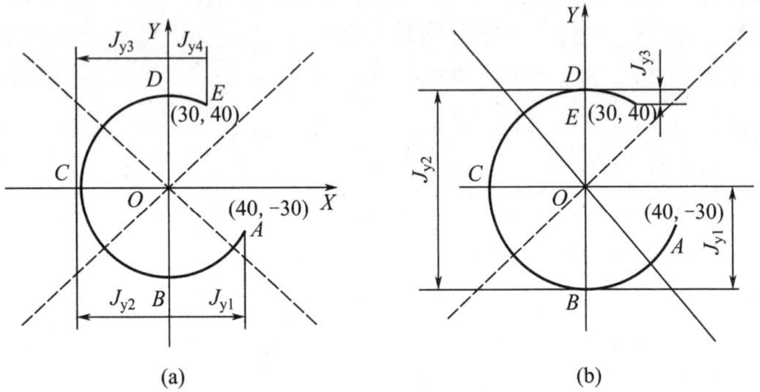

图 37-4　圆弧切割加工编程实例

如图 37-4(b) 所示，切割加工圆弧 EA，圆弧半径$R=50$mm。

程序为：B30000 B40000 B130000 GY NR1

注：X、Y 值均取绝对值；$J=J_{y1}+J_{y2}+J_{y3}=20+(2\times50)+10=130(mm)=130000$($\mu$m)

由于该圆弧终点 $X>Y$，所以计数方向取 GY。加工圆弧起点 E 在第Ⅰ象限且按逆时针方向进行切割，故加工指令 Z 用 NR1。

(2) 3B 代码编程举例

【例 1】 如图 37-5 所示，加工图形为线切割电极丝所走路径，加工路线为 $a\to b\to c\to d\to e\to f\to b\to a$，加工程序如表 37-2 所示。

表 37-2　3B 指令切割加工程序

序号	X	Y	J	G	Z
1	B0	B0	B5000	GY	L2
2	B0	B0	B10000	GY	L2
3	B20000	B10000	B20000	GX	L1
4	B10000	B0	B10000	GX	NR3
5	B10000	B0	B10000	GX	SR4

续表

序号	X	Y	J	G	Z
6	B0	B0	B20000	GX	L3
7	B0	B0	B5000	GY	L4
8	D				

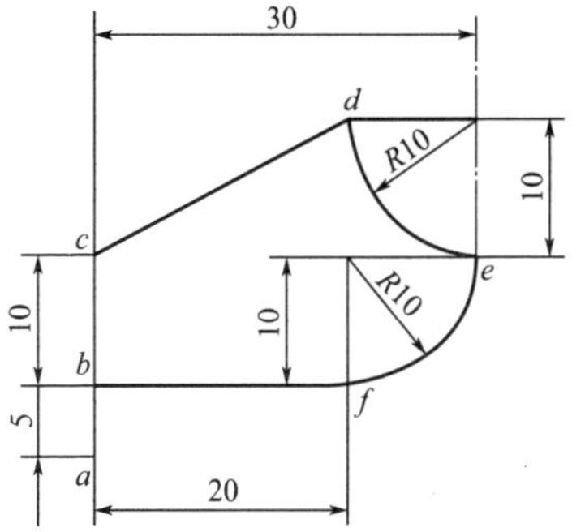

图 37-5　凸模

【例 2】 加工如图 37-6 所示图形，采用直径为 ϕ0.2mm 电极丝，单面放电间隙为 0.02mm，电极丝中心偏移量 $f=\frac{0.2}{2}+0.02=0.12$mm，选择圆弧中心 O_1 为穿丝孔的位置，a 点为起割点，沿逆时针加工。加工程序如表 37-3 所示。

表 37-3　3B 指令切割加工程序

序号	X	Y	J	G	Z
1	B0	B0	B4880	GY	L4
2	B0	B0	B20000	GX	L1
3	B0	B4880	B4880	GY	NR4
4	B0	B0	B20000	GY	L2
5	B4880	B0	B11189	GX	NR1
6	B6549	B6549	B18524	GY	SR1
7	B3451	B3451	B13211	GX	NR1
8	B0	B0	B4880	GY	L2
9	D				

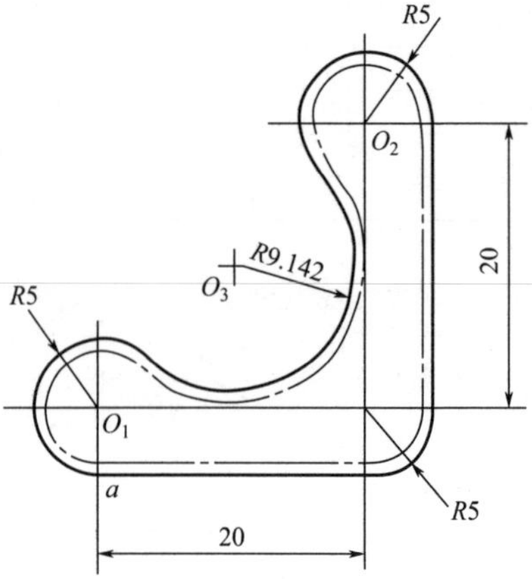

图 37-6　凹模零件图

37.3　4B 代码程序编程

4B 代码程序格式用于具有补偿功能和锥度补偿功能的数控线切割机床的程序编制。4B 代码程序描述的是电极丝中心运动轨迹能根据要求自动偏离编程轨迹一段距离（即补偿量）。当补偿量设定为偏移量 f 时，编程轨迹即为工件的轮廓线。锥度补偿是系统能根据要求，同时控制 X、Y、U、V 四轴运动，使电极丝偏离垂直方向一个角度（即锥度），从而切割出带锥度的工件。

(1) 4B 代码程序格式（Ⅰ）

如表 37-4 所示。

表 37-4　4B 程序格式

±	B	X	B	Y	B	J	G	Z
补偿符号	分隔符号	x 坐标值		y 坐标值		计数方向	计数方向	加工指令

说明：

① 4B 指令是带“±”符号的 3B 指令。

② 其中的“±”符号反映间隙补偿功能和锥度补偿功能，其他与 3B 代码程序格式完全相同。

③ 间隙补偿切割时，当实际轨迹的线段大于基准轮廓时为正

补偿，用“+”号表示；当实际轨迹的线段小于基准轮廓尺寸时为负补偿，用“−”号表示。

④ 对于圆弧，规定以凸模为准，圆弧增大，正偏时加“+”号；圆弧减少，负偏时加“−”号。进行间隙补偿时，线与线之间必须是光滑连接，否则必须加过渡圆弧使之光滑。

⑤ 锥度切割时，必须使电极丝相对垂直方向倾斜一个角度。电极丝的倾斜方向由引入程序中的“±”符号决定。若在第一条指令之前加“+”号，则按如下规则倾斜电极丝；若加“−”，则向相反方向倾斜电极丝。

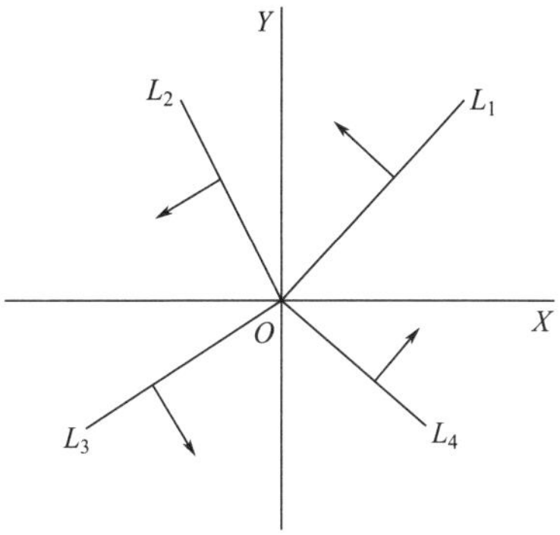

图 37-7　直线引入

a. 若引入程序段是直线，则按照直线的法线方向倾斜电极丝，如图 37-7 所示。箭头方向即为电极丝的倾斜方向。

b. 若引入程序段是圆弧，则电极丝的倾斜方向和切割起点的圆弧半径方向一致，锥度切割一般采用正锥度，所切割工件为上大下小；若切割上小下大的工件，则可输入负锥角。

(2) 4B 代码程序格式（Ⅱ）

编写 4B 代码程序格式时必须严格按选择机床说明书进行。表 37-5 的格式也是一种 4B 代码程序格式。

表 37-5　4B 程序格式

B	X	B	Y	B	J	B	R	D	G	Z
分隔符号	x 坐标值		y 坐标值		计数方向		圆弧半径	曲线形状	计数方向	加工指令

说明：

① R 为圆弧半径。R 为圆形尺寸已知的圆弧半径，因 4B 格式不能处理尖角的自动间隙补偿，当需要加工图形出现尖角时，取圆弧半径大于间隙补偿量 ΔR 的圆弧过渡。

② D(或 DD）为曲线形状。D 表示凸圆弧，DD 表示凹圆弧。加工外表面时，当调整补偿间隙后使圆弧半径增大的称为凸圆弧，

用 D 表示；圆弧半径减少的称为凹圆弧，用 DD 表示。加工内表面时，调整补偿间隙后使圆弧半径增大的称为凹圆弧，用 DD 表示；圆弧半径减少的称为凸圆弧，用 D 表示。

(3) 4B 程序编程举例

【例 1】 编制图 37-8 所示凸凹模的线切割加工程序。图中双点画线为坯料外轮廓。

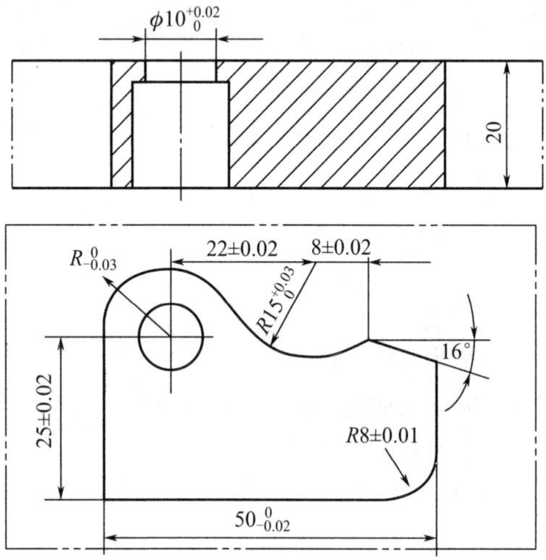

图 37-8 凸凹模

① 平均尺寸计算：如图 37-9 所示凸凹模的平均尺寸。

② 交点计算：各点坐标如表 37-6 所示。

表 37-6 凸凹模电极丝轨迹各线段交点及圆心坐标

交点	X	Y	圆心	X	Y
A	32.015	−25	O	0	0
B	40	−17.015	O_1	32.015	−17.015
C	40	−3.697	O_2	22	11.875
D	30.003	−0.83			
E	8.787	4.743			
F	−9.985	0			
G	−9.985	−25			

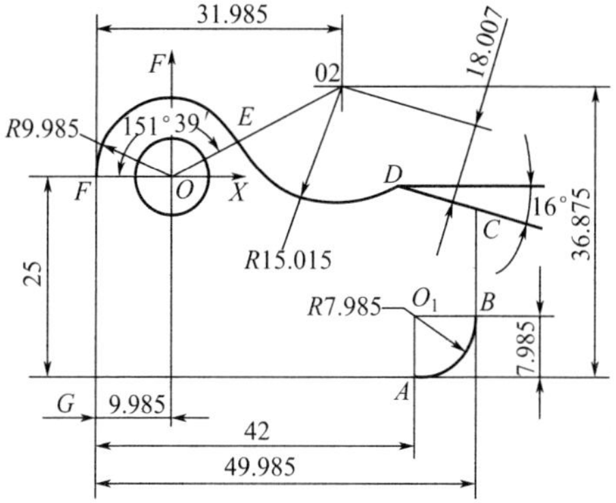

图 37-9　凸凹模的平均尺寸

③ 加工程序：4B 格式编程直接按工件轮廓编程，凸凹模切割程序见表 37-7。

表 37-7　凸凹模切割程序（4B 格式）

序号	B	X	B	Y	B	J	B	R	G	D或(DD)	Z	说　　明
1	B		B		B	005005	B		GX		L1	穿丝孔切入，O→电极丝中心
2	B	5005	B		B	020020	B	005005	GY	D	NR1	加工型孔圆弧
3	B		B		B	005005	B		GX		L3	切出，电极丝中心→O
4											D	拆卸钼丝
5	B	9985	B	35000	B	035000	B		GY		L3	空走，O→G 下面距 G 为 10mm 的点
6											D	重装钼丝
7	B		B		B	010000	B		GY		L2	从 G 下面距 G 为 10mm 的点→G 切入
8	B		B		B	042000	B		GX		L1	加工 G→A
9	B		B	7985	B	007985	B	007985	GY	D	NR1	加工 A→B
10	B		B		B	013318	B		GY		L2	加工 B→C
11	B	9997	B	2867	B	009997	B		GX		L2	加工 C→D
12	B	8003	B	12705	B	010193	B	015015	GY	DD	SR4	加工 D→E
13	B	8787	B	4743	B	015227	B	009985	GY	D	NR1	加工 E→F
14	B		B		B	025000	B		GY		L4	加工 F→G
15	B		B		B	010000	B		GY		L4	G→G 下面距 G 为 10mm 的点切出
16											D	停机

【例 2】 如图 37-10 所示凹模零件，未注圆角半径为 1mm，采用直径为 $\phi 0.15$mm 的电极丝，补偿值 $f=0.089$mm。进行正锥度补偿，选择圆弧中心 O_1 为穿丝孔的位置，a 点为起割点，沿逆时针加工。4B 加工程序如表 37-8 所示。

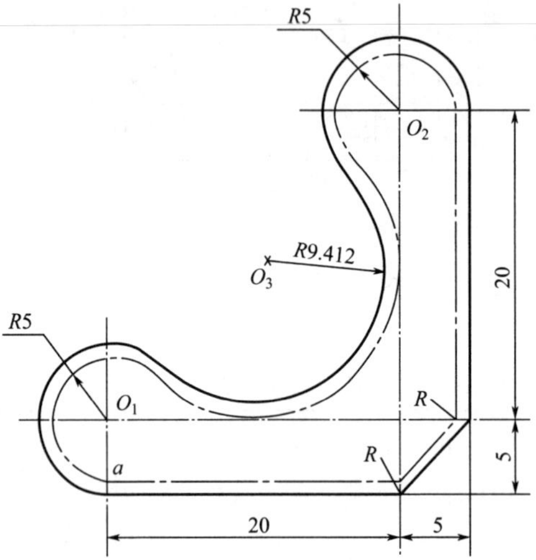

图 37-10 凹模零件图

表 37-8 4B 指令切割加工程序

序号	±	B	X	B	Y	B	J	G	Z
1	+	B	0	B	0	B	500	GX	L1
2	−	B	0	B	0	B	19586	GY	L4
3	−	B	1000	B	0	B	707	GX	SR4
4	−	B	4414	B	4414	B	4414	GY	L3
5	−	B	707	B	707	B	707	GX	SR4
6	−	B	0	B	0	B	19586	GX	L3
7	−	B	0	B	5000	B	13536	GX	SR3
8	+	B	6464	B	646	B	18284	GX	NR3
9	−	B	3536	B	3536	B	13536	GY	SR3
10	−	B	0	B	0	B	5000	GY	L3
11	D								

37.4 ISO 代码程序编程

ISO 代码是国际标准化机构制定的用于数控的一种标准代码。代码中分别有 G 指令称为准备功能指令、M 指令称为辅助功能指令。由于国际上实际使用的 G 功能指令、M 功能指令的标准化程度较低，只有 G01～G04、G17～G19、G40～G42 的含义在各系统中基本相同，而 G90～G92、G94～G97 的含义在多数系统内不相同。所以编程时，必须严格按照机床说明书进行。

(1) ISO 代码程序格式

在 ISO 格式数控程序中，一个完整的程序是由程序号、程序内容和程序结束三部分组成。程序名由文件名和扩展名组成；文件可用字母和数字表示，最多可用 8 个字符；扩展名最多用 3 个字母组成。每一个程序段由若干个字组成。它们分别为顺序号、准备功能字、尺寸字、辅助功能字和回车符等构成。例如：

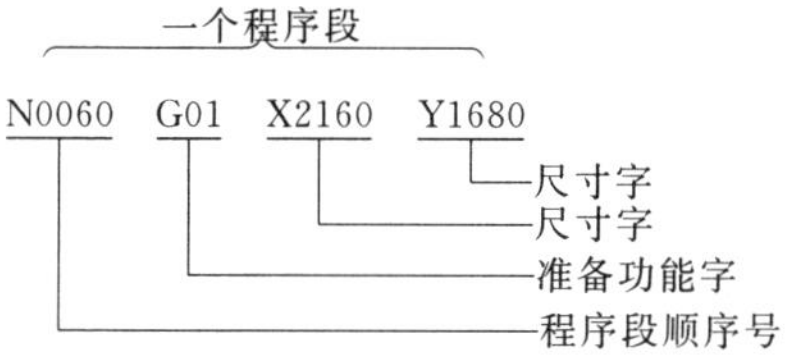

程序格式：

N _ G _ X _ Y _ M__

说明：

① 程序段号 N：位于程序段之首，表示一条程序的序号，后续数字 2～4 位，例如 N0012，N1234。

② 准备功能指令 G：是建立机床或控制系统工作方式的一种指令，其后续为两位正整数，即 G00～G99；当本段程序的功能与上一段程序功能相同时，则该段的 G 代码可省略不写。

③ 尺寸字：尺寸字在程序段中主要是用来控制电极丝运动到达的坐标位置。电火花线切割加工常用的尺寸字有 X、Y、U、V、A、I、J 等，尺寸字的后续数字应加正负号，单位为 μm。

④ 辅助功能指令 M：由 M 功能指令及后续两位数组成，即 M00～M99，用来指令机床辅助装置的接通或断开。

⑤ 在电火花线切割机床数控中，使用的地址字母见表 37-9，电火花加工机床中最常见的 ISO 代码见表 37-10。

表 37-9　地址字符的含义和功能表

功　能	地址字符	含　义
顺序号	N	程序编号
准备功能	G	指令动作方式
尺寸字	X、Y、Z	坐标轴移动指令
	A、B、C、U、V	附加轴移动指令
	I、J	圆弧中心坐标
锥度参数字	W、H、S	锥度参数指令
辅助功能	M	机床开关及程序结束指令
补偿字	D	间隙及电极丝补偿指令

表 37-10　电火花加工机床常用的 ISO 代码

代码	功　能	代码	功　能
G00	快速定位	G51	锥度左偏
G01	直线插补	G52	锥度右偏
G02	顺圆圆弧插补	G54	加工坐标系 1
G03	逆圆圆弧插补	G55	加工坐标系 2
G04	暂停	G56	加工坐标系 3
G05	*X* 轴镜像	G57	加工坐标系 4
G06	*Y* 轴镜像	G58	加工坐标系 5
G07	*XY* 轴交换	G59	加工坐标系 6
G08	*X* 轴镜像，*Y* 轴镜像	G80	有接触感知
G09	*X* 轴镜像，*XY* 轴交换	G82	半程移动
G10	*Y* 轴镜像，*XY* 轴交换	G84	微弱放电找正
G11	*Y* 轴镜像，*X* 轴镜像，*XY* 轴交换	G90	绝对坐标系
G12	取消镜像	G91	增量坐标系
G17	*XY* 平面选择	G92	定义起点
G18	*XZ* 平面选择	M00	程序暂停
G19	*YZ* 平面选择	M02	程序结束
G20	英制	M05	取消接触感知
G21	公制	M96	主程序调用文件程序
G40	取消间隙补偿	M99	主程序调用文件结束
G41	左偏间隙补偿	W	下导轮到工作台面高度
G42	右偏间隙补偿	H	工件厚度
G50	取消锥度	S	工作台面到上导轮高度

注：在数控线切割加工的编程过程中，因为不同的线切割机床，其数控系统功能各不相同，其编程与操作也有所差异，所以应严格按选用的数控系统要求使用编程指令。

(2)常见的准备功能（G 代码）

① 定义起点指令 G92

指令格式：

G92　X_　Y_（I_　J_）；

说明：

a. 该指令用来指定电极丝当前位置在编程坐标系中的坐标值，一般将此坐标作为加工程序的起点。

b. 使用 G92 指定起始点坐标来设定加工坐标系，不用 G54～G59 设定的工件系中，而用 G92 设置加工程序在所选坐标系中的起始点。

c. X 和 Y 值确定了起始点的坐标值，即借助丝的当前坐标值确定了程序原点。

d. I、J 指令用于锥度线切割机床编程。

I 确定零件的厚度；

J 确定零件编程表面到工作台面之间的距离；

如果零件在编程表面的上部 I 为正值，反之 I 为负值，如图 37-11 所示。I 和 J 的具体应用参见 G51、G52。

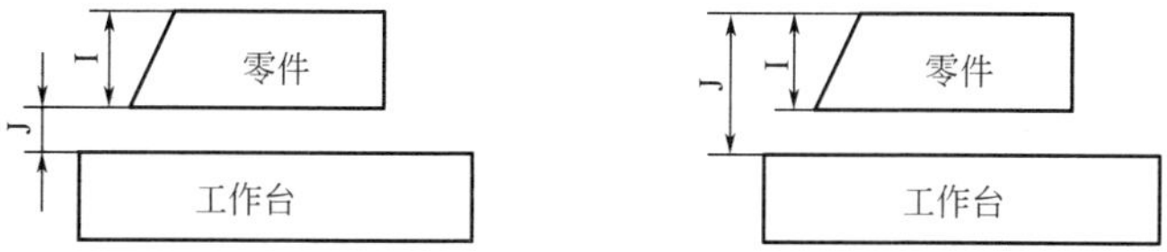

图 37-11　I、J 数值确定

② 快速点定位指令 G00

指令格式：

G00 X_　Y_　U_　V_；…

说明：

a. 该指令命令电极丝以点位控制方式快速移动到下一个目标位置（点）。移动轨迹是直线或是折线，该指令只能用于快速点定位，不能用于切割加工。

b. X 和 Y 值指定编程表面上的终点坐标，可以用绝对坐标

（G90）或相对坐标（G91），当在相对坐标 G91 方式下，表示目标点（终点）相对于起始点分别在 X、Y 轴向的位移；在绝对坐标 G90 方式下，表示终点在坐标系中的绝对坐标值。

c. U 和 V 是指电极丝头在由 G92 的 I 指定的平面（与上述 J 指定的编程表面平行）上偏移一个距离（U 和 V 对于 G90 和 G91 是一致的）。

d. 不运动的坐标可以省略不写。

例如：如图 37-12 所示 从起点 A 快速移动到目标点 B，其程序为：

绝对坐标编程：

```
N0010  G90;
N0020  G00  X50000  Y65000;
```

增量坐标编程：

```
N0010  G91;
N0020  G00  X40000  Y55000;
```

③ 直线插补指令 G01

指令格式：

G01 X_　Y_　U_　V_　F_；

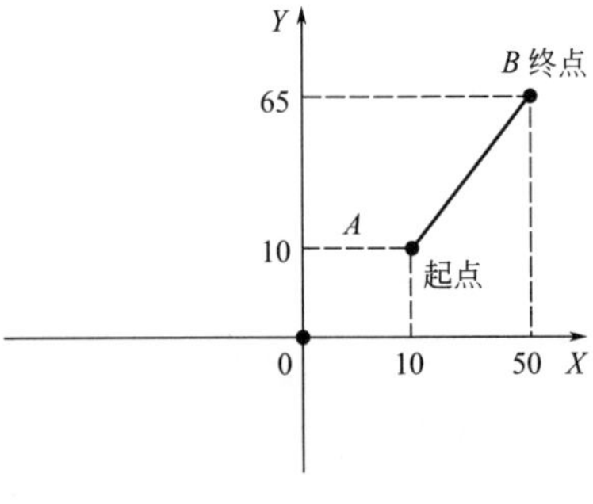

图 37-12　G00 快速定位

说明：

a. 直线插补指令是直线运动指令，是最基本的一种插补指令，可使机床加工任意斜率的直线轮廓或直线逼近的曲线轮廓。部分线切割机床能实现 X、Y、U、V 四种联动功能。

b. X 和 Y 值指定目标点坐标。当在相对坐标（增量坐标）

G91 方式下，表示终点相对于起始点分别在 X、Y 轴向的位移；当在绝对坐标 G90 方式下，表示终点在坐标系中的绝对坐标值。

c. U 和 V 坐标轴在加工锥度或上下异性截面形状的复杂的零件时使用。

d. 在伺服模式，运动速度由机床条件决定，F 不起作用，在常量模式，F 指定运动速度。

例如：如图 37-13 所示，从起点 A 直线插补移动到指定目标点 B，其程序为：

绝对坐标编程：

```
N0010  G90;
N0020  G01  X—80000  Y－40000;
```

增量坐标编程：

```
N0010  G91;
N0020  G01  X－90000  Y－70000;
```

④ 圆弧插补指令（G02、G03）

指令格式：

G02 X_　Y_　I_　J_ U_　V_　K_　L_　F_;

G03 X_　Y_　I_　J_ U_　V_　K_　L_　F_;

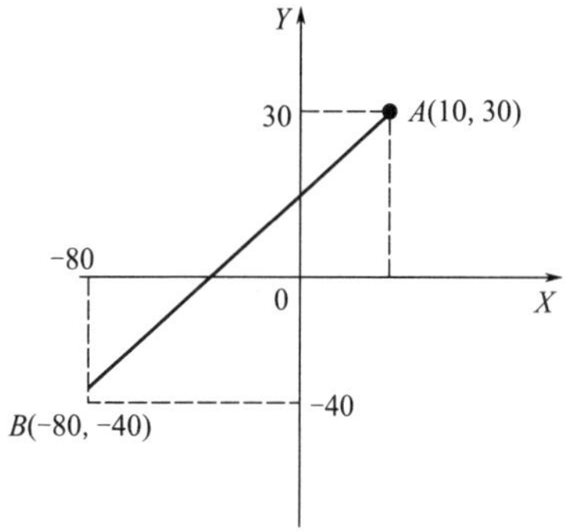

图 37-13　G01 直线插补指令

说明：

a. G02/G03 是电极丝执行顺时针/逆时针圆弧插补运动。沿垂直于圆弧所在平面的坐标轴朝其负向看，电极丝相对于工件的转动方向为顺时针方向，则判定为顺时针圆弧插补；反之，则为逆时针圆弧插补。

b. X 和 Y 的坐标值为圆弧终点的坐标值。用绝对坐标编程时，其值为圆弧终点的绝对坐标；用增量坐标编程时，其值为圆弧终点相对于起始点分别在 X、Y 轴向的位移。

c. I 和 J 是圆心坐标，即指定圆弧的圆心相对于圆弧起点的增量值。无论是用绝对坐标编程还是用增量坐标编程，I 和 J 取值相同。

d. U 和 V 指定圆弧终点偏移量。

e. K 和 L 指定圆弧中心偏移量。

例如：如图 37-14 所示，起点 A（40000，30000），终点 B（－30000，40000），圆心 O（0，0）。则由 A 按顺时针切割到 B 的圆弧其程序为：

绝对坐标编程：

```
N0010  G90;
N0020  G02  X－30000  Y40000
I－4000  J－30000;
```

增量坐标编程：

```
N0010  G91;
N0020  G02  X－70000  Y10000  I－40000  J－30000;
```

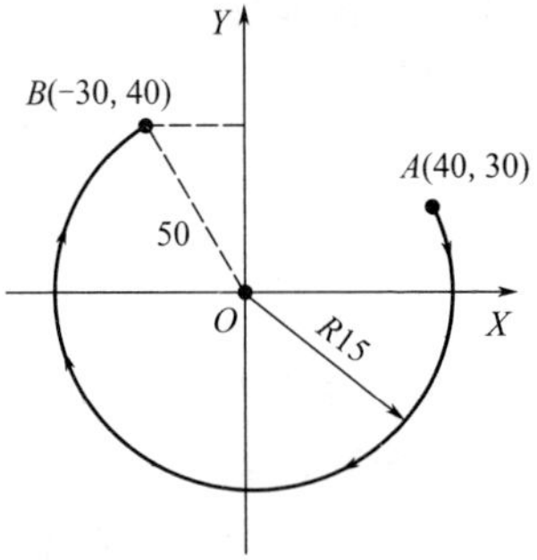

图 37-14　G02/G03 圆弧插补指令

例如：运动轨迹如图 37-15 所示，丝线的初始坐标为（170，30），程序如下：

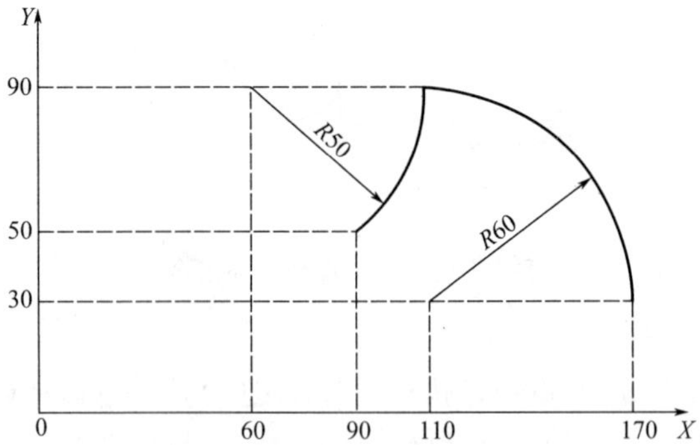

图 37-15　举例图

绝对坐标编程：

```
G92  X170.0  Y30.0;
G90  G03  X110.0  Y90.0  I－60.0  J0.0;
G02  X90.0  Y50.0  I－50.0  J0.0;
```

增量坐标编程：

```
G91  G03  X－60.0  Y60.0  I－60.0  J0.0;
G03  X－20.0  Y－40.0  I－50.0  J0.0;
```

⑤ 暂停指令 G04

指令格式：

G04 X_；或 G04 P_；

说明：指令中 X 后的数字以秒为单位，P 后的数字以万分之一秒为单位。

⑥ 镜像及交换指令（G05～G12）

指令格式：

G05～G12

说明：

a. G05：*X* 轴镜像，如图 37-16 中的 *AB* 段曲线与 *AD* 段曲线。

b. G06：*Y* 轴镜像，如图 37-16 中的 *AB* 段曲线与 *BC* 段曲线。

c. G07：*X*、*Y* 轴交换，如图 37-17 所示。

d. G08：*X* 轴镜像、*Y* 轴镜像，如图 37-16 中的 *AB* 段曲线与 *CD* 段曲线。

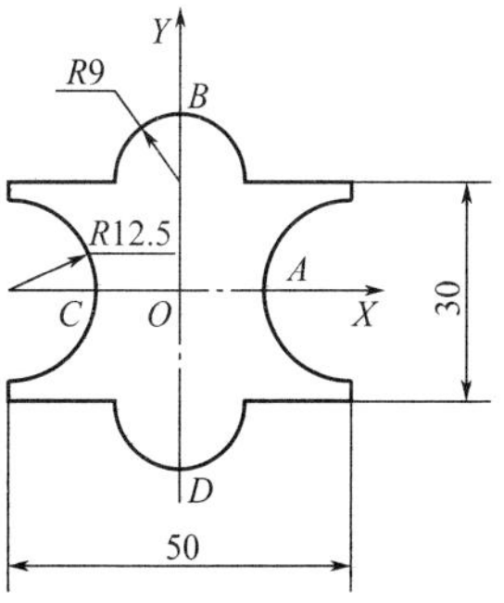

图 37-16　*X* 轴与 *Y* 轴镜像

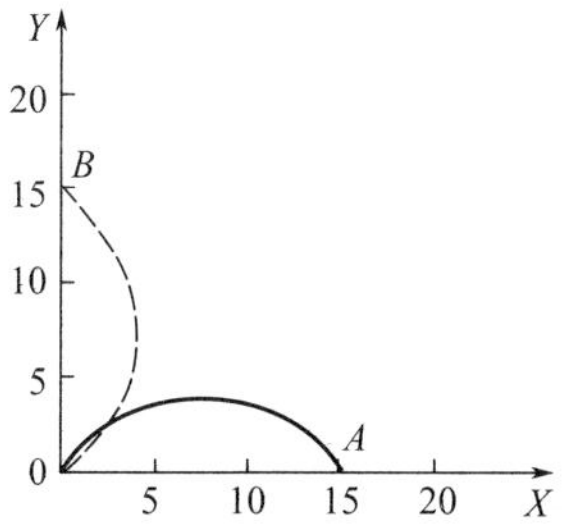

图 37-17　*X*、*Y* 轴交换

e. G09：*X* 轴镜像，*X*、*Y* 轴交换。

f. G10：Y 轴镜像，X、Y 轴交换。

g. G11：Y 轴镜像、X 轴镜像，X、Y 轴交换。

h. G12：消除镜像，每个程序镜像后都要加上此命令，消除镜像后程序段的含义与原程序相同。

加工有对称性的零件，采用基本功能指令编程比较烦琐，采用镜像和交换加工指令编程方便。镜像和交换加工指令具有模态功能，直到出现取消镜像加工指令 G12 位置。

⑦ 坐标平移 G93

指令格式：

G93 X_　Y_；

说明：

a. X 和 Y 值指定坐标原点平移的坐标值。

b. G93 X0 Y0；取消坐标平移，坐标原点恢复到 G92 指定点。

⑧ 绝对和相对坐标编程指令（G90、G91）

G90：绝对坐标指令。采用本指令后，后续程序段的坐标值都应按绝对方式编程，即所有点的表示数值都是在编程坐标系中的点坐标值。直到执行 G91 指令为止。

G91：相对坐标指令。采用本指令后，后续程序段的坐标值都应按增量方式编程，即所有点的坐标均以前一个坐标值作为起点来计算运动终点的位置矢量，直到执行 G90 指令为止。

例：如图 37-18 所示。

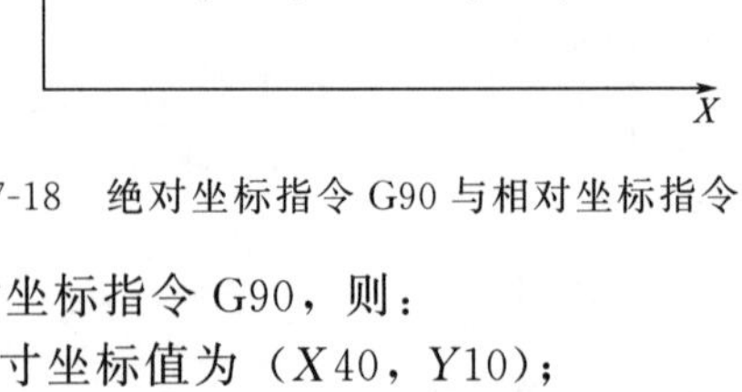

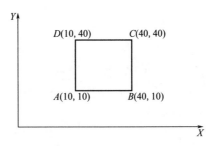

图 37-18　绝对坐标指令 G90 与相对坐标指令 G91

若采用绝对坐标指令 G90，则：

$A \to B$ 的尺寸坐标值为（$X40$，$Y10$）；

$B \to C$ 的尺寸坐标值为（$X40$，$Y40$）；

$C \to D$ 的尺寸坐标值为（$X10$，$Y40$）；
$D \to A$ 的尺寸坐标值为（$X10$，$Y10$）。
采用相对坐标指令 G91，则：
$A \to B$ 的尺寸坐标值为（$X30$，$Y0$）；
$B \to C$ 的尺寸坐标值为（$X0$，$Y30$）；
$C \to D$ 的尺寸坐标值为（$X-30$，$Y0$）；
$D \to A$ 的尺寸坐标值为（$X0$，$Y-30$）。

⑨ 加工坐标设置指令 G54～G59

多型孔零件加工时，利用 G54～G59 建立不同的加工坐标系，设定不同的程序零点，将每一个型孔上的某一点设为其加工坐标系原点，建立其自有的加工坐标系，可使尺寸计算简单，编程方便。

指令格式：

G54～G59

说明：

a. G54～G59 为坐标系选择，执行该指令用来指定电极丝当前位置在所选坐标系中的坐标值。

b. 在线切割加工编程时，一般使用 G92 指定起始点坐标来设定加工坐标系，而不用 G54～G59 设定的工件坐标系中，依然需要用 G92 设置加工程序在所选坐标系中的起始点坐标。

⑩ 手动操作指令（G80、G82、G84）

a. G80：接触感知指令，使电极丝从当前位置移动到接触工件后停止。

b. G82：半程移动指令，使加工位置沿着指定坐标轴返回一半的距离，即当前坐标系中坐标值一半的位置。利用此指令可以实现电极丝找正圆形型孔的中心。

c. G84：微弱放电找正指令，通过微弱放电校正电极丝与工作台的垂直，在加工前一般要先进行校正。

⑪ 间隙补偿指令（G41、G42、G40）

指令格式：

G41 D _ ；
G42 D _ ；
G40；

说明：

a. G41 为左偏间隙补偿指令。

b. G42 为右偏间隙补偿指令。

c. G40 为取消间隙补偿指令。

d. D 表示间隙补偿量偏移量，为电极丝半径与放电间隙之和，单位为 μm。确定方法与半径方法相同，一般数控线切割机床偏移量 ΔR 为 0～0.5μm。

e. 左偏、右偏是沿着电极丝前进的方向看，电极丝在工件的左边为左偏；电极丝在右边为右偏，如图 37-19 所示。

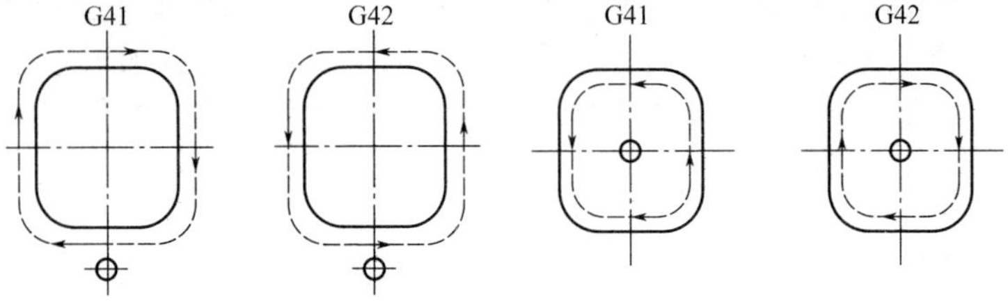

(a) 凸模加工　(b) 凹模加工

图 37-19　间隙补偿命令

f. 取消间隙补偿 G40 指令必须放在退刀线前。

⑫ 锥度加工指令（G50、G51、G52）

指令格式：

G51 X _ Y _ T _ ；

G52 X _ Y _ T _ ；

G50；

说明：

a. G51 为锥度左偏指令，即沿走丝方向看，电极丝向左偏离。顺时针加工，锥度左偏加工的工件为上大下小；逆时针加工，左偏时工件上小下大。

b. G52 为锥度右偏指令，用此指令顺时针加工，工件为上小下大；逆时针加工，工件上大下小。

c. 左偏 G51、右偏 G52 程序段必须放在进刀线之前。

d. 其中 T 为倾斜角度，X 和 Y 为沿坐标轴移动的距离。

e. G50 取消锥度加工指令。取消锥度 G50 指令必须放在退刀线之前。

f. 在进行锥度加工时，需要输入工件及工作台参数。下导轮到工作台的高度 W，工件的厚度 H，工作台到上导轮的高度 S 需要使用 G51、G52 之前输入。

应用：在数控电火花切割机床上，进行锥度加工需要通过装在上导轮部位的 U、V 附加轴工作台实现。加工时，控制系统驱动 U、V 附加轴工作台，使上导轮相对于 X、Y 坐标轴工作台移动，以获得所要求的锥角，用此方法可以解决凹模的漏料问题。

编程举例：

【例】 如图 37-20 所示零件左部切出一个方形孔，孔的上面尺寸为 20mm×20mm，斜度为 5°。右部是切一个圆，上面的直径是 ϕ15，斜度为 8°。

零件左部图形的加工程序如下：

```
O0009(方形例)
G92 X0 Y0 I15.0J5.;
G51 G41 Y10.0T5.;
X—10.0;
Y—10.0;
X10.0;
Y10.0;
X—10.0;
G50 G40 Y—10.0;
M30;
%
```

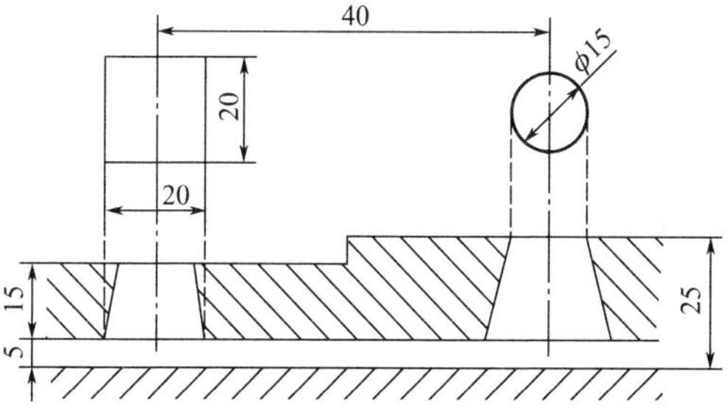

图 37-20　加工图

零件右部图形的加工程序如下：

```
O0010(圆形例)
```

```
G92 X40.0 Y0.0 I-20.0 J25.0;
G51 G41 Y7.5 T8.0;
G03 J-7.5;
G50 G40.0 G01 Y-7.5;
M30;
%
```

(3) ISO 代码编程举例

【例 1】 如图 37-21 所示加工图形，电极丝直径为 0.2mm，单面放电间隙为 0.01mm，电极丝开始加工位置处在 $R10$ 圆弧圆心处，A 点为切入点，沿逆时针加工。用 ISO 指令编程，加工程序如表 37-11 所示。

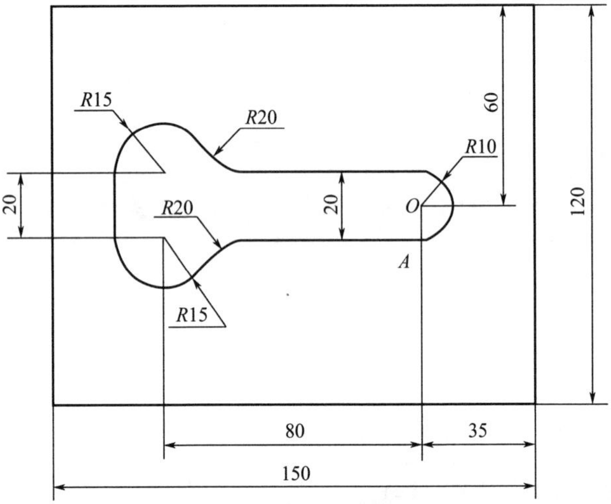

图 37-21　冲裁凹模

表 37-11　ISO 指令编程

序号	加工程序	注　　解
N10	G92 X0 Y0	设置坐标系,确定切割起点
N20	G90	绝对坐标编程
N30	T84	打开工作液泵
N40	T86	启动走丝机构
N50	G41 D110	电极丝左补偿
N60	G01 Y-10000	直线插补

续表

序号	加工程序	注　　解
N70	G03 X0 Y10000 I0 J0	逆时针圆弧插补
N80	G01 X－51277	顺时针圆插补
N90	G03 X－67690 Y18571 I0 J20000	
N100	G01 X－10000	
N110	G03 X－67690 Y－18571 I15000 J0	
N120	G02 X－51277 Y－10000 I16413 J－11429	
N130	G01 X0 Y－10000	
N140	G40	取消电极丝左补偿
N150	T85	关闭工作液泵
N160	T87	关闭走丝机构
N170	M02	程序结束

【例 2】 编制图 37-22 所示凸凹模的线切割加工程序。图中双点画线为坯料外轮廓。

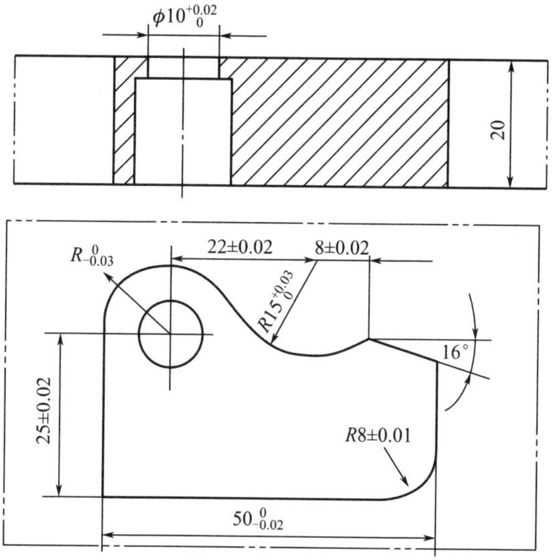

图 37-22　凸凹模

① 平均尺寸计算：如图 37-23 所示凸凹模的平均尺寸。

② 交点计算：各点坐标如表 37-12 所示。

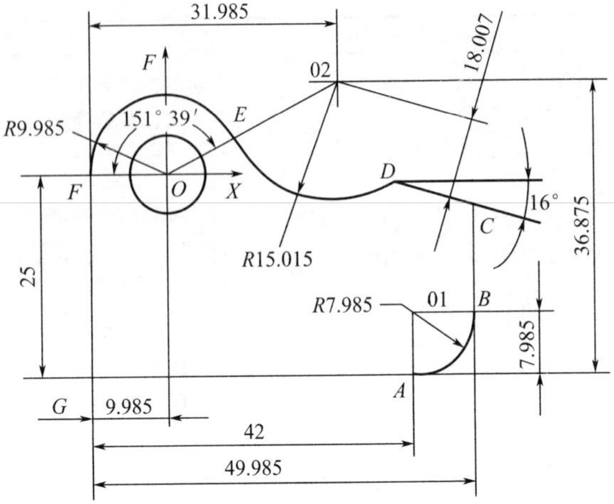

图 37-23 凸凹模的平均尺寸

表 37-12 凸凹模电极丝轨迹各线段交点及圆心坐标

交点	X	Y	圆心	X	Y
A	32.015	−25	O	0	0
B	40	−17.015	O_1	32.015	−17.015
C	40	−3.697	O_2	22	11.875
D	30.003	−0.83			
E	8.787	4.743			
F	−9.985	0			
G	−9.985	−25			

③ ISO 代码编程：程序如表 37-13 所示。

表 37-13 凸凹模切割程序（ISO 格式）

程　序	说　明
AM	主程序名为 AM
G90	绝对坐标编程
G92 X0 Y0	设置工件坐标系
G41 D60	左偏间隙补偿，D 偏移量为 0.06mm
G01 X5005 Y0	穿丝孔切入，O→电极丝中心(5.005,0)
G03 X5005 Y0 I−5005 J0	走逆圆，线切割型孔，I、J 为圆心相对于起点值

续表

程　　序	说　　明
G40	取消间隙补偿
G01 X0 Y0	回到坐标原点
M00	程序暂停
G00 X－9985 Y－35000	快速走到 *G* 点下方 10mm 处
M00	程序暂停
G41 D60	左偏间隙补偿，D 偏移量为 0.06mm
G01 X－9985 Y－25000	走到 *G* 点
X32015	加工 *G*→*A*
G03 X40 Y－17015 I0 J7985	加工 *A*→*B*
G01 X40 Y－3697	加工 *B*→*C*
G01 X30003 Y－830	加工 *C*→*D*
G02 X8787 Y4743 I－8003 J127.5	加工 *D*→*E*
G03 X－9985 Y0 I－8787 J－47437985	加工 *E*→*F*
G01 X－9985 Y－25000	加工 *F*→*G*
G40	取消间隙补偿
G01 Y－35000	从 *G* 点→*G* 点下方 10mm 切除
M02	程序结束

附录

附表1　数控机床基本术语

序号	基本术语	说明
1	机床基准点	给机床部件设定的零位
2	机床原位	当机床所有部件都处于原始位置上时，机床坐标系的一种状态
3	机床参考位置	给机床各个轴预设的位置，便于采用增量控制系统时，用来设定初始位置
4	机床零位，系统原点	机床坐标系的原点
5	复位	使装置复原到预定的初始位置上，但不一定是初始状态
6	零点矫正	这是一种工艺方法，在机床的坐标人工近似定位后，容许自动将其矫准到精确位置上
7	零点偏移	这是数控系统的一种特性。容许把数控测量系统的原点，在相对机床基准点的规定范围内移动，而永久原点的位置被存储在数控系统中
8	直线切削	在与机床的某一个控制坐标平行的导轨方向上的切削运动，不仅限于直线运动的导轨，也包括用旋转工作台的直线切削
9	浮动零点	这是数控系统的一种特性，容许把数控机床测量系统的原点移动到相对机床基准点的任何位置上，而数控系统不需要存储永久原点的位置
10	反向间隙	相互作用的零件之间，由于松动和偏差所产生的偏移
11	自动换刀装置	具有储存刀具的刀库，能选出被指定的刀具并自动地与装在主轴上的刀具进行交换装置
12	刀具偏置	这是按规定的部分或全部程序作用于机床轴的相对位移，那个受控轴的位移方向仅由偏置值的正、负号来确定
13	刀具半径偏置	适用于旋转刀具的一种刀具偏置方法。其位移沿着 X 轴和 Y 轴方向，或者是同时沿着 X 轴和 Y 轴方向。位移量等于偏置量

续表

序号	基本术语	说明
14	刀具直径偏置	适用于旋转刀具的一种刀具偏置方法。其位移沿着 X 轴和 Y 轴方向,或者是同时沿着 X 轴和 Y 轴方向。位移量等于偏置量一半
15	刀具长度偏置	适用于旋转刀具的一种刀具偏置方法。其位移沿着 Z 轴方向,位移量等于偏置量
16	刀具补偿	垂直于刀具轨迹的位移,用来修正刀具实际半径或直径与其程序规定的值之差
17	分辨率	两个相邻的分散细节之间可以分辨的最小间隙。就测量系统而言,它是可以测量的最小增量。就控制系统而言,它是可以控制的最小位移增量
18	精确度	误差自由度的评价或复合理论值程序的评价。误差越小,评价越高。在机床上,是用实际的位置与要求的位置之间的一致程度来表示
19	误差	计算值、观察值或实测值与真值、给定值或理论值之差
20	位置检测器、位置传感器	将位置或移动量变换成便于传送的信号的传感器
21	精度	分辨几乎相等诸值的能力的度量
22	定位精度	实际位置与指令位置的一致程度。不一致量表现为误差。被控制的机床坐标的误差,也包括驱动此坐标的控制系统的误差在内。对指定坐标用±数字表示
23	重复精度	在同一条件下,操作方法不变,进行规定次操作所得到的连续结果一致程度。它可以用概率为95%的规定次测量误差范围来表示
24	复制精度	在不同条件下,操作方法不变,在类似或不同的设备上进行操作所取得的各个结果之间的一致程度。它可以用概率为95%的两个结果之间的误差幅度来表示

附表2 数控功能与程序编制的基本术语

序号	基本术语	说明
1	字符	用来组织、控制或表示数据的一些符号,如数字、字母、标点符号、数学运算符等
2	数字数据	用数字和一些特定字符表示的数据
3	字	一套有规定次序的字符,可以作为一个信息单元存储、传递和操作,如X02500
4	字长	一个字中字符的个数
5	代码	数据处理机能接受的用符号形式表示的数据和程序
6	命令脉冲	数控装置给数控机床传递运动命令的脉冲群,每个脉冲与机床的单位位移量相对应

续表

序号	基本术语	说明
7	指令	规定操作及其运算数的数值或地址的语句
8	命令	使运动或功能开始操作的控制信号
9	幻3代码	表示速度的三位代码化的数
10	ISO代码	国际标准化组织规定的由穿孔带传送信息时使用的代码,是以ASCⅡ代码为基础的七位代码(实际应用时,还加上一位校验用的补偶码而成为八位代码)
11	EIA代码	美国电子工业协会规定的由穿孔带传送信息时使用的代码
12	手动数据输入	用手工把加工程序的信息送入数控装置的一种方法
13	控制带	记录加工程序的带子
14	格式	信息的规定安排形式
15	地址	位于字头的字符或字符组,用以识别其后的数据
16	程序段	作为一个单元处理的一组字、一组字符或一组数字,在控制带上,各个程序段通常用“程序段结束”字符来分隔
17	数字控制	用数字化信号对机床运动及其加工过程进行控制的一种方法
18	最小命令增量	由数控装置给予数控机床操作部分的命令所含有的最小位移量
19	最小输入增量	由控制带或手动数据输入装置给出的最小位移量
20	插补	根据给定的数学函数,诸如线性函数、圆函数或高次函数,在理想的轨迹或轮廓上的已知之间,确定一些中间点的一种方法
21	插补参数	定义刀具轨迹插补段的参数
22	直线插补	这是一种插补方式,在此方式中,给出两端点的插补数字信息,借此信息控制刀具的运动,使其按照规定的直线加工出理想的曲面
23	圆弧插补	这是一种插补方式,在此方式中,给出两端点的插补数字信息,借此信息控制刀具的运动,使其按照规定的圆弧加工出理想的曲面
24	抛物线插补	这是一种插补方式,在此方式中,给出两端点的插补数字信息,借此信息控制刀具的运动,使其按照规定的抛物线圆弧加工出理想的曲面
25	绝对值方式	在某一个坐标系中,用圆点为基准表示位置坐标值的一种方式
26	增量方式	在某一个坐标系中,用由前一个位置算起的坐标值增量来表示为值的一种方式
27	自动加(减)速	使机床在变速时不产生冲击而自动地进行平滑加速(减速)的一种功能

续表

序号	基本术语	说明
28	固定循环	这是预先给定的一系列操作，用来控制机床轴的位移，或使主轴运转，从而完成各项加工，诸如镗、钻、攻螺纹等
29	进给率	刀具向工件进给的相对速度称为进给率。单位 mm/min 或 mm/r。在控制带上，把指定数字紧接在字符 F(进给功能)后面
30	进给率修调	能够修正进给率的一种设施
31	程序开始	表示程序开始的字符，它的符号为“%”，可用作“绝对倒带停止”和“纸带结束”
32	程序停止	这是一种辅助功能命令，用来取消主轴和冷却功能，并在程序段中的其他命令完毕后，停止进一步处理
33	程序加速	以程序规定的百分数，对程序中的进给速度进行加速
34	程序减速	以程序规定的百分数，对进给速度进行减速
35	跳过任意程序段	在特定程序段的开头加斜线(/——省略号)之类的字符，以便能任选地跳过该程序段的方法。这种选择靠开关来实现，也称为程序段注销
36	EOB	程序段结束功能符。表示控制带上的一个程序段(或称一个字组)的结束
37	程序结束	这是一种辅助功能，表示一个程序结束。当程序段中所有命令完成后，取消主轴和冷却功能。这种功能用来使控制装置和(或)机床复位，控制装置复位可以包括倒带至程序开始字符，或者使环形控制带前进，通过带的接头
38	控制带结束	这是一种辅助功能，当程序段中的所有命令完成后，取消主轴和冷却功能。这种辅助功能用来使控制装置和(或)机床复位，控制装置复位可以包括倒带至程序开始字符，或者使环形控制带前进，通过带的接头，或者转移到第二个读带机
39	暂停	程序上规定的一种延时。它的持续时间是可变的，但无周期性(或顺序性)，也不形成闭锁(或保持)。通常用它来保证完成切削操作
40	保持	相对于由程序规定停留时间的暂停而言，保持则是只要操作者不进行解除，就一直停留在某一状态
41	注销	取消早先发出的功能的一种命令
42	准备功能(G 功能)	建立机床或控制系统工作方式的一种命令。用地址 G 和它后面的数字来指定控制动作方式的功能
43	主轴速度功能(S 功能)	主轴速度的技术说明。指定主轴转速的功能。用地址 S 及其后面的代码数来表示

续表

序号	基本术语	说明
44	刀具功能（T 功能）	按照适当的格式规范，识别或调入刀具和有关功能的技术说明。指定刀具的功能，用地址 T 及其后面的代码数来表示
45	辅助功能（M 功能）	控制机床或系统的开、关功能的一种命令。它是用地址 M 和后面的代码数来指定的
46	进给功能（F 功能）	定义进给率技术规范的命令。用地址 F 与接在其后面的代码数来表示
47	对准功能	能够用来代替程序段号地址 N 的字符，用于指示控制带上的特定位置，其后一定要放入“加工开始”或“再开始”所需要的一切信息。ISO 标准使用“:”。EIA 标准中没有这个字符
48	数控系统	这是一种控制系统。它自动阅读输入载体上事先给定的代码和数字值，并将其译码，从而使机床移动和加工零件
49	计算机数控	即 CNC。这是一种数控系统。在此系统中，采用存储程序的专用计算机实现部分或全部基本数控功能
50	直接数控	即 DNC。这是一种控制系统。此系统使一群数控机床与公用零件程序或加工程序存储器发生联系。一旦提出请求，它立即把数据分配给有关机床。直接数控亦称群控
51	适应控制	这种控制方式能在条件变化的情况下，自动改变控制参数，达到有效地使用机床
52	开环系统	不把控制对象的输入与输出（数控装置输出的指令信号）进行比较的控制系统
53	闭环系统	这种自控系统包含功率放大和反馈，从而使得输出变量的值紧密地响应输入量的值
54	伺服机构	用机床上的位置或速度等作为控制量的反馈系统（伺服回路）。这种伺服系统，其中受控变量为机械位置或机械位置对时间的导数
55	反馈	在闭环系统中，为了与系统的输入（给定值）进行比较，而将有关控制对象状态的信息送回到输入端，称为反馈，即控制系统中某一级的信息向前级的传递
56	点位控制	机床加工中，只要求刀具达到工件上被给定的目标位置的控制方式。因此不需要控制从某一位置到目标的移动过程中的刀具轨迹。也称为从点到点的控制
57	点位控制系统	这是一种控制系统。在此系统中： ①每个数控运动，都是控制确定下一步要求的位置的指令进行操作； ②各个运动轴的位移量互相不配合，可以同时移动，也可以依次移动； ③速度不由输入数据来确定

续表

序号	基 本 术 语	说　　明
58	轮廓控制	同时控制数控机床的两个或两个以上的坐标的运动，即不断地控制刀具对工件的移动轨迹的方式，也称连续轨迹控制
59	轮廓控制系统	这是一种控制系统。在此系统中： ①两个或两个以上的数控运动按照指令进行操作，下一步要求的位置和到那个位置需要的进给速度都由指令给定 ②这些进给速度彼此相对变化，从而加工出所需要的零件轮廓
60	直线运动控制系统	这是一种数控系统。在此系统中： ①每个数控运动都是按照下一步要求的位置指令和到达那个位置需要的进给速度指令进行操作； ②各个运动轴的位移可以是互不配合的； ③各个运动轴的位移只与直线、圆弧或其他加工路线平行
61	顺序控制	这是一种控制方式。采用这种控制方式的系统，具有如下特点：一系列加工运动都是按照要求的顺序进行，一个运动完成便开始下一个运动，运动量的大小不是由数字数据来确定
62	绝对尺寸，绝对坐标	相对于坐标系的原点，给出的一点位置的绝对距离或角度
63	操作数	用于数控时是指确定命令性质的数据
64	间隙距离	当刀具从快速变为进给移动时，为防止碰刀，在刀具和工件之间留出的距离
65	执行程序	用于数控时，在计算机数控系统中形成所有其他程序执行过程的一种程序
66	通用程序	用于数控时，这是一种计算机程序。它根据零件程序进行计算，并作出具体零件的刀具位置数据（CL 数据）。当进行计算时，不考虑加工那个零件的机床
67	加工程序	在数控中指用自动控制语言和格式表示的一套指令，它被记载在适当的输入载体上，以便圆满地实现自控系统的直接操作
68	零件程序编制	为了进行给定零件的加工，要计划数控机床的作业内容，并要编制用于实现该作业计划的程序，此程序称为零件程序
69	诊断程序	为了指出程序中的错误或误动作的计算机程序，用打印或显示的方式表示出错误的部位或修改的条件

续表

序号	基本术语	说明
70	后置处理程序	这是一种计算机程序。它把前置处理程序的输出改编成加工程序,以便在机床和控制机的成套装置上制造零件
71	手工编制程序	利用规定的代码和格式,人工制订零件加工程序的工作
72	自动编程	编制程序的一种方法。用计算机把人们易懂的程序改成计算机能执行的程序。在数控上,这种方法就是把人们易懂的零件程序,用计算机改成数控机床能执行的程序
73	APT 及 APT 语言	APT 是自动程序编制系统的英文缩写。这是一种对共建、刀具的几何形状及刀具相对工件的运动进行定义时所用的语言,接近于英语的符号语言。把用该语言书写的零件程序输给计算机,就能自动地制作出控制带。作为数控加工用的软件(程序系统)来说,APT 是一种代表性语言

附表 3　电火花加工中常用名词术语与符号

序号	名词术语	符号	定义	表示方法
1	工具电极	EL	电火花加工用的工具,因其是火花放电时电极之一,故称工具电极	
2	放电间隙	S、Δ	放电发生时,工具电极和工件之间发生火花放电的距离称为放电间隙。在加工过程中,则称为加工间隙	
3	脉冲电源	PG	以脉冲方式向工件和工具电极间的加工间隙提供放电能量装置	
4	伺服进给系统		用作使工具电极伺服进给、自动调节的系统,使工具电极和工件在加工过程中保持一定的加工间隙	
5	工作液介质		电火花加工时,工具电极和工件间的放电间隙一般浸泡在有一定绝缘性能的液体介质中,此液体介质称工作液介质或简称工作液	
6	电蚀产物		指电火花加工过程中被蚀除下来的产物。一般指工具电极和工件表面被蚀除下来的微粒小屑及煤油等工作液在高温下分解出来的炭黑和其他产物,也称加工屑	
7	电参数		主要有脉冲宽度、脉冲间隔、峰值电压、峰值电流等脉冲参数,又称电规准	
8	脉冲宽度	t_i	脉冲宽度简称脉宽。它是加到电极间隙两端的电压脉冲的持续时间,单位为 μs	

续表

序号	名词术语	符号	定义	表示方法
9	脉冲间隔	t_0	脉冲间隔简称脉间，也称脉冲停歇时间，是相邻两个电压脉冲之间的时间，单位为 μs	
10	放电时间	t_e	是指工作液介质击穿后放电间隙中流过放电电流的时间，亦即电流脉宽。它比电压脉宽稍小，单位为 μs	
11	击穿延时	t_d	从间隙两端施加脉冲电压到发生放电(即建立起电流之前)之间的时间，单位为 μs	
12	脉冲周期	t_p	是指一个电压脉冲开始到下一个电压脉冲开始之间的时间，单位为 μs	$t_p=t_i+t_0$
13	脉冲频率	f_p	是指单位时间(1s)内电源发出的电压脉冲的个数，单位为 Hz	$f_p=1/t_p$
14	脉冲系数	τ	是指脉冲宽度与脉冲周期之比	$\tau=\frac{t_i}{t_p}=\frac{t_i}{t_i+t_0}$
15	占空比	ψ	是指脉冲宽度与脉冲间隔之比	$\psi=\frac{t_i}{t_0}$
16	开路电压	$\hat{u}_i$	是指间隙开路时电极间的最高电压，有时等于电源的直流电压，单位为 V。又称空载电压或峰值电压	
17	加工电压	U	是指加工时电压表上指示的放电间隙两端的平均电压，单位为 V。又称间隙平均电压	
18	加工电流	I	是指加工时电流表上指示的流过放电间隙的平均电流，单位为 A	
19	短路电流	I_s	是指放电间隙短路时(或人为短路时)电流表上指示的平均电流，单位为 A	
20	峰值电流	$\hat{I}_e$	是指间隙火花放电时脉冲电流的最大值(瞬时)，单位为 A	
21	短路峰值电流	$\hat{I}_s$	是指间隙短路时脉冲电流的最大值(瞬时)，单位为 A	$\hat{I}_s\tau=I_s$
22	伺服参考电压	S_v	是指电火花加工伺服进给时，事先设置的一个参考电压 S_v(0～50V)。用它与加工时的平均间隙电压 U 作比较，如 $S_v>U$，则主轴向上回退，反之则向下进给。因此，S_v 愈大，则平均放电间隙愈大，反之则愈小	

续表

序号	名词术语	符号	定义	表示方法
23	有效脉冲频率	f_e	是指每秒钟发生的有效火花放电的次数。又称工作(火花)脉冲频率	
24	脉冲利用率	λ	是指有效脉冲频率与脉冲频率之比,即单位时间内有效火花脉冲个数与该单位时间内的总脉冲个数之比,又称脉冲个数利用率	$\lambda=\frac{f_e}{f_p}$
25	相对放电时间率	φ	是指火花放电时间与脉冲宽度之比。又称相对脉冲时间利用率或放电时间比	$\varphi=\frac{t_e}{t_i}$
26	慢走丝线切割	WEDM—LS	是指电极丝低速(低于2.5m/s)单向运动的电火花线切割加工。一般走丝速度为0.2～15m/min	
27	高速走丝线切割	WEDM—HS	是指电极丝高速(高于2.5m/s)往复运动的电火花线切割加工。一般走丝速度为7～11m/s	
28	走丝速度	V_s	是指电极丝在加工过程中沿其自身轴线运动的线速度	
29	多次切割		是指同一加工面两次或两次以上线切割加工的精密加工方法	
30	锥度切割		是指切割相同或不同斜度和上下具有相似或不相似横截面零件的线切割加工方法	
31	直壁切割		是指电极丝与工件垂直切割的方法	
32	加工轮廓		是指被加工零件的尺寸和形状的几何参数	
33	加工轨迹		程序是按照加工轮廓的几何参数(电极丝的几何中心)进行编制的,而在加工时,电极丝必须偏离所要加工的轮廓,电极丝实际走的轨迹即为加工轨迹	
34	偏移量		在加工时,电极丝必须偏离加工轮廓,预留出电极丝半径、放电间隙及后面休整所需余量,加工轨迹和加工轮廓之间的法向尺寸差值称为偏移量。沿着轨迹方向电极丝向右偏为右偏移,反之,为左偏移	

续表

序号	名词术语	符号	定义	表示方法
35	镜像加工		是指加工轮廓与 X 轴或 Y 轴或 XY 轴完全对称，简化程序编制的加工方法	
36	主程序面		切割带有镜像图形且带有锥度的工件时，用于编制程序采用的参考基准面	
37	极性效应		阳极和阴极之间电蚀量的差别，即使两极材料和形状完全相同也有差别	
38	吸附效应		放电时绝缘介质(煤油)分解出来的炭黑吸附在电极上，并在热的作用下形成黑膜的现象	
39	电极损耗		从工具电极上蚀除材料量	mm^3 或 g
40	相对损耗		电极损耗速度与材料加工速度之比	
41	低损耗		相对损耗小于或等于 1%的电极损耗	
42	无损耗		由于共建材料向电极转移，抵消电极损耗，使其损耗近似等于零	
43	脉冲电源		电火花加工设备重要组成之一，用来发出时间上彼此分离的能量脉冲	
44	加工精度		加工零件与设计图样相符合的程度。通常包括尺寸精度、形状精度、位置精度和表面粗糙度	
45	多电极加工		多个电极与脉冲电源相连接，在同一电位下进行的电火花加工	
46	多回路加工		采用一个总的伺服系统，分割电极或相互绝缘的多电极与多电源或一个总电源的多个回路一一连接，并同时进行电火花加工	
47	面积效应		随加工面积的变化，加工特性发生变化的现象	
48	加工屑		电火花加工时从电极和工件上蚀除下来的材料微粒	
49	二次放电		在已加工表面上，由于加工屑等的存在再次发生的火花放电	
50	电规准电参数		是指电火花加工时选用的电加工用量、电加工参数	
51	火花维持电压		是指每次火花击穿后，在放电间隙上火花放电时的维持电压。一般在 25V 左右，但它实际是一个高频振荡的电压	

续表

序号	名词术语	符号	定义	表示方法
52	正、负极性加工		加工时以工件为准，工件接脉冲电源正极（高电位端），称正极加工，反之，加工工件接电源负极（低电位端）则称负极加工	
53	深度效应		随着加工深度增加而加工速度和稳定性降低的现象称为深度效应。这主要是电蚀产物积聚，排屑不良引起的	
54	平均相对放电时间率		平均相对放电时间率为一段时间 t_e 总和与该段时间内脉冲宽度 t_i 总和之比	
55	平均绝对放电时间率		平均绝对放电时间率是在一段时间内电火花放电时间 t_e 的总和和该段时间之比，亦即与该段时间内脉冲周期 t_p 总和之比	

参 考 文 献

［1］［美］彼得·斯密德．数控编程手册（原著第三版）．罗学科，陈勇钢，张从鹏，等译．北京：化学工业出版社，2012.

［2］［美］托马斯·M．克兰德尔．数控加工与编程．罗学科，黄根隆，刘瑛，等译．北京：化学工业出版社，2005.

［3］孙德茂．数控机床铣削加工直接编程技术．北京：机械工业出版社，2006.

［4］孙德茂．数控机床车削加工直接编程技术．北京：机械工业出版社，2006.

［5］李家杰．数控机床编程与操作实用教程．南京：东南大学出版社，2005.

［6］杨有君．数控技术．北京：机械工业出版社，2005.

［7］罗学科，张超英．数控机床编程与操作实训．北京：化学工业出版社，2004.

［8］于华．数控机床的编程及实例．北京：机械工业出版社，1995.

［9］许兆丰．数控铣床编程与操作．北京：中国劳动出版社，1994.

［10］孙竹．加工中心编程与操作．北京：机械工业出版社，1999.

［11］王爱玲．现代数控编程技术及应用．北京：国防工业出版社，2005.

［12］刘万菊．数控加工工艺及编程．北京：机械工业出版社，2007.

［13］范俊广．数控机床及其应用．北京：机械工业出版社，1993.

［14］孙竹．数控机床编程与操作．北京：机械工业出版社，1996.

［15］吴朋友．数控机床加工技术编程与操作．南京：东南大学出版社，2000.

［16］胡育辉．数控铣床加工中心．沈阳：辽宁科学技术出版社，2005.

［17］明兴祖．数控加工技术．北京：化学工业出版社，2001.

［18］徐宏海．数控铣床．北京：化学工业出版社，2003.

［19］朱燕青．模具数控加工技术．北京：机械工业出版社，2001.

［20］杨伟群等．数控工艺培训教程．北京：清华大学出版社，2002.

［21］全国数控培训网络天津分中心．数控编程．北京：机械工业出版社，1996.

［22］邓奕主．数控加工技术实践．北京：机械工业出版社，2004.

［23］杨松山，刘洪波．数控编程与加工技术．北京：石油工业出版社，2009.

［24］侯培红，石更强．数控编程与工艺．上海：上海交通大学出版社，2008.

［25］韩鸿鸾．常用数控设备和特种加工的编程与操作实例．北京：中国电力出版社，2006.

［26］周湛学，刘玉忠．数控电火花加工．北京：化学工业出版社，2008.

［27］吴光明．数控编程与操作．北京：机械工业出版社，2015.

［28］易红．数控技术．北京：机械工业出版社，2005.

［29］廖效果，朱启述．数字控制机床．武汉：华中理工大学出版社，1992.

［30］杨光，张新聚，岳彦芳，等．测量宏程序编制方法的研究．河北工业科技，2006（1）：15-17.

［31］数控铣床（加工中心）编程实例．http：//www．diangon．com/wenku/jixie/jichuang/201504/00022777．html.

[32] 数控铣床编程实例题. http://www. njliaohua. com/lhd _ 8kbk75vwfj3pebe0ilck _ 1. html.
[33] 数控加工程序. http://wenku. baidu. com/link? url=4UDxsZk8MqV69StV6UzmLxY0Q8OTLTKq7Xbagpg048fgIkgHOMyMT8xN4cwTz－w2DLEjakaRHi0qTlLzmx3rQOtJpputTZn _ cXS59bziJBK.
[34] 蔡兰，王霄. 数控加工工艺学. 北京：化学工业出版社，2005.
[35] 周湛学，刘玉忠. 数控电火花加工及实例详解. 北京：化学工业出版社，2013.
[36] 赵长旭. 数控加工工艺学. 西安：西安电子科技出版社，2006.
[37] 罗春华，刘海明. 数控加工工艺简明教程. 北京：北京理工大学出版社，2007.
[38] 杨有君. 数控技术. 北京：机械工业出版社，2005.
[39] 吴晓光，何国旗，谢剑刚等. 数控加工工艺与编程. 武汉：华中科技大学出版社，2010.
[40] 韩鸿鸾，何全民. 数控车床的编程与操作实例. 北京：中国电力出版社，2006.
[41] 陈宏均. 铣工操作技能手册. 北京：机械工业出版社，2004.
[42] 尹成湖，周湛学. 机械加工工艺简明速查手册. 北京：化学工业出版社，2016.